5th Edition

산업안전보건관리자를 위한 인간공학

기도형 · 박재희 · 이경태 · 최경임 · 송영웅 공저

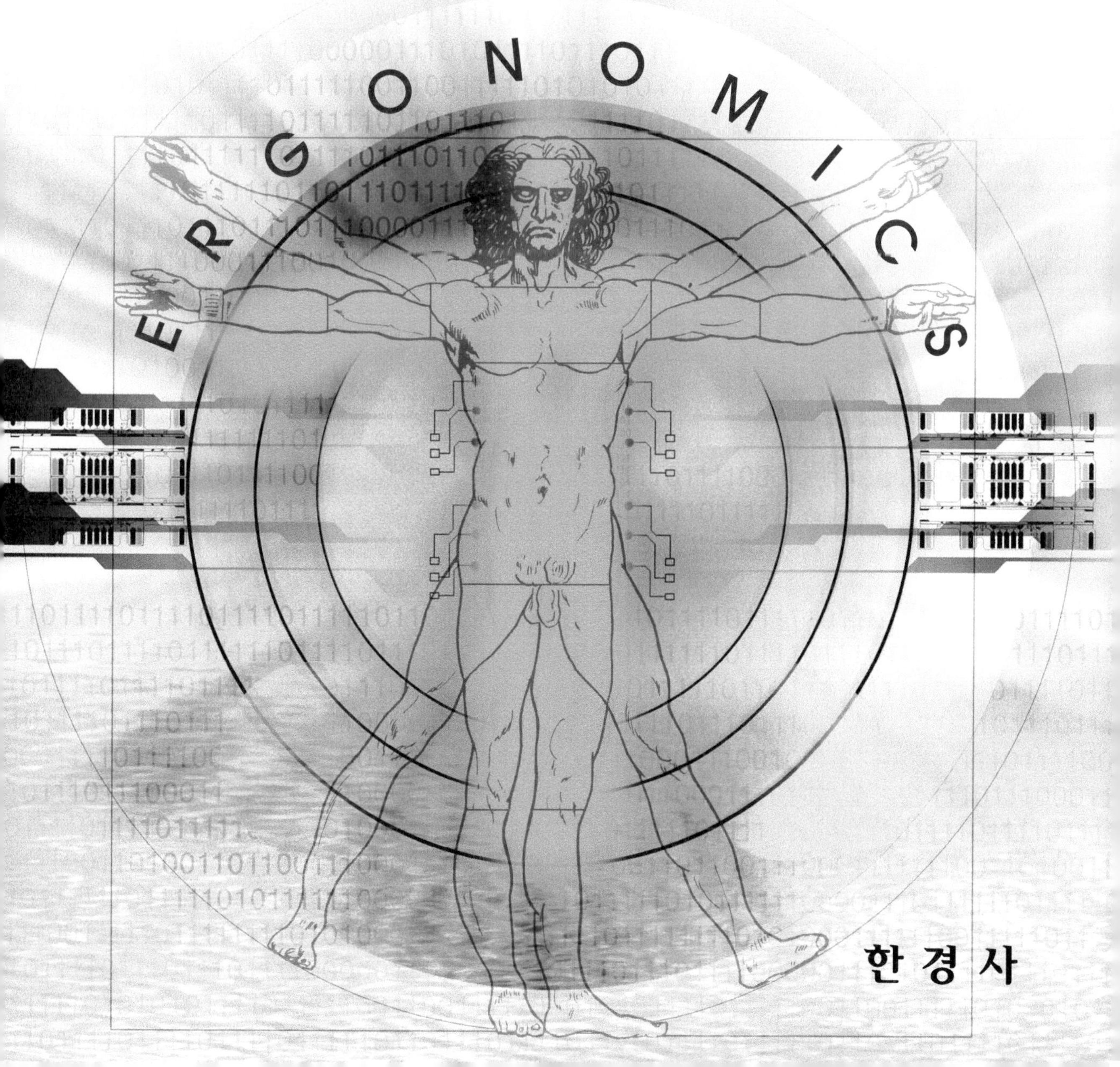

한 경 사

산업안전보건관리자를 위한 **인간공학(5e)**

저 자 기도형, 박재희, 이경태,
최경임, 송영웅

발 행 일 2025년 3월 6일 1쇄

발 행 처 **한경사**

발 행 인 이계남

등록사항 제10-1951호 2000년 4월 14일

주 소 서울시 마포구 신수로 59-1 3층

전화번호 02_717_7264/5

팩스번호 02_717_7226

홈페이지 hankyungsa.co.kr

전자우편 hankyungsa@hanmail.net

I S B N 978-89-6844-515-6 (93530)

가 격 45,000원

머리말: 5판을 내면서

2022년 1월말부터 중대재해 처벌 등에 관한 법률이 시행되면서 공공기관을 중심으로 기관 및 기업의 안전에 관한 관심이 증대되면서, 안전의 기초가 되는 인간공학에 대한 관심이 높아지고 그 역할이 커졌다. 이에 발 맞추어 인간공학기사 및 인간공학기술사가 7,000여 명 및 180여 명이 배출되어 대학, 산업현장, 안전보건 대행기관, 공공기관, 로펌 등에서 활발히 활동하고 있다.

개정 5판에서는 현장에서 활용에 문제가 없도록 2019년 1월 「산업안전보건법」 전면 개정에 맞추어 관련 법령의 조문 번호 및 내용을 모두 수정하였다. 고용노동부가 2022년 11월 30일 발표한 「중대재해 감축 로드맵」에서 제시한 사전적 '자기규율 예방체계'의 핵심수단으로 언급한 위험성평가도 개정 「사업장 위험성평가에 관한 지침」에 맞게 전면 수정하였다. 1995년 발표된 상지 말단 자세 부하를 평가하는 SI(strain index)는 기존 기법과 함께 이후 새로운 연구 결과들을 반영하여 2017년 발표된 RSI(revised strain index)를 정리하여 추가하였다. 작업관리 역사 부분에 산업공학 및 산업심리학에서 동기부여, 인간관계를 중시하는 관점으로 전환하는 계기가 된 호오손 연구를 추가하였다. 인간공학기사 및 인간공학기술사 문제를 최근 실시된 내용으로 개정하여 시험 준비에 도움이 되도록 하였다. 초판 이후 개정 작업에서 계속하여 온 오타, 내용 오류, 연습문제 오류 등 잘못된 점을 찾아 개정하는 작업도 수행하여 오류를 최소화하려는 노력을 기울였다.

독자 여러분의 많은 성원으로 4년여만에 다시 개정판을 내놓게 되어 깊이 독자 여러분께 깊이 감사드리고 지속적인 관심과 성원을 부탁드린다. 이 개정 5판이 대학에서 인간공학을 공부하고 있는 학생, 산업현장, 공공기관, 안전보건 대행기관 등에서 안전보건 업무를 충실히 수행하고 있는 담당자, 그리고 인간공학기사 및 인간공학기술사를 준비하고 있는 수험생에게 작은 도움이 될 수 있기를 기대한다. 초판을 내놓은 후 길지 않은 기간에 5판을 낼 수 있도록 기회를 주시고 편집에 애쓰신 한경사 이계남 사장님과 임직원 여러분께 깊이 감사를 드린다. 저서 준비 및 개정 작업에 많은 시간을 기꺼이 할애하여 준 저자의 가족에게도 이 개정 5판이 작은 선물이 되기를 바라며 감사드린다.

2024년 늦은 가을에

저자 일동

4판을 내면서

본서가 출간된지 15년이 지나는 동안 1,000명이 넘는 인간공학기사가 배출되고, 인간공학기사가 보건관리자로 선임될 수 있도록 산업안전보건법이 개정되었으며, 작업 설계 및 제품 디자인에 인간공학의 활용이 보편화 되는 등 인간공학의 큰 발전이 있었다. 이러한 추세에 발 맞추고 꾸준한 독자 여러분의 성원에 힘입어 4판을 내놓게 되었다.

4판은 세 가지 관점에서 준비되었다. 첫째는 2020년부터 새로이 시행되는 인간공학기사 출제 지침에 따라 산업보건 분야를 추가하였다. 이를 위하여 대구가톨릭대학교 산업보건학과 송영웅 교수를 저자로 모셨다. 둘째는 3판 이후 개정된 산업안전보건법 및 제조물책임법과 관련 법령에 맞게 연관된 내용을 수정하고, 2014년부터 모든 사업장에 의무화되어 있는 위험성 평가를 27장 안전보건관리 개요에 추가하였다. 셋째는 그 동안 교재로 사용한 강의 과정에서 발견되고 독자 여러분이 지적하여 주신 잘못되거나 부족한 부분을 보완하였다. 1장 인간공학과 시스템에서는 인간공학 분야 및 특성을 추가하고 인간공학 역사를 보완하였으며, 3장 인간의 감각능력 중 시식별에 영향을 주는 요소를 새로이 정리하고, 7장 사용성과 사용성 평가에서 UX/UI를 추가하고 사용성 평가방법을 재정리하였다. 11장 작업환경 평가 및 관리 중 교대작업 부분을 고용노동부의 새로운 지침에 맞추어 개정하고 교대작업 관련 내용을 추가하였다. 그리고, 16장 작업 부하 평가에서는 ACGIH TLV와 SI를, 20장 직무스트레스에는 직무스트레스 요인 평가를 추가하였다. 이와 더불어 거의 모든 장의 연습문제를 인간공학기사 출제 문제를 반영하는 등 새로운 문제로 대체하였다.

네 번째 개정 기회를 주고 편집에 많은 애를 쓰신 한경사 이계남 사장님과 임직원 여러분에게 감사를 드린다. 본서의 부족한 부분은 꾸준히 개선하여 나갈 것을 거듭 약속드리며, 본 개정이 대학에서의 강의, 인간공학기사 및 기술사 시험 준비, 산업 현장에서의 실무 활용에 도움이 되기를 바란다.

2020년 새 봄을 기다리며
저자 일동

3판을 내면서

본서가 출간된 이후 꾸준한 성원을 보내준 독자 여러분에게 깊이 감사드리고, 이에 맞추어 두 번째 개정 작업을 수행하였다. 저자가 본서를 교재로 사용하여 오면서 인지한 부족한 점 및 문제점과 본서로 강의를 하신 교수님들의 의견을 바탕으로 개정 방향을 정하였다. 본서가 인간공학기사 출제지침의 시험 과목 기준으로 4부로 구성했었으나, 각 분야가 가지는 특성에 맞도록 전체 내용을 5부로 재편성하였다. 인간공학 분야에는 인지특성을 고려한 설계 원리, 감성공학, 유니버설 디자인을 다루는 새로운 장을 추가하고, 인간공학 역사, 연구 방법, 표시장치 및 조종장치 내용을 보완하여, 산업공학 전공의 교재로도 사용될 수 있도록 내용을 충실히 하였다. 작업생리학 및 생체역학의 작업 부하 평가에는 REBA를 추가하여 가장 많이 언급되는 자세 부하 평가 기법 세 가지를 모두 포함하였다. 작업관리 분야는 작업관리 범위, 제조시간, 작업관리 역사, 수행도 평가의 정량적 평가를 추가하였다. MTM의 운반 동작 시간치표 및 WF 시간치표, 간략 PTS MODAPTS를 추가하여 현재 기업에서 사용되고 있는 PTS를 포괄하도록 하였다.

이와 같은 개정으로 본서가 산업공학, 안전공학 관련 학과에서 사용되는 교재로서의 모습에 더 충실하여졌기를 기대한다. 또한, 감성공학이 추가되어 2010년도부터 시행되는 인간공학기사 출제 지침에 따른 인간공학기사 준비에도 문제가 없을 것이다.

본서의 개정에는 많은 분들의 도움이 있었다. 대구가톨릭대학교 송영웅 교수, 한경대학교 이인석 교수는 전체적인 개정 및 보완 방향에 대한 의견을 주었다. 계명대학교 경영공학과의 안규영, 장종현군은 원고 정리에 많은 도움을 주었다. 모두 감사드린다. 4년이 채 안 되는 기간에 두 번이나 개정 기회를 주고 편집에 노고를 아끼지 않은 한경사 임직원 여러분에게도 감사를 드린다.

두 번의 개정 작업을 거쳤으나 여전히 잘못이나 미진한 점이 있을 것이다. 부족한 점은 꾸준히 고쳐나갈 것을 약속하며, 인간공학 발전에 작은 도움이 되기를 바라는 마음으로 본서를 세상에 내놓는다.

2010년 새 학기를 앞두고

저자 일동

2판을 내면서

일년 반여 전에 본서를 두려운 마음으로 출간한 이후 보여준 독자 여러분들의 성원에 깊이 감사드린다. 짧은 시간에 본서의 초판을 준비한 관계로 초판을 출간한 이후 오자, 내용의 부족, 내용상의 오류와 표, 그림이 선명하지 못한 점 등의 문제점들이 드러나, 이를 반영한 개정판을 준비하게 되었다. 개정판에서는 오류를 최소화하고 그림의 질을 높이고자 하였다. 이를 위하여 초판에 있던 거의 대부분의 그림을 새로이 작성하여 선명도를 높였으며, 독자들의 지적과 강의 과정에서 드러난 오자들을 수정하였다. 연습문제 및 응용문제를 검토하여 논리적 오류를 최소화하였으며, 일부 장에서는 연습문제를 완전히 새롭게 제시하였다. 내용상으로는 인간공학 분야의 정보이론, 사용성평가기법 부분을 대폭 보강하고, 작업생리학 분야에서는 힘판의 원리를 추가하였다. 작업관리에서는 서어블릭 기호 설명을 추가하고, RULA의 자세 분류 그림을 원전에 충실하게 수정하였고, 수행도 평가의 정성적 평가를 나타내는 그림을 보완하였다. 인간공학기사/기술사 준비에 참조할 수 있도록 초판이 출간된 이후에 실시된 인간공학기사/기술사 문제와 풀이를 추가하였다.

언급한 바와 같이 초판의 오류들을 수정하여 개정판에서는 이를 최소화하려고 노력하였으나, 여전히 곳곳에 오류가 있을 것으로 판단된다. 앞으로도 독자 여러분의 많은 지도·조언을 기대한다.

개정판의 준비에는 지금은 졸업하여 산업 현장에 근무하고 있는 정우영군의 도움이 컸다. 초판의 많은 오류들을 찾아 주고 개정 방향을 제시하여 주었다. 한경대학교 이인석 교수도 내용 오류의 수정과 원고 교정에 많은 도움을 주었다. 이 자리를 빌어 고마움을 전한다. 또한 편집 및 교정에 많은 도움을 준 한경사 임직원 모두에게 감사드린다.

본서에 부족한 점이 여전히 많으나 꾸준히 개정하여 갈 것을 약속하며, 본서가 인간공학 관련 분야의 발전에 조금이나마 도움이 되기를 바라는 마음으로 다시 개정판을 세상에 내놓는다.

2007년이 저물어가는 무렵에

저자 일동

1판을 내면서

경제가 발전하여 생활이 윤택해짐에 따라 소비자들의 구매 형태 혹은 요구가 값 싸고 질 좋은 제품에서 사용하기에 편리한 제품, 보기에 좋은 제품으로 바뀌어가고 있다. 즉, 과거에는 한 가지 제품을 대량 생산하여 많은 소비자에게 공급하는 것에 초점이 맞추어진 생산자 중심의 시대였다면, 현재는 고객 한 명에게 백만 가지의 다양한 제품을 공급하여야 살아남을 수 있는 대량 고객화 혹은 소비자 중심의 시대가 되었다.

십수년 전에 인간공학을 전공으로 선택할 때, 대부분의 일반인들이 인간공학이 무엇인지를 모를 뿐 아니라, 국내에 전공자도 많지 않아 미래에 대한 불안을 느끼며 시작한 기억이 새삼스럽다. 그러나 지금은 기업체에 기술 자문을 나가면 인간공학이 무엇이냐고 묻지 않으며, 오히려 현장 관리자와 작업자들이 작업을 인간공학적으로 설계하기 위한 작업대 치수, 작업 부하 등을 얘기하여 격세지감을 느낀다. 제품 디자인 분야와 신발, 자동차, 이동전화 등의 광고와 더불어 아파트 광고에까지 인간공학, 인체공학이 등장할 정도로 이제는 낯선 학문이 아닌 우리 생활 주변의 학문으로 성장하였다. 1982년에 창립된 대한인간공학회도 우리나라의 다른 분야와 마찬가지로 짧은 시간에 비약적 발전을 이루어 회원 수가 600여 명이 넘어 회원 수로 볼 때 세계의 인간공학회 중 8위를 차지할 정도로 성장하였다.

인간의 행위, 능력, 한계와 특성을 파악하여 이를 생산적이고, 안전하고, 편안하고, 효율적으로 인간이 사용할 수 있도록 도구, 기계, 시스템, 작업과 환경의 설계에 응용하는 학문으로 정의되는 인간공학의 중요성이 점점 증대되고 있다. 기술의 발전에 힘입어 경쟁사간 기술 수준이 평준화되어 웬만한 제품에서 기술적 성능은 구매 기준으로서 의미를 상실하였고, 제품과 서비스를 구매할 때 소비자의 선택 기준이 기능과 가격에서 '보고 느끼는' 것으로 변화하였다. 이러한 소비자의 제품에 대한 가치관 변화와 치열한 국제 경쟁에서 살아남기 위하여 가전제품, 휴대폰, 자동차를 비롯한 우리 일상생활에 사용되고 있는 제품의 개발 및 설계에 인간공학적 접근 및 원칙이 활발히 적용되고 있다.

산업체의 작업 현장에서는 근골격계질환과 같은 업무관련성 질환과 추락, 전도, 협착 등의 산업재해를 예방하기 위하여 인간공학이 활발히 응용되고 있다. 선진국에서는 오래 전부터 문제가 되어 왔던 근골격계질환자의 발생이 1990년대 후반부터 급증하자, 정부에서는 사업주의 근골격계질환 예방 업무에 대한 의무를 법제화하여 2003년 7월부터 시행하고 있다. 근골격계질환의 예방을 위한 작업 부하의 평가 및 작업, 작업장, 도구의 개선에 인간공학이 중요한 위치를 차지한다. 이에 필요한 전문 인력을 배출하기 위하여 2005년부터는 인간공학기사/기술사 제도가 시행되고 있다.

본서는 이러한 추세에 발맞추어 인간공학, 작업생리학, 산업심리학, 작업관리 등 인간공학 관련 분야들을 전반적으로 다루고 있다. 제품 디자인과 산업 현장에서의 안전·보건 업무 수행에 필요한 내용들을 개괄적으로 다루고 있어, 산업 현장의 제품, 장비, 시스템 디자이너 및 운용자, 안전·보건 분야의 담당자들이 업무 수행에 참조할 수 있을 것이다. 산업공학이나 안전, 보건 관련 학과의 학부에서 각 분야의 교재로도 활용할 수 있도록 내용을 충실히 하였다. 한 학기에 한 분야 혹은 두 분야를 강의할 수 있을 것이다. 두 학기에 걸쳐 강의할 경우는 본서의 순서대로 인간공학과 작업생리학, 산업심리학과 작업관리로 나누어 강의하면 분량이 적절할 것으로 생각된다. 본서의 전반적 구성은 인간공학기사 출제 지침에 바탕을 두었으며 각 장마다 객관식 문제와 더불어 주관식 연습문제를 두어, 인간공학기사(필기, 실기시험)와 인간공학기술사 시험에 대비할 수 있게 하였다. 이를 위하여 1회 인간공학기사, 1, 2회 인간공학기술사 문제와 풀이 과정을 부록으로 첨부하였다.

짧은 시간에 본서를 준비하느라 부족하고 미진한 점이 많으며 오류도 곳곳에 있을 것으로 생각되나, 지속적으로 개선하여 나갈 것을 약속하며 감히 세상에 내놓는다. 본서의 내용, 구성 등에 대한 여러 전문가와 독자들의 많은 지도 편달을 기대한다. 본서에 대한 문의나 제안은 dhkee@kmu.ac.kr로 하면 빠른 시일 내에 답변을 줄 것을 약속한다.

본서를 세상에 내놓을 수 있게 하여준 한경사의 이계남 사장님 이하 직원 분들에게 감사드린다. 아름다운 봄날의 많은 시간을 본서의 준비에 빼앗긴 저자의 가족들에게 깊은 감사를 표한다. 본서가 인간공학의 발전과 산업 현장에서의 실무 활용에 작은 도움이 되기를 바란다.

2006년 여름을 시작하며
저자 일동

차례

제5부 근골격계질환, 안전보건관리 및 제조물책임법

부록: 기출 문제 및 풀이

제1부
인간공학

CHAPTER 1

인간공학과 시스템

1 인간공학

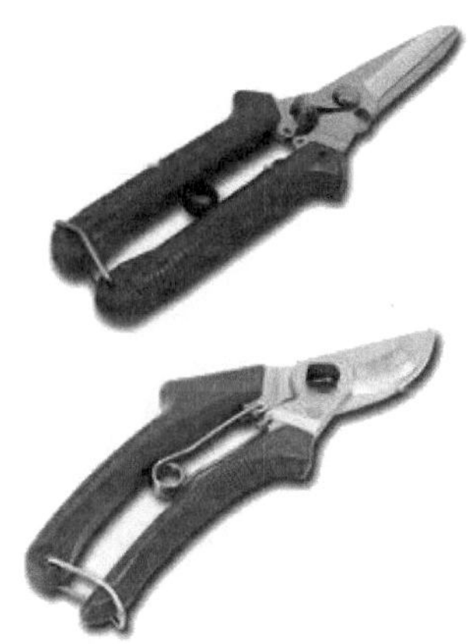

그림 1•1 ▸ 일반 가위와 손목의 편향을 줄인 가위

인간은 과거 수천 년 동안 자연 속에서 얻은 나무나 돌을 도구로 사용하다가 간단한 도구나 기구를 만들어 생존해 왔다. 그러나 20세기 중반부터 시작한 비약적인 기술발전으로 현대 인간은 대부분 인간이 만든 제품과 설비 속에서 생활하고 있다. 이러한 제품과 설비를 사용하게 되면서 그 모양이 우리의 몸에 맞지 않거나 운영 방식이 인간이 기대하는 방향으로 설계되지 않은 경우 불편함과 좌절을 느끼거나 심지어 사고로 이어지기도 한다.

인간공학은 이처럼 인간이 사용하는 물건, 설비, 시스템에서 인간요소(human factors)를 고려할 필요성이 커지면서 발생하였다. 그림 1•1과 1•2는 제품에 인간요소를 고려하여 설계한 예이다. 그림 1•1은 일반 가위와 손목의 척골 편향(ulnar deviation)을 줄일 수 있도록 설계된 가위이다. 위쪽 가위를 사용할 때에는 손목이 척골(ulnar) 방향으로 편향되어 손목에 부담이 되고 쉽게 피로해질 수 있으나, 아래쪽 가위는 손목과 전완의 정렬이 중립적으로 되므로 손목의 편향이 줄어들어 사용 시 손목의 부하를 줄여준다. 실험결과 아래쪽 공구를 사용하는 경우가 위쪽 공구를 사용하는 경우보다 수근관증후군, 건막활염, 테니스 엘보우 발생 비율이 현저하게 낮게 나타났다(Tichauer, 1978).

그림 1•2의 왼쪽은 전통적인 비행기 조종석의 표시장치로 각종 계기판이 펼쳐져 있어, 조종사는 개별 계기판으로부터 눈금을 읽고 이를 통합하여 비행 상태를 판단하여야 한다. 오른쪽은 통합형 계기판인데 표시장치 자체가 각종 센서에서 나온 자료를 통합하여 비행자세나 상태를 한눈에 알 수 있도록 표시해 주므로 쉽게 비행 상태를 파악할 수 있으며, 특히 긴급한 순간에 빠른

그림 1•2▸전통적인 비행기 계기판과 최신 통합형 계기판

판단을 내리는 데 도움이 된다. 이처럼 인간공학은 인간의 신체적 특징이나 정보처리 특징을 파악하여 제품이나 시스템 설계에 반영함으로써 편리성, 효율성, 안전성을 높이는 학문이다.

1.1 인간공학의 정의

인간공학이란 시스템의 목적을 수행하는데 있어서 인간이 편리하고, 안전하고, 효율적으로 사용할 수 있도록 시스템을 설계하는 과정을 연구하는 학문이다. 즉, 인간의 신체적(물리적) 특성, 정신적 특성을 연구하여 도구, 기구, 시스템, 직무 및 환경의 설계 과정에 반영함으로써 시스템에 대한 인간의 수용도(受容度)를 높여 효율 향상과 인간의 가치를 높이는데 목표를 두고 있다.

Chapanis는 인간공학을 '인간의 행위, 능력, 한계와 특성들을 파악하여 이를 생산적이고, 안전하고, 편안하고, 효율적으로 인간이 사용할 수 있도록 도구, 기계, 시스템, 작업과 환경의 설계에 응용하는 학문'으로 정의하였다. 이밖에 인간공학을 초점, 목표, 접근방법 측면으로 구분하여 아래와 같이 설명하기도 한다(Sanders and McCormick, 1993).

1) 인간공학의 초점 인간공학은 인간이 사용하는 물건, 기구, 환경을 설계하는 과정에서 이들 시스템과 인간의 상호작용에 초점을 둔다. 즉, 일반적으로 공학이 기능적 효율성에만 중점을 두고 있는 반면 인간공학은 시스템의 설계에 있어서 인간 요소를 고려한다는 차이가 있다.

2) 인간공학의 목표 인간공학의 목표는 기능적 효과와 효율(functional effectiveness and efficiency)과 인간 가치(human value)를 향상시키는 것이다. 기능적 효과는 사용 편이성 증대, 정확성 제고, 반응시간 경감, 사고나 오류 감소, 생산성 향상 등을 포함한다. 인간 가치 향상은 사용 쾌적감 증가, 안전 향상, 스트레스 및 피로 감소, 사용자의 수용도 향상, 직무 만족도 및 생활의 질 향상 등을 포함한다.

3) 인간공학 접근방법 인간공학의 접근방법은 제품, 기구, 환경을 설계하는 과정에서 인간의 능력, 한계, 특성, 행동에 관한 정보 등을 시스템의 설계에 체계적으로 적용하는 것이다.

1.2 인간공학의 분야 및 특성

국제인간공학회(International Ergonomics Association)에서는 인간공학의 여러 분야를 다음의 세 가지로 구분하고 있다.

- 육체 인간공학(physical ergonomics): 육체적 혹은 신체적 활동 시의 해부학적, 인체측정학적, 생체역학적, 생리학적인 특성에 관한 분야를 다룬다. 육체적 부하, 작업 자세, 중량물 취급 작업, 반복동작, 작업관련성 근골격계질환, 작업장 설계 등의 분야가 이에 속한다.
- 인지 인간공학(cognitive ergonomics): 작업 시의 정신적인 과정, 즉 지각, 기억, 추론, 반응 등을 다루는 분야이다. 심리적 부하, 정보처리모형, 인간-컴퓨터 상호작용, 직무스트레스 등을 포함한다.
- 조직 인간공학(organizational ergonomics): 조직의 구조, 정책, 처리 과정 등을 포함한 사회기술적인(sociotechnical) 시스템의 최적화를 연구한다. 의사소통, 인적자원관리, 인간 신뢰도, 팀워크, 참여적 설계 등을 이 분야에서 다룬다.

인간공학은 정의로부터 다음과 같은 세 가지 특성을 유추할 수 있다.

- 시스템적 접근: 인간공학은 인간과 환경으로 이루어진 목적 지향적 시스템의 설계, 운용, 평가 및 개선에 초점을 맞추고 있다. 여기서 환경은 다른 사람뿐 아니라 작업장, 도구, 제품, 기술 과정, 서비스, 소프트웨어, 인공적(built) 환경, 일(task), 조직과 같은 인간이 만든 어떤 조형물(artefact)도 포함한다. 또한, 인간공학은 인간의 신체적, 생리적, 심리적(정서적 및 인지적) 및 사회적 측면과 함께 환경의 물리적, 사회적, 정보적 등의 측면을 포괄적으로 다룬다. 인간공학은 미시적 수준(micro-level)(예: 도구를 사용하는 인간 혹은 단일 직무를 수행하는 인간)에서부터 중간 수준(meso-level)(예: 기술적 과정이나 조직의 일부로서의 인간), 거시 수준(macro-level)(예: 조직, 지역, 국가 혹은 세계적 네트워크의 일부로서의 인간)까지 다양한 수준의 주제를 다룰 수 있다. 이러한 관점에서 인간공학은 시스템적 접근 혹은 전체적(holistic) 접근이라 할 수 있다. 이와 같은 인간공학의 시스템적 혹은 전체적 접근 방식과 넓은 적용 영역은 인지심리학이나 인간동작과학(human movement science)과 같은 좁은 영역의 학문과 구분 짓게 한다. 다른 학문도 인간공학과 같이 인간 측면을 다루고 있으나 인지나 동작과 같이 특정 영역에 국한되어 있으며 인간공학과 같이 종합적(comprehensive)이지는 않다.
- 설계 지향성(design driven): 인간공학은 시스템 설계를 통하여 기능적 효율 및 효과와 인간 가치 향상을 추구하며, 인간공학은 시스템의 기획, 설계, 실행, 평가, 유지/보수, 재설계와 연속적 개선 등 모든 단계에 관여할 수 있다. 인간공학 전문가는 설계 과정에서 다양하고 활발한 역할을 할 수 있다. 예를 들어, 시스템의 인간 요소 전문가로 활동할 수 있으며, 주어진 상황(situation)을 분석하고 해결하며, 기술적 및 조직적 환경을 설계 및 평가하고, 시스템을 재설계하고 계속적으로 개선하는 일을 할 수 있다. 설계에 관한 지식과 기술을 바탕으로 설계 관련 의

사결정에 통합적(integrative) 역할을 할 수도 있다. 또한, 인간공학 전문가는 공학적 개념이나 용어(terminology)를 최종 사용자 용어로 번역하거나 혹은 반대 방향의 번역을 통하여 설계 과정을 촉진하거나 조정할 수 있다. 이와 같은 인간공학의 설계 지향성은 사회학, 인류학과 같은 다른 학문 분야와 구별 짓는다. 사회학, 인류학과 같은 다른 학문 분야도 인간공학과 종합적 관점을 공유하나 인간공학과 같이 실행에 옮겨지지는(action view) 않는다.

- 서로 연관된 2개의 결과, 기능적 효과 및 효율과 인간 가치: 환경을 인간에 적합하게 설계함으로써 인간공학의 두 가지 결과, 즉 기능적 효과 및 효율 혹은 수행도(예: 생산성, 효율, 효과, 품질, 혁신성, 융통성, (시스템) 안전 및 안정, 신뢰성, 지속 가능성(sustainability))과 인간 가치(예: 안전 및 보건, 만족, 즐거움(pleasure), 학습, 개인 계발) 향상을 달성할 수 있다. 기능적 효과 및 효율과 인간 가치는 서로 상호작용하여, 기능적 효과 및 효율이 인간 가치에 영향을 미칠 수 있고 인간 가치는 기능적 효과 및 효율에 영향을 미칠 수 있다. 이러한 인간공학의 두 가지 결과에 대한 초점은 공학, 심리학, 의학 등의 다른 학문 영역과 구별 짓게 한다. 공학, 심리학, 의학 등의 다른 학문 영역은 인간공학과 한 가지 결과(기능적 효과 및 효율 혹은 인간가치)에 대한 초점은 공유하나, 인간공학과 같이 두 가지 결과 모두를 추구하지는 않는다.

1.3 인간공학의 역사

1.3.1 국제적 관점

1) 초기 인간공학 인간공학은 인류가 간단한 도구나 기구를 만들 때부터 시작되었다고 할 수 있으나, 본격적인 발전은 1800년대 후반과 1900년대 초반의 2차 산업혁명부터라고 보는 것이 타당하다. 1900년대 초반 길브레스 부부는 동작연구 기법을 창안하여 작업 개선에 활용하였다. 예를 들어, 당시까지는 외과 수술 시 의사가 트레이에 담겨있는 도구를 직접 집어 들고 수술하였으나, 도구를 집는데 걸리는 시간이 환자를 돌보는 시간만큼 소요됨을 관찰하였다. 이에 길브레스 부부는 간호사가 사용되는 수술 도구의 방향을 간호사가 미리 정렬하여 놓았다가, 의사가 필요한 도구를 요구하면 간호사가 도구를 의사에게 전달하는 현재와 같은 방식으로 개선하였다.

1924년부터 1933년까지 Harvard 대학의 G.E. Mayo 교수에 의해 Western Electric Company의 Hawthorne 공장에서 작업 환경, 작업 요인 등이 생산 능률에 미치는 영향에 대한 일련의 연구가 진행되었다. 이 연구에서 작업장 조명, 습도, 온도 등의 물리적 조건보다 소그룹의 인간적 관계, 비공식적 규칙 등의 사회심리적 조건이 생산성에 더 큰 영향을 미친다는 것이 발견되었다. 이를 계기로 인간관계에 중점을 둔 생산조직, 사회적 시스템, 그룹 다이나믹스(group dynamics), 동기유발 등에 대한 연구가 시작되었다.

이러한 인간공학에 대한 성과에도 인간공학은 보편화되지는 못하였고, 2차 세계대전까지도 인간공학은 직무에 적합한 사람을 선발하는 것과 이들의 훈련 절차의 개발에 초점이 맞추어졌다. 즉, 적절한 선발 과정과 훈련을 통하여 사람을 작업에 알맞게 맞추는(fitting the person to the job) 노력을 하였다. 그러나 2차 세계대전 당시 기술 수준이 전 시대에 비하여 크게 발전하여 무기 체계의 성능이 향상되었으나, 실제 전장에서는 소기의 성능이 충분히 발휘되지 못하였다. 평화 시나 국지전 등의 소규모 전쟁의 발발 시는 좋은 인재를 선발하여 교육·훈련을 통하여 무기 체계를 잘 다루는 인재를 양성하여 활용할 수 있어 훈련이나 전투에서 무기 성능이 십분 발휘되었으나, 세계대전과 같은 큰 전쟁이 발발할 때에는 그러하지 못하게 됨으로써 무기 체계의 성능이 제대로 발휘되지 못하게 된 것이다. 한 예로, 2차 세계대전 중에 인간의 능력과 한계를 고려하지 않고 설계된 400여대의 전투기가 적과 싸우기도 전에 추락한 것을 들 수 있다. 추락 원인은 당시 전투기의 고도계가 바늘이 3개로 구성되어 있어 조종사가 고도를 잘못 읽은 탓이었던 것으로 조사되었다. 이를 해결하기 위하여 과거와 같이 좋은 병사들을 선발하여 이들을 교육·훈련하여 무기체계를 잘 다루도록 하는 노력 대신, 무기 체계를 누구나 쉽게 다룰 수 있도록 무기 체계를 인간에게 적합하게 설계하려고 (fitting the equipment to the person) 하였다. 비행기 설계에 인간의 특성과 한계를 고려하는 인간공학 개념이 도입되어 인식 및 작동하기 편한 표시장치와 조종장치가 도입되었고, 사망 사고는 예전의 5% 수준으로 경감하였다. 이러한 노력이 인간공학의 본격적 발전의 시작이라 할 수 있다.

이 시기에 미 육군에서는 남녀 군인의 인체를 측정하고 이 측정 자료를 바탕으로 극한 지역의 군복, 철모 등을 설계하였다. 또, 군용 트럭에 대한 인간공학적 검토를 거쳐 최적 설계 조건을 연구하고, M-4 전차의 조종석 및 내부 설계에 인간공학적 결함이 있음도 알아냈다. 해군에서는 해군 항공기지의 관제탑을 인간공학적으로 재설계하여 피로와 인간 실수는 줄이면서, 한 병사가 담당하는 기기의 수는 증가시켰다. 이와 같이 초창기의 인간공학은 주로 군이나 군과 관련된 군수회사들에서 연구되거나 다루어졌으나, 2차 세계대전이 끝나면서 자동차 회사들을 비롯하여 산업 전반으로 인간공학의 연구 및 적용이 확산되게 된다.

2) 전문직 태동기(1945~1960) 2차 세계대전이 끝난 1945년에 미공군과 해군에 공학심리실험실이 설립되었으며, 거의 동시기에 공학심리와 관련된 계약 과제를 수행하는 민간회사가 설립되었다. 영국에서는 의학연구협회, 과학산업연구부 등에서 인간공학이 연구되었고, 독일에서는 Max Planck 노동생리학 연구소가 설립되어 인간공학 연구의 중심이 되었다.

1949년에 인간공학 관련 최초 학회인 영국 인간공학회가 설립되었으며 이후 인간공학 관련 학술대회가 열리고, 인간공학 서적들이 출판되고 많은 인간공학 연구소 및 컨설팅 회사들이 탄생하였다. 1950년대 유럽에서는 작업생리학, 생체역학, 인체측정 등의 지식이나 자료가 작업장과 작업 도구 설계에 응용되었으며, 작업자의 안전, 건강, 편리함이 중요한 것으로 여겨졌다. 이에는 노동조합의 역할이 컸으며 스칸디나비아 국가들, 프랑스, 독일의 일부 기업에서는 작업자가 사용하는 장비를 구매할 때 노동조합이 지정하여 구매하는 경우가 많았다. 그 결과 작업하는 데 편안하고 편리한 장비와 도구를 설계하는 관행이 확산되었다. 미국에서는 산업계로 인간공학의 적용이 확산되었다. Eastman Kodak사는 다양한 인간공학적 원칙을 작업 설계에 응용하여 산업인간공학을 적용한 최초의 기업으로 여겨진다.

1957년에 인간공학 분야의 권위 있는 학술지인 Ergonomics가 영국 인간공학회에 의해 발간되고, 같은 해에 미국 인간공학회가 설립되어 1959년에는 학술지 Human Factors를 발간하여 현재 인간공학 분야의 최고의 학술지로 인정받고 있다. 1957년에는 인간공학의 역사에서 중요한 기관 중의 하나인 공학심리학회가 미국 심리학회 산하에 만들어져(분과 21) 인간공학 분야를 다루었다. 같은 해에 구소련(현재 러시아)이 세계 최초 인공위성인 스푸트니크(sputnik) 발사에 성공하였다. 1959년에는 국제인간공학회가 창립되어 현재 3년마다 학회가 열리고 있다.

3) 빠른 성장기(1960~1980) 1960년대까지는 인간공학의 연구 및 적용이 주로 군이나 군수산업 등에 제한되어 있었으나, 이 시기에 들어 인간공학 분야가 빠르게 성장하고 다른 분야로 확장되게 된다. 1957년에 구소련의 우주선 스푸트니크 발사 후 미·소 간에 우주선과 유인 우주선 분야에 대한 경쟁이 시작되면서, 인간공학이 우주 프로그램의 중요한 분야가 되어 빠른 성장의 계기가 되었다. 이는 1960년에 미국 인간공학회의 회원수가 500여 명이었던 데 반하여, 1980년에는 3,000명이 넘게 된 사실에서 잘 알 수 있다. 이 시기에 많은 민간 기업들이 작업장과 제품 설계에서 인간공학의 중요성 및 기여를 인식하게 되면서, 약학, 컴퓨터, 자동차, 소비재 생산 업체 등으로 인간공학이 빠르게 확산되어 갔다. 1979년에 미국 쓰리마일 아일랜드 원자력 발전소에서 방사능 누출 사고가 발생하여, 복잡한 대형 시스템의 설계에서 인간공학의 중요성 및 역할에 대한 대중의 인식을 제고하는 계기가 되었으며, 많은 연구비가 투입되어 이 분야에 대한 연구가 활성화되는 기폭제가 되었다. 산업에서의 빠른 성장과 인식에도 불구하고 인간공학은 여전히 일반 대중에게는 상대적으로 알려지지 않았다.

이 시기에 일본에서도 인간공학이 발전하기 시작하였는데 노동과학연구소가 신간선 설계에 인간공학을 적용하였고, 항공 자위대의 항공의학 심리대는 항공기 사고 분석에 인간공학을 적용하여 큰 업적을 남겼다. 1962년에는 일본 인간공학회가 창립되었다.

4) 1980년 이후 컴퓨터가 보급되기 시작하면서 사용자 친화적(user-friendly) 소프트웨어 개발, 컴퓨터 관련 기기의 인간공학적 설계와 같이 컴퓨터 분야에 인간공학의 적용이 활발해졌다. 1979년에 발생한 쓰리마일 아일랜드 방사능 누출 사고를 계기로 모든 원자력 발전소 조종실(control room)은 설계 결함을 찾고 이를 개선하는 인간공학적 검토를 거치도록 강제화하여 인간공학에 대한 수요가 크게 창출되었다. 또한 제조물책임법(PL)이 시행되면서 법원이 제품결함 판정, 지시 혹은 설명문의 적절성 판단 등을 위한 인간공학 전문가 증언의 중요성을 인식하면서 법 관련 분야에서 인간공학 수요가 크게 증가하였다. 예를 들어, 자동차 급발진 사고의 원인이 제품 자체의 결함인지 운전자의 실수인지를 규명하는 과정에서 인간공학자들이 인적 요인을 밝히는 역할을 수행하고 있다. 미국 인간공학회 회원의 약 15%가 전문가 증언 일에 간여하고 있는 것으로 알려져 있다.

이 시기에 인간공학은 과거와 같이 생산성 및 안전성 향상 뿐 아니라 만족, 행복, 위신(dignity)과 같은 기준을 포함하는 삶의 질 향상에도 기여하고 있다. 현재 진행 중인 우주 정거장 건설 및 운용, 달 및 화성 탐사 유인 우주선 계획, 컴퓨터 분야의 발달로, 이 분야에서 인간공학 수요의 증가가 예상되어 향후에도 인간공학의 지속적인 발전이 기대된다. 또한, 앞으로는 개발도상국에서 인간공학의 역할이 증대될 것으로 예상된다.

1.3.2 우리나라의 인간공학

우리나라의 인간공학도 미국의 경우와 같이 국방 분야에 먼저 도입되었다. 미 공군의 한국군을 대상으로 한 인체측정, 공군에서의 항공의학연구, 국방과학연구소에서의 연구 등이 우리나라 인간공학의 태동이라 할 수 있다. 현재도 공군사관학교에서는 인간공학이 주요 교과목으로 교육되고 있으며, 인간공학 관련 연구소가 있어 조종사의 선발 및 훈련과 관련된 인간공학 연구를 활발히 수행하고 있다. 우리나라에서 인간공학이 본격적으로 교육되고 연구되기 시작한 것은 1960년대 말부터 대학에 공업경영학과, 산업공학과가 설립되기 시작하면서부터라고 할 수 있다. 이후 한국과학기술원, 서울대학교, 고려대학교 등의 소수의 대학에서 인간공학 실험실이 만들어져 연구 활동을 수행하여 오다, 1982년에 한국과학원 박경수 교수, 하이팩 의자 생산업체인 광성종합(주)의 한석준 회장, 한국신발과학연구소의 한상덕 소장 등 40여 명이 대한인간공학회를 설립하여 인간공학 발전의 초석을 마련하였다. 2020년 현재 회원 수 450여 명의 대규모 학회로 발전하였으며, 학회 회원 구성은 산업공학, 의류학, 산업안전, 원자력, 심리학, 의학 전공 등으로 매우 다양하다. 학회 회원 수 규모로는 세계에서 5위 안에 들 정도의 큰 학회로 성장하여, 우리나라에서의 인간공학의 비약적 발전, 활발한 연구 활동 등을 엿볼 수 있다. 일본 인간공학회와 매년 정기적 학술 교류, 1994년에 범태평양 인간공학회, 2003년에 국제인간공학회를 서울에서 개최하였고 2024년 국제인간공학회 개최를 유치하는 등 국제적 활동도 활발히 수행하고 있다.

연구 분야를 1982년부터 2001년까지 20년간 대한인간공학회지에 발표된 329편의 논문을 분석하여 살펴보면, 인력운반 등 생체역학과 작업생리학 21.9%, 감성공학과 인간공학적 디자인 15.8%, HCI/인지공학 14.0%, 인간-기계 시스템 12.2%, 인체측정 10.9%, 의류 10.3%, 산업안전 7.3%, 작업설계 4.0%, 원자력 2.7% 등으로 나타나, 연구 분야 또한 회원의 구성만큼 매우 다양함을 보이고 있다. 최근에는 작업관련성 근골격계질환 예방 및 관리, 제품 디자인 등에 인간공학이 필수적인 요소로 적용되고 있다. 대학에서는 산업공학과, 안전공학과, 환경 및 보건 관련 학과, 직업환경의학과, 산업디자인학과, 의류학과 등 다양한 분야에서 강의 및 연구가 수행되고 있다.

1.4 인간공학 용어

인간공학은 영어로 Ergonomics 또는 Human Factors라 하며, Ergonomics는 유럽을 중심으로, Human Factors라는 명칭은 인간공학이 심리학 분야에서 발전하기 시작한 미국에서 주로 사용되어 왔다. Ergonomics라는 용어는 그리스어의 ergon(work, 즉 작업 의미)+nomoi(natural law, 즉 원리 의미)+ics(학문을 의미하는 접미어)가 합성된 것으로, 인간이 작업을 효과적으로 수행하는데 필요한 원리나 방법을 연구하는 학문이라고 할 수 있다. Ergonomics라는 말은 1857년에 폴란드의 교육자이며 과학자인 Wojeiech Jastrzobowski가 처음으로 사용하였다. 1950년대 영국 과학자 K.F.H. Murrell이 다시 언급하였다. 현재는 인간공학이 심리학 관련 분야뿐만 아니라 작업 설계, 제품 설계 등으로 영역이 확장되면서 Ergonomics로 통용되고 있으나, Human Factors와 같은 의미로 혼용되고 있다. 두 용어를 합한 Human Factors/Ergonomics(HFE)라는 용어도 문헌, 학회 명칭(예: 미국 인간공학회 — The Human Factors and Ergonomics Society; 영국 인간공학회 — The Institute of Ergonomics and Human Factors)에 등장하고 있다. 우리나라에서는 종종 자동차, 가전제품, 가구, 신발, 의료기기 등의 광고에서 인체공학이라는 용어를 사용하나, 정식 명칭은 인간공학이다.

1.5 인간공학의 필요성

인간공학이란 개념은 인류가 도구와 장비를 만들어 사용하는 산업사회에 접어들면서 도입되었다고 할 수 있다. 망치나 칼과 같은 간단한 도구는 만들어 사용하다가 불편하면 고쳐 사용하거나 개량할 수 있다. 그러나 최근 수십 년 동안 기술개발 속도가 빨라지고 이에 따라 장비나 시스템이 복잡해지고 대형화되면서, 초기 설계 단계부터 인간 요소를 체계적으로 고려하지 않으면 사용 단계에서 그 장비나 시스템이 비실용적이 될 가능성이 높다. 또한 이를 사후에 수정하려면 엄청난 시간과 비용을 감수해야 한다. 이에 대한 최선의 해결책은 제품이나 시스템의 초기 설계 단계에서 인간공학적 요소를 고려해 주는 것이다.

교통사고의 96%, 항공기 사고의 80%, 안전사고의 84% 이상이 설계 잘못이나 이로 인한 인간의 과실 때문인 것으로 조사되고 있다. 따라서 인간의 특성을 잘 파악하여 인적 오류를 줄이고 작업하기 편하도록 장비나 시스템을 설계하는 것은 생산성이나 경제적인 관점뿐만 아니라 작업 만족도 측면에서도 중요하다.

인간공학적 요소를 고려한 제품이나 시스템은 이를 고려하지 않는 제품에 비하여 효율성과 제품 만족도 면에서 큰 차이를 보인다. 인간공학적인 원리를 제품이나 작업 환경, 시스템 등에 적용하면 작업자가 쉽고 안전하게 작업을 수행할 수 있어 작업의 질이 향상되고 이는 결국 생산성과 품질 향상으로 이어져 상품의 경쟁력을 높인다.

1.6 인간공학 관련분야

인간공학의 적용 분야는 간단한 수공구 설계로부터 원자력 발전소나 비행기와 같은 대형 시스템의 설계에 이르기까지 그 적용 범위가 매우 넓다. 즉, 그 적용 대상이 인간이 사용하는 제품이나 소속된 시스템 전체에 걸쳐있으므로 그 접근 방법이 학제적인(multidisciplinary) 성격을 가진다. 인간공학에서 활용하는 주요 학문 분야로는 인체 측정학, 생체 역학, 작업 생리학, 산업심리학, 인지공학, 감성공학, 안전공학, 환경공학, 산업디자인, HCI(human-computer interface/interaction), 작업관리, 제어공학 등을 들 수 있다(그림 1•3).

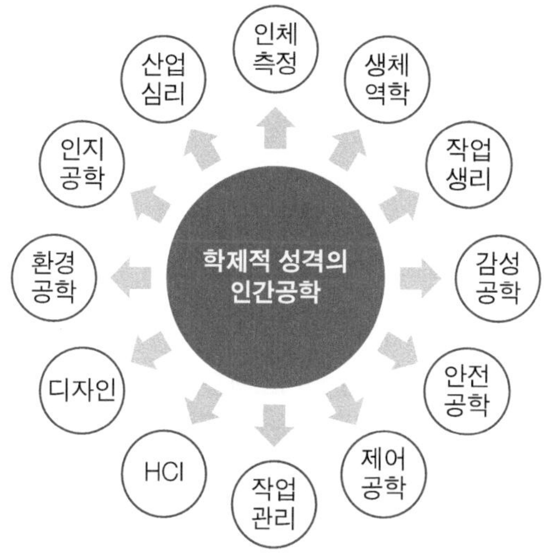

그림 1•3▸인간공학 관련 학문

1.7 인간공학의 철학적 배경

제품이나 시스템 설계에 인간공학적인 원칙이 적용되기 전의 설계 철학은 기계 중심의 설계 철학이라고 말할 수 있다. 즉, 기계적 효율을 높이는 방향으로 기계를 설계·제작하고 이 기계의 특성에 맞는 사람을 선발하거나 훈련하여 운용하였다. 즉, 기계적 효율성이나 작업의 효율성만을 강조한 기계 중심의 설계 관점이 유지되어 왔다. 그러나 이런 기계 중심으로 설계된 제품이나 시스템은 작업자 선발 및 훈련을 충분히 하더라도 사람의 처리 역량을 넘어서는 복잡한 장비나 시스템의 경우에는 그 운용에 한계가 있음을 알게 되었고, 이런 문제점을 극복하기 위하여 인간중심의 설계 철학이 나타나게 되었다. 즉, 인간중심의 철학에서는 가능하면 기계나 작업을 인간에게 맞추려는 관점을 가지게 된 것이다.

최근에는 시스템 관점에서 인간과 기계를 적절히 결합시킨 최적 통합시스템 설계가 강조된다. 최적 통합시스템 설계는 시스템의 목표를 가장 효율적으로 달성하는 것을 목표로 하고 있다. 넓은 의미로 보면 최적 통합시스템의 설계는 인간중심의 설계 철학과 큰 차이를 보이지 않는 것으로 받아들여진다. 인간중심 설계 철학이나 최적 통합시스템 설계 철학이나 모두 인간의 특성과 능력을 존중하여 설계에 반영하기 때문이다.

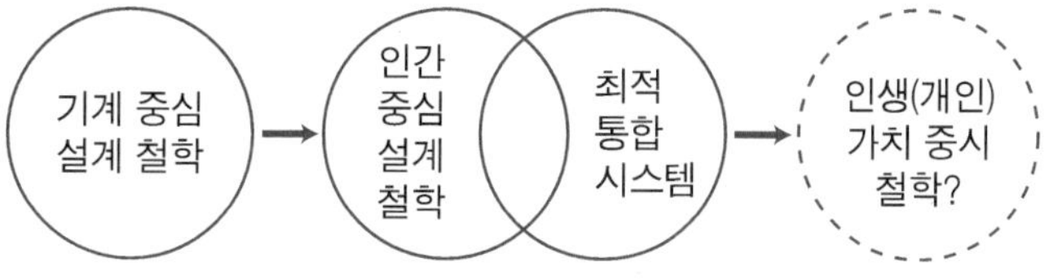

그림 1•4▸인간공학의 철학적 배경 발전 과정

한편 최근의 동향으로는 시스템, 설비, 환경의 설계 과정에서 기본적인 인간 삶의 가치 기준에 초점을 두어 개인을 중시하는 신철학이 나타나는 조짐이 있다(그림 1•4).

2 시스템

인간공학에서는 인간-기계 통합 시스템에 인간을 관련시키는 것을 주로 다루므로, 통합 시스템에서의 인간의 역할에 주안점을 두어 인간-기계 시스템을 해석하는 것이 필요하다.

2.1 시스템의 목적

모든 시스템은 어떤 목적이나 목표를 가지고 있다. 이 목적이나 목표는 분명하게 이해되어야 하고, 명확한 설계 명세로 명문화되어야 한다. 예를 들면, 출퇴근 및 근거리용의 전기 자동차를 설계한다면 속도, 주행거리, 기동성 등의 명세를 최대한 상세하게 설정한 후에, 이들 설계 명세를 충족시킬 수 있는 자동차를 설계하여야 한다. 이와 같이 인간-기계 시스템에서도 시스템의 목적이 명확하게 기술되어야 한다.

2.2 시스템의 기본 기능

시스템이 목적을 달성하기 위해서는 시스템을 구성하는 요소들이 특정한 임무들을 수행하게 된다. 각각의 임무는 사람 또는 기계에 적절히 할당되어 각 임무를 수행한다. 그림 1•5는 시스템이 가지고 있는 전형적인 네 가지 기본 기능, 즉 감지, 정보보관, 정보처리 및 의사결정, 행동 기능을 나타낸다.

1) 감지(정보 수용) 시스템은 기본적으로 외부로부터 정보를 입력받는다. 인간의 경우에는 시각, 청각, 촉각과 같은 여러 종류의 감각 기관을 통해 정보를 수용한다. 기계의 경우는 기계, 전기,

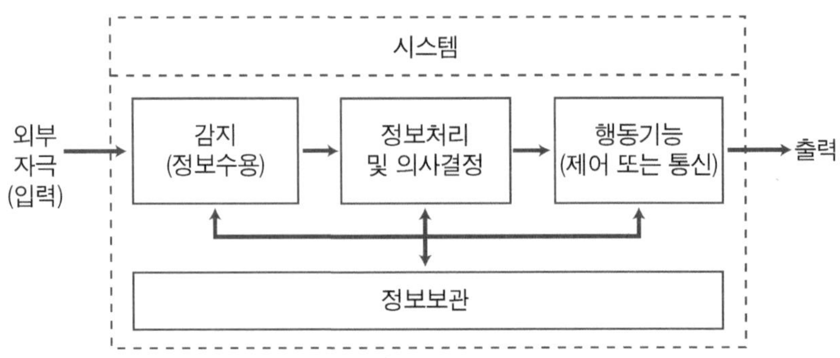

그림 1•5▸시스템의 기본 기능

화학적 감지 장치 등을 통하여 정보를 입력받는다. 기계는 인간이 할 수 있는 감지 기능을 단순히 대신 수행하기도 하지만, 경우에 따라서는 레이더나 초음파와 같이 인간이 감지할 수 없는 영역을 감지하기도 한다.

2) 정보보관 인간에게 정보보관이란 학습을 통하여 기억하고 있는 것에 해당된다. 기계의 경우 정보 보관은 기록, 자기 테이프, 광디스크, RAM 등과 같은 물리적 기구이외에 여러 가지 방법으로 이루어질 수 있다. 일반적으로 보관되는 정보는 암호화되거나 부호화된 형태로 보관된다.

3) 정보처리 및 의사결정 정보처리란 수용한 정보를 가지고 수행하는 여러 종류의 조작을 말한다. 인간이 정보처리를 하는 경우에는 의사결정이 뒤따르는 것이 일반적이다. 기계의 경우에는 가능한 모든 입력 정보에 대해서 미리 프로그램된 절차나 방식으로 처리된다.

4) 행동 기능 행동 기능이란 내려진 의사결정의 결과로 발생하는 조작 행위를 일컫는다.

5) 입력 및 출력 시스템으로 들어오는 입력은 원하는 결과를 얻기 위해 필요한 재료나 정보, 또는 에너지를 말한다. 출력은 제품의 변화, 전달된 통신, 제공된 용역과 같은 시스템의 성과 또는 결과이다.

2.3 개회로 시스템과 폐회로 시스템

시스템은 시스템의 출력정보를 그 시스템의 입력으로 다시 궤환(feedback) 하느냐 안하느냐에 따라 개회로(open-loop) 시스템과 폐회로(closed-loop) 시스템으로 구분된다. 개회로 시스템은 일단 작동되면 더 이상 제어가 안 되거나 제어할 필요가 없는 미리 정해진 절차에 의해 진행되는 시스템을 말한다. 개회로 시스템의 예로는 총이나 활을 쏘는 것을 들 수 있다.

폐회로 시스템은 자동 온도 조절 시스템, 자동차 운전, 탄도 미사일과 같이 현재 출력과 시스템 목표와의 오차를 연속적으로 또는 주기적으로 피드백 받아 시스템의 목적을 달성할 때까지 제어하는 시스템을 말한다.

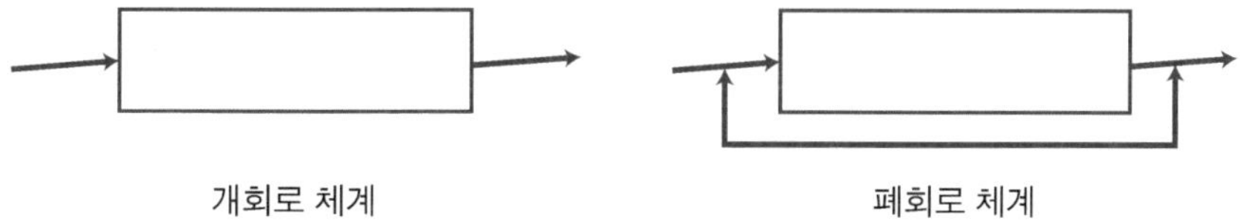

그림 1•6▸개회로 시스템과 폐회로 시스템

2.4 인간-기계 통합 시스템의 유형

인간–기계 통합 시스템이란 한 사람 이상의 인간과 하나 이상의 물리적 부품이 조합하여 주어진 입력으로부터 원하는 출력을 생성하기 위하여 상호작용을 하는 것을 말한다. 여기서 기계란 원하는 목적을 달성하는 데 필요한 활동이나 어떤 기능을 수행하는데 사람들이 사용하는 거의 모든 종류의 물체, 장치, 장비, 설비 등을 포함한다. 펜을 든 사람과 같은 간단한 인간–기계 시스템에서 관제사와 관제장비, 승무원과 항공모함과 같은 복잡한 인간-기계 시스템이 있을 수 있다.

인간–기계 시스템에서 인간과 기계와의 관계를 표현하면 그림 1•7과 같다. 인간은 기계의 표시 장치에서 나온 정보를 오감을 통하여 감지하여 이를 정보처리한 후 신체를 통하여 외부 기기를 제어하게 된다. 기계는 인간의 행동(제어)을 받아 처리하고 그 결과를 다시 표시장치 또는 반응장치에 나타내 준다. 인간과 기계 사이에는 정보를 주고받는 인터페이스(계면)가 존재하며 이를 인산–기계 인터페이스(human-machine interface, HMI)라고 한다. 이러한 인터페이스의 설계가 좋으면 사용성이 좋은 시스템이 된다. 좋은 인터페이스를 설계하려면 인간-기계 인터페이스를 구성하는 표시장치, 조종장치 등의 요소가 인간공학적 설계 원칙을 반영한 설계가 되어야 할 뿐 아니라, 인터페이스 자체가 사용자의 인지적 특성을 고려하여 설계되어야 한다.

이러한 인간-기계 시스템을 인간 대 기계의 통제 정도에 따라서 구분하면 다음 세 가지로 분류할 수 있다.

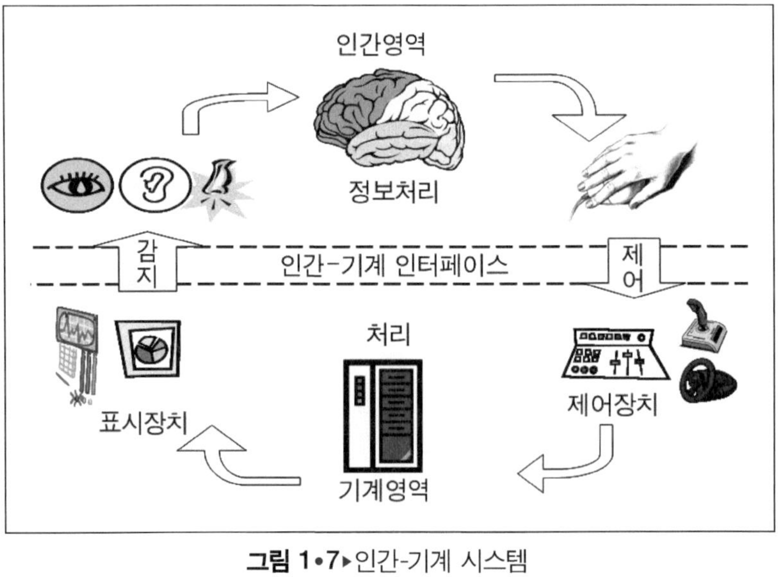

그림 1•7▸인간-기계 시스템

(a) 수동 시스템
(톱질)

(b) 반자동 시스템
(자동차)

(c) 자동 시스템
(자동화 공장의 공정)

그림 1•8▸인간-기계 시스템의 예

2.4.1 수동 시스템

수동 시스템은 수공구나 기타 보조물로 이루어지며 자신의 신체적인 힘을 동력원으로 사용하여 작업을 통제하는 인간 사용자와 결합된다. 연필을 사용하는 학생, 가위로 옷감을 재단하는 재단사, 삽질하는 작업자 등이 그 예이다.

2.4.2 기계화 시스템(반자동 시스템)

동력원을 사용하는 여러 가지 공작기계처럼 동력은 기계가 생성하여 전달하며, 조작자는 제어장치를 사용하여 동력을 조정하거나 통제하는 것이다. 자동차 운전이나 전기 드릴 작업 등이 그 예이다.

2.4.3 자동 시스템

자동 시스템은 사람이 거의 관여하지 않아도 모든 조작 기능을 실행하는 시스템을 말한다. 자동으로 움직이는 산업용 로봇이나 자동으로 운용되는 화학공장 등이 그 예이다. 자동 시스템은 자동으로 운영되기 때문에 인간 요소를 고려할 필요가 없다고 생각하는 것은 잘못이다. 이러한 시스템도 설계, 설치, 프로그램 작성 및 수정, 유지 보수에는 역시 사람이 필요하다. 특히, 자동 시스템은 복잡한 시스템이 대부분이므로 보수, 유지, 운용에 필요한 인터페이스 설계가 무엇보다 중요하다. 따라서 자동 시스템에도 다른 인간-기계 시스템과 마찬가지로 인간공학적 주의를 기울여야 한다.

연습문제

[1] 다음 중 인간공학의 초점으로 적절한 것은?

① 인간과 시스템의 상호작용 ② 기능적 효율
③ 인간 요소 ④ 인간 가치

[2] 인간공학 목표 중 인간 가치 향상과 거리가 먼 것은?

① 피로 경감 ② 사용 편의성 ③ 삶의 질 ④ 안전

[3] 인간공학의 주요 목적에 대한 설명으로 옳지 않은 것은?

① 제품 사용자 수용성 및 사용 편의성 증대
② 작업 오류 감소 및 생산성 향상
③ 제품 판매 및 운송 비용 절감
④ 작업의 안전성 및 작업 만족도 개선

[4] 제품 디자인에 있어 인간공학적 고려 대상이 아닌 것은?

① 개인차를 고려한 설계 ② 사용 편의성 향상
③ 학습효과를 고려한 설계 ④ 하드웨어 신뢰성 향상

[5] 작업장에 인간공학을 적용함으로써 얻게 되는 효과로 틀린 것은?

① 이직률 및 작업 손실 시간의 감소 ② 기업 생산성 증가
③ 노사 간 신뢰성 저하 ④ 작업자에게 더 건강하고 안전한 작업 조건

[6] 자세 부하, 중량물 취급, 작업장 설계 등을 다루는 인간공학 분야는?

① 육체 인간공학 ② 인지 인간공학 ③ 조직 인간공학 ④ 산업 인간공학

[7] 인간공학의 기본 특성과 가장 거리가 먼 것은?

① 시스템 접근 ② 설계 중심적
③ 목적 지향적 ④ 삶의 질 및 수행도에 초점

[8] 인간공학 적용 결과 얻을 수 있는 결과 중 기능적 효과/효율 혹은 수행도가 아닌 것은?

① 생산성 ② 효과 ③ 혁신 ④ 만족

[9] 인간공학의 학문적 태동이 된 계기는?

① 동작연구 ② 군복 설계 ③ 전투기 추락 ④ 전차 개선

[10] 인간공학 발전에 영향을 미친 사건/연구와 가장 거리가 먼 것은?

① 호오손 연구 ② 길브레스 부부 ③ 스푸트니크 ④ 대형 컴퓨터 발전

[11] 초기 인간공학의 주관심사는?

① 작업자 선발 및 훈련　② 사용자 친화적 도구 개발
③ 기계 성능 향상　④ 인간 능력의 고려

[12] 인간공학의 발전 역사에서 전문직이 태동한 시기는?

① 1900년대 초반　② 1945~1960년　③ 1960~1980년　④ 1980년 이후

[13] 1980년 이후 인간공학의 발전에 관한 설명 중 잘못된 것은?

① 컴퓨터의 보급으로 이 분야에 대한 인간공학 적용이 활발하였다.
② 원자력발전소 조종실 설계에서 인간공학적 검토가 강제화 되었다.
③ 제조물책임법의 등장으로 많은 수의 인간공학자가 법정 증언에 나서게 되었다.
④ 이 시기의 인간공학은 주로 생산성 및 안전성 향상에 초점을 맞추었다.

[14] 우리나라 인간공학 발전에 대한 설명으로 잘못된 것은?

① 미국과 같이 국방 분야에 먼저 도입되었다.
② 1950년대 말부터 대학에서 본격적으로 연구가 시작되었다.
③ 대한인간공학회는 1982년에 창립되었다.
④ 대한인간공학회는 450여 명이 넘는 대규모 학회로 성장하였다.

[15] 인간공학의 적용 분야로 보기 힘든 것은?

① 컴퓨터　② 도로 표지판　③ 원자력 발전소　④ 노사관계

[16] 다음 중 인간공학 용어에 관한 설명 중 잘못된 것은?

① 인간공학은 영어로 Ergonomics 또는 Human Factors라 한다.
② Ergonomics는 그리스어 Ergon(작업) + nomoi(관리) + ics(학문)의 합성어이다.
③ Ergonomics라는 용어는 Murrell이 최초로 사용하였다.
④ Ergonomics라는 용어는 유럽을 중심으로 사용되었다.

[17] 인간공학에 대한 설명으로 가장 옳은 것은?

① 인간공학의 다른 이름인 작업 경제학(ergonomics)은 경제학에서 파생되었다.
② 인간공학에서 다루는 내용은 상식 수준이다.
③ 인간이 사용할 수 있도록 설계하는 과정이다.
④ 초점이 인간보다는 장비/도구의 설계에 맞추어져 있다.

[18] 인간공학의 필요성에 관한 설명으로 틀린 것은?

① 인간공학은 인류가 도구와 장비를 만들어 사용하면서부터 그 필요성이 도입되었다고 할 수 있다.
② 시스템이 복잡화, 대형화되면서 설계 초기단계에서부터 인간 요소의 도입이 중요하게 되었다.
③ 인간공학적 요소를 고려한 제품과 그렇지 않은 제품 간의 만족도는 차이를 보이지 않는다.
④ 인간공학적인 원리를 제품에 적용하면 작업자가 쉽고 안전하게 작업을 수행할 수 있을 뿐 아니라 궁극적으로 생산성과 품질 향상에도 도움이 된다.

[19] 인간공학과 관련성이 가장 거리가 먼 것은?

① 작업생리　② 제어공학　③ 환경공학　④ 사회학

[20] 인간공학의 철학적 배경을 순서대로 나열한 것은?

① 기계중심 철학—인간중심 철학—최적 통합시스템
② 최적 통합시스템—기계중심 철학—인간중심 철학
③ 인간중심 철학—최적 통합시스템—기계중심 철학
④ 최적 통합시스템—인간중심 철학—기계중심 철학

[21] 인간-기계 통합 시스템에 대한 설명으로 틀린 것은?

① 인간과 기계 사이에 정보를 주고받는 계면을 제어라고 한다.
② 인간은 기계의 표시 장치에서 나온 정보를 오감을 통하여 감지하여 이를 정보처리한 후 신체를 통하여 외부 기기를 제어하게 된다.
③ 기계는 인간의 행동을 받아 처리하고 그 결과를 다시 표시장치에 나타내준다.
④ 인간-기계 통합시스템에서 인터페이스의 설계가 좋으면 사용성이 좋은 시스템이 된다.

[22] 다음 인간-기계 시스템 중 폐회로(closed loop)에 속하는 것은?

① 전자레인지　② 팩시밀리
③ 소총　④ 계장(display panel) 시스템

[23] 인간은 모니터링에 초점을 맞추는 인간-기계 통합시스템의 유형은?

① 수동 시스템　② 기계화 시스템
③ 자동 시스템　④ 정보 시스템

응용문제

[1] 산업이 바뀌고 인간이 사용하는 제품이나 환경이 바뀌더라도 인간공학은 여전히 필요할 것인가? 또 그 이유는 무엇인가?

[2] 인간공학의 철학적 배경을 설명하라.

[3] 인간공학을 초점, 목표, 접근방법 측면에서 설명하라.

[4] 개회로 시스템과 폐회로 시스템에 대해서 설명하라.

[5] 시스템이 가지고 있는 전형적인 네 가지 기본 기능을 설명하라.

[6] 시스템의 자동화 정도에 따라 시스템을 세 가지로 구분하고 사례를 들어 설명하라.

CHAPTER 2
인간공학 연구방법

인간공학은 인간의 능력과 행동 특성 정보를 인간이 사용하는 제품, 설비, 절차와 환경의 설계에 적용하여 효율과 인간 가치를 향상시키는 학문이다. 이를 이루기 위해서는 인간 특성을 파악하는 것이 필수적인데 인간의 능력과 행동 특성은 주로 실험과 경험을 통해서 얻어지며, 이러한 의미에서 인간공학은 경험과학이라고 말할 수 있다. 인간공학에서는 인간의 능력과 행동 특성에 대한 정보 외에도 기존 제품의 평가를 위한 실험적 연구를 통하여 자료를 수집한다. 따라서 실험방법과 실험설계는 인간공학 연구 과정에서 중요한 역할을 한다.

인간공학 연구방법은 크게 기술연구(descriptive study), 실험연구(experimental research)와 평가연구(evaluation research)로 나누어진다. 연구 종류에 따라 목적과 연구방법이 서로 다르나, 각 연구에서 적절한 연구 환경(research setting), 변수, 피실험자 표본, 자료 수집 및 분석 방법이 결정되어야 한다.

1 연구 환경

조사 연구자가 특정한 연구 목적을 얻기 위하여 그 연구를 어떤 상황에서 실시할 것인가는 실험의 목적, 변수 관리 용이성, 사실성, 피실험자의 동기 유발 및 안전 등을 고려하여, 실험실 환경, 현장 환경, 모의실험(simulation) 환경 중에서 선택할 수 있다.

1.1 실험실 환경

실험실 환경은 실험실 내에서 실험의 목적에 맞는 조건을 구성하여 실험하는 것을 말한다. 실험실 내에서는 환경을 통제하기 쉽고, 연구자가 여러 가지 변수들을 관리하기 쉬우며, 주변의 환경적인 요인에 영향을 받지 않고 연구할 수 있다. 예를 들면, 인간의 귀가 소리에 얼마나 민감한지를 파악하고자 한다면 실험실 밖에서는 주위의 소음이나 환경의 간섭 때문에, 실험 목적을 달성하기 어려우므로 실험 목적에 맞게 설계된 실험실에서 해야 할 것이다. 실험실 환경의 장점은 변수 통제의 용이성, 주변 환경 간섭의 제거 가능, 피실험자의 안전 확보 등이다. 그러나 경우에 따라 사실성이나 현장감이 부족할 수 있다는 단점이 있을 수 있다.

1.2 현장 환경

현장 환경은 실제 현장에서 실험하되 실험의 목적을 손상시키지 않을 정도의 최소한의 통제만 가하여 실험하는 것을 말한다. 예를 들어, 여러 가지 속도 표지판 유형이 운전자의 행동에 어떤 영향을 얼마나 끼치는가를 알아보려 하는 경우 실험실에서는 사실적으로 연구할 수가 없다. 왜냐하면 실험실에서는 실제 도로의 상황을 현실감 있게 구현하기 어려우므로 표지에 대한 운전자의 자연스러운 반응을 기대하기 어렵기 때문이다. 따라서 실험실에서 실험을 함으로써 실험의 원래 목적이 훼손된다면 현장에서 실험하여야 한다. 현장 실험 환경의 최대의 장점은 사실성에 있다. 단점은 일반적으로 변수 통제가 어렵고 시간과 비용이 많이 든다는 점과 안전상의 문제점을 들 수 있다.

1.3 모의실험 환경

모의실험은 실험실에서 실험하되 현장 상황과 최대한 유사하게 구현 또는 재현한 상황 하에서 변수를 통제하여 실험하는 것을 말한다. 실험의 목적상 현장감이나 사실성이 중요하지만 현장 상황에서 연구를 수행하는 것이 비실제적이거나 불가능할 때 이용된다. 예를 들면, 고속도로 주행 중에 앞에 가던 트럭에서 물건이 떨어지는 돌발 상황이 발생할 때의 운전자의 반응을 알아보고자

표 2•1▸실험실, 현장, 모의실험 환경의 장·단점

구분	장점	단점
실험실 환경	변수 통제 용이 환경 간섭 제거 가능 안전 확보	사실성이나 현장감 부족
현장 환경	사실성이나 현장감	변수 통제 곤란 환경 간섭 제거 곤란 시간과 비용 안전 확보가 어려움
모의실험 환경	어느 정도 사실성 확보 변수 통제 용이 안전 확보	고비용

한다면, 실험실 환경에서의 연구로는 의미가 없을 것이고 사고 발생의 가능성 때문에 현장 환경에서의 연구는 불가능할 것이다. 이런 상황 하에서는 컴퓨터 시뮬레이션이나 가상현실 시스템을 구현하여 모의실험을 행하는 것이 타당한 방법일 것이다(그림 2•1). 이처럼 모의실험은 현장과 유사한 환경을 구현하거나 컴퓨터 모의실험, 가상현실 등을 이용하여 실험 상황을 구성하여 실험을 수행한다. 현실과 유사한 환경을 구현하여 실험하므로 현실성도 어느 정도 확보할 수 있을 뿐만 아니라 변수 통제도 비교적 쉽다. 단점으로는 구현 비용이 많이 든다는 점이다(표 2•1).

그림 2•1▸자동차 시뮬레이터

2 연구 종류

인간공학 연구에서 연구 방법을 선택할 때 다음 사항이 고려되어야 한다.

- 유효성(effectiveness): 연구 목적을 달성하는 정도를 말하며 많은 경우 연구 목적 자체가 연구 방법을 결정하기도 한다.
- 사용 용이성: 연구 방법을 얼마나 쉽게 적용할 수 있는가를 의미한다.
- 비용: 자료 수집 및 장비 비용, 인력과 시간이 얼마나 요구되는가를 말한다.
- 융통성: 연구 방법이 다양한 환경에 적용될 수 있는 정도.
- 범위: 사용하는 연구 방법으로 측정 가능한 현상, 행위와 사건 등의 수.
- 타당성(validity): 실제 환경에서와 같은 자료를 생산할 수 있는 정도.
- 신뢰성: 시간에 따라 혹은 적용 간에 일관성 있는 자료를 생산할 수 있는 정도.
- 객관성: 연구 방법을 적용하는 연구자에 관계없이 절차에 따라 객관적으로 자료를 생산하는 정도.

2.1 기술연구

어떤 모집단의 특성을 파악하는 연구로 인체치수, 연령대에 따른 청력 손실, 스위치를 조작하는 방향에 대한 기대감, 작업자들이 들어올릴 수 있다고 생각하는 물체 무게 조사 등이 이에 해당된다. 기술연구는 흥미로운 연구는 아니지만 인간공학에서 중요한 분야로 다른 연구에 사용될 기초 자료를 생산한다. 연구는 주로 현장 환경에서 수행되나 실험실 환경(예: 운전대(steering wheel)를 조작하는 운전자의 근력을 실험실에서 측정함)에서도 측정된다. 기술연구에는 연구 대상 모집단의 특성을 나타내는 기준변수(criterion variable)와 모집단을 구분하는 층화변수(stratification variable)가 사용된다. 기준변수는 신장, 체중과 같은 물리적 특성, 반응시간, 악력, 기억기간 등의 수행도(performance) 자료, 선호도, 평가 계수 등의 주관적 자료와 체온, 동공 크기와 같은 생리적 지수의 네 가지로 나눌 수 있다. 층화변수로는 연령, 성별, 교육 수준, 지역 등이 많이 사용된다.

다른 연구에서 보다 기술연구는 많은 피실험자를 대상으로 수행되나, 원하는 정확도의 추론에 요구되는 것 이상으로 피실험자 수를 많게 하지는 않는다. 그 이유는 피실험자 수가 많을수록 결과의 신뢰성이 높아지나 많은 비용과 시간이 요구되기 때문이다. 자료 수집은 현장이나 실험 환경에서 설문조사, 면담 및 실제 측정을 통하여 이루어진다. 자료 분석에서는 모집단의 특성을 나타내는 도수 분포, 중심경향 척도(평균, 중앙값, 최빈값), 백분위수 등의 기술통계 기법이 많이 사용된다.

2.2 실험연구

실험연구에서는 어떤 변수가 관심의 대상이 되는 현상이나 행위에 영향을 미치는지와 영향을 미친다면 그 영향의 정도와 방향을 결정한다. 실험연구는 변수, 환경, 피실험자 특성에 대한 통제가 요구되기 때문에 실험실 환경에서 수행되는 경우가 많다. 그러나 실험 결과의 현실성을 제고하기 위하여 현장 혹은 모의실험 환경에서 수행되기도 한다. 연구에서 측정하고자 하는 행위에의 영향을 평가하기 위하여 통제되는 변수는 독립변수이고, 독립변수의 결과로 측정되는 변수는 종속변수라 한다. 종속변수는 기준변수라고도 하며 수행도, 주관적, 생리적 변수로 나누어진다.

실험연구에서 피실험자는 결과가 적용되는 집단을 대표할 수 있어야 하며, 피실험자 표본 크기는 일반적으로 기술연구보다는 매우 작다. 한 조사에 따르면 조사된 연구의 50% 정도는 피실험자 수가 9인 미만이었고, 25%는 9~11인, 25%는 11인 이상이었다. 자료는 기술연구와 같은 방법으로 수집되나 종종 보다 통제된 실험실 환경에서 연구가 수행되기 때문에, 컴퓨터를 사용한 좀 더 복잡한 방법이 사용된다. 비행기 조종사의 수행도를 평가하는 실험에서 인력으로 측정할 경우는 몇 가지의 수행도 변수만 측정할 수 있으나, 컴퓨터를 이용하면 많은 수행도 변수를 동시에 측정할 수 있으며 좀 더 정밀한 자료를 얻을 수 있다. 자료 분석은 분산분석, 다변량분석 등과 같은 추측(추론)통계의 여러 기법들이 사용된다.

2.3 평가연구

평가연구는 그 목적이 '무엇'의 영향을 평가하는 것이라는 점에서 실험연구와 유사하다고 할 수 있다. 실험연구가 행위나 현상에 대한 변수의 영향을 평가하는 것이라면, 평가연구의 평가 대상은 체계 혹은 제품이 되며 실험연구보다 포괄적 연구가 된다. 평가연구에서는 체계 혹은 제품을 사용하는 사용자의 수행도나 행위를 측정하여, 설계안이 얼마나 좋은지와 평가 결과에 따른 개선 방안을 찾아 제안한다. 연구의 예로 새로운 훈련 프로그램, 워드프로세서, 구명복의 평가를 들 수

표 2•2▸연구 종류

	목적	연구 환경	변수	피실험자 표본	자료 수집방법	자료 분석 방법
기술 연구	모집단의 특성 파악	주로 현장 환경, 때로 실험실 환경	기준변수, 층화변수	상대적으로 큼	설문조사, 면담, 실제 측정	기술통계 기법
실험 연구	독립변수 영향의 유의성 및 방향	주로 실험실 환경, 때로 현장 혹은 모의실험 환경	독립변수, 종속변수	상대적으로 작음	기술연구와 같으나 컴퓨터를 사용한 복잡한 방법이 사용되기도 함	추측통계 기법
평가 연구	체계 혹은 제품 평가	주로 현장 환경, 때로 실험실 혹은 모의실험 환경	독립변수, 종속변수	상대적으로 작음	실험연구와 같음	추측통계 기법

있다. 평가연구는 체계나 제품을 사용하는 집단을 대표할 수 있는 피실험자를 대상으로 체계나 제품이 사용되는 환경 혹은 이를 대표할 수 있는 조건에서 수행되어야 한다. 이로부터 평가연구는 현장 환경에서 수행되는 것이 바람직함을 알 수 있다. 그러나 연구의 목적이나 특성에 따라 실험실 혹은 모의실험 환경에서 평가연구가 수행되기도 한다.

이상의 세 연구를 정리하면 표 2•2와 같다.

3 연구에 사용되는 변수

연구 목적이 결정되면 연구자는 그 목적 수행을 위해 관심이 있는 변수를 측정해야 한다. 변수에는 독립변수와 종속변수가 있다.

3.1 독립변수

독립변수는 연구자가 조작하거나 통제하고자 하는 변수를 말한다. 즉, 실험자가 선택하고 어떤 특정 수준으로 설정하여 그것이 다른 변수에 미치는 효과를 측정한다. 예를 들면, 계기판의 종류에 따라 인간의 판독 실수율이 달라지는지의 여부를 실험하고자 한다면 계기판의 종류는 독립변수에 해당된다. 인간공학 연구에 사용되는 독립변수는 세 가지 유형으로 나눌 수 있다.

- **과업관련 변수**(task-related variable): 조절 막대의 길이, 화상 표시장치의 종류와 같은 장치 변수와 작업/휴식주기, 작업 순서와 같은 순수 변수
- **환경 변수**(environmental variable): 소음, 조도, 진동 등
- **피실험자 관련 변수**(subject-related variable): 성, 신장, 연령, 교육 정도 등

3.2 종속변수

종속변수는 독립변수의 영향을 평가하기 위하여 측정하는 변수이다. 즉, 독립변수의 가능한 '효과'의 척도이다. 앞 예에서 인간의 판독 실수율은 종속변수에 해당된다. 종속변수는 반응시간과 같은 성능의 척도일 경우가 많다. 종속변수는 보통 기준(criteria)이라고도 부른다.

4 연구의 기준 척도

앞에서 설명한 바와 같이 기준(또는 종속변수)은 연구중인 인자(또는 독립변수)가 영향을 주는 효과의 척도를 말한다. 보통 우리가 다루게 될 기준은 체계 또는 부품에 관련된 것(체계기준)과 인간의 특성에 관련된 것(인간기준)으로 구분할 수 있다.

4.1 체계 기준

체계 기준(system criteria)이란 체계의 성능이나 산출물에 관련된 기준을 말하며, 체계가 원래 의도한 바를 얼마나 달성하는가를 반영하는 기준이다. 예를 들면, 컴퓨터 중앙처리 장치는 단위 시간당 처리하는 자료의 양에 의해 평가될 수 있을 것이며, 잔디 깎는 기계는 단위 시간당 깎은 면적에 의해 평가할 수 있을 것이다. 체계의 예상 수명, 사용성(usability), 보전성(maintainability), 신뢰도, 내마모성, 운용비용, 인력 소요, 최대 회전수, 출력 등은 모두 체계 기준의 예이다.

4.2 인간 기준

인간 기준(human criteria)은 인간 성능 척도, 생리학적 지표, 주관적 반응, 사고 빈도와 같은 네 가지 유형으로 나눌 수 있다.

- **인간 성능 척도:** 여러 가지 감각 활동, 정신 활동, 근육 활동에 의한 판단 등
- **생리학적 지표:** 심박수, 혈압, 혈액의 성분, 전기 피부 반응(GSR), 근전도(EMG), 뇌파(EEG), 분당 호흡수, 피부 온도 등
- **주관적 반응:** 체계 설계면의 대안들에 대한 평점, 체계에 사용되는 여러 가지 다른 유형 정보의 중요도 평점 등
- **사고 빈도:** 주행 거리당 사상자 수로써 민간항공, 철도, 버스, 자동차와 같은 서로 다른 유형의 운송체계 비교, 연간 사상자 수로 서로 다른 업종의 안전 수준 비교 등

5 기준의 요건

연구 조사에 사용되는 기준은 일반적으로 일정한 요건을 갖추어야 의미가 있는데, 그 요건에는 적절성, 무오염성, 신뢰성, 민감도 등이 있다.

5.1 적절성

적절성이란 기준이 의도된 목적에 적당하다고 판단되는 정도를 말한다. 다시 말하면 선택한 변수가 실험에서 실제로 의도하는 바를 어느 정도 측정해 내는가를 나타낸다. 예를 들면, 어떤 체계나 부품의 성능을 평가하는 실험이라면, 인간 기준보다는 체계 기준(예: 출력, 수명 등)을 사용하는 것이 더 적절할 것이다. 반면 어떤 사무용 의자의 사용편의성을 알고자 한다면 근전도를 측정하거나, 의자에 앉는 사람에게 의자의 안락도 평점을 매기게 하는 것과 같은 인간 기준이 더 적절할 것이다.

5.2 무오염성

기준은 측정하고자 하는 변수 외의 다른 변수들의 영향을 받아서는 안 된다. 즉, 관심 있는 변수 외의 다른 변수의 영향이 없거나 적을 때 무오염성이 확보되었다고 할 수 있다. 예를 들어, 조명수준에 따른 작업 성능을 알고 싶을 때 우리가 예상하거나 혹은 예상하지 못하는 다른 요인(예: 전날 음주량이나 수면시간)이 달라져서 작업 성능에 영향을 미친다면 조명 수준에 따른 작업 성능을 파악하는 데 오염된 결과를 가져올 것이다.

5.3 신뢰성

신뢰성이란 시간이나 대표적 표본의 선정에 관계없이 변수 측정 결과가 일관성 있고 안정적으로 나타나는 것을 말한다. 이는 인간의 신뢰성이나 다루게 될 부품의 신뢰도 개념과는 달리 사용되는 척도의 신뢰성, 즉 반복성(repeatability)을 말한다. 즉, 비계통적 또는 불규칙한 영향이 얼마나 적은가를 나타낸다. 예를 들면, 비슷한 작업 조건에서 심박수를 별도로 여러 번 측정했을 때 기준값들이 비슷하게 나온다면 척도는 신뢰성이 있는 것이다.

5.4 민감도

민감도는 기준에서 나타나는 예상 차이점의 변별성으로 표시된다. 즉, 요인 수준이 변할 때 실제 기준의 측정값이 다른 값으로 되어야 한다. 예를 들면, 올림픽 사격 대회에서 선수들의 기량 차이를 민감하게 알아내려면 쏜 탄알이 표적 중앙에서 떨어진 정도를 mm나 cm 단위로 측정해야지, 두 가지 등급(정확하다, 부정확하다)으로 구분하면 가장 좋은 기량을 가진 선수를 선발하기 힘들 것이다.

그 외에도 정량적으로 측정가능할 것, 강요적이 아닐 것, 수집이 용이할 것, 가능한 특수한 자료 수집 기법이나 기기가 필요 없을 것, 비용이나 노력이 적게 들 것 등을 고려하여 기준을 선택한다.

6 직무 자료의 수집

시스템 설계 시 직무와 관련된 자료를 얻는 방법에는 ① 실험을 통해서 얻어 놓은 자료를 사용하는 실험적 직무 자료 수집법과, ② 전문가들이 추정하는 판단적 직무 자료 수집법이 있다.

6.1 실험적 직무 자료(empirical task data)

실험적 직무 자료 수집법은 다양한 직무 운용 조건에서 실험을 통하여 구축해 놓은 자료를 활용하는 것이다. 예를 들면, 표 2•3과 같은 상황 하에서 인간이 해당 동작을 수행하는 데 소요되는 시간을 구축해 놓은 자료가 있으면 이를 직무 설계에 활용할 수 있다. 이 외에도 여러 산업 공정에 있어서의 인간의 착오율(error rates)을 구축해 놓은 SHERB(Sandia Human Error Rate Bank)가 있다.

6.2 판단적 직무 자료(judgemental task data)

직무에 대한 실험적 자료가 구축되지 않아서 이를 활용할 수 없는 경우에는 체계 개발 과정에서 사용해야 할 어떤 직무의 모수를 전문가로 하여금 추정하게 하는 것이 편리할 때가 있다.

표 2•3▸조종간 길이와 이동 거리에 따른 시간과 신뢰도(Munger)

치수	기본시간(1.93초) 외의 부가 시간(초)	신뢰도
조종간 길이(in)		
6~ 9	1.50	0.9963
12~18	0.00	0.9967
21~27	1.50	0.9963
조종간 이동(각도)		
5~20	0.00	0.9981
30~40	0.20	0.9975
40~60	0.50	0.9960

표 2•4▸직무 추산치 예

직무	평균 평점, 10점 척도(10=최고 착오)	추산 신뢰도
판독시간	8.2	0.9904
gasket설치	6.0	0.9945
축소 adapter 점검	4.9	0.9958
손으로 밸브 열기	3.8	0.9968
배수 튜브 제거	2.6	0.9976

표 2•4는 해당 분야의 전문가가 특정 직무의 추산치를 가장 적게 발생하는 것에서부터 가장 많이 발생하는 것까지 10개 군으로 분류한 후, 실험적 자료가 있는 직무의 신뢰도를 이용하여 이를 기준으로 신뢰도를 외삽 또는 내삽 과정을 통해 추산하여 얻은 것이다. 이런 방식으로 기존 실험적 자료를 기준으로 전문가가 판단을 통하여 새로운 직무에 대한 모수를 추정하여 사용하기도 한다.

연습문제

[1] 인간공학 연구 혹은 적용 시 요구되는 자료와 가장 거리가 먼 것은?

① 인간 능력 ② 인간 행동 특성
③ 실험 자료 ④ 무형 자료

[2] 인간공학 연구 방법으로 적절하지 않은 것은?

① 기술연구 ② 실험연구
③ 분석연구 ④ 평가연구

[3] 인간공학 연구 방법 중 실험연구에 대한 설명 중 옳지 않은 것은?

① 종속변수는 수행도, 주관적, 생리적 변수로 나누어진다.
② 현장 환경, 실험실 환경 혹은 모의실험 환경에서 수행된다.
③ 자료 분석은 분산분석, 다변량분석 등과 같은 추측통계의 여러 기법들이 사용된다.
④ 피실험자 표본 크기는 일반적으로 기술연구보다는 매우 크다.

[4] 인간공학 연구가 현장 환경에서 수행될 때의 단점으로 보기 어려운 것은?

① 변수 통제 문제 ② 결과 일반화 문제
③ 비용 문제 ④ 자료 수집 문제

[5] 도로의 표지판이 운전자에게 어떤 영향을 미치는가를 연구한다면, 다음의 연구 환경 중 가장 적절한 연구 환경은 무엇인가?

① 실험실 환경 ② 현장 환경
③ 타당성 ④ 객관성

[6] 조사 연구자가 특정한 연구를 수행하기 위해서는 어떤 상황에서 실시할 것인가를 선택해야 한다. 즉, 실험실 환경에서도 가능하고 실제 현장 환경도 가능하다. 이 중 현장 환경에서 수행했을 경우 장점은 무엇인가?

① 비용 절감 ② 자료의 정확성
③ 실험 조건 조절 용이 ④ 현실적인 작업변수 설정 가능

[7] 인간공학 연구 방법을 선택할 때 고려 사항으로 거리가 먼 것은?

① 기술연구 ② 사용 용이성
③ 연구 시기 ④ 평가연구

[8] 인간공학 연구에서 연구 방법을 선택할 때의 고려 사항 중 연구 목적을 달성하는 정도를 의미하는 것은?

① 유효성 ② 타당성 ③ 신뢰성 ④ 객관성

[9] 인간공학 연구 방법 중 기술 연구에 대한 설명 중 옳지 않은 것은?

① 어떤 모집단의 특성을 파악하는 연구이다.
② 현장 환경 혹은 실험실 환경에서 수행된다.
③ 모집단의 특성을 나타내기 위하여 기준변수와 층화변수가 사용된다.
④ 다른 연구에서 보다 적은 수의 피실험자를 대상으로 수행된다.

[10] 체계 혹은 제품을 사용하는 사용자의 수행도나 행위를 측정하여, 설계안이 얼마나 좋은지와 평가 결과에 따른 개선 방안을 제안하는 인간공학 연구 방법은?

① 기술연구 ② 실험연구 ③ 평가연구 ④ 모의실험연구

[11] 평가연구에서 사용되는 변수 유형은?

① 기준변수, 층화변수 ② 기준변수, 종속변수
③ 독립변수, 층화변수 ④ 독립변수, 종속변수

[12] 인간공학 연구 방법 중 표본의 크기가 가장 큰 것은?

① 기술연구 ② 실험연구 ③ 분석연구 ④ 평가연구

[13] 인간공학 연구 방법 중 자료 분석 시 기술 통계 기법이 주로 사용되는 것은?

① 기술연구 ② 실험연구 ③ 평가연구 ④ 모의실험연구

[14] 시스템 평가 기준에서 인간기준에는 개인 성능의 평점, 체계 설계면의 대안들의 평점, 체계에 사용되는 여러 가지 다른 유형의 정보의 중요도 평점 등이 있다. 다음 중에서 이에 해당하는 것은 무엇인가?

① 인간성능 척도 ② 생리학적 지표 ③ 주관적 반응 ④ 사고 빈도

[15] 일반적 독립변수의 유형으로 보기 어려운 것은?

① 과업 변수 ② 주관적 변수 ③ 환경 변수 ④ 피실험자 변수

[16] 체계에 사용되는 여러 가지 다른 유형 정보의 중요도 평점은 어떤 기준인가?

① 인간 성능 ② 생리적 지표 ③ 주관적 반응 ④ 체계 기준

[17] 인간공학 연구에 사용되는 기준(criterion, 종속변수) 중 인간 기준(human criterion)에 해당하지 않는 것은?

① 체계(system) 기준 ② 인간 성능 ③ 주관적 반응 ④ 사고 빈도

[18] 다음 중 인간공학 연구에 사용되는 변수의 유형에 대한 설명으로 적절하지 않은 것은?

① 조사 연구되는 인자는 독립 변수로 취급된다.
② 독립변수의 가능한 효과는 종속변수로 취급된다.
③ 독립변수는 보통 '기준(criterion)'이라고도 부른다.
④ 기준은 체계 기준과 인간 기준으로 분류된다.

[19] 기준 척도의 적절성을 바르게 설명한 것은?

① 기준 척도는 측정하고자 하는 변수 외의 다른 변수들의 영향을 받아서는 안 된다.
② 기준이 의도된 목적에 적당하다고 판단되는 정도를 말한다.
③ 다루게 될 체계나 부품의 신뢰도 개념과는 달리 사용되는 척도의 반복성을 말한다.
④ 기준 척도는 측정하고자 하는 변수가 다른 변수에 의해 적절하게 섞이는 것을 말한다.

[20] 다음은 인간공학 연구에서 사용되는 기준 척도가 갖추어야 하는 조건을 나열한 것이다. 각 조건에 대한 설명으로 틀린 것은?

① 신뢰성: 우수한 결과를 도출할 수 있는 정도
② 타당성: 실제로 의도하는 바를 측정할 수 있는 정도
③ 민감도: 실험 변수 수준 변화에 따라 척도의 값의 차이가 존재하는 정도
④ 순수성: 외적 변수의 영향을 받지 않는 정도

[21] 다음 중 연구 조사에 사용되는 기준이 가져야 할 조건이 아닌 것은?

① 사용성 ② 타당성 ③ 무오염성 ④ 신뢰성

[22] 악력(grip strength) 측정 프로그램에 의하면 악력계는 아무 것도 지지되지 않는 상태에서 악력을 측정하여야 한다고 한다. 만일 악력검사 결과 정상 범위보다 높게 분포되어 있어 분석해 보니 악력계(dynamometer)를 책상 위에 놓은 상태에서 악력을 쟀음을 알았을 때 이 실험 결과는 다음 중 어떤 기준에 문제가 있겠는가?

① 신뢰성 ② 타당성 ③ 상관성 ④ 민감성

응용문제

[1] 실험실 환경, 현장 환경, 모의실험 환경 등 인간공학 연구 환경의 선택 기준과 장단점을 기술하라.

[2] 인간공학 연구 방법의 종류를 들고 장·단점을 비교하라.

[3] 인간공학 연구 방법을 선택할 때 고려하여야 할 사항을 들고 설명하라.

[4] 인간공학 연구에서 사용되는 좋은 기준이 갖추어야 할 요건을 쓰고 간단히 설명하라.

[5] 대한주식회사에서는 사업장 내의 육체적인 작업 부하 정도를 산소 소비량을 이용하여 조사하려고 한다. 육체적 부하 정도는 성별, 나이, 작업내용에 의하여 영향을 받는다고 알려져 있으나, 작업자들의 대부분이 남자이기 때문에 연구 조사는 남자만 고려하고자 한다. 이 연구에서 종속변수, 독립변수, 제어변수는 무엇인가?

CHAPTER 3
인간의 감각능력

인간의 신체적 특성과 정신적 인지 능력은 인간-기계 시스템 설계 시 고려해야 할 중요한 요소이다. 인간의 감각기관을 사용하여 받아들인 정보는 인지과정을 통하여 해석된다. 본 장에서는 인간이 사용할 수 있는 감각기관의 기능과 이들의 한계 등을 파악하여 이를 인간-기계 시스템 설계에 활용하도록 한다.

1 인간의 시각

1.1 눈의 구조

눈은 그림 3•1과 같이 여러 가지 구성 요소로 이루어져 있으며 앞쪽에는 각막(cornea)과 수정체(lens)가 있다. 각막과 수정체는 빛을 모아 뒤에 있는 망막(retina)에 정확한 상이 맺힐 수 있도록 한다. 망막은 빛의 밝기와 색상을 구분할 수 있다.

빛이 눈에 들어오면 망막을 자극하여 시신경에 신호를 보낸다. 수정체는 카메라의 렌즈와 같이 빛을 굴절시켜 초점을 정확히 맞출 수 있도록 한다. 멀리 있는 물체에 초점을 맞추기 위해서는 수정체가 얇아지고, 가까이 있는 물체에 초점을 맞출 때는 수정체가 두꺼워 진다. 이러한 변화는 수정체에 붙은 근육의 조절작용으로 가능하다. 나이가 들어감에 따라 이러한 눈의 조절 작용은 둔화되고 사람들의 눈은 원시가 되어간다. 원시는 수정체가 얇은 상태로 멀리 있는 것은 잘 볼 수 있으나 가까운 물체를 보기 힘들게 된다. 반대로 근시는 수정체가 두

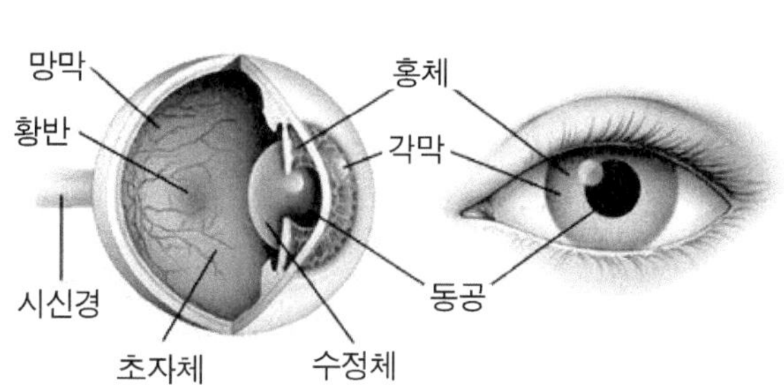

그림 3•1▸눈의 구조

꺼워져 가까운 물체는 초점을 맞출 수 있으나 먼 물체를 볼 때에는 초점을 맞추기 어렵다.

망막에는 원추체(cone)와 간상체(rod)라는 2종류의 광 수용기가 있다. 원추체는 밝은 곳에서 색상을 구분하는 기능을 하며 우리 눈에 약 600만~700만 개가 있다. 원추체는 황반(fovea)이라고 하는 망막의 중앙 부위에 집중되어 있어 물체가 시축(visual axis)의 주변보다 시축상에, 즉 눈동자의 정면에 있을 때 색상을 더 잘 판별할 수 있다. 이러한 사실은 큰 화면이나 여러 개의 화면을 동시에 사용하는 시스템 디자인 시 중요한 사항이 될 수 있다.

간상체는 어두운 곳에서 물체의 음영을 구분할 수 있으나 물체의 색상은 구별하지 못한다. 간상체는 7,500만~1억5,000만 개 정도가 있으며 망막의 중앙부보다는 주변에 많이 분포해 있다. 원추체와 간상체에 의해 받아들여진 빛은 생체신호로 바뀌어 뇌에 전달되고 해석된다.

1.2 시각과 시력

물체의 크기는 그림 3•2에서 보는 것과 같이 시각(visual angle)에 의해 설명할 수 있다. 물체가 크면 시각이 커지고 작은 물체는 시각이 작아진다. 시각은 도(°), 분(′), 초(″) 단위로 표현되며, 일반적으로 분 단위가 주로 사용된다(1도=60분, 1분=60초). 물체의 시각이 너무 작으면 우리 눈은 물체를 식별할 수 없다.

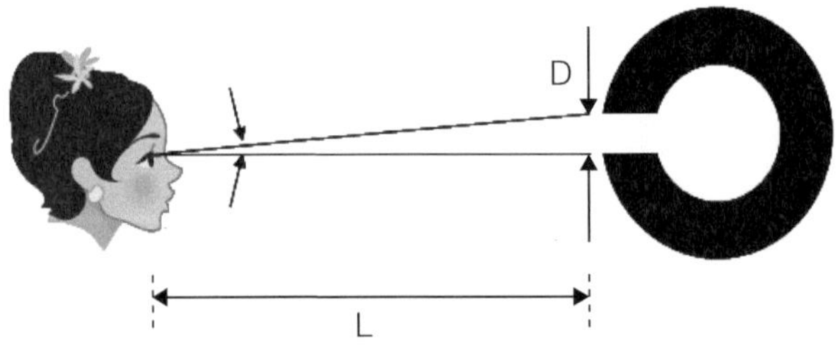

그림 3•2▸시각(분으로 표시)

인간의 시력을 측정하는 방법에는 여러 가지가 있으나 가장 보편적으로 사용되는 것은 최소가분시력(minimal separable acuity)으로, 이는 눈이 식별할 수 있는 표적의 최소공간을 말한다. 즉, 어떤 표적의 존재 여부를 구분할 수 있다고 본다면 그때의 시각은

$$시각(′) = (57.3)(60)(물체의\ 크기:\ D)\ /\ (물체와\ 눈\ 사이의\ 거리:\ L)$$

로 구한다. 위 식에서 57.3과 60은 radian 단위를 분으로 환산하기 위한 계수이다(1 radian은 57.3°, 1°는 60′임). 우리가 흔히 사용하는 시력은 시각의 역수로 표현된다.

$$시력(최소가분시력) = 1\ /\ 시각$$

예제 3.1 그림 3•2에서처럼 5m 떨어진 곳에서 1mm 벌어진 틈을 구분할 수 있는 사람의 시력은 얼마인가?

▸ 시각 = (57.3)(60)(1) / 5000 = 0.6876 이므로,
시력 = 1 / 0.6876 ≒ 1.5이다.

1.3 시 식별에 영향을 주는 요소

시각적 식별에 영향을 주는 요인은 앞에서 살펴본 시각 외에도 여러 가지 환경적 요인, 즉 광량, 조도, 광도, 반사율, 대비 등이 있다.

1) 광량(luminous intensity) 광량은 광원의 세기를 말하며 단위는 칸델라(candela, cd)를 사용한다. 1cd는 융해 온도에 있는 백금 $1/60cm^2$를 통해 방사되는 빛의 세기를 말하며 약 촛불 1개 정도의 밝기에 해당한다. 40W 백열등은 약 35cd, 40W 형광등은 약 200cd이다.

참고로 광속(광선속, luminous flux)은 시간의 개념이 포함되어 있는 빛의 분출량으로 이해할 수 있으며, 단위는 루멘(lumen)을 사용한다. 1루멘은 반지름 1m인 구의 중심에 광량 1cd의 점광원을 놓았을 때 구면의 단위 면적을 통과하는 광속을 의미한다. 즉, 1루멘은 1cd의 점광원이 1스테라디안(steradian)의 입체각(solid angle)에 복사하는 빛에너지에 해당된다. 입체각은 원뿔상의 반지름 r인 구의 표면적이 S일 때 그 표면적에 상당하는 각이다. 구의 표면적은 $4\pi r^2$이므로 구의 입체각은 4π스테라디안이다. 따라서 1cd의 광원에서 방사하는 광속은 4π(≒12.57)루멘에 해당한다.

2) 조도(illuminance) 조도는 어떤 물체나 표면에 도달하는 빛의 밀도를 말한다. 단위는 보통 lux, fc(foot-candle)를 사용하며 1lux는 1cd의 점광원으로부터 1m 떨어진 구면에 비추는 빛의 밀도를 말한다(1 $lumen/m^2$). 점광원으로부터 거리가 멀어지면 조도는 역자승의 법칙에 따라 감소한다. 즉, 1cd 점광원으로부터 1m 떨어진 곳의 조도는 1lux, 2m 떨어진 곳의 조도는 1/4lux이다. 1fc는 1 cd의 점광원으로부터 1 foot 떨어진 구면에 비추는 빛의 밀도이다(1 $lumen/ft^2$).

$$\text{조도} = \text{광량}/(\text{거리})^2$$

3) 광도(luminance) 광도는 단위 면적당 표면에서 반사 또는 방출되는 광량을 말하며 종종 휘도(brightness)라고도 한다. 광도는 여러 단위로 표현되며 1 L(lambert)는 완전 발산 및 반사되는 표면이 표준 촛불로 1cm 거리에서 조명될 때의 조도와 같은 광도이며, 1 mL는 1/1,000 L이다. 1 fL(foot-Lambert)는 완전 발산 및 반사되는 표면이 1 fc로 조명될 때의 조도와 같은 광도이며, 1 nit(cd/m^2)는 완전 발산 및 반사되는 평면이 π lux로 조명될 때의 조도와 같은 광도를 의미한다.

4) 반사율 반사율은 물체의 표면에 도달하는 조도와 광도와의 비이다. 즉, '반사율(%)=광도 /조도'로 정의된다. 반사율이 100%인 표면이란 빛을 전혀 흡수하지 않고 완전히 발산 및 반사시키는 표면을 말한다. 현실 세계에서 얻을 수 있는 최대 반사율은 약 95%이다.

5) 대비 광도 대비란 표적의 광도와 배경의 광도의 차이를 배경 광도로 나누어 나타낸다. 즉, 다음과 같이 계산한다.

대비(%) = (배경 광도−표적 광도)/(배경 광도)×100 또는
대비(%) = (배경 반사율−표적 반사율)/(배경 반사율)×100

이 정의에 의하면 종이 위에 글씨를 쓴 경우처럼 표적이 배경보다 어두울 경우에는 대비가 0~100% 사이에 오며, 그 반대인 경우에는 0~−∞값을 갖는다. 대비는 가독성에 영향을 주므로 컴퓨터 화면에서 문자나 아이콘을 표시할 때에 이를 고려하여야 한다.

6) 기타 노출 시간, 광도비(시야 내에 있는 두 영역(보통 주시 영역과 그 주변 영역)의 광도 비), 표적이나 관측자의 움직임, 휘광(glare), 연령, 훈련 등도 시식별에 영향을 미친다.

예제 3.2 1cd의 점광원으로부터 3m 떨어진 곡면 $2m^2$에 비추는 조도는?

▸ 조도는 단위 면적당 빛의 밀도이므로 점광원으로부터의 거리에 역자승으로 비례하고 면적에는 상관없다. 따라서 1/9lux이다.

예제 3.3 1cd의 점광원으로부터 1m 떨어진 곡면의 $1m^2$의 광속은 몇 lumen인가?

▸ 1cd의 점광원은 4π(=12.57)lumen에 해당하는 광속을 내보내는데 1m 떨어진 곡면의 전체 면적은 4π이므로 $1m^2$에 도달한 광속은 1lumen이다.

예제 3.4 종이의 반사율이 60%, 종이에 인쇄된 글자의 반사율이 20%라면 대비는?

▸ 대비(%) = (배경 반사율−표적 반사율)/(배경 반사율)×100
= (60−20)/(60)×100 = 66.7%

1.4 암조응

어두운 곳에 들어가면 눈으로 더 많은 양의 빛을 받아들이기 위하여 동공이 확대되고, 반대로 밝은 곳에서는 눈에 들어오는 빛의 양을 줄이기 위하여 동공이 축소된다. 밝은 곳에서 어두운 곳으

그림 3•3▸주위 정보에 의해 착각을 일으키는 예

로 갈 때 망막에 시홍(visual purple)이 형성되는 생리적 과정인 암조응(dark adaptation)이 발생하며, 완전 암조응에는 보통 30~40분이 소요된다. 이 때 원추 세포는 감수성을 잃게 되고 간상 세포가 활성화되어 색채 구별은 어렵게 된다. 어두운 곳에서 밝은 곳으로의 역조응, 즉 명조응에는 길어도 1~2분 정도로 짧은 시간이 걸린다.

1.5 눈의 착각

시각정보를 해석하기 위해서는 눈뿐만 아니라 뇌의 작용이 필요하다. 이러한 해석과정에서 착각이 일어나기도 한다. 그림 3•3의 첫 번째는 4개의 수직선이 실제로는 평행하지만 굽어져 보인다. 두 번째는 8개의 평행한 수평선이 지그재그로 보인다. 세 번째는 여러 개의 동심원이지만 하나의 권선형태로 보인다. 네 번째는 하나의 원을 바라보고 있으면 주위의 원이 회전하는 것과 같은 착각을 일으킨다. 이러한 착각은 주위의 정보에 의하여 뇌에서 해석하는 과정이 영향을 받기 때문이다. 시스템 디자인 시 이러한 착각을 일으키지 않는 방향으로 설계하여야 할 것이다.

1.6 시각 작용에 대한 이론

시각작용에 대한 이론은 크게 두 가지, 즉 구성주의적 이론(constructive theory)과 생태학적 이론

그림 3•4▸무엇인지 알지 못하고 볼 때와 알고 볼 때의 차이점

그림 3•5▸모호성이 있는 글자

그림 3•6▸13과 B

(ecological theory)으로 설명할 수 있다. 구성주의적 이론은 시각작용이 우리가 이미 알고 있는 지식과 눈으로 들어오는 시각정보가 합해져서 이루어진다고 주장하고, 생태학적 이론에서는 시각작용은 단지 눈으로 들어오는 시각정보만을 이용하고 다른 지식이나 정보는 필요 없다고 설명한다.

그림 3•4는 구성주의를 뒷받침하는 예이다. 그림 3•4는 달마시안이 낙엽 위에서 무언가를 찾고 있는 그림이다. 달마시안은 점박이 무늬의 개라는 배경 지식이 있을 때 우리는 쉽게 그림 속의 내용을 이해할 수 있다. 아무런 정보 없이 이러한 내용을 찾아내기는 쉽지 않다.

그림 3•5의 2개의 단어의 가운데 철자는 모양은 같지만 우리가 알고 있는 지식에 의해서 좌측 단어는 'H'로, 우측은 'A'로 인식한다(문맥 효과). 이처럼 모호한 상황에서는 우리의 지식이 모호성 해소에 큰 역할을 할 수 있다. 그림 3•6도 왼쪽 그림에서는 가운데 부분을 '13'으로, 그리고 오른쪽 그림에서는 'B'로 읽히는 것은 인식 대상 물체의 주위환경으로부터 영향을 받은 결과이다.

생태학적 이론에서는 시각작용을 시각정보와 지식이 합쳐져서 이루어지는 것이 아니라 단지 즉각적으로 발견되는 것이라고 주장한다(Gibson, 1979). 즉, 생태학적 이론에서는 우리가 무엇을 인지할 때 그것이 무엇인지를 어떻게 알아내느냐 하는 것보다, 그것을 보고 어떤 행동을 하는가를 이해하는 것이 주요 관심사이다. 이는 행동유도성(affordance)과 연관이 있다. 행동유도성이란 물체를 보고 무엇을 뜻하는지를 쉽고 명확하게 알 수 있는 정도를 의미한다. 행동유도성이 좋은 물체를 보면 그 물체를 어떻게 다루어야 하는지를 쉽게 알 수 있다. 이러한 생태학적 이론은 인터페이스 디자인에 많은 영향을 주었다. 즉, 인터페이스에 행동유도성이 좋은 객체들을 사용하면 그만큼 사용하기 쉬운 시스템을 만들 수 있다는 것이다.

그림 3•7은 상하좌우로 이동 가능한 스크롤바(scroll bar)를 나타낸 것이다. 왼쪽 그림은 버튼이 하나 있는데 이것을 위로 올려야 하는지 아래로 내려야 하는지 아니면 옆으로 이동시켜야 하는지가 분명하지 않다. 하지만 오른쪽 그림에서는 화살표가 있어서 상하좌우 이동 시 어떻게 하여야 하는지를 명확히 알 수 있다. 따라서 오른쪽 그림의 경우 행동유도성이 더 높다는 것을 알 수 있다.

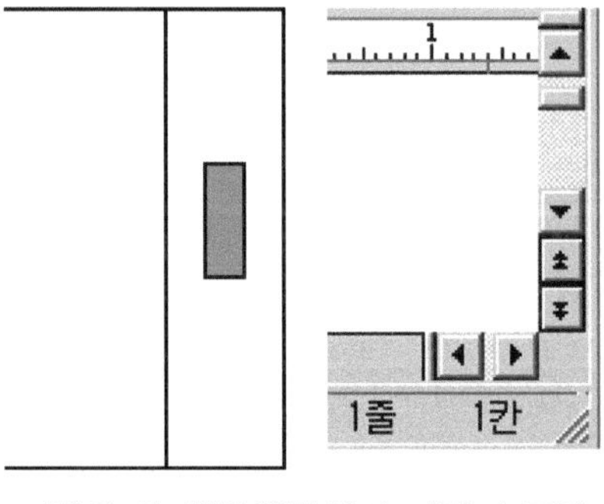

그림 3•7▸행동유도성이 다른 스크롤

1.7 시스템 설계 시 고려할 시각관련 사항

시각작용과 관련하여 효율적인 시스템을 설계하기 위하여 고려해야 할 사항은 여러 가지가 있을 수 있으나, 여기에서는 색상과 색상 코딩, 그래픽 코딩 등에 대해 알아본다.

1.7.1 색상과 색상 코딩

시축(visual axis)이 망막과 만나는 황반 근처에 색상을 구분할 수 있는 원추세포가 많기 때문에 인간

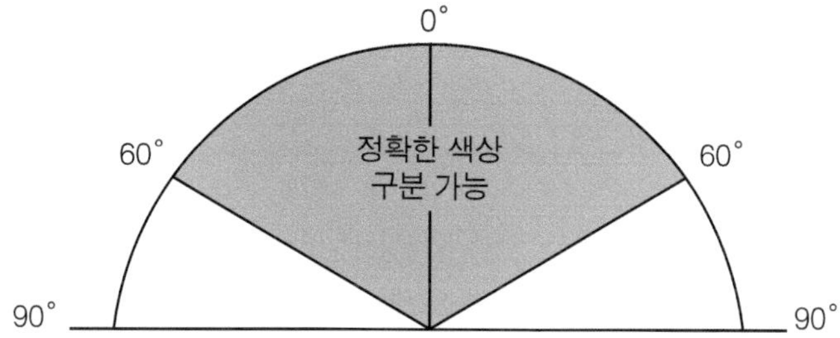

그림 3•8▸정확한 색상 구분 가능 지역

은 주변시보다 정면시, 즉 시야의 중앙에서 색상을 가장 뚜렷하게 구분해낸다. 그림 3•8에서 보는 것처럼 인간은 약 60° 범위 안에서는 색상을 정확히 구분할 수 있다.

또한 눈의 중앙부위는 빨강, 초록, 노랑에 민감하게 반응하고 눈의 가장자리(주변시)에서는 파란색에 가장 민감하게 반응한다. 따라서 배경 색상으로 파란색을 사용하면 민감한 효과를 얻을 수 있다. 특히 화면이 클 때는 더욱 큰 효과를 볼 수 있다. 같은 이유로 중앙에 나타나는 파란색은 잘 감지하기가 어렵다. 또한, 파란색의 작은 변화는 잘 감지할 수 없으나, 빨간색에서는 작은 변화도 민감하게 감지할 수 있다.

여러 가지 색상을 이용하여 보기 좋은 인터페이스를 만들 수 있지만 너무 많은 색상을 같이 사용하면 오히려 혼란스러울 수 있다. 표 3•1은 색상 사용의 인지 측면을 설명한 것이다.

배경과 객체를 구분하거나 현재 사용중인 객체와 그렇지 않은 객체를 구분할 때처럼 색상은 인터페이스 디자인에 효과적으로 사용될 수 있다. 하지만 색상보다 문자나 숫자를 써서 물체를 식별하는 것이 더 효과적이라는 연구도 있다(Christ, 1975).

1.7.2 그래픽 코딩

그래픽 코딩은 표현하고자 하는 물체를 코드 형태로 표현하는 것이며, 이는 화상에 표현된 물체의

표 3•1▸색상의 인지 측면

구분	설명
영역분할 (segmentation)	색상은 영역을 분할하여 표시하는데 효과적으로 사용될 수 있다. 같은 영역에 해당되는 객체는 같은 색상을 사용하여 표기하면 좋다.
색상의 가지 수	너무 여러 가지의 색상을 동시에 사용하면 검색시간이 길어질 수 있다. 따라서 적당한 수의 색상을 사용하는 것이 좋다.
색상의 역할	색상은 검색 효과를 크게 높일 수 있지만 객체를 기억하는 용도로는 많이 사용되지 않는다.
사용자의 경험	흑백에 비하여 컬러는 경험이 많은 사람보다 초보자들이 더 많이 사용하는 것으로 알려져 있다.

표 3•2▸코딩 방법의 비교(Maguire,1985)

코딩 방법	최대 코드 수	설명
알파벳	제한 없음	다양한 표현이 가능하며 의미는 자기 설명적(self-evident)임
모양	10~20	모양이 물체나 동작을 재현하는 경우에 무척 효과적임
색상	4~11	효과적이나 지나치게 여러 개를 사용하는 경우에는 혼란을 초래하고, 색맹인 경우는 사용 불가
각도	8~11	방향 지시(예: 풍향)와 같은 특별한 경우에는 효과적
선 길이	3~ 4	대안 수가 많을 때는 혼동
선 폭	2~ 3	대안 수가 많을 때는 혼동
선 모양(스타일)	5~ 9	대안 수가 많을 때는 혼동
물체 크기	3~ 5	유효하나 상당한 공간을 필요로 하고 모양이나 색상으로 표시된 경우보다 판별 시간이 많이 걸림
밝기	2~ 4	특히 화면 대비가 낮을 때는 피로하기 쉬움
점멸	2~ 4	주의력을 끄는 데 효과적이지만 지나치게 사용하면 짜증을 유발하고 작은 시야 영역에 한정 사용

형태와 실제 물체 간의 관계를 표현하는데 효과적으로 활용될 수 있다. 이러한 관계는 어떤 규칙에 의한 것도 있지만 '빨간색은 위험을 나타낸다'처럼 관습에 의한 임의적 관계일 수도 있다. 쓰레기통 모양의 아이콘이 파일을 버리는 곳을 나타내는 예는 직접적인 관계를 활용한 그래픽 코딩이다. 이밖에도 서로 다른 크기나 서로 다른 선의 굵기 또는 막대그래프 등 다양한 코딩 방법을 사용할 수 있다. 표 3•2는 여러 가지 그래픽 코딩 방법의 장단점을 설명하고 있다.

양적인 데이터도 그림 3•9와 같이 여러 가지 그래픽 코드로 표현할 수 있으며, 양적인 데이터를 그래픽 코드로 표현하면 ① 여러 데이터 간의 상호 관계를 잘 알 수 있으며, ② 데이터의 시간에 따른 변화나 경향을 한눈에 알 수 있으며, ③ 중앙관제실에서 사용하는 경우처럼 실시간 데이터의 관찰을 쉽게 해준다는 장점이 있다.

1.7.3 시각적 표현

정보전달을 시각적인 경로로 할 것인지 청각적인 경로로 할 것인지는 여러 사항이나 환경을 고려하여 결정하는 것이 바람직하다. 다음과 같은 상황에서는 시각적 표시장치를 사용하는 것이 유리하다.

- 전달하고자 하는 정보가 많고 길고 복잡할 때
- 전달하고자 하는 정보를 나중에 다시 거론할 때

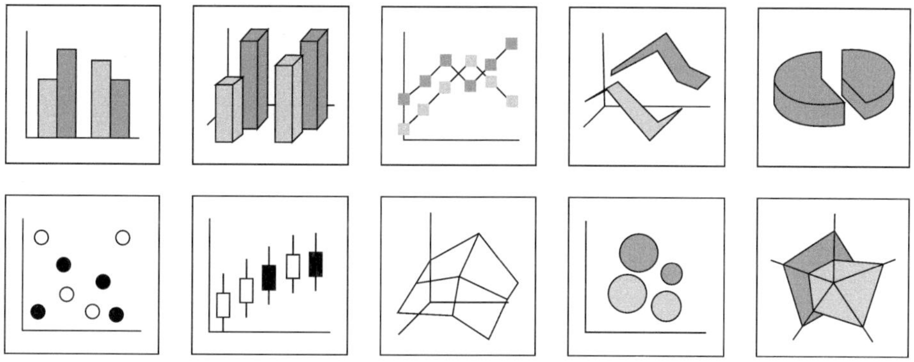

그림 3•9▸양/숫자 정보를 나타내는 여러 가지 그래프들

- 전달하고자 하는 정보가 사용자의 즉각적인 반응을 요구하지 않을 때
- 청각 정보를 이미 많이 사용하고 있을 때
- 음성정보를 요구하지 않을 때
- 전달하고자 하는 정보가 공간적 위치를 다룰 때
- 직무상 수신자가 한 곳에 머무르는 경우

2 청각

시각적 경로가 인간의 주요한 정보 교환 통로이지만 청각 또한 다양한 방법으로 사용되고 있다. 이 절에서는 청각의 특징을 살펴본다.

2.1 귀의 구조

그림 3•10은 귀의 구조를 보여준다. 귀는 크게 외이(outer ear), 중이(middle ear), 그리고 내이(inner ear)로 이루어져 있다.

외이는 외부로 보이는 부분으로 귓바퀴와 외이도, 고막까지이다. 외이는 안쪽의 귀를 보호하는 역할과 외부의 소리를 확대하여 내부로 전달하는 기능을 한다.

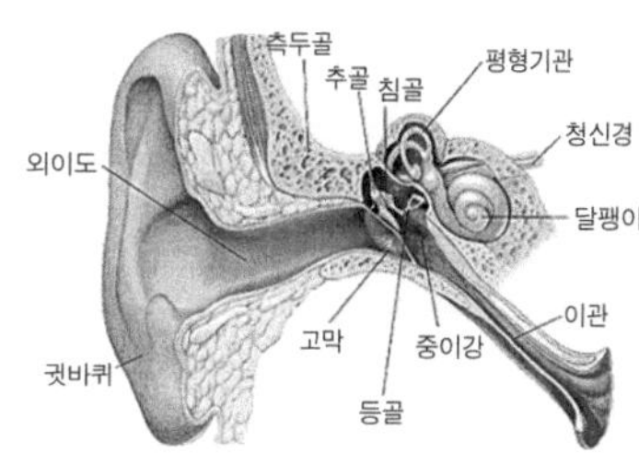

그림 3•10▸귀의 구조

중이는 고막을 사이에 두고 외이와 구분되는 작은 통로로 달팽이관이 있는 내이와 연결된다. 중이에는 중이 소골(ossicle)이라는 작은 뼈(추골, 침골, 등골) 3개가 있다. 추골은 고막에서 전달된 파동을 받아들이고, 침골은 그 파동을 전달 받고 마지막 등골이 전달 받은 파동을 달팽이

관에 전달한다. 이 과정에서 약 27배의 증폭이 이루어진다.

내이에는 달팽이관(cochlea)이 있고 달팽이관은 임파액으로 채워져 있다. 외부의 소리 파동이 직접 달팽이관에 전달되면 액체에 의해 파동이 축소될 수 있다. 하지만 중이에 있는 중이 소골을 통하여 전달된 파동은 확대되어 달팽이관에 전달된다. 임파액의 진동에 따라 달팽이관 내의 모상 세포(hair cells)가 흔들리고 이는 청신경에 자극을 전달한다.

2.2 소리

청각은 대부분의 사람들에게 시각 다음으로 중요한 감각이다. 물체가 만들어 내는 소리의 파동(음파)이 공기를 통해 우리 귀에 전달되면 청각신경이 이를 감지하고 뇌에 전달한다.

소리의 특성은 음파의 진폭(amplitude), 주파수(frequency) 등에 의해 영향을 받는다. 진폭이 크면 크게 들리고 주파수가 높으면 고음이 된다. 주파수 측정단위는 Hz(Hertz)이다. 보통 사람은 20~20,000Hz 사이의 소리를 들을 수 있지만 500~4,000Hz 사이의 소리에 특히 민감하다.

2.2.1 음의 강도

음의 강도는 소리의 크기와 밀접한 관련이 있으며 일반적으로 데시벨(decibel: bel의 1/10)이 단위로 사용된다. 데시벨은 다음과 같이 정의된다.

$$\text{dB 수준} = 20\log(P_1/P_0)$$

여기서 P_0는 인간이 들을 수 있는 1,000Hz 순음의 가청 최소음압수준으로 0.0002μbar이며, P_1은 측정하고자 하는 지점의 음압이다. 즉, 우리가 사용하는 데시벨은 인간의 최소 가청 수준을 기준으로 현재의 소리를 비교하는 개념이다. 일상생활에서 자주 접하는 여러 가지 소리와 그 크기의 예는 표 3•3과 같다.

거리 d_1 떨어진 곳의 음압 수준이 dB_1인 음의 d_2 지점에서의 음압 수준은 다음과 같이 구한다.

$$dB_2 = dB_1 - 20\log\left(\frac{d_2}{d_1}\right)$$

표 3•3 ▸ 여러 가지 소리와 그 크기의 예

소리	데시벨
우주선 발사 소리(45.7m(150피트) 거리에서)	180
시끄러운 음악 밴드	160
벼락소리	120
크게 외치는 소리	100

소리	데시벨
공장	80
대화 소리	50
사무실	40
속삭이는 소리	20

2.2.2 음량의 측정

인간이 청각으로 느끼는 소리의 크기는 물리적인 음압 수준인 데시벨(dB)과 일치하지는 않는다. 인간이 느끼는 소리의 크기는 소리의 강도에 많은 영향을 받지만 주파수에도 영향을 받으므로 이를 통합한 감각적 척도가 필요하다.

이렇게 주파수에 따른 특성을 고려한 지표가 폰(phon)이다. Phon은 특정음과 같은 크기로 들리는 1,000Hz 순음의 음압 수준(dB)으로 정의된다. 그림 3•11은 인간의 주관적 관점에서 같은 크기로 들리는 등음량 곡선이다. 그림을 보면 1,000Hz, 80dB에서 인간이 느끼는 음량과 50Hz, 95dB에서 인간이 느끼는 음량이 같음을 알 수 있다. 즉, 같은 음압 수준이라면 인간은 1,000Hz 경우보다 50Hz 경우의 음량이 작다고 받아들인다.

Phon은 이와 같이 주파수가 다른 음간의 보정효과는 있으나 phon 간의 상대적인 크기 비교는 곤란하다. 즉, 40phon이 30phon의 몇 배에 해당하는 음량인지 직감적으로 알기 곤란하다. 이런 필요 때문에 음의 상대적인 주관치를 표시할 수 있는 지표가 필요하며 이를 sone으로 나타낸다. sone의 정의는 다음과 같다.

$$\text{sone} = 2^{(\text{phon}-40)/10}$$

위 식을 해석하면 10phon이 증가하면 sone값은 2배가 된다는 것을 알 수 있다. 1,000Hz, 80dB인 경우(80phon)와 1,000Hz, 40dB(40phon)인 경우의 음량의 비교하면 전자는 16sone, 후자는 1sone이므로 전자가 약 16배 큰 음이라고 할 수 있다. 따라서 소음 수준이 10dB 증가하면 인간이 느끼는 감각적인 시끄러움 정도는 약 2배가 된다고 할 수 있다.

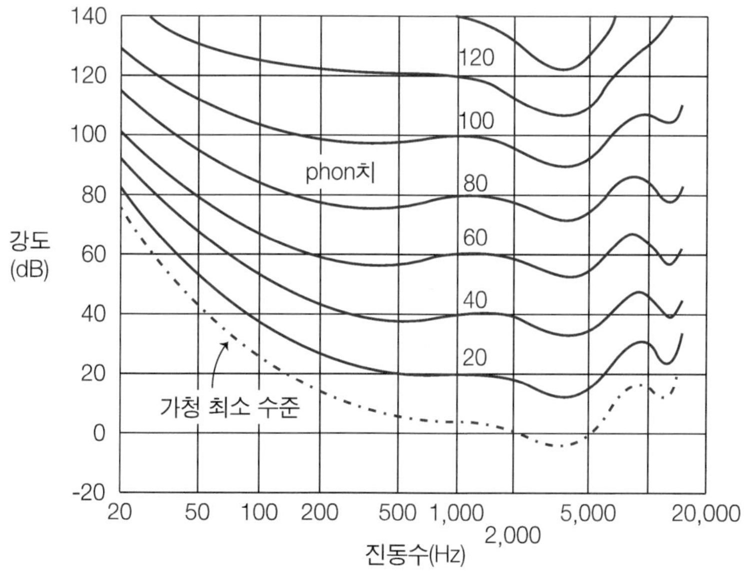

그림 3•11▸등음량 곡선(phon 곡선)

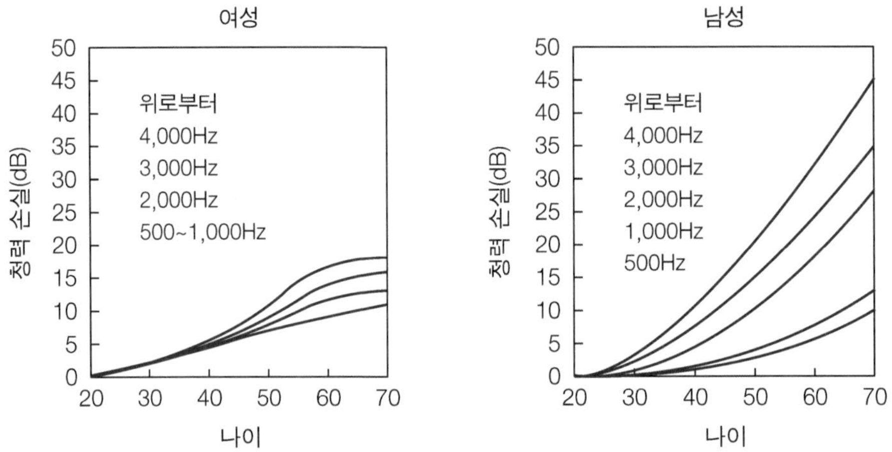

그림 3•12▸연령과 성별에 따른 청력손실(ANSI)

2.3.3 청력 측정

인간의 청력이 저하되면 난청 현상이 일어나는데 난청에는 전도성 난청과 신경성 난청이 있다. 전도성 난청은 중이나 외이가 상처를 받거나 유착되어 음파를 내이로 제대로 전달하지 못하여 일어난다. 전도성 난청의 경우에는 상처를 치유하거나 보청기를 사용하면 청력 보존을 할 수 있다. 신경성 난청은 내이의 신경 세포의 손상 때문에 청각 손실이 일어나는 것을 말하며, 특히 고음역의 청력 손실이 저음역보다 심하다. 인간이 노화됨에 따라 발생하는 청력 장애도 신경성 난청에 속하며, 일단 발생하면 치료가 힘들다.

청력 측정은 소리의 발생 유무만을 검사하는 단순 청력 검사와 주파수 별로 가청 수준을 결정하는 청력계를 사용하는 청력계 검사 방법이 있다. 그림 3•12는 연령 및 성별에 따른 청력 손실의 정도를 나타낸다. 그림 3•12에서 보는 바와 같이 고주파에서는 남성의 경우가 여성의 경우보다 청력 손실이 더 심하다는 것을 알 수 있다. 진동수별 청력 손실은 개인차가 있으나 4,000Hz 근처에서 크게 나타난다. 컴퓨터에서 청각적 자극으로 인간에게 정보를 전달할 때는 이런 사실들을 고려하여야 할 것이다.

인간은 시각보다 청각자극에 더 빨리 반응한다. 따라서 청각자극은 우리의 주의를 끄는데 효과적으로 사용될 수 있다. 앞 절에서 설명한 시각적 경로를 통해 정보를 전달하는 것이 바람직한 경우와 청각적 경로를 통해 정보를 전달하는 것이 바람직한 경우를 비교하면 표 3•4와 같다.

2.3 청각 전달 이론

청각 전달이론은 진동수설과 공진설이 있다.

1) 진동수설 진동수설은 달팽이관이 음파의 진동수를 분석하는 것이 아니라, 단순히 귀에 들

표 3•4▸시각과 청각 표시장치 선택 기준

시각적 경로가 유리한 경우	청각적 경로가 유리한 경우
• 전달하고자 하는 정보가 많고 길고 복잡할 때 • 전달하고자 하는 정보를 나중에 다시 거론할 때 • 전달하고자 하는 정보가 사용자의 즉각적인 반응을 요구하지 않을 때 • 청각 정보를 많이 사용하거나 주위가 시끄러울 때 • 음성정보를 요구하지 않을 때 • 전달하고자 하는 정보가 공간적 위치를 다룰 때 • 직무상 수신자가 한 곳에 머무르는 경우	• 전달하고자 하는 정보가 짧고 간단할 때 • 전달하고자 하는 정보를 다음에 다시 필요로 하지 않을 때 • 전달하고자 하는 정보가 시간적 사상을 다룰 때 • 사용자의 빠른 반응이 요구될 때 • 시각정보를 많이 사용하고 있을 때 • 사용자가 여기저기로 움직이고 있을 때 • 수신 장소가 너무 밝거나 암조응 유지가 필요하여 시각 정보의 전달이 어려울 때

어온 음파에 의해 가해지는 진동수를 신경계에 전달하는 역할만 하고, 그것을 분석하여 해석하는 일은 두뇌가 한다는 이론이다. 약 60Hz까지의 저주파 역에서는 기저막의 진동이 청신경에 음의 장단과 일치하는 바늘 모양의 전기적 신경 충동들을 일제히 일으킨다. 음의 강도가 증가하면 이에 따라 각 장단 주기 내에 들어찬 바늘 모양의 전기적 충동수도 증가하며, 결과적으로 바늘 모양의 전기적 충동수와 이들의 장단이 음량과 음의 높이를 전달한다.

2) 공진설(위치설) 음이 60Hz를 넘어가면 기저막이 전체적으로 같이 진동하지 않고, 음에 따라 막이 최대로 진동하는 위치가 달라지는데, 공진설은 이에 근거한 이론이다. 특히, 4,000Hz를 넘어서면 음의 높이는 전적으로 기저막 상의 최대 진폭의 위치에 의해서 결정된다. 즉, 기저막의 섬유는 그 위치에 따라 길이가 서로 다르기 때문에 진동수에 따라 감수성이 다르고, 이 공진 위치에 따라 음의 높고 낮은 느낌이 달라진다는 이론이다.

2.4 은폐

은폐(masking)란 어떤 음(피음폐음)의 가청 역치가 다른 음(은폐음) 때문에 높아지는 것을 말한다. 즉, 은폐음 때문에 피은폐음이 잘 안들리는 현상이다. 사무실에서의 여러 가지 소음들 때문에 말소리가 묻혀서 잘 들리지 않으므로 보다 큰소리로 이야기해야 하는 경우가 그 예이다.

은폐음이 백색 소음(white noise)인 경우 은폐효과는 주파수에 따라 15~30dB 정도 증가하므로 피은폐음을 듣기 위해서는 피은폐음의 음압 수준이 그만큼(15~30dB) 더 커야 한다. 은폐음이 순음인 경우는 은폐음의 진동수 주위와 그 배수 진동수 주위의 음 높이에서 은폐 효과가 크다. 그러나 그 배음들의 진동수와 아주 가까운 진동수에서는 맥놀이 현상 때문에 은폐 효과가 현저히 감소된다. 자세한 내용은 제11장에 서술되어 있다.

2.5 양이 청음과 음원 위치 추정

인간은 양쪽 귀에 도달하는 소리의 강도차와 위상차로 음원의 위치를 추정할 수 있다.

그림 3•13(a)처럼 1,500Hz 이하의 음이 2시 방향에서 들려온다면, 음파는 왼쪽 귀보다 오른쪽 귀에 먼저 도달하여 양이간 시간차가 발생한다. 즉, 한쪽 귀와 다른 쪽 귀의 소리에 위상차를 조성하여 음원의 위치를 추정할 수 있다. 그러나 500Hz 이하의 저음역에서는 회절에 의하여 두 귀에 강도차가 없어져서 위치추정이 힘들게 된다.

그림 3•13(b)처럼 3,000Hz 이상의 고음역에서는 머리가 귀를 가려서 양이간 강도차가 생긴다. 강도차는 음원을 추적하기 쉽게 한다. 1,500~3,000Hz의 중음역에서는 효과적 위상차나 강도차 등의 암시 신호를 생성하지 못하기 때문에 위치 추정이 힘들다.

음이 정중면에 있을 때에는 음원의 전후 방향에 대해서 역전착오를 일으키기 쉽다.

2.6 통화 이해도

2.6.1 통화 이해도 시험

통화 이해도(speech intelligibility)를 측정하는 방법은 단어나 문장을 전송하고 들은 바를 답하도록 하여 평가한다. 일반적으로 의미가 없는 음절, 음성학적으로 균형 잡힌 단어 목록, 운율 시험이나 문장 시험 문제 등의 자료를 수화자에게 전송하고, 수화자가 들은 문제들에 대해 답게 하여 그 정답 수로 통화 이해도를 평가한다.

2.6.2 이해도 점수

이해도 점수(intelligibility score)란 음성 메시지를 정확하게 알아들을 수 있는 비율이다. 이해도는 송화 자료의 성질에 따라 달라진다. 예를 들면, 무의미한 단어보다는 의미 있는 문장의 경우에 이해도가 높다.

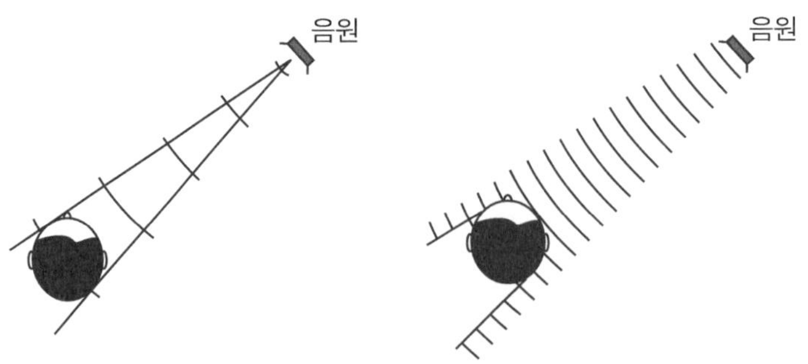

(a) 저음 1,500Hz 이하　　(b) 고음 3,000Hz 이상

그림 3•13▸음원의 위치 추정

2.6.3 명료도 지수

명료도 지수(articulation index, AI)는 소음 환경을 알고 있을 때의 이해도를 추정하기 위해 개발되었으며, 각 옥타브대의 음성과 잡음의 dB값에 가중치를 곱하여 합계를 구한다(Van Cott and Kinkade, 1972). 통화 이해도 시험은 시행에 드는 시간과 노력 때문에 통신계통이나 잡음의 영향을 평가하는 데는 비실용적이다. 송화음의 통화 이해도를 추정할 수 있는 근거로 명료도 지수가 사용된다. 명료도 지수는 여러 종류 송화 자료의 이해도 추산치로 전환할 수 있다. 그림 3•14를 보면 같은 수준의 명료도 지수인 경우라도 음절, 단어, 문장 순으로 이해도가 높아진다는 것을 알 수 있다.

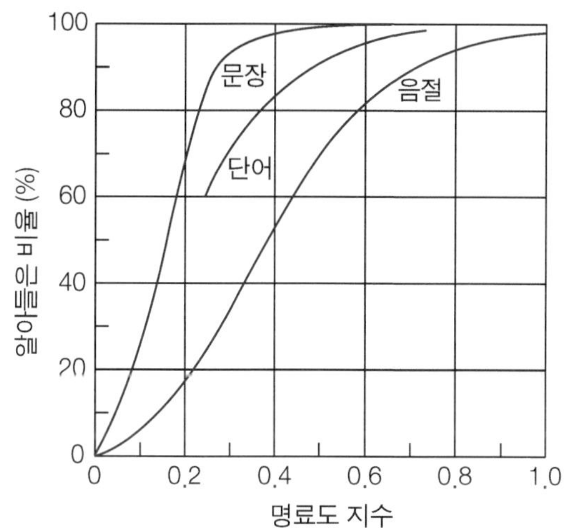

그림 3•14▸명료도 지수와 이해도의 관계

2.6.4 통화 간섭 수준

통화 간섭 수준(speech interference level)은 통화 이해도에 영향을 주는 잡음의 영향을 추정하는 지수이다. 통화 간섭 수준은 500, 1,000, 2,000Hz에 중심을 둔 3옥타브대의 잡음 dB수준의 평균치로 계산한다. 예를 들면, 500Hz에서 잡음 수준이 80dB, 1,000Hz에서 잡음 수준이 90dB, 2,000Hz에서 잡음 수준이 70dB이라면 통화 갑섭 수준은 80dB[=(80+90+70)/3]이다.

2.6.5 소음 기준 곡선

소음 기준치는 회의실이나 작업장에서의 통화를 평가하기 위한 것이다. 대화를 하지 않는 상태에서 해당 환경의 소음 수준을 각 옥타브대별로 측정하여, 그림 3•15와 비교하여 가장 높은 NC(noise criteria)값이 소음 기준치가 된다. 예를 들면, 어떤 사무실에서 250Hz-60dB, 1,000Hz-50dB, 2,000Hz-48dB의 소음이 있다면 각각 55, 50, 50의 소음 기준치에 해당하므로 이 사무실의 소음 기준치는 그 중 최대값인 NC-55이다.

표 3•5는 여러 소음 환경에 대한 허용 NC치이다.

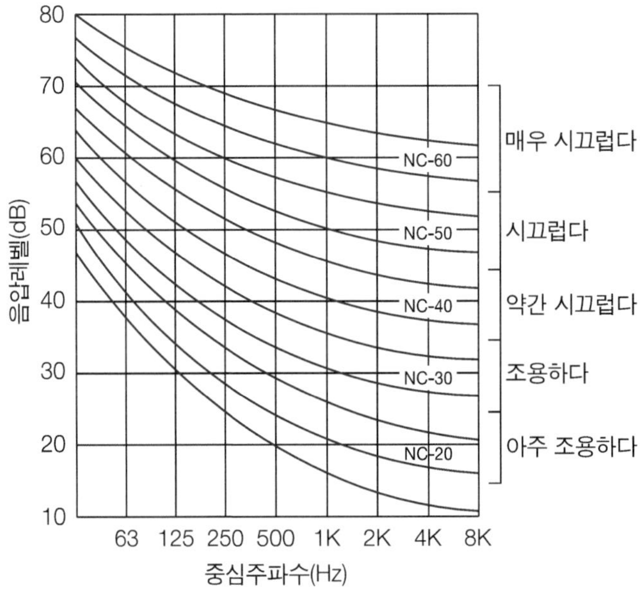

그림 3•15▸소음 기준 곡선

표 3•5▸통화 간섭 수준과 소음 기준(NC)의 최고 허용치(빈방에서 측정)

방의 종류	통화 간섭 수준(dB)	소음 기준(NC)
비서실(타자)	60	50~55
체육관(확성 장치 사용)	55	50
개인 사무실	45	30~35
회의실(20인)	35	30
영화관	35	30
회의실(50인)	30	20~30
연극장(500석)	30	20~25
침실	30	20~35
집회장	30	20~35
교실	30	25
음악회장	25	15~20

3 촉각 및 후각

3.1 촉각

촉각은 시끄러운 환경이나 시각장애인처럼 시각에 의존할 수 없는 사람이 효율적으로 활용할 수 있는 감각기관이다. 또한 일반인들에게 있어서도 촉각은 중요한 역할을 하는데, 예를 들어, 키보드를 누를 때의 감각(feedback)이 좋지 않으면 사용자들은 불만을 가질 수 있다. 이제까지는 이런 촉감이 입출력 장치에서 많이 사용되지 않았으나, 햅틱 디바이스(haptic device)나 시각장애인용 점자 등에 그 활용도가 점차 넓어지고 있다. 최근에는 보다 현실성 있는 가상현실 구현을 위하여 촉각적인 피드백을 해줄 수 있는 햅틱 디바이스에 대한 연구가 활발하게 진행되고 있다. 햅틱 디바이스는 '6장 3.3 햅틱 디바이스'에서 설명한다.

3.2 피부 감각

피부 감각 차원은 아직도 명확하게 분리되지는 않았으나 압력을 느끼는 압각(파치니 소체, 루피니 소체), 아픔을 느끼는 통각(신경 말단에서 감지, 관련 소체 없음), 뜨거움과 차가움을 느끼는 온각(루피니 소체)과 냉각(크라우체 소체)의 독립적인 감각이 있다고 받아들여지고 있다(Gerald, 1972). 몸 전체에서 이러한 감각을 느낄 수 있지만 신체 부위에 따라 서로 다른 예민성을 보인다. 그림3•16은 성별과 신체 부위에 따른 2개의 서로 다른 자극을 구별해내는 최소 거리를 보여주고 있다. 일반적으로 여성이 남성보다 민감한 피부 감각을 가지고 있다.

3.3 후각

코는 냄새의 존재를 탐지하는데 민감한 감각기관이다(그림 3•17). 하지만 냄새에 대한 민감도는 자극 강도와 개인에 따라 다르다. 훈련되지 않은 사람이 식별할 수 있는 냄새의 수는 15~32종류이

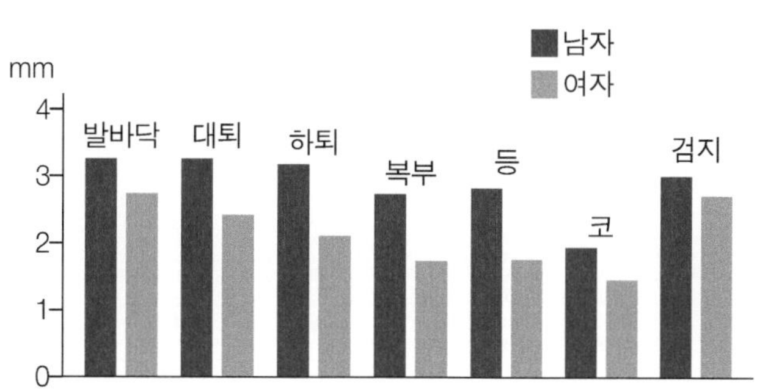

그림 3•16▸2개의 서로 다른 자극을 구별해내는 최소 거리

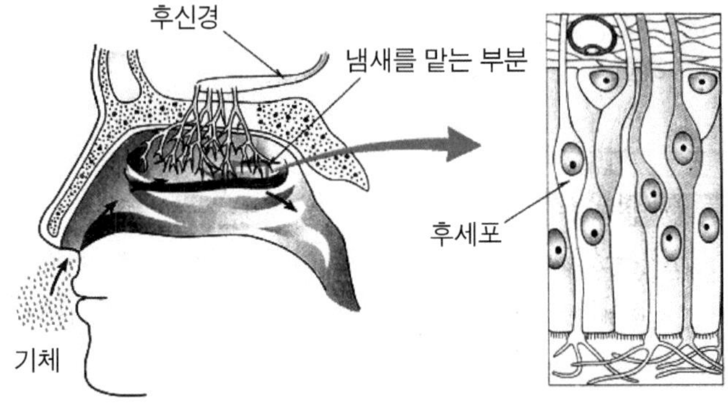

그림 3•17▸후각

며, 훈련을 통하여 60종류까지 식별이 가능하다. 후각은 많은 자극을 식별하는 것보다는 냄새의 존재 유무를 탐지하는 경우에 효과적이다.

후각은 표시장치로는 많이 쓰이지는 않는다. 그 이유는 개인의 차이가 심하고, 냄새의 확산을 제어하기가 힘들기 때문이다. 또한 후각은 특정 자극에 쉽게 피로해져 시간이 지나면 해당 냄새를 맡을 수 없게 된다. 후각 표시장치의 예로는 무색무취의 천연가스에 특정 냄새를 의도적으로 첨가하여 가스 누출 여부를 알 수 있도록 하는 것을 들 수 있다. 또, 광산에서 긴급한 상황이 발생할 경우 환풍구를 통해 냄새를 방출하여 광부들이 긴급 상황을 알 수 있게 하는 데 사용되기도 한다.

연습문제

[1] 다음 중 인간의 눈에 관한 설명으로 옳은 것은?

① 망막의 간상세포는 명시에 사용된다.
② 간상세포는 황반에 밀집되어 있다.
③ 원시는 수정체가 두꺼워져 먼 물체의 상이 망막 앞에 맺히는 현상을 말한다.
④ 시각은 물체와 눈 사이의 거리에 반비례한다.

[2] 다음 내용 중에서 맞는 것은?

① 근시―수정체가 얇아진 상태
② 암조응―동공 축소, 30~40분 소요
③ 원추체―색 구별, 황반에 밀집
④ 망막―두께 조절로 초점을 맞춤

[3] 다음 내용 중 틀린 것은?

① 최소가분시력이란 눈이 식별할 수 있는 표적의 최소공간을 말한다.
② 최소가분시력의 단위는 radian이다.
③ 1m보다 가까운 거리를 볼 수 없는 사람이 사용해야 하는 렌즈는 3.0D이다.
④ 시력은 최소가분시각의 역수이다.

[4] 다음 중 시식별 요소에 대한 설명으로 잘못된 것은?

① 광원으로부터 나오는 빛 에너지의 양을 휘도라 한다.
② 어떤 물체나 표면에 도달하는 빛의 양을 조도라 한다.
③ 단위면적당 표면에서 반사되는 광량을 광도라 한다.
④ 표면으로부터 반사되는 비율을 반사율이라 한다.

[5] 시식별에 영향을 미치는 요소로 가장 거리가 먼 것은?

① 시력 ② 광도 ③ 움직임 ④ 소음

[6] 다음 내용 중 틀린 것은?

① 인간이 들을 수 있는 1,000Hz 순음의 최소 가청 음압은 0.0002μbar이다.
② 인간은 20~20,000Hz 사이의 소리를 들을 수 있지만 특히 4,000~5,000Hz 사이의 소리에 민감하다.
③ Phon은 특정 음과 같은 크기로 들리는 1,000Hz 순음의 음압 수준을 말한다.
④ 40phon은 1sone이다.

[7] 작업장 내의 점광원으로부터 1m 떨어진 곳의 조도가 100lux라면 2m 떨어진 곳의 조도는 얼마인가?

① 100lux ② 50lux ③ 25lux ④ 12.5lux

[8] 다음 중 빛이 어떤 물체에 반사되어 나온 양을 의미하는 휘도(brightness)를 나타내는 단위는?

① L(Lambert) ② cd(Candela) ③ lux ④ lumen

[9] 다음 중 광량 단위는 무엇인가?

① fc ② cd(candela) ③ lux ④ lumen

[10] 1cd의 점광원으로부터 3m 떨어진 구면의 조도는 몇 Lux인가?

① $\frac{1}{27}$ ② $\frac{1}{9}$ ③ $\frac{1}{6}$ ④ $\frac{1}{3}$

[11] 종이의 반사율이 70%이고, 인쇄된 글자의 반사율이 15%일 경우 대비는?

① 15% ② 21% ③ 70% ④ 79%

[12] 다음 중 실내의 추천 반사율이 높은 것부터 낮은 순으로 올바르게 나열한 것은?

① 천장 〉 벽 〉 책상 〉 바닥 ② 천장 〉 책상 〉 바닥 〉 벽
③ 벽 〉 천장 〉 책상 〉 바닥 ④ 벽 〉 책상 〉 천장 〉 바닥

[13] 다음 중 암조응에 대한 설명으로 옳은 것은?

① 어두운 곳에서 밝은 곳으로 들어갈 때 발생한다.
② 어두운 곳에서는 주로 간상세포에 의해 보게 된다.
③ 완전 암조응에는 일반적으로 5~10분 정도 소요된다.
④ 암조응 때에 원추세포는 감수성을 가지게 된다.

[14] 정지하여 있는 물체가 움직이는 것처럼 보이는 눈의 착각 현상을 무엇이라 하는가?

① 가상 현실 ② 가상 움직임 ③ 가현 운동 ④ 가현 현상

[15] 시각 작용은 눈으로 들어오는 시각 정보만을 이용한다고 보는 이론은?

① 구성주의 이론 ② 생태학적 이론 ③ 생물학적 이론 ④ 인지적 이론

[16] 시스템 설계 시 시각 관련 사항에 대한 다음 설명 중 옳지 않은 것은?

① 주변시보다 정면시에서 색상을 잘 구분한다.
② 중앙의 파란색은 감지력이 높아진다.
③ 색상은 검색 효과를 높일 수 있다.
④ 색상 수는 4~11개로 제한하는 것이 좋다.

[17] 다음 중에서 중이에 속하지 않는 것은 무엇인가?

① 등골 ② 청신경 ③ 추골 ④ 침골

[18] 귀의 청각 과정에 대한 내용이 순서대로 올바르게 서술된 것은 무엇인가?

① 신경전도→공기전도→액체전도 ② 공기전도→신경전도→액체전도
③ 액체전도→공기전도→신경전도 ④ 공기전도→액체전도→신경전도

[19] 다음 중에서 가청 주파수 영역을 바르게 나타낸 것은 무엇인가?

① 20~20,000Hz ② 20~10,000Hz ③ 300~700Hz ④ 2,000~5,000Hz

[20] 인간의 청각적 식별이 가능한 자극의 차원은 무엇인가?

① 형태 ② 강도 ③ 색상 ④ 온도

[21] 음량 수준을 측정할 수 있는 세 가지 척도에 해당하지 않는 것은 무엇인가?

① 지수에 의한 수준 ② sone에 의한 수준
③ phon에 의한 수준 ④ 인식 소음 수준

[22] 다음 중 Phon에 대한 설명으로 틀린 것은?

① 상이한 음의 상대적 크기에 대한 정보는 나타내지 못한다.
② 1,000Hz 대의 20dB 크기의 소리는 20Phon이다.
③ 40dB의 1,000z 순음을 기준으로 하여 다른 음의 상대적인 크기를 설정하는 척도의 단위이다.
④ 1,000Hz의 주파수를 기준으로 각 주파수별 동일한 음량을 주는 음압을 평가하는 척도의 단위이다.

[23] 1,000Hz, 80dB인 음은 1,000Hz, 40dB인 음보다 몇 배나 크게 들리는가?

① 2 ② 4 ③ 8 ④ 16

[24] 1,000Hz, 80dB인 음을 phon과 sone으로 환산한 것은?

① 40phon, 4sone ② 60phon, 3sone
③ 80phon, 16sone ④ 80phon, 2sone

[25] 비행기에서 15m 떨어진 거리에서 잰 jet engine의 소음이 130dB(A)이었다면, 100m 떨어진 격납고에서의 소음 수준은?

① 192.2dB(A) ② 131.8dB(A) ③ 113.5dB(A) ④ 150.0dB(A)

[26] 60Hz 이상의 음역에서의 청각 신호 전달 과정을 옳게 설명한 이론은?

① 진동수설 ② 공진(resonance)설
③ 전화기설 ④ 전도(conduction)설

[27] 음의 한 성분이 다른 성분에 대한 귀의 감수성을 감소시키는 상황을 무슨 효과라 하는가?

① 은폐 ② 밀폐 ③ 기피 ④ 방해

[28] 다음 은폐효과에 대한 설명 중 옳지 않은 것은?

① 은폐음과 피은폐음의 특성에 따라 변한다.
② 순음의 은폐효과는 은폐음의 강도가 클수록 넓게 나타난다.
③ 순음의 은폐효과는 은폐음의 주파수의 배음 주변에서 현저히 증가한다.
④ 은폐음이 소음일 때는 순음의 역치 15~30 dB 증가한다.

[29] 고주파 대역(3,000Hz 이상) 음원의 방향을 결정하는 암시(cue) 신호가 아닌 것은?

① 양이간 강도차(intensity difference) ② 양이간 시간차(time difference)
③ 양이간 위상차(phase difference) ④ 고주파 음은 음원의 방향을 알 수 없다.

[30] 다음 설명 중 옳지 않은 것은?

① 통화 이해도는 음성 통신 내용이 전달되는 정도를 말한다.
② 이해도 점수는 송화 자료의 성질에 따라 달라질 수 있다.
③ 명료도 지수는 각 옥타브대의 음성과 잡음의 dB값에 가중치를 더하여 구한다.
④ 통화 간섭 수준은 통화 이해도에 영향을 주는 잡음의 영향을 추정한다.

[31] 인간의 감각기관 중 작업자가 가장 많이 사용하는 감각은?

① 시각 ② 청각 ③ 촉각 ④ 미각

[32] 인간의 피부가 느끼는 3종류의 감각에 속하지 않는 것은?

① 압각 ② 통각 ③ 미각 ④ 열각

[33] 다음 중 반응시간이 가장 빠른 감각은?

① 시각 ② 미각 ③ 청각 ④ 촉각

[34] 다음 중 인간의 후각 특성에 대한 설명으로 틀린 것은?

① 후각은 특정 물질이나 개인에 따라 민감도의 차이가 있다.
② 특정한 냄새에 대한 절대적 식별 능력은 떨어진다.
③ 훈련을 통하면 식별 능력을 향상시킬 수 있다.
④ 후각은 냄새 존재 여부보다는 특정 자극을 식별하는데 사용되는 것이 효과적이다.

[35] 다음 중 촉각적 감각과 피부에 있는 소체와의 연결이 틀린 것은?

① 통각: 마이스너 소체 ② 압각: 파시니 소체
③ 온각: 루피니 소체 ④ 냉각: 크라우제 소체

응용문제

[1] 인간의 시각 작용을 설명하는 구성주의적 이론과 생태학적 이론을 사례를 들어 설명하라.

[2] 행동유도성이란 무엇이며 행동유도성을 높일 수 있는 방안은 무엇인가?

[3] 1,000Hz, 80dB의 음과 같은 음량으로 들이는 50Hz음은 몇 dB인가? 이 사실로부터 인간의 귀는 어떤 특성을 가지고 있다고 말할 수 있는가? (그림 3•11 등음량곡선을 참조할 것)

CHAPTER 4 정보처리

우리는 정보라는 말을 접하지 않고 살 수 없을 정도로 정보화 시대에 살고 있다. 정보가 많을수록 이를 효율적으로 수용, 처리, 저장하는 것이 중요하다. 여러 가지 정보를 수용하고 처리하고 저장하는 하드웨어 관련 기술은 비약적으로 발전하고 있지만, 인간의 경우에는 뇌가 기본적으로 정보처리 업무를 담당하고 있다. 따라서 우리 인간이 정보를 수용하고 처리하고 저장하는 방식을 이해하는 것은 정보 혁명 속에 사는 현대 인간으로서는 그 중요성이 점점 증대되어 간다고 할 수 있다.

인간의 정보처리 방식에 관한 관심은 심리학 분야에서 100여 년 전부터 활발하게 연구되어 왔다. 최근 컴퓨터 기술의 발전과 더불어 수용하고 처리해야 할 정보가 폭발적으로 늘어나면서 이 분야에 대한 관심이 더욱 고조되었다. 이 장에서는 인간의 지각, 주의, 인지 과정, 정보처리 능력과 특성에 대하여 알아본다.

1 정보 이론

정보 이론이란 여러 가지 상황 하에서의 정보 전달을 다루는 과학적 조사 연구 분야이다. 이에 관련되는 몇 가지 개념들을 구체화시킨 것은 Wiener이며, Shannon은 몇 가지 수학적 공식들을 개발하였다. 원래 정보 이론은 공학 분야에만 응용될 것이라 생각되었으나, 최근에는 심리학이나 생체과학 같은 다른 분야에도 널리 응용될 수 있다는 것이 알려졌다.

1.1 정보의 개념

정보 이론에서는 정보란 '불확실성의 감소'라 정의한다. 아주 높은 가능성을 가지고 발생하는 사건의 출현에는 정보가 별로 담겨 있지 않다고 할 수 있는데, 그 이유는 누구나 그 사건이 일어날 것이라고 예상할 수 있기 때문이다. 예를 들면, '주사위를 던지면 숫자가 1부터 6 사이에서 나올 것이다'에는 정보가 전혀 들어 있지 않다. 왜냐하면 그것은 누구나 예상할 수 있기 때문이다. 그러나 예상하기 곤란한 사건이나 아주 드문 사건의 출현에는 많은 정보가 담겨있다. 예를 들어, 복권 1등 번호를 누군가가 사전에 알려준다면 이는 굉장히 큰 정보가 된다. 왜냐하면 인간의 상식 수준에서는 이를 사전에 알 수 없기 때문이다.

정보의 정의에서는 메시지 내용의 중요성은 직접 고려하지 않으며, 그 출현 가능성만을 고려한다. 즉, 불확실성의 크기 자체만을 다루는 것이지 그 불확실성의 내용 자체를 다루는 것은 아니다.

1.2 정보 측정단위

정보 이론에서는 정보를 bit 단위로 측정한다. 1bit는 발생 가능성이 동일한 두 대안 사이에서 어떤 것이 발생할 것인가를 결정(또는 파악)하는 데 필요한 정보의 양이다. 이를 일반화하면, N개의 대안이 있고 그 대안의 발생 확률이 동일하다면 정보량 H[bit]는 다음과 같이 구한다.

$$H = \log_2 N$$

따라서 대안이 두 가지이고 발생 확률이 동일한 경우에 어떤 대안이 발생할 것인가를 알아내는데 필요한 정보량 H는 $\log_2 2=1.0$bit이다. 예를 들어, 앞면 또는 뒷면이 나올 확률이 0.5로 똑같은 동전을 던져서 앞면이 나올 것인지, 혹은 뒷면이 나올 것인지 알려주는 경우의 정보량은 1bit이다. 같은 원리로, 네 가지 동일한 대안의 경우, 정보량 H는 $\log_2 4=2$bit가 된다.

이를 개념적으로 설명하면 1 bit란 현재의 어떤 상황에 존재하는 불확실성의 크기를 절반 수준으로 줄여주는 데 필요한 정보량이라고 할 수 있다. 예를 들면, 네 가지의 동일한 발생 확률을 갖는 대안이 있을 때 어떤 것이 발생할지를 알려주는 데에는, 먼저 불확실성의 크기를 1/2 수준으로 줄이는 데(즉, 4개의 대안 가운데 2개를 제거하는 데) 1bit가 필요하고, 다시 그 남은 불확실성의 크기를 1/2 수준으로 줄이는 데(남아있는 2개의 대안 가운데 1개를 제거하는 데) 1bit가 필요하므로 총 2bit의 정보량이 요구된다.

같은 원리로 0~9까지 수의 집합에서 무작위로 선택할 때, 어떤 숫자가 나올지 알려주는 경우의 정보량은 $\log_2 10=3.32$bit이고, A~Z의 문자 집합에서 무작위로 선택할 때, 어떤 문자가 나올지 알려주는 경우의 정보량은 $\log_2 26=4.7$bit이다.

만일 각 대안의 출현 가능성이 동일하지 않을 때는 어떻게 정보량을 구할 수 있을까? 대안의 수가 N개일 때 각 대안의 출현 가능성이 동일한 경우에는 한 대안의 발생 가능성은 p=1/N이므로 $\log_2 N=\log_2(1/p)$가 성립된다. 따라서 대안의 출현 가능성이 동일하지 않는 경우 '한' 사건이 가진 정보량은 다음 공식으로 구할 수 있다.

$$h_i = \log_2(1/p_i)$$

여기에서 h_i가 사건 i에 관계되는 정보량이고 p_i는 그 사건의 출현 확률이므로, 확률이 다른 일련의 사건이 가지는 평균 정보량 H_{av}는 평균을 구하는 것과 같이 다음 식으로 계산한다.

$$
\begin{aligned}
H_{av} &= \Sigma p_i \cdot h_i \\
&= \Sigma p_i \cdot \log_2(1/p_i)
\end{aligned}
$$

예를 들면, 내일 날씨가 맑을 확률이 0.9, 비가 올 확률이 0.1이라면, 내일 날씨가 어떻게 될지 알아내는데 필요한 평균 정보량은

$$
\begin{aligned}
H_{av} &= \Sigma p_i \cdot \log_2(1/p_i) \\
&= 0.9 \log_2(1/0.9) + 0.1 \log_2(1/0.1) \\
&= 0.47 \text{ bit}
\end{aligned}
$$

이다. 만일 내일 날씨가 맑을 확률이 0.5, 비가 올 확률이 0.5이라면, 평균 정보량은 1bit가 된다. 위의 두 예를 비교하면 어떤 사상의 출현 가능성이 같으면 — 즉 모호하면 — 정보량은 최대가 된다는 것을 알 수 있다. 여기에서 중복률의 개념이 생기는데, 이것은 출현 확률이 같지 않기 때문에 가장 불확실한 경우의 정보량에 대한 특정 경우의 정보량 비율의 여사상으로, 다음 식으로 정의된다.

$$\text{중복률}[\%] = (1-(H_{av} / H_{max}))\times 100$$

위의 날씨 예에서 내일 날씨가 맑을 확률이 0.9, 비가 올 확률이 0.1인 경우 H_{av}=0.47bit, H_{max}=1bit 이므로 중복률은 다음과 같다.

$$
\begin{aligned}
\text{중복률}[\%] &= (1-(H_{av} / H_{max}))\times 100 \\
&= (1-(0.47/ 1))\times 100 \\
&= 53\%
\end{aligned}
$$

영어에서는 모든 알파벳 문자(A~Z)가 동일한 확률로 출현하지 않고 특정 조합을 이루면서 출현하는 경우가 많다. 예를 들어, -th, -er, -qu 등은 쌍을 이루어서 출현하는 경우가 많다. 이런 현상 때문에 영어의 중복률은 약 68%로 알려져 있다.

한편, 인간은 감각기관을 통해 단위시간(초)당 표 4•1과 같이 많은 양의 정보를 수용하지만 신경접속은 그 중 일부만 이루어진다. 또한 의식하는 정보량은 극히 일부에 지나지 않으며 영구보관되는 정보량은 0.7bit에 불과하다.

표 4•1 ▸ 정보 응축(Steinbuch)

과정	최대 정보 흐름 (bit/초)
감각기관 수용	1,000,000,000
신경접속	3,000,000
의식	16
영구보관	0.7

1.3 전달 정보량

정보량은 그 자체로서 특정 상황에 존재하는 불확실성의 정도를 파악하는 데 의미가 있다. 그러나 어떤 입력(또는 자극)이 매체나 시스템의 출력(또는 반응)을 통하여 전달되는 경우가 자주 있으며, 이 때는 불확실성의 정도보다는 입력 정보가 얼마나 일관되게 전달되느냐가 더 중요하게 된다.

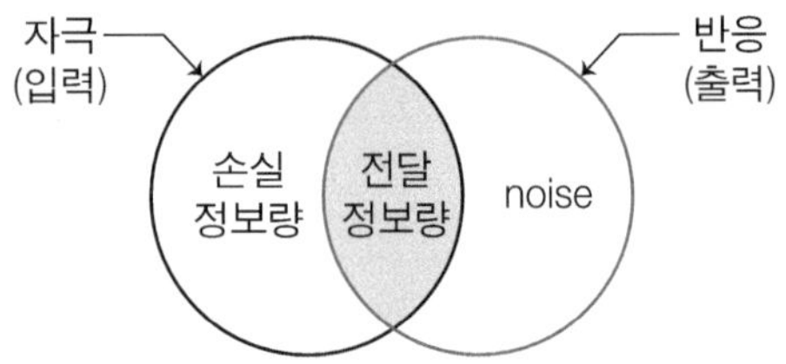

그림 4•1▸정보 전달 관계

어떤 자극이 시스템에 들어오면 시스템은 이를 처리 또는 전달하여 반응을 하게 된다. 이 때 자극은 입력 정보량, 반응은 출력 정보량으로 해석할 수 있다. 이 때 자극의 불확실성과 반응의 불확실성과의 관계를 나타내면 그림 4•1과 같다.

자극(입력) 정보량을 H(x), 반응(출력) 정보량을 H(y), 총정보량을 H(x,y), 전달 정보량을 T(x,y)라 하면 다음의 관계가 성립한다.

$$T(x,y) = H(x) + H(y) - H(x,y)$$

$$\text{equivocation(손실정보량)} = H(x) - T(x,y)$$

$$\text{noise} = H(y) - T(x,y)$$

예제 4.1 아래와 같이 2개의 자극(0,1)에 대해 100회의 시행을 통하여 반응(A, B)을 관찰한 결과 다음과 같은 결과를 얻었다. 전달 정보량, equivocation, noise를 계산하시오.

		자극		합
		0	1	
반응	A	50	0	50
	B	0	50	50
합		50	50	100

▸ 입력정보량 $H(x) = 0.5 \log_2(1/0.5)+0.5 \log_2(1/0.5) = 1\text{bit}$

출력정보량 $H(y) = 0.5 \log_2(1/0.5)+0.5 \log_2(1/0.5) = 1\text{bit}$

총정보량 $H(x, y) = 0.5 \log_2(1/0.5)+0\times\log_2(1/0.0)+ 0\times\log_2(1/0.0)+0.5 \log_2(1/0.5) = 1\text{bit}$

전달정보량 $T(x, y) = H(x)+H(y)-H(x, y) = 1+1-1 = 1\text{bit}$

equivocation(손실정보량) $= H(x)-T(x, y) = 1-1 = 0\text{bit}$

noise $= H(y)-T(x, y) = 1-1 = 0\text{bit}$

1.4 정보 이론의 응용

정보의 척도는 여러 가지 기호, 신호나 사상의 발생 확률에 근거한다. Hyman(1953)은 선택반응 작업에서 자극의 수를 변화시키면서 실험하였는데 출현 가능성이 동일한 대안의 수를 증가시키면 자극에 대한 선택반응시간이 자극 정보량의 증가에 선형적으로 증가함을 발견하였다(Hick-Hyman 법칙). 즉, 자극의 수를 bits로 환산하고 반응시간을 정보량의 함수로 계산하여 두 관계의 증가경향을 선형적으로 묘사하였다. 이런 모델은 인간의 반응시간을 예측하는 데 활용될 수 있다.

기본적으로 정보 이론은 신호나 사상의 발생 확률에 근거한 불확실성의 크기를 다루고 있다. 그러나 정보 이론을 인간이 관계되는 상황에 적용할 때에는 불확실성의 크기뿐만 아니라 신호나 사상이 갖는 의미를 생각하지 않을 수 없게 된다. 한편, 정보 이론은 본질적으로 정보의 크기만을 다루고 정보 속에 담긴 의미는 다루지 않는다. 그러므로 정보량이 같다 하더라도 특정 정보가 개인에게 부여하는 의미가 다를 수 있으며, 이런 이유로 정보 이론을 실제로 인간 수신자의 상황에 적용할 때는 비현실적인 경우가 많다. 따라서 정보 이론은 여러 상황에서 가용한 정보를 계량적으로 다루는 것이 일반적이다.

2 정보처리 과정

인간은 일상생활의 여러 면에서 다양한 형태의 정보를 수용, 저장, 재생, 처리 및 전달하고 있다. 또한 이런 과정들이 복잡하게 서로 얽히고 수정되면서 인간 활동이 이루어진다. 본 절에서는 이런 정보처리 과정에 담긴 원리와 현상을 소개한다.

2.1 인간의 감각-정보처리-운동 계통

인간 활동에 있어서 인간이 행하는 신체적 동작이나 반응은 어떤 입력과 분명한 관계를 가지고 있다. 예를 들면, 마우스나 자판기를 사용하여 사무업무를 처리한다든가 은행 현금지급기에서 현금 인출이나 이체를 하는 경우를 보면 손동작 하나마다 분명한 정보처리 결과에 대한 반응이라고 볼 수 있다. 때로는 폭풍 속을 항해하는 선장이나 축구 경기 중인 선수처럼 복잡한 요구 사항을 시간적인 제약 하에서 판단하고 의사결정해야 하는 경우도 있다. 이런 경우 복잡한 정도의 차이가 있다 할지라도 인간의 정보처리 과정을 일반화하여 나타낼 수 있는데, 이를 도식화하면 그림 4•2와 같다.

먼저 '암호화(encoding)' 과정에서는 몸 밖에서 들어온 자극을 내부에서 활용할 수 있는 형태의 표현으로 바꾼다. 두 번째 '비교(comparison)' 과정에서는 들어온 정보와 이미 뇌에 저장된 정보를 비교한다. 그 다음 '반응 선택(response selection)' 단계에서는 들어온 입력정보에 대해 어떻게 반응할

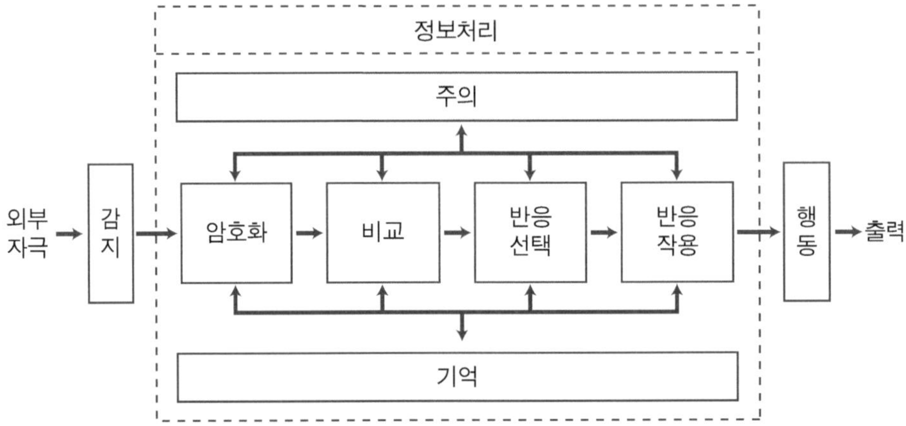

그림 4•2▸정보처리 과정(Barber, 1988)

것인가를 결정하고, 그 결과를 다음 단계인 '반응 작용(response execution)' 단계로 보낸다. 마지막으로 '반응 작용' 과정을 통하여 행동이 나타난다. 이 각 과정에서 필요에 따라 주의(attention)와 기억(memory)이 활용되거나 참조된다.

사람은 그가 받은 모든 감각 입력 중에서 어떤 것을 '선택'하며, 이러한 선택은 자극의 특성과 개인의 상태에 따라 이루어진다. 이 이론은 우리가 한 번에 한 가지 것에만 유의한다는 것을 의미하지만, 그렇다고 해서 이것이 2개 이상의 것에 대해서 재빨리 교번하여 유의할 수 있다는 사실을 배제하지는 않는다. 즉, 인간은 한 순간에는 오직 한 가지 것에만 신경(즉, 정보처리)을 쓰지만, 주변의 여러 가지 자극, 즉 경치, TV 장면, 축구 경기 등 다양한 자극을 동시에 감지할 수 있다.

3 인간의 식별 능력

인간은 다양한 자극을 폭 넓게 수용하지만 이들 자극을 신뢰성 있게 식별하는 능력은 주어진 조건에 따라 큰 폭으로 달라진다. 인간 식별 능력 가운데 중요한 특성을 살펴보면, 절대 식별과 상대 식별, 경로 용량, 변화감지역과 Weber 법칙, 시배분 등이 있다.

3.1 인간의 절대 식별 능력과 상대 식별 능력

자극이 인간에게 제시될 때 이를 식별하는 방법은 절대 식별(absolute judgments)과 상대 식별(relative discrimination) 형태로 구분할 수 있다. 절대 식별은 어떤 부류에 속하는 신호가 단독으로 제시되었을 때 이를 얼마나 잘 식별하느냐를 나타내는 것으로 상대적인 비교 대상 또는 기준 대상이 없는 경우이다. 반면, 상대 식별은 두 가지 이상의 신호가 공간적 혹은 시간적으로 근접하게 제시되었

표 4•2▸인간의 절대 식별 능력

자극		평균 식별 수	bit 수
시각	물체크기	5 ~ 7	2.3 ~ 2.8
	선의 길이	7 ~ 8	2.6 ~ 3.0
	밝기	3 ~ 5	1.7 ~ 2.3
청각	음량(순음)	4 ~ 5	2.0 ~ 2.3
	주파수	4 ~ 7	2.0 ~ 2.7
	지속시간	2 ~ 3	1.0 ~ 1.7
	음량과 주파수	9	3.17
미각	짠 맛	4	2.0

을 때 이를 비교·판단하는 경우이다. 피아노 건반을 임의로 하나 눌러 놓고 그 음계를 답하도록 하는 경우는 절대 식별에 해당하며, 2개의 건반을 순차적으로 들려준 다음 어떤 음이 높은 음인지를 구분하도록 하는 경우는 상대식별이다.

인간의 절대 식별 능력은 자극 차원에 따라 약간씩 차이가 있으나 보통 7±2개이다. 즉, 인간이 절대적 판단에 의해 자극을 신뢰성 있게 식별할 수 있는 범위는 Miller의 magical number 7±2로 알려진 5~9가지이다. 이를 정보량 단위인 bit수로 표시하면 $\log_2 5 \sim \log_2 9$, 즉 2.3~3.17bit 정도이다. 표 4•2에는 단일차원 자극에 대한 인간의 절대 식별 범위를 나타내는데 예상외로 적다는 것을 알 수 있다.

인간의 식별 능력을 높일 수 있는 방법은 ① 자극 제시를 절대 식별보다는 상대 식별 방식으로 제시하거나, ② 자극의 차원을 증가시키거나, ③ chunking을 사용하도록 하는 방법 등이 있다.

인간의 상대 식별 능력은 절대 식별 능력에 비해 훨씬 크다. 색상, 명도, 채도에 변화를 주어 만든 두 가지 색을 비교하는 경우에 대부분의 사람은 약 20만 개의 색을 상대적으로 구분할 수 있다고 한다. 참고로 절대적으로 식별할 수 있는 색의 수는 12~24개 정도이다. 따라서 상대식별을 할 수 있도록 자극을 제시하는 경우에 인간의 식별 능력이 높아진다.

단일 차원보다는 다차원을 사용하여 자극을 제시하면 인간의 식별 능력이 높아진다. 표 4•3은 특정한 조건에서 단일 차원과 다차원을 사용하여 자극을 제시했을 때의 인간의 식별 능력을 비교한 것이다. 단일자극 시각의 경우는, 화면에 빨간색, 노란색, 초록색 자극이 무작위로 나타나면 각 자극에 해당하는 스위치를 누르도록 하는 실험이다. 일정한 속도 부하 하에서 자극에 대해 반응을 제대로 수행한 비율은 표에서 보는 바와 같이 89%였다. 단일자극

표 4•3▸단일 자극과 다차원 자극의 식별 능력

자극 구분	옳은 반응 비율
시각	89%
청각	91%
시각+청각	95%

청각의 경우는 100Hz, 700Hz, 5,000Hz 음 높이를 가진 신호가 무작위로 나오면 각 자극에 해당하는 스위치를 누르도록 하는 실험이다. 청각의 경우에 제대로 응답한 비율은 표에서 보는 바와 같이 91%였다. 시각적 자극과 청각적 자극을 중첩해서 제시한 다차원 자극의 경우, 즉 화면에 빨간색 자극이 나타나면서 100Hz의 소리가 동시에 나오고, 노란색 자극이 나타나면서 700Hz의 소리가 동시에 나오고, 초록색 자극이 나타나면서 5,000Hz의 소리가 동시에 나오도록 한 실험에서 해당 자극에 대해 제대로 반응한 비율은 95%였다. 즉, 인간은 단일 차원으로 자극이 제시되는 경우보다 다차원으로 자극이 제시되는 경우에 더 신뢰성 있게 식별하는 경향을 보인다.

Chunking도 인간의 식별 능력을 높일 수 있는 방법이다. Chunking이란 인간의 정보 기억 용량의 한계를 극복하기 위하여 입력 항목을 묶어서 새로운 단위 항목으로 암호화하는 것을 말하며, 이때 입력 항목 묶음을 chunk라 한다. 예를 들어, 전화번호 7자리를 받아들일 때 2848093을 284와 8093으로 묶어서 받아들이면 쉽게 처리된다. 숫자의 경우 chunk 단위에 따라 인간의 수용도가 달라진다. 따라서 인간 컴퓨터 상호작용에서 사용성을 높이려면 인간이 쉽게 수용할 수 있는 식별 범위 내에서 자극을 제시하여야 한다. 이에 대해서는 '5.2.2 단기기억'에서 설명한다.

3.2 경로용량

인간에게 부과되는 입력 정보량을 점차 증가시키면 전달된 정보량은 입력 정보량에 비례하여 증가하다가 어떤 수준에서는 더 이상 증가되지 않고 점근치로 수렴되는데 이 값을 경로용량(channel capacity)이라 한다. 즉, 경로용량은 관측자가 절대 식별에 근거하여 자극에 대해서 정보를 신뢰성 있게 전달할 수 있는 최대수이다(그림 4•3).

따라서 입력 정보량이 인간의 경로용량 이하일 때에는 별 문제없이 입력 정보량을 신뢰성 있게 처리할 수 있지만, 입력 정보량이 경로용량을 넘어설 때는 이를 신뢰성 있게 처리하지 못하므로 다른 대책을 세워야 한다. 대책으로는 앞에서 설명한 바와 같은 상대 식별 사용, 다차원 자극 제시, chunking 등이 있다.

3.3 변화감지역과 Weber 법칙

변화감지역(just noticeable difference: JND)이란 자극 사이의 변화 여부를 감지할 수 있는 최소의 자극 범위를 말한다. 예를 들어, 10kg의 물건을 들고 있는 사람에게 5g의 무게를 더한다 하더라도 인간은 그 무게 변화를 느낄 수 없다. 만일 10kg의 무게를 들고 있다가 500g의 무게를 추가했을 때 비로소 그 무게의 변화를 느끼기 시작한다면 10kg에서의 변화감지역은 500g이라고 할 수 있다.

Weber의 법칙은 물리적 자극을 상대적으로 판단하는 데 있어 특정 감각(기관)의 변화감지역(JND)은 사용되는 기준 자극의 크기(I)에 비례한다는 것이다. 위 예에서 10kg의 무게를 들고 있을 때의 JND가 500g이었다면, 이 사람이 20kg의 무게를 들고 있을 때의 JND는 1kg이 된다. 즉, 자극

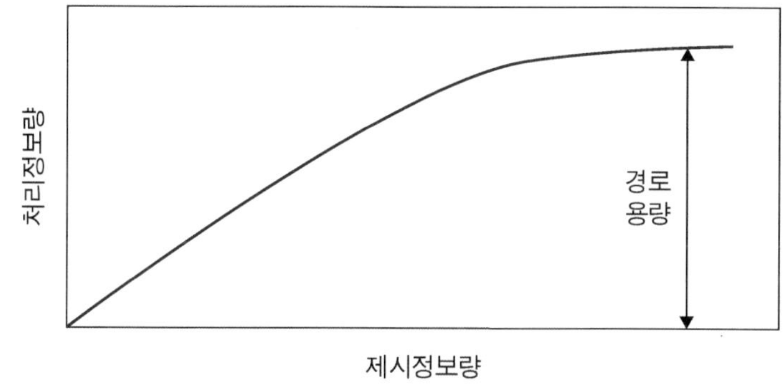

그림 4•3▸인간의 경로용량

의 변화를 느낄 수 있는 JND는 기준 자극의 크기에 비례하므로 이 둘의 비는 항상 일정하며 이를 Weber비라 한다.

Weber비 = JND / 기준 자극 크기

Weber비가 자극 차원에 따라 일정하므로 기준 자극이 작은 경우에는 작은 변화에도 민감하지만 기준 자극이 큰 상태에서는 이에 비례하여 변화감지역도 커야 한다. Weber비가 작을수록 분별력이 민감하며 Weber비가 클수록 분별력이 둔감하다. Weber비는 기존 자극에 대해 인간이 그 변화를 감지할 수 있는 최소한의 변화량을 의미하므로 인터페이스 설계의 기초 자료가 된다.

3.4 시배분

시배분(time sharing)이란 인간이 여러 가지 일을 수행할 때 주의(attention)를 번갈아가며 수행하는 것을 말한다. 운전을 할 때 인간은 신호등도 보면서 방향등을 켜고 운전대를 돌리는 동작을 동시에 하는 것처럼 보이지만 엄밀한 의미에서 인간의 뇌는 아주 짧은 순간에 서로 다른 일을 번갈아가며 주의를 기울이고 있다. 훈련과 교육을 받으면 이들 시배분이 자연스럽게 일어난다. 자동차 운전 초보 시절에는 방향 전환과 가속 페달을 동시에 처리하기가 어렵지만 훈련과정을 거치면 이들 2개 이상의 동작이 자연스럽게 동시에 수행되는 것처럼 보인다. 그러나 뇌의 관점에서 보면 주의를 번갈아가며, 즉 시배분하면서 수행하고 있다.

3.4.1 시각 과정의 시배분

서로 다른 시각적 직무(예: 추적임무와 감시임무)를 동시에 수행하는 작업에서 이 두 작업수행도의 상관계수는 0.2밖에 되지 않았다(Olson, 1959). 이는 작업자가 두 가지 임무 중 하나에만 중점적으로 주의를 기울이는 전략을 채택하는 경향이 있다는 것을 의미한다. 인간의 능력으로 처리할 수 있을 정도보다 시배분에 대한 압박이 커지면 인간은 임무 가운데 어느 것을 포기하게 된다. 포기하는 임무의 선택은 작업자들 간에 공통적일 수도 있고 선택적일 수도 있다.

3.4.2 청각 과정의 시배분

시각과 마찬가지로 청각과정에서도 시배분이 일어난다. 예를 들면, 2개의 서로 다른 방송국에서 동시에 나오는 서로 다른 뉴스를 들을 때, 한쪽 뉴스 또는 양쪽 뉴스의 부분 부분을 놓치게 되는 것은 청각과정에서 시배분이 일어난다는 증거이다. 청각과정의 시배분에는 여러 가지 특징이 있는데, 만약 한 메시지가 다른 메시지보다 약간 먼저 나오면 인간은 전형적으로 약간 먼저 나온 메시지를 더 정확하게 알아듣는 경향이 있다. 그러나 만약 늦게 나온 메시지의 강도가 더 강하면 처음 메시지보다 2초 정도 늦게 나온다 하더라도 후자의 메시지에 더 주의를 기울이게 된다.

또한, 시각과 청각 입력이 시배분될 때에는 시각 경로보다 청각 경로의 경우에 간섭을 작게 받는다.

4 신호검출이론

신호검출이론(signal detection theory)은 소음(noise)이 신호 검출에 미치는 영향을 파악하고 이와 관련된 최적 의사결정 기준을 다루는 이론이다. 소음만 있거나, 소음에 신호가 있는 상황에서 인간은 제시된 자극을 감지하여 신호의 유무를 판단하게 된다.

다음과 같은 상황을 생각해보자. 공장 내에는 기본적인 소음이나 다른 작업으로 인한 소음 때문에 소음의 강도가 시간에 따라 우발적으로 변한다. 작업중 크레인이 가동될 때마다 안전을 위하여 경보가 울린다고 하자. 이때 크레인 경보 소리를 인지할 확률은 당시의 주변 소음이나 크레인 경보음의 크기에 따라서 달라진다. 공장 내의 소음의 분포가 정규분포 $N(\mu, \sigma^2)$을 따른다고

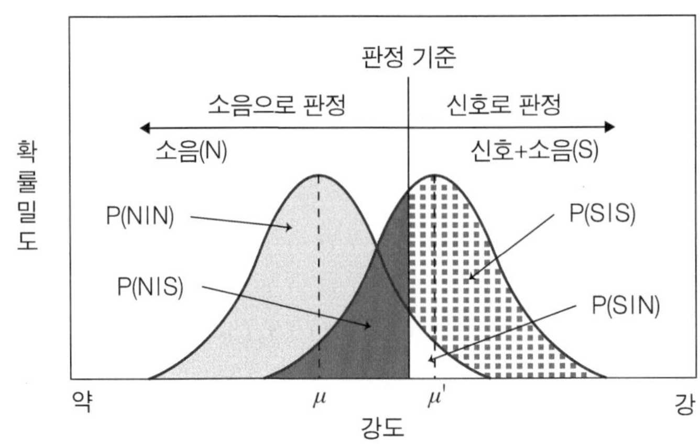

그림 4•4▸소음과 신호(소음+신호) 분포

하면 소음 분포의 확률분포는 그림 4•4의 왼쪽 곡선과 같고, 신호가 발생할 때의 소음과 신호의 혼합 강도는 오른쪽 곡선과 같다.

그림과 같은 상황일 때 작업자는 자신의 판정 기준에 의하여 신호의 유무를 판단한다. 만일 소음의 강도가 낮거나 신호의 강도가 현저히 높으면 신호의 유무 판단은 쉽다. 그러나 그림에서 보는 바와 같이 두 분포가 중첩된 부분에서는 소음을 신호로 혼동하거나 신호를 놓칠 확률이 존재한다. 또한 이 확률은 판정 기준을 어느 수준으로 정하느냐에 따라 달라진다.

신호의 유무에 따라 작업자의 반응도 두 가지가 있으므로 아래와 같은 네 가지 상황이 발생한다.

자극 / 판정	소음(N)	소음 + 신호(S)
신호 없음(N)	옳은 판정 P(N|N)	신호 검출 못함(miss) P(N|S) = β = typeⅡerror
신호 발생(S)	허위경보(false alarm) P(S|N) = α = typeⅠerror	옳은 판정 P(S|S)

- P(N|N): 소음(N)을 소음(N)으로 판정할 확률(옳은 결정, 바른 기각)
- P(N|S): 신호(S)를 소음(N)으로 판정할 확률(신호 검출 못함/누락, typeII error)
- P(S|N): 소음(N)을 신호(S)로 판정할 확률(허위경보, typeI error)
- P(S|S): 신호(S)를 신호(S)로 판정할 확률(옳은 결정)

여기에서 허위 경보 확률 α와 신호를 검출하지 못할 확률 β를 최소화 하는 판정 기준을 선택하여야 한다. 판정 기준을 소리의 강도가 낮은 쪽으로 잡으면 신호를 놓칠 확률(β)은 작아지지만 허위경보(α)는 커지고, 판정 기준을 소리의 강도가 높은 쪽으로 잡으면 그 반대의 현상이 일어난다.

앞에서 언급한 바와 같이 소음의 강도가 낮거나 신호의 강도가 현저히 높으면 신호의 유무에 대한 판단은 쉽다. 즉, 두 분포의 중첩된 정도에 따라 달라진다. 이 신호 검출 상황의 난이도를 판별력(discriminability) 'd'라 하고 다음과 같이 정의한다.

$$d = (\mu' - \mu) / \sigma$$

μ' : (소음+신호) 분포의 평균

μ : 소음 분포의 평균

σ : 소음 분포의 표준 편차

일반적으로 두 분포가 멀리 떨어져 있거나 중첩된 정도가 작을수록 판별력은 커진다.

4.1 판정 기준 선정

앞에서 설명한 바와 같이 판정 기준에 따라 허위 경보나 신호를 놓칠 확률이 달라지고 이와 관련하여 비용이 발생한다면, 다음과 같은 상황에서 비용을 최소화하는 판정 기준을 세울 수 있다.

C : 신호로 판정하는 기준(즉, C 이상은 신호, C 이하는 소음).
소음의 분포 ~$N(\mu, \sigma^2)$
소음 + 신호의 분포 ~$N(\mu', \sigma^2)$
p : 신호 발생 확률(signal probability)
C_α : 허위 경보에 부과되는 비용
C_β : 신호를 검출하지 못한 과오에 부과되는 비용

총 기대 비용식 R은

$$R = (\alpha \times (1-p) \times C_\alpha) + (\beta \times p \times C_\beta)$$

로 표현되며 이 식을 최소화하는 C를 구하면 된다.

5 인간 기억력

인간의 뇌는 여러 가지 감각적 자극(시각, 청각, 후각 등)을 기억할 수 있을 뿐만 아니라 여러 종류의 사실이나 경험 등을 기억할 수 있다. 하지만 경우에 따라 방금 소개 받은 사람의 이름을 기억하지 못하기도 한다. 인간의 기억은 기억 자체 뿐 아니라 어떤 방식이나 형태로 자극을 제시하느냐에 따라 잘 기억하기도 하고 그렇지 못하기도 한다. 여기에서는 인간 기억 과정의 특징과 이에 관계되는 인간 행위의 특성을 살펴본다.

5.1 기억

인간의 기억(memory)은 주의(attention)나 복송(혹은 반복, rehearsal)에 의해 이루어진다. Ebbinghaus(1913)는 기억하기 위해 소비한 시간과 기억하는 내용의 양은 비례한다는 실험 결과를 얻었다. 이는 총시간 가설(total time hypothesis)로 알려지고 있다. 그러나 Baddeley과 Longman(1978)은 같은 시간이라도 한 번에 사용하는 것보다 여러 번에 나누어서 사용하면 더 효과적으로 기억할 수 있다는 사실을 알아냈다. 이는 연습분포 효과(distribution of practice effect)로 알려지고 있다. 즉, 하루에 6시간 공부한 사람보다 하루에 2시간씩 3일간 공부한 사람이 더 좋은 학습 효과를 얻을 수 있다는 것이다.

기억에 영향을 주는 또 다른 요소는 기억하고자 하는 정보가 의미가 있느냐의 여부이다. 즉, 의미 없는 문자열보다 의미를 갖는 단어가 더 외우기 쉽다. 의미가 있는 단어라 하더라도 추상적 개념보다는 눈으로 볼 수 있는 사물을 더 쉽게 기억할 수 있다. 예를 들어, 다음 2개의 그룹에 있는 단어를 기억해보기 바란다. 아마 B그룹에 있는 단어들을 기억하기가 더 쉬울 것이다.

A그룹: 믿음, 신념, 신망, 논리, 과거, 생각
B그룹: 나무, 교회, 학교, 연필, 책상, 자동차

두려움, 긴장, 스트레스 등이 크면 기억력이 떨어진다. 이는 범죄 현장의 증인들이 기억을 잘 못하는 현상을 보면 알 수 있다. 그리고 기억은 습득할 때와 같은 환경에서 잘 기억해 낼 수 있다. 따라서 잠수부가 물속에서 배운 내용은 물속에 있을 때 기억을 잘 할 수 있고, 특정 교실에서 한 공부는 그 교실이나 유사한 환경의 교실에서 시험 볼 때 더 큰 효과를 볼 수 있다. 서로 다른 감각기관을 통하여 입력된 정보는 서로 다른 형태로 기록된다. 따라서 우리가 단어를 외울 때 눈으로 보기만 하면서 외우는 것보다 손으로 쓰거나 큰 소리로 읽으면서 외우는 것이 효과가 좋다.

5.1.1 기억의 상실

기억이 없어지는 것은 두 가지로 생각할 수 있다. 뇌에서 실제로 기억된 내용이 지워지는 경우와 내용은 기억되어 있지만 그 내용을 상기해 내기가 어려워지는 경우가 있다. 학자들은 두 번째 이론에 더 많은 관심을 가지고 있다. 이러한 기억의 상실은 시간이 오래되어 기억력이 감퇴되는 것과 새로운 내용을 기억하여 기존에 기억된 내용이 영향을 받는 두 가지 형태가 있을 수 있다. 기억이 어떻게 상실되든지 간에 중요한 것은 기억의 상실 속도가 처음에는 빠르나 시간이 지남에 따라 느려진다는 것이다. 그러므로 현재를 시점으로 예전에 알고 있었던 내용과 지금 새로이 알게 된 내용이 비슷한 정도로 기억되어 있다면, 일주일이나 한 달 후 기억하고 있을 확률은 오래된 기억이 더 높다.

5.1.2 기억의 상기

기억의 상기는 재현(recall)과 인식(recognition)으로 나누어 생각할 수 있다. '재현'은 입력된 정보를 그대로 다시 보여줄 수 있는 것이고, '인식'은 입력된 정보가 무엇인지에 대한 단서를 제공하는 것이다. 재현의 속도는 인식이 있을 때 더 빨라질 수 있다. 즉, 다음의 단어들을 기억해야 하는 경우 단어 자체만 기억하는 것보다 이 단어들을 가지고 이야기를 꾸며서 기억하면 더 쉽게 기억할 수 있다는 것을 알 수 있다.

어린이, 나무, 개, 피, 친구, 비행기, 빨간색, 추위

이러한 '인식'을 제공하는 단서에는 눈으로 볼 수 있는 형태의 것이 효과가 크다. 즉, 어떤 장면을 연상할 수 있으면 그 내용을 더 잘 기억할 수 있는 것이다.

5.2 인간의 기억 체계

인간의 기억체계는 감각보관(sensory memory), 단기기억(short term memory), 장기기억(long term memory)의 세 가지 형태로 되어있다. 단기기억은 작업 수행중에 주로 사용하는 기억이므로 작업기억(working memory)이라고도 한다. 이들 기억은 그림 4•5처럼 서로 관계를 갖고 있다. 감각 기억에 있는 정보가 장기기억으로 들어가기 위해서는, 작업기억을 거쳐야 하며 작업기억은 장기기억에 이르는 관문이다. 인간의 감각기관에 보관된 정보의 일부는 인간이 기울이는 주의(attention)의 정도에 따라 단기기억으로 옮겨진다. 또, 단기기억에 있는 정보의 일부는 복송(rehearsal)에 의하여 장기기억으로 옮겨진다.

5.2.1 감각보관

감각보관은 우리의 감각 기관으로부터 받아들인 정보가 아주 짧은 시간 동안 머무르는 것을 말한다. 각각의 감각 경로는 임시 보관 장치를 가지고 있는 것처럼 관찰되며 이는 자극이 사라진 후에도 잠시 감각이 지속된다는 사실로부터 알 수 있다. 감각보관은 버퍼(buffer)와 같은 역할을 하는데 감각보관된 정보는 새로 들어오는 정보들로 교체된다. 감각보관에 정보가 머무르는 시간은 매우 짧다. 예를 들면, 시각 정보가 감각보관에 머무르는 시간은 약 0.5초에 지나지 않는다.

촉각 및 후각의 경우에도 감각보관이 입증되었지만, 가장 잘 알려진 감각보관 기구는 시각 계통의 상(像)보관과 청각 계통의 향(響)보관이다.

상보관의 예는 영화를 보면 알 수 있다. 시각 자극이 스크린 위에 순간적으로 비춰지면, 상보관 기능은 잔상을 잠시 유지하여 그 영상을 좀 더 처리할 수 있게 한다. 이러한 것은 비록 짧은 순간이지만 우리가 받아들인 정보를 보관하기 때문에 가능하다. 따라서 실제로는 단속적인 상이 스크린에 비치지만 뇌에서는 연속적인 영상으로 인식하게 된다.

청각의 경우에도 이와 유사한 향보관 기능이 있으며 향보관은 상보관보다 오래 지속되는 특징을 가지고 있다. 향보관은 수 초 정도 지속된 후 사라진다. 감각보관 내의 정보는 암호화되지 않고 원래 감각 형태 그대로 유지된다. 감각보관은 비교적 자동적이며, 좀 더 긴 기간 동안 정보를 유지하기 위해서는 암호화되어 단기기억으로 이전되어야 한다.

감각보관에 있는 정보는 필요에 따라 단기기억으로 이동하는데 이는 '주의'에 의해 이루어진다. 시끄러운 파티장에서도 우리가 대화를 할 수 있는 것은 우리가 대화에 '주의'를 기울이기 때문이다. 여러 가지 정보를 동시에 처리하지 못하고 처리하고자 하는 어떤 정보에 '주의'를 기울여야 하는 것은 우리 감각기관과 뇌의 정보처리 특성 때문이다.

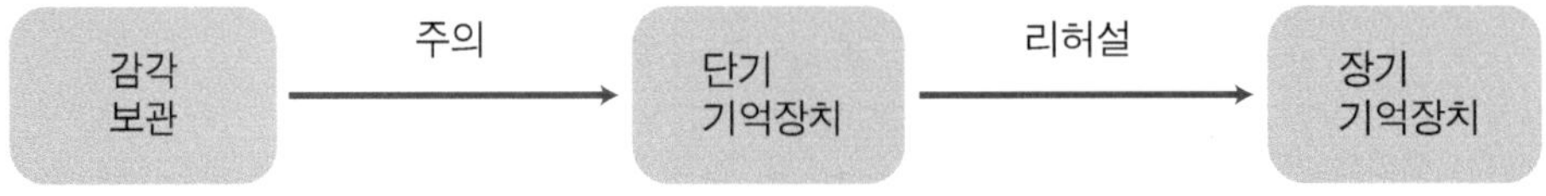

그림 4•5▸기억 체계들의 관계

5.2.2 단기기억

단기기억 혹은 작업기억은 소량의 정보를 일시적으로 저장하는 장소이고, 이곳에 저장된 내용은 계속해서 상기하지 않으면 빨리 소멸되는 특징을 갖는다. 감각보관으로부터 정보를 암호화하여 단기기억으로 이전하기 위해서는 인간이 그 과정에 주의를 집중해야 한다. 정보를 작업기억 내에 유지하는 유일한 방법은 복송(rehearsal)이다. 하지만 반복을 하더라도 작업기억 내의 정보는 시간의 흐름에 따라 쇠퇴할 수 있다. 쇠퇴는 작업기억 내의 항목이 많을수록 빨리 일어난다.

작업기억 중에 유지할 수 있는 항목의 최대 수는 '7±2'이다. 사람은 보통 숫자를 순서대로 기억할 때 7±2(5~9)자리까지를 기억할 수 있다. 예를 들어, 5727396843을 보고 기억하고 나서 다시 써 보는 임무에서 인간들은 보통 몇 자리까지 정확히 쓸 수 있을까? 5~9자까지 정확히 썼다면 평균 기억력을 가진 것이 된다.

같은 숫자이지만 572 739 6843처럼 그룹으로 묶여 있을 때, 이들 숫자를 기억하는 임무에서는 그룹화하지 않는 경우보다 더 잘 기억한다. 이렇게 정보를 단위화하면 단기기억의 효율을 증대시킬 수 있으며 이를 chunking이라 하고, 그룹의 크기를 chunk 단위라고 한다. 표 4•4는 숫자 chunk 단위에 따른 타건(typing) 효율을 실험한 결과이다.

Miller에 따르면 사람들은 정보의 크기에 관계없이 친숙한 단위로 된 chunk 정보로 만들며, 이것을 하나의 실체로 상기하는 경향을 보인다. 따라서 작업기억 용량은 단순한 항복 수가 아닌 약 7±2 chunk이다.

마찬가지로 단어를 의미 있는 문장으로 조합해 chunk로 만들면 실제적으로 작업기억 용량을 증가시킨 것과 같은 효과가 있다. 예를 들어, BIGBLUECHIP로 된 문자열을 11개의 개별 항목수로 기억하려 한다면, 단기기억 용량 7±2를 초과하여 작업하는데 문제가 발생한다. 이를 3~4 chunk 단위로 암호화하는 데 다음과 같은 두 가지 방법을 생각해 볼 수 있다.

BIGB LUEC HIP
BIG BLUE CHIP

두 방법 모두 적절한 chunk 단위로 암호화하여 3개의 항으로 되어있어 단기기억 용량 7±2를 넘지 않아 작업하는 데 문제가 없을 것으로 보인다. 그러나 실제로는 후자와 같은 chunk 단위로 나누는 것이 훨씬 기억하기 쉽다. 왜냐하면 의미 있는 chunk가 훨씬 기억하기 쉽기 때문이다.

표 4•4▸chunk 단위에 따른 타건시간

나누는 방법	평균 타건 시간(초)
194 3421	6.7
19 43421	7.3
1943421	7.6
1 943421	8.2

단기기억 과정 중에서 여러 단어를 읽을 경우 맨 나중에 읽은 단어가 가장 기억이 잘 되는데 이러한 효과를 '최근효과(recency effect)'라 한다. 최근효과는 최근에 입력된 정보가 아직까지 단기기억에 남아 있기 때문에 나타나는 현상이다. 즉, 아래와 같은 단어를 순차적으로 불러준 후 기억에 남아 있는 단어를 회상하라

고 하면 주로 마지막 부분의 단어(수첩, 치즈 등) 위주로 답하는 것을 관찰할 수 있다.

사과, 비행기, 배, 자두, 참새, 앵두, 나무, 책상, 하늘, 꽃, 계란, 치즈, 수첩

그러나 아래와 같이 이런 작업 후에 다른 작업이 추가되는 경우를 관찰해보자.

※ 임무: 다음 단어들을 기억하고 뒤에 나온 식을 계산하시오.
포도, 나비, 나무, 의자, 바다, 계란, 연필, 낙엽, 꽃, 거울, 책상, 안경, 까치
6+5−3+7+8−2+3−9 = ?

이렇게 단어를 기억하도록 한 후 두 번째 임무(암산)를 하도록 하면 최근효과는 사라지고 오히려 앞부분에 나왔던 단어들(포도, 나비 등)을 기억하는 경향을 보인다. 이러한 효과는 Primacy effect로 알려져 있다. 이는 뒤에 식을 계산하는 다른 작업에 의해서 단기기억 내의 내용이 방해를 받은 것이다. 그러나 맨 앞에 있는 단어는 어느 정도 기억하는데 단어들을 처음 접했을 때 맨 앞에 있는 단어가 이미 장기기억에 기억되어 있기 때문이다.

단기기억 내에서도 서로 다른 채널을 이용한 작업에 대해서는 서로 영향을 받지 않는다는 사실이 알려져 있다(Baddeley, 1990). 눈으로 보는 작업과 귀로 듣는 작업을 동시에 수행해도 서로 방해를 받지 않을 수 있다는 것이다. 즉, 단기기억이 각각의 채널을 통해 정보를 받아들인다고 말할 수 있다.

5.2.3 장기기억

작업기억 중의 정보를 장기기억으로 전달할 때는 정보를 의미적으로 암호화하는데, 현재 정보에 의미를 부여하고 이미 장기기억에 저장되어 있는 정보와 연관시키려고 한다. 시험공부를 급하게 할 때 교과서와 강의 노트를 반복해 읽기만 한다면 정보를 상기하기 어렵다. 그 주된 이유는 정보를 의미적으로 암호화할 시간이 없었기 때문이다. 보다 많은 정보를 상기하려면 내용을 분석하고 비교해서 과거의 지식과 연관시켜야 한다. 정보는 초기에 조직화할수록 검색이 쉬워진다. 정보의 조직화에서 기억술을 활용하면 검색이 쉬어진다. 항목 중의 목록 학습에 이용할 수 있는 기억술로는, 항목의 첫 문자를 사용해 단어나 문장을 만들고 이를 특이한 이미지와 연결시켜 형상화하는 방법 등이 있다.

장기기억은 정보를 오랫동안 기억시킬 수 있는 기억 장소이다. 장기기억에 저장된 내용은 없어지지 않고 그 용량도 거의 무한하지만, 시간이 지나면서 저장된 내용을 상기해 내기가 점점 어려워지는 것으로 이해된다. 장기기억 내의 내용은 단기기억 내의 내용에 비하여 검색 속도가 떨어지지만 기억이 없어지는 속도도 느리다.

장기기억을 하는 방식에는 두 종류가 있는데 에피소딕 기억(episodic memory)과 의미적 기억(semantic memory)이 그것이다. 에피소딕 기억 방식은 동화의 줄거리처럼 사건이나 경험 등이 순서대로 기억된다. 의미적 기억장치에는 사실이나 개념 등이 기억된다. 그리고 이러한 사실이나 개념 등

은 에피소딕 기억으로부터 유출된 것들이다.

이상을 정리하면 감각적 기억은 감각 기관에서 정보를 받아들이는 버퍼기능을, 단기기억은 받아들인 정보를 이해하고 처리하는 주 기억 장치 기능을, 그리고 장기기억은 대량의 정보를 장기간 보관할 수 있는 보조 기억장치 기능을 하는 것으로 해석할 수 있다.

5.2.4 연령과 정보처리

산업화 이후 의학과 식생활 수준이 높아감에 따라 인간의 평균 수명도 높아가는 경향을 보이고 있다. 인간은 나이가 들면서 어느 정도까지는 판단력도 높아지고 현명해지는 경향이 있지만, 인간공학적인 측면에서 보면 정보처리나 신체적인 능력은 떨어진다고 할 수 있다. 나이가 들면서 나타나는 노화현상을 인간공학적인 측면에서 정리하면 다음과 같다.

- 정보처리 시간이 길어진다. 고령자는 정보를 감지하고 장기기억에서 검색하여 적절한 응답대안을 처리하는 데 걸리는 실행 시간이 더 걸린다.
- 고령자는 장기기억에 정보를 전달하기와 장기기억에서 필요한 항목을 탐색하는 시간이 길어지거나 어려워진다.
- 작업기억 중에 있는 항목들이 주의를 다른 데로 돌리거나 돌리게 하면 작업기억 교란이 증가한다.
- 양립성(compatibility)이 낮은 작업 환경을 잘 다루지 못한다.
- 모호한 자극을 잘 구분하는 능력이 떨어진다. 따라서 복잡하거나 혼동을 일으키는 자극을 잘 처리하지 못한다.

위와 같은 특징 때문에 고령자를 위해서는 다음과 같은 사실에 유의하여 작업이나 작업환경을 설계해야 한다.

- 표시장치나 신호를 더 크게, 더 밝게 해 주어야 한다.
- 표시장치나 조종장치를 충분히 단순하게 하여 잡음(noise)으로 해석하여 혼동할 가능성을 줄이도록 한다.
- 충분한 학습 시간을 보장한다.
- 가능하면 작업 속도를 작업자가 결정하도록 한다(self pace).
- 시배분(time sharing) 요구 수준을 낮춘다.
- 양립성(개념, 공간, 운동 양립성)을 높은 수준으로 유지한다.

6 인체 반응의 정보량

인간은 정보처리 과정뿐만 아니라 처리한 정보를 행동으로 옮기는 과정에서도 일정한 형태와 특성을 보인다. 이들 특성 가운데 몇 가지 사항을 소개한다.

6.1 타건 속도에 관한 실험

여러 가지 실험 조건 하에서 2, 4 또는 8종류의 아라비아 숫자를(초당 1, 2 또는 3개 등) 특정한 속도로 피실험자에게 제시하고, 이를 구두로 반복하거나 해당하는 건을 누르도록 하였다. 최대 속도는 구두 반응의 경우 7.9bit/초이고, 타건 운동 반응은 2.8bit/초이다.

6.2 막대 꽂기 실험

좀더 복잡한 임무로, 작은 막대를 구멍에 끼우는 작업에서 유극(막대와 구멍의 지름차)과 진폭(이동 거리)을 변화시켜 가며 정보량을 분석하였다. bit 단위로 정보량을 측정한 결과 여러 가지 실험 조건 하에서 정보량은 3~10bit였다. 이는 인간의 작업 속도를 결정할 때, 즉 작업표준시간을 결정할 때 기초자료로 사용될 수 있다.

6.3 Fitts의 법칙

그림 4•6과 같이 원점에서 표적 중심선까지의 이동 거리를 A, 목표점의 크기를 W라 하고 손에 탐침을 들고 원점에서 목표까지 가능한 빨리 이동하여 목표점 안을 짚는 경우의 동작 시간을 구하면, 동작시간은 다음 식과 같이 작업난이도(index of difficulty, ID)에 선형적으로 비례하며, 이를 Fitts의 법칙이라 한다. peg borad 실험에서와 같이 구멍 안에 막대기를 꽂는 작업에서 목표점의 크기 W는 그림 4•6의 오른쪽 그림과 같이, 구멍과 막대기의 직경의 차이로 정의된다.

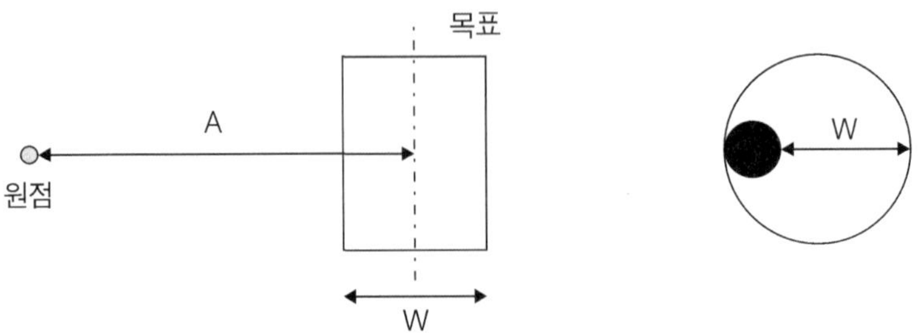

그림 4•6▸Fitts의 실험

$$\text{동작시간} = a + b \cdot ID, \quad ID = \log_2(2A/W)$$

위와 같은 상황에서 사람들이 신체적 반응을 통하여 전송할 수 있는 정보량은 조건에 따라 다르지만, 그 상한치는 대체적으로 약 10bit/sec 정도라 추산된다.

7 양립성

양립성은 인간의 기대와 모순되지 않는 자극들 간의, 반응들 간의, 혹은 자극-반응 조합과의 관계를 말한다. 양립성은 여러 상황 하에서 각양각색으로 나타나지만, 개념 양립성, 운동 양립성, 공간 양립성, 양식 양립성이 있다.

7.1 개념 양립성

개념 양립성이란 사람들이 사용할 코드와 기호가 얼마나 의미를 가진 것인가에 관한 것이다. 예를 들면, 더운 물이 나오는 수도꼭지에 빨간색을, 차가운 물이 나오는 수도꼭지에 파란색을 표시하면 인간의 기대와 부응한다고 할 수 있어 양립성이 크다고 할 수 있다. 또, 지도 위에 비행장을 표시할 때 비행기 상징을 표시하면, 사각형으로 나타낼 때보다 개념 양립성이 아주 커진다.

7.2 운동 양립성

운동 양립성은 표시장치 및 조종장치의 움직임과 사용 시스템의 응답을 관련시키는 것이다. 자동차 운전대를 시계방향으로 돌리면 자동차가 오른쪽으로 회전하도록 설계한 것은 운동 양립성을 구현한 예이다. 또, 조절 노브의 시계방향 회전량과 이에 의해 조절되는 시스템 매개변수 증가량의 관계를 들 수 있다. 라디오의 소리를 크게 하기 위하여 다이얼을 시계방향으로 돌리며, 수직 저울에서 바늘이 위로 올라가면 무게가 증가한 것을 나타내는 것이 양립성을 구현한 예가 된다. 그림 4•7은 여러 가지 운동방향에 대한 양립성을 나타내고 있다(Grandjean, 1988).

7.3 공간 양립성

공간 양립성은 조종장치와 해당 표시장치의 공간적 배열에 관한 것이다. 예를 들어, 5개의 표시장치를 수평으로 배열할 경우 해당 조종장치를 각각 그 아래에 배치하면 공간 양립성이 좋아질 것이다. 이 때 조종장치만을 수직으로 배치하면 공간 양립성이 나빠진다. 그림 4•8은 가스스토브에서 스위치와 버너의 배치에 따른 공간 양립성의 변화를 보여주는 실험이다. 모델 1 방식으로 배치

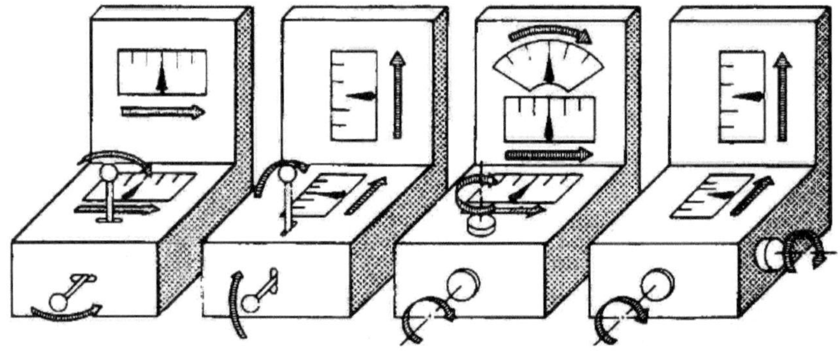

그림 4•7▸운동 양립성이 높은 조종장치와 표시장치 관계(Grandjean, 1988)

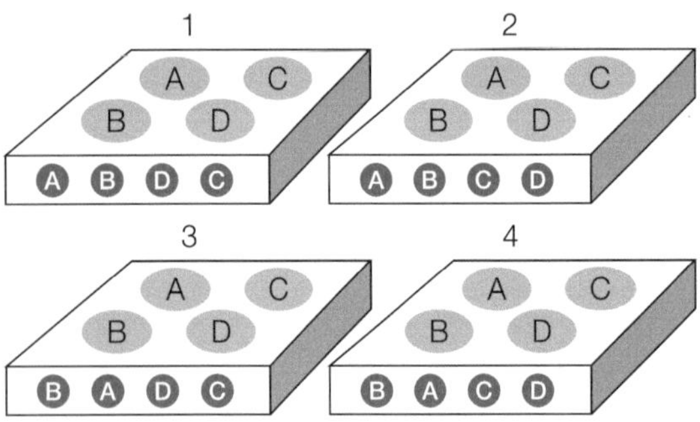

모델	선택 오류율	
	Chapanis and Lindenbaum	Ray and Ray
1	6%	9%
2	10%	16%
3	11%	19%
4	시험 안함	12%

그림 4•8▸Chapanis and Lindenbaum(1959), Ray and Ray(1973)가 실험한 버너와 스위치 배열에서의 선택 오류율

하는 것이 가장 적은 선택 오류율을 보이고 있고, 이는 이 배치가 가장 높은 양립성을 보인다는 의미이다. 물론 이 공간 양립성은 민족이나 문화에 따라 달라질 가능성도 있다.

7.4 양식 양립성

양식 양립성은 과업 수행에 있어서 조종장치와 표시장치의 운용 조합에 관한 것이다. 예를 들어, 작업자가 음성 과업과 공간 과업을 수행한다고 하자. 과업이 청각 양식(음성)이나 시각 양식(화면)으로 제시되면 작업자로 하여금 음성으로 응답하거나 손으로 조종장치를 사용하여 작업을 수행하도록 하였다. 두 가지 과업(음성 과업, 공간 과업)을 수행하는 데 있어서 두 가지 제시 방법과 두 가지 응답 양식 조합에 대한 반응 시간의 실험 결과가 그림 4•9에 있다. 실험 결과는 음성 과업에서 가장 좋은 조합은 청각 제시와 음성 응답이고, 공간 과업에서는 시각 제시와 수동 응답임을 보이고 있다(Wickens et al., 1983). 즉, 양식 양립성은 업무의 성격에 따라 적절한 입출력 양식이 있다는 것을 보여준다.

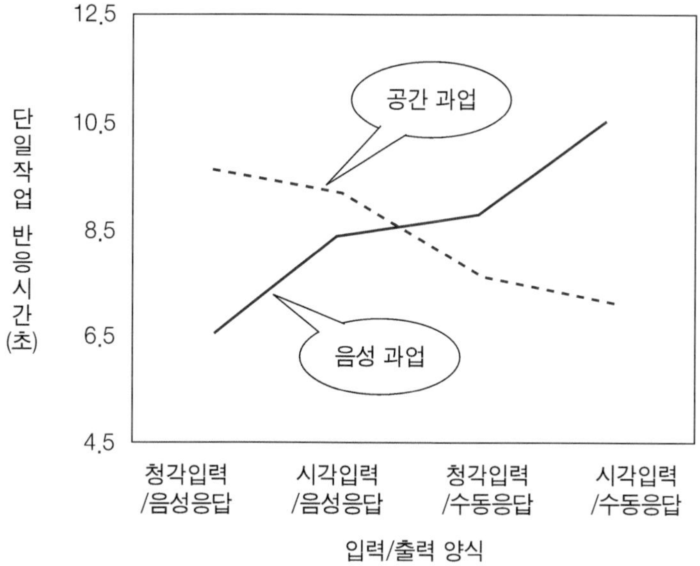

그림 4•9▸양식 양립성의 예(Wickens et al., 1983)

(음성과업: 'tacan(기상용 단거리 항법장치)을 작동시켜라'와 같은 과업
공간과업: '커서를 목표점으로 이동시켜라'와 같은 과업)

이러한 양립성들은 아이들이 꼬마 자동차를 가지고 놀 때 오른쪽으로 가고 싶을 때 핸들을 오른쪽으로 돌리려고 하는 것처럼 상황에 의해 본질적으로 습득하는 것도 있고, 전등 스위치처럼 문화적으로 습득 또는 강요되는 것도 있다. 어떤 나라에서는 스위치를 위로 올려야 전등이 켜지지만 반대인 나라도 있다. 우리나라의 경우에는 아직 통일된 형태로 제품이 제작되지 않고 있다.

양립성이 높게 설계되면 시스템을 운영하는 과정에서 실수나 좌절을 줄일 수 있다. 특히, 시간적 압박 하에서 작업하거나 사고의 가능성이 있는 작업환경에서는 조종장치와 표시장치에 높은 양립성이 요구된다.

연습문제

[1] 다음 중 정보에 관한 설명으로 옳은 것은?

① 정보이론에서 정보란 불확실성의 감소라 정의할 수 있다.
② 선택반응 시간은 선택 대안의 개수에 선형으로 반비례한다.
③ 대안의 수가 늘어나면 정보량은 감소한다.
④ 대안이 두 가지뿐이면 정보량은 2비트이다.

[2] 다음 중 정보 이론(information theory)에 관한 설명으로 옳은 것은?

① 정보의 기본 단위는 바이트(byte)이다.
② 정보를 정량적으로 측정할 수 있다.
③ 확실한 사건의 출현에는 많은 정보가 담겨 있다.
④ 정보란 불확실성의 증가(addition of uncertainty)라 정의한다.

[3] 계기판에 등이 8개가 있을 때 그 중 하나만 불이 켜지는 경우의 정보량은 몇 bit인가?

① 2　② 3　③ 4　④ 5

[4] 정보량을 구하는 수식 중 틀린 것은?

① $H=\log_2 n$, n=대안의 수
② $H=\log_2(1/p)$, p=대안의 실현 확률
③ $H=\sum_{k=0}^{n} p_k+\log_2(\frac{1}{p_k})$, p_k=각 대안의 실패 확률
④ $H=\sum_{i=0}^{n} p_i \log_2(\frac{1}{p_i})$, p_i=각 대안의 실현 확률

[5] 다음 중 실현 가능성이 같은 N개의 대안이 있을 때 총 정보량(H)을 구하는 식으로 옳은 것은?

① $H = \log_2 N$　② $H = \log N^2$　③ $H = \log_2 N$　④ $H = \log_2 N^2$

[6] 정보의 전달량의 공식을 올바르게 표현한 것은?

① Noise=H(X)+T(X,Y)　② Equivocation=H(X)+T(X,Y)
③ Noise=H(X)−T(X,Y)　④ Equivocation=H(X)−T(X,Y)

[7] 다음 용어들 중에서 서로 관련이 없는 것은 무엇인가?

① 경로용량　② 절대 식별　③ 변화감지역　④ Miller의 신비의 수

[8] 다음의 13개 철자를 외워야 하는 과업이 주어질 때 몇 개의 청크를 생성하게 되겠는가?

V.E.R.Y.W.E.L.L.C.O.L.O.R

① 1개　② 2개　③ 3개　④ 5개

[9] 두 가지 이상의 신호가 인접하여 제시되었을 때 이를 구별하는 것은 인간의 청각 신호 수신 기능 중에서 어느 것과 관련 있는가?

① 위치 판별 ② 절대 식별 ③ 상대 식별 ④ 청각 신호 검출

[10] 다음 중 인간의 기억을 증진시키는 방법으로 적절하지 않은 것은?

① 가급적이면 절대 식별을 늘이는 방향으로 설계하도록 한다.
② 기억에 의해 판별하도록 하는 가지 수는 다섯 가지 미만으로 한다.
③ 여러 자극 차원을 조합하여 설계하도록 한다.
④ 개별적인 정보는 효과적인 청크(chunk)로 조직되게 한다.

[11] 입력 정보량이 인간의 경로 용량 이하일 때에는 별 문제없이 입력 정보량을 처리할 수 있지만, 입력 정보량이 경로 용량을 넘어설 때는 다른 대책을 세워야 한다. 이런 대책에 해당하지 않는 것은?

① 상대 식별 사용 ② chunking ③ 자극 차원의 증가 ④ 양립성

[12] 청각적 신호를 설계하는 데 고려되어야 하는 원리 중 검출성에 대한 설명으로 옳은 것은?

① 사용자에게 필요한 정보만을 제공한다.
② 사용자가 알고 있는 친숙한 신호의 차원과 코드를 선택한다.
③ 신호는 주어진 상황에서의 감지장치나 사람이 감지할 수 있어야 한다.
④ 동일한 신호는 항상 동일한 정보를 지정하도록 한다.

[13] 인간의 한 자극 차원 내에서 절대적으로 식별할 수 있는 자극의 수를 나열한 것 중 관계가 먼 것은?

① 음량: 4~개 ② 짠맛: 4개
③ 휘도: 7~8개 ④ 보는 물체의 크기: 5~7개

[14] 자극 사이의 변화를 감지할 수 있는 최소의 자극 범위와 가장 관계있는 것은?

① 변화감지역 ② 절대 식별 ③ 시배분 ④ 경로용량

[15] 기준 자극 100에 대하여 최소 변화감지역이 2라면 Weber비는?

① 0.01 ② 0.02 ③ 0.1 ④ 0.2

[16] 다음 용어들 중에서 서로 관련이 없는 것은 무엇인가?

① 경로용량 ② 절대 식별 ③ 변화감지역 ④ Miller의 신비의 수

[17] 사람이 주의를 번갈아 가며 두 가지 이상을 돌보아야 하는 상황을 무엇이라 하는가?

① 비교 식별(comparative judgment) ② 절대 식별(absolute judgment)
③ 시배분(time sharing) ④ 변화 감지(variety sense)

[18] 절대 식별에 근거하여 정보를 신뢰성 있게 전달할 수 있는 최대 용량을 무엇이라 하는가?

① 장기기억 ② chunking ③ 경로 용량 ④ 변화감지역

[19] 다음 중 시배분(time-sharing)에 대한 설명으로 적절하지 않은 것은?

① 음악을 들으며 책을 읽는 것처럼 주의를 번갈아가며 두 가지 이상을 돌보아야 하는 상황을 말한다.
② 시배분이 필요한 경우는 인간의 작업능률은 떨어진다.
③ 청각과 시각이 시배분 되는 경우에는 보통 시각이 우월하다.
④ 시배분 작업은 처리해야 하는 정보의 가지 수와 속도에 의하여 영향을 받는다.

[20] 다음 중에서 성격이 다른 용어는?

① 정보량 ② bit ③ 불확실성 ④ Weber비

[21] 다음 중 신호검출이론에 대한 설명으로 옳은 것은?

① 잡음에 실린 신호의 분포는 잡음만의 분포와 구분되지 않아야 한다.
② 신호의 유무를 판정함에 있어 반응 대안은 두 가지 뿐이다.
③ 판정 기준은 b(신호/노이즈)이며, b>1이면 보수적이고, b<1이면 자유적이다.
④ 신호검출의 민감도에서 신호와 잡음 간의 두 분포가 가까울수록 판정자는 신호와 잡음을 정확하게 판별하기 쉽다.

[22] 신호검출이론과 관련이 없는 것은?

① 신호검출이론은 신호와 잡음을 구별할 수 있는 능력을 측정하기 위한 이론의 하나이다.
② 민감도는 신호와 소음 분포의 평균 간의 거리이다.
③ 신호검출이론 응용 분야의 하나는 품질검사 능력의 측정이다.
④ 신호검출이론이 적용될 수 있는 자극은 시각적 자극에 국한된다.

[23] 다음 중 신호검출이론에 대한 설명으로 틀린 것은?(단, β는 응답편견척도이고, d는 감도 척도이다).

① 민감도는 신호와 잡음 평균 간의 거리로 표현한다.
② β값이 클수록 '보수적인 판단자'라고 한다.
③ d값은 정규분포표를 이용하여 구할 수 있다.
④ 잡음이 많을수록, 신호가 약하거나 분명하지 않을수록 d값은 커진다.

[24] 신호 검출 이론에 의하면 시그널(signal)에 대한 인간의 판정 결과는 네 가지로 구분된다. 이 중 시그널을 노이즈(noise)로 판단한 결과를 지칭하는 용어는 무엇인가?

① 올바른 판정(Hit) ② 허위경보(False Alarm)
③ 누락(Miss) ④ 올바른 거부(Correct Rejection)

[25] 다음 중 신호검출이론에서 반응(판정)기준(b)을 구하는 식으로 옳은 것은?

① (신호분포의 높이) ×(소음분포의 높이) ② (신호분포의 높이) + (소음분포의 높이)
③ (신호분포의 높이) ÷(소음분포의 높이) ④ (신호분포의 높이) + (소음분포의 높이)^2

[26] 신호검출이론에서 판정 기준을 선정할 때 영향을 미치는 요인이 아닌 것은?

① 소음 강도 ② 신호 강도 ③ 검사자 능력 ④ 비용과 이득

[27] 다음 설명 중 옳지 않은 것은?

① 기억은 주의나 반복에 의해 형성된다.
② 기억하기 위하여 소비한 총시간에 기억 양은 비례한다.
③ 추상적 개념보다 구체적 개념이 기억이 어렵다.
④ 다른 감각 기관을 이용하면 다른 형태로 저장된다.

[28] 다음 설명 중 가장 옳지 않은 것은?

① 기억 상실은 기억된 내용을 상기해 내지 못하는 것이다.
② 재현은 입력된 정보를 그대로 다시 보여주는 것이다.
③ 인식은 입력된 정보가 무엇인지에 대한 단서를 제공하는 것이다.
④ 인식 속도는 재현이 될 때 빨라질 수 있다.

[29] 밀러(Miller)의 신비의 수(Magic Number) 7±2 와 관련이 있는 인간의 감각-운동 계통은?

① 장기기억 ② 단기기억 ③ 감각기관 ④ 제어기관

[30] 일반적으로 새로운 자극이 없는 상태에서 다음 중 가장 먼저 소실되는 기억 체계는?

① 상 보관(iconnic storage) ② 향 보관(echoic storage)
③ 자업기억(working memory) ④ 장기기억(long-term memory)

[31] 인간의 기억의 여러 가지의 형태에 대한 설명으로 틀린 것은?

① 단기기억의 용량은 보통 7청크(chunk)이며 학습에 의해 무한히 커질 수 있다.
② 자극을 받은 후 단기기억에 저장되기 전에 시각적인 정보는 아이코닉 기억(Iconic memory)에 잠시 저장된다.
③ 계속해서 갱신해야 하는 단기기억의 용량은 보통의 단기기억 용량보다 작다.
④ 단기기억에 있는 내용을 반복하여 학습(research)하면 장기기억으로 저장된다.

[32] 인간의 기억 체계 중 감각보관(sensory storage)에 대한 설명으로 옳은 것은?

① 시·청·촉·후각 정보가 짧은 시간 동안 보관된다.
② 정보가 암호화(coded)되어 보관된다.
③ 상(像) 정보는 수 초간 보관된다.
④ 감각 보관된 정보는 자동으로 작업기억으로 이전된다.

[33] 인간이 정보를 작업기억(working memory) 혹은 장기기억(long-term memory) 내에 효율적으로 유지할 수 있는 방법으로 틀린 것은?

① 복송(rehearsal) ② 다차원(multidimensional)의 암호 사용
③ 의미론적 암호 사용 ④ 정보를 이미지화(형상화)하여 기억

[34] 과거에 대한 기억으로 기억 내용이 의미가 있거나 이미 알고 있는 것과 들어맞을 때 저장과 검색이 이루어지는 것과 관계있는 것은?

① 감각보관 ② 작업기억 ③ 단기기억 ④ 장기기억

[35] Fitts의 법칙에 대한 설명이다. 맞는 것은 무엇인가?

① 표적이 작을수록, 이동거리가 길수록 작업의 난이도와 소요 이동시간이 증가한다.
② 표적이 클수록, 이동거리가 작을수록 작업의 난이도와 소요 이동시간이 증가한다.
③ 표적이 클수록, 이동거리가 길수록 작업의 난이도와 소요 이동시간이 증가한다.
④ 표적과 이동거리가 작을수록 작업의 난이도와 소요 이동시간이 증가한다.

[36] 직경 5cm인 막대기를 32cm 떨어져 있는 6cm 구멍에 넣을 때, Fitts의 Index of Difficulty는 몇 bits인가?

① 3 ② 4 ③ 5 ④ 6

[37] 인간 실수를 방지하기 위한 전략으로 외부의 자극과 인간의 기대가 서로 모순되지 않아야 하는 것을 무엇이라고 하는가?

① 중복성 ② 일관성 ③ 표준화 ④ 양립성

[38] 사람들이 사용할 코드와 기호가 얼마나 의미를 가진 것인가를 나타내는 양립성은 어떤 양립성에 해당되나?

① 운동 양립성 ② 개념 양립성 ③ 이동 양립성 ④ 공간 양립성

[39] 조종장치의 움직임과 사용 시스템의 응답을 관련시키는 양립성은 어떤 것인가?

① 개념 양립성 ② 운동 양립성 ③ 공간 양립성 ④ 인지 양립성

[40] 다음 중에서 양립성에 맞춰 설계하는 경우의 효과가 아닌 것은?

① 학습이 빠르다. ② 사용자의 만족도가 높다.
③ 조작 실수가 적다. ④ 위급 상황에서 대처 능력이 떨어진다.

응용문제

[1] 행동유도성이 좋은 사례와 나쁜 사례를 찾고 그 이유를 설명하라.

[2] 인간의 단기기억(작업기억)을 증가시킬 수 있는 방법을 조사하라. 또, 단기기억 용량이 더 이상 늘어나지 않는다면 이를 컴퓨터가 어떤 방법으로 보완해 줄 수 있는지를 조사하여 보라.

[3] 소프트웨어 설계 시 JND는 어떻게 활용 가능한가?

[4] 매 주말마다 야구장에 가서 아이스크림 또는 우산을 파는 아르바이트를 하는 학생이 있다. 주말에 날씨가 좋으면 아이스크림을 판매하고 비가 오면 우산을 판매하는 것이 유리하다. 팔 물건(아이스크림 또는 우산)을 금요일 저녁에 미리 주문해야 하기 때문에 어떤 것을 판매할지는 금요일 저녁에 결정해야 한다. 과거 30년간의 통계를 보면 주말에 비가 올 확률은 30%, 날씨가 좋을 확률은 70%이라고 한다. 만일 어떤 날씨를 예측하는 컴퓨터가 매주 금요일 저녁에 다음날의 날씨를 정확히 예측해 준다면 그 컴퓨터가 주말마다 제공하는 정보량은 평균 몇 bit인가?

[5] 아래 상황에서 입력 정보량, 출력 정보량, 전달정보량, 손실정보량, Noise를 구하라.

		출력	
		0	1
입력	0	0.4	0.1
	1	0.0	0.5

[6] 작업자 A, B는 입력 신호를 아래와 같이 출력하였다.

작업자 A		출력	
		0	1
입력	0	0.5	0.0
	1	0.0	0.5

작업자 B		출력	
		0	1
입력	0	0.0	0.5
	1	0.5	0.0

(1) 작업자 A, B경우의 입력 정보량, 출력 정보량, 전달정보량, 손실정보량, Noise를 구하라.

(2) 위 (1)의 결과로부터 알 수 있는 정보 이론의 한계점은 무엇인가?

[7] '신난나' 주식회사는 선박용 블록을 제조한다. 이 블록 공장의 소음 수준은 N(70, 9)dB이다. 대형 크레인이 가동될 때마다 안전을 위하여 작업자들에게 신호음을 들려준다. 신호음이 발생할 때의 공장 내 신호음과 소음을 합한 음의 크기는 N(80, 9)dB을 따른다고 한다. 소음 수준이 일정하지 않으므로 작업자들은 신호를 놓쳐 사고에 직면하기도 한다. 이 공장에서는 77dB 이상의 음이 발생하였을 때 신호라고 판정하는 정책을 사용하고 있다.

(1) 다음 표의 확률, P(N|N), P(S|N), P(N|S), P(S|S)을 구하여라. 단, S는 신호, N은 소음을 의미한다.

		판단	
		소음	신호
자극	소음	P(N|N)	P(S|N)
	신호+소음	P(N|S)	P(S|S)

(2) 각각의 경우의 이익이 다음과 같을 때 이익 함수 C를 작성하라.

- 소음을 소음으로 판단할 때: C1
- 소음을 신호로 판단할 때: C2
- 신호를 소음으로 판단할 때: C3
- 신호를 신호로 판단할 때: C4

(3) 목적 함수의 풀이 과정을 설명하라.

(4) 이 신호처리와 관련하여 이 블록 공장의 이익을 높일 수 있는 방안을 강구하라.

CHAPTER 5
인체 측정 및 응용

우리는 일상생활이나 작업에서 여러 가지 물건이나 시설을 사용하고 있으며 이런 물건이나 시설이 사용하는 사람의 신체에 적합하지 않으면 불편하고 생산성이 떨어질 뿐만 아니라 사고의 원인이 되기도 한다. 따라서 인체에 적합하도록 도구나 작업환경을 설계하는 것은 생산성뿐만 아니라 안전측면에서도 중요하다. 이 장에서는 인체 측정 원리와 그 응용 절차에 대해 알아본다.

1 인체 측정

일상생활에서 흔히 접하는 의자, 책상, 선반, 작업대 등 여러 가지 물건 중에는 설계가 잘못되어 사용성이 떨어지는 것이 있다. 이러한 장치와 시설을 사용하는 사람의 신체치수에 맞지 않게 설계하면, 불편할 뿐만 아니라 작업 수행도에도 영향을 미치게 되므로 인간의 신체 특징에 맞게 설계하여야 하는데 이는 인체 측정으로부터 시작된다.

이러한 이유로 세계 주요 국가에서는 국가적 사업으로 인체치수를 측정하고 있다. 2000년대 들어 각 나라에서는 Size USA, Size UK, Size JPN, Size Korea 등과 같이 Size라는 용어 뒤에 나라 이름을 더하는 방법으로 사업명을 정하고 인체 측정을 시행하고 있다. 우리나라에서는 1979년부터 5~7년 주기로 전국적인 인체치수 측정 사업을 수행하고 있다. 측정 항목은 사업 차수에 따라 80~120개 항목을 측정하여 왔다. 5차 Size Korea 사업에서는 직접 측정 항목 119개와 더불어 전신, 발, 머리 스캐너를 이용한 간접 측정 205개, 동특정 35개 항목을 새로이 측정하였다. 2023년까지 수행된 우리나라의 인체치수 측정조사 사업을 표 5•1에 정리하였다.

인체 측정학(anthropometry)에서는 신체의 길이, 너비, 둘레, 두께 등의 다양한 치수를 비롯하여, 인체 각 부위의 부피, 무게중심, 관성, 질량 등에 이르는 신체의 물리적 특징을 다룬다. 인체 측정은 기본적으로 구조적 인체치수 측정과 기능적 인체치수 측정으로 구분할 수 있다.

표 5•1▸우리나라 인체치수 측정조사

	1차	2차	3차	4차	5차	6차	7차	8차
실시 연도	1979년	1986년	1992년	1997년	2003~2004년	2010~2014년	20105년	2020~2023년
조사 대상	0~45세	0~70세	0~50세	0~70세	0~96세	7~69세	16~69세	7~84세
조사 인원	16,977명	21,648명	8,976명	13,062명	직접 15,576명 3차원 5,168명	직접 14,016명 3차원 5,716명	6,413명	직접 7,225명 3차원 6,092명
조사 주체	과학 기술원	한국표준 과학연구원	한국표준 과학연구원	한국표준 과학연구원	기술표준원	기술표준원	한국디자인 진흥원	동서울대
측정 항목	직접 117개	직접 80개	직접 84개	직접 120개	직접 119개 동특성 35개 3차원 형상 측정 205개	직접 139개 3차원 형상 측정 177개	직접 133개	직접 137개 3차원 형상 측정 311개

1.1 구조적 인체치수

구조적 인체치수는 형태학적 측정 또는 정적(靜的) 측정이라고도 하며, 피측정자가 움직이지 않고 앉거나 서 있는 표준 자세에서 마틴식 인체 측정기를 이용하여 인체치수를 측정한다. 나체 측정을

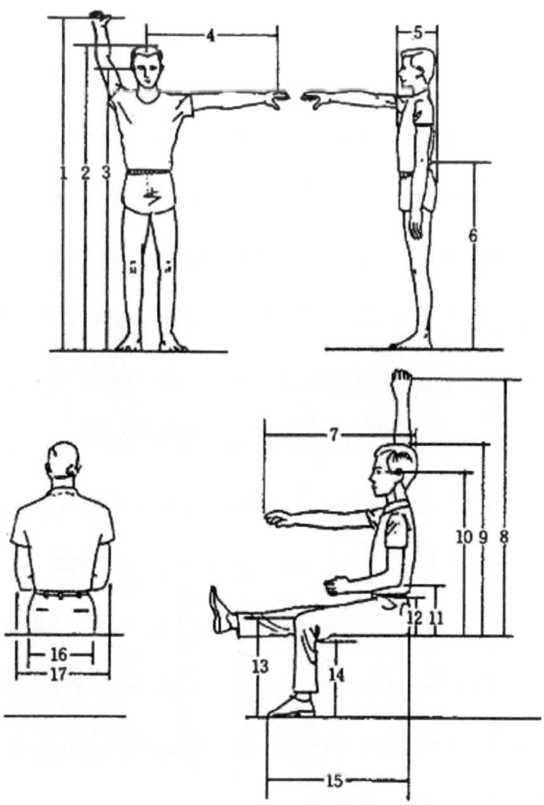

1. 수직 파악 한계
2. 신장
3. 선 눈높이
4. 측방 파악한계
5. 최대 몸깊이
6. 선 팔꿈치 높이
7. 전방 파악 한계
8. 앉은 수직 파악 높이
9. 앉은 키
10. 앉은 눈높이
11. 앉은 팔꿈치 높이
12. 대퇴 여유
13. 무릎 높이
14. 오금 높이
15. 볼기-발끝 길이
16. 엉 둔부 폭
17. 팔꿈치 간 폭

그림 5•1▸구조적 인체치수 예

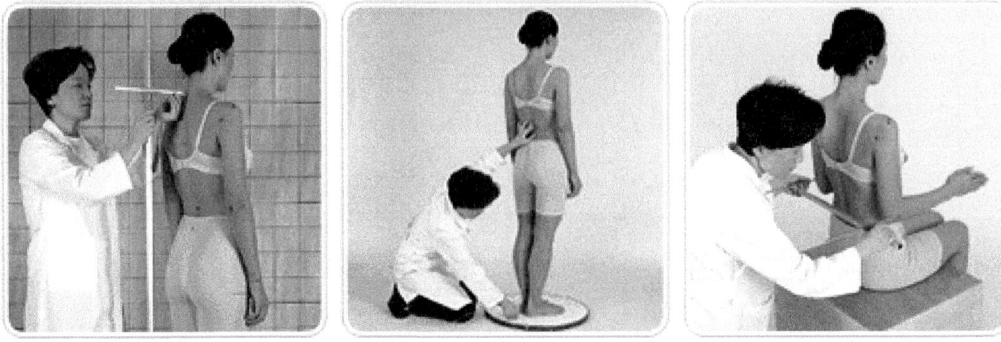

그림 5•2▸마틴식 인체 측정 예

원칙으로 하며 제품 및 작업장 설계의 기초 자료로 활용된다. 그림 5•1은 인체치수 측정 예를 보이고 있으며, 그림 5•2는 마틴식 인체 측정기를 사용하여 인체를 측정하는 장면이다. 마틴식 인체 측정기는 길이나 둘레 등 1차원적인 치수를 측정할 수 있는 여러 가지 형태의 자를 모아 놓은 것이다.

1.2 기능적 인체치수

기능적 인체치수는 동적(動的) 측정이라고도 하며 피측정자의 움직이는 신체 자세로부터 측정하는 것을 말한다. 동적 측정을 하는 이유는 신체적 기능을 수행할 때, 각 신체 부위는 독립적으로 움직이는 것이 아니라 조화를 이루어 움직이기 때문에, 정적 측정만으로는 실제 작업 혹은 실제 조건에 밀접한 관계를 갖는 현실성 있는 인체치수를 구할 수 없기 때문이다. 예를 들면, 자동차 변

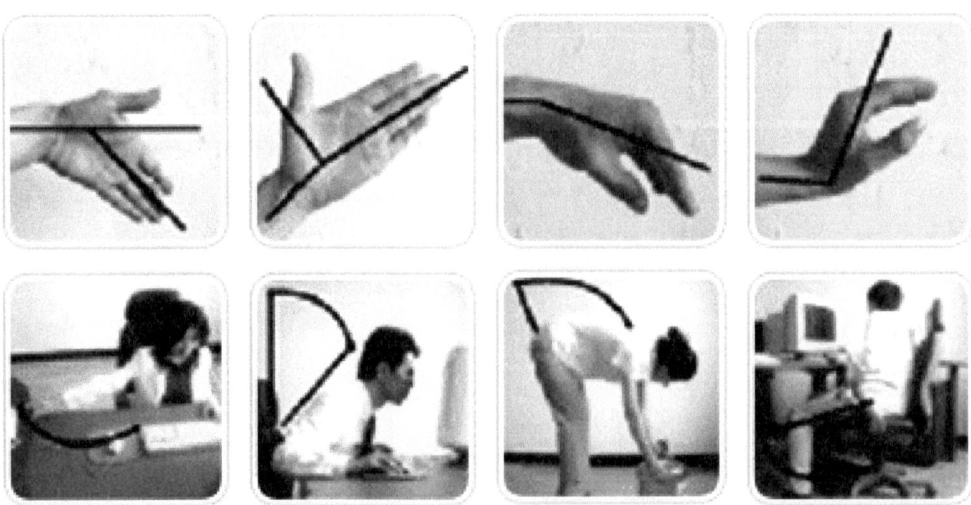

그림 5•3▸기능적 인체 측정 예

속 레버의 위치를 정할 때 단순히 운전자의 앉은 자세에서 팔을 뻗을 수 있는 거리로 정하면 자유로운 변속이 어렵다. 이는 팔만으로 변속 레버를 조종하는 것이 아니라 팔이 몸통 등 신체의 다른 부위와 연동되어 조종이 이루어지기 때문이다. 그림 5•3은 기능적 인체치수 측정 예를 보여주고 있다. 기능적 인체치수 측정은 거리나 길이 등을 잴 수 있는 마틴식 인체 측정기로 측정이 어려울 경우, 사진이나 스캐너를 사용하여 2차원 또는 3차원 자료를 측정한다.

인체 측정 시 주의해야 할 항목은 첫 번째로 측정 목적을 명확히 해야 하며, 둘째로 측정 방법에 따른 측정 기구의 특성과 측정 정밀도를 파악해야 한다. 마지막으로 같은 연령의 사람들에게도 여러 가지 변동 요인(성별, 지역, 학력 등)에 의해 계측값의 변동이 발생하므로, 통계적인 신뢰성을 확보하기 위해 충분한 수의 피실험자를 확보하는 것이 필요하다.

2 인체 측정 자료의 응용원칙

2.1 인체 측정치의 응용 원리

인체 측정치를 제품이나 환경 설계에 적용하기 위한 대표적인 응용 원리로는 조절식 설계, 극단치를 기준으로 한 설계, 평균치를 이용한 설계 등이 있다. 가장 먼저 적용해야 할 설계 원리는 조절식 설계이며, 조절식 설계를 적용하기 어려운 경우에는 극단치를 이용한 설계를 고려한다. 극단치를 이용할 수 없는 경우 평균치를 이용한 설계를 하게 된다. 즉, 평균치를 이용한 설계는 다른 기준이 적용되기 어려운 경우에 적용하게 된다.

2.2 조절식 설계

조절식 설계는 물건이나 설비의 치수를 그것을 사용하는 개인의 신체치수에 맞게 조절 가능하도록 설계하는 원칙으로 가장 바람직한 설계 원칙이라고 할 수 있다. 예를 들면, 개인이 사용하는 사무용 의자와 책상의 높이는 사용자의 신체치수와 조화를 이루어야 할 것이다.

조절식 설계 개념에 의한 설계 치수에서 조절범위는 사용자 그룹 중 작은 사람의 치수에서 큰 사람의 치수까지를 포함할 수 있도록, 일반적으로 모집단 특성치의 5% 값에서 95% 값을 조절 범위로 사용하게 된다. 사용자 집단 100% 모두를 수용하지 않는 이유는 조절 범위를 90%나 95%로 할 경우와 비교할 때, 추가로 수용되는 사용자 수에 비하여 비용이 많이 소요되기 때문이다. 조절식 설계개념은 가장 이상적인 설계 원칙이라고 할 수 있지만 조절식으로 설계하려면 제품을 사용자의 필요에 따라 변경시킬 수 있어야 하므로 생산 비용이 증가할 뿐만 아니라, 고정식에 비해 제품의 견고성이 떨어지는 문제가 있다.

2.3 극단치를 이용한 설계

극단치를 이용한 설계는 인체 측정 특성의 최대치수 또는 최소치수 기준으로 한 설계를 말한다. 인체치수의 한 극단에 속하는 사용자를 대상으로 설계하면 거의 모든 사람을 수용할 수 있는 경우에 이용된다.

최대치수를 이용한 설계 원리는 어떤 치수가 최대치수에 속하는 사람을 수용할 수 있다면, 이보다 작은 사람은 아무런 문제없이 수용할 수 있다는 것이다. 최대치를 이용한 설계의 예는 출입문, 탈출구, 통로 등이다.

최소치수를 이용한 설계 원리는 어떤 치수가 최소치수에 해당하는 사람을 수용할 수 있다면, 이보다 크거나 여유가 있는 사람은 아무런 문제없이 수용할 수 있다는 것이다. 최소치를 이용한 설계의 예는 선반의 높이, 자동차 변속기 레버까지의 거리 등이 있다.

다만 극단치를 기준으로 설계할 경우 극단치의 기준을 지구상에서 가장 큰, 또는 가장 작은 사람을 기준으로 하기에는 여러 가지 현실적인 제약이 따른다. 최소집단치를 위한 설계에는 인체 측정 변수 분포의 하위 1% 또는 5% 값을 이용하고, 최대집단치를 위한 설계에는 인체 측정 변수 분포의 상위 99% 또는 95% 값을 이용한다.

백분위수(percentile)의 개념은 측정한 자료를 오름차순으로 나열하였을 때 백분율 순서에 해당하는 자료의 특성치를 말한다. 피측정자 100명의 키를 측정하여 오름차순으로 나열했을 때, 제5백분위수란 작은 쪽에서 5번째로 있는 피측정자의 키를 말한다. 측정 자료가 정규분포를 따를 경우 각 백분위수는 다음 식에 의하여 구한다.

제1백분위수 = 평균 − (2.326×표준편차)
제5백분위수 = 평균 − (1.645×표준편차)
제95백분위수 = 평균 + (1.645×표준편차)
제99백분위수 = 평균 + (2.326×표준편차)

남녀가 공용으로 사용하는 경우에는 남성의 제95백분위수와 여성의 제5백분위수를 사용하는 것이 일반적이다.

2.4 평균치를 이용한 설계

우리는 여러 상황에서 개인의 특성치에 대한 대안으로 집단의 평균치를 사용하고 있지만 엄격하게 말하면 평균치는 집단의 특성을 대표할 뿐 집단을 구성하는 개인의 특성을 나타내지는 못한다. 즉, 평균인(平均人)이란 없다. 실제로 미 공군 4,000명을 대상으로 피복 설계에 사용되는 10종류의 치수가 모두 평균에 속하는 지를 조사한 실험에서 각 치수의 평균치 ±15%에 속하는 치수를 평균에 포함시켰음에도 불구하고 10개의 치수 모두 평균에 포함된 사람은 한 명도 없었다(Daniels and Churchill, 1952). 즉, 개인의 인체치수들 간에는 상관관계가 낮으므로 여러 치수가 평균치와 같은 사람을 발견하기 힘들다.

그러므로 평균치를 기준으로 장비나 설비의 치수를 설계한다는 것은 엄격하게 표현하면 아무에게도 맞지 않는 설계를 한다는 것을 의미할 수 있다. 그렇다고 평균치에 맞도록 설계하는 것 자체가 의미가 없는 것은 아니다. 최대 치수나 최소치수, 조절식으로 설계가 불가능한 경우, 평균치를 기준으로 설계를 하면 사람들이 느끼는 불편함의 정도는 최소화될 것이다. 평균치를 이용한 설계의 예로 머무는 시간이 짧은 공공장소의 의자, 화장실 변기, 은행의 접수대 높이 등을 들 수 있다.

3 인체 측정치의 적용 절차

제품이나 설비의 설계 시 인체 측정치를 응용하고자 할 때, 다음과 같은 일반적인 절차를 따른다.

설계에 앞서 제품 설계에 필요한 중요한 인체치수를 정하고, 그 제품을 어떤 집단이 사용할 것인지를 결정한다. 이때 사용자 집단의 성별, 연령 등을 고려하여야 한다. 사용자 집단을 결정한 후 설계 요소별로 적용할 인체 자료의 응용 원리를 결정하여 적절한 인체 측정 자료를 선택한다. 이때 설계 요소별로 서로 다른 인체 자료의 응용 원리가 적용될 수 있음을 유의하라.

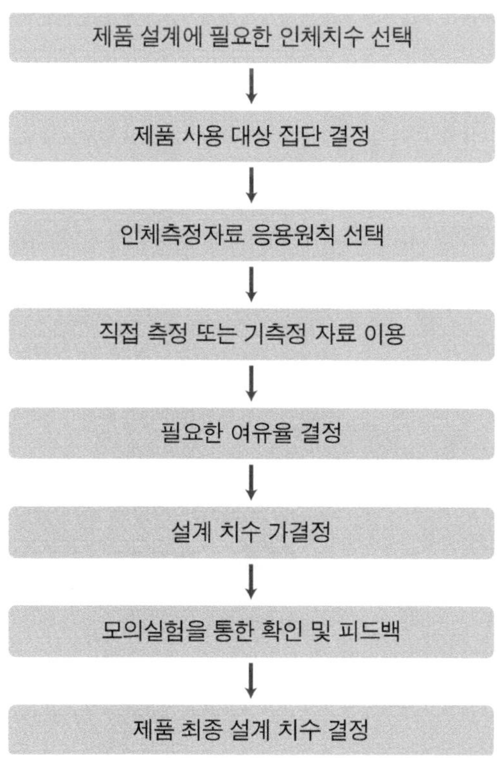

그림 5•4▸제품 설계에 적용되는 인체 측정치 적용 절차

필요한 인체 측정 자료는 기존에 측정되어 있는 데이터베이스를 활용하거나 필요 시 직접 측정하기도 한다. 각 설계 요소에 필요한 치수를 구하기 위하여 설계에 필요한 부위의 평균, 표준편차, 분위수 등을 측정하거나 계산한다. 설계 요소 값이 구해지면 사용 환경이나 목적에 따른 적절한 여유를 고려하여 제품의 가(假)치수를 정한다. 이 가치수를 바탕으로 견본 제품을 만들거나 모형을 제작하여 사용성 평가를 통하여 필요한 조정을 한 후 최종적인 제품 치수를 결정하게 된다(그림 5•4).

4 작업공간 설계

작업공간을 설계하는 데에는 작업자의 연령, 성, 인체 특성뿐 아니라 작업의 목적이나 환경 등 다양한 특성을 고려하여야 한다.

4.1 작업공간

한 장소에 앉아서 수행하는 작업 활동에서 작업자가 작업에 사용하는 공간을 작업공간 포락면(work-space envelope)이라 한다. 수평 작업면 영역에서는 팔을 뻗치는 동작에 의해 도달할 수 있는 영역을 기준으로 정상작업영역(normal working area)과 최대작업영역(maximum working area)이라는 개념을 이용한다. 정상작업영역과 최대작업영역은 다음과 같이 정의된다.

- **정상작업영역:** 상완을 자연스럽게 몸에 붙인 채로 전완을 움직여서 도달하는 영역
- **최대작업영역:** 어깨점을 기준으로 팔을 쭉 뻗어 도달(파악)하는 최대 영역

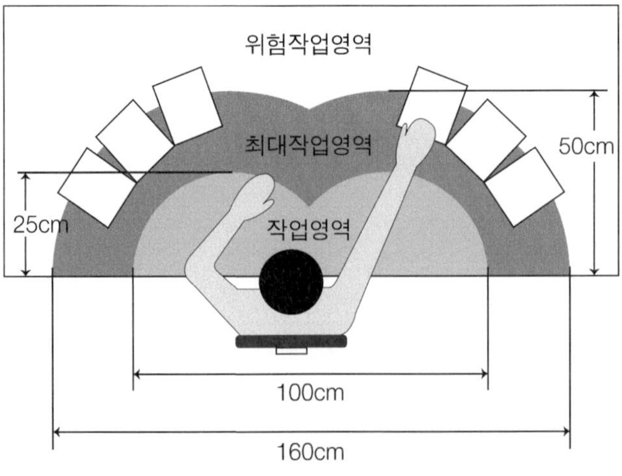

그림 5•5▸정상작업영역과 최대작업영역

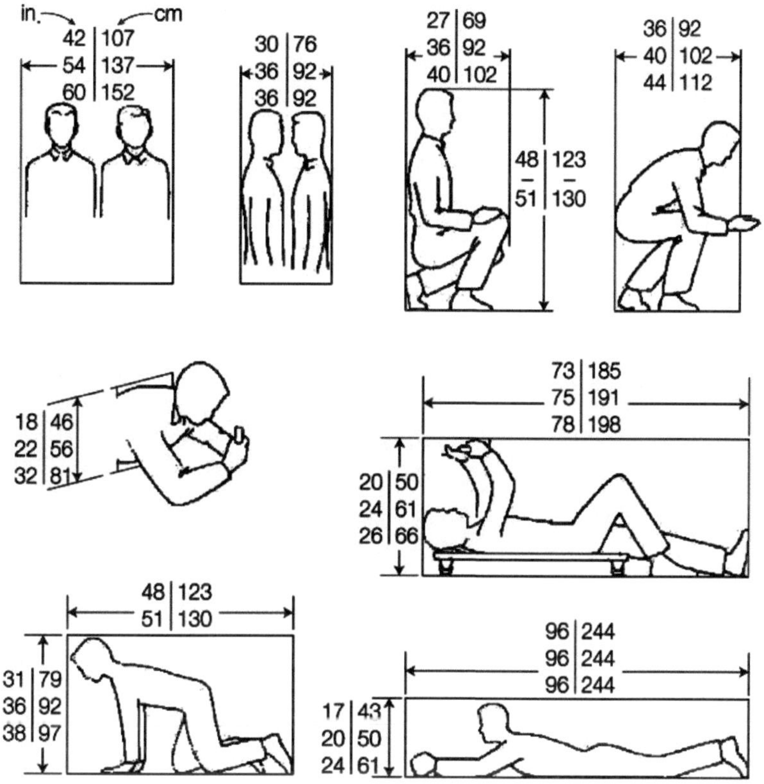

그림 5•6▸작업에서의 여유 공간(Rigby, Cooper, and Spickard, 1961)

숫자는 위로부터 최소값(가벼운 복장), 최적값(보통 복장), 최대값(두터운 복장)이며 좌측 숫자는 inch 단위, 우측 숫자는 cm 단위)

작업영역 외부 경계점을 잡는 기준은 손끝으로 작업을 하는 것이 아니라 손으로 물건을 쥐거나 손가락을 구부린 상태로 작업을 하므로 팔을 뻗어 주먹을 쥔 손이 도달하는 경계까지로 하는 것이 일반적이다.

자주 취급해야 하는 물건이나 조립 작업은 가능한 정상작업영역 안에 배치해야 하며, 그렇지 않은 물건들도 최대작업영역 내에 배치하는 것이 바람직하다. 인체 측정 자료 응용 원칙 중 극단치를 이용한 원칙을 적용한다면 작업장 설계 시 접근 가능 거리는 팔 길이가 가장 작은 사용자를 기준으로 하여야 하므로, 인체치수 5%치를 이용하는 것이 바람직하다.

작업의 효율성과 작업자의 안락감을 높이기 위해서는 측정 기준 외에 여유공간(clearance)이 필요하다. 여유공간이 부적절하면 작업자들은 불편을 느끼게 되고 생산성도 감소된다. 몇 가지 상황에 대한 여유 공간이 그림 5•6에 나와 있다. 여유 공간은 비정상적인 경우를 고려하여 충분히 넓게 하여야 한다. 예를 들어 비상용 통로 폭을 설계할 때 단순히 인체치수만을 기준으로 한다면 두꺼운 옷을 입고 있는 겨울이나 특수 작업복을 입고 있는 경우에는 통과할 수 없을 것이다. 이런 사항들을 고려하여 필요한 여유공간을 두어야 한다.

4.2 공간 배치

자동차 계기판, 자동차 콘트롤 패널 보드(center fascia), 비행기의 계기반, 원자력 발전소 조종실(control room)의 계기반 등의 물리적 공간에서 조종장치나 표시장치의 배치는 시스템 효율성에 있어서 중요한 문제이다. 정보 취득에 실수가 없고 정확하고 빨라야 하며, 취득된 정보를 바탕으로 행동을 취할 때 그 행동이 빠르고 정확하여야 한다. 이러한 목표를 달성하기 위해서는 구성 요소의 배치가 중요하며, 효율적 배치를 위해서는 다음의 원칙들이 고려되어야 한다.

- **중요성의 원칙**: 체계의 목표 달성에 중요한 정도를 정하여 우선적으로 배치하여야 한다.
- **기능별 배치의 원칙**: 비슷한 기능을 가진 표시장치나 조종장치를 모아서 인접하게 배치한다.
- **사용 빈도의 원칙**: 사용 빈도가 높은 요소들을 우선적으로 배치한다. 사용 빈도는 관찰을 통하여 객관적으로 파악할 수 있다.
- **사용 순서의 원칙**: 체계 조작 시 표시장치, 조종장치의 사용 순서를 파악하여 이 순서에 따라 배치한다.
- **표시장치와 조종장치의 양립성 원리**: 표시장치와 조종장치 간의 양립성을 고려하여 표시장치에 관련된 조종장치는 인접하게 혹은 그 관계가 쉽게 드러나도록 배치한다.
- **일관성의 원칙**: 동일한 요소들은 같은 지점에 배치하고 체계 내 혹은 다른 배치와 일관성이 있어야 한다.

실제 배치 문제를 다룰 때 위의 원칙은 서로 상충되어 문제를 풀기 어렵게 하기도 한다. 특히, 한정된 공간에 많은 표시장치나 조종장치를 배치하여야 할 경우는 문제가 더욱 어려워진다. 문제의 크기가 작을 경우는 선형계획법 등의 최적화 기법이나 시설배치 문제의 기법을 사용하여 공간 배치 문제를 해결할 수 있다. 그러나 많은 경우 시행착오를 거쳐 각 원칙들 간의 절충을 통하여 경험적으로 효율적 배치 대안을 찾는 것이 현실적이다.

다음의 지침(guideline)을 참조하여 우선순위를 정할 수 있다.

- 1순위: 주된 시각적 임무
- 2순위: 주 시각 임무와 교호작용하는 주 조종장치
- 3순위: 표시장치, 조종장치 간의 관계(관련된 장치는 인접하게 배치하고 공간, 운동 양립성 등을 고려함)
- 4순위: 순서적으로 사용되는 요소
- 5순위: 자주 사용되는 요소
- 6순위: 체계 내 혹은 다른 체계의 배치와 일관성 유지

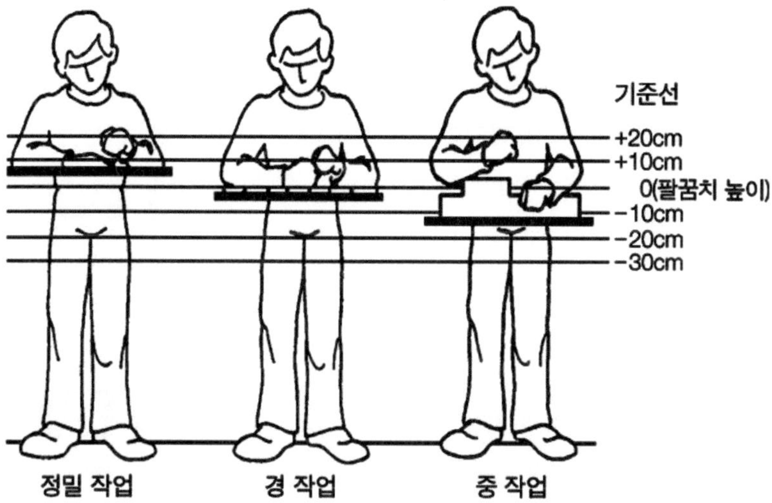

그림 5•7▸선 작업 자세에서 작업 특성에 따른 작업대 높이

4.3 작업 자세와 작업대 높이

작업장에서의 작업 자세는 여러 요인을 고려하여 결정하여야 한다. 일반적으로 작업의 특성상 작업자들이 자주 이동하여야 하거나, 손으로 큰 힘을 써서 작업하는 경우, 매우 크거나 무거운 중량물을 취급하는 경우에는 서서 작업하는 것이 효과적이다. 반면에 신체적 안정감이 필요한 정밀한 작업이나 장기간 수행하여야 하는 작업은 앉아서 작업하는 것이 좋다.

작업대의 높이나 의자의 높이는 가능하다면 많은 작업자들을 수용하고 개인의 특성을 반영할 수 있도록 조절식으로 제공하는 것이 바람직하다. 조절식이 불가능할 때는 팔꿈치가 편안하게 놓일 수 있도록 팔꿈치 높이를 기준으로 작업대의 높이를 설계하는 것이 일반적이다. 그러나 작업의 특성이 달라지면 작업대 높이도 변경해주어야 한다. 정밀한 작업의 경우 팔꿈치 높이보다 높게 설계하면 작업자들이 허리를 앞으로 굽히지 않고도 작업면을 볼 수 있을 뿐만 아니라 정밀한 손동작이 가능하다. 반면, 중량물을 취급하거나 큰 힘이 필요로 하는 장비를 사용하는 경우 중량물의 높이를 감안하여 팔꿈치보다 낮게 설계하여야 한다. 그림 5•7은 서서 작업하는 자세에서 작업의 특성에 따른 작업대 높이를 나타낸 것이다.

이동하면서 수행하는 작업이나 작업의 특성상 서거나 앉은 자세를 교대로 취하면서 작업을 해야 하는 경우도 있다. 이런 경우에는 그림 5•8에 나와 있는 작업대처럼 상완을 편안한 위치에 둘 수 있고 발받침을 두어, 작업자가 서거나 앉아서 작업면과 적절한 관계를 유지할 수 있도록 한다.

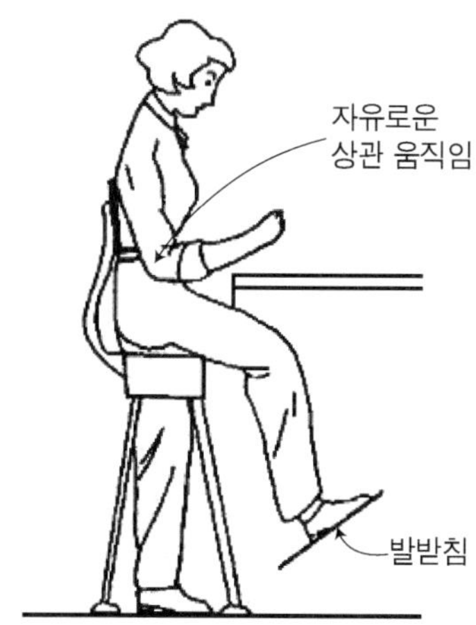

그림 5•8▸서거나 앉아서 작업할 수 있는 작업대

4.4 의자 설계

의자는 인간이 가장 많이 사용하는 가구 중 하나이다. 의자가 작업자의 신체적 특징, 작업의 특성과 목적, 그리고 작업자가 이용하는 작업대에 잘 맞추어졌을 때 작업자는 불편 없이 작업을 수행할 수 있다. 의자 선택은 작업의 목적이나 작업자의 신체적 특성에 따라 달리 하여야 하나, 전형적인 사무용 의자의 치수는 그림 5•9에 나와 있다.

적절한 의자의 선택은 작업자의 건강 증진에도 중요하다. 주어진 상황에서 최적의 의자를 설계하는 것이 쉬운 일은 아니지만 의자 설계나 선택 시 인간공학적인 관점에서 고려해야 할 사항을 살펴보면 다음과 같다.

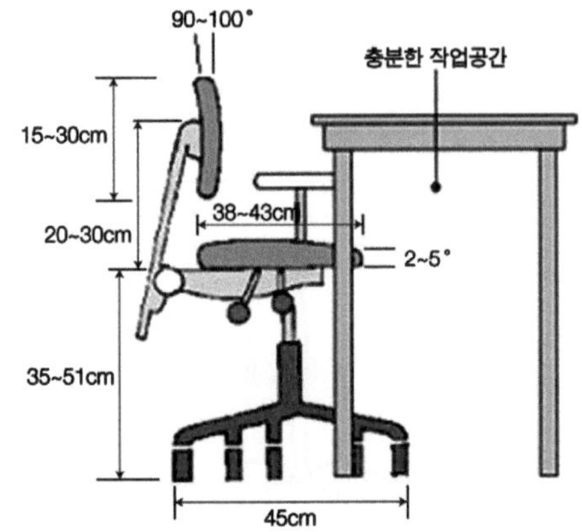

그림 5•9▸전형적인 사무용 의자

- 높이와 경사 모두 조절이 가능한 좌판을 가질 것
- 허벅지 뒷부분과 무릎에 강한 압력을 가하지 않는 좌판을 가진 것
- 좌판의 재질은 미끄럽지 않고 통기성이 좋을 것
- 허리 부분을 지지할 수 있는 구조의 허리 받침을 가진 것
- 안정감 있는 5발 구조일 것
- 필요 시 바닥의 재질에 맞는 바퀴들을 장착한 것
- 필요 시 360도 회전이 가능한 구조일 것
- 팔걸이가 작업대 내에서 자유로운 움직임을 방해하지 않을 것

이외에 작업 환경에 따라 다음과 같은 사항을 고려할 필요가 있다. 컴퓨터 사무 작업의 경우에는 높이 조절이 가능한 팔걸이를 가진 것이 좋다. 왜냐하면 팔걸이가 책상과 간섭되면 의자를 충분히 책상 쪽으로 끌어당길 수 없기 때문이다. 또한, 작업 특성에 따라 이동용 바퀴 부착 여부를 선택할 수 있어야 한다. 바퀴가 달린 의자는 정적이고 안정되어야만 하는 작업을 행하는 경우에는 적합하지 않을 수도 있기 때문이다. 반드시 필요한 경우가 아니면 공장 작업에서는 회전의자나 바퀴 달린 의자는 피하는 것이 좋다.

5 사무/VDT 작업

5.1 VDT 작업 및 증후군

VDT(visual display terminal) 연속 작업이란 자료입력·문서작성·자료검색·대화형 작업·컴퓨터설계(CAD) 등 근무시간 동안 연속하여 영상표시단말기 화면을 보거나 키보드·마우스 등을 조작하는 작업을 말한다. 영상표시단말기는 음극선관(cathode ray tube, CRT) 화면, 액정 표시(liquid crystal display: LCD) 화면, 가스플라즈마(gas plasma) 화면 등을 포함한다. VDT 작업으로 인한 관련 증상(VDT 증후군)은 영상 표시단말기를 취급하는 작업으로 인하여 발생되는 경견완증후군 및 기타 근골격계 증상·눈의 피로·피부증상·정신신경계증상 등을 말한다.

5.2 사무/VDT 작업 설계 지침

1) 작업시간 및 휴식 시간

- VDT 연속작업을 수행하는 근로자에 대해서는 VDT 작업 이외의 작업을 중간에 넣거나 다른 근로자로 교대 실시하는 등 계속해서 VDT 작업을 수행하지 않도록 하여야 한다.
- VDT 연속작업을 수행하는 근로자에 대하여 1회 연속 작업 시간이 1시간을 넘지 않도록 하고 연속작업 1시간에 대하여 10~15분의 휴식을 주어야 한다.
- VDT 연속작업을 수행하는 근로자가 휴식 시간을 적절히 활용할 수 있도록 휴식 장소를 제공하여야 한다.

2) VDT 화면 성능

VDT 화면의 성능은 다음 조건을 충족하여야 한다.

- 영상표시단말기 화면은 회전 및 경사 조절이 가능할 것
- 화면의 깜박거림은 영상표시단말기 취급 근로자가 느낄 수 없을 정도이어야 하고 화질은 항상 선명할 것
- 화면에 나타나는 문자·도형과 배경의 휘도비(contrast)는 작업자가 용이하게 조절할 수 있는 것일 것
- 화면 상의 문자나 도형 등은 영상표시단말기 취급 근로자가 읽기 쉽도록 크기·간격 및 형상 등을 고려할 것
- 단색 화면일 경우 색상은 일반적으로 어두운 배경에 밝은 황·녹색 또는 백색 문자를 사용하고 적색 또는 청색의 문자는 가급적 사용하지 않도록 할 것

3) 키보드 및 마우스

- 키보드는 특수 목적으로 고정된 경우를 제외하고는 영상표시단말기 취급 근로자가 조작 위치를 조정할 수 있도록 이동 가능한 것으로 할 것

- 키의 성능은 키 입력 시 영상표시단말기 취급 근로자가 키의 작동을 자연스럽게 느낄 수 있도록 촉각·청각 및 작동 압력 등을 고려할 것
- 키의 윗부분에 새겨진 문자나 기호는 명확하고, 작업자가 쉽게 판별할 수 있도록 할 것
- 키보드의 경사는 5~15°, 두께는 3cm 이하로 할 것
- 키보드와 키 윗부분의 표면은 무광택으로 할 것
- 키의 배열은 키 입력 작업 시 작업자의 상지의 자세가 자연스럽게 유지되고 조작이 원활하도록 배치되게 할 것
- 작업자의 손목을 지지해 줄 수 있도록 작업대 끝 면과 키보드의 사이는 15cm 이상을 확보하고, 손목의 부담을 경감할 수 있도록 적절한 받침대(패드)를 이용할 수 있도록 할 것
- 마우스는 쥐었을 때 작업자의 손이 자연스러운 상태를 유지할 수 있는 것일 것

4) VDT 작업대

- 작업대는 모니터·키보드 및 마우스·서류 받침대·기타 작업에 필요한 기구를 적절하게 배치할 수 있도록 충분한 넓이를 갖출 것
- 작업대는 가운데 서랍이 없는 것을 사용하도록 하며, 근로자가 영상표시단말기 작업 중에 다리를 편안하게 놓을 수 있도록 다리 주변에 충분한 공간을 확보하도록 할 것
- 작업대의 높이(키보드 지지대가 별도 설치된 경우에는 키보드 지지대 높이)는 조정되지 않는 작업대를 사용하는 경우에는 바닥면에서 작업대 높이가 60~70cm 범위 내의 것을 선택하고, 높이 조정이 가능한 작업대를 사용하는 경우에는 바닥 면에서 작업대 표면까지의 높이가 65cm 전후에서 작업자의 체형에 알맞도록 조정하여 고정할 수 있는 것일 것
- 작업대의 앞쪽 가장자리는 둥글게 처리하여 작업자의 신체를 보호할 수 있도록 할 것

5) 의자

- 의자는 안정감이 있어야 하며 이동 회전이 자유로운 것으로 하되 미끄러지지 않는 구조로 할 것
- 바닥 면에서 앉는 면까지의 높이는 눈과 손가락의 위치를 적절하게 조절할 수 있도록 적어도 35~45cm의 범위 내에서 조정이 가능한 것으로 할 것
- 의자는 충분한 넓이의 등받이가 있어야 하고 영상표시단말기 취급 근로자의 체형에 따라 요추(lumbar) 부위부터 어깨 부위까지 편안하게 지지할 수 있어야 하며 높이 및 각도의 조절이 가능한 것으로 할 것
- 영상표시단말기 취급 근로자의 필요에 따라 팔걸이가 있는 것을 사용할 것
- 작업 시 영상표시단말기 취급 근로자의 등이 등받이에 닿을 수 있도록 의자 끝부분에서 등받이까지의 깊이가 38~42cm 범위로 적절할 것
- 의자의 앉는 면은 영상표시단말기 취급 근로자의 엉덩이가 앞으로 미끄러지지 않는 재질과 구조로 되어야 하며 그 폭은 40~45cm 범위로 할 것

6) 작업 자세

- 영상표시단말기 취급 근로자의 시선은 화면 상단과 눈높이가 일치할 정도로 하고 작업 화면상의 시야범위는 수평선상으로부터 10~15° 밑에 오도록 하며 화면과 근로자의 눈과의 거리는 적어도 40cm 이상이 확보될 수 있도록 할 것(그림 5•10)
- 윗팔은 자연스럽게 늘어뜨리고, 작업자의 어깨가 들리지 않아야 하며, 팔꿈치의 내각은 90° 이상이 되어야 하고, 아랫팔은 손등과 수평을 유지하여 키보드를 조작하도록 할 것(그림 5•11, 5•12)
- 연속적인 자료의 입력 작업 시에는 서류 받침대를 사용하도록 하고, 서류 받침대는 높이·거리·각도 등을 조절하여 화면과 동일한 높이 및 거리에 두어 작업하도록 할 것(그림 5•11)
- 의자에 앉을 때는 의자 깊숙이 앉아 의자 등받이에 작업자의 등이 충분히 지지되도록 할 것(그림 5•13)
- 영상표시단말기 취급 근로자의 발바닥 전면이 바닥면에 닿는 자세를 기본으로 하되, 그러하지 못할 때에는 발 받침대를 조건에 맞는 높이와 각도로 설치할 것(그림 5•13)
- 무릎의 내각은 90° 전후가 되도록 하되, 의자의 앉는 면의 앞부분과 영상표시단말기 취급 근로자의 종아리 사이에는 손가락을 밀어 넣을 정도의 틈새가 있도록 하여 종아리와 대퇴부에 무리한 압력이 가해지지 않도록 할 것(그림 5•14)
- 키보드를 조작하여 자료를 입력할 때 양 손목을 바깥으로 꺾은(편향) 자세가 오래 지속되지 않도록 주의할 것

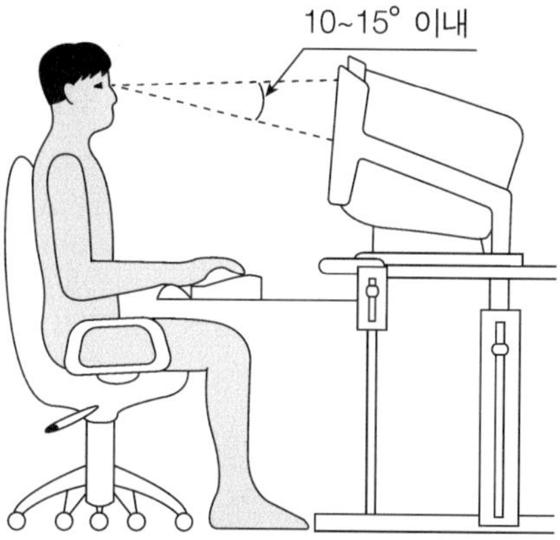

그림 5•10▸작업자의 시선 범위

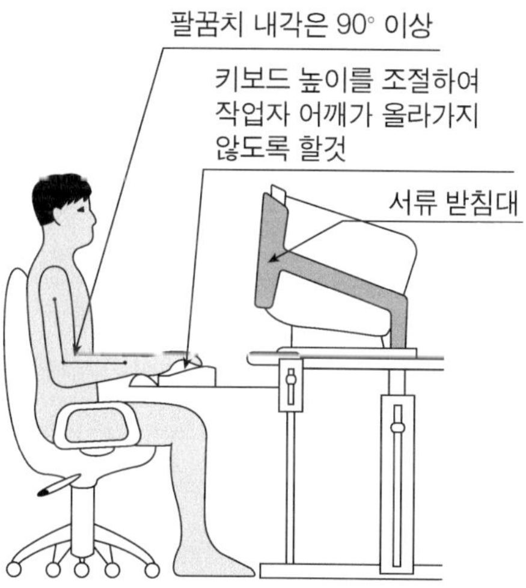

그림 5•11▸팔꿈치 내각 및 키보드 높이

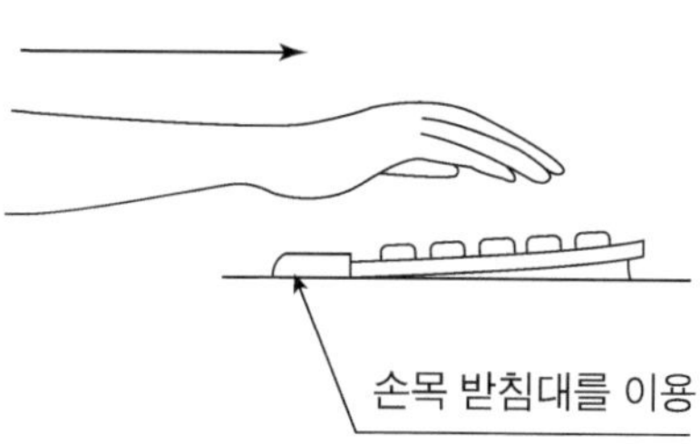

그림 5•12▸손목 자세

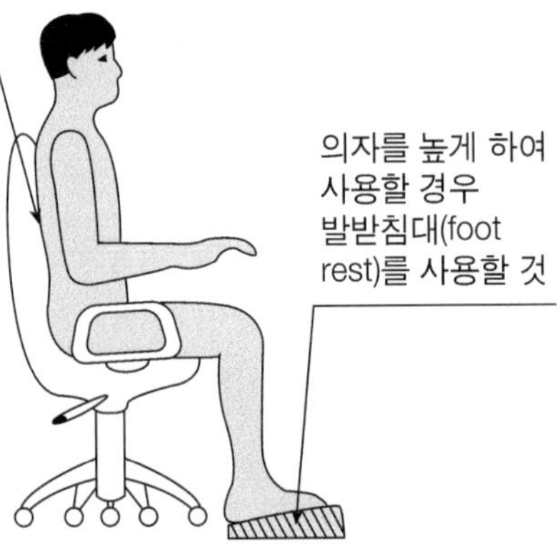

그림 5•13▸발받침대

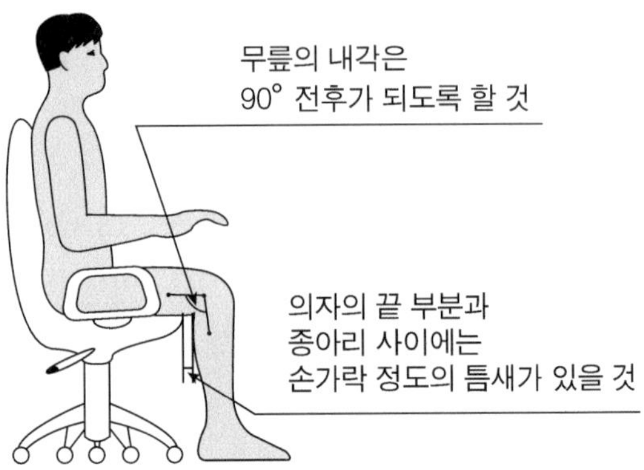

그림 5•14▸무릎 각도

7) 작업 환경

- 작업실 내의 창·벽면 등을 반사되지 않는 재질로 하여야 하며, 조명은 화면과 명암의 대조가 심하지 않도록 하여야 한다.
- VDT를 취급하는 작업장 주변 환경의 조도를 화면의 바탕 색상이 검은색 계통일 때 300~500 Lux, 화면의 바탕 색상이 흰색 계통일 때 500~700 Lux를 유지하도록 해야 한다.
- 작업면에 도달하는 빛의 각도를 화면으로부터 45° 이내가 되도록 조명 및 채광을 제한하여 화면과 작업대 표면 반사에 의한 눈부심이 발생하지 않도록 하여야 한다(그림 5•15).

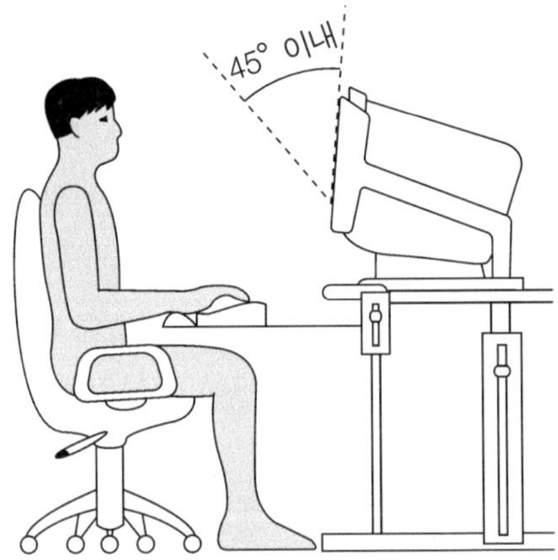

그림 5•15▸조명 각도

다만, 조건상 빛의 반사 방지가 불가능할 경우에는 다음 각호와 같은 방법으로 눈부심을 방지하도록 하여야 한다.

- ▸ 화면의 경사를 조정할 것
- ▸ 저휘도형 조명기구를 사용할 것
- ▸ 화면상의 문자와 배경과의 휘도비를 낮출 것
- ▸ 화면에 후드를 설치하거나 조명기구에 간이 차양막 등을 설치할 것
- ▸ 기타 눈부심을 방지하기 위한 조치를 강구할 것

- VDT 작업을 주목적으로 하는 작업실 내의 온도를 18~24℃, 습도는 40~70%를 유지해야 한다.
- 영상표시단말기 취급 근로자는 수시 또는 정기적으로 작업 장소·영상표시단말기 등을 청소함으로써 항상 청결을 유지하도록 한다.

연습문제

[1] A학과 학생들 키의 표준편차가 아주 작았다. 이것은 무엇을 의미하는가?

① 평균적으로 키가 크다. ② 평균적으로 키가 작다.
③ 키가 고르다. ④ 키가 고르지 않다.

[2] 평균 m, 표준편차 s인 정규모집단에서 추출된 데이터가 m+s와 m−s 사이에 존재할 가능성은 대략 몇 %인가?

① 50 ② 68 ③ 95 ④ 99

[3] 인체치수 측정 사업에서 측정하는 항목과 거리가 먼 것은?

① 신장 ② 체중 ③ 무게중심 ④ 체형

[4] 2020년 현재까지 우리나라에서는 전국적인 전신 인체치수 측정 사업이 몇 차례 수행되었는가?

① 5회 ② 6회 ③ 7회 ④ 8회

[5] 2003-2004년에 시행된 인체치수 측정 사업에서 이선 사업에 비하여 추가된 항목은?

① 무게중심 측정 ② 동측정 ③ 관성 측정 ④ 직접 측정

[6] 우리나라 인체 치수 측정 사업의 명칭은?

① Size Korea ② Size body
③ Anthropometry Korea ④ Anthropometry body

[7] 인체 측정 시 주의 사항에 대한 설명 중 틀린 것은?

① 측정 목적을 확인한다.
② 같은 연령을 기준으로 선정한다.
③ 지역차를 고려하여 여러 지역에 대해 측정한다.
④ 통계적 신뢰성을 높이기 위해 충분한 수의 피실험자를 대상으로 측정한다.

[8] 다음 중 인체측정에 대한 설명으로 틀린 것은?

① 표준 자세에서 움직이지 않는 상태를 인체 측정기로 측정한 측정치를 구조적 치수라 한다.
② 활동 중인 신체의 자세를 측정한 것을 기능적 치수라 한다.
③ 일반적으로 구조적 치수는 나이, 성별, 인종에 따라 다르게 나타난다.
④ 인간-기계 시스템의 설계에서는 구조적 치수만을 활용하여야만 한다.

[9] 사전에 결정된 표준자세에서 움직이지 않은 상태로 측정된 치수를 무엇이라고 하는가?

① 기능적 치수 ② 정적 치수 ③ 동적 치수 ④ 평균 치수

[10] 움직이는 자세에서 동작범위나 근력 등을 측정한 치수를 무엇이라고 하는가?

① 구조적 치수 ② 정적 치수 ③ 동적 치수 ④ 형태적 치수

[11] 정적 치수에 대한 설명으로 틀린 것은?

① 형태학적 측정이다.
② 나체 측정을 원칙으로 한다.
③ 일반적으로 하지나 상지의 운동 상태에서 측정한다.
④ 마틴식 인체측정기를 사용한다.

[12] 동적 치수에 대한 설명으로 올바른 것은?

① 실제의 동작 공간과 밀접한 관계를 갖는 치수이다.
② 형태학 인체 치수이다.
③ 피측정자가 움직이지 않는 상태에서 측정한다.
④ 마틴식 인체측정기를 사용한다.

[13] 인체계측치 중 기능적(functional) 치수를 사용하는 이유로 가장 올바른 것은?

① 사용 공간의 크기가 중요하기 때문
② 인간은 닿는 한계가 있기 때문
③ 인간이 다양한 자세를 취하기 때문
④ 각 신체 부위는 조화를 이루면서 움직이기 때문

[14] 기능적 인체치수 측정에 대한 설명으로 옳은 것은?

① 앉은 상태에서만 측정하여야 한다.
② 움직이지 않는 표준 자세에서 측정하여야 한다.
③ 5~95%에 대해서만 정의된다.
④ 신체 부위의 동작범위를 측정한다.

[15] 다음 중 제품, 공구, 장비의 설계 시에 적용하는 인체계측 자료의 응용 원칙에 해당되지 않는 것은?

① 조절식 설계 ② 극단치를 기준으로 한 설계
③ 평균치를 기준으로 한 설계 ④ 기계중심의 설계

[16] 슈퍼마켓의 계산대의 높이를 설계할 때 적용할 수 있는 적합한 원칙은?

① 조절식 설계 ② 극단치 설계
③ 조립식 설계 ④ 평균치 설계

[17] 출입문, 탈출구, 통로의 공간, 줄사다리의 강도 등은 어떤 설계 기준을 적용하는 것이 바람직한가?

① 최소 치수의 원칙 ② 최대 치수의 원칙
③ 평균 치수의 원칙 ④ 최대 또는 평균 수치의 원칙

[18] 다음 중 [보기]와 같은 사항을 설명하고자 할 때 인체측정 자료에 대하여 적용할 수 있는 설계 원리는?

[보기] 버스의 승객 의자 앞뒤 간격, 비행기의 비상 탈출구 크기, 줄사다리의 지지 장치 강도

① 최대 집단치에 의한 설계 원리
② 최소 집단치에 의한 설계 원리
③ 평균치에 의한 설계 원리
④ 가변적 설계 원리

[19] 특정한 설비를 설계할 때 인체계측 특성의 한 극단치에 속하는 사람을 대상으로 설계하게 되는데, 다음 중 최소 집단치를 적용하는 경우에 해당하는 것은?

① 조종장치까지의 거리
② 출입문의 높이
③ 의자의 폭
④ 그네의 최소 지지 중량

[20] 다음 중 집단의 최대치에 의한 설계로 가장 적합한 것은?

① 선반의 높이
② 조종장치까지의 거리
③ 자동차 시트의 앞뒤 조절 폭
④ 고속버스 내의 의자와 의자 사이의 간격

[21] 남녀가 동시에 사용하는 작업공간이 있다. 힘을 가하여 작동시키는 조종장치 설계에 필요한 힘에 관한 수치는?

① 5%tile 여자 ② 5%tile 남자 ③ 95%tile 여자 ④ 여자 평균

[22] 평균치를 기준으로 한 설계에 대한 설명 중 틀린 것은 다음 중 어느 것인가?

① 은행의 계산대는 평균값을 기준으로 한 설계에 적합하다.
② 평균치를 기준으로 설계할 때가 가장 만족도가 높다.
③ 극단치, 조절식 기준을 적용하기 어려울 때 사용한다.
④ 인체 측정학에서 모든 면이 평균인 사람은 존재하지 않는다.

[23] 은행의 접수대는 평균치 설계를 적용하였다. 그 이유로 적절하지 않는 것은?

① 은행 이용고객들의 평균이용 시간이 짧다.
② 극단치나 조절식 설계보다 비용이 많이 든다.
③ 조절식 설계를 적용할 경우 비용이 많이 든다.
④ 많은 사람들이 이용하므로 극단치 설계 적용이 어렵다.

[24] 인체측정치를 이용한 제품 설계에서는 조절식 설계가 바람직하다. 이 때 일반적으로 가장 많이 적용되고 있는 조절 범위는?

① 1~99% ② 5~95% ③ 5~90% ④ 10~90%

[25] 윗팔을 자연스럽게 수직으로 늘어뜨린 채, 아래팔만으로 편하게 뻗어 파악할 수 있는 영역을 무엇이라 하는가?

① 최대 작업역 ② 작업 공간역 ③ 파악 한계역 ④ 정상 작업역

[26] 다음 중 효율적 설비 배치를 위해 고려해야 하는 원칙으로 가장 거리가 먼 것은?

① 중요성의 원칙
② 설비 가격의 원칙
③ 사용 빈도의 원칙
④ 사용 순서의 원칙

[27] 작업공간의 구성 요소 배치에 대한 원칙 측면에서 볼 때, 자동차의 속도계가 계기판 중간에 위치하여 운전자가 보기 쉽도록 한 것은 다음 중 어떤 원칙에 해당 하는가?

① 중요도의 원칙
② 기능성의 원칙
③ 사용 순서의 원칙
④ 공간 활용 최적화의 원칙

[28] 효율적 배치 대안을 찾기 위하여 우선적으로 고려되어야 할 사항은?

① 시각적 임무
② 양립성
③ 사용 순서
④ 사용 빈도

[29] 입식 작업대에서 정밀작업을 수행하려고 할 때 작업대의 높이로 가장 적절한 것은?

① 팔꿈치 높이와 동일한 높이
② 팔꿈치 높이보다 5~10cm 높은 높이
③ 팔꿈치 높이보다 5~10cm 낮은 높이
④ 팔꿈치 높이보다 10~20cm 낮은 높이

[30] 작업공간 설계에 있어 입식 작업대의 높이 설계 기준으로 올바른 것은?

① 수작업 범위와 작업대 넓이
② 작업자의 체격과 작업 조건
③ 신체(상체)활동 범위와 수작업 범위
④ 정상작업영역과 최대 작업영역

[31] 다음 중 작업공간 설계에 관한 설명으로 옳은 것은?

① 일반적으로 앉아서 하는 작업의 작업대 높이는 팔꿈치 높이가 적합하다.
② 서서하는 힘든 작업을 위한 작업대는 세밀한 작업 보다 높게 설계한다.
③ 작업 표준 영역은 어깨를 중심으로 팔을 뻗어 닿을 수 있는 영역이다.
④ 군용 비행기의 비상구는 5백분위수 인체 측정 자료를 사용하여 설계한다.

[32] 의자 설계나 선택 시 인간공학적인 관점에서 고려해야 할 사항이 아닌 것은?

① 높이와 경사 모두 조절이 가능한 좌판을 가질 것
② 발 부분을 지지할 수 있는 별도 구조의 발받침을 가진 것
③ 필요 시 360° 회전이 가능한 구조일 것
④ 팔걸이가 작업대 내에서 자유로운 움직임을 방해하지 않을 것

[33] 다음 중 영상표시단말기(VDT)에 속하지 않는 것은?

① 음극선관
② 가스플라즈마
③ DDR
④ PDP

[34] 다음 중 VDT 작업으로 인한 증상(VDT 증후군)에 속하지 않는 것은?

① 피부 증상
② 골절상
③ 눈 피로
④ 정신 신경계 증상

[35] 다음 중 VDT 증후군의 발생 요인이 아닌 것은?

① 인간의 과오를 중요하게 생각하지 않는 직장 분위기
② 나이, 시력, 경력, 작업 수행도 등
③ 책상, 의자, 키보드(Key board) 등에 의한 작업 자세
④ 반복적인 작업, 휴식시간의 문제

[36] 다음 중 영상표시단말기 취급 근로자의 작업 자세로 적절하지 않은 것은?

① 화면 중앙보다 눈높이가 낮아야 한다.
② 화면상의 시야범위는 수평선상에서 10~15° 밑에 오도록 한다.
③ 화면과의 거리는 최소 40cm 이상이 확보되어야 한다.
④ 윗팔(upper arm)은 자연스럽게 늘어뜨리고, 팔꿈치의 내각은 90° 이상이 되어야 한다.

[37] 다음 중 영상표시단말기의 취급에 관한 내용으로 틀린 것은?

① 영상표시단말기의 화면을 회전 및 경사 조절이 가능하도록 한다.
② 영상표시단말기 취급 근로자의 시선을 화면 상단과 눈높이가 일치할 정도로 한다.
③ 작업대는 가운데 서랍이 없는 것을 사용하도록 하며, 다리 주변에 충분한 공간을 확보하도록 한다.
④ 윗팔은 자연스럽게 늘어뜨리고 어깨가 들리지 않아야 하며, 팔꿈치의 내각은 90° 이내로 한다.

[38] 다음 중 영상표시단말기 취급의 작업 관리 지침으로 틀린 것은?

① 작업장 주변 환경의 조도를 화면의 바탕 색상이 검은색 계통일 때 300~500lux를 유지하도록 하여야 한다.
② 영상표시단말기 작업을 주목적으로 하는 작업 실내의 온도를 18~24℃, 습도는 40~70%를 유지하여야 한다.
③ 작업대는 가운데 서랍이 없는 것을 사용하도록 하며, 작업 중에 다리를 편안하게 놓을 수 있도록 충분한 공간을 확보하도록 하여야 한다.
④ 작업 면에 도달하는 빛의 각도를 화면으로부터 45° 이상이 되도록 조명 및 채광을 제한하여 눈부심이 발생하지 않도록 하여야 한다.

응용문제

[1] 일상생활에서 사용되는 제품 중 잘못 설계된 제품을 찾아 사용자에게 적합하도록 개선하여라.

잘못 설계된 제품		개선 방향	
적용된 설계 원리	문제점	설계 원리	효과

[2] VDT 사무작업에서의 인간공학적 요구 사항(ISO 9241, http://www.iso.org)을 조사하여 보아라.

[3] 앉아서 하는 작업장을 설계하기 위해 작업영역을 구하려고 한다. 아래 표는 작업장을 사용하는 작업자의 인체치수를 기록한 것이다. 이 작업장에 알맞은 정상작업영역을 구하여라. 단, $Z_{0.05}=-1.65$, $Z_{0.95}=1.65$이다.

성별	측정부위	평균	표준편차
남자	아래팔의 수평길이	266.3mm	13mm
여자		240.2mm	11.39mm

[4] ○○회사는 제품을 적재할 수 있는 인간공학적 선반을 설계하려고 한다. 선반의 최대 적재 높이는 작업자의 어깨 높이로 하고, 최소 높이는 무릎 높이로 하고, 선반의 깊이는 팔꿈치까지의 길이로 하려한다. 이 회사의 '잘한다' 대리는 인간공학적 설계에 대한 지식이 부족하여 다음과 같이 설계를 하였다. 이를 수정하여 올바르게 설계하라. 단, $Z_{0.05}=-1.65$, $Z_{0.95}=1.65$이다.

▸ 인체치수

		어깨 높이	무릎 높이	팔꿈치까지의 길이
남자	평균	138.71cm	44.03cm	32.64cm
	표준편차	5.03cm	2.36cm	1.68cm
여자	평균	127.51cm	40.06cm	29.90cm
	표준편차	4.38cm	2.06cm	1.53cm

▸ 잘한다 대리의 설계

	설계 원리	설계 치수
선반의 최대 높이	남자 50퍼센타일	138.71cm
선반의 최소 높이	여자 50퍼센타일	40.06cm
선반의 깊이	남자 50퍼센타일	32.64cm

▸ 수정한 설계

	설계 원리	설계 치수
선반의 최대 높이		
선반의 최소 높이		
선반의 깊이		

[5] VDT 작업과 VDT증후군을 정의하고 그 증상을 세 가지 이상 들라.

CHAPTER 6

표시장치와 조종장치

인간은 시각, 청각, 촉각, 후각 등의 감각기관을 통하여 많은 정보를 받아들이며 이를 처리하여 판단하거나 반응한다. 따라서 인간-기계 시스템에서 표시장치가 효율적으로 설계되고 표시되어야 인간이 정보를 효과적으로 받아들여 처리할 수 있다.

표시장치의 유형으로는 사용하는 감각 차원에 따라 시각적 표시장치(visual display), 청각적 표시장치(auditory display), 그리고 촉각 및 후각적 표시장치 등이 있다. 인간-기계 시스템에서 표시장치는 감각기관의 특성과 전하고자 하는 정보의 특성을 고려하여 설계해야 한다.

표시장치는 시간의 흐름에 따른 표시장치 변수 값의 변동 여부에 따라 정적(static) 표시장치와 동적(dynamic) 표시장치로 구분할 수 있다. 정적 표시장치는 고정 간판, 도표, 인쇄물과 같이 시간이 지나도 표시 내용이 변하지 않는 표시장치를 말하며, 동적표시장치는 온도계, 기압계, 속도계 등과 같이 시간에 따라 표시 내용이 변화하는 것을 말한다.

이 장에서는 이런 표시장치들의 종류를 알아보고 효율적인 표시장치와 조종장치가 가져야 할 설계 요소들을 소개한다.

1 시각적 표시장치

시각적 표시장치는 나타내는 정보 및 표시장치 특성에 따라 표 6•1과 같이 정량적 표시장치, 정성적 표시장치, 묘사적 표시장치로 분류된다.

1.1 정량적 표시장치

정량적 표시장치는 동적으로 변화하는 변수(예: 속도, 온도)나 정적 변수의 계량치(예: 길이)에 관한 정보를 제공하며, 주로 정확한 정보량이 요구될 때 사용된다. 정확한 정보량을 요구하므로 읽

표 6•1 ▸ 시각적 표시장치의 구분

구분	종류	특징
정량적 표시장치	• 아날로그 표시장치–동침형과 동목형 • 디지털(계수형) 표시장치–기계식과 전자식	변수의 정량을 표시
정성적 표시장치		변수의 상태를 표시
묘사적 표시장치	비행자세 표시장치 등	시스템의 상태를 회화적으로 표시

기 쉽도록 설계되어야 한다.

정량적 표시장치는 아날로그 표시장치(analog display)와 디지털 표시장치(digital display)로 구분된다. 아날로그 표시장치는 눈금(scale)이 고정되고 지침(pointer)이 움직이는 동침(moving pointer)형과 지침이 고정되고 눈금이 움직이는 동목(moving scale)형으로 구분할 수 있다. 디지털 표시장치는 기계, 전자적으로 숫자가 표시되며 전력계나 택시 요금기가 이에 속한다. 그림 6•1은 동침형 표시장치, 그림 6•2는 동목형 표시장치, 그림 6•3은 디지털 표시장치의 예를 나타낸다.

일반적으로 디지털 표시장치는 아날로그 표시장치보다 수치를 정확하게 읽을 수 있다. 그러나 표시 값이 계속 변화하는 경우 디지털 표시장치를 사용하면 수치를 읽기가 곤란하다. 따라서 값이 계속 변화하는 경우나 변화 추세를 관찰할 필요가 있는 경우에는 아날로그 표시장치가 더 유용하다.

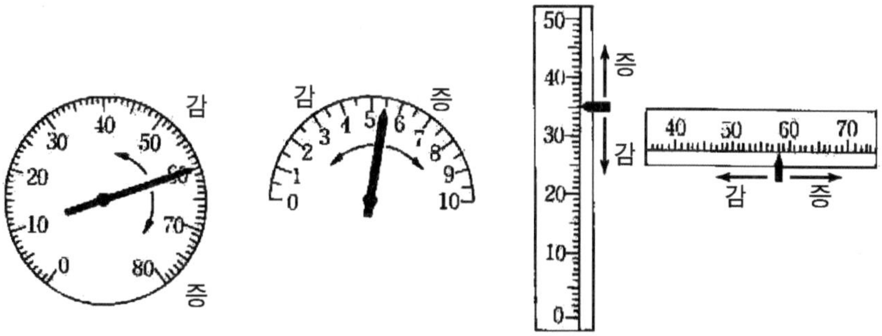

그림 6•1 ▸ 동침형 표시장치의 예(왼쪽부터 원형 눈금, 반 원형 눈금, 수직 눈금, 수평 눈금)

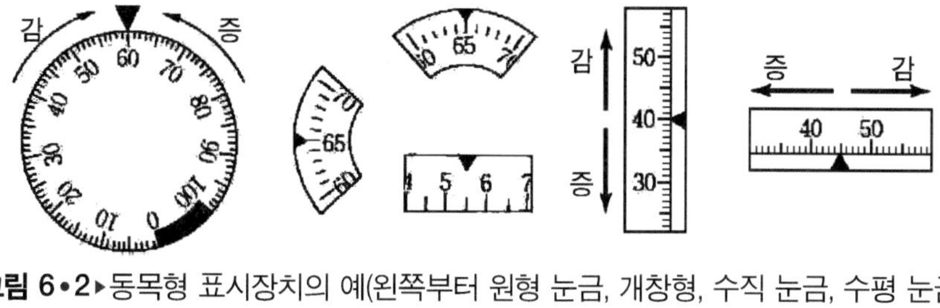

그림 6•2 ▸ 동목형 표시장치의 예(왼쪽부터 원형 눈금, 개창형, 수직 눈금, 수평 눈금)

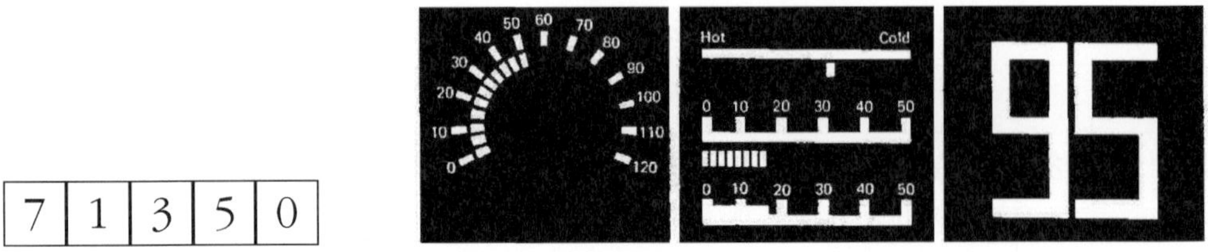

그림 6•3▸디지털 표시장치 예(왼쪽은 기계식, 나머지 3개는 전자식(원형, 수평형, 숫자형)

아날로그형 중에서 눈금을 읽는 데에는 동침형이 동목형보다 우수할 뿐만 아니라, 바늘의 움직이는 속도나 방향으로 진행 방향과 증감 속도에 대한 인식적인 암시 신호를 얻을 수 있다. 반면 동목형은 현재 읽어야 할 눈금 부분만 표시하면 되므로 간이 체중계처럼 표시장치 면적을 최소화할 수 있는 장점이 있다(표 6•2).

아날로그 표시장치에서는 눈금을 기준으로 판독해야 할 최소 측정 단위 수치를 눈금 단위라 한다. 눈금 단위는 정상 가시거리인 71cm를 기준으로 정상 조명에서는 1.3mm, 낮은 조명에서는 1.8mm 이상이 권장된다. 눈금을 표시할 경우 읽어야 하는 매 눈금마다 눈금 표시를 하는 것이 좋으며, 여러 상황 하에서 1/5 또는 1/10 단위까지 내삽을 하여야 하며, 눈금의 수열을 설계할 때 특수한 경우를 제외하고 0, 1, 2, 3, …처럼 1단위씩 증가하도록 하여야 한다.

지침(pointer)의 경우 뾰족한 지침을 사용하여 정확한 지점을 지정하도록 하며, 지침의 끝은 작은 눈금과 맞닿되 겹치지 않아야 하고, 시차를 없애기 위해 지침을 눈금면과 밀착시키며, 지침의 색은 선단에서 눈금의 중심까지 칠해야 한다(그림 6•4).

낮은 조명 하에서 71cm 떨어진 곳에서 1.8mm의 눈금을 구분할 수 있어야 하므로 Dmm 떨어진 곳에서 분별할 수 있는 눈금 간격(Xmm)을 구하고자 한다면 다음 비례식을 사용하면 된다.

$$1.8\ \text{mm} : 710\ \text{mm} = X\ \text{mm} : D\ \text{mm}$$

$$\therefore X = 1.8 \times (D / 710)$$

표 6•2▸정량적 표시장치 특징

정량적 표시장치 구분	특징
동침형 표시장치	지침의 위치가 인식적인 암시 신호 제공 변화율이나 속도의 직감적 파악 용이
동목형 표시장치	눈금을 비교적 작은 눈금판에 표시가능 표시장치 공간 절약
디지털 표시장치	수치를 정확히 읽어야 할 때 적합 값이 빨리 변하면 읽기 곤란

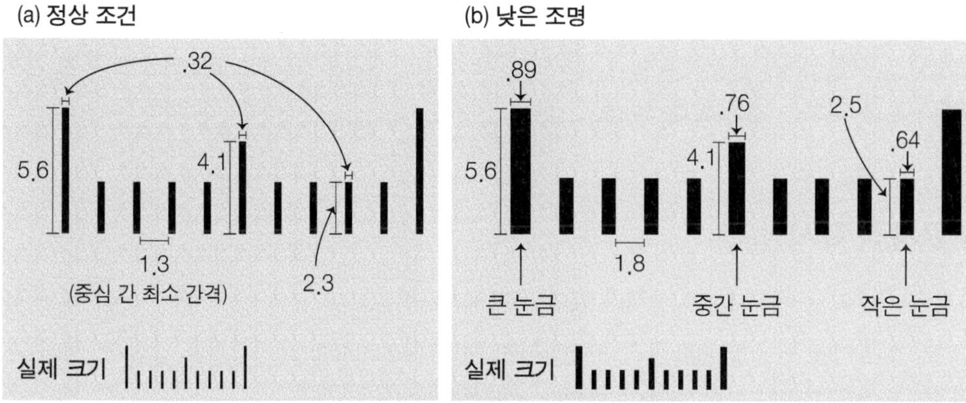

그림 6•4▸권장 눈금 단위 길이(단위:mm)

1.2 정성적 표시장치

정성적 표시장치는 온도, 압력, 속도와 같이 연속적으로 변하는 변수의 대략적인 상태나 변화 추세, 율(rate) 등을 알고자 할 때 주로 사용된다. 즉, 정확한 변수 값을 표시하려는 정량적 표시장치와는 달리 변수의 상태나 조건이 미리 정해 놓은 몇 개의 범위 중 어디에 속하는 가를 판정할 때 사용된다. 예를 들면, 자동차 운전자는 자동차 배터리 용량이 몇 암페어(Ah)인지 그 구체적인 물리량을 알 필요가 없고 현재 배터리 상태가 시동을 걸기에 정상적인 상태인지 아닌지만 알면 된다.

상태를 판정하는 용도로 주로 쓰이기 때문에 색을 이용하여 각 범위 값들을 암호화하여 사용하면 효과적이다(그림 6•5의 왼쪽). 색체 암호가 부적합한 경우에는 구간을 형상 암호화하기도 한다(그림 6•5의 가운데). 시스템 상태가 정상적(正常的)인가를 확인하는 상태 점검에서는 그림 6•5의 오른 쪽과 같이 다이얼을 정상 방향인 12시로 배열하고 표시장치 주변에 보조선을 연결하면 특정한 표시장치가 정상 범위에서 어긋나는 것을 쉽게 확인할 수 있다.

경고등은 상태 지시계(indicator)의 하나로 위험 상황에서 주의를 끄는 데 적합하며, 몇 가지 설계원칙은 다음과 같다. 경고등은 주의를 끌기 위하여 점멸 신호를 사용하고, 일반적으로 점멸속도는 3-10회/초가 적당하다. 색에 대한 반응 속도는 적색, 녹색, 황색, 흰색 순으로 빠른 것으로 알려

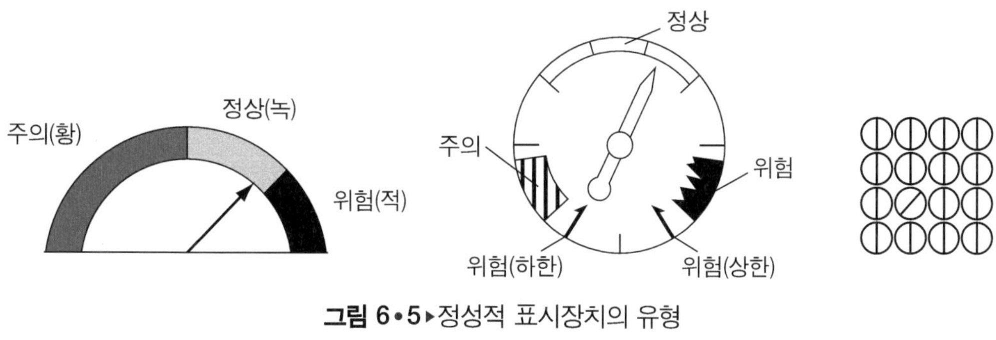

그림 6•5▸정성적 표시장치의 유형

져 있어 보통 적색을 사용한다. 대비가 좋지 않은 배경에서는 적색(일반적으로 심각한 상황), 녹색, 노란색(덜 심각한 상황) 전등이 백색 전등보다 효과적이다. 중요한 경고일 경우에는 시각적 신호에 청각적 신호를 더하는 것이 효과적이다.

1.3 묘사적 표시장치

묘사적 표시장치는 항공기 표시장치나 게임 시뮬레이터의 3차원 표현 장치 등과 같이 배경 위에 변화되는 상황이나 변수를 회화적으로 중첩하여 나타내는 시각적 표시장치를 말한다. 해석 과정이 최소화되어 직감적인 상황 파악이 가능한 표시장치이다.

대표적인 묘사적 표시장치의 예로는 항공기의 비행자세 표시장치를 들 수 있다. 항공기 표시장치는 그림 6•6과 같이 지평선을 고정한 상태에서 항공기가 움직이는 항공기 이동형(moving-aircraft)과 항공기를 고정한 상태에서 지평선이 이동하는 지평선 이동형(moving-horizon)으로 구분된다. 항공기 이동형은 항공기 밖에서 안을 보는 형태로 표시되는 외견형(outside-in)이며, 지평선 이동형은 조종사가 항공기 안에서 항공기 밖을 바라보는 형태로 표시되는 내견형(inside-out)이다. 과거 대부분의 항공기에서는 내견형을 사용하였다.

지평선 이동형과 항공기 이동형은 표시장치에서 어느 부분을 움직이느냐의 문제이다. 비행자세 표시장치에는 내견형과 외견형을 결합한 빈도분리형 표시장치도 있다. 빈도분리형 표시장치는 항공기 및 지평선이 모두 움직이는데, 비행 중 보조익 조종장치에 입력이 있으면 순간적으로 항공기 이동형으로 표시되고, 잠시 후에는 서서히 지평선 이동형으로 돌아오는 방식이다.

묘사적 표시장치에서 고려해야 할 또 하나의 원칙은 목표와 현 상태를 표시하는 방식이다. 목표와 현 상태(또는 추종 요소)의 관계를 표시하는 방법은 목표와 추종 요소의 상대적 위치의 오차만 표시하는 보정추적표시장치(compensatory tracking)와 목표와 추종 요소의 이동을 모두 공통 좌표계에 표시하는 추종추적표시장치(pursuit tracking)가 있다. 일반적으로 추종추적표시장치가 보정추적표시장치보다 우월하다. 단, 보정 표시장치의 경우에는 현 상태와 목표와의 오차만을 나타내므

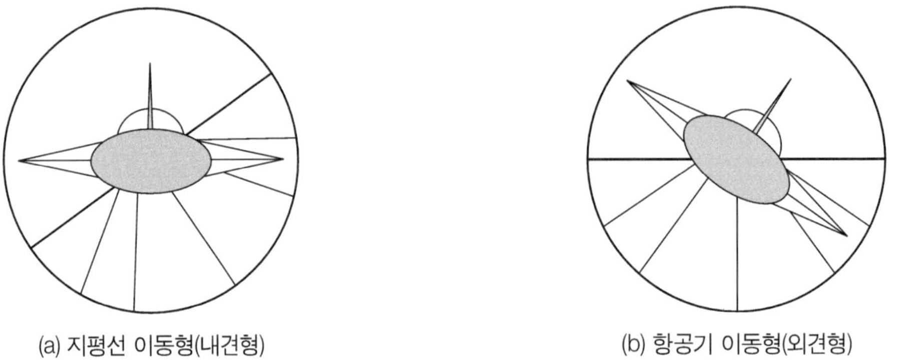

(a) 지평선 이동형(내견형)　　(b) 항공기 이동형(외견형)

그림 6•6▸비행자세 표시하는 묘사적 표시장치의 예

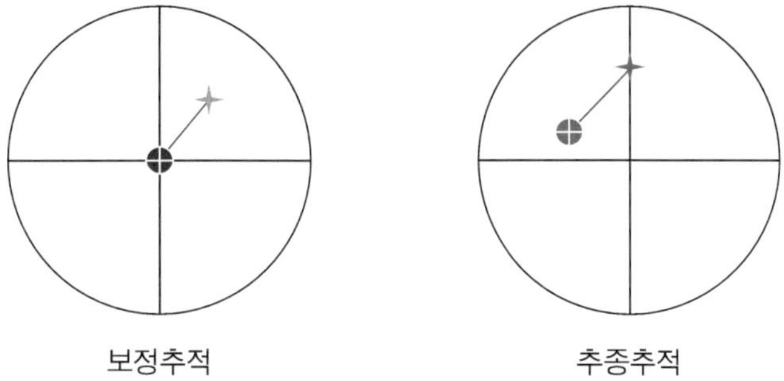

그림 6•7▸보정추적표시장치와 추종추적표시장치

표 6•3▸비행자세 표시장치 설계의 몇 가지 원칙(Roscoe)

원칙	설명
표시장치 통합 원칙	상호 관련성이 높은 정보는 하나의 표시장치계에 표시한다.
회화적 사실성의 원칙	시스템의 상태를 사실적으로 도식화하여 표시한다.
이동 부분의 원칙	시스템과 상황에서 실제 이동하는 부분이 표시장치에서 움직이는 부분으로 나타나도록 한다.
추종 추적의 원칙	보정 추적보다 추종 추적의 경우 추적 성능이 우수하다.
빈도 분리의 원칙	갑자기 변하는 정보를 제공할 경우 이동 요소는 인간의 기대되는 방향과 일치하여야 한다(양립성이 높아야 한다).

로 표시장치의 공간을 절약할 수 있는 장점이 있다(그림 6•7).

위에서 언급한 항해용 표시장치에 관련하여 설계 시 효과적으로 응용되고 있는 비행자세 표시장치 설계의 원칙을 표 6•3에 정리하였다.

1.4 안내 표지와 색

우리 주변에서 여러 가지 시각적 상징(symbol)과 표지(sign)를 이용한 많은 표지를 볼 수 있으며, 그 대표적인 것으로 도로 표지판 및 안전 표지판을 들 수 있다. 안전 표지판에서는 도형과 색으로 내용을 표시하고 있으며, 빨강은 금지, 노랑은 경고, 파랑은 지시, 녹색은 안내를 나타낸다.

그림 6•8▸교통 표지판 예: 규제(승용차 통행금지), 주의(횡단보도), 지시(U턴)

규제를 나타내는 표지판은 흰색 바탕 위에 빨간색 테두리와 사선을 긋고, 규제를 나타내는 대상을 검은색으로 표현한다. 경고를 나타내는 표지판은 노란색 바탕에 빨간색 테두리를 사용하며 경고 내용은 검정으로 표현한다. 지시를 나타내는 표지판은 파란색의 원이나 사각형으로 표현하며 지시의 내용은 흰색으로 나타낸다(그림 6•8).

1.5 문자-숫자 표시장치

여러 표시장치 중 문자와 숫자로 정보를 제시하는 문자-숫자(alphanumeric) 표시장치가 가장 많이 사용되고 있다. 문자나 숫자를 제시하는 기술은 시대에 따라 돌에 조각하는 것에서부터 책, 신문, TV, VDT, CRT, LCD, LED 등으로 발전하여 왔다. 여기에서는 정보를 제시하는 기술과 무관하게 적용할 수 있는 문자-숫자 표시장치에 관한 인간공학적 측면을 다루고자 한다. 먼저 문자-숫자 표시장치에 대한 인간공학적 기준으로 사용되는 다음 개념을 이해할 필요가 있다.

- 가시도(visibility): 주변으로부터 글자나 심볼이 시각적으로 별개로 보이게 하는 질(quality) 혹은 정도로 정의되며, 검출성(detectability)과 같은 개념이다.
- 가독성(legibility): 각 문자나 숫자가 다른 것과 구별되게 하는 속성이며, 변별성(discriminability)과 같은 개념으로 획폭, 글자체, 대비, 조명 등의 요인에 영향을 받는다.
- 이해도(readability): 문자나 숫자를 단어, 문장 혹은 연속적 텍스트와 같은 그룹으로 제시할 때 그 정보의 내용을 인지할 수 있게 하는 질 혹은 정도로 정의된다. 이해도는 문자나 문자 그룹의 간격, 문장과 같은 다른 형태로의 결합, 줄 간격, 여백 등에 영향을 받는다.

1.5.1 가독성에 영향을 미치는 요인

문자-숫자의 글자체(typography)는 글자들의 모양과 이들의 배열 상태를 말한다. 일상생활에서 사용되는 대부분의 글자체의 변형은 가시도, 가독성과 이해도와 같은 인간공학적 기준을 적절히 충족하고 있다. 그러나 다음과 같은 네 가지 경우에는 선호되는 글자체를 사용하는 것이 중요하다: ① 조명 상태가 좋지 않거나 시간이 제한되어 있을 때와 같이 시각 조건이 좋지 않을 때, ② 긴급 상황을 나타내는 레이블이나 지시가 읽혀져야 할 때와 같이 정보가 중요할 때, ③ 멀리서 보아야 할 때, ④ 시력이 나쁜 사람이 표시장치를 이용할 때 등. 글자체는 획폭(stroke width), 종횡비(width-height ratio), 서체(styles of type), 글자 크기, 문자 밀도, 숫자와 글자의 순서나 그룹핑 등으로 형성된다.

1) 획폭 문자나 숫자의 획폭은 문자나 숫자의 높이에 대한 획 굵기의 비로 표현한다. 흰 바탕에 검은 글씨를 쓸 때는 검은 바탕에 흰 글씨를 쓸 경우보다 더 큰 획폭비를 써야 하는데, 그 이유는 검은 바탕의 흰 글씨는 흰색이 주위의 검은 배경으로 번져 보이는 광삼현상(irradiation) 때문이다(그림 6•9). 광삼 현상은 조도가 높은 장소에서 더욱 뚜렷해진다. 획폭비의 권장치는 다음과 같으며 그림 6•10에 글자와 숫자의 획폭비 예를 제시한다.

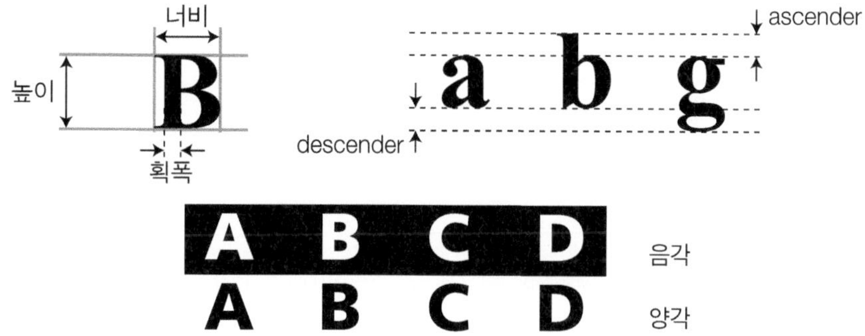

그림 6•9▸글자의 종횡비와 광삼현상

그림 6•10▸글자와 숫자의 획폭비 예

- 조명이 좋을 때 흰 바탕에 검은 글씨(양각)는 1:6 ~ 1:8이, 검은 바탕에 흰 글씨(음각)는 1:8 ~ 1:10이 권장된다.
- 조명 수준이 감소된 상태에서는 흰 바탕에 검은 글씨와 검은 바탕에 흰 글씨 모두 가는 글자보다는 굵은 글자가 읽기 쉽다.
- 조명 수준이 낮거나 대비가 낮을 때는 획폭비가 1:5와 같이 작은 진한(boldface type) 글자를 사용하는 것이 좋다.
- 매우 반짝이는(luminous) 글자는 획폭비가 1:12~1:20이 되어야 한다.
- 대단히 반짝이는 배경 위의 검은 글자는 매우 두꺼운(thick) 획(stroke)이 요구된다.

2) 종횡비 일반적으로 글자 너비(width) 대 높이(height)의 비인 종횡비는 영문자와 숫자의 경우 3 : 5를 추천한다. 한글은 초성, 중성, 종성으로 구성되어 있어 1:1을 추천한다.

3) 서체 출판에 사용되는 서체는 30,000개 이상 존재하며 이들은 크게 다음의 네 종류로 나누어진다: 로만(Roman), 샌스세리프(Sans serif), 스크립트(Script), 블랙레터(Black letter). 이 중 로만체가 가장 많이 사용되며 다른 종류의 서체는 제목, 장이나 절의 명칭, 혹은 미적인 이유와 같은 특별한

목적으로 사용된다. 가시도, 가독성과 이해도가 중요할 때 스크립트와 블랙레터체를 사용하여서는 안된다.

한글 글자체에서 인쇄물의 경우 고딕체, 모니터의 경우 굴림체 또는 고딕체가 가독성에 좋다. 영문자는 세리프(Serif), 샌스세리프, 애리얼(Arial) 간의 가독성은 비슷한 수준이었으며, 로만체가 고딕체보다 나은 가독성을 보였다.

4) 글자 크기 글자 크기는 시각(visual angle) 보다는 point(pt)를 많이 사용하고 있으며, 1pt는 글자 높이 0.35mm에 해당한다. 글자 크기와 가독성과의 관계는 서체보다 명확하여, 글자가 클수록 가독성이 좋아진다.

5) 문자나 숫자의 밀도 문자나 숫자의 밀도는 그것들이 얼마나 밀집되어 있는가를 나타낸다. 의미가 빠른 시간 내에 읽혀지고 이해되어야 하는 읽기 직무의 경우에는 밀도가 높은 텍스트가 가장 좋다. 이는 글을 읽는 동안에 발생하는 눈 고정 횟수와 관련이 있다. 즉, 밀도가 높은 텍스트를 읽을 때가 밀도가 낮은 글을 읽을 때보다 눈 움직임이 줄어들기 때문이다. 이러한 이유로 모니터 상에 글을 나타내고자 할 때는 한 줄에 40개 정도의 적은 글자를 제시하는 것보다는 80개 정도의 많은 글자를 제시하는 것이 좋다. 광고 브로슈어도 촘촘히 작성한 것이 더 빨리 읽혀진다.

6) 문자와 글자의 순서 문자나 숫자를 몇 개의 그룹, 즉 청킹(chunking)으로 나누어 기억할 때가 그렇지 않을 때보다 회상(recall) 시간이 빠르고 에러가 적다. 또한 문자나 숫자를 같이 제시할 때 문자나 숫자를 임의의 순서로 배열하여 제시하는 것보다는, 문자나 숫자를 2~3개씩 묶어 어떤 형태를 이루어 제시하는 것이 회상 에러가 적다.

- 형태가 있는 배열 예: WFC328, 769HRD, WF93RD, 76CH28
- 임의 배열 예: Y1WJ15, CH9R2R, N3C6FD, HD7WC4

1.5.2 가독성에 영향을 미치는 기타 요인

기타 가독성에 영향을 미치는 요인은 다음과 같다.

- 대비: 대비는 높을수록 가독성에 긍정적 영향을 미치나 지나칠 경우 오히려 휘광(glare)을 발생시켜 역효과를 낼 수도 있다. 색 대비는 글자 색과 배경 색의 차이를 나타내며, 어두운 배경에 밝은 글자의 색 조합이 가독성에 좋다. 글자 색과 배경 색이 흰색과 검정인 조합이 검정과 흰색인 조합보다 가독성이 좋으며, 보라색 배경 사용은 지양하는 것이 좋다.
- 조도: 조도와 휘도는 밝을수록 가독성이 좋으나 특정 수준의 휘도에서 가독성이 다시 나빠지는 비선형 관계를 보인다는 연구 결과도 있다. 공공 장소의 휘도 수준은 450~600cd/m^{2}이 권장된다.

- 시야 거리: 표시 장치와 눈과의 거리를 나타내는 시야 거리는 가까울수록 가독성이 좋다. 0.5m와 2m의 시야 거리에서 최소 가독 글자 크기는 0.5m 시야 거리에서 20대는 4pt, 60대는 14pt까지 볼 수 있었으나, 2m 거리에서는 각각 22pt와 32pt라는 연구가 있다.
- 연령: 안경이나 렌즈로 시력을 교정하여도 시력 이외의 눈과 관련된 기능의 저하로 연령이 증가함에 따라 가독성이 떨어진다. 60대가 20대보다 최소 가독 글자 크기가 약 10pt 더 크고, 전화번호부 번호 찾기 작업에서 연령이 높을수록 탐색 시간이 오래 걸린다는 연구 결과가 있다.
- 글자 복잡도: 중국어보다 영어의 가독성이 좋으며 단순한 글자를 사용하였을 경우 최소 가독 글자 크기가 작고 사람들이 더 선호하는 것으로 알려져 있다.
- 글자 간격: 일반적으로 글자 간격이 좁아질수록 읽는데 소요되는 시간이 줄어든다.
- 줄 간격: 문장의 가독성에 영향을 주는 줄 간격에 대한 연구들은 100%에서 150% 사이의 간격들을 사용하였으며, 줄 간격이 넓을수록 가독성이 좋은 것으로 나타났다. 연구들은 100%보다 120%의 줄 간격이, 100%보다 150%의 줄 간격이 더 좋은 가독성을 가진다고 보고하였다.

1.6 입력 자극의 암호화

표시장치를 이용하여 정보(혹은 자극)를 제공할 때 정보 자체를 있는 그대로 직접 제시하거나 재생시키는 대신, 정보를 암호화하는 경우가 있다. 이와 같이 정보를 암호화할 경우 우선적으로 동원될 특정 감관(sensory modality)을 선택하여야 하고, 선택된 감관 내에서 사용될 자극(혹은 암호)의 차원을 결정하여야 한다.

도로 표지판은 시각을, 전화는 주로 청각을 이용하고 시각을 보조 감관으로 사용하는 것과 같이 사용할 특정 감관이 정보 특성에 따라 정해지는 경우가 많다. 그러나 감관 선택에 여지가 있다면 여러 감관의 특성을 비교하여 유리한 감관을 선택하여야 한다. 예를 들어, 시각이나 청각을 사용할 경우는 3장 인간의 감각능력 중 표 3•4의 시각과 청각 표시장치 선택 기준을 참조할 수 있다.

대부분의 암호는 신호등의 적, 황, 녹색이나 인쇄물의 $, @, 〉 부호에서와 같이 일차원적이나, 경우에 따라서 두 가지 이상의 암호 차원이 중복(redundancy)적으로 사용되기도 한다. 예를 들어, 지하철에서 기차가 도착함을 알리는 정보는 천정에 부착되어 있는 LCD 모니터를 이용하여 시각적으로, 그리고 마이크로폰을 통하여 청각 정보로 동시에 제시된다.

1.6.1 암호 체계 지침

암호 사용은 상당히 복잡하여 모든 경우에 적용될 수 있는 일반적 원칙을 제시하기는 어렵다. 그러나 다음 지침들은 자명하거나 우리가 가진 지식이나 경험으로부터 도출해낼 수 있어 일반적으로 적용할 수 있다.

- 암호의 검출성(detectability): 정보를 암호화한 자극은 감지 장치나 사람이 검출할 수 있어야 한다.

- 암호의 변별성(discriminability): 모든 암호 표시는 검출될 수 있을 뿐 아니라 다른 암호 표시와 구별될 수 있어야 한다. 인접한 자극들 간에 적절한 차이가 있어 변별 가능하다 하더라도, 인접 자극과의 상이도(degree of difference)는 암호 체계의 효율에 영향을 미친다.
- 암호의 양립성(compatibility): 양립성 개념이 정보 전달에도 적용되어 수행해야 할 직무가 최소의 정보 변환(암호화 혹은 암호의 해독)을 필요로 할 때, 암호 체계의 양립성은 최대가 된다. 따라서 사람이 이미 지니고 있는 연상(association)을 이용하도록 하여야 한다. 예를 들어, 신호등의 녹색을 진행 신호가 아닌 정지 신호로 변경하였을 때의 혼란을 생각하여 보면 부호 양립성의 중요성을 알 수 있다. 이러한 연상은 자연적으로 타고난 것일 수도 있고 학습을 통하여 습득된 것일 수도 있다.
- 암호의 의미: 사용자가 암호의 뜻을 분명히 알 수 있도록 하여야 한다.
- 암호의 표준화: 암호 체계가 여러 사람에 의해 여러 상황에서 사용되는 경우에는 암호를 표준화하여 상황이 변화하더라도 쉽게 이용할 수 있게 하여야 한다.
- 다차원 암호의 사용: 두 가지 이상의 암호 차원을 조합하여 사용하면 정보 전달이 촉진된다.

2 청각적 표시장치

청각적 표시장치는 청각에 의한 정보전달을 목적으로 한다. 청각에 의한 정보 전달에서 청각 메시지는 짧고 간단한 것으로 제한하는 것이 바람직하며, 이는 사람들의 단기기억 용량이 제한적이기 때문이다. 청각에 의한 신호는 소음 속에서 전달되므로 신호의 검출(detection), 인접한 두 가지 이상의 신호에 대한 상대적 판별(relative discrimination), 단독으로 존재하는 신호의 절대적 식별(absolute judgement), 신호가 오는 방향의 위치인식(localization) 등의 특수한 문제가 존재한다.

일반적으로 청각적 표시장치에서 권장되는 기준은 다음과 같다.

- 귀는 중음역에 가장 민감하므로 500~3,000Hz의 주파수를 사용하라.
- 고음은 멀리 가지 못하므로 장거리(>300m)용으로는 1,000Hz 이하의 진동수를 사용하라.
- 신호가 장애물을 돌아가거나 칸막이를 통과해야 할 때는 500Hz 이하의 진동수를 사용하라.
- 주의를 끌기 위해서는 초당 1~8번 나는 소리나 초당 1~3번의 오르내리는 소리같이 변조된 신호를 사용하라.
- 배경 소음의 진동수와 다른 신호를 사용하라.
- 경보 효과를 높이기 위해서 개시 시간이 짧은 고강도 신호를 사용하라.
- 가능하다면 다른 용도에 쓰이지 않는 확성기, 경적 등과 같은 별도의 통신 계통을 사용하라.

표 6•4는 대표적으로 사용되는 시각적 표시장치와 청각적 표시장치에 적합한 상황을 나타내었다. 시각적 표시장치의 경우 메시지가 길고 복잡하며 나중에 참조할 필요가 있을 경우나, 작업

표 6•4▸시각적 표시장치와 청각적 표시장치 비교

시각적 표시장치	청각적 표시장치
메시지가 길고 복잡함	메시지가 짧고 단순함
메시지가 공간적 참조를 다루고 있음	메시지가 시간상의 사건을 다루고 있음
메시지를 나중에 참고할 필요가 있음	메시지가 일시적임
즉각적인 행동이 필요 없음	즉각적인 행동이 필요함
소음이 과도함	보는 것이 힘들고 과도함
작업자의 이동이 적을 때	작업자의 이동이 많을 때

장의 소음이 과도하여 청각적 표시장치의 사용이 어렵거나 작업자의 이동이 적을 때 사용된다. 반면 청각적 표시장치는 전달하고자 하는 메시지가 짧고 단순하며 즉각적인 행동이 필요할 때, 그리고 작업장이 어둡거나 밝아서 시각적 표시장치의 사용이 어려울 때 사용하는 것이 좋다.

2.1 비음성 소리 출력

여러 기계에서 청각적 표시장치를 출력 도구로 사용하고 있다. 특히, 컴퓨터에서 사용하는 청각적 출력방식은 비음성 소리 출력과 음성 출력으로 구분할 수 있다. 비음성 소리로는 음악 소리와 자연의 소리가 대표적이다.

2.1.1 음악 소리

음악 소리는 음성과 자연의 소리를 제외한 컴퓨터로 생성 가능한 모든 소리를 말한다. 음악 소리는 시스템의 상태나 경고, 진행 상황 등을 나타낼 때 즉각적으로 이를 알리거나 또는 시각적인 표시와 병행하여 사용되고 있다. 음악 소리는 음높이나 길이, 또는 여러 음의 합성으로 다양한 청각적 자극을 만들어 낸다. 음의 높이에 따라 인간은 거리감을 다르게 느낀다. 예를 들면, 인간은 낮은 음은 가까이 있는 물체와 연관시키고 높은 음은 멀리 있는 물체와 연관시키는 경향이 있다. 이런 특성을 이용하면 컴퓨터 화면상에서 추적 작업을 수행할 때 음악 소리를 효과적인 피드백 수단으로 이용할 수 있다.

시각과 청각적 표시장치의 결합은 인간과 컴퓨터 인터페이스에서 효율적인 상호 작용을 돕기 위한 중요한 도구가 된다. 시각 시스템은 주시점 근처의 좁은 영역에 대하여 자세한 정보를 주는 반면, 청각 시스템은 우리의 시야를 벗어난 주위의 모든 것들에 대하여 일반적인 정보를 준다. Buxton(1989)은 컴퓨터 게임 작업에서 소리가 잘 디자인된 컴퓨터 게임과 소리를 없앤 컴퓨터 게임에서 사용자는 소리가 있는 경우 더 나은 수행도를 보인다고 하였다.

인간-컴퓨터 인터페이스에서 비음성 소리 출력을 추가함으로써 얻어지는 장점은 다음과 같다.

- **시각과 청각은 서로 보완적인 역할을 잘 수행한다.** 인간의 시각 시스템은 수평으로 80도, 수직으로 60도 정도의 영역을 볼 수 있으며, 그 중 시각적으로 정밀한 분해능을 갖는 영역은 황반영역에 해당하는 시각 2도에 불과하다. 반면 청각 시스템은 인간의 주위 어느 방향에서나 나오는 소리를 감지할 수 있다. 우리 주위에서 흥미 있는 소리가 나면 그 방향으로 우리의 시선이 옮겨 가는 것처럼, 인간의 귀는 인간의 눈이 어디를 바라봐야 하는지를 알려 주고 눈은 그 곳으로부터 자세한 정보를 얻는다고 할 수 있다.
- **시각보다 우월한 시간 해상도**(temporal resolution)**를 갖는다.** 일반적으로 청각적 자극에 반응하는 것이 시각적 자극에 반응하는 것에 비하여 빠른 반응 속도를 보인다.
- **시각 시스템에 가해지는 사용자의 부담을 경감시킨다.** 최근에는 큰 화면 또는 여러 개의 컴퓨터 화면에서 복수의 윈도우 창을 활성화시켜 사용하는 것이 일반화되어 사용자의 시각적 부담은 점점 커지고 있다. 이런 과부하 때문에 사용자는 중요한 시각적 정보를 놓칠 가능성이 높아지고 있으며, 청각적 표시 장치는 이에 대한 대안이 될 수 있다. 특히, PDA나 이동 통신 장비처럼 화면이 작은 곳에 많은 양의 정보를 표시해야 하는 상황에서는 청각적 표시 방법을 활용하면 화면을 효율적으로 설계할 수 있을 것이다.
- **시각적 주의 요구를 줄일 수 있다.** 이동하면서 작업을 해야 하는 경우에 작업자가 항상 모니터를 감시하는 것은 불가능하다. 따라서 이동하면서 장비를 사용하는 경우에는 청각적으로 표시해 주는 것이 사용자들의 작업 부담을 줄일 수 있다.
- **청각 시스템은 인간의 기대보다 훨씬 많고 복잡한 정보를 처리할 수 있다.** 인간은 교향곡 같은 매우 복잡하고 고도로 구조화된 음악 작품을 들을 수 있는 잠재력이 있다. 이런 잠재력을 활용하여 음악을 사용하면 매우 복잡한 정보를 성공적으로 사용자에게 전달할 수 있는 가능성이 있다(Bly, 1982; Alty, 1995).
- **청각이 시각보다 주의를 끄는 데 유리하다.** 사용자가 컴퓨터 화면에 나타나는 시각정보 자체를 선택적으로 외면하는 것이 가능하나, 소리를 듣는 것 자체를 피하기는 어렵다. 따라서 주의를 끌어야 하는 중요한 정보를 전달할 때는 청각이 시각보다 유용하다.
- **인터페이스 상에서 어떤 종류의 개체나 동작은 소리로 표현하는 것이 보다 자연스럽다.** 시각적 인식과 청각적 인식 과정은 다르며 소리는 시각보다 직감적인 면을 제공한다. 따라서 소리는 사용자에게 시각과는 다른 방법으로 정보를 이해할 수 있는 가능성을 제공한다(Bly, 1982). 예를 들어, 특정 알고리즘이 시행될 때 해당 소리를 발생함으로써 사용자는 화면에 주의를 기울이지 않아도 어떤 알고리즘이 수행되고 있는지 쉽게 알 수 있도록 할 수 있다.
- **시각적 영역 이외의 상황에 대한 정보를 제공할 수 있다.** 현재 컴퓨터 화면 영역 밖의 상황에 대한 정보도 표시할 수 있다. 예를 들면, 현재 컴퓨터 화면상에서 어떤 시뮬레이션이 수행되고 있을 때, 이 영역을 벗어나는 다른 영역에서 일어나는 중요한 상황을 현재 작업 화면에 영향을 주지 않고 사용자에게 알릴 필요가 있을 때 청각적 자극을 통해서 정보를 전달해 줄 수 있다.
- **시각적 장애인들에게 컴퓨터를 활용할 수 있는 방법을 제공한다.**

비음성 소리 출력을 사용하는 경우에 발생할 수 있는 문제점은 다음과 같다.

- **낮은 공간 해상도.** 청각적 표시장치는 높은 공간 해상도의 정량적 정보를 표시해야 하는 경우에 부적당하다. 예를 들어, 인간은 시각적 표시장치로는 1/30도의 시차를 구분할 수 있으나 청각의 경우에는 정면에서는 2도, 측면에서는 30도 정도의 각도에 대한 분해능만을 갖는다(Buxton et al., 1991).
- **절대적인 자료를 표현하는 것이 곤란하다.** 소리를 사용하는 많은 인터페이스는 절대적인 방법 대신 상대적인 방법으로 자료를 표현한다. 즉, 소리 2개의 높낮이 차이로 어떤 값이 상승하는지 하강하는지를 알려준다. 인간은 일반적으로 절대 음감을 가지고 있지 않으므로 음 높이를 이용해서 절대적인 자료를 수용하는 것은 어렵다. 따라서 절대적인 자료를 전달하려면 숫자나 그래프를 통하여 표현하여야 한다.
- **소리는 표현된 후 금방 사라져 버린다.** 시각적 표시방법은 표시된 후 화면에 남아 있는 한 사용자가 언제든지 참조할 수 있으나, 청각적 표현방식은 사용자가 소리를 듣고 그 의미를 기억하고 있어야 한다. 그러므로 전달할 내용이 재참조 되어야 하는 상황에서는 청각적 표시장치 대신 시각적 표시장치를 사용하여야 한다.
- **성가심.** 출력되는 소리는 사용자에게 정보를 주기도 하지만 그 시스템을 사용하는 당사자나 주위에 있는 작업자를 성가시게 하기도 한다(Buxton, 1989). 따라서 소리를 디자인할 때는 정보전달에 효과적이면서 덜 성가신 형태로 하여야 한다. 소리 출력에서 사용자를 가장 성가시게 하는 점은 지나치게 큰 소리이다(Berglund et al., 1994). 비행기 조종실의 각종 경보장치를 약간 시끄러울 정도로 설정한 경우 조종사들의 첫 반응은 그 문제를 해결하기보다는 그 경보장치를 꺼버리는 반응을 보였다는 연구 결과도 있다(Patterson, 1989).

  이런 소리 크기로 인한 성가심을 줄이려면 볼륨을 줄이는 것이 가장 효과적이다. 볼륨을 줄이고 음의 리듬이나 음높이를 변화시키면 효과적으로 사용자의 주의력을 끌 수 있다(Edworthy et al., 1991).

2.1.2 자연의 소리

자연의 소리를 이용하여 사용자에게 시스템의 정보를 전달하는 경우에는 자연의 소리에 담긴 의미를 그대로 활용할 수 있기 때문에 유용하다. 이는 해당 자연의 소리에 대해 사용자가 이미 가지고 있는 의미를 그대로 사용함으로써 별도로 암호화 과정을 거치지 않아도 된다는 장점이 있다. 예를 들면, 인간은 물건이 떨어지는 소리, 불타는 소리, 자동차가 지나가는 소리, 바람 소리, 삐걱거리는 소리, 말발굽 소리 등으로부터 쉽게 많은 양의 정보를 직감적으로 추출할 수 있다.

자연의 소리로부터 유용한 정보를 쉽게 얻을 수 있는 예는 Gaver(1991)의 실험에서 찾을 수 있다. Gaver는 청량 음료병 공장 시뮬레이션 프로그램에서 여러 가지 정보를 표현하기 위하여 자연의 소리를 사용하였다. 병 분배기에서 병이 흘러나오면 병이 부딪히는 소리가 나도록 하고, 병에 액체가 넘치면 청량음료가 튀는 소리가 나도록 하였다. 또한 기계의 동작 속도에 맞추어 소리가 나도록 하였다. 공장 기사들은 한 번에 공장의 일부분만을 볼 수 있었음에도 불구하고 이런 소리들을 통하여 공정의 다른 부분의 상황이나 기계 고장 등 공정의 전체적인 상태를 쉽게 파악할 수 있었다.

이런 자연의 소리를 이용하여 정보를 전달하는 경우는 특별히 다른 암호화 또는 부호화 과정을 거칠 필요가 없으므로 쉽게 정보를 전달할 수 있는 반면, 임의의 상황을 자연의 소리로 표현할 수 없는 단점이 있다. 따라서 자연의 소리는 보편적이고 잘 알려진 상황만을 표현할 때 유용하다.

2.2 음성(언어) 출력

음성(언어) 출력은 여러 가지 의사소통 수단 가운데 효과적이며 확실한 방법으로 평가받고 있다. 음성 출력은 사용자가 특별히 그 사용법을 따로 학습하지 않아도 쉽고 자연스럽게 받아들일 수 있다. 또한 모니터 같은 다른 표시장치와 달리 특정한 공간을 차지하지 않는 장점이 있을 뿐만 아니라 다른 동작과 병행하여 전달이 가능하다. 음성 출력은 어두운 곳에서도 정보를 전달할 수 있을 뿐만 아니라 불특정 다수에게 동시에 전달할 수 있는 장점이 있다.

이런 장점에도 불구하고 음성 출력은 주위의 소음 수준에 영향을 받으며 특정 시간 동안 연속적으로 정보를 제시하기 때문에 곧 사라져 버리며 필요할 때 참조할 수 있는 열람성이 없다.

음성 출력과 비음성 소리의 관계는 마치 시각적 표시장치에서 텍스트 방식과 아이콘 방식과의 관계와 유사하다. 즉, 음성 출력 방식은 기본적으로 텍스트와 같은 방식을 갖고 있다고 할 수 있으므로, 비교적 단순한 사항들을 묘사하는 경우에도 텍스트 방식은 그래픽 방식에 비해 많은 단어를 필요로 한다. 음성 방식으로 출력을 표시하면 이미 파악한 전언이라도 그 직렬성 때문에 사용자는 처음부터 끝까지 듣고 있어야 한다. 그러나 비음성 신호는 짧게 표시할 수 있으며 따라서 빨리 듣고 파악하는 것이 가능하다. 그래픽 방식에서의 아이콘은 음성에 관계없이 세계적으로 공통적인 사용이 가능하며 비음성 소리도 이와 유사한 특성을 갖는다.

이상을 종합하면 음성 출력은 절차를 설명하거나 절대값을 나타낼 때 유리하며, 비음성 소리 출력은 동작에 대한 신속한 피드백을 주거나 연속적인 자료나 고도로 구조화된 정보를 신속히 제시하는 데 유리하다.

2.2.1 음성 출력 방식

음성 출력을 내기 위해 사용하는 음성 합성 기술은 녹음 재생 방식, 녹음 편집 방식, 파라메타 편집 방식, 규칙 합성 방식 등이 있다.

녹음 재생 방식은 사람의 발성을 그대로 녹음해 두었다가 필요할 때 재생하는 방식을 말한다. 사람의 음성을 그대로 이용하기 때문에 음성 출력 자체가 아주 자연스럽기는 하지만 예상 가능한 특정 용도에만 사용할 수 있다는 단점이 있다.

녹음 편집 방식은 숫자나 고정된 단어에 대해 파장 자체를 따로 녹음해 두었다가 필요할 때

그림 6•11 ▸문서-음성 변환(TTS) 처리과정

이것들을 조합하여 원하는 음성 출력을 만들어 내는 방식이다. 대표적인 사용 예로 전화 번호 안내를 들 수 있으며 이 방식은 서비스 내용이 한정되어 있을 때 유용하다.

파라메타 편집 방식은 녹음 편집 방식과는 달리 음성 파장 자체를 사용하는 것이 아니라, 음성 파장을 분석하여 특징적인 파라메타(음의 피치, 음 에너지 등)를 추출한 후 이를 재현하거나 필요에 따라 변형하여 사용하는 방식이다. 파라메타 편집 방식의 합성 음성 품질은 다소 자연스럽지 않으나 파라메타만 잘 추출하면 적은 정보량으로 음성을 합성할 수 있을 뿐만 아니라, 필요에 따라 파라메타 값을 변경하여 간단히 합성 음성을 제어할 수 있는 장점이 있다.

규칙 합성 방식은 음절 자체의 특징을 추출하고 여기에 연음이나 악센트, 억양 등의 정보를 고려하여 음성을 합성하는 방법이다. 특히 이런 방법을 이용하여 문서를 자동으로 구술해 주는 방식을 문서 음성 변환(Text To Speech, TTS)이라 한다. TTS는 그림 6•11에서 보는 바와 같이 해당 문서가 주어지면 문서해석 처리과정, 음률제어 처리과정, 음성합성 처리과정을 거쳐 음성으로 구술된다.

그림 6•11의 문서해석 처리과정은 입력된 문장을 발음 기호열(음소 기호와 음율 기호)로 변환하는 과정이다. 즉, 여기에서는 형태소 해석, 읽기 부여, 악센트 설정, 쉬는 점 설정, 미지어 등을 처리한다. 음율제어 처리과정에서는 앞의 처리 결과를 가지고 음소의 지속시간, 피치 패턴, 쉬는 점 길이, 억양 등을 생성한다. 음성합성 처리과정에서는 미리 저장되어 있는 음성데이터에서 음율제어 처리과정에서 얻은 정보를 바탕으로 음운 계열에서 가장 적합한 합성용 단어를 선택하고 결합하여 음성을 합성, 출력한다.

3 촉각적 표시장치

3.1 촉각적 표시장치

인간의 피부는 압력, 고통, 온도 변화에 반응하며, 접촉, 간지럼, 누름 등을 느낀다. 촉각적 표시장치에서는 기계적 진동이나 전기적 자극을 이용한다. 기계적 진동장치는 진동의 위치, 주파수 세기, 지속시간과 같은 물리적 매개 변수를 통해 정보를 전달하며, 전기적 자극은 전극의 위치, 자극 속도, 지속 시간, 강도, 위상 등으로 코드화할 수 있다.

촉각적 표시장치(tactile display)는 시각 대체 장치로 가장 많이 사용되며, 대표적인 예가 점자(點字)이다. 그림 6•12와 같은 레버용 손잡이는 촉각만으로도 구별할 수 있다. 그림 6•13은 시각장애

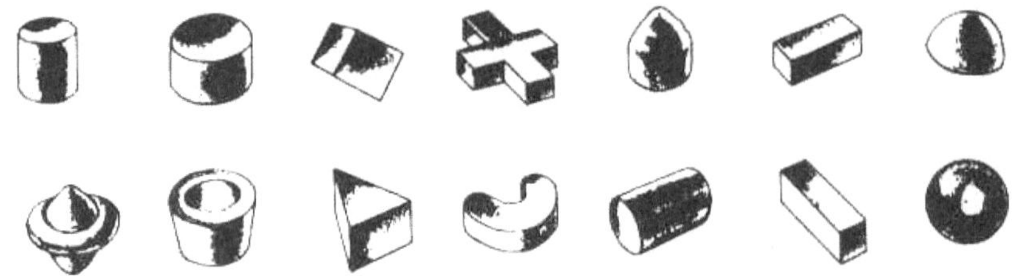

그림 6•12 ▸ 촉각식 레버용 손잡이

그림 6•13 ▸ Optacon: 시각적 상을 촉각적 진동으로 변환

인을 위한 옵타콘(optacon: optical to tactile converter)이다. 옵타콘은 카메라로 문자를 포착, 해독하여 촉지판에 있는 가느다란 핀들을 진동하도록 하여 눈으로 보는 것과 같은 문자의 형태를 그려 내며, 사용자는 손을 대고 그 진동으로 문자를 읽는다.

3.2 동적 촉각 표시장치

시각이나 청각처럼 일반적 용도로는 사용되지는 않지만 특수한 경우에 촉각적 표시장치로 정보를 전송하기도 한다. 촉각적 통신에서 기계적 자극을 사용하는 방법은 두 가지가 있다. 첫째, 피부에 진동기를 부착하여 진동기의 위치, 진동수, 강도, 지속 시간 등의 변수를 사용하여 암호화할 수 있다. 훈련된 피실험자들은 위치, 강도, 지속 시간의 세 가지 변수로 암호화된 단어를 67개 수신할 수 있다는 연구 결과가 있으며, 이는 모스(Morse) 부호의 가장 빠른 수신 속도인 분당 25어를 상회하는 수준이다. 두 번째 방법은 증폭된 음성을 하나의 진동기를 사용하여 피부에 전달한다. 음성을 녹음하여 진동수를 낮춘 후 증폭하여 진동기를 통하여 피부에 전달하는 실험에서, 피실험자들이 8회의 연습을 한 후 91%의 정확도로 음소를 수신하였다는 연구가 있다.

정보 전달에 전기 자극이 사용되기도 하는데 이 때 통증을 주지 않을 정도 맥동(脈動) 전류 자극을 사용하여야 한다. 맥동 전류의 경계는 강도, 극성(polarity), 지속 시간, 시간 간격, 전극 종류, 크기, 간격 등에 따라 달라진다.

3.3 햅틱 인터페이스

우리는 실제 생활에서 물건을 만지거나 들 때 물리적인 접촉감뿐만 아니라 그 물체의 무게감도 느낀다. 'haptic'이란 사람의 피부가 물체에 닿아서 느끼는 촉감(tactile)과 관절과 근육이 움직일 때 느

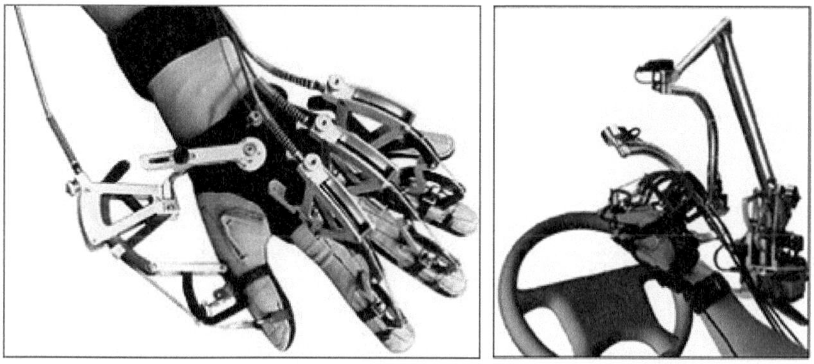

그림 6•14▶손 햅틱 도구(왼쪽)와 자동차 운전용 햅틱 인터페이스

껴지는 근 감각적인 힘(kinesthetic force)의 두 가지를 모두 합쳐서 부르는 말이다. 가상현실에 있어서 가장 중요한 요소는 사용자가 마치 실제 세계에 있는 것처럼 느끼는 현실감이다. 이런 현실감을 느낄 수 있으려면 시청각 정보뿐 아니라 촉각이나 힘, 그리고 운동감까지도 전달되어야 한다. 따라서 햅틱 인터페이스는 주로 가상현실에서 물리적 장치를 이용하여 사람이 물체에 대한 직접적인 접촉이 없이도 이런 촉감을 느낄 수 있도록 구현해 주는 시스템을 말한다.

햅틱 인터페이스(haptic interface)는 일반적으로 촉각과 힘에 대한 감각을 통합하여 제시하므로, 사용자의 움직임, 위치 등을 추적하는 기능과 가상현실 속에서 발생하는 사건에 상응하는 촉각이나 힘을 사용자에게 출력하는 기능을 동시에 수행하여야 한다. 다시 말하면, 햅틱 인터페이스는 기본적으로 입력과 출력을 동시에 제시하는 셈이 된다.

이러한 양방향 정보 전달의 특징을 갖는 햅틱 장치는 인간-컴퓨터 인터페이스로서 매우 효과적인 장치로 부각되고 있으며, 원격 의료도구, 산업용 원격 로봇, 사이버 공간에서의 제품 광고, 첨단 오락기기 등 여러 산업 분야에 널리 적용될 수 있다. 그림 6•14의 왼쪽은 대표적인 손 햅틱 도구이다. 사용자의 손의 움직임을 추적하기 위해 데이터 글로브를 사용하며 각 손가락 뒤쪽에 촉감을 줄 수 있는 장치가 부착되어 있다. 사용자는 그림 6•14의 오른쪽처럼 가상 운전대를 잡고 운전하면서 실제 운전할 때와 같은 촉감뿐만 아니라 운전대를 돌릴 때의 저항도 느낀다.

이런 햅틱 인터페이스를 이용하면 인간은 가상의 물체를 컴퓨터상에 모델링하고 이것을 눈으로 볼 뿐만 아니라 직접 만져볼 수 있다. 이런 햅틱 시스템을 구현하는 데는 아래와 같은 세 가지의 햅틱 기술이 필요하다.

- 햅틱 묘사(haptic rendering) 기술
- 햅틱 디바이스 기술
- 3D 그래픽스 기술

햅틱 묘사란 사람이 가상환경과 상호작용할 때 가상의 물체로부터 실제적인 힘을 계산하고 생성하는 방법이다. 예를 들면, 수술 시 절개하는 환부에 따라서 의사가 느끼는 촉감이나 절개하는 힘이 다르므로 실시간으로 이들 힘을 계산하여 주어야 한다. 이처럼 물체의 성질과 사람의 상호작용에 따라 힘을 계산하고 생성하는 방법을 햅틱 렌더링이라고 한다. 햅틱 묘사 기술은 인간의 촉감적 시스템의 이해를 그 기반으로 하며 햅틱 디바이스와 3D 컴퓨터 그래픽스를 연결하는 중요한 역할을 한다.

햅틱 디바이스 기술은 햅틱 랜더링 결과를 바탕으로 기계적으로 촉감이나 힘을 제시하게 하는 기술이다. 주로 로봇 제어 기술을 그 기반으로 한다. 3D 그래픽스 기술은 햅틱 랜더링과 햅틱 디바이스와 연동하여 가상 현실상에서 물체와 인간의 상호작용 과정을 그래픽으로 표현하는 분야이다. 일반적인 3D 그래픽스 기술을 기반으로 한다.

최근 햅틱 인터페이스를 여러 분야에 응용하고자 하는 연구가 활발하게 진행되고 있다. 햅틱 시스템이 가장 많이 활용되고 있는 곳은 의학 분야이다. 사람의 생명을 다루는 의사들은 실제 수술에 들어가기 전에 충분히 훈련을 쌓아야 하지만, 인체를 대상으로 실습하기가 어려워 다양한 수술에 대한 충분한 훈련을 쌓기가 곤란하다. 게다가 동물 수술이나 사체 해부만으로는 실제 상황을 재현하기 어려운 수술도 많다. 이런 의료 시술 훈련에 3차원 컴퓨터 영상 기술과 햅틱 기술을 갖는 모의 수술용 햅틱 시스템을 사용하면 손쉽게 필요한 경험을 쌓을 수 있다.

모의 수술용 햅틱 시스템은 가상의 환자와 이 환자에 대한 3차원 영상을 실시간으로 제시한다. 여기에 햅틱 장치와 햅틱 렌더링을 통해 의료 기구를 사용하여 환자를 시술할 때와 유사한 힘과 촉감을 느낄 수 있도록 하면 의대 학생들은 실제 시술과 큰 차이가 없는 시술 환경을 경험할 수 있다.

그 밖의 응용분야는 항공기 및 전투기 시뮬레이터, 헬리콥터 조종을 익힐 수 있는 시뮬레이터, 차량 시뮬레이터, 게임 시뮬레이터, 각종 레저용 시뮬레이터 등이 있으며, 최근 급성장하고 있는 여가 산업과 연계하면 그 활용 가능성이 크다고 할 수 있다. 또한 물체의 질감을 저장하는 표준 감각디바이스 라이브러리가 구축되면 인터넷 쇼핑몰에서 소비자가 상품을 구입하기 전에 이 기술을 이용하여, 현실세계에서 물체를 만지는 것과 유사한 촉감을 원격지에서도 느껴볼 수 있는 환경을 구현할 수도 있다.

4 후각적 표시장치

코는 냄새를 맡는 데 민감하지만 민감도는 자극 물질과 개인에 따라 다르다. 후각적 표시장치는 널리 응용되지 않는데 그 이유로는 냄새의 분산을 제어하기 힘들며, 사람마다 냄새에 대한 민감도가 다르고, 코가 막히면 민감도가 떨어지며, 코는 쉽게 피로해져서 냄새에 순응되면 냄새를 맡을 수 없기 때문이다. 후각에 의한 정보 전달의 예로는 천연가스에 냄새나는 물질을 첨가하여 가스가 누출되는 것을 감지하게 하거나, 지하 갱도에 있는 광부들에게 산소공급관을 통하여 사전에 약속한 냄새를 주입하여 긴급 정보 전달 수단으로 사용하는 것을 들 수 있다.

5 조종장치

조종장치(control)는 기계, 컴퓨터, 자동차 등을 제어하는 데 사용되며, 조종장치를 통해 전달된 정보는 여러 가지 표시장치에 표시된다. 인간-기계 시스템에서도 마찬가지로 기계를 제어하기 위해 여러 종류의 조종장치가 사용되며, 이러한 조종장치는 인간이 의도한 기능을 효과적으로 수행할 수 있도록 설계되어야 한다.

5.1 조종장치의 기능과 유형

조종장치는 제어 정보를 어떤 기구나 체계에 전달하는 장치며, 크게 이산형과 연속형으로 구분된다. 전원 스위치 on/off와 같은 형식은 이산형에 속하며, 자동차 핸들이나 조이스틱과 같은 형식은 연속적인 정보를 전달하는 연속형에 속한다(그림 6•15).

5.2 조종장치 설계

인간-기계 시스템에서 상황에 따라 정확하고 빠르게 조종장치를 식별하는 것이 중요한 문제가 되고 있다. 2차대전 중 22개월간에 일어난 400건 이상의 공군 사고가 착륙 조종장치와 부익 조종장치를 혼동하는 데서 비롯된 것이라고 한다(McFarland, 1946). 이러한 조종장치 식별의 문제는 본질적으로 암호화의 문제이다. 형상, 표면촉감, 크기, 위치, 작농방법, 색 표지(label) 등과 같은 방법으로 암호화할 수 있다. 또한, 작동방법(밀기, 당기기, 회전식 등)에 따라 조종장치를 암호화하여 휴먼에러를 줄일 수 있다.

그림 6•15 ▸ 조종장치의 종류와 예

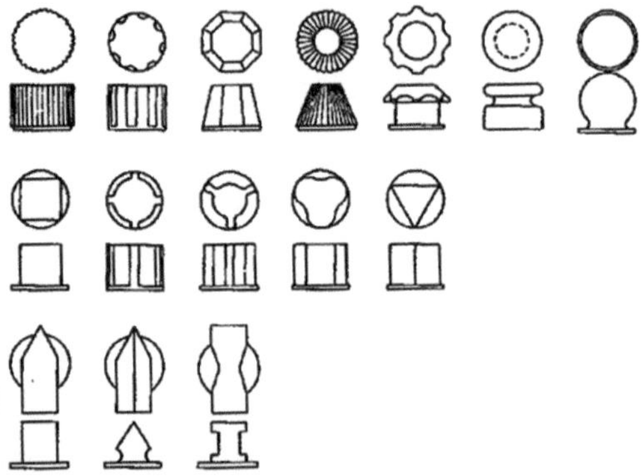

그림 6•16▸만져서 혼동되지 않는 꼭지들(Hunt, 1953)

5.2.1 형상을 이용한 암호화

그림 6•16은 미 공군에서 고안한 15종류의 꼭지(knob)로 형상을 이용하여 암호화되어 있다. 이들 꼭지는 多(multiple) 회전용, 端(fractional) 회전용, 離散 멈춤 위치(detent positioning)용의 세 종류로 분류된다. 이 꼭지들은 조종장치를 선택할 때 상호간에 혼동이 되지 않도록 고안한 것이다.

5.2.2 표면 촉감을 이용한 암호화

조종장치는 형상 이외에도 표면의 촉감(texture)을 이용하여 암호화할 수 있다. 흔히 물체의 표면 중에서 매끄러운 면, 세로 홈(flute), 깔쭉면(knurl)의 세 종류는 쉽게 구별된다.

5.2.3 크기를 이용한 조종장치의 암호화

형상을 이용한 암호화보다는 효과가 떨어지지만 크기를 이용한 조종장치의 암호화가 적절한 경우가 있다. 예를 들어, 다음 그림 6•17에서와 같은 동심다단(ganged) 꼭지에서는 크기 암호화가 핵심이며, 중첩된 꼭지들의 크기는 명확히 구분될 수 있을 정도의 차이가 있어야 한다. 크기를 이용한 암호화에서 직경은 1.3cm, 두께는 0.95cm 이상의 차이만 있으면 촉감에 의해 정확하게 구별할 수 있는 것으로 알려져 있다.

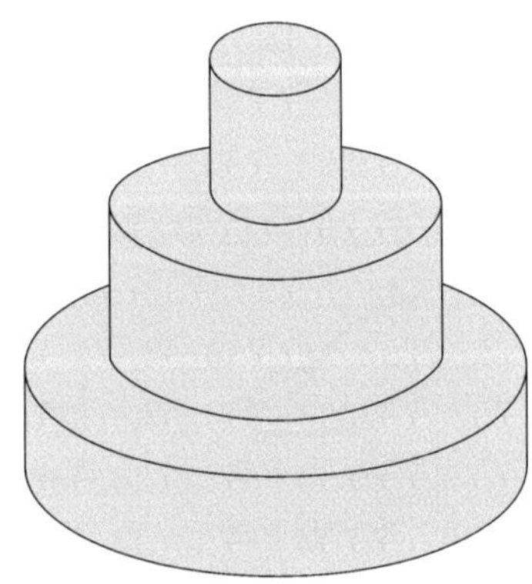

그림 6•17▸동심다단 꼭지

5.3 조종-반응 비율

조종-반응 비율(control-response ratio, C/R비)은 조종-표시장치 이동비율(C/D비)를 확장한 개념으로, 조종장치의 움직이는 거리와 표시장치의 움직이는 거리 비로써 나타낸다.

$$\text{C/R비} = \frac{\text{조종장치의 이동거리}}{\text{표시장치의 이동거리}}$$

자동차 핸들처럼 회전운동을 하는 레버의 C/R비는

$$\text{C/R비} = \frac{(\alpha\ /\ 360) \times 2\pi L}{\text{표시장치 이동거리}}$$

α : 레버가 움직인 각도

L : 레버의 길이

로 계산한다. 회전 꼭지(knob)의 경우 C/R비는 꼭지 1회전에 상당하는 표시장치 이동거리의 역수로 나타낸다.

$$\text{회전 꼭지 경우의 C/R비} = \frac{1}{\text{꼭지 1회전당 표시장치 이동거리}}$$

조종장치와 표시장치 간의 연속 위치 또는 정략적으로 맞추는 조종장치를 사용하는 경우, C/R비가 작으면 조종장치의 움직임에 따라 상대적으로 반응거리가 커지게 되어 이동시간은 짧아지지만 민감하게 반응하므로 조심스럽게 조종해야 하며 그 결과 조종시간은 길어지게 된다. 반면에 C/R비가 크면 조종장치의 움직임에 따라 상대적으로 반응거리가 작게 되어 조종시간은 짧아지나 이동시간은 길어진다. 이동시간과 조종시간 간의 합을 최소화하는 최적 C/R비 값은 조종장치의 종류나 표시장치의 크기, 제어 허용 오차 및 지연 시간 등에 의해 달라지며 일반적인 두 요소의 관계는 그림 6•18과 같다.

C/R비가 감소함에 따라 이동시간은 급격히 감소하다가 안정되며, 조정 시간은 이와 반대의 형태를 갖는다. 최적치는 두 곡선의 교점 부근이지만 일반적인 공식은 도출하기가 힘들므로, 특정 조종-표시장치에 대해 실험적으로 구하는 수밖에 없다.

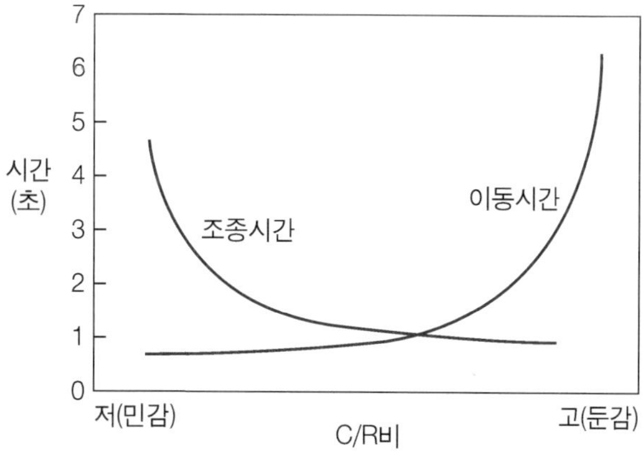

그림 6•18▸C/R비와 조종 및 이동 시간

5.4 자료 입력 장치

일상생활에서 컴퓨터, 계산기, 휴대전화 등과 같이 그 입력과 출력 과정에서 자료를 다루는 것들이 있다. 이런 장치들로 입력되는 자료들은 보통 문자, 숫자, 또는 부호이며 대부분의 경우 키보드와 같은 자료 입력 장치에 의해 입력된다. 자료 입력 장치에는 여러 가지 종류와 변형들이 있으나 축차형과 화음형이 대표적이다. 축차형은 컴퓨터 자판기처럼 글자를 하나씩 차례대로 입력하며, 각 글자에 해당하는 key가 따로 있다. 화음형(chord)은 그림 6•19와 같이 여러 key를 동시에 눌러서 부호나 문자를 입력시킬 수 있다. 그림 6•19와 같은 반자동 우편 분류기는 1과 2를 동시에 누르면 3이 입력된다. 화음형은 일단 익숙해 진 후에는 여러 작업을 단위 반응(unit response)으로 처리한다. 따라서 화음형이 축차형보다 입력 속도면에서 우수하지만 상당한 학습이 필요하다는 단점이 있다.

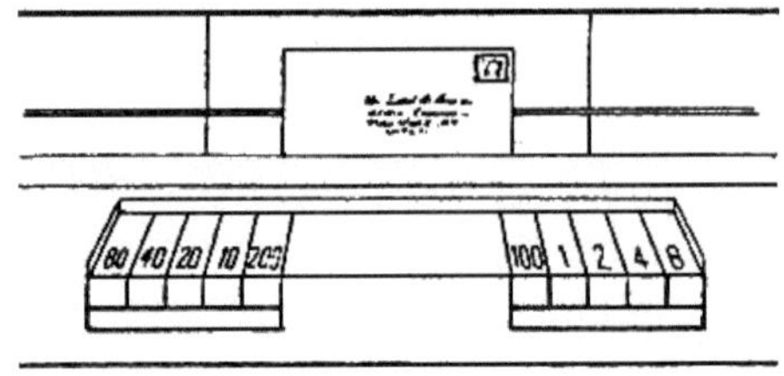

그림 6•19▸화음형(chord) 건반

우리가 흔히 표준형 영문 키보드로 사용하는 자판기는 'QWERTY'자판기이다(그림 6•20). 이 자판기의 배열 설계 원칙은 다음과 같다. 가장 흔히 나오는 자모(字母)들은 약하고 느린 손가락에 배당되었고, 자주 나오는 자모 조합은 같은 손 쪽에 배열하였다. 처음 타자기가 개발되었을 때는 기계식이었으므로 너무 빨리 입력하면 활자들이 엉켜서 고장의 원인이 되었다. 따라서 자주 나오는 자모 조합을 같은 손으로 입력하도록 배열하여 너무 빨리 입력되지 않도록 한 것이다.

QWERTY자판기의 대안으로 나온 대표적인 자판기는 Dvorak 자판기이다(그림 6•20). Dvorak 자판기는 모음 'AOEUI'를 좌측 중간 행에, 'DHTNS'와 같이 가장 흔히 쓰이는 자음을 우측 중간 행에 배열하여 양손을 교대로 사용하여 입력할 수 있도록 하였다. Dvorak 자판은 QWERTY 자판보다 입력 속도와 피로도 면에서 우월하다는 평가를 받고 있다.

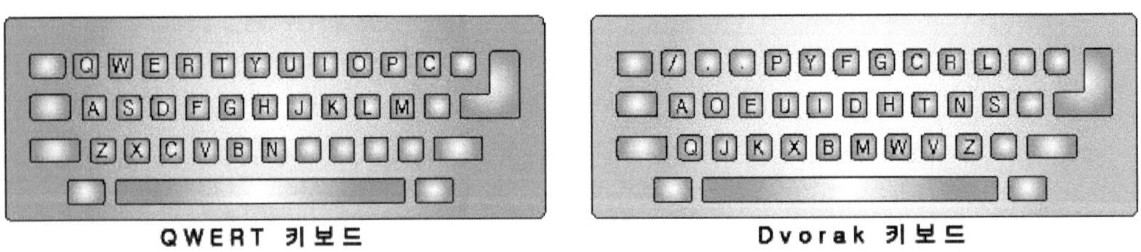

그림 6•20▸QWERTY 키보드와 Dvorak 키보드

5.5 조종장치의 배치

인간은 장치를 사용하는데 있어 장치의 반응이 자신의 기대와 일치하기를 예상하지만 이 예상이 틀리면 오류나 실수 등을 일으키게 된다. 이를 방지하기 위하여 인간의 기대와 일치하도록, 즉 양립성에 맞게 조종장치와 표시장치를 설계하고 배치하여야 한다. 이렇게 함으로써 학습시간이 단축되고, 반응시간이 줄어들며, 오류가 적어 사용자 만족도가 좋아지며, 위급 상황에 쉽게 대처할 수 있다.

연습문제

[1] 정량적인 동적 표시장치 중 눈금이 고정되고 지침이 움직이는 형태는?

① 계수형 ② 동침형 ③ 동목형 ④ 원형 눈금

[2] 다음 시각적 표시장치 중 동적 표시장치에 해당하는 것은?

① 도로표지판 ② 고도계 ③ 지도 ④ 도표

[3] 다음 중 온도, 압력, 속도와 같이 연속적으로 변하는 변수의 대략적인 값이나 추세 등을 알고자 할 경우 가장 적절한 표시장치는?

① 묘사적 표시장치 ② 추상적 표시장치
③ 정량적 표시장치 ④ 정성적 표시장치

[4] 다음 중 전력계와 같이 수치를 정확히 읽고자 할 때 가장 적합한 표시장치는?

① 동침형 표시장치 ② 동목형 표시장치
③ 계수형 표시장치 ④ 수직형 표시장치

[5] 다음 중 눈금의 범위가 클 때 가장 적절한 표시장치는?

① 카운터 ② 이동지침/고정눈금
③ 이동눈금/고정지침 ④ LED

[6] 동목정침형 표시장치가 정목동침형 표시장치에 비하여 더 좋은 경우가 아닌 것은?

① 나타내고자 하는 값의 범위가 큰 경우에 유리하다.
② 정량적인 눈금을 정성적으로도 사용할 수 있다.
③ 기계의 표시장치 공간이 협소한 경우에 유리하다.
④ 특정 값을 신속, 정확하게 제공할 수 있다.

[7] 정량적 표시장치의 지침 설계 시 고려사항 중 틀린 것은?

① 뾰족한 지침을 사용하다.
② 지침의 색은 선단에서 눈금의 중심까지 칠하다.
③ 지침의 끝이 작은 눈금과 겹치게 하다.
④ 지침을 눈금면과 밀착시킨다.

[8] 다음은 표시장치의 지침 표시에 대한 설명이다. 틀린 것은?

① 눈금과 지침은 다른 색을 사용한다.
② 지침과 눈금은 동일한 색으로 한다.
③ 지침과 눈금은 단순한 형으로 한다.
④ 지침은 계기판에서 벗어나지 않도록 한다.

[9] 묘사적 표시장치 중 외견형의 설명 중 옳은 것은?

① 항공기가 움직이는 형태 ② 지평선이 움직이는 형태
③ 항공기가 고정된 형태 ④ 외견형과 내견형이 혼합된 형태

[10] 비행자세 표시장치 설계 원칙과 거리가 먼 것은?

① 표시장치 통합 ② 추종 추적 ③ 빈도 통합 ④ 회화적 사실성

[11] 정성적 표시장치에 대한 설명 중 가장 관계가 있는 것은?

① 정확한 수치가 필요할 때
② 변화나 추세에 관심이 있을 때
③ 계량치에 대한 신속한 반응이 필요 없을 때
④ 여러 종류의 정보가 동시에 필요로 할 때

[12] 다음 중 표시장치와 예의 연결이 가장 적절한 것은?

① 정량적 표시장치–자동차 온도계
② 정성적 표시장치–자동차 속도계
③ 청각적 표시장치–소음이 심한 작업장
④ 후각적 표시장치–지하 갱도

[13] 다음 중 신호나 경보등의 검출성에 영향을 미치는 요인과 가장 거리가 먼 것은?

① 노출시간 ② 점멸속도 ③ 배경광 ④ 반응시간

[14] 다음 중 신호 및 경보등에 관한 설명으로 틀린 것은?

① 초당 점멸 횟수는 3~10초가 적당하다.
② 최소 지속시간은 0.05초 이상이어야 한다.
③ 점멸 횟수는 점멸-융합 주파수보다 훨씬 커야 한다.
④ 배경의 불빛이 신호등과 비슷할 경우에는 신호광의 식별이 힘들어진다.

[15] 노란색 바탕에 빨간색 테두리를 사용하고 내용을 검정으로 표현하는 표지판은?

① 안전 ② 규제 ③ 경고 ④ 지시

[16] 다음 중 광삼현상에 관한 설명으로 가장 적절한 것은?

① 검은 바탕에 흰 글씨는 주위로 번져 보인다.
② 흰 바탕에 검은 글씨는 검은 바탕의 흰 글씨보다 더 가늘게 써야 한다.
③ 행간 간격을 넓히면 문장의 이해가 쉬워진다.
④ 숫자 글자의 폭과 높이 비는 3:5가 적당하다.

[17] 문자-숫자 표시장치에서 사용되는 인간공학적 기준으로 적절하지 않은 것은?

① 명료도 ② 이해도 ③ 가시도 ④ 가독성

[18] 문자-숫자 표시장치에서 제시된 정보의 내용을 인지할 수 있는 정도를 나타내는 개념은?

① 명료도　② 이해도　③ 가시도　④ 가독성

[19] 가독성에 영향을 미치는 요인으로 거리가 먼 것은?

① 획폭　② 글자체　③ 줄 간격　④ 조명

[20] 조명이 좋을 때 흰 바탕에 검은 글씨의 권장 획폭 비는?

① 1:6~1:8　② 1:8~1:10　③ 1:12~1:20　④ 1:5

[21] 다음 서체 중 출판에서 가장 많이 사용되는 서체는?

① 샌스세리프　② 스크립트　③ 로만　④ 블랙레터

[22] 다음 설명 중 가장 적절한 것은?

① 한글에서 모니터의 경우 샌스세리프가 가독성이 좋다.
② 글자가 클수록 가독성이 좋아지는 것은 아니다.
③ 밀도가 낮은 텍스트가 빠른 시간 내에 읽혀진다.
④ 문자, 숫자를 제시할 때는 어떤 형태로 제시하면 회상 에러가 줄어든다.

[23] 정보가 자동차나 비행기의 유리나 차양판에 나타나는 표시장치는?

① LED　② 심볼 표시장치
③ HUD　④ 문자-숫자 표시장치

[24] 다음 중 표시장치의 설계에서 시식별이 가장 좋은 것은?

① 신호등(점멸)—배경등(점등)　② 신호등(점등)—배경등(점등)
③ 신호등(점등)—배경등(점멸)　④ 신호등(점멸)—배경등(점멸)

[25] 표시장치를 사용할 때 자극 전체를 직접 나타내거나 재생시키는 대신, 정보(즉, 자극)를 암호화(부호화)하는 경우가 흔하다. 이와 같이 정보를 암호화하는 데 있어서 지켜야 할 일반적 지침으로 틀린 것은?

① 암호의 양립성　② 암호의 검출성
③ 암호의 변별성　④ 암호의 민감성

[26] 다음 중 암호체계 사용상의 일반적인 지침과 가장 거리가 먼 것은?

① 정보를 암호화한 자극은 검출이 가능해야 한다.
② 모든 암호 표시는 감지장치에 의하여 다른 암호 표시와 구별되어서는 안된다.
③ 자극과 반응 간의 관계가 인간의 기대와 모순되지 않아야 한다.
④ 두 가지 이상의 암호 차원을 조합해서 사용하면 정보 전달이 촉진된다.

[27] 다음 중 암호체계의 사용상 일반적 지침에서 암호의 변별성에 대한 설명으로 옳은 것은?

① 정보를 암호화한 자극은 검출이 가능하여야 한다.
② 자극과 반응 간의 관계가 인간의 기대와 모순되지 않아야 한다.
③ 모든 암호 표시는 감지장치에 의하여 다른 암호 표시와 구별될 수 있어야 한다.
④ 두 가지 이상의 암호 차원을 조합하여 사용하면 정보전달이 촉진된다.

[28] 다음 중 시각적 암호화(coding) 설계 시 고려사항이 아닌 것은?

① 사용될 정보의 종류
② 코딩의 중복 또는 결합에 대한 필요성
③ 수행될 과제의 성격과 수행 조건
④ 코딩 방법의 분산화

[29] 우리가 흔히 사용하는 시각적 표시장치와 청각적 표시장치 중 청각적 표시장치를 사용하는 것이 더 좋은 경우는?

① 전달되는 메시지가 공간적인 위치를 다루는 경우
② 수신자의 청각계통이 과부하 상태일 때
③ 직무상 수신자가 한 곳에 머무르는 경우
④ 수신 장소가 너무 밝은 경우

[30] 다음 중 시각적 표시 장치가 선호되는 경우는?

① 메시지가 길고 복잡할 때
② 즉각적인 행동이 필요할 때
③ 작업자가 이동할 때
④ 메시지가 시간적인 내용을 다루고 있을 때

[31] 청각적 표시장치 설계 원리와 거리가 먼 것은?

① 500~3,000Hz 주파수를 사용한다.
② 멀리 보내고자 할 때는 1,000Hz 이하 저주파를 사용한다.
③ 경보 효과를 높이기 위해 개시 시간이 긴 고강도 신호를 사용한다.
④ 주의를 끌기 위하여 초당 1~8번 나는 소리를 사용한다.

[32] 시스템에서 음악 소리의 용도로 가장 적절하지 않은 것은?

① 감성적 즐거움 ② 시스템 상태 ③ 경고 ④ 진행 상황 표시

[33] 인간-기계 인터페이스에 비음성 소리 추가 시 기대되는 효과와 거리가 가장 먼 것은?

① 시각의 보완
② 우수한 시간 해상도
③ 주의 유발
④ 시각 영역 내 정보 제공

[34] 음성 출력의 장점으로 보기 어려운 것은?

① 학습이 필요 없음
② 다양한 언어 존재
③ 공간 불필요
④ 다수에게 전달

[35] 절차를 설명하거나 절대값을 나타낼 때 가장 효율적 수단은?

① 시각 ② 후각 ③ 음성 ④ 자연의 소리

[36] 다음 중 촉각적 표시장치에 대한 설명으로 옳은 것은?

① 시각 및 청각 표시장치를 대체하는 장치로 사용할 수 없다.
② 촉감은 피부 온도가 낮아지면 나빠지므로, 저온 환경에서 촉감 표시장치를 사용할 때는 아주 주의하여야 한다.
③ 세밀한 식별이 필요한 경우 손가락보다 손바닥 사용을 유도해야 한다.
④ 촉감의 일반적인 척도로 변화감지역(just noticeable difference)을 사용한다.

[37] 동적 촉각 표시장치의 암호화 방법으로 적절하지 않은 것은?

① 진동기 위치, 강도 ② 음성 진동기
③ 문자-숫자 ④ 전기 자극

[38] 글자나 그림을 촉각적 진동으로 변화시켜 맹인이 해석하도록 하기 위한 장치는 무엇인가?

① 옵타콘 ② 보청기
③ 시각변환장치 ④ 청각변환 장치

[39] 어두운 갱도에서 정보를 전달할 때 가장 적합한 표시장치는?

① 시각적 표시장치 ② 청각적 표시장치
③ 후각적 표시장치 ④ 촉각적 표시장치

[40] 후각적 표시장치에 대한 설명 중 적절한 것은?

① 냄새의 분산을 제어하기 힘들다.
② 사람마다 냄새에 대한 민감도는 같다.
③ 시간이 지남에 따라 냄새에 대해 민감해진다.
④ 표시장치 중 가장 많이 쓰인다.

[41] 큰 힘이 요구되며 큰 범위의 연속 조정이 요구될 때 적절한 조종장치는?

① 손 핸들 ② 레버
③ 족동 누름 버튼 ④ 대형 크랭크

[42] 작은 힘이 요구되며 3단계 조정이 요구될 때 적절한 조종장치는?

① 누름 버튼 ② 레버 ③ 똑딱 스위치 ④ 꼭지

[43] 조종장치의 암호화 방법으로 적절하지 않은 것은?

① 형상 ② 촉감 ③ 기능 ④ 위치

[44] 자동차 브레이크 페달이 가속 페달 왼쪽에 있는 것과 관련이 있는 것은?

① 위치 암호화 ② 형상 암호화 ③ 크기 암호화 ④ 촉감 암호화

[45] 손잡이의 설계에 있어 촉각 정보를 통하여 분별, 확인할 수 있는 암호화 방법이 아닌 것은?

① 색에 의한 암호화
② 크기에 의한 암호화
③ 표면의 거칠기에 의한 암호화
④ 형상에 의한 암호화

[46] 다음 중 조종-반응 비율(C/R비)에 대한 설명으로 틀린 것은?

① 표시장치의 이동거리에 반비례하고, 조종장치의 움직인 거리에 비례한다.
② 설계 시 이동시간과 조종시간을 고려하여야 한다.
③ C/R비가 높으면 미세 조종이 가능하다.
④ C/R비가 낮으면 제어장치의 조종시간과 표시장치의 이동시간이 단축된다.

[47] 다음 조종-반응 비율에 대한 설명으로 옳은 것은?

① 조종-반응 비율이 낮을수록 둔감하다.
② 조종-반응 비율이 높을수록 조정시간은 증가한다.
③ 표시장치의 이동거리를 조종 장치의 이동거리로 나눈 비율을 말한다.
④ 회전 꼭지(knob)의 경우 조정-반응 비율은 손잡이 1회전에 상당하는 표시장치 이동거리의 역수이다.

[48] 레버의 길이가 5cm인 조종장치를 30° 움직였더니 표시장치의 눈금이 2cm 움직였다. 이 때 조종장치의 C/R비는 약 얼마인가?

① 0.5
② 0.8
③ 1.1
④ 1.3

[49] 회전하는 조종장치를 6회전할 때 표시장치는 30cm 움직이는 경우 C/R비는?

① 1/5
② 1
③ 2
④ 5

[50] 반지름이 1.5cm인 다이얼 스위치를 1/2회전시킬 때 계기판의 눈금이 비례하여 3cm 움직이는 표시장치가 있다. 이 표시장치의 C/R 비는 얼마인가?

① 0.79
② 1.57
③ 3.14
④ 6.28

[51] 현재 가장 많이 사용되고 있는 키보드는?

① QWERTY
② Dvorak
③ Ergonomic keyboard
④ Mini keyboard

[52] 다음 중 양립성에 맞게 조종-표시장치를 설계할 때 그 효과로서 거리가 먼 것은?

① 학습시간 단축
② 사용자 만족도 향상
③ 휴먼에러 감소
④ 반응시간 증가

응용문제

[1] 다음은 전력 사용의 적산량을 표시하는 장치이다. 표시장치에서 잘못 설계된 점을 찾고 개선 방안을 제시하시오.

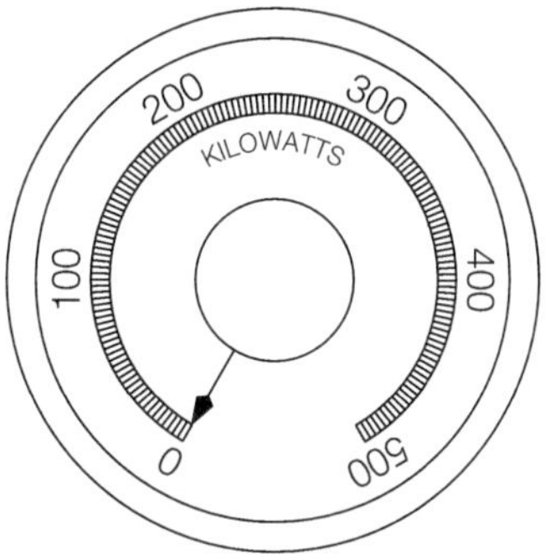

[2] 자동차 계기판을 설계하려고 한다. 다음 각 장치에 적용될 수 있는 표시장치와 설계 원리를 적으시오.

장치명	표시장치 종류	설계 원리
연료		
속도		
RPM		
수온		
적산거리		

[3] 제어실에 고려하여야 할 인간공학적 원리(ISO 11064, http://www.iso.org)를 조사하여 보시오.

CHAPTER 7

사용성과 사용성 평가

1 사용성과 사용자 인터페이스

산업이 발전하고 사회가 복잡해질수록 이전에는 없던 다양한 기능을 가진 새로운 제품이 쏟아져 나오고 있으며, 이들 제품은 과거에 비해 많은 정보를 처리하는 기능을 갖추고 있다. 문서 편집기, DMB(디지털멀티미디어방송) 기기, 각종 가전기기, 자동차 등은 많은 사람들이 일상적으로 사용하는 제품이다. 만약 이들 제품이 사용하기에 불편하면 사람들은 이를 사용하기 싫어할 것이고 결국 제품의 경쟁력은 떨어질 것이다.

'제품(product)'이나 '서비스(service)' 등 기업이 생산해 내는 유형, 무형의 상품에 대한 사용자 편의성을 일컫는 말로 사용성(usability)이라는 용어를 사용한다. ISO(International Standardization Organization)의 ISO 13407, ISO 9241-210 에서는 사용성을 다음과 같이 정의하고 있다.

> **사용성**: 특정 사용자에 의해 특정 사용 상황에서 특정 목표를 달성하기 위하여 시스템, 제품 혹은 서비스가 효과적, 효율적 및 만족스럽게 사용될 수 있는 정도(Extent to which a system, product or service can be used by specified users to achieve specified goals with effectiveness, efficiency and satisfaction in a specified context of use.)

이 정의에 따르면 사용성을 효과, 효율, 만족이라는 세 가지 측면에서 설명하고 있다. 이를 자세히 설명하면 효과적(effectiveness)이라 함은 목적 달성의 완성도를 말하며, 효율적(efficiency)이라 함은 목적 달성을 위하여 투여한 노력 대비 성과의 획득 정도를 말하고, 사용자 만족도(satisfaction)라 함은 목적 달성의 결과로 사용자의 감성적인 측면에서의 욕구 충족의 정도를 말하는 것이다. 한편, 사용성 분야의 전문가로 인정받고 있는 닐슨(Jakob Nielsen)은 사용성이 갖추어야 질적 요소로 다섯 가지 요인, 즉 학습 용이성(learnability), 효율(efficiency), 기억 용이성(memorability), 에러(errors), 만족도(satisfaction)를 들었다.

사용자들이 사용하기 편리한 시스템을 만들려면 사용자 인터페이스에 대한 연구가 필요하다.

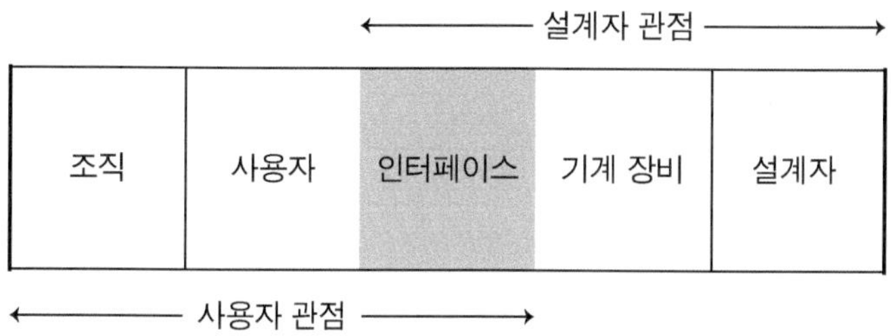

그림 7•1▸사용자 인터페이스

사용자 인터페이스는 사용자와 기계가 접촉하는 면으로 그림 7•1에서 보는 바와 같이 기계 설계자와 사용자는 그 관점이나 접근 방법이 서로 다를 수 있다. 즉, 기계 설계자는 사용자들이 어떻게 일을 수행하는지 잘 모를 수 있고, 사용자는 기계 설계에 관여하지 않음으로써 결과적으로 좋지 않은 인터페이스가 설계될 수 있다.

사용자 인터페이스의 사용성이 좋지 않으면 생산성 저하, 학습시간의 장기화, 에러 확률의 증가 등을 초래하며, 그 결과 사용자는 스트레스를 받고 시스템 사용을 포기할 수도 있다. 설계자가 사용자를 잘 이해하지 못하고 설계한 시스템, 사용자가 너무 많은 것을 기억해야 하는 기계, 사용자의 작은 실수도 보완해 주지 않는 기계, 적절치 못한 방법으로 장비를 작동해야 하는 경우(예를 들어, 영상물을 명령어로 처리하는 경우) 등은 사용성이 좋지 못한 예이다. 이러한 기계나 장비는 아무리 성능이 뛰어난 시스템이라 하더라도 실제 작업 현장에서는 다음과 같은 좋지 않은 결과를 가져올 수 있다.

- 필요한 정보를 주지 않고 요구하지 않은 정보를 출력한다.
- 적절한 시점에 사용자에게 필요한 정보를 제공하지 못한다.
- 필요한 기능을 갖추지 못하고 별로 사용하지 않는 기능만 갖춘다.
- 사용자가 원하지 않는 방법으로 시스템을 사용하도록 강요한다.
- 사용자 조직의 변화를 가져오게 하고 혼란을 야기한다.

1.1 HCI

HCI(human-computer interaction; 인간-컴퓨터 상호작용)는 그림 7•1에서 기계가 컴퓨터로 대체된 사용자 인터페이스 설계를 다루며, 사용자가 쉽고 친근하게(user-friendly) 컴퓨터를 사용할 수 있도록 사용자 인터페이스를 설계하는 학문이다. HCI의 목적은 기능적(functional)일 뿐 아니라 안전하고 사용하기 쉬운 사용자 인터페이스를 만드는 것이다. 대부분의 업무가 컴퓨터로 이루어지고 있고, 하드웨어와 소프트웨어로 구성되어 있는 컴퓨터 사용자에게서 사용성이 높은 인터페이스의 설계에 대한 요구가 높아지고 있어, HCI에 대한 연구는 점점 활발하여 지고 그 수요도 증대될 것으로 예상된다.

HCI 구성 요소는 다음과 같으며 사용성이 좋은 인터페이스가 되도록 설계하고 구성하여야 한다.

- 하드웨어: 키보드, 마우스 등과 같은 입력 장치, 컴퓨터 화면, 프린터와 같은 출력 장치 등
- 소프트웨어: 대화 방식(메뉴 방식, 대화 언어 방식, 직접 조작 방식, 형식 채우기 등), 도움말, GUI(graphic user interface) 구성 부품(윈도우, 아이콘 등)

1.2 인간중심 설계

인류가 수백만년 전에 석기라는 도구를 만들어낸 이래 산업혁명을 거쳐 도구, 기기가 진화를 계속 하여, 우리들은 편리하고 쾌적한 생활을 할 수 있게 되었다. 20세기에는 컴퓨터라는 도구가 발명되어 현대인은 지적 활동을 포함한 모든 생활에서 이러한 도구 없이는 생활을 영위할 수 없을 정도에 이르렀다. 도구의 진화는 우리 인간에게 긍정적인 면과 함께 부정적인 면도 초래하고 있다. 공해, 환경 문제는 그 전형적인 예이며, 상호작용이라는 점에서도 다음과 같은 문제를 야기하고 있다.

- 사용의 어려움(사용하기 위해 필요 이상의 부하가 초래된다)
- 사용 불가(사용할 수 없거나 바르게 사용할 수 없다)
- 사용하지 않음(사용하고자 하지 않거나 사용하고 싶지 않음)

이러한 상호작용과 관련 문제를 해결하기 위하여 인간공학이 주요한 도구로 사용되어 왔다. 초기 의 인간공학은 하드웨어를 주요 대상으로 하여 왔지만 정보 기술의 발전에 따라 인터페이스 또는 상호작용이 주요 적용 대상이 되고 있다.

국가 간, 기업 간 경쟁 심화로 사용자에게 적합한 기기, 도구, 설비, 시스템의 중요성이 커짐에 따라 인간중심 설계(human-centered design)가 제품 개발에서 중요한 개념이 되었다. 이를 구현하기 위한 다양한 가이드라인이나 국제 표준이 제정되어 왔다. 예를 들면, 1997년 발표된 ISO 9241 시리즈는 컴퓨터 등의 하드웨어/소프트웨어에서의 인간공학적 설계 지침을 규정하고 있다. 발표 당시 첫 명칭은 "Ergonomic requirements for office work with visual display terminals(VDTs)"이었다, 2006년부터 좀 더 일반적인 "Ergonomics of Human System Interaction"으로 변경되었다. 이 연장선 상에 인간중심 설계 프로세스를 규정하는 국제표준 ISO 13407이 1999년에 발표되었다.

ISO 13407 규격의 명칭은 'Ergonomics – Human-centered design precesses for interactive system'으로, 인간을 중심에 두고 설계하여야 한다는 개념을 규정하고 있다. 규격의 적용 범위는 '컴퓨터를 응용한 상호작용 시스템'이며, 컴퓨터뿐만 아니라 어떤 정보처리 기구를 포함한 상호작용 시스템으로서 하드웨어나 소프트웨어도 대상이 된다. 가전제품 등에서부터 대규모 공장까지 전자를 응용한 거의 대부분의 기기, 도구, 설비가 범위에 포함된다.

이 규격은 제품의 사양을 규정하는 것이 아니라 제품 개발 프로세스를 규정하고 있다. 이에 따라 정량적 수치에 의한 규정은 일절 없으며, 사용자 중심적 제품 개발을 추진하며 그 기록을 문서화하도록 요구하고 있다. 이 규격은 품질경영에 관한 ISO 9000 시리즈, 환경에 관한 ISO 14000과 같이 인증 제도를 도입하여 적합성을 평가하는 것을 가정하고 있다. 독일의 검사 기관인 TUV가 인증에 힘을 기울였지만 제도로서는 본격적으로 운용되지는 못하였다.

ISO 13407은 2010년에 ISO 9241-210으로 대체되었고 이는 다시 2019년에 개정되었다. ISO 9241-210에서는 ISO 13407에서 제시한 인간중심 설계 원칙 다섯 가지를 6개로 확장하여 제시하고 있다.

- 사용자, 과제(task)와 환경에 대한 명확한 이해를 바탕으로 한 설계
- 사용자의 설계 및 개발 전 과정 참여
- 사용자 중심 평가(user-centered evaluation)에 의한 설계 및 개선
- 반복적(iterative) 설계 과정
- 전(whole) 사용자 경험을 반영(address)한 설계
- 다학제적 기술과 관점(perspective)을 가진 팀에 의한 설계

인간중심 설계는 그림 7•2와 같은 네 가지 설계 활동을 요구한다.

- 사용 내용의 이해와 명시: 대상물을 누가 사용할 것인가, 어떻게 사용할 것인가, 어떤 환경에서 사용할 것인가에 대하여 이해하여 그 내용을 명시한다.
- 사용자와 조직의 요구사항 명시: 대상물을 사용한다는 관점에서 사용자와 조직이 요구하는 사항, 즉 사양을 명확히 명시한다.

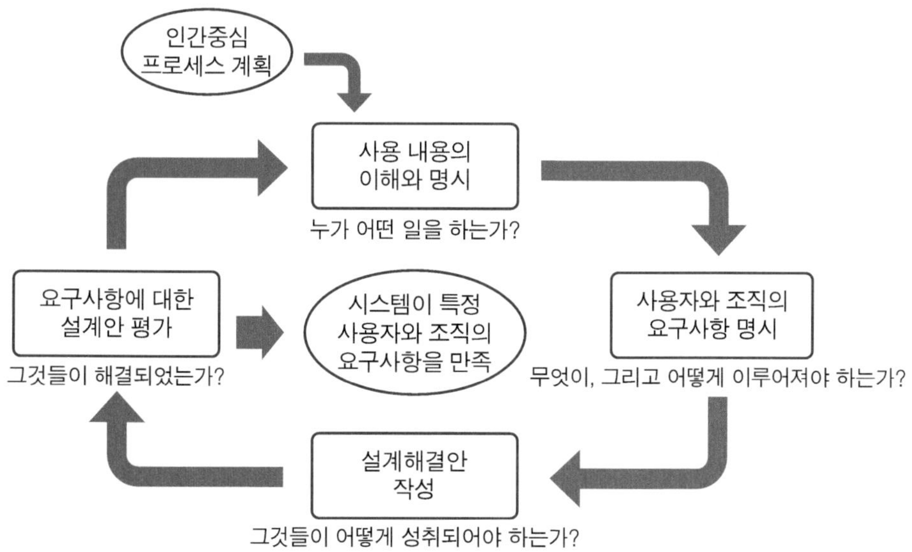

그림 7•2▸인간중심 설계 활동 프로세스

- 설계 해결안 작성: 두 번째의 요구사항에 근거하여 대상물의 구체적인 설계를 수행하여 사용자와 조직의 요구에 대한 해결안을 도출한다.
- 요구사항에 대한 설계안 평가: 세 번째 단계에서 작성한 해결안을 개선하기 위한 피드백을 수행하여, 사용자와 조직의 목표가 달성되고 있음을 확인하는 등 대상물의 해결안을 평가한다. 이 단계는 인간중심 설계에서 필수 프로세스이며 대상물의 수명 주기 모든 단계에서 실시하는 것이 바람직하다.

2 사용성 향상을 위한 설계 원리

2.1 시스템과 실세계의 자연스러운 대응

디자이너에게 자연스러운 것이 꼭 사용자에게도 자연스러운 것은 아니다. 사용자는 기계의 내부 구조나 논리에는 관심이 없거나 모른다. 따라서 시스템 디자이너는 사용자가 어떤 작업을 어떤 순서로 수행하는지 분석할 필요가 있다. 또한, 사용자가 사용하는 용어를 그대로 사용할 수 있으면 좋다. 예를 들어, 파일을 '복사하고 인쇄'하는 작업을 그 용어 그대로 인터페이스에서 사용할 수 있으면 좋다.

2.2 일관성과 표준

인터페이스는 일관성이 있어야 사용하기 편리하다. 예를 들어, 키보드에 배열된 문자들이 키보드마다 다르다면 어떻게 되겠는가? 또 다른 예로 보통 날짜를 입력할 때 년/월/일 순으로 두 자리씩 쓰는 경우가 많은데, 어떤 시스템에서 날짜 입력을 위하여 xx/xxx/xx와 같은 패턴을 사용한다면 사용자는 날짜를 어떻게 써야 하는지 망설이게 된다. 27/OCT/03과 같이 써야 됨을 알기 위해서는 시간이 필요할 것이다.

2.3 시스템의 상태 제공

시스템의 진행 상태를 시각 및 청각적 신호를 통하여 나타내면 사용자와 시스템 사이의 신뢰가 더욱 커질 수 있다. 그림 7•3과 같이 파일을 다운로드 받는 작업을 수행할 때 현재 작업이 어느 정도 진행되고 있는지를 움직이는 그래프로 보여주고 작업 완료 시 종소리를 들려준다면, 사용자는 작업이 진행되는 동안 시스템에 대한 신뢰를 가질 수 있다. 또한 사용자가 잘못된 입력을 하였을 때도 경고음을 들려준다면 효과적일 것이다.

그림 7•3▸시스템의 진행 상태를 시각적으로 제공

그림 7•4▸실수 방지 및 대책 제공 사례

2.4 실수 방지 및 회복

시스템 설계 시 처음부터 실수가 발생하지 않도록 설계하는 것이 중요하다. 만일 이것이 불가능할 때는 실수가 발생했을 때 신속하고 분명한 설명과 대처법을 제공하는 것이 좋다. 이렇게 함으로써 사용자는 시스템에 대해 높은 장악감을 갖게 된다. 실수 방지 및 대책을 제공하는 사례가 그림 7•4에 제시되어 있다.

2.5 최소 정보의 사용

사용자는 최소한의 정보(non-redundancy)만을 입력하도록 한다. 예를 들어 '0010'이라고 쓰지 않고 '10'이라고 쓰도록 한다. 시스템은 사용자가 전에 입력하였거나 자동적으로 알아낼 수 있는 정보는 사용자에게 요구하지 않는 것이 좋다. 또한 너무 많은 정보를 한 화면에 보여주는 것은 좋지 않다.

2.6 도움말 제공

시스템이 제공하는 메시지는 명확하고 사용자에게 도움을 줄 수 있는 형태로 제공한다. 예를 들어, 단지 구문 에러(syntax error)라는 메시지보다는 '10번째 줄에 콤마가 없음'이라고 하면, 사용자에게 에러의 원인까지 설명해 줄 수 있는 도움말을 제공(supportiveness)하는 것이다. 사용자가 중요도가 높거나 되돌릴 수 없는 기능을 수행하려고 할 경우(예: 파일 지우기)에는 시스템이 사용자의 의도를 다시 한 번 확인하는 것도 중요하다(그림 7•5).

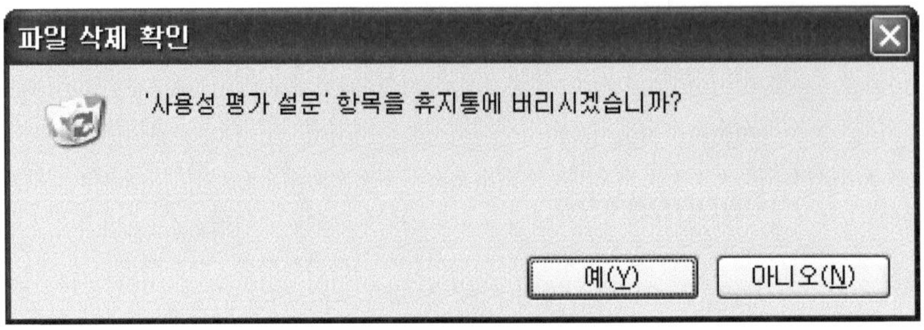

그림 7•5▸도움말 제공 예

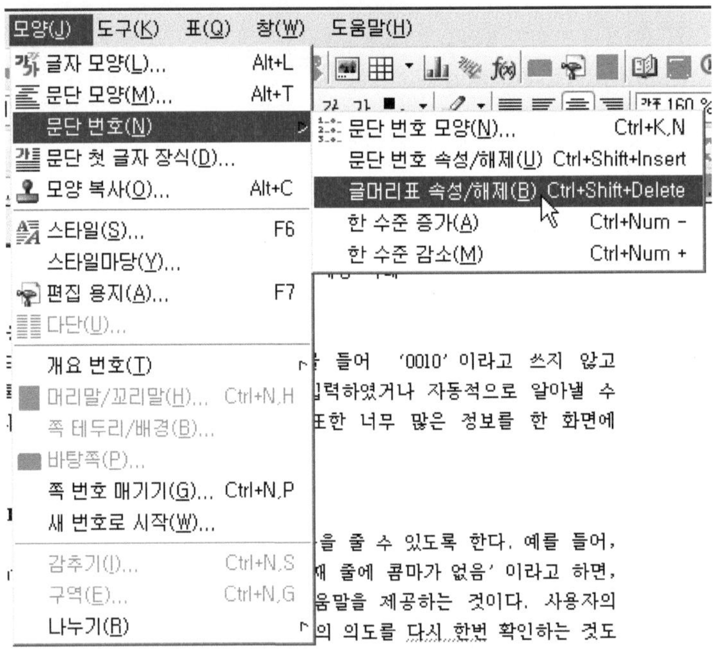

그림 7•6▸사용자 수준에 따른 융통성 제공의 예

2.7 사용자 수준에 따른 시스템 융통성 확보

시스템이 사용자의 수준에 따라 서로 다른 인터페이스를 제공할 수 있도록 한다. 예를 들어, 초보자에게는 '계층적 메뉴'를 사용할 수 있도록 하고 경험이 많은 사용자에게는 '명령어'나 '단축키' 방식의 인터페이스를 제공한다면 모든 사용자를 만족시킬 수 있을 것이다(그림 7•6).

2.8 기억

사용자가 기억을 더듬어 직접 입력하는 방식보다는 보기에서 선택하는 방식이 유용할 때가 많다(그림 7•7).

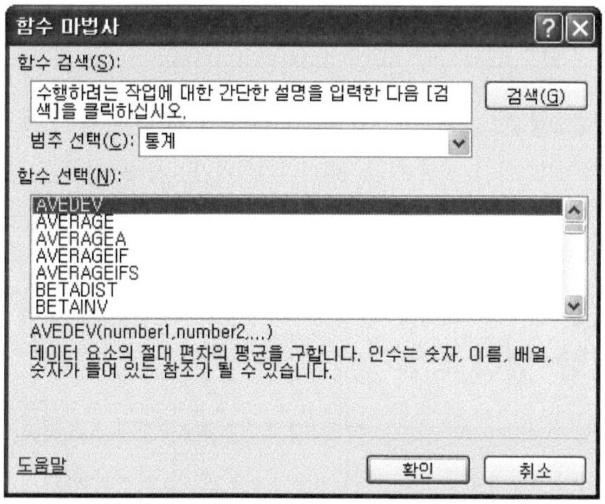

그림 7•7▸필요한 함수를 보기에서 선택하는 예

2.9 주의를 끌도록 설계

주의(attention)를 잘 끄는 시스템은 사용자의 집중력을 높여 작업 능률을 향상시킬 수 있다. 주의는 선택적 주의(selective attention), 집중적 주의(focused attention), 분산적 주의(divided attention), 지속적 주의(sustained attention)가 있다.

선택적 주의는 여러 채널을 감시해야 하는 작업을 수행할 때 요구된다. 채널의 수가 증가하면 사용자의 작업 성능은 떨어질 수 있다. 또한 사람들은 여러 채널을 감시할 때 신호가 자주 발생하는 채널만 주로 검사하는 경향이 있다. 따라서 선택적 주의가 필요한 작업에서는 채널의 수를 최소화하고 각 채널의 중요도를 명시적으로 알려주어 다음 정보가 어느 채널에서 오는지를 미리 알 수 있게 하면 좋다.

집중적 주의는 하나의 채널만 계속 감시하여야 하는 작업에 필요하기 때문에 다른 채널들과 너무 가깝게 밀집해 있으면 하나의 채널에 집중하기 어렵다. 따라서 집중적 주의가 필요한 작업에서는 감시하고자 하는 채널을 다른 채널들과 잘 구분될 수 있도록 하여야 하고, 될 수 있으면 서로 멀리 떨어지게 배치한다.

분산적 주의는 여러 가지 작업을 동시에 수행하여야 할 때 요구된다. 따라서 분산적 주의가 필요한 작업을 위해서는 가능하면 작업들은 간단하여야 하며, 입력이나 출력 또는 작업 형태가 서로 구별되기 쉬운 형태가 좋다. 또한 작업들의 우선순위를 정하는 것이 좋다.

지속적 주의는 하나의 작업을 계속 수행해야 할 때 필요한데 작업시간이 늘어남에 따라 작업의 속도와 정확도는 떨어지는 경향을 보인다.

3 상호작용 모델

인간과 기계 사이의 상호작용은 매우 복잡하여 다양한 모델을 사용하여 접근하고 있다. 이 절에서는 인간-기계 시스템의 대표적인 상호작용 해석 모델인 ① 실행 평가 모델과 ② 상호작용 프레임 모델을 알아본다.

3.1 Norman의 실행-평가 모델

상호작용에 많은 영향을 끼친 Norman의 실행-평가 모델(execution-evaluation cycle)은 기본적으로 실행과 평가의 과정을 거친다. 실행과 평가의 과정은 다음과 같은 7단계로 나눌 수 있으며, 이를 7단계 모델이라고도 한다(그림 7•8). 인간과 기계의 상호작용을 Norman의 실행-평가 모델을 이용하여 다음과 같이 행위의 7단계로 설명한다.

목표의 설정(1단계)은 사용자가 목표를 설정하는 단계로 아직 형식화가 덜 되어 있는 상태이다. 따라서 의도의 형식화에서 이를 구체적으로 형식화한다(2단계). 그리고 행동의 순서(명세)를 정하여(3단계) 실행하면(4단계) 기계 시스템이 변화를 보이는데 사용자는 그 변화를 지각하고(5단계), 지각한 내용을 해석한 후(6단계), 원래 사용자 목표와 비교(즉, 평가)하여(7단계) 평가 결과에 만족하면 작업을 끝내고 그렇지 않으면 새로운 목표를 만들어 이 과정을 반복한다(그림 7•9).

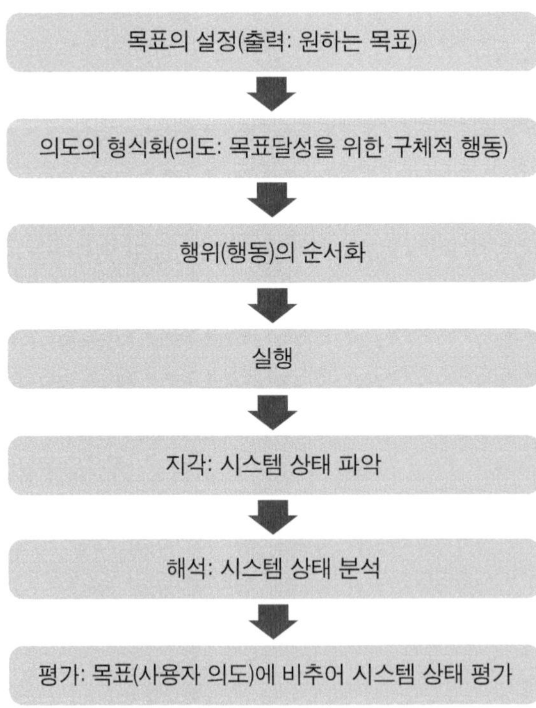

그림 7•8▸실행-평가 모델 7단계

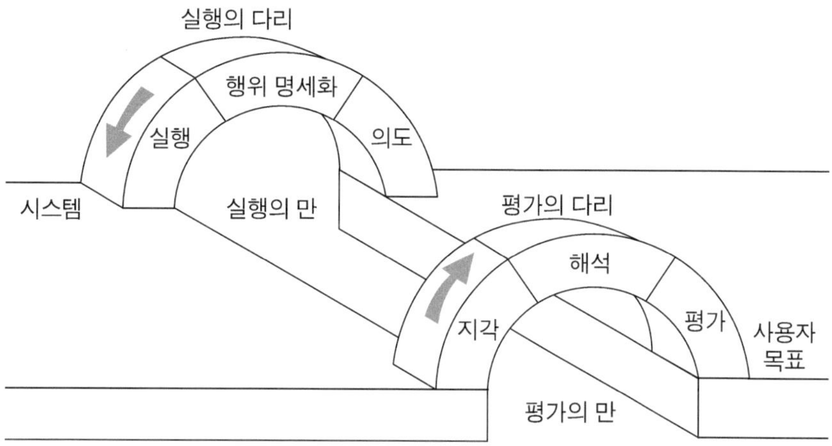

그림 7•9▸Norman의 행위의 7단계 모형

Norman은 이러한 모델을 인터페이스의 문제점을 파악하는 데 사용하였다. 사용자와 시스템은 서로 다른 형태로 각자의 영역을 설명하므로 사용자의 의도가 시스템의 행동으로 잘 연결되어야 한다. 따라서 인터페이스는 이 둘을 잘 연결시켜 줄 수 있어야 한다. 또한 시스템의 출력을 사용자가 쉽게 평가할 수 있어야 상호작용이 잘 이루어진다고 말할 수 있다.

3.2 상호작용 프레임 모델

Norman의 모델은 간단하고 우리의 직관에 잘 맞지만 시스템의 입장은 충분히 고려되지 않았다. Abowd와 Beale은 이러한 단점을 개선한 상호작용 프레임워크 모델을 제시하였다. 상호작용 프레임워크 모델은 시스템을 모델에 포함시키고 상호작용 구성 요소를 다음과 같은 네 가지로 확장하였다(그림 7•10).

여기서 'S'는 시스템, 'U'는 사용자, 그리고 I와 O는 각각 'Input'과 'Output'을 나타낸다. 그림에서 원안의 'Input'과 'Output'은 인터페이스 안에 있는 구성 요소이다. 따라서 상호작용 사이클은

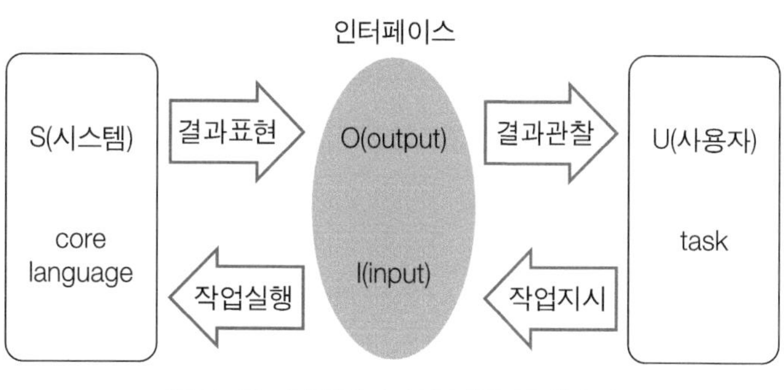

그림 7•10▸일반적인 상호작용 프레임워크

그림에서 화살표로 표시된 네 단계로 이루어진다.

네 단계는 작업 지시, 작업 실행, 결과 표현, 결과 관찰이다. 상호작용 사이클은 사용자의 작업 지시에 의해 이루어지고, '작업 지시'는 U와 I 사이에서 이루어진다. 사용자는 Input을 통해서만 시스템을 조작할 수 있으므로 업무는 정확한 입력 언어(input language)로 표현되어야 한다. 입력 언어는 시스템 언어(core language)로 변환되어 시스템이 작업을 수행할 수 있도록 한다. '작업 실행'은 I와 S 사이에서 이루어진다. 작업이 끝나면 결과를 보여주기 위하여 S와 O 사이에서 결과 표현 작업이 이루어진다. 이는 시스템 내부 결과를 출력(output) 형태로 바꾸어 주기 위한 것이다. 마지막으로 O와 U 사이에서 '결과 관찰' 작업이 이루어진다. 이와 같이 상호작용 프레임워크는 모델 내에 시스템을 포함시켜 상호작용을 설명하고 있다.

한 가지 예를 살펴보자. VCR을 사용하여 녹화를 하고자 하는 스위치(버튼)의 조작은 '작업 지시'에 해당하고, VCR이 녹화 작업을 수행하는 것은 '작업 실행'에, 그리고 녹화가 진행되고 있는 상황을 표시해주는 것은 '결과 표현'에 해당된다. 이러한 결과 표현을 사용자가 이해하면 '결과 관찰'이 이루어진다.

4 사용성 평가방법

사용성 개발 과정은 다른 시스템 개발 과정과 마찬가지로 순환적 과정(iterative process)을 거쳐 개발된다. 효과적인 평가방법을 개발한다는 것은 개발 과정 자체에 내재되어 있는 문제점들을 파악하는 데 도움을 줄 뿐 아니라, 사용자의 의도에 관한 지식이나 목적, 상호작용하는 환경을 이해하는 기반이 되며 궁극적으로 다음 개발 단계에 필요한 안내서 역할을 한다.

사용성 평가는 일반적으로 다음과 같은 네 가지 사항을 기준으로 평가한다.

- 안전성(safety)
- 효율성(efficiency)
- 효과(effectiveness)
- 만족도(satisfaction)

사용성 평가 방법은 평가 목적이나 가용 자원에 따라 여러 가지 평가 방법이 가능하나 일반적으로 세 가지 관점에서의 접근 방법이 있다(Jacko and Sears, 2003).

- 사용자 기반 평가(user-based evaluation)
- 검사 기반 평가(inspection-based evaluation)
- 모델 기반 평가(model-based evaluation)

사용자 기반 평가 방법은 시스템을 사용하게 될 최종 사용자를 평가 과정에 포함시켜서 평가하는 방법이다. 이 방법에는 설문지법, 사용자 관찰법, 경험적 사용성 평가법 등이 있다. 검사 기반 평가방법은 잠재적인 사용자의 반응 대신에 전문가의 판단에 의존하는 방법이다. 모델 기반 평가 방법은 예측된 사용성 지표를 얻기 위해 인간이 시스템을 어떻게 사용하는 지를 모델로 구성하여 평가하는 방법이다. 이때 모델은 사용자의 직무와 시스템 디자인 간의 관계를 잘 묘사하도록 구성한다.

4.1 사용자 기반 평가

앞에서 설명한 바와 같이 사용자 기반 평가 방법은 궁극적으로 시스템을 사용하게 될 사용자를 평가에 포함시키는 방법이다. 최근의 제품 개발 과정은 제품의 개념 설계 단계에서부터 사용성 평가를 하고 있다. 초기 개념 설계 단계에서부터 제품에 대한 사용자의 평가를 반영함에 따라 제품 개발과정과 제품 평가 과정의 구분이 모호해지고 있다. 즉, 이미 사용성 평가는 제품 디자인 과정의 한 부분이라고 할 수 있다. 이와 같이 사용자가 직접 참가하여 평가하는 사용자 기반 평가 방법에는 사용자 설문법(user-administered questionnaires), 사용자 관찰법(observing users)이 있다.

4.1.1 사용자 설문법

사용성 평가 목적에 맞게 미리 만들어진 설문지를 이용하거나 직접 인터뷰를 통하여 조사하는 방법이다. 이 방법에서는 설문조사 대상자나 인터뷰 대상자의 추출이 중요하다. 평가 대상 제품을 사용하는 집단을 대표할 수 있어야 하고, 통계적 정확도를 만족할 수 있는 대상자 수가 확보되어야 한다. 설문조사 및 인터뷰법은 간단하여 사용하기 쉽고 시간과 비용이 절감되나, 조사 참여자의 응답 신뢰성에 따라 평가 결과가 달라질 수 있는 문제가 있다.

- 측정하고 싶은 태도나 의견을 추려낼 수 있는 많은 질문들을 만든다. 예를 들면, 제품의 일반적 사용 편의성에 초점을 맞춘 경우라면 초기 설문지에는 가능한 많은 질문을 작성할 필요가 있다.
- 질문들을 잘 분석하여 불필요한 질문을 제거하고 의미 있는 결론을 내릴 수 있는 분석 기법을 사용하라. 예를 들면, 사용자에게 제품을 사용하게 하고 이에 대한 질문을 한 후에 각 질문과 다른 모든 질문과의 상관관계를 구해 볼 수 있다. 어떤 두 질문에 대한 반응이 높은 상관관계를 보인다면 이 두 질문은 동일한 사실을 측정하는 질문으로 해석할 수 있으며, 이러한 사실이 확인되면 이 두 질문 중 하나는 제거하는 것이 가능하다.
- 질문들의 신뢰성을 평가하라. 예를 들면, 똑같은 응답자를 대상으로 같은 설문지를 반복하여 설문을 실시한 후 두 응답 사이의 신뢰성을 측정해 볼 수 있다. 물론 응답자가 첫 번째 설문 결과를 기억하지 못할 정도로 충분한 시간 간격을 두고 두 번째 설문을 수행하여야 한다.
- 질문의 유효성을 확인하라. 유효성은 측정하고자 하는 사항을 제대로 측정하는지의 여부를

나타낸다. 즉, 설문지는 그것이 측정하고자 하는 바를 측정할 수 있을 때 유효하다고 할 수 있다. 유효성을 확보하는 것이 가장 어렵긴 하지만 설문지 작성 시에는 필수적인 사항이다. 예를 들면, 사용성이 다르다고 알려져 있는 두 제품에 대해 설문을 실시하면 설문 결과에 그 차이가 나타나야 할 것이다. 또한, 일반적으로 제품 사용성에 대한 일반 사용자들의 설문 결과가 전문가의 사용성 판단과 일치해야 한다. 만일 이들 사이의 상관관계가 낮다면 설문 자체가 유효하지 않거나 일반 사용자와 전문가가 동일한 과정으로 제품을 사용하고 있지 않다는 것을 의미한다.

4.1.2 FGI(focus group interview)

초점집단면접법이라고도 한다. 표적시장으로 예상되는 소비자를 일정한 자격기준에 따라 6~12명 정도 선발하여 한 장소에 모이게 한 후 진행자의 진행 아래 조사 목적과 관련된 토론을 함으로써 자료를 수집하는 마케팅조사 기법이나, 이를 사용성 평가에도 사용할 수 있다. 즉, 평가 대상 제품을 사용할 것으로 예상되는 사용자들을 그룹별로 모아 놓고 평가 대상 제품에 대한 기대 사항, 의견, 문제점 등을 조사할 수 있다. 사용자를 대상으로 수치화된 자료를 수집하는 정량적(quantitative) 조사방법과는, 달리 토론을 통하여 사용자의 심리상태를 파악하는 정성적(qualitative) 조사방법이며, 정량적 조사에 앞서 탐색조사로 이용된다.

보통 1시간 30분에서 2시간 정도 걸리며, 응답자들 간의 상호작용을 통하여 유익한 정보가 도출되어야 하므로 진행자는 응답자 전원이 자유스러운 분위기에서 자신의 의견을 말할 수 있도록 유도해야 한다. 대화에 의해 자료가 수집되므로 진행자의 대인간 커뮤니케이션 능력과 청취 능력, 응답자 발언에 이은 탐사 질문 능력이 요구된다. 또한, FGI에 참여하는 참여자들의 속성이 균일해지도록 참여자를 선정하는 것이 중요하다.

4.1.3 모형(mockup) 평가법

종이 모형(paper mockup) 평가법은 소프트웨어나 웹사이트 평가에서 평가 시간을 줄이기 위하여 실제로 화면에 나타나는 메뉴 그룹이나 레이블링 등을 종이로 제작하여, 이를 이용하여 사용성을 평가하는 방식이다. 소프트웨어 개발에서 메뉴 그룹핑과 레이블링, 네비게이션 시스템 설계, 대표 또는 로고 화면의 디자인 시안에 대한 평가 등에서 사용된다.

화면 모형(screen mockup) 평가법은 종이 모형 평가법과 유사하나 평가가 화면 상에서 이루어지는 점이 다르다. 파워포인트나 다른 프로토타입 도구를 사용하여 작성한 화면에 있는 메뉴의 버튼에 하이퍼링크를 걸어 사용자의 사용 패턴을 파악할 수 있다. 평가 결과를 바탕으로 효율적 메뉴의 위치, 그룹핑 범위 등을 정할 수 있다. 모형 평가법은 완성된 제품보다는 완성 이전 단계인 기획 또는 설계 단계에서 유용하다.

4.1.4 행동 관찰법(observer ethnography)

행동 관찰법은 다음과 같은 순서로 진행된다. 첫째, 관찰자는 가능한 한 일상 행동을 방해하지 않도록 관찰한 내용을 메모하거나, 카메라, 비디오카메라 등을 이용하여 일상에서의 자연스러운 사용자의 행동을 관찰한다. 둘째, 기록된 내용을 바탕으로 사용 순서나 사용 방법 등 조사하고자 하는 대상을 파악한다. 셋째, 위에서 파악된 내용을 바탕으로 평가 대상 제품의 문제점이나 사용자 요구사항 등을 추출한다.

이 방법은 현실감 있는 자료를 얻을 수 있는 장점이 있으나 비용과 시간이 많이 소요된다. 또한, 관찰 결과를 평가자에 따라 다르게 해석할 수도 있다.

4.1.5 사용성 평가 실험(usability laboratory testing)

사용성 평가의 대표적 방법으로 피실험자에게 평가 대상 제품을 이용하는 어떤 과제를 수행하게 하고, 그 수행 결과를 정량적 지표로 계측·기록하여 이를 바탕으로 사용성을 평가한다. 닐슨(J. Nielsen)에 연구 결과에 의하면 실험실에서의 평가는 5~6명의 참가자만 있으면 85%의 문제점을 발견할 수 있는 것으로 알려져 있어, 평가 실험을 통한 사용성 평가는 효과적인 방법이라 할 수 있다. 이 방법으로 사용성을 평가하려면 실험계획에 대한 지식이 어느 정도 있어야 하며, 실험실과 장비에 대한 비용이 많이 드는 단점이 있다. 평가 대상 제품의 사용자 그룹을 대표할 수 있는 피실험자의 선정이 쉽지 않고, 실험 수행과 자료 분석에 많은 시간이 소요된다.

4.1.6 사용자 관찰법

사용자 관찰법(observing users)은 사용자로 하여금 제품을 사용하게 하고 그 사용하는 과정을 관찰하고 이를 분석하는 방법이다. 사용자 관찰을 통하여 사용성을 평가하는 것은 다른 사용성 평가 방법에도 부분적으로 포함되어 있다고 할 수 있다. 사용자 관찰법은 경우에 따라 단지 사용자가 그것을 어떻게 사용하고 사용 중 무엇이 일어나는지를 관찰하는 것만으로도 사용성을 평가할 수 있다. 예를 들면, 주식 거래용 소프트웨어를 평가한다면 그 소프트웨어를 사용하여 거래 활동을 하는 것을 관찰하는 것만으로도 사용성을 평가할 수 있을 것이다. 그러나 사용자 관찰법은 아래와 같은 몇 가지 한계가 있다.

어떤 행동을 관찰하는 동안 행동의 인과 관계를 추론하기가 어렵다. 즉, 관측자는 발생하는 사건을 단지 관측할 뿐이며 조종하는 것이 아니므로 무엇이 그런 행동을 야기했는지 그 인과 관계를 명확히 파악할 수 없는 경우가 많다.

관측자는 사건이 일어나는 시점을 제어할 수 없다. 따라서 관측자가 주의를 기울이지 않을 때 중요한 사건이 일어나 그 사건을 제대로 관찰하지 못하는 경우가 발생할 수 있다.

참가자는 자신들이 관찰되고 있다는 사실을 알 때 평소와는 다른 행동을 보이기 쉽다(Hawthorn effect). 또한, 관찰자는 종종 자기가 원하는 것만을 보려는 경향이 있다. 이는 종종 관찰법의 유효성을 확보하지 못하는 결과를 가져온다.

사용자 관찰은 일반적으로 카메라를 사용하여 관찰한다(DeVries et al., 1996). 이 방법은 비디오카메라와 마이크가 설치된 방안에 사용자를 들여보낸 후 제품을 사용하도록 하면서 그들이 어떤 점을 좋아하고 어떤 점을 싫어하는지와 같은 질문에 답변하도록 하는 방식이다. 이를 비디오테이프에 녹화한 후 분석한다. 이 방법은 사용자가 정해진 전형적인 양식에 따라서 답변하는 것이 아니라 사용자가 생각나는 대로 또 사용자의 창의력이 흘러가는 대로 자연스럽게 행동하는 것을 관찰하는 방식이기 때문에, 제품의 사용성 자체를 직접 평가하기는 곤란할 수 있다. 관찰 시간은 5~10분 정도로 하되 사용자 스스로 속도를 조절하도록 하는 것이 바람직하다. 특히 서로 잘 아는 두 사람이 함께 제품을 사용하도록 하면 다양하고 풍부한 정보를 얻을 수 있다.

또 다른 방법은 두 대의 카메라를 사용하는 방법으로 한 대는 사용자의 작업 환경 전체를 기록하고, 다른 한 대는 사용자가 사용하는 화면을 기록하는 방법이다. 이 두 화면을 합성하여 함께 분석한다. 관찰자가 직접 사용자를 관찰하지는 않기 때문에 사용자가 보다 자연스럽게 행동할 수 있는 환경을 제공한다. 그러나 이 방법도 사용자가 자신의 행동이 기록되고 있다는 것을 알고 있으므로 여전히 평소와는 다르게 행동할 가능성을 배제할 수는 없다.

이와 같은 사실로 미루어 볼 때 사용자 관찰법은 특수한 상황에서 사용성 평가를 해야 할 경우에 유용하다. 이 방법에서는 사용성 전문가가 직접 또는 비디오테이프를 통하여 사용자 집단을 관찰하므로, 다른 방법으로는 사용자 집단을 관찰할 수 없는 경우에 유용한 방법이라고 할 수 있다. 반면 설문지법은 다양한 사용자를 평가하는 경우나 동일한 사용 집단이 장기간 동안 특정 제품을 사용하고 있는 경우 그 제품의 사용성 평가를 하는 데 편리하다.

4.2 검사 기반 평가

문서 편집기나 스프레드시트 같은 응용 소프트웨어를 살펴보면 여기에는 일정한 형태의 사용 문맥(contexts of use)이 있다. 즉, 하나의 응용 시스템에는 일정한 사용 문맥을 처리할 수 있도록 고안되어 있다. 이런 응용 프로그램들이 서로 연결되고 통합됨에 따라 많은 잠재적 사용 문맥을 처리해야 할 필요성이 발생한다. 역으로 말하면 사용 문맥들을 적절히 처리하지 못하면 사용성이 심각하게 저하될 수 있다는 것을 의미한다. 이런 상황에서 특정 응용 프로그램만을 사용하는 사용자를 대상으로 사용성 평가를 하는 것은 의도하지 않는 오류가 포함될 가능성이 있다. 따라서 이런 상황에서는 다양한 응용 프로그램에서 사용성을 결정하는 요소를 잘 알고 있는 사용성 전문가가 사용성 평가를 할 필요가 있다. 검사기반 평가 방법은 이같이 특정 응용 프로그램만을 사용하는 잠재적인 사용자의 반응을 측정하는 것이 아니라, 여러 응용 프로그램을 사용한다는 전제 하에 사용성 결정 요소를 잘 알고 있는 전문가의 판단에 의존하는 방법이다.

검사 기반 평가법은 적은 비용으로 적용할 수 있으며 현장 중심의 많은 상업적 디자인에 적용되고 있는 실제적인 방법이다.

4.2.1 검사 기반 방식 사용성 평가 단계

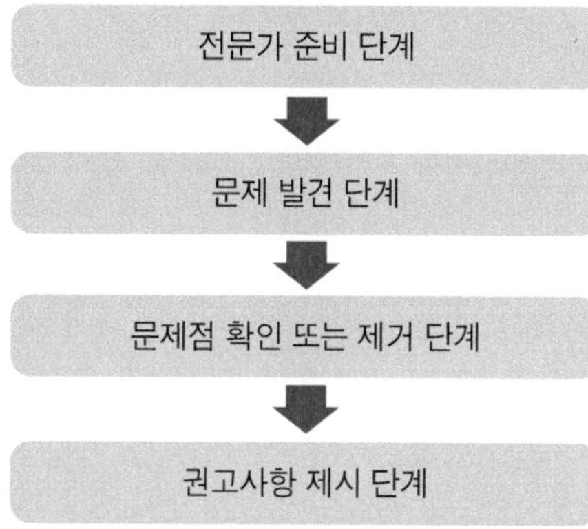

그림 7•11▸검사 기반 사용성 평가 단계

검사 기반 방식의 사용성 평가 절차는 다음과 같은 네 단계, 즉 ① 전문가 준비 단계, ② 문제 발견 단계, ③ 문제점 확인 또는 제거 단계, ④ 권고 사항 제시 단계를 거친다(그림 7•11).

1) 전문가 준비 단계 전문가는 먼저 사용성 검사 방법(usability inspection method: UIM)을 이해하여야 한다. 이를 위해서는 먼저 시스템을 이해하고 이에 따라 기대되는 사용 문맥을 파악해야 한다. 최초의 UIM인 guidelines conformance가 나온 이후로 여러 가지 UIM이 발표되었다. 가장 구조화된 UIM이라고 알려진 Cognitive Walkthrough(Spencer, 2000)도 지속적인 개선 과정을 거치고 있다. 따라서 먼저 이런 UIM을 충분히 이해한 후 이를 바탕으로 분석하려는 시스템과 그 속에 내재된 사용 문맥을 파악한다. 이런 절차를 거치면 전문가는 시스템 안에 잠재된 문제가 언제 어떻게 나타날지 파악할 수 있게 된다. 많이 사용되는 UIM은 다음 절에서 소개한다.

2) 문제 발견 단계 문제점 발견 단계에서 중요한 점은 초기 분석 단계에서 가능한 모든 문제점을 놓치지 않고 규정해야 한다는 것이다. 이 과정은 문제점 발견에 필요한 적절한 자원을 확보함으로써 이루어질 수 있다. 그런 자원은 시스템에 대한 지식에서 출발한다. 문맥 용법(usage context), 특히 직무 시나리오를 잘 표현할수록 문제점을 발견할 수 있는 가능성은 커진다. 다시 말하면, UIM, 시스템 및 응용 영역, 디자인 원리, 예상되는 사용 문맥 등을 잘 이해하면 문제점을 쉽게 파악할 수 있다.

3) 문제점 확인 또는 제거 단계 시스템, 상호 작용, 작업 영역 및 문맥 지식을 이용하여 예상되는 문제점을 발견하면 전문가는 이런 문제점들을 확인한 후 이 가운데 제거할 수 있는 것은 제거를 고려한다. 이 과정에서는 예상되는 문맥 사용에 대한 지식, 인간의 역량, HCI의 특성을 잘 이해하는 것이 무엇보다도 중요하다. 예를 들면, 표시장치에 대한 상호 작용을 잘 이해하고 있다면 정보를 찾아내거나 상호 작용 동작을 하는 과정에서, 사용자의 능력을 간과함으로써 발생할 수 있는 여러 문제점들을 쉽게 제거할 수 있다.

4) 권고 사항 제시 단계 이 단계는 파악된 문제점들에 대한 권고 사항을 제시하는 단계이다. 잘못 적용된 UIM에 근거한 권고 사항들은 그 정당성을 잃게 되므로 UIM이 적절히 적용되었는지 확인하는 것은 중요한 문제이다. 따라서 분석가가 UIM을 사용하여 문제점이 성공적으로 예측되는 것도 중요하지만 UIM이 제대로 적용되는지도 확인하여야 한다.

4.2.2 검사 방법의 종류

검사 기반 평가 방법의 종류에는 발견적 평가법(heuristic evaluation), 가이드라인 기반 방법, cognitive walk-through 등이 있다. 이들을 간단히 살펴보면 다음과 같다.

1) 발견적 평가법 발견적 평가법은 최근의 연구에서 가장 많이 사용된 사용성 평가 방법으로 경험에 근거하여 인터페이스를 평가하는 방법이다. 즉, 광범위한 범위에서 경험상 얻은 여러 가지 규칙을 사용하여 사용자 인터페이스를 평가함으로써 사용성에 관계되는 문제점들을 찾는다.

검사 방법은 직무 시나리오를 이용하거나 자유롭게 탐사하는 방식으로 진행한다. 예를 들면, 사용자가 파일명을 입력해야 하는 업무에서 사용자가 파일 이름을 직접 입력하는 대신 파일을 선택할 수 있도록 설계하면 '실수 예방' 규칙을 만족하는 설계가 된다. 이런 관점에서 보면 UNIX시스템의 명령어들은 피드백이 없어 '피드백 제공 규칙'을 어기고 있으며, 명령어를 잘못 입력하였을 때 사용자가 이해할 수 있는 언어로 피드백을 해주어야 하는 '유용한 피드백 규칙'도 어기고 있다.

2) 가이드라인 방법 가이드라인은 추상적 및 문맥적 수준의 영역에서 개발자에게 조언을 제시하는 방법이다. 예를 들면, 데이터 입력 양식 작성 시 아래와 같이 입력할 자료의 형식에 대한 암시가 나타나도록 하는 것이다. 이렇게 하면 사용자는 문맥적 수준에서 도움을 받을 수 있다.

날짜(년/월/일):   /   /

ISO 9241(VDT 사무작업을 위한 인간공학적 요구 사항)은 가장 최근의 가이드라인을 제공하고 있으니 참조하기 바란다.

3) Cognitive walk-through Cognitive walk-through는 일종의 절차적 검사방법이다(Lewis and Wharton, 1997; Wharton et. al., 1994). Cognitive walk-through에서는 먼저 평가자가 분석하고자 하는 일련의 직무를 선택한다. 분석가는 직무의 각 단계에서 경험적인 증거나 경험, 과학적 증거를 가지고 일련의 질문에 대해 답변을 해 나간다. 만일 어떤 질문에 부정적인 답변이 나오면 이는 그 시스템의 사용성에 잠재적인 문제가 있다는 것을 암시한다. 즉, Cognitive walk-through 방법에서 분석자는 사용자가 적절한 목표를 설정하고 사전 지식과 시스템이 제공하는 암시(cue)를 바탕으로 이 목표를 충족시킬 수 있는 적절한 행동을 선택할 수 있는지의 여부를 평가한다.

4.3 모델 기반 평가방법

모델 기반 평가 방법은 예측된 사용성 지표를 얻기 위해 인간이 시스템을 어떻게 사용하는지를 모델로 구성하여 평가하는 방법이다. 모델 자체는 사용자의 직무와 시스템 디자인 간의 관계에 대한 유용한 정보를 담고 있으므로, 이 방법은 인터페이스 디자인을 묘사하고 인터페이스의 사용성을 예측할 수 있다.

이 모델 기반 평가 방법은 제안된 디자인과 직무분석을 구체적으로 기술하는 것에 기반하여 진행한다. 즉, 제안된 인터페이스에서 사용자가 상호작용하면서 어떻게 임무를 수행하는가를 설명하고 심리학적 이론이나 파라메타 자료를 사용하여 예측된 사용성 매트릭스를 생성한다. 일단 모델이 만들어지면 계산이나 시뮬레이션을 통하여 쉽고 빠르게 사용성을 예측할 수 있다. 모델 기반 평가 방법은 디자인을 변화시킴으로써 나타날 수 있는 연관관계를 모델 내에서 해당사항을 변경함으로써 쉽게 파악할 수 있다.

모델 기반 평가 방법은 실제 사용자를 대상으로 실험을 하기 전이나 프로토타입(prototype)을 구현하기 전에 미리 어느 정도의 사용성 평가 결과를 얻을 수 있는 장점이 있다. 따라서 모델 기반 평가방법은 반복적인 과정을 통하여 사용성이 좋은 시스템을 개발하는 데 있어서 가장 좋은 사용성 평가의 대안으로 여겨지고 있다.

모델 기반 평가방법과 연관하여 인간성능(인간 수행도)을 모델링하는 방법으로는 직무 네트워크 모델, 인지구조 모델, GOMS 모델의 세 가지가 있다.

직무 네트워크 모델(task network models)은 직무를 구성하는 과정(process)을 네트워크로 모델링한다. 각 과정은 선행 과정이 완료된 이후에 시작할 수 있으며 각 과정의 수행시간은 확률분포로 주어진다. 이런 기본 형태에 기호나 수치로 표현되는 입출력 값을 추가하여 수행시간 등을 계산할 수 있다. 또한 각 과정에서 활용 가능한 자원이나 작업 부하 등도 추가할 수 있다. 확률변수나 직무 시나리오에 의하여 생성되는 입력변수가 결정되면 수행도는 Monte-Carlo 시뮬레이션을 수행하여 구할 수 있다.

인지구조 모델(cognitive architecture models)은 인간의 지각, 인식, 근육 운동 요소 간의 상호작용에 관한 가설을 바탕으로 작성된 모델이다. 이들 요소들의 기능과 상호작용은 일반적으로 컴퓨터 프로그램으로 시뮬레이션되며 가상의 시뮬레이션 인간(simulated human)을 생성하고 이 시뮬레이션 인간이 시뮬레이션된 직무환경에서 입력자극에 대해 반응한다. 직무는 직무 분석과 일치하는 인지 요소를 프로그래밍하여 모델화한다. 수행도는 그 직무에서 입력 사건을 생성하는 시나리오를 선택하여 시뮬레이션을 통하여 예측된다. 이 시스템은 인간의 심리적 기능에 대한 이론을 바탕으로 하므로 그 특성상 복잡하여 주로 학술적 차원에서 사용되며 현장에서는 잘 사용되지 않는다.

GOMS 모델은 기본적으로 사용자가 시스템을 가동하기 위해 가져야 할 절차에 관한 지식을 묘사한다. GOMS 모델은 그 인지구조의 복잡성에 따라 여러 가지 모델이 있으므로 다음 절에서 자세히 알아보기로 한다.

4.4 GOMS 모델

4.4.1 GOMS 모델의 개요

GOMS는 Goal, Operators, Methods, Selection rule의 첫 글자를 따서 명명되었다. GOMS는 인간과 컴퓨터의 상호작용을 하나의 문제해결 행위로 보고, 인지복잡도 이론(cognitive complexity theory: 인

간의 정보처리 과정을 다루는 이론)과 MHP(Model Human Process)에 근거한 과학적이면서도 실용적인 평가방법이다.

GOMS 모델은 하나의 문제해결을 위해서 전체 문제를 하위문제로 분해하고 이 하위문제를 또 다시 작은 하위단위들로 분해하며 이러한 가장 작은 하위단위들을 모두 해결함으로써 전체 문제를 해결한다는 기본 논리를 가지고 있다. GOMS 모델은 이러한 논거를 기반으로 어떤 문제를 해결하기 위해서, 인간이 어떤 행위를 취할지를 예측하여 그 문제를 해결하는 데 필요한 소요 시간, 학습 시간 등을 평가하기 위한 모델이다.

GOMS 모델은 사용자가 수행해야 할 업무의 모델을 네 가지의 표현, 즉 직무의 목표(goal), 사용자가 취할 수 있는 여러 가지 연산자(operators), 연산자의 조합 방법(methods), 동일한 목표를 달성시키는 여러 가지 방법 사이의 선택 규칙(selection rule)으로 표현된다. 이들을 설명하면 다음과 같다.

1) 목표 목표(goals)는 시스템에서 사용자가 달성하고자 하는 것을 의미한다. 목표는 매우 높은 수준의 목표에서부터 낮은 수준의 목표로 변화되어 간다. 즉, 높은 수준의 목표는 계층적으로 구성된 낮은 수준의 부목표로 분해될 수 있다. GOMS 모델에서는 목표를 아래와 같이 동사와 명사의 형태로 표기한다(표 7•1).

표 7•1▸목표의 표기 예

〈Delete Word〉, 〈Move-by-find-function-cursor〉

2) 연산자 연산자(operators)는 목표를 이루기 위해 사용되는 사용자의 지각과 운동 또는 인지 과정에서의 활동 요소를 의미한다. 목표와 연산자는 중요한 차이가 있다. 두 가지 모두 '행동—개체'의 형식을 지니고 있으나, 목표는 달성되는 것이고 연산자는 단지 실행되는 것이다. 이러한 구분은 사용자의 판단에 의해 구분된다. 위에서 언급한 바와 같이 GOMS 모델에서 문제는 상위문제에서 하위문제로 분해되는데 연산자도 마찬가지로 고수준 연산자에서 저수준 연산자로 분해된다. 상위에서는 고수준 연산자들을 이용한 방법들이 실행되고, 이것들은 다시 하위문제로 분해되어 점차 저수준 연산자를 이용한 방법으로 대치되어 최종적으로 더 이상 분석되지 않는 원시 연산자들만 남을 때까지 반복된다.

연산자의 종류는 크게 내부 연산자(internal operators)와 외부 연산자(external operators)로 구성된다(표 7•2).

각 연산자는 사용자가 수행할 수 있는 시간을 나타낼 수 있으며, 연산자에서 나타내는 시간은 작업 상황에 독립이라고 가정한다.

3) 방법 방법(methods)은 목표를 어떻게 이루는가를 묘사하는 절차이다. 즉, 방법은 사용자가 원하는 목표를 이루는데 필요한 연산자나 부목표가 연달아 일어나는 것을 결정하는 내면화된 알고

표 7•2▸내부 연산자와 외부 연산자

내부연산자	사용자의 정신적 과정에 의해 수행되는 것을 표현하는 연산자이다. 이러한 연산자는 관찰되지는 않지만, 이론과 분석에 의해서 추론되거나 가정된다.
외부연산자	시스템이나 다른 개체에서 변경한 정보에 의해 사용자가 취하는 행동을 표현하는 연산자이다. 스크린에서 글을 읽는다든가 커서의 위치를 확인하거나, 마우스를 움직이거나 하는 것이 외부 연산자의 대표적인 예이다. 외부 연산자는 다른 개체와 상호작용을 한다.

리즘이다. 예를 들어, 한글 프로그램에서 단어를 지우기 위한 방법으로는 단어의 시작 부분에 마우스 커서를 위치하고 F3을 누르고 화살표 키(Step Key)로 단어의 끝가지 블록을 지정한 후 [Delete] 키를 눌러 단어를 삭제하는 방법이 있는 반면, 마우스로 단어의 시작 부분부터 끝 부분까지 블록을 지정한 후 [Delete] 키를 누르는 방법 등 여러 가지 방법이 있다. 이와 같이, 방법은 목표를 이루기 위해 필요한 사용자의 수행을 나타내는 연산자의 연속적인 절차를 말한다. 따라서 하나의 목표를 달성할 수 있는 방법은 여러 가지가 있을 수 있다.

4) 선택규칙 목표를 이룰 수 있는 방법이 여러 가지가 있다면 이를 선택하는 규칙이 있어야 한다. 선택규칙(selection rules)이란 목표를 달성하기 위하여 여러 가지 방법이 존재할 때 어떤 방법을 선택할 것인지를 도와주는 규칙을 말한다. 즉, 선택규칙은 주어진 목표를 달성하는데 있어서 작업 상황에 알맞은 방법을 명시화하는 것이다. 같은 목표를 달성하는 데 다양한 방법이 있으므로, 선택규칙은 사용자가 원하는 목표를 이루는 데 적용할 수 있는 방법에 대한 지식을 나타낸다고 할 수 있다. 따라서 선택규칙은 작업 상황에 대한 부가적인 진술의 형식을 취한다. 예를 들면, 3개의 문자를 삭제하고자 할 때 현재의 커서 위치로부터 3개의 문자를 삭제한다면, 그때는 마우스를 사용하는 방법보다 삭제키를 사용하는 방법이 편할 것이고 이는 선택규칙에 해당된다.

4.4.2 GOMS 모델의 종류

1983년 Card, Moran, Newell이 GOMS 모델을 발표한 이후 다양한 GOMS 모델이 발표되었다. GOMS 모델의 종류로는 KLM-GOMS, CMN-GOMS, NGOMSL, CPM-GOMS 등이 있다. 이들의 특성과 분석 방법을 살펴보도록 한다.

1) KLM-GOMS GOMS 모델 중 가장 간단한 모델인 KLM-GOMS(Keystroke Level Model-GOMS, Card et al, 1980)는 HIP(human information processor)의 순차모형에 기반을 두고 있는 기법으로, 미리 정의된 행동 양식의 예상 시간을 비교하여 분석한다. 즉, KLM-GOMS 모델은 기본적으로 가장 기초적인 수준의 동작(예: 마우스 움직임, 화면에서 찾기, 페이지 넘기기 등과 같이 쉽게 관측이 가능한 동작 수준)으로 연산자를 제한하고 있으며 직무 수행 시간은 각 연산자에 대해 표준화된 시간 예측치를 합하여 구한다.

KLM-GOMS 모델은 마우스를 이끌어 텍스트를 편집하는 것, 전화 교환원의 응답 시스템, 데이터베이스의 공간 운영 문제, CAD/CAM 소프트웨어(John and Kieras, 1996)와 같은 모델에 사용되고 있다. 따라서 KLM-GOMS 모델은, 특히 짧고 반복적인 직무를 자세히 분석할 때 유용한 방법이다.

2) CMN-GOMS CMN-GOMS모델은 Card, Moran, Newell이 제안한 모델이다. CMN-GOMS 모델은 계층 구조의 목표를 프로그램 형식으로 표현한다는 특징을 갖는다. CMN-GOMS 모델에서 부목표와 선택규칙을 더하면 KLM-GOMS 모델이 만들어지며, 수행시간 예측뿐만 아니라 계속 발생되는 연산자도 예측할 수 있다. CMS-GOMS 모델의 대표적인 수행 연구로는 워드 프로세서(Card et. al, 1983)와 인간공학 디자인을 위한 CAD 시스템(John and Kieras, 1996) 모델 등이 있다.

3) NGOMSL NGOMSL(Natural GOMS Language)은 인간의 인지 과정을 묘사하는 인지이론을 기초로 한 모델이다. 이 모델은 특정 업무를 수행하는데 필요한 조작자의 순서, 업무의 실행시간, 조작자의 학습시간, 인지적 부하 등을 분석하여, 일관성 및 설계상의 문제점을 지적하여 새로운 대안을 제시하는 데에 사용된다. 또한 업무 학습에 필요한 시간을 추정하는 것도 가능하다.

NGOMSL은 그 후 GOMSL(GOMS Language)이란 이름으로 실행 가능한 형태로 정형화되어, 인지 구조를 구현하는 컴퓨터 시뮬레이션 형태로 사용 가능하게 되었다.

4) CPM-GOMS CPM-GOMS(Cognitive Perceptual Motor-GOMS)는 이전의 GOMS 모델에 인간의 간단한 정보처리 모델에서 수행되는 지각(perception), 인지(cognition), 운동근육 조작자(motor operators) 항목에 대한 구체적인 활동 순서를 표시한 모델이다. 지각, 인지, 운동 근육 활동에 대한 연산자를 제공하여 인지 과정의 모델을 구축하고 분석할 수 있는 방법을 제시하기 때문에 결정적 경로분석법(critical-path-methods)이라고 부르기도 한다.

4.4.3 GOMS의 특징

GOMS는 사용자의 행위를 이미 알고 있는 상황에서 주어진 과업을 얼마나 빨리 수행하는가를 알고자 하는 경우에 사용된다. GOMS 모델은 기본적으로 각 작업 목표에 정확한 수행 단계가 정해져 있고, 사용자가 이 수행 과정 중 단 한 번도 실수하지 않고 작업을 완료한다는 가정 하에 진행된다.

GOMS 모델의 특징을 압축하면 예측적, 묘사적, 규범적 기법이라고 할 수 있다. 예측적 기법인 이유는 분석 중에 개발자가 각 모델에 포함되는 연산자에 대한 시간 추정을 함으로써 사용자의 업무 수행시간을 예측할 수 있기 때문이다. 업무 수행시간을 정량적으로 추정할 수 있기 때문에 이론에 대한 검증이 가능하다.

GOMS 모델은 사용자가 시스템에서 업무를 수행하는 방법을 표현할 수 있기 때문에 묘사적인 기법이라고 할 수 있다. 방법과 부목표, 선택규칙은 업무 절차가 어떻게 이루어지는지에 대한 상세한 설명을 제공하기 때문에 디자이너에게 도움이 된다.

GOMS 모델이 규범적 기법인 이유는 이 모델이 시스템 디자인을 돕거나 훈련 프로그램을 개발할 수 있는 가이드처럼 사용될 수 있기 때문이다. 즉, GOMS 모델이 어떤 목표를 달성하기 위해 개발되었다면, 그 모델은 새로운 사용자에게 목표에 도달하는 방법을 가르칠 수도 있다.

GOMS 모델은 위와 같은 특징을 가지고 있지만 다음과 같은 몇 가지 제약도 있다. 첫째, GOMS 모델에서는 작업자가 실수를 하지 않는다는 것을 가정하므로 실수가 없는 숙련된 사용자에 대한 예측만을 나타낸다. 따라서 GOMS 모델은 시스템을 학습하는 초보자 또는 실수를 저지르는 사용자를 적용 대상으로 고려하지 않는다. 따라서 초보자에게는 이러한 모델이 심각한 결함이 될 가능성이 존재한다. 둘째, GOMS 모델은 업무가 목적(업무의 궁극적 목적)과 직접 관련된 것처럼 여기고 업무를 모델화한다. 따라서 업무에 존재하는 문제를 해결하고자 할 때 업무 자체를 해결하려고 시도할 것이며 이는 문제 해결을 위한 본질, 즉 목적이 무시될 가능성이 존재한다. 셋째, 평균 예측 값을 사용함으로써 사용자 간의 개인차를 고려하지 않는다. 넷째, GOMS 모델은 수행시간을 제외하고는 다른 어떤 것도 고려되지 않기 때문에, 디자인이 완성된 상황에서 제품이 얼마나 유용하고 유익한 지에 대한 통찰을 제공해 주지 못한다.

GOMS 모델은 기본적으로 사용자의 인지 과정에 초점을 두고 직무 수행 절차를 학습하는데 걸리는 시간과 직무를 수행하는데 걸리는 실행시간을 예측하고 이로부터 직무 수행 시 요구되는 인지 부하를 분석한다. 하지만 실세의 복합 시스템에서는 사용자 그룹의 협동에 의해 직무를 수행하므로 개인의 인지 과정을 포함한 그룹의 인지 과정을 고려하여 HCI를 평가하는 기법의 개발이 필요하다. 이러한 제약에도 불구하고 GOMS 모델은 분석적 평가방법 중에서 복합 시스템의 평가도구로서 인간-컴퓨터 인터페이스의 설계 단계에서 활용되어 보다 좋은 시스템으로 설계 변경을 하는 데 그 유용성이 입증된 바 있다.

5 UX 디자인

UX는 사용자 경험(user experience)의 약자이며 인지 심리학자 도널드 노먼(Donald A. Norman)이 휴먼 인터페이스와 사용성이라는 단어가 너무 좁은 영역을 다룬다고 생각하여, 사람이 어떤 시스템이나 산업 디자인, 그래픽 디자인, 인터페이스, 물리적 소통과 매뉴얼에 이르기까지 인공적인 것과 소통하는 모든 측면을 다루기 위하여 1990년대 중반에 처음으로 사용하였다. ISO 9241-210에서는 UX를 다음과 같이 정의하고 있다.

> **사용자 경험:** 제품, 시스템 혹은 서비스의 사용 그리고/혹은 예측된 사용으로 유발되는 사람의 지각과 반응(user experience: person's perceptions and responses resulting from the use and/or anticipated use of a product, system or service)

ISO는 또한 사용자 경험에는 세 가지 요소, 즉 제품/시스템/서비스, 사용자, 사용 상황이 영향을 미친다고 제안하고 있다. ISO에서는 위의 정의 바로 뒤의 노트에서 다음 세 가지를 언급하고 있다. 첫째, UX는 사용 전, 중과 후에 일어나는 사용자의 감정, 신념/믿음, 선호, 지각, 신체적 및 심리적 반응, 행동과 성취 모두를 포함한다. 둘째, UX는 사전 경험, 태도, 기술(skill), 성격, 사용 상황으로부터 유발되는 브랜드 이미지, 발표(presentation), 기능성, 시스템 수행도(performance), 상호작용적(interactive) 시스템의 상호작용 행위 및 도움이 되는(assistive) 능력(capability), 사용자의 내적 및 신체적 상태의 결과이다. 셋째, 사용성은 UX와 관련되어 있는 지각 및 감정적 측면을 포함하고 있어, 사용성 평가 기준(criteria)은 UX 측면의 평가에 사용될 수 있다.

위키피디아에서는 다음과 같이 사용자 경험을 정의하고 있다.

> **사용자 경험:** 사용자가 어떤 시스템, 제품, 서비스를 직·간접적으로 이용하면서 느끼고 생각하게 되는 총체적 경험

정의에 따르면 UX는 단순히 기능이나 절차상의 만족뿐 아니라 전반적인 지각 가능한 모든 면에서 사용자가 참여, 사용, 관찰하고 상호 교감을 통해서 얻을 수 있는 가치 있는 경험을 포함한다. 긍정적인 사용자 경험의 창출은 산업 디자인, 소프트웨어 공학, 마케팅 및 경영학의 중요 과제이며 이는 사용자의 니즈 만족, 브랜드의 충성도 향상, 시장에서의 성공을 가져다 줄 수 있는 주요 사항이다. 부정적인 사용자 경험은 사용자가 원하는 목적을 이루지 못할 때나 목적을 이루더라도 감정적, 이성적으로나 경제적으로 편리하지 못하거나 부정적인 반응을 불러일으키는 경험을 하게 되는 경우 발생할 수 있다.

사용성은 과제가 이루어지는(getting a task done) 실용적(pragmatic) 측면을 포함하고, UX는 시스템의 실용적 및 기호적(hedonic) 관점으로부터 유발되는 사용자의 감정에 초점을 맞추고 있어 중복되는 개념이라 할 수 있다. 사용성이라는 용어가 UX에 비하여 먼저 나왔으나 서로 교환적으로 사용되고 있다. 사용성이 어떤 과제가 이루어지는 것에 관한 것이기 때문에 정보 구조와 사용자 인터페이스(user interface: UI)와 같은 UX 측면은 UX를 좋은 방향으로 촉진시키기도 하고 나쁜 방향으로 방해가 될 수 있다(사용성이 높게 혹은 낮게 한다). 예를 들어, 어떤 웹사이트가 나쁜(bad) 정보 구조를 가지고 있어 찾고자 하는 것을 찾기 어렵다면 사용자는 효과적, 효율적 및 만족스러운 검색을 할 수 없게 된다(사용성이 낮음).

인간과 기계 영역의 접점을 의미하는 사용자 인터페이스(UI)와 UX는 다음과 같이 비교·설명될 수 있다. 첫째, UI가 제품, 시스템, 서비스를 사용하는 사용자에게 편리함을 제공하는 중요한 영역이기는 하나, 사용자에게 좋은 경험을 제공하기 위해서는 UI뿐 아니라 사용자가 특정 시점에 경험할 수 있는 모든 것을 일관되게 만들어야 한다. 따라서, UI와 더불어 사용자가 사용 중 접하는 모든 부분을 설계 과정에 포함하여야 하며, 이를 포괄할 수 있는 것이 UX이다. 둘째, UI에서는 사용성을 강조하였는데 1990년대 중반부터 사용성만이 사용자가 제품, 시스템, 서비스를 잘 사용하는 측면이 아니고, 재미나 예쁜 것도 중요함을 인식하기 시작하였다. 이러한 개념을 사용성 범주 안에 포함하기도 하였으나 이를 경험으로 정의하였다. 디자인에서 UX는 보기 좋게 보이는 감각적

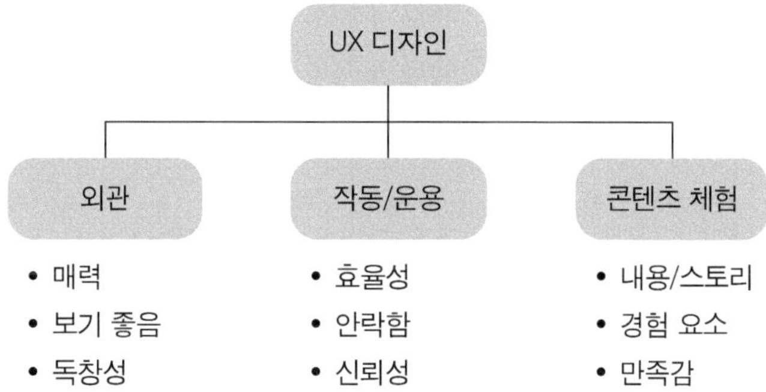

그림 7•12▸UX 디자인 대상

경험, 감성적 경험, 지속적 상호작용 과정에서 생기는 행위적 경험, 개인적 요구 사항 충족과 관련된 개인적 경험, 생활양식 측면에서 새롭고 이색적인 환경적 경험 등을 망라한다. UI에서 사용자는 목표 과제를 어떻게 이루는 가를 파악하기 위한 분석의 대상이었다면, UX에서는 사용자에 대한 이해의 폭이 넓어지면서 공감의 대상으로 확장되었다.

UX 디자인은 사용자가 제품, 시스템, 서비스 등을 직접적 혹은 간접적으로 이용하면서 느끼는 반응, 행동과 같은 경험을 총체적으로 설계하는 것으로 정의될 수 있다. 즉, UX 디자인은 그 제품, 시스템 혹은 서비스를 사용하는 사람들이 가지게 될 감정, 태도, 행동을 디자인하는 것이다.

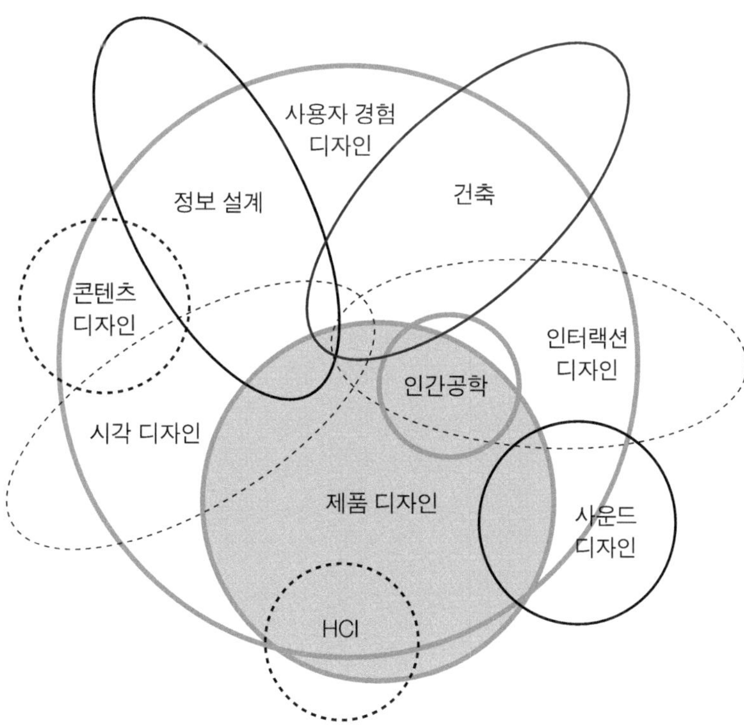

그림 7•13▸UX 디자인 관련 분야

표 7•3 ▸ UX 디자인 결과

	효과	감정
긍정적 경험	니즈 만족 제품/시스템/서비스에 대한 충성도 향상 습관화 시장에서 성공	쉬움 유쾌함 재미 즐김(joy)
부정적 경험	목적 달성 실패 경제적 손해 브랜드에 대한 배신감 시장에서 실패	어려움 불쾌함 좌절 화남

UX 디자인은 정의에 따라 외관뿐 아니라 작동, 콘텐츠 등 제품, 시스템, 서비스 사용과 관련된 모든 부분이 대상이 된다(그림 7•12). 이에 따라 UX 디자인은 디자인과 관련된 대부분의 영역을 포함하거나 깊게 관련되어 있다(그림 7•13). UX 디자인이 좋을 때 및 나쁠 때 나타나는 효과 및 감정은 표 7•3과 같이 정리할 수 있다.

UI 디자인은 인간-기계 인터페이스를 인간공학적 설계 원리 및 UX를 반영하여 설계하는 영역이라 할 수 있다. UI 디자인과 UX 디자인을 비교하면 UX 디자인이 사용자 경험에 대한 연구와 분석에 초점이 맞추어진 것이라면, UI 디자인은 UX 방법론에 따라 분석된 결과를 바탕으로 이에 맞게 UI를 설계하는 것이라 할 수 있다. UX 디자이너는 연구와 분석을 주로 하며 UI 디자이너는 UX 방법론에 따라 분석된 결과를 토대로 이에 맞게 UI를 설계한다. 즉, UX 디자인은 분석적, 논리적, 이론적 측면을 강조하는 반면, UI 디자인은 시각적 요소를 강조한다. 요즘은 UX 디자이너들이 전문 UX 도구를 이용하여 UI 디자인을 수행하고 있고, UI 디자이너들이 사용자 분석과 시장 분석, 경쟁 분석 등을 통해 UX 요소를 디자인에 반영하는 경우가 많아 두 영역을 물리적으로 명확히 구분하기 어려운 것이 특징이다.

연습문제

[1] 사용성에 관한 설명 중 틀린 것은?

① 사용성이 좋은 것은 제품 성능이 좋다.
② 사용성이 좋으면 사용자의 만족도가 높다.
③ 사용성이 좋으면 목적 달성을 효과적으로 할 수 있다
④ 사용성이 좋으면 편리성이 높다.

[2] 다음 중 사용성 속성으로 보기 힘든 것은?

① 학습 용이성 ② 접근성 ③ 효율성 ④ 만족감

[3] '목적 달성의 결과로 사용자의 감성적인 측면에서의 욕구 충족의 정도'는 사용성 지표 중 어느 것을 설명하고 있는가?

① 효율 ② 기능 ③ 효과 ④ 만족

[4] 다음 중 HCI에 대한 설명으로 가장 거리가 먼 것은?

① 사용자 중심의 컴퓨터 시스템을 개발하는 과정에서 태동하였다.
② 마우스를 이용한 GUI와 직접 조작 방식이 개발되면서 시작되었다.
③ 적용 대상은 사람과 상호작용이 가능한 시스템이다.
④ 제품의 내구성이 중요해지면서 그 중요성이 증대되고 있다.

[5] HCI가 추구하는 목적이라 보기 힘든 것은?

① 기능적일 것 ② 사용 용이성 ③ 경제성 ④ 안전

[6] HCI 구성 요소가 아닌 것은?

① 키보드 ② 메모리 ③ GUI ④ 프린터

[7] 다음 중 현재 사용 중인 인간중심 설계에 관한 표준은?

① ISO 13407 ② ISO 92141-210 ③ ISO 9001 ④ ISO 14000

[8] 다음 중 ISO 9241-210의 인간중심 설계 원칙으로 보기 힘든 것은?

① 환경 배려 ② 사용자 참여 ③ 반복적 설계 ④ 인간공학 중심 설계

[9] 인간중심 설계 프로세스로 보기 어려운 것은?

① 사용 내용의 이해와 명시 ② 사용자와 경영진의 요구사항 명시
③ 설계 해결안 작성 ④ 설계안 평가

[10] UX라는 용어를 최초로 사용한 사람은?

① 노먼 ② 샌더스 ③ 차파니스 ④ 테일러

[11] UX에 영향을 미치는 요소로 가장 거리가 먼 것은?

① 시스템 ② 사용자 ③ 개발자 ④ 사용 상황

[12] UX 요소로 보기 가장 어려운 것은?

① 감정 ② 사용 상황 ③ 반응 ④ 행동

[13] 다음 설명 중 옳지 않은 것은?

① 사용성은 실용적 및 기호적 측면을 포함한다.
② 사용성과 UX는 호환적으로 사용된다.
③ UX는 UI를 포함 한다.
④ UI는 사용성을 강조한다.

[14] UX 디자인 대상으로 보기 가장 힘든 것은?

① 외관 ② 작동/운용 ③ 사용 환경 ④ 콘텐츠 체험

[15] UX 디자인 관련 분야로 거리 가장 먼 것은?

① 시각디자인 ② 인터액션디자인 ③ 환경디자인 ④ 제품디자인

[16] 다음 중 UX에 대한 설명으로 가장 거리가 먼 것은?

① 고객의 경험과 가치 요소를 제품에 연결하는 방법이다.
② 디자이너, 제품 개발자의 경험을 제품에 반영한다.
③ 인간공학적 및 감성공학적 요소 기술이다.
④ 혁신적 제품 개발 방법이다.

[17] 사용성을 확보하기 위한 원칙으로 적절하지 않은 것은?

① 같은 기능을 수행할 때 동일한 입력 방식을 사용한다.
② 모든 작업에 대하여 시각적으로 피드백을 준다.
③ 직접 조작 방식을 사용하여 대상물과 결과를 직접 보게 한다.
④ 누구나 쉽게 시스템에 쉽게 접근하여 사용할 수 있게 한다.

[18] 사용성 향상 원리와 거리가 먼 것은?

① 도움말을 제공한다.
② 사용자 수준을 따른 시스템의 융통성을 확보한다.
③ 직무 수행을 위해 필요한 최소 정보만을 요구한다.
④ 보고 선택하는 방식보다는 기억해서 입력하는 방식을 사용한다.

[19] 주의에 관한 설명 중 틀린 것은?

① 선택적 주의는 여러 채널을 감시해야 하는 작업을 수행할 때 요구된다.
② 집중적 주의는 하나의 채널만 계속 감시하여야 하는 작업에 필요하다.
③ 분산적 주의는 여러 가지 작업을 동시에 수행하여야 할 때 요구된다.
④ 지속적 주의는 하나의 작업을 짧은 시간 내에 수행해야 할 때 필요하다.

[20] Norman의 실행-평가 모델에 관한 설명 중 틀린 것은?

① 실행과 평가 과정을 7단계로 구분한다.
② 실행의 만은 의도-행위 명세화-실행의 단계를 거친다.
③ 평가의 만은 지각-해석-평가의 단계를 거친다.
④ 실행의 만은 시스템에서 사용자 목표로 진행하는 과정이다.

[21] Norman의 7단계 모형에서 실행에 해당하는 것은?

① 의도 ② 지각 ③ 해석 ④ 평가

[22] Norman의 7단계 모형에서 평가에 해당하는 것은?

① 의도 ② 지각 ③ 행위 명세 ④ 실행

[23] Abowd와 Beale가 제시한 상호작용 프레임워크의 상호작용 4단계에 속하지 않는 것은?

① 작업지시 ② 작업실행 ③ 작업저장 ④ 결과관찰

[24] Abowd와 Beale가 제시한 상호작용 프레임워크의 상호작용 4단계가 이루어지는 상황을 잘못 설명한 것은?

① 작업지시는 사용자와 Input 사이에서 이루어진다.
② 작업실행은 Input과 시스템 사이에서 이루어진다.
③ 결과표현은 시스템과 Output 사이에서 이루어진다.
④ 결과관찰은 Output과 Input 사이에서 이루어진다.

[25] 다음 중 사용자에 의한 사용성 평가 방법이 아닌 것은?

① cognitive walkthrough ② FGI
③ 모형평가법 ④ 행동관찰법

[26] 휴리스틱 사용성 평가 방법에 대한 설명으로 가장 거리가 먼 것은?

① 여러 명의 평가 결과를 종합하여 결과를 산출한다.
② 평가 대상 제품을 작업 시나리오대로 사용해보면서 평가한다.
③ 문제점 발견 비율이 높다.
④ 주관이나 편견이 개입될 소지가 있다.

[27] 사용성 평가 실험에 대한 설명으로 가장 거리가 먼 것은?

① 평가 대상 제품에 대한 실험을 통하여 평가한다.
② 5-6명의 피실험자가 참가하면 90% 이상의 문제점을 발견할 수 있다.
③ 많은 비용이 소요된다.
④ 비전문가가 계획할 경우 큰 오차를 수반할 수 있다.

[28] FGI 사용성 평가법에 대한 설명으로 옳지 않은 것은?

① 원래는 마케팅조사 기법이다.
② 토론을 통한 정량적 조사 기법이다.
③ 본 조사에 앞서 탐색조사 수단으로 이용된다.
④ 보통 1.5~2시간이 소요된다.

[29] 사용자들의 행동을 분석하기 위하여 사용자가 생활하는 자연스러운 생활환경에서 관찰하는 사용성 평가법은?

① 휴리스틱평가법　② FGI
③ 사용성 평가 실험　④ 행동관찰법

[30] 사용성을 결정하는 요소를 잘 알고 있는 전문가의 판단에 의존하여 사용성을 평가하는 방법을 무엇이라 하는가?

① 사용자 기반 평가　② 설계자 기반 평가
③ 검사 기반 평가　④ 모델 기반 평가

[31] 인간이 시스템을 어떻게 사용하는지를 모델로 구성하여 사용성을 평가하는 방법을 무엇이라 하는가?

① 사용자 기반 평가　② 설계자 기반 평가
③ 검사 기반 평가　④ 모델 기반 평가

[32] 인간성능(인간 수행도)을 모델링하는 방법과 관련 없는 것은?

① 직무 네트워크 모델　② 인지구조 모델
③ GOMS 모델　④ Cognitive Walk-Through

[33] 직무 네트워크 모델에 관한 설명 중 옳은 것은?

① 직무를 구성하는 과정(process)을 네트워크로 모델링 한다.
② 인간의 지각, 인지, 근육운동 요소 간의 상호작용에 관한 가설을 바탕으로 작성된 모델이다.
③ 사용자가 시스템을 가동하기 위해 가져야 할 절차에 관한 지식을 묘사한다.
④ 하나의 문제해결을 위해서 전체 문제를 하위문제로 분해하고 이 하위문제를 또다시 작은 하위단위들로 분해하며 이러한 가장 작은 하위단위들을 모두 해결함으로써 전체 문제를 해결한다.

[34] 인지구조 모델에 관한 설명 중 옳은 것은?

① 인지복잡도 이론과 MHP(Model Human Process)에 근거한 평가방법이다.
② 인간의 지각, 인지, 근육운동 요소 간의 상호작용에 관한 가설을 바탕으로 작성된 모델이다.
③ 시스템을 사용하기 위해 사용자가 가져야 할 절차에 관한 지식을 묘사한다.
④ 전체 문제를 하위문제로 분해하고 이 하위문제를 또다시 작은 하위단위들로 분해하며 가장 작은 하위단위들을 모두 해결하는 방식을 취한다.

[35] GOMS 모델에 관한 설면 중 틀린 것은?

① 일종의 평가 방법이다.
② 사용자가 수행해야 할 업무를 목표, 연산자, 방법(methods), 선택 규칙으로 표현한다.
③ 높은 수준의 목표를 해결하면 하위 목표는 자연히 해결된다는 접근 방식이다.
④ 사용자가 시스템을 가동하기 위해 가져야 할 절차에 관한 지식을 묘사한다.

[36] GOMS 모델의 특징에 대한 설명 중 틀린 것은?

① GOMS는 사용자의 행위를 이미 알고 있을 때 얼마나 빨리 주어진 과업을 수행하는가를 알고자 하는 경우에 사용한다.
② GOMS 모델은 기본적으로 각 작업 목표에 정확한 수행 단계가 정해져 있으며 사용자가 한번도 실수하지 않고 작업을 완료한다는 가정을 두고 있다.
③ GOMS 모델은 업무 수행시간을 정량적으로 추정할 수 있다.
④ GOMS 모델은 시스템을 학습하는 초보자 또는 실수를 저지르는 사용자에 대해서도 사용 가능하다.

[37] GOMS 모델의 종류에 해당되지 않는 것은?

① KLM-GOMS(Keystroke Level Model-GOM)
② CMN-GOMS
③ NGOMSL(Natural GOMS Language)
④ U-GOMS

응용문제

[1] 컴퓨터 사용 시 일반 사용자와 전문 사용자 간에 숙련도 차이를 보상해 주는 방안에 대해 조사하라.

[2] 네 가지 주의(선택적 주의, 집중적 주의, 분산적 주의, 지속적 주의)를 설명하고 그 적용 사례를 들어라.

[3] 상호작용 시스템을 위한 인간중심 디자인 과정(ISO 13407, http://www.iso.org)을 조사하여 보아라.

[4] 독립형 설문지 QUIS를 http://www.lap.umd.edu/QUIS/index.html에서 찾아 이해하고 그 활용사례를 조사하라.

[5] 소프트웨어 평가에 사용되는 SUMI를 찾아 이해하고 그 활용 사례를 조사하라.(http://www. ucc.ie/hfrg/questionnaires/sumi/index.html)

[6] 사용자 관찰법에서 나타날 수 있는 Hawthorn 효과란 무엇인가?

[7] 사용성을 높이기 위한 설계 원리를 사례를 들어 설명하라.

[8] UI 및 UX 디자인을 비교·설명하라.

CHAPTER 8 인지 특성을 고려한 설계 원리

우리는 일상생활에서 도구, 기기, 설비를 사용하는 중 여러 실수를 하게 된다. 예를 들어, 화장실에서 손을 씻기 위하여 올려야 물이 나오는 수도꼭지를 누르기도 하고, 급한 생리적 용무를 보기 위하여 힘껏 밀어도 열리지 않던 문이 당기는 것일 수도 있다. 이와 같은 예에서는 실수가 불편 이상의 큰 문제를 야기하지 않으나, 산업에서는 기기 조작 잘못으로 대형 사고를 유발하기도 한다. 이러한 인간의 일상생활 혹은 생산 활동에서 발생할 수 있는 실수를 줄이기 위해서는 기기, 설비 등의 설계 시에 인간의 인지 특성이 반영되어야 한다. 본 장에서는 설계 시에 활용할 수 있는 인지 특성을 반영한 설계 원리를 제시한다.

1 좋은 개념 모형을 제공하라

병따개, 발전소 혹은 컴퓨터와 같이 간단하든지, 복잡한 것인지에 관계없이 사용자가 도구나 장치에 대해 좋은 개념 모형을 가지고 있으면, 사용자가 더 빨리 사용법을 배우고, 문제가 발생할 경우 문제의 본질을 더 정확하고 쉽게 파악할 수 있다. 이렇게 되기 위해서는 사용 방법들을 쉽게 익힐 수 있어야 하고, 모든 조작 행동이 개념 모형과 일치하여야 하며, 장치의 현재 상태를 개념 모형과 일치하는 방법으로 보여주어야 한다. 따라서 디자이너는 사용자 수준에 적절하고, 도구나 장치 조작의 중요한 부분을 반영하고 사용자가 이해할 수 있는 개념 모형을 개발하여야 한다.

위에서 언급한 개념 모형 혹은 심성 모형은 그림 8•1과 같이 세 가지, 즉 디자인 모형, 사용자 모형과 시스템 이미지로 나눌 수 있다. 디자인 모형은 디자이너가 마음속에 가지고 있는 시스템에 대한 개념화이다. 사용자 모형은 시스템 운용을 설명하거나 시스템을 운용하는 사용자가 시스템을 보면 머릿속에 그려지는 모형이다. 이상적으로는 디자인 모형과 사용자 모형이 같아야 한다. 그러나 디자이너는 사용자와 직접 의사소통하는 일은 거의 없고 오로지 시스템 자체, 즉 시스템의 물리적 외관이나 그것의 사용 및 반응 방식, 시스템 매뉴얼과 지시서를 통하여서만 사용자와 의

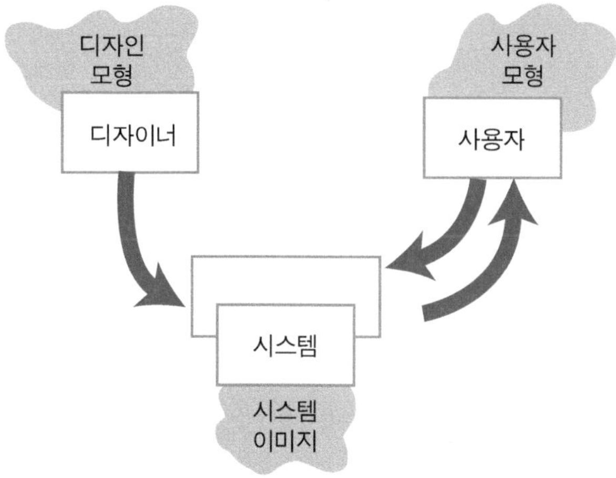

그림 8•1▸개념 모형의 종류

사소통을 한다. 만약 시스템 이미지가 디자이너 모형을 확실하고 일관성 있게 나타내주지 못하면 사용자들은 잘못된 심성 모형을 가지게 된다. 이러한 이유로 시스템 이미지가 중요하며, 디자이너는 시스템의 모든 것이 적절한 개념 모형과 일치하고 시스템을 보기만 하여도 그 개념 모형의 운용의 단서를 알 수 있도록 시스템을 설계하여야 한다.

위의 세 가지 심성 모형은 모두 중요하다. 사용자 모형은 사용자에 의해 시스템의 무엇이 이해되는가를 결정하기 때문에 필수적이다. 다음으로 기능적이며 학습 가능하고 사용할 수 있는 디자인 모형을 만드는 것은 디자이너에 달려 있다. 디자이너는 적절한 시스템 이미지를 보여줄 수 있도록 시스템을 설계하여야 한다. 이렇게 하여야 사용자는 적절한 사용자 모형을 획득할 수 있고, 자신의 의도를 행동으로 옮길 수 있으며 시스템 상태를 해석할 수 있게 된다. 사용자는 시스템의 모든 정보를 시스템 이미지로부터 획득한다는 것을 기억하여야 한다.

예제 8.1 일반적으로 냉장고에는 냉동실과 냉장실 온도조절장치가 따로 표시되어 있어, 각 실의 온도 조절이 그림 8•2 (a)와 같이 독립적으로 이루어지는 것처럼 보인다. 그러나 실제로는 하나의 온도계와 하나의 냉각장치 및 2개의 조절장치가 있다. 즉, 2개의 조절장치 중 하나는 온도계의 온도를 결정하고, 다른 조절장치는 냉동실과 냉장실에 들어가는 차가운 공기의 비율을 통제하는 역할을 한다(그림 8•2 (b)). 이러한 냉장고는 사용자 모형과 디자인 모형이 달라 사용자로 하여금 각 실의 온도를 독립적으로 조절하게 하나, 이러한 조작 결과가 실제로 나타나지 않는 잘못된 경우이다.

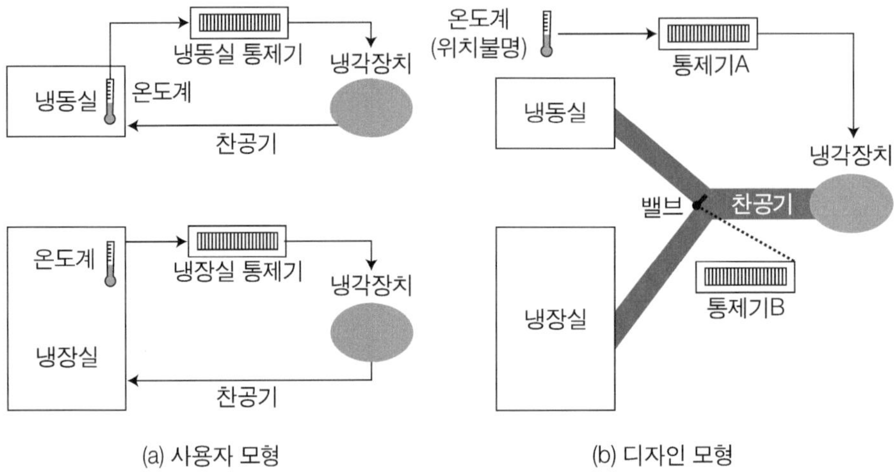

그림 8•2▸냉장고 온도 조절 장치의 개념 모형

2 과제의 구조를 단순화하라

과제를 단순화하면 계획이나 문제 풀기와 같은 정신적 과정을 최소화할 수 있다. 불필요하게 복잡한 과제는 새로운 기술을 활용하여 단순하게 재구조화할 수 있다. 디자이너는 시스템 디자인 시 이를 고려하여 사용자가 시스템 사용 시에 수행하여야 하는 과제를 단순화하여야 한다. 인간은 단기기억 용량에 한계가 있기 때문에 단기기억 용량을 고려하여 한 번에 서로 무관한 항목 5개 이상을 기억하도록 요구해서는 안 되며, 필요할 경우 기억을 돕기 위한 기술적 보조 도구를 제공하여야 한다. 장기기억 특성으로 볼 때 정보가 의미 있고 개념적 틀에 통합될 수 있을 때 정보가 더 잘, 보다 쉽게 정보를 획득할 수 있다는 것이 알려져 있다. 장기기억에서 기억의 인출은 느리고 실수를 유발하기 쉽다. 이 점이 무엇을 하여야 하고 또 어떻게 하여야 하는지에 대한 단서를 제공하는 세상 속의 정보가 중요한 이유이다. 주의력에 한계가 있기 때문에 시스템 운용의 어려움으로 인한 조작 중단이나 망설임을 최소화하고, 운용 조작 중 중단될 경우 이전의 중단된 상태로 쉽게 복구될 수 있도록 하는 보조 장치가 제공되어야 한다.

새로운 기술은 과제를 재구조화하거나 정신 부하를 줄여주는 보조 도구를 제공한다. 즉, 기술적 보조 도구는 이제까지와 다른 조작 방법을 제공하고, 더 완전하고 쉽게 해석할 수 있는 방법으로 시스템 결과를 사용자에게 제시하기도 한다. 이러한 보조도구는 시스템과 사용자의 대응관계를 더 눈에 잘 보이게, 더 좋게 하고, 더 자연스러운 대응관계가 되도록 한다. 기술적 접근 방법은 크게 네 가지로 나눌 수 있다.

1) 과제(할 일)는 전과 동일하게 유지한 상태에서(Keep the task much the same) 과제를 보조할 수 있는 심리적 보조 도구를 제공하라: 간단한 메모, 명함철, 주소록, 녹음기, 전자 메모장 등의 보조 도구는 기억에 큰 도움이 된다.

2) 새로운 기술을 활용하여 과거에는 볼 수 없었던 것을 볼 수 있게 함으로써 피드백과 통제 능력을 개선하라: 자동차나 비행기의 계기들은 작업 자체를 바꾸는 것이 아니고 직접 볼 수 없는 엔진이나 다른 기기의 상태를 운전자가 볼 수 있게 한다. 이를 통하여 운전자는 자동차나 비행기의 상태에 대한 피드백을 받고, 현재 상태를 참조하여 적절하게 운전할 수 있다.

3) 자동화하라. 그러나 과제, 즉 일의 내용은 전과 동일하게 유지하라: 비행기의 자동 운항 시스템이나 미리 조리된 냉동 식품은 비행기 운항이나 요리 과제를 단순화하여 육체적, 정신적 부담을 줄여준다.

그림 8•3▸찍찍이 신발

4) 과제의 속성을 바꾸어라: 신발 끈 매는 일은 신발을 신을 때 요구되는 일상사이나 나이가 들어 신체적 기능이 퇴화되거나 신발 끈 매는 방법에 대한 학습이 부족한 어린아이들에게는 어려운 일 중의 하나이다. 그러나 신발 끈 대신 그림 8•3과 같은 벨크로(Velcro)사의 찍찍이(hook-and-loop) 방식으로 변경하면 신발 끈 매는 일이 단순화되어 누구나 쉽게 할 수 있게 된다.

3 일을 가시적이게 하라

Norman의 행위의 7단계 모형에서 실행과 평가의 만을 연결하라

일을 가시적이게 하면 실행의 입장에서 현재 무엇이 가능하고 행동을 어떻게 하여야 하는지를 알 수 있고, 평가의 입장에서 행동의 결과를 가시적으로 볼 수 있게 된다. 따라서 시스템은 사용자가 즉각적으로 지각할 수 있고, 해석할 수 있으며 사용자의 의도나 기대에 부합되는 시스템 상태를 표시하는 장치를 제공하여야 한다.

예제 8.2 이동전화의 배터리 잔량 표시 및 SMS를 이용할 때 문자를 입력할 때 마다 LCD 패널에 입력한 문자가 나타나는 기능

그림 8•4▸SMS 예

4 피드백을 주라

피드백(feedback)은 어떤 조작이 일어났는지와 그 조작의 결과를 사용자에게 알려주는 것으로 정의된다. 누군가에게 말을 할 때 본인의 목소리를 들을 수 없는 경우나 연필로 그림을 그릴 때 아무 표시가 나타나지 않는 피드백이 없는 경우를 상상하여 보면 피드백의 중요성을 알 수 있다. 피드백은 문자, 경고등 등의 시각, 음향이나 음성에 의한 청각, 촉감, 후각 등을 이용하여 제공할 수 있다.

예제 8.3 버튼식 전화기로 전화를 걸기 위하여 버튼을 누르면 눌러지는 느낌의 촉감으로 먼저 피드백을 주고 이어 음향으로 버튼이 눌려짐에 대한 피드백을 준다. LCD 창이 있는 전화기는 입력한 번호가 창에 나타난다. 원하는 전화번호의 입력이 끝나면 연결음이 들리고, 상대방이 통화 중인가 아닌가에 따라 다른 음향으로 피드백을 준다. 전화 연결이 되어 상대방과 대화를 나눌 때 본인과 상대방의 음성이 송화기와 수화기를 통하여 피드백이 되어 목소리의 강도를 조절할 수 있다. 이러한 피드백 기능이 없는 전화기로 전화를 걸고 통화를 한다고 상상하여 보라.

그림 8•5▸버튼식 전화기

5 대응관계를 올바르게 하라

대응은 두 물체 간의 관계를 뜻하며 여기서는 조종장치와 그것의 조작 및 그 결과 간의 관계를 말한다. 사용자가 다음과 같은 대응 관계를 쉽게 인지할 수 있도록 하려면 시스템 설계 단계에서 자연스러운 대응관계를 이용하여야 한다.

- 의도와 가능한 행동들 간의 관계
- 행동과 그것이 시스템에 미치는 영향 간의 관계
- 실제 시스템 상태와 시각, 청각 혹은 촉감으로 지각 가능한 것들 간의 관계
- 지각된 시스템 상태와 사용자의 필요, 의도, 기대 간의 관계

자연스러운 대응관계는 인간공학에서 양립성의 기초가 된다. 즉, 시스템 설계 단계에서 개념, 운동 및 공간 양립성이 잘 반영되어야 한다. 조종장치를 그것으로 운용되는 시스템이나 물체

(object) 위에 붙이거나 그들끼리 유사한 관계를 가지도록 배열하여, 조종장치와 시스템 혹은 물체와의 공간적 관계를 쉽게 유추할 수 있도록 하여야 한다. 마찬가지로 운전대를 오른쪽으로 돌리면 자동차도 오른쪽으로 회전하도록 하고, 혹은 물체를 위로 움직이게 하기 위해서는 조종장치도 같은 방향으로 위로 조작하는 것과 같이 조종장치는 시스템의 조작 결과와 비슷하거나 일치하는 방향으로 움직여야 한다. 조종장치의 위치와 동작이 시스템과의 근접성(proximity), 모사성(mimicry) 혹은 유사성이 떨어질 때 조종장치의 조작이 어려워진다. 벤츠 자동차의 의자 조절 장치는 자연스러운 대응관계의 좋은 예라 할 수 있다(그림 8•6). 조종장치가 운전자에 가까울 뿐 아니라 그 모양도 실제 의자 모양과 같아 어떤 조작을 하면 어떤 결과가 나타날지를 쉽게 알 수 있다.

그림 8•6▸벤츠 자동차 의자 조절 장치

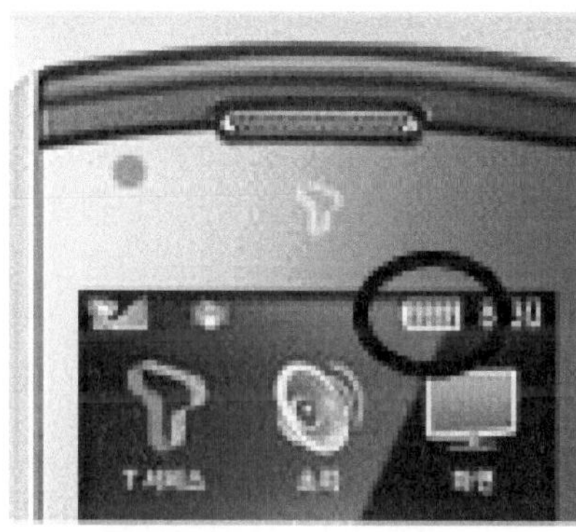

그림 8•7▸이동전화 배터리 잔량 표시

조종장치를 이용하여 시스템을 조작하면 시스템은 운용자가 기대하는 방향으로 움직여야 한다. 여기서 조작 행위의 결과에 대한 평가가 중요하며, 이를 위해서는 시의적절한 피드백이 주어져야 한다. 피드백은 사용자 의도와 부합하고 쉽게 이해될 수 있는 정보로 제공되어야 한다. 많은 시스템이 조작 결과를 가시적으로 보이게 하는 기능이 없으며, 시스템 상태에 대한 정보가 제공되더라도 해석하기 어려운 정보를 제공하는 경우가 있다. 정보를 이해할 수 있게 하는 가장 쉬운 방법은 그래프나 사진을 이용하는 것이다. 이동전화에서 배터리 잔량을 그래프로 표시하는 것이 좋은 예라 할 수 있다(그림 8•7).

6 자연스러운 제약과 인위적 제약을 활용하라

일을 올바르게 하려면 할 수 있는 일이 단 한 가지만 있는 것처럼 느껴지도록 제약 혹은 행동유도성(affordance)을 활용하는 것이 좋다. 행동유도성이란 사물의 지각된 특성 또는 사물이 가지고 있는 실제적 특성을 말하며, 사물을 어떻게 사용할 수 있느냐를 결정하는 근본적 속성이라 할 수 있다. 이러한 행동유도성은 말 그대로 사물을 어떻게 다루면 될 것인가에 대한 강력한 단서를 제공한다. 즉, 문에 붙은 편편한 금속판은 밀기 위한 것, 손잡이는 돌리기 위한 것, 혹은 물건을 끼

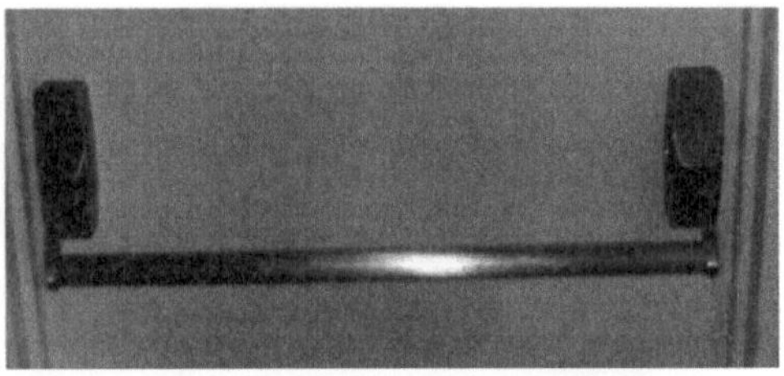

(a) 행동유도성이 부족한 문

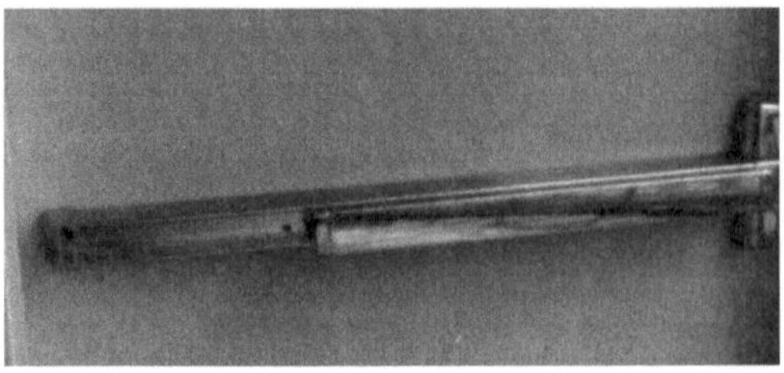

(b) 행동유도성이 잘 나타난 문

그림 8•8 ▸ 행동유도성의 예

워 넣기 위한 것이다. 사물이 가지고 있는 행동유도성을 잘 이용하면 사용자는 단지 보기만 하여도 무엇을 하여야 할지 알 수 있다. 그림도 표시도 설명도 필요 없다. 복잡한 물건은 설명이 필요할지 모르지만 간단한 물건에는 설명이 필요하도록 해서는 안 된다. 간단한 물건에 그림, 표시, 설명이 요구된다면 그 디자인은 실패작이다. 행동유도성이 구현된 예가 그림 8•8에 나와 있으며 왼쪽 문은 미는 문에 대한 행동유도성은 좋으나 어느 쪽을 밀어야 하는지에 대한 행동유도성은 부족하다. 오른쪽 문은 오른쪽을 밀면 문을 열 수 있음을 알 수 있어 행동유도성이 잘 구현된 예라 할 수 있다. 행동유도성이 사용자로 하여금 설계자가 원하는 방향으로의 행동을 유도하는 것이라면, 제약은 사용자가 취할 수 있는 행동의 경우의 수를 제한하는 것이라 할 수 있다. 이러한 제약에는 물리적, 의미적, 문화적 및 논리적 제약이 있다.

- 물리적 제약: 물리적 제약은 가능한 행동의 수를 제한하며 이를 잘 이용하면 한정된 수의 행동의 수만 남게 된다. 예를 들어, 열쇠 구멍이 수직이면 열쇠를 수직 방향으로만 밀어 넣어야 한다. 잘 디자인된 열쇠라면 아래, 위 수직 두 방향 모두가 가능하거나, 올바른 방향에 대한 명확한 물리적 단서가 제공되어야 한다.
- 의미적 제약: 주어진 상황의 의미에 따라서 가능한 행동을 제한하는 것을 말한다. 오토바이를 탈 경우에 핸들을 등지고 앉지 않고 핸들 조작이 가능하도록 핸들을 향하여 앞으로 앉는다. 의미적 제약은 상황과 외부 세계에 대한 우리의 사전지식에 의존하며, 이 지식이 강력하고 중요한 단서가 된다.
- 문화적 제약: 어떤 제약들은 공유하는 문화적 관습에 의존한다. 예를 들어, 세면대의 아래 위쪽 방향으로 조작하는 수도꼭지의 경우 일본 기업 제품은 위로 올리면 물이 나오고, 미국 기업 제품은 아래로 누르면 물이 나온다. 이러한 민족 간 문화적 관습의 차이를 스테레오타이프(stereotype)라 한다.
- 논리적 제약: 레고로 오토바이를 조립할 경우 주어진 모든 레고 조각을 사용하여야 완성품이 만들어진다든지 혹은 완성품에 틈이 있어서는 안 된다는 것과 같은 제약은 논리적인 것이라 할 수 있다. 자연스러운 대응은 논리적 제약을 제공함으로써 구현할 수 있다. 즉, 자연스러운 대응관계는 물리적 혹은 문화적 원칙에 따라서가 아니라 구성 성분들을 공간적, 기능적으로

잘 배치함으로써 구현된다. 만약 2개의 스위치가 2개의 전구를 조작한다면 왼쪽 스위치는 왼쪽 전구를, 오른쪽 스위치는 오른쪽 스위치를 담당하도록 하여야 한다.

7 에러에 대비한 디자인을 하라

에러가 항상 일어날 수 있음을 인식하고 설계 시에 그것에 대비하여야 한다. 조작자의 행동은 사용자와 시스템 사이의 자연스럽고, 건설적인 대화의 일부이므로, 이를 잘 관찰하여 문제점이 발견되면 해결하도록 하여야 한다. 에러에 대처하는 방법으로는 에러로부터의 회복 기능, 조작 과정과 그에 따른 결과 표시, 원하지 않는 결과의 취소 기능 등을 들 수 있다. 대부분의 조작은 되돌리거나 취소가 쉽게 하고, 되돌릴 수 없는 조작은 조작 자체를 어렵게 하여야 한다.

에러 예방을 위하여 시스템 설계 시에 풀-푸르프(fool-proof) 디자인, 페일세이프(fail-safe) 디자인, tamper proof, 강제적 기능 등의 여러 방법이 사용되고 있다. 풀-푸르프 디자인은 신체적 조건이나 정신적 능력이 낮은 사용자라 하더라도 사고를 낼 확률을 낮게 설계해 주는 것을 말한다. 주행 모드(D)에서는 시동이 걸리지 않고 중립(N), 주차(P) 모드에서만 시동이 걸리게 하여 놓은 자동차 자동변속기의 시프트-락(shift-lock) 기능이 이에 속한다. 시스템 사용 중 사용자가 오류를 범하더라도 오류가 재해로 이어지지 않도록 안전장치를 장착하여 사고를 예방하는 것을 페일-세이프 디자인이라 한다. 과전압이 걸리면 전기를 차단하는 차단기, 휴즈 등이 페일-세이프 디자인의 예이다. 프레스와 같이 위험 기계·기구에 부착되어 있는 안전장치(예: 양수조작버튼, 광선사센서 등)를 작업자들이 기능을 못하게 하거나 제거하는 일이 있다. tamper proof는 이와 같이 위험 기계·기구의 안전장치를 제거하면 위험 기계·기구가 작동되지 않도록 하는 설계 개념이다.

시스템 조작의 어떠한 단계에서 오류가 발생하면 다음 단계로 넘어가지 못하도록 사용자의 행동을 제약하는 강제적 기능을 부여하기도 한다. 강제적 기능에는 안잠금(lock-in), 바깥잠금(lock-out), 맞잠금(interlock)이 있다.

- 안잠금: 시스템의 안쪽에서 접근을 방지하는 장치 혹은 작동하던 제품의 작동을 계속 유지시켜 작동의 정지로 인한 피해를 막기 위한 예방 개념으로 정의된다. 예: 컴퓨터로 이메일을 보내는 작업에서 중간에 종료 버튼을 누를 경우 작업 내용을 저장할 것인지를 묻는 기능.
- 바깥잠금: 시스템 보수와 같은 작업을 실시할 때 그 사실을 모르는 사람이 급작스레 기계 장치를 동작시키거나 에너지 분출을 막기 위하여 기계 조작 장치를 외부에서 잠그는 것, 혹은 위험한 상태로 들어가거나 사건이 일어나는 것을 방지하기 위하여 들어가는 것을 제한 또는 예방하는 개념이다. 예: 백화점, 대형 할인점과 같은 대형 건물에서 1층 이상 에스컬레이터와 지하 에스컬레이터의 방향을 달리 하여 화재와 같은 비상 상황 시에 무의식 중에 지하로 대피하는 것을 방지함.

- 맞잠금: 동작되는 기계 장치에 접근이 이루어지면 자동으로 동작이 멈추도록 하는 것으로, 주어진 모든 조건을 만족하는 경우에만 작동이 되도록 한다. 예: 전자레인지 작동 중에 문을 열면 작동이 중단되는 기능.

8 표준화하라

위에서 제시된 여러 원칙들을 이용한 설계가 어려울 때는 표준화하는 방법을 고려할 수 있다. 표준화에는 조작 행위, 결과, 배치, 표시장치 등이 표준화 대상이 된다. 표준화가 되면 사용자는 사용법을 한번만 학습하면 되기 때문에 사용자들이 학습이 쉽고, 그 결과로 효율적으로 사용할 수 있게 된다. 표준화의 예로는 컴퓨터 키보드, 교통 표지판 및 신호등, 측정 단위(m, kg, sec 등), 달력 등을 들 수 있다.

그러나 표준화를 어떻게 하여야 할 것인가에 대한 동의를 얻기 어렵고, 표준화에 대한 교육이 필요하다는 문제가 있다. 또한, 표준화되어 있는 글자, 타이프, 운전을 배우는 데는 수개월이 소요되기도 하고, 표준화의 시기도 중요하다. 표준화를 너무 빨리 하면 초보적인 수준의 기술만이 반영되거나, 비효율적이거나 에러를 유발할 수 있는 규칙들이 표준화에 반영되어 문제를 야기할 수 있다. 반면, 표준화를 너무 늦게 하여서도 안된다. 표준화가 늦을 경우는 이미 여러 방식이 존재하여 국제적 표준을 이루기 어렵고, 낡은 기술에 근거한 국제적 표준이 있는 경우는 많은 비용이 소요되어 변경을 어렵게 한다. 미터법이 표준화가 늦은 경우의 좋은 예이다. 낡은 영국식 체계(피트, 파운드, 화씨 온도 등)에 비하여 미터법이 길이, 무게, 온도 등을 나타내기에 훨씬 간단하고 사용하기 쉽다. 그러나, 낡은 체계에 익숙한 나라들은 미터법으로의 전환에 소요되는 비용과 혼란 때문에 기존 체계를 그대로 사용하고 있다.

예제 8.4 거꾸로 가는 시계 그림 8•9에 나와 있는 시계는 시계 바늘이 일반 시계와 달리 거꾸로 간다. 이러한 시계는 시간을 표시하는 기능만을 본다면 보통의 시계와 같이 논리적으로는 문제가 없지만, 다른 시계가 표준화되어 있기 때문에 이러한 시계를 읽는 것은 쉽지 않다. 예에서 보는 바와 같이 시계가 표준화되어 있지 않다면 시계마다 시계 읽는 방법을 학습하여야 하지만, 표준화되어 있는 시계는 한번만 학습하면 같은 방법으로 언제 어디서든지 쉽게 시계를 읽을 수 있다.

그림 8•9▸거꾸로 가는 시계

연습문제

[1] 다음 중 인간이 가지는 개념 혹은 심성 모형에 속하지 않는 것은?

① 디자인 모형 ② 사용자 모형
③ 시스템 이미지 ④ 인터페이스 모형

[2] 다음 개념 모형 설명 중 옳지 않은 것은?

① 좋은 개념 모형을 가지고 있으면, 사용자가 더 빨리 사용법을 배우게 된다.
② 디자이너는 사용자에게 적절하고, 이해할 수 있는 개념 모형을 제시하여야 한다.
③ 디자이너는 사용자와 직접 의사소통 한다.
④ 이상적으로는 디자인 모형과 사용자 모형이 같아야 한다.

[3] 디자이너와 사용자 간의 의사소통 수단으로 가장 거리가 먼 것은?

① 시스템 이미지 ② 시스템 매뉴얼
③ 시스템 사용 방식 ④ 제품 발표회

[4] 좋은 심싱 모형을 세공한 예로 석설한 것는?

① 냉장고 쿨링시스템 ② 전자레인지 요리법
③ 주택 난방 온도조절기 ④ pull button

[5] 시스템 디자인 시 무엇을 하여야 하고 또 어떻게 하여야 하는지에 대한 단서를 제공하는 세상 속의 정보가 중요한 이유는?

① 장기기억에서 기억의 인출은 느리고 실수를 유발하기 쉽기 때문이다.
② 좋은 개념 모형을 제시하기 위함이다.
③ 디자인 모형과 사용자 모형이 일치하여야 하기 때문이다.
④ 시스템과 사용자의 대응관계를 자연스럽게 하기 위함이다.

[6] 과제 구조를 단순화하기 위한 기술적 접근 방법에 속하지 않는 것은?

① 보조 도구를 제공하라.
② 새로운 기술을 활용하여 시스템 기능을 향상하라.
③ 자동화하라.
④ 과제의 속성을 바꾸어라.

[7] 찍찍이 신발은 다음 과제를 단순화하기 위한 기술적 접근 방법 중 어디에 속하는가?

① 과제를 같게 하라.
② 새로운 기술을 활용하여 시스템 기능을 향상하라.
③ 자동화하라.
④ 과제의 속성을 바꾸어라.

[8] 이동전화의 배터리 잔량 표시 기능은 다음 인지 특성을 이용한 고려한 설계 원리 중 어느 원리가 잘 적용된 예인가?

① 좋은 개념 모형을 제공하라 ② 과제를 단순화하라
③ 일을 가시적이게 하라 ④ 피드백을 주라

[9] 전화를 걸 때 나는 발신음은 다음 인지 특성을 이용한 고려한 설계 원리 중 어느 원리가 잘 적용된 예인가?

① 좋은 개념 모형을 제공하라 ② 과제를 단순화하라
③ 일을 가시적이게 하라 ④ 피드백을 주라

[10] 의자 모양의 벤츠 자동차 의자 조종장치는 다음 인지 특성을 이용한 고려한 설계 원리 중 어느 원리가 잘 적용된 예인가?

① 대응관계를 올바르게 하라 ② 과제를 단순화하라
③ 일을 가시적이게 하라 ④ 피드백을 주라

[11] 시스템 설계 시 고려되어야 할 대응관계로 적절하지 않은 것은?

① 의도와 행동 간의 관계 ② 행동과 그로 인한 시스템 결과 간의 관계
③ 시스템 상태와 사용 간의 관계 ④ 의도와 기대 간의 관계

[12] 다음 중 제품의 행동유도성에 대한 설명으로 적절하지 않은 것은?

① 행동유도성을 위해서는 행동에 제약을 주지 않도록 설계해야 한다.
② 사용자의 행동에 단서를 제공한다.
③ 사용 설명서를 별도로 읽지 않아도 사용자가 무엇을 해야 할지 알게 설계해야 한다.
④ 제품에 물리적 또는 의미적 특성을 부여함으로서 달성 가능하다.

[13] 사용자는 문의 손잡이를 보면 돌려서 문을 연다. 다음 인지 특성을 이용한 고려한 설계 원리 중 어느 원리가 잘 적용된 예인가?

① 대응관계 ② 행동유도성 ③ 가시성 ④ 제약

[14] 사용자가 취할 수 있는 행동의 경우의 수를 제한하는 개념은?

① 대응관계 ② 행동유도성 ③ 가시성 ④ 제약

[15] 다음 제약의 종류 중 올바르지 않은 것은?

① 물리적 제약 ② 의미적 제약 ③ 행동적 제약 ④ 논리적 제약

[16] 수직으로 되어 있는 열쇠 구멍은 다음 제약 종류 중 어느 것이 구현된 것인가?

① 물리적 제약 ② 의미적 제약 ③ 행동적 제약 ④ 논리적 제약

[17] 에러 예방을 위하여 시스템 설계 시에 사용되는 방법이 아닌 것은?

① 풀-푸르프 ② 페일-세이프 ③ tamper proof ④ proof-reading

[18] 인간-기계 시스템에서 인간의 과오나 동작상의 실패가 있어도 안전사고가 발생하지 않도록 하는 시스템을 무엇이라고 하는가?

① lock system
② fail-safe system
③ fool-proof system
④ accident-check system

[19] 시스템 조작의 어떠한 단계에서 에러가 발생하면 다음 단계로 넘어가지 못하도록 사용자의 행동을 제약하는 개념을 무엇이라 하는가?

① 풀-푸르프
② 페일-세이프
③ 강제적 기능
④ proof-reading

[20] 자동차 자동변속기 시프트-락 기능에는 어떠한 안전 설계 원칙이 적용된 것인가?

① fail-safe 설계 원칙
② fool-proof 설계 원칙
③ 병렬체계 설계 원칙
④ error proof 설계 원칙

[21] 어떤 약의 포장은 얇은 안전 막을 제거하면 안전을 확보할 수 없으므로 사용하지 말라고 광고한다. 다음 무엇과 관계가 있는가?

① tamper proof
② 페일세이프
③ 풀푸르프
④ 바깥잠금

[22] 백화점의 에스컬레이터는 화재 시를 대비하여 1층에서 지하로 내려가는 것은 바로 연결되지 않고 돌아가야 한다. 이러한 안전 설계 개념을 무엇이라 하는가?

① tamper proof
② 페일세이프
③ 풀푸르프
④ 바깥잠금

[23] 세탁기 사용 중에 뚜껑을 열면 시스템이 멈춘다. 다음의 어떤 안전 기능이 구현된 것인가?

① 바깥잠금
② 자동잠금
③ 맞잠금
④ 안잠금

[24] 인지 특성을 고려한 설계 원리 중 다른 원칙들의 적용이 어려울 때 고려될 수 있는 원리는?

① 대응관계
② 표준화
③ 행동유도성
④ 가시성

[25] 다음 중 표준화의 장점으로 보기 어려운 것은?

① 학습이 쉬움
② 효율적 사용
③ 국제적 공용
④ 최신 기술의 반영

[26] Norman이 제시한 사용자 인터페이스 설계 원칙에 해당하지 않은 것은?

① 가시성(visibility)의 원칙
② 양립성(compatibility)의 원칙
③ 피드백(feedback)의 원칙
④ 유지보수 경제성(maintenance economy)의 원칙

응용문제

[1] 자동차의 조향장치인 핸들의 디자인 모형, 사용자 모형, 시스템 이미지를 설명하고 문제점을 찾아 개선하여 보라.

[2] LCD 창이 부착된 전화기에 고려된 피드백 기능을 서술하라.

[3] 거꾸로 가는 시계의 문제점을 인지적 설계 원리 관점에서 서술하라.

[4] 우리 주변에서 찾아볼 수 있는 강제적 기능, 즉 안잠금, 바깥잠금 및 맞잠금의 예를 두 가지 이상 들라.

[5] 행동유도성 혹은 제약이 잘 고려된 예를 두 가지 이상 들라.

CHAPTER 9
감성공학

공급자 중심 경제 체제에서 소비자가 왕으로 대접받는 소비자 중심으로 시대가 변하면서 마음의 여유와 일상생활의 풍요로움에 대한 갈망과 기대치가 점점 높아지고 있다. 이에 따라 과거의 기능 중심의 제품보다는 쾌적성, 만족감과 같은 사용자의 감성을 고려한 감성 제품의 개발이 요구되고 있다. 예를 들어, 과거의 TV에는 전면의 한 쪽 면을 차지할 정도로 색상조절, 타이머, 음량조절 등을 위한 많은 버튼들이 배치되어 있었다. 최근의 TV는 전면에서 버튼을 찾아보기 어려울 정도로 조작 버튼들을 최소화하거나 보이지 않는 곳에 배치하여, 단순하고 쉽게 사용할 수 있는 제품을 요구하는 소비자의 감성에 호소하고 있다. 여러 보조 기능들을 최소화하는 대신 슬림화와 더불어 TV의 고유 기능인 영상 재현 기능에만 충실한 제품이 내세를 이루고 있다.

현 시대는 과거와 달리 소비자가 제품의 단순한 소비를 통하여 제품의 기능을 활용만 하는 것이 아니라, 제품에서 느껴지는 느낌을 중요시하는 감성의 시대라 할 수 있다. 즉, 기분을 소비하는 감성시대에 살고 있다고 할 수 있다. 이러한 감성 시대에는 아름다움, 쾌적함, 즐거움, 여유, 창조적 삶 등 과거와는 다른 가치관이 중요하게 된다. 대부분의 사람들이 일정 수준의 물질적 풍요를 누릴 수 있는 감성 시대에는 제품의 양이나 기술보다는 디자인, 예술, 감성이 제품의 경쟁력을 좌우한다.

소비자의 감성에 호소하는 제품 설계를 위해서는 소비자의 기호, 감성, 신체적 특성 등을 과학적으로 분석하고, 이를 제품 설계에 반영하는 절차가 요구된다. 본 장에서는 감성 제품 설계를 위한 감성공학의 정의 및 접근기법을 다룬다.

1 감성

감성은 여러 가지 의미로 사용되어 정의하기가 쉽지 않지만 공학적 관점에서는 그림 9•1에서와 같이 외부의 물리적 자극에 부응하여 생긴 감각, 지각으로 인하여 인간의 내부에서 일어나는 고도

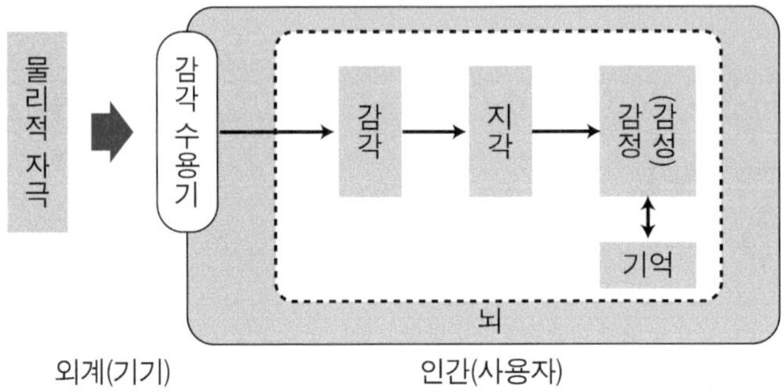

그림 9•1▸감성 생성 모형

의 심리적 체험으로 정의될 수 있다. 고급감, 쾌적감, 불쾌감, 불편함 등의 복합적 감정이 이에 속한다. 감성은 생리적 반응과는 달리 인종, 시기, 환경 등에 영향을 쉽게 받기 때문에 보편성이 적고, 분석적으로 취급하기 어려운 특징이 있다. 마음 속 깊은 곳에서의 심적 과정인 인식, 심정 등과 비교할 때, 감성은 미적 감각(aesthetics)과 같이 표층적 심적 기능이라 할 수 있다. 인간의 체험 가운데 직접적이며 비교적 단순한 것을 감정이라 하고, 다의적이고 평가적 판단을 야기하는 것을 감성이라 한다. 즉, 감성이란 빛을 보고 단순히 밝다고 느끼는 것보다는 쾌적감, 온화감 등의 복합적인 감정을 뜻한다.

감성이 중요한 문제로 인식되고 있는 산업 분야는 제품 설계, 생활공간 설계 등을 들 수 있다. 감성에 호소하는 디자인, 감성이 풍부한 공간이 추구되고 있다.

2 감성공학

감성공학은 인간의 감성을 정량·정성적으로 측정하고 과학적으로 분석·평가하여 이를 제품이나 환경의 설계에 적극 응용함으로써 보다 편리하고 안락하며, 안전하고 더 나아가서 인간의 삶을 쾌적하게 하고자 하는 기술이다. 제품 설계 관점에서 감성공학은 그림 9•2와 같이 어휘, 주로 형용사로 표현되는 막연한 인간의 심성을 구체적인 물리적 설계로 요소로 번역하여 주는 번역 체계로 정의할 수 있다. 감성공학의 영문명은 여러 가지가 사용되고 있다. 감성공학의 일본식 발음에 바탕한 kansei engineering과 더불어 image technology, aesthetic engineering으로 불리며, 우리

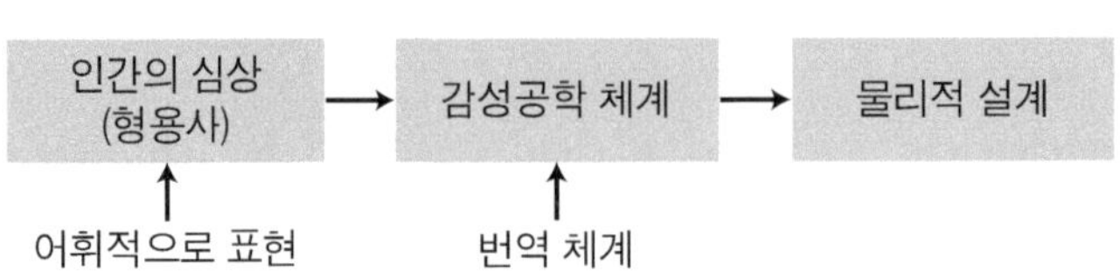

그림 9•2▸감성공학

나라에서는 human sensibility ergonomics가 사용되고 있다.

감성공학을 이용한 제품을 만들기 위해서는 우선 인간의 감성을 이해하기 위한 인간의 특성과 감성에 대한 인간공학적 연구가 있어야 한다. 이를 바탕으로 인간의 감성을 측정하는 측정기술 센서의 개발이 뒤따라야 한다. 감성을 측정하는 기능을 가진 센서를 상품화하기 위해서는 마이크로 가공 기술, 즉 나노 기술이 필요하며, 센서로 측정된 감성을 처리하기 위한 분석 기술(예: 통계적 기법, 퍼지기술, 신경회로망 기술, 터부 탐색 등)이 요구된다.

감성공학과 기존 기술과의 근본적 차이는 정서적 충족과 물리적 편의성에 있다. 기존 제품 개발 기술이 제품 자체의 성능이나 품질의 개선에 주력하여 왔다면, 감성공학이나 인간공학은 제품을 사용하는 인간에 초점을 맞춘다. 즉, 인간의 물리적 편리성을 극단적으로 추구한다고 해서 반드시 인간이 정서적으로 만족하는 것은 아니다. 여름에 에어컨을 많이 쐰 사람들에게서 냉방병 증세가 종종 나타난다. 이는 인간의 쾌적성에 대한 고려는 하지 않은 채 새로운 공기 조화 기술을 적용하여 에어컨이라는 기계의 성능 향상에만 관심을 기울였기 때문이다. 이 예에서 보는 바와 같이 제품이 경쟁력을 가지려면 제품 개발 시에 감성공학을 적용하여 성능과 더불어 쾌적감, 즐거움, 여유와 같은 인간을 고려한 설계가 되어야 한다.

감성공학은 일본 히로시마 대학의 나가마찌(長町) 교수가 물질문명의 다음에는 반드시 마음의 만족을 추구하는 정서(情緖)시대가 올 것이라며, 1970년에 정서공학이라는 용어를 사용한데서 유래하였다. 나가마찌 교수는 1988년 호주 시드니에서 개최된 국제인간공학회에서 정서공학을 감성공학으로 개명하였다. 산업계에서 관심을 끌기 시작한 것은 일본 자동차 회사인 마쯔다의 야마모토(山本) 회장이 1986년에 미국 미시간 대학에서 한 강연 이후라고 할 수 있다. 자동차 문화론이란 이 강연에서 감성공학을 이용한 자동차 설계를 제안하였다. 승차감이나 내장이 차를 타는 사람의 요구나 감성에 맞는 자동차를 만들어야 한다고 하였다. 같은 해 야마모토 회장은 미국 디트로이트에서 스포츠카 '미야타'의 개발 과정을 설명하며 감성공학이란 단어를 사용하였다. 미야타의 전면 및 내장은 다음 그림 9•3과 같으며, 현 시점에서 보면 보통 스포츠카와 크게 다를 바 없지만 당시로선 혁신적 디자인이었다. 미야타는 미국 시장에서 구매자들이 실물을 보기도 전에 선

(a) 전면

(b) 내장

그림 9•3▶미야타 이미지

금 계약과 웃돈 거래가 이루어질 정도로 선풍적인 인기를 끌었고, 가장 아름다운 차로 선정되기도 하는 등 자동차 설계에 새로운 바람을 불러 일으켰다.

미국이나 유럽에서는 감성공학이라는 용어를 특별히 사용하고 있지는 않으며, 인간공학의 범주에서 감성공학이 다루어지고 있다. 즉, man-machine interface, human interface를 고려한 제품이나 공간 설계와 같은 데서 감성공학적 원칙들이 사용되고 있다.

3 감성공학 출현 배경

과거 물질이 부족하던 시대에는 제품의 기능이나 성능을 중요시 하여 만들면 팔리는(product out), 즉 공급자가 시장을 좌우하였다. 그러나 물질적 풍요를 누리는 오늘날에는 고객의 감성에 맞는 제품만이 살아남을 수 있는 시대(market in)로 변모하였다. 과거 공급자 중심 시대에서처럼 한 가지 물건을 잘 만들어 100만 명에게 공급하던 시대는 저물었고, 이제는 고객 한 명에게 백만 가지 모델을 공급하는 대량 고객화(mass customization) 시대가 되었다. 기술 발전에 힘입어 웬만한 제품에서 기술적 성능은 구매 기준으로서의 의미를 상실했다. 소비자들은 이제 '보고 느끼는' 미적 기준에 근거하여 제품과 서비스를 구매한다. 매킨토시의 아이맥 컴퓨터와 폴크스바겐의 뉴비틀이 성공한 것도 이 때문이라 할 수 있다.

이러한 시대에서 성공하는 제품을 개발하기 위해서는 소비자의 감성을 제품 디자인에 반영하는 감성공학이 필수적으로 요구된다. 감성공학이 출현하게 배경은 여러 관점에서 살펴볼 수 있으며, 다음과 같이 정리될 수 있다.

첫째, 소득이 높아짐에 따라 제품 및 서비스의 개발 개념이 달라졌다. 즉, 그림 9•4에서와 같이 1980년대까지는 전통적 기술이 주도하였으나, 1990년대 첨단기술로, 2000년대 들어서는 인간 중심 기술로 관점이 바뀌어 왔다. 즉, 현재는 전통적 기술에서 중요시 되던 제품의 기능, 신뢰성, 원

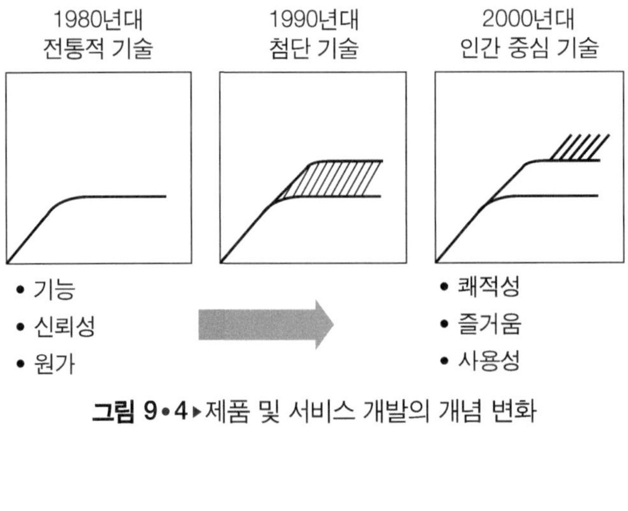

그림 9•4▸제품 및 서비스 개발의 개념 변화

가보다는 제품의 쾌적성, 즐거움, 사용성 등의 개념이 우선시 되고 있다.

둘째, 생산 공정이 시대에 따라 변모하여 왔다. 1960년대부터 1970년대는 자동화를 바탕으로 대량생산이 이루어지던 '양의 시대', 1970년대 후반부터 1980년대 초반까지는 품질을 중요시하는 '품질의 시대'였다. 1980년대 후반부터 1990년대 초반까지의 시기는 목적별로 다종다양한 기능을 가진 제품을 다품종 소량 생산하는 '다양성의 시대', 1990년대 후반부터는 고객 각 개인의 기호나 감성에 대응할 수 있는 극단적으로 일품종일품 생산이 요구되는 '감성의 시대'로 구분할 수 있다.

셋째, 고객의 가치관이 변하여 왔다. 시간이 흐르면서 고객의 제품에 대한 가치관이 중후장대(重厚長大)로부터 경박단소(輕薄短小)로, 그리고 미유감창(美遊感創)으로 바뀌어 고객 개인의 개성이나 감성이 중요시 되고 있다. 소득 증가로 인한 물질적 풍요는 소비자들이 제품의 질, 삶의 질에 비중을 두게 하며, 일상생활과 제품 소비에서 의식주 만족과 단순한 제품의 소비보다는 쾌적, 여유, 건강, 안전에 더 많은 관심을 가지게 한다.

넷째, 산업 형태도 노동 및 설비 집약 산업에서 정보 및 지식산업으로, 그리고 감성집약산업으로 옮겨가고 있다. 요즘의 제품, 서비스 광고나 심지어 CI(corporate identity), BI(brand identity)에서도 감성이라는 용어가 등장하는 것을 보면 감성 시대에 살고 있음을 실감할 수 있다.

4 휴먼 인터페이스

인간과 기계 사이에는 정보를 주고 받는 인터페이스가 존재하며 이를 인간-기계 인터페이스라 한다. 인터페이스를 좋게 하려면 기계의 인간공학적, 감성공학적 설계와 더불어 인간측 요소도 고려되어야 한다. 휴먼 인터페이스는 표 9•1과 같이 신체적, 지적 및 감성적 인터페이스로 나누어진다. 이러한 인터페이스 관점에서 감성공학은 인간-기계 인터페이스 설계에 감성적 차원의 조화성을 도입하는 공학이라 정의할 수 있다.

표 9•1 ▶ 인터페이스 설계 시 고려 사항

고려 사항 / 종류	인간 특성	인적 요인	쾌적성 수준	결여 시 결과
신체적	신체적 특성(운동·감각 능력에 적합한가?)	성별, 연령, 인종	필요조건(쾌적화를 위한 최저 수준), 안락 수준	육체적 스트레스, 피로
지적	인지 특성(인지·학습·연상이 쉬운가?)	연령, 경험, 교육수준	편리 수준	정신적 스트레스, 긴장, 불안, 초조, 실수
감성적	감성 특성(정서에 적합한가?)	민족, 사회환경, 지역, 감수성	쾌적 수준	진부감, 불만, 삶의 회의

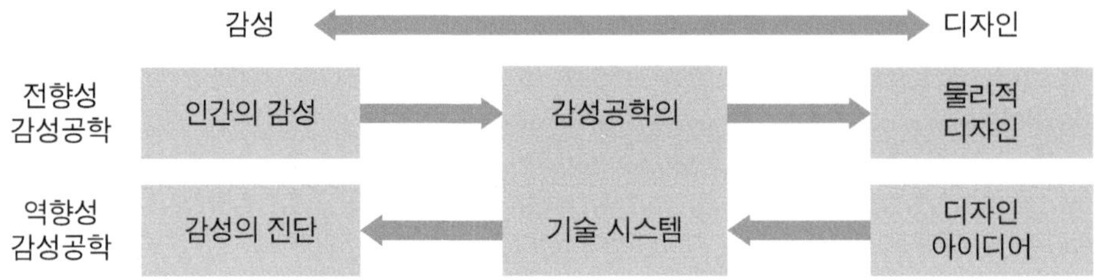

그림 9•5▸감성공학의 접근 방향

5 감성공학 접근 방향

감성공학 접근 방향은 그림 9•5에서와 같이 크게 전향성 감성공학, 역향성 감성공학으로 대별할 수 있다. 전향성 감성공학은 인간의 감성을 물리적 디자인 요소 및 그것의 구체적 설계 방안으로 번역하여 주는 일반적 감성공학을 말한다. 역향성 감성공학에서는 전향성 감성공학과 반대로 어떤 제품에 구현되어 있는 감성 요인을 찾거나 감성이 얼마나 잘 반영되어 있는가를 진단한다.

제품의 감성에 대한 연구 결과나 조사 결과를 바탕으로 감성 전문가 시스템(experts system)을 구성하여 놓으면, 추후 제품 설계 시에 언제나 참조가 가능하며 감성공학 전문가가 아니더라도 누구나 감성을 설계에 쉽게 적용할 수 있다. 전문가 시스템은 인간이 특정 분야에 대하여 가지고 있는 전문적인 지식을 정리하고 표현하여 컴퓨터에 기억시킴으로써, 일반인도 이 전문지식을 이용할 수 있도록 하는 시스템이다. 의료 진단 시스템, 설계 시스템 등이 이에 속한다. 전문가 시스템은 전

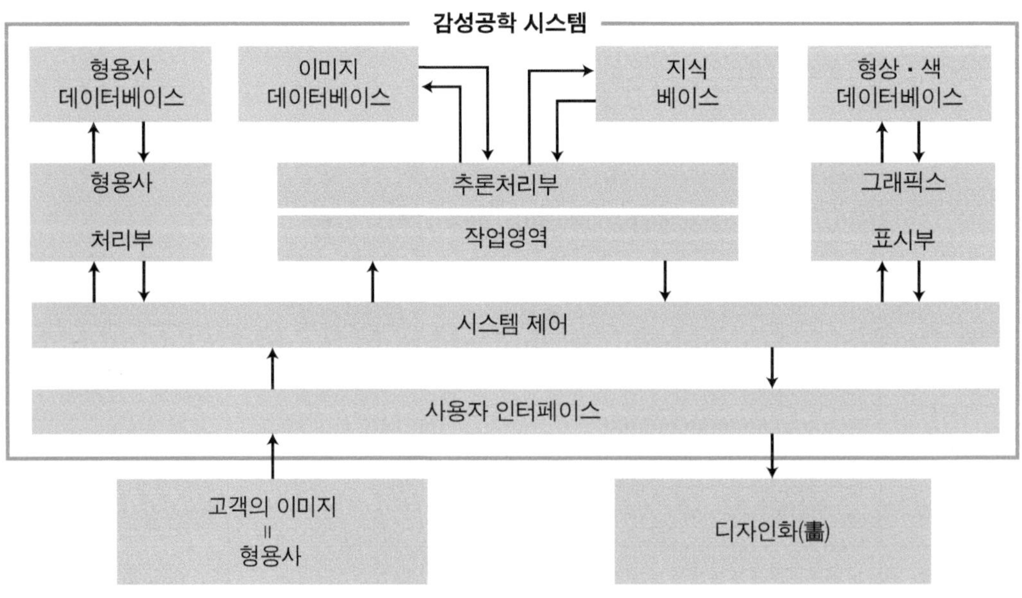

그림 9•6▸전향성 감성공학 전문가 시스템

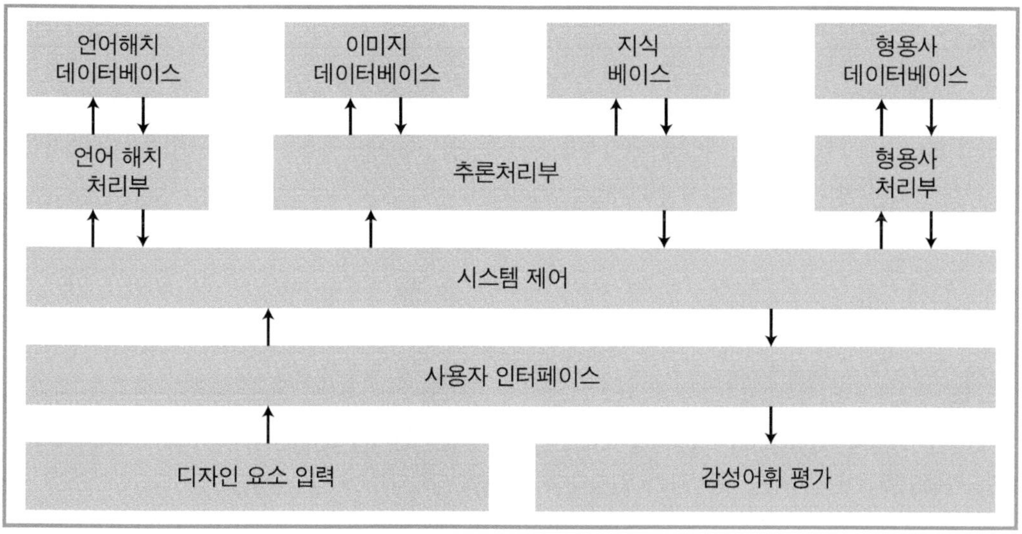

그림 9•7▸역향성 감성공학 전문가 시스템

문가 시스템과 사용자 간의 접촉면, 입출력을 담당하는 사용자 인터페이스, 지식베이스를 검색해 시 문제를 해결하는 데 이용되는 추론방법을 담고 있는 소프트웨어인 추론기관(inference engine), 어떤 특정 애플리케이션에 관련되어 있는 사실들이나 데이터를 담고 있는 데이터베이스인 지식 베이스(knowledge base)로 구성된다.

그림 9•6은 전향성 감성공학에 대한 전문가 시스템이다. 사용자가 원하는 감성을 나타내는 형용사를 사용자 인터페이스를 통하여 감성 전문가 시스템에 입력하면, 형용사 처리부가 입력된 형용사가 있는지를 확인한다. 형용사가 있을 경우는 다음으로 진행하여 추론기관이 이에 해당하는 설계 사양을 이미지 데이터베이스와 지식 베이스에서 찾아 출력하여 사용자에게 알려준다.

그림 9•7은 역향성 감성공학 전문가 시스템을 나타내고 있으며, 여기에서는 전향성 감성공학 시스템과 반대로 디자인 요소나 이미지가 입력 요소가 된다. 입력된 이미지에 해당하는 이미지가 저장되어 있는지를 이미지 및 지식 베이스를 검색하여 확인하며, 이미지가 있을 경우 이에 해당하는 감성을 형용사 어휘로 사용자에게 제시한다.

전향성 및 역향성 감성공학을 하나의 시스템에 구현할 수 있으며 이를 하이브리드(hybrid) 감성공학 시스템이라 한다. 이 시스템을 이용하면 전향성 감성공학을 통하여 원하는 감성에 해당하는 설계 사양이나 이미지를 얻을 수 있으며, 역향성 감성공학을 이용하여 시스템이 제시한 설계안에 설계자의 의견을 반영한 새로운 설계안에 대한 감성을 평가할 수 있다. 이러한 과정의 반복을 통하여 감성에 맞는 창의적 제품을 설계할 수 있다.

6 감성공학 기법

감성공학의 핵심인 인간의 이미지를 물리적 설계 요소로 번역하는 방법으로는 크게 세 가지가 사용되고 있다. 즉, 기능전개형 감성공학(감성공학기법 A형), 다변량 해석형 감성공학(감성공학기법 B형) 및 가상현실형 감성공학(감성공학기법 C형)이 있다.

6.1 기능전개형 감성공학

기능전개형 감성공학은 제품 개념을 결정한 후 그 개념을 보다 상세하게 분해하는 과정을 제품 설계에 요구되는 물리적 특성이 나타날 때까지 반복하여, 이를 바탕으로 물리적 설계 요소를 결정하는 기법이다. 기능전개형 감성공학의 전개 단계는 다음 그림 9•8과 같다.

제1단계: 목표 고객의 결정

시장 경쟁이 격심하여져 감에 따라 고객의 세분화가 요구되고, 세분화된 고객이 원하는 제품을 개발하는 것이 중요하다. 또한 감성은 연령, 지역, 민족 등에 따라 차이를 보이므로 제품 개발 시 목표 고객을 구체화할 필요가 있다.

제2단계: 목표 고객의 감성을 구조화하는 방법

고객의 감성을 구조화는 방법으로는 FGI(focus group interview), SD법(semantic differential method, 의미미분법), 수량화이론(數量化理論), 고객과의 인터뷰, 설문조사, 직접 관찰법 등이 있다. 이 단계에서는 고객의 감성을 구조화할 수 있는 적절한 방법을 결정한다.

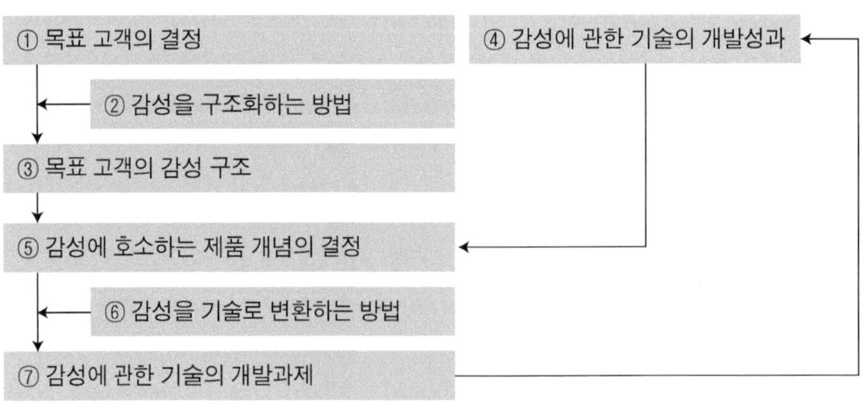

그림 9•8▸기능전개형 감성공학 전개 단계

제3단계: 목표 고객의 감성 구조

앞에서 결정한 감성 구조화 방법으로 목표 고객의 감성을 구조화하여야 한다. 이 때 감성은 개발 대상 제품에 적절한 것이어야 하며(예: 자동차의 경우 승차감, 조작감 등의 감성이 구조화되어야 함), 고객의 사회적 공통 경험이나 가치관 등도 포함되어야 한다.

제4단계: 감성에 관한 기술의 개발 성과

목표 고객의 감성이 구조화되면 이를 실현할 수 있는 기술이 있어야 한다. 기존에 감성을 구현할 수 있는 기술이 있을 경우는 이를 활용하고, 없을 경우는 새로운 기술을 개발하여야 한다. 새로운 기술을 개발하려면 많은 비용과 시간이 요구되므로 구조화된 감성이 제품에 반영될 수 있도록 관련 기술에 대한 기반이 튼튼하여야 한다.

제5단계: 목표 고객에 호소하는 제품 개념의 결정

목표 고객의 생활양식이나 기타 조사 결과에 근거하여 제품 개념을 결정하며, 이를 '0차 감성개념'이라 한다. 제품 개념만으로는 설계 요소가 드러나지 않으므로 가치공학에서 기능분석을 할 때 활용되는 기능계통도와 유사하게 제품 개념을 설계에 사용될 수 있는 물리적 특성으로 분해하여 간다(그림 9•9). 그림 9•10은 '타고 싶다', '사고 싶다', '갖고 싶다'라는 자동차의 0차 감성을 물리적 특성으로 분해하여 가는 과정에 대한 예이다.

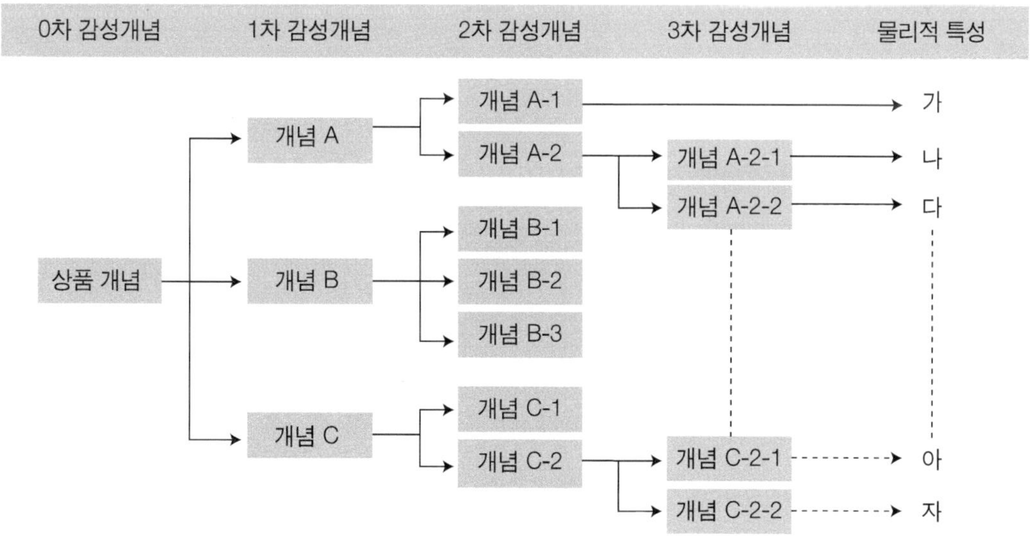

그림 9•9▸기능전개형 감성공학의 제품 개념 분해 과정

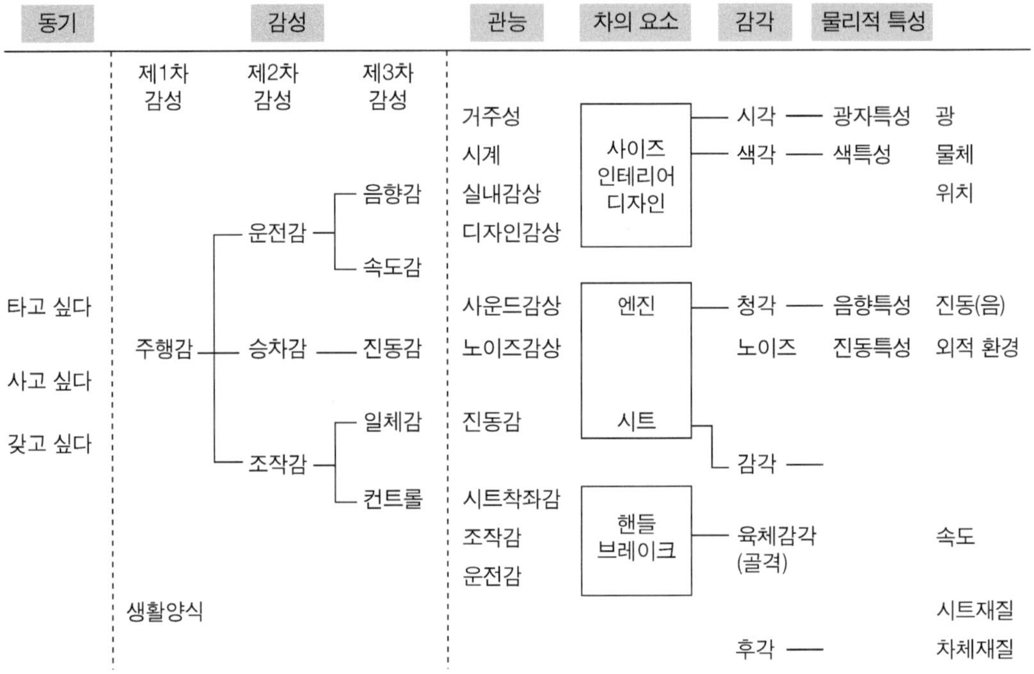

그림 9•10▸제품 개념 분해의 예

제6단계: 감성을 기술로 변환

제품 개념의 분해를 통하여 제품에 대한 물리적 특성이 결정되어도 이것만으로는 신제품은 만들어지지 않는다. 즉, 물리적 특성을 구체화할 수 있는 기술이 요구된다. 관련 기술을 이용하여 제품 개발을 완성하는 것이 요구된다.

제7단계: 감성에 관한 기술의 개발 성과

감성에 호소하는 제품의 개발에 요구되는 기술이 선행개발(先行開發)이 이미 이루어져서 해당 신제품에 사용할 수 있는 것이거나 아니면 예정 기간 내에 개발할 수 있는 가능성이 있지 않으면 안 된다. 감성이라는 품질을 전개하여 개발 과제로 한 기술과 처음에 제품 개념을 구상할 때의 원천(源泉)이 되는 기술이 대응하고 있는지의 여부에 대한 검토가 필요하다. 이것이 그림 9•8에서 '제7단계: 감성에 관한 기술의 개발 성과'가 '제4단계: 감성에 관한 기술의 개발 성과'로 피드백 되는 이유이다.

6.2 다변량 해석형 감성공학

소비자의 감성을 실험을 통하여 수집하고 수집된 자료를 통계적 기법, 퍼지, 뉴럴네트워크, 유전 알고리즘 등을 이용한 해석 과정을 통하여 설계 요소로 번역하는 방법이다. 다변량 해석형 감성공학의 진행 단계는 그림 9•11과 같다.

제1단계: 조사 목표의 선정

제품마다 감성이 다르기 때문에 무엇을 알고 싶어 하는지를 명확히 하고, 될 수 있는 대로 조사 범위를 한정하여야 한다. 예를 들어, 자동차의 경우 승용차, 상용차, 트럭 등의 종류 중 어느 것으

그림 9•11▸다변량 해석형 감성공학 단계

로 할 것이며, 차종이 결정된 후에도 외장, 내장 중 어느 것을 대상으로 할 것인지 또는 복합 대상으로 할 것인지를 분명히 결정하여야 한다.

제2단계: 제1차 감성 어휘 추출

감성 표현에 가장 가까운 어휘를 감성 어휘라 하며, 감성은 명사로도 표현되지만 일반적으로 형용사로 표현되는 경우가 많다. 1차 감성 어휘는 보통 수백 개(600~800개 정도)정도로 가능한 한 많은 어휘를 추출하며, 다음과 같은 방법으로 수집할 수 있다.

첫째, 조사 목표로 선정된 제품을 판매하고 있는 점포에서 고객과 영업 사원 사이에서 주고받는 어휘를 녹음하여, 녹음된 대화 중에서 감성 어휘를 추출한다.

둘째, 제품을 취급하고 있는 카탈로그, 팜플렛, 관련 잡지에서 감성 어휘를 추출한다.

셋째, 국어대사전에서 감성 어휘를 추출한다. 다른 방법으로 충분한 감성 어휘를 추출하지 못할 경우 유용하게 사용할 수 있는 방법이다.

넷째, 디자이너로부터 제품과 관련된 감성 어휘를 수집한다.

제3단계: SD 척도의 구성(1)

SD법은 형용사를 사용하여 인간의 이미지 공간을 측정하는 방법이다. 이 단계에서는 '좋다-나쁘다', '고급스러운-천한'과 같이 반대어를 준비하여 인간이 가지는 이미지를 조사하고, 요인분석으로 데이터를 분석한다.

제4단계: 제1차 평가 실험

1차 평가 실험은 2차 평가 실험에서 사용되는 감성 어휘를 추출하기 위하여 시행하며, 감성 어휘가 300~400개라도 1차 평가 실험을 실시할 수 있으나 1차 감성 어휘 추출에서 많은 어휘를 수집하여 두는 것이 중요하다. 1차 평가 실험은 다음과 같은 방법으로 실행된다.

첫째, 실물을 나열하여 놓고 평가자가 이들을 보면서 평가하게 하는 방법으로 가장 좋은 방법이라 할 수 있다. 평가 대상은 10~20 종류 이내로 하는 것이 좋다.

둘째, 제품의 슬라이드를 만들어 이를 보면서 평가한다.

셋째, 제품이 대형일 경우에는 축소물(miniature)을 만들어 이를 대상으로 평가한다.

평가에서 평가자가 피로하지 않을 정도의 휴식 시간을 포함하여야 한다. 일반적으로 2시간 정도 평가 후 15분 정도의 휴식 시간을 주는 것이 좋다.

제5단계: 감성 어휘의 요인분석

1차 평가 실험 결과에 대한 요인분석을 실시하여 2차 평가 실험에 사용할 감성 어휘를 추출하고, 평가 대상과 관련된 의미 공간을 파악한다. 요인분석은 다변량해석 기법 중의 하나이며, 구조가 없는 데이터 해석에 이용되며 다차원요인을 적은 수의 차원으로 구조화해주는 통계 기법이다. 요인분석의 예가 표 9•2에 제시되어 있으며, 표에 나와 있는 3개의 요인에 대하여 적절한 명명을 하면 평가 대상 제품의 감성적 의미 공간이 명확히 파악된다. 각 요인에 대한 해석 및 명명은 다음과 같은 규칙으로 한다.

① 요인부하 절대치가 0.55(상관계수는 0.55^2 = 0.30 이상) 이상일 때 변수와 요인의 상관관계가 좋다고 평가하고, 절대치가 0.55 이상인 것에 밑줄을 긋는 등의 방법으로 표시를 한다(대개 1행에 1개씩 나타난다).

② 각 행에서 수치가 (+)일 때는 SD 척도에서 오른쪽 형용사, (—)일 때는 왼쪽 형용사를 그 행에 해당하는 요인의 열에 적는다. 이를 평가어라 한다.

③ 각 열에서 요인부하의 절대치가 최대어인 평가어에 밑줄을 긋는다. 이것은 각 요인축의 증가 방향의 이름이 된다.

표 9•2에서 각 열에서 요인 부하의 절대치가 최대인 평가어를 선택하여 각 요인축의 증가 방향의 이름으로 삼아, 요인 1은 값비싼, 요인 2는 편안함, 요인 3은 강력한이 된다.

제6단계: 제2차 감성 어휘의 추출

1차 감성 어휘 추출에서 보통 수백 개의 어휘를 추출하기 때문에 2차 평가 실험에 그대로 사용하기에는 평가 어휘가 많아 평가에 소요되는 시간이 커지는 문제가 있다. 따라서 2차 평가 실험을 위하여 소수의 감성 어휘를 추출하게 되며, 2차 감성 어휘 추출의 이유는 다음과 같이 정리할 수 있다.

첫째, 고객이 평가 대상 제품에 대하여 수백 개 이상의 많은 감성을 가지고 있지는 않다.

둘째, 2차 평가 실험에서 보다 많은 대상을 상대로 평가를 하기 위해서는 가장 필요로 하는

표 9•2▸요인분석 예

	Factor1	Factor2	Factor3	
X1	-0.78759	0.47696	0.03439	참신한
X2	0.78665	0.14953	-0.32413	널찍한
X3	-0.13501	0.17485	0.96086	강력한
X4	0.09476	0.90200	0.19170	편안한
X5	0.94493	0.15127	-0.06893	값비싼

감성 어휘만으로 그 수를 한정할 필요가 있다. 즉, 언급한 바와 같이 감성 어휘가 많을 경우는 평가에 많은 시간이 소요되기 때문에 평가 대상을 제한할 수 밖에 없게 되는데 이는 바람직한 방향이 아니다.

1차 평가 실험 자료에 대한 요인분석 결과를 바탕으로 2차 감성 어휘를 추출하게 되는데 그 절차는 다음과 같다.

첫째, 요인분석 결과의 각 요인에 관련된 감성 어휘로부터 몇 개를 선택한다. 가능한 한 동일 의미를 가지는 것은 1개로 제한하고, 의미를 나타내는 차원이 다른 것을 선택하도록 한다.

둘째, 목표로 하고 있는 제품군의 감성을 가장 잘 표현하고 있는 어휘를 선정하는 것이 중요하다.

2차 감성 어휘는 2차 평가 실험에서 많은 시간이 소요되지 않도록 50-100개 정도의 어휘를 선택하며, 여기에는 평가 대상 제품에 대한 감성 어휘가 모두 포함되도록 하여야 한다. 자동차 디자인 평가에 사용된 2차 감성 어휘 및 SD 척도를 표 9•3에 예시하였다.

표 9•3▸자동차 디자인 평가 감성 어휘 및 SD 척도

실험자동차 No. ______

20 년 월 일
성명 ( )
운전면허 유·무
운전경력 년

1. 귀엽다.	□	□	□	□	□	귀엽지 않다
2. 질감이 있다.	□	□	□	□	□	질감이 없다.
3. 변화가 있다.	□	□	□	□	□	변화가 없다.
4. 승차자지향이다.	□	□	□	□	□	만인지향적이다.
5. 유동감이 있다.	□	□	□	□	□	유동감이 없다.
6. 열광적이다.	□	□	□	□	□	비열광적이다.
7. 미래적이다.	□	□	□	□	□	회고적이다.
8. 싫증나지 않는다.	□	□	□	□	□	싫증이 난다.
9. 매력이 있다.	□	□	□	□	□	매력이 없다.
10. 평탄하다.	□	□	□	□	□	요철이 있다.
11. 혁신적이다.	□	□	□	□	□	재미가 없다.
40. 볼륨이 있다.	□	□	□	□	□	볼륨이 없다.
41. 타고 싶다	□	□	□	□	□	타고 싶지 않다.
42. 빠르다	□	□	□	□	□	늦다.

제7단계: SD 척도의 구성(2)

2차 추출된 감성 어휘에 대한 SD 척도를 작성한다. 1차 평가 실험에 사용된 SD 척도에서는 반대어로 척도를 구성하였으나, '고급스러운-고급스럽지 않은'과 같이 긍정-부정의 형식으로 구성한다. 반대어가 가치관을 수반하지 않는 어휘의 경우, 예를 들어 '밝다-어둡다'와 같은 경우에는 반대어를 그대로 사용한다. 평가 척도는 보통 5점 척도로 충분하며, 척도의 수를 늘려도 결과가 더 정밀하여지지는 않는다. 2차 평가 전에 2차 감성 어휘에 포함되지 않은 어휘를 대상으로 평가자에게 평가에 대한 연습을 할 기회를 주는 것이 좋다.

제8단계: 제2차 평가 실험

데이터베이스 구축을 위한 가장 중요한 실험이며, 평가 실험을 하는 순서가 결과에 영향을 미치지 않도록 유의하여야 한다. 순서 효과를 없애기 위한 가장 좋은 방법은 평가 대상과 감성 어휘를 모두 랜덤하게 평가자에게 제시하는 것이다. 그러나 이러한 방법은 준비와 자료 정리에 많은 시간이 소요되고, 이 과정에서 에러가 발생할 가능성도 있다. 간단한 방법으로 감성 어휘를 몇 개 그룹으로 나누어(예: 어휘 10개를 한 그룹으로 함) 순서를 달리한 SD 척도를 평가자에게 랜덤하게 나누어 주고 평가 실험을 하게 하는 방법을 생각할 수 있다. 평가 대상을 랜덤하게 제시하는 것이 좋으나 현실적으로 어려운 경우가 많다.

제9 및 10단계: 평가 대상 준비(1)(2)

1차 평가 대상 실험에서는 그 목적이 수백 개의 감성 어휘 중 2차 평가 실험에 사용할 감성 어휘 수십 개를 선정하는 것이므로, 평가 대상 준비에 세심한 주의를 기울이지 않아도 되었다. 그러나 2차 평가 실험에서 수집된 자료가 데이터베이스에 저장되어 추후 감성 설계에 사용되기 때문에 평가 대상이 현존하는 관련 제품의 대부분이 포함되도록 하여야, 신뢰성이 높고 대표성 있는 감성 자료를 얻을 수 있다. 예를 들어, 평가 대상의 외관을 조사하고 싶으면 외관이 다른 것을 가능한 한 많이 수집하고, 색깔을 조사하고자 한다면 외관이 유사하면서 색깔이 다른 대상을 많이 수집하여야 한다. 평가 대상에는 현존하는 제품 외에 가상의 디자인안도 포함될 수 있다.

제11단계: 아이템/카테고리 추출

앞서 언급한 바와 같이 평가하고자 하는 대상이 가지는 여러 특성, 즉 평가 대상의 아이템(item), 카테고리(category)가 고루 포함되도록 평가 대상을 준비하여야 한다. 여기에서 아이템은 디자인 상의 어떤 특성의 유닛(unit)을, 카테고리는 각 아이템 내의 작은 분류를 의미한다. 전기 포트를 예로 들면 포트의 높이, 직경, 무늬 등이 아이템이 되며, 높이 아이템의 경우 25~28cm, 28~31cm, 31~34cm, 34~37cm, 37cm 이상과 같은 각 아이템이 가질 수 있는 값 혹은 특성이 카테고리가 된다. 일반적으로 카테고리 수가 100개 이상이면 좋은 평가 결과를 얻을 수 있다. 카테고리가 20~30개 정도면 평가 대상의 중요한 설계 요소가 빠져 있는 경우가 발생하며, 통계 처리를 하여도 무의

표 9•4 ▸ 전기 포트 아이템/카테고리 예

1. 높이	2. 폭	3. 높이/폭	4. 주입구의 튀어나온 비율	5. 몸체형상	6. 주입구 모양	7. 주입기능	8. 기능
① 25~28cm ② 28~31cm ③ 31~34cm ④ 34~37cm ⑤ 37cm 이상	① 14~16cm ② 16~18cm ③ 18cm 이상	① 1.5~1.75 ② 1.75~2.12 ③ 2.12 이상	① 0.5~0.7 ② 0.7 이상	① 원 ② 타원	① 커다란 상형 ② 작은 상형 ③ 모자형	① 공기식 ② 전기식	① 적은 기능 ② 많은 기능
9. 뚜껑의 디자인	**10. 외형 디자인**	**11. 물의 양**	**12. 뚜껑의 직경(R)**	**13. 코드**	**14. 외관색**	**15. 무늬**	**16. 꽃무늬**
① 일체형 ② 분리형	① 짤막한 형 ② 중형 ③ 기다란 형	① 잘 보임 ② 잘 보이지 않음	① 작다 ② 중정도 ③ 크다	① 인입식 ② 인입식이 아니다	① 백색 ② 연한 핑크 ③ 적색 ④ 흑색 ⑤ 기타	① 없음 ② 기하학 모양 ③ 꽃무늬 ④ 기타	① 꽃무늬가 아님 ② 작은 꽃무늬 ③ 중간 꽃무늬 ④ 큰 꽃무늬

미한 결과를 낼 수 있다. 전기 포트의 아이템, 카테고리가 표 9•4에 나와 있다.

평가 대상 준비가 제대로 되었는지는 아이템/카테고리 일람표를 작성하여 쉽게 확인할 수 있다. 전기 포트에 대한 아이템/카테고리 일람표가 표 9•5에 나와 있다. 일람표를 이용하여 평가 대상 준비가 제대로 되었는지를 확인할 때, 다음 사항에 유의하여 일람표를 점검하여야 한다.

첫째, 하나의 아이템 내에서는 하나만의 O표가 표시되어 있어야 한다.

둘째, 모든 아이템/카테고리에 붙은 O표가 모두 동일하게 되는 평가 대상이 포함되어서는 안 된다.

셋째. 각 카테고리에 O표가 붙은 상품은 반드시 2개 이상을 준비하여 평가 결과의 신뢰성을 높일 수 있도록 한다.

제12단계: 통계분석

1) 요인분석 2차 평가 실험 결과에 대하여 요인분석을 실시하며 1차 평가 실험 결과에 대한 요인분석과 거의 같은 요인축이 나타난다.

2) SD 척도 평가 결과 분석 2차 평가 실험에 사용한 감성 어휘에 대한 SD 척도 평가 결과를 평가 대상별로 그려봄으로써 평가 대상에 대한 사용한 감성 어휘 점수의 전체적 경향을 파악할 수 있다. 그림 9•12에 2개의 전기 포트에 SD 척도 평가 결과가 나와 있으며, 전기 포트 A가 B에 비하여 긍정적 감성 어휘 점수가 높음을 볼 수 있다.

표 9•5▸전기 포트의 아이템/카테고리 일람표 예

아이템	카테고리	A (a사)	B (a사)	C (b사)	D (c사)	E (d사)	F (e사)	G (f사)	H (f사)	
1. 높이	① 25~28	○		○						2
	② 28~31		○				○			2
	③ 31~34				○					1
	④ 34~37							○	○	2
	⑤ 37 이상					○				1
2. 폭	① 14~16			○				○		2
	② 16~18	○			○		○		○	4
	③ 18 이상		○			○				2
3. 높이/폭	① 1.5~1.75	○		○				○		3
	② 1.75~2.12				○		○			2
	③ 2.12 이상		○			○			○	3
4. 주입구의 튀어나오는 비율	① 0.5~0.7	○		○			○			3
	② 0.7 이상		○		○	○		○	○	5
5. 몸체 형상	① 원	○	○	○	○		○	○		6
	② 타원					○			○	2

3) 다변량분석 다변량분석이란 어떤 자료를 나타내는 특성치(特性値)(목적 변수 혹은 외적 기준)가 몇 개의 변수(變數, 설명변수)에 영향을 받을 때 이들 변수의 특성치에 대한 영향의 정도를 명확히 하는 자료 해석법을 말한다. 앞서 사용한 요인분석도 다변량해석의 한 기법이며 요인축이라고 하는 변수로 자료를 설명할 수 있도록 하는 해석법이다.

다변량분석법은 특성치가 있는지 없는지, 특성치가 있을 경우 그것이 정량적인지 혹은 질적인지와 설명변수의 종류(정량적 혹은 질적 변수)에 따라 그림 9•13과 같이 여러 종류로 나눌 수 있다. 기업 문화 유형을 기업 문화 관리와 성격의 두 가지 차원으로 구분한 다차원척도법(multi-dimensional scaling: MDS)의 사용 예가 그림 9•14에 제시되어 있다. 다차원척도법은 여러 개체들을 대상으로 몇 개의 특성 변수를 측정한 후에 이 변수들을 이용하여 개체들 사이의 거리 또는 비유사성을 측정하고, 이를 이용하여 개체들을 2차원 또는 3차원 공간상의 점으로 표현하는 통계적 분석방법이다. 즉, 개체들 간의 상대적인 거리를 계산하여 사람이 인지할 수 있는 2차원 평면상에 상대적 거리로 나타내는 방법이다. 이렇게 표현한 위치도에서 서로 가까운 곳에 위치한 개체들은 상대적으로 유사함을 의미하게 된다. 다차원척도법의 장점은 물리적인 개념뿐만 아니라 추상적인 개념도 상대적인 위치를 그림으로 표현할 수 있다는 것이다.

그림 9•12▸전기 포트의 SD 척도 평가 결과

제13단계: 데이터베이스 작성

2차 평가 실험 자료의 분석 결과를 해당 데이터베이스에 저장한다. 감성공학 시스템에서 데이터베이스는 크게 세 가지, 감성 데이터베이스, 디자인 요소 데이터베이스, 룰 베이스가 있다. 감성 데이터베이스에는 감성 어휘, 감성 어휘 평가 결과의 요인 구조(요인축과 요인 부하량), 감성 어휘 상호간의 상관계수 등이 저장된다.

디자인 요소 데이터베이스에는 감성 어휘에 해당하는 평가 대상 아이템/카테고리별 값 혹은 범주들이 포함된다. 룰 베이스는 일반적으로 if-then과 같은 룰로 구성되며 추론엔진에서 원하는 정보를 찾을 때 이를 이용하게 된다.

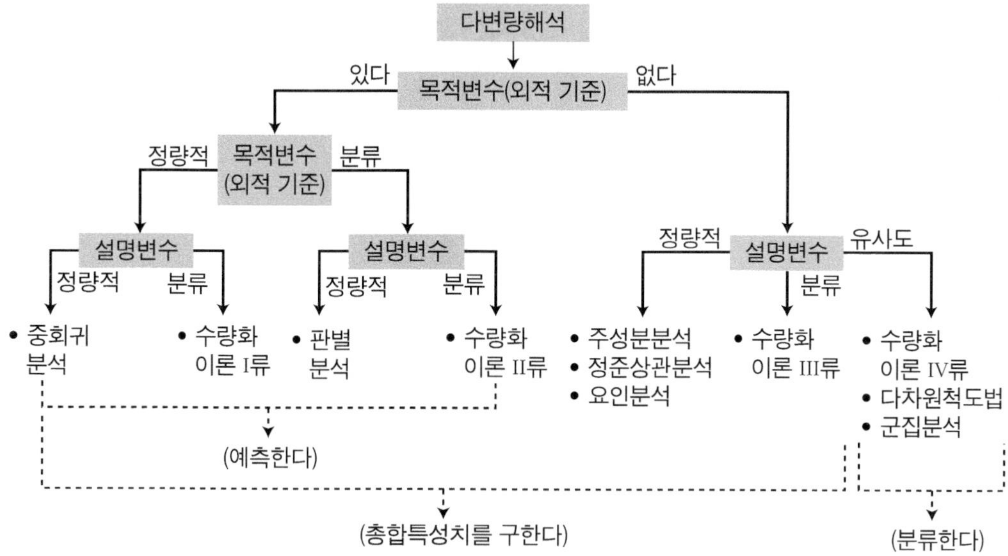

그림 9•13▸다변량분석법의 분류

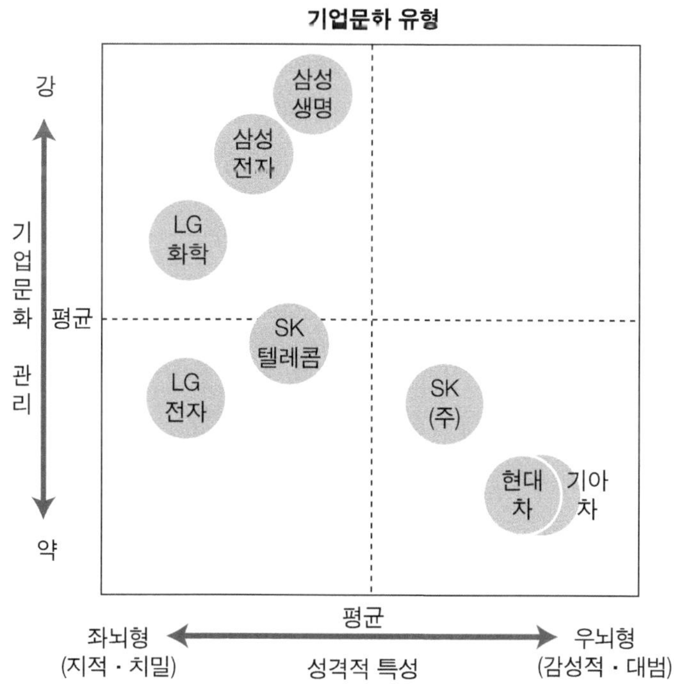

그림 9•14▸다차원척도법의 적용 예

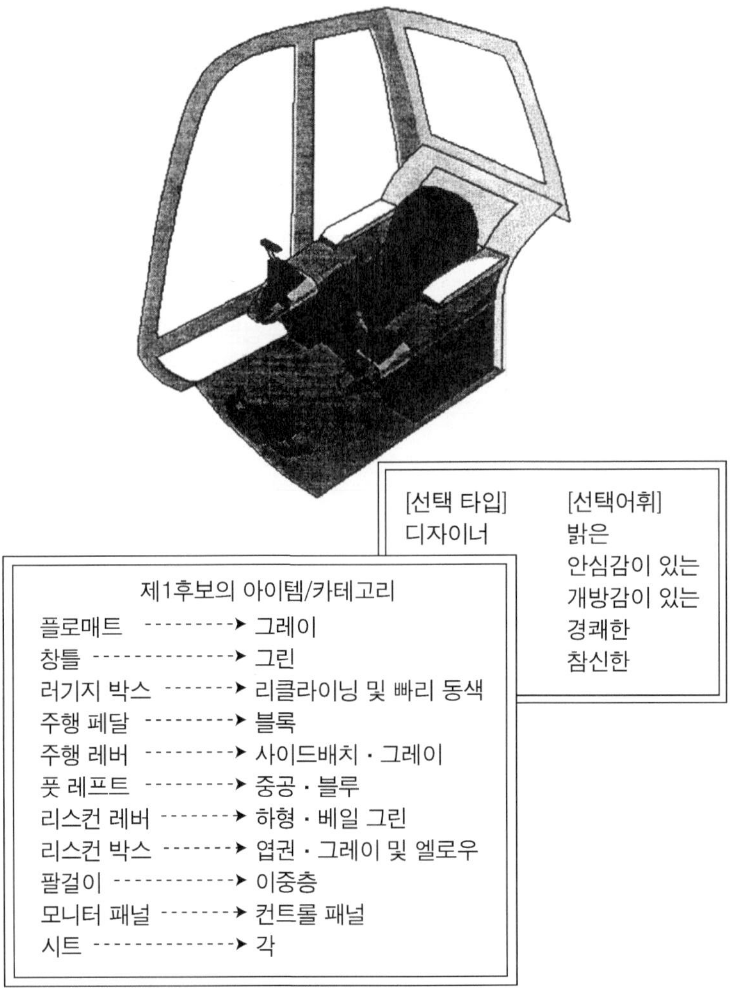

그림 9•15▸감성공학 시스템 예

제14 및 15단계: 감성공학 시스템 프로토타입 작성 및 시스템 구축

감성공학 시스템 구축 전에 프로토타입을 작성하여 가상 데이터를 입력하여 감성공학 시스템이 제대로 작동하는지, 개선이 필요한지 등을 점검하게 된다. 이 단계에서 문제점이 해결되거나 발견되지 않으면 본격적인 감성공학 시스템 구축에 들어가게 된다. 감성공학 시스템에는 형용사 처리부, 추론 처리부, 그래픽 표시부, 사용자 인터페이스 등의 요소가 구축되어야 한다. 건설기계 인테리어에 대한 감성공학 시스템 예가 그림 9•15에 나와 있다.

7 가상현실형 감성공학

가상현실(virtual reality)이란 어떤 특정한 환경이나 상황을 컴퓨터로 만들어서, 그것을 사용하는 사람이 마치 실제 주변 상황·환경과 상호작용을 하고 있는 것처럼 만들어 주는 인간-컴퓨터 사이의 인터페이스로 정의된다. 가상현실형 감성공학은 가상현실과 감성공학을 결합한 것으로 평가 실험 시에 평가 대상을 가상현실을 이용하여 제공하거나, 감성 디자인 요소를 2차원적 그림이 아닌 가상현실 기술을 이용하여 현실감 있게 제시하는 것을 말한다. 예를 들어, 아파트 분양 시에 사용되는 실물 모델 하우스 대신에 가상현실 시스템을 이용하여 컴퓨터 상에 모델 하우스를 구현하여 놓고, 소비자가 컴퓨터에서 가상현실 입출력 장비로 벽지를 만져보거나 화분을 옮겨보면서 감성을 평가할 수 있다. 또한 주어진 감성이 적절히 반영된 모델 하우스를 가상현실로 보여주고 체험할 수 있게 할 수 있다.

가상현실형 감성공학이 적용될 수 있는 분야는 다음과 같다.

- 시작품이 고액이거나 디자인 작성에 많은 시간이 요구되는 분야: 모델 하우스와 같은 주거물, 도시계획안, 경관 디자인, 빌딩과 같은 큰 구조물의 내·외부 디자인, 가구 배치 설계 등
- 휴먼 에러 발생 방지를 위한 교육·훈련 분야: 화학 공장이나 발전소 같은 대규모 시스템 운용 교육, 원자력발전소 운전 시스템 및 원자로 청소 교육, 탱크나 항공기 등의 고가품 조종법 훈련, 수술 실습 등
- 고객의 의사결정 분야: 의류 판매(고객이 자신의 체형을 컴퓨터에 입력하여 놓고 여러 가지 옷을 입혀보면서 구매 결정), 세일즈맨(판매하고자 하는 제품을 가상현실로 구현하여 놓고 고객이 이를 조작하여 본 후 구매 결정을 하게 함) 등

연습문제

[1] 감성 시대 제품에서 중요시 되는 개념이라 보기 힘든 것은?

① 첨단 기술 ② 디자인 ③ 만족감 ④ 아름다움

[2] 감성에 대한 설명으로 옳지 않은 것은?

① 인간의 내부에서 일어나는 고도의 심리적 체험이다.
② 보편성이 적고, 분석적으로 취급하기 어렵다.
③ 인간의 체험 가운데 직접적이며 비교적 단순한 것이다.
④ 쾌적감, 온화감 등의 복합적인 감정을 뜻한다.

[3] 감성공학의 영문명으로 적절하지 않은 것은?

① kansei engineering ② aesthetic engineering
③ human sensibility ergonomics ④ kansei ergonomics

[4] 감성공학 이전의 기존 기술의 주관심사는?

① 정서 충족 ② 물리적 편의성
③ 쾌적감 ④ 여유

[5] 감성공학의 창시자는?

① 채핀 ② 야마모토
③ 나가마찌 ④ 뮈렐

[6] 마쯔다 자동차의 야마모토 회장이 감성공학을 미국에 설명하면서 소개한 자동차는?

① 셀시어 ② 렉서스
③ 프리메라 ④ 미야타

[7] 감성공학의 출현 배경에 대한 설명으로 옳지 않은 것은?

① 소득이 높아짐 ② FTA 체결
③ 고객의 가치관이 변모 ④ 생산공정 변화

[8] 인간-기계 시스템에서 인간측 인터페이스에 속하지 않는 것은?

① 인지적 ② 신체적 ③ 지적 ④ 감성적

[9] 인간-기계 시스템에서 인간측 인터페이스 중 감성적 인터페이스를 잘못 설계할 경우 나타날 수 있는 결과는?

① 피로 ② 실수 ③ 불만 ④ 긴장

[10] 인간의 감성을 물리적 디자인 요소 및 그것의 구체적 설계 방안으로 번역하여주는 감성공학은?

① 전향성 감성공학 ② 역향성 감성공학
③ 하이브리드 감성공학 ④ 감성공학 시스템

[11] 감성공학 시스템의 구성 요소로 보기 힘든 것은?

① 사용자 인터페이스 ② 추론기관
③ 지식 베이스 ④ 감성 베이스

[12] 역향성 감성공학의 출력물은 무엇인가?

① 설계안 ② 감성 어휘
③ 설계안 및 감성 어휘 ④ 평가 결과

[13] 제품 개념을 분해하여 설계안을 도출하는 감성공학 기법은?

① 기능전개형 감성공학 ② 다변량해석형 감성공학
③ 가상현실형 감성공학 ④ 하이브리드 감성공학

[14] 기능전개형 감성공학에서 고객의 감성을 구조화하는 방법으로 적절하지 않은 것은?

① FGI ② SD법
③ MDS ④ 고객과의 인터뷰

[15] 다변량해석형 감성공학에서 제품에 관련된 감성을 1차로 추출하는 방법으로 적절하지 않은 것은?

① 고객과 영업 사원 사이의 대화 녹음
② 제품 카탈로그, 팜플렛
③ 영한사전
④ 제품 관련 전문가로부터 수집

[16] 다변량해석형 감성공학에서 감성 어휘 평가 방법으로 가장 적절하지 않은 것은?

① 실물 ② 동영상 ③ 슬라이드 ④ 미니어쳐

[17] 다변량해석형 감성공학에서 1차 감성 어휘 평가 자료 분석에 주로 사용되는 통계 기법은?

① 요인분석 ② MDS ③ 수량화이론 ④ 상관분석

[18] 다변량해석형 감성공학에 대한 설명으로 옳은 것은?

① 1차 감성 어휘는 보통 수십개 정도 추출한다.
② 감성 어휘 평가는 한 차례 이루어진다.
③ SD 척도는 감성 어휘의 긍정-부정 형태로 구성된다.
④ SD 척도는 보통 5점 척도로 구성한다.

[19] 다변량해석형 감성공학에서 디자인 상의 어떤 특성의 유닛(unit)을 무엇이라 하는가?

① 카테고리 ② 아이템 ③ 독립변수 ④ 확률변수

[20] 다음 중 다변량해석형 감성공학에서 카테고리에 해당될 가능성이 가장 높은 것은?

① 모양　② 크기　③ 파란색　④ 무늬

[21] 다음 중 다변량해석형 감성공학에서 평가 결과 분석에 적절하지 않은 기법은?

① SD 척도 평가 결과　② 수량화이론　③ 판별분석　④ t-test

[22] 다음 중 구조가 없는 데이터 해석에 이용되며 다차원요인을 적은 수의 차원으로 구조화해주는 통계 기법은?

① 요인분석　② MDS　③ 수량화이론　④ 상관분석

[23] 다음 중 개체들 간의 상대적인 거리를 계산하여 사람이 인지할 수 있는 2차원 평면상에 상대적 거리로 상대적 유사성을 나타내주는 통계 기법은?

① 판별분석　② MDS　③ 수량화이론　④ 상관분석

[24] 다음 중 가상현실형 감성공학이 적용될 수 있는 가장 적절한 분야는?

① 전자제품 설계　② 자동차 설계　③ 건설 기계 설계　④ 경관 디자인

응용문제

[1] 감성과 감정의 차이를 들어 설명하라.

[2] 감성 생성 모형을 나타내고 설명하라.

[3] 감성공학을 정의하고 그 출현 배경을 서술하라.

[4] 기능전개형 및 다변량해석형 감성공학을 적용한 예를 찾아 감성공학 전개 단계별로 설명하라.

[5] 주변에서 감성공학을 적용하여 설계할 수 있는 제품을 찾아 그 적용 방안을 제시하여 보라.

CHAPTER 10 유니버설 디자인

1 유니버설 디자인

유니버설 디자인(universal design)이란 능력이나 나이에 관계없이 다양한 사용자들이 쉽게 사용할 수 있는 제품 및 환경을 생성하기 위한 디자인 개념으로 정의된다. 이러한 개념은 장애를 가지고 있던 미국 노스캐롤라이나주립대학의 메이스(Ronald L. Mace)가 1990년대 디자인에 대한 이상이나 사고방식을 제창한 것이 처음으로 알려져 있다. 'universal'이라는 단어의 사전적 의미가 '만인의', '보편적인'인 것에서 보듯이 그는 '개조나 특수한 설계를 하지 않고도 모든 사람이 가능한 한 최대한으로 이용할 수 있도록 제품이나 환경을 디자인하는 것(the design of products and environment to be usable by all people, to the greatest extent possible, without the need for adaption or specialized design)'으로 정의하고 이를 위한 일곱 가지 원칙을 제안하였다.

유니버설 디자인은 특정 계층만을 위한 디자인이 아니며, 가능한 한 많은 사람들이 특별한 차별이나 별도의 장치 없이 제품이나 환경을 사용할 수 있게 하는 디자인 개념이다. 따라서 노인이

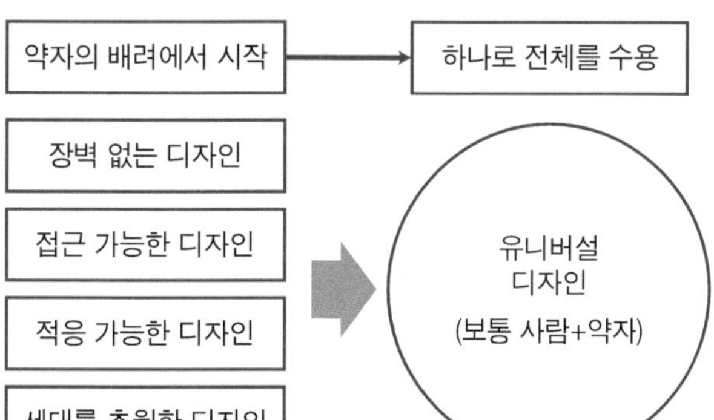

그림 10•1▸유니버설 디자인의 형성 과정 및 개념

나 장애인들과 같은 특수한 계층의 사람들을 고려한 디자인을 하였다 하더라도, 정상인들이 사용하는데도 불편함이 없어야 한다.

유니버설 디자인은 약자에 대한 배려에서 시작된 이전의 장벽 없는 디자인(barrier free design) 개념에다 접근 가능한 디자인(accessible design), 적응 가능한 디자인(adaptive design), 세대를 초월한 디자인(trans generational design) 개념이 더해져 형성되었다. 하나로 전체를 수용하도록 하는 것이 궁극적 목표라 할 수 있다(그림 10•1).

2 유니버설 디자인의 유사 개념

2.1 장벽 없는 디자인(barrier free design)

1974년 UN 장애인생활환경전문가 회의에서 '장벽 없는 디자인', '장벽 없는 건축 및 설계' 보고서에서 처음으로 사용되었다. 장애가 있는 사람이 사회생활을 해 나가는데 장애가 되는 것을 제거한다는 뜻이다.

2.2 모두를 위한 디자인(design for all)

유니버설 디자인과 거의 뜻이 같으며 유럽 각국에서 사용되고 있다. 모든 범위의 능력이나 상황에 있는 사람들에게 편리한 제품이나 서비스를 제공하는 것을 의미한다.

2.3 접근 가능한 디자인(accessible design)

어떤 기능에 제한을 가진 사람들의 요구(needs)에 맞추어 설계를 확장하여, 제품이나 서비스를 그대로 이용할 수 있는 잠재 고객 수를 최대한 늘리기 위한 디자인 개념이다. 건물 입구에 계단과 함께 완만한 경사의 램프를 설치하는 것은 접근 가능한 디자인의 예에 속한다. 그러나 모든 사람들이 사용할 수 있는 램프 한 가지만을 제시할 경우는 유니버설 디자인에 속하게 된다.

2.4 포괄적 디자인(inclusive design)

'만인의 요구에 대응하는 포괄적인 디자인'을 의미하며 영국 대학을 중심으로 활발한 연구가 진행되고 있다.

2.5 공용품(共用品)

1991년에 일본에서 발족한 'E&C 프로젝트'(1999년에 (재)공용품추진기구로 변경)가 장벽 없는 사회 구축을 지향하며 제창하였다. '신체적 특성이나 장애에 상관없이 보다 많은 사람들이 함께 편리하게 이용할 수 있는 제품이나 시설·서비스'를 공용품·공용서비스라 하였다.

2.6 적응 가능한 디자인(adaptive design)

구조나 재료의 변경을 수반하지 않고 단시간 내에 사람들의 요구에 맞도록 하는 것을 말한다. 개개의 요구에 맞게 간단히 장착이나 분리가 가능하며, 사용하기 편리한 용건을 갖춤으로써 이용자의 폭을 넓히는 디자인 개념이다.

2.7 정규화(normalization)

장애인을 특별시 하는 것이 아니라 일반 사회 속에서 보통의 생활을 누릴 수 있도록 환경을 정비하여 함께 살아가는 사회를 표준이라 생각하는 사고방식이다.

3 유니버설 디자인의 출현 배경

3.1 남성과 여성

인류의 절반은 여성이며 여성은 남성과 여러 가지 면에서 차이를 보인다. 근력은 남성의 약 2/3 정도이며, 신장이나 체중도 남성에 비하여 작다. 이러한 이유로 가정에서 무거운 물건을 옮길 때나 꽉 닫혀 있는 용기의 뚜껑을 열 때, 선반 위의 물건을 내릴 때 남성의 도움을 구하는 경우가 있다. 따라서 제품 설계에서도 이러한 여성의 특성을 고려하여야 한다.

3.2 노인에 대한 배려

사람에 따라 개인차가 있고 연령에 따라서도 차이를 보이기는 하나 인간 신체 기능의 대부분은 대략 20대를 정점으로 저하되기 시작한다. 나이가 들어감에 따라 시각 기능이 떨어져 작은 글자 인식과 눈의 원근 조절이 힘들어지게 된다. 감각, 인지, 운동, 촉각 기능과 근력, 손재주, 피부의 습윤도도 저하되기 시작한다. 신문이나 책을 넘길 때 손끝에 침을 묻히는 것은 습윤도가 떨어져 잘 미끄러지기 때문이다. 청력 또한 20세 무렵부터 저하되기 시작하여 50세를 지나면서부터 난청이 일어난다. 고음역이 잘 들리지 않거나 말을 알아듣는 명료도가 저하되는 현상이 나타난다.

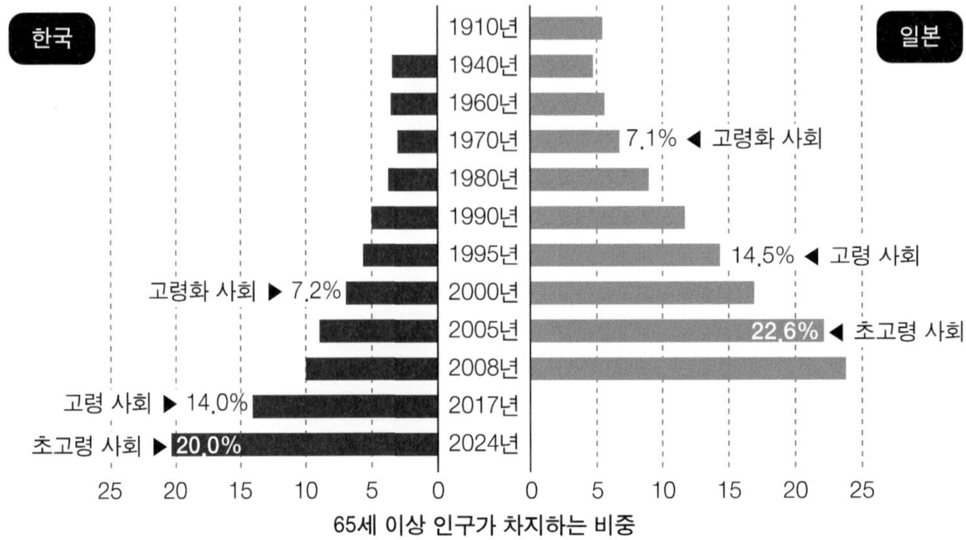

그림 10•2▸우리나라 고령 인구 비율의 증가 추이

UN에서는 전체 인구에서 65세 이상인 사람의 비율이 7%를 넘으면 고령화 사회, 14%를 넘으면 고령 사회, 20%를 넘으면 초고령 사회라 한다. 2023년 65세 이상 고령 인구 비율은 유럽의 경우 약 19.4%, 북미 약 16.9%, 아시아는 9.4%였으며, 유럽의 고령 인구 비율은 2030년에 25%까지 증가할 것으로 예측되고 있다. 가까운 일본은 1994년 14%를 돌파하여 고령 사회에 접어들었고, 2005년에는 22.6%에 달하여 초고령 사회 단계에 있다. 우리나라도 이미 2000년을 기점으로 65세 이상 고령 인구 비율이 7%를 상회하여 고령화 시대에 진입하였고, 2017년 14.0%로 고령 사회에 진입하였고, 2024년 12월에 20.0%로 전 세계에서 가장 빠른 속도(7년, 일본 10년, 이탈리아 20년, 프랑스 29년, 덴마크 42년)로 초고령 사회에 진입하였다(그림 10•2).

3.4 어린이에 대한 배려

어린이는 어른에 비해 키도 작고 손도 작으며, 근력이 떨어진다. 이 때문에 혼자서 문을 열려면 문손잡이 위치가 높고, 둥근 회전식 손잡이는 직경이 커 잡기에 어려움을 겪게 된다. 엘리베이터의 경우도 저층 버튼은 손이 닿으나 고층 버튼은 손이 닿지 않아 혼자 조작하기 어렵게 되어 있는 경우가 있다.

3.5 장애인에 대한 배려

선천적 장애와 더불어 교통사고, 산업재해와 같은 원인으로 후천적 장애가 늘고 있다. 우리나라 장애인은 2023년 현재 263만여 명이 등록되어 있으며 2000년(145만여 명 추정)에 비하여 약 82% 증가하였다. 등록되지 않은 장애인 수를 고려하면 장애인 수는 210만 명 이상일 것으로 추정되고, 증가 추세도 지속될 것으로 예상된다. 그러나 장애인들이 사용하고 있는 보조 도구 및 생활용품 설계에서 이들의 특성에 대한 고려가 부족하다. 따라서 이들이 일반인과 같은 정도의 삶의 질을 누릴 수 있도록 모든 제품, 서비스의 설계에서 장애인의 특성이 반영되어야 한다.

3.6 외국인에 대한 배려

농촌 지역을 중심으로 한 이주 여성과의 결혼, 산업 연수생의 증가, 다국적 기업의 증가 등으로 국내에 체류하는 외국인은 매년 증가하고 있으며, 2024년 현재 3개월을 초과하여 국내에 거주하고 있는 외국인은 246만여 명으로 총 인구 4.8%를 차지하고 있다. 이들은 유창하게 우리말을 구사하며 잘 적응하고 있는 경우도 있으나, 많은 경우 언어, 문화의 차이로 어려움을 겪고 있다. 제품, 공공 디자인에서 이들 외국인의 언어, 문화 등에 대한 배려가 요구된다.

3.7 왼손잡이

전 세계 인구의 8~10%(우리나라는 Jung and Jung(2009)의 연구에 따르면 약 5.8%)는 왼손잡이인 것으로 알려져 있다. 특수 전문 제품이 아닌 범용 제품은 오른손잡이뿐 아니라 왼손잡이도 사용에 무리가 없도록 설계되어야 한다.

3.8 휴먼에러

인간은 여러 에러를 범하며 특히, 피곤할 때, 긴장감이 지나치거나 풀려 있을 때, 바쁠 때, 어두워서 잘 보이지 않거나 너무 밝아 눈이 부실 때 등의 경우에 에러를 평소보다 더 많이 범하게 된다. 이러한 에러가 일어나지 않도록 배려된 설계가 이루어져야 한다. 인간의 에러는 크게 실수(slip), 건망증(lapse), 착오(mistake)와 고의사고(violation)의 네 가지로 나누어진다. 휴먼에러에 대한 자세한 사항은 18장을 참조하기 바란다.

4 유니버설 디자인을 위한 일곱 가지 원칙

4.1 공평한 사용에 대한 배려

사용자의 연령, 체격 및 신체 기능 차이 등에 영향을 받지 않고 누구나 사용할 수 있어야 한다. 직경이 굵은 문 손잡이, 높은 문 손잡이는 어린이의 사용이 어려워 이 원칙을 위배한 것이라 할 수 있다. 설계 지침은 다음과 같다.

- 모든 사용자들에게 같은 정도의 사용성을 제공하도록 한다.
- 특정 사용자층을 차별하지 않도록 한다.
- 모든 사용자들에게 동등한 수준의 프라이버시, 보안성, 안전성을 제공한다.

4.2 사용상의 유연성 확보

젖은 손으로도, 한 손으로도 조작이 가능한, 혹은 주위 밝기에도 영향을 받지 않는 등 다양한 사용자의 능력에 맞게 만들어져 있어야 한다. 장갑을 끼고도 방한용 의복의 단추나 지퍼를 채울 수 있어야 하고, 젖은 손으로도 미끄러지지 않고 조미료, 샴푸 등의 용기를 열 수 있어야 한다. 이를 위한 설계 지침은 다음과 같다.

- 사용 방법의 여러 가지 대안을 제공한다.
- 오른손잡이와 왼손잡이 모두 사용할 수 있도록 한다.
- 사용자 동작에 대해 높은 정확성과 정밀도가 유지되도록 설계한다.
- 사용자의 속도에 대한 적응성을 고려하여 설계한다.

4.3 간단하고 직관적인 사용

사용자의 지식이나 경험, 언어 능력, 집중력에 관계없이 누구나 쉽게 사용할 수 있도록 사용법이 간단하여야 한다. 돌리는 타입의 수도꼭지는 물을 틀 때는 왼쪽 방향으로, 잠글 때는 오른쪽 방향으로 돌리는 것은 '틀기', '잠그기'와 같은 표시가 없어도 누구나 알고 있을 것이다. 이를 위한 설계 지침은 다음과 같다.

- 불필요한 복잡성을 제거한다.
- 사용자의 예상과 직관에 일치하게 설계한다.
- 다양한 수준의 읽고 쓰는 능력 및 언어 능력을 수용할 수 있도록 설계한다.
- 중요도에 따라 정보를 배열한다.
- 작업 수행 중 및 종료에 대한 효과적인 피드백 정보를 제공한다.

4.4 정보 전달에 대한 배려

사용 상황이나 사용하는 사람의 지각, 청각 등의 감각 능력에 관계없이 필요한 정보가 효과적으로 전달되도록 만들어져 있어야 한다. 누구나 한번쯤 경험하였을 문의 개폐를 예로 든다. 손잡이를 잡고 밀면 열리지 않던 문이, 반대로 당겨보면 간단히 열린다. 문 어디에도 '밀기/당김', 'push/pull' 등의 표시가 없다. 이런 일상적인 것조차도 필요한 정보를 빠르게 이해하지 못하게 하는 것들이 많다. 사람들의 언어나 감각 능력에 관계없이 필요한 정보가 곧바로 전달될 수 있도록 하는 배려가 필요하다. 이를 위한 설계 지침은 다음과 같다.

- 중요한 정보의 중복적인 제시를 위하여(시각적, 청각적, 촉각적 방법과 같은) 다른 정보 제시 방법을 사용한다.
- 중요한 정보와 그 배경 사이에 적당한 대비(contrast)를 고려한다.
- 중요 정보의 가독성(legibility)을 최대화한다.
- 감각 장애를 갖는 사람들이 사용하여 온 다양한 방법이나 장치들과의 양립성(compatibility)에 모순되지 않도록 설계한다.

4.5 사고와 오조작의 방지

사용자가 의도하지 않고 무심코 한 행동이 위험이나 생각하지 못한 결과로 이어지지 않도록 설계되어야 한다. 인간은 주의한다고 하면서도 실수를 범하는 경우가 있다. 엘리베이터를 타고 문을 빨리 닫으려고 닫힘 버튼을 누른다는 것이 비상벨을 누른 적은 없는가? 생명에 위험을 미치는 정도가 아니더라도 이러한 종류의 실수 또한 피하고 싶은 것들이다. 따라서 위험이나 오동작으로 연결되는 요소를 없애고 사용자가 조작에 실패하지 않도록 하여야 하며, 이는 검증되어야 한다. 이를 위한 설계 지침은 다음과 같다.

- 위험과 실수를 최소화하도록 구성 요소들을 배열한다. 즉, 가장 자주 사용되는 구성 요소들은 가장 접근하기 쉬운 곳에 배열하고, 위험한 구성 요소는 제거하거나 분리하거나 덮개를 만들어 준다.
- 위험과 실수에 대한 경고를 제공한다.
- 주의가 요구되는 작업에서 무의식적인 행위가 발생되지 않도록 설계한다.

4.6 육체적 부담의 최소화

효과적으로, 안락하게, 그리고 피로를 느끼지 않고 사용할 수 있어야 한다. 공중 화장실에서 앞 사람이 수도꼭지를 너무 단단히 잠가 놓아서 틀려고 해도 좀처럼 잘 돌아가지 않아 물을 틀 수 없을 때가 있다. 센서가 장착된 자동 수도꼭지는 손을 내밀면 자동으로 물이 나오게 되어 있어 이러한 문제를 해결한 좋은 예라 할 수 있다. PET 음료수 병은 가볍고 휴대성이 좋은 용기이지만 뚜껑을 잘 열지 못하는 노인들이 있다고 한다. 주변의 가까운 것들에도 이러한 배려를 필요로 하는 것들이 많다. 이를 위한 설계 지침은 다음과 같다.

- 사용자가 편안한 자세를 유지하도록 한다.
- 적정한 수준의 힘으로 조작할 수 있도록 설계한다.
- 반복 행위를 최소화한다.
- 지속적인 육체적 노력의 요구를 최소화되도록 설계한다.

4.7 적당한 크기와 공간의 확보

사용자의 신체 크기, 자세, 움직임에 관계없이 쉽게 접근하고, 닿고, 조작하고, 사용할 수 있도록 적당한 크기와 공간을 고려해 설계하여야 한다. 액체 조미료의 PET병을 사용할 때 바깥쪽 캡을 열고 다시 안쪽 중간 마개를 열려고 하면 마개가 작아 손가락이 잘 들어가지 않았던 경험은 없는가? 소형화된 기기에서 조작하고자 하는 스위치의 옆 스위치에까지 손가락이 닿아 의도하지 않게 잘못 작동시킨 경험이 없는가? 신체나 손가락의 크기에 상관없이 무리한 자세를 취하지 않고도 사용할 수 있도록 하는 배려가 있어야 한다.

- 중요한 부분에 대해서는 앉거나 선 자세의 사용자가 명확히 볼 수 있도록 설계한다.
- 모든 구성 요소에 대해 앉거나 선 자세의 사용자가 편안하게 닿을 수 있도록 한다.
- 손과 손잡이 크기는 연령, 성별 등에 따른 변동을 고려하여 설계한다.
- 보조 장치나 개인적 도구 사용을 위한 적당한 공간을 제공한다.

(a) 액체 용기 (b) 잔주름이 있는 옷 (c) 모퉁이 각을 자른 박스

그림 10•3▸유니버설 디자인 부칙의 예

4.8 세 가지 부칙

유니버설 디자인 평가에는 위의 일곱 가지 원칙 외에 세 가지 부칙이 추가적으로 사용된다.

- **내구성과 경제성의 배려:** 용기의 중간을 눌러 필요한 분량만큼 양을 조절할 수 있게 한 액체 세제 용기는 리필용 세제만을 따로 팔기 때문에 본체 용기를 구입할 필요가 없어 경제적이며, 용기를 오래 사용할 수 있어 내구성이 있다(그림 10•3(a)).
- **품질과 심미성의 배려:** 잔주름이 있는 옷은 신축성이 있어 입을 때와 움직일 때 편할 뿐 아니라 아름다운 패션성까지 갖추고 있다고 할 수 있다(그림 10•3(b)).
- **인체와 환경에의 배려:** 네 모퉁이 각을 자른 박스는 들기 쉽고 포장 종이를 2% 절약할 수 있어 인체와 환경을 동시에 고려한 예라 할 수 있다(그림 10•3(c)).

5 인터페이스, 사용성, 유니버설 디자인의 관계

유니버설 디자인과 인터페이스, 사용성의 관계를 인간과 기기, 도구, 설비와 상호작용이라는 측면에서 살펴보면 다음과 같다.

- 인터페이스: 인간-기계 인터페이스를 말하며 인간과 기기, 도구, 설비 사이에 정보를 주고받는, 즉 시스템이 운용되게 조작하는 조종장치, 조작의 결과를 보여 주는 표시장치로 구성된다.
- 사용성(usability): 인간에게 있어서의 상호작용의 편리함을 말하며, 인터페이스가 인간공학적으로 잘 설계되어 있으면 사용성이 좋은 시스템이 된다.
- 유니버설 디자인: 유니버설 디자인은 상호작용의 편리함을 가능한 한 넓은 범위의 사람들에게 실현하는 것이다.

위 세 가지 개념의 관계를 도식적으로 나타내면 그림 10•4와 같다.

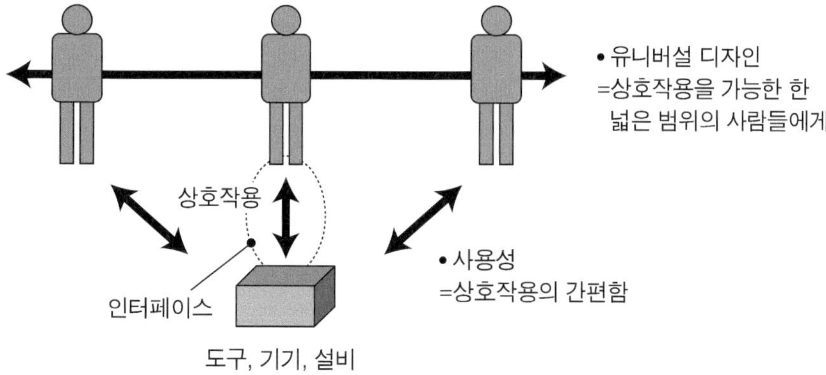

그림 10•4▸인터페이스, 사용성, 유니버설 디자인의 관계

6 유니버설 디자인의 적용 예:

한 손으로 쉽게 빼낼 수 있는 플러그(쁘띠 플러그, A·P·I Co.)

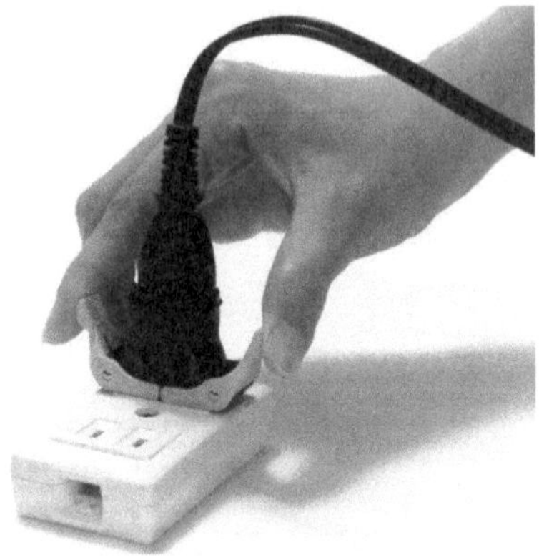

그림 10•5 ▸ 쉽게 뺄 수 있는 플러그

전기/전자 제품에 사용되는 플러그는 빼는데 힘이 소요되어 빼기 어려운 경우가 많다. 테이블이나 벽에 부착되어 있는 플러그는 콘센트를 잡을 필요 없이 플러그를 손가락으로 집고 뽑을 수 있다. 그러나 이와 달리 고정되어 있지 않은 경우는 콘센트를 손으로 잡고 빼는 귀찮은 동작이 요구된다. 그림 10•5와 같은 셀프업 시스템(self up system)은 콘센트에서 플러그를 뺄 때 레버만 조금 잡아도 조작할 수 있어 뺄 때 힘이 들지 않는다. 레버 끝의 4개 손톱 모양의 부속품이 콘센트를 균등하게 누르고 있기 때문에 항상 콘센트 구멍에서 플러그를 수직으로 빼낼 수 있다. 빼낼 때의 불편한 충격을 손에 느끼지 않으며, 이동형 콘센트에서도 원터치로 빼낼 수 있다. 손잡이 부분은 콘센트 구멍의 전극에서 떨어진 곳에 위치하도록 설계하여 조작 시에 손이나 손가락이 전기에 닿을 가능성을 제거하여 안전성까지 고려하였다.

셀프업 시스템은 조작의 편의성, 기기의 부하 경감, 조작 시 사용자의 안전성 배려라는 면에서 기존 플러그와 비교하여 뛰어난 기능을 가지고 있다. 어린이에서 노인까지 모든 사용자에게 힘들이지 않고 즐겁고 안전하게 전기 제품을 사용하게 하고 있다.

[1] 능력이나 나이에 관계없이 다양한 사용자들이 쉽게 사용할 수 있는 제품 및 환경을 생성하기 위한 디자인 개념을 무엇이라 하는가?

① 인간공학적 디자인　② good design
③ 유니버설 디자인　④ 감성공학적 디자인

[2] 유니버설 디자인의 창시자는?

① 나가마찌　② 메이스　③ 뮈렐　④ 크뢰머

[3] 유니버설 디자인의 기본 개념과 거리가 먼 것은?

① 장벽없는 디자인　② 접근가능 디자인
③ 세대초월 디자인　④ 인간공학적 디자인

[4] 유니버설 디자인의 유사 개념과 거리가 먼 것은?

① 장애인을 위한 디자인　② 접근가능 디자인
③ 모두를 위한 디자인　④ 포괄적 디자인

[5] 어떤 기능에 제한을 가진 사람들에게 초점을 맞추어 설계를 요구(needs)에 맞추어 확장하여, 제품이나 서비스를 그대로 이용할 수 있는 잠재 고객 수를 최대한 늘리기 위한 디자인 개념을 무엇이라 하는가?

① 장애인을 위한 디자인　② 접근가능 디자인
③ 모두를 위한 디자인　④ 포괄적 디자인

[6] 유니버설 디자인에 대한 설명으로 옳지 않은 것은?

① 약자의 배려에서 시작되었다.
② 개조나 특수 설계 없이도 많은 사람들이 사용할 수 있게 하는 개념이다.
③ 하나로 전체를 수용하려 한다.
④ 만인의 요구에 대응하는 함축적인 디자인이다.

[7] 유니버설 디자인의 출현 배경으로 거리가 먼 것은?

① 장애인 배려　② 여성 배려
③ 작업자 배려　④ 휴먼 에러 방지

[8] 다음 중 사용자의 연령, 체격 및 신체 기능 차이 등에 영향을 받지 않고 누구나 사용할 수 있어야 한다는 유니버설 디자인 원칙은?

① 공평한 사용에 대한 배려　② 사용상의 유연성 확보
③ 간단하고 직관적인 사용　④ 정보 전달에 대한 배려

[9] 유니버설 디자인에서 정보 전달을 위한 배려를 구현하기 위한 방법으로 적절한 것은?

① 중요한 정보의 제공은 한 차원의 감각만 이용한다.
② 중요 정보와 배경 사이에 적당한 대비를 고려한다.
③ 중요 정보의 명료도를 최대화한다.
④ 중요도에 따라 정보를 배열한다.

[10] 손잡이를 잡고 밀면 열리지 않던 문이, 반대로 당겨보면 간단히 열리는 경우가 있다. 다음 중 이 경우에 잘 반영되지 않은 유니버설 디자인 원칙은?

① 공평한 사용에 대한 배려　② 사용상의 유연성 확보
③ 간단하고 직관적인 사용　④ 정보 전달에 대한 배려

[11] 손의 힘이 약해져도 글자를 쓸 수 있도록 한 펜은 다음 유니버설 디자인 원칙 중 잘 반영된 것은?

① 공평한 사용에 대한 배려　② 사용상의 유연성 확보
③ 간단하고 직관적인 사용　④ 정보 전달에 대한 배려

[12] 두 종류 이상의 정보 전달 수단을 갖춘 제품은 다음 유니버설 디자인 원칙 중 잘 반영된 것은?

① 공평한 사용에 대한 배려　② 사용상의 유연성 확보
③ 간단하고 직관적인 사용　④ 정보 전달에 대한 배려

[13] 소리를 진동으로 전달하는 골(骨) 전도 시스템을 채용하여 소음이 심한 장소에서도 잘 들리도록 만든 이동전화는 다음 유니버설 디자인 원칙 중 잘 반영된 것은?

① 공평한 사용에 대한 배려　② 사용상의 유연성 확보
③ 사고와 오조작의 방지　④ 육체적 부담의 최소화

[14] 서랍 손잡이가 수평으로 길게 만들어져 있어 상반신을 움직이지 않고도 서랍을 열 수 있도록 되어 있는 책상은 다음 유니버설 디자인 원칙 중 잘 반영된 것은?

① 적당한 크기와 공간 확보　② 사용상의 유연성 확보
③ 사고와 오조작의 방지　④ 육체적 부담의 최소화

[15] 어린이가 실수로 세탁기 드럼 속에 빠지지 않도록 문 잠금 장치가 있는 세탁기는 다음 유니버설 디자인 원칙 중 잘 반영된 것은?

① 공평한 사용에 대한 배려　② 사고와 오조작의 방지
③ 간단하고 직관적인 사용　④ 정보 전달에 대한 배려

[16] 다음 중 유니버설 디자인의 부칙에 해당되지 않는 것은?

① 내구성과 경제성의 배려　② 육체적 부담의 최소화
③ 품질과 심미성의 고려　④ 인체와 환경의 배려

[17] 인간에게 있어서의 상호작용의 편리함을 의미하는 개념은?

① 인터페이스　② 사용성　③ 유니버설 디자인　④ 효용성

응용문제

[1] 그림 10•6과 같은 쉽게 뽑을 수 있는 플러그는 유니버설 디자인의 일곱 가지 원칙 중 어떤 것이 잘 반영된 제품이라 할 수 있는가?

[2] 우리 주변에서 유니버설 디자인이 잘 반영된 제품을 한 가지 찾아 유니버설 디자인의 일곱 가지 원칙 관점에서 평가하여 보라.

[3] 인간중심 설계란 무엇이며 그 설계 원칙과 활동 내용을 들라.

[4] 유니버설 디자인 개념이 출현한 배경을 설명하라.

[5] 유니버설 디자인의 형성 과정 및 개념을 도식적으로 나타내어라.

CHAPTER 11 작업환경 평가 및 관리

1 조명

1.1 빛과 조명

사물을 눈으로 지각하는 데 빛이 없으면 색채도 형태도 질감도 알 수 없다. 빛은 망막을 자극하여 시각을 발생하는 복사 에너지로 정의된다. 복사 에너지의 스펙트럼의 범위는 10^{-15} ~10^{4}m이며 이 중 우리가 볼 수 있는 가시광선의 범위는 380~780nm이다. 빛은 단순히 물리적, 심리학적 성질을 가진 것이 아니라 두 가지 성질이 복합된 심물리학적 성질을 갖는다. 사물을 식별하기 위해서는 빛의 밝기, 빛의 양과 빛의 방향을 결정하여 필요한 곳에 필요한 양의 빛을 설정해야 한다.

조명 설계란 생활 행동에 맞추어 적절한 밝기로 적합한 장소에서 분위기를 연출하는 일이다. 기능적인 면만이 아닌 빛에 의한 심리적 효과, 시각적인 공간의 연출도 매우 중요하다. 조명의 목적은 공간 내에서 활동하거나 작업하는 사람이 불쾌하거나 산만하지 않고 인체에 유해하지 않은 상태에서 작업할 수 있도록 편의성을 제공하는 데 있다. 시각작업의 경우, 적절한 조명이란 작업자의 눈의 피로가 감소하고 작업 불량률을 감소시킬 수 있는 수준을 말한다. 또한 작업장 주위의 위험 상황에 대한 시각적인 정보를 입수할 수 있어서 재해를 방지할 수 있어야 한다.

1.2 작업장 조명관리

1.2.1 조명기구

조명기구는 등(燈)을 포함하여 등을 전원과 연결하는 부품, 등의 설치 위치 등을 통칭한다. 등에는 필라멘트 백열등과 가스방전등이 있다. 필라멘트 백열등은 필라멘트를 전기로 가열하여 등 안에서 가스를 연소시켜 빛을 내며, 가스방전등은 가스 중에 전류를 통과시켜서 빛을 낸다. 조명기구를 선택할 때에 배광(light distribution), 패턴, 눈부심(glare), 작업조명(task illumination), 그림자(shadowing), 에너지 효율 등을 고려해야 한다.

표 11•1▸작업에 따른 적정 조명 수준 (IES 권장 조도)

작업의 종류	IES 권장 조도
정밀조립작업	3000 lux
초정밀 공작기계작업	7500 lux
일반 사무작업	750 lux

표 11•2▸작업에 따른 적정 조명 수준 (산업안전보건기준에 관한 규칙)

작업의 종류	권장 조도
초정밀 작업	750 lux 이상
정밀 작업	300 lux 이상
보통 작업	150 lux 이상
기타 작업	75 lux 이상

1.2.2 적정 조명 수준

표 11•1은 IES(Illuminating Engineering Society)에서 권장하는 적정 조도이며, 표 11•2는 산업안전보건기준에 관한 규칙 제8조(조도)에 따른 조명 수준을 나타낸 것이다. 또한 표 11•3은 작업의 유형에

표 11•3▸실내조명 설계용 권장 조도

부류	조도범위(저-중-고)(lux)	활동 유형
A	20-30-50	주위가 어두운 공공장소
B	50-75-100	일시적인 방문을 위한 단순한 안내
C	100-150-200	시각작업이 가끔씩 일어나는 작업공간
D	200-300-500	대상물의 대비가 크고 글자가 큰 시각작업 수행 (예: 인쇄물, 타자 원고, 선명한 복사물 읽기, 일상적인 검사작업, 정밀하지 않은 조립작업)
E	500-750-1000	대상물의 대비가 보통이고 글자가 작은 시각작업 수행 (예: 연필로 쓴 필기물, 선명하지 않은 복사물 읽기, 어려운 검사, 보통의 조립작업)
F	1000-1500-2000	대상물의 대비가 낮거나 글자가 아주 작은 시각작업을 장시간 수행 (예: 질이 나쁜 종이에 연필로 쓴 필기물, 선명도가 매우 떨어지는 복사물 읽기, 힘든 검사작업)
G	2000-3000-5000	대상물의 대비가 낮고 글자가 아주 작은 시각작업을 장시간 수행 (예: 정밀 조립 작업, 아주 어려운 검사작업)
H	5000-7000-10000	정밀한 시각작업을 장시간 수행 (예: 가장 어려운 검사작업, 초정밀 조립작업)
I	10000-15000-20000	대상물의 대비가 아주 낮고 크기가 아주 작은 아주 특별한 시각작업 수행 (예: 외과 수술)

- A~C: 가중치≤−1일 때 낮은 값, 가중치=0일 때 중간 값, 가중치≥1일 때 높은 값
- D~I: 가중치≤−2일 때 낮은 값, −1≤가중치≤1일 때 중간 값, 가중치≥2일 때 높은 값.

표 11•4▸조명 수준 선택 시 고려해야 할 가중 인자

작업 및 작업자의 특성	가중치		
	−1	0	+1
연령	40세 이하	40~55세	55세 이상
작업 속도, 정확도	중요하지 않음	중요함	매우 중요함
주위 반사율	70% 이상	30~70%	30% 이하

따른 실내조명 설계용 권장 조도를 나타낸 것이다. 조도는 특히 연령 및 작업의 속도 등에 따라 크게 영향을 받기 때문에 표에서와 같이 작업의 특성을 고려하여 가중치를 주게 된다(표 11•4). 표 11•3에서 적절한 조명 수준을 읽는 방법은 표 11•4에서 작업 특성에 따른 가중치의 합을 구한 후, 수행할 작업의 활동 유형과 가중치의 저, 중, 고에 해당하는 값을 읽으면 된다.

1.2.3 휘광

휘광(glare)은 시야 내의 휘도가 눈이 순응할 수 있는 것보다 훨씬 밝기 때문에 생기는 현상으로 불쾌감이나 불편하고 성가신 느낌이 들고, 시각 작업에 있어서는 가시도(visibility)를 손상시켜 작업수행 능력을 저하시킨다. 휘광에는 시야의 광원에 의한 눈부심 현상이 일어나는 직사휘광(direct glare)과 시야 중 표면의 반사광에 의한 눈부심이 원인이 되는 반사휘광(reflected glare)이 있다.

휘광은 정도에 따라 다음과 같이 크게 세 종류로 분류할 수 있다. 표 11•5는 휘광을 감소시키기 위한 방법을 정리한 것이다.

- 불쾌 눈부심(discomfort glare): 불쾌감은 느끼지만 가시도를 방해하지 않아 시각작업의 수행 능력에는 영향을 미치지 않음.
- 무력 눈부심(disability glare): 불쾌감을 느끼며 가시도를 크게 손상시켜 시각작업의 작업 수행능력을 크게 감소시킴.
- 맹목 눈부심(blinding glare): 빛의 밝기가 너무 강력하여 빛이 제거된 후에도 상당 기간 동안 물체를 볼 수 없음.

2 소음

소음은 일반적으로 불필요한 소리(unwanted sound)로 정보 이론에서는 작업을 제시하고 완수하는데 관련이 없는 청각적 정보로 정의하고 있다. 소음 역시 단순히 물리적이나 심리학적 성질만을 갖는 것이 아니라 심물리학적 성질을 갖는다. 소음은 특히 청각적 작업 및 협업 작업을 할 경우 작업

표 11•5▸휘광을 감소시키기 위한 조치

원인	대책
광원으로부터의 직사 휘광	• 직접 휘광이 낮은 조명기구를 선택 • 광원의 휘도 감소(광도가 낮은 조명기구 여러 개 사용) • 광원 주위의 휘도를 높여 휘도비를 감소시킴 • 조명 기구를 시선에서 멀리 위치시킴 • 가리개(shield), 갓(hood), 차양(visor) 등을 사용
창문에서 들어오는 직사 휘광	• 창문의 높이를 높게 설치 • 창문 위쪽으로 옥외에 차양과 같은 드리우개(overhang)를 설치 • 직시선(直視線)을 제한하기 위하여 창문 안쪽으로 수직 핀(fin)을 설치 • 빛의 대비를 감소하기 위하여 조명기구에 가리개(shield) 설치 • 창문에 쉐이드(shade), 블라인드(blind), 색유리(tinting) 등을 사용
반사에 의한 휘광	• 조명기구의 휘도를 낮춤 • 작은 광원을 여러 개 사용하거나 간접 조명을 사용하여 일반 조명 수준을 높임 • 확산조명, 간접조명, 조절판, 차양 등을 사용 • 반사광이 눈에 들어오지 않게 작업장 배치 • 무광의 사무기기 사용

수행 능력에 영향을 미치며, 그 외의 작업에서도 작업자의 심리적인 면에도 부정적인 영향을 미쳐 작업수행 능력을 크게 감소시킨다. 또한 소음은 그 정도에 따라서 작업자에게 불쾌감을 주고 짜증을 유발시키며, 소음의 정도가 심한 환경에 장기간 노출될 경우 청력 손실도 유발시킨다.

2.1 소음의 수준

소음의 크기를 측정하는 지표로는 소리를 측정하는 심물리학적 지표인 phon과 sone에 기초하여 개발된 PLdB(perceived level of noise)가 있다. 또한 소란 측정용으로 PNdB(perceived noise level)을 측정 지표로 사용하기도 한다. 표 11•6은 소음원에 따른 소리의 크기 수준을 나타낸 것이며, 표 11•7은 소리의 크기와 소란의 심물리학적 지표를 나타낸 것이다.

사람이 들을 수 있는 가청 주파수는 20~20,000Hz, 일상적인 회화를 하는 경우는 500~2,000Hz 정도이며 가청 범위 내에서도 음의 세기에 따라 다르게 느껴진다.

- 40dB 이상: 심리적 불쾌감 유발
- 60dB 이상: 생리적 영향을 줌
- 90dB이상에서 8시간 노출: 난청

표 11•6▸소음원에 따른 소리의 크기(Sanders and McCormick, 1993)

소음원	크기	
	dB	sone
조용한 실내	42	1
가정용 환기팬	56	7
자동차, 1m	68	14
조용한 공장지역	76	54
46cm 자동선반	89	127
펀치 프레스, 1m	103	350

표 11•7▸소리의 크기와 소란의 심물리학적 측정지표(Sanders and McCormick, 1993)

특성	심물리학적 특성		
	phon과 sone	Stevens(1972)	Kryter(1970)
측정대상	소리의 크기	소리의 크기	소란의 정도
측정 등가 척도	phon	PLdB	PNdB
등가척도의 기준음	1,000Hz 순음	3,150Hz가 중심인 소음의 1/3 옥타브 대역	1,000Hz가 중심인 불규칙 소음의 옥타브대역
측정 상대 척도	sone	Mark VII sone	noy
상대 척도의 기준	1 sone=40phon	1 Mark VII sone = 32PLdB	1noy = 40PNdB
등가 척도와 기준 척도와의 관계	10phon 증가 때마다 sone의 값은 배로 증가	9PLdB마다 Mark VII sone값이 배로 증가	10PNdB마다 noy값이 배로 증가

2.2 소음의 영향

소음의 주파수 성분이 저주파보다 고주파 성분이 많을 때 작업자들은 크게 영향을 받으며, 지속시간이 길수록 더 많은 영향을 받는다. 또한 지속적인 소음보다 연속적으로 반복되는 소음과 충격음에 의한 영향이 더 크다고 할 수 있다. 소음은 불쾌감을 주며, 대화나 휴식, 수면을 방해할 뿐 아니라 피로를 유발시키는 요인으로 작용한다. 작업자가 일정 세기 이상의 소음에 장시간 노출되면 점차 청각을 상실하게 된다.

2.2.1 심리적인 영향

소음은 작업자들을 정서적으로 불안하고 초조하게 하여 대화에 집중할 수 없게 하며, 작업 시 집중력을 감소시킨다. 또한 소음이 작업 시 필요한 소리보다 큰 경우 작업 수행 능력을 크게 저하시킨다.

2.2.2 생리적인 영향

소음은 작업자를 예민하게 하여 말초 순환계의 혈관을 수축시키며, 아드레날린을 분비시키기 때문에 맥박이 빨라지고 뇌압이 상승하는 등의 생리적 변화를 유발시킨다.

2.2.3 청력에 영향

소음에 의한 청력 손실은 원인에 따라 크게 전도성 난청과 신경성 난청으로 나눌 수 있다.

- **전도성 난청**: 전도성 난청은 외이 혹은 중이의 유착, 감염, 이물, 고막 상처 등의 원인으로 음파를 내이로 잘 전달하지 못하여 발생하며 보청기가 유용하다.
- **신경성 난청**: 신경성 난청은 내이 신경 세포의 어떤 상태 때문에 감수성이 저하하여 발생하며, 흔히 고음역의 청력 손실이 저음역보다 심하다. 나이가 들어감에 따라 일어나는 정상 청력 장애와 높은 소음 수준에 계속 노출되어 발생하는 청력 손실이 이에 해당한다. 일단 발생하면 고치기 힘들다.

소음에 일정 강도 이상에서 장시간 노출하면 청력을 손실하게 하는데, 청력 손실은 일시적인 난청과 영구적인 난청으로 구분할 수 있다.

- **일시성 청력손실(일시적 난청)**: 일시적 청력손실(temporary threshold shift, TTS)은 어느 정도 큰 소음을 들은 직후에 일시적으로 일어나는 현상으로 수초에서 수일간의 휴식 후에 정상 청력으로 돌아오는 현상을 말한다.
- **영구성 청력손실(영구적 난청)**: 영구적 청력손실(permanent threshold shift, PTS)은 소음에 노출된 후 2일에서 3주 후에도 정상 청력으로 회복되지 않은 현상으로, 직업병이며 4,000Hz 정도부터 난청이 진행된다. 소음에 지속적으로 노출되면 청력 손실이 계속되고 주파수 범위가 넓어진다.
- **직업성 난청**: 직업성 난청은 소음이 심한 작업장에서 일하는 작업자들에게 생기는 음향성 내이 신경염으로 4,000Hz 주파수 음에서부터 청력 손실이 진행되며, 심한 소음에 장기간 노출되면 청력을 완전히 잃게 된다.
- **노인성 난청**: 노인성 난청은 노화 현상에 따라 노인들에게 일어나는 청각장애로 10,000Hz 이상의 고주파음부터 청력 손실이 진행된다.

청력 손실의 특성은 다음과 같다.

- 청력 손실의 정도는 노출 소음 수준에 따라 증가한다.
- 청력 손실은 4,000Hz에서 크게 나타난다.
- 강한 소음에 대해서는 노출 기간에 따라 청력 손실이 증가하지만 약한 소음의 경우에는 관계가 없다.

2.2.4 은폐 효과

어떤 소리가 동시에 들리는 다른 소리를 들을 수 있는 능력을 감소시키는 현상을 말한다. 은폐(masking)를 이용한 경우는 다음과 같다.

① 작업장 안에서의 back music
② 자동차 안의 스테레오 음악 등

은폐 효과는 은폐음과 피은폐음의 종류, 즉 순음, 복합음, 백색소음(white noise), 음성 등에 따라 달라진다. 피은폐음이 순음인 경우의 은폐 효과가 그림 11•1에 나와 있다. 은폐음이 소음인 경우에는 순음의 역치가 주파수에 따라 15~30dB 정도 증가하고, 높은 진동수에서 더 큰 증가를 보인다. 따라서 피은폐음을 듣기 위해서는 피은폐음의 수준이 은폐 효과만큼 높아야 한다. 은폐음이 순음인 경우의 은폐 효과는 소음에 비하여 복잡하다. 은폐음과 그 배음들의 진동수 주위에서 은폐 효과가 강하게 나타나고, 은폐음과 그 배음들의 진동수와 가까운 곳에서는 맥놀이(beat) 현상으로 인하여 은폐 효과가 현저히 감소하여 순음 신호가 잘 들리게 된다. 낮은 수준(20~40dB)의 은폐음인 경우에는 은폐 효과가 은폐음의 주위에 한정되나, 높은 수준(80~100dB)의 경우에는 은폐음보다 높은 진동수까지 은폐 효과가 일어난다.

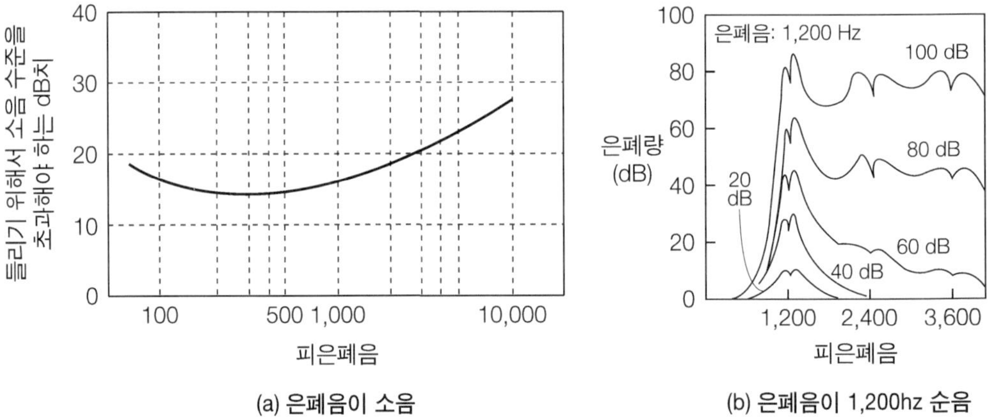

그림 11•1 ▸ 피은폐음이 순음일 때의 은폐 효과

2.3 노출 기준

그림 11•2는 소음 노출에 따른 손상 위험기준(damage risk criteria)을 나타낸 것이다. 그림에서 보면 120dB을 넘으면 1분도 견딜 수 없으며, 약 135dB 정도에서는 통증의 한계를 느끼는 것을 보여준다. 직업성 소음에 대해 작업자를 보호할 목적으로 허용 소음 노출시간을 법적으로 규제하고 있다. 표 11•8은 미국의 OSHA(Occupational Safety and Health Administration)가 산업에 종사하는 사람들에 대한 허용 소음 노출의 최대값을 정한 것이다. 표에서 주어진 소음 수준 사이의 소음인 경우에는

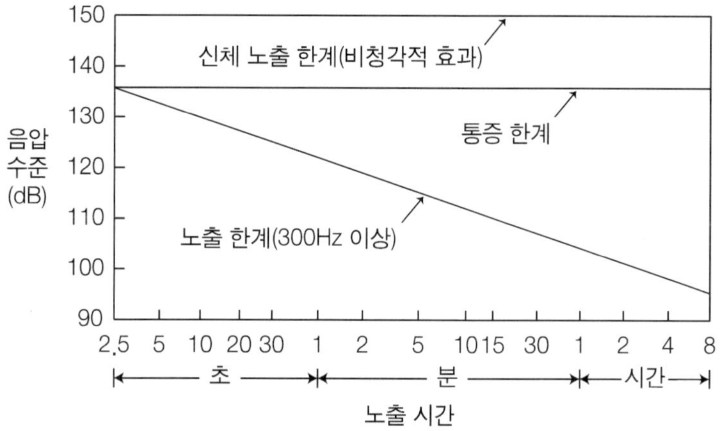

그림 11•2▸노출 시간에 따른 손상 위험 기준

표 11•8▸OSHA에서 규정한 소음 정도에 따른 허용 노출 시간

소음 음압[dB(A)]	1 일 노출 지속시간
80	32
85	16
90	8
92	6
95	4
97	3
100	2
102	1.5
105	1
110	0.5
115	0.25

다음 식을 이용해서 최대 허용 시간 (T)를 구한다.

$$최대\ 허용\ 시간\ T = \frac{32}{2^{(L-80)/5}}$$

여기에서 L = 소음 음압 (dB)

OSHA는 1일 8시간 지속적으로 작업할 경우 소음의 정도는 90dB 이하로 유지하도록 규정하고 있으며, 소음의 수준이 95dB로 증가하면 작업은 4시간 이상 지속할 수 없도록 하고 있다. 또한 OSHA에 따르면 피크 강도까지의 상승 시간이 35ms 미만이고 피크 강도가 20dB 낮아지는 시간

표 11•9 ▸8시간 작업 시 허용 충격소음의 최대 횟수와 피크 음압 수준과의 관계

피크 음압수준[dB(A)]	충격소음의 최대횟수/8h
140	100
135	316
130	1,000
125	3,162
120	8,913
115	31,623
112.4	57,600

까지의 지속시간이 500ms 미만인 음을 충격소음(impulse noise)으로 정의하였다. OSHA는 여러 음압 수준에서의 피크 강도치(peak intensity value)에 대한 허용치를 규정하고 있다. 표 11•9는 8시간 작업 시 허용 충격소음의 최대 횟수와 피크 음압 수준과의 관계를 나타낸 것이다.

소음량(noise dose)은 그 음압에서 노출된 소음의 부분량의 합과 같다. 80dB 이상의 특정 음압 수준에 대하여 노출시간은 다음과 같이 계산할 수 있으며, 소음량이 1.0을 초과하면 개선이 요구되는 위험한 작업으로 판단할 수 있다.

$$\text{소음량(ND)} = \sum \frac{\text{주어진 음수준에서의 실제 노출 시간}}{\text{주어진 음수준에서 최대 허용 시간}}$$

예제 11.1 어떤 작업자가 하루 근무 시간 중에 다음과 같이 소음에 노출되었다. 소음량을 계산하여 안전한지를 판단하라.

▸ 80dB 3.5시간
90dB 4시간
110dB 0.5시간

소음량 = $\frac{3.5}{32} + \frac{4}{8} + \frac{0.5}{0.5} \cong 1.6$이 되어 위험한 작업이라 할 수 있다. 따라서 소음의 수준을 낮추거나, 현재의 소음 수준에서는 작업 시간을 줄이도록 해야 한다.

2.4 소음관리

소음을 없애는 방법은 소음원에 대한 조치를 취하는 것과 전파되는 경로에 대한 조치, 또는 수음자인 작업자에 대하여 방지책을 마련하는 것으로 나눌 수 있다. 표 11•10은 소음방지 대책을 정리한 것이다.

표 11•10▸원인에 따른 소음 방지 대책

원인	대책
소음원 제어	• 진동량과 진동부분의 표면을 줄임 • 소음 발생을 감소시키기 위한 장비의 적절한 설계, 관리, 윤활 • 차음벽 설치 • 급유, 불균형의 정비, 노후 부품 교환 • 덮개, 장막 사용 • 탄력성 있는 재질의 공구 사용
전달 경로에 대한 제어	• 소음원을 멀리 이동시킴(경로 증가) • 흡음재를 사용하여 반사음을 억제 • 소음기, 차음벽 이용
수음자에 대한 대책	• 방음 용구 착용(귀마개, 귀덮개 착용) • 노출 시간 단축 및 적절한 휴식

3 진동

3.1 진동의 정의

진동은 임의의 점의 위치가 시간이 경과함에 따라 기준점을 중심으로 반복적으로 상하 또는 좌우로 변하는 현상을 말한다. 소음, 진동 규제법상에서는 '기계, 기구, 시설 기타 물질의 사용으로 인하여 발생하는 강한 흔들림'으로 정의한다. 진동에는 규칙성을 갖는 사인파 진동(sinusoidal vibration)과 규칙성이 없이 나타나는 불규칙 진동(random vibration)이 있다. 사인파 진동의 규칙성이라 함은 단일 사인파나 사인파들의 조합으로 생긴 파형이 일정한 시간의 간격으로 나타나는 것을 말한다.

진동은 주파수(frequency)와 세기(intensity)로 표현할 수 있으며, 세기는 일반적으로 피크값이나 최대값으로 나타낸다. 진동의 특성은 파형의 진폭, 변위, 속도, 가속도 등으로 나타낼 수 있다. 그러나 일반적으로 많이 나타나는 불규칙 진동의 경우 진동수 스펙트럼은 평균 제곱 스펙트럼 밀도(mean square spectral density)로 나타내며, 세기의 경우는 가속도의 평균제곱근(root mean square)으로 나타낸다. 진동을 측정하는 계측기로는 가속도계, 주파수 분석기, 진동미터기 등이 있다.

3.1.1 전신 진동과 국소 진동

1) 전신 진동 전신 진동(whole body vibration)은 신체를 지지하는 구조물을 통하여 전신에 전파되는 진동으로 100Hz 미만의 저주파이며, 대형 운송차량, 포크레인, 선박, 항공기 등이 진동원이

된다. 이러한 구조물에서 작업자가 앉거나 서서 장시간 작업하는 경우 전신 진동의 수직 영향에 의하여 디스크 등과 같은 직업병을 유발할 수 있다.

2) 국소 진동 국소 진동은 신체의 일부에 국소적으로 전파되는 진동으로 작업 현장에서 수공구로 인하여 손과 팔에서 진동이 많이 일어난다. 전동 그라인더나 임팩트 렌치, 전동 렌치, 전동 톱 등이 진동원이 된다.

3.1.2 진동의 공명

모든 물체는 고유 진동수를 가지고 있기 때문에 외부에서 주어지는 진동의 주파수가 물체의 고유 주파수와 같으면 진폭이 증대되는 공명(resonance)현상이 나타난다. 사람의 신체도 고유 진동수를 가지고 있는데, 신체 부위별로 그 고유 진동수가 다르다. 앉아 있는 사람의 신체 부위별 고유 진동수는 다음과 같다.

- 3~4Hz: 경부(목 부위)
- 4HZ: 견갑대
- 5Hz: 어깨
- 20~30Hz: 머리와 어깨 사이
- 60~90Hz: 안구

주파수의 범위가 4~8Hz인 진동을 유발하는 설치물은 진동의 주파수가 작업자의 상체 고유 진동수와 일치하여 공명현상을 일으킬 수 있다. 따라서 반드시 설치해야 할 경우라면 작업장 바닥에 방진 소재의 매트를 깔아서 진동의 세기를 줄여주어야 한다.

3.1.3 전신 진동의 영향

신체도 다른 물체와 같이 각 기관 마다 고유 주파수를 가지고 있기 때문에 전달되는 진동의 주파수에 따라서 진폭이 증가되기도 하고 감쇄되기도 한다. 따라서 특정 주파수대의 진동이 있는 경우 특정 신체부위의 고유 진동수와 부합되어 공명현상으로 신체 부위에 통증을 유발시키기도 한다.

1) 생리적 영향 전신진동에 단시간 노출되는 경우에 인체에 미치는 생리학적인 영향은 크지 않지만, 진동으로 인해 점차 호흡량이 증가하고 심박수가 상승하게 되며, 근육을 긴장시킨다. 장시간 반복적으로 전신진동에 노출되면 소화기관과 말초신경계 등에 영향을 미친다. 주파수에 따라 인체에 미치는 생리학적 변화를 보면 다음과 같다.

- 1~3Hz: 호흡이 힘들고 산소의 소비가 증가하며 맥박수가 증가한다.
- 4~14Hz: 흉부와 복부에 통증을 느낀다.

- 3~6Hz: 신체의 심한 공명현상을 보여 가해진 진동보다 크게 느끼며, 6Hz에서는 허리, 가슴, 등 쪽에 심한 통증을 일으킨다.
- 8~12Hz: 요통을 일으킨다.
- 10~20Hz: 땀 혹은 열이 나는 느낌이 나며, 두통과 장과 방광에 자극을 준다.
- 20~30Hz: 신체의 2차 공명현상이 나타난다.

2) 작업수행에 미치는 영향 전신 진동은 시각 작업과 운동 수행 작업에 영향을 미친다. 시각 작업은 진동수가 10~25Hz 범위일 때 작업 수행능력이 가장 낮아지며, 13Hz 정도에서는 안면과 눈꺼풀이 진동하여 시각적인 장애를 주게 된다. 추적 작업을 수행할 경우 4~20Hz 범위의 주파수에서 가속도 0.20g 이상인 경우 수직 사인파의 영향을 받는다.

3) 주관적 반응 진동에 관한 주관적 반응을 살펴보면 다음과 같다.

- 2Hz의 전신진동에 대하여 쾌적감을 느낀다.
- 1~2Hz의 수평진동과 4~8Hz의 수직진동에 매우 민감하며, 1~3Hz에서 수직 및 수평 진동이 동시에 가해지면 자각 현상이 2배로 증가한다.

3.1.4 국소 진동의 영향

진동이 심한 전동 공구를 사용할 때 발생하는 국소 진동의 경우, 손이나 손목, 팔꿈치 관절, 어깨 관절에 손상을 주며, 진동이 심하면 혈류의 움직임을 원활히 할 수 없게 되어서 혈관신경계의 장애를 초래한다.

3.1.5 손-팔 진동 증후군

특정 작업에서 진동 공구를 정기적으로 장시간 사용하면 진동증후군이 생긴다. 진동 공구의 사용으로 인하여 생기는 질환으로는 손가락의 국소빈혈(vibration induced white finger, VWF), 진동증후군(vibration syndrome) 혹은 손-팔 진동 증후군(hand-arm vibration syndrome, HAVS) 등이 있다.

HAVS의 증상은 진동으로 인하여 손과 손가락으로 가는 혈관이 수축되어 손과 손가락이 하얗게 되며, 저리고 아프고 쑤시는 현상을 말한다. 추운 환경에서 진동을 유발하는 전동 공구를 사용하는 경우 손가락의 감각과 민첩성이 떨어지고, 혈류의 흐름이 원활하지 못하게 되고 악화되면 손끝에 괴사가 일어난다.

3.2 노출기준

ISO(International Standard Organization)에서는 전신 진동의 노출기준(ISO 2631)을 개발하였다. 이 기준은 가속도, 진동수, 노출 시간 등의 한계를 규정하였으며, 쾌적감, 작업의 능숙함, 생리적 안전성 등

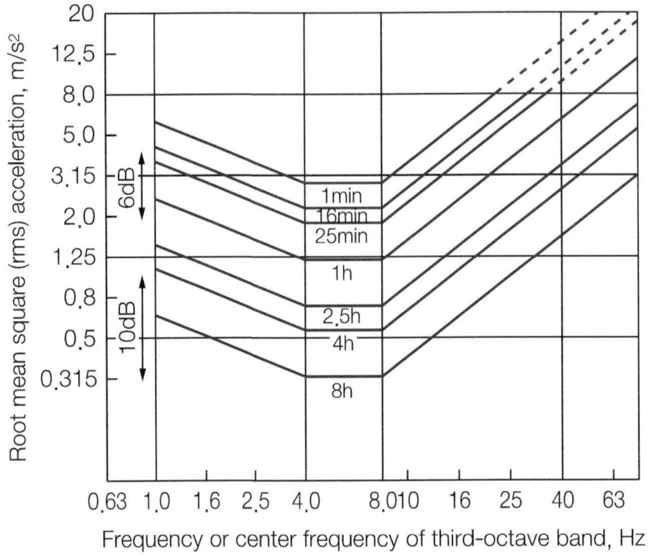

그림 11•3▸수직 진동에 대한 피로와 능숙도 감소 경계(ISO 2631 및 ANSI S318-1979)

의 한계도 규정하였다. 전신 진동에 관한 노출 기준은 교통수단과 산업형 진동에 노출된 경우 잘 적용될 수 있다. 그림 11•3은 수직 진동에 대한 피로와 능숙도 감소 경계(fatigue-decreased proficiency, FDP)를 나타낸 그래프이다.

쾌적감 감소의 경계를 구하려면 10dB 정도 진폭을 낮추고(즉, 가속도 값을 3.15로 나눈다), 안전한 생리적 노출의 경계를 구하려면 6dB 정도 진폭을 높여준다(즉, 가속도 값에 2.0을 곱한다). 그러나 FDP 그래프는 단기 노출에 대한 쾌적 및 한계가 너무 높고, 집단 내의 특성을 고려하지 않고 평균값을 사용하였다는 문제점이 있다. 또한 쾌적감과 인내도의 경계가 모두 같은 유형의 등감선으로 나타내고 있으며, 고진동수의 심각성은 과소평가하고, 저진동수의 심각성을 과대평가하고 있다.

ACGIH(미국산업위생전문가 회의, American Conference of Governmental Industrial Hygienists)는 진동 공구 사용 시 노출 기준을 마련하였다. 표 11•11은 손가락에 심각한 장애를 일으키지 않고 연속적으로 진동에 노출 가능한 시간을 나타낸 것이다. ISO에서는 손과 팔에서의 진동 측정 시 가속도를 사

표 11•11▸진동 공구 사용 시 노출 기준(ACGIH)

노출 시간(시간/일)	최고 주파수 가중 가속치(임의의 방향) (m/s2)
4~8 시간	4
2~4 시간	6
1~2 시간	8
1시간 미만	12

표 11•12▸진동의 종류에 따른 방지 대책

진동의 종류	대책
전신진동	• 진동 발생원을 격리하여 원격제어 • 방진 매트 사용 • 지속적인 장비 수리 및 관리 • 진동 저감 의자 사용
국소진동	• 진동 기준이 최저인 공구 사용 • 방진 공구, 방진 장갑 사용 • 연장을 잡는 악력을 감소시킴 • 전동 공구를 사용하지 않는 다른 방법으로 대체함 • 추운 곳에서의 진동 공구 사용을 자제하고 수공구 사용 시 손을 따뜻하게 유지시킴
모든 진동	• 작업자 관리: 진동에 대한 노출 시간을 줄임(교대 작업 및 휴식 시간 조절)

용하는 주파수 가중 네트워크 방법을 사용한다. 진동수 가중법에서는 주파수가 6.3~16Hz에서는 진동에 무관하며, 1,500Hz까지는 주파수가 증가함에 따라서 유해 효과가 감소한다.

3.3 관리대책

진동으로부터 작업자를 보호하기 위한 방법은 전신 진동과 국소 진동으로 나누어 생각할 수 있다. 표 11•12는 진동 방지 대책을 정리한 것이다.

4 고온, 저온 및 기후 환경

4.1 열 스트레스 및 평가

4.1.1 열교환

신체는 기후의 변화나 작업장의 기온의 변화에도 불구하고 온도를 조절하는 온도 조절 시스템(thermal regulation system)이 있어서 체온을 37±1℃로 일정하게 유지시킨다. 온도를 제어하는 시상하부는 온도에 민감한 신경세포(neuron)를 가지고 있어서 신체 내부에서 혹은 피부의 혈관 수축과 팽창, 발한 등으로 열을 발산하도록 하며 체온을 조절하게 한다. 체온을 조절하기 위한 신체와 외부 환경 사이의 열교환 과정은 열의 전도(conduction)나 대류(convection), 복사(radiation), 증발(evaporation) 과정을 통해 일어난다.

- 전도는 직접적인 접촉에 의한 열전달로 신체의 열전도는 거의 일어나지 않는다.
- 공기와의 열전도로 차가운 공기나 더운 공기가 직접 피부와 접촉하는 것은 열대류에 의한 것으로, 공기의 온도가 피부의 온도보다 낮으면 피부에 접한 공기가 전도에 의하여 가열되어 상승하며, 공기의 온도가 피부의 온도보다 높으면 피부에 접한 공기로부터 열을 흡수한다.
- 복사는 전자파의 복사에 의하여 열이 전달되는 것으로 태양의 복사열로 지면과 신체를 가열시킨다.
- 증발은 신체 내의 수분이 열에 의하여 수증기로 증발되는 현상으로, 정상 피부 온도에서 땀 1ℓ를 증발시키는 데 약 580kcal(2438kJ)의 열이 필요하다.

신체의 열교환 과정에서 신체 열함량의 변화량(ΔS)은 $\Delta S=(M-W)\pm R\pm C-E$로 나타낼 수 있다. 여기서 M은 대사에 의한 열 발생량, W은 작업자가 한 일, R은 복사에 의한 열교환, C는 대류에 의한 열교환, E는 증발에 의한 열교환을 나타낸다.

대사에 의한 열 발생량 M은 항상 (+)를 나타내며, 증발 과정에서는 E는 (−)를 나타낸다. 신체가 열적 평형 상태에 있으면 열함량의 변화는 없으며($\Delta S=0$), 불균형 상태에서는 체온이 상승하거나($\Delta S>0$) 하강한다($\Delta S<0$).

열교환 과정은 기온이나 습도, 공기의 흐름, 주위의 표면 온도에 영향을 받는다. 뿐만 아니라 작업자가 입고 있는 작업복은 열교환 과정에 큰 영향을 미친다. 특히 단열 효과 때문에 기온이 높을 때에는 열의 발산을 방해한다.

4.1.2 실효 온도

작업장 내의 열적 환경을 평가하기 위한 지표로는 Oxford 지수와 습구 흑구온도 지수(wet bulb globe temperature, WBGT), Botsball 지수가 있다. 우리나라의 경우 고열 작업장에 대한 허용기준은 습구 흑구온도 지수(WBGT)를 사용한다.

1) 실효 온도 실효 온도(effective temperature)는 온도, 습도, 빛 및 공기 유동이 인체에 미치는 열효과를 하나의 수치로 나타낸 경험적 감각 지수이다. 실효 온도는 상대 습도 100%일 때 건구 온도에서 느끼는 것과 같은 온열감으로 나타낸다(그림 11•4 (a)). 예를 들어, 상대 습도 50% 21℃의 실효 온도는 19℃이다. 이러한 실효 온도는 습도의 영향을 저온 영역에서는 과대평가하고, 고온 영역에서는 과소평가하며 공기 유동을 완전히 고려하지 못하여 앉아 쉬는 조건에서만 사용할 수 있다.

위와 같은 실효 온도의 문제점을 보완한 것이 신실효 온도이며, 상대 습도 50%일 때 건구 온도를 기준으로 한다(그림 11•4 (b)). 따라서 같은 조건 하에서 실효 온도보다 높게 된다. 예를 들어, 상대 습도 50% 21℃의 신실효 온도는 21℃가 된다.

2) Oxford 지수 Oxford 지수는 건습 지수로서 습구 온도와 건구 온도의 가중 평균치로 나타낸다.

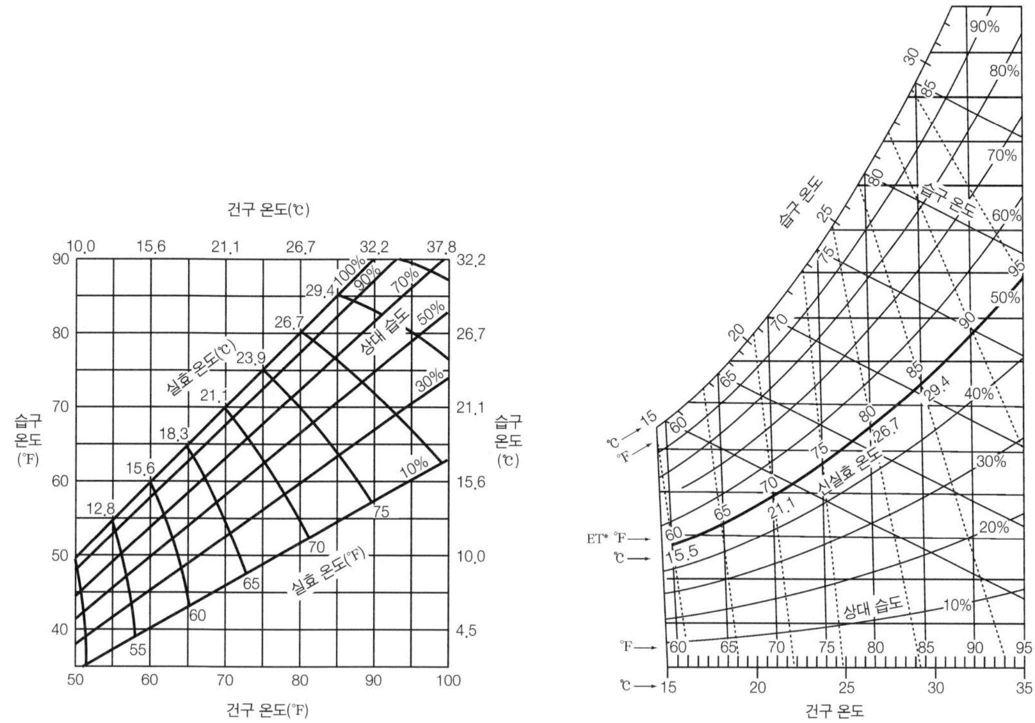

(a) 실효 온도

(b) 신실효 온도

그림 11•4▸실효 온도 및 신실효 온도

$$WD = 0.85WB + 0.15DB$$

여기서 WD는 건습 지수이며, WB는 습구 온도, DB는 건구 온도를 나타낸다.

3) 습구 흑구온도 지수 습구 흑구온도 지수는 옥내 작업장이나 야간, 햇빛이 없는 주간의 옥외 작업장의 경우,

$$WBGT = 0.7NWB + 0.3GT$$

옥외 작업장의 경우,

$$WBGT = 0.7NWB + 0.2GT + 0.1DB$$

로 정의된다. 여기서 NWB는 자연 습구 온도를, GT는 글로브 온도를, DB는 건구 온도를 나타낸다.

4) Botsball 지수 Botsball 지수는 기온, 습도, 풍속, 복사열 변수를 조합한 단일 지수로서 WBGT와 상관성이 있다.

$$BB = WBGT - 3^{\circ}$$

4.2 고열 및 한랭 작업

4.2.1 고온 스트레스

고온의 스트레스 상황에서 신체가 감당할 수 없는 많은 열을 흡수하거나 발생하게 되면 신체 내부의 온도가 상승하여 발병하게 되고, 온도가 높아지면 사망에까지 이른다. 신체 내부의 온도가 1℃ 상승하면 대사작용은 10% 증가한다(Q10 효과). 따라서 대사작용으로 인하여 발생한 열을 발산하지 않은 채 계속해서 대사작용이 일어나면 체내 온도가 계속 상승하게 된다. 체내의 온도는 직장 온도를 통해 측정된다.

1) 생리적 영향 고온의 스트레스 상황은 생리적으로 영향을 미치는데, 특히 피부의 혈관이 확장되어 혈액을 피부로 보내는 양이 많아져서 피부의 온도가 올라간다. 그러나 주위 온도가 낮으면 대류나 복사에 의하여 열이 발산되어 피부의 온도를 낮출 수 있다. 하지만 대류와 복사만으로 열적 평형상태에 이르지 못할 경우 발한(sweating)이 일어난다. 또한 고온의 스트레스 하에서는 심박수가 증가되어 심박출량이 증가한다. 고온 스트레스가 심하거나 장시간 계속되면, 열중독 현상을 일으키는데 발진이나 경련, 근육의 무력함, 열사병 등의 증상이 나타난다.

고온 스트레스를 견디는 지구력은 개인의 체력이나 연령, 성별, 체지방 등에 따라 차이가 있다. 대체적으로 체력이 좋은 사람이 고온의 스트레스 상황에서 잘 견디며, 젊은 사람이 나이 든 사람보다, 남성이 여성보다, 체지방이 많은 사람이 적은 사람보다 고온 스트레스에서 잘 견딘다. 고온 환경에서의 작업에 반복적으로 노출되면 환경에 점차 순응하게 되며, 발한효율이 증가하고 심박수가 감소하고 체내의 온도와 피부의 온도가 저하한다.

2) 고온 스트레스 지수

- HSI(heat stress index): Belding과 Hatch(1955)에 의하여 포괄적인 지수로 개발되었으나, 사용하기 복잡하여 통용되지 않는다.
- Heat Index: 미국의 National Weather Service(1985)에 의하여 사용되었다. 기온과 상대 습도의 조합으로 사람들에게 미치는 영향을 분류하였다(표 11•13).

표 11•13 ▸ Heat Index(National Weather Service)

	부류	열지수	일반적인 영향
I	극히 덥다	≥130°F, ≥55℃	지속적으로 노출하면 열사병과 일사병 발생률이 높다.
II	아주 덥다	105°F~130°F 41℃~55℃	일사병, 열경련, 열에 의한 근무력증이 발생하고, 장시간 노출하거나 신체적 활동을 하면 열사병이 발생할 수 있다.
III	덥다	90°F~105°F 32℃~41℃	장시간 노출하거나 신체적 활동을 하면 일사병, 열경련, 열에 의한 근무력증이 발생할 수 있다.
IV	아주 따뜻하다	80°F~90°F 27℃~32℃	장시간 노출하거나 신체적 활동을 하면 피로하기 쉽다.

표 11•14 ▸ 고열 작업에서의 노출 기준(고용노동부)

작업 휴식 시간	작업 강도(단위: WBGT(℃))		
	경작업	중등작업	중작업
연속작업	30.0℃	26.7℃	25.0℃
매시간 75%작업, 25% 휴식 (45분 작업, 15분 휴식)	30.6℃	28.0℃	25.9℃
매시간 50%작업, 50% 휴식 (30분 작업, 30분 휴식)	31.4℃	29.4℃	27.9℃
매시간 25%작업, 75% 휴식 (15분 작업, 45분 휴식)	32.3℃	31.1℃	30.0℃

- 표 11•14는 고열 작업에서의 노출 기준을 나타낸 것이다(고용노동부).
  - ▸ 경작업: 시간당 200kcal(233watts)까지의 열량이 소모되는 작업으로 앉거나 서서 기계를 조정하기 위하여 손 또는 팔을 가볍게 쓰는 일 등을 말함
  - ▸ 중등작업: 시간당 200~350kcal(233~407watts)의 열량이 소모되는 작업으로 물체를 들거나 밀면서 걸어다니는 일 등을 말함
  - ▸ 중작업: 시간당 350~600kcal(407~581watts)의 열량이 소모되는 작업으로 곡괭이질 또는 삽질하는 일 등을 말함

3) 고온 스트레스에 대한 대책 고온으로부터 작업자를 보호하기 위한 방법은 고온의 발생원과 관리적인 대책 방안으로 나누어 생각할 수 있다. 표 11•15는 고온 스트레스에 대한 대책을 정리한 것이다.

표 11•15 ▸ 고온 스트레스에 대한 대책

고온 스트레스 원인	대책
발생원	• 발열체에 방열재 처리 • 작업장 내의 공기를 환기, 열차단, 냉방 장치
작업자	• 방열 보호구 착용 (방열복, 냉각조끼, 수냉조끼, 후드 등) • 순환근무 및 휴식 제공
작업 및 작업장	• 작업에 필요한 에너지 소비 수준 감소 • 저온에서의 잦은 휴식 시간 제공 • 작업장 내에 냉수와 소금 제공 • 응급조치 훈련 및 순응 프로그램 실시

4.2.2 저온 스트레스

작업자는 추운 겨울에 실외 작업을 하거나 냉동 창고에서 작업하는 경우에 저온 스트레스를 받게 된다. 저온 환경 하에서 작업을 하게 되면 혈관을 수축시켜 신체의 열 발산을 감소시키고 체온을 유지하려 한다. 체내의 온도(직장온도)는 28℃ 이하로 떨어지게 되면 생명에 위협을 받게 된다.

1) 생리적 영향 저온 스트레스에서는 먼저 신체의 혈관을 수축시켜서 혈류의 더운 온도가 피부의 찬 온도로 인하여 열대류가 일어나지 않는다. 이 때문에 손가락과 발가락 부위에서의 온도가 급격히 떨어져서 국부적으로 동상이 생기게 된다.

혈관 수축으로 체내의 온도를 유지할 수 없는 경우 신체는 떨리기 시작하며, 대사열 생산을 증가시킨다. 저온의 스트레스 하에서는 주로 냉해(동상)가 일어난다. 심부의 조직이 동상에 걸리면 조직세포가 파열되고 혈액이 응고되어 괴저가 생긴다. 체온이 35℃ 이하로 떨어지면 저체온증 증상이 나타나는데 초기 단계에는 방향감각 장애와 환각 등의 증상이 일어나며, 체온이 더 내려가면 무의식 상태가 되며, 심부전 증세가 나타날 수 있으며 동공이 팽창되고 심장이 멈추게 된다. 저온에 반복적으로 노출되면 떨기가 멈추게 되고 대사율이 증가하게 된다.

2) 저온 스트레스 지수 저온 스트레스 지수는 풍냉지수(wind chill index, WCI)와 대응풍냉 온도(equivalent wind chill temperature)가 있다. 그러나 WCI를 직접 사용하지 않고 대응풍냉 온도로 환산하여 사용한다. 이 값은 기온과 풍속이 특정 조합일 때 주관적 불쾌감이 생기는 기온을 나타낸 것이다(표 11•16).

3) 저온 스트레스에 대한 대책 표 11•17은 저온 스트레스에 대한 대책을 정리한 것이다.

표 11•16▸기온과 풍속의 조합에 따른 대응풍냉 온도

풍속(km/h)	기온 (℃)					
	−1	−7	−12	−18	−23	−29
무풍	−1	−7	−12	−18	−23	−29
8	−3	−9	−14	−21	−26	−31
16	−9	−16	−23	−28	−36	−43
32	−15	−23	−31	−39	−47	−56
48	−19	−28	−36	−45	−54	−61
64	−22	−30	−38	−47	−56	−65

표 11•17▸저온 스트레스에 대한 대책

저온 스트레스 원인	대책
작업자	• 적절한 옷차림과 보온 가능한 신발 착용 • 방한 장갑 착용 • 순환근무 및 휴식
작업장	• 보조 히터 설치 • 작업장 가까운 곳에 보온실 마련

5 실내 공기

5.1 실내 공기의 오염

공기의 오염은 호흡기관 및 폐의 공기 순환에 장애를 일으키게 되어 작업수행 능력을 저하시키고 건강에 심각한 질병을 유발시킨다. 특히 작업자들이 지하나 폐쇄된 공간에서 작업을 할 경우 환기가 되지 않아 미세먼지 등이 호흡을 통해 폐로 들어가기 때문에 더욱 문제가 된다. 실내 공기의 오염 원인은 크게 내부 원인과 외부의 원인으로 나눌 수 있다. 내부 오염의 원인으로는 페인트나 단열재 등에서 나오는 유해 물질과 난방 시스템이나 복사기, 환풍기 등을 통해 나오는 열과 미세 먼지, 담배 연기 등이 있다. 외부의 원인으로는 교통수단이 내뿜는 매연과 에어컨 환풍기 등을 통해 나오는 미세먼지 등이 있다.

5.2 실내 공기의 오염원

1) 미세먼지(PM 10) 미세먼지는 입자의 직경이 2.5μm 미만인 먼지를 말한다. 미세 입자는 장시간 대기 중에 체류하기 때문에 지속적으로 노출되면 미세먼지가 기도를 통하여 체내에 들어가게 되고, 폐 속 깊숙이 들어가 만성 호흡기 질환이나 호흡곤란 등과 같은 호흡기 질환을 일으킨다.

2) 일산화탄소 일산화탄소(CO)는 물질이 불연소되어 생성되는 물질로 자동차의 배기가스가 그 대표적인 예이다. 일산화탄소가 체내에 흡수되면 체내의 헤모글로빈(Hb)과 결합하여 산소 운반 능력을 저하시킨다. 일산화탄소가 체내 혈액에 10% 이상 흡수되면 기능성 장애를 일으키며 극심한 두통과 시각 및 정신적 기능 장애를 초래한다.

3) 이산화탄소 이산화탄소(CO_2)는 무색, 무취의 기체로 일반 대기의 성분 중에 0.03%를 차지하고 있다. 이산화탄소는 실내 공기의 질이나 환기 상태를 나타내는 척도로 사용되고 있다. 체내에 이산화탄소의 농도가 증가하면 호흡수가 증가하고 호흡이 곤란해지며, 두통과 안면 홍조 현

표 11•18▸실내 공기의 측정과 측정 방법, 관리 기준

측정대상	측정방법	사무실 오염물질별 관리 기준(고용노동부)
호흡성 분진의 농도	• 분립장치 또는 호흡성 분진을 포집할 수 있는 기기를 이용한 여과 포집 방법 • 개인 시료 채취기 또는 지역 시료 채취기	150μg/m^2 이하
일산화탄소의 농도	• 직독식으로 측정할 수 있는 기기	10ppm 이하
이산화탄소의 농도	• 직독식으로 측정할 수 있는 기기	1,000ppm 이하
이산화질소의 농도	• 표준농도를 보정한 직독식으로 측정할 수 있는 기기로 정기적으로 보정이 필요	0.5ppm 이하
포름알데히드의 농도	• 직독식으로 측정할 수 있는 기기 혹은 개인 시료 포집기로 포집하여 비색법(UV) 혹은 고속액체크로마토그래피(HPLC)	0.1ppm 이하

상이 나타난다. 이산화탄소의 위생상의 허용 농도는 0.1%(1,000ppm)이며, 환기 개선 허용농도는 0.2~0.5%(2,000~ 5,000ppm)이다.

5.3 실내 공기 환경의 측정 및 측정 방법

실내 환경에 대한 평가를 위한 측정 대상과 방법은 표 11•18과 같다.

6 교대작업

6.1 교대작업

각각 다른 시간대에 서로 다른 사람들이 일을 할 수 있도록 작업조를 2개조 이상으로 나누어 근무하는 하는 작업의 형태를 교대근무라 한다. 교대제 근로가 활용되는 경우는 다음과 같다.

- 공공 서비스 사업: 전기, 가스, 운수, 수도, 통신, 병원 등 공익적 사업을 중지할 수 없는 경우
- 생산기술, 업무의 성격: 철강, 석유화학 등 생산과정이 연속되어 작업을 중단할 수 없는 경우
- 생산설비 완전가동, 기업 간 경쟁 등 사유로 조업 및 영업시간을 길게 하는 경우

인체는 대략 24시간 주기의 생체리듬을 가지고 있는데 교대근무는 이러한 생체리듬에 역행하기 때문에 여러 문제점이 발생할 수 있다. 교대근무 작업을 1개월 정도 하면 작업자들은 일주기성 생체리듬이 깨지게 되어 생리적으로는 불면증, 정서불안정, 소화불량, 과민성 대장증상이 나타

나고 정서적으로는 사고나 실수가 증가하고 대인관계가 불안정해지는 것과 같은 급성 부작용 현상이 나타난다. 교대작업을 5년 이상 하게 되면 작업자는 만성적 수면장애, 심혈관계질환, 위장질환 등과 같은 만성적 부작용이 나타난다. 교대작업은 자연유산, 저체중아, 조산, 불임, 불규칙한 월경주기, 월경통과 관계가 있는 것으로 알려져 있다. 교대작업자에게는 저녁이나 주말에 일어나는 사교활동이나 가족행사를 놓치는 등 사회 활동의 제한이 따르고, 생산성이 떨어지고 사고가 많이 발생하는 문제를 야기한다. 특히, 야간근로는 정상적으로는 잠자고 있어야 할 밤에 근로자들을 강제로 깨어 있도록 요구하게 되며, 이 시기는 신체와 정신의 각성 상태가 가장 낮은 시점이다. 이러한 경우 집중도가 저하되고, 수면부족으로 온 피로가 생리적 리듬의 저점과 상호작용할 경우 그 영향은 두 배가 되어 안전사고의 위험도 증가하게 된다.

6.2 교대제 유형 및 순환

교대제 유형은 다음과 같다.

- 고정 근무제(permanent shift): 일근(예: 7am~3pm), 오후 또는 저녁근무(예: 3~11pm), 야간근무(예: 11pm~7am)
- 순환 근무제: 2조 격일제, 2조2교대제, 3조2교대제, 3조3교대제, 4조3교대제, 4조2교대제, 5조3교대제 등
- 분리형(split): 예 — 5~9am, 2~6pm
- 불규칙적 근무

교대제 설계 시 다음과 같은 작업 특성을 고려할 필요가 있다.

- 작업 강도(intensity)
- 작업 속도(pace)
- 신체적 부하
- 정신적 부하
- 실수의 결과/중요성
- 휴식, 경감(relief), 참/식사
- 부하가 클수록 짧은 근무시간(예: 8 시간)

교대제 순환 방향은 다음과 같다.

- 전방 순환(forward rotation): 아침-저녁-야간 근무와 같은 순서로 순환
- 후방 순환(backward rotation): 야간-저녁-아침 근무와 같은 순서로 순환

대부분의 사람은 24시간보다 조금 긴 내부 인체 시계(internal body clock)를 가지고 있어, 사람들은

일찍 일어나는 것보다 늦게 자는(stay up) 것을 쉽게 느낀다. 대부분의 교대근무자에게 있어 전방 순환에 대한 적응이 후방 순환 적응보다 쉬워, 아침 – 저녁 – 야간 근무 순의 전방 순환이 권장된다.

교대제 순환 속도는 빠른 순환, 느린 순환과 매우 느린 순환으로 구분된다.

- **빠른 순환**(fast rotation): 같은 작업 시간대(day, evening, night)를 연속적으로 3회까지 반복
  - 2-3회 연속적 밤 근무는 일주기리듬(circadian rhythm)의 영향이 크지 않음
  - 일주기리듬에 적응 과정이 일어나지 않음(no adaption occurs) – 비번일에 일주기리듬으로 인한 문제 없음(no adaption means days off are OK)
  - 수면 부족이 작음
  - 야간근무 시 작업수행도 감소
- **느린 순환**(slow rotation): 같은 작업 시간대의 4~10회 반복
  - 교대제가 바뀌는 시점과 같은 좋지 않은 시기에 약간의 일주기리듬에의 적응이 발생
  - 수면 부족 누적
  - 비번일에 비동기화(desynchronized on days off)
  - 야간근무 시 작업수행도 감소
- **매우 느린 순환**(very slow rotation): 같은 작업 시간대의 11회 이상 반복
  - 일주기리듬에 적응이 일어나나 불완전함
  - 수면 부족이 최소화됨
  - 야간근무 시 작업수행도는 4일간의 소강 상태 후 증가
  - 심각한 사회심리적 영향이 발생할 수 있음

인간은 야간작업에 적응하는데 매우 더뎌서 대개 2~3주가 소요되기 때문에 3~4주 간격으로 교대하거나 아예 야간 작업조를 고정시켜 운영하는 것이 바람직한 방법이라는 주장도 있다.

6.3 작업주기 및 작업순환

교대작업자의 보건관리지침(H-22-2019)에서는 교대작업자의 작업설계를 할 때 고려하여야 할 권장사항을 다음과 같이 제시하고 있다.

- 야간작업은 연속하여 3일을 넘기지 않도록 한다.
- 야간반 근무를 모두 마친 후 아침반 근무에 들어가기 전 최소한 24시간 이상 휴식을 하도록 한다.
- 가정생활이나 사회생활을 배려할 때 주중에 쉬는 것보다는 주말에 쉬도록 하는 것이 좋으며, 하루씩 띄어 쉬는 것보다는 주말에 이틀 연이어 쉬도록 한다.
- 교대작업자 특히, 야간작업자는 주간작업자보다 연간 쉬는 날이 더 많이 있어야 한다.

- 근무반 교대방향은 아침반→저녁반→야간반으로 전방 순환이 되게 한다.
- 아침반 작업은 너무 일찍 시작하지 않도록 한다.
- 야간반 작업은 잠을 조금이라도 더 오래 잘 수 있도록 가능한 한 일찍 작업을 끝내도록 한다.
- 교대작업 일정을 계획할 때 가급적 근로자 개인이 원하는 바를 고려하도록 한다.
- 교대작업 일정은 근로자들에게 미리 통보되어 예측할 수 있도록 한다.

미국 NIOSH에서는 "Plain language about shiftwork"을 통하여 다음과 같은 교대작업자 작업관리 지침을 제시하고 있다.

- 확정된 업무 스케줄을 계획하고 정기적이고 예측 가능하도록 할 것
- 연속적인 야간 근무를 최소화할 것
- 자유로운 주말 계획을 갖도록 할 것
- 긴 교대 기간을 두고 잔업은 최소화할 것
- 일의 내용에 따라 근무시간을 탄력적으로 운영하고 업무량을 분산할 것
- 업무 시작 및 종료 시간을 배려할 것
- 적당한 휴식시간을 부여할 것
- 적절한 근무환경을 유지할 것
- 개인적인 일에 대해 시간을 배려할 수 있도록 할 것
- 직장 내 취미활동을 할 수 있도록 지원할 것
- 잠잘 수 있는 쾌적의 조건을 만들 것
- 적당한 운동을 할 것
- 근육과 신경을 이완시킬 수 있는 기술을 터득할 것
- 적당한 식이요법을 할 것
- 약물 복용을 피할 것

Knauth, P.(1997)는 교대근무제에 대한 인간공학적 평가에 중요한 요소를 제안하였다.

- 연속 아침, 저녁, 야간 근무는 최대 3일 이내 편성
- 영구적으로 야간 근무만 하는 것은 피함
- 교대제 순환은 전방 순환이 되도록 계획
- 야간 근무 후에는 적어도 2일 이상 휴무
- 야간-야간과 같은 교대제 순서는 피함
- 휴무일 사이에 하루 근무일을 두는 형태는 피함
- 연속 근무일 수는 최대 5-7일 이내
- 8시간 이상 교대근무 시간은 다음 경우에만 허용
    - 작업 성격(nature)과 작업 부하가 적절함

    - 충분한 휴식이 주어짐
    - 교대근무제가 피로 누적을 최소화할 목적으로 설계됨
    - 결근을 적절하게 조정함(adequate arrangements for cover of absentees)
    - 잔업이 없음
    - 유해요인 노출이 제한적임
    - 작업 후 완전한 피로 회복 시간이 주어짐
- 두 교대근무 간 11시간 이상의 휴식 시간 부여
- 아침 근무 시작 시간은 너무 이르지 않게 함: 예 — 06:00보다는 06:30, 05:00보다는 06:00이 좋음
- 저녁 근무 종료 시간은 너무 늦지 않게 함: 예 — 23:00보다는 22:00, 24:00보다는 23:00이 좋음
- 야간 근무 종료 시간은 가능하면 이른 시간에 종료하는 것이 좋음
- 가급적 주말 근무는 피함
- 적어도 2일 연속 휴무가 있는 주말 시간 부여
- 기설정된 교대제에 대한 단기 변경은 피함
- 교대제를 변경할 경우는 사전에 공지할 것

연습문제

[1] 조명 수준 선택 시 고려해야 할 가중 인자가 아닌 것은?

① 연령 ② 주위 반사율 ③ 작업 속도 ④ 성별

[2] 휘광(glare)에 대한 설명으로 옳지 않은 것은?

① 휘광은 눈이 순응할 수 있는 것보다 시야 내의 휘도가 훨씬 밝기 때문에 생긴다.
② 광원에 의한 눈부심을 간접 휘광이라 한다.
③ 휘광의 정도에 따라서 불쾌 눈부심, 무력 눈부심, 맹목 눈부심으로 분류할 수 있다.
④ 반사광에 의한 눈부심을 반사 휘광이라 한다.

[3] 초정밀 작업 시 적정 조명 수준은?

① 95 lux ② 150 lux ③ 300 lux ④ 750 lux

[4] 반사 휘광의 처리 방법이 아닌 것은?

① 무광택 도료를 사용한다. ② 간접 조명 수준을 낮춘다.
③ 간접 조명 수준을 높인다. ④ 발광체의 휘광을 줄인다.

[5] 청력손실은 개인마다 차이가 있으나 어떤 주파수에서 가장 크게 나타나는가?

① 1,000Hz ② 2,000Hz ③ 3,000Hz ④ 4,000Hz

[6] 소음에 의한 작업자의 생리적 현상이 아닌 것은?

① 혈관 팽창 ② 맥박이 빨라짐
③ 뇌압 상승 ④ 아드레날린 분비 촉진

[7] 다음 중 은폐 효과에 대한 설명으로 옳은 것은?

① 은폐음과 피은폐음의 종류에 영향을 받지 않는다.
② 은폐음이 소음인 경우에는 순음의 역치가 주파수에 따라 15~30 dB 정도 증가한다.
③ 은폐음이 순음인 경우 은폐음과 그 배음들의 진동수 주위에서 은폐 효과가 약하게 나타난다.
④ 은폐음과 그 배음들의 진동수와 가까운 곳에서는 맥놀이(beat) 현상으로 인하여 은폐 효과가 증가한다.

[8] 연속적 소음으로 인한 청력 손실 상황은?

① 방직 공정 작업자의 청력 손실
② 밴드부 지휘자의 청력 손실
③ 사격 교관의 청력 손실
④ 낙하 단조 장치(drop-forge) 조작자의 청력 손실

[9] 다음 설명 중 옳지 않은 것은?

① 전도성 난청은 중이나 외이의 상처로 발생한다.
② 노화에 따른 청력 장애는 신경성 난청이다.
③ 전도성 난청은 상처 치유나 보청기가 도움이 된다.
④ 청력 손실은 3,000Hz 주변에서 크게 일어난다.

[10] 다음 중 '소음 작업'이란 1일 8시간 작업을 기준으로 몇 dB(A) 이상의 소음이 발생하는 작업을 말하는가?

① 80 ② 85 ③ 90 ④ 95

[11] A 작업장에서 근무하는 근로자가 85dB(A)에 4시간 동안 노출되었다. 동일 수준별 허용시간이 다음 [표]와 같을 때 누적소음노출지수(%)는 얼마인가?

소음수준dB(A)	노출 허용시간/일	소음수준dB(A)	노출 허용시간/일
85	16	105	1
90	8	110	0.5
95	4	115	0.25
100	2	–	0.125

① 55% ② 65% ③ 75% ④ 85%

[12] 소음 원인에 대한 방지 대책이 아닌 것은?

① 차음재 사용설치 ② 소음원에 덮개, 장막 설치
③ 노후 장비 교체 ④ 방음용구 착용

[13] 다음 중 소음관리 대책의 단계로 가장 적절한 것은?

① 소음원 제거 → 소음수준의 저감 → 소음의 차단 → 개인보호구 착용
② 개인보호구 → 소음원의 제거 → 소음 수준의 저감
③ 소음원 제거 → 소음의 차단 → 소음수준의 저감 → 개인보호구 착용
④ 소음의 차단 → 소음원의 제거 → 소음수준의 저감 → 개인보호구 착용

[14] 전신 진동이 작업 성능을 저해하는 작업은?

① 추적작업 ② 반응시간 ③ 감시 ④ 형태식별

[15] 신체에 전달되는 진동은 전신진동과 국소진동으로 구분되는데 다음 중 진동원의 성격이 다른 것은?

① 대형 운송 차량 ② 지게차 ③ 크레인 ④ 그라인더

[16] 다음 중 진동 방진 대책으로 적합하지 않은 것은?

① 공장에서 진동 발생원을 기계적으로 격리한다.
② 작업자에게 방진 장갑을 착용하도록 한다.
③ 진동을 줄일 수 있는 충격 흡수 장치들을 장착한다.
④ 진동의 강도를 일정하게 유지한다.

[17] 전신 진동에 있어 안구에 공명이 발생하는 진동수의 범위로 가장 적절한 것은?

① 8~12Hz ② 10~20Hz ③ 20~30Hz ④ 60~90Hz

[18] 전신 진동의 진동수가 어느 정도일 때 흉부와 복부의 고통을 호소하게 되는가?

① 4~10Hz ② 8~12Hz ③ 10~20Hz ④ 20~30Hz

[19] 다음 중 진동이 인체에 미치는 영향이 아닌 것은?

① 산소 소비량 증가 ② 심박수 감소 ③ 근장력 증가 ④ 말초혈관의 수축

[20] 다음 중 낮은 진동수에서의 진동에 영향을 가장 많이 받는 것은?

① 감시 ② 의사 표시 ③ 추적 능력 ④ 반응 시간

[21] 산업 현장에서 열 스트레스(heat stress)를 결정하는 주요 요소가 아닌 것은?

① 전도(conduction) ② 대류(convection)
③ 복사(radiation) ④ 증발(evaporation)

[22] 다음 중 열교환에 영향을 미치는 요소가 아닌 것은?

① 기온 ② 습도 ③ 기압 ④ 공기의 유동

[23] 인간과 주위와의 열교환 과정을 올바르게 나타낸 열균형 방식은?

① S(열축적)=M(대사)−E(증발)−R(복사)±C(대류)+W(한일)
② S(열축적)=M(대사)±E(증발)−R(복사)±C(대류) −W(한일)
③ S(열축적)=M(대사)−E(증발)±R(복사)−C(대류)+W(한일)
④ S(열축적)=M(대사)−E(증발)±R(복사)±C(대류) −W(한일)

[24] 다음 중 신체의 열교환 과정에서의 열평형 방정식에 대한 설명으로 틀린 것은?

① 신진대사 과정에서 열이 많이 발생하므로 대사열 발생량은 항상 양수(+) 값이다.
② 증발 과정에서는 언제나 열이 발생하므로 증발열 발산량은 언제나 음수(−)값이다.
③ 신체가 열적 평형 상태에 있으면 신체 열 함량은 0이다.
④ 신체가 불균형 상태에 있으면 신체 열 함량은 항상 상승한다.

[25] 온도, 습도 및 공기 유동이 인체에 미치는 열효과를 하나의 수치로 통합한 감각지수를 무엇이라 하는가?

① 보온율 ② 열압박 지수 ③ Oxford 지수 ④ 실효 온도

[26] 다음 중 고열 환경을 종합적으로 평가할 수 있는 지수로 사용되는 것은?

① 습구흑구온도 지수 ② 옥스퍼드 지수 ③ 실효 온도 ④ 열스트레스 지수

[27] 상대 습도 50%, 26℃의 신실효 온도는?

① 20℃ ② 23℃ ③ 26℃ ④ 29℃

[28] 건구온도 30℃, 습구온도 20℃일 때 Oxford 지수는?

① 21.5℃ ② 22.5℃ ③ 23.5℃ ④ 24.5℃

[29] 다음 중 저온에서의 신체 반응에 대한 설명으로 틀린 것은?

① 체표면적이 감소한다.
② 피부의 혈관이 수축된다.
③ 화학적 대사작용이 감소한다.
④ 근육긴장의 증가와 떨림이 발생한다.

[30] 인간이 적온에서 추운 환경으로 바뀔 때 인체에 나타나는 현상이 아닌 것은?

① 피부 온도가 내려간다.
② 피부를 순환하는 혈액 순환량이 감소한다.
③ 직장의 온도가 내려간다.
④ 몸이 떨리고 소름이 돋는다.

[31] 고온 스트레스로 인한 생리적인 영향이 아닌 것은?

① 혈관 확대 ② 체온 상승 ③ 심박출량 감소 ④ 심박수 증가

[32] 고온 스트레스를 견디는 지구력에 영향을 미치는 요인이 아닌 것은?

① 연령 ② 성별 ③ 체지방 ④ 신장

[33] 고온 환경에 대한 대책으로 맞지 않는 것은?

① 작업시간과 휴식시간 조정
② 환기, 냉방, 열 차단 등의 환경 개선
③ 보호구 착용
④ 환경에 적합한 작업자 배치

[34] 다음 중 고열 발생원에 대한 대책으로 볼 수 없는 것은?

① 고온 순화 ② 전체 환기 ③ 복사열 차단 ④ 방열재 사용

[35] 다음 중 발한의 가장 중요한 생리 기능은?

① 체온 조절 ② 체내 수분 조절 ③ 배설 작용 ④ 삼투압 조절

[36] 다음 중 사무실의 오염물질 관리기준에서 이산화탄소의 관리기준으로 옳은 것은?

① 500ppm 이하 ② 1000ppm 이하 ③ 2000ppm 이하 ④ 3000ppm 이하

[37] 일산화탄소에 대한 설명으로 옳지 않은 것은?

① 물질이 불연소되어 생성되는 물질이다.
② 자동차의 배기가스가 대표적이다.
③ 무색, 무취의 기체로 대기 중에 0.03% 존재한다.
④ 체내에 흡수되면 헤모글로빈과 결합하여 산소 운반능력을 저하시킨다.

[38] 미세먼지에 관한 설명으로 옳지 않은 것은?

① 미세먼지의 직경은 2.5㎛ 미만의 먼지를 말한다.
② 체내에 들어가 깊숙이 들어가 만성 호흡질환을 일으킨다.
③ 지하나 환기가 어려운 실내 장소에서 특히 문제가 된다.
④ 극심한 두통과 안면 홍조 현상을 일으킨다.

[39] 교대근무 순환 주기로 추천되는 것은?

① 주간 근무조 – 저녁 근무조 –야간 근무조 ② 야간 근무조 – 저녁 근무조 –주간 근무조
③ 저녁 근무조 – 야간 근무조 –주간 근무조 ④ 주간 근무조 – 야간 근무조 –저녁 근무조

[40] 효율적인 교대작업 운영을 위한 방법이 아닌 것은?

① 2교대근무는 최소화하며 1일 2교대근무가 불가피한 경우에는 연속 근무일이 2~3일이 넘지 않도록 한다.
② 고정적이거나 연속적인 야간근무 작업은 줄인다.
③ 교대일정은 정기적이고 근로자가 예측 가능하도록 해주어야 한다.
④ 교대작업은 주간근무 → 야간근무 → 저녁근무 → 주간근무 식으로 진행해야 피로를 빨리 회복할 수 있다.

[41] 교대작업에 대한 설명으로 옳은 것은?

① 교대작업은 작업 공정상 또는 생활 안전상 필연적인 제도이다.
② 교대작업자와 주간 고정 작업자들의 사고 발생률 차이는 그다지 크지 않다.
③ 문헌에 따르면 교대작업자의 건강은 주간 고정 작업자에 비해 좋지 않다.
④ 야간교대의 경우 교대형태를 수시로 바꿔 주는 것이 작업자의 건강에 바람직하다.

[42] 다음 중 교대작업의 관리방법으로 적절하지 않은 것은?

① 근무시간은 12시간 교대제를 적용한다.
② 야간근무는 2~3일 이상 연속하지 않는다.
③ 야간근무 후의 다음 근로시작 시간까지는 48시간 이상의 휴식을 갖는다.
④ 일정하지 않은 연속 근무는 피한다.

[43] 교대근무는 수면과 밀접한 관계가 있으며, 수면은 체온과 밀접한 관계가 있다. 하루 중 체온이 가장 낮은 시간대는?

① 오전 2시 이후 ② 오전 5시 전후 ③ 오후 2시 전후 ④ 오후 5시 전후

[44] 교대제 순환 속도에 대한 설명으로 옳은 것은?

① 빠른 순환은 같은 작업 시간대를 연속적으로 4회까지 반복한다.
② 느린 순환은 수면 부족이 작다.
③ 매우 느린 순환은 같은 작업 시간대를 10회 이상 반복한다.
④ 매우 느린 순환에서는 작업 수행도가 감소하지 않는다.

[45] 다음 중 교대제 설계 시 고려되어야 하는 작업 특성과 거리가 먼 것은?

① 작업속도 ② 작업환경 ③ 작업부하 ④ 실수 결과

[46] 교대제의 인간공학적 설계 방안으로 옳은 것은?

① 연속 아침 근무는 4일 이내 ② 연속 근무일수는 5~6일 이내
③ 잔업은 최소화함 ④ 야간 근무 종료는 이르지 않게

응용문제

[1] 휘광을 원인과 정도에 따라 분류하고, 휘광을 감소시키기 위한 방법을 설명하라.

[2] 소음은 일정 강도 이상에서 장시간 노출하면 청력을 손실하게 하는데, 일시적인 난청과 영구적인 난청으로 구분할 수 있다. 일시적인 난청과 영구적인 난청 및 직업성 난청을 설명하라.

[3] 전신진동이 작업수행에 미치는 영향에 관하여 설명하라.

[4] 특정 작업에서 진동 공구를 정기적으로 장시간 사용하면 진동증후군이 생긴다. 진동 공구의 사용으로 인하여 생기는 질환인 손-팔 진동 증후군(hand-arm vibration syndrome, HAVS) 에 관하여 설명하라.

[5] 신체에 영향을 주는 진동은 크게 전신진동과 극소진동으로 나눌 수 있다. 진동의 종류에 따른 방지 대책을 설명하라.

[6] 신체와 외부 환경 사이의 열을 교환하는 방식에는 어떠한 것이 있으며, 그 내용을 설명하라.

[7] 고온의 스트레스 상황에서 작업을 수행하는 경우 작업자의 생리적 변화와 방지대책을 설명하라.

[8] 교대근무 작업을 장기간하게 되면 작업자들은 일주기성 생체리듬이 깨어지게 되어, 생리적으로나 정서적으로 많은 부작용 현상이 나타난다. 이에 고용노동부에서는 교대작업자의 보건관리지침을 제시하였다. 고용노동부가 정한 지침을 설명하라.

[9] 진동의 크기와 특성은 어떤 것으로 나타내며, 진동을 측정하는 계측기는 어떠한 것들이 있는지 설명하라.

[10] 효율적인 작업환경 관리를 위한 방안에 대한 자신의 의견을 서술하라.

권영국, 웹2.0시대의 인간공학, 형설출판사, 2009.

경향신문, 국내 거주 외국인주민 수 246만명…총인구 4.8%로 '역대 최다'(https://www.khan.co.kr/article/202410241200021).

국가통계포털(KOSIS), 시도별, 장애유형별, 성별 등록장애인 수(https://kosis.kr/statHtml/statHtml.do?sso=ok&returnurl=https%3A%2F%2Fkosis.kr%3A443%2FstatHtml%2FstatHtml.do%3FtblId%3DDT_11761_N005%26orgId%3D117%26checkFlag%3DN%26).

기술표준원, 글자폰트, 배경색, 글자 크기 등에 따른 가독성 관련 데이터 측정사업 보고서, 2008.

김경홍, 좋아 보이는 것들의 비밀 UX 디자인, 길벗, 2014.

김봉건, 김인수, 최재현, Handheld computer의 한글 폰트 가독성 평가, 대한인간공학회 춘계학술대회, 86-89, 2005.

김현주 외, SK 하이닉스 교대근무 건강영향 최소화방안 연구보고서, SK 하이닉스 선행연구팀/이화여자대학교 산학협력단/한경대학교 산학협력단, 2016.

닛케이 디자인 편저, 양성용, 홍철순 역, 유니버설 디자인 사례 100집, 미진사, 2007.

동아일보, 기계가 사람처럼 느낀다, 1991.10.28.

박경수, 감성공학 및 감각생리, 영지문화사, 2000.

박경수, 인간공학, 영지문화사, 2005.

박세진, 이준수, 강덕희, 이현자, 전자제품 설계를 위한 가독성 평가, 대한인간공학회 춘계 학술대회 논문집, 360-369, 2007.

박희석, 윤훈용, 공용구, 기도형, 인간공학, 2판, 한경사, 2018.

양동주, 인간공학적 디자인(Ergonomics design), 안전보건연구동향, 27, 20-25, 2009.

유니버설디자인연구회, 유니버설 디자인 연구, 유니버설디자인연구센터, 2005.

이광훈, 사용자 경험을 창조하는 UX/UI 디자인, 프피렉, 2018.

이순요, 미래지향적 인간공학, 박영사, 1992.

이순요, 양선모, 감성공학, 청문각, 1996.

이재용, 그들만의 리그, 우울한 ISO UI 표준 — ISO 13407 & ISO 9241의 역사(https://story.pxd.co.kr/410?test code=0506), retrieved at Nov. 26, 2019.

이재용, UX란 무엇인가?(User Experience, 사용자 경험)(https://story.pxd.co.kr/549?testcode=0318), retrieved at Nov. 26, 2019.

정광태, 송복희, 신현봉, 윤한경, 유니버설 디자인을 위한 청년층과 노인층의 깊이인식에 대한 비교연구, 대한인간공학회지, 23(3), 111-119, 2004.

정광태, 유니버설 디자인의 적합성에 관한 전문가 평가 방법, 대한인간공학회지, 26(4), 57-64, 2007.

정병용, 디자인과 인간공학, 민영사, 2012.

정병용, 이동경, 현대인간공학, 민영사, 2005.

조영일, 인간공학, 대영사, 1998.

최정민, 최재호, Internet 웹 문서 가독성 test, 대한산업공학회 추계학술대회, 1793-1808, 2005.

한국경제, 유럽 인구 예상보다 빨리 감소…경제전망 암울(https://www.hankyung.com/article/202405252316Y).

한국산업안전보건공단, 교대작업자의 보건관리지침(H-22-2019), 2019.

황우상, 이동춘, 이상도, 이진호, VDT 화면에서 한글의 글자크기와 서체에 따른 탐색속도와 오류율에 관한 실험적 연구, 대한인간공학회지 16, 29-38, 1997.

Anderson, J., *Cognitive psychology and its implications*, Freeman, 1985.

Baddeley, A., *Working memory*, Clarendon Press, 1980.

Badderly, A. and Longman, D., The influence of length and frequency of training sessions on rate of learning to type, *Ergonomics*, 1978.

Bailey, G. and Presgrave, R., *Basic motion time study*, McGraw-Hill, 1958.

Bailey, R., *Human performance engineering: A guide for systems designers*, Prentice-Hall, 1982.

Barber, P. J., *Applied cognitive psychology*, Methuen, 1988.

Barth, J., Incised grids: Enhancing the readability of tangible graphs for the blind, *Human Factors*, 26, 61-70, 1984.

Beggs, W. and Howarth, C., The movement of the hand towards a target, *Quarterly Journal of Experimental Psychology*, 24, 448-453, 1972.

Berglund, B., Harker, K., and Preis, A., Annoyance perception of sound and information extraction, *Journal of Acoustical Society of America*, 95, 1501-1509, 1994.

Bernard, M., Liao, C., Chaparro, B., and Chaparro, A., Examining perceptions of online text size and typeface legibility for older males and females, Proceedings of the 6th Annual International Conference on Industrial Engineering-Theory, Applications, and Practice, 2001.

Bly, S., *Sound and computer information presentation*, Lawrence Livermore National Laboratory, 1982.

Broadbent, D., *Perception and communication*, Pergamon, 1958.

Brooke, J., SUS: A quick and direct usability scale. In Jordan, P., Thomas, B., Weedmeester, B. and McClelland, I.(Eds.), Usability evaluation in industry(pp.189-194), Taylor & Francis, 1996.

Brown, J., Knauft, E. and Rosenballm, G., The accuracy of positioning reactions as a function of their direction and extent. *American Journal of Psychology*, 61, 167-182, 1947.

Burke, M., Gilson, R. and Jagacinski, R., Multi-modal information processing for visual workload relief, *Ergonomics*, 23, 96l-975, 1980.

Buxton, W., Gaver, W. and Bly, S., The use of non-speech audio at the interface, Association for the Computing MachineryComputer Human Interaction '91, New Orleans, 1991.

Buxton, W., Introduction to this special issue on non-speech audio, *Human-Computer Interaction*, 4, 1-9, 1989.

Card, S., *Models of working memory*, In j. Elkind, S. Card, J. Hochberg, and B. Huey (eds.) Human performance models for computer-aided engineering, National Academy Press, 1989.

Card, S., Moran, T. and Newell, A., The psycho;ogy of human-computer interaction. Hillsdale, Lawrence Erlbaum Associates, 1983.

Card, S.K., Moran, T.P. and Newell, A., The Keystroke-level model for user performance time with interactive systems, *Communications of the ACM*, 23, 396-410, 1980.

Carswell, C. and Wickens, C., Information integration and object display: An interaction of task demands and display superiority, *Ergonomics*, 30(3), 511-527, 1987.

Chaffin, D., Andersson, G.B.J. and Martin, B., *Occupational biomechanics*, John Wiley & Sons, 1999.

Chapanis, A. and Lindenbaum, L.E., A reaction-time study of four control-display linkage, *Human Factors*. 1, 1-7, 1959.

Chapanis, A., Engineering psychology. In M. D. Dulmene (ed.), *Handbook of industrial and organizational psychology*, Rand McNally, 1976.

Charness, N., and Dijkstra, K., Age, luminance and print legibility in homes, offices, and public places, Human Factors 41, 173-193, 1999.

Christ R.E., Review and analysis of color coding research for visual displays, *Human Factors*, 17(6), 542-570, 1975.

Daniels G. and E. Churchill, Average man?, T.N. WCRD 53-7, Wright Air Development Center, Wright-Patterson Air Force Base, Ohio, 1952.

Davies, D. and Jones, D., Hearing and noise. In W. T. Singleton (ed.), *The body at work*, Cambridge University Press, 1982.

Davies, D. and Parasuraman, R., *The psychology of vigilance*, Academic Press, 1982.

DeVries, C., Hartvelt, M. and Oosterholt, R., Private camera conversation: A new method for eliciting user responses, In Jordan, P., Thomas, B., Weedmeester, B. and McClelland, I.(Eds.), Usability evaluation in industry, Taylor & Francis, 147-156, 1996.

Dhillon, B., *Human reliability with human factors*, Pergamon Press, 1988.

Dul, J., Bruder, R., Buckle, P., Carayon, P., Falzon, P., Marras, W.S., Wilson, J.R. and van der Doelen, B., A strategy for human factors/ergonomics: developing the discipline and profession, *Ergoonmics*, 55(4), 377-395, 2012.

Ebbinghause H. and Uber das Gedactnis, Dunker, 1985. Translated by Ruyer H. and Bussenius, C.E., *Memory, Teacher's College*, Columbia University, 1913.

Edholm, 0. and Murrell, K. F. H., *The Ergonomics Research Society: A History 1949-1970*, Warren & Sons, Ltd, 1973.

Edworthy, J., Loxley, S., and Dennis, I., Improving auditory warning design: relationships between warning parameters and perceived urgency, *Human Factors*, 33, 205-231, 1991.

Eggemeier, F. T., Properties of workload assessment techniques. In p. Hancock and N. Meshkati (eds.), Human mental workload, North-Holland, 1988.

Ehrenrich, S., Query languages: Design recommendations derived from the human factors literature, *Human Factors*, 23, 709-725, 1981.

Fast campus, UX/UI 디자인이란?(http://media.fastcampus.co.kr/knowledge/about-uxuidesign/), retrieved at Nov. 26, 2019.

Frankel, V. and Nordin, M., *Basic biomechanics of the skeletal system*, Lea & Febiger, 1980.

Gales, R., Hearing characteristics. In C. M. Harris (ed.), *Handbook of noise control* (2d ed.), McGraw-Hill, 1979.

Gan, K.C., and Hoffmann, E. R. Geometrical conditions for ballistic and visually controlled movements, *Ergonomics* 31 (1988), 829-839.

Gaver, W., Smith, R., and O'Shea, T., Effective sounds in complex situation: The ARKola simulation, Reaching Through Technology, CHI '91 Conference Proceeding, 85-90, New York: ACM Press, 1991.

Geldard, F.A., *The human senses* (2nd ed.), John Wiley & Sons, 1972.

Gibson J.J., *The ecological approach to visual perception*, Houghton Mifflin, 1972.

Grandjean, E., *Fitting the task to the man*, Taylor & Francis, 1988.

Green, D. and Swets, J., *Signal detection theory and psychopathics*, Peninsula Publishing, 1988.

Grether, W. F. and Baker, C. A., Visual presentation of information. In H. A. Van Cott and R. G. Kinkade (eds.), Human engineering guide to equipment design (rev. ed.), Government Printing office, 1972.

Guildford, Surrey, England, *Applied ergonomics handbook*, IPC Science and Technology Press, 195-202, 1974.

Hunt, D., The Coding of Aircraft Controls, USAF, WADC, Technical Report, 53-221,1953.

Industrial noise manual(2nd ed.). American Industrial Hygiene Association, 1966.

Jacko, J. and Sears, A., The Human-Computer Interaction Handbook, Lawrence Erlbaum Associate Publishers, 2003.

James. G. and Armstrong, J., Handbook on mobility maps, Mobility Monograph, 2, University of Nottingham, 1976.

Jensen, C., Schultz, G. and Bangerter, B., *Applied kinesiology and biomechanics*, McGraw-Hill, 1983.

John, B., and Kieras, D., Using GOMS for user interface design and evaluation: Which technique?, ACM Translations on Computer-Human Interaction, 3, 320-351, 1996.

Jung, H.S. and Jung, H-S., Hand dominance and hand use behaviour reported in a survey of 2437 Koreans, Ergonomics, 52(11), 1362-1371, 2009.

Kay. L., Sonic glasses for the blind: A progress repon, *AFB Research Bulletin*, 25, 25-28, 1973.

Kieras, D.E., A guide to GOMS model usability evaluation using NGOMSL, In Helander, M., Landauer, T. and Prabhu, P.(Eds), Handbook of human-computer interaction, North-Holland, 733-766, 1997.

Kieras, D.E., Model-based evalustion, In Jacko, J.A. and Sears, A.(Ed), The human-computer interaction handbook, Lawrence Erlbaum Associates, 1139-1151, 2003.

Kieras, D.E., Towards a practical GOMS model methodology for user interface design. In Helander, M.(Ed), Handbook of human-computer interaction, North-Holland/Elsevier, 135-158, 1988.

Kiracowski, I. and Corbett, M., Measuring User Satisfaction. In D. Jones & R. Winder(Eds.), *People and Computers*, Cambridge University press, 189-217, 1988.

Knauth, P., Changing schedules: Shiftwork, *Chronobiology International*, 14(2), 159-171, 1997.

Kryter, K., *The effect of noise on man*, New York: Academic, 1970.

Lewis, C. and Wharton, C., Cognitive Walk-Through, In Helander, M., Landauer, T. K. and Prabhu, P.(Eds), Handbook of Human Computer interaction, *Elsevier Science*, 717-732, 1997.

Luder C.B. and Barber P.J., Redundant color coding on airborne CRT displays, *Human Factors*, 26(1), 1984.

McFarland, R., *Human Factors in Air Transport Design*, McGraw-Hill, 1946.

McLean, M., Brightness, contrast, color contrast, and legibility, Human Factors 7, 521-526, 1965.

Meister, D. and Rabideau, G., *Human factors evaluation in system development*, John Wiley & Sons, 1965.

Meister, D., Human reliability. In F. Muckler (ed.) *Human Factors Review*, Human Factors Society, 1984.

Miller, D. and Swain, A. Human error and human reliability. In G. Salvendy(ed.) *Handbook of humun factor*, John Wiley & Sons, Inc., I987.

Mowbray, G. and Gebhard, J., Man's senses vs. information channels. In W. Sinaiko(ed.), Selected papers on human factors in design und use of control systems, Dover, 1961.

Muller, M. J., McClard, A., Bell, B., Dooley, S., Meiskey, L., Meskey, L., Messkill, J.A., Spark, R. and Tellman, D., Validating an extension to participatory heuristic evaluation: Quality of work and quality of life, In Katz, I., Mack, R. and Marks, L.(Eds.), Proceedings of ACM CHI '95 Conference on Human Factors in Computing Systems(Conference Companion), New York: ACM Press, 115-116, 1995.

Myung, R., Conjoint analysis as a new methodology for Korean typography guideline in Web environment, International Journal of Industrial Ergonomics 32, 341-348, 2003.

Nielsen, J., Enhancing the explanatory power of usability heuristics, In Adeson, B., Dumais, S. and Olson, J.(Eds.), Proceedings of ACM CHI '94 Conference on Human Factors in Computing Systems, ACM Press, 152-158, 1994.

Norman, D.A., 이창우, 김영진, 박창호 역, 디자인과 인간심리, 학지사, 1996.

Norman, D.A., The design of everyday things, Currency Doubleday, 1988.

Olson, P., Diaplay arrangement, Number of channels and information speed as related to operator porformanco, Ph.D thocic, Purduo Univ., Lafayotto. Ind. 1959.

Pace, B., Colour combinations and contrast reversals on visual display units, Proceedings of the Human Factors Society-28th Annual Meeting, 326-330, 1984.

Patterson, R.D., Guidelines for the design of auditory warning sounds, Proceeding of the Institute of Acoustics, Spring Conference, 11(5), 17-24, 1989.

Pew, R., Human factors issues in extern systems. In M. Helander(ed.), *Handbook of human-computer interaction*, North-Holland, 1988.

Pomerantz, J., Perceptual organization in information processing. In R. Kubovy and J. Pomerantz(eds.), Perceptual organization, Erlballm, 1981.

Ray, R.D. and Ray, W.D., An analysis of domestic cooker control design, *Ergonomics*, 22, 1243-1248, 1979.

Reid, G., Shingledecker, C. and Eggemeier, F., Application of conjoint measurement to workload scale development. Proceedings of the Human Factors Society 25th Annual Meeting, Human Factors Society, 522-526, 1981.

Rigby, L.V., Cooper, J.I. and Spickard, W.A., Guide to integrated system design for maintanibility(Tech. Rept. 61-424), U.S. Air Force, ASD, 1961.

Roscoe, S.N., The trouble with HUDs and HMDs, *Human Factors Society*, 1987.

Roscoe, S., Airborne displays for flight and navigation, *Human Factors*, 17(4), 1975.

Saltlmuse, T., *Adult cognition An experimental psychology of human aging*, Springer-Verlag, 1982.

Sanders, M. S. and McCormick, E. J., *Human factors in engineering and design*, 7th ed., McGraw-Hill, Inc., 1993.

Schneider, W. and Detweiler, M.A, connection architecture for working memory-In G. Bower(ed.), The psychology of learning and motivation Advances in research and theory, Academic Press, 1988.

Shower, E.G. and Biddulph, R., Differential pitch sensitivity of the ear, *Journal of the Acoustical Society of America*, 3, 275-287, 1931.

Singleton, W.T., *The body at work Biological ergonomics*, Cambridge University Press, 1976.

Smith, S.L. and Moiser J.N., Guidelines for the designing user interface software(Technical Report ESD-TR-86-278), MITRE Corporation, 1986.

Sorkin, R., Wrightman, F., Kistler, D. and Elvers, G., An exploratory study of the use of movement-correlated cues in an head-up display, *Human Factors*, 31(2), 161-166, 1989.

Spencer, R., The streamlined Cognitive Walkthrough method, working around social constraints encountered in a software development company, In Little, R. and Nigay, L.(Eds.), Proceedings of ACM CHI 2000 Conference on Human Factors in Computing Systems, New York: ACM Press, 353-359, 2000.

Stevens, S. S., Perceived level of noise by Mark VII and decibels(E), *Journal of the Acoustical Society of America*, 51(2), 575-601, 1972.

Swain, A. and Guttman, H., Handbook of human reliability analysis with emphasis on nuclear power plant applications. Final report (NUREG/CR-I278), Nuclear Commission, Washington, DC, I983.

Talama J.D., The perception of machinery indicator sounds, *Ergonomics*, 25, 41-51, 1982.

Tauchauer, E., *The biomechanical basis of ergonomics*, John Wiley & Sons, Inc., 1978.

Tolin, P., An information transmission of signal f1ash rate discretion ability, *Human Factors*, 26(4), 489-493, 1984.

Tomioka, K., Study on legibility of characters for the elderly-effects of character display modes on legibility, Journal of Physiological Anthropology 26(2), 159-164, 2007.

Tullis, T., Boynton, J., and Hersh, H., Readability of fonts in the windows environment, CHI 1995, 127-128, 1995.

Van Cott H., and R. Kinkade(Eds), Human engineering guide to equipment design(rev. ed.), *American Institutes for Research*, 1972.

Vanderplas, J., and Vanderplas, J., Some factors affecting legibility of printed materials for older adults, Perceptual and Motor Skills 50, 923-932, 1980.

Welford, A.T., Where have we been and where are we going?, *Ergonomics*, 9(3), 275-286, 1976.

Wharton, C., Reiman, J., Lewis, C. and Polson, P., The Cognitive Walk-Through: Practioner's guide. In Nielson, J. and Mack, R.L.(Eds.), *Usability inspection methods*, John Wiley & Sons, 105-140, 1994.

Wikipedia, Jakob Nielsen (usability consultant) (https://en.wikipedia.org/wiki/Jakob_Nielsen_(usability_consultant)), retrieved at Jan. 16, 2020.

Wikipedia, User experience (https://en.wikipedia.org/wiki/User_experience), retrieved at Dec. 26, 2019.

Williams, J., Validation of human reliability assessment techniques, *Reliability Engineering*, 11, 149-162, 1985.

Wilson, J. and Corlett, E.N., *Evaluation of human work*, Taylor & Francis, 1990.

Woodson, W.E. and Cmover; D.W., *Human engineering guide of equipment designers* (2nd ed.), University of California Press, 1964.

Woodson, W.E., *Human Factors Design Handbook*, McGraw-Hill, 1981.

Zhang, J., Zhang, T., Xue, F., Liu, L., and Yu, C., Legibility variations of Chinese characters and implications for visual acuity measurement in Chinese reading population, Investigative Ophthalmology & Visual Science 48, 2383-2390, 2007.

제2부
작업생리학 및 생체역학

CHAPTER 12 인체 구성 요소

1 인체의 구성

1.1 인체 구성 요소의 특징

인체는 위치나 모양, 기능에 따라 각기 다른 세포들로 구성되어 있으며, 분화의 방향이 같고 구조와 기능이 비슷한 세포(cell)가 모여 조직(tissue)을 형성하고, 이러한 조직은 일정한 기능과 활동을 수행하기 위하여 기관(organs)을 형성하며, 같은 기능을 수행하는 기관이 모여서 계통(system)을 이룬다. 인체를 구성하는 주요 요소들의 체중에 대한 비율을 보면, 산소(O)는 체중의 약 65%, 탄소(C)는 약 18%, 수소(H)는 10%, 질소(N)는 3%, 칼슘(Ca)은 1.5%, 인(P)은 약 1%를 차지한다.

그림 12•1은 인체를 이루는 기본단위인 세포가 조직, 기관, 계통을 형성하는 과정이다.

1.1.1 세포

세포는 인체를 비롯한 모든 생물체를 구성하는 구조적, 기능적 기본단위이다. 생물체의 크기는 세포의 수에 따라 달라지며, 세포의 모양과 크기 및 기능은 생물체의 종류에 따라 조금씩 다르지만, 세포의 기본적인 구조와 기능은 거의 같다.

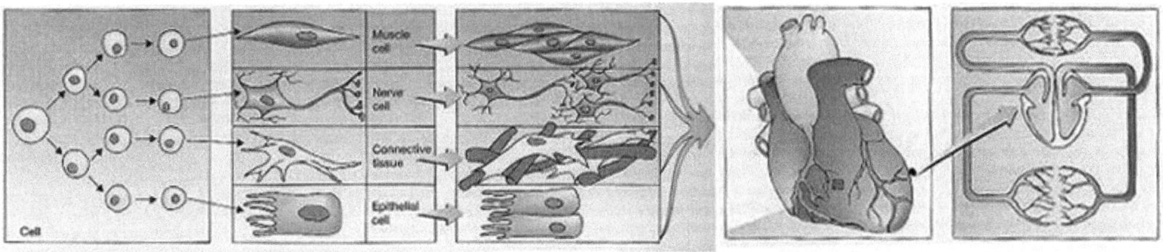

(a) 세포의 분화 및 성장 (b) 특정 세포 (c) 조직 (d) 기관(심장) (e) 계통(심혈관계)

그림 12•1▸구조 상의 단위: 세포–조직–기관–계통

세포는 크게 핵과 세포질로 구성된 원형질과 후형질로 구성된다. 인체에 있어서도 세포의 위치에 따라서 그 모양과 크기가 다르며, 기능상의 차이도 있다. 인체에 있어서 기능에 따른 세포의 종류는 다음과 같이 분류할 수 있다.

1) 근육세포 근세포라고도 하며, 일반적으로 방추상을 띤다.

2) 신경세포 뉴런과 같은 의미로 사용되기도 하지만, 좁은 의미로는 세포체(soma)라고 한다. 보통 다른 체세포보다는 크며, 미토콘드리아, 중심체, 골지체 외에 신경원섬유나 니슬소체로 구성되어 있다.

3) 상피세포 신체의 표피나 체강 및 장기와 같은 기관의 안쪽을 싸고 있는 세포를 말한다. 기능상으로는 보호상피, 감각상피, 흡수상피, 생식상피, 샘상피 등이 있으며, 모양상으로는 편평상피, 입방상피, 원주상피, 섬모상피, 편모상피 등이 있다.

4) 결합조직세포 결합조직 섬유를 생산하는 세포로 지방세포, 대식세포 등이 있다.

1.1.2 조직

세포들은 같은 형태나 기능을 가진 것들이 모여 일정한 기능을 하는데, 이처럼 분화의 방향이 같고 구조와 기능이 비슷한 세포(cell)가 모여서 형성된 것을 조직(tissue)이라 한다.

인체의 조직은 그 구조와 기능에 따라서 크게 네 가지로 분류한다.

1) 근육조직 다핵성의 긴 세포로 이루어진 골격근과, 심장을 이루는 심근, 내장의 불수의 운동에 관여하는 내장근이 있다.

2) 신경조직 뉴런과 여러 형태의 신경교세포들로 구성되어 있다.

3) 상피조직 세포들이 단단히 밀착되어 있으며, 신체 표면이나 장기의 내강을 싸고 있는 조직으로 보호, 흡수, 분비, 감각, 생식세포 생산 등의 기능이 있다.

4) 결합조직 형태와 기능이 다양하다. 기관 사이를 연결하고 지지하며, 형태를 유지하는 작용을 한다.

1.1.3 기관

몇 개의 조직이 결합하여 일정한 형태를 가지고 특정한 작용을 하는 것을 기관(organ)이라 한다.

기관은 크게 간이나 심장 등과 같이 장기 내부가 조직으로 차 있는 실질상 기관과, 위나 방광과 같이 내부가 비어 있는 유강성 기관으로 구분한다.

1.1.4 계통

기능적으로 공통적인 것이 협동하여 작용하는 일련의 기관들이 모여서 기능적 혹은 형태적으로 계통(system)을 이루는 것을 기관계라 한다.

1) 골격계 인체의 뼈는 총 206개로 이루어져 있으며, 신체를 지지하고, 내부 장기를 보호한다. 또한, 근육을 부착시켜 운동을 할 수 있게 하며, 신체에 필요한 칼슘을 저장하고 조혈작용을 한다.

2) 관절계 활막성 관절은 관절연골, 관절낭, 활막, 활액, 관절강, 인대로 구성된다. 관절계를 골격계에 포함시켜 분류하기도 한다.

3) 근육계 골격근, 심장근, 평활근, 근막, 건, 건막, 활액낭으로 구성되는 인체의 능동적 운동장치와 부속 기관들이다.

4) 순환기계 크게 혈관계와 림프계로 나뉘고, 심장, 혈관, 림프관, 림프절, 비장, 흉선, 편도 등으로 구성된다. 가스, 영양분, 노폐물 등의 운반과 림프구 및 항체의 생산을 주관한다.

5) 소화기계 입부터 위, 소장, 대장 및 항문에 이르는 소화를 담당하는 기관과 일련의 관(tube) 계통을 구성된다. 소화 흡수에 필요한 물질을 분비하는 타액선, 간, 췌장 등의 분비선이 있다.

6) 감각기계 피부, 눈, 코, 귀, 입, 혀 등으로 구성되며, 인체의 감각을 담당한다. 일반적으로 시각, 청각, 후각, 미각 및 평형감각은 특수감각에 속하며, 피부에서 느끼는 통각은 일반감각 중 피부감각에 속한다.

7) 신경계 중추신경계와 말초신경계로 구성된다. 외부환경의 변화나 체내 미세변화를 감지하는 감각기능과 세포나 조직이 기능을 할 수 있도록 하거나 근육을 수축 시키는 등의 운동기능, 한 기관의 활동이 다른 기관과 조화를 이루도록 하는 조정기능을 한다.

8) 호흡기계 코와 인두, 기관, 기관지 및 폐로 구성된다. 외호흡을 주 기능으로 하며, 후각과 발성에도 관여한다.

9) 비뇨기계 혈액 내에서 대사작용 후 산물인 오줌을 걸러내어 체외로 배설시키는 계통으로 좌우 신장과 요관, 방광, 요도로 구성된다.

10) 생식기계 남자의 고환 및 그 생식기관과 부속기관, 여성의 자궁과 난소 및 그 부속기관 등으로 구성된다. 정자 및 난자를 생산하고, 남녀 성호르몬을 생성한다.

11) 내분비계 뇌하수체, 송과체, 갑상선, 부갑상선, 흉선, 부신, 췌장, 난소, 정소 등으로 구성되며, 호르몬을 분비하여 체내의 생리기능을 조절한다.

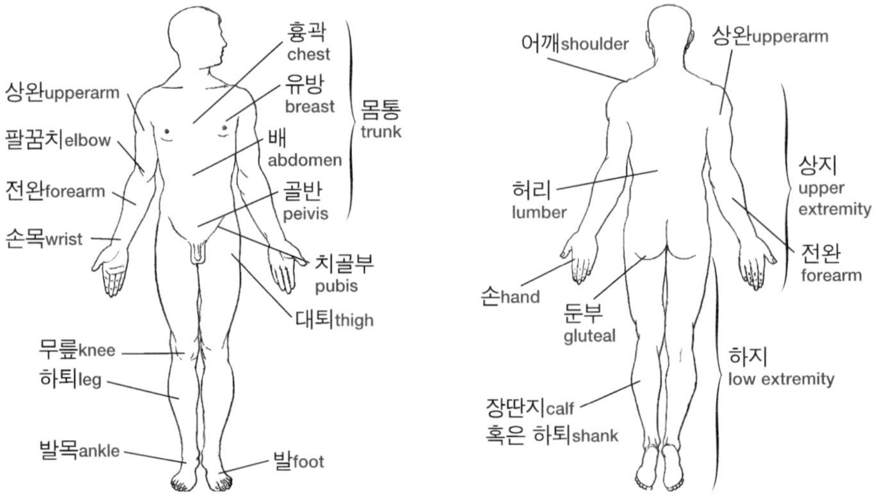

그림 12•2▸신체 부위

1.2 신체의 구조

1.2.1 신체의 부위

신체는 기본적으로 외형상 좌우 대칭을 이루고 있으며, 정중면(median plane)을 중심으로 양분된다. 또한 신체는 몸의 중심을 이루고 중요한 모든 기관들을 수용하는 체간부, 팔과 다리로 이루어진 사지부로 나눌 수 있다(그림 12•2).

1) 체간부 몸의 중심을 이루는 부분으로 두부, 경부, 흉부, 복부, 골반 등으로 구성되며, 내부에는 생명 유지에 필요한 내장기관과 뇌와 척수 등을 수용한다.

2) 사지부 사지는 상지(upper extremity)와 하지(lower extremity)로 이루어져 있으며, 뼈와 근육, 혈관과 신경 등으로 구성되어 있다. 상지는 상완(upper arm)과 전완(forearm), 그리고 손(hand)으로 나누어지며, 하지는 대퇴(thigh)와 하퇴(shank), 그리고 발(foot)로 구성된다.

1.2.2 신체의 단면

신체의 단면은 해부학적 자세(anatomical position)를 기준으로 하여 나눌 수 있으며, 크게 시상면(sagittal plane)과 관상면(coronal plane), 그리고 횡단면(transverse plane)으로 나눌 수 있다. 그림 12•3은 신체의 단면을 나타낸 것이다.

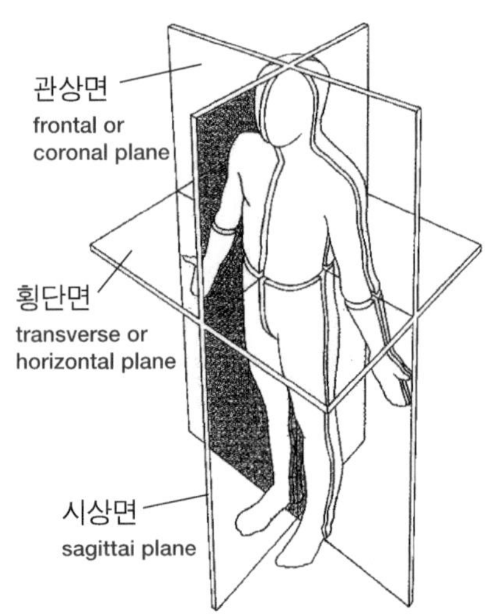

그림 12•3▸신체의 단면

1) 시상면 신체를 좌우로 양분하는 면으로, 정중면(median plane 혹은 mid-sagittal plane)이라고도 한다.

2) 관상면 신체를 전후로 나누는 면으로 전두면(frontal plane)이라고도 한다.

3) 횡단면 신체를 상하로 나누는 면으로 수평면(horizontal plane)이라고도 한다.

1.2.3 신체의 위치와 움직임의 방향

1) 전측과 후측 몸의 앞쪽(배쪽 부위)을 전측(anterior)이라 하며, 몸의 뒤쪽(등쪽 부위)을 후측(posterior)이라 한다.

2) 내측과 외측 정중면에 가까운 위치를 내측(medial), 먼 위치를 외측(lateral)이라 한다.

3) 근위와 원위 신체의 중심에서 가까운 위치를 근위(proximal), 먼 위치를 원위(distal)라고 한다.

4) 상부측과 하부측 머리쪽에 가까운 쪽을 상부측(superior), 발쪽에 가까운 쪽을 하부측(inferior)이라 한다.

5) 천부와 심부 신체나 장기 표면에 가까운 쪽을 천부(superficial), 깊은 부위를 심부(deep)라 한다.

2 근골격계의 해부학적 특성

2.1 골격

골격은 인체의 기본 구조를 이루고, 신체를 지탱하는 역할을 한다. 또한 근, 신경, 인대와 협력하여 신체운동을 이행한다. 뼈는 골격을 이루는 주요소로서 형태상으로 다음과 같이 분류할 수 있다.

1) 장골(긴 뼈) 관상(管狀)의 뼈로서 양 끝을 골단, 중간부를 골간이라 부른다. 장골(long bone)은 주로 사지의 뼈에서 볼 수 있다. 상완골, 요골, 척골, 대퇴골, 경골, 비골 등이 이에 속한다.

2) 단골(짧은 뼈) 단골(short bone)은 장골보다는 짧은 뼈를 말하며, 그 형태는 매우 불규칙적이다. 척추골, 수근골, 족근골 등이 이에 속한다.

3) 평편골 평편골(flat bone)은 납작하고 평편한 판상(板狀)의 뼈를 말한다. 두개골, 견갑골, 골반 등을 이루는 뼈가 이에 속한다.

4) 함기골 함기골(pneumatic bone)은 뼈 속에 공기를 함유하는 강(腔)이 있는 뼈를 말하며, 사골, 상악골 등이 이에 속한다.

2.1.1 골격의 구성

골격계는 뼈(bone), 연골(cartilage), 관절(joint)과 인대(ligament)로 구성된다(그림 12•4). 뼈의 구조는 일반적으로 네 종류로 이루어진다.

1) 골막 골막(periosteum)은 뼈의 표면을 싸는 이중의 강한 결합조직의 막으로, 혈관과 신경이 많이 분포되어 있으며, 뼈를 보호하고 재생, 증식시키는 역할을 한다.

2) 골질 골질(bone matrix)은 2개의 층으로 되어 있는데, 치밀질로 이루어진 외층과 해면질로 이루어진 내층으로 나누어진다. 치밀질은 골간의 표층부위를 이루고 있으며, 그 속에 혈관이나 신경이 통하는 하버스씨 관이 있다. 또한 해면질은 해면과 같은 연한 조직으로 많은 소강이 있어 부서지기 쉽다.

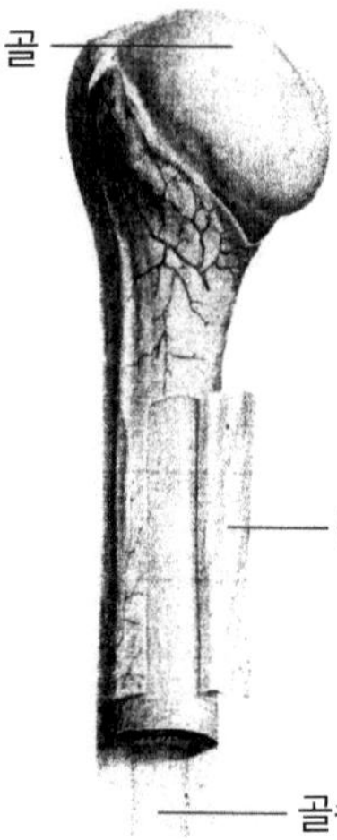

그림 12•4▸뼈의 구조

3) 연골 연골(cartilage)은 관절연골(articular cartilage)과 골단연골(hyaline cartilage)로 구분되며, 뼈의 관절면과 성장선에서 볼 수 있다. 관절연골은 관절면을 감싸고 있는 초자연골로서 관절면을 원활하게 하며 완충작용을 하여 관절을 보호하며, 골단연골은 장골의 골단과 골간의 경계에 있으며 연골의 증식에 의하여 뼈의 증식과 성장에 관여한다.

4) 골수 골수강 내에 들어 있는 골수(bone marrow)는 조혈작용을 하는 적색 골수와 조혈작용을 끝내고 퇴화하여 지방화한 누런 황색골수가 있다.

2.1.2 뼈의 연결

뼈는 다음과 같은 세 가지 방식으로 연결되어 있다.

1) 봉합 뼈와 뼈 사이를 톱니와 같이 결합하여 밀착된 것으로 섬유성 결합이라고도 한다. 두개골의 결합이 이에 속한다.

2) 연골결합 뼈와 뼈 사이에 연골이 있어서 결합하는 것으로 흉골과 늑골의 결합, 좌·우 치골의 결합, 추골 간의 결합이 이에 속한다.

3) 관절 뼈와 뼈 사이 연결면에 관절강이 있어서 운동을 할 수 있는 구조로 연결된 것이다.

2.1.3 뼈의 기능

뼈는 다음과 같은 기능을 한다.

- 신체의 지주 역할을 한다. 즉, 신체를 지지하고, 외형을 유지한다.

- 신체의 중요한 기관을 보호한다.
- 체강을 형성하고 내부 장기를 보호한다.
- 골수는 조혈작용을 한다.
- 골격근의 수축에 따라 수동운동을 한다.

2.1.4 신체의 뼈

인체는 206개의 뼈로 구성되어 있으며 관절 등에 의하여 결합되어 있다. 또한 두개골(skull), 척추골(spine), 흉곽골(sternum)을 포함하는 몸통 골격과 상지골(upper limb), 하지골(lower limb)을 포함하는 사지 골격으로 구성된다. 그림 12•5는 신체의 골격을 나타낸 것이다.

1) 두개골 두개골(skull)은 뇌두개골과 안면골로 나누어지며, 총 15종 23개의 뼈로 구성되어 있다.

- 뇌두개골(cranial bone): 두정골(2), 측두골(2), 전두골(1), 후두골(1), 접형골(1), 사골(1)
- 안면골(facial bone): 비골(2), 누골(2), 하비갑개(2), 상악골(2), 협골(2), 구개골(2), 하악골(1), 서골(1), 설골(1)

눈 위쪽의 전두부에 있는 뼈를 전두골, 머리 정수리를 덮고 있는 뼈를 두정골, 양쪽 측면에 있는 뼈를 측두골이라 하며, 후두부에 위치한 후두골로 구성된다. 후두골에는 후두공이라는 큰 구멍이 있어 척수관과 통하고 있다. 전두골과, 두정골, 측두골, 후두골이 맞닿는 연결을 봉합이라 하며, 다음과 같이 네 가지 형태로 분류한다(그림 12•6).

- 관상봉합: 전두골과 두정골을 연결
- 시상봉합: 좌·우 두정골의 연결
- 인상봉합: 두정골과 측두골을 연결
- 인자봉합: 두정골과 후두골을 연결

2) 척추골 척추골(spine)은 인체의 지주를 이루는 긴 골격으로 다섯 가지 형태의 32~34개의 추골로 구성된다. 척추는 경추(cervical vertebrae) 7개, 흉추(thoracic vertebrae) 12개, 요추(lumbar

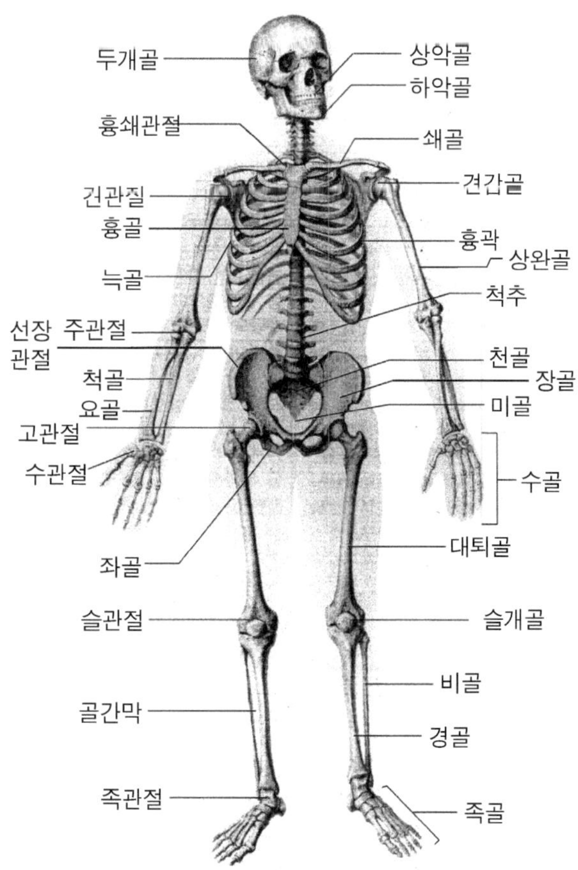

그림 12•5 ▸ 신체 골격

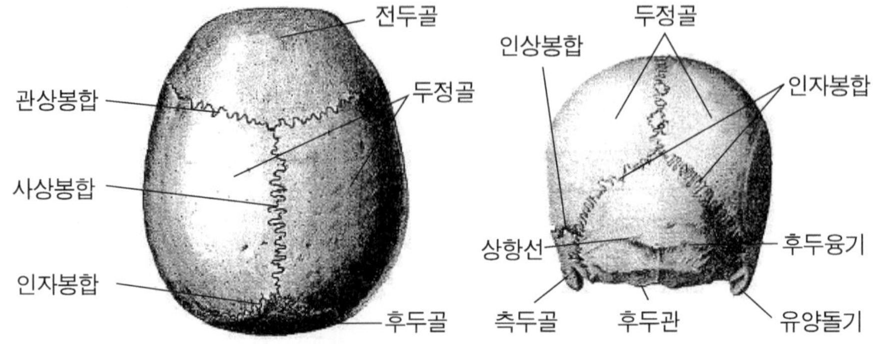

(a) 두개골 상면 (b) 두개골 후면

그림 12•6▸두개골의 봉합

vertebrae) 5개, 천추(sacral vertebrae) 5개, 미추(coccygeal vertebrae) 3~5개로 구분된다(그림 12•7).

척추골 사이에 있는 추간원판은 섬유조직으로 젤리와 같은 모양의 수액이 들어있어 충격 흡수작용을 하지만, 감당할 수 없는 압력이 가해지거나 혹사하게 되면 척추 뒤쪽으로 돌출하게 되는데 이를 추간원판탈출증이라 한다.

척추는 측면에서 보면 경부와 요부가 만곡되어 있는데 이를 경부만곡(cervical curvature)과 요부만곡(lumbar curvature)이라 하며 앞으로 만곡되어 있어 전만이라고 한다. 흉부와 천미부가 만곡되어 있는 것을 흉부만곡(thoracic curvature)과 천부만곡(sacral curvature)이라 하며 뒤로 만곡되어 이를 후만이라 한다. 흉부와 천부는 선천적으로 만곡되어 있어 1차 만곡이라 하고, 경부와 요부는 생후 3개월 이후부터 만곡되어 2차 만곡이라 한다.

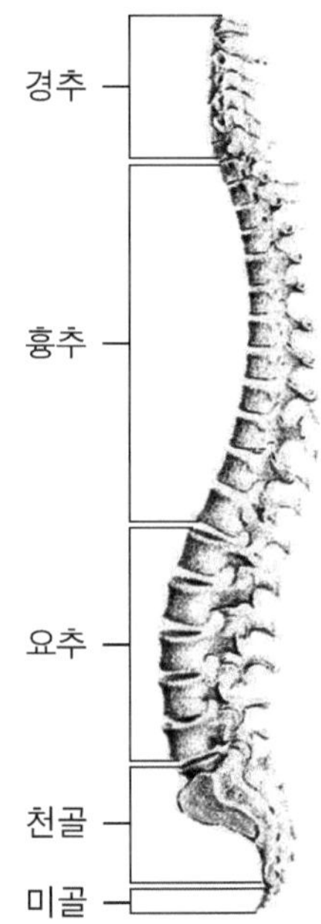

그림 12•7▸척추

3) 흉곽골 흉곽골은 12개의 흉추와 12개의 늑골, 1개의 흉골로 구성된 새장 모양의 골격으로 폐와 심장, 기관, 기관지, 식도 및 대혈관 등을 보호하는 역할을 하며, 흉곽에 부착된 근육들의 도움으로 호흡운동을 한다. 흉곽의 상부는 좁고 하부는 넓으며 하부는 횡경막으로 막혀있다.

- 흉골(sternum): 흉부의 정중에 위치한 넓고 긴 편평골로 흉골병, 흉골체, 검상돌기로 이루어져 있다. 흉골은 7개의 늑골과 늑연골로 연결되어 있으며, 흉골병은 쇄골과 관절한다.
- 늑골(rib): 늑골은 좌우 12쌍으로 모두 24개로 구성되며, 가늘고 납작하며, 길게 굽은 모양을 하는 장골이다. 앞으로는 흉골과 연결되어 있으며, 뒤로는 12개의 흉추와 관절한다. 12개의 늑골

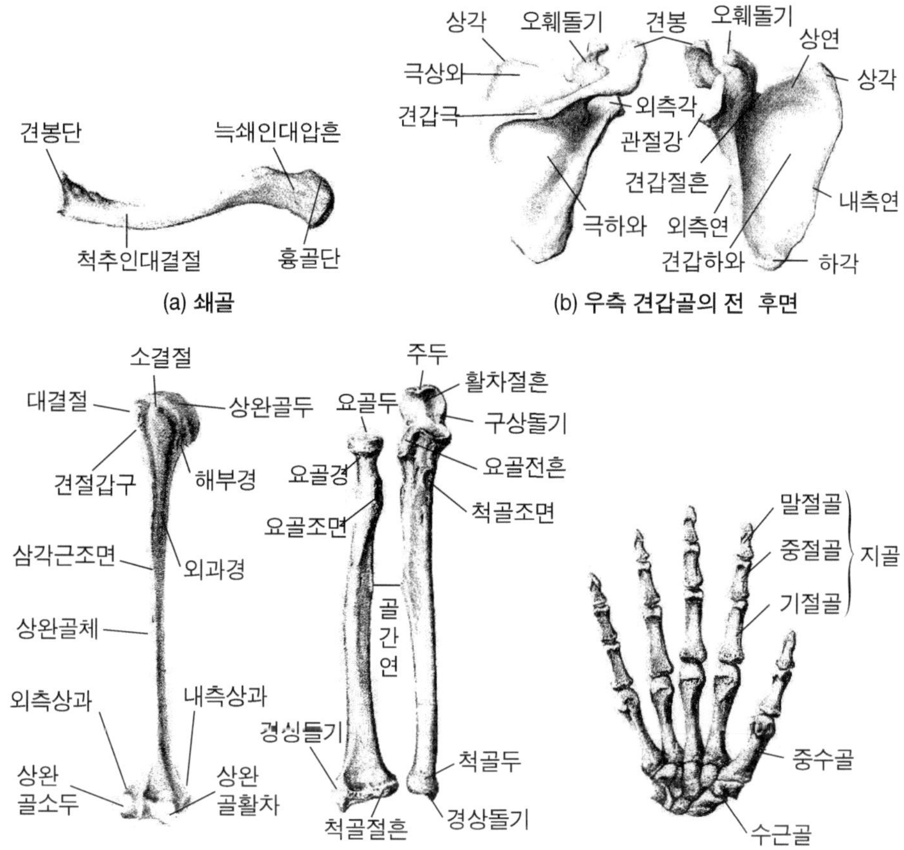

(a) 쇄골 (b) 우측 견갑골의 전 후면

(c) 상완골 및 척골, 요골 (d) 수골

그림 12•8▸상지골

중 늑연골을 사이에 두고 흉골과 직접 연결된 7개의 늑골은 진늑골이라 하고, 늑골이 직접 흉골과 연결되지 않은 그 아래 5개의 늑골을 가늑골이라 한다. 또한 11번째와 12번째 늑골은 그 끝이 흉골과 연결되어 있지 않고 떠 있기 때문에 부유늑골이라 한다.

4) 상지골 상지골(upper extremity)은 좌우 합하여 총 64개의 뼈로 구성되며, 크게 상지대와 상지로 구분된다(그림 12•8).

- 상지대(shoulder girdle): 쇄골(2)과 견갑골(2)로 이루어져 있다.
  - ▸ 쇄골(clavicle): 흉골의 상단에 수평되게 뻗어있는 장골로 S자 모양을 하고 있다. 내측단은 흉골과 관절하며, 외측단은 견봉과 연결되어 있는데 이를 견쇄관절이라 한다.
  - ▸ 견갑골(scapula): 척추의 좌우 양측에 위치하며 삼각형 모양의 커다란 편평골이다. 앞쪽을 향한 면을 늑골면이라 하며, 뒤로 향한 면을 배측면이라 한다. 배측면 외측 상부의 견갑극 관절와는 상완골과 관절하는데 이를 견관절이라 한다. 또한 상연 외측에는 오훼돌기가 있다.

- 상지(upper extremity): 상지골은 견관절 아래쪽에 위치하며, 상완골(2), 척골(2), 요골(2), 수근골(16), 중수골(10), 지골(28)로 이루어져 있다.
  - 상완골(humerus): 상지에서 가장 길고 큰 장골이다. 상단의 상완골두는 관절와와 견관절을 이루며, 외측의 상완골소두는 요골 및 척골의 상단과 연결하여 주관절을 이룬다.
  - 척골(ulnar): 전완의 평행한 2개의 뼈 중 안쪽에 위치한 뼈로 가늘고 긴 장골이다.
  - 요골(radius): 전완의 바깥쪽에 위치한 뼈로 가늘고 긴 장골이다.
  - 수근골(carpals): 수근부에 위치한 8개의 작은 단골로 구성되어 있으며 4개씩 두 줄로 배열되어 있다. 척골과 요골 쪽에 위치한 뼈로는 주상골, 월상골, 삼각골, 두상골이 있으며, 중수골 쪽으로는 대릉형골, 소릉형골, 유두골, 유구골이 위치한다.
  - 중수골(metacarpals): 5개의 뼈들로서 수근골과 수지골 사이에 위치한다.
  - 수지골(phalanges): 14개의 작은 뼈들로 구성되어 있다.

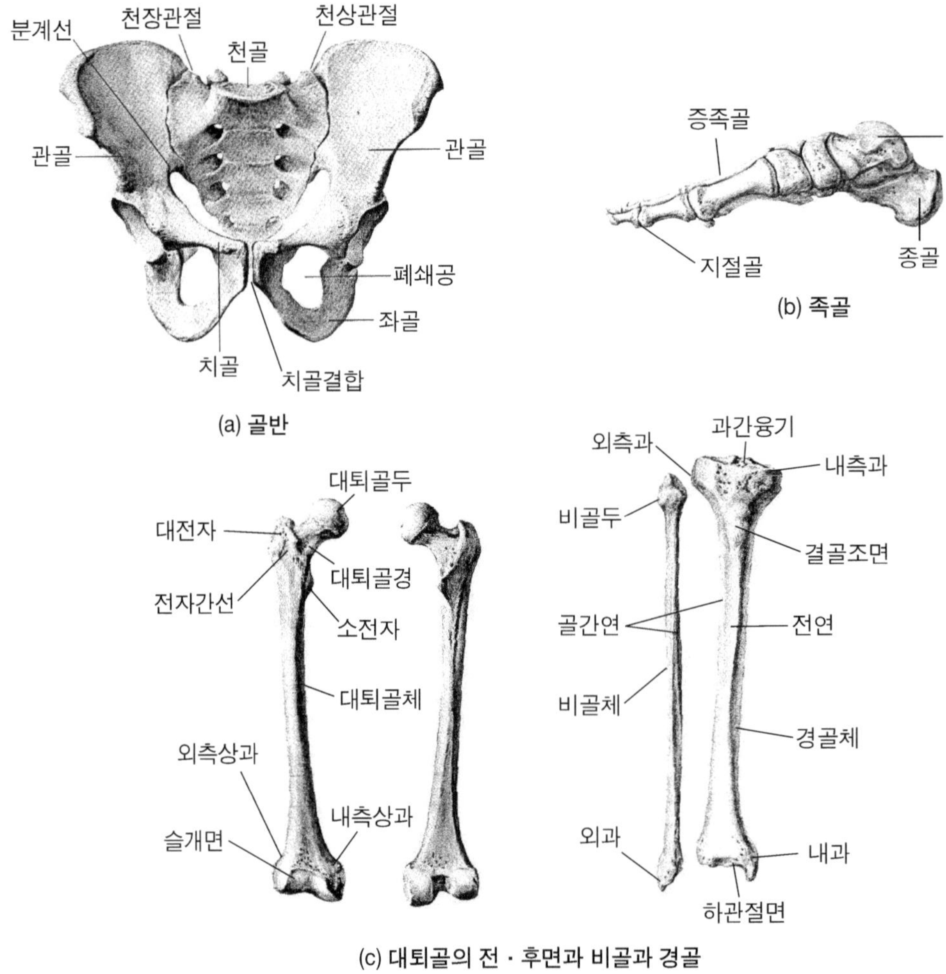

그림 12•9▸하지골

5) 하지골 하지골(lower extremity)은 좌우 양측이 합하여 총 62개의 뼈로 구성되어 있으며, 하지대(pelvic girdle)와 하지(lower extremity)로 구성되어 있다(그림 12•9).

- 하지대(pelvic girdle): 하지대은 좌우 2개의 관골과 천골, 미골로 구성된다.
- 하지(lower extremity): 하지골은 대퇴골(2), 슬개골(2), 경골(2), 비골(2), 족근골(14), 중족골(10), 지골(28)로 이루어져 있다.
  - 관골(hip bone): 관골은 골반을 이루는 중요한 뼈로 장골(ilium)과 좌골(ischium), 치골(pubis)이 결합되었으며, 좌우 한 쌍으로 이루어져 있다. 외측면의 관절와는 대퇴골두와 연결하여 고관절(hip joint)을 이루며, 치골 부위에서는 연골로 결합된 치골결합을 한다.
  - 골반(pelvis): 관골과 천골, 미골로 구성되며 넓게 퍼져 있는 부분을 대골반이라 하는데, 골반 속의 골반강 내에는 자궁과 난소, 직장, 방광 등이 들어 있다.
  - 대퇴골(thigh): 인체 내의 뼈 중 가장 길고 큰 뼈로 장골에 속한다. 대퇴골두는 관골구와 관절하여 고관절을 이루며 슬개골은 경골과 연접하여 슬관절을 이룬다.
  - 슬개골(patella): 슬관절 전면에 위치한 커다란 종자골로 관절을 보호하고 관절운동을 원활하게 하는 작용을 한다.
  - 경골(tibia): 하퇴를 구성하는 2개의 뼈 중 안쪽에 위치한 것으로 상단은 대퇴골과 연접하고 하단의 안쪽은 거골과 연접하여 거퇴관절을 이룬다.
  - 비골(fibula): 하퇴의 바깥쪽에 위치한 가늘고 긴 뼈로 상하 두 곳에서 인대 결합을 한다.
  - 족근골(tarsals): 족근부에 위치한 7개의 단골로 구성되어 있다. 종골과 거골, 주상골, 내외측 및 중간 설상골, 입방골로 되어 있다.
  - 중족골(metatarsals): 족근골과 족지골 사이에 위치한 5개의 작은 관상 뼈이다. 상단은 족근골과 하단은 기절골과 관절한다.
  - 족지골(phalanges): 14개의 뼈로 이루어졌으며, 3마디 중 첫째 마디는 기절골, 둘째 마디는 중절골, 셋째 마디는 말절골이라 부른다.

2.2 근육

신체가 정상적 기능을 발휘하기 위해서는 건(tendon), 인대(ligament), 근막(fascia), 연골(cartilage), 뼈와 근육이 정상적으로 기능하여야 한다.

1) 건 건은 근육과 뼈를 연결하여 주며 근육으로부터 발생하는 힘을 전달한다.

2) 인대 인대는 뼈와 뼈를 연결하여 주며 관절에서의 안정성을 제공하는 역할을 한다.

3) 근막 근막은 기관이나 기관의 일부를 둘러싸며 다른 기관과 분리하는 역할을 한다.

4) 연골 연골은 관절 표면을 덮고 있으며, 귀, 코, 호흡기관과 척추의 추간판(disc)과 같은 기관에도 있다.

5) 근육 근육은 근섬유가 모여서 이루어진 근조직이 주를 차지한다. 근육은 신경자극에 의하여 수축, 이완되는 성질에 따라 골격근, 내장근, 심근으로 나뉘며, 신경의 지배에 따라 수의근과 불수의근으로 나뉜다. 또한 근육의 무늬에 따라서도 횡문근과 평활근으로 나눌 수 있다.

2.2.1 근육의 종류

1) 신경자극에 반응하는 특성에 따른 분류

- 골격근(skeletal muscle): 전신의 골격에 붙어 있으면서, 근육을 수축시켜 관절운동을 하게 한다. 횡문근이며 수의근이다.
- 내장근(visceral muscle): 기도, 소화관, 방광 또는 혈관벽을 구성하는 근육으로 평활근이며 불수의근이다.
- 심근(cardiac muscle): 심장의 벽을 이루는 근육으로 횡문근이며 불수의근이다.

2) 신경지배에 따른 분류

- 수의근(voluntary muscle): 뇌와 척수신경의 지배를 받는 근육으로 의사에 따라서 움직인다. 골격근이 이에 속한다.
- 불수의근(involuntary muscle): 자율신경의 지배를 받으며 스스로 움직이는 근육으로 내장근과 심근이 이에 속한다.

3) 근육의 무늬에 따른 분류

- 횡문근(가로무늬근, striated muscle): 근섬유에 가로 무늬가 있는 근육으로 골격근, 심근이 이에 속한다. 골격근의 무늬가 심근의 무늬보다 뚜렷하다.
- 평활근(민무늬근, smooth muscle): 근섬유에 무늬가 없는 근육으로 내장근이 이에 속한다. 이 근육의 세포는 가늘고 긴 방추형이며, 드물게는 다핵(多核)인 것도 있으나 보통 중앙부에 타원형의 핵이 1개 있다.

2.2.2 골격근의 형상

골격근은 횡문근 섬유 다발로 이루어져 있으며, 외부는 근막으로 싸여있고, 양쪽 끝은 힘줄, 건에 의해서 뼈에 연결되어 있다. 근두(筋頭)는 뼈에 고정되어 있어 운동 시 기시부(origin)로 작용하며, 근미(筋尾)는 정지부(insertion)로 작용한다. 골격근은 소재나 형상, 운동방향, 주행, 작용 등에 따라 다음과 같은 명칭으로 불린다.

- 소재에 따른 명칭: 둔근, 완근, 전두근 등
- 형상에 따른 명칭: 방형근, 승모근, 방추근, 우상근 등

- 주행에 따른 명칭: 사근, 직근, 윤근 등
- 근두 등에 따른 명칭: 이두근, 삼두근, 이복근 등
- 작용에 따른 명칭: 굴근, 신근, 호흡근 등
- 운동방향에 따른 명칭: 내전근, 외전근, 회내근, 회외근 등

1) 근운동 보조

- 근막(facia): 근막은 하나 혹은 둘 이상의 근육을 싸고 있는 섬유성의 강한 막으로 근육이 지나치게 수축되지 않도록 보호하는 작용을 한다.
- 활액낭(synovial bursa): 활액낭은 근육과 건이 뼈에 부착되어 있는 사이에 위치하며, 작은 주머니 모양의 막으로 내부에는 미끈한 활액으로 채워져 있어 근육의 마찰을 감소시키고 원활하게 움직이도록 작용한다.
- 건초(tendon sheath): 건초는 건을 싸고 있는 질긴 막 장치로 칼집 모양을 하고 있으며, 안쪽에 있는 활막에서 활액을 분비하여 건의 움직임을 원활하게 한다.

2) 주요 골격근 근육의 위치에 따라서 두부근, 안면부근, 설부근, 경부근, 배부근, 흉부근, 복부근, 상지근(상완부근, 전완부근, 수부근), 하지근(대퇴부근, 하퇴부근, 족부근)으로 나눌 수 있다. 그림 12•10과 그림 12•11은 인체의 골격근을 나타낸 것이다.

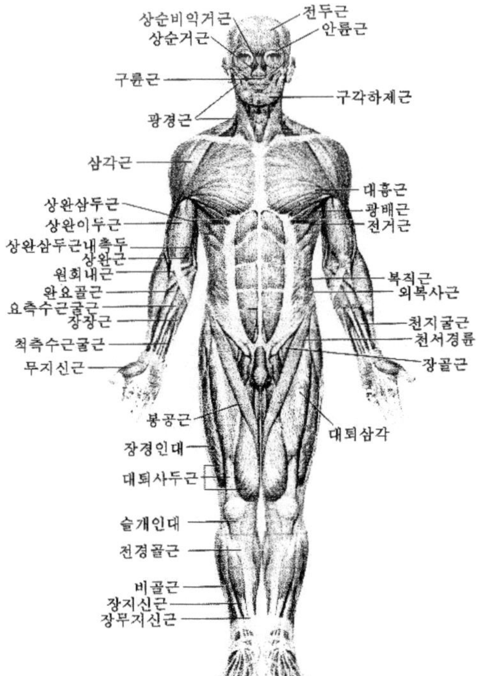

그림 12•10 ▸ 인체의 골격근(전면)

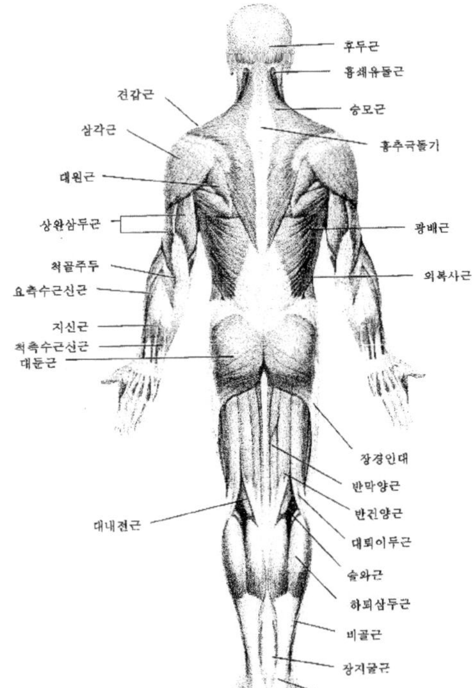

그림 12•11 ▸ 인체의 골격근(후면)

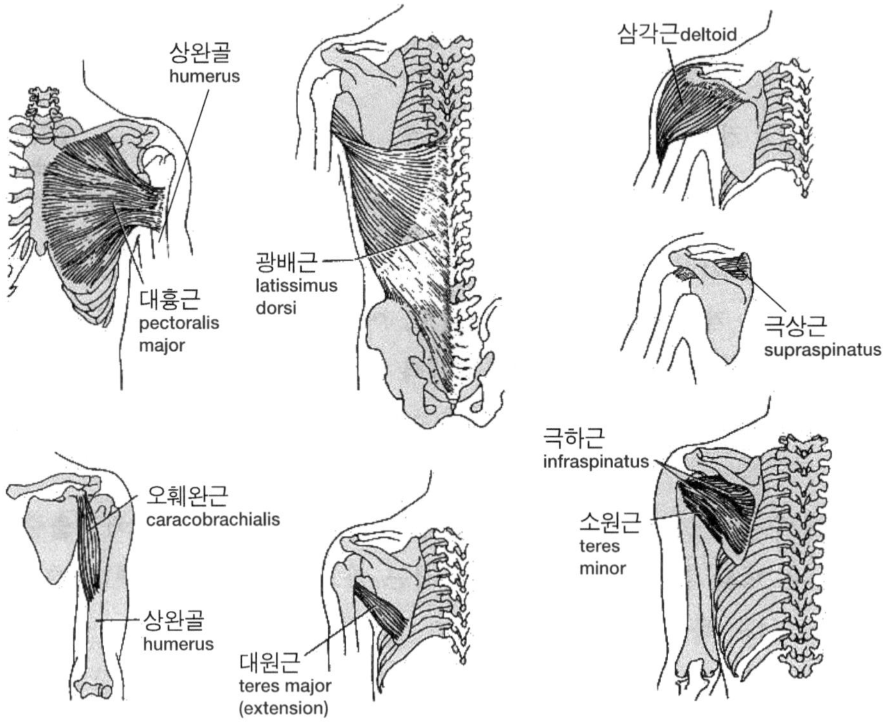

그림 12•12▸윗팔을 움직이는 근육

팔의 근육은 팔과 척주를 잇는 근육, 어깨 근육, 팔과 가슴벽을 잇는 근육, 윗팔(상완) 근육, 아래팔(전완) 근육과 손의 근육 등 6개 군으로 나눌 수 있다. 인체 관절 중에서 운동이 가장 자유로우며, 운동범위가 가장 넓은 어깨 관절을 움직이는 근육은 모두 9개이다(그림 12•12). 표 12•1은 어깨관절을 움직이는데 동원되는 근육의 기시부와 정지부, 작용에 대하여 정리한 것이다.

2.3 관절

뼈와 뼈가 맞닿아 있는 경우 이들 간의 연결을 관절(joint)라 한다. 관절은 관절두와 관절와의 형상에 따라 운동이 자유로운 관절과 운동범위가 제한되어 있는 관절로 나누어진다.

2.3.1 부동성 관절(immovable joint)

1) 섬유성 관절 섬유성 관절은 2개의 뼈가 결합조직에 의하여 연결된 것으로 인대결합, 두개골의 결합이 이에 속한다.

2) 연골성 관절 연골성 관절은 2개의 뼈가 연골에 의하여 연결되어 있는 것으로 연골결합에 해당된다. 척추골의 결합이 이에 속한다.

표 12•1▸윗팔을 움직이는 근육

근육	기시	정지	작용
대흉근 (pectoris major)	쇄골의 내측 1/2, 흉골 및 상 7개의 늑골	상완골 대결절릉	상완 굴곡 및 내전
광배근 (latassimus dorsi)	흉추(하 7개), 요추 및 천골의 극돌기, 장골능, 요배 근막	상완골 소결절릉	신전, 내전
삼각근 (deltoid)	쇄골, 견갑골의 극돌기와 견봉	상완골의 삼각근 결절	외전, 부분적으로 굴곡 또는 신전
극상근 (supraspinatus)	견갑골 극상와	상완골 대결절	외전
극하근 (infraspinatus)	견갑골 극하와	상완골 대결절	외측 회전
오훼완근 (coracobrachialis)	견갑골 오훼돌기	상완골 내측면	내전, 굴곡과 내선을 보조
대원근 (teres major)	견갑골 외측연 하부	상완부 소결절릉	신전, 내전 및 내선
소원근 (teres minor)	견갑골 외측연	상완골 대결절	외선
견갑하근 (subscapularis)	견갑골 전면	상완골 소결절	내선
승모근(trapeizus)	후두골의상하선과 외후두용기, 제7 경추와 제1~12 흉추의 극돌	상완골의 대결절능	견갑골 위로 들어올리기, 내리기, 내전, 외측회전

3) 뼈 결합 뼈 결합은 양 뼈가 결합된 것으로 외견상 하나의 뼈로 관찰된다. 관골, 미골, 천골의 결합이 이에 속한다.

2.3.2 가동성 관절

가동성 관절(활액관절, synovial joint)은 관절면의 형태에 따라서 구상관절(ball-and-socket joint), 안관절(혹은 안장관절, saddle joint), 경첩관절(혹은 접번관절, hinge joint), 차축관절(혹은 중쇠관절, pivot joint), 타원관절(ellipsoid joint), 과상관절(혹은 절구관절, condyloid joint), 평면관절(plane joint)로 분류할 수 있다.

2.4 신경계

2.4.1 신경조직

1) 신경세포 신경세포(신경원, neuron)는 주위의 변화에 반응하며 자극을 전달한다. 신경세포는

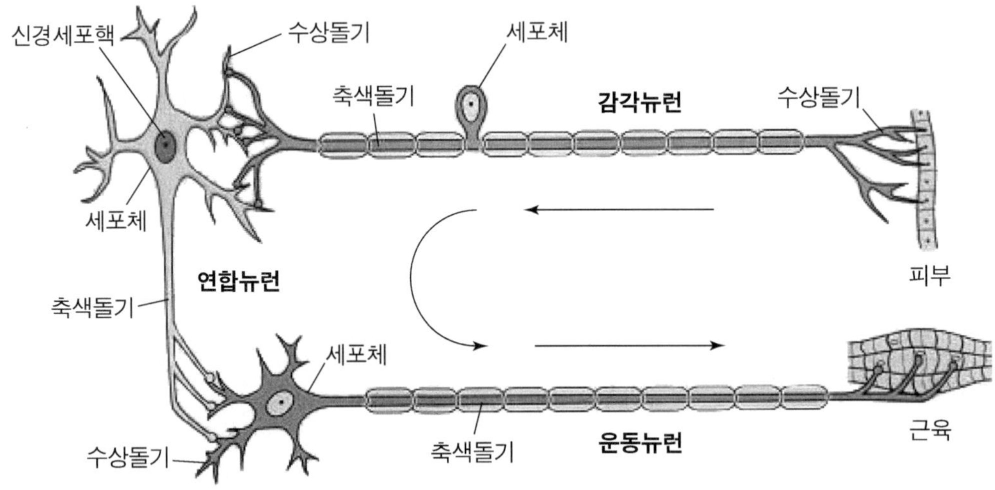

그림 12•13▶신경세포

구조적, 기능적 최소단위로 온도의 변화나 접촉, 압력의 변화, 빛, 화학물질 등에 의해 자극되어 흥분을 중추부에 전달하여 근육이 수축하거나 분비물을 분비하는 등의 반응을 일으킨다.

신경세포는 감각뉴런(affect neuron), 운동뉴런(effect neuron)과 연합뉴런(inter-neuron)으로 나눌 수 있다. 감각뉴런은 끝에 수용기를 가지고 있어 자극을 감지하고 중추부(central nervous system)로 전달하며, 운동뉴런은 중추부로부터의 전기 신호를 반응기로 전달한다. 그러나 신경세포의 99%는 연합뉴런으로 중추부 내에 존재한다. 뉴런과 뉴런 사이의 접촉이 일어나는 곳을 시냅스라고 한다. 그림 12•13은 신경세포를 나타낸 것이다.

2) 신경돌기 길이가 짧고 가지를 가진 수상돌기(dendrite)는 자극을 받아들여서 신경세포에 전달하는 작용을 하며, 줄기 모양의 축색돌기(axon)는 신경세포체의 흥분을 말초에 전달한다.

3) 신경교세포 신경교세포는 신경세포 사이나 섬유 사이를 메우고 있는 결합조직으로 뇌와 척수의 주요 지지조직으로 작용하며, 영양 공급을 담당하며 신경세포를 보호한다.

2.4.2 신경계의 분류

1) 구조적 분류

- 중추신경계(central nervous system): 뇌(brain)와 척수(spinal cord)로 구성되며, 말초로부터 전달된 신체 내·외부의 자극 정보를 받고, 다시 말초 신경을 통하여 적절한 반응을 전달하는 중추적인 신경
- 말초신경계(peripheral nervous system): 수용기로부터 흥분을 뇌와 척수로 전달하며, 중추로부터의 흥분을 효과기(effector)에 전달하는 말초적인 역할을 하는 신경

2) 기능적 분류

- 체신경계(somatic nervous system): 외부의 환경에 따라서 자신의 의사대로 움직일 수 있는 신경으로 피부, 골격근 등에 분포한다. 뇌신경과 척수신경으로 구분된다.
- 자율신경계(automatic nervous system): 신체 내부의 활동과 같이 자신의 의사와 상관없이 움직이는 신경으로 심장근 등에 분포되어 있다. 교감신경과 부교감신경으로 구분된다.

2.4.3 중추신경계

1) 뇌 뇌는 두개강 속에 위치하며 대뇌, 중뇌, 소뇌, 간뇌, 연수, 교뇌로 나누어진다. 간뇌는 시상과 시상하부로 나뉘며, 가장 큰 부피를 차지하는 대뇌는 2개의 반구로 되어 있으며 전두엽 후두엽, 두정엽, 측두엽으로 세분된다. 대뇌의 경우 대뇌피질과 대뇌 수질, 대뇌핵으로 구분된다.

- 대뇌피질: 표면을 두껍지 않게 싸는 회백질의 신경세포로 운동, 지각 등의 중추이다.
- 대뇌수질: 백질의 신경섬유로 각 중추 상호간의 연락 및 지각과 운동신경의 통로이다.

2) 척수 척수는 뇌에서 일어난 흥분과 자극을 말초에 전달하고 말초에서의 자극을 뇌에 전달하는 전도로의 역할을 한다. 척수는 자체에서 정보를 통합하고 처리하는 기능을 가지고 있다. 또한 중요한 반사작용들은 대부분 척수에 의해 조절된다.

척수는 31개의 분절로 나눌 수 있으며, 각 분절은 감각신경원의 세포체가 들어있는 한 쌍의 뒤뿌리 신경절과 연관되어 있다. 척수는 척추 속에 있으며, 대뇌와 반대로 피질이 백질이고, 수질이 회백질로 되어 있다. 척수의 백질 중 하행하는 신경섬유는 운동신경로로 원심전도로이며, 상행하는 신경섬유는 지각신경로로 구심성전도로이다.

- 운동전도로: 뇌에서 나온 수의적 및 불수의적 운동 명령은 운동전도로를 거쳐 말초운동신경계통에 도달한다. 수의적 운동명령은 피라밋로를 통해서 전달되며 불수의적 운동명령은 피라밋외로를 통해서 전달된다.
- 감각전도로: 신체의 말초에서 발생한 흥분을 척수와 뇌간을 거쳐 대뇌피질로 연결하는 전도로로서, 감각의 종류에 따라 세 가지 전도로를 통해 정보를 전달한다.

2.4.4 말초신경계

말초신경계는 외부로부터의 자극을 감지하여 중추신경계로 전달하고, 중추신경계로부터의 반응을 기관에 전달하는 역할을 한다. 말초신경계는 체성신경계(somatic nervous system)와 자율신경계(autonomic nervous system)로 나눌 수 있다.

1) 체신경계 좌우 12쌍의 뇌신경과 좌우 31쌍의 척수신경으로 구성된다.

- 뇌신경: 후신경, 동안신경, 활차신경, 삼차신경(안신경, 상악신경, 하악신경), 외전신경, 안면신경,

표 12•2 ▸ 자율신경의 지배 상황

기관	동공	누선	타액선	한선	심장	위	방광벽	관상동맥
교감 신경	확대	분비 촉진	분비 억제	분비 촉진	박동수 증가	연동운동 억제	확장	확장
부교감 신경	축소	분비 억제	분비 촉진	분비 억제	박동수 감소	연동운동 촉진	수축	수축

내이신경, 설인신경, 미주신경, 부신경, 설하신경

- 척수신경: 경신경총, 횡격신경, 완신경총(액와신경, 근피신경, 정중신경, 척골신경, 요골신경), 흉신경, 요신경총(장골하복신경, 장골서혜신경, 음부대퇴신경, 외측대퇴신경, 대퇴신경, 패쇄신경), 천골신경총(상하둔신경, 후대퇴신경, 음부신경, 좌골신경(경골신경, 총비골신경)), 미골신경총

2) 자율신경계 자율신경의 중추는 간뇌로, 대뇌의 직접적인 영향을 받지 않는다. 자율신경을 이루는 교감신경과 부교감신경은 서로 길항작용을 한다. 표 12•2는 자율신경이 지배하는 기관의 상태를 나타낸 것이다.

3 순환기계 및 호흡기계

3.1 순환기계

순환기계(circulatory system)는 소화기관으로부터 흡수한 영양소와 호흡기로부터 흡입한 산소, 내분비선으로부터 분비된 호르몬 등을 말초세포와 각 조직에 운반하고, 각 조직에서 대사과정으로 생긴 노폐물과 탄산가스 등을 폐, 신장, 피부 등으로 운반하여 체외로 배출하는 과정을 말한다.

3.1.1 순환기계의 분류

순환기계는 혈액의 순환과 림프의 순환으로 분류한다.

1) 혈관계 혈관계(blood vascular system)는 심장과 혈관으로 구성되어 심혈관계라고도 한다. 심장은 일종의 근육펌프로 좌·우심방과 좌·우심실로 나뉘며, 우심방(right atrium)은 신체의 모든 정맥을 받아들이는 곳이며, 우심실(right ventricle)은 우심방에서 흘러나온 혈액을 폐동맥으로 내어 보내는 역할을 한다. 좌심방(left atrium)은 폐포에서 가스 교환을 마치고 산소가 가득 찬 동맥혈을 운반하는 폐정맥을 받아들여 좌심실로 보내주는 역할을 하며, 좌심실(left ventricle)은 좌심방에서 들어온 동맥혈을 대동맥으로 밀어내어 전신에 보내는 역할을 한다.

혈관은 크게 동맥과 정맥, 모세혈관으로 구분된다. 동맥(artery)은 심장에서 유출된 혈액을 말초로 운반하는 혈관을 말하며, 정맥(vein)은 혈액을 말초로부터 심장으로 운반하는 모든 혈관을 말한다. 모세혈관(capillary vessel)은 동맥과 정맥 사이의 미세한 혈관들을 말한다.

2) 림프계 림프계(lymphatic system)는 전신의 조직으로부터 나온 림프액을 림프관으로 모아서 정맥계를 통하여 심장으로 보내는 역할을 한다. 림프관을 따라 곳곳에 림프절이 있어서 림프구를 생산하고 림프를 걸러낸다. 이렇게 걸러낸 림프가 체내를 도는 과정을 림프의 순환이라고 한다.

3.1.2 혈액순환의 분류

혈액순환은 크게 폐순환과 체순환으로 나누어진다(그림 12•14).

1) 폐순환 소순환이라고도 한다. 폐순환(pulmonary circulation)은 심장의 우심실에서 유출된 정맥혈이 폐동맥을 통하여 폐로 들어가서 폐포의 모세혈관에서 가스 교환을 하고, 산소를 받아들인 동맥혈을 폐정맥을 통하여 좌심방으로 보내는 과정을 말한다. 폐순환은 전신 순환혈량의 1/5에 해당된다.

> 폐순환: 우심방 → 우심실 → 폐동맥 판막구 → 폐 → 폐정맥 → 좌심방

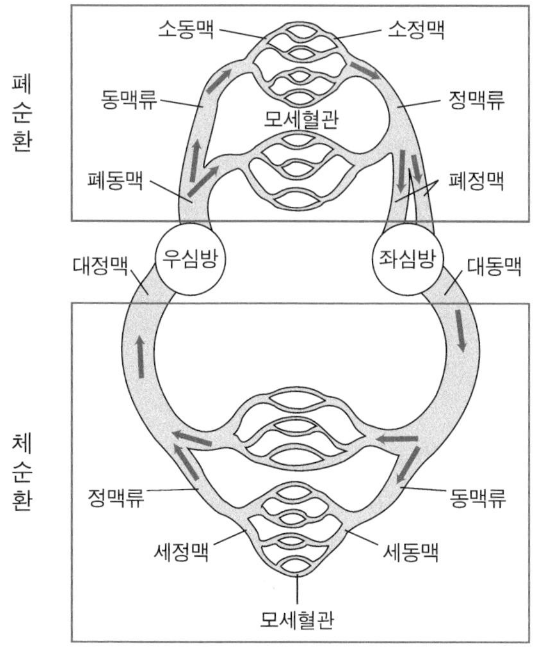

그림 12•14▸혈액순환 과정

2) 체순환 대순환이라고도 한다. 체순환(systemic circulation)은 좌심실에서 나온 혈액이 대동맥을 통하여 전신에 분포된 소동맥을 거쳐 모세혈관으로 가서 영양분과 산소를 말초조직에 공급하고, 탄산가스와 각종 노폐물을 취하여 정맥혈이 되어 상대정맥과 하대정맥을 통해 우심방으로 되돌아오는 과정을 말한다. 체순환은 전신 순환혈량의 4/5에 해당된다.

> 체순환: 좌심방 → 좌심실 → 대동맥 → 전신 동맥계(신체 각 조직과 장기에 혈액공급) → 상, 하 대정맥 → 우심방

3.2 호흡기계(respiratory system)

호흡(respiration)은 대사에 필요한 산소(O_2)를 조직까지 공급하고 이산화탄소(CO_2)를 몸 밖으로 내보내는 것을 말한다. 넓은 의미의 호흡은 생리학적으로 다음의 과정들을 포함한다.

- 환기(ventilation, breathing): 공기가 외부에서 폐포(alveoli)까지 들어오고 나가는 과정
- 외호흡(exeternal respiration): 폐포와 혈액 사이의 가스 교환으로 산소는 폐포에서 혈액으로, 이산화탄소는 혈액에서 폐포로 이동하는 과정.
- 내호흡(internal respiration): 조직이나 세포에서의 가스 교환으로 산소는 혈액에서 조직으로, 이산화탄소는 조직에서 혈액으로 이동하는 과정
- 호흡가스의 운반(transport of respiratory gases): 혈액과 순환기계에 의해 이루어지며, 산소는 폐포에서 조직으로, 이산화탄소는 조직에서 폐포로 이동하는 과정

일반적으로 말하는 호흡은 환기를 말하며, 넓은 의미의 호흡은 위의 네 가지 과정을 모두 일컫는다. 좁은 의미의 호흡은 외호흡과 내호흡, 즉 가스 교환을 의미한다. 그림 12•15는 폐포와 조직의 세포 간의 가스교환 과정을 나타낸 것이다.

3.2.1 호흡기계의 구조

호흡기계에는 코, 인두, 후두, 기관, 기관지, 폐 등이 속한다. 코와 인두, 후두, 기관, 기관지는 가스교환을 위한 도입로의 역할을 하여 기도라고 한다. 폐는 직접 가스 교환을 하는 기관이다.

- 코(鼻): 코는 외비(外鼻), 비강(鼻腔), 부비강(副鼻腔)으로 구분된다.
- 인두(咽頭): 비강과 구강 뒤에 위치하며, 비부(鼻部), 구부(口部), 후두부(喉頭部)로 나뉜다.
- 후두(喉頭): 인두(咽頭)와 기관(氣管) 사이에 위치하며, 식도의 앞을 내려오는 기도의 일부분이다. 발성기관인 성대를 포함하며, 연골구조를 이룬다.
- 기관(氣管): 후두 아래서 시작하여 흉곽 내로 들어가 제5 흉추 높이에서 2개로 나누어진다. 내면은 점막으로 덮여 있으며, 표면의 상피세포에는 섬모가 있어 섬모운동을 한다.

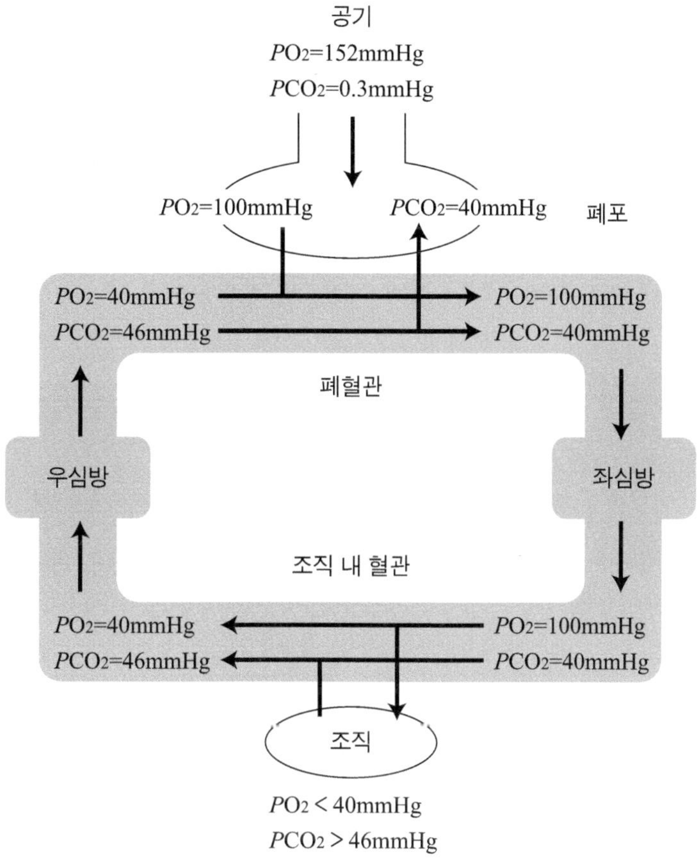

그림 12•15▸사람의 체내 산소와 이산화탄소의 분압 및 조직의 세포 간의 가스교환 과정

- 기관지(氣管支): 제5 흉추 높이에서 둘로 갈라지는 굵은 가지로 좌우로 나뉘어 폐포까지 이르는 기도부분을 말한다.
- 폐(肺): 호흡기계의 중요한 기관으로 흉막에 싸여 흉강 내의 심장 양쪽에 위치한 원추형의 한 쌍의 기관이다.

3.2.2 호흡기계의 기능

호흡기계는 인체의 각 조직에서 산화에 필요한 산소를 외부로부터 받아들이고, 체내에서 발생한 탄산가스를 외부로 방출하는 호흡작용을 담당한다.

호흡기계의 주요 기능은 다음과 같다.

- 가스교환
- 공기의 오염 물질, 먼지, 박테리아 등을 걸러내는 흡입 공기 정화 작용
- 흡입된 공기를 진동시켜 목소리를 내는 발성기관의 역할
- 공기를 따뜻하고 부드럽게 함

[1] 다음 중 인체를 비롯한 모든 생물체를 구성하는 구조적, 기능적 기본 조직은?

① 핵(nucleus) ② 세포(cell) ③ 조직(tissue) ④ 기관(organs)

[2] 인체를 구성하는 단계는 세포→조직→기관→계통이다. 심장은 이중 어느 단계에 해당되는가?

① 세포(cell) ② 조직(tissue) ③ 기관(organs) ④ 계통(system)

[3] 다음 인체를 구성하는 세포 중 신체의 표피나 체강 및 장기와 같은 기관의 안쪽을 싸고 있는 세포는?

① 상피세포 ② 근육세포 ③ 신경세포 ④ 결합조직세포

[4] 다음 중 인체를 구성하는 계통(system) 중 신체를 지지하고 내부 장기를 보호하는 기능을 하는 계통은?

① 생식기계 ② 순환기계 ③ 감각기계 ④ 골격계

[5] 다음 중 신체 움직임, 자세 유지, 열 생산 기능을 하는 계통은?

① 감각기계 ② 신경계 ③ 골격계 ④ 근육계

[6] 인체의 단면은 시상면, 관상면, 횡단면이 있다. 이 중 인체를 전·후로 나누는 면은?

① 시상면 ② 정중면 ③ 관상면 ④ 횡단면

[7] 인체의 조직은 구조와 기능에 따라 구분되는데, 인체를 구성하는 기본 조직이 아닌 것은?

① 근육조직 ② 골조직 ③ 결합조직 ④ 상피조직

[8] 다음 신체 운동 중 횡단면 상에서 일어나는 운동은 무엇인가?

① 굴곡 ② 신전 ③ 외전 ④ 외선

[9] 다음 중 신체의 위치를 나타내는 용어 중 신체의 중심에서 가깝고 먼 위치를 나타내는 것은?

① 근위와 원위 ② 전측과 후측 ③ 내측과 외측 ④ 상부측과 하부측

[10] 다음 중 상완골, 요골, 척골, 경골, 비골에 해당하는 골격 형태는?

① 장골 ② 단골 ③ 평편골 ④ 함기골

[11] 다음 중 골격계를 구성하는 요소가 아닌 것은?

① 뼈(bone) ② 건(tendon) ③ 관절(joint) ④ 인대(ligament)

[12] 뼈의 구조에 대한 다음 설명 중 옳은 것은?

① 골막은 골간의 표층부위를 이루고 있으며, 하버스씨 관이 있다.
② 골질은 뼈의 증식과 성장에 관여한다.
③ 골수는 조혈작용을 한다.
④ 연골은 치밀질과 해면질로 나뉘어 있으며, 해면질은 소강이 많아 부서지기 쉽다.

[13] 다음 뼈의 연결 방법 중 두개골의 결합과 관련된 것은 무엇인가?

① 봉합 ② 연골결합 ③ 관절 ④ 인대결합

[14] 다음 중 뼈의 기능 설명이 잘못된 것은?

① 신체를 지지하고 외형을 유지한다. ② 신체의 중요한 기관을 보호한다.
③ 체강을 형성하고 내부 장기를 보호한다. ④ 골격근의 수축에 따라 조혈작용을 한다.

[15] 다음 중 가장 많은 추골을 가진 척추 부위는 어디인가?

① 경추 ② 흉추 ③ 요추 ④ 천골

[16] 다음 중 앞으로 만곡되어 있는 전만을 이루는 척추 부위 조합은 무엇인가?

① 경추-흉추 ② 흉추-요추 ③ 요추-경추 ④ 천골-미골

[17] 신체의 골격계에 붙어 있는 근육으로 수의근으로 분류되는 것은 무엇인가?

① 골격근 ② 내장근 ③ 심장근 ④ 내장근

[18] 손 부위의 뼈로서 8개의 작은 단골로 구성되어 있으며 4개씩 두 줄로 배열되어 있는 뼈는 무엇인가?

① 상완골 ② 수지골 ③ 중수골 ④ 수근골

[19] 평활근(smooth muscle)에 관한 설명으로 옳지 않은 것은?

① 다핵인 것도 있으나 보통 중앙부에 핵이 하나 있다.
② 수의근이다.
③ 민무늬근이라고도 한다.
④ 세포가 가늘고 긴 방추형이다.

[20] 골격근에 관한 설명으로 옳은 것은?

① 불수의근이다.
② 기도, 소화관, 방광을 구성하는 근육은 골격근이다.
③ 심장 근육도 골격근이다.
④ 횡문근 섬유다발로 이루어졌다.

[21] 다음 중 가동성 관절은?

① 섬유성 관절 ② 연골성 관절 ③ 경첩관절 ④ 뼈 결합

[22] 어깨를 올리고 내리는 데 주로 관련된 근육은?

① 승모근 ② 삼두근 ③ 이두근 ④ 광배근

[23] 다음 중 어깨 관절에 해당하는 것은?

① 안관절 ② 경첩관절 ③ 구상관절 ④ 차축관절

[24] 다음 중 흉곽골을 구성하는 뼈로 짝지어진 것은?

① 흉추-흉골-요골 ② 늑골-흉추-흉골
③ 요골-늑골-흉추 ④ 흉골-늑골-요추

[25] 척추에 관한 설명으로 옳지 않은 것은?

① 경추 부위와 흉추 부위에서는 후만이 일어나는데 2차 만곡이라고도 한다.
② 경추, 흉추, 요추, 천추, 미추로 구분된다.
③ 경추 부위와 요추 부위는 앞쪽으로 만곡이 일어난다.
④ 인체의 지주를 이루는 긴 골격이다.

[26] 다음 관절에 관한 설명으로 옳지 않은 것은?

① 뼈 결합은 외견상 하나의 뼈로 관찰되며, 관골, 미골, 천골의 결합이 이에 속한다.
② 관골, 미골, 천골의 결합은 섬유성 관절에 속한다.
③ 2개의 뼈가 결합조직에 의하여 연결된 것을 섬유성 관절이라 한다.
④ 부동성 관절에는 섬유성 관절과, 연골성 관절, 뼈 결합이 있다.

[27] 신경세포에 관한 설명으로 옳지 않은 것은?

① 감각뉴런은 수용기를, 운동뉴런은 반응기를 갖는다.
② 주위 변화를 감지하고 자극을 전달한다.
③ 신경세포는 감각뉴런, 운동뉴런, 연합뉴런으로 나눌 수 있다.
④ 신경세포의 99%는 감각뉴런이다.

[28] 윗팔을 움직이는 근육으로 쇄골, 견갑골의 극돌기와 견봉에서 기시하고 상완골 삼각근 결절에 정지하는 근육으로 외전과 부분적 굴곡 또는 신전에 작용하는 근육은?

① 대흉근 ② 승모근 ③ 광배근 ④ 삼각근

[29] 외부로부터의 자극을 뇌와 척수로 전달하며 중추로부터 흥분을 효과기에 전달하는 역할을 하는 신경계는?

① 말초신경계 ② 중추신경계 ③ 자율신경계 ④ 체신경계

[30] 교감신경의 항진작용으로 나타나는 현상이 아닌 것은?

① 동공 축소 ② 땀 분비 촉진
③ 심장 박동수 증가 ④ 관상동맥 확장

[31] 부교감신경의 작용이 아닌 것은?

① 타액 분비 증가　　② 기관지 수축
③ 혈압 상승　　④ 심박동 감소

[32] 순환기계에 관한 설명으로 옳지 않은 것은?

① 림프계는 전신의 조직으로부터 나온 림프액을 림프관으로 모아서 심장으로 보낸다.
② 영양소와 산소를 조직에 공급하고 노폐물과 탄산가스를 체외로 배출시키는 역할을 한다.
③ 혈액계는 심장, 폐, 혈관으로 구성된다.
④ 혈관은 동맥과 정맥, 모세혈관으로 구분된다.

[33] 호흡에 관한 설명으로 옳지 않은 것은?

① 호흡은 산소를 조직까지 공급하고 이산화탄소를 몸 밖으로 내보내는 기능을 한다.
② 내호흡에서 혈액에서 조직으로 이동하는 성분은 이산화탄소이다.
③ 폐포와 혈액 사이에서 가스가 교환되는 과정을 외호흡이라 한다.
④ 조직이나 세포에서의 가스교환을 내호흡이라 한다.

[34] 체순환과정이 바르게 구성된 것은?

① 좌심방→좌심실→대동맥→온몸의 모세혈관→대정맥→우심방
② 우심방→우심실→대동맥→온몸의 모세혈관→대정맥→좌심방
③ 우심방→우심실→대정맥→온몸의 모세혈관→대동맥→좌심방
④ 좌심방→좌심실→대정맥→온몸의 모세혈관→대동맥→우심방

[35] 폐순환 과정으로 옳은 것은?

① 좌심방→좌심실→폐동맥→폐→폐정맥→우심방
② 좌심방→좌심실→폐정맥→폐→폐동맥→우심방
③ 우심방→우심실→폐정맥→폐→폐동맥→좌심방
④ 우심방→우심실→폐동맥→폐→폐정맥→좌심방

[36] 림프계(lymphatic system)와 관련된 기관이 아닌 것은?

① 림프관　　② 림프절　　③ 정맥　　④ 동맥

[37] 림프계의 특징이 아닌 것은?

① 혈액의 단백질과 체액 유지 기능　　② 영양소 공급
③ 체액의 흐름 담당　　④ 면역 반응을 통한 신체 방어 기능

[38] 다음 호흡기계 기능에 대한 설명 중 틀린 것은?

① 가스 교환 기능을 한다.　　② 몸에서 필요한 질소와 산소를 공급한다.
③ 몸에 들어오는 공기를 따뜻하게 한다.　　④ 흡입 공기의 정화 작용을 한다.

[39] 다음 신경계에 대한 설명 중 틀린 것은?

① 신경 흥분 전달 과정은 수용기–반사중추–감각신경–운동신경–효과기 순서이다.
② 중추 신경계는 뇌와 척수로 구성된다.
③ 체신경계는 외부의 환경에 따라서 자신의 의사대로 움직일 수 있는 신경이다.
④ 자율신경계는 신체 내부의 활동과 같이 자신의 의사와 상관없이 움직이는 신경이다.

[40] 다음 골격근의 명칭 분류가 잘못 연결된 것은?

① 소재에 따른 명칭: 둔근, 완근, 전두근
② 형상에 따른 명칭: 방형근, 승모근, 방추근, 우상근 등
③ 작용에 따른 명칭: 이두근, 삼두근, 이복근 등
④ 운동방향에 따른 명칭: 내전근, 외전근, 회내근, 회외근 등

응용문제

[1] 어깨의 움직임에 관계되는 관절과 근육을 설명하라.

[2] 폐순환과 체순환 과정을 그리고, 순환 과정을 설명하라.

[3] 호흡계의 기능에 대하여 설명하라.

[4] 호흡기계에 포함되는 기관과 호흡기계의 기능에 관하여 설명하라.

[5] 선 자세에서 허리를 30도 정도 비틀어 바닥에 놓인 물건을 드는 과정을 신체의 단면에서의 움직임으로 설명하라.

[6] 골격계 중에서 신체의 움직임과 관련된 중요한 뼈의 종류와 기능에 대하여 설명하라.

[7] 근육의 종류를 신경자극에 반응하는 특성과 신경지배에 따라 분류하여라.

[8] 부동성관절과 가동성관절의 종류와 예를 설명하라.

[9] 신경계를 구조적, 기능적으로 분류하여 설명하라.

[10] 피부에 이물감이 들어서 손으로 긁게 되는 과정을 신경 전달 과정으로 설명하라.

CHAPTER 13 작업생리학

1 작업생리학 개요

1.1 작업생리학의 정의 및 요소

작업생리학(work physiology)은 작업 시 인체의 각 기관이 어떻게 기능하고 생리적 반응을 하는가를 연구하는 학문이다. 이 학문은 근로자가 작업을 수행하는 동안 받는 다양한 형태의 스트레스와 환경변수의 변화에 대한 생리적 반응, 육체적인 노동의 에너지 비용 등에 관한 연구로, 음식물의 섭취, 휴식, 지구력, 신체적 운동, 작업수행 능력 등이 포함되어 있다. 작업생리학에서는 작업에서 요구되는 것이 작업자의 능력을 넘지 않도록 하기 위하여 작업자의 심혈관계의 능력과 신진대사 능력 등을 측정한다.

1.2 작업생리학의 요소

작업을 수행하는 작업자의 생리학적 특성에 영향을 주는 요소는 작업 수행 중에 일어나는 에너지 전환 과정에 영향을 주는 요소들뿐 아니라, 작업의 특성, 작업장의 환경, 작업자의 건강상태, 작업에 대한 작업자의 동기, 작업자의 심리상태 등이 있다. 작업 수행 시 작업자의 육체적 작업능력에 영향을 미치는 요소들을 살펴보면 그림 13•1과 같다.

1.2.1 서비스 기능

육체적인 작업을 수행하는 능력은 우리가 섭취하는 음식으로부터 생성되는 화학적 에너지가 근육이 활동할 수 있는 기계적 에너지로 전환되는 것에 의존한다. 즉, 근섬유에 영양분과 산소를 전달하는 서비스 기능(service function)에 의존한다. 서비스 기능은 영양소의 섭취, 저장과 동원, 폐에서의 산소 호흡, 심혈관 시스템에서의 산소 공급 활동을 포함한다.

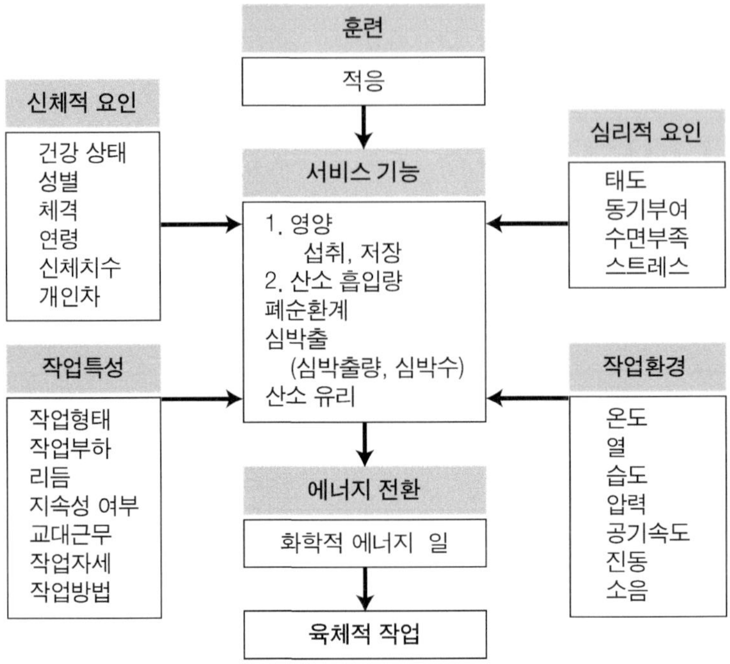

그림 13•1▸육체적 작업 수행 능력에 영향을 주는 요인

1.2.2 훈련과 적응

일부의 서비스 활동은 작업자의 신체적 훈련에 의하여 향상될 수 있다. 작업자는 신체적인 훈련을 통하여 심폐기능을 향상시켜 심장 박동량(stroke volume)을 증가시킬 수 있으며, 이는 심장의 출력을 증가시켜 폐로부터 근육으로 공급되는 산소의 양을 증가시킬 수 있다. 또한 작업자들은 덥거나 추운 작업환경에서 효율적인 발한(sweating)으로 피부온도와 체온을 조절하며, 심박수 조절 등 환경에 적응한다.

1.2.3 신체적 요소

1) 건강상태 개인의 건강상태는 신체적 기능에 영향을 미쳐 육체적 작업 수행 능력에도 영향을 주게 된다. 위험한 작업, 과도하게 열이 발생하는 작업, 비정상적인 대기압 하에서의 작업은 작업자의 건강에 악영향을 미칠 수 있으므로 이러한 작업환경에서 작업이 이루어지지 않도록 조치해야 한다. 따라서 작업환경에 대한 평가를 하기 위하여 현장에서 작업이 수행되는 동안에 작업자의 생리적 변화를 기록·관찰하는 것이 필요하다.

2) 성별 남성의 경우 체중의 40~45%가 근육인데 비해 여성의 경우는 근육이 체중의 20~30%를 차지하므로, 근력이 많이 요구되는 육체적 부하가 큰 작업의 경우는 남성이 여성보다 작업능력이 우월하다. 그러나 정확성이나 끈기가 요구되는 작업의 경우 일반적으로 여성이 우월한 것으로 알려져 있다. 대체적으로 시각적 정확성이 요구되는 작업의 경우는 남성이 우월하며, 색이나 후각

과 관련된 작업, 청각, 피부의 민감도가 요구되는 작업에서의 작업능력은 여성이 남성보다 우월한 것으로 나타났다.

3) 신체치수 작업자의 생리학적 작업능력과 밀접한 관련이 있는 호기력(aerobic power)과 근력은 작업자의 신체 치수 및 근육량과 관련이 있다.

4) 연령 일반적으로 연령이 높아지면 대부분의 생리학적 기능이 현저히 저하된다. 최대 산소 흡입량, 심박수, 심박출량, 폐활량과 근력은 연령이 증가함에 따라서 현저히 감소하는 것으로 알려져 있다. 신체적 활동 능력은 18~20세에 최대이며, 그 후 점차적으로 감소하게 되며, 평균적으로 65세가 되면 25세의 근력의 약 70% 정도가 된다. 이는 나이가 들면서 근육의 양과 운동신경뉴런의 수가 감소하기 때문이다. 그림 13•2는 성별 및 연령에 따른 최대 등척력(isometric strength)을 나타낸 것이다.

5) 영양상태 영양 결핍에 의한 작업능력의 저하는 뚜렷한 영향을 나타내지 않으나, 작업능력을 저하시키는 다른 요인과 결합 시 현저한 영향을 준다. 예를 들어 영양 결핍과 추위로 인한 스트레스가 함께 요인으로 작용하는 경우나 수면 부족과 영양 부족이 함께 요인으로 작용하는 경우 작업자의 작업능력은 현저히 감소된다.

6) 개인차 생리학적 기능이나 작업능력은 성별이 같거나 연령대가 비슷한 집단 내에서도 개인차가 매우 크기 때문에 이러한 개인차를 고려하여 작업에 적합하게 작업자를 선발하는 것이 필요하다.

1.2.4 심리적 요소

1) 태도 작업자가 작업에 임하는 태도는 작업 수행 능력에 영향을 준다. 작업자의 작업에 대한 자부심이나 작업을 성공적으로 수행하려는 의지는 작업수행 능력에 긍정적인 영향을 미친다.

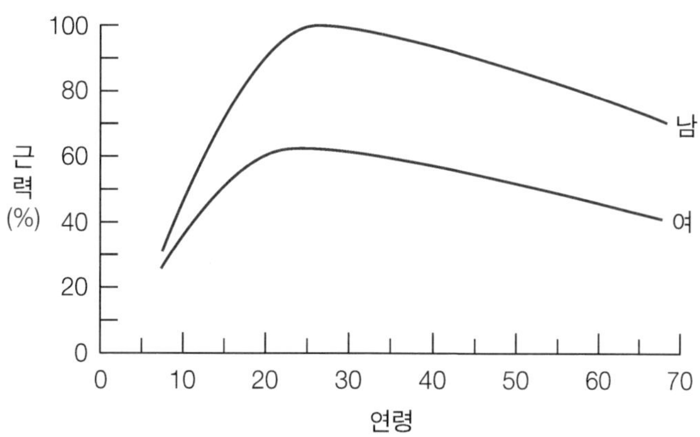

그림 13•2▸육체적 작업 수행 능력에 영향을 주는 요인 성별 및 연령에 따른 최대 등척력(isometric strength)

2) 동기부여 작업 수행 능력 여하에 따라서 보상과 처벌이 주어지는 경우 그 비용에 따라서 작업 수행 능력에 긍정적 혹은 부정적으로 영향을 미친다.

3) 수면 부족 수면 부족은 특히 정보처리, 인식작업, 수리적 작업, 시각적 혹은 청각적 작업이나 기억력을 요하는 작업에 있어서 작업수행 능력을 현저하게 감소시킨다.

4) 스트레스 인간이 극복할 수 있는 스트레스는 정신적 긴장감을 주어 지적 활동을 향상시켜 주지만, 스트레스가 과도하게 되면 작업의 집중도를 감소시켜서 작업을 수행하는 데 부정적인 효과를 나타낸다.

1.2.5 작업의 특성

1) 작업의 형태 작업 형태가 정신적 활동을 요하는가 혹은 육체적 활동을 요하는 가에 따라서 작업자의 생리학적 작용은 달라진다. 육체적 작업의 경우 탄수화물과 지방이 산화하여 근수축 작용의 에너지원으로 사용된다. 이 과정에서 작업자가 흡입한 산소는 1ℓ당 약 5kcal정도의 에너지를 유리시킨다. 따라서 산소 흡입량은 육체적 작업에 있어 주요한 요인이 되며, 정신적 작업의 경우에도 작업자의 두뇌활동을 촉진시키며 혈액 순환을 증가키는 역할을 한다.

2) 작업 부하 작업 부하는 분당 산소 흡입량으로 표현할 수 있다. 산소 흡입량은 작업자가 흡입한 산소량으로 작업자가 섭취 혹은 소비한 산소량과는 약간의 차이가 있다. 산소 섭취량(소비량)은 작업자가 흡입한 산소량에서 배기한 산소량을 뺀 것으로 표시된다. 산소 섭취량은 작업 부하의 증가에 따라 증가하지만 작업 부하가 일정 수준에 이르면 더 이상 증가하지 않게 되는데, 이때의 산소 섭취량(소비량)을 최대 산소 섭취량(소비량)이라 한다. 따라서 작업 부하는 분당 산소 섭취량(소비량)으로 평가하는 것이 타당하다. 표 13•1은 20~30대 작업자가 지속적으로 육체적 작업 수행을 수행할 때 작업 부하에 따른 산소 흡입량과 심박수를 나타낸 것이다. 일반적으로 작업 부하가 작업자의 최대 작업능력의 30% 미만일 경우 작업자는 피로를 느끼지 않고 하루 8시간 동안 작업할 수 있다.

3) 피로 작업 부하가 개인의 최대 작업능력의 30%를 초과하여 하루 8시간 작업할 경우 작업

표 13•1▸지속적인 육체적 작업 시 작업 부하에 따른 산소 흡입량 및 심박수

신체 활동	산소흡입량(liter/min)	심박수(beats/min)
가벼운 작업	~0.5	~ 90
보통 작업	0.5~1.0	90~110
힘든 작업	1.0~1.5	110~130
매우 힘든 작업	1.5~2.0	130~150
극히 힘든 작업	2.0~	150~

자는 피로를 느끼게 된다. 작업 부하가 커지면 근육 내에 젖산이 축적되어 피로를 야기한다.

4) 작업의 지속성 여부 지속적인 작업의 경우 작업 부하가 커지면 산소 흡입량은 최대값까지 선형적으로 증가한다. 산소 흡입량이 최대 수준에 달하면 혐기성(anaerobic)이 증가하며, 근육 내의 젖산이 축적되고 혈압이 급격히 상승된다. 또한 간으로부터 포도당의 공급이 제한되어 혈당이 감소하는 저혈당 증상을 일으키며, 신체적 작업을 마치고 회복이 되는 동안에도 산소 흡입량이 원상태로 바로 돌아가지 않는 현상을 나타낸다.

5) 정적 작업 정적 작업의 경우 부하가 커지면 근육이 수축되어 혈액 순환을 방해하게 되며, 심박출량은 감소하고 심박수가 증가하게 된다.

6) 교대근무 교대작업의 경우 작업자는 일일 생활리듬에 변화가 생겨 수면 부족과 식욕 부진, 소화 장애 등을 일으킬 수 있어 생리적 변화를 줄 수 있다.

7) 작업 자세 작업 시 작업 자세는 작업자의 생리학적 지수에 영향을 미친다. 서서하는 작업의 경우 앉아서 하는 작업보다 심혈관계의 순환을 활발하게 할 수 있다.

1.2.6 작업 환경

1) 온도 작업 시 외부 온도는 신체적, 정신적 작업 수행능력에 영향을 미친다. 적정 온도 이상으로 온도가 상승하면 작업능력이 저하되며, 주위의 온도가 낮은 저온 상태에서는 신체의 감각을 무디게 하여 신체적 작업 수행능력을 감소시킨다. 특히 손의 움직임에 있어서 정교함이 떨어져 정밀작업을 하는 경우에는 작업 수행능력이 더욱 감소된다.

2) 열 과도한 열조건 하에서의 작업은 과열을 방지하기 위하여 흡입된 산소가 피부로 먼저 운반되기 때문에 작업에 필요한 에너지를 만드는 것을 저해한다. 또한 지속적인 열 스트레스가 발생하면 저수증(hypohydration)이 나타나며 작업수행 능력이 감소된다.

3) 습도 습도는 작업 시 외부의 온도에 따라 작업수행에 영향을 준다. 특히 외부 온도가 높은 장소에서의 작업 시 습도 또한 높으면 땀이 증발하는 것을 방해하여 불쾌지수를 높이게 되며, 작업수행 능력을 저하시킨다.

4) 공기속도 공기의 속도 또한 외부의 온도에 따라서 작업환경에 영향을 준다. 적당한 온도의 공기 흐름은 작업자 주변의 더운 공기층을 제거하여 주지만, 찬 공기의 흐름은 작업자의 신체 온도를 저하시키는 역할을 한다.

5) 압력 고도가 높은 곳에서는 산소 압력이 낮아 최대 산소 흡입량이 감소하게 된다. 또한 심해와 같이 압력이 높은 곳에서 작업 시 대기와의 압력차가 크면 외부 압력 차이에 의하여 정상적인 호흡이 어렵게 된다.

6) 소음 소음은 작업자의 집중력을 방해하는 요소로 작업 수행에 부정적인 영향을 미친다. 또한 소음은 협업작업 시 작업자 간의 의사소통을 방해하며, 85dB을 초과하는 소음 수준에서 장기간 노출시키면 청력의 손실을 일으킨다.

7) 진동 진동은 주파수, 가속도, 방향에 의해 특징지어지며, 신체 전체 혹은 일부에 영향을 미친다. 저진동 하에서 작업을 하는 경우 작업자의 전신에 영향을 주어 작업 수행에 부정적 영향을 미친다. 상하방향으로는 4~8Hz의 진동이 신체에 가장 민감한 영향을 주며, 전후, 좌우로는 2Hz 이하의 진동이 인체에 가장 큰 영향을 미친다. 전동공구를 사용할 때 손목에 대한 진동의 영향은 공구의 무게나 디자인 등에 따라서 달라지며, 마비나 통증과 같은 혈액 순환 장애를 일으킬 수 있다. 추운 환경에서 전동공구를 사용할 경우 혈액공급을 감소시켜 피부온도가 급격히 떨어져 작업 수행을 성공적으로 할 수 없게 된다.

2 대사작용

2.1 근육의 구조 및 활동

2.1.1 근육의 구조

신체의 약 50% 이상을 차지하는 근육은 근섬유(muscle fiber), 연결조직(connective tissue), 신경(nerve)으로 구성된다.

1) 근섬유 근섬유는 방추형의 다핵세포로서 섬유성 결합조직으로 이루어진 내막근(endomysium)으로 싸여있다. 또한 근섬유는 작은 근원섬유(myofibrial) 다발로 이루어져 있고, 근원섬유는 다시 수많은 근필라멘트(myofilament)들로 구성되어 있다(그림 13•3). 근원섬유는 그림 13•3(d)에서와 같이 진하고 굵은 근필라멘트와 밝고 가는 근필라멘트로 구성되어 있다. 굵은 근필라멘트는 단백질인 미오신(myosin)으로, 가는 근필라멘트는 액틴(actin)으로 되어 있다. 운동을 하면 근섬유가 발달하여 (수는 일정) 근육이 발달되고 힘이 세진다. 근원섬유는 그림 13•4에서와 같이 어둡고 밝은 띠들이 교대로 나타나는데, 그 구조는 다음과 같다.

- A띠(band): 어두운 부분으로 액틴과 미오신이 겹쳐져있는 부분
- I띠: 밝은 부분으로 액틴만이 있는 부분
- H띠: A띠 중간의 좁고 밝은 부분으로 미오신만 있는 부분
- M선(line): H띠의 중간 부분에 위치한 라인
- Z선: 띠 중앙 부분에 위치한 라인

각 띠의 상대적 길이는 근육의 수축 상태에 따라 달라진다. 근육이 수축하면 A띠는 길이가 변

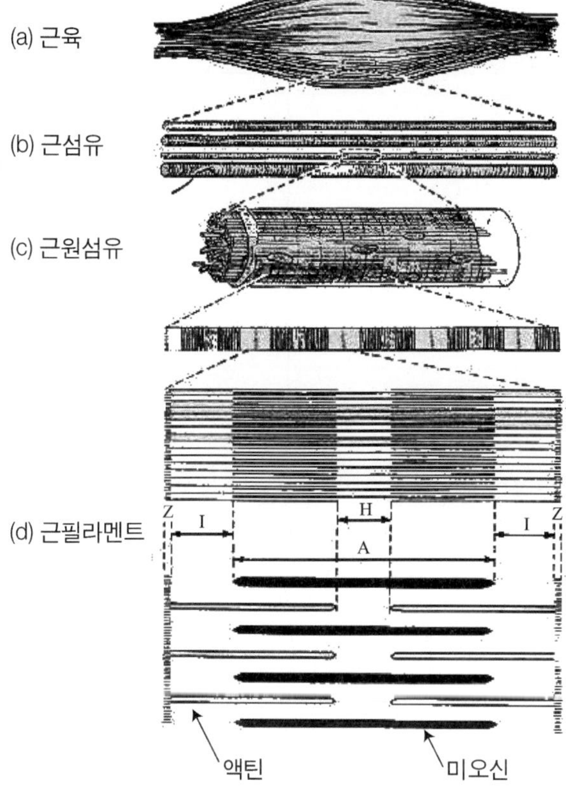

그림 13•3▸근육의 구조

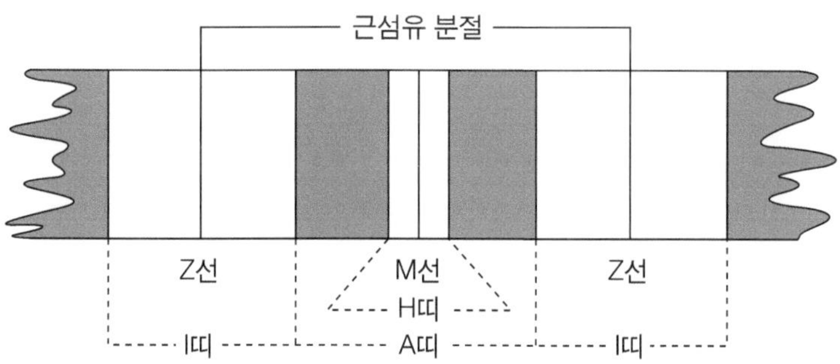

그림 13•4▸골격근의 띠 형태

하지 않고 I띠가 짧아진다. 근원섬유의 수축단위를 근섬유 분절(sarcomere)이라고 하는데, 이는 인접한 Z선 사이의 거리를 말한다.

2) 연결조직 근육의 연결조직은 신경이나 혈관이 근육 속으로 드나들 수 있는 경로를 제공한다.

표 13•2 ▸ 운동단위의 성질

지근(slow twitch, Type I)	속근(fast twitch, Type II)
강축 빈도(20Hz)	50Hz
느린 연축(70ms)	빠른 연축(35~50ms)
산화(미토콘드리아, O_2)	glycolytic(No O_2)
유산소성	무산소성
적근	백근
지구력이 높음	지구력이 낮음
인장력이 작음	인장력이 큼

3) 신경 신경세포는 근육의 길이나 긴장도에 관련된 정보에 관여하는 감각 신경과 근육 활동에 관여하는 운동신경에 관련된 중추 신경으로부터 전해오는 임펄스(impulse)를 근육에 전달한다. 동일한 운동 섬유에 의하여 통제되는 근육의 기본 기능 단위를 운동단위(motor unit)라 한다. 운동단위(motor unit)는 표 13•2와 같이 두 가지로 크게 분류된다.

지근(ST, slow twitch)은 미토콘드리아를 많이 함유하고 있으며, 다수의 모세혈관으로 둘러싸여 있기 때문에 적색 마이오글로빈의 축적량이 높다. 마이오글로빈은 산소와 결합하여 산소를 운반하므로 높은 유산소 대사능력과 피로에 대한 저항이 높다.

반면, 속근(FT, fast twitch)은 지근보다 미토콘드리아를 적게 함유하고 있기 때문에 유산소 능력이 떨어지고, 피로에 대한 저항이 낮다. 무산소성 해당작용을 하며, 빠른 시간에 수축한다.

다음은 신경 자극에 따른 근수축을 형태에 따라서 분류한 것이다.

- 연축(twitch): 단일 자극에 대하여 한번 수축
- 강축(tetanus): 연속된 자극에 의한 큰 수축
- 강직(contracture): 활동 전압 없이 일어나는 비가역적 수축
- 긴장(tonus): 근육의 부분적 수축

2.1.2 근육의 수축(sliding filament theory)

근육이 자극을 받으면 가는 액틴 필라멘트가 굵은 미오신 필라멘트 사이로 미끄러져 들어가며 근섬유가 수축하게 된다. 이때 액틴 필라멘트와 미오신 필라멘트의 길이는 변하지 않고 I띠와 H띠의 길이만 짧아진다. 근육이 최대로 수축되면 Z선이 A띠에 맞닿아 I띠가 없어진다. 그림 13•5는 근육의 수축 과정을 보여준다.

근육이 수축할 때에는 에너지가 필요한데, 이러한 에너지는 ATP(adenosine triphosphate)로부터 공급된다. 다음은 근수축 기전을 단계별로 나타낸 것이다.

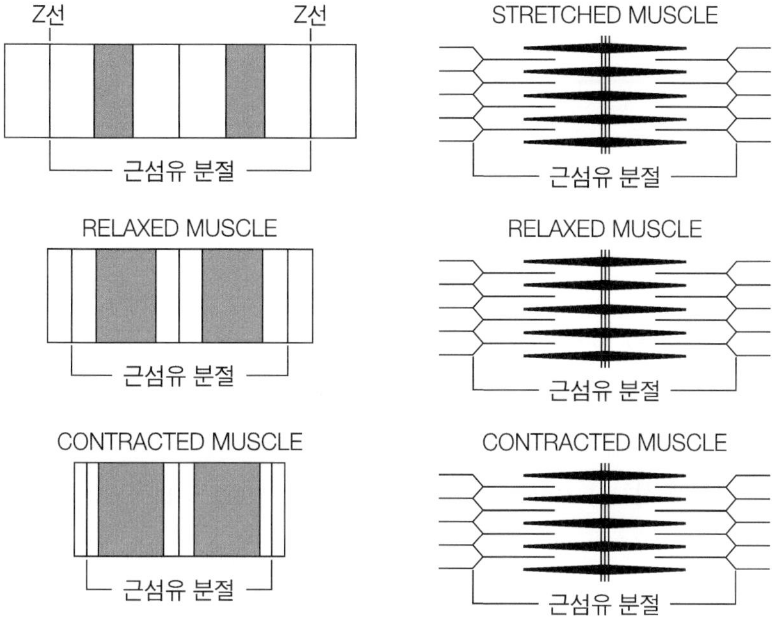

그림 13•5▸근육 수축 시의 근필라멘트 운동

- 근세포가 흥분하면, Ca^{2+}가 근장그물(sacoplasmic reticulum)로부터 유리되고, Ca^{2+}는 트로포닌(throponin)과 결합하여 트로포미오신(thropomyosin)이 된다.
- 고 에너지의 미오신(myosin, thick filament) 헤드(head)는 액틴(actin, thin filament)과 결합, 교차다리(cross bridge)를 형성하여 액틴 필라멘트를 근섬유 분절(sacomere)의 중앙으로 이동시킨다(근육 수축). 이 과정에서 ATP는 ADP(adenosine diphosphate)와 Pi(inorganic phosphate)로 분해된다.
- 다시 미오신 헤드에 ATP가 작용하면 교차다리가 분리되고 근육은 이완된다.

2.1.3 주동근와 길항근

근육의 운동을 주도하는 근육을 주동근(agonist)이라고 하며, 이에 반대되는 운동을 하는 근육을 길항근(antagonist)이라고 한다. 주동근이 수축하면 길항근은 수동적으로 신장을 하게 된다. 근방추(muscle spindle)와 근이행부(musculotendinous junction)에 있는 건(tendon)이 주동근과 길항근의 상대적인 장력을 감지하여 관절이 유연하게 움직이도록 주동근이 수축되는 동안 길항근을 이완시켜 준다.

예를 들어 주관절(팔꿈치관절)이 굴곡되는 경우, 굴곡에 주로 참여하는 주관절의 굴곡근이 주동근이 되고, 반대 방향으로 이완되는 근육인 주관절의 신장근이 길항근으로 작용한다. 그러나 주관절이 신장되는 경우에는 신장근이 주동근으로, 굴곡근이 길항근으로 작용하게 된다. 그림 13•6은 전완의 굴곡 시 주동근과 길항근의 모습을 나타낸 것이다.

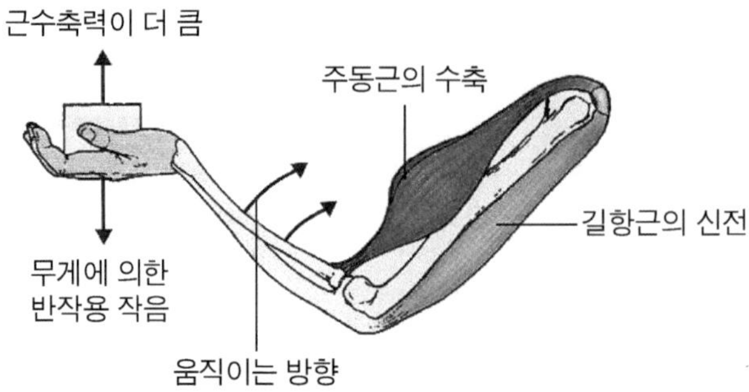

그림 13•6▸등장성 운동 시 주동근과 길항근의 움직임

2.1.4 근육의 부착

골격근은 두 뼈 사이에 걸쳐서 기시부(origin)와 정지부(insertion)가 있으며, 대부분 건(tendon)에 의하여 골막에 부착되어 있다.

1) 건 건(tendon)은 근육을 뼈에 부착시키고 있는 섬유 연결 조직으로 근육에 의해 발휘된 힘을 전달하는 역할을 한다.

2) 인대 인대(ligaments)는 조밀한 섬유조직으로 관절을 연결시켜 주고, 관절 주위의 뼈들이 원활하게 움직일 수 있도록 한다.

3) 연골 연골(cartilage)은 관절뼈의 표면이나 코, 귀와 같은 인체기관에서 볼 수 있는 반투명 탄력 조직을 말한다.

2.1.5 근육의 활동

1) 막전위차 휴지 상태 세포의 막전위차(membrane potential)는 세포 내외의 이온의 농도 차이와 다른 이온에 대한 세포막의 투과성에 따라 결정된다. 신경 세포의 세포막 내외부의 Na^+, K^+, Cl^-의 농도는 표 13•3과 같다. 세포 내외에는 Na^+, K^+, Cl^- 외에도 Mg^{2+}, Ca^{2+}, HCO_3^-, HPO_4^{2-}, SO_4^{2-}, 아미노산과 단백질 같은 여러 물질이 있으나, Na^+, K^+, Cl^-가 가장 농도가 높아 막전위차 생성에 중요한 역할을 한다.

휴지 시에 세포 막 사이의 전위차는 약 −70mV를 나타낸다. 이는 Na^+과 K^+의 평형전위를 나타내는 것이다. 평형전위는 막을 중심으로 일어나는 확산을 막는데 필요한 전위를 말한다. 막전위차는 Na^+과 K^+의 농도 차에 의하여 형성되는 것으로 세포막 안과 밖의 양이온과 음이온이 같으면 휴지상태가 된다. 그러나 K^+의 농도가 세포 안쪽이 바깥쪽보다 높아지면 안에서 밖으로 K^+의 확산이 일어나고 다시 평형을 이루게 된다. 이때의 전압은 약 −90mV가 된다. 또한 Na^+의 농도가 세포 안쪽보다 바깥쪽이 높으면 Na^+의 확산이 일어나고 다시 평형을 이루게 된다. 이때의 전압은 약 +60mV가 된다. 그림 13•7은 이러한 과정 중의 하나이다.

표 13•3▸전형적 신경세포의 세포막 내외의 주요 이온 분포

이온	세포막 외 농도 (mmol/L)	세포막 내 농도 (mmol/L)
Na^+	150	15
K^+	5	150
Cl^-	110	10

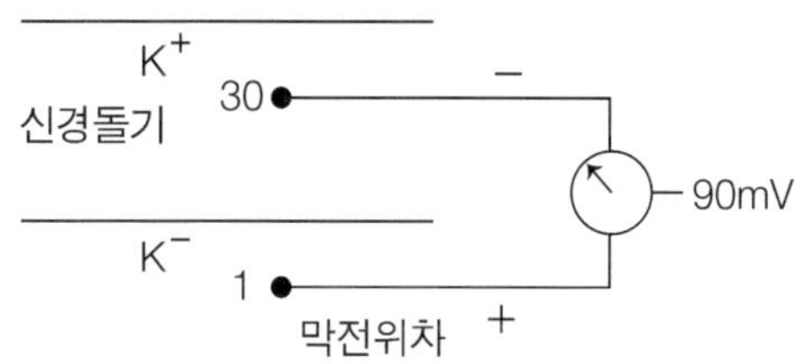

그림 13•7▸막전위차

2) 활동전위 활동전위(action potential)란 전기적 혹은 화학적 자극으로 인하여 일어나는 일련의 전압의 변화를 말한다. 신경세포에 자극을 주면 자극을 받은 부위에서 Na^+과 K^+의 농도가 순간적으로 변하게 된다. 즉, 바깥쪽에서 Na^+이온의 농도가 600배 이상 커지면서 세포막 안쪽으로 들어오게 되어 세포 안쪽의 전위가 +30mV를 나타내게 되는데, 이러한 전위 감소를 탈분극(depolarization)이라 한다. 이 전위차는 옆 부분으로 확산되어 가서 인접 부위에 활동 전위차를 일으키게 되고, K^+의 농도도 커져서 세포 바깥으로 이동하게 되며, 다시 평형상태로 되면 자극을 받은 원래의 부위는 다시 정상 휴지막전위차 −70mV를 되찾게 되는데, 막전위가 다시 안정막 전위로 회복하는 과정을 재분극(repolarization)이라 한다. 그림 13•8은 활동전위가 일어나는 동안의 막전위의 변화를 나타낸 것이다.

3) 신경 충동의 전파 신경 충동의 전파 과정은 그림 13•9에 나와 있으며 그림 13•9의 왼쪽 끝부분에 자극을 받으면, 그 주위 세포막에 Na^+ 투과력이 생겨 활동 전위차가 발생한다. 즉, 탈분극이 발생하며 이에 따라 내부는 (+) 전위를, 외부는 (−) 전위를 띄게 된다. 이 전위들은 세포막의 이웃 지역을 탈분극시킨다. 처음 자극을 받아 탈분극된 지역은 재분극되어 휴지 상태로 돌아간다.

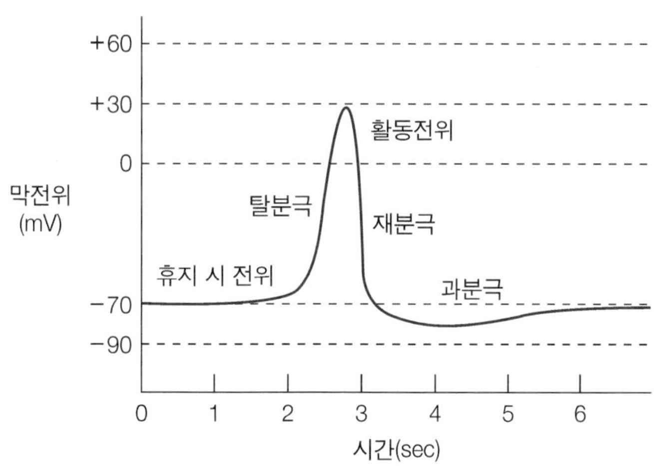

그림 13•8▸활동전위가 일어나는 동안의 막전위의 변화

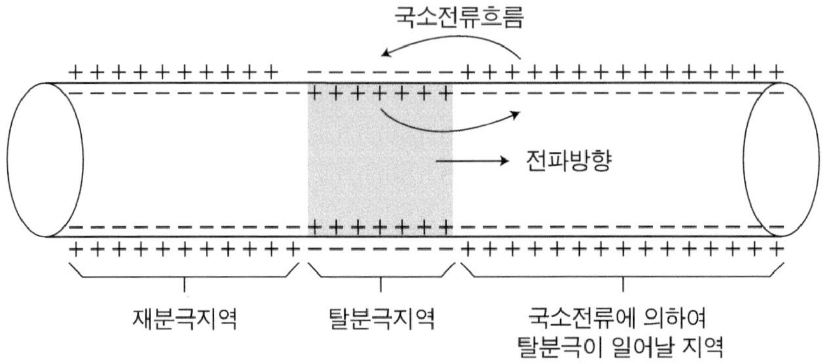

그림 13•9 ▸ 세포막을 따른 신경 충동의 전파

이러한 과정이 반복되어 신경 충동이 전파된다.

신경 충동이 세포막을 따라 전파되는 속도는 신경섬유의 직경과 신경섬유가 수질을 함유하였는가(myelinated)에 달려 있다. 신경섬유의 직경이 클수록 전류에 대한 저항이 작아져 전파 속도가 빨라진다. 전파 속도는 수질이 함유되어 있지 않으며 직경이 작을 경우 1mile/h에서, 수질을 함유하며 직경이 클 경우 400mile/h 정도이다. 이는 전선을 흐르는 전기 속도에 비하면 상당히 느리다고 할 수 있다. 신경 충동이 발끝에서 머리까지 도달하는 시간은 전파 속도가 1mile/h이면 약 4초, 전파 속도가 400mile/h이면 약 0.01초가 소요된다.

2.2 신진대사

2.2.1 대사작용

사람이 섭취한 음식물이나 체내에 축적된 탄수화물, 단백질, 지방 등은 체내에서 복잡한 화학과정을 거쳐서 소화과정에서 흡수되며, 혈액이나 림프액의 순환에 의하여 각 조직에 운반되어 에너지로 이용된다. 이렇게 섭취된 음식물이 분해되어 조직 내에서 에너지로 이용되는 과정을 신진대사(metabolism)라 한다. 신진대사과정에는 물질의 합성을 통하여 변화를 일으키는 동화작용(anabolism), 물질을 분해하여 변화를 일으키는 이화작용(catabolism)이 있다. 그림 13•10은 탄수화물, 단백질, 지방의 대사과정을 나타낸 것이다.

2.2.2 에너지대사

에너지대사(energy metabolism)란 화학적으로 결합된 에너지를 기계적 에너지로 변환시키는 과정을 말한다. 근육이 움직이기 위하여서는 에너지가 필요하다. 즉, ATP 없이는 근수축을 위한 액틴 필라멘트가 미오신 필라멘트로 미끄러져 들어가는 작용을 할 수 없다. 에너지 생성에는 산소를 필요로 하는 유산소성 해당작용과 산소를 필요로 하지 않는 무산소성 해당작용으로 구분된다. 그림 13•11은 글리코우즈 1mole의 대사작용을 나타낸 것이다.

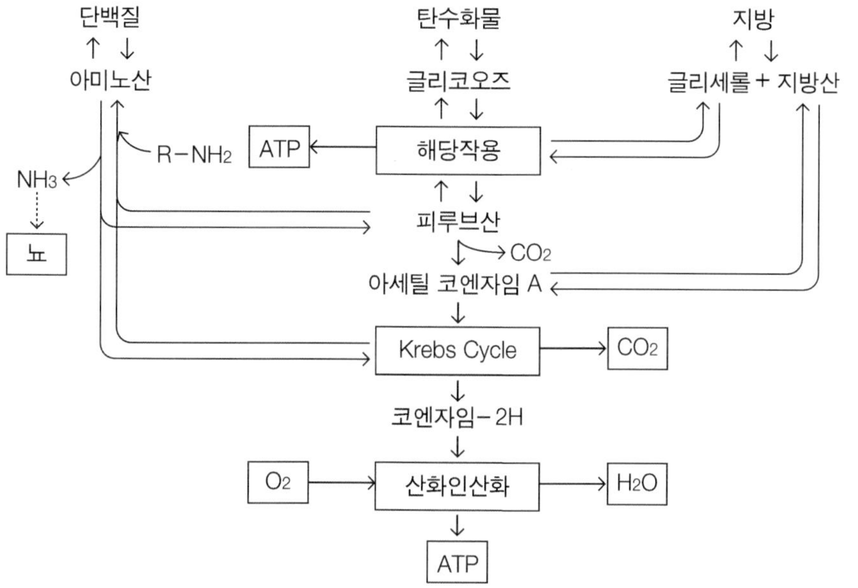

그림 13•10 ▸ 탄수화물, 단백질, 지방의 대사과정

1) 혐기성 해당작용(anaerobic glycolysis) 무산소성 해당작용은 산소가 충분히 공급되지 않는 경우에 일어나는 대사작용으로 글리코오즈 1mole은 2mole의 피루브산으로 분해되고, 2mole의 ATP을 생성하며, 피루브산은 젖산으로 전환된다. 이러한 젖산은 혈류를 통하여 신장을 거쳐 뇨로 배출된다. 그러나 근육 중에 젖산이 쌓이면 근육 피로의 주원인이 된다.

2) 호기성 해당작용(aerobic glycolysis) 무산소성 해당작용에 충분한 산소가 공급되면 글리코오즈 1mole은 이산화탄소와 물로 완전히 분해되며, 38mole의 ATP를 생성하여 충분한 에너지를 합성한다. 유산소성 해당과정은 산소가 충분히 공급되기 때문에 젖산이 축적되지 않으며 젖산의 이전 단계인 피루브산은 더 많은 ATP를 합성하고 최종적으로 물과 이산화탄소로 분해된다. 호기성 해당작용에서 유리되는 ATP와 CP는 저장되어 근육 활동에 사용된다.

3) 기초대사(basal metabolism) 생명을 유지하는 데 필요한 최소한의 시간당 에너지를 기초대사율(basal metabolic rate, BMR)이라 한다. 연령, 체중 등은 개인의 기초대사량에 영향을 주는 중요한 요인이다. 일반적으로 체격이 크고 젊은 남자가 BMR이 크다. Grandjean(1988)에 의하면 기초대사량은 70kg인 남자의 경우 1.2kcal/min, 60kg의 여성의 경우 1.0kcal/min이다. 또한, 성인의 1일 기초대사량은 약 1,500~1,800kcal이며, 여가를 포함한 경우는 1일 2,300kcal 정도가 필요하다.

4) 에너지대사율(RMR, relative metabolic rate) 작업 시의 에너지대사량은 휴식 후부터 작업 종료 시까지의 에너지대사량을 나타내며, 총에너지 소모량은 기초에너지대사량과 휴식 시 에너지대사량, 작업 시 에너지대사량을 합한 것으로 나타낼 수 있다.

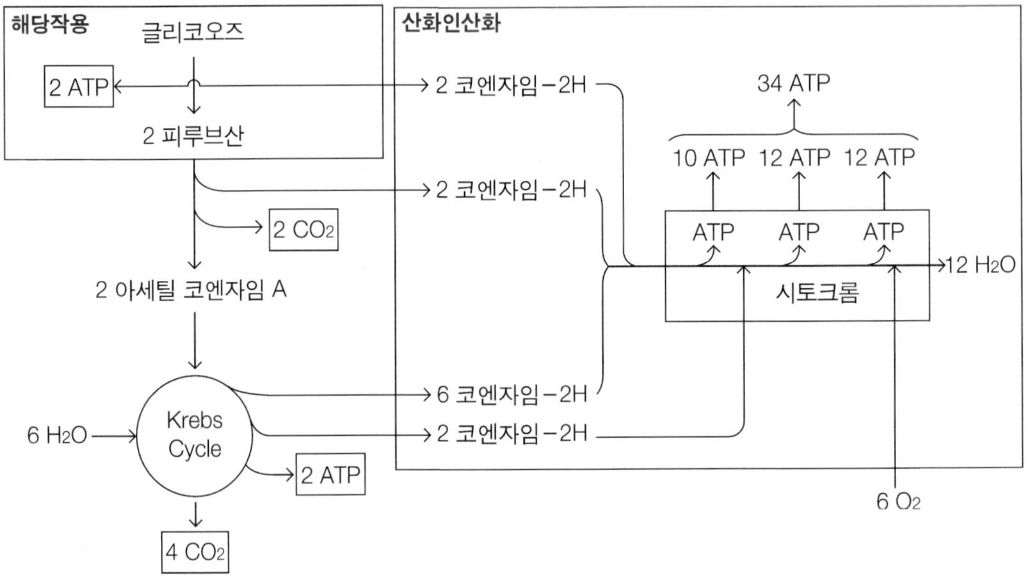

$$C_6H_{12}O_6 + 6\ O_2 + 38\ ADP + 38\ P_i \longrightarrow 6\ CO_2 + 6\ H_2O + 38\ ATP$$

그림 13•11▸에너지 대사과정

에너지대사율(RMR)은 기초대사량에 대한 작업대사량의 비로 정의된다.

$$\text{RMR} = \frac{\text{작업 시 에너지 대사량} - \text{안정 시 에너지대사량}}{\text{기초대사량}} = \frac{\text{작업대사량}}{\text{기초대사량}}$$

RMR의 크기에 따라 작업 강도를 다음과 같이 구분한다.

- 7 이상: 초중작업(과격작업)
- 4~7: 중(重)작업(동작, 속도가 큰 작업)
- 2~4: 중(中)작업(동작, 속도가 작은 작업)
- 0~2: 경작업(사무작업과 같이 앉아서 하는 작업)

5) 젖산의 축적 작업자의 활동이 평상시보다 많은 경우에는 산소의 공급이 더 요구되는데, 이런 경우 작업자는 호흡수를 늘리거나 심박수를 늘려서 필요한 산소를 공급한다. 그러나 작업자의 활동 수준이 더욱 많아지면 근육에 공급되는 산소의 양은 필요량에 비해 부족하게 되고 혈액에는 젖산이 축적된다. 이렇게 젖산이 체내에 축적되면 근육의 피로가 누적되어, 종국에는 근육은 반응을 잃게 된다. 젖산의 제거 속도가 생성 속도에 미치지 못하면 작업이 끝난 후에도 남아있는 젖산을 제거하기 위하여 산소가 필요한데, 이를 산소 빚(oxygen debt)이라 한다. 산소 빚을 갚기 위하여 맥박과 호흡은 작업을 하기 이전 수준으로 바로 돌아가지 않고 서서히 감소하게 된다. 그림 13•12는 이러한 과정을 나타내고 있다.

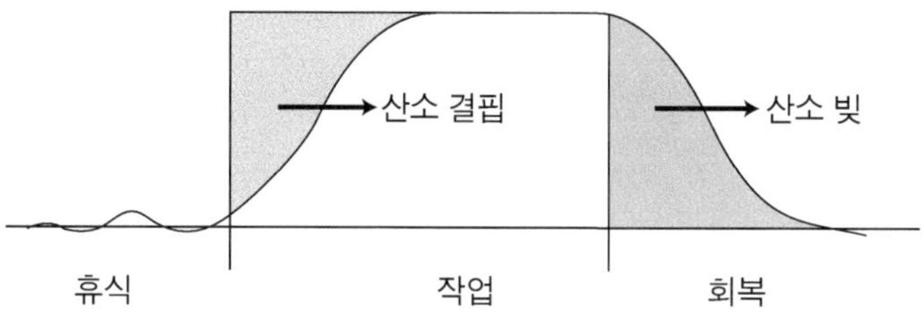

그림 13•12▸산소 빚

2.3 에너지 소비량

작업 시 에너지 소비량은 작업자가 작업을 수행할 때의 작업 방법이나 작업 자세, 작업 속도, 작업 도구의 사용 등에 따라서 달라진다. 그림 13•13은 신체 활동에 따른 에너지 소비량을 나타낸 것이다. 그림 13•13에서 보면 앉아서 하는 조립작업의 경우 에너지 소비량은 1.6kcal/min, 서서하는 삽질 작업의 경우는 삽과 물체의 무게에 따라 다르지만 물체의 무게가 7.2kg인 경우 에너지 소비량은 8.5kcal/min인 것을 볼 수 있다.

2.3.1 작업 등급

표 13•4는 에너지 소비량에 따라 작업 등급(grade of work)을 정의하고, 성인 남자를 기준으로 심박수와 산소 소비량, 하루 8시간 작업할 경우의 에너지 소비량을 나타낸 것이다. 보통 작업의 경우 1일 에너지 소비량은 2,400~3,600kcal이지만, 아주 힘든 작업을 할 경우는 하루 4,800~6,000kcal의 에너지가 소비된다.

그림 13•13▸신체 활동에 따른 에너지 소비량(kcal/min)

표 13•4 ▸ 에너지 소비량에 따른 육체적 작업의 등급(성인 남자기준)

작업등급	에너지소비량 kcal/min	에너지소비량 8h(kcal/day)	심박수 (beat/min)	산소 소비량 (l/min)
휴식(앉은 자세)	1.5	720 >	60~ 70	0.3
아주 가벼운 작업	1.6~ 2.5	768~1,200	65~ 75	0.3~0.5
가벼운 작업	2.5~ 5.0	1,200~2,400	75~100	0.5~1.0
보통 작업	5.0~ 7.5	2,400~3,600	100~125	1.0~1.5
힘든 작업	7.5~10.0	3,600~4,800	125~150	1.5~2.0
아주 힘든 작업	10.0~12.5	4,800~6,000	150~180	2.0~2.5
견디기 어려운 작업	> 12.5	> 6,000	> 180	> 2.5

2.3.2 에너지 소비량에 영향을 미치는 요인

1) 작업 방법 특정한 작업을 수행하는 데 필요한 에너지 소비량은 그 작업을 수행하는 작업 방법에 따라서 차이가 있다. 일반적으로 작업 시 편안하고 좋은 자세로 몸의 균형을 유지하며 작업을 하는 것이 에너지 소비량 측면에서 효과적이다. 그림 13•14는 짐을 옮기는 다양한 방법에 따른 상대적 산소 요구량을 보여준다.

2) 작업 자세 작업을 수행하는 데 있어서 작업 자세 또한 에너지 소비량에 영향을 주는 주요인이다. 작업 시 작업자가 허리를 굽히고 장시간 작업을 하거나, 다리를 쪼그려 앉아 장시간 작업을 하는 경우에는 허리를 펴고 하는 작업이나 무릎을 땅에 대어 체중을 지지해주면서 작업을 하는 것보다 더 많은 에너지 소비량을 요구한다.

3) 작업 속도 작업 속도는 생리적 부하에 중요한 영향을 미친다. 적당한 작업 속도로 작업을 하는 경우 작업자는 생리적 부하를 크게 느끼지 않고 장시간 작업을 계속할 수 있다. 그러나 작업의 속도가 빨라지면 생리적인 부담이 커지고 심박수가 증가하게 되며 에너지 소비량도 커진다.

4) 작업 도구 작업에 사용되는 도구가 작업의 효율성을 높이거나 작업자의 자세를 균형 있게 유지시켜주는 경우는 에너지 소비량을 감소시킬 수 있다.

3 작업 부하 및 휴식 시간

3.1 신체 활동의 부하 측정

3.1.1 산소 섭취량

에너지 소비량은 작업이 수행되는 동안 작업자의 산소 섭취량(O_2 uptake)을 직접 측정하여 작업 시

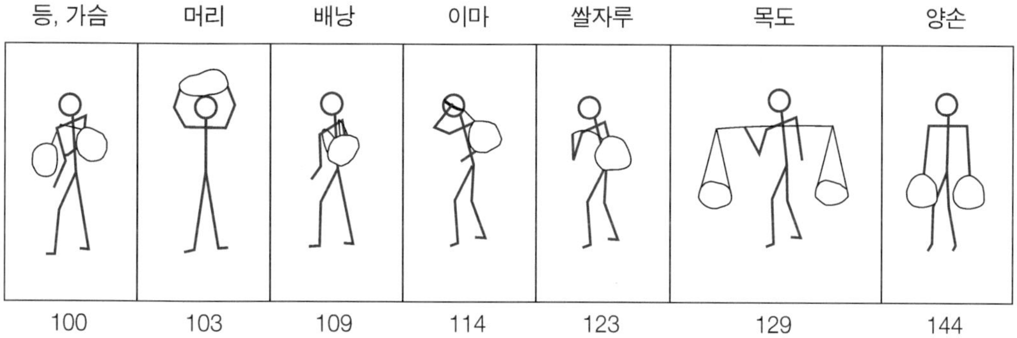

그림 13•14▸짐을 나르는 방법에 따른 상대적 산소 요구량

소비되는 산소 소비량으로 추정한다. 산소는 1ℓ당 5kcal 정도의 에너지를 유리시키므로 산소 소비량과 에너지 소비량은 선형관계를 갖는다. 작업의 부하가 증가하면 산소 소비량은 선형적으로 증가하나, 일정한 수준에 이르면 작업 부하가 증가하더라도 더 이상 산소 소비량은 증가하지 않고 일정한 수준을 유지하게 되는데 이를 최대 산소 소비량이라 한다(그림 13•15).

산소 소비량은 다음의 순서로 추정한다.

- 더글라스낭이나 호흡 시 배기량을 측정할 수 있는 장비를 이용하여 작업자의 배기(排氣)량을 측정한다.
- 측정된 배기의 표본을 취하여 성분을 분석한다.
- 표본을 취하고 남은 배기는 가스미터(gas meter)를 이용하여 부피를 측정한다.
- 배기 성분과 부피를 이용하여 흡기(吸氣)의 부피를 구한다. 질소는 체내에서 대사되지 않고 배기되므로 흡기와 배기 중의 질소의 양은 같게 된다. 즉, 흡기의 부피를 $V_{흡기}$, 배기 부피를 $V_{배기}$라 하면 $79\% \times V_{흡기} = N_2\% \times V_{배기}$의 식이 성립한다. 이 식으로부터 다음이 성립된다.

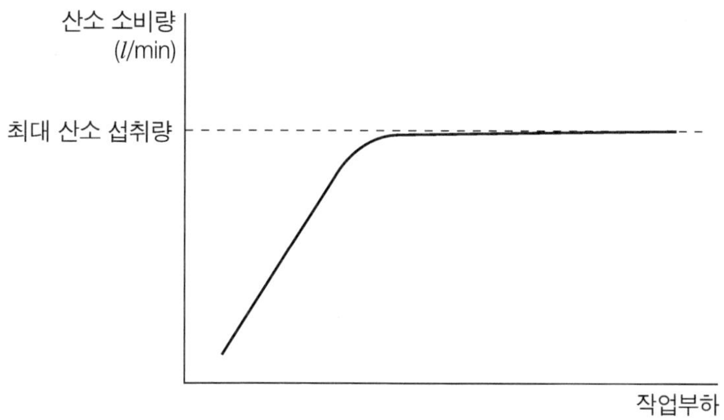

그림 13•15▸작업 부하와 산소 소비량과의 관계

표 13•5▸흡기 중의 성분

성분	흡기	배기
O_2	21%	O_2%
CO_2	0%	CO_2%
N_2 등	79%	100−O_2%−CO_2%

그림 13•16▸대사기능 측정기의 예

$$V_{흡기} = \frac{100-O_2\%-CO_2\%}{79} \times V_{배기}$$

공기, 즉 흡기 중의 산소, 이산화탄소, 질소 등의 비율은 다음 표 13•5와 같으며, 흡기량이 구해지면 표 13•5의 비율을 이용하여 산소 소비량을 계산할 수 있다.

$$산소\ 소비량 = 21\% \times V_{흡기} - O_2\% \times V_{배기}$$

산소분석기 혹은 대사기능측정기 등을 이용하면 산소 소비량 분석을 위하여 위와 같은 공식을 이용하지 않더라도 자동으로 산소 및 탄소 소비량, 호흡 작용의 변화 비율 등을 자동으로 알 수 있다. 그림 13•16에 대사기능측정기의 예가 나와 있다.

예제 13.1 어떤 작업을 수행하는 작업자의 배기량을 더글라스낭을 이용하여 10분간 측정하였더니 300리터였다. 가스미터를 이용하여 배기 성분을 조사하니 O_2가 18%, CO_2가 5%였다. 이 때 작업자의 분당 산소 소비량 및 에너지 소비량을 구하라.

▸ 분당 배기량 = 300/10 = 30(liters)

$$V_{흡기} = \frac{100-O_2\%-CO_2\%}{79} \times V_{배기} = \frac{100-18-5}{79} \times 30 = 29.2(liters)$$

산소 소비량 = 21% × $V_{흡기}$ − O_2% × $V_{배기}$ = 0.21×29.2−0.18 × 30 = 0.7(liter/min)

분당 에너지 소비량 = 5(kcal/liter) × 0.7(liter/min) = 3.5(kcal/min)

3.1.2 심박수

작업 부하가 증가함에 따라서 작업자의 심박수(heart rate)는 증가한다. 산소 소비량과 심박수는 선형관계를 나타내므로 작업자의 심박수를 근거로 에너지 소비량을 간접적으로 평가할 수 있다. 심박수는 산소 소비량에 비해 측정하기 쉬우나, 열 및 감정적 스트레스의 영향을 받으며, 최대 심박수는 체질, 건강상태, 연령, 성별 등에 의하여 영향을 받는다.

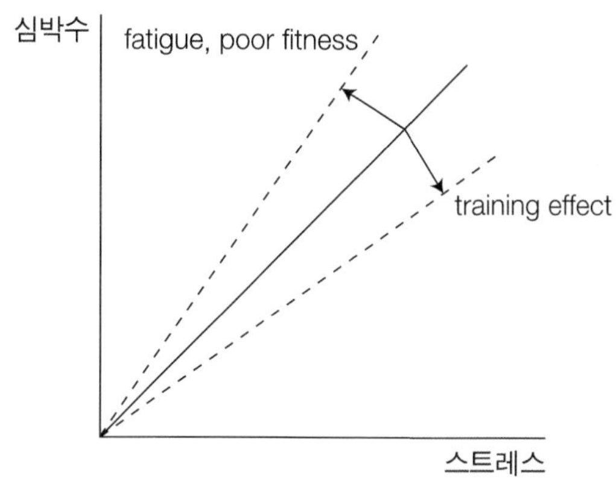

그림 13•17▸스트레스와 심박수와의 관계

미국산업위생학회(American Industrial Hygiene Association: AHA)에 의하면, 최대 심박수는 다음과 같이 정의하고 있으며,

$$\max HR = 220 - AGE$$

Astrand와 Rohdal(1986)의 연구에 의하면 최대 심박수는 다음과 같이 정의할 수 있다.

$$\max HR = 190 - \frac{2}{3}(AGE - 25)$$

또한 그림 13•17에서 보는 바와 같이 스트레스가 증가하면 심박수(HR)도 증가하는데, 작업자가 피로하거나 체력이 약한 경우에 심박수는 스트레스가 증가함에 따라서 급격히 증가하지만, 운동 등으로 체력을 관리한 경우에는 스트레스가 증가하여도 심박수의 증가율을 평균보다 낮출 수 있다.

3.1.3 혈압

혈압(blood pressure)은 대동맥의 압력을 의미하며 심실이 수축할 때 최대값을, 심실이 이완할 때 최소값을 나타낸다. 혈압은 연령이나 건강 상태, 측정 시간 등에 따라 영향을 받는다. 혈압은 특히 불편한 자세로 지속적인 작업을 할 때 작업 부하의 지표로 사용되기도 한다.

3.1.4 근전도

근전도(electromygram: EMG)는 근육 활동의 전위차를 측정하는 것으로 수의근의 활동 상태를 나타낸다. 국소적 근육 활동은 근전도를 이용하여 측정할 수 있다. 근전도를 사용하면 근육 활동을 정량적으로 측정할 수 있는 이점이 있으나, 측정 장비가 고가이며 측정 시 신호의 잡음(noise)으로 인하여 정확한 측정이 어렵고, 측정된 자료의 해석이 어렵다는 단점이 있다.

표 13•6▸Borg 척도

Borg 척도		신체 활동	Borg 척도		신체 활동
Borg-RPE	CR10		Borg-RPE	CR10	
6 7	0.0	활동 없음	15 16	5.5 6.5	힘든 활동
8	0.5	극히 가벼운 운동	17 18	7.5 9.0	아주 힘든 활동
9 10	1.0 1.5	아주 가벼운 활동	19	10.0	극히 힘든 활동
11 12	2.0 3.0	가벼운 활동	20	12.0	최대 활동
13 14	3.5 4.5	약간 힘든 활동		최대	

3.1.5 주관적 척도

Borg(1985)는 작업자의 작업 부하를 본인이 주관적으로 평가하여 언어적으로 표현하도록 하였고, 심리적으로 느끼는 주관적 강도를 생리적 변인으로 정량화하였다. 이를 Borg RPE(rating of perceived exertion) 혹은 Borg 척도(scale)이라 한다. RPE는 신체 활동과 관련된 모든 형태에 활용되고 있다. 이 평가 척도는 심박수가 신체의 활동 수준과 선형적 관계를 가진다는 것에 기초하여 신체 부하를 6~20까지 15단계의 등급으로 나누었다. 각 신체 활동 단계에서의 심박수는 Borg RPE 척도에 10을 곱하여 구할 수 있다. Borg RPE 척도는 표 13•6과 같다. Borg는 일반적으로 사용되는 척도와 달리 6에서 시작하는 RPE 척도를 쉽게 사용할 수 있도록 개선한 CR(category-ratio)10 척도를 제안하였다. CR10 척도는 보통의 척도와 같이 0~10 사이의 12단계와 최대(maximal) 등급으로 구성되어 있다. 표 13•6에 CR10 척도를 병기하였다.

3.2 휴식 시간의 산정

특정 작업에서 요구되는 에너지 소비량이 작업자의 최대 작업능력의 30%를 초과하여 하루 8시간 이상을 작업하게 되면 작업자는 피로가 누적되고 젖산이 혈액에 축적되어, 휴식 없이 장기간 이러한 작업을 계속할 경우 만성 피로로 건강에 문제를 일으키게 된다.

따라서 작업자의 피로를 줄이거나 없애기 위해서는 공학적인 개선방법과 관리적인 개선방법이 필요하다. 공학적인 개선방법으로는 작업물의 무게를 줄이거나, 작업장과 작업 방법, 속도 등을 개선하여 작업의 부하를 직접 줄여주는 것이며, 관리적인 개선방법으로는 순환근무, 작업과 휴식 시간의 적절한 분배 등 작업시간을 줄여주거나 최대 작업 능력이 큰 작업자의 배치하는 등의 방법이 있다.

Murrell(1965)은 임의의 작업 활동에서 필요한 총 휴식량(total amount of rest)을 예측하는 공식을 제안하였다. 8시간 작업할 경우 신체작업능력은 남성의 경우 5.0kcal/min, 여성은 3.5kcal/min이며, 휴식 시의 에너지 소비량은 1.5kcal/min이다. 따라서 휴식 시간은 다음과 같다.

$$R = \frac{T(E-S)}{E-Erest} = \frac{T(E-S)}{E-1.5} = \frac{T(E-5)}{E-1.5} \quad \text{(남성)}$$

$$= \frac{T(E-3.5)}{E-1.5} \quad \text{(여성)}$$

여기서 R은 필요한 휴식 시간(min), T는 총 작업시간(min), Erest는 휴식 시 에너지 소비량(kcal/min, 약 1.5kcal/min), E는 작업 중 평균 에너지 소비량(kcal/min), S는 권장 평균 에너지 소비량(kcal/min)을 나타낸다.

예제 13.2 어떤 남성 작업자가 분당 에너지 소비량이 7kcal인 작업을 수행하고 있을 때 8시간 근무 중 포함되어야 할 휴식 시간을 구하라.

▸ 위 식을 이용하면 $R = \frac{480(7-5)}{7-1.5} = 174.5$분이 된다.

연습문제

[1] 육체적 작업 수행 능력에 영향을 주는 작업 특성요인이 아닌 것은?

① 작업부하 ② 교대근무 ③ 스트레스 ④ 작업자세

[2] 근섬유에 영양분과 산소를 전달하는 서비스 기능과 관련 없는 것은?

① 영양 섭취 ② 심박출량 ③ 산소 유리 ④ 에너지 전환

[3] 근육을 구성하는 요소가 아닌 것은?

① 인대(ligament) ② 연결조직(connective tissues)
③ 신경(nerves) ④ 근섬유(muscle fiber)

[4] 육체적 작업에 필요한 일(work)은 어떤 에너지가 기계적 에너지로 전환된 것인가?

① 위치 에너지 ② 화학적 에너지 ③ 전기적 에너지 ④ 물리적 에너지

[5] 골격근을 구성하는 단위 중 가장 큰 것은?

① 근섬유 ② 근원섬유 ③ 액틴 ④ 근필라멘트

[6] 다음 근원섬유의 구조 중 어두운 부분으로 액틴과 미오신이 겹쳐져 있는 부분은?

① Z-line ② A-band ③ I-band ④ H-zone

[7] 골격근의 수축 과정과 관련된 인자가 아닌 것은?

① Ca^{2+} ② N ③ ATP ④ actin

[8] 다음 육체적 작업 수행 능력에 영향을 주는 요인에 대한 설명 중 틀린 것은?

① 신체적 활동 능력은 18~20대에 최대이며, 그 후 근육의 양과 운동신경뉴런의 수가 감소하여 육체적 능력이 점차적으로 감소하게 된다.
② 호기력과 근력은 작업자의 신체 치수 및 근육량과 관련이 있다.
③ 남성과 여성의 체중 대비 근육 비중은 비슷하지만, 남성의 근육이 튼튼하기 때문에 여성보다 육체적 작업능력이 우월하다.
④ 작업자의 작업에 대한 자부심이나 강한 의지는 작업수행 능력에 긍정적 영향을 준다.

[9] 근필라멘트(myofilament)를 구성하는 요소 중 밝고 가는(thin) 것은?

① 운동단위(motor unit) ② 미오신
③ 근원섬유 ④ 액틴

[10] 근육 수축 시 근육 길이가 변하지 않는 것은?

① 등척성 수축 ② 이심성 수축 ③ 등장성 수축 ④ 동심성 수축

[11] 다음 중 호기성 대사작용(aerobic glycolysis)으로 인한 부산물이 아닌 것은?

① 이산화탄소 ② 에너지 ③ 젖산 ④ 물

[12] 다음 중 지근(slow twitch, Type II)의 특성이 아닌 것은?

① 느린 연축 ② 유산소성 ③ 지구력이 높음 ④ 인장력이 큼

[13] 근수축 기전에 대한 다음 단계별 설명 중 틀린 것은?

① 근세포가 흥분하면, Ca^{2+}가 근장그물과 결합한다.
② Ca^{2+}는 트로포닌과 결합하여 트로포미오신이 된다.
③ 고 에너지의 미오신 헤드는 액틴과 결합하여 교차다리를 형성한다.
④ 미오신 헤드에 ATP가 작용하면 교차다리가 분리되고 근육은 이완된다.

[14] 움직임에 따른 주동근과 길항근 설명이 틀린 것은?

① 팔꿈치 관절 굴곡 시 주동근-이두박근, 길항근-삼두박근
② 팔꿈치 관절 신전 시 주동근-삼두박근, 길항근-이두박근
③ 허리 관절 굴곡 시 주동근-복직근, 길항근-척주기립근
④ 허리 관절 신전 시 주동근-척주기립근, 길항근-광배근

[15] 다음 신경 충동의 전파 과정에 대한 설명 중 틀린 것은?

① 한쪽에 자극을 받으면 그 주위 세포막에 Na^+ 투과력이 생겨 활동전위차가 발생한다.
② 탈분극이 발생하면 내부는 (−)전위를, 외부는 (+)전위를 띄게 된다.
③ 이웃 지역을 탈분극 시킨 다음 처음 자극을 받아 탈분극된 지역은 재분극되어 휴지 상태로 돌아간다.
④ 신경 충동 전파 속도는 신경섬유의 직경과 신경섬유의 수질 함유여부에 달려 있다.

[16] 평형 시 막전위에 관한 설명으로 옳지 않은 것은?

① 세포 내·외에 있는 전압 차이로 탈분극된다.
② Na^+-K^+의 pumping 기전에 의해 형성된다.
③ 안정막 전압 시에도 K^+와 Na^+는 이동한다.
④ 역치 이하 자극이 와도 탈분극된다.

[17] 막전위차(membrane potential)는 세포 내외의 이온의 농도 차이와 세포막의 투과성에 따라 결정되는데, 이와 관련된 다음 설명 중 옳지 않은 것은?

① K^+의 농도가 세포 안쪽이 바깥쪽보다 높아지면 안에서 밖으로 K^+의 확산이 일어나고 다시 평형을 이루게 되는데 이때의 전압은 약 −90mV가 된다.
② 휴지 시(resting) 막전위차는 +70mV이다.
③ Na^+의 농도가 세포 안쪽보다 바깥쪽이 높으면 Na^+의 확산이 일어나고 다시 평형을 이루게 되는데 이때의 전압은 약 +60mV가 된다.
④ 막전위차는 Na^+과 K^+의 농도 차에 의하여 형성된다.

[18] 다음 운동 단위에 대한 설명 중 틀린 것은?

① 미토콘드리아 함유량은 지근(slow twitch, Type I)이 속근(fast twitch, Type II)보다 작다.
② 동일한 운동 섬유에 의하여 통제되는 근육의 긴본 기능 단위를 운동단위라 한다.
③ 적색 마이오글로빈 축적량은 지근이 속근보다 높다.
④ 속근은 유산소 능력이 떨어지고 피로에 대한 저항이 낮다.

[19] 다음 신경 자극에 따른 근수축 형태 분류가 바르게 된 것은?

① 연축(twitch): 근육의 부분적 수축
② 강축(tetanus): 연속된 자극에 의한 큰 수축
③ 강직(contracture): 활동 전압 발생에 따른 가역적 수축
④ 긴장(tonus): 활동 전압 없이 일어나는 비가역적 수축

[20] 골격근은 두 뼈 사이에 걸쳐서 기시부와 정지부가 있는데, 뼈와 근육을 연결하는 주된 조직은 무엇인가?

① 인대 ② 연골 ③ 관절 ④ 건

[21] 다음 대사 과정에 대한 설명 중 틀린 것은?

① 주된 에너지원은 탄수화물, 지방, 단백질이다.
② 에너지 대사란 화학적 에너지를 기계적 에너지로 변환시키는 과정이다.
③ 신진대사 과정 중 물질을 분해하여 변화를 일으키는 것은 동화작용(anabolism)이다.
④ 몸 안의 에너지원은 혈액이나 램프액의 순환에 의하여 각 조직에 운반된다.

[22] 다음 중 에너지대사의 혐기성 해당작용(anaerobic glycolysis)에 관한 설명으로 옳지 않은 것은?

① 피루브산은 젖산으로 전환되며 뇨로 배출된다.
② 산소 공급이 충분하지 않은 경우에 일어난다.
③ 글리코오즈 1mole은 2mole의 피루브산으로 분해된다.
④ 해당작용에서 유리되는 ATP와 CP는 저장되어 근육 활동에 사용된다.

[23] 산소 빚(oxygen debt) 발생 과정에 대한 설명 중 틀린 것은?

① 산소 빚은 호기성 대사를 위해 필요한 산소가 충분히 공급되지 않을 때 생긴다.
② 산소 빚은 이산화탄소의 축적과 관련 있다.
③ 젖산의 축적 속도보다 제거 속도가 빠르면 산소 빚은 거의 생기지 않는다.
④ 작업이 끝난 후 작업 중 발생한 산소 빚을 갚기 위해 맥박과 호흡은 서서히 감소한다.

[24] 다음 중 작업 시 에너지 소비량에 영향을 미치는 요인이 아닌 것은?

① 작업 방법 ② 작업 자세 ③ 작업 속도 ④ 작업 동기

[25] 기초대사에 관한 설명으로 옳지 않은 것은?

① 일반적으로 체격이 크고 젊은 남자가 기초에너지대사율(BMR)이 크다.
② 성인의 1일 기초대사량은 약 1,500~1,800kcal이며, 여가를 포함한 경우는 1일 2,300kcal 정도 필요하다.
③ 나이, 연령, 체중 등은 개인의 기초대사량에 영향을 주는 중요한 요인이다.
④ 기초 작업을 수행하는데 필요한 최소한의 시간당 에너지이다.

[26] 에너지 대사율(RMR: relative metabolic rate)이 1.6이고, 안정 시 에너지 대사량이 700 kcal, 기초 대사량이 600kcal 일때, 작업 시 에너지 대사량은 얼마인가?

① 1,330 kcal ② 1,440 kcal ③ 1,550 kcal ④ 1,660 kcal

[27] 작업자가 1시간 작업하는 동안 분당 2.3ℓ 산소를 소비하였다. 총에너지 소비량은 얼마인가?

① 690 kcal ② 700 kcal ③ 710 kcal ④ 720 kcal

[28] 신체 활동에서 유산소 호흡에 필요한 산소가 충분히 공급되지 못할 때 혈액에 어떤 물질이 축적되는가?

① 글리코오스 ② ATP ③ 젖산 ④ 개미산

[29] 작업 대사량이 5,000 kcal 이고, 기초 대사량이 1,500 kcal인 작업자가 계속하여 작업할 수 있는 계속 작업 한계시간(CMT)은 약 몇 분인가? (단 logCMT=3.724-3.25logRMR 사용)

① 105분 ② 123분 ③ 131분 ④ 144분

[30] 어떤 작업을 수행하는 작업자의 배기량을 10분간 측정하였더니 300리터였다. 배기가스 중 산소는 16%, 이산화탄소는 6%를 차지하는 것으로 분석되었다. 이 때 분당 산소 소비량은?

① 1.12리터 ② 1.42리터 ③ 1.98리터 ④ 2.33리터

[31] 위 문제에서 남자 작업자가 8시간 작업 중 필요한 휴식시간은(Murrel 공식 사용)?

① 160분 ② 170분 ③ 180분 ④ 190분

[32] 여성 작업자가 작업을 할 때 평균 에너지 소비량이 4.3 kcal/min이었다. 이 작업을 휴식시간 포함 총 4시간을 작업하는 경우 필요한 휴식시간을 Murrel 공식을 사용하여 계산하면?

① 39분 ② 49분 ③ 59분 ④ 69분

[33] 건강한 남자 작업자가 하루 7시간 근무를 기준으로 작업을 할 때 작업 수행 시 산소 소비량이 1.6ℓ/min로 나타났다. 7시간 작업 중 필요한 휴식 시간은?

① 174분 ② 184분 ③ 194분 ④ 204분

[34] 다음 중 전신 신체 활동의 평가에 적절하지 않은 것은?

① EMG ② Borg-RPE ③ 심박수 ④ 산소 섭취량

[35] 인간의 육체적 작업 수행 능력에는 다양한 작업 환경 요인이 영향을 미치는 것으로 알려져 있다. 다음 설명 중 옳지 않은 것은?

① 지속적인 열 스트레스가 발생하면 저수증이 발생하여 작업 능력이 떨어진다.
② 저온 상태에서는 정밀작업에 큰 영향이 없다.
③ 고도가 높은 곳에서는 산소 압력이 낮아 최대 산소 흡입량이 감소한다.
④ 일반적으로 저주파수 진동은 작업자의 전신에 영향을 주어 작업수행에 부정적 영향을 미친다.

[36] 다음 중 신체 활동의 부하 측정 방법에 관한 설명으로 옳지 않은 것은?

① 심박수는 열 및 감정적 스트레스가 있는 경우에도 산소 소비량과 선형관계를 이룬다.
② 작업 부하가 증가하면 산소 소비량은 선형적으로 증가하다가, 최대 산소 소비량에 이르면 더 이상 증가하지 않는다.
③ 운동 등으로 체력을 관리한 경우는 작업 강도가 증가하면 심박수의 증가율이 평균보다 낮다.
④ Borg-RPE는 가장 쉽고 다목적용으로 사용할 수 있는 부하 측정 방법이다.

[37] 다음 Borg 척도에 대한 설명 중 틀린 것은?

① Borg RPE 척도는 심박수와 신체 활동 수준과의 선형적 관계에 기초하여 개발되었다.
② Borg RPE 척도는 0이 없으므로 비율 척도가 아니다.
③ Borg CR10 척도는 최대값이 12.0 이다.
④ Borg CR10 척도는 최소값이 0.0 이다.

[38] 활동 전위가 일어나는 동안의 막전위 변화 순서가 올바른 것은?

① 휴지-과분극-재분극-탈분극　② 휴지-재분극-탈분극-과분극
③ 휴지-탈분극-과분극-재분극　④ 휴지-탈분극-재분극-과분극

[39] 작업 시 에너지 대사량은 2,000 kcal, 안정 시 에너지 대사량이 720 kcal, 기초 대사량이 630kcal 일 때, 에너지 대사율(RMR: relative metabolic rate)은 얼마인가?

① 1.0　② 1.5l　③ 2.0　④ 2.5

[40] 다음 중 아주 가벼운 작업이라고 보기 어려운 것은?

① 에너지 소비량 1.6~2.5Kcal/m　② 에너지 소비량 768~1,200kcal/일
③ 산소 소비량 2.0~3.5liter/m　④ 심박수 60~75beats/m

응용문제

[1] 육체적 작업 수행 능력에 영향을 주는 요인들 중 작업환경의 영향을 설명하라.

[2] 세포막을 따라 신경 충동이 전파되는 과정을 설명하고 이때 막전위의 변화도 같이 설명하라.

[3] 혐기성 해당과정을 설명하라.

[4] 무릎 관절을 굴곡하는 동작에서 주동근(agonist)과 길항근(antagonist)에 관하여 설명하라.

[5] 휴식시간 산정 방법에 대해서 설명하라.

[6] 작업 시 에너지 소비량에 영향을 주는 요인들을 설명하라.

[7] 운동 단위 구분 중 지근(slow twitch, type I)과 속근(fast twitch, type II)의 성질을 비교 설명하라.

[8] 작업을 시작한 다음, 최대 산소 소비능력에 도달한 이후 한동안 계속 작업을 한 다음 종료한 경우, 산소 빚이 일어나는 과정을 설명하라.

[9] 근육의 수축과정인 Sliding filament theory를 설명하라.

[10] 작업부하 평가 방법에 대해서 설명하라.

CHAPTER 14 생체역학

1 신체동작의 유형과 범위

1.1 척추

1.1.1 척추의 구조

척추는 기본적으로 몸통(vertebral body)과 뼈꼬리(vertebral arch)로 이루어져 있으며, 섬유연골과 추간판(intervertebral disc)으로 연결되어 있다. 척추(vertebral column)는 신체를 지지하는 역할을 하며, 일련의 추골(vertebra)로 구성되어 있다. 32~34개의 추골은 그 부위에 따라 7개의 경추(cervical vertebra), 12개의 흉추(thoracic vertebra), 5개의 요추(lumbar vertebra), 5개의 천추(sacrum) 및 3~5개의 미추(coccyx)로 구분된다.

7개의 경추는 위로는 두개골과 아래로는 흉추와 서로 관절되어 있으며, 추체는 다른 추골에 비해 작고 납작한 형태이다. 제1경추는 환추라고 하는데 추체가 없으며, 제2경추는 축추라고 하는데, 추체 위로 추돌기가 있어서 제1경추와 관절하는데, 이 정중환축관절에서 머리의 회전이 일어난다. 또한 제7경추를 융추라고 한다.

12개의 흉추는 경추와 요추 사이에 위치하며, 크기도 경추와 요추의 중간 크기로 좌우 12쌍의 늑골과 관절하여 늑추관절을 이룬다. 5개의 요추는 추체가 다른 추골에 비해 가장 크며, 체중을 지탱하는 역할을 한다. 요추는 큰 근육들이 붙어 있어서 상당히 큰 범위로 운동할 수 있고, 이로 인하여 요통을 일으키기도 한다. 5개의 천추는 골화되어서 삼각형 모양의 하나의 뼈가 되어있고, 천추골이 융합된 흔적인 횡선이 있다. 미골은 3~5개의 조그마한 미추가 융합되어 이루어진 작은 삼각형의 뼈로 천골의 아래서 관절되어 있다(그림 14•1).

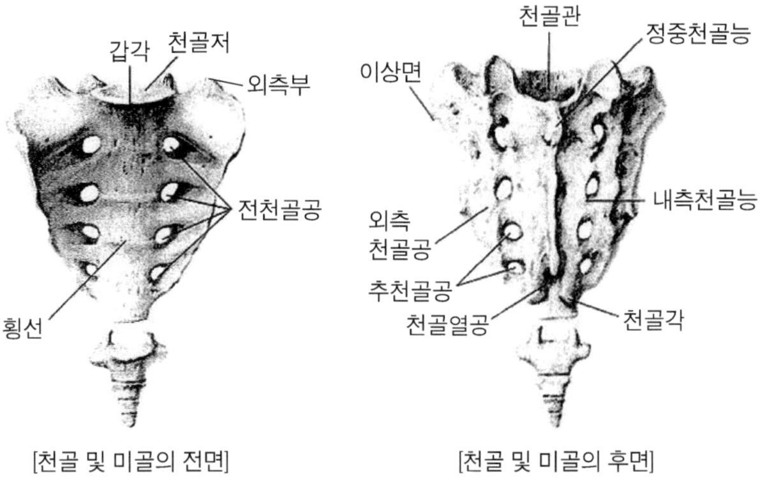

그림 14•1▸미골과 천골의 전·후면

1.1.2 추간원판

추간원판(intervertebral discs)은 제2경추 이하부터 제5요추와 천골까지 추골들 사이에 23개가 있다. 각각의 추간원판은 중앙이 가장 두껍다. 추간원판의 바깥쪽은 결합조직과 섬유성 연골로 되어 있는 섬유륜이 있고, 내부의 중앙은 섬유성 연골로 된 수핵이 있다. 추간원판은 그 구조상 강한 탄력성과 팽창성을 가지고 있기 때문에 굴신운동이 가능하며 몸을 지지하는 중요한 역할을 하고 있다. 그림 14•2는 추간원판의 역할을 보여준다.

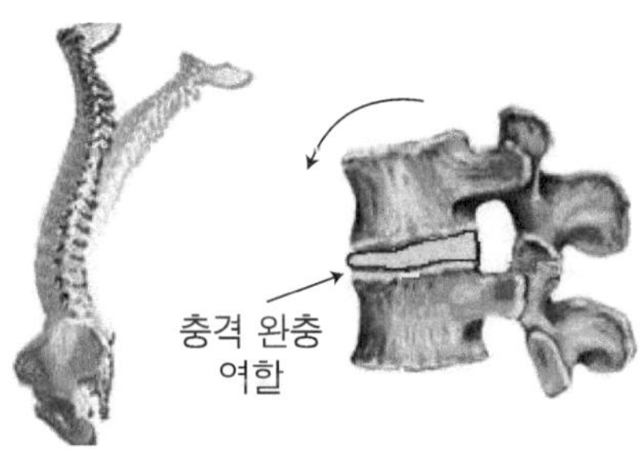

그림 14•2▸추간원판

1.2 관절의 운동

뼈와 뼈가 맞닿는 곳은 관절로 연결되어서 신체의 운동을 가능하게 한다. 신체를 움직이는 대부분의 관절은 활액관절로 윤활성의 액을 가지고 있어 움직임을 부드럽고 원활하게 한다. 관절의 움직임은 관절의 종류에 따라서 제한을 받는다. 가동성 관절은 그 형태에 따라서 다음과 같이 분류할 수 있다(그림 14•3).

1) 구상관절 관절두가 구의 형태를 하고 있으며, 관절와는 반대로 오목하게 되어 있다. 이 관절은 3축성 관절로 자유롭게 운동할 수 있으며, 신체의 관절 중 운동범위가 가장 넓고 가동성이 풍부하다. 견관절(어깨관절), 고관절(엉덩이관절) 등이 이에 속한다.

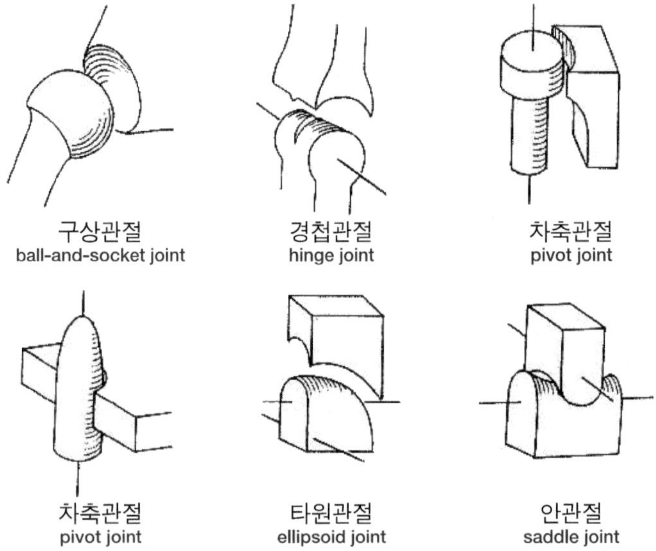

그림 14•3▸관절의 종류

2) 안관절(혹은 안장관절) 양쪽의 관절면이 모두 말의 안장 모양처럼 전후, 혹은 좌우로 파여 있는 관절로 제1중수근관절이 이에 속한다.

3) 경첩관절(혹은 접번관절) 한쪽 관절면은 볼록하게 되어 있고 다른 한쪽은 관절면은 오목하게 들어가 있는 형태의 1축성 관절로 운동이 한쪽 방향으로만 일어난다. 주관절(팔꿈치관절), 슬관절(무릎관절), 지관절이 이에 속한다.

4) 차축관절(혹은 중쇠관절, 굴대관절) 1축성 관절로 세로축을 가진 원둘레를 도는 회전운동을 한다. 상요척관절, 경추관절, 정축환축관절 등이 이에 속한다.

5) 타원관절 관절두와 관절와가 모두 타원형으로 이루어진 관절로 요수근관절이 이에 속한다. 2축성 관절로 타원의 장축과 단축방향으로 굴곡되지만, 회전운동은 못한다.

6) 과상관절 관절두가 구형이고 관절와는 얇은 소켓모양으로 되어있는 관절로 굴곡과 신전만 할 수 있다. 악관절과 중수지절관절이 과상관절(condyloid joint)에 속한다.

7) 평면관절 평면관절(plane joint)은 모양과 크기가 같은 양쪽 관절면이 편평한 관절로서 미끄러지는 활주운동만 일어나며, 가동 범위가 매우 좁다. 수근간관절 및 작은 족근간관절이 이에 속한다.

1.3 신체 부위의 동작 유형

신체 부위의 동작유형은 다음과 같으며, 그림 14•4에서 잘 보여주고 있다.

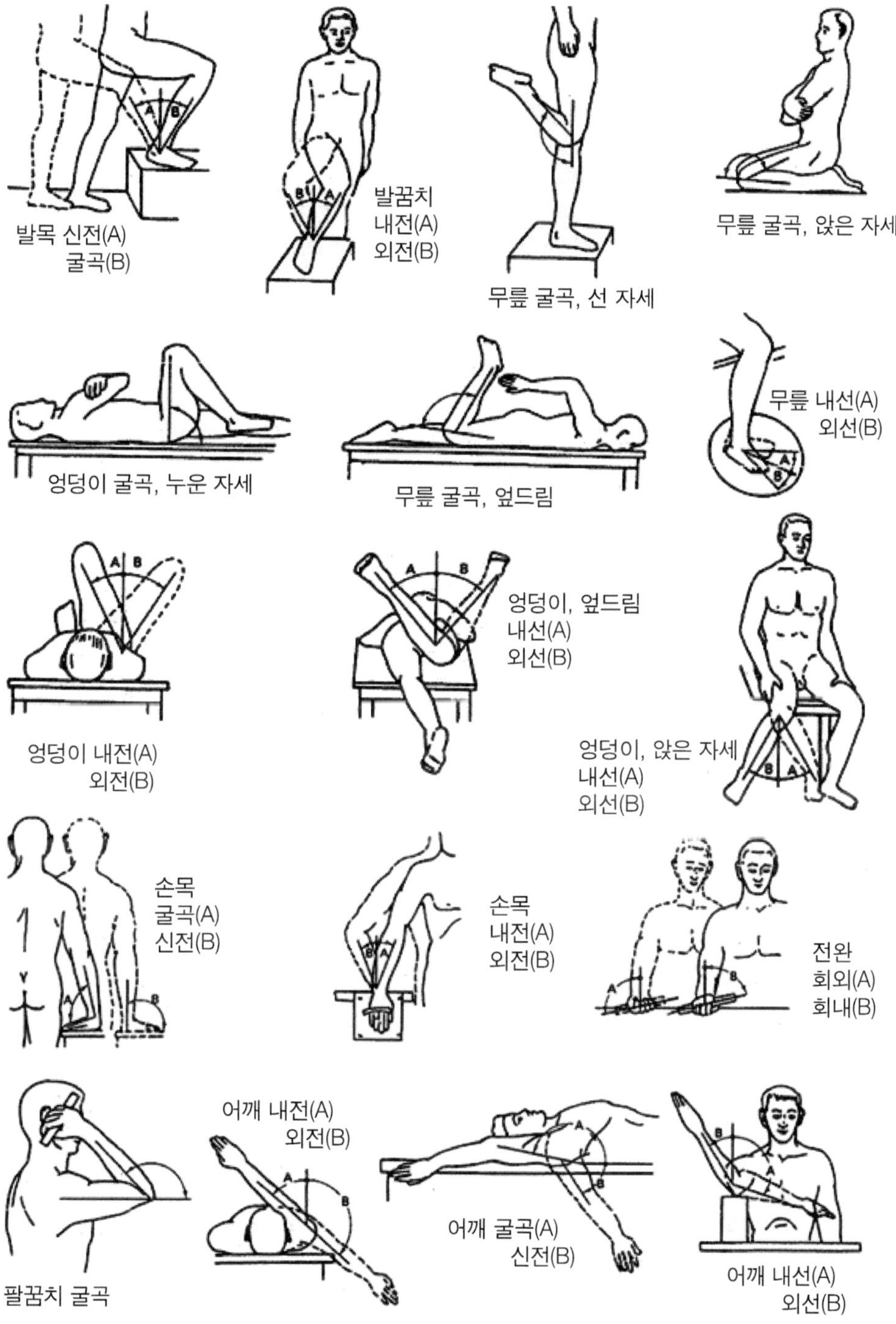

그림 14•4▸신체 부위의 동작 유형

- 굴곡(屈曲, flexion): 관절의 각도를 감소시키는 동작
- 신전(伸展, extension): 굴곡과 반대방향으로 움직이는 동작으로 관절의 각도를 증가시키는 동작
- 내전(內轉, adduction): 신체의 중심선에 가까워지도록 움직이는 동작

- 외전(外轉, abduction): 신체의 중심선으로부터 멀어지도록 움직이는 동작
- 내선(內旋, medial rotation): 신체의 중심선을 향하여 안쪽으로 회전하는 동작
- 외선(外旋, lateral rotation): 신체의 중심선 바깥으로 회전하는 동작
- 회내(回內, pronation): 손과 전완 사이, 발과 정강이 사이에서 일어나는 동작으로 손바닥이나 발바닥이 아래를 향하도록 안쪽으로 회전하는 동작
- 회외(回外, supination): 회내와 반대방향으로 움직이는 동작으로 손바닥이나 발바닥이 위로 향하도록 바깥쪽으로 회전하는 동작
- 회선(回旋, circumduction): 목과 어깨의 원형 움직임과 같이 신체를 원형 또는 원추형으로 움직이는 동작
- 내번(內翻, inversion): 손목 관절이나 발목 관절이 안쪽으로 움직이는 운동
- 외번(外翻, eversion): 손목 관절이나 발목 관절이 바깥쪽으로 움직이는 운동
- 저측굴곡(低側屈曲, plantar flexion): 족저의 경우 발끝을 뒤쪽으로 당기는 운동으로 발바닥 쪽으로 굴곡됨
- 배측굴곡(背側屈曲, dorsal flexion): 족저의 경우 발끝을 앞쪽으로 당기는 운동으로 발등 쪽으로 굴곡

2 힘과 모멘트

2.1 물리량

역학에서 사용하는 힘, 질량, 속도, 가속도, 시간, 부피 등의 물리량은 스칼라량과 벡터량으로 분류할 수 있다. 스칼라량(scalar quantity)은 크기만으로 표시되는 물리량이며, 벡터량(vectorquantity)은 크기와 방향을 갖는 물리량이다. 벡터량은 자유벡터(free vector)와 정치(定置)벡터(localized vector)로 다시 나눌 수 있다. 자유벡터는 기울기와 방향은 결정되어 있으나, 작용선이 특정 점을 지나지 않는 벡터이고, 정치벡터는 특정 작용선을 가지고 있는 벡터로 미끄럼벡터(sliding vector)와 고정벡터(fixed vector)로 다시 나뉜다.

2.2 힘

힘(力, Force)은 정지하고 있는 물체를 움직이거나, 움직이고 있는 물체의 속도나 운동 방향을 바꾸거나 물체를 변형시키는 작용을 하는 물리량(物理量)으로 크기와 방향을 갖는 벡터이다. 힘은 작용이 일어나는 방식이나 나타나는 방식에 따라서 중력, 구심력, 원심력, 마찰력 등 다양한 형태로 나눌 수 있다.

힘은 벡터량이므로 다음의 네 가지 특성을 가지고 있다.

- 크기
- 방향
- 작용선(line of action)
- 작용점(point of application)

예를 들어, 10kg 질량을 가지는 물체의 무게 벡터는 크기가 98N, 방향은 수직 하방, 작용선은 지면에 대한 수직선이고 작용점은 물체의 무게 중심이 된다.

물체에 작용하는 외력은 크기, 방향, 작용점 등으로 나타낼 수 있다. 예를 들어 물체에 작용하는 두 힘이 크기와 방향이 같고, 같은 작용선 상의 임의의 위치에 있으면 두 힘은 같은 효과를 나타낸다. 즉, 강체(rigid body)에 미치는 힘의 외적 효과는 힘의 작용선상에 있는 작용점의 위치에는 무관한데, 이를 전달성의 원리(principle of transmissibility)라 한다(그림 14•5).

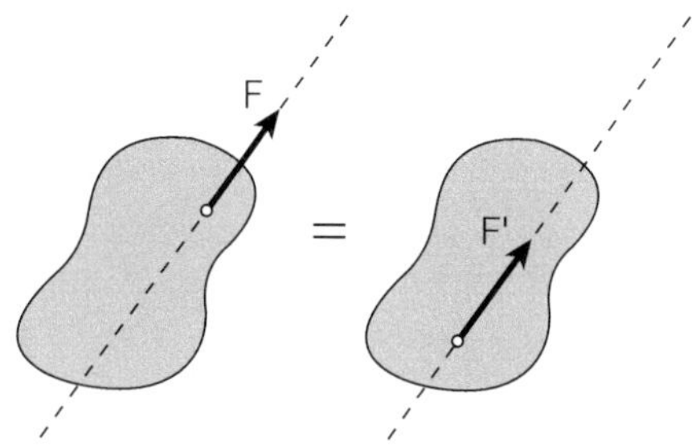

그림 14•5▸전달성의 원리

힘의 크기는 그것이 작용함으로써 발생한 가속도와 물체의 질량의 곱으로 결정되며, 힘의 단위는 다인(dyn), 뉴턴(N), 킬로그램중(kg중) 등으로 나타낼 수 있다.

$$1\text{dyn} = 1\text{g} \times 1\text{cm/s}^2$$
$$1\text{N(Newton)} = 1\text{kg} \times 1\text{m/s}^2$$
$$1\text{kg중} = 1\text{kg} \times 9.8\text{m/s}^2$$

2.3 모멘트

물체에 작용하는 힘의 회전효과는 힘의 크기와 힘의 작용점과의 거리에 비례한다. 점 O에 대한 힘 $\vec{F}$의 모멘트(moment)는 점 O에서 힘 $\vec{F}$까지의 수직거리 r에 힘의 크기를 곱한 것과 크기가 같고, 방향은 $\vec{r}$와 $\vec{F}$를 포함하는 평면에 수직한 벡터로 정의된다. 즉, 모멘트는 회전축에서 힘의 작용점까지의 거리를 나타내는 벡터 $\vec{r}$와 힘의 벡터 $\vec{F}$의 외적(外積, vector product)인 $\vec{r}\times\vec{F}$로 정의된다(그림 14•6).

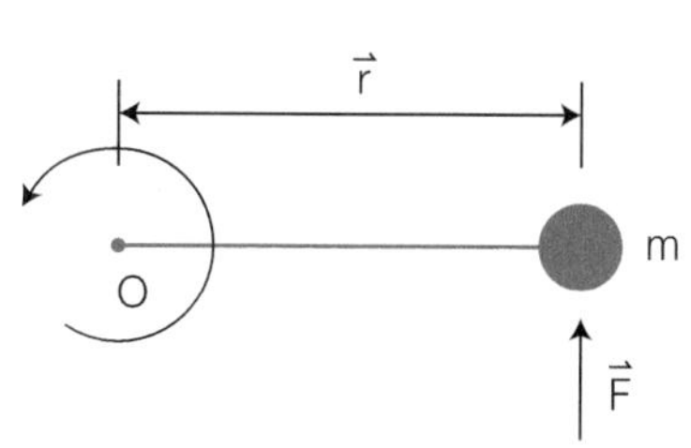

그림 14•6▸모멘트의 정의

하나의 물체에 2개 이상의 힘이 작용하는 힘계(force system)에서 임의의 점이나 축에 대한 힘계의 합력 모멘트는 같은 점이나 축에 대한 시스템의 각각의 모멘트의 합과 같다(그림 14•7). 이를 Varignon의 정리(principle of Varignon)라고 하며 다음과 같이 나타낼 수 있다.

$$\vec{r} \times (\vec{F}_1 + \vec{F}_2 + \cdots) = \vec{r} \times \vec{F}_1 + \vec{r} \times \vec{F}_2 + \cdots$$

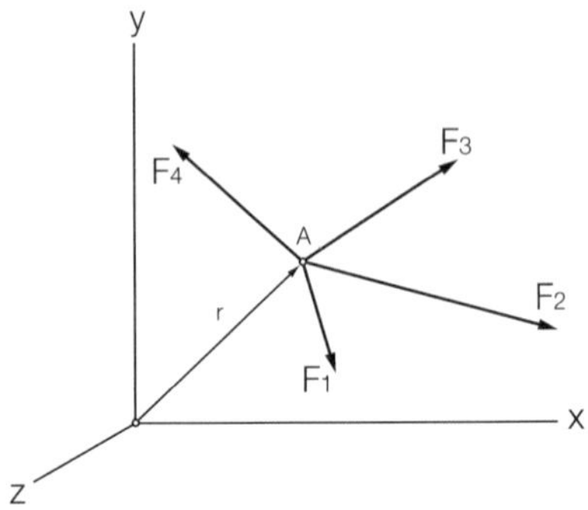

그림 14•7▸하나의 물체에 2개 이상의 힘이 작용하는 힘계

2.4 힘과 모멘트의 평형

2.4.1 힘의 평형

한 점에 작용하는 힘들이 서로 간에 영향을 미치지 않는 경우, 작용하는 모든 힘의 합력이 0이면, 이 시스템은 힘의 평형(force equilibrium)상태이다. 따라서 한 점에서 평형을 이루기 위한 필요충분조건은 다음과 같으며, 이 조건을 만족시키면 시스템은 힘의 평형상태를 이루게 된다.

$$\sum \vec{F} = 0$$

$$\text{즉, } \sum F_x = 0, \sum F_y = 0, \sum F_z = 0$$

2.4.2 모멘트의 평형

한 점에 작용하는 모멘트들이 서로 간에 영향을 미치지 않는 경우, 작용하는 모든 모멘트의 합력이 0이면, 이 시스템은 모멘트 평형(moment equilibrium)상태이다. 따라서 한 점에서 평형을 이루기 위한 필요충분조건은 다음과 같으며, 이 조건을 만족시키면 시스템은 모멘트의 평형상태이다.

$$\sum \vec{M} = 0$$

$$\text{즉, } \sum M_x = 0, \sum M_y = 0, \sum M_z = 0$$

예제 14.1 **[신체의 무게 중심 구하기]** 그림과 같이 사람이 누워 있을 경우 무게 중심을 구하면 다음과 같다. 이때 받침대의 무게는 무시하였으며, 머리 부분과 발 부분에서의 반력(reaction force)을 알아보기 위하여 저울을 설치하였다. 이 때 인체의 무게 중심점은 발끝으로부터 얼마만큼 떨어진 위치에 있는가?

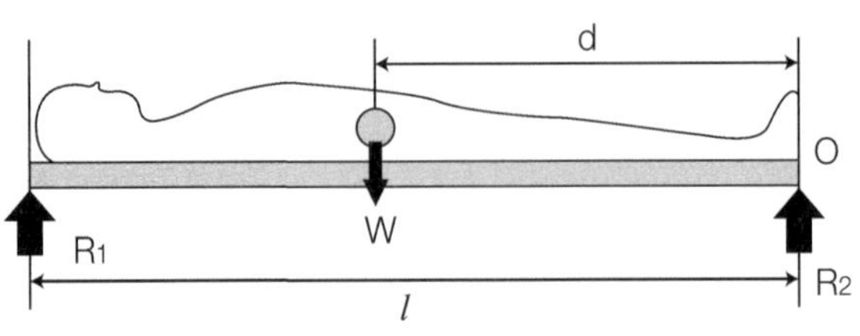

▸ ① 먼저 힘의 평형조건에 의하여 $\sum\vec{F}=0$을 만족해야 한다. 따라서

$\sum F_y = R_1 + R_2 - W = 0$

② 또한 O점에 대한 모멘트 평형 조건을 만족해야 하므로

$\sum M = l \times R_1 - d \times W = 0$이다.

따라서 $W = R_1 + R_2$이고, $d = \dfrac{R_1 l}{R_1 + R_2}$가 된다.

2.4.3 힘판

힘판(force platform)은 주로 지면 반발력이나 무게중심을 측정하기 위한 기구이며 제품마다 측정 방법이 다양하다. 예전에는 베어링으로 연결된 2개의 판 위에 2개의 수평 방향과 수직 방향으로 각각 4개의 스프링과 포인터를 부착하여 스프링의 변위를 읽을 수 있도록 만들어졌다. 최근에는 그림 14•8과 같이 4개의 힘의 차이를 측정하는 센서(load cell)를 설치하여 보다 정확한 힘의 변화를 측정하는 방식을 사용하고 있다. 신체의 반작용력을 측정함으로써 무게중심, 중심동요 등을 구할 수 있으며, 발바닥이 지면에 작용하는 힘을 측정할 수 있어 보행 분석에도 이용된다.

그림 14•8과 같이 힘판 위에 체중이 w인 사람이 서 있을 때 무게중심(x, y)은 다음과 같이 구한다.

① 먼저 힘의 평형조건에 의하여 $\sum\vec{F}=0$을 만족해야 한다.
따라서 $\sum\vec{F} = F_1 + F_2 + F_3 + F_4 - W = 0$, $W = F_1 + F_2 + F_3 + F_4$ 이다.

② 또한 O점에 대한 모멘트 평형 조건을 만족해야 하므로 $\sum\vec{M} = 0$이다.

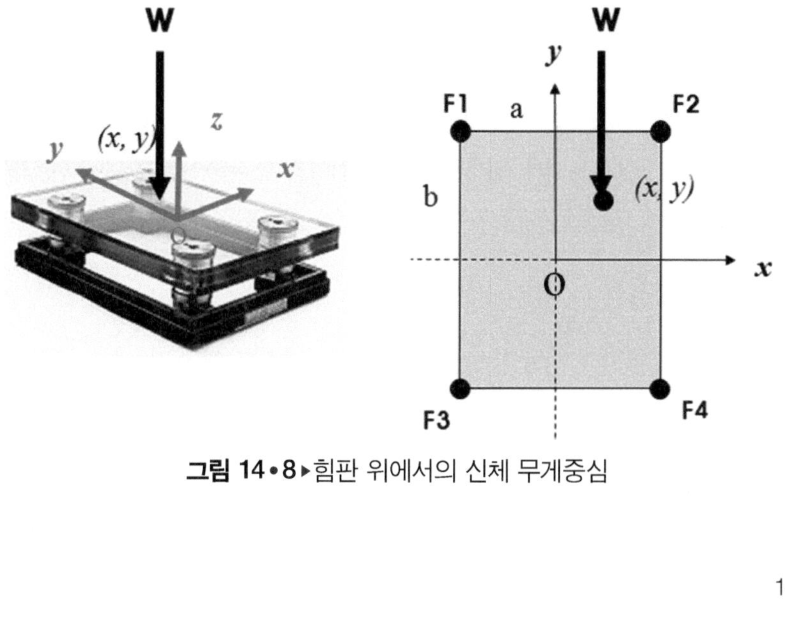

그림 14•8▸힘판 위에서의 신체 무게중심

즉, $\overrightarrow{M}=\vec{r}\times\overrightarrow{F}=\begin{vmatrix}\hat{i} & \hat{j} & \hat{k}\\ x & y & z\\ F_x & F_y & F_z\end{vmatrix}=(yF_z-zF_y)\hat{i}+(zF_x-xF_z)\hat{j}+(xF_y-yF_x)\hat{k}$

힘판의 경우 z = 0이므로, $\sum M_x = yF_z - zF_y = 0$, $\sum M_y = zF_x - xF_z = 0$이다.

$\sum M_x = -yW + b(F_1 + F_2) - b(F_3 + F_4)=0,$

$\sum M_y = -xW - a(F_1 + F_3) + a(F_2 + F_4)=0$이므로

$x = \frac{-a(F_1 - F_2 + F_3 - F_4)}{W}$, $y = \frac{b(F_1 + F_2 - F_3 - F_4)}{W}$ 이다.

2.5 뉴톤의 법칙

2.5.1 뉴톤의 제1법칙

뉴톤의 제1법칙은 관성의 법칙이라고도 한다. 정지해 있거나 직선상을 일정한 속도로 움직이는 물체는 외력이 작용하지 않는 한 그 상태를 계속 유지하려 하는데 이를 관성(inertia)이라고 한다. 예를 들어, 레일 위를 일정한 속도로 움직이는 수레는 마찰력이 없다고 가정하면, 작업자가 근력을 이용하거나 기계적인 힘에 의하여 수레를 멈추거나 밀지 않으면 계속해서 일정한 속도로 레일 위로 움직인다는 것이다. 그러나 대부분의 경우 레일과 수레 사이의 마찰력에 의하여 일정 거리를 움직인 후 정지하게 된다.

2.5.2 뉴톤의 제2법칙

물체의 가속도는 힘에 의하여 발생되며, 힘의 크기에 비례하고 힘의 작용방향과 같은 방향으로 작용한다. 힘과 가속도 사이에는 $\vec{F} = m\vec{a}$의 관계가 성립된다. 여기서 m은 물체의 질량을 나타낸다. 즉, 1kg의 물체가 1m/s의 가속도로 움직인다면 이 물체에는 1N의 힘이 작용한다고 할 수 있다.

2.5.3 뉴톤의 제3법칙

작용 반작용의 법칙이라고도 한다. 물체에는 작용하는 힘과 크기는 같고 방향이 반대인 힘이 존재한다. 예를 들어, 체중인 60kg중인 작업자가 마루바닥에 서 있었다면, 작업자에게는 마루바닥으로부터 중력 반대방향으로 60kg중의 힘이 작용하는데 이를 반작용이라 한다.

2.6 생체역학적 모형

생체역학은 물리 법칙과 공학적 개념을 이용하여 신체 동작과 신체에 작용하는 힘을 연구하는 학문이다. 인간의 신체를 기계처럼 간주하여 신체를 여러 부분으로 나누어 각 부분에 미치는 힘을 역학적으로 계산하여, 작업 시에 척추 등의 특정 부위에 무리한 힘이 가해지지 않도록 작업을 설

계하고 평가하는데 활용된다. 생체 역학적 모형이란 신체의 분절(segment)을 하나의 강체로 생각하여 각 분절 간의 관계와 작용하는 힘, 모멘트 등을 계산하는 모형을 말한다. 생체역학적 모델은 크게 정적 모델과 동적 모델로 나눌 수 있다.

2.6.1 한 분절 정적 모델

한 분절 정적 모델(single-segment static model)은 신체의 한 분절만 고려하는 가장 간단한 생체역학적 모델이다. 전완과 손을 하나의 분절로 가정하여 설명하면 다음과 같다.

그림 14•9와 같이 작업자가 10kg의 물체를 들고 있는 경우, 팔꿈치 관절(주관절)에서 발생하는 모멘트를 구하여보자. 이때 정적인 평형상태를 유지하고 있기 때문에 힘의 평형조건과 모멘트 평형 조건을 적용하면 팔꿈치 관절에서의 힘과 모멘트를 구할 수 있다.

그림 14•9에서 보면 10kg의 물체를 들고 있는 손의 중심에서는 중력, W = mg가 작용하므로 98N의 힘이 중력방향으로 작용한다(중력 가속도 g = 9.8m/s^2). 따라서 팔꿈치에 작용하는 힘을 구하기 위하여 힘의 평형조건, $\sum\vec{F} = 0$을 사용하면,

$\sum F_x=0$이므로 $R_{x(elbow)}=0$이며,

$\sum F_y=0$이므로 $R_{y(elbow)}-W_{F\&H}-98N=0$이 되므로

$R_{y(elbow)}=1.65(kg)\times9.8(m/s^2)+98(N)=114.17(N)$이 된다.

또한, 팔꿈치에 작용하는 모멘트를 구하기 위하여 모멘트의 평형조건, $\sum\vec{M} = 0$을 사용하면,

$\sum\vec{M} = 0$이므로 $M_{elbow}-0.15(m)\times W_{F\&H}-0.36(m)\times 98N = 0$이 되므로

$M_{elbow} = 0.15(m)\times16.17(N) + 0.36(m)\times98(N) = 37.71(Nm)$이 된다.

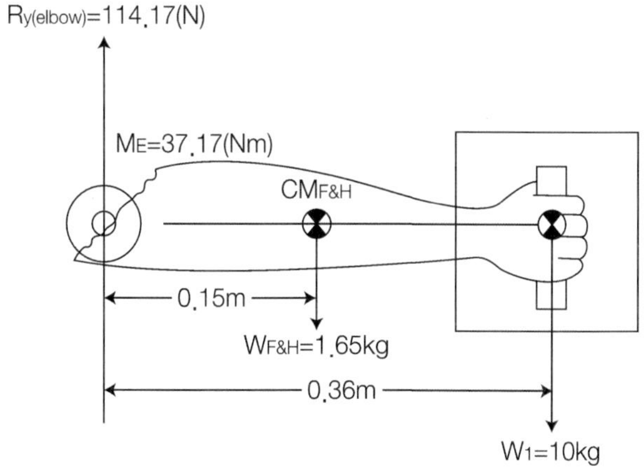

그림 14•9▸한 분절 정적 모델

2.6.2 두 분절 정적 모델(two-segment static model)

그림 14•10과 같이 두 분절의 정적 모델에서의 팔꿈치 관절(주관절)과 어깨 관절(견관절)에서의 힘과 모멘트를 구하는 것은 한 분절 관절에서와 같이 힘과 모멘트 평형 조건을 이용하여 구할 수 있다.

어깨 관절에서 작용하는 힘을 구하면

$\sum F_x=0$이므로 $R_{x(shoulder)}=R_{x(elbow)}$이 되고, $R_{x(shoulder)}=0$,

$\sum F_y=0$이므로 $R_{y(shoulder)}-W_{UA}-114.17(N)=0$이 되므로

$R_{y(shoulder)}=2.1(kg)\times 9.8(m/s^2)+114.17(N)=134.75(N)$이 된다.

또한, 어깨 관절에 작용하는 모멘트를 구하기 위하여 모멘트의 평형조건, $\sum \vec{M}=0$을 사용하면

$M_{shoulder}-0.13(m)\times W_{UA}-0.33(m)\times 114.17N-M_{elbow}=0$이 되므로,

$M_{shoulder}=0.13(m)\times 20.58(N)+0.33(m)\times 114.17(N)+37.71(Nm)=78.07(Nm)$이 된다.

2.6.3 척추의 역학적 모델(low-back biomechanical model)

그림 14•11과 같이 작업자가 물체를 들고 있을 때 요천추, 즉 L5/S1 디스크에 걸리는 힘과 모멘트를 구하면 다음과 같다. 엉덩이 관절(고관절)에서의 모멘트는 체중에 의해서 발생하는 모멘트와 물체에 의하여 발생되는 모멘트를 합한 것과 같게 되어 다음 식이 성립한다.

$$\overrightarrow{M_{hip}} = \overrightarrow{M_{hip}} = \overrightarrow{M_{BW}} + \overrightarrow{M_{Load}}$$
$$= \vec{b}\times m_{BW}\vec{g} + \vec{h}\times m_{Load}\vec{g}$$

여기서 b는 인체의 무게 중심으로부터 L5/S1 디스크까지의 거리를 나타내며, h는 들고 있는 물체의 중심에서부터 L5/S1 디스크까지의 거리를 나타낸다.

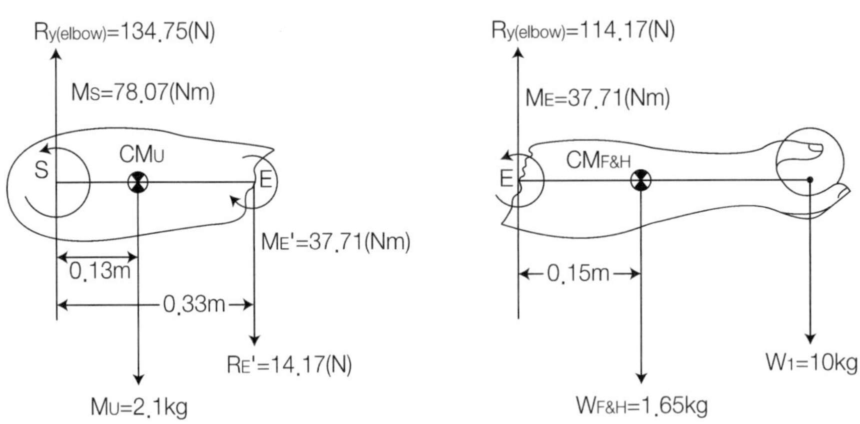

그림 14•10▸두 분절 정적 모델

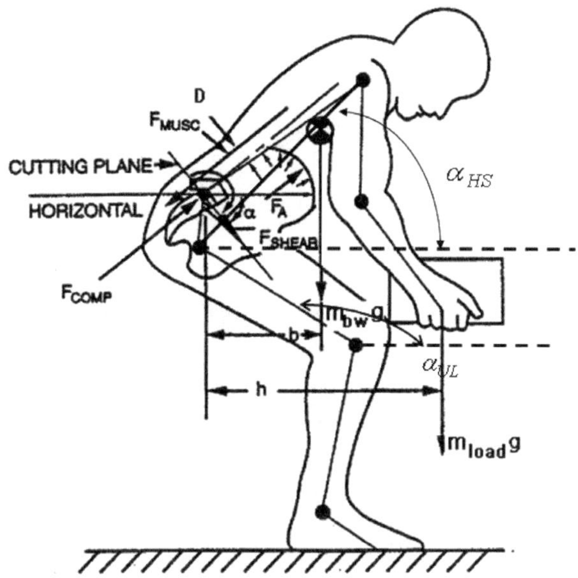

그림 14•11▸척추 모델

L5/S1 디스크에서의 모멘트를 구하면,

$\sum\overrightarrow{M_{L5/S1}}$ = 0이 되므로 $F_{muscle} \times E + F_A \times D - b \times m_{BW}g - h \times m_{load}g = 0$이 되어

$F_{muscle} = \frac{1}{E}(b \times m_{BW}g + h \times m_{load}g - F_A \times D)$이다.

여기서 E는 L5/S1 디스크에서 천극근(erector spinae)까지의 거리로 사람에 따라 다르나 보통 5cm로 가정하여 사용하며, D는 횡경막까지의 거리(moment arm)를 나타낸 것이다.

F_A는 복부압력(abdominal pressure)인 P_A로부터 구한 값으로,

$P_A = 10^{-4}(0.6515 - 0.005447 \times PELROT) \times (M_{hip})^{1.8}$으로 나타낼 수 있으며, $PELROT = 2/3(\alpha_{UL} - \alpha_{HS} - 27^\circ) \geq 0$이다.

이때 L5/S1 디스크에서의 압축력(compressive force)과 전단력(shear force)을 구하면,

$\sum F_{comp} = F_{muscle} - F_A + \sin\alpha(m_{BW}g + m_{load}g)$이며 $\sum F_{shear} = \cos\alpha(m_{BW}g + m_{load}g)$가 된다.

3 근력과 지구력

3.1 근력

근력은 신체의 동작을 일으키는 주요한 조직인 근육이 집단으로 수축함으로써 발생하는 것으로 근육이 붙어있는 분절, 즉 뼈들을 움직이게 한다. 이와 같은 근육의 작용은 신경세포의 자극 전달

과정에 의하여 일어나는데 피부의 말초로부터 받아들인 자극을 감각뉴런 혹은 구심성 신경세포(afferent neuron)가 중추신경계로 전달하고, 운동뉴런 혹은 원심성 신경세포(efferent neuron)가 중추신경으로부터 전달 받은 신호를 근육 또는 다른 운동기관으로 전달한다.

골격근을 지배하는 신경세포는 가지를 치며 근육으로 퍼져서 하나의 가지가 하나의 근섬유를 지배하는데, 이렇게 하나의 신경세포에 의하여 지배되는 근섬유들을 운동단위(motor unit)라 한다.

3.1.1 근력의 생성

근력이 발생하는 데 영향을 미치는 가장 중요한 것은 근섬유의 수이다. 근섬유의 수가 많으면 근력도 커진다. 그림 14•12와 같이 근육이 움직일 때 사용하는 근섬유의 수 혹은 작용하는 운동단위의 수와 근력의 강도는 비례한다.

근력은 근섬유의 배열 상태와도 관계가 있다. 근섬유의 배열 상태는 그림 14•13과 같이 방추형(fusiform)과 선형(pinnate), 두 가지의 배열 상태로 나타난다. 근섬유의 배열 상태는 근육의 수축 방향을 결정하며, 근섬유 수와 연관이 있기 때문에 근력에도 영향을 준다. 일반적으로 방추형의 배열이 선형의 배열보다 적은 힘을 내는데 이는 방추형의 배열이 선형 배열보다 적은 수의 근섬유를 갖기 때문이다.

근력의 크기는 근육의 단면적에 비례하는데 단면적은 근섬유의 방향과 수직인 단면으로 정의되며, 일반적으로 방추형의 단면적이 선형의 단면적보다 작다. 그러나 선형의 배열 구조를 갖는 근육은 방추형의 배열구조보다 구조상 운동범위가 제한된다. 광배근, 대흉근, 사두근군 등은 선형의 구조를 가지며, 이두박근, 삼두박근 등과 같이 큰 동작 범위를 요구하는 근육은 방추형 배열을 갖는다(그림 14•14).

근력에 영향을 미치는 요인은 근섬유의 수, 배열 형태 이외에 근육의 최대 길이에 대한 비율적 길이가 있다. 근육의 길이가 길면 근력은 더 크게 발휘된다. 예를 들어 근육 본래의 길이에서 수축이 일어나는 것이 근육이 줄어든 상태에서 수축하는 것보다 큰 힘을 발휘하게 된다(그림 14•15).

또한 근육의 수축 속도도 근력에 중요한 요인이 된다. 근육의 수축 속도가 빠르면 근육의 힘

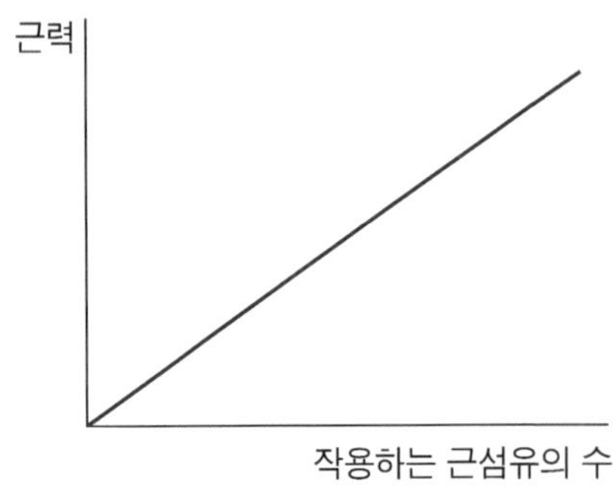

그림 14•12▸작용하는 근섬유의 수와 근력과의 관계

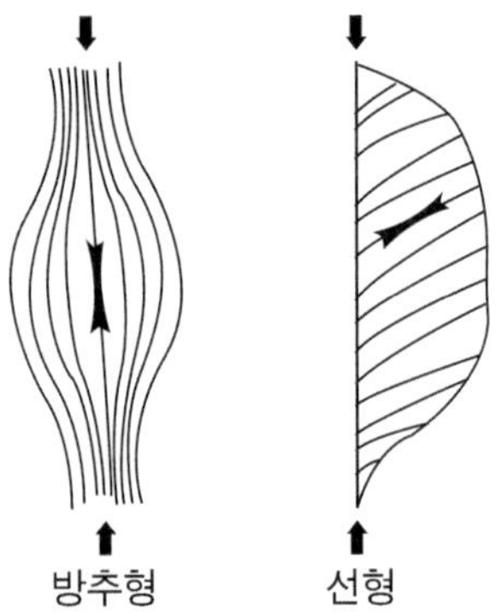

그림 14•13▸근육의 배열

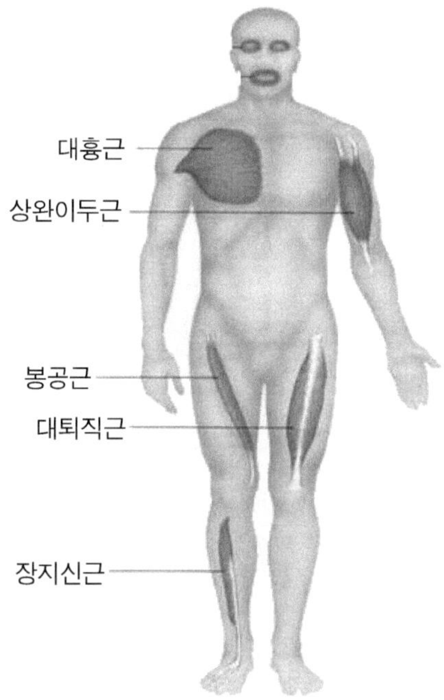

그림 14•14▸배열이 다른 근육의 예

은 적게 나타난다. 이는 근육의 수축 속도가 빨라지면 사용되는 근섬유의 수가 적기 때문이다. 그림 14•16은 근육의 수축 속도와 근력의 관계를 나타낸 것이다.

근력에 영향을 미치는 또 다른 요인은 수축 각도이다. 근육의 수축 각도는 근본적으로 생성되는 근력에는 영향을 미치지 않지만, 실질적으로 근육이 발휘하는 힘은 근육이 작용하는 분절의 각도에 따라 달라진다. 분절의 각도가 직각인 경우 발휘되는 근력은 최대가 되고, 직각보다 작은 각으로 굴절되거나 직각 이상의 각으로 신전되는 경우에는 근력이 점차 감소하게 된다(그림 14•17). 표 14•1은 근력에 영향을 미치는 요인들을 정리한 것이다.

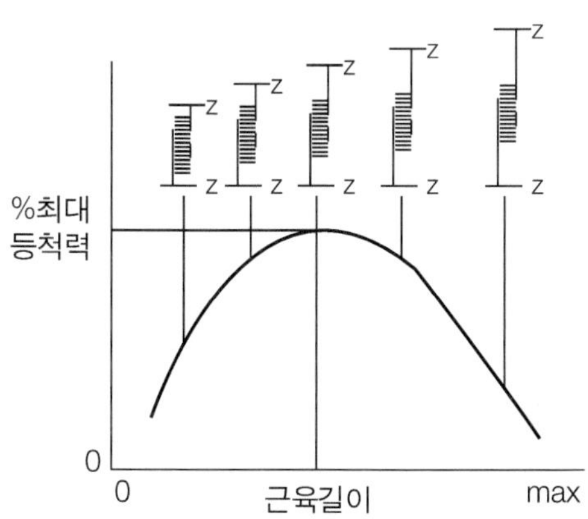

그림 14•15▸근육의 비율적 길이에 따른 근력

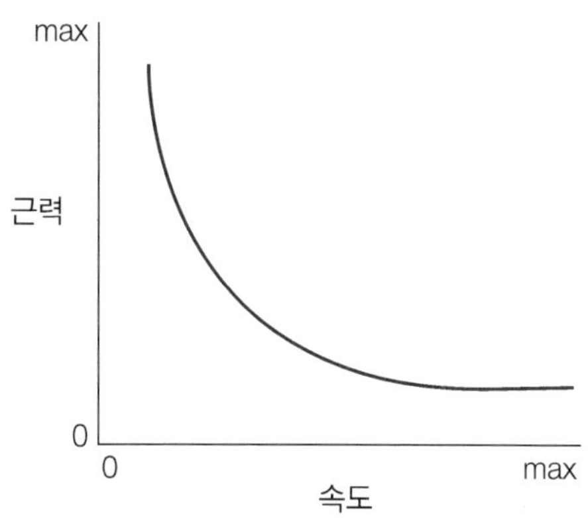

그림 14•16▸근육 수축 속도와 근력의 관계

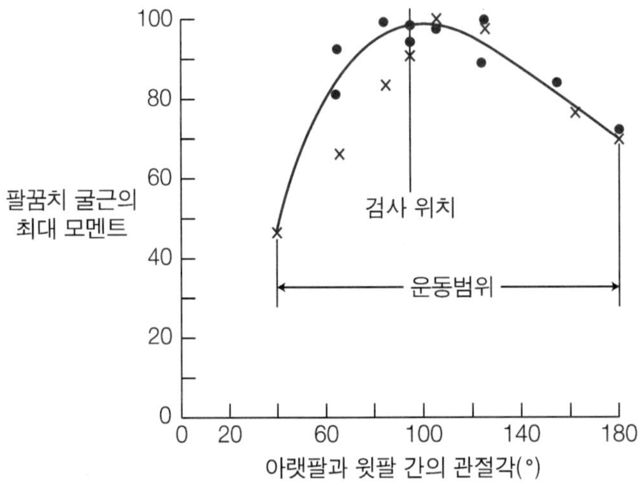

그림 14•17▸아래팔과 윗팔 간의 관절각에 따른 최대 모멘트

표 14•1▸근력에 영향을 미치는 요인들

요인	근력에 미치는 영향
근섬유의 수	근섬유의 수가 많으면 근력이 커진다.
배열 형태	방추형의 배열 형태보다는 선형의 배열 형태가 큰 힘을 발휘한다. 그러나 선형의 배열 형태는 동작범위가 방추형에 비해 제한을 받는다.
길이의 비율	근육의 길이가 본래의 근육의 길이에 가까운 상태일 때 최대의 힘이 발휘된다.
탄력성	근육에 탄력성이 있는 경우 갑작스런 신전 후의 수축은 탄성 에너지를 사용하게 되어 더 큰 힘을 발휘한다.
수축 속도	수축 속도가 빠르면 적은 힘을, 느리면 큰 힘을 발휘한다.
수축각	근육이 작용하는 분절의 각도가 직각일 때 가장 큰 힘을 발휘한다.

3.1.2 근력의 분류

근력은 정적 근력(static strength)과 동적 근력(dynamic strength)으로 구분할 수 있다.

1) 정적 근력 정적 상태에서 발휘되는 힘으로 근육이 낼 수 있는 최대 힘을 발휘하게 된다. 정적 근력은 등척성 수축(isometric contraction)이 일어날 때 발휘되는 힘으로 근육이 수축해도 길이는 변하지 않는 경우를 말한다. 정적 근력은 피실험자가 일정한 부하의 물체에 대하여 최대의 힘을 발휘하도록 4~6초간 신체를 움직이지 않고 유지시키도록 하여 측정한다. 1회 측정 후 30초에서 2분 정도의 휴식을 취한 후 반복 측정하여 평균값을 구한다.

2) 동적 근력 동적 근력은 물체를 실제로 들어 올리는 것과 같이 실제로 움직일 때 낼 수 있는 힘으로 등속성 수축(isokinetic contraction)과 등장성 수축(isotonic contraction)으로 나눌 수 있다. 등속성 수축은 일정한 속도에서 관절 각도에 따라 발휘되는 힘을 말한다. 등속성 수축은 일반적으로 일정한 속도를 유지하기 어렵기 때문에 Cybex나 Biodex 등과 같은 상용화된 계측기를 이용하여 측정할 수 있다.

근육의 수축의 종류를 정리하면 다음과 같다.

- 등척성 수축: 근육의 길이에는 변화가 없으면서 장력이 발생하는 근수축. 근섬유의 길이 변화나 관절각의 변화가 없어 일(work done)은 없으나, 에너지 소모는 일어남(예: 벽을 밀거나 손을 마주밀기).
- 등속성 수축: 운동의 전반에 걸쳐 일정한 속도로 근수축을 유도하는 것으로 관절이 일정한 속도로 운동하며 근육이 수축되는 것을 말함. 관절각의 속도는 일정하나 각도에 따라 발생하는 장력은 변화함(일정한 장치를 이용하여 측정할 수 있으며 재활 운동 시 사용함).
- 등장성 수축: 근육의 길이가 변하면서 힘을 발휘하는 근수축. 근육에 가해지는 부하를 일정한 상태로 유지하나 관절각에 따라서 발휘되는 근력은 변화함(예: 덤벨을 들어올리기).
- 동심성/구심성 수축(concentric contraction): 근육이 수축할 때 길이가 짧아지며 동등한 내적 근력을 발휘함.
- 이심성/원심성 수축(eccentric contraction): 근육이 수축할 때 길이가 길어지며 내적 근력보다 외부의 힘이 더 클 때 발생함.

3.1.3 근력에 영향을 미치는 개인적 인자

1) 연령 일반적으로 25~35세에 최대 근력에 도달하며, 40세부터 완만히 감소하다가 그 이후 급격히 감소한다.

2) 성별 여러 근육군에 대하여 평균적으로 여성의 근력은 남성의 약 67% 정도이다. 남성에 대한 여성의 특정 근력 평균치는 근력군에 따라서 35~85%로 나타난다. 같은 성별 집단 내에서도 개인에 따라 근력의 차이는 상당하다.

3) 기타 근력은 피실험자의 동기 유발, 측정 시 검사자의 지시 내용, 측정 방법 등에 따라 달라진다. 또한 측정이 용이한 정적 근력으로부터 동적 근력을 예측하기는 어렵기 때문에 일반적으로 동적 근력은 상용화된 기기를 사용하여 측정한다.

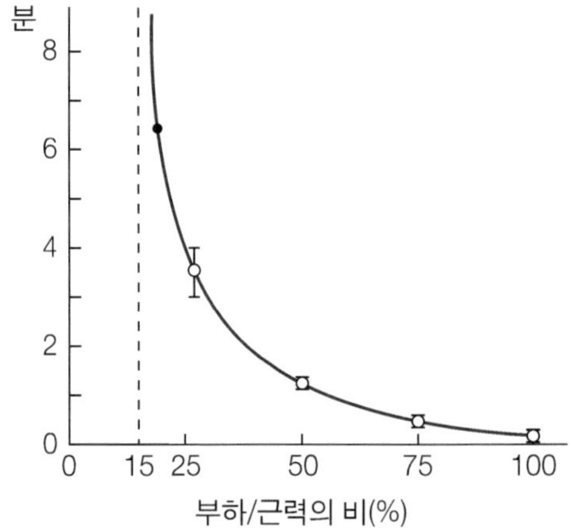

그림 14•18▶부하와 근력의 비에 따른 지속시간

3.2 지구력

지구력(endurance)은 근력을 사용하여 일정한 힘을 계속 유지하는 능력을 말한다. 지구력은 유지하려는 힘의 크기에 따라 지속시간이 달라진다. 최대 근력으로 유지하려는 경우는 그 지속 시간이 매우 짧아 수 초 동안 유지하는 것도 어려우며, 최대근력의 15% 이하일 경우 오랜 시간 그 힘을 유지하여 지속하는 것이 가능하다. 그림 14•18은 부하와 근력의 비에 따른 지속시간을 나타낸 것이다.

- 반복적 작업에서는 힘과 반복주기의 조합에 따라서 그 지속시간이 달라진다.
- 반복적으로 최대 동적 수축을 할 경우 유지할 수 있는 힘은 점점 줄지만, 일정 수준이 되면 장시간 유지할 수 있다.
- 수축 횟수가 분당 10회인 경우 최대 등척력의 80%를 낼 수 있으며, 분당 30회를 반복적으로 수축하는 경우 최대 등척력의 60%를 낼 수 있다.

[1] 다음 척추 구조에 대한 설명 중 옳지 않은 것은?

① 7개의 경추, 12개의 흉추, 5개의 요추와 천추, 미추로 구성되어 있다.
② 추간원판은 중앙 부위가 두꺼우며 섬유륜으로 둘러싸여 있다.
③ 흉추의 추골이 요추와 경추의 추골보다 크기가 크다.
④ 추간원판은 굴신운동 기능과 충격 완충 역할을 한다.

[2] 다음 관절에 대한 설명 중 옳지 않은 것은?

① 신체를 움직이는 대부분의 관절은 활액관절이다.
② 구상관절, 안관절, 경첩관절은 가동성 관절이다.
③ 경첩관절은 안관절보다 자유도가 더 크므로 움직임이 더 자유롭다.
④ 견관절, 고관절은 구상관절로서 3축성 관절이다.

[3] 관절의 유형과 관절이 움직일 수 있는 자유도가 바르게 짝지어 진 것은?

① 경첩관절–2 ② 안관절–1 ③ 구상관절–2 ④ 차축관절–1

[4] 고관절(엉덩 관절)은 다음 중 어떤 관절 유형인가?

① 구상관절 ② 차축관절 ③ 접번관절 ④ 안관절

[5] 팔꿈치를 굽히는 동작과 같이 관절의 각도를 감소시키는 동작은 무엇인가?

① 신전 ② 굴곡 ③ 내전 ④ 외전

[6] 오른쪽 팔을 바깥쪽으로 드는 동작은 다음 중 어떤 동작 유형인가?

① 신전 ② 굴곡 ③ 외전 ④ 내전

[7] 마우스를 잡기 위해 오른쪽 손바닥이 아래쪽으로 향하도록 회전하는 동작은 어떤 유형인가?

① 회외 ② 회내 ③ 내번 ④ 외번

[8] 1축성 관절로 세로축을 가진 원둘레를 도는 회전운동을 하는 관절은 무엇인가?

① 구상관절 ② 경첩관절 ③ 차축관절 ④ 안관절

[9] 휴대폰을 보기 위해 목을 앞으로 숙이는 동작은 무슨 동작 유형인가?

① 신전 ② 굴곡 ③ 내전 ④ 외전

[10] 모양과 크기가 같은 두 관절면이 편편한 관절로 되어 있어 활주 운동만 일어나는 관절은?

① 차축관절 ② 평면관절 ③ 경첩관절 ④ 안장관절

[11] 신체의 중심선에 가까워지도록 움직이는 동작 유형은?

① 신전 ② 굴곡 ③ 내전 ④ 외전

[12] 스칼라량은 크기만 있는 물리량이다. 다음 중 스칼라량으로만 짝지어진 것은?

① 질량-힘　② 힘-가속도　③ 질량-길이　④ 길이-속도

[13] 스칼라량과 벡터량의 예가 잘못 짝지어진 것은?

① 온도-스칼라량　② 힘-벡터량　③ 질량-스칼라량　④ 조도-벡터량

[14] 다음 중 종류가 다른 단위는?

① N(Newton)　② dyn(dyne)　③ kgm/s　④ kg중

[15] 힘은 크기와 방향을 가지는 벡터량이다. 다음 힘에 대한 설명 중 틀린 것은?

① 1 N은 1kg의 물체를 1 m/s2의 가속도로 움직이게 하는 힘의 크기이다.
② 힘의 종류에는 중력, 구심력, 원심력 등이 있다.
③ 힘은 벡터량으로서 크기, 방향, 작용점, 작용선이 있다.
④ 물체에 작용하는 외력은 크기, 방향, 작용점, 작용면으로 표현할 수 있다.

[16] 오른쪽 그림과 같이 20kg의 구슬이 중심에서 3m 거리에 매달려 있고, 반대쪽에는 50 cm 떨어진 곳에 용수철이 지탱하고 있다. 저울이 한쪽으로 기울지 않고 평형을 이루기 위해서 용수철에 걸리는 힘은?

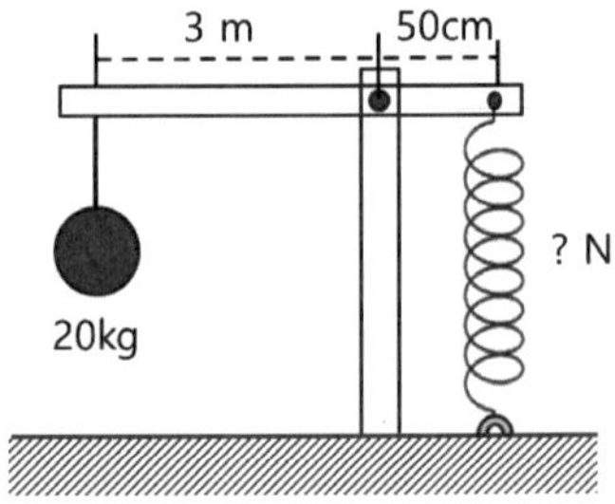

① 1176N　② 1200kg중　③ 100kg중　④ 120N

[17] 다음 중 모멘트에 관한 설명으로 옳지 않은 것은?

① 물체에 작용하는 힘의 회전 효과의 크기를 나타낸다.
② 방향은 $\vec{r}$와 $\vec{F}$를 포함하는 평면에 수직한 벡터이다.
③ 모멘트의 단위로는 Nm, kg중 등이 있다.
④ $\vec{r}$와 힘의 벡터 $\vec{F}$의 외적인 $\vec{r}\times\vec{F}$로 정의된다.

[18] 모멘트의 크기에 대한 다음 설명 중 틀린 것은?

① 작용하는 힘의 크기가 동일한 경우 수직 거리가 멀어지면 모멘트 크기는 작아진다.
② 다른 조건이 동일할 경우 2배 큰 힘이 작용하면 모멘트 크기도 2배 크다.
③ 시소 타기에서 몸무게가 가벼운 사람은 중앙에서 더 멀리 앉아야 평형을 이룰 수 있다.
④ 중심에서 힘의 작용점까지의 거리가 동일한 경우 수직 방향 힘의 모멘트가 가장 크다.

[19] 힘과 모멘트의 평형에 대한 다음 설명 중 틀린 것은?

① 힘 평형 상태가 안되면, 물체는 선형 운동을 한다.
② 모멘트 평형 상태가 안되면 물체는 회전 운동을 한다.
③ 시소타기에서 두 사람이 균형을 잘 잡고 움직임이 없다면, 모멘트 평형 상태이지만 힘 평형 상태는 아니다.
④ 힘 평형 상태와 모멘트 평형 상태 모두 만족하면 물체는 움직임이 없다.

[20] 다음 그림과 같이 시소가 평형을 이루어 기울어지지 않으려면 작은 구슬은 몇 kg이어야 하는가?

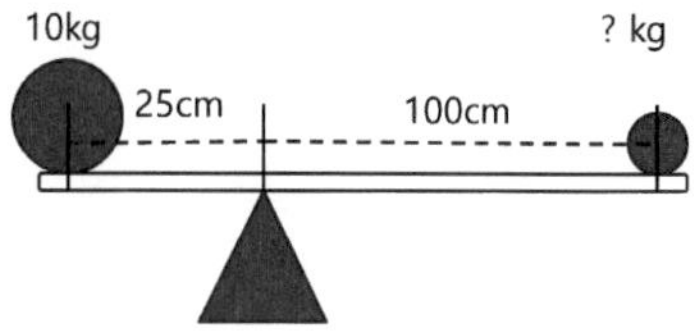

① 2.5 kg ② 4.0 kg
③ 5.0 kg ④ 7.5 kg

[21] 근력에 영향을 미치는 요인을 설명한 것이다. 설명이 옳지 않은 것은?

① 수축 속도가 느리면 큰 힘을 발휘한다.
② 근육의 길이가 제일 짧을 때 최대의 힘을 발휘할 수 있다.
③ 방추형의 배열 행태보다는 선형의 배열형태가 큰 힘을 낸다.
④ 근섬유의 수가 많으면 근력이 커진다.

[22] 근력을 사용하여 일정한 힘을 계속 유지하는 능력인 지구력에 관한 설명으로 옳지 않은 것은?

① 유지하려는 힘의 크기에 따라 지속시간이 달라진다.
② 부하와 최대 근력의 비가 증가하면 지구력은 증가한다.
③ 최대 근력의 15% 이하로 유지할 경우 장시간 그 힘을 유지하는 것이 가능하다.
④ 반복적 작업에서는 힘과 반복주기의 조합에 따라서 달라진다.

[23] 자의적인 노력에 의해서 근육이 낼 수 있는 힘의 최대치인 근력(strength)에 영향을 미치는 개인적 인자에 대한 설명 중 옳지 않은 것은?

① 25~35세에 근력이 최대에 달한다.
② 40세 이후부터 완만히 감소하다 그 이후에는 급격히 감소한다.
③ 평균 여성의 근력은 남성의 약 2/3 수준이다.
④ 측정시 피험자의 동기유발 여부에는 크게 영향을 받지 않는다.

[24] 근육에 가해지는 부하를 일정하게 유지하며 근육의 길이가 변하는 근육의 수축은 무엇인가?

① 등척성 수축 ② 등속성 수축 ③ 등장성 수축 ④ 등가성 수축

[25] 다음 중 근력에 영향을 미치는 요인들에 대한 설명으로 틀린 것은?

① 근육의 수축 속도가 빠르면 느린 경우보다 상대적으로 큰 힘을 발휘한다.
② 근섬유의 수가 많으면 근력이 커진다.
③ 근육이 작용하는 분절의 각도가 직각일 때 가장 큰 힘을 발휘한다.
④ 근육의 본래 길이에 가까운 상태에서 가장 큰 힘을 발휘한다.

응용문제

[1] 근육의 수축은 등척성, 등속성, 등장성 수축(구심성, 원심성)으로 구분한다. 앉은 자세에서 오른손으로 5kg 아령을 들고 굽혔다 폈다를 반복하는 운동을 하는 경우에 일어나는 근육의 수축을 설명하라.

[2] 오른쪽 그림과 같이 20kg의 구슬이 중심에서 3m 거리에 매달려 있고, 반대쪽에는 50cm 떨어진 곳에 용수철이 지면과 60도 각도를 이루며 설치되어 있다. 정적 평형을 이루는 경우 용수철에 걸리는 힘을 구하고, 연습문제 [16]과 비교하라.

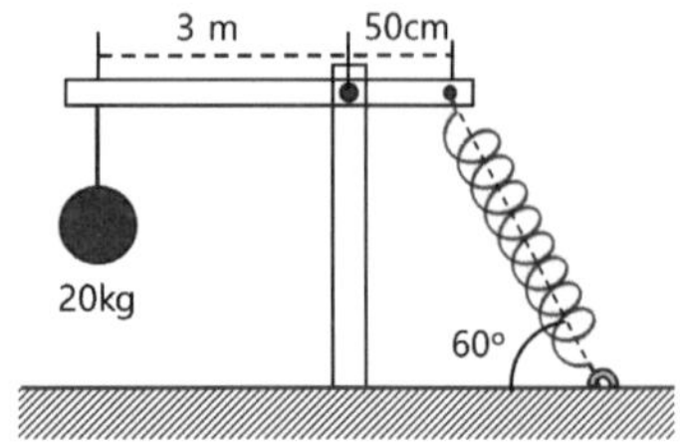

[3] 오른쪽 그림과 같이 손에 7kg의 공을 들고, 정적 평형을 이루며 움직이지 않고 있을 때 다음을 구하라. 아랫팔과 손의 무게는 1.7kg으로 가정한다.

(1) 팔꿈치관절(주관절)에 걸리는 외부 모멘트

(2) 이두박근(biceps)이 발휘하는 힘 F_m

(3) 팔꿈치관절에 걸리는 힘 F_J (조인트 반발력)

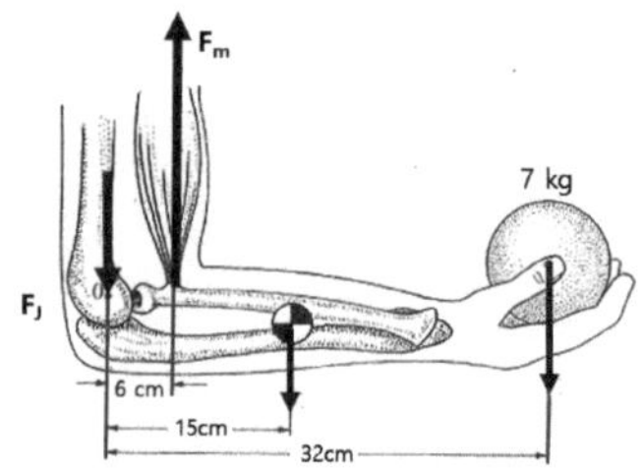

[4] 13kg의 물체를 두 손으로 드는 작업을 생체역학적 모델로 분석하고자 한다. 상체(머리, 팔, 손, 몸통)의 무게는 40kg이고 물체의 무게와 상체의 무게는 척주 기립근(erector spinae) 근육의 힘에 의해서만 지탱되고, L5/S1 디스크 조인트에서의 각 힘까지의 수직거리는 아래 그림과 같다고 가정하자.

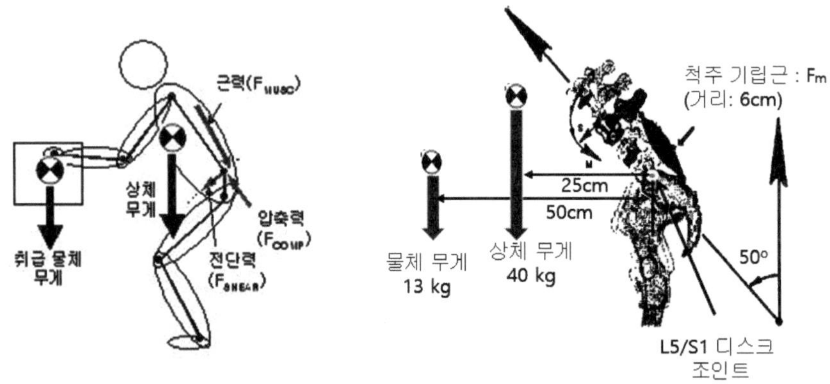

(1) L5/S1 디스크 조인트에 걸리는 외부 모멘트 (물체 무게, 상체 무게에 의한 모멘트)

(2) 척주 기립근이 발휘하는 힘 F_m

(3) L5/S1 디스크 조인트에 걸리는 힘 F_J (조인트 반발력)

[5] 척추 디스크 조인트 힘은 오른쪽 그림과 같이 압축력(compressive force)과 전단력(shear force)으로 구분된다. [4]번 문제에서 L5/S1 디스크 조인트 힘을 압축력과 전단력으로 표시하라.

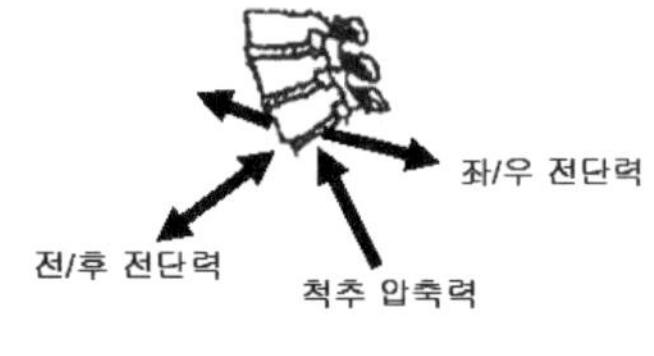

CHAPTER 15 생체반응 측정

1 측정의 원리

1.1 신체 활동의 측정 원리

신체 활동은 감각신경 혹은 감각뉴런이 외부의 자극을 받아들여서 중추신경에 전달하고, 중추 신경으로부터 전해오는 임펄스(impulse)를 근육 활동에 관여하는 운동신경 혹은 운동뉴런이 근육에 전달하여 근육이 움직이도록 하는데, 이때 근섬유 활동 전위차에 따라서 수축을 일으키게 된다. 활동 전위차는 미세한 전기적 신호로 나타난다. 이러한 미세한 전기적 신호를 측정하기 위해 증폭기(amplifier)를 사용하며, 전기적 신호를 기계적 신호로 바꾸기 위하여 변환기(transducer)를 사용한다(그림 15•1).

신체 활동 시 나타나는 전기적 신호에 의한 신체 변화를 측정하는 계측기로는 근전도계(electromygram: EMG), 심전도계(electrocardiogram: ECG or EKG), 뇌전도계(electroence-phalogram: EEG), 안전도계(electrooculogram: EOG), 전기피부반응기(galvanic skin response: GSR) 등이 있다.

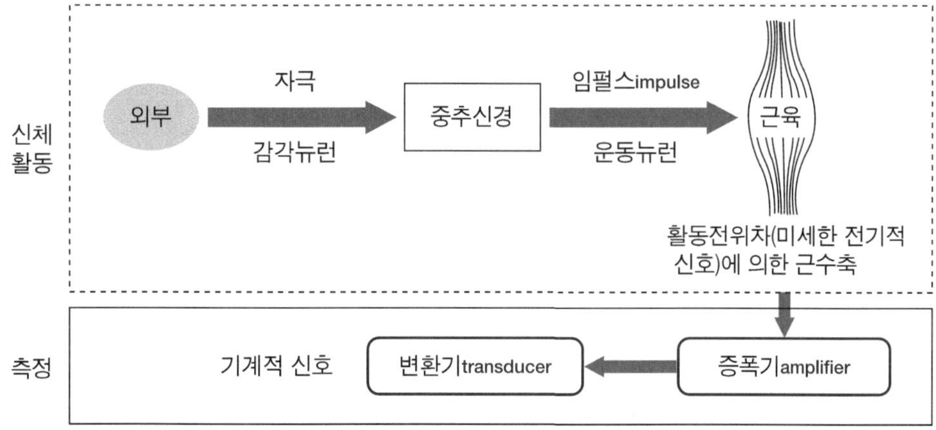

그림 15•1 ▸ 신체 활동의 측정 원리

표 15•1▸스트레스의 주요 원인

주요 원인	생리적		심리적	
작업	• 중노동	• 정적인 작업	• 정보의 과부하	• 경계
환경	• 대기 • 열/냉	• 소음/진동	• 위험 상황	
일상 리듬	• 수면 부족		• 수면 부족	

1.1.1 스트레스

스트레스(압박, stress)는 인체에 가해지는 여러 자극에 대해 체내에서 일어나는 반응으로 그 원인은 내적 원인과 외적 원인으로 나눌 수 있다. 내적 원인은 카페인, 수면 부족, 과중한 스케줄, 부정적인 생각 등이 있으며, 외적 원인으로는 소음, 강력한 빛, 강한 열, 한정된 공간과 같은 물리적 원인과 타인과의 관계, 사회 규범 등과 같은 일상의 복잡한 일 등이 있다. 표 15•1은 스트레스를 일으키는 주요 원인들을 나타낸 것이다.

1.1.2 스트레인

스트레인(긴장, strain)은 스트레스에 의하여 나타나는 반응으로 피로와 불면증, 근육통이나 경직, 맥박이 빨라지는 등의 신체적 증상과 집중력이나 기억력 감소 등과 같은 정신적 증상이 있다. 스트레스에 반응하는 신체의 변화는 다음과 같다.

- 중요한 장기인 뇌·심장·근육으로 가는 혈류가 증가한다.
- 근육, 뇌, 심장에 더 많은 혈액을 보낼 수 있도록 맥박과 혈압이 증가한다.
- 더 많은 산소를 얻기 위해 호흡이 빨라진다.
- 행동을 할 준비 때문에 근육이 긴장한다.
- 상황 판단과 빠른 행동을 위해 감각기관이 더 예민해진다.
- 혈액이 가장 적게 요구되는 곳인 피부·소화기관·신장·간으로 가는 혈류는 감소한다.
- 혈액 중에 있는 당·지방·콜레스테롤의 양이 증가한다.
- 혈소판이나 혈액 응고 인자가 증가한다.

스트레스는 적당하면 신체와 정신에 활력을 주지만, 내·외적 자극에 대해 개인이 감당할 능력이 없거나, 장기간 반복적으로 노출되면 만성화되어 정서적으로 불안과 갈등을 일으키고, 자율신경계의 지속적인 긴장을 초래하여 정신적·신체적인 기능장애나 질병을 유발시킨다. 표 15•2는 스트레인을 측정하는 주요 척도들이다.

표 15•2▸스트레인을 측정하는 주요 척도

생리적 스트레인			심리적 스트레인	
화학적	전기적	신체적	활동	태도
혈액 성분의 변화	뇌전도(EEG)	혈압	작업 속도	권태
뇨 성분의 변화	심전도(EKG)	심박수	실수	불안
산소 소비량	근전도(EMG)	부정맥	눈깜박임 수	우울증
산소빚	안전도(EOG)	박동량		근심 등
열량	전기피부반응(GSR)	체온		
		호흡수		

1.2 생체 신호와 측정 장비

1.2.1 뇌전도계(electroencephalogram: EEG)

뇌의 신경세포(neuron)들 간의 결합 형태나 활동에 의해서 발생한 전기적인 신호는 뇌 표면에서의 전극을 이용하여 측정한다. 이렇게 측정된 뇌파는 1~50Hz의 주파수대와 약 10~200μV의 진폭을 가진다. 뇌파는 주파수와 진압의 차이에 따라 정상 수면 상태를 나타내는 δ파(0.2~4Hz, 20~200mV), 약간 졸린 상태나 얕은 수면 상태를 나타내는 θ파(4~8Hz, 20~100mV), 긴장이 이완되어 있는 상태에서 나타나는 α파(8~13Hz, 20~60mV), 깨어 있을 때 나타나는 β파(13~30Hz, 2~20mV), 흥분할 때 나타나는 γ파(30~50Hz, 2~20mV) 등으로 구분된다.

1.2.2 심전도계(electrocardiogram: EKG)

심전도는 심장이 수축과 확장을 할 때 일어나는 전기적 변동을 기록한 것이다. 심전도는 심장의 박동 주기 동안 심근의 전기적 신호를 피부에 부착한 전극들로부터 측정한다.

1.2.3 근전도계(electromyogram: EMG)

근전도는 근세포가 흥분하여 수축할 때 발생하는 미세한 활동 전위차를 나타낸 것이다. 근전도는 근육군의 국소 활동을 알아보기 위한 척도로 근육의 활동 상태나 중추신경의 지배 상태를 알아보는 데 사용되고 있다.

1.2.4 안전도계(electrooculograph: EOG)

안전도계는 안구의 움직임에 의해 발생되는 각막-망막의 전위차(corneal-retinal potential)를 측정하는 것으로 안구의 상하좌우 움직임 모두 검출이 가능하며, 20° 이상의 넓은 각도 추적이 용이하다.

1.2.5 전기피부반응기(galvanic skin response: GSR)

인체는 긴장이나 흥분되는 정도에 따라서 발한되는 정도가 다르며, 발한의 정도에 따라서 피부의 저항이 달라진다. 전기피부반응기는 이러한 원리를 이용하여 스트레스로 인한 긴장이나 흥분으로 인하여 발생하는 전기적인 변화를 피부의 전기적인 저항으로 측정한다. 이 계측기의 원리는 거짓말 탐지기 등에 응용하여 사용되기도 한다.

2 생리적 부하 척도

2.1 심장 활동 측정

심장의 활동은 작업으로 인한 생리학적 변화는 정적인 신체 활동이나 정신적 작업에서는 큰 변화를 보이지 않는다. 그러나 동적인 신체 활동이 일어나는 경우 작업자의 생리학적 변화는 민감하게 반응하기 때문에 작업 부하를 측정하는 데 좋은 지표로 활용되고 있다.

2.1.1 심장 활동 측정

심전도는 심장이 수축과 확장을 할 때 일어나는 전기적 변동을 기록한 것이다. 심장의 활동은 크게 심실의 수축기(systole)과 이완기(diastole)로 나눌 수 있다. 심장이 수축하고 이완하는 과정을 심장 주기라고 하며, 1분 동안 반복되는 심장 주기의 횟수를 심박수(heart rate)라 한다.

사람의 심장에서는 먼저 동방결절에서 흥분이 시작되고, 발생한 흥분은 우심방과 좌심방의 심근 전체에 퍼져서 심방의 수축이 일어난다. 이 흥분은 방실결절에도 전달되므로 흥분은 방실속에 의해서 좌우의 심실근 전체에 신속하게 전달되어 심실의 수축이 일어난다. 흥분이 방실결절을 통과하는 데에는 시간이 걸리므로 심실의 수축은 심방보다 시간적으로 뒤늦게 일어난다.

위와 같은 심장의 수축으로 1분 동안 좌심실에서 박출되는 혈액의 양을 심장 박출량(cardiac output)이라 한다. 따라서 심장 박출량은 심박수(heart rate)와 1회 박출량(stroke volume)의 곱으로 나타낼 수 있다. 성인 남성의 경우 분당 약 5*l*의 혈액이 박출된다. 안정 시 일반인의 평균 1회 박출량(stroke volume)은 70~80*ml*이며, 분당 심박수는 60~80회 정도이다.

심전도는 심장의 주기 동안 심근의 전기적 신호를 피부에 부착한 전극들로부터 측정한 기록이다. 일반적으로는 손목이나 발목에 꽂은 전극의 전압차에 의하여 기록하는데 정상인의 경우 그림 15•2와 같이 P, Q, R, S, T로 표시되는 파형을 볼 수 있다.

- P파: 심방 근육의 탈분극과 수축이 일어나며 동방결절에서 흥분이 시작됨
- QRS파: 심실 근육의 탈분극이 일어나며 흥분이 방실결절로부터 푸르키니에 섬유로 전달되는 과정
- T파: 심실이 이완과 재탈분극됨

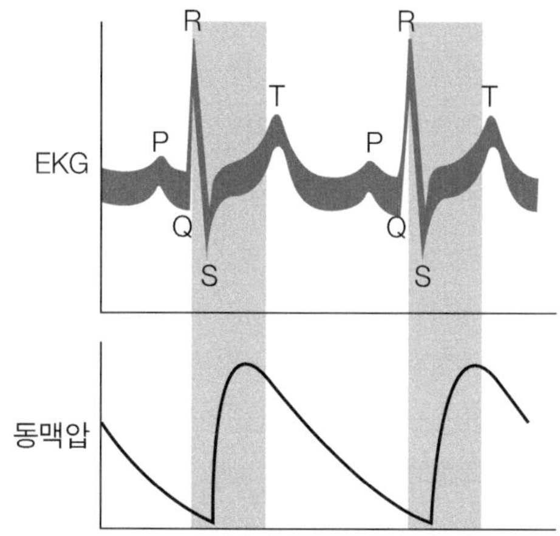

그림 15•2▸심전도와 심장의 동맥 압력

표 15•3▸심음의 특징

심음	심전도	음의 근원
제1심음	R파 다음	방실판 폐쇄
제2심음	T파 끝	동맥판 폐쇄
제3심음	P파 전	방실판 개방
제4심음	P파 직후	심장 수축

심음(heart sound)은 심장 박동 시 판막이 개폐하거나 혈류의 상태 변화에 의해 생기는 소리이다. 제1심음은 방실판이 폐쇄될 때 생기는 소리로 둔하고 낮은 소리를 낸다. 제2심음은 동맥판이 폐쇄될 때 나는 소리로 동맥벽을 진동시켜 소리를 내는 것으로 짧고 높은 소리를 낸다. 제1심음과 제2심음은 기계적인 수축기에 나타나며, 제3, 4심음은 이완기나 확장기에 나타난다.

심음이 일어나는 시간과 근원을 정리하면 표 15•3과 같다.

2.2 산소 소비량

2.2.1 호흡에 의한 간접 측정

호흡 시 소비되는 산소량은 더글라스낭이나 대사측정기 등의 장비를 이용하여 측정할 수 있다. 산소 소비량 측정 원리 및 절차는 13장에 서술되어 있다.

2.2.2 에너지 소비량 측정

작업자의 에너지 소비량은 분당 산소 소비량으로 측정할 수 있다. 분당 1ℓ의 산소를 소비했다면 약 5kcal의 에너지를 소비한 것과 같다. 작업자가 분당 1ℓ의 산소를 소비하며 1시간을 작업했다면 300kcal의 에너지를 소비한 것이 된다.

2.2.3 최대 산소 섭취량

최대 산소 섭취량($\dot{V}O_{2max}$) 측정 방법에는 직접적인 방법과 간접적인 방법이 있다. 최대 산소 섭취량의 측정은 실험실에서 트레드밀이나 에르고메터를 이용하여 측정할 수 있다. 테스트에 사용되는 작업에 앞서 피실험자는 반드시 적당한 준비 운동을 하여야 한다.

최대 산소 섭취량을 직접 측정하는 방법은 첫 번째, 예비 단계에서 최대 이하(submaximal)의 부하 수준을 결정하고 최대치나 최대치를 조금 초과하는 부하에서 운동하게 한다. 피실험자를 3~6분 동안 이러한 부하에서 작업하도록 하여 최대 산소 섭취량을 측정한다. 두 번째 방법은 피실험자를 5~6분 동안 1~2개의 최대 이하의 작업 부하를 수행하도록 하는데 작업 간에 5분씩 휴식을 취하도록 한다. 마지막에는 최대 혹은 최대를 조금 초과하는 작업 부하에서 작업하도록 하여 최대 산소 섭취량을 측정한다. 이 방법을 사용할 경우 하루치 측정으로 최대 산소 섭취량을 정하기보다는 여러 날에 걸쳐 실험하여 정하는 것이 좋다. 세 번째 방법은 작업 부하를 피실험자가 지칠 때까지 일정한 간격으로 증가시켜서 최대가 될 때를 측정하는 것이다.

직접적인 측정 방법은 피실험자의 높은 동기가 요구되며, 건강 상태에 따라서는 위험할 수 있으므로 운동 선수나 건강한 성인의 경우 외에 어린이나 고령자에게는 적합하지 않다. 따라서 대부분의 실험실에서는 트레드밀이나 에르고메터를 이용하여 최대 부하를 간접적으로 측정하는 방법을 사용한다. 직접적인 측정방법은 정확하고 신뢰성이 높은 반면 복잡하고 안전성이 보장되지 않는다. 반면, 최대 이하(submaximal)에서의 산소 섭취량을 기반으로 최대 산소 섭취량을 평가하는 간접적인 측정 방법은 정확성이나 신뢰성은 떨어지나 편리하고 안전성이 보장되는 장점이 있다.

1) 산소 섭취량과 작업 부하와의 관계 산소 섭취량은 작업 부하가 증가함에 따라서 선형적으로 증가한다. 작업 부하는 트레드밀이나 에르고메터를 이용하여 강도를 조절할 수 있다.

- 비연속적으로 부하를 주는 방법: 최대 이하(submaximal) 수준에서 5분 이상 운동을 하게 한 후 마지막 1분간의 호기를 채집하여 $\dot{V}O_{2max}$를 추정한다. 작업 부하는 단계별로 증가시키며 매 시행마다 충분한 휴식을 주고 작업 부하가 최대 이하가 될 때까지 증가시키면서 $\dot{V}O_{2max}$를 측정한다.
- 연속적으로 부하를 주는 방법: $\dot{V}O_{2max}$ 때까지 작업 부하를 연속해서 증가시킨다. 그러나 대부분의 경우 탈진할 때까지 작업 부하를 연속해서 줄 수는 없다.

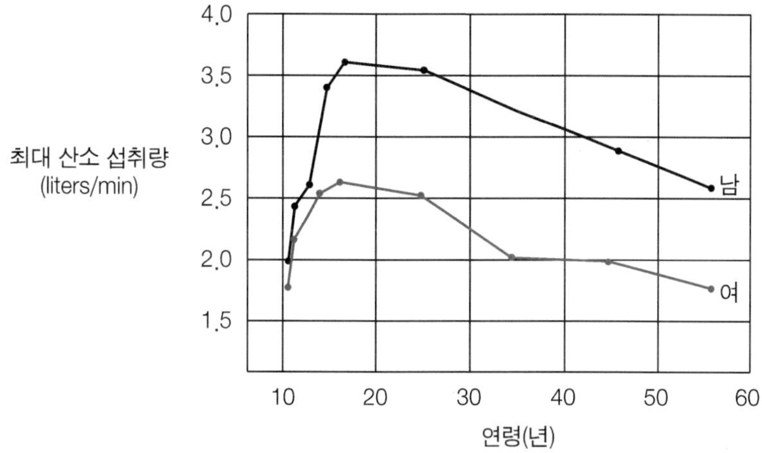

그림 15•3▸연령 및 성별에 따른 최대 산소 섭취량

2) 산소 섭취량과 심박수와의 관계

- 심박수(HR)와 $\dot{V}O_{2max}$ 사이에는 선형적인 관계가 성립한다.
- maximal HR은 연령에 따라 다르므로, 최대 산소 섭취량도 연령에 따라 다르다(그림 15•3).
- 같은 연령층 내에서도 개인차가 크기 때문에 최대 심박수를 구하는 공식을 이용하는 것보다 직접적으로 측정하는 것이 더 정확하다.

3) $\dot{V}O_{2max}$ 추정 절차

- 작업 부하에 따른 작업의 $\dot{V}O_2$를 예측
- 작업이 진행되는 동안의 심박수(HR) 측정
- 연령과 maximal HR과의 관계로부터 해당되는 maximal HR를 구함
- 연령에 따른 % $\dot{V}O_2$와 maximal HR 사이의 기울기(B)로부터 $\dot{V}O_{2max}$를 예측

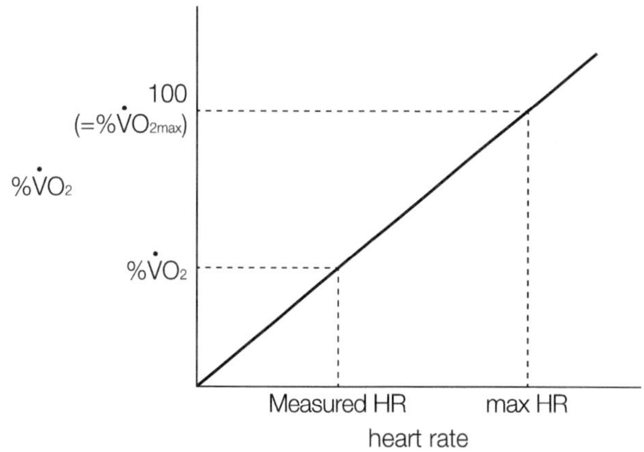

그림 15•4▸$\dot{V}O_{2max}$와 HR의 관계

$$\text{Slope(B)} = \frac{100 - \dot{V}O_2}{\text{max HR} - \text{measured HR}}$$

$$\%\dot{V}O_2 = 100 - (\text{max HR} - \text{measured HR}) \times \text{Slope(B)}$$

$$(\dot{V}O_{2max} : 100 = \dot{V}O_2 : \%\dot{V}O_2)$$

$$\frac{\dot{V}O_{2max}}{100} = \frac{\dot{V}O_2}{\%\dot{V}O_2} = \frac{100 \times \dot{V}O_2}{100 - (\text{max HR} - \text{measured HR}) \times \text{Slope(B)}}$$

2.2.4 최대 산소 소비 능력

신체 활동이 증가하면 산소 소비량도 증가하지만 일정한 수준에 이르면 신체 활동이 증가해도 더 이상 산소 소비량은 증가하지 않는데, 이처럼 산소 소비량이 일정하게 되는 수준을 최대 산소 소비 능력(maximal aerobic power)이라고 한다. 최대 산소 소비능력은 혈액의 박출량(stroke volume)과 동맥혈의 산소 함량에 영향을 받는다.

2.3 근육 활동

2.3.1 근전도

근전도(electromyogram, EMG)는 근세포가 흥분하여 수축할 때 발생하는 미세한 활동 전위차를 나타낸 것이다. 근전도는 개별 근육이나 근육군의 국소 활동을 알아보기 위한 척도로 근육의 활동 상태나 근육을 지배하는 중추신경의 지배 상태를 알아보는데 널리 사용되고 있다. 또한 작업의 강도와 작업자의 피로도를 측정하는 데도 자주 사용된다.

2.3.2 근전도를 이용한 근육의 피로도 측정

근육의 피로도는 표면 근전도를 이용한 근육의 전기적 신호를 통해 간접적으로 측정할 수 있다. 근전도 파워 스펙트럼(power spectrum) 분석을 사용하면 보다 정확하고 객관적으로 근 피로를 정량화하여 측정할 수 있다. 지속적인 등척성 수축 시에 발생하는 피로도는 평균 주파수(mean frequency)나 중앙 주파수(median frequency) 같은 파워 스펙트럼의 특징적인 요소를 측정함으로써 구할 수 있으며, FFT(Fast Fourier Transforms) 방법을 사용하여 주파수 분석을 할 수 있다. 평균 주파수나 중앙 주파수의 감소 비율은 작업 지속시간, 그리고 근육이 힘을 내는 능력과 높은 상관관계를 보인다. 또한 초기의 평균 주파수와 중앙 주파수의 감소 비율은 근섬유 종류, 근 횡단 부위, 신경 전달 속도 등에 영향을 받는다.

근전도 측정 시 사용하는 전극은 피부 표면에 붙여 사용하는 것(surface type)과 주사 바늘 형태(needle type)가 있다. 표면 전극은 피부 표면에 부착하여 측정하는 것으로 피부에 가까운 근육만 측정되고, 주위의 근육이나 심부의 근육은 측정되지 않는 단점이 있다. 그러나 측정하기 편리하고 피실험자들에게 통증을 주지 않으므로 많이 사용된다. 주사 바늘 형태 전극은 주로 병원에서 검사를 위하여 사용되며 직접 해당 근육에 시술하여 근전도 값을 측정하기 때문에 원하는 근육의 근전도를 정확히 측정할 수 있다. 그러나 주사 바늘 형태 전극은 시술이 필요하고 동적인 움직임을 측정할 때에는 피실험자에게 통증을 주기 때문에 산업 현장에서는 거의 사용되지 않는다.

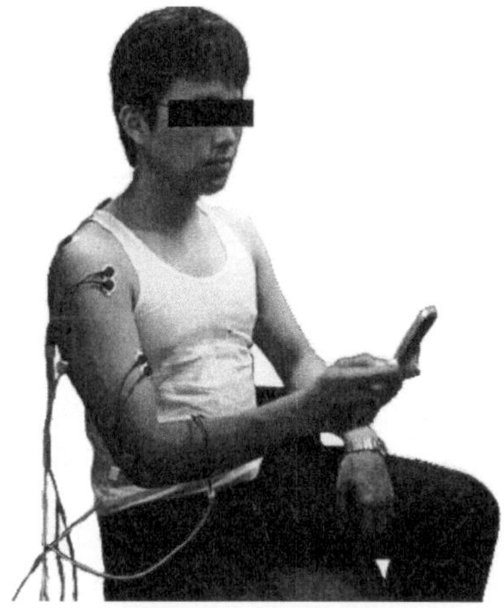

그림 15•5▸팔 근육의 활동 정도를 표면 근전도로 측정하는 모습

2.3.3 근전도 측정

근전도는 측정하고자 하는 근육의 근위(proximal)에 (+)전극을 원위(distal)에 (−) 전극을 붙이고, 측정 근육과 전혀 관계없는 곳에 참조 전극(ground)을 붙여 측정한다. 측정된 근전도 값은 파형 분석이나, 진폭, 주파수 분석, integrated EMG(IEMG) 등을 분석하여 활동 상황을 설명할 수 있다. 그림 15•5는 몸통의 등척성 수축 시 작용하는 힘을 표면 근전도로 측정하는 장면을 보여준다.

3 정신 작업 부하 척도

정신 작업 부하는 정신 활동량으로 예측할 수 있다. 정신 활동량이 작업자에게 심리적인 부담을 주면 작업자는 심리적인 스트레스를 받게 되고, 이러한 스트레스는 생리학적 변화를 일으키게 된다. 예를 들어, 심박수가 빨라지거나 심장 활동이 불규칙적으로 일어나기도 하고, 동공의 크기가 축소되고, 눈꺼풀의 깜박임도 줄어들어 작업 수행 능력을 현저히 감소시킨다.

3.1 정신 작업 부하 척도의 조건 및 분류

정신 작업 부하 척도는 다음 기준을 만족하여야 좋은 척도라 할 수 있다.

- 민감성(sensibility): 임무(task) 간에 정신 작업 부하 수준이 다를 경우 그 차이를 반영할 수 있어야 한다.
- 선택성(selectivity): 생리적 부하나 정신적 스트레스와 같은 정신 작업 부하와 무관한 것에 영향을 받아서는 안된다.
- 간섭(interference): 정신 작업 부하 정도를 측정하는 동안 주임무(primary task)를 간섭하거나 방해하여서는 안 된다.
- 신뢰성: 척도는 신뢰성이 있어야 한다. 즉, 측정 결과가 반복될 수 있어야 한다.
- 수용성(acceptability): 정신 작업 부하 측정 기법이 피측정자가 수용할 수 있는 것이어야 한다.

현재까지 발표되어 있는 많은 정신 작업 부하 척도는 크게 다섯 가지 범주로 분류할 수 있다. 즉, 주임무 척도, 부임무 척도, 점멸융합 주파수, 생리적 척도와 주관적 척도로 나누어진다.

3.2 주임무 척도

주임무 척도는 어떤 임무를 수행하는데 허용된 시간에 대한 임무 수행에 소요된 시간의 비, 혹은 정신 작업 부하가 측정되는 임무의 수행도로 정의된다. 주임무 척도는 임무 난이도가 높아지면 이에 따라 정신 작업 부하도 증가하고, 모든 임무를 수행할 때 최선을 다할 것이라는 가정을 하고 있다. 임무 수행에서 최선을 다하지 않으면 임무 난이도와 정신 작업 부하가 비례하지 않아 척도의 민감도에 문제가 발생한다. 주임무 척도는 여러 단점을 가지고 있다. 첫째, 어떤 임무들은 시분할(time sharing)을 통하여 동시에 성공적으로 수행될 수 있으나 주임무 척도는 이를 반영할 수 없다. 둘째, 수행하는 임무가 수행자의 능력 범위 내에 있으면 임무의 난이도가 다를지라도 두 가지 이상 임무의 수행도가 같을 수 있다. 즉, 작업 난이도가 다른 임무의 정신 작업 부하가 같을 수 있다. 셋째, 주임무 척도는 적용되는 임무에 따라 척도가 달라(task-specific) 서로 다른 임무 간의 정신 작업 부하를 비교하기가 어렵다.

3.3 부임무 척도

정신 작업 부하 측정에 주임무의 수행도를 직접 측정하는 것이 아니라 부임무의 수행도를 측정하는 방법이다. 부임무(secondary task) 척도는 주임무 수행에 사용되지 않은 여력은 부임무 수행에 사용될 것이라는 가정을 바탕으로 하고 있다. 즉, 주임무의 부하가 클수록 부임무에 쏟을 여력이 줄어들어 부임무 수행도가 떨어진다. 정신 작업 부하 측정에서 리듬을 타는 두드리기(rhythmic tapping), 반응시간, 기억 찾기(memory search), 시간 추정, 난수 생성, 암산 등이 부임무로 많이 사용된다. 이 중 시간 추정이 지각, 조정(mediation), 통신, 동작(motor) 임무에 관련된 부하 측정에 적절한 것으로 알려져 있다. 반면 리듬을 타는 두르기는 지각 임무에만 민감하다. 부임무 척도의 단점은 부임무로 인하여 주임무가 방해를 받을 수 있다는 것이다.

3.4 점멸융합 주파수

3.4.1 점멸주파수의 정의

점멸주파수란 자극들이 작업자에게 일정한 속도로 제공될 때 깜박거림 없이 연속적으로 제공되는 것처럼 느껴지는 주파수를 말한다. 점멸주파수는 작업자의 정신적 피로 상태와 밀접한 관계가 있기 때문에 정신적 피로를 평가하는 척도로 사용된다. 정신적으로 피로한 경우에는 점멸융합 주파수(flicker fusion frequency)의 값이 내려간다.

3.4.2 시각적 점멸주파수

시각적 점멸주파수(visual flicker fusion frequency: VFF)의 경우는 주변의 조도와 휘도 등에 영향을 받는다. 시각적 점멸주파수에 영향을 주는 요소들을 살펴보면 다음과 같다.

그림 15•6▸점멸융합 주파수 측정 장비

- VFF는 조명 강도의 대수치에 선형적으로 비례한다.
- 시표와 주위의 휘도가 같을 때 VFF는 최대가 된다.
- 휘도만 같으면 색은 VFF에 영향을 주지 않는다.
- 암조응 시 VFF는 감소한다.
- VFF는 개인차가 있으나 개인의 경우 일관성을 유지한다.
- VFF는 연습에 의해서 달라지지 않는다. 즉, 연습의 효과는 아주 적다.

그림 15•6은 점멸주파수 측정 장비를 보여준다.

3.5 생리적 척도

정신적인 부하를 측정하기 위한 생리적 척도로는 부정맥 지수, 눈꺼풀의 깜박임(blink rate), 동공의 지름(purple diameter), 뇌의 활동 전위를 나타내는 뇌파 등이 있다.

3.5.1 부정맥 지수

심장 박동이 비정상적으로 빨라지거나 느려지는 등과 같이 불규칙적으로 활동하는 것을 부정맥(cardiac arrhythmia)이라고 한다. 심장 활동의 불규칙성을 평가하는 척도로 맥박 간의 표준편차나 변동계수 등과 같은 부정맥 지수를 사용한다. 이러한 척도는 정신적 부하의 정도에 따라 달라지는데 일반적으로 정신적 부하가 증가하는 경우 부정맥 지수 값은 감소하게 된다.

3.5.2 눈꺼풀의 깜박임

그림 15•7은 Tufts University에서 만든 눈꺼풀 깜박임 기록기(blink rate recorder)의 prototype이다. 정신적인 활동의 부하가 클수록 피로하여 눈꺼풀을 깜박이는 횟수가 감소하는데, 특히 장시간의 정신 활동을 요하는 작업을 수행할 경우 이러한 현상이 현저하게 나타난다.

그림 15•7▸눈꺼풀 깜박임 기록기

3.5.3 동공 지름

그림 15•8은 동공 지름 측정 장치(pupil diameter measuring system)이다. 정신적 부하가 발생하면 피로를 유발하여 동공의 크기가 축소되는 경향을 보이는데, 이러한 현상을 정신적 부담을 나타내는 측정치로 사용한다. 실제로 피로가 쌓인 운전자에게 운전 중 눈이나 머리의 움직임, 눈깜박임, 동공의 크기 등을 측정하여 경고를 하는 시스템 등이 연구되고 있다.

그림 15•8▸동공 지름 측정 장치
(www.eurekalert.org)

3.5.4 뇌전도

최고의 중추인 뇌는 신경세포(neuron)들 간의 결합 형태나 활동에 의해서 여러 가지의 움직임을 나타낸다. 이러한 활동을 외부에서 기록하는 것이 뇌전도(EEG)인데, 일반적으로 뇌파라 하면 두피 전극에서 포착된 두피 뇌파(scalp EEG)를 말한다. 뇌파는 뇌의 전기적인 활동을 머리 표면에 부착한 전극에 의해 측정한 전기적 신호이다. 정신적으로 긴장한 상태에서는 뇌파의 진폭이 작아지면서 주파수가 높아지는 경향이 있다. 또한 뇌에 산소 공급이 부족하면 낮은 주파수로 진동하는 큰 진폭의 뇌파가 나타나며, 반대로 지나치게 산소 공급이 많으면 주파수가 높아지는 경향을 보이기도 한다. 그림 15•9는 EEG 측정 장면이다.

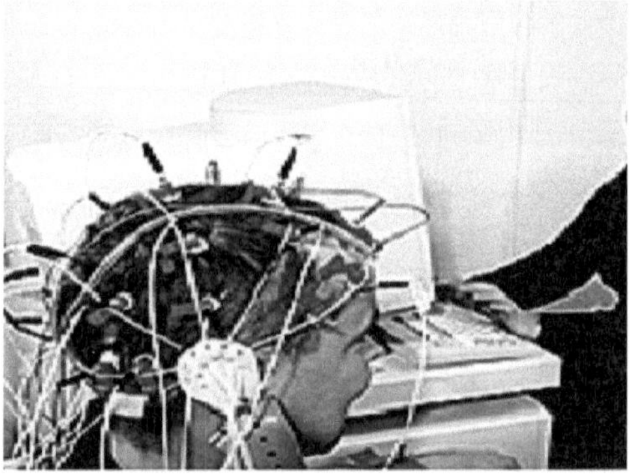

그림 15•9▸EEG 측정 장면
(http://www.psychiatrie-osnabrueck.de/leistung.htm)

뇌파의 종류는 주파수에 따라서 분류할 수 있다. 그림 15•10은 정신적 상태에 따른 뇌파를 나타낸다.

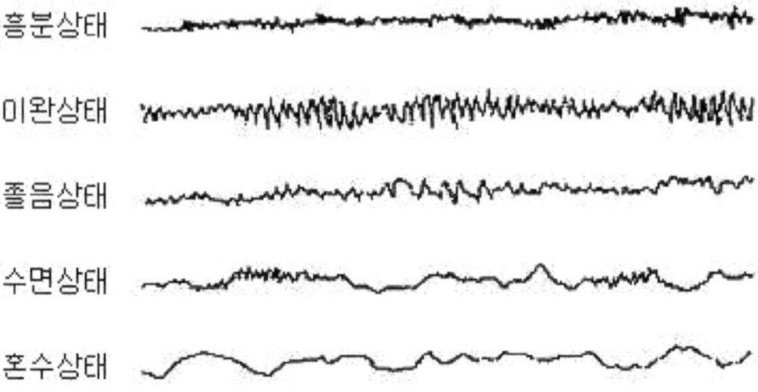

그림 15•10▸정신적 상태에 따른 뇌파의 형태

- δ파는 4Hz 미만의 주파수로 나타나며, 깊은 수면 상태를 말한다.
- θ파는 4~8Hz의 주파수를 가지며, 졸린 상태나 얕은 수면 상태를 나타낸다.
- α파는 8~13Hz의 주파수를 가지며, 편안하게 휴식을 하는 경우로 정신은 깨어있는 상태이다. 대개 정상적인 성인의 경우 눈을 감고 편안하게 안정하는 상태이며, 시각중추와 관련되어 있다.
- β파는 13~30Hz의 주파수를 가지며, 진폭이 가장 작다. 일상적인 업무 중에 나타나기 때문에 활동 뇌파라고도 한다. 의사결정, 논리적 추론, 문제해결 등과 같은 작업을 수행할 때 나타난다. 집중력을 나타내는 뇌파로서 집중력이 과도하거나 스트레스가 높은 상태에서는 고베타파(20Hz 이상)가 나타난다.
- γ파는 30Hz 이상의 주파수를 가지며, 불안하고 흥분된 상태를 나타낸다.

3.6 주관적 척도

정신 작업 부하를 평가 척도(rating scale)를 이용하여 주관적으로 평가하는 것으로, 사용하기 쉬워 널리 활용되고 있다. 어떤 연구자들은 정신 작업 부하는 주관적으로 측정하는 것이 가장 적합하다고 주장하기도 한다. 가장 오래되고 광범위하게 검증된 방법으로는 Cooper-Harper 척도를 들 수 있으며, 원래는 항공기 조작 특성을 평가하기 위하여 개발되었다. 이 방법은 약간의 수정으로 동작 및 정신-동작(pshychomotor) 임무에 사용될 수 있다. 후에 지각, 인지, 통신 임무에 사용될 수 있도록 개정되었다(그림 15•11). 척도는 1차원 10점 스케일로 구성되어 있다(1: 매우 쉬움, 매우 바람직함—정신 작업 부하가 최소로 원하는 수행도를 쉽게 달성할 수 있음; 5: 중간 정도의 어려움—적절한 수행도를 달성하기 위해서는 높은 정신적 노력이 요구됨; 10: 불가능—임무를 신뢰성 있게 성취할 수 없음).

다른 주관적 방법으로는 시간 부하, 정신 노력 부하, 심리적 스트레스의 3차원 상의 부하를 3점 스케일로 평가한 후, 하나의 작업 부하 점수로 변환하는 것을 들 수 있다. 그러나 이러한 방법은 직관에 의하여 만들어졌으며, 실험적으로 입증된 것은 아니다.

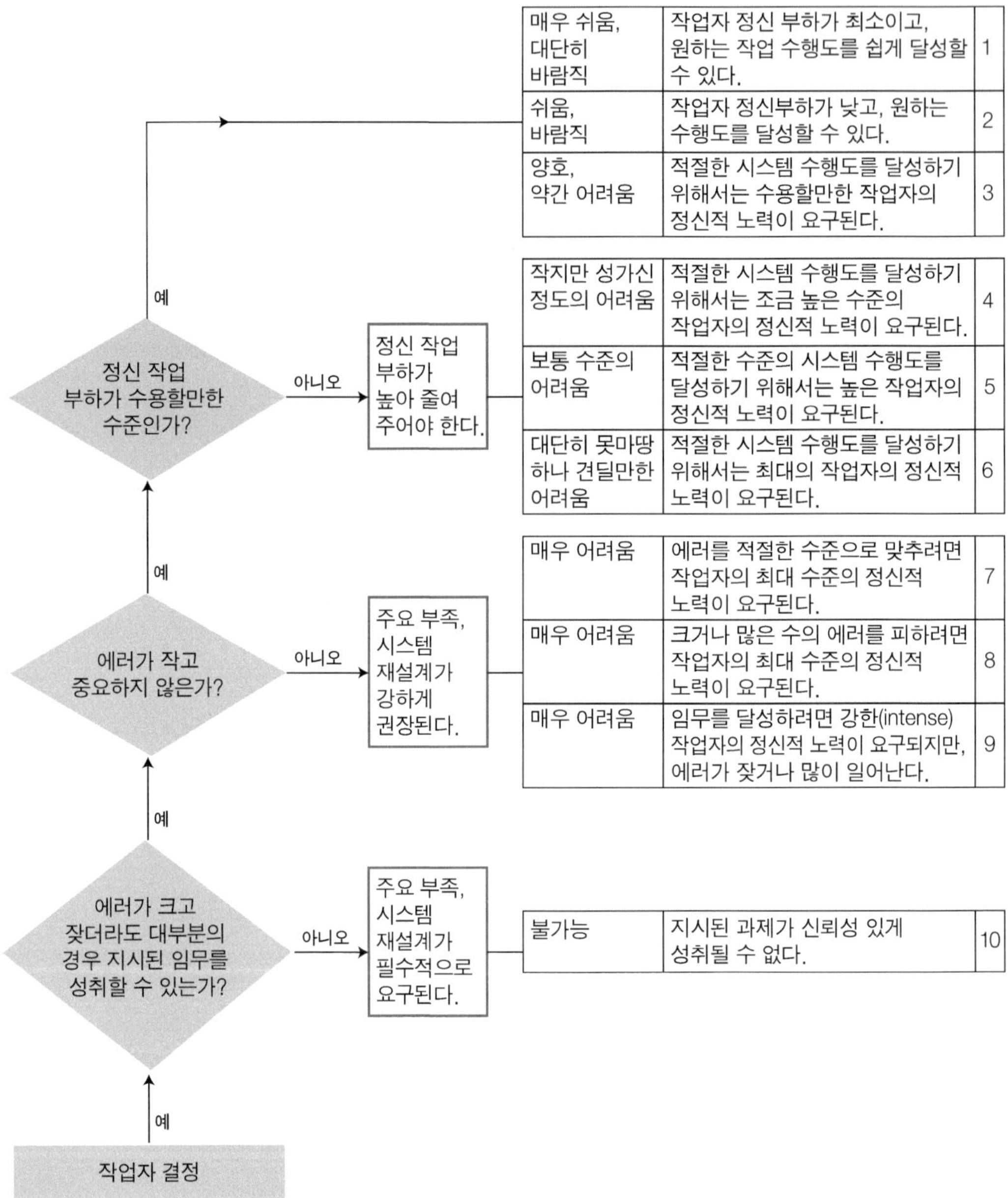

그림 15•11▸개정된 Cooper-Harper 척도

연습문제

[1] 다음 중 신체 활동 시 나타나는 신체 변화를 측정하는 계측 방법 중 성격이 다른 하나는?

① 맥박수 ② 근전도 ③ 뇌전도 ④ 심전도

[2] 신체 활동을 계측기기로 측정하는 과정이 바르게 연결된 것은?

① 자극-증폭기-변환기-운동뉴런 ② 자극-변환기-증폭기-운동뉴런
③ 자극-증폭기-운동뉴런-변환기 ④ 자극-운동뉴런-증폭기-변환기

[3] 다음 중 스트레스의 원인 중 성격이 다른 것은?

① 부정적인 생각 ② 수면 부족
③ 과중한 스케쥴 ④ 소음

[4] 스트레인(긴장, strain)은 스트레스에 의하여 나타나는 신체 반응으로 적절하지 않은 것은?

① 과중한 스케쥴 ② 피로 ③ 집중력 감소 ④ 근육통

[5] 스트레스에 의해 일어나는 생리적 변화 현상이 아닌 것은?

① 중요한 장기(근육, 뇌, 심장)로 가는 혈류가 증가한다.
② 피부·소화기관·신장·간으로 가는 혈류는 증가한다.
③ 더 많은 산소를 얻기 위하여 호흡이 빨라진다.
④ 혈액 중에 있는 당·지방·콜레스테롤의 양이 증가한다.

[6] 뇌전도계로 측정하는 뇌파에 대한 설명으로 옳지 않은 것은?

① 흥분할 때에는 γ파(30~50Hz, 2~20mV)가 나타난다.
② 정상 수면 상태에서는 θ파(4~8Hz, 20~100mV)가 나타난다.
③ 긴장이 이완된 상태에서는 α파(8~13Hz, 20~60mV)가 나타난다.
④ 깨어있을 때에는 β파(13~30Hz, 2~20mV)가 나타난다.

[7] 근육의 근세포가 흥분하고 수축할 때 발생하는 미세한 활동 전위차를 측정하는 것은?

① 뇌전도계(EEG) ② 근전도계(EMG)
③ 심전도계(EKG) ④ 안전도계(EOG)

[8] 전기피부반응기(GSR)에 대한 다음 설명 중 틀린 것은?

① 긴장이나 흥분되는 정도에 따라서 발한 정도가 달라지는 것에 기초한다.
② 피부의 전기적인 온도 변화를 측정한다.
③ 주위 환경 특히 온도의 영향을 많이 받는다.
④ 거짓말 탐지기 등에 응용되기도 한다.

[9] 심장활동에 관한 설명으로 옳지 않은 것은?

① 정적인 신체활동이나 정신적 작업에서 민감하게 반응하므로 작업 부하를 측정하는 데 좋은 지표이다.
② 심장이 수축하고 이완하는 과정을 심장주기라고 한다.
③ 1분 동안 반복되는 심장 주기의 횟수는 심박수(heart rate)이다.
④ 심전도는 심장이 수축과 확장을 할 때 일어나는 전기적 변동을 기록한 것이다.

[10] 심장의 자극이 전도되는 순서가 맞게 표시된 것은?

① 동방결절→좌·우 심실→방실결절→방실속→좌·우 심방
② 동방결절→방실결절→좌·우 심방→방실속→좌·우 심실
③ 방실결절→방실속→좌·우 심방→동방결절→좌·우 심실
④ 동방결절→좌·우 심방→방실결절→방실속→좌·우 심실

[11] 심장 박출량(cardiac output)에 대한 설명이 옳은 것은?

① 심장의 수축으로 1분 동안 좌심방에서 박출되는 혈액의 양
② 심장의 1회 수축 시 좌심방에서 박출되는 혈액의 양
③ 심장의 수축으로 1분 동안 좌심실에서 박출되는 혈액의 양
④ 심장의 1회 수축 시 좌심실에서 박출되는 혈액의 양

[12] 심전도는 심장 주기 동안 심근의 전기적 신호를 측정한 기록으로, 심방근육의 탈분극과 수축이 일어나며 동방결절에서 흥분이 시작되는 것을 나타내는 파형은?

① Q파 ② QRS파 ③ P파 ④ T파

[13] 심음(heart beat)은 심장 박동 시 판막이 개폐하거나 혈류의 상태 변화에 의해 생기는 소리이다. T파가 끝날 때 동맥판 폐쇄에 의해 발생하는 심음은?

① 제1심음 ② 제2심음 ③ 제3심음 ④ 제4심음

[14] 안정 시 일반인의 평균 심장 박출량과 심장 박동수는 어느 정도인가?

① 심장 박출량: 70~80mL, 심박수: 60~80회/분
② 심장 박출량: 90~100mL, 심박수: 60~80회/분
③ 심장 박출량: 70~80mL, 심박수: 80~100회/분
④ 심장 박출량: 90~100mL, 심박수: 80~100회/분

[15] 심실 근육의 탈분극이 일어나며 흥분이 방실결절로부터 푸르키니에 섬유로 전달되는 과정을 나타내는 심전도 파형은?

① P파 ② ST파 ③ T파 ④ QRS파

[16] 작업 수행에 요구되는 에너지 소비량 측정과 관련된 측정치는?

① 근전도 ② EKG ③ 산소 소비량 ④ EOG

[17] 제1심음에 관한 설명 중 옳지 않은 것은?

① 둔하고 낮은 소리　　② 방실판 폐쇄 시 발생
③ R파 다음 발생　　④ 이완기에 발생

[18] 최대 산소 섭취량 측정에 대한 다음 설명 중 틀린 것은?

① 실험실에서 트레드밀이나 에르고메터를 이용하여 측정할 수 있다.
② 직접적인 측정 방법은 피실험자의 높은 동기가 요구된다.
③ 간접적인 측정 방법은 정확성이나 신뢰성은 상대적으로 떨어진다.
④ 직접적인 측정 방법은 안전하므로 어린이나 고령자에게도 적합하다.

[19] 산소섭취량과 관련된 다음 설명 중 옳지 않은 것은?

① 일반적으로 심박수와 산소소비량 사이에는 선형적인 관계가 성립한다.
② 개인차가 크기 때문에 직접 측정하는 것보다 최대 심박수 공식을 이용하는 것이 더 정확하다.
③ 최대 심박수는 연령에 따라 다르므로 최대 산소 섭취량도 연령에 따라 다르다.
④ 같은 연령층 내에서도 개인차가 크다.

[20] 근전도 주파수 분석을 통한 피로도 측정에서 근육이 피로해지면 나타나는 현상은?

① 저주파수대 힘 감소　　② 고주파수대 힘 증가
③ 중앙주파수 감소　　④ 평균주파수 증가

[21] 정신 작업 부하 척도 중 임무 간에 정신 작업 부하 수준이 다를 경우 그 차이를 반영할 수 있어야 한다는 기준은?

① 민감성　　②선택성　　③ 신뢰성　　④ 수용성

[22] 정신 작업 부하 측정에 적합하지 않은 것은?

① 주임무 척도　　② 부임무 척도
③ 점멸융합 주파수　　④ 근전도

[23] 정신 작업 부하를 측정하는 척도 중 어떤 임무를 수행하는데 허용된 시간에 대한 임무 수행에 소요된 시간의 비, 혹은 정신작업 부하가 측정되는 임무의 수행도로 정의되는 척도는?

① 주임무 척도　　② 부임무 척도
③ 점멸융합 주파수　　④ 근전도

[24] 다음 부임무 척도에 대한 설명 중 틀린 것은?

① 주임무 수행도와 함께 부임무의 수행도를 측정하는 방법이다.
② 주임무의 부하가 클수록 부임무 수행도가 증가한다고 가정한다.
③ 주임무 수행에 사용되지 않은 여력은 부임무 수행에 사용한다고 가정한다.
④ 난수 생성, 암산 등이 부임무로 많이 사용된다.

[25] 지각, 조정, 통신, 동작 임무에 관련된 부하 측정에 적절한 것으로 알려진 부임무는?

① 리듬 두드리기 ② 기억 찾기 ③ 시간 추정 ④ 난수 생성

[26] 다음 중 부임무 척도의 단점은?

① 부임무로 인하여 주임무가 방해를 받을 수 있다.
② 주임무의 부하가 커지면 부임무 수행도가 감소한다.
③ 주임무 수행에 사용되지 않은 여력은 부임무 수행에 사용한다고 가정한다.
④ 주임무 수행도, 부임무의 수행도를 같이 측정할 수 있다.

[27] 점멸 융합 주파수는 자극들이 일정한 속도로 제공될 때 깜박거림 없이 연속적인 것처럼 느껴지는 주파수이다. 정신적으로 피로한 경우에 점멸융합 주파수 변화는?

① 변화 없음 ② 올라감
③ 내려감 ④ 내리고 오르고 반복함

[28] 시각적 점멸주파수(VFF)에 영향을 주는 요소에 관한 설명 중 옳지 않은 것은?

① VFF는 개인차가 있으며 연습의 효과는 아주 적다.
② 암조응 시 VFF는 증가한다.
③ 주위의 휘도가 같은 때에 VFF는 최대가 된다.
④ VFF는 조명 강도의 대수치에 선형적으로 비례한다.

[29] 심장 박동이 비정상적으로 빨라지거나 느려지는 등과 같이 불규칙적으로 활동하는 것을 부정맥이라고 한다. 다음 중 부정맥 지수로 적합한 것은?

① 맥박 간 시간의 평균 ② 맥박 간 시간의 중앙값
③ 맥박 간 시간의 최대값 ④ 맥박 간 시간의 표준편차

[30] 일반적으로 정신적 피로가 증가하면 시각적 점멸주파수(VFF)와 부정맥 지수 변화는?

① VFF-감소, 부정맥지수-감소 ② VFF-증가, 부정맥지수-증가
③ VFF-감소, 부정맥지수-증가 ④ VFF-증가, 부정맥지수-감소

[31] 중추신경계의 피로, 즉 정신피로의 척도로 사용될 수 있는 것은?

① 점멸 융합 주파수 ② 혈압 ③ 산소 소비량 ④ EMG

[32] 깊은 수면 상태에서 나오는 뇌파는?

① α파 ② β파 ③ θ파 ④ δ파

[33] 정신 작업 부하 평가를 위한 주관적 척도 중 가장 오래되고 광범위하게 검증된 방법으로 원래 항공기 조작 특성을 평가하기 위하여 개발된 것은?

① time-line analysis ② 3점 스케일법
③ 평가 척도법 ④ Cooper-Harper scale

[34] 심장활동을 조절하는 뇌의 중추는?

① 소뇌 ② 연수 ③ 대뇌 ④ 중뇌

[35] 다음 중 정신 작업 부하를 측정하는 척도 중 성격이 다른 하나는?

① Cooper-Harper scale ② 부정맥 지수
③ 동공 지름 ④ 뇌전도

응용문제

[1] 작업 수행 시와 휴식시간, 그리고 수면을 취하는 기간 동안에 많이 나오는 뇌파의 형태와 특성에 대해서 설명하라.

[2] 심장의 활동을 심전도와 동맥의 압력, 심음 등을 연결하여 설명하라.

[3] 최대 산소 섭취량을 트레드밀을 사용하여 직접적으로 측정하는 절차를 설명하라.

[4] 육체적으로 힘든 작업을 수행할 때, 스트레스(압박)와 스트레인(긴장)의 예를 들어 설명하라.

[5] 주임무 척도와 부임무 척도를 비교 설명하라.

[6] 근전도 신호를 이용하여 근육의 피로도를 분석하고자 한다. 근육이 피로해지면 나타나는 근전도 신호의 변화를 설명하라.

[7] 정신 작업 측정에 사용할 수 있는 척도에 대해서 정의, 장단점을 설명하라.

CHAPTER 16 작업 부하 평가

1 중량물 취급 작업

1.1 중량물 취급 지침

1) 인력운반작업 지침 인력운반작업을 할 때 참조할 수 있는 일반적 지침은 다음과 같이 정리할 수 있다.

- 물체의 중량을 줄여라. 미국 NIOSH에서는 들기 작업 시 23kg을 최대 허용 중량으로 하고 있다.
- 물체를 들어올릴 때는 허리 대신 다리를 굽혀 물체를 몸체에 가까이 하고 중심을 낮게 하여 다리의 힘으로 자연스럽게 들어올린다.
- 인력운반작업 중 미끄러지지 않도록 바닥의 마찰 계수를 높게 하고 갑자기 움직이는(jerk) 동작을 취하지 말라.
- 인력운반작업 중 몸통을 비트는 자세를 취하지 말라.
- 작은 무게로 여러 번 나누어 들라.
- 물체의 크기를 줄이고 좋은 손잡이를 제공하라.
- 들기 작업이 75cm 전후 높이(knuckle height)에서 이루어지도록 하라.
- 인력운반작업의 형태를 변경하라. 들기보다는 내리기, 당기기보다는 밀기, 운반(carrying)보다는 당기기 작업으로 변경하라.
- 인력운반작업 시 기계적 보조 도구를 사용하거나 동력 기구를 이용하라.
- 회복 시간이 적게 요구되도록 인력운반작업의 빈도를 줄이고 인력운반작업이 아닌 다른 작업으로의 직무순환을 실시하라.

2) 인력운반작업의 적정 중량 산출 기준 인력운반작업에서 다음 기준을 참조하여 취급물의 중량을 제한하는 것이 좋다.

- 만 18세 이상인 남성 근로자는 체중의 1/2 이하, 여성 근로자는 1/4~1/3 이하가 적당하다.
- 20~35세를 기준으로 35~40세는 95%, 40세는 88%, 50대 이후는 85% 정도가 적절하다.
- 단독 작업은 30kg 이하, 장시간 작업은 체중의 40% 이내로 하는 것이 권장된다.
- 1일 1인 1500kg(30kg × 50개) 이내, 하루 중 실제 취급 시간은 2.5시간(30초×300개) 이내로 한다.
- 연속작업은 20분 이내, 운반거리는 2km 이내(4m×500개)로 한다.

표 16•1 ▸국제노동기구 허용 중량

연령(세)	최고 무게(kg)	
	남	여
14~16	14.6	9.8
16~18	18.5	11.7
18~20	22.6	13.7
20~35	24.5	14.6
35~50	20.6	12.7
50~	13.6	9.8

국제노동기구(ILO)에서는 표 16•1과 같이 성별, 연령별로 허용 중량을 제시하고 있다.

2 NIOSH 들기 작업 공식

NIOSH(National Institute for Occupational Safety and Health) 들기 작업 공식(lifting equation)은 들기 작업의 위험성을 정량적으로 평가할 수 있는 평가기법으로, NIOSH에서 1981년과 1991년에 제시하였다. 1981년 공식은 양손 대칭 작업에만 적용할 수 있었으나 1991년 공식에는 비대칭 작업, 커플링(coupling) 효과가 추가되어 적용 범위가 확대되었다. 들기 작업 공식의 목적은 다음과 같다.

- 들기 작업과 관련된 작업 변수로부터 작업의 안전성 평가
- 안전하게 작업할 수 있는 하중의 산출
- 작업 개선의 방향 제시

들기 작업 공식은 기본적으로 양손 들기 작업 혹은 내리기 작업을 분석할 수 있으며, 다음 작업에는 적용할 수 없다.

- 한 손 들기 작업
- 8시간 이상 작업
- 앉거나 무릎을 꿇은 자세로 하는 들기 작업
- 작업 공간이 제약된 경우
- 밸런스가 맞지 않는 물건 취급

- 운반, 밀기, 끌기 등
- 손수레나 운반 도구를 사용하는 작업
- 빠른 속도로 중량물을 취급하는 경우(75cm/s 초과)
- 지면과의 마찰 계수가 0.4 미만인 경우
- 온도/습도 등 환경이 좋지 않은 경우(온도 19~26℃, 습도 35~50% 범위 외)

2.1 들기 작업 공식 배경

들기 작업 공식은 역학(疫學)적(epidemiological), 생체역학적(biomechanical), 생리학적(physiological), 심물리학적(psychophysical) 기준에 근거하여 개발되었다.

1) 역학적 기준 작업 조건에 따른 요통의 발생률, 심각성 정도를 통계학적으로 분석하여 작업을 설계한다.

2) 생체역학적 기준 인체를 근육과 뼈로 구성된 역학적 시스템으로 가정하고 작업 과정에서 관절 부위(특히 L5/S1)에 부과되는 압축력(compressive force)과 모멘트(moment)를 역학 모형을 통해 계산하여, 관절이 감당할 수 있는 최대치를 초과하지 않도록 작업을 설계한다. 1991년 공식에서는 L5/S1에 걸리는 압축력 3,400N을 기준으로 하였다.

3) 생리학적 기준 인체의 심장순환계 능력을 기준으로 작업에 소모되는 에너지 요구량이 작업자의 작업 능력을 초과하지 않도록 작업을 설계한다. 작업 시 발생하는 부하 정도를 평가하기 위한 척도로서 산소 소모량, 에너지 소모량, 심박수, 혈압 등을 이용한다. 1991년 공식에서는 에너지 소모량을 척도로 사용하였으며 9.5kcal/m을 기준 최대 에너지 소모량으로 채택하였다. 바닥에서 수직으로 75cm 이상 높이에서 들기 작업이 이루어지면 최대 에너지 소비량이 70%로 감소된다. 들기 작업 시간 1시간 이내, 1~2시간, 2~8시간에 따라 에너지 소모량 한계가 기준 최대 에너지 소모량의 50%, 40%, 33%로 줄어든다. 이를 따라 1991년 공식에는 분당 에너지 소모량 2.2~4.7 kcal/m가 기준으로 사용되었다.

4) 심물리학적 기준 작업자 스스로가 자신에게 적합한 작업량을 조절할 수 있도록 하는 방식으로, 앞서 언급한 생체역학적, 생리적 부하가 공존할 때 그 정도를 작업자가 심리적, 물리적으로 산정하게 하고 이를 기준으로 적정한 작업을 설계한다. 1981년, 1991년 공식은 여자 75%, 남자 99% 이상이 안전하게 들기 작업을 수행할 수 있는 중량을 기준으로 하였다.

2.2 들기 작업 공식 변수

들기 작업 공식에 사용되는 변수는 다음과 같으며 그림 16•1, 16•2에 변수가 표시되어 있다.

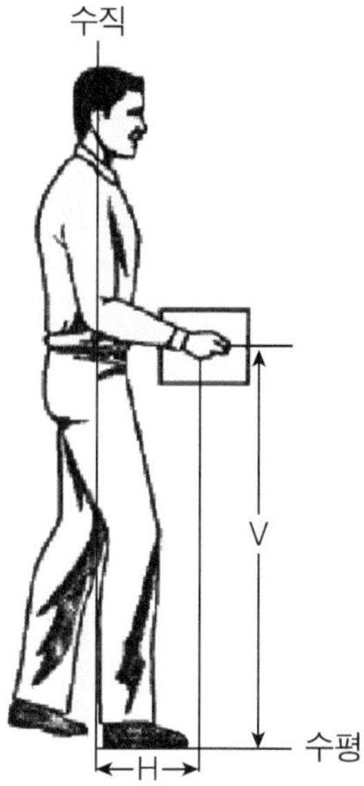

그림 16•1▸들기 작업 공식 변수

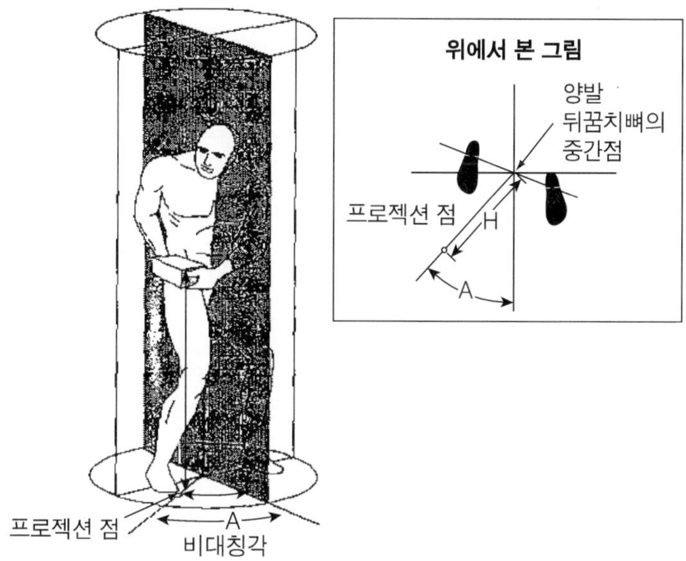

그림 16•2▸들기 작업 공식의 비대칭 각도

- 무게(load weight: L): 들기 작업 물체의 무게(Kg)
- 수평위치(horizontal location: H): 두 발목의 중점에서 손까지의 거리(cm)이며 들기 작업 시점과 종점에서 측정한다.
- 수직위치(vertical location: V): 바닥에서 손까지의 거리(cm)이며 시점과 종점에서 측정한다.
- 수직이동거리(vertical travel distance: D): 들기 작업에서 수직으로 이동한 거리(cm)이며 들기 작업 시점과 종점의 수직위치의 차이로 구해진다.
- 비대칭 각도(asymmetry angle: A): 작업자의 정시상면(mid-sagittal plane)으로부터 물체가 어느 정도 떨어져 있는가를 나타내는 각도이며 시점과 종점에서 측정한다.
- 들기 빈도(lifting frequency: F): 15분 동안의 평균적인 분당 들어 올리는 횟수(회/분)이다.
- 들기 작업 시간
  - short-duration: 1시간 이내의 작업과 작업 시간의 1.2배에 상응하는 휴식 시간이 주어짐
  - moderate-duration: 1시간 이상, 2시간 이내 작업을 하고, 작업 시간의 최소 0.3배의 휴식 시간이 주어짐
  - long-duration: 2시간에서 8시간 사이의 작업과 산업체의 표준 휴식 시간이 주어짐 (예: 오전, 점심, 오후 휴식 시간)
- 커플링 분류(coupling classification: C): 드는 물체와 손과의 연결 상태, 혹은 물체를 들 때에 미끄러지거나 떨어뜨리지 않도록 하는 손잡이 등의 상태를 의미하며, 다음 세 가지 상태로 구분된다.
  - 좋음(good): 손잡이가 들기에 최적으로 위치한 경우. 주물, 부품과 같이 박스에 들어있지 않으나 손으로 물체를 쉽게 둘러싸 들 수 있는 경우

표 16•2▸들기 작업 공식의 계수

계수	계수 설명	계수 구하는 법
HM	수평 계수 (horizontal multiplier)	25/H, H≤63cm
VM	수직 계수 (vertical multiplier)	1−(0.003|V−75|), V≤175cm
DM	거리 계수 (distance multiplier)	0.82+(4.5/D), D≤175cm
AM	비대칭 계수 (asymmetric multiplier)	1−(0.0032A), A≤135°
FM	빈도 계수 (frequency multiplier)	표 16•4 참조
CM	커플링 계수 (coupling multiplier)	표 16•5 참조

- 양호(fair): 손잡이가 있으나 '좋음' 상태가 아니거나 손가락 부위를 90° 굴곡한 자세로 물체를 쥘 수 있는 경우
- 나쁨(poor): 다루기 어렵거나 가장자리가 날카로운 경우 혹은 고체가 아니어서 유동적인 물체

2.3 들기 작업 공식

들기 작업 공식은 들기 작업의 변수에 따라 권장 무게 한계(recommended weight of limit: RWL)를 계산하여 준다. 권장 무게 한계는 거의 모든 건강한 작업자가 들기 작업과 관련하여 요통을 유발할 위험성의 증가 없이 실제 작업 시간 동안 들 수 있는 무게의 한계를 말한다. 들기 작업 공식은 다음과 같으며 들기 작업 공식에 사용되는 계수는 표 16•2에 정리되어 있다. 표 16•2에서와 같이 HM, VM, DM, AM은 공식을 이용하여 계산할 수 있으며, 표를 이용하여 구할 수도 있다(표 16•3). FM, CM은 표 16•4, 16•5에 나와 있다. 공식에서 23kg은 부하 상수(load constant)이며 들기 작업 환경이 최적, 즉 수평위치가 25cm 이내, 수직위치가 75cm, 수직이동거리가 25cm 이내, 비대칭 각도는 0°, 들기 작업 빈도는 0.2회/분 이내이며 손잡이가 '좋음' 상태일 때 허용되는 최대 중량이다.

표 16•3▸HM, VM, DM 값

H(cm)	<25	28	30	32	34	36	38	40	42	44	46	48	50	52	54	56	58	60	63	>63
HM	1	0.89	0.83	0.78	0.74	0.69	0.66	0.63	0.6	0.57	0.54	0.52	0.5	0.48	0.46	0.45	0.43	0.42	0.4	0
V(cm)	0	10	20	30	40	50	60	70	80	90	100	110	120	130	140	150	160	170	175	>175
VM	0.78	0.81	0.84	0.87	0.9	0.93	0.96	0.99	0.99	0.96	0.93	0.9	0.87	0.84	0.81	0.78	0.75	0.72	0.7	0
D(cm)	<25	40	55	70	80	100	115	130	145	160	175	>175								
DM	1	0.93	0.9	0.88	0.87	0.87	0.86	0.86	0.85	0.85	0.85	0								
A(°)	0	15	30	45	60	75	90	105	120	135	>135									
AM	1	0.95	0.9	0.86	0.81	0.76	0.71	0.66	0.62	0.57	0									

표 16•4▸FM 값

빈도수 (회/분)	작업기간					
	1시간 이하		2시간 이하		8시간 이하	
	V<75	75≤V	V<75	75≤V	V<75	75≤V
≤0.2	1.00	1.00	0.95	0.95	0.85	0.85
0.5	0.97	0.97	0.92	0.92	0.81	0.81
1	0.94	0.94	0.88	0.88	0.75	0.75
2	0.91	0.91	0.84	0.84	0.65	0.65
3	0.88	0.88	0.79	0.79	0.55	0.55
4	0.84	0.84	0.72	0.72	0.42	0.42
5	0.80	0.80	0.60	0.60	0.35	0.35
6	0.75	0.75	0.50	0.50	0.27	0.27
7	0.70	0.70	0.42	0.42	0.22	0.22
8	0.60	0.60	0.35	0.35	0.18	0.18
9	0.52	0.52	0.30	0.30	0.00	0.15
10	0.45	0.45	0.26	0.26	0.00	0.13
11	0.41	0.41	0.00	0.23	0.00	0.00
12	0.37	0.37	0.00	0.21	0.00	0.00
13	0.00	0.34	0.00	0.00	0.00	0.00
14	0.00	0.31	0.00	0.00	0.00	0.00
15	0.00	0.28	0.00	0.00	0.00	0.00
>15	0.00	0.00	0.00	0.00	0.00	0.00

RWL(kg)

= 23×HM×VM×DM×AM×FM×CM

표 16•5▸CM 값

커플링 상태	수직위치(V)	
	75cm 미만	75cm 이상
좋음	1.00	1.00
양호	0.95	1.00
나쁨	0.90	0.90

2.4 들기 작업 공식의 적용 절차

① 작업을 관찰하여 수평위치, 수직위치, 비대칭 각도, 들기 작업 빈도, 커플링 상태 등의 변수를 측정한다.

② 위의 표 혹은 공식을 사용하여 각 변수의 계수를 구한 후 들기 작업 공식을 이용하여 권장 무게 한계를 계산한다.

③ 들기 작업 지수(lifting index: LI)를 계산한다. LI는 실제 작업물의 무게와 권장 무게 한계의 비(比, 실제 작업물 무게/권장 무게 한계 = L/RWL)이며, 특정 작업에서의 육체적 스트레스의 상대적인 양을 나타낸다.

권장 무게 한계나 LI는 보통 들기 작업의 시점에서만 계산하면 되나, 미세 조절(significant control)이 요구되는 경우에는 시점과 종점에서 모두 계산하여 부하가 큰 쪽을 선택한다. 즉, 권장 무게 한계 값은 작은 것을, LI는 큰 값을 사용한다. 미세 조절은 다음의 경우를 말한다.

- 종점 가까이에서 re-grasp이 일어나는 경우
- 종점에서 잠시 동안 중량물을 잡고 있는 경우
- 종점에서 중량물을 정확하게 위치시켜야 하거나 guide하여야 하는 경우

④ LI가 1.0 이내이면 들기 작업이 안전한 것으로 판정한다. LI가 1.0보다 크면 작업 부하가 권장치보다 크다고 할 수 있어 개선이 요구된다. LI가 3.0을 초과하면 요통 등의 근골격계질환 발병의 위험이 상당한 것으로 알려져 있다. LI가 1.0을 넘는 작업에 대해서는 가장 작은 계수 값을 가지는 변수부터 개선한다. 들기 작업의 인간공학적 개선 방안으로는 다음을 들 수 있다.

- 작업장 배치의 변화: 수평위치, 수직위치, 비대칭 각도
- 들기 작업 빈도 혹은 작업 시간의 감소
- 중량물의 크기, 무게, 손잡이 등의 개선

들기 작업 공식을 적용할 때 다음 표 16•6과 같은 들기 작업 분석표를 이용하면 도움이 된다.

표 16•6▸들기 작업 분석표

작업 분석표

부서명		작업설명	
작업명			
분석자명			
분석날짜			

순서 1. 작업 변수들을 측정하고 기록한다.

작업물무게(kg)		손의 위치(cm)				수직이동	비대칭각도(°)		작업빈도	작업시간	커플링
		시점		종점		거리(cm)	시점	종점	횟수/분	시간	
L(평균)	L(최대값)	H	V	H	V	D	A	A	F		C

순서 2. 작업 변수들을 이용하여 RWL(권장 무게 한계)을 계산한다.

	LC	× HM	× VM	× DM	× AM	× FM	× CM	= RWL
시점	23							kg
종점	23							kg

순서 3. LI(들기 작업 지수)를 계산한다.

시점 $LI = \frac{L}{RWL} = \underline{\qquad\qquad} = \boxed{\quad}$

종점 $LI = \frac{L}{RWL} = \underline{\qquad\qquad} = \boxed{\quad}$

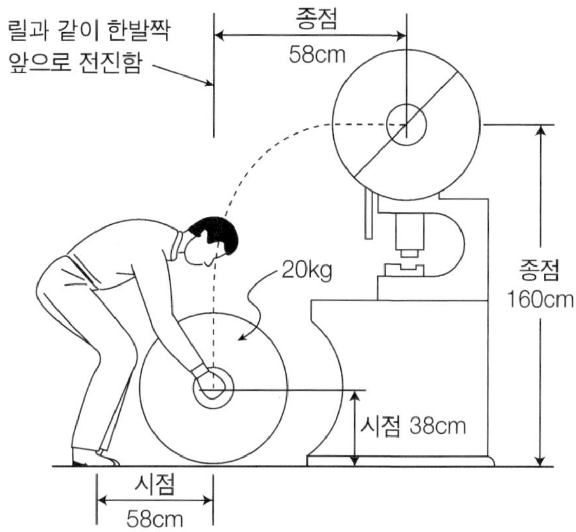

그림 16•3▸펀치 프레스 작업

예제 16.1 그림 16•3의 펀치 프레스 작업자는 하루에 한번씩 무거운 릴(reel)을 바닥에서 들어올려 기계에 장착한다. 릴의 직경은 76cm, 폭은 30cm, 무게가 20kg이고 종점에서 미세 조절이 요구된다. 릴의 모양 때문에 작업자가 릴을 작업자 다리 사이에 넣는 등의 방법으로 작업자가 릴에 가까이 다가설 수 없다. 들기 작업의 부하를 정량적으로 평가하라.

---

3 자세 부하 평가 기법

자세 부하를 평가하는 방법으로 설문지를 이용하는 자기 보고법(self-report technique), 기기를 사용하는 방법(instrument-based technique) 혹은 직접 측정법(direct measurement technique)과 육안으로 측정하는 관측법(observational technique)이 있다. 설문지법은 사용이 용이하고 비용이 저렴하기 때문에 작업 자세 부하 조사뿐만 아니라 작업 활동과 관련된 다양한 물리적 부하(physical exposure)를 평가하는 데 사용되어 왔으나, 실제보다 부하를 과대평가하는 것으로 알려져 있다. 측정 기기를 이용하는 직접 측정법은 기기를 몸의 일부에 부착하여 자세를 연속적으로 측정할 수 있으며, 이 방법에 의한 결과는 다른 방법에 비하여 정확하나 측정이 특정 신체 부위에 국한되며 비용이 비싸다는 단점이 있다. 또, 기기를 부착하면 작업 자세에 영향을 줄 수 있으며, 작업자에게 불편을 초래할 수도 있다. 관측법은 실제 산업 현장에서 작업 자세 부하를 측정하기 위하여 가장 많이 사용되고 있으며, 직접 측정법과 달리 작업자를 방해하지 않으며 고가의 장비를 사용할 필요가 없다. 반면에, 분석자가 작업 자세를 실시간 혹은 짧은 시간 내에 제대로 분류할 수 있도록 잘 훈련되어야 한다. OWAS(Ovako Working Posture Analysing System), RULA(Rapid Upper Limb Assessment), PATH(Posture, Activity,

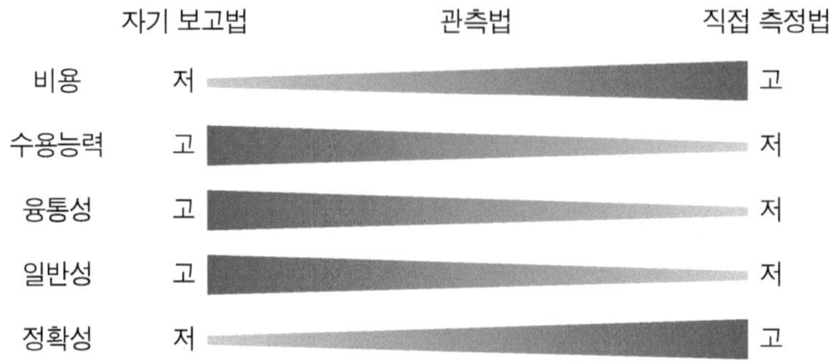

그림 16•4 ▸ 자기 보고법, 관찰법 및 직접 측정법의 비교

Tools and Handling), REBA(Rapid Entire Body Assessment), LUBA(Technique for Postural Loading on the Upper Body Assessment) 등의 자세 분류 체계(posture classification scheme)가 관측법에 속한다.

이상의 세 가지 방법을 비용, 수용 능력(capacity), 융통성(versatility), 일반성(generality) 및 정확도(exactness) 측면에서 비교하면, 그림 16•4와 같다. 그림 16•4에서 보는 바와 같이 자기 보고법에서 관측법, 직접 측정법으로 갈수록 비용은 많이 드나 정확도는 높아지며, 반대로 자기 보고법으로 갈수록 수용 능력, 융통성 및 일반성은 좋아진다.

자세 부하 평가 기법으로는 OWAS, RULA, REBA 등이 많이 사용되고 있어, 본장에서는 이들 세 가지 기법을 설명한다.

3.1 OWAS

OWAS는 핀란드의 Ovako Oy 철강회사에서 1977년 Karhu 등에 의해 만들어진 자세 분류 체계이며, 작업자, 인간공학 전문가가 참여하여 개발하였다. 전신 자세를 미리 만들어진 체계에 따라 분류하여 최종적으로 자세 부하를 4단계로 평가하는 매우 간단한 자세 분류 체계로 사용하기가 매우 쉽다. OWAS에서는 전신 자세를 허리, 팔, 다리로 나누어 분류하며 그 체계는 다음 그림 16•5와 같다. 허리 자세 4개, 팔 자세 3개, 다리 자세 7개, 외부 부하 4개 코드로 구성되어 있다. 자세 및 외부 부하의 코드 값에 따라 최종 부하를 그림 16•5를 이용하여 다음과 같이 네 가지 행동 범주(action category)로 평가한다.

- 행동 범주 1: 특별한 경우를 제외하고는 개선 활동이 요구되지 않는 안전한 자세
- 행동 범주 2: 자세 부하가 크지 않으나 추후 개선 활동 시 고려하면 좋은 자세
- 행동 범주 3: 가능한 빠른 시일 내에 개선이 요구되는 부하가 큰 자세
- 행동 범주 4: 즉시 개선이 요구되는 부하가 매우 큰 자세

OWAS의 적용 절차는 다음과 같다.

<table>
<tr><th>신체부위</th><th colspan="7">작업 자세 형태</th></tr>
<tr><td>허리</td><td>(1) 똑바로 폄</td><td colspan="2">(2) 20° 이상 구부림</td><td colspan="2">(3) 20° 이상 비틈</td><td colspan="2">(4) 20° 이상 비틀어 구부림</td></tr>
<tr><td>상지</td><td colspan="3">(1) 양팔 어깨 아래</td><td colspan="2">(2) 한팔 어깨 위</td><td colspan="2">(3) 양팔 어깨 위</td></tr>
<tr><td>하지</td><td>(1) 앉음</td><td>(2) 양발 똑바로</td><td>(3) 한발 똑바로</td><td>(4) 양 무릎 굽힘</td><td>(5) 한 무릎 굽힘</td><td>(6) 무릎 바닥</td><td>(7) 걸음</td></tr>
<tr><td>무게</td><td colspan="3">(1) 10kg 미만</td><td colspan="2">(2) 10~20kg</td><td colspan="2">(3) 20kg 이상</td></tr>
</table>

그림 16•5▸OWAS의 자세 분류 체계

다리 / 무게 / 허리 / 팔

AC값		(1)			(2)			(3)			(4)			(5)			(6)			(7)		
		(1)	(2)	(3)	(1)	(2)	(3)	(1)	(2)	(3)	(1)	(2)	(3)	(1)	(2)	(3)	(1)	(2)	(3)	(1)	(2)	(3)
(1)	(1)	1	1	1	1	1	1	1	1	1	2	2	2	2	2	2	1	1	1	1	1	1
	(2)	1	1	1	1	1	1	1	1	1	2	2	2	2	2	2	1	1	1	1	1	1
	(3)	1	1	1	1	1	1	1	1	1	2	2	3	2	2	3	1	1	1	1	1	2
(2)	(1)	2	2	3	2	2	3	2	2	3	3	3	3	3	3	3	2	2	2	2	3	3
	(2)	2	2	3	2	2	3	2	3	3	3	4	4	3	4	4	3	3	4	2	3	4
	(3)	3	3	4	2	2	3	3	3	3	3	4	4	4	4	4	4	4	4	2	3	4
(3)	(1)	1	1	1	1	1	1	1	1	2	3	3	3	4	4	4	1	1	1	1	1	1
	(2)	2	2	3	1	1	1	1	1	2	4	4	4	4	4	4	3	3	3	1	1	1
	(3)	2	2	3	1	1	1	2	3	3	4	4	4	4	4	4	4	4	4	1	1	1
(4)	(1)	2	3	3	2	2	3	2	2	3	4	4	4	4	4	4	4	4	4	2	3	4
	(2)	3	3	4	2	3	4	3	3	4	4	4	4	4	4	4	4	4	4	2	3	4
	(3)	4	4	4	2	3	4	3	3	4	4	4	4	4	4	4	4	4	4	2	3	4

그림 16•6▸OWAS의 최종 부하

① 자세를 육안으로 관찰하여 그림 16•5의 체계를 이용하여 코딩한다.

② 자세 및 외부 부하의 코드에 따라 그림 16•6을 이용하여 최종 부하의 범주를 결정한다.

③ 최종 부하 범주가 수준 3 이상으로 개선이 요구되는 것으로 판정되면, 가장 문제가 되거나 부하가 큰 신체 부위의 자세 혹은 외부 부하부터 개선한다.

예제 16.2 그림 16•7과 같은 자동차 조립 작업을 하는 자세에 대하여 OWAS를 이용하여 자세 부하를 평가하라. 단, 사용하는 공구의 무게는 2.1kg이다.

▸ 허리 1, 팔 3, 다리 2, 외부 부하 1로 코딩되어 행동 범주는 1로 안전한 자세로 분류된다(코딩과 최종 부하 결정 과정은 그림 16•6에 표시되어 있음).

그림 16•7▸자동차 조립 작업

3.2 RULA

RULA는 의류업과 VDU(visual display unit) 작업을 기반으로 영국 노팅험 대학에서 개발된 상지 자세 분석에 초점이 맞추어진 자세 분류 체계이다. EU의 VDU 작업장 최소 안전 및 건강에 관한 요구 기준과 영국의 작업관련 상지 질환 예방 지침의 요구 사항을 평가하는 데 유용하게 사용될 수 있다.

RULA는 한번에 왼쪽 혹은 오른쪽 신체 부위 중 한 쪽에 적용하며, 그 적용 절차는 다음과 같다.

1) 팔, 손 자세 분류 팔은 윗팔과 아래팔로 나누어 분류하며 윗팔은 다음 그림 16•8과 같이 4개의 자세로 분류된다. 다음의 경우에는 자세 점수가 더하여지거나 빠진다.

- 어깨가 들려진 경우: +1
- 윗팔이 외전된(몸통 밖으로 벌어진) 경우: +1
- 팔이 기대어져 있거나 지탱될 경우: −1

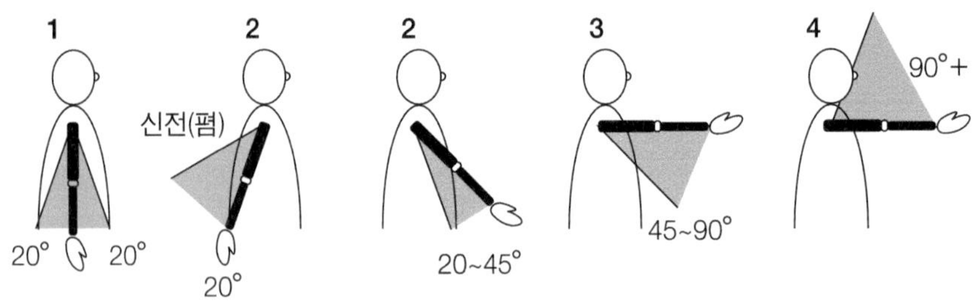

그림 16•8▸윗팔 자세

아래팔의 자세는 두 가지로 나누어지며 내전 혹은 외전되는 경우에는 1점이 더해진다(그림 16•9).

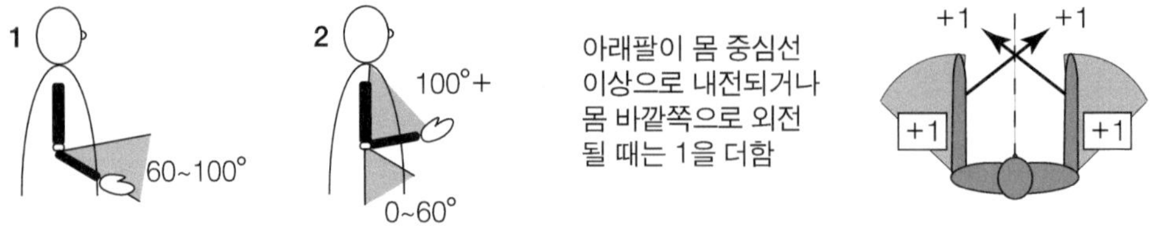

그림 16•9▸아래팔 자세

손목 자세는 세 가지로 나누어지며 내전(요골편향)이나 외전(측골편향)의 편향 동작이 일어나면 1점이 더해진다(그림 16•10).

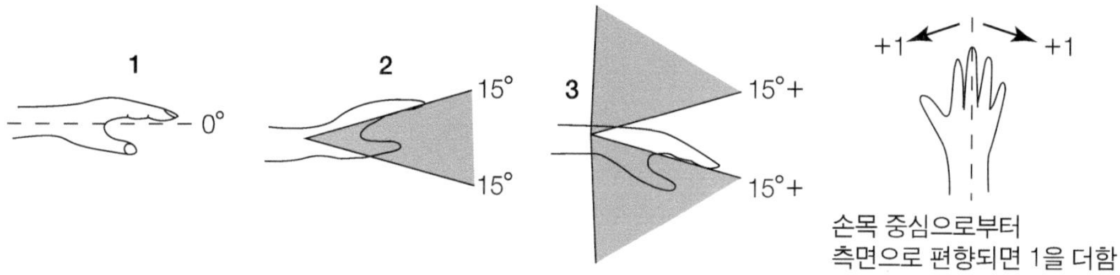

그림 16•10▸손목 자세

손목 비틀림은 다음 두 가지 자세로 분류한다.

- 손목 비틀림이 동작범위의 중간 범위에 있을 때: 1
- 손목 비틀림이 거의 동작범위의 한계에 있을 때: 2

팔과 손목 자세를 분류하여 다음 표 16•7을 이용하여 점수(score) A를 결정한다.

표 16•7▸점수 A

점수 A		손목							
윗팔	아랫팔	1		2		3		4	
		손목비틀림		손목비틀림		손목비틀림		손목비틀림	
		1	2	1	2	1	2	1	2
1	1	1	2	2	2	2	3	3	3
	2	2	2	2	2	3	3	3	3
	3	2	3	3	3	3	3	4	4
2	1	2	3	3	3	3	4	4	4
	2	3	3	3	3	3	4	4	4
	3	3	4	4	4	4	4	5	5
3	1	3	3	4	4	4	4	5	5
	2	3	4	4	4	4	4	5	5
	3	4	4	4	4	4	5	5	5
4	1	4	4	4	4	4	5	5	5
	2	4	4	4	4	4	5	5	5
	3	4	4	4	5	5	5	6	6
5	1	5	5	5	5	5	6	6	7
	2	5	6	6	6	6	7	7	7
	3	6	6	6	7	7	7	7	8
6	1	7	7	7	7	7	8	8	9
	2	8	8	8	8	8	9	9	9
	3	9	9	9	9	9	9	9	9

2) 목, 몸통, 다리 자세 평가 목 자세는 네 가지로 분류되며 다음의 경우에는 점수가 1점 더해진다(그림 16•11).

- 목이 회전(twisting)될 때
- 목이 옆으로 굴곡(side-bending)될 때

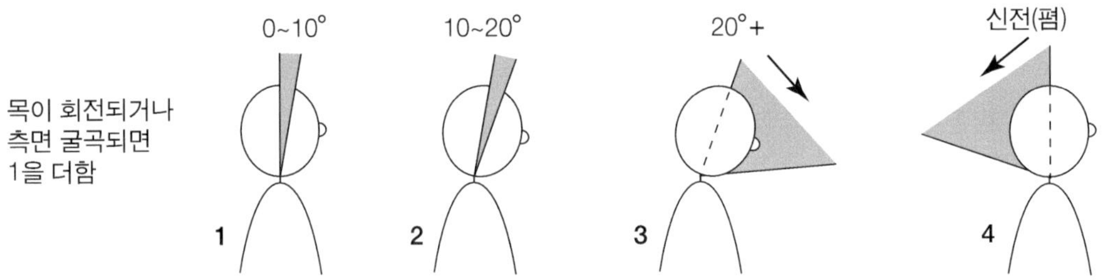

그림 16•11▸목 자세

몸통 자세는 다음 그림 16•12와 같이 네 가지 자세로 분류되고 다음의 경우에 1점이 더해진다.

- 몸통이 회전될 때
- 몸통이 옆으로 굴곡될 때

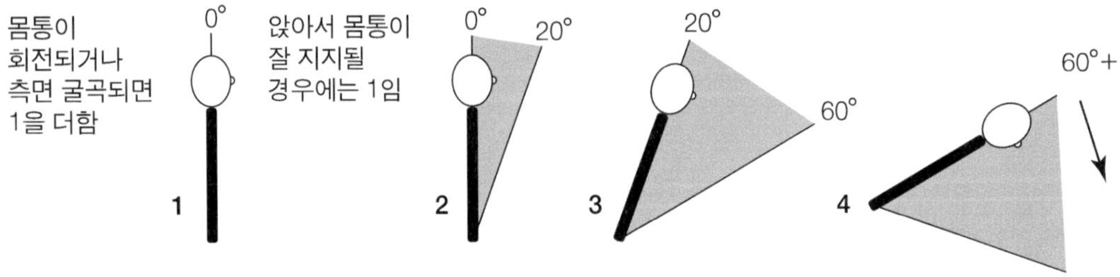

그림 16•12▸몸통 자세

다리 자세는 다음의 두 경우로 분류된다.

- 다리와 발이 잘 지지되고 양 다리에 체중이 고르게 분산될 때: 1
- 위의 경우가 아닐 때: 2

목, 몸통, 다리 자세 분류 코드로 다음 표 16•8을 이용하여 점수 B를 결정한다.

표 16•8▸점수 B

점수 B	몸통											
	1		2		3		4		5		6	
목	다리		다리		다리		다리		다리		다리	
	1	2	1	2	1	2	1	2	1	2	1	2
1	1	3	2	3	3	4	5	5	6	6	7	7
2	2	3	2	3	4	5	5	5	6	7	7	7
3	3	3	3	4	4	5	5	6	6	7	7	7
4	5	5	5	6	6	7	7	7	7	7	8	8
5	7	7	7	7	7	8	8	8	8	8	8	8
6	8	8	8	8	8	8	8	9	9	9	9	9

3) 근육 사용과 힘 점수 자세를 취할 때 지속되는 시간과 반복 정도에 따른 근육 사용(muscle use) 점수는 다음과 같다.

- 정적 자세, 즉 자세가 1분 이상 유지될 때: 1
- 분당 4회 이상 반복될 때: 1

외부 부하나 가하는 힘의 크기에 따른 점수는 다음과 같다.

- 저항이 없거나 2kg 이하의 외부 부하나 힘을 간헐적으로 가할 때: 0
- 2~10kg의 외부 부하나 힘을 간헐적으로 가할 때: 1
- 2~10kg의 정적 부하 혹은 2~10kg의 반복적 부하 혹은 힘: 2
- 10kg 이상의 정적 부하, 10kg 이상의 반복적 부하 혹은 힘, 갑작스러운 충격이나 힘: 3

위와 같이 구해진 근육 사용 점수와 외부 부하 혹은 힘 점수를 앞서 구한 점수 A, B에 더하여 각각 점수 C, D를 구한다.

4) 점수 C, D를 바탕으로 표 16•9를 이용하여 총점수(grand score)를 구한다. 이상의 절차를 정리하면 그림 16•13과 같다.

표 16•9 ▸ 총점수

총점수	점수 D						
점수 C	1	2	3	4	5	6	7+
1	1	2	3	3	4	5	5
2	2	2	3	4	4	5	5
3	3	3	3	4	4	5	6
4	3	3	3	4	5	6	6
5	4	4	4	5	6	7	7
6	4	4	5	6	6	7	7
7	5	5	6	6	7	7	7
8+	5	5	6	7	7	7	7

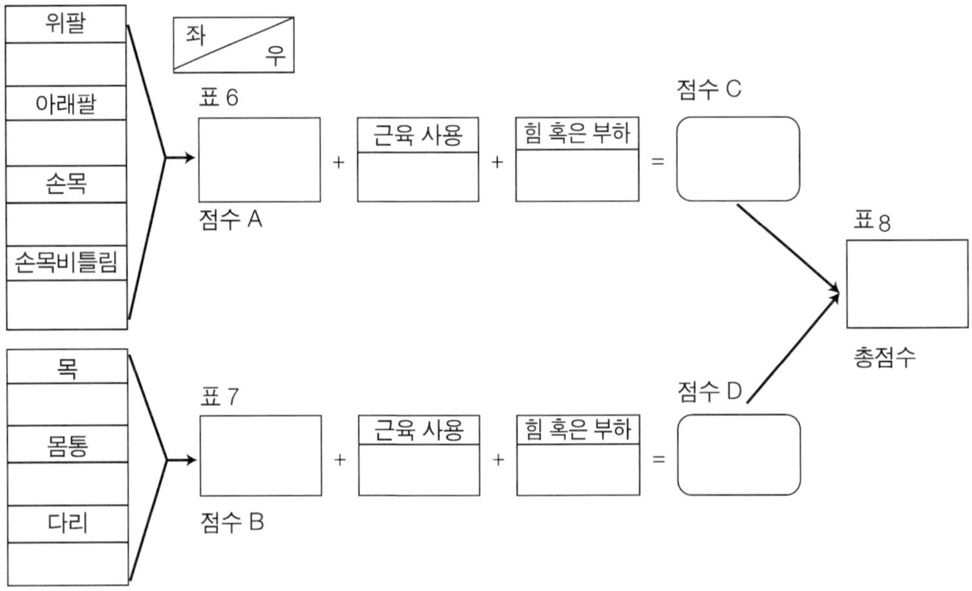

그림 16•13 ▸ RULA 적용 절차

5) 총점수에 따라 개선 조치 수준을 결정한다. RULA에서는 조치 수준을 총점수의 크기에 따라 네 가지 행동 수준(action level)으로 나누고 있다. 행동 수준 중 수준 3, 4로 나타나면 개선이 요구되는 자세로 판정한다.

- 행동 수준 1: 총 점수가 1 혹은 2점으로 장시간 동안 유지되거나 반복되지 않는다면 자세 부하가 수용할만한 수준임
- 행동 수준 2: 총점수가 3 혹은 4점으로 심도 있는 조사가 요구되고 이 과정에서 개선이 요구될 수도 있는 자세 부하 수준임
- 행동 수준 3: 총점수가 5 혹은 6점으로 빠른 시일 내에 개선이 요구됨
- 행동 수준 4: 총점수가 7점으로 즉각적인 개선이 요구됨

예제 16.3 OWAS에서의 예제 16.2에 대하여 RULA를 이용하여 자세 부하를 분석하라. 단, 조립 작업의 tact time은 1분 30초이며 사진의 조립 작업은 10초 정도 소요된다.

▸ RULA 적용 결과는 다음 표 16•10 같으며 행동 수준이 4로 즉각적 개선이 요구된다.

표 16•10▸RULA 적용 결과

윗팔	아랫팔	손목	손목 비틀림	점수 A	근육 사용	힘	점수 C	총점수	행동 수준
4	1	2	1	4	0	2	6	7	4
	목	몸통	다리	점수 B	근육 사용	힘	점수 D		
	4	1	1	5	0	2	7		

3.3 REBA

RULA가 상지 자세 분석에 초점이 맞추어져 개발된 반면 REBA는 명칭에서 보듯이 전신 자세 분석에 적용할 수 있는 기법이다. REBA 자세 분류 체계는 RULA와 거의 같으나 RULA 자세 분류 체계의 한계, 즉 하지 자세 분류가 단순하고, 손목과 몸통의 중립 자세를 각도의 범위가 아닌 0°와 같이 특정 각도로 나타내는 문제를 해결하는 방향으로 자세 분류 체계를 개선하였다. 그리고 RULA에는 없는 커플링(coupling) 효과를 추가하였다. REBA 평가 절차는 다음과 같다.

1) 그룹 A 자세 그룹 A 자세에는 몸통, 목, 다리 자세가 포함되며 그 분류 체계는 표 16•11에 나와 있다.

표 16•11▸그룹 A 자세

신체 부위	동작	점수	부가 점수	자세 그림
몸통	똑바로 선 자세	1	+1: 몸통 비틀림 혹은 측면 굴곡 발생 시	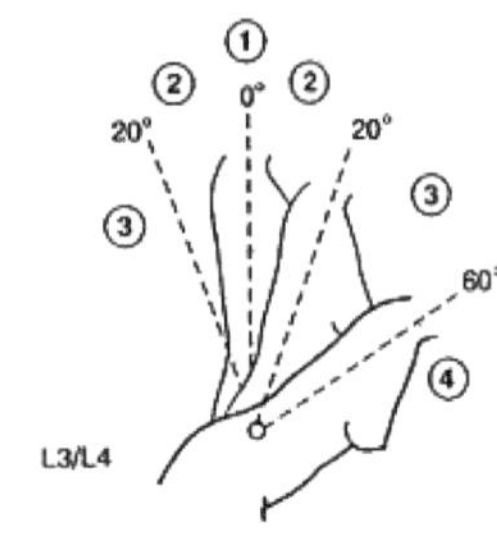
	0°~20° 굴곡 0°~20° 신전	2		
	20°~60° 굴곡 >20° 신전	3		
	>60° 굴곡	4		
목	0°~20° 굴곡	1	+1: 목 비틀림 혹은 측면 굴곡 발생 시	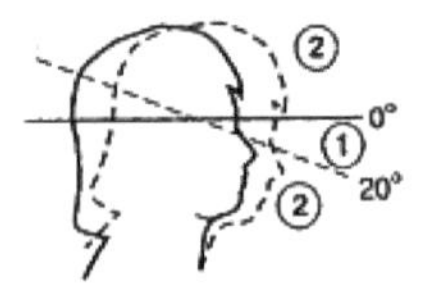
	>20° 굴곡 혹은 신전 발생	2		
다리	체중이 두 다리에 걸리거나, 걷거나 앉은 자세	1	+1: 무릎이 30°~60° 굴곡될 때 +2: 무릎이 60° 이상 굴곡될 때 (앉은 자세 제외)	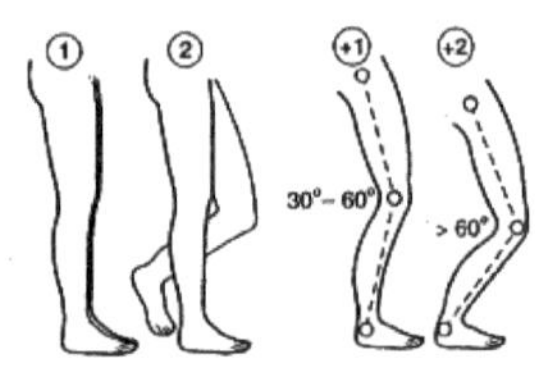
	체중이 한 쪽 다리에 걸리거나 불안정한 자세	2		

2) 힘과 외부 부하 힘과 외부 부하에 따른 평가는 표 16•12를 이용하여 이루어진다.

표 16•12▸힘/외부 부하

0	1	2	+1
< 5kg	5~10kg	> 10kg	충격 또는 갑작스런 힘의 사용

3) 점수 A 점수 A는 그룹 A 자세 점수(표 16•13)에 힘과 외부 부하 점수를 더하여 결정된다.

표 16•13▸그룹 A 자세 점수

몸통	목											
	1				2				3			
다리	1	2	3	4	1	2	3	4	1	2	3	4
1	1	2	3	4	1	2	3	4	3	3	5	6
2	2	3	4	5	3	4	5	6	4	5	6	7
3	2	4	5	6	4	5	6	7	5	6	7	8
4	3	5	6	7	5	6	7	8	6	7	8	9
5	4	6	7	8	6	7	8	9	7	8	9	9

4) 그룹 B 자세 그룹 B에는 윗팔, 아랫팔, 손목이 포함되며 자세 분류 체계는 표 16•14와 같다.

표 16•14▸그룹 B 자세

신체 부위	동작	점수	부가 점수	자세 그림
윗팔	20° 신전에서 20° 굴곡까지	1	+1: 팔이 외전되거나 회전될 때 +1: 어깨가 들릴 때 −1: 기대거나 팔이 지지되거나 자세가 지지될 때	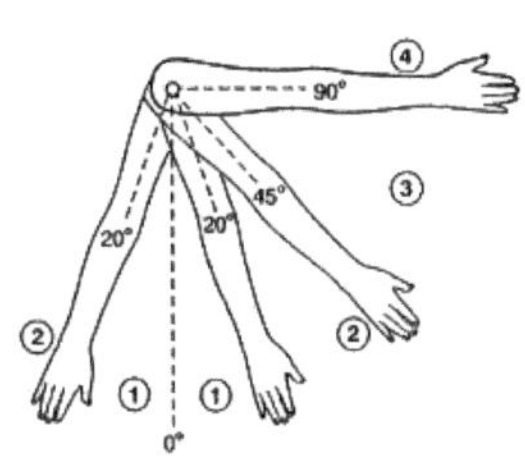
	>20° 신전 20°~45° 굴곡	2		
	45°~90° 굴곡	3		
	>90° 굴곡	4		
아랫팔	60°~100° 굴곡	1	해당 없음	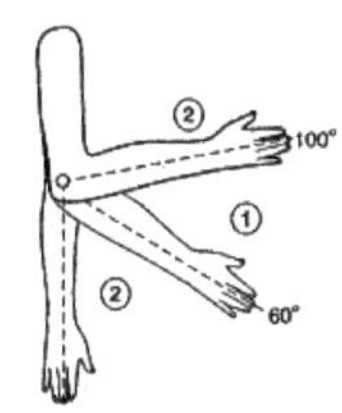
	<60° 굴곡 혹은 >100° 굴곡	2		
손목	0°~15° 굴곡/신전	1	+1: 손목 편향 동작이나 비틀림 동작 발생 시	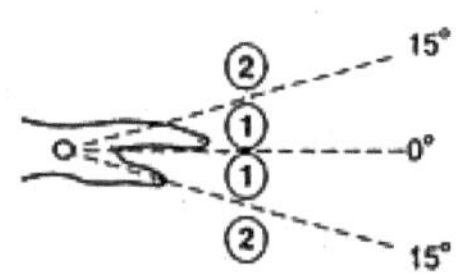
	>15° 굴곡/신전	2		

5) 커플링 점수 REBA에서 커플링은 손으로 잡는 손잡이 외에 다른 신체 부위를 이용하는 것도 포함한다. 커플링 점수는 표 16•15와 같이 정한다.

표 16•15▸커플링

0(좋음)	1(양호)	2(나쁨)	3(받아들이기 어려움)
손에 잘 맞으며 파워 그립이 가능한 손잡이가 부착되어 있는 경우	이상적이지는 않지만 손으로 쥐는 것이 가능하거나, 손 외의 다른 신체 부위로 커플링이 가능한 경우	가능은 하지만 손으로 쥐기에 부적절한 경우	부자연스럽고, 안전하지 못한 쥐기, 손잡이 없음 다른 신체 부위를 사용한 커플링도 받아들이기 어려움

6) 점수 B 점수 B는 그룹 B 자세 점수(표 16•16)에 커플링 점수를 더하여 결정한다.

표 16•16▸그룹 B 자세 점수

윗팔	아랫팔					
	1			2		
손목	1	2	3	1	2	3
1	1	2	2	1	2	3
2	1	2	3	2	3	4
3	3	4	5	4	5	5
4	4	5	5	5	6	7
5	6	7	8	7	8	8
6	7	8	8	8	9	9

7) 점수 C 점수 A, B를 바탕으로 표 16•17을 이용하여 점수 C를 결정한다.

표 16•17▸점수 C

	점수 B											
점수 A	1	2	3	4	5	6	7	8	9	10	11	12
1	1	1	1	2	3	3	4	5	6	7	7	7
2	1	2	2	3	4	4	5	6	6	7	7	8
3	2	3	3	3	4	5	6	7	7	8	8	8
4	3	4	4	4	5	6	7	8	8	9	9	9
5	4	4	4	5	6	7	8	8	9	9	9	9
6	6	6	6	7	8	8	9	9	10	10	10	10
7	7	7	7	8	9	9	9	10	10	11	11	11
8	8	8	8	9	10	10	10	10	10	11	11	11
9	9	9	9	10	10	10	11	11	11	12	12	12
10	10	10	10	11	11	11	11	12	12	12	12	12
11	11	11	11	11	12	12	12	12	12	12	12	12
12	12	12	12	12	12	12	12	12	12	12	12	12

8) 활동 점수 활동 점수(activity score)는 다음과 같이 결정한다.

- 한 부위 이상의 신체 부위가 정적임(예: 1분 이상 정적 자세가 유지됨): +1
- 작은 범위의 동작의 반복(예: 분당 4회 이상 반복)(걷기는 포함되지 않음): +1
- 자세가 급격하게 크게 바뀌거나 불안정한 하체 자세: +1

9) REBA 점수 REBA 점수는 점수 C에 활동 점수를 더한 것이다. 이상의 절차를 정리하면 그림 16•14와 같다.

10) REBA 점수에 따라 조치 수준을 결정한다. REBA에서는 REBA 점수에 따라 다섯 가지 행동 수준으로 나누고 있으며, 행동 수준 2, 3, 4는 개선이 요구되는 부하 수준으로 판정된다. REBA 행동 수준은 다음과 같다.

- 행동 수준 0: REBA 점수가 1이며 위험 수준이 무시할만 하여 개선이 요구되지 않음
- 행동 수준 1: REBA 점수가 2 혹은 3점이며 위험 수준이 낮아 개선이 반드시 필요하지 않으나 필요할 수도 있음

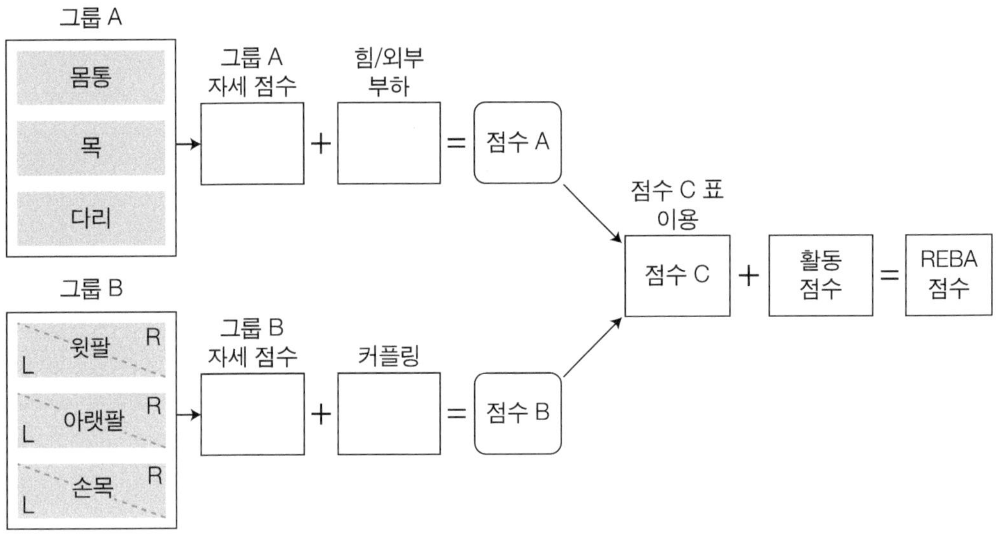

그림 16•14▸REBA 적용 절차

- 행동 수준 2: REBA 점수가 4~7이며 위험 수준이 중간 정도로 개선이 요구됨
- 행동 수준 3: REBA 점수가 8~10이며 위험 수준이 높아 빠른 시일 내에 개선이 요구됨
- 행동 수준 4: REBA 점수가 11~15이며 위험 수준이 매우 높아 바로 개선이 요구됨

예제 16.4 OWAS에서의 예제 16.2에 대하여 REBA를 이용하여 자세 부하를 분석하라. 단, 조립 작업의 tact time은 1분 30초이며 사진의 조립 작업은 10초 정도 소요된다.

▸ REBA 적용 결과는 다음 표 16•18과 같으며 행동 수준이 1로 위험 수준이 낮아 개선이 요구되지 않는다.

표 16•18▸REBA 적용 결과

몸통	목	다리	그룹 A 점수	힘/외부부하	점수 A	점수 C	활동점수	REBA 점수	행동 수준
2	2	1	3	0	3	3	0	3	1
윗팔	**아랫팔**	**손목**	**그룹 B 점수**	**커플링**	**점수 B**				
4	1	1	4	0	4				

3.4 OWAS, RULA, REBA 비교

자세 부하를 평가하기 위하여 OWAS, RULA, REBA 등의 자세 분류 체계가 많이 사용되고 있다. 이들 기법들은 개발 배경과 목적의 차이로 인하여 적용 분야가 다르며, 평가 결과도 앞의 예제에서 본 바와 같이 서로 상이한 경우가 많다. 세 가지 기법을 비교하기 위하여 철강 산업 68, 전자 산업 46, 자동차 산업 44, 화학 산업 66, 간호 업무 77 자세 등 301 자세를 추출하여 위의 세 가지 기법을 적용하여 자세 부하를 평가하였다. 평가 결과를 비교한 자료가 표 16•19에 제시되어 있다. REBA는 OWAS, RULA와 달리 최종 부하를 5단계로 나누고 있다. 비교를 위하여 REBA의 행동 수준 0은 RULA에서의 행동 수준 1로, REBA 행동 수준 1, 2는 RULA 행동 수준 2로, REBA 행동 수준 3, 4는 RULA 행동 수준 3, 4로 가정하였다. 표 16•19에서 보는 바와 같이 OWAS, REBA는 업종, 들기 작업, 일반 작업, 좌식 작업 등의 작업 형태와 균형, 비균형 자세의 다리 자세와 관계없이 RULA에 비하여 자세 부하를 저평가한다. 예제 16.2~4에서도 같은 자세를 OWAS, REBA로 평가할 때는 행동 범주 혹은 행동 수준이 1로 안전한 자세로, RULA로 평가할 때는 행동 수준이 3으로 개선이 요구되는 자세로 서로 달리 평가하고 있다.

표 16•19 ▸ OWAS, RULA, REBA의 자세 부하의 행동 범주/수준 분포

	행동 범주/행동 수준(%)			
	1	2	3	4
OWAS	33.6	45.2	18.6	2.6
RULA	1.7	41.9	34.5	21.9
REBA	1.0	78.4	18.9	1.7

일반적으로 OWAS는 철강업에서 개발되어 중량물 취급 작업에, RULA는 VDT 작업 등의 좌식 작업에, REBA는 간호사 업무와 같은 자세 변화가 큰 비정형 작업에 적합한 것으로 알려져 있다. 그러나 세 방법의 비교 결과를 볼 때 좀 더 정확한 자세 분류 체계가 개발되기까지는 자세 부하 분석에는 RULA를 사용하는 것이 바람직하다고 할 수 있다.

4 ACGIH TLVs

미국 정부 산업위생전문가협의회(American Conference of Governmental Industrial Hygienists: ACGIH)에서는 600개가 넘는 화학물질 및 물리적 인자(추위, 열, 소음 등)에 대한 안전기준인 TLV(Threshold Limit Values)를 제시하고 있으며, 인간공학적 작업위험도 평가와 관련된 물리적 인자로는 네 가지, 즉 손 활동 수준(hand activity level), 들기(lifting), 손-팔 진동(hand-arm vibration), 전신 진동(whole-body vibration)이 있다.

4.1 손 활동 수준 TLV

손 활동 수준 TLV는 손, 손목, 아래팔을 주로 사용하는 작업의 안전 한계로서, 역학적(epidemiological), 심물리학적, 인체역학적 연구 결과를 바탕으로 도출되었다. 적용 대상 작업은 단일 작업을 하루에 4시간 이상 수행하는 경우로서, 단일 작업이란 조립 라인 작업, 키보드나 마우스를 사용하는 작업 등 비슷한 움직임이나 힘 발휘를 반복적으로 수행하는 작업이다. TLV 결정은 손 활동 수준(hand activity level : HAL)과 최대 손 힘(peak hand force)을 고려하여 다음 그림 16•15와 같이 결정 된다. 여기에서 실선으로 표시된 TLV는 근골격계질환 발생이 유의하게 증가되는 기준으로 적절한 개선이 요구되는 기준이며, 점선으로 표시된 action limit은 일반적인 관리(감독) 등이 요구되는 기준이다.

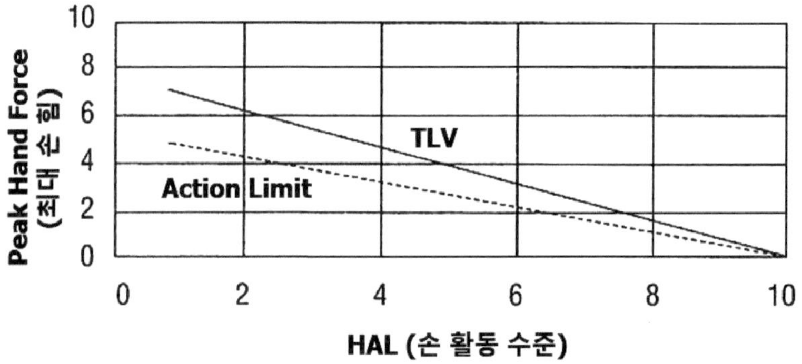

그림 16•15▸Hand activity level TLV 결정 방법

HAL 결정은 훈련된 관찰자가 주관적으로 다음 그림 16•16의 기준으로 평가하거나, 힘 발휘 빈도 및 지속 시간과 임무 사이클을 직접 측정하여 표 16•20과 같이 결정할 수 있다. 여기에서 임무 사이클(duty cycle)은 최대 힘의 5%보다 큰 힘을 발휘하는 작업이 전체 작업 사이클에서 차지하는 비율(%)이다.

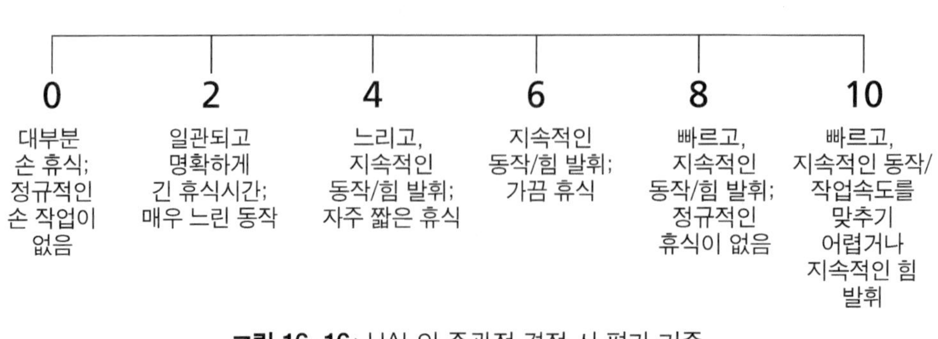

그림 16•16▸HAL의 주관적 결정 시 평가 기준

표 16•20▸힘 발휘 빈도와 임무 사이클에 의한 HAL 결정 방법

힘 발휘 빈도 (회/초)	지속 시간 (초/회)	임무 사이클 (%)				
		0-20	20-40	40-60	60-80	80-100
0.125	8.0	1	1	–	–	–
0.25	4.0	2	2	3	–	–
0.5	2.0	3	4	5	5	6
1.0	1.0	4	5	5	6	7
2.0	0.5	–	5	6	7	8

최대 손 힘(peak hand force)은 0에서 10까지 표준화된 점수로 평가하며, ① 훈련된 관찰자에 의해 결정하거나, ② 작업자가 Borg scale을 사용하여 평가하도록 하거나, ③ 힘 측정기구(힘 계측기, 근전도 등)로 직접 측정하거나, ④ 생체역학적 방법으로 예측하는 방법이 있다(표 16•21). 일반적

표 16•21▸표준화된 최대 손 힘 추정

<table>
<tr><th rowspan="2">%MVC</th><th colspan="2">주관적(Borg) 척도</th><th rowspan="2">Moore-Garg 관찰자 척도
(Alternative Method)</th><th rowspan="2">NPF</th></tr>
<tr><th>점수</th><th>verbal anchor</th></tr>
<tr><td>0</td><td>0</td><td>Nothing at all</td><td></td><td>0</td></tr>
<tr><td>5</td><td>0.5</td><td>Extremely Weak (Just Noticeable)</td><td>Barely Noticeable or Relaxed Effort</td><td>0.5</td></tr>
<tr><td>10</td><td>1</td><td>Very Weak</td><td></td><td>1</td></tr>
<tr><td>20</td><td>2</td><td>Weak (Light)</td><td>Noticeable or Definite Effort</td><td>2</td></tr>
<tr><td>30</td><td>3</td><td>Moderate</td><td></td><td>3</td></tr>
<tr><td>40</td><td>4</td><td></td><td>Obvious Effort, But Unchanged Facial Expression</td><td>4</td></tr>
<tr><td>50</td><td>5</td><td>Strong (Heavy)</td><td></td><td>5</td></tr>
<tr><td>60</td><td>6</td><td></td><td rowspan="2">Substantial Effort with Changed Facial</td><td>6</td></tr>
<tr><td>70</td><td>7</td><td>Very Strong</td><td>7</td></tr>
<tr><td>80</td><td>8</td><td></td><td></td><td>8</td></tr>
<tr><td>90</td><td>9</td><td></td><td>Uses Shoulder or Trunk for Force</td><td>9</td></tr>
<tr><td>100</td><td>10</td><td>Extremely Strong (almost maximum)</td><td></td><td>10</td></tr>
</table>

* %MVC: %maximum voluntary contraction; NPF: normalized peak force

으로 TLV 수준 이하로 개선하고 유지하는 것이 바람직하며, 비중립 자세(손목의 굴곡, 신전, 측면 굴곡, 전완의 회전)를 계속 유지하거나, 접촉 스트레스, 저온, 진동이 존재하는 경우 전문적인 판단을 하여 AL(action limit) 이하로 개선하는 것이 추천된다.

4.2 들기 TLV

들기 TLV는 들기 작업의 안전 기준으로서, 거의 모든 작업자가 매일 반복적으로 노출되어도 반복적인 들기 작업 관련 요통이나 어깨 부위의 근골격계질환이 발생하지 않는 기준이다. 적용 대상 작업은 두 손 들기, 정중면에서 30도 회전 이내 범위의 단일 들기 작업이다. 들기 작업의 TLV 값은 세 가지 표로 제시되어 있으며, 세 가지 표는 작업시간(2시간 이하, 2시간 초과), 빈도(시간당 들기 횟수)로 구분된다. 각 표에는 들기 시점에서의 작업물의 수평 및 수직 위치에 따라 중량 한계가 표시되어 있으며, 들기 시점의 수평, 수직 영역은 다음 그림 16•17과 같이 구분된다.

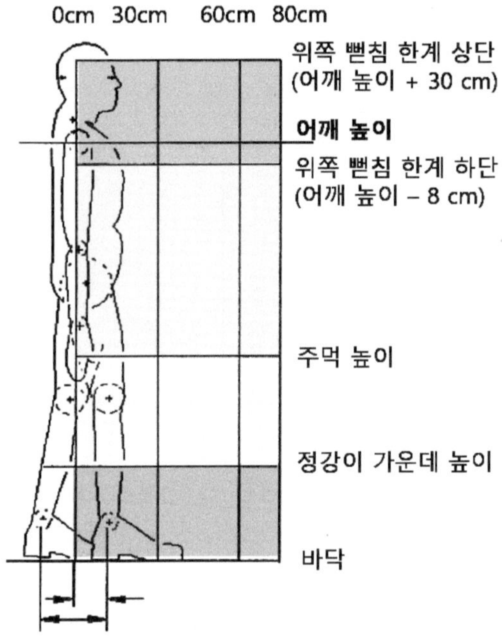

그림 16•17▸ ACGIH Lifting TLV의 수평·수직 영역

들기 작업의 수평 수직 영역이 결정되면 실제 작업 시간과 빈도에 맞는 표를 선택하여 들기 작업의 TLV 값을 찾아서 실제 수행되고 있는 작업물의 무게와 비교하여 작업의 위험도를 결정한다(표 16•22). 이때 TLV 값이 표시가 안 되어 있는 경우는 반복적 작업에서 안전 한계가 알려져 있지 않은 경우이므로, 들기 작업이 이 위치에서 일어나지 않도록 한다.

아래와 같은 위험요인이 존재할 경우에는 TLV 보다 낮은 수준으로 안전 한계를 낮추어야 하며, 전문가의 판단에 의해 적절한 수준으로 결정한다.

- 높은 빈도의 들기: >360 회/시간
- 연장된 작업 시간: 8시간/일 이상
- 높은 비대칭성: 정중면에서 30° 이상 멀어진 경우
- 한 손 들기 작업
- 다리가 제한된 자세: 앉은 자세 혹은 무릎을 꿇은 자세
- 고온 및 고습도
- 불안정한 물체 들기 (액체가 든 상자 등)
- 손잡이가 좋지 않은 경우: 손잡이가 없거나 불충분한 경우

표 16•22▸Lifting TLV

(a) 작업시간≤2시간/일, 빈도≤60회/시간 혹은 작업시간>2시간/일, 빈도≤12회/시간

수직영역	수평 영역		
	<30cm	30~60cm	60~80cm
어깨 높이+30cm ~ 어깨 높이-8cm	16kg	7kg	-
주먹 높이 ~ 어깨 높이-8cm	32kg	16kg	9kg
정강이 중간 높이 ~ 주먹 높이	18kg	14kg	7kg
바닥 ~ 정강이 중간 높이	14kg	-	-

(b) 작업시간>2시간/일, 12회/시간<빈도≤30회/시간 혹은 작업시간≤2시간/일, 60회/시간<빈도≤360회/시간

수직영역	수평 영역		
	<30cm	30~60cm	60~80cm
어깨 높이+30cm ~ 어깨 높이-8cm	14kg	5kg	-
주먹 높이 ~ 어깨 높이-8cm	27kg	14kg	7kg
정강이 중간 높이 ~ 주먹 높이	16kg	11kg	5kg
바닥 ~ 정강이 중간 높이	9kg	-	-

(c) 작업시간>2시간/일, 30회/시간<빈도≤360회/시간

수직영역	수평 영역		
	<30cm	30~60cm	60~80cm
어깨 높이+30cm ~ 어깨 높이-8cm	11kg	-	-
주먹 높이 ~ 어깨 높이-8cm	14kg	9kg	5kg
정강이 중간 높이 ~ 주먹 높이	9kg	7kg	2kg
바닥 ~ 정강이 중간 높이	-	-	-

- 다리를 견고하게 지지하지 못할 경우
- 전신 진동의 TLV 보다 큰 곳에 노출되는 경우 혹은 직후

4.3 손-팔 진동 TLV

손-팔 진동 TLV는 거의 모든 작업자가 반복적으로 노출되어도 진동에 의한 백지병(vibration induced white finger) 혹은 레이노이드 증후군이 Stockholm workshop에서 정한 손팔 진동 증후군(hand arm

표 16•23▸Stockholm workshop HAVS 구분 단계

혈관 평가		
단계	**등급**	**설명**
0	—	증상이 없음
1	약함(mild)	가끔씩 1개 이상 손가락 끝부분에 통증
2	보통 (moderate)	가끔씩 1개 이상 손가락의 중간 및 말단부분 통증
3	심함 (severe)	자주 대부분 손가락의 모든 부위에 통증
4	매우 심함 (very severe)	3단계 증상과 함께 손가락 끝부분에 영양결핍성 피부 변화

감각신경 평가	
단계	**증상**
0SN	진동에 노출되었지만 증상이 없음
1SN	가끔씩 저림 (톡톡 쏘는 증상이 없거나 있을 수 있음)
2SN	가끔씩 혹은 지속적인 저림이 있으며, 감각 지각 능력이 떨어짐
3SN	가끔 혹은 지속적 저림이 있으며, 촉각 구분 능력 혹은 손 조작 능력 감퇴

* SN: sensorineural

vibration syndrome) 구분 1단계(표 16•23)를 넘어 진행되지 않는 안전기준이다.

진동의 측정은 ISO 5349 혹은 ANSI S3.34에 맞는 절차 및 장비를 사용하여 측정하어야 한다. 측정 센서는 진동 공구 손잡이에서 손으로 전달되는 부분에 부착하여 서로 직각인 3축 (x, y, z) 방향의 가속도를 5~1,500Hz 주파수 범위에서 측정한다(그림 16•18). 이렇게 측정된 3축의 진동 중 우세한 진동을 사용하여 다음 표 16•24에서의 TLV와 비교하여 안전도를 평가한다.

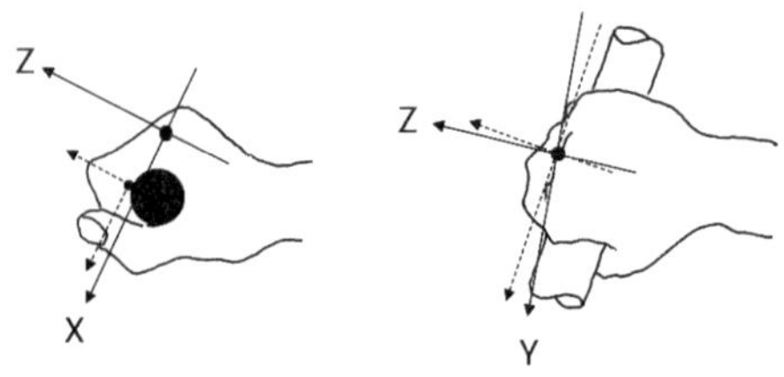

그림 16•18▸손 진동 측정에서의 좌표계 (ISO 5349 혹은 ANSI S3.34)

표 16•24▸손팔 진동 TLV

하루 중 노출시간	X, Y, Z 축 중 우세한 진동(rms)	
	m/s^2	G ($9.8m/s^2$)
<1시간	12	1.22
1~2시간	8	0.81
2~4시간	6	0.61
4~8시간	4	0.40

4.4 전신 진동 TLV

전신 진동 TLV는 모든 작업자가 노출되어도 요통 및 허리의 나쁜 건강 효과, 지면에서 움직이는 운반 수단을 적절하게 조절하지 못하는 상태를 최소화할 것으로 예측되는 수준이다. 손-팔 진동 측정과 마찬가지로 서로 직각인 3축에서 진동을 측정한다(그림 16•19). 전신 진동 TLV 는 신체의 장축인 Z축(그림 16•20)과 X, Y 축(그림 16•21)으로 구분되어 제시되어 있다.

신체의 진동 공명이 Z 축에서는 4~8Hz 에서 나타나고 X, Y 축에서는 1~2Hz에서 나타나므로, 이 영역에서 TLV가 가장 낮은 값을 나타내고 있다. 여기에서 제시된 TLV 는 천정 계수(crest factor)가 6 이하일 때만 유효하며, 천정계수는 최대값/rms로서 같은 축에서 1분 이상 측정하여 계산한다.

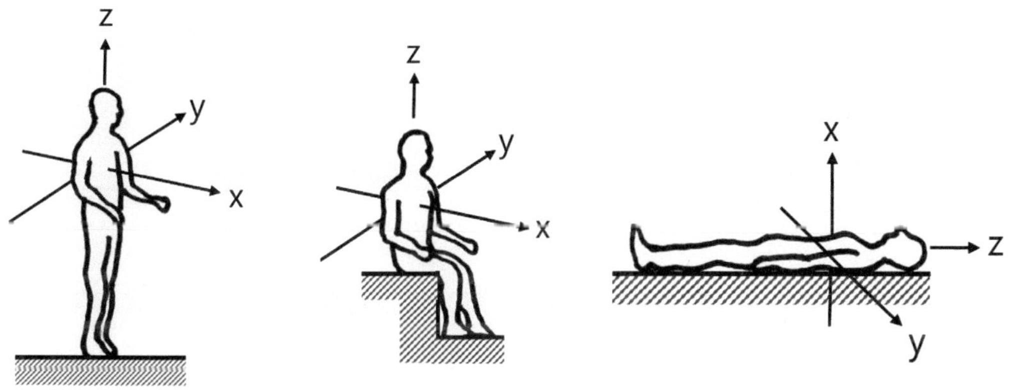

그림 16•19▸전신 진동 측정에서의 좌표계

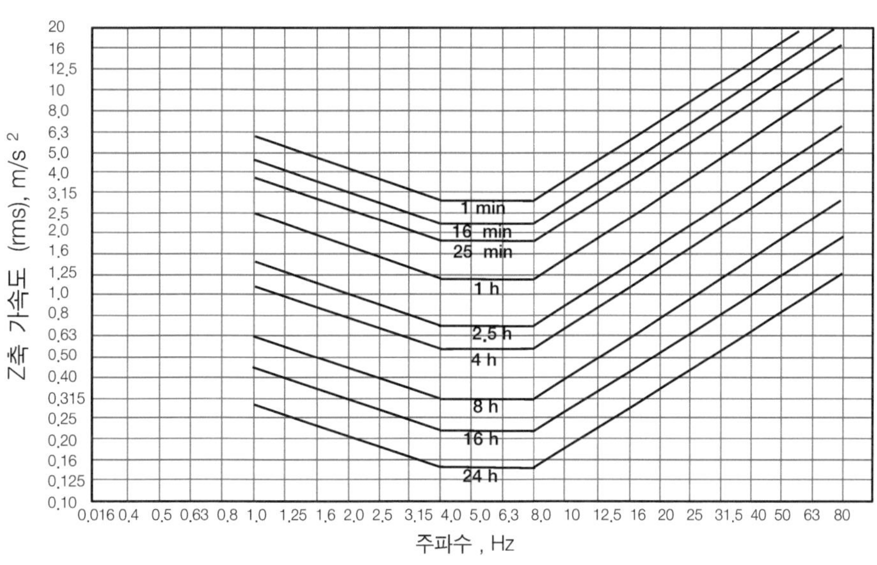

그림 16•20▸전신 진동 TLV: Z 축

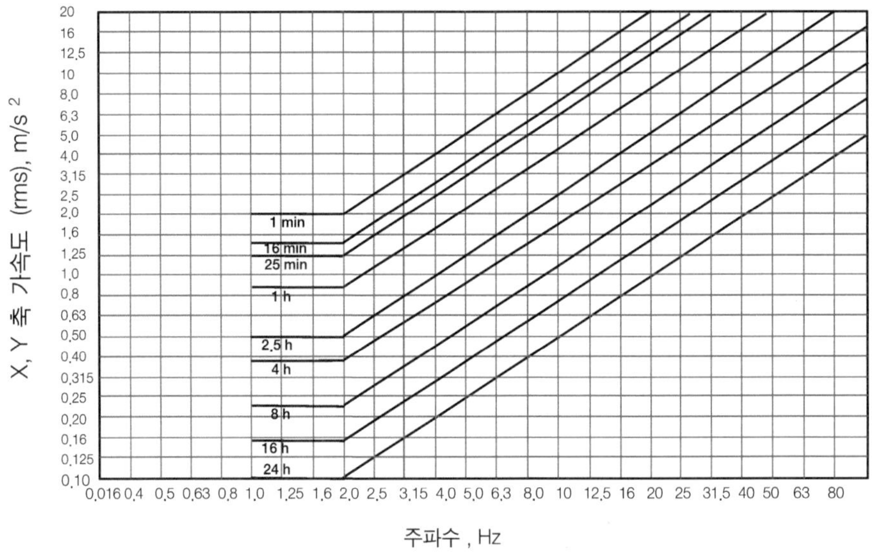

그림 16•21▸전신 진동 TLV: X, Y 축

5 SI

SI(strain index) 기법은 상지 말단 (손, 손목, 팔꿈치)의 작업 관련성 근골격계질환 위험도를 평가하는 목적으로 Moore & Garg(1995)에 의해 제안되었으며, JSI(job strain index)라는 용어로도 사용된다. 생리학적, 생체역학적, 역학적 기존 연구 결과에서 상지의 근골격계질환에 영향을 준다고 알려진 요인들 중에서 6개 대표적인 요인을 평가 항목으로 선정하였으며, SI 의 전체적인 평가 과정은 다음 그림 16•22와 같다.

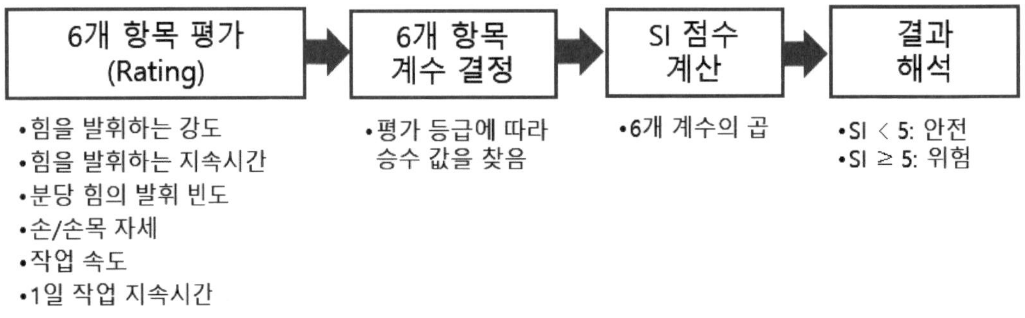

그림 16•22▸ SI 기법의 전체적인 평가 과정

5.1 평가 및 승수 결정

우선 6개 위험 요인에 대하여 1~5 등급으로 평가하며(표 16•25), 각 평가 등급에 따라 승수가 결정되어 있다(표 16•26). 각 위험요인에 대한 설명과 평가 기준은 다음과 같다.

- 힘 발휘 강도(intensity of exertion): 힘을 발휘하는 강도는 작업을 수행하면서 사용하는 힘의 크기이며, 평가자가 작업을 보고 주관적으로 평가한다. 승수(multiplier)는 평가 등급에 비선형적인 관계를 가지도록 결정되었으며(승수 = 평가 등급$^{1.6}$), 6개 요인 중 가장 큰 영향을 주는 평가 항목이다.
- 힘 발휘 지속시간(duration of exertion): 힘을 발휘하는 지속시간은 관찰 시간당 힘 발휘 시간의 비율을 구하여 등급을 결정한다.

$$\text{관찰시간당 힘 발휘 시간 비율 \%} = \frac{\text{총 힘 발휘 시간}}{\text{총 관찰 시간}} \times 100$$

- 분당 힘 발휘 횟수(efforts per minute): 전체 관찰 시간 동안 힘이 발휘된 횟수를 1분당 발휘 횟수로 계산한 후 기준에 따라 평가한다.

표 16•25▸6개 위험요인 평가 기준

평가 등급	힘 발휘 강도	힘 발휘 지속시간 (힘 발휘 비율%)	분당 힘 발휘 횟수	손/손목 자세	작업 속도	작업 시간
1	가벼움	<10%	<4회	매우 좋음	매우 느림	≤1
2	약간 힘듦	10~29%	4~8회	좋음	느림	1~2
3	힘듦	30~49%	9~14회	보통	보통	2~4
4	매우 힘듦	50~79%	15~19회	나쁨	빠름	4~8
5	거의 최대	≥80%	≥20	매우 나쁨	매우 빠름	≥8

표 16•26▸평가 등급에 따른 계수

평가 등급	힘 발휘 강도	힘 발휘 지속시간	분당 힘 발휘 횟수	손/손목 자세	작업 속도	작업 시간
1	1	0.5	0.5	1.0	1.0	0.25
2	3	1.0	1.0	1.0	1.0	0.50
3	6	1.5	1.5	1.5	1.0	0.75
4	9	2.0	2.0	2.0	1.5	1.00
5	13	3.0	3.0	3.0	2.0	1.50

- 손/손목 자세(hand/wrist posture): 해부학적인 중립 위치에서 벗어난 정도를 기준으로 평가한다.
- 작업 속도(speed of work): 작업 속도는 작업을 수행하면서 인지된 작업의 페이스이며, 근육 사용이 빠른지, 충분한 휴식시간이 있는지를 반영한다. 평가 등급 1, 2, 3은 같은 승수 1.0을 가지며, 결과적으로 SI 점수에는 영향을 주지 않는다. 매우 빠른 속도는 작업 속도를 작업자가 따라가기 힘들거나 겨우 따라가는 정도이다.
- 작업 시간(duration of task per day): 작업 시간은 하루 동안 작업을 수행하는 전체 시간으로서 작업 순환, 초과 시간 등의 요소를 반영하여 평가한다.

5.2 SI 점수 계산 및 결과 해석

SI 점수는 6개 승수의 값을 모두 곱하여 구한다. 예를 들어 힘을 발휘하는 강도는 힘듦(3등급, 승수=6), 힘 발휘 지속시간은 7%(1등급, 승수=0.5), 분당 힘 발휘 횟수는 5회(2등급, 승수=1.0), 손/손목의 자세는 나쁨(4등급, 승수=2.0), 작업속도는 보통(2등급, 승수=1.0), 작업 시간은 3시간(3등급, 승수=0.75)로 평가되었으면, SI 점수 = 6×0.5×1.0×2.0×1.0×0.75=4.5점이 된다.

SI 점수를 계산하였으면, 정해진 기준에 따라 위험도를 평가한다. 위험도 평가 기준은 문헌 마다 다르게 제시되고 있지만, SI 기법을 처음 제안한 논문인 Moore and Garg(1995)와 SI의 예측 타당도를 검증한 논문인 Rucker and Moore(2002)에서는 SI점수가 5보다 작으면 안전한 작업, 5이상인 작업은 위험한 작업으로 구분하고 있다.

- SI 점수 < 5: 안전
- SI 점수 ≥ 5: 위험

5.3 RSI

1995년에 SI를 발표한 이후 새로운 연구 결과들을 반영하여 2017년 RSI(revised strain index)가 제안되었다. 기존 SI와의 차이점은 (1) 6개 평가 항목에서 작업 속도를 제외하고 5개 평가 항목을 사용하며, (2) 힘 발휘 시간 비율(%, duty cycle)을 힘 발휘 시간으로 대체하고, 범주형이 아닌 연속 변수와 승수를 사용한다는 점이다. RSI 점수는 5개 승수들의 곱으로 계산되며, 구체적인 계산 방법은 다음과 같다.

$$RSU = IM \cdot EM \cdot DM \cdot PM \cdot HM$$

승수	계산식
IM	$30.00 \cdot I^3 - 15.60 \cdot I^2 + 13.00 \cdot I + 0.40,\ 0.0 < I \leq 0.4$ $36.00 \cdot I^3 - 33.30 \cdot I^2 + 24.77 \cdot I - 1.86,\ 0.4 < I \leq 1.0$
EM	$0.10 + 0.25 \cdot E,\ E \leq 90/m$ $0.00334 \cdot E^{1.96},\ E > 90/m$
DM	$0.45 + 0.31 \cdot D,\ D \leq 60s$ $19.17 \cdot loge(D) - 59.44,\ D > 60s$
PM	$1.2 \cdot e^{(0.009 \cdot P)} - 0.2$, 손목 굴곡 발생 시, P=손목 굴곡 각도(°) 1.0, 손목 신전 발생 시, P=손목 신전 각도(°) ≤ 30° $1.0 + 0.00028 \cdot (P - 30)^2$, 손목 신전 발생 시, P=손목 신전 각도(°) 〉 30°
HM	$0.20,\ H \leq 0.05h$ $0.042 \cdot H + 0.090 \cdot \log_e(H) + 0.477,\ H > 0.05h$

변수	설명
I	힘 발휘 강도(Intensity of Exertion), %MVC 로서 0~1.0
E	분당 힘 발휘 횟수(Efforts/min)
D	힘 발휘 시간(초)
P	손/손목 자세(중립 위치로부터의 각도)
H	하루 작업 시간(시간)

- RSI 점수 ≤ 10: 안전
- RSI 점수 > 10: 위험

연습문제

[1] 다음 중량물 취급 지침 중 틀린 것은?

① 인력으로 취급해야 하는 물체의 중량을 줄여라
② 밀기보다 당기기 작업으로 작업 형태를 변경한다.
③ 허리 대신 다리를 굽혀 작업을 수행한다.
④ 바닥의 마찰 계수를 크게 한다.

[2] 다음 인력운반작업 지침 중 옳은 것은?

① 바닥의 마찰 계수를 낮춘다.
② 활동성을 높이기 위해 몸통을 비트는 자세를 취하도록 설계한다.
③ 물체의 크기를 줄이고 좋은 손잡이를 제공하라.
④ 내리기 보다는 들기 형태로 변경한다.

[3] 인력운반작업의 적정 중량 산출 기준 중 타당한 것은?

① 단독 작업은 45kg 이하
② 여성 근로자는 체중의 1/4~1/3 이하
③ 1일 1인 15,000kg 이하
④ 연속 작업은 50분 이내

[4] NIOSH 들기식은 1981년 처음 제시되었고 1991년에 개정식이 제안되었다. 1981년 식에는 없다가 1991년도에 추가된 작업변수는?

① 들기 빈도
② 비대칭 각도
③ 수평 위치
④ 수직 이동 거리

[5] NIOSH 들기 작업 공식의 목적이 아닌 것은?

① 들기 작업의 안전성 평가
② 들기 작업 개선 방향 제시
③ 들기 작업의 적정 하중 산출
④ 들기 작업의 절대적 부하 계산

[6] NIOSH 들기 작업 공식을 적용할 수 있는 작업은?

① 선자세-두손 들기-8시간
② 선자세-두손 들기-11시간
③ 선자세-한손 들기-4시간
④ 앉은자세-두손 들기-4시간

[7] 다음 중 NIOSH 들기 작업 공식의 개발 기준으로 옳지 않은 것은?

① 에너지 소비량은 2.2-4.7kcal/min
② 여성 근로자 50%, 남성 근로자 95%가 받아들일만한 수준
③ L5/S1 압축력(compressive force)이 3,400N
④ 들기 작업 시간에 따라 에너지 소비량 기준을 다르게 적용하였다.

[8] NIOSH 들기 작업 공식에서 고려되지 않는 변수는?

① 수평이동 거리 ② 수직이동 거리 ③ 비대칭 각도 ④ 들기 빈도

[9] NIOSH 들기식에서 관련 작업 변수 값이 0에서 증가할 때 계산된 계수 값이 증가하다가 어느 값을 지나면 감소하는 것은?

① 수평계수(HM) ② 수직계수(VM) ③ 비대칭 계수(AM) ④ 빈도 계수(AM)

[10] NIOSH 들기식 계산에서 수직위치가 180cm 일때, VM은? (VM=1−0.003*|V−75|)

① 0.685 ② 0.5 ③ 0 ④ 1

[11] NIOSH 들기식에서 부하상수(load constant)인 23kg은 최적의 들기 환경일 때의 허용 중량이다. 다음 중 최적의 들기 환경이 아닌 것은?

① H≤25cm ② V≤75cm ③ A=0 ④ D≤25cm

[12] 어떤 들기 작업을 분석하였더니 들기 지수(LI: lifting index) 값이 2.30이 나와서 개선이 요구된다. 각 계수 값이 다음과 같을 때 가장 먼저 개선해야 하는 것은?

① HM=0.65 ② VM=0.95 ③ AM=0.90 ④ CM=1.0

[13] NIOSH 들기식에서 커플링은 드는 물체와 손과의 연결 상태나 손잡이 상태를 의미한다. 손잡이가 있으나 최적의 손잡이가 아니거나 손가락 부위를 90도 굽혀 물체를 쥘 수 있는 경우의 커플링 분류는?

① 나쁨(poor) ② 양호(fair) ③ 좋음(good) ④ 매우 좋음(very good)

[14] NIOSH 들기식 분석에서 들기 작업이 다음과 같이 이루어 진 경우, 들기작업 시간 구분은?

50분 들기-20분 휴식-40분 들기-20분 휴식-50분 들기-10분 휴식.

① 결정 못함 ② 단기간(short duration)
③ 중간기간(moderate duration) ④ 장기간(long duration)

[15] NIOSH 들기 작업 분석은 일반적으로 시점에서만 하면 되는데, 종점에서 미세조절이 있으면 종점에서도 분석한다. 다음 중 시점에서만 분석하면 되는 경우는?

① 유리 가공품을 들어서 책상에 놓는 경우
② 가방을 들어 책상 위 좁은 공간에 끼워 놓아야 하는 경우
③ 책이 든 박스를 바닥에서 들어 책상 위 임의의 위치에 놓는 경우
④ 쌀자루를 바닥에서 들어 용기에 부어야 하는 경우

[16] NIOSH 들기식에서 작업변수에 따른 계수의 변화가 오른쪽 그래프와 같은 계수는?

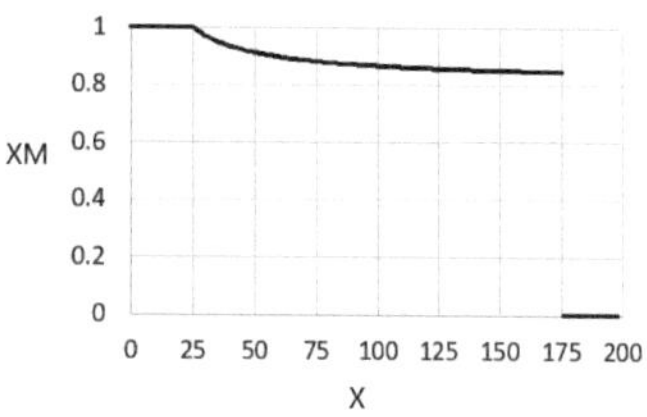

① DM ② HM
③ VM ④ AM

[17] 다음 중 NIOSH 들기 작업 공식에 대한 설명 중 옳은 것은?

① 들기 작업의 종점에서 미세 조절이 요구되면 시점의 LI 값만 계산하면 된다.
② 들기 작업 공식을 적용하면 권장 무게 한계(RWL)가 계산된다.
③ LI 값이 1.0을 초과할 경우에는 가장 큰 계수 값을 가지는 변수부터 개선한다.
④ LI 값은 들기 작업의 절대적 육체적 스트레스를 나타낸다.

[18] NIOSH 들기식 분석 후 개선을 위해 최대한 감소 혹은 줄여야 하는 것이 아닌 것은?

① 비대칭 각도 ② 수직위치 ③ 중량물 무게 ④ 수직이동거리

[19] ACGIH에서 제시한 인간공학적 작업위험 관련 물리적 인자와 거리가 가장 먼 것은?

① 물리적 환경 ② 손 활동 ③ 들기 작업 ④ 진동

[20] ACGIH 손 활동 수준 TLV 결정 시 요구되는 항목이 아닌 것은?

① 손 활동 수준 ② 힘 발휘 빈도 ③ 손 힘 ④ 물리적 환경

[21] ACGIH 들기 TLV 결정 시 요구되는 항목이 아닌 것은?

① 들기 작업 영역 ② 힘 발휘 빈도 ③ 작업 시간 ④ 들기 빈도

[22] ACGIH 들기 TLV 적용 대상으로 적합한 것은?

① 시간당 360회 이상 들기 작업 ② 40° 이상 비대칭 들기 작업
③ 손-팔 영역에 진동이 있는 들기 작업 ④ 불안정한 물체 들기

[23] 들기 작업의 위험도 평가를 위한 NIOSH 들기식과 ACGIH lifting TLV 에 대한 설명 중 틀린 것은?

① 두 기법 모두 남여 구분을 하지 않는다.
② 손의 수평 위치, 수직 위치, 빈도, 작업 시간은 NIOSH 들기식과 ACGIH lifting TLV에서 공통적으로 고려한다.
③ NIOSH 들기 식은 손잡이의 적절성(coupling)을 고려하지만 ACGIH lifting TLV는 고려하지 않는다.
④ 손의 수평 위치, 수직 위치를 결정할 때, 두 기법 모두 인체 크기(신장 등)는 고려하지 않는다.

[24] ACGIH 손-팔 진동 TLV와 전신 진동 TLV에 대한 다음 설명 중 틀린 것은?

① 전신 진동 TLV는 신체 장축(Z축)과 단축(X, Y축)에 따라 TLV 가 다르지만, 손-팔 국소 진동 TLV는 구분되지 않는다.
② 신체 장축(Z 축)에서는 4~8Hz 에서 신체의 진동 공명이 나타나며, 단축(X, Y 축)에서는 1~2Hz 에서 나타나므로 이 영역에서 TLV 가 가장 크다.
③ 손-팔 진동 TLV는 거의 모든 작업자가 반복적으로 노출되어도 진동에 의한 백지병 혹은 레이노이드 증후군이 Stockholm workshop에서 정한 손-팔 진동 증후군 구분 1단계를 넘어서 진행되지 않는 안전기준이다.
④ 전신 진동 TLV 는 천정 계수(crest factor)가 6 이하일 때만 유효하다.

[25] 다음 자세 부하 평가 기법 중 조사 결과의 정확도가 가장 높은 것은?

① 자기 보고법 ② 기기 사용법 ③ 관측법 ④ 거시 자세 분류법

[26] OWAS에 대한 설명 중 옳지 않은 것은?

① 자세 중심 부하 평가 기법이다. ② 최종 부하를 4 단계로 분류한다.
③ 취급 중량은 고려하지 못한다. ④ 전신 자세를 평가할 수 있다.

[27] 자세부하 평가 기법에는 자기보고법, 관측법, 직접측정법이 있으며, 각 기법은 장단점이 있다. 다음 중에서 자기 보고법의 장점이라고 할 수 없는 것은?

① 정확성 ② 비용 ③ 융통성 ④ 일반성

[28] 의류업과 VDT 작업을 기반으로 영국 노팅험 대학에서 개발된 상지 자세 중심 자세 분석 기법은?

① OWAS ② RULA ③ REBA ④ LUBA

[29] 다음 중 철강 업종의 자세를 바탕으로 1977년 Kahru 등에 의해 만들어진 자세 분석 기법은?

① OWAS ② RULA ③ REBA ④ LUBA

[30] 다음 RULA에 대한 설명 중 옳지 않은 것은?

① 윗팔과 아랫팔 각도가 90°를 이루면 0°보다 부하가 낮다.
② 다리 자세 분류 체계가 무릎 앉기, 양반다리 앉기 등을 포함한다.
③ 힘이 가해지는 지속 시간이 고려되어 있다.
④ 정적 부하가 고려되어 있다.

[31] 다음 신체 동작 중 RULA에서 평가 요소로 포함되어 있지 않은 것은?

① 목 회전 ② 손목 편향 ③ 윗팔 회전 ④ 몸통 회전

[32] 다음 중 RULA의 정적 자세 평가에 사용되는 자세 유지 시간 기준은?

① 3분 ② 2분 ③ 1분 30초 ④ 1분

[33] 다음 REBA 에 대한 설명 중 틀린 것은?

① 그룹 A(몸통, 목, 다리)에는 힘/외부 부하가 주어진다.
② 커플링은 그룹 B(윗팔, 아랫팔, 손목)에 주어진다.
③ 활동 점수가 그룹 A, 그룹 B에 따로 주어진다.
④ 행동 수준은 0~4까지 5단계로 구분된다.

[34] 다음 중 REBA 활동 점수에 해당되지 않는 것은?

① 다리 자세가 바뀜 ② 3개 신체 부위가 정적임
③ 같은 동작의 분당 10회 반복 ④ 불안정한 하체 자세

[35] 작업 자세 분석 기법에 대한 다음 설명 중 옳지 않은 것은?

① REBA는 VDT 작업 등의 좌식 작업에, OWAS는 중량물 취급 작업에 적합하다.
② OWAS, RULA, REBA 기법으로 같은 자세를 분석하면 부하 정도가 다르게 나올 수 있다.
③ OWAS, RULA, REBA 기법은 모두 남자, 여자 작업자를 구분하지 않는다.
④ OWAS, RULA, REBA 중 가장 최근에 제안된 기법은 REBA이다.

[36] 다음 중 커플링 효과를 평가할 수 있는 평가 기법은?

① NIOSH들기식, RULA　② RULA, REBA
③ NIOSH 들기식, REBA　④ REBA, LUBA

[37] 다음 자세 부하 평가 기법 중 외부 부하의 평가 구간이 가장 큰 것은?

① OWAS　② RULA　③ REBA　④ LUBA

[38] SI 기법의 평가 요인으로 가장 거리가 먼 것은?

① 힘 발휘 강도　② 작업 속도　③ 팔/손/손목 자세　④ 힘 발휘 빈도

[39] SI 기법에 대한 다음 설명 중 틀린 것은?

① 상지 말단 (손, 손목, 팔꿈치)의 작업 관련성 근골격계질환 위험도를 평가하기 위해 제안되었다.
② 힘을 발휘하는 강도의 승수는 평가 등급과 선형적인 관계를 가지도록 결정되었다.
③ SI 점수는 6개 승수의 값을 모두 곱하여 구한다.
④ 작업 속도의 평가 등급 1, 2, 3은 승수 1.0을 가지며, SI 점수에 영향을 주지 않는다.

[40] 다음 SI 점수 중 위험한 것으로 판정되는 것은?

① 1　② 2　③ 4　④ 6

[41] SI 기법으로 상지 자세 부하를 평가할 때 고려되지 않는 요소는?

① 힘 발휘 강도　② 힘 발휘 횟수　③ 작업 시간　④ 작업 환경

[42] SI 기법 적용 시 계수가 가장 큰 요인은?

① 힘 발휘 강도　② 손/손목 자세　③ 작업 속도　④ 어깨 자세

[43] Hand Activity TLV에서 peak hand force를 결정하는 방법으로 거리가 먼 것은?

① 전문가에 의한 결정　② Garg Scale
③ 직접 측정　④ 생체역학적 방법

[44] ACGIH 들기 작업 TLV에서 주어진 TLV보다 낮은 수준으로 안전 한계를 낮추어야 할 필요가 없는 경우는?

① 연장 작업　② 높은 비대칭 들기
③ 저온　④ 전신 진동

[45] 다음 중 2017년에 개정된 RSI(Revised Strain Index) 점수 계산에서 사용하는 평가 항목이 아닌 것은 무엇인가?

① 힘 발휘 강도 ② 작업 속도 ③ 분당 힘 발휘 횟수 ④ 손/손목 자세

[46] 다음 중 2017년에 개정된 RSI(Revised Strain Index)에 대한 설명 중 틀린 것은 무엇인가?

① 기존 SI 계산식에서는 6개 평가 항목을 사용하지만 RSI 에서는 5개 평가 항목을 사용한다.

② 각 평가 항목의 승수 계산 시 범주형이 아닌 연속 변수를 사용한다.

③ 손목 굴곡이 발생하는 경우와 손목 신전이 발생하는 경우 다른 계산식을 사용한다.

④ RSI 점수는 5개 승수들의 합으로 계산한다.

응용문제

[1] 오른쪽 그림과 같이 바닥에 있는 재료 릴을 두 손으로 들어서 정면에 있는 기계 위에 들어올려 장착하는 작업을 수행하고 있다. 분당 0.2회 작업을 수행하며, 종점에서 위치를 맞추기 위해 미세조절이 일어난다. 비대칭 각도는 0°이며, 손잡이는 없고 재료 릴의 크기가 커서 다루기 어렵고, 작업 시간은 short duration (1시간 이하)이라고 가정하자. 이 작업에 대하여 NIOSH 들기 작업 공식을 적용하여 들기 작업을 분석하라.

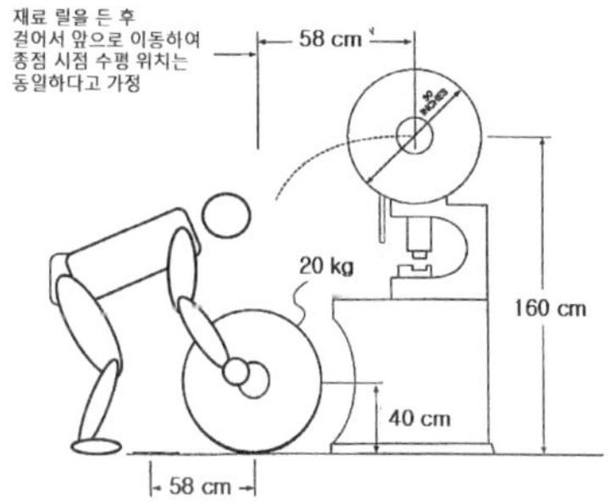

(1) RWL과 LI를 계산하라.

(2) LI를 기준으로 작업 위험도를 평가하라.

(3) 작업 변수 중 가장 개선이 시급한 변수를 찾아 구체적인 개선안을 제시하라.

[2] 오른쪽 그림은 컨베이어 벨트를 타고 분당 1회 공급되는 제품을 들어 책상 위의 박스에 넣어 포장하는 작업을 나타내고 있다. 박스를 넣을 때 조심하지 않고 넣을 수 있으므로 미세조절은 일어나지 않는다. 비대칭 각도는 시점에서는 90°이며, 작업 시간은 long duration (8시간 이하)이라고 가정하자. 이 작업에 대하여 NIOSH 들기 작업 공식을 적용하여 들기 작업을 분석하라.

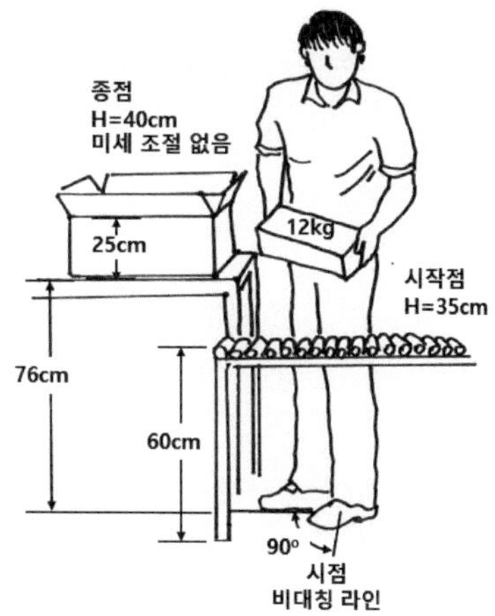

(1) RWL과 LI를 계산하라.

(2) LI를 기준으로 작업 위험도를 평가하라.

(3) 작업 변수 중 가장 개선이 시급한 변수를 찾아 구체적인 개선안을 제시하라.

[3] 오른쪽 그림은 철강업에서 정비 작업 중 롤을 정리하는 작업이다. 생산 라인에서 정비를 위해 롤을 분해하여 바닥에 놓아두었다 정비 작업장으로 옮기기 위하여 팔레트에 적재하는 작업 장면이다. 롤의 무게가 16kg이며 분당 10개의 속도로 롤을 팔레트에 옮겨놓는다고 할 때, OWAS, RULA, REBA를 사용하여 자세 부하를 평가하라.

[4] 오른쪽 그림은 자동차 휠을 선반에 적재하는 작업이다. 단, 휠의 무게는 15kg이고, 1분에 1개를 적재한다고 가정한다. 기타 분석에 필요한 사항은 임의의 값으로 가정한다. OWAS, RULA, REBA를 이용하여 작업 부하를 분석하여 각 기법의 결과를 비교하라. 그리고, 부하가 커 문제가 있다면 그 개선 방안을 제시하라.

[5] NIOSH 들기 작업 공식이 개발된 근거가 되는 기준(criterion)을 들고 설명하고, 1991년 공식에 사용된 정량적 기준을 들라.

[6] OWAS, RULA, REBA 분석에서 최종 부하 범주(action category or level)를 들고 그 의미를 설명하라.

기도형, 작업자세 부하 평가를 위한 자세 분류 체계의 연구 현황-관측법을 중심으로, 한국산업안전학회지, 15(4), 139-149, 2000.

노동부, 교대근무자 건강을 위한 9대 작업관리 권고지침, 노무관리, 제14권, 169호, 2002.

박경수, 인간공학, 영지문화사, 2005.

백일형, 운동생리학과 운동처방: 이론과 실험, 대한미디어, 2002.

신현주, 박지수, 윤상영, 조영진, 김정룡, 인간공학기사: 한국산업인력공단 출제기준에 맞춘 자격시험 대비서, 성안당, 2006.

신현주, 박지수, 윤상연, 조영진, 인간공학기사, 성안당, 2005.

용준환, e-tech 해부생리학개론, 한국고시회, 2004.

이병국, 알기쉬운 인체해부생리학, 침코리아, 2005.

이창민, 작업생리학, 대영사, 2001.

이한기 고재문 권봉숙, 해부생리학, 3판, 고문사, 2005.

정병용, 이동경, 현대인간공학, 민영사, 2005.

황인승, 스포츠바이오메케닉스, 연세대출판부, 1987.

American Conference of Governmental Industrial Hygienists, Threshold limit values for chemical substances and physical agents in the work environment with intended changes for 1985-1986, Cincinnati, 1985.

ACGIH, Threshold limit values for chemical substances and physical agents & biological exposure indices, 2003.

Astrand, P. and Rohdal, K., *Textbook of work physiology*, McGrow-Hill Book Company, 1986.

Beer, Ferdinand P., Johnstone Jr. and E. Russell, *Vector mechanics for engineering: Statics*. 4th ed., McGraw-Hill Book Company, 1984.

Borg, G., *An introduction to Borg's RPE scale*. Ithaca, New York: Movement Publications, 1985.

Burrows, A. A., Acoustic noise, an information definition, *Human Factors*, 2(3), 163-168, 1960.

Chaffin, D. B., Andersson, G. B. and Martin, B. J., *Occupational biomechanics*, 3rd ed., John Wiley & Sons, Inc., 1999.

Genaidy, A.M., Al-Shedi, A.A. and Karwowski, W., Postural stress in industry, *Applied Ergonomics*, 25(2), 77-87, 1994.

Gordon, E., The use of energy costs in regulating physical activity in chronic disease, A.M.A. *Archives of Industrial Health*, 16, 437-441, 1957.

Grandjean, E., *Fitting the task to the man*, Taylor & Francis, 1988.

Hagberg, M., Eletromyographic signs of shoulder muscular fatigue in two elevated arm position, *American Journal of Physical Medicine*, 60(3), 111-121, 1981.

Harvey, R. and Peper, E., Surface electromyogrphy and mouse use position, *Ergonomics* 40(8), 781-789, 1997.

Hignett, S. and McAtamney, L., Rapid entire body assessment, *Applied Ergonomics*, 31, 201–205, 2000.

IES Nomenclature Committee, Proposed American nation standard nomenclature and definitions for illuminating engineering, *Journal of Illuminating Engineering Society*, 9(1), 2–46, 1979.

Illuminating Engineering Society, Office lighting(ANSI/IES RP-1-1982), New York, 1982.

Jones, N. L., McCartney, N., and McComas, A. J., *Human muscle power*, Human Kinetics Publishers, Inc., 1986.

Karhu, O., Kansi, P. and Kuorinka, I., Correcting working postures in industry: A practical method for analysis, *Applied Ergonomics*, 8(4), 199–201, 1977.

Kaufman, J., and Christensen, J., *IES lighting handbook*(ref., vol.), New York, 1982.

Kondraske, G., Deivanayagam, S., Carmichael, T., Mayer, T., and Mooney, V., Myoelectric Spectral Analysis and Strategies for Quantifying Trunk Muscular Fatigue, Archives of Physical Medicine and Rehabilitation, 68, 103–110, 1987.

Kumar, S., and Mital, A, *Electromyography in ergonomics*, Taylor & Francis, 1996.

McAtamney, L. and Corlett, E.N., RULA: a survey method for the investigation of work-related upper limb disorders, *Applied Ergonomics*, 24(2), 91–99, 1993.

Moore J.S., Garg A., The Strain Index: a proposed method to analyze jobs for risk of distal upper extremity disorders. AIHA journal, 56, 443–458, 1995.

Murrell, K. F. H., *Ergonomics*, Chapman and Hall, 1965.

Occupational Safety and Health Administration, Occupational noise exposure: Hearing conversation amendment, *Federal Register*, 46, 4078–4179, 1981.

Occupational Safety and Health Administration, Occupational noise exposure: Hearing conversation amendment, *Federal Register*, 48, 9738–9783, 1983.

Passmore, R., and Durnin, J., Human energy expenditure, *Physiological Reviews*, 35, 801–875, 1955.

Rhoades, R. and Pflanzer, R., *Human Physiology*, 3rd ed., Saunders College Publishing, 1996.

RQQ., Selection of illuminance values for interior design(RQQ Rept. 6), *Journal of Illuminating Engineering Society*, 9(3), 188–190, 1980.

Rucker N., and Moore S., Predictive Validity of the Strain Index in Manufacturing Facilities, Applied Occupational and Environmental Hygiene, 17(1), 63–73, 2002.

Sanders, M. S. and McCormick, E. J., *Human factors in engineering and design*, 7th ed., McGraw-Hill, Inc., 1993.

U.S. Department of Health and Human Services, Applications manual for the revised 1991 NIOSH lifting equation, 1991.

U.S. Department of Health and Human Services, Work practices guide for manual lifting, 1981.

Vander, A. J., Sherman, J. H., and Luciano D. S., *Human Pysiology : The mechanics of body function*, 4th ed., McGraw-Hill Book Company, 1985.

Waters, T.R., Putz-Anderson, V., Garg, A. and Fine, L.J., Revised NIOSH equation for the design and evaluation of manual lifting tasks, *Ergonomics*, 36(7), 749–776, 1993.

Winkel, J. and Mathiassen, S.E., Assessment of physical work load in epidemiologic studies: Concepts, issues and operational considerations, *Ergonomics*, 37(6), 979–988, 1994.

제3부
산업심리학

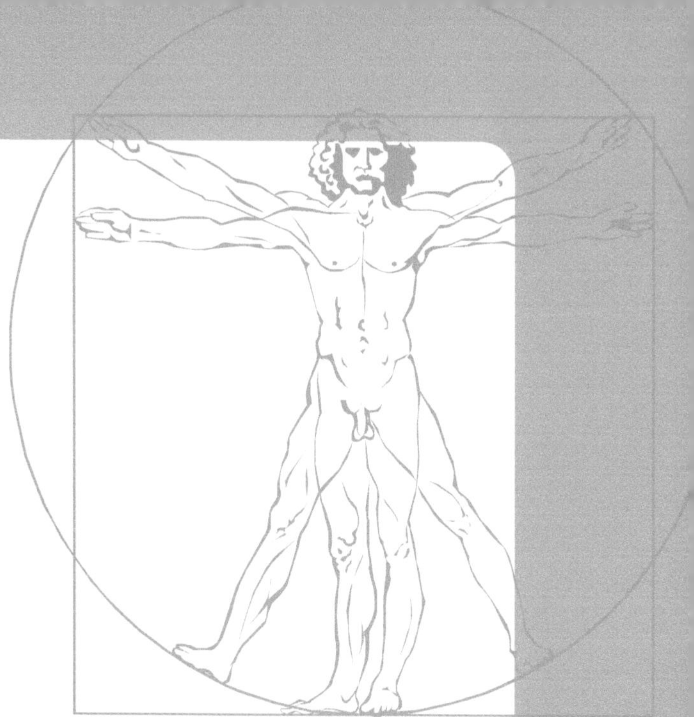

CHAPTER 17 인간의 심리 특성

1 산업심리학 개요

1.1 산업심리학의 정의와 분야

산업심리학(industrial psychology)은 인간의 심리와 행동에 대한 조사와 연구를 바탕으로 과학적 원리를 도출하고, 이를 산업 현장에 적용하는 심리학의 한 분야이다. 초기의 산업심리학에서는 근로자의 선발, 교육·훈련, 성과 평가 등과 같은 분야에 관한 인사심리학이 주류였으나, 1960년대 이후에는 조직활동, 리더십, 동기부여, 직무만족 등과 같은 조직심리학의 내용이 추가된다. 이에 따라 산업심리학은 산업 및 조직심리학(industrial and organizational psychology)으로 불리기도 한다.

산업심리학은 근로자를 선발, 훈련시키고 이들을 조직하여 동기부여와 직무만족을 느끼는 상태에서 최적의 업무 성과를 내도록 하는 전 과정에 걸쳐 응용되고 있다. 산업심리학의 분야를 나누면 다음과 같다.

- 선발: 심리 적성검사를 포함한 근로자 선발 방법을 다룬다.
- 교육훈련: 근로자의 지식과 태도의 향상을 위한 교육·훈련 계획과 방법을 다룬다.
- 성과평가: 업무 수행 결과에 대한 평가 방법을 다룬다.
- 조직행동: 집단에서의 개인의 역할과 갈등, 정형화된 형태의 집단인 기업 조직과 관련된 문제를 다룬다.
- 리더십: 조직의 리더들이 가져야 할 특성과 능력에 대해 다룬다.
- 동기부여와 직무만족: 근로자의 작업 동기와 직무만족도를 높이기 위한 방법을 다룬다.
- 작업 조건: 최적의 작업환경과 근무조건 설정에 대한 방법을 다룬다.
- 안전심리: 산업 안전보건, 직무스트레스 등과 관련한 근로자의 심리적 문제를 다룬다.
- 광고심리: 기업의 제품 판매와 홍보를 효과적으로 전달하기 위해 소비자들의 심리적 특성을 광고에 응용하는 분야이다.

- 공학심리: 인간의 인지적 특성을 감안하여 제품, 작업 등의 인간-기계 시스템 설계와 평가를 다루는 분야로 인간공학과 밀접한 관련이 있다.

1.2 산업심리학의 역사

학문으로서의 심리학의 역사는 독일의 빌헬름 분트(Wilhelm Wundt)가 1879년 최초의 심리학 실험실을 개설한 것을 시점으로 잡고 있다. 이러한 심리학의 역사 가운데 산업심리학 분야의 발전과 관련된 주요 연구와 사건들을 정리하면 다음과 같다.

- Walter Scott는 광고에 심리학 이론을 접목시켰는데 이는 산업체에 심리학이 응용된 최초의 사례라고 할 수 있다. 그의 저서로 '광고의 이론(1903)'이 있다.
- Frederick Taylor는 산업공학(IE: Industrial Engineering)의 창시자로 여겨진다. 그의 저서인 '과학적 관리의 원칙들(1911)'에서 그는 시간연구(time study)나 작업방법의 효율화뿐만이 아니라, 인사선발이나 직무설계와 같은 산업심리학적 문제에 대해서도 여러 원칙을 제시하였다.
- Hugo Munsterberg는 전통적인 심리학적 방법을 산업 현장에 응용하는 데 관심을 가지고 있었다. 그는 저서 '산업 능률에 관한 심리학(1913)'에서 근로자 선발, 작업환경 설계, 판매를 위한 심리학 등 산업심리학의 전반적 내용을 다루었다.
- 제1차 세계대전(1917~1918) 중 미국 심리학회장이었던 Roberts Yerkes는 신병 선발을 위한 아미 알파(army alpha)와 아미 베타(army beta)라는 지능 검사를 개발해 육군에서 사용하도록 했다. 이후 이와 유사한 여러 심리검사 방법들이 개발되었고 이는 일반 산업체의 인사심리에 큰 영향을 주었다.
- 호오손(Hawthorne) 연구(1924)는 Western Electric 회사의 호오손 공장에서 수행된 연구인데 작업장의 물리적 환경보다는 근로자들의 동기부여, 의사소통 등 인간관계(human relationship)가 보다 중요하다는 것을 밝힌 연구이다. 이 연구 이후로 산업심리학의 연구 방향은 물리적 작업환경 등에 대한 관심으로부터 현대 산업심리학의 주요 관심사인 인간관계가 중요시 되는 조직심리학으로 변경되게 되었다.
- 제2차 세계대전(1941~1945) 기간 동안에는 전투기와 같은 복잡하고 다양한 신무기가 개발되면서 이와 관련한 조종사의 선발과 훈련 분야에 산업심리학 원리가 접목되었다. 또한 전투기를 인간-기계 시스템(human-machine system)의 관점에서 보다 조종이 쉽고 안전하게 할 수 있도록 하는 계기나 장비 등이 고안되었다.
- 전쟁 이후의 산업심리학(1946~)은 전쟁 중에 개발된 많은 이론과 원리들을 산업 현장에 적용해가는 시기로, 새로운 경영과 기술 환경 변화에 대비한 인사관리와 조직관리가 더욱 중요해진 시기이다. 또한 기업에서 개발되는 제품에 공학심리학 혹은 인간공학적 응용이 활발해진 시기이기도 하다.

1.3 산업심리학의 접근방법

심리학의 역사는 이론과 실천에 있어 여러 가지 유형의 접근 방법을 탄생시켰다. 여러 접근방법 가운데 현재 주류를 이루고 있는 다섯 가지 방법은 다음과 같다.

- 생물학적 접근법: 인간의 두뇌에서 이루어지는 전기적, 화학적 호르몬 활동과 정신 활동 과정 간의 관계를 중심으로 인간의 심리 상태를 연구하는 접근 방법이다.
- 인지적 접근법: 인간의 정신적 과정에 초점을 두는 접근방법으로, 인간의 두뇌를 컴퓨터에 비유하는 정보처리이론과, 지적 성장 과정에 관심을 갖는 인지발달이론 등이 인지적 접근방법이다.
- 행동적 접근법: 인간의 내적 정보처리 과정보다 일상생활 등에서 밖으로 나타나는 행동에 초점을 맞춘 접근방법이다. 이 방법은 개인의 내적 상태보다 그러한 행동을 수행하게 하는 외적 조건에 더 관심을 갖는다.
- 정신분석적 접근법: 비정상적 행동이나 문제 행동 등의 심리적 치료 과정 등에 프로이드(Sigmund Freud)의 정신분석적 방법을 사용하는 접근방법이다.
- 인본주의적 접근법: 심리학 연구 대상으로 인간의 의식과 자기 인식을 강조하며 개인의 경험을 가장 중요한 연구대상으로 하는 접근 방법이다. 이 접근방법은 외적 환경 조건을 강조하는 행동적 접근법에 비해 개인의 잠재능력 등을 강조하는 방법이다.

산업심리학은 이 가운데 인지적 접근방법과 행동적 접근방법을 주로 취하고 있다. 본 교재도 이러한 관점을 따라 기술하고 있다. 2절에서는 인간의 정보처리 과정과 이에 따른 에러 발생 원인을 인지적 접근방법으로 다루고 있다. 3절에서는 인간의 행동 특성에 대한 설명을 행동적 접근방법으로 설명하고 있다.

2 인간의 정보처리 특성

2.1 정보처리 모형

인간의 심리적 특성을 이해하기 위한 접근방법으로 인지적 접근방법과 행동적 접근방법이 있다. 인지적 접근방법은 인간을 컴퓨터와 같은 기능을 가지는 존재로 보고, 두뇌 속의 정보처리를 중심으로 인간의 특성을 이해하려고 한다. 인간의 정보처리 과정을 설명하는 모델은 여러 가지가 있다. 여기서는 이러한 모델 가운데 Wickens의 모델을 가지고 정보처리 과정을 설명하려고 한다.

2.1.1 감각

빛, 소리 등의 물리적 자극을 눈, 귀 등의 감각기관을 통해서 받아들이는 과정을 감각(sensing)이라고 한다. 그런데 인간의 감각기관에는 한계가 있어 물리적 자극이 존재해도 받아들이지 못하는 경

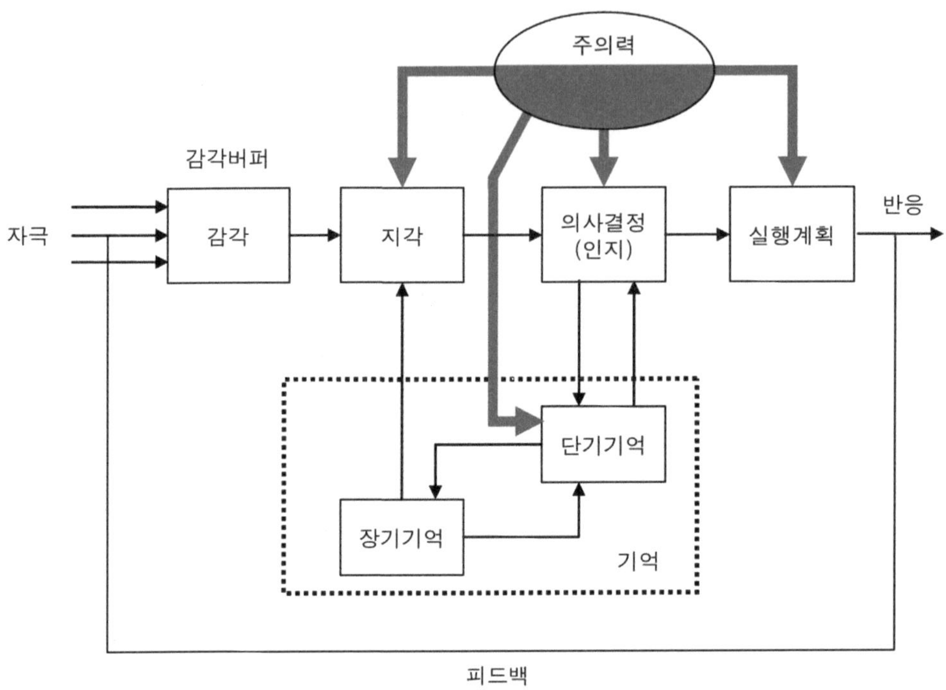

그림 17•1▸Wickens의 인간 정보처리 모델

우가 있다. 예를 들면, 인간은 소리의 세기가 0~150dB 사이의 소리만 들을 수 있고, 주파수로는 20~20,000Hz 사이의 소리만 들을 수 있다. 이러한 범위를 넘는 소리에 대해서 인간은 전혀 알아차리지 못한다.

2.1.2 지각

감각기관을 통해 들어온 신호는 뇌로 전달되어 장기기억 속에 담긴 기존의 기억과 비교된다. 장기기억과의 비교 결과 그 자극의 의미를 알아내는 단계가 지각(perception) 과정이다. 이러한 지각 과정에서 자극들은 선택(selection), 조직(organization), 해석(interpretation)된다.

1) 선택과정 선택은 여러 물리적 자극 중 인간이 필요한 것을 골라서 지각하는 과정을 의미한다. 예를 들어, 인간은 한번에 보려고 하는 신호(signal)인 전경(foreground)과 배경(background)을 동시에 받아들일 수 없고 선택적으로만 볼 수 있다. 그림 17•2에서 인간은 한 번에 컵 혹은 마주 본 남녀의 측면 얼굴 중 어느 하나만을 전경으로 볼 수 있다.

그림 17•2▸전경과 배경의 분리

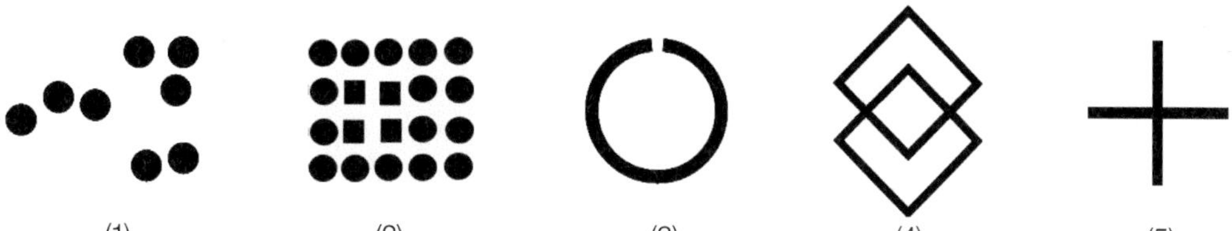

그림 17•3 ▸ 게스탈트(gestalt) 지각 원리들

2) 조직과정 다음으로 선택된 자극은 일반적으로 게스탈트(gestalt) 과정을 거쳐 조직화된다. 게스탈트는 형태라는 뜻을 지닌 독일어로, 게스탈트 과정은 감각 현상이 하나의 전체적이고 의미 있는 내용으로 체계화되는 과정을 의미한다. 이러한 게스탈트 조직화 과정에는 몇 개의 원리들이 적용된다.

- 근접성(proximity)의 원리는 인간은 주어진 자극들 중, 거리 상 가까이 있는 것들을 그룹으로 묶어 본다는 것이다. 그림 17•3의 (1)에서 인간은 8개의 점이 아니라 3, 3, 2개의 근접된 점들의 그룹으로 보게 된다.
- 유사성(similarity)의 원리는 인간은 주어진 자극에 대해 형태, 크기, 색상 등 특성이 유사한 것끼리 묶어서 그룹으로 본다는 것이다. 그림 17•3의 (2)에서 인간은 중앙의 네모들을 주변의 원과 구분해서 하나의 그룹을 보게 된다.
- 폐쇄성(closure)의 원리는 인간은 문자나 그림 등에서 전체적 맥락에서 빠진 부분은 채워서 본다는 것이다. 그림 17•3의 (3)에서 인간은 가운데 조금 끊어진 부분은 무시하고 이를 하나의 원으로 지각하게 된다.
- 대칭성(symmetry)의 원리는 인간은 사물을 볼 때 우선적으로 대칭적으로 지각을 한다는 것이다. 그림 17•3의 (4)에서 인간은 중앙의 작은 다이아몬드와 위, 아래로 'ㄱ'자 형상의 도형 2개를 보는 것이 아니라, 대칭적으로 2개의 다이아몬드가 겹쳐진 것으로 우선 지각하게 된다.
- 연속성(continuity)의 원리는 인간은 사물을 볼 때 사물을 연속성을 지닌 개체로 우선 보게 된다. 그림 17•3의 (5)에서 인간은 4개의 직선이 중앙으로 모인 그림으로 인식하는 것이 아니라, 연속되어 있는 2개의 직선이 교차되어 있는 것으로 지각한다.

3) 해석과정 인간은 이제 조직화된 정보에 대해서 장기기억에 담겨져 있는 지식이나 과거의 경험 등에 비추어 그 의미를 해석하게 된다. 따라서 같은 자극을 수용하더라도 각자 기억과 경험에 따라 이를 서로 다르게 해석할 수 있다. 그리고 동시에 이러한 해석 과정에는 성별, 연령, 기질, 욕구, 기대 등에 의해서도 서로 다른 해석을 할 수 있다. 그림 17•4의 좌측 그림을 보고, 개인적 욕구나 기대 등에 의해 어떤 사람은 노파를 보았다고 할 수도 있고 다른 이들은 젊은 여자를 보았다고 할 수도 있다. 또한 중앙 그림에 대해서도 어떤 사람들은 이를 평범한 눈밭으로 보지 않고, 달마시안을 볼 수도 있다. 우측의 단어를 사람들은 'THE CAT'이라고 읽게 되는데, 사실은 THE와 CAT의 가운데 문자가 서로 같음에도 문장의 맥락 속에서 인간은 이를 H와 A로 다르게 해석하기도 한다.

그림 17•4▸자극의 해석

4) 착시 현상 이처럼 지각 과정은 인간의 의사결정을 효과적으로 하기 위해 필수적이며, 긍정적 기능을 하기도 하나 때로는 감각 과정을 통해 들어온 자극의 정보가 지각 과정에서 왜곡되기도 한다. 이러한 왜곡의 대표적 예로 착시 현상(optical illusion)을 들 수 있다.

착시 현상에는 기하학적 착시, 원근감 착시, 대비 착시, 가현운동(apparent movement) 등이 있다. 기하학적 착시는 그림 17•5의 (1)과 같이 길이, 면적, 각도, 방향 등에서 사실과 다르게 지각하는 현상을 말한다. 원근감 착시는 (2)와 같이 동일한 크기를 원근감에 의해 서로 크기를 다르게 지각하는 현상이다. 대비 착시는 (3)과 같이 검정 사각형이 교차하는 부분에 대비 현상에 의해 실제로 없는 회색점이 보이는 현상이다. 가현운동은 (4)와 같이 정지해 있는 도형이 마치 회전과 같은 운동을 하는 것으로 착각을 일으키는 현상이다. 이러한 착시 현상들은 올바른 지각을 방해하여, 잘못된 의사결정을 내리는 에러를 범하게 할 수 있다.

2.1.3 의사결정

지각된 정보를 바탕으로 인간은 어떻게 행동할 것인지 의사결정(decision making)을 해야 한다. 의사결정은 지각된 정보를 바탕으로 즉각 이루어질 수도 있으나, 계산, 추론, 유추 등의 복잡한 정보처

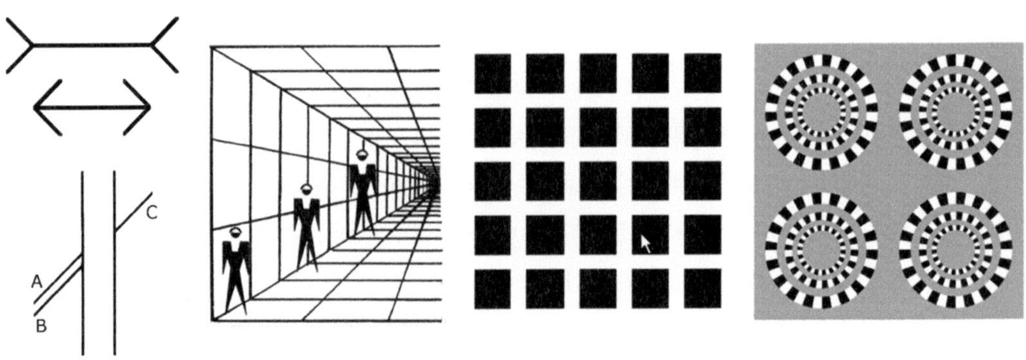

(1) (2) (3) (4)

그림 17•5▸착시 현상의 예

리 과정이 요구되기도 한다. 이러한 과정을 인지 과정이라고 한다. 의사결정 단계에는 계산 등을 위해 단기기억이 동원된다.

2.1.4 실행계획

의사결정 과정을 통해 목표가 수립된 상태에서 이의 달성을 위한 구체적인 실행계획(action planning)을 세우는 단계이다. 실행계획이 수립되면 이에 의해 반응 혹은 행동이 이루어진다. 일례로 교차로에서 정지하기로 의사결정을 한 운전자는 이를 위해 발을 움직여 브레이크를 밟을 실행계획을 세우고 이를 행동에 옮기게 된다.

2.1.5 기억

인간의 정보처리 과정에 동원되는 기억(memory)은 감각보관 혹은 감각버퍼(sensory buffer), 단기기억, 장기기억 등 세 종류로 구분된다.

1) 감각보관 감각보관(sensory memory)은 감각 과정에 관여하는 기억이다. 감각보관의 기능은 잔상이나 잔향과 같이 아주 짧은 시간 동안 자극을 저장할 수 있는 기억이다. 감각보관의 기능으로 인해 인간은 1초당 24장의 정지 영상을 연속해서 보여주면 이를 동영상으로 인식하게 되는 것이다.

2) 단기기억 단기기억(short term memory)은 계산, 추론 등과 같은 의사결정 과정에 관여를 하는 핵심적인 기억 기능이다. 이는 컴퓨터의 전원을 끄면 RAM(random access memory)에 있던 정보가 유실되는 것과 마찬가지로 장기기억에 기억을 저장하지 못하면, 단기기억의 내용은 15~30초 정도 후에 사라지게 된다. 또한 단기기억의 용량은 7±2개로 제한적이다. 일시에 7개를 초과하는 자극 정보가 들어오면 단기기억의 용량을 초과하게 되므로 초과되는 정보가 유실될 수 있다. 또한 장기기억의 정보를 불러 올 때도 단기기억 용량의 한계로 인해 동시에 7±2개를 넘는 정보를 불러오기가 쉽지 않다.

3) 장기기억 외부 자극에 의해 들어온 정보는 단기기억을 거쳐 컴퓨터의 하드디스크 기능을 수행하는 장기기억(long term memory)에 저장된다. 장기기억의 저장 기간은 정보의 저장 강도에 따라 죽을 때까지 갈 수도 있고, 중도에 정보 인출이 어려워지거나 영원히 사라질 수도 있다. 예를 들어, 자신의 주민등록번호는 언제든 기억할 수 있으나, 오래 안 만난 친구의 전화번호는 정보 인출이 쉽지 않다가, 언젠가는 장기기억에서 사라질 것이다. 이처럼 시간에 따라 장기기억의 기억이 사라지는 현상을 망각이라 한다. 망각을 방지하고 정보의 저장 기간을 늘리기 위해서는 반복적으로 정보를 단기기억으로 불러내고 이를 다시 장기기억으로 저장하는 복송(rehearsal) 행위를 반복해야 한다.

단기기억의 용량이 7개 내외로 제한적인데 비해, 장기기억의 용량은 상대적으로 무한에 가깝다. 따라서 장기기억의 기억들을 체계적으로 저장, 연결시키고 반복적 복송을 한다면 그 용량을 최대화할 수 있다.

2.1.6 주의력

주의력(attention)은 그 자체로 어떠한 정보처리를 담당하는 것은 아니고 각 정보처리 단계에 관여해 그 기능을 원활하게 하는 자원이다. 따라서 만일 인간이 지각, 단기기억, 의사결정, 실행계획 등의 정보처리 단계에서 주의를 충분히 하지 않는다면 그 기능에 실패할 수 있다. 예를 들어, 운전 중 운전자가 시각 정보를 받아들이는 지각 과정에 충분히 주의를 기울이지 않는다면 교통표지판의 내용을 지각하지 못 할 수 있다. 주의력은 그 자원을 한 곳에 집중할 수도 있고, 넓게 할 수도 있다. 주의력에 대해서는 2.3절에 더 자세하게 설명하였다.

2.1.7 반응

인간의 반응(response)은 외부의 자극에 대한 반사 작용으로 나타난다. 반응은 신경계의 처리 수준에 따라 반사행동, 충동행동, 의식행동으로 구분할 수 있다. 반사행동은 가장 낮은 수준의 행동으로 외부 자극이 대뇌까지 도달하지 않은 상태에서 척수에서 즉각적인 반응을 내보내는 행동이다. 따라서 대뇌까지 도달하는 시간을 절약할 수 있다. 무릎을 망치로 칠 때 다리가 들리는 행동이나 뜨거운 물체에 손이 닿을 때 손을 즉각적으로 떼는 행동 등이 이에 해당한다.

충동 행동은 자극이 신경계를 타고 대뇌까지 전달되나 의식과 이성에 의해 제어되지 못하고 감정과 욕구 등에 의해 나타나는 행동이다. 분노했을 때 나타날 수 있는 파괴적 행동 등이 이에 해당한다.

의식 행동은 외부 자극이 감각 신경계를 통해 대뇌로 전달된 정보를 처리하여 이를 의도와 계획에 의해 이루어지는 행동을 의미한다. 인간행동의 대부분은 의식행동으로 학습, 작업 등이 이에 해당한다.

2.2 반응시간

앞에서 설명한 Wickens의 정보처리 모형에 의할 때 인간은 외부로부터 발생한 자극을 감각, 지각하여 이에 대하여 반응을 하게 된다. 이때 실제 자극의 발생 시점부터 반응을 한 시간을 측정할 수 있다. 예를 들어, 자동차 운전 중 교차로 신호등에 갑자기 켜진 빨간 신호등을 보고 돌발 정지를 해야 한다고 하자. 빨간 신호등이 켜진 순간부터 운전자가 브레이크를 밟은 시간까지를 측정할 수 있는데 이를 총반응시간(response time) 혹은 응답시간이라 한다. 그런데 총반응시간은 다시 반응시간(reaction time)과 동작시간(movement time)으로 나눌 수 있다.

$$총반응시간 = 반응시간(RT) + 동작시간(MT)$$

여기서 반응시간은 영어로 reaction time, 총반응시간은 영어로 response time으로 표현되니 조심해서 구분할 필요가 있다. 쉽게 구분하면 반응시간은 머릿속에서만 자극의 내용을 알아차리는 시간이고, 총반응시간은 자극이 발생한 후 이를 머릿속에서 이해한 후 이에 대해 동작으로 반응한 동작시간까지 더한 시간이다.

앞의 운전에 관한 예를 들어 다시 설명하면, 반응시간은 신호등이 켜진 순간부터 운전자가 눈으로 빨간 신호등을 보고, 감각신경계를 통해 머릿속에 자극이 전달된 후 이것이 빨간 신호등이라는 것을 알아차리는 데까지 걸린 시간이다. 동작시간은 빨간 신호등이라는 것을 알아차린 후, 운동신경계를 통해 발을 움직여 브레이크를 밟으라는 명령을 내린 후 발을 움직여 브레이크를 밟기까지 걸린 시간이다.

2.2.1 반응시간과 Hick의 법칙

자극에 대한 인간의 반응은 단순반응, 변별반응, 선택반응으로 나눌 수 있다. 단순반응은 주어지는 자극의 종류가 1개이며 이에 대해 무조건 1개의 반응을 하는 것이다. 예를 들어, 달리기에서 출발선에 대기하다 총소리 자극이 발생하면 달리는 것은 단순반응이다. 이때 자극은 총소리이며 반응은 출발이며 이는 자극과 반응이 1개이므로 단순반응에 해당한다. 시각적 자극에 대한 인간의 단순 반응시간은 약 150~200msec 정도이며, 청각적 자극에 대해서는 약 50msec로 알려져 있다. 청각 자극이 시각 자극에 비해 단순 반응시간이 빠르기 때문에 빠른 반응이 요구되는 경우에는 청각적 자극을 사용하는 것이 좋다. 따라서 기록 단축을 위해서는 출발 신호를 깃발로 하는 것보다는 총소리로 하는 것이 좋은 것이다.

변별반응은 자극의 종류가 2개 이상인데 오직 1개의 정해진 자극에 대해서만 반응을 하는 것이다. 변별반응은 단순반응에 비해 자극들 중 신호를 식별하기 위한 시간이 추가로 요구된다(변별반응시간 = 단순반응시간+변별시간). 품질검사 라인에는 불량품과 양품이 나타날 수 있다. 검사원은 불량품에 대해서만 불량품 제거 버튼을 누르는 반응을 한다고 하자. 그러면 양품과 불량품은 자극의 종류로 2개가 되며 반응은 불량품 제거 버튼을 누르는 행동 하나이므로 이는 변별반응 작업에 해당된다.

선택반응은 자극의 종류가 2개 이상이고, 이에 대해 반응도 2개 이상인 경우를 말한다. 예를 들어, 적색과 녹색 2개로 이루어진 신호등은 2개의 자극을 발생시킨다. 이에 대해 인간의 반응은 정지 혹은 진행이라는 2개의 행동 중 선택해서 반응을 해야 한다. 선택반응에 걸리는 시간은 변별

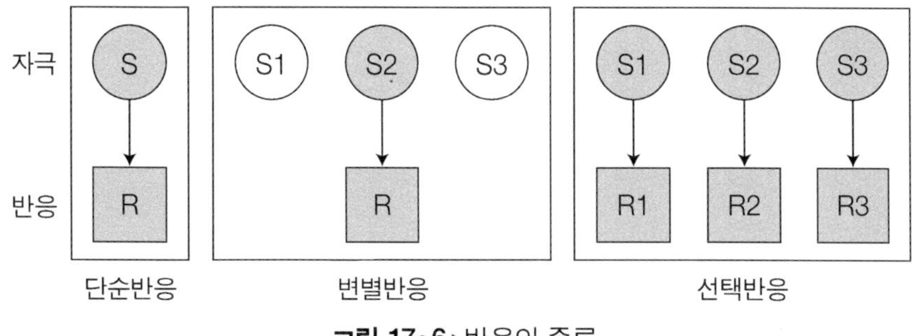

그림 17•6▸반응의 종류

반응에 비해 머릿속에서 선택해야 할 시간이 추가로 요구되기 때문에 반응시간이 더 걸리게 된다(선택반응시간 = 변별반응시간+선택시간). 이때 선택반응시간은 자극의 수에 비례해서 늘어나게 된다. 이상에서 설명한 반응의 종류를 그림 17•6에 나타내었다.

선택반응에 대해서 Hick은 반응에 걸리는 시간(RT)은 발생 가능한 자극의 수에 의해 영향을 받는다는 사실을 알아내고 이들의 관계를 밝혔다. 이를 Hick의 법칙이라고 한다.

$$RT = a + b\log_2 N$$

RT: 반응시간

N: 발생 가능한 자극의 수

Hick의 법칙에 의하면 반응시간은 밑을 2로 하는 자극 수(N)의 log값에 비례해 증가하게 된다. 만일 자극의 수가 2개이면 반응시간은 $RT = a+b\log_2 2 = a+b$ 시간이 걸리고, 자극의 수가 4개이면 반응시간은 $RT = a+b\log_2 4 = a+2b$시간만큼 걸린다. 즉, 자극이 4개일 때는 2개일 때 비해 $b(= a+2b-(a+b))$시간만큼 반응시간이 더 걸리는 것이다.

2.2.2 동작시간과 Fitts의 법칙

자극에 대해 그 의미를 알아차리는 반응은 우선 뇌에서 이루어지지만 그 판단에 근거해 어떤 동작 반응이 요구될 수 있다. 동작은 손과 발 등의 신체부위를 움직여서 이루어진다. 예를 들어, 검사 라인에서는 불량이 발견되면 손을 움직여 버튼을 누르는 동작이 요구된다. 신호등에 빨간 등이 켜지면 발을 움직여 브레이크 페달을 밟는 동작이 요구된다. 이 두 경우에 각각 손과 발을 움직여 동작을 수행하는 시간이 요구되는데 이를 동작시간이라 한다.

Fitts는 손과 발 등의 동작시간 혹은 이동시간(movement time)은 목표 지점까지의 손, 발의 이동거리와 목표물의 크기(폭)에 영향을 받는다는 사실을 수식으로 입증하였다. Fitts의 법칙은 아래와 같다.

$$MT = a + b\log_2 \frac{2A}{W}$$

MT: 동작시간

A: 목표물까지의 거리

W: 목표물의 폭

예를 들어, 엄지손가락 위치에서 휴대폰 통화버튼까지의 거리가 4cm이고, 버튼의 폭이 0.5cm이면 동작시간은 $MT = a+b\log_2(2\times4/0.5) = a+4b$만큼 걸릴 것이다.

2.3 주의와 부주의

2.3.1 주의력의 작동

인간은 동일한 자극을 수용하더라도 개인 특성과 상황에 따라 정확한 정보를 획득하기도 하고 그렇지 못하기도 한다. 이러한 차이는 지각 등 정보처리 단계에서 인간의 주의가 큰 영향을 미치기 때문이다. 주의란 행동 목적에 맞추어 의식 수준이 집중되는 심리 상태를 의미한다. 인간의 정보처리 과정에서 주의력의 작용 원리에 관해서는 몇 가지의 가설이 존재한다.

선택적 주의력(selective attention)설은 인간의 주의력은 직렬적 성격을 가지고 있어서 한 순간에 한 곳에만 주의를 할 수 있다고 가정을 한다. 일반 컴퓨터의 중앙연산처리장치(CPU)는 하나이지만 여러 개의 작업을 각각 잘게 나눈 후 시간을 나누어 여러 작업을 동시에 빠르게 처리하는 시분할(time sharing) 방식을 이용한다. 이 경우 컴퓨터의 CPU는 하나이나 동시에 여러 개의 작업을 처리하는 것처럼 보인다. 이처럼 인간의 주의력도 어느 순간에는 한 곳에만 집중하나 시분할 기능을 사용해 여러 곳에 주의를 거의 동시에 줄 수 있다고 하는 이론이다. 이 이론을 뒷받침하는 예로 칵테일파티 효과(cocktail party effect)라는 것이 있다. 칵테일파티에서 앞의 상대와 이야기에 주의를 집중하고 있다가도 뒤에서 누군가가 자신의 이야기를 하면, 귀는 뒤에서 들려오는 이야기에 집중하게 되고 앞의 사람 이야기는 전혀 듣지 않게 되는데, 이런 현상은 선택적 주의력 설을 뒷받침하는 예가 된다.

분할적 주의력(divided attention) 설은 인간의 주의력은 병렬적 성격을 가지고 있어 처음부터 주의력을 동시에 여러 곳에 분할하여 사용하고 있다고 본다. 예를 들어, 운전 중 시각은 도로의 상황을 보고, 귀로 음악을 들으며, 옆 자리의 사람과 이야기를 나누며, 손과 발은 자동차의 조종장치를 제어할 수 있는데, 이는 주의력을 동시에 분할해서 사용한다는 이 가설을 설명하는 예가 된다.

2.3.2 주의력의 특성

주의력이 갖는 일반적인 특성으로는 방향성, 선택성, 변동성 등이 있다. 주의력의 방향성은 주의가 시각이나 청각 등에 있어 주의를 집중하는 방향의 자극과 정보에는 높은 주의력이 배분되나 그 방향에서 멀어질수록 주의력이 떨어지는 특성을 말한다. 예를 들어, 시각의 경우에도 인간 시선의 초점이 맺혀지는 부분의 정보는 선명하게 입력되고 기억도 잘되나 주변의 정보는 잘 기억하지 못하는 특성을 보인다. 특히 작업 중 주의의 방향이 외부로 향하지 않고 내향적일 때는 시각, 청각 등의 정보에 집중할 수 없어 사고를 내기 쉽다. 그림 17•7은 주의의 깊이와 너비가 서로 절충되는 관계에 있다는 것을 보여준다.

주의력의 선택성은 인간의 주의력은 한계가 있어서, 정보처리의 여러 단계와 동시에 수행되는 여러 작업에 대해 적절히 주의력을 배분해야 하고 이런 배분은 선택적으로 이루어진다는 것이다. 즉, 운전 중에 휴대전화가 걸려올 경우 100% 운전 작업에 투입되던 주의력은 전화를 받는 일에 일정 부분 주의력을 넘겨줄 수밖에 없다. 만일 전화 통화에 주의력이 집중되어 운전 작업에 주의력

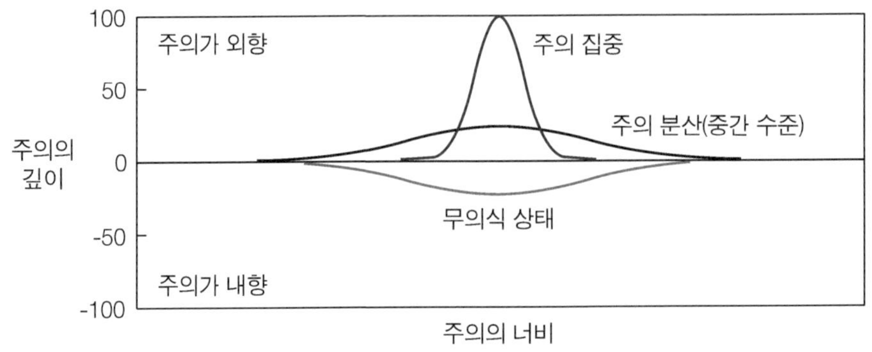

그림 17•7 ▸ 주의의 깊이와 너비

이 충분히 할당되지 않는다면 사고를 일으킬 수도 있을 것이다.

주의력의 변동성은 주의력 수준이 자연적 상태에서 주기적으로 높아졌다가 낮아졌다 반복되는 현상을 의미한다. 이러한 변동은 40~50분 주기로 이루어진다. 수업시간의 처음에는 교수의 강의에 높은 주의를 가지고 수업에 임하나 차츰 주의력이 약해진다. 그러나 휴식 시간을 마치고 나면 다시 정신이 맑아지며 주의력이 높아지는 경험을 했을 것이다. 이는 주의의 변동성을 설명해주는 예이다. 따라서 주의 집중이 저하되어 사고 위험성이 높은 작업은 주의력이 일정 수준 이하로 떨어지기 이전에 적절한 휴식을 취하게 하는 것이 좋다.

2.3.3 주의와 의식 수준

주의력의 정도는 인간의 생물학적 현상인 의식 수준과도 관계를 갖는다. 의식 수준과 주의력의 관계를 표 17•1에 나타내었다. 표 17•1에 의하면 명확한 구분은 어렵지만 인간의 의식단계는 의식이 없는 0 수준부터 의식이 과긴장 상태에서 흥분한 4수준까지로 나눌 수 있다. 이때 인간의 주의도 의식 수준에 따라 변하게 된다. 학습을 하거나 산업 현장에서 작업을 할 때는 의식 수준 3을 유지할 때, 주의는 적극적으로 작동하며 학습이나 작업에 가장 높은 신뢰성과 능률을 나타낼 수 있다.

표 17•1 ▸ 의식수준과 주의력

의식수준	의식모드	주의의 작용	행동수준	신뢰성
0	무의식, 실신	0	수면	0
1	의식몽롱	비활발	과로, 졸음	낮다
2	정상(느긋)	수동적	안정, 휴식	높다
3	정상(분명)	적극적	적극활동	매우 높다
4	과긴장, 흥분	주의과다	당황	낮다

휴식을 할 때는 주의의 수준이 약간 낮아지며 느긋한 의식 수준이 유지된다. 그러나 의식 수준이 몽롱하거나 반대로 아주 높아 흥분, 과긴장되었을 때에는 주의력이 너무 낮거나 주의 과다로 오히려 학습이나 작업의 신뢰도를 낮출 수 있어 좋지 않다.

2.3.4 부주의와 예방대책

안전사고의 많은 경우가 인간의 불안전한 행동에 기인하고 있고, 불안전한 행동에는 인간의 주의력이 부족해서 문제가 된 경우가 많다. 주의력이 부족한 상태나 지나치게 과도한 경우를 부주의라고 할 수 있다. 부주의한 상태를 구분해보면 다음과 같은 것들이 있다.

1) 의식의 저하 인간의 의식 수준은 긴장된 상태로 주의를 집중해 장시간 유지할 수 없다. 장시간의 집중된 주의는 피로를 수반하게 되어 자연스럽게 의식 수준은 저하된다. 의식 수준의 저하는 곧바로 집중력의 저하로 나타나 사고의 원인이 될 수 있다. 일반적으로 의식 수준은 40~50분을 주기로 긴장과 이완 상태를 반복하게 된다. 따라서 주의가 일정 수준 이하로 내려가기 이전에 적절한 휴식을 취하는 것이 좋다.

2) 의식의 우회 의식의 방향이 개인적 고민 등으로 인해 내면으로 향하는 현상을 의미한다. 인간의 의식이 내면으로 향하면 주의력도 내부로 향하게 되어 외부의 정보를 받아들이는데 소홀해져 사고를 내기 쉽다. 산업 현장에서 의식의 우회로 인한 사고를 예방하기 위해서는 작업자들에 대한 상담활동 등을 통해 개인의 고민에 대한 배려가 있어야 하고, 필요한 경우 작업배치와 일정 등에 이를 반영해야 한다.

3) 의식의 과잉 올바른 의사결정을 위해서는 적절한 주의력의 깊이와 너비를 유지하는 것이 좋다. 그런데 긴급 사태나 돌발 상황에 처했을 때 인간의 의식은 과잉되고, 이에 따라 주의력이 한 곳에만 집중되어 넓게 생각하고 판단하기가 어려워진다. 화재가 발생한 경우 당황한 나머지 잠겨 있지 않은 문을 당길(pull) 생각은 못하고 밀고(push) 나오려다 참변을 당한 사고가 실제 있었는데, 이는 의식의 과잉으로 인한 사고였다. 의식 과잉에 의한 사고를 막기 위해서는 작업 설계, 시스템 설계 등에 있어서 의식 과잉으로 인해 당황한 순간에 처하더라도 인간이 실수하지 않도록 하는 풀-푸르프(fool proof) 디자인이 이루어져야 한다. 산업안전보건법 관련 규칙에서도 공공장소의 비상구는 양방향 혹은 안에서 밖으로 미는 방향으로 설치하도록 하고 있다.

4) 의식의 단절 만취한 상태나 수면에 빠진 경우 의식 수준은 0으로 외부의 정보를 받아들일 수 없고 의사결정도 할 수 없는 상태가 된다. 이런 의식의 단절 상태에서는 어떠한 작업도 수행할 수 없게 된다. 자동차 운전의 경우 졸음에 의한 의식의 단절을 막기 위해 졸음 방지 장치 등이 개발되고 있다.

이와 같은 부주의에 의한 안전사고를 예방하기 위한 대책들을 정리하면 다음과 같은 것들이 있다. 작업에 대한 흥미와 적성을 고려한 인원 선발과 배치, 교육과 훈련에 의한 적절한 주의력 배분 능력 습득, 주의력을 유지할 수 있도록 하는 작업과 환경 설계, 작업자의 개인적 고민과 스트레스에 대한 배려, 적절한 휴식 시간 설정으로 피로 회복, 긴급 상황 등에 대비한 대처 요령 숙지 등이 대처 방안이 될 수 있다.

3 인간의 행동특성

3.1 인간행동 이론

인간의 심리를 연구하는 방법 중 앞에서 설명한 인지적(cognitive) 접근방법은 인간의 정보처리 과정에 초점을 두고, 지각, 인지, 학습 등에 더 중점을 둔다. 이 접근 방법에서는 정보처리 과정의 외적 조건에 대해서는 그다지 중요성을 부여하지 않는다.

그러나 행동적(behavioral) 접근 방법에서는 인간의 정보처리 과정과 같이 인간의 내부에서 이루어지는 과정에 대한 내성적 관찰보다는 밖으로 드러나 관찰이 가능한 행동에 더 초점을 둔다. 따라서 행동적 접근법에서는 인간의 행동을 유발하는 외적 조건에 더 관심을 갖는다. 이러한 조건들로는 인간의 학습된 수준, 상황, 동기 등이 있을 수 있고 이들이 인간의 행동을 결정짓는다고 본다.

특히 사회심리학의 선구자인 Kurt Lewin은 집단역학(group dynamics)에 관한 이론에서 집단 내에서의 인간의 행동은 인간의 동기, 정서, 성격과 같은 개인적 특성과 사회적 환경에 의해 결정된다고 하는 장(場)이론을 제시하였다. 장(場) 이론은 당시의 물리학에서 힘을 설명하기 위한 필드(field)의 개념을 심리학에 적용한 것이다. Lewin의 인간행동에 관한 장(場)이론을 함수식으로 표현하면 아래와 같다.

$$B = f(P, E)$$

이 식에 의하면 인간의 행동(B)은 개인적 특성(P)인 연령, 기질, 성격, 욕구 등에 영향을 받으며, 또한 동시에 환경(E) 인자에 의해서도 영향을 받는다. 환경요인으로는 물리적 환경, 사회적 환경, 시대적 상황 등이 있을 수 있다. 따라서 동일한 환경 조건 속에서도 인간 행동은 개인차에 의해서 다르게 나타날 수 있다. 또 같은 인간이라도 환경이 달라지면 행동이 변할 수 있음을 설명하고 있다.

3.2 집단행동

인간은 사회적 존재로 집단(group)이라는 사회 속에서 행동한다. 여기서 집단이란 2명 이상의 인간이 상호 사회적 관계로 연결되어 있는 집합을 의미한다. 집단의 규모는 2~3인의 사적인 모임부터 군중과 같이 아주 클 수도 있다. 집단의 구성원들은 상호 사회적 관계로 연결되어 있거나 네트워크화되어 있어야 한다.

이러한 집단은 개체로서의 인간의 행동 특성과는 다른 집단행동을 보일 수 있다. 집단행동은 규율에 의해 행동이 나타나고 연속성이 있는 통제적 집단행동과, 감정이나 정서 등에 의해 좌우되고 연속성이 적은 비통제적 집단행동으로 나눌 수 있다.

통제적 집단행동으로는 관습, 유행, 규율에 의한 행동 등이 있다. 비통제적 집단행동으로는 군중(crowd) 행동, 폭도(mob) 행동, 공황(panic) 상태의 행동, 심리적 전염 등이 있다. 군중행동은 구성원 사이의 지위와 역할이 없으며 책임감도 없어 통제되기가 쉽지 않다. 폭도 행동과 공황 상태의 행동은 이성적 판단보다 감정에 의한 행동이라는 점에서는 동일하나 폭도 행동은 공격적 행동이며 공황 상태에서의 행동은 수동적이라 할 수 있다. 심리적 전염은 통제된 유행과 유사하나 비이성적이고 비합리적 성격이 강한 특징을 갖는다.

3.3 집단과 인간관계

집단 내에서의 구성원들 간의 관계는 현대 심리학에서 매우 중요한 의미를 가지고 있다. 1924년에 Elton Mayo에 의해 진행된 호오손 연구는 기업이라는 집단 내에서의 인간관계(human relation)의 중요성을 깨닫게 했으며 이후 산업심리학의 방향에 큰 영향을 끼치게 되었다.

처음 Elton Mayo가 미국 시카고 인근 호오손 지역에 있는 Western Electric 공장에서 수행하려고 했던 연구는, 조명 조건 등 물리적 작업환경이 작업생산성에 미치는 영향을 조사하는 것이었다. 처음에는 연구팀에서 예상한 대로 조명조건의 향상에 따라 근로자들의 작업 생산성 향상이 나타났으나 그 효과는 지속되지 않았다. 대신에 생산성 향상에 기여한 요인들을 조사해보니 작업자들의 자발적 협동과 의사소통의 향상, 동기부여 등이 작용해 나타난 것으로 밝혀졌다. 이러한 요인들은 크게 집단 내에서의 인간관계(human relationship)로 설명되었고, 이는 집단 내에서의 인간 대 인간의 상호작용 및 행동 양식이라 할 수 있다.

4 동기부여

동기(motivation)란 인간이 어떤 행동을 수행하게 하는 원인이다. 인간의 동기부여에 관한 설명을 하는 이론은 크게 내용(content)이론과 과정(process)이론으로 나눌 수 있다. 내용이론은 동기부여의 요인이 무엇인지를 파악하는데 초점을 두는 이론이고, 과정이론은 동기부여의 과정에 초점을 맞추는 이론이다.

4.1 동기부여 내용이론

4.1.1 맥클랜드의 욕구성취설

맥클랜드(David McClelland)는 인간의 욕구 자체가 동기부여제라고 보았다. 따라서 특별히 동기부여를 위한 환경을 만들어주는 것보다, 성취 욕구가 높은 사람들이 더 많은 일을 할 수 있다고 본다. 그러므로 기업에서는 성취 욕구가 큰 사람들을 선발하는 것이 중요하다고 본다. 맥클랜드는 추상적 그림을 보여주고 그에 대한 설명을 사람들에게 요청했을 때, 성취 욕구가 큰 사람들은 그 그림에 의미와 구조를 부여하여 자신의 욕구를 투사할 것이라는 가정 하에 성취 욕구를 평가할 수 있을 것이라고 생각했다.

4.1.2 매슬로우의 욕구위계설

매슬로우(Abraham Maslow)는 인간의 욕구는 계층적 구조를 가지고 있으며, 하위 단계의 욕구가 충족되면 차상위 단계의 욕구 충족을 하기 위한 방향으로 동기부여가 된다고 보았다. 매슬로우 욕구위계설의 각 단계별 욕구는 그림 17•8과 같이 나누어진다.

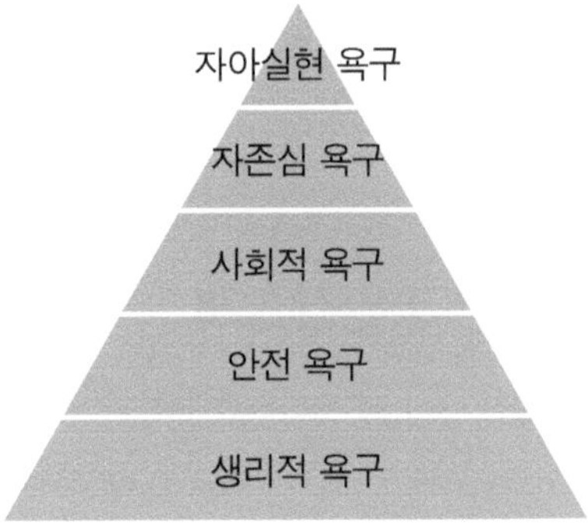

그림 17•8▸매슬로우의 욕구위계설

4.1.3 알더퍼의 ERG 이론

매슬로우의 이론과 비슷하게 알더퍼(Clayton Alderfer)는 인간의 욕구를 존재 욕구(existence), 관계 욕구(relation), 성장 욕구(growth) 등 3단계로 나누어 설명하였다. 존재 욕구는 가장 낮은 차원의 욕구로 생리적, 물질적 욕구이다. 관계 욕구는 타인과의 상호작용에 관한 사회적 욕구이다. 성장 욕구는 개인의 발전과 증진에 관한 욕구이다.

4.1.4 허쯔버그의 2요인 이론

허쯔버그(Frederick Herzberg)는 개인의 동기는 동기요인과 위생요인 2개로 나누어진다고 보았다. 이 때문에 2요인 이론은 동기-위생이론이라고 불리기도 한다. 동기요인은 동기부여와 관련된 요인이며, 위생요인은 직무 불만족과 관련된 요인이다. 위생요인으로는 지나친 감시 감독, 열악한 작업환경, 좋지 않은 회사 분위기, 회사 방침, 동료 관계, 일에 대한 싫증 등이 속하며, 동기요인은 작업 성취의욕, 자신의 인정 여부, 진급, 책임감, 자신의 직무에 대한 만족 등을 들 수 있다.

허쯔버그는 동기요인과 위생요인은 연속적인 것이 아닌, 차원이 다른 요인으로 판단하고 있다.

매슬로우의 욕구위계설	알더퍼의 ERG이론	허쯔버그의 2요인이론
자아실현 욕구	G 성장 욕구	동기요인
자존심 욕구		
사회적 욕구	R 관계 욕구	
안전 욕구		위생요인
생리적 욕구	E 존재 욕구	

그림 17•9▸동기부여에 관한 이론들의 비교

일례로 어떤 개인이 위생적인 면에서 작업환경이 좋은 직장에 다니나, 하는 일이 적성에 맞지 않는 직장에서 일한다면 이런 경우 이 이론에 의하면 이 사람은 직무 불만족은 없으나, 그렇다고 동기부여가 되었다고 보기도 어렵다.

매슬로우, 알더퍼, 허쯔버그의 세 이론은 서로 기본이 되는 요인들은 다르게 보지만 연관성을 가지고 있다. 이를 그림으로 나타내면 그림 17•9와 같다.

4.1.5 맥그리거의 X이론과 Y이론

맥그리거(Douglas McGregor)는 인간의 본질을 보는 관점을 부정적 시각과 긍정적 시각에서 보는 것으로 구분하고, 이를 각각 X이론, Y이론으로 명명했다. X이론은 동양의 순자가 주장한 성악설과 같이 인간의 본성은 수동적이고 믿을 만하지 못해 명령과 감독이 소홀하면 일을 게을리 한다고 보는 관점이다. 반면에 Y이론은 동양의 맹자가 주장한 성선설과 같이 인간의 본성은 능동적이고 신뢰할 만하기에 자율성을 많이 주더라도 책임을 가지고 열심히 일할 것이라고 보는 관점이다. Y이론은 매슬로우의 욕구위계설에 영향을 받은 것으로 어느 정도 생리적, 안전, 사회적 욕구 등이 만족된 직장에서 근로자들은 자존심과 자아실현에 더 관심을 가지고 동기부여가 될 것이기 때문에, Y이론의 관점을 취하는 것이 근로자들의 능력을 자율적으로 발휘하게 하는 면에서 더 좋을 것이다.

4.2 동기부여 과정이론

동기부여의 내용에 관심을 갖는 내용이론과 달리 동기부여가 되는 과정에 초점을 맞춘 과정이론들도 있다. 그 가운데 대표적인 것들을 소개하면 다음과 같다.

4.2.1 브룸(Vroom)의 기대이론

인간에게 동기부여가 되는 정도는 행동 결과에 따른 매력을 나타내는 유인성(valence)과 그 일의 결과가 현실화될 수 있는 확률을 나타내는 기대치(expectancy)의 곱으로 나타난다.

$$\text{동기부여 정도} = \text{유인성} \times \text{기대치}$$

즉, 이공계 대학생이 갑자기 사법시험을 준비한다고 하자. 이 경우 유인성은 매우 높으나 반대로 성공할 기대치는 매우 낮다. 반면, 자기 분야의 기사 시험을 준비한다면 유인성은 사법시험에 비해 낮으나 성공할 기대치는 매우 높다고 할 수 있다. 이런 경우 이 학생은 유인성과 기대치를 곱한 값을 가지고 판단해 더 큰 값을 갖는 방향으로 동기부여가 더 될 것이라고 보는 것이다.

4.2.2 로크의 목표 설정 이론

로크(Locke)는 인간들은 목표 자체를 설정하면 경쟁심 등에 의해 자연스럽게 동기 부여가 된다고 보았다. 따라서 적절한 목표 설정과 제시가 매우 중요하다고 보았다.

4.2.3 아담스(Adams)의 공정성 이론

인간은 자신과 타인의 투입된 노력과 산출된 결과를 비교하여 그 비가 서로 공정해지는 방향으로 동기부여가 되고 행동한다는 것이다.

$$\text{자신}\left(\frac{\text{산출}}{\text{투입}}\right) = \text{타인}\left(\frac{\text{산출}}{\text{투입}}\right)$$

예를 들면, 자신은 회사를 위해 많은 노력을 투입했음에도 급여를 적게 받고, 동기생인 다른 직원은 노력을 적게 하는 데도 급여를 많이 받는다면, 이 직원은 노력을 안하는 방향으로 행동하여 둘 사이의 공정성을 맞추려한다는 것이다. 반대로 다른 사람에 비해 급여를 많이 받은 사람은 균형을 맞추기 위해서라도 노력을 더 하게 된다는 이론이다.

4.2.4 해크만과 올드햄의 직무특성 모델

해크만(Hackman)과 올드햄(Oldham)은 어떤 직무에 동기가 부여되는 정도는 그 직무의 특성들에 의해서 결정된다고 보았다. 동기부여 지표는 다음과 같은 직무 특성들의 관계에 의해 결정된다.

$$\text{동기부여 지표} = \frac{SV + TI + TS}{3} \times AT \times FB$$

SV: 직무 다양성(skill variety)

TI: 직무 정체성(task identity)

TS: 직무 중요성(task significance)

AT: 직무 자율성(autonomy)

FB: 피드백(feedback)

예를 들어, 카센터 사장은 다양한 업무를 수행해야 하므로 단순 정비공에 비해 직무다양성(SV) 지수가 높아 동기부여 되기 쉽다. 사회적으로 인정받는 의사라는 직무는 간호보조 등에 비해 직무정체성(TI) 지수가 높다. 항공기 조종사의 직무 중요성은 스튜어디스에 비해 직무중요성(TS) 지수가 높다. 연구원은 조립라인의 조립공보다 직무자율성(AT) 지수가 높다. 코미디언의 경우 관중의 피드백이 빨라 실험의 결과가 오랜 연구 끝에 나오는 과학자보다 피드백(FB) 지수가 높다. 즉, 직무를 설계할 때 이상의 직무특성과 관련된 요인들을 좋게 하면 동기부여가 잘 될 것이다.

연습문제

[1] 산업심리학(industrial psychology) 초기에 주류를 이룬 분야로 근로자의 선발, 교육, 훈련, 성과 평가 등을 다루는 산업심리학 분야는?

① 조직 심리학 ② 안전 심리학 ③ 공학 심리학 ④ 인사 심리학

[2] 산업심리학은 산업 전반에 다양한 분야에 걸쳐 응용되고 있다. 다음 중 집단에서의 개인의 역할과 갈등, 정형화된 형태의 집단인 기업 조직과 관련된 문제를 다루는 분야는?

① 교육훈련 ② 동기부여 ③ 광고심리 ④ 조직행동

[3] 산업체에 심리학이 응용된 최초의 사례로서 광고에 심리학 이론을 접목시킨 사람은?

① Frederick Taylor ② Hugo Munsterberg
③ Walter Scott ④ Roberts Yerkes

[4] 다음 호오손(Hawthorne) 연구에 대한 설명 중 옳지 않은 것은?

① Western Electric 회사의 호오손 공장에서 수행된 연구이다.
② 처음에는 작업장의 물리적 환경에 대한 연구로 시작하였다.
③ 근로자들의 동기부여, 의사소통 등이 중요하다는 것을 밝힌 연구이다.
④ 이 연구 이후 인간관계가 중요시 되는 인사심리학이 발전하게 되었다.

[5] 산업심리학의 접근 방법 중 인간의 정신적 과정에 초점을 두는 접근방법으로, 인간의 두뇌를 컴퓨터에 비유하거나 지적 성장 과정에 관심을 갖는 접근 방법은?

① 인지적 접근법 ② 생물학적 접근법
③ 정신분석적 접근법 ④ 인본주의적 접근법

[6] 정보처리 과정을 설명하는 Wickens 모델에서 주의력 자원이 영향을 미치지 않는 단계 혹은 구성요소는?

① 단기기억 ② 장기기억 ③ 지각 ④ 의사결정

[7] Wickens 모델에서 빛, 소리 등의 물리적 자극을 눈, 귀 등의 감각기관을 통해서 받아들이는 과정을 무엇이라고 하는가?

① 의사결정 ② 감각 ③ 지각 ④ 실행계획

[8] 장기기억과의 비교 결과 그 자극의 의미를 알아내는 단계가 지각(perception) 과정이다. 이러한 지각 과정 순서가 바르게 연결된 것은?

① 선택-조직-해석 ② 감각-선택-해석
③ 조직-선택-해석 ④ 감각-조직-해석

[9] Wickens 모델의 조직 과정 중 인간은 문자나 그림 등에서 전체적 맥락에서 빠진 부분은 채워서 본다는 원리는?

① 근접성 ② 폐쇄성 ③ 대칭성 ④ 연속성

[10] 인간은 지각과정 중 오른쪽 그림과 같이 중앙의 네모들을 주변의 원과 구분해서 하나의 그룹을 보게 되는 원리는?

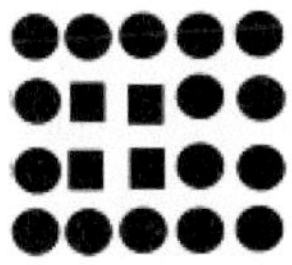

① 연속성 ② 유사성
③ 근접성 ④ 폐쇄성

[11] 조직화된 정보에 대해서 장기기억에 담겨져 있는 지식이나 과거의 경험 등에 비추어 그 의미를 알아내는 과정은?

① 선택과정 ② 조직과정 ③ 해석과정 ④ 인지과정

[12] 오른쪽 그림과 같이 길이, 면적, 각도, 방향 등에서 사실과 다르게 지각하는 착시 현상은?

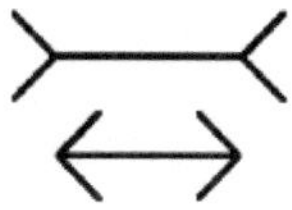

① 기하학적 착시 ② 원근감 착시
③ 대비 착시 ④ 가현운동

[13] 지각된 정보를 바탕으로 즉각 이루어지거나, 계산, 추론, 유추 등의 복잡한 정보처리 과정이 요구되기도 하며 계산 등을 위해 단기기억이 동원되는 단계는?

① 지각과정 ② 조직과정
③ 의사결정과정 ④ 선택과정

[14] 1초당 24장의 정지 영상을 연속해서 보여주면 이를 동영상으로 인식하게 되는 것과 직접 관련된 기억 종류는?

① 단기기억 ② 장기기억
③ 감각 보관 ④ 인지기억

[15] 다음 장기기억에 대한 설명 중 옳지 않은 것은?

① 저장 기간은 정보의 저장 강도에 따라 죽을 때까지 갈 수도 있다.
② 시간에 따라 장기기억의 기억이 사라지는 현상을 망각이라 한다.
③ 컴퓨터의 RAM(random access memory)에 해당된다.
④ 장기기억의 용량은 단기기억과 비교해서 상대적으로 무한에 가깝다.

[16] 다음 주의력에 대한 설명 중 옳지 않은 것은?

① 주의력은 그 자체로 인간의 정보처리에서 중요한 정보처리 단계를 담당하고 있다.
② 각 정보처리 단계에 관여해 그 기능을 원활하게 하는 자원이다.
③ 인간이 각 정보처리 단계에서 주의를 충분히 하지 않는다면 그 기능에 실패할 수 있다.
④ 주의력은 그 자원을 한 곳에 집중할 수도 있고, 넓게 할 수도 있다.

[17] 반응은 신경계의 처리 수준에 따라 세 가지 행동으로 구분된다. 외부 자극이 대뇌까지 도달하지 않은 상태에서 척수에서 내보내는 행동으로, 대뇌까지 도달하는 시간을 절약할 수 있는 행동은?

① 충동행동 ② 의식행동 ③ 반사행동 ④ 선택반응행동

[18] 반응시간은 밑을 2로 하는 자극 수(N)의 log값에 비례해 증가한다는 법칙은?

① Fitts의 법칙 ② Miller의 법칙 ③ 반응 법칙 ④ Hick이 법칙

[19] 자극의 종류가 2개 이상인데 오직 1개의 정해진 자극에 대해서만 반응을 하는 것은?

① 변별 반응 ② 단순 반응 ③ 선택 반응 ④ 다중 반응

[20] 손과 발 등의 동작시간 혹은 이동시간(movement time)은 목표 지점까지의 손, 발의 이동거리와 목표물의 크기(폭)에 영향을 받는다는 것과 관련된 법칙은?

① 이동시간 법칙 ② Fitts의 법칙 ③ Miller의 법칙 ④ Hick이 법칙

[21] 칵테일파티에서 앞의 상대와의 이야기에 주의를 집중하고 있다가도 뒤에서 누군가가 자신의 이야기를 하면, 귀는 뒤에서 들려오는 이야기에 집중하게 되고 앞의 사람 이야기는 전혀 듣지 않게 되는 칵테일파티 효과(cocktail party effect)와 관련된 인간의 주의력은?

① 선택적 주의력 ② 분할적 주의력
③ 장시간 주의력 ④ 집중적 주의력

[22] 인간의 주의력이 갖는 일반적인 특성이 아닌 것은?

① 집중성 ② 방향성 ③ 선택성 ④ 변동성

[23] 의식의 방향이 개인적 고민 등으로 인해 내면으로 향하는 현상을 의미하는 부주의 상태는?

① 의식의 저하 ② 의식의 우회
③ 의식의 과잉 ④ 의식의 단절

[24] 집단 내에서의 인간의 행동은 인간의 동기, 정서, 성격과 같은 개인적 특성과 사회적 환경에 의해 결정된다고 하는 장(場)이론을 제시한 사람은?

① F. Taylor ② Hick ③ Kurt Lewin ④ Fitts

[25] 레빈(Lewin)의 인간행동 법칙 "B=f(P·E)"의 각 인자와 인간 행동의 관계를 설명한 것으로 적절하지 않은 것은?

① B는 인간의 행동을 의미한다.
② f는 리더십의 형태이다.
③ P는 집단을 구성하는 구성원의 특징이다.
④ E는 집단의 과제, 구조, 사회적 요인 등 환경적 요인이다.

[26] 다음 중 비통제적 집단행동이 아닌 것은?

① 군중 행동　② 유행　③ 공황　④ 폭도 행동

[27] 인간의 집단 행동 가운데 그 성격이 다른 것은?

① 관습　② 제도적 행동　④ 유행　④ 패닉

[28] 인간의 욕구는 계층적 구조를 가지고 있으며, 하위 단계의 욕구가 충족되면 차상위 단계의 욕구 충족을 하기 위한 방향으로 동기부여가 된다는 이론은?

① 욕구 위계설　② 욕구 성취설　③ ERG 이론　④ 2요인 이론

[29] 인간은 자신과 타인의 투입된 노력과 산출된 결과를 비교하여 그 비가 서로 비슷해지는 방향으로 동기부여가 되고 행동한다는 동기부여 이론은?

① 공정성 이론　② 직무특성이론　③ 기대이론　④ 목표설정이론

[30] 해크만(Hackman)과 올드햄(Oldham)은 어떤 직무에 동기가 부여되는 정도는 그 직무의 특성들에 의해서 결정된다고 보았다. 여기에서 사용된 직무 특성이 아닌 것은?

① 직무 발전성　② 직무 자율성　③ 직무 정체성　④ 피드백

[31] 다음 중 동기부여 과정이론이 아닌 것은?

① 기대이론　② 직무특성 이론　③ 욕구위계 이론　④ 공정성 이론

[32] McGregor의 Y이론에 따른 인간의 동기부여 인자에 해당하는 것은?

① 수직적 리더십　② 수평적 리더십　③ 금전적 보상　④ 직무의 단순화

[33] 허쯔버그(Frederick Herzberg)는 개인의 동기는 동기요인과 위생요인 2개로 나누어진다고 보았다. 직무는 자기 적성과 맞지 않으나 사무실 환경은 매우 깨끗하고 쾌적할 경우 동기부여 정도와 직무 불만족에 대한 예상 중 맞는 것은?

① 동기부여: 높음, 직무불만족: 높음　② 동기부여: 낮음, 직무불만족: 높음
③ 동기부여: 낮음, 직무불만족: 없음　④ 판단이 어려움

[34] 허즈버그의 동기 부여 요인에 해당되는 것은?

① 안전　② 승진　③ 물적 욕구　④ 지능

[35] 매슬로우(Maslow)의 욕구 단계설과 알더퍼(Alderfer)의 ERG 이론 간의 욕구 구조를 비교할 때 그 연결이 적절하지 않은 것은?

① 자아실현욕구 — 관계욕구(R)　② 안전욕구 — 생존욕구(E)
③ 사회적욕구 — 관계욕구(R)　④ 생리적욕구 — 생존욕구(E)

응용문제

[1] 지금 적혀있는 이 문제의 글자들을 읽고 의미를 알아내는 지각 과정을 선택과정, 조직과정, 해석과정으로 구분해서 설명하시오.

[2] 은행의 현금 입출금기에 카드를 넣어 현금을 출금하는 과정을 Wickens의 인간의 정보처리 모형에 의거해서 설명하시오.

[3] 5개의 LED 등 중에서 하나가 켜지면 각 등에 해당하는 푸쉬 버튼을 눌러야 하는 작업에서 하나의 LED 등이 켜지고 나서 버튼을 누를 때 까지 걸리는 시간을 예측하시오. 단, 각 LED 등의 발생확률은 동일하며 푸쉬 버튼의 크기는 5cm이며, 손으로부터 푸쉬 버튼까지의 거리는 30cm이다. 시간 예측을 위한 Hick's 식과 Fitt's의 식은 다음과 같다. $RT=50+15\log_2 N$ $MT=200+20\log_2(2D/W)$, 단위는 msec이다.

[4] 인간의 정보처리 과정에 필요한 감각 기억, 단기기억과 장기기억을 유지시간, 기억 용량 등을 비교 설명하시오.

[5] 자극에 대한 인간의 반응은 단순반응, 변별반응, 선택반응으로 나눌 수 있다. 각 반응에 대해서 자극의 수와 반응 관계로 설명하고, 1개 이상 예를 드시오.

[6] A씨는 대학을 졸업하고 B 회사에 취직해서 인턴 생활을 6개월 하게 되었다. 인턴 근무 평점에 따라 정직원으로 취업되거나 2년 계약직으로 취업하는 것이 결정 나며, 인턴 기간 동안에는 같은 일을 하는 정식 직원들의 월급의 50%를 받는다. 인턴 생활을 하게 된 부서는 작업환경은 매우 위생적이고 쾌적하지만, 업무가 A씨가 원하는 업무가 아니고, 또한 적성에도 잘 맞지 않는다.

(1) 허쯔버그의 2요인 (인자) 이론에 의하면 직무 불만족 정도와 동기 부여 정도는 어떻게 될것으로 예측되는가?

(2) 허쯔버그 2요인 이론 외에 적절한 동기부여이론에 근거하여 A씨의 동기부여 정도를 예측하시오.

[7] 회사에서 동기들 3명 중 2명은 모두 승진하였으나 본인만 금년 승진인사에서 누락된 경우, 앞으로 1년 동안 작업 수행도가 어떻게 될 것인지 적절한 동기부여이론 2개를 선정하고, 각 이론에 근거하여 예측하시오.

CHAPTER 18
휴먼에러

1 휴먼에러 유형

1.1 휴먼에러의 정의

인간은 신체적으로나 정신적으로 불완전한 존재이다. 따라서 신체적, 정신적 한계로 인해 인간은 일상생활에서나 산업 현장에서 많은 에러(error)를 범하며 살고 있다. 이러한 인간이 발생시키는 에러를 휴먼에러(human error)라고 한다. 휴먼에러는 일상에서 작은 불편을 초래하는 것부터 산업 현장에서 인명 피해와 재산 손실을 가져오는 대형 사고의 원인이 되기도 한다. 만일 산업 현장에서 밸브 잠그는 것을 잊어 가스가 누출된다면 큰 사고로 이어질 수 있다. 따라서 휴먼에러에 대한 적절한 이해와 이에 대한 대책 마련이 절대적으로 요구된다.

에러는 주어진 목표로부터 일정한 제한 범위를 벗어난 결과라고 정의할 수 있다. 이에 대해 산업 현장에서의 휴먼에러는 다음과 같이 구체적으로 정의할 수 있다. 휴먼에러는 주어진 작업을 완수하는데 있어서 필요한 행동을 시간과 정확도 등에 있어서 기준에 못 미치게 하거나, 작업 완수에 불필요하거나 장애가 되도록 한 행동이라고 정의할 수 있다.

1.2 휴먼에러의 분류

휴먼에러의 원인을 파악하고 이를 방지하기 위해서는 우선 휴먼에러의 유형을 적절히 분류할 필요가 있다. 휴먼에러를 분류하는 방법은 목적과 관점에 따라 여러 가지가 있을 수 있다. 여기에서는 대표적인 휴먼에러 분류 방법 몇 가지를 소개한다.

1.2.1 행위적 분류—Swain의 분류

Alan Swain은 원자력발전소 근무자들의 휴먼에러 유형을 조사하는 과정에서 휴먼에러를 인간 행위 관점에서 분류하는 방법을 제안하였다. Swain은 우선 휴먼에러를 작업 완수에 필요한 행동을 하는 과정에서 나타나는 에러와 작업완수에 불필요한 행동을 한 경우의 에러로 나누었다. 필요한 행동을 하는 과정에서 나타나는 에러는 다시 누락오류, 작위오류, 시간오류, 순서오류로 나누었다. 각각의 에러 유형을 자동차 운행과 관련한 예를 가지고 설명하면 다음과 같다.

- 누락오류(omission error): 작업 수행 과정에 필요한 조작이나 행동을 빠트리는 에러. [예] 자동차에서 하차 시 전조등을 끄는 것을 잊고 내려 방전이 되는 경우의 에러.
- 작위오류(commission error): 작업 수행 과정에 필요한 조작을 하였으나 정확하게 수행하지 못한 경우의 에러. [예] 주차금지 구역에 주차를 하여 스티커를 발부 받은 경우.
- 시간오류(time error): 작업 수행을 정해진 시간 이내에 완수하지 못한 경우의 에러. 지연오류(delay error)라고도 한다. [예] 자동차로 학교에 도착은 하였으나 수업시간을 넘겨 도착해 지각으로 처리되는 경우.
- 순서오류(sequence error): 작업 수행 과정에 그 순서가 헷갈려서 순서를 바꾸어 작업을 수행하는 경우의 에러. [예] 자동차 출발 시, 핸드(hand) 브레이크를 내리지 않고 액셀러레이터를 밟는 것과 같이 순서를 바꾸어 수행한 경우.
- 불필요한 수행오류(extraneous error): 작업 수행 과정에 필요하지 않은 행동을 수행하는 에러. [예] 자동차 운전 중 손을 창문 밖으로 내어 놓다가 다치는 경우의 에러.

Swain의 휴먼에러 분류와 같은 행위적 관점에서의 휴먼에러 분류는 행위의 결과만을 보고 분류하므로, 에러 분류가 비교적 쉽고 빠른 장점이 있다. 그러나 같은 행위의 결과가 나타나더라도 이를 행한 근본적 원인에 대해서는 고려하지 못하는 단점이 있다. 즉, 앞에서 예를 든 자동차 전조등을 끄지 않고 내리는 경우, 그 운전자가 알고는 있지만 단순히 마음이 급해서 실수로 잊고 내린 것인지, 아니면 등을 끄는 스위치를 못 찾아서 그런 것인지, 아니면 등을 꺼야 한다는 지식이 없어서 그런 것인지 행위의 결과만 보아서는 구분할 수 없다. 이러한 분류 방법에 비해 원인적 분류는 나타난 결과보다 원인에 초점을 맞추는 분류 방법이다.

1.2.2 원인적 분류—Reason의 분류

원인적 분류는 행위적 분류에 비해 인간의 정보처리 수준에 근거해 에러를 분류하기 때문에 에러 유형별로 적절한 대책을 강구할 수 있다는 장점을 갖는다. James Reason은 인간 행동을 숙련기반, 규칙기반, 지식기반 행동 등 3개의 수준으로 분류한 Rasmussen의 모델을 사용해 휴먼에러를 분류했다. Reason은 인간의 불안전한 행동을 우선 의도적인 경우와 비의도적인 경우로 나누었다. 비의도적 행동은 모두 숙련기반의 에러라고 할 수 있다. 의도적 행동은 규칙기반 착오와 지식기반 착오, 고의 사고로 분류하였다(그림 18•1). 각 휴먼에러의 내용을 살펴보면 다음과 같다.

- 숙련기반 에러(skill based error): 숙련 상태에 있는 행동을 수행하다가 나타날 수 있는 에러로 실

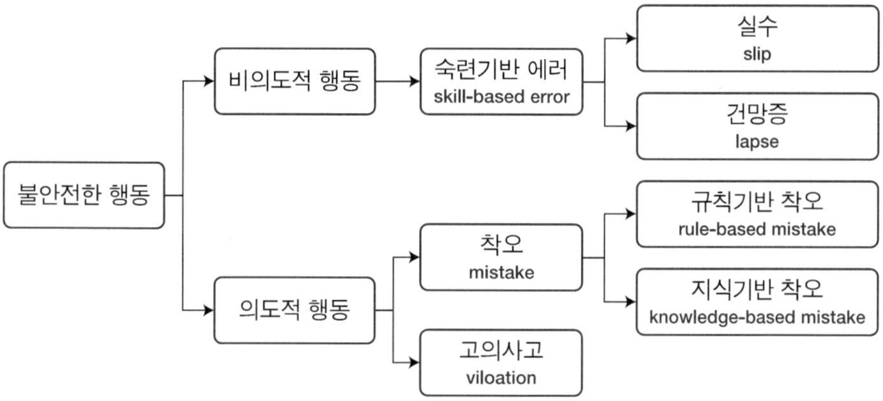

그림 18•1▸Rasmussen 행동모델에 의한 Reason의 에러분류

수(slip)와 단기기억의 망각(lapse)이 있다. 실수는 주로 주의력이 부족한 상태에서 발생하는 에러이다. 예로 자동차에서 내릴 때 마음이 급해 창문 닫는 것을 잊고서 내리는 경우이다. 단기기억의 망각 혹은 건망증은 단기기억의 한계로 인해 기억을 잊어서 해야 할 일을 못해 발생하는 에러이다. 전화 통화 중에 상대의 전화번호를 기억했으나 전화를 끊은 후 옮겨 적을 펜을 찾는 중에 기억을 잃어버리는 것이 그 예이다.

- 규칙기반 착오(rule based mistake): 인간들은 장기기억 속에 'if ~, then ~.' 형태와 같은 여러 규칙들을 기억해 놓았다가 상황에 맞게 이를 적용해 작업을 수행한다. 그런데 처음부터 잘못된 규칙을 기억하고 있거나, 정확한 규칙이라 해도 상황에 맞지 않게 잘못 적용하는 경우의 에러를 규칙기반 착오라고 한다. 예를 들어, 자동차는 우측 운행한다는 규칙을 가지고, 좌측 운행 하는 일본에서 우측 운행을 하다 사고를 낸 경우의 에러가 이에 해당된다.
- 지식기반 착오(knowledge based mistake): 처음부터 장기기억 속에 관련 지식이 없는 경우, 인간은 추론(inference)이나 유추(analogy)와 같은 고도의 지식 처리 과정을 수행해야 한다. 이런 과정에서 실패해 오답을 찾은 경우를 지식기반 착오라고 한다. 예를 들어, 외국에서 자동차를 운전할 때 그 나라의 교통 표지판의 문자를 몰라서 교통 규칙을 위반하게 되는 경우의 에러가 이에 해당된다.
- 고의사고(violation): 작업 수행 과정에 대한 올바른 지식을 가지고 있고, 이에 맞는 행동을 할 수 있음에도 일부러 나쁜 의도를 가지고 발생시키는 에러를 말한다. 예를 들어, 정상인임에도 고의로 장애인 주차 구역에 주차를 시키는 경우의 에러가 이에 해당된다.

1.2.3 정보처리 단계별 분류

인간의 정보처리 단계를 단순히 나누면 입력(감각), 정보처리, 출력(반응), 주의력, 피드백 등으로 나눌 수 있고, 각 단계별로 어느 과정에서 에러가 발생한 것인지 알 수 있다. 각 단계별 발생한 에러를 정보처리 단계에 따라 휴먼에러를 분류할 수 있다.

- 입력(감각) 에러: 외부의 정보를 받아들이는 과정에서 인간의 감각 기능의 한계 등으로 인한 에러. [예] 운전중 속도 제한 표지를 못 보아서 과속을 하는 경우
- 정보처리 과정 에러: 입력된 정보는 올바르나 이를 처리하는 과정에서, 기억, 추론, 판단 등의 과정에서 발생하는 에러. [예] 운전중 도로 방향 표지판을 보았으나, 방향에 대한 판단을 잘 못해서 길을 잘못 드는 경우
- 출력(반응) 에러: 올바로 입력된 정보를 올바르게 처리, 판단하였으나 신체적 반응 등에 있어서 제대로 수행하지 못한 에러. [예] 운전중 장애물을 보고 브레이크를 밟으려 했으나 오히려 액셀러레이터를 밟은 경우

1.2.4 시스템 개발 주기별 분류

시스템의 개발 주기는 설계—제조—설치—운용—보전의 단계를 거친다. 휴먼에러를 시스템 개발 주기 단계별로 구분할 수 있다.

- 설계상 에러: 인간의 신체적, 정신적 특성을 충분히 고려하지 않은 설계로 인한 에러
- 제조상 에러: 설계는 제대로 되었으나 제조 과정에서 이를 따르지 않거나 제조상 오차로 인해 발생한 에러
- 설치상 에러: 설계와 제조상에는 문제가 없었으나 설치 과정에서 잘못되어 유발된 에러
- 운용상 에러: 시스템 사용 과정에서 사용 방법과 절차 등이 지켜지지 않아 발생한 에러
- 보전상 에러: 보수, 유지 과정에서 잘못 조치되어 발생한 에러

시스템의 개발 주기별 에러 분류 시 많은 에러가 중복적으로 분류되기 쉽다. 운용상 발생한 에러는 설계상의 에러에 기인된 경우가 많다. 예를 들어, 브레이크를 밟아야 하는데 액셀러레이터를 밟은 운용상의 에러를 조사해보면, 브레이크와 액셀러레이터 간격을 너무 가깝게 설계한 설계상의 에러라고 분류될 수도 있다.

1.3 휴먼에러 발생모델과 접근방법

휴먼에러를 적절히 분류하는 것 외에 휴먼에러의 발생 과정을 모델로 설명하는 것도 휴먼에러에 대한 이해와 예방을 하기 위해 필수적이다. 휴먼에러 발생에 대한 모델도 그 목적과 방법에 따라 여러 가지가 있을 수 있다. 접근방법에 따른 휴먼에러의 발생모델을 정리하면 표 18•1과 같다.

1.3.1 사고이론 모델

사고이론 모델은 산업재해 등과 같은 사고의 원인으로서 휴먼에러를 파악한다. 사고이론 모델은 휴먼에러에 대한 책임성과 예방 측면에서 그 중심을 에러를 유발한 인간에게 두느냐 혹은 시스템에 두느냐에 따라 나누어진다.

표 18•1 ▸ 휴먼에러 발생모델의 분류

휴먼에러 접근방법	내용	관련 모델들
사고이론 모델	사고의 원인을 직접적인 휴먼에러 외에 시스템 디자인, 관리적, 교육적 원인 등 간접적이고 근본적인 측면에서 원인을 찾는 모델이다.	• Reason의 스위스 치즈모델 (1998)
정보처리 모델	인간의 정보처리 단계인 지각, 의사결정, 실행, 기억 등에서의 에러 발생을 파악한다.	• Welford(1960) • Wickens(1984)
심벌처리 모델	정보처리 모델에 비해 인간을 심벌(표상)을 처리하는 문제 해결자로 보고, 멘탈 모델을 도입해 휴먼에러 분석에 보다 인지적인 접근을 하는 모델이다.	• Rasmussen의 SRK 모델(1981) • Norman의 7단계 모델(1986) • Reason의 GEMS(1990) • Hollnagel 의 CREAM(1993)
의사소통 모델	인간을 메시지를 주고받는 전달자로 보고, 메시지, 매체, 전달자와 수신자의 기대 등의 요인으로 에러를 분석한다.	• Shannon의 Linear model (1949)
제어시스템 모델	폐회로의 연속 조종이 요구되는 시스템에서, 운전자의 제어작업에 대한 휴먼에러 분석에 유용하다.	• Baron의 OCM(1980)
신호탐지 이론	인간을 배경 소음으로부터 신호를 찾아내는 존재로 보고, 휴먼에러 발생을 모델링한다. 검사, 경계 임무와 같은 작업에 적합하다.	• Bisseret의 신호탐지이론 (SDT) (1981)
작위에러 모델	고도의 복잡하고, 명확한 기술 중심 시스템에 대한 상호작용(interaction)상의 에러를 분석하는 데 유용하다.	• Whalley의 PHECA(1988)

1) 개인적 모델 개인적 모델(personal model)은 휴먼에러에 대한 전통적인 입장의 접근방법이다. 초창기 산업재해에 대한 원인을 개인에게서 찾는 경향이 있었다. 사고를 자주 일으키는 사고 빈발자에 대한 분석을 통해 인간의 성격, 태만, 부주의, 동기부족 등에서 사고와 휴먼에러의 원인을 찾는 접근방법이다. 따라서 이러한 접근방법에서는 휴먼에러를 발생한 개인에게 윤리적 비난이 가해지기 쉽다. 이에 따라 휴먼에러의 방지와 안전의 향상을 위해서는 개인들에 대한 훈련과 규칙 준수 등이 강조된다. 그러나 이러한 접근 방법으로는 근본적으로 휴먼에러를 방지하기 힘들다. 이제는 이러한 접근방법은 학계에서 배제되고 있지만, 아직도 산업 현장에서는 휴먼에러를 개인의 책임으로 떠넘기려는 경향이 남아 있다.

2) 시스템 모델 시스템 모델(system model)에서는 휴먼에러 발생에는 시스템적인 문제가 있다고 보고 이러한 관점에서 에러의 원인을 분석하고 대책을 마련하려고 한다. 따라서 휴먼에러의 잠재적 조건으로 인간-기계 인터페이스 디자인 요인, 조직문화적 요인, 환경적 요인 등을 들고 이들에 강조점을 둔다. 대신 인간은 신체적, 정신적 한계로 인해 잠재적 에러 유발 조건 등이 있으면 에러

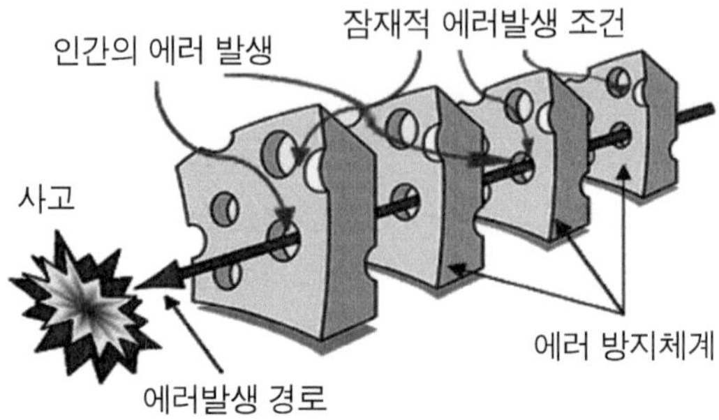

그림 18•2▸ 휴먼에러 발생에 관한 스위스치즈 모델

를 범할 수밖에 없는 존재로 본다. 따라서 휴먼에러를 줄이기 위해서는 시스템 디자인 시 휴먼에러 발생 가능성을 염두에 두고 이를 예방하는 디자인이 되어야 한다고 본다.

특히 Reason은 가운데 작은 구멍들이 뚫린 스위스 치즈들을 가지고 이러한 휴먼에러 발생 과정을 모델화 했는데 이를 스위스치즈 모델이라고 한다(그림 18•2). 이 모델에 의하면 사고는 연속된 일련의 휴먼에러에 의해 발생하는 것이 일반적이고, 사고 이전에 오래 전부터 사고 발생과 관련한 전조가 있게 마련이다. 다행히 시간 축 상에서 사고 방지를 위한 안전장치 등 에러 방지체계가 잘 작동하면 휴먼에러와 사고는 안 나타날 수 있다. 그러나 에러방지 체계나 인간은 완벽하지 않기에 결함(치즈의 구멍)이 있게 마련이고, 이러한 구멍을 통해 일련의 사건이 전개된다면 그것이 최종적으로 휴먼에러를 통해 사고로 이어지게 된다.

이 모델에서 인간의 에러발생 형태로는 실수, 착오 등이 있을 수 있다. 잠재적 에러발생 조건으로는 인간-기계 시스템 인터페이스 문제, 시스템 사용 절차, 관리적 문제, 조직문제, 환경 문제 등이 있을 수 있다. 잠재적 에러 발생 조건은 다시 작업 조건과 시스템 약화 조건으로 나눌 수 있다. 작업 조건으로는 시간 압박, 부적절한 장비, 피로, 무경험 등이 있다. 시스템 약화 조건의 예로는 오래 지속된 신뢰하기 힘든 경보장치나 계기판, 시스템의 부적절한 사용 절차, 시스템 디자인 결함 등이 있다.

이러한 사고 발생 모델에서 사고 예방을 위해서는 그 행동을 예측하기 힘든 인간의 에러보다는, 잠재적 에러 발생 조건을 확인하고 이에 대한 대비책을 세우는 것이 유리하다. 또한 사고 직전에 에러방지 체계가 이를 막아내는 것보다는 초기 단계일수록 그 효과가 클 것이다.

1.3.2 Reason의 GEMS

James Reason은 Rasmussen의 숙련–규칙–지식 기반 행동 이론에 바탕을 두고 일반적인 휴먼에러 발생 모델인 GEMS(Generic Error Modeling System)를 제안하였다. 이 모델은 인간을 하나의 문제 해결자(problem solver)로 보고, 숙련–규칙–지식 기반 행동의 연결된 과정 속에서 휴먼에러의 발생 메커니즘을 설명했다.

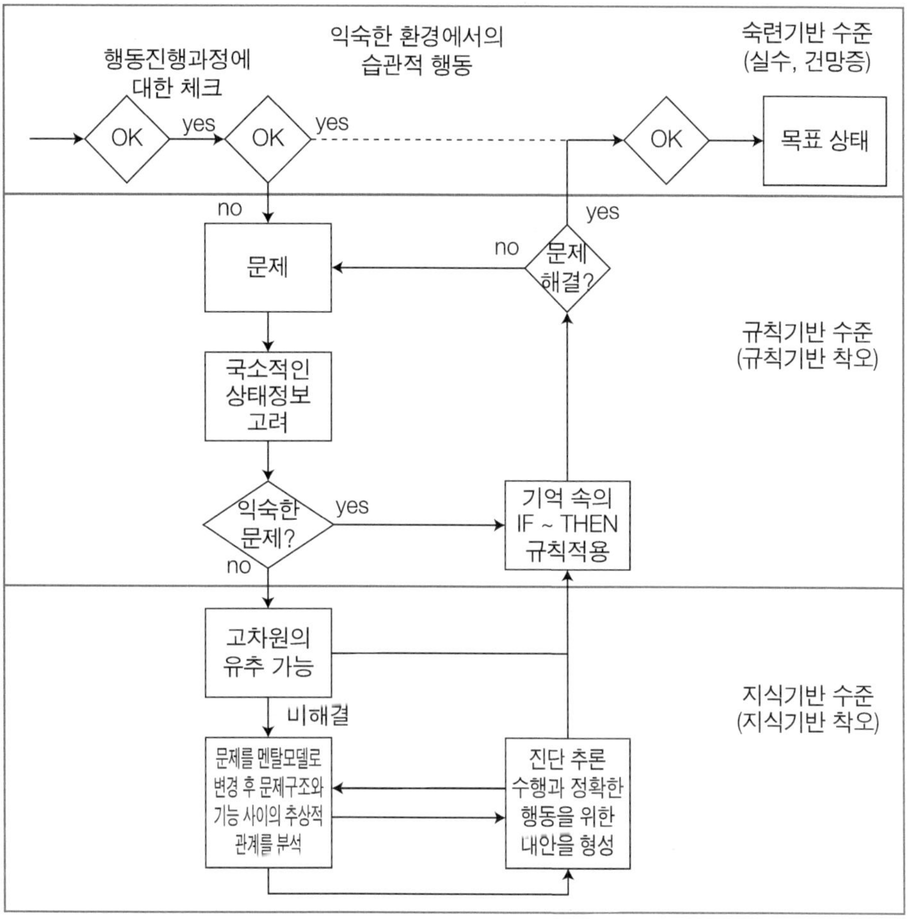

그림 18•3▸Reason의 휴먼에러 발생모델(GEMS)

그림 18•3을 이용하여 설명하면 인간은 숙련기반 상태에서 행동을 하다가 문제가 발생하면, 그 문제에 대한 정의를 하고 이것이 익숙한 것인지 여부를 판단한다. 만일 익숙한 문제라면 장기기억 속의 If ~, Then ~. 규칙을 적용하여 문제를 해결한다. 만일 익숙하지 않은 문제라면 유추, 진단, 추론 등의 과정을 거쳐 문제를 해결해야 한다. 이런 숙련, 규칙, 지식 기반 행동의 단계 중 에러가 발생하게 되면 그것은 각각 숙련기반 에러, 규칙기반 착오, 지식기반 착오로 분류될 수 있다.

1.3.3 CREAM

Hollnagel에 의해 제안된 CREAM(Cognitive Reliability and Error Analysis Method)은 전통적인 인간신뢰도 분석방법인 HRA(Human Reliability Analysis)와 비슷하게 휴먼에러를 분석하는 모델로서 사용된다. HRA가 주로 인지 작업(thinking)보다는 수동 작업(doing) 중심의 인간신뢰도를 분석하는 데 주안점을 두는 반면, CREAM은 HRA의 분석방법을 이어 받았지만 인지작업(thinking)에 더 초점을 맞춘 에러 분석 방법이라 할 수 있다. CREAM은 휴먼에러를 예측하는데 뿐 아니라 에러를 분석하고 정량화하는 데도 사용될 수 있다.

CREAM은 먼저 에러 형태와 에러 원인을 분류하고 이를 다시 일반적이며 특정 결과로 설명되는 상세한 하위 그룹으로 분류한다. 이러한 분류 과정을 통하여 에러의 원인과 결과 사이의 관계를 밝히는 방법이다. 에러의 원인은 다음과 같이 세 가지로 분류된다.

- 개인적 원인: 인지 기능, 인간 기능(일시적, 영구적 포함)
- 기술적 원인: 장비, 절차, 인터페이스(일시적, 영구적 포함)
- 조직적 원인: 통신, 조직, 훈련, 주위 환경, 작업 환경

에러 형태는 1차로 다음과 같이 분류되며 이를 다시 몇 가지 그룹으로 분류하는 과정이 반복되며, 에러 원인도 이와 같은 분류 과정이 적용된다.

- 시간: 너무 이르거나 너무 늦음, 생략
- 기간: 너무 길거나 짧음
- 순서: 역으로 함, 반복, 실행
- 목적: 잘못된 행위, 잘못된 목적
- 힘: 너무 많이 요구되거나 너무 적게 요구됨
- 방향: 잘못된 방향
- 거리: 너무 짧거나 너무 멈
- 속도: 너무 빠르거나 너무 느림

1.3.4 PHECA

Whalley에 의해 개발된 PHECA(Potential Human Error Cause Analysis)는 기본적으로 컴퓨터에서 인지적 작업에 대한 시뮬레이션을 수행할 수 있도록 개발된 모델이다. PHECA는 조작, 보수, 확인, 감시, 의사소통 등 작업별로 발생할 수 있는 에러의 유형들이 분류되어 있으며, 각 에러는 하부에 작업수행도 형성요인(PSF: Performance Shaping Factors)과 연결되어 있다.

PSF 혹은 PIF(Performance Influencing Factors)는 인간의 작업수행에 영향을 미치는 요인들로, 외적 PSF(작업시간, 작업방법 등), 내적 PSF(지능, 성별, 연령 등), 스트레스 PSF(심리적 스트레서, 생리적 스트레서)로 나누어 생각할 수 있다. 이러한 PSF들은 휴먼에러 발생 원인에 영향을 주어 궁극적으로 작업수행도를 떨어뜨리게 된다. 따라서 휴먼에러의 방지를 위해서는 체계적으로 PSF를 적절히 설계, 관리해 주어야 한다.

2 인간 신뢰도

2.1 인간 신뢰도의 정의

신뢰도(reliability)는 어떤 부품, 기계, 설비 등이 일정한 시간 동안 고장 나지 않고 작동할 확률을 의미한다. 이러한 신뢰도의 개념은 인간에게도 적용할 수 있다. 즉, 인간 신뢰도는 인간이 어떠한 작업을 수행하는 동안 에러를 범하지 않고 작업을 수행할 확률을 의미한다. 인간 신뢰도는 보통 인간-기계 시스템에서 기계 신뢰도와 함께 전체 시스템의 신뢰도를 추정하기 위해 사용된다. 인간 신뢰도에 대한 정량적 분석을 인간 신뢰도 분석(HRA: Human Reliability Analysis)이라고 한다.

2.2 인간-기계 시스템의 신뢰도 계산

인간을 전체 시스템에서 하나의 부품으로 가정하고 분석을 하면 인간-기계 시스템의 신뢰도를 추정할 수 있다. 인간-기계 시스템의 기본적 연결 방식으로 직렬연결과 병렬연결 형태가 있을 수 있다.

2.2.1 직렬연결 구조

인간과 기계가 직렬로 연결된 구조에서는 기계나 인간 중 어느 하나라도 고장이나 에러를 발생시키게 될 경우 시스템이 정상 작동하지 못하게 된다. 직렬연결의 인간-기계 시스템 신뢰성 블록도는 그림 18•4와 같고, 전체 시스템의 신뢰도는 다음과 같이 계산된다.

$$R_s = R_1 \times R_2$$

예를 들어, 일정 시점까지 운전자의 운전 신뢰도가 0.8, 기계의 신뢰도가 0.9 라고 하자. 그러면 전체 인간-기계 시스템의 신뢰도는 $0.8 \times 0.9 = 0.72$가 된다. 직렬연결 시스템의 신뢰도는 어느 한 부품의 신뢰도보다도 낮아지게 된다.

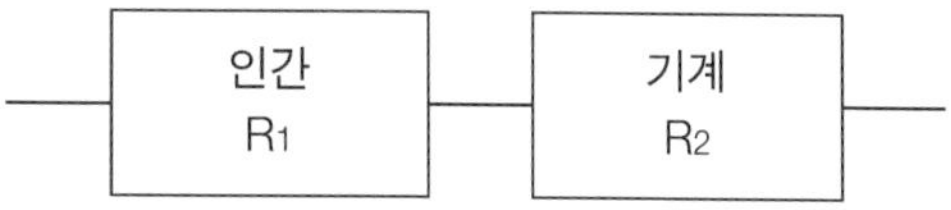

그림 18•4▸인간-기계 시스템의 직렬연결 구조

2.2.2 병렬연결 구조

인간과 기계가 병렬로 연결된 구조에서는 기계나 인간 모두에 동시에 고장이 나거나 에러를 발생시켰을 때 시스템이 정상 작동하지 못하게 된다. 병렬연결의 인간-기계 시스템 신뢰성 블록도는 그림 18•5와 같고, 전체 시스템의 신뢰도는 다음과 같이 계산된다.

그림 18•5▸인간-기계 시스템의 병렬연결 구조

$$R_s = 1 - (1 - R_1) \times (1 - R_2)$$

예를 들어, 어느 빌딩의 경비 시스템은 인간 경비원의 감시 활동과 자동 경보 시스템이 동시에 작동된다고 하자. 일정 시간 동안 외부인의 침입을 발견하고 경보를 낼 수 있는 신뢰도가 인간은 0.8, 자동경보 시스템은 0.9라고 하면, 전체 인간-기계 시스템의 신뢰도는 $1-(1-0.8) \times (1-0.9) = 0.98$이 된다. 병렬연결 시스템의 신뢰도는 부품 중 가장 높은 신뢰도보다도 높아지게 된다. 따라서 병렬연결은 시스템의 신뢰도를 높이기 위해 사용된다.

3 시스템안전 분석기법

시스템의 안전성을 체계적으로 분석, 평가하는 여러 방법들이 개발되어 사용되고 있다. 이러한 분석 방법들은 인간을 전체 시스템의 한 부품으로 가정할 경우 인간-기계 시스템의 안전성을 분석, 평가하는 데에도 그대로 적용할 수 있다. 시스템 안전 분석 기법은 크게 정성적 분석 방법과 정량적 분석 방법으로 나눌 수 있다. 정성적 분석 방법의 대표적인 것으로 FMEA(Failure Mode and Effect Analysis)가 있고, 정량적 분석방법으로는 FTA(Fault Tree Analysis), ETA(Event Tree Analysis), THERP(Technique for Human Error Rate Prediction) 등이 있다.

3.1 FMEA

고장방식 및 영향분석(FMEA: Failure Mode and Effect Analysis)은 어느 시스템에 발생할 수 있는 모든 고장 방식(형태)에 대해 그 영향 정도(severity rate)와 발생 빈도(occurrence rate) 등을 조사, 평가하는 방법이다. FMEA 적용 시 고장 방식의 상대적 중요성을 영향 정도 × 발생 빈도 점수로 계산, 평가하기는 하나, FMEA는 기본적으로 정성적 분석 방법이라 할 수 있다. FMEA는 문제 분석 방법에서 귀납적 방법을 사용한다. 귀납적 방법은 개별 원인으로부터 결과를 추론해나가는 방법을 의미한다. FMEA는 간단하고 배우기 쉬워 널리 사용되는 분석법이다.

FMEA를 수행하는 일반적 절차는 다음과 같다. 우선 부품의 명칭과 기능을 표시하고 각 부품에서 나타날 수 있는 고장 방식(형태)을 일일이 찾아낸 후 고장의 원인, 고장이 시스템에 미치는 영향 정도, 고장의 발생 빈도 등을 조사, 평가한다. 여기서 고장의 영향 정도는 ① 경미한(negligible), ② 한계적(marginal), ③ 치명적(critical), ④ 파국적(catastrophic) 등의 네 단계로 평가할 수 있다. 고장의 중요성 정도는 영향도×빈도로 계산한다. 이외에도 고장 탐지 확률 정도, 개선 가능성 정도 등까지 감안한 평가를 수행하여 중요한 순서대로 대책을 수립해 개선한다.

표 18•2에는 컴퓨터 사용 시 발생할 수 있는 부팅(booting) 불량에 대한 FMEA 분석을 실시한 결과의 일부를 나타내었다. 제일 먼저 부팅 불량 고장과 관계되는 컴퓨터 부품을 나열한다. 각 부

표 18•2▸FMEA분석 예

부품	기능	고장형태	원인	영향	영향도 점수(a)	발생 빈도	빈도 점수(b)	중요도 평가 (a)×(b)
하드 디스크	파일저장	파손	물리적 충격	파국적	4	0.5회/년	1	4
	파일저장	리드에러	배드섹터	치명적	3	1회/년	2	6
Window	시스템가동	작동불능	바이러스	한계적	2	0.5회/월	4	8
	시스템가동	작동불량	강제종료	경미	1	2회/월	4	4

품별 고장의 형태를 파악하고 그 원인을 조사, 정리한다. 각 원인별로 그 고장의 영향 정도와 빈도를 조사, 평가한다. 예제의 경우 바이러스에 의한 윈도우 작동 불량이 중요성 정도에서 2×4=8점으로 가장 높아 다른 고장보다도 우선적으로 대책을 수립하여야 한다. 대책으로는 바이러스 예방 프로그램을 설치하는 것을 수립할 수 있다.

3.2 FTA

결함나무분석(fault tree analysis)이라고 불리는 FTA는 1961년 미국 벨(Bell) 연구소에서 개발된 후, 보잉(Boeing)사에서 수정된 후, 오늘날 가장 널리 사용되는 시스템안전 분석 기법의 하나가 되었다. FTA는 정량적, 연역적 분석방법이다. 연역적 방법은 사건의 결과(사고)로부터 시작해 원인이나 조건을 찾아나가는 순서로 분석이 이루어진다. FTA 분석을 위해서는 기본적인 기호를 사용해 결함나무(fault tree: FT)를 작성한 후 논리적 계산에 의해 사건 발생 확률 등을 계산한다.

3.2.1 FT 작성

1) 사건기호 FTA 분석을 위해서는 우선 FT(fault tree)가 작성되어야 한다. FT 작성에 사용되는 기호는 크게 사건(사상) 기호와 게이트 기호로 나눌 수 있다. 사건 기호는 결함 사건, 기초 사건, 생략 사건 등을 표현한다(그림 18•6). 결함 사건은 FT 상에서 그 사건 아래로 원인이 되는 하부 결함 사건이나 기초 사건, 생략 사건 등이 올 수 있다. 기초 사건과 생략 사건은 FT에서 가지의 말단

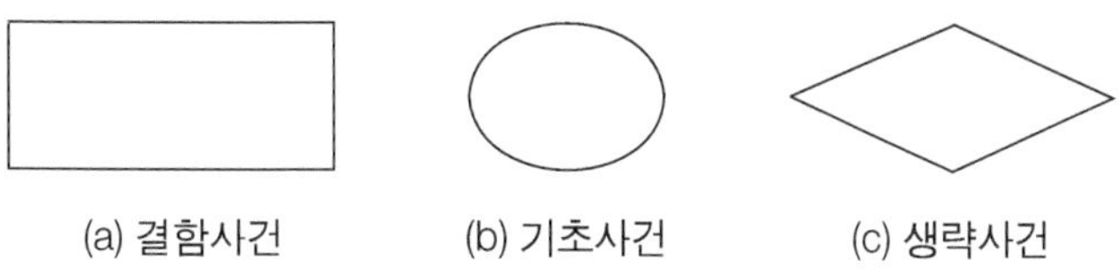

그림 18•6▸FTA의 사건 기호

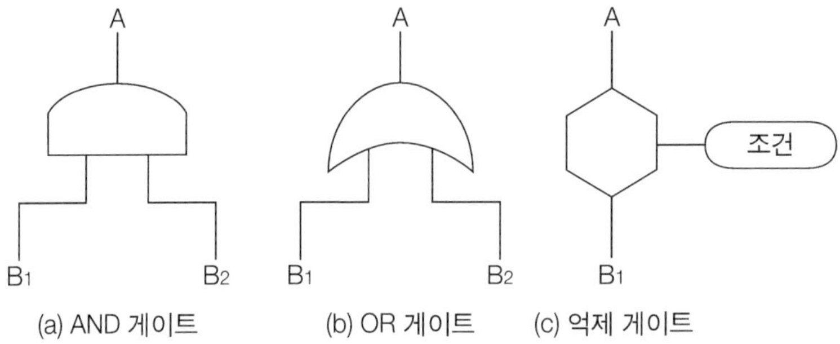

그림 18•7▸FTA의 게이트 기호

에만 나타날 수 있는 사건들이다. 기초 사건과 생략 사건은 FT 가지의 말단에서만 나타난다는 점에서는 일치하나, 기초 사건은 그 아래로 더 이상 분석할 것이 없는 사건인데 반하여, 생략 사건은 아래로 계속해서 분석할 것이 있으나 편의상 아래로의 분석을 중지하고 생략하는 경우이다. 확률 계산 등에 있어서 기초 사건과 생략 사건의 차이는 없다.

2) 게이트 기호 FTA에서 결함 사건은 하위 사건들의 OR 혹은 AND 결합에 의해 발생하게 된다. 이런 논리적 관계를 표현하기 위해서 게이트라는 기호들이 사용된다. 게이트를 표시하는 대표적 기호로는 AND 게이트, OR 게이트, 억제 게이트 등이 있다. AND 게이트는 하위 사건들이 모두 발생할 때만 상위사건이 발생한다. OR 게이트는 하위 사건들 중 어느 하나라도 발생하면 상위 사건이 발생하게 된다. 억제 게이트는 하위 사건이 특정한 조건 하에서만 상위 사건으로 연결하게 된다. 억제 게이트는 육각형으로 표시하고 억제 내용을 게이트 옆에 타원형 안에 작성한다.

3.2.2 FTA의 확률 계산

FT가 작성되고 FT 내에 표시된 모든 하부 말단의 기초 사건과 생략 사건의 확률 값이 주어지게 된다면 정상 사건의 최종적인 발생 확률을 계산할 수 있다. 정상 사건의 확률계산은 부울 대수(Boolean algebra)를 이용해서 할 수 있다. OR 게이트는 논리합으로 아래 사건들의 합집합 확률로 계산되며, AND 게이트는 논리곱으로 아래 사건들의 교집합 확률로 계산된다. 결함사건 A가 서로 독립적인 하부사건인 B1, B2에 의한 AND 게이트와 OR 게이트로 연결되어 있다면 결함사건 A의 발생확률은 각각 다음과 같이 계산된다. 여기서 합집합은 +, 교집합은 •로 표기하였다.

AND 게이트의 확률 계산: $P(A) = P(B1 \cdot B2) = P(B1) \times P(B2)$

OR 게이트의 확률 계산: $P(A) = P(B1 + B2) = P(B1) + P(B2) - P(B1 \cdot B2)$

$= P(B1) + P(B2) - P(B1) \times P(B2)$

OR 게이트와 AND 게이트의 기본적 확률 계산 방법을 바탕으로 전체 FT의 확률을 계산하는 방법으로는 상향식(bottom-up)과 하향식(top-down)이 있다. 상향식 방식은 FT의 하단에서부터 위쪽으로 부울 대수로 확률을 계산해서 올라가는 방식이다. 단순한 방식의 계산 방법으로 적용이 간단하나, FT 내에 동일한 사건이 있는 경우에는 이 방식을 적용해서는 안 된다. 왜냐하면 동일 사건이 있는 경우 발생 확률을 각각 중복해서 고려하게 되어 최종 계산 결과가 틀릴 수 있기 때문이다.

하향식 방식은 FT의 정상 사건에서 아래 방향으로 최소절단집합(minimal cut set)을 구한 후, 최소절단집합에 대해 부울 대수를 적용해 확률을 계산하는 방법이다. 하향식 방식은 FT 내의 동일 사건이 있거나 없거나 항상 정상 사건의 확률을 올바르게 계산한다. 각 방식별 확률 계산 예를 들면 다음과 같다.

1) 상향식 방법 그림 18•8의 좌측 FT에는 동일한 사건이 중복되어 나타나지 않는다. 이 경우에는 상향식으로 정상 사건인 T의 발생 확률을 계산할 수 있다. 확률 계산의 순서는 아래로부터 위로 전개해 간다.

$P(A) = P(1 \cdot 2) = P(1) \times P(2) = 0.1 \times 0.2 = 0.02$

$P(B) = P(3+4) = P(3)+P(4)-P(3 \cdot 4) = 0.3+0.1-0.3 \times 0.1 = 0.37$

$P(T) = P(A+B) = P(A)+P(B)-P(A \cdot B) = 0.02+0.37-0.02 \times 0.37 = 0.3826$

그러나 그림 18•8의 우측 문제에 대해서도 만일 상향식으로 확률을 계산하게 되면, 좌측과 마찬가지로 P(T) = 0.3826으로 계산되나 이는 틀린 답이 된다. 왜냐하면 기초 사건에 '1'이라는 똑같은 사건이 중복되어 나타나 있기 때문이다. 이 경우에는 하향식의 최소절단집합 알고리즘을 사용해야만 한다.

2) 하향식 방법(최소절단집합 방법) FT 내에서 최소절단집합 내의 기초 사건과 기초 사건들의 교집합 사건들 모두가 발생하지 않는다면, FT가 중간에 절단되어 정상 사건이 발생하지 않게 되는데 이런 사건들의 집합을 최소절단집합이라고 한다. 최소절단집합을 구하는 요령은 다음과 같다.

- 정상 사건으로부터 아래 방향으로 전개해 간다.
- 정상 사건 아래의 게이트들 중 AND 게이트는 옆 방향(횡)으로 OR 게이트는 아래방향(종)으로 전개한다.
- 정상사건이 오직 기초 사건이나 생략 사건으로만 표현되면 전개를 마친다.
- 최종 전개된 개별 행 안에 동일한 사건들이 있으면 집합의 동일성 원칙에 의해 하나는 제거한다(예: A•A=A). 이렇게 정리한 후에 행별로 나타난 사건들의 집합을 절단집합(cut set)이라고 한다.
- 이번에는 행과 행을 비교해 어느 한 행이 다른 행의 부분집합이 되는지를 판단해서 부분집합에 해당하는 행은 제거한다(예: $\begin{matrix} A \\ A \cdot B \end{matrix} \rightarrow A$). 이렇게 정리한 후 최종적으로 정리되는 집합을 최소절단집합(minimal cut set)이라고 한다.
- 최소절단집합에 대해 부울 대수를 적용해 정상 사건의 확률을 계산한다(P(T)=P(minimal cut set)).

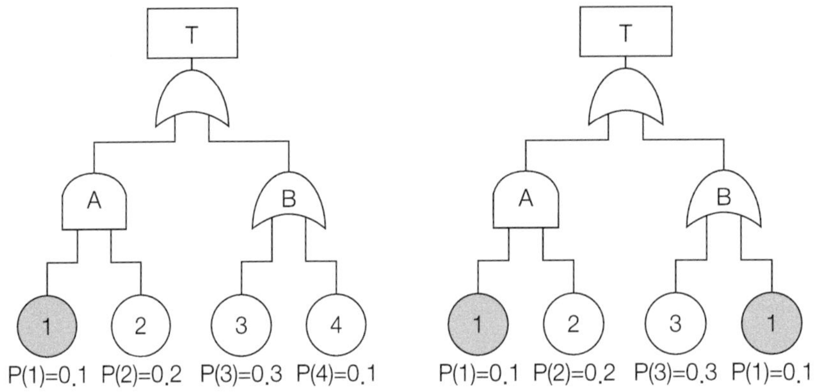

그림 18•8▸FT의 정상사건 발생 확률 계산 예

그림 18•8의 좌측 FT 에 대한 최소절단집합을 적용해 정상 사건의 확률을 계산하면 다음과 같다. 우선 정상사건 T를 순서대로 전개하면 다음과 같다.

$$T \rightarrow \begin{matrix} A \\ B \end{matrix} \rightarrow \begin{matrix} 1\cdot 2 \\ B \end{matrix} \rightarrow \begin{matrix} 1\cdot 2 \\ 3 \\ 4 \end{matrix}$$

전개가 끝난 후 행 내 비교나, 행 간 비교에서 동일집합이나 부분집합이 없으므로 이 경우의 최소절단집합은 {(1•2), 3, 4}가 된다. 즉, 1과 2가 동시에 발생하지 않고 3, 4 등이 발생하지 않으면 (절단되면) 정상 사건은 발생할 수 없다. 최종적으로 정상 사건의 확률은 다음과 같이 계산된다.

$$\begin{aligned} P(T) &= P((1\cdot 2)+3+4) \\ &= P(1\cdot 2)+P(3)+P(4)-P(1\cdot 2\cdot 3)-P(1\cdot 2\cdot 4)-P(3\cdot 4)+P(1\cdot 2\cdot 3\cdot 4) \\ &= 0.1\times 0.2+0.3+0.1-0.1\times 0.2\times 0.3-0.1\times 0.2\times 0.1-0.3\times 0.1+0.1\times 0.2\times 0.3\times 0.1 \\ &= 0.3826 \end{aligned}$$

계산된 결과가 앞에서 보인 상향식과 같게 나오는 것을 알 수 있다. 여기서 하향식의 계산이 복잡해 보인다면 앞에서 해보인 상향식을 취해도 된다. 하지만 다음의 예를 들어 보일 그림 18•8의 우측 FT는 기초 사건에 중복된 사건이 포함되어 있기에 항상 최소절단집합 방식으로 해결해야 한다. 정상사건 T를 전개하고, 행별 사건 (1•2)와 1을 비교할 때 (1•2)는 1의 부분집합이므로, 흡수법칙에 의해 (1•2)는 제거된다. 이에 따라 최종적인 최소절단집합은 {1, 3}이 된다.

$$T \rightarrow \begin{matrix} A \\ B \end{matrix} \rightarrow \begin{matrix} 1\cdot 2 \\ B \end{matrix} \rightarrow \begin{matrix} 1\cdot 2 \\ 1 \\ 3 \end{matrix} \rightarrow \begin{matrix} 1 \\ 3 \end{matrix}$$

따라서 정상 사건 T가 발생할 확률은 다음과 같다.

$$\begin{aligned} P(T) &= P(1+3) = P(1)+P(3)-P(1 \cdot 3) = P(1)+P(3)-P(1)\times P(3) \\ &= 0.1+0.3-0.1\times 0.3 = 0.37 \end{aligned}$$

이 문제를 단순히 상향식으로 했다면 앞에서 해본 것과 같이 0.3826으로 오답을 구하게 된다.

3.3 ETA

사건나무분석(ETA: Event Tree Analysis)은 FTA와 마찬가지로 확률적 분석이 가능한 정량적 분석 방법이다. 그러나 FTA가 결과로부터 원인을 찾아나가는 연역적 방법인 반면, ETA는 원인으로부터 결과를 찾아 나가는 점에서 귀납적 분석 방법이다.

ETA는 초기사건(initiating event)이 발생했다고 가정한 후 후속 사건이 성공했는지(success) 혹은 실패했는지(fail)를 가정하고, 이를 최종 결과가 나타날 때까지 계속적으로 분지해 나가는 방식으로 작성한다. 그림 18•9는 초기 사건인 고소 작업에서 미끄러져 넘어지는 전도 사고가 발생했을 때 그 결과를 분석, 예상해보는 ET(Event Tree)이다. 이 예에서 고소작업에서 넘어졌을 때 사망할 확률은 $0.1 \times 0.2 \times 0.3 = 0.006$이 된다.

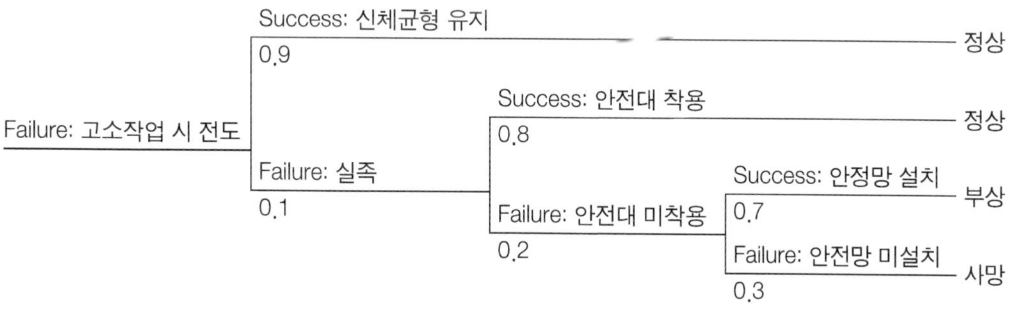

그림 18•9▶ET의 작성과 확률 계산

3.4 THERP

FTA와 ETA가 일반적인 시스템안전 분석에 주로 사용되는 반면, THERP(Technique for Human Error Rate Prediction)는 휴먼에러 발생률을 전문적으로 예측하는 정량적 분석 기법이다. THERP에서는 인간이 수행하는 작업을 상호 배반적(exclusive) 사건으로 나누어 ETA와 비슷하게 사건나무를 작성하고, 각 작업의 성공 혹은 실패 확률을 부여하여 각 경로의 확률 계산을 하게 된다.

그림 18•10의 예에서 계기판을 읽은 후 올바르게 밸브를 잠글 확률은 다음과 같이 계산된다.

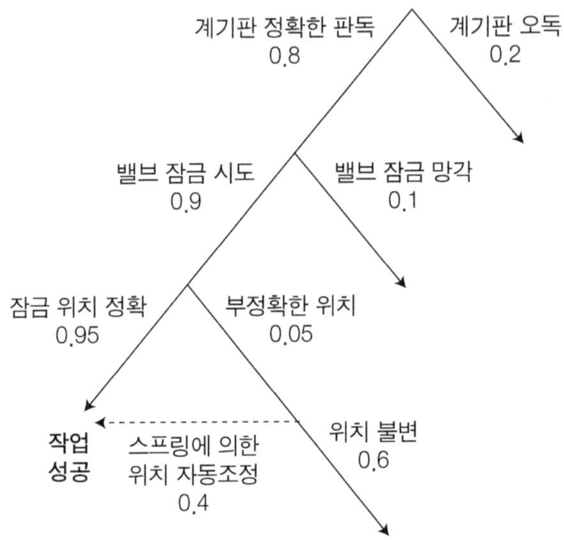

그림 18•10▸THERP의 tree 작성과 확률 계산

$$\begin{aligned} P(\text{정상조작}) &= P(\text{계기판 정확한 판독}) \times P(\text{밸브 잠금 시도}) \times \{P(\text{잠금 위치 정확}) \\ &\quad + P(\text{잠금 위치 부정확}) \times P(\text{스프링에 의한 자동 위치 조정})\} \\ &= 0.8 \times 0.9 \times \{0.95 + (0.05 \times 0.4)\} = 0.6984 \end{aligned}$$

4 휴먼에러 예방대책

4.1 일반적 휴먼에러 대책

산업 현장의 안전사고와 관련하여 휴먼에러를 예방할 수 있는 대책은 여러 차원에서 수립할 수 있다. 휴먼에러 예방을 위해서는 다음과 같은 노력들이 수행되어야 한다.

1) 작업에 적합한 종업원의 선발 작업의 특성에 따라 신체적 능력과 정신적 능력이 적합한 지원자를 종업원으로 선발한다.

2) 작업 수행에 필요한 교육과 훈련 실시 신체적, 정신적 능력이 우수한 종업원이라 해도 새로운 기계, 설비의 작업 요령을 올바르게 익히지 못할 경우 안전사고를 발생시킬 수 있다. 안전에 필요한 지식, 기술과 태도에 대한 적절한 직무 교육, 훈련이 이루어져야 한다.

3) 안전행동을 위한 동기부여 인간은 때로는 안전 규칙을 무시한 채 행동할 수 있다. 안전 행동을 수행하도록 하는 동기부여와 그렇지 않을 때의 벌칙 등을 종업원이 숙지하도록 한다.

4) 인간을 고려한 시스템과 작업 설계 아무리 좋은 종업원을 선발하여 교육, 훈련시키고 동기부여를 하여도 처음부터 인간의 특성을 고려하지 않고 설계된 시스템에서 인간은 에러를 범하기 쉽다. 따라서 인간에게 적합한 형태로 시스템과 작업을 설계해주는 것이 필요하다.

4.2 시스템 설계 시 휴먼에러 대책

근로자의 교육, 훈련과 동기부여 등에 의해 사고 확률을 줄일 수 있지만 보다 근본적으로는 설계 단계에서부터 인간을 고려한 시스템 설계로 휴먼에러를 줄여야 한다. 시스템 설계 단계에서 휴먼에러를 줄여주는 설계 원칙들로는 다음과 같은 것들이 있다.

4.2.1 에러 제거 디자인(error exclusion design)

설계 단계에서 사용하는 재료나 기계 작동 메커니즘 등 모든 면에서 휴먼에러 요소를 근원적으로 제거하도록 하는 디자인 원칙이다. 예를 들어, 유아용 완구의 표면을 칠하는 도료는 위험한 화학물질일 수 있다. 이런 경우 도료를 먹어도 무해한 재료로 바꾸어 설계하였다면 이는 에러 제거 디자인의 원칙을 지킨 것이 된다.

4.2.2 에러 예방 디자인(error prevention design)

근원적으로 에러를 100% 막는다는 것은 실제로 매우 힘들 수 있고, 경제성 때문에 그렇게 할 수 없는 경우가 많다. 이런 경우에는 가능한 에러 발생 확률을 최대한 낮추어 주는 설계를 한다. 즉, 신체적 조건이나 정신적 능력이 낮은 사용자라 하더라도 사고를 낼 확률을 낮게 설계해 주는 것을 에러 예방 디자인, 혹은 풀-푸르프(fool-proof) 디자인이라고 한다.

예를 들어, 세제나 약병의 안전 마개를 열기 위해서는 힘을 아래 방향으로 가해 돌려야 하는데 이것은 위험성을 모르는 아이들이 먹을 확률을 낮추는 디자인이다. 컴퓨터와 모니터를 연결하는 케이블과 같이 전자기기의 케이블에서 꽂는 방향이 잘못 되면 연결이 안 되고, 오직 정확한 방향으로만 체결이 되게 하는 것도 풀-푸르프 디자인의 한 예이다(그림 18•11).

그림 18•11▸풀-푸르프 디자인의 예

4.2.3 안전장치의 장착(provision of safety devices)

1) 페일-세이프 디자인 사용자가 휴먼에러 등을 범하더라도 그것이 부상 등의 재해로 이어지지 않도록 안전장치의 장착을 통해 사고를 예방할 수 있다. 이렇듯 안전장치 등의 부착을 통한 디자인 원칙을 페일-세이프(fail-safe) 디자인이라고 한다. 페일-세이프 설계를 위해서는 보통 시스템 설계 시 부품의 병렬체계(parallel system) 설계나, 대기체계(standby system) 설계와 같은 중복설계를 해준다.

예를 들어, 비행기 엔진을 2개 이상으로 설계하는 것은 병렬 설계의 예로 1개의 엔진에서 이상이 있더라도(fail) 나머지를 이용해 비상착륙을 할 수 있도록 되어 있다(safe). 수술 중 정전(fail)에 대비해 병원에 자가 발전기(safe)를 대기시켜 놓고 있다면, 이는 대기 체계로 페일-세이프 디자인이다. 자동차의 보조 바퀴도 대기 체계 설계의 한 예이다(그림 18•12).

페일-세이프 디자인의 또 다른 예로는 에러가 있었을 때 이를 쉽게 복구할 수 있도록 설계를 해주거나, 아니면 적어도 고장난 시스템이 더 이상 작동하지 않아 사고를 예방할 수 있도록 하는 원칙이 있다. 에러 복구(error recovery) 가능한 시스템의 예로는 윈도우 시스템의 휴지통 기능을 예로 들 수 있다. 고장 난 시스템이 더 이상 작동하지 않도록 하는 예로는 전기 히터를 들 수 있다. 전기 히터는 넘어지는 사고가 발생하면 위치 센서가 작동하여 전원이 자동으로 차단되도록 되어 있다.

2) 안잠금, 바깥잠금, 맞잠금 설계단계에서 휴먼에러의 예방을 위해 위험한 시스템이나 시스템의 위험한 부분에의 접근을 차단할 필요가 있다. 이런 경우 잠금 장치를 사용하면 좋은데 잠금장치로는 안잠금(lock-in) 장치, 바깥잠금(lock-out) 장치, 맞잠금(interlock) 장치 등이 사용된다. 안잠금 장치는 시스템의 안쪽에서 접근을 방지하는 장치이다. 예로 전기 압력 밥솥의 경우 위험한 증기가 빠져나가지 않은 상태에서는 안으로부터 잠금이 되어 있어 뚜껑이 열리지 않도록 되어 있다. 바깥잠금 장치는 시스템 보수 등의 작업을 실시할 때 그 사실을 모르는 사람이 급작스런 기계 장치를 동작시키거나 에너지 분출을 막기 위해 기계 조작 장치 등을 외부에서 잠그는 것을 말한다. 맞잠금 장치는 동작되는 기계 장치 등에 대해 접근이 이루어지면 자동으로 동작을 멈추도록 설계한 잠금장치를 의미한다. 세탁조의 통이 회전하다가, 전원을 끄지 않고 도어를 열 경우 세탁조의 회전이 멈추도록 설계되어 있는데 이는 맞잠금 장치의 예이다(그림 18•13).

그림 18•12▸페일-세이프 디자인의 예(병렬체계 설계, 대기체계 설계, 작동 중지)

그림 18•13▸안잠금, 바깥잠금, 맞잠금의 예

4.2.4 경보장치의 부착(provision of warning devices)

앞에서 언급한 각종 안전설계 원칙이 부족하여, 사고 발생의 위험이 있을 때에는 사고 시 이에 대한 위험을 알려주는 경보장치 등을 부착하여 이에 대한 대비를 할 수 있도록 하여야 한다. 화재경보 장치나 자동차에서의 후방거리 안내 표시등 등은 경보장치의 역할을 수행한다.

4.2.5 특수 절차서의 제공(provision of special procedure)

사고 발생 시의 대처 요령이나, 안전한 사용을 위한 사용자 매뉴얼 등이 시스템 개발 단계에서 함께 개발되어야 하며 사용자에게 제공되어야 한다.

연습문제

[1] Alan Swain은 원자력발전소 근무자들의 휴먼에러 유형을 조사하는 과정에서 휴먼에러를 인간행위 관점에서 분류하는 방법을 제안하였다. 자동차 운전 중 손을 창문 밖으로 내어 놓다가 다치는 경우의 에러는 어느 유형인가?

① 누락 오류 ② 작위 오류
③ 불필요한 수행 오류 ④ 실수

[2] Swain의 휴먼에러 분류에 대한 설명 중 옳지 않은 것은?

① 휴먼에러를 작업 완수에 필요한 행동을 하는 과정에서 나타나는 에러와 작업 완수에 불필요한 행동을 한 경우의 에러로 나누었다.
② 같은 행위의 결과에 대한 근본적 원인에 대해서 고려할 수 있다.
③ 행위의 결과만을 보고 분류한다.
④ 자동차에서 하차 시 전조등을 끄는 것을 잊고 내려 방전이 되는 경우 누락 오류이다.

[3] James Reason은 인간 행동을 숙련기반, 규칙기반, 지식기반 행동 등 3개의 수준으로 분류한 인지 과정 모델에 근거하여 원인적 분류 방법을 제시하였다. 이 모델은 어떤 모델인가?

① Wickens 모델 ② Hicks 모델 ③ Reason 모델 ④ Rasmussen 모델

[4] 자동차에서 내릴 때 마음이 급해 창문 닫는 것을 잊고서 내리는 경우는 Reason의 분류에 의하면 어떤 오류인가?

① 숙련기반 에러 ② 규칙기반 착오
③ 지식기반 착오 ④ 고의사고

[5] 외국에서 보통 기차표를 구입하고 외국 전광판의 언어가 익숙하지 않아서 특급 기차를 탔다면, Reason의 분류에 의하면 어떤 오류인가?

① 숙련기반 에러 ② 규칙기반 착오
③ 지식기반 착오 ④ 고의사고

[6] 운전 중 도로 방향 표지판을 보았으나 방향에 대한 판단을 잘 못해서 길을 잘못 드는 경우 정보처리 단계별 분류에 의하면 어떤 에러인가?

① 입력(감각) 에러 ② 정보처리 과정 에러
③ 지각 에러 ④ 출력(반응) 에러

[7] 다음의 휴먼에러에 대한 분류로 가장 적절한 것은?

① omission error이며, skill-based error로 분류할 수 있다.
② omission error이며, knowledge-based mistake로 분류할 수 있다.
③ comission error이며, skill-based error로 분류할 수 있다.
④ comission error이며, knowledge-based mistake로 분류할 수 있다.

[8] 다음 중 성격이 다른 오류형태는?

① 선택(selection)오류
② 순서(sequence)오류
③ 누락(ommission)오류
④ 시간지연(timing)오류

[9] 시스템의 개발 주기별 에러 분류에 대한 다음 설명 중 옳지 않은 것은?

① 시스템의 개발 주기별 에러 분류 시 에러가 중복적으로 분류되는 경우는 거의 없다.
② 설계상 에러는 인간의 신체적, 정신적 특성을 충분히 고려하지 않은 설계로 인한 에러이다.
③ 운용상 에러는 시스템 사용 과정에서 사용 방법과 절차 등이 지켜지지 않아 발생한다.
④ 보전상 에러는 보수, 유지 과정에서 잘못 조치되어 발생한 에러이다.

[10] 사고의 원인을 직접적인 휴먼에러 외에 시스템 디자인, 관리적, 교육적 원인 등 간접적이고 근본적인 측면에서 원인을 찾는 모델은?

① 정보처리 모델
② 제어시스템 모델
③ 시스템 모델
④ 작위에러 모델

[11] 사고이론 모델 중 개인적 모델에 대한 다음 설명 중 틀린 것은?

① 개인적 모델(personal model)은 휴먼에러에 대한 전통적인 입장의 접근방법이다.
② 인간의 성격, 태만, 부주의, 동기부족 등에서 사고와 휴먼에러의 원인을 찾는 접근방법이다.
③ 인간은 신체적, 정신적 한계로 인해 잠재적 에러 유발 조건 등이 있으면 에러를 범할 수밖에 없는 존재로 본다.
④ 휴먼에러의 방지와 안전의 향상을 위해서는 개인들에 대한 훈련과 규칙 준수 등이 강조된다.

[12] Reason의 휴먼 에러 발생에 관한 스위스 치즈 모델에 대한 설명 중 옳지 않은 것은?

① 사고는 연속된 일련의 휴먼에러에 의해 발생한다.
② 사고 직전 에러 방지 체계가 막아내는 것이 초기 단계에서 막는 것보다 효과가 크다.
③ 사고 이전에 오래 전부터 사고 발생과 관련한 전조가 나타난다.
④ 에러 방지 체계나 인간은 완벽하지 않기에 결함(치즈의 구멍)이 있게 마련이다.

[13] James Reason은 Rasmussen의 숙련–규칙–지식 기반 행동 이론에 바탕을 두고 일반적인 휴먼에러 발생 모델을 제안하였는데, 인간을 하나의 문제 해결자 (problem solver)로 보고, 숙련–규칙–지식 기반 행동의 연결된 과정 속에서 휴먼에러의 발생 메커니즘을 설명한 모델은?

① SRK 모델
② CREAM
③ GEMS
④ PHECA

[14] 에러 형태와 에러 원인을 분류하고 이를 다시 일반적이며 특정 결과로 설명되는 상세한 하위 그룹으로 분류하는 과정을 통하여 에러의 원인과 결과 사이의 관계를 밝히는 방법은?

① SRK 모델 ② CREAM ③ GEMS ④ PHECA

[15] 자동차를 운전하는 운전자 및 자동차 전체의 신뢰도는 운전자와 자동차가 직렬로 연결된 구조로 볼 수 있다. 운전 신뢰도가 0.9, 자동차의 신뢰도가 0.95라면 전체 시스템의 신뢰도는 얼마인가?

① 0.90 ② 0.855 ③ 0.95 ④ 0.995

[16] 오른쪽 그림과 같이 인간과 기계가 병렬로 연결된 시스템을 가정하자. 인간 신뢰도는 0.8, 기계 신뢰도는 0.9일 때 전체 시스템의 신뢰도는 얼마인가?

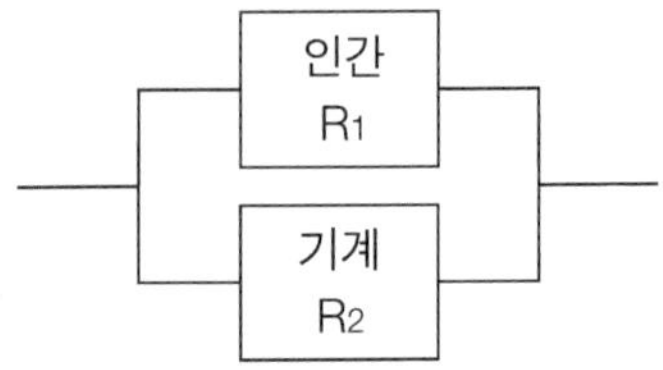

① 0.72 ② 0.80

③ 0.90 ④ 0.98

[17] 어느 시스템에 발생할 수 있는 모든 고장에 대해 그 영향정도와 발생빈도 등을 조사, 평가하는 방법으로 기본적으로 정성적 분석방법은 무엇인가?

① FTA ② ETA ③ FMEA ④ THERP

[18] 결함나무분석(fault tree analysis)에 대한 다음 설명 중 틀린 것은?

① 1961년 미국 벨(Bell) 연구소에서 개발된 후, 보잉(Boeing)사에서 수정되었다.
② 결함나무(fault tree: FT)를 작성한 후 논리적 계산에 의해 사건 발생 확률 등을 계산한다.
③ 정량적 분석 방법이라고 할 수 있다.
④ 귀납적 분석 방법이라고 할 수 있다.

[19] 결함나무분석(fault tree analysis)에서 사용되는 사건 기호가 아닌 것은?

① 결함사건 ② 결합 사건 ③ 기초사건 ④ 생략사건

[20] FTA의 확률 계산에 대한 다음 설명 중 옳지 않은 것은?

① FTA 내에 동일한 사건이 있는 경우에는 상향식 방법을 사용하여 계산한다.
② 정상 사건의 확률 계산은 부울 대수(Boolean algebra)를 이용해서 할 수 있다.
③ OR 게이트는 논리합으로 아래 사건들의 합집합 확률로 계산된다.
④ AND 게이트는 논리곱으로 아래 사건들의 교집합 확률로 계산된다.

[21] 사건나무분석(Event Tree Analysis: ETA)에 대한 설명 중 옳지 않은 것은?

① FTA와 마찬가지로 확률적 분석이 가능하다.
② 초기사건(initiating event)이 발생했다고 가정한 후 후속 사건이 성공했는지(success) 혹은 실패했는지(fail)를 가정하고, 이를 최종 결과가 나타날 때까지 계속적으로 분지해 나가는 방식으로 작성한다.
③ FTA와 마찬가지로 정량적 분석 방법이다.
④ ETA는 결과로부터 원인을 찾아나가는 연역적 방법이다.

[22] 인간이 수행하는 작업을 상호 배반적(exclusive) 사건으로 나누어 사건나무를 작성하고, 각 작업의 성공 혹은 실패 확률을 부여하여 각 경로의 확률 계산을 하는 방법은?

① ETA ② FTA ③ FMEA ④ THERP

[23] 휴먼에러를 방지하기 위한 설계 대책으로 설계 시 우선적으로 고려해야 할 순서를 맞게 나열한 것은?

가. 안전장치의 장착	나. 위험예방적 설계
다. 위험요소의 제거	라. 경보장치의 부착
마. 안전사용절차서의 개발	

① 다-나-가-라-마 ② 나-가-라-마-다
③ 가-다-나-라-마 ④ 라-나-다-가-마

[24] 다음 일반적 휴먼에러 예방대책 중 옳지 않은 것은?

① 안전행동을 수행하도록 하는 동기부여와 벌칙 등을 종업원이 숙지하도록 한다.
② 작업의 특성과 신체적, 정신적 능력이 적합하지 않더라도 안전의식이 뛰어난 지원자를 선발한다.
③ 인간에게 적합한 형태로 시스템과 작업을 설계한다.
④ 안전에 필요한 지식, 기술과 태도에 대한 적절한 직무 교육, 훈련이 이루어져야 한다.

[25] 안전을 위한 설계 원칙 중 고장이 나면 위험 요소의 동작이 자동으로 멈추게 설계했다면 어떠한 설계 원칙을 적용한 것인가?

① fail-safe 설계원칙 ② fool-proof 설계원칙
③ error recovery 설계 원칙 ④ error proof 설계원칙

[26] 신체적 조건이나 정신적 능력이 낮은 사용자라 하더라도 사고를 낼 확률을 낮게 설계해 주는 것은 어떤 디자인 원칙인가?

① 에러 예방 디자인 ② 에러 제거 디자인
③ 페일-세이프 디자인 ④ 맞잠금 디자인

[27] 비행기 엔진을 2개 이상으로 병렬 설계한 것은 페일 세이프 디자인 중 어떤 원칙을 적용한 것인가?

① 대기체계 설계 ② 직렬체계 설계
③ 병렬체계 설계 ④ 작동 중지 설계

[28] 오른쪽 FT에 대해 정상사건 T가 발생할 확률을 구하시오. 단 각 기초 사건의 A, B, C의 발생 확률은 각각 0.2, 0.3, 0.4이다.

① 0.259 ② 0.296
③ 0.352 ④ 0.385

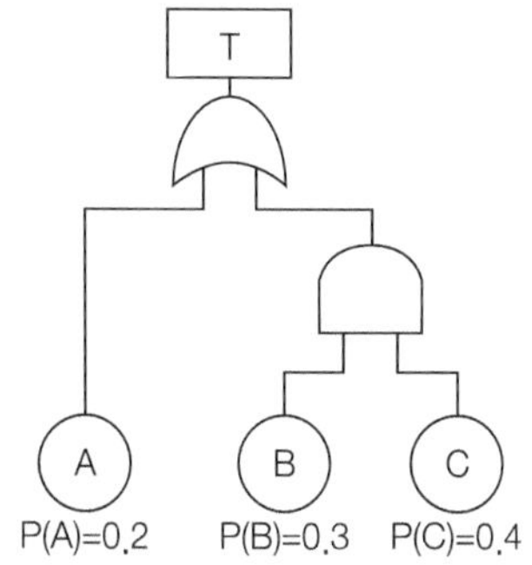

[29] 어떤 작업자가 가스밸브를 잠그는 것을 잊었지만 다행히 안전밸브 기능에 의해 가스 누출을 막을 수 있었다면 여기에는 어떤 디자인 원칙이 적용된 것인가?

① 에러 예방 디자인 ② 에러 제거 디자인
③ 페일-세이프 디자인 ④ 맞잠금 디자인

[30] 오른쪽 FT에 대해 최소절단집합(minimal cut set)을 구한 것으로 옳은 것은?

① A ② B
③ A•B ④ A, A•B

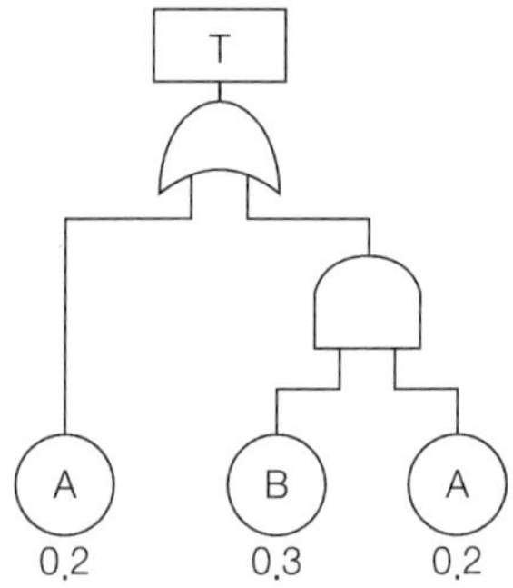

[31] 위 문제의 FT에 대해 정상사건 T가 발생할 확률은?

① 0.15 ② 0.174
③ 0.2 ④ 0.284

[32] 비행기에서 낙하 시 주 낙하산 고장에 대비해 보조 낙하산을 사용하도록 되어 있다면 이는 어떤 안전설계 원칙을 따른 것인가?

① 병렬체계 설계 ② 대기체계 설계
③ 직렬체계 설계 ④ 단일구조 설계

[33] 공공장소의 비상구는 위급 상황을 대비해 양쪽으로 열리던지, 안에서 밖으로 밀고 나가도록 설계·설치되어야 한다. 안전과 관련해 어떠한 설계 원칙이 적용된 것인가?

① 안잠금(lock-in) 장치 ② 바깥잠금(lock-out) 장치
③ 맞잠금(interlock) 장치 ④ 풀-푸르프(fool-proof) 설계원칙

응용문제

[1] 다음의 휴먼에러를 각각 Swain과 Rasmussen에 근거한 James Reason의 분류 방법에 근거해 에러분류를 수행하시오.

사건	Swain의 분류	Reason의 분류
고속도로 출구 근처에 접근했을 때 하늘에 지나가고 있는 헬기에 신경을 쓰다가 일반 출구로 가야 하는데 하이패스 출구로 나왔다.		
일본에서 자동차를 렌트하여 운전하다가, 우회전 신호에서 좌측 차선으로 가야 하는데 한국과 같은 방향인 우측 차선으로 진입해서 사고가 날 뻔 했다.		
서류 접수를 하러 서둘러 갔는데 정작 접수해야 할 서류를 서류 가방에 넣지 않고 서류 가방만 가지고 왔다.		

[2] 다음 FT의 최소절단집합을 구한 후, 정상사건 T 가 발생할 확률을 구하시오.

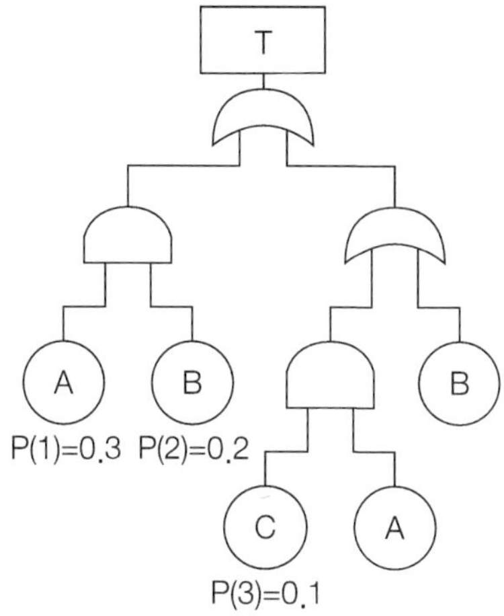

[3] 오른쪽 그림과 같이 작업자 1의 작업이 끝나면, 2단계 작업이 일어나는데, 2단계 작업은 작업자 2, 기계1, 기계2가 병렬로 구성되어 있어 3개 중 하나만 성공하면 2단계 작업은 문제가 없는 구조로 되어있다. 각 요소의 신뢰도는 작업자 1은 0.9, 작업자 2는 0.8, 기계는 두대 모두 0.9일 경우, 전체 시스템의 신뢰도는 얼마인가?

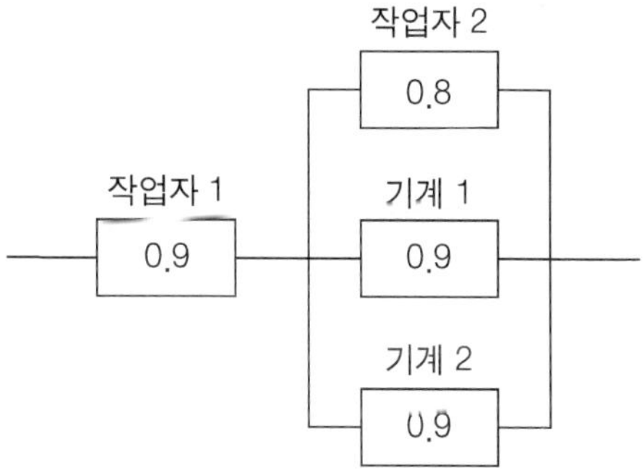

[4] 시스템 안전 분석 기법 중 FMEA, FTA, ETA 각각에 대해서 귀납적인지 연역적인지, 정량적인지 정성적인지 구분하고 간략하게 설명하시오.

[5] 다음 Event tree는 고소에서 미끄러지는 사건에서 최종 결과(무사, 경상, 사망)까지 분지한 결과이다. 각 결과(무사, 경상, 사망)의 확률을 계산하시오.

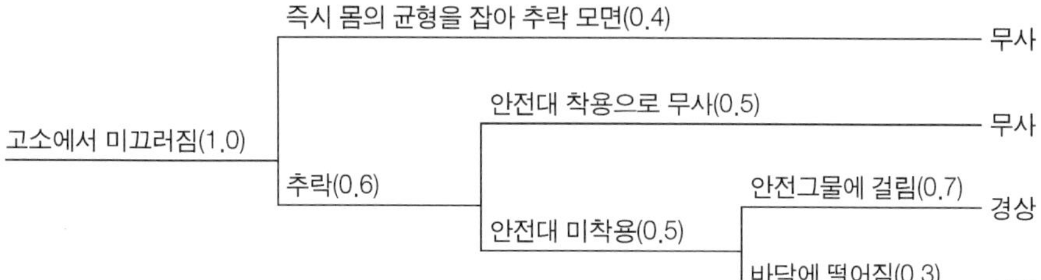

CHAPTER 19
조직과 리더십

1 조직이론

1.1 집단의 정의와 특성

1.1.1 집단의 정의

인간은 사회적 존재로 집단(group)이라는 사회 속에서 생활하고 행동한다. 우리는 학교, 기업, 친목 단체 등 사회에서 매우 다양한 집단의 일원으로 행동한다. 집단이란 2명 이상의 인간이 상호 사회적 관계로 연결되어 있는 집합을 의미한다. 여기서는 집단에 대한 정의를 단순하게 했으나 세상에는 다양한 집단들이 존재한다. 이러한 집단들에 대한 특성으로는 다음과 같은 것들이 있다.

1.1.2 집단의 특성

1) 상호작용 집단의 구성원들 사이에는 계속적인 상호작용(interaction)이 이루어진다. 상호작용이야말로 집단의 가장 필수적인 조건이다. 도서관에서 모르는 사람들이 대화 등의 상호작용 없이 한 책상에 앉아만 있다면 이들은 집단이라 할 수 없다. 즉, 신체적, 언어적, 감정적 상호작용이 있어야만 집단이라 할 수 있다.

2) 집단의 구조 집단 구성원들 간의 관계는 지속적인 형태로 발전하게 되는데 이를 집단 구조라 한다. 집단 구조를 나타내는 요인으로는 역할(role), 지위(status), 규범(norms), 선호관계(attraction relation) 등이 있다. 역할은 집단 내에서 어떤 위치를 맡은 사람에게 기대되는 행동이다. 지위는 집단에서의 개인의 상대적 가치와 서열을 나타낸다. 규범은 집단 구성원들 사이에 공유되거나 수용될 수 있는 행위의 기준이다. 선호관계는 집단 구성원들 간의 호감을 나타낸다.

3) 집단의 크기 집단의 크기는 최소 2인 이상으로 구성된다. 2인 집단은 그 정의상 두 명으로 구성되기에 한 사람이 이탈하면 해체된다. 폭도나 군중과 같은 집단은 그 크기가 너무 커서 구성

원 간의 상호작용이 최소가 된다. 집단의 크기가 커질수록 집단 구조는 복잡해지고 공식적으로 된다.

4) 집단의 목표 집단은 그 존재 이유가 있고, 집단 구성원들의 공동 목표를 추구한다. 우리는 집단을 통해 문제를 해결하고, 지식을 전달하며, 다른 집단의 공격으로부터 안전을 보장 받는다.

5) 응집성 집단 구성원들 간 연결의 강도를 응집성(coherence)이라고 한다. 개인적 수준의 응집성은 집단 구성원으로부터의 호감과 선호에 의해 결정된다. 집단 수준의 응집성은 집단을 통해 구성원을 통합시키는 정도이다. 응집성이 높은 집단에서 구성원들은 대화와 참여가 더 빈번해진다. 응집성은 집단의 힘과 활력에 영향을 미친다.

6) 시간적 변화 대부분의 집단은 시간에 따라 변화한다. 집단의 연속적 단계 이론에서는 집단의 발달이 5단계를 거친다고 가정한다. 구성원들이 공동의 목적을 위해 모이는 것이 1단계이다. 2단계에서는 구성원들이 갈등이 겪으면서 이를 해소하기 위해 해결책을 모색하는 단계이다. 3단계에서는 집단의 규범과 역할들이 만들어지며 그것이 구성원들을 통제하는 정규화 과정을 거친다. 4단계에서 집단은 목표달성을 위해 과제를 수행한다. 끝으로 집단 존재의 이유가 적어지면 집단의 해체가 이루어진다(그림 19•1).

이 장에서는 앞에서 언급한 집단의 특성들 관점에서 집단들을 분류하고 집단 내의 역학관계를 살펴 볼 것이다. 이어서 기업을 중심으로 조직에 대한 내용을 살펴볼 것이다.

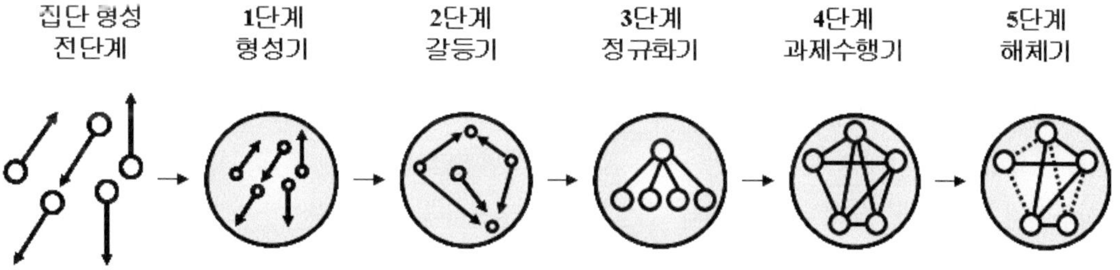

그림 19•1▸집단의 시간적 변화

1.1.3 집단의 분류

우리가 생활하는 사회에는 매우 다양한 집단들이 존재하고 있다. 우리는 그러한 집단들 중 자발적으로 집단에 참가하여 구성원이 되기도 하고, 원하지 않더라도 임의로 집단에 포함되기도 한다. 우리 사회에 존재하는 집단들을 다양한 기준으로 구분해보면 다음과 같다.

1) 1차 집단과 2차 집단 집단은 1차 집단(primary group)과 2차 집단(secondary group)으로 나눌 수 있다. 1차 집단은 가족, 친구와 같이 상호 간에 친밀한 관계로 이루어지는 집단으로 그 수명이 오

랫동안 지속되는 특징을 갖는다. 반면에 2차 집단은 기업, 노조, 협회와 같이 친밀함보다 집단의 목적을 위해 구성된 보다 복잡하고 큰 규모의 조직을 의미한다.

2) 공식집단과 비공식집단 집단 가운데서 명문화된 규칙과 규범을 가지고 모인 집단을 공식집단(formal group)이라고 한다. 공식집단은 조직의 목적을 위해 조직 활동에 있어서 공식성, 합리성 등을 추구한다. 공식집단의 예로는 기업, 군대 조직이 있다. 비공식집단(informal group)은 자연발생적인 집단으로 명문화된 규칙과 규범보다는 관습, 관행 등에 더 의존하며, 비공식적이며 감정의 논리에 따라 운영되며 인간관계가 강조된다. 가족, 소규모 동아리 등이 이에 해당한다.

3) 계획집단과 발현집단 집단은 계획집단(planned group)과 발현집단(emergent group)으로도 나눌 수 있다. 계획집단은 설립자가 집단 내에 있는 설립된 집단과 설립자가 외부에서 만든 조직된 집단이 있다. 설립된 집단(founded group)은 특정한 목적을 위해 여러 사람들이 집단을 형성하고, 형성 후 그 집단의 구성원으로 활동하는 집단이다. 소기업, 협회 등이 그 예이다. 조직된 집단(organized group)은 집단 밖의 권한을 가진 인물이나 다른 집단에 의해 조직되는 집단이다. 집단 밖의 힘에 의해 조직되는 집단의 예로는 생산라인의 조직, 군대조직, 태스크포스(task force)팀, 프로 운동팀 등이 있다.

발현집단은 우연히 혹은 연속적으로 만나면서 자연스럽게 형성되는 집단이다. 상황집단(circumstantial group)은 외부 상황에 의해 임시적으로 형성되는 집단으로 대기 줄에서 기다리는 사람들, 군중, 폭도, 청중들이 이에 해당한다. 반면에 자발집단(self organizing group)은 상호의존적 협동을 하는 가운데에서 점차 형성된 집단을 말한다. 자발집단의 예로는 스터디그룹, 직장 동료 그룹 등이 있다.

4) 성원집단과 준거집단 성원집단(membership group)은 어떤 조직의 실질적인 구성원으로 이루어진 집단이다. 이에 대해 준거집단(reference group)은 성원집단의 구성원이 되기를 바라는 사람들로 이루어진 집단이다. 병원 내의 전문의 등은 전문의 성원집단이나 수련의들은 전문의 집단의 준거집단이 된다.

2 집단역학

집단역학(group dynamics)은 사회심리학의 선구자이며 인간행동에 대한 장(場)이론을 만든 Kurt Lewin에 의해 개척된 분야이다. 집단역학은 크게 집단의 형성과 구조, 집단에서의 상호작용, 집단 수행, 집단 관련 갈등 등에 대한 내용을 다룬다.

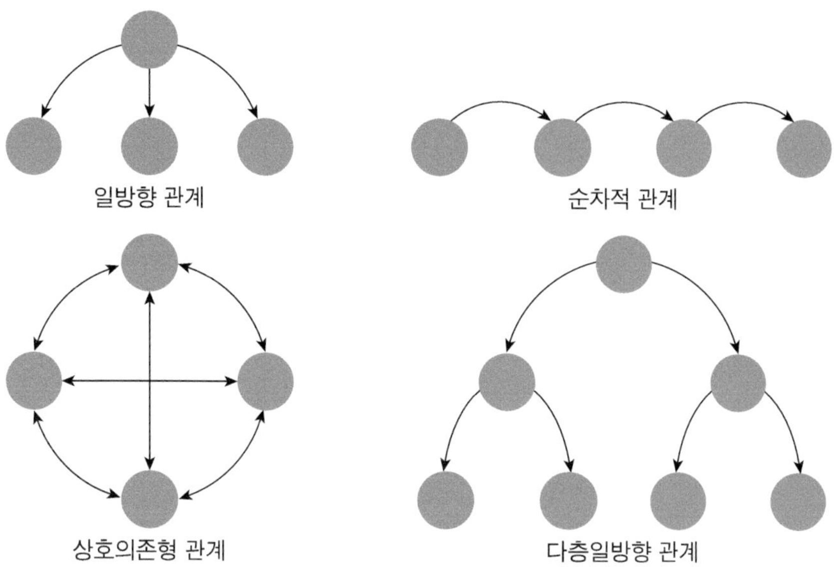

그림 19•2▸집단 구성원 간의 상호작용 형태

2.1 상호작용

2.1.1 집단 구성원 간 공식적 관계

집단 구성원들 간에는 상호 대등한 협동 관계 혹은 지시와 수용의 관계 등이 형성된다. 이러한 구성원들 간의 관계가 원활하면 집단의 활동이 그 목적에 부합하여 활발해진다. 반대로 구성원 간 관계가 갈등 양상을 보이면 집단은 비생산적으로 되고 집단의 목적을 이루기 어렵다.

집단의 구성원들 사이의 상호작용 형태는 다음과 같은 것들이 있을 수 있다: ① 일방향 상호작용, ② 순차적 상호작용, ③ 상호의존형 상호작용, ④ 다층적 일방향 상호작용. 일방향 상호작용은 기업 등의 팀 조직에서 나타나는 형태이다. 순차적 상호작용은 상호 동등한 상태에서 순차적 작업을 수행하는 조직에서 나타난다. 상호의존형 상호작용은 동료 집단에서 나타나는 형태이다. 다층적 일방향 상호작용은 군대 등의 조직에서 볼 수 있는 형태이다(그림 19•2).

2.1.2 집단 구성원 간 비공식적 관계

집단 구성원들 간의 공식적 관계가 아닌 비공식적인 관계를 파악하기 위한 방법으로 소시오메트리(sociometry)가 있다. 소시오메트리는 1920년대 사회학자인 Bogardus와 Moredno에 의해 개발된 방법으로 집단 구성원 간의 비공식적 상호작용을 연구하는데 사용된다. 소시오메트리 분석을 위해서 소시오매트릭스(sociomatrix)나 소시오그램(sociogram)이 작성된다. 소시오그램에는 집단 구성원들 간의 선호(preference), 거부(rejection) 혹은 무관심(negligence)의 관계를 기호로 표현한다. 이를 통해 다양한 집단 내의 비공식적 관계에 대한 역학 관계를 파악할 수 있다.

그림 19•3은 12명으로 구성된 어느 집단의 비공식적 관계를 소시오그램으로 작성한 것이다.

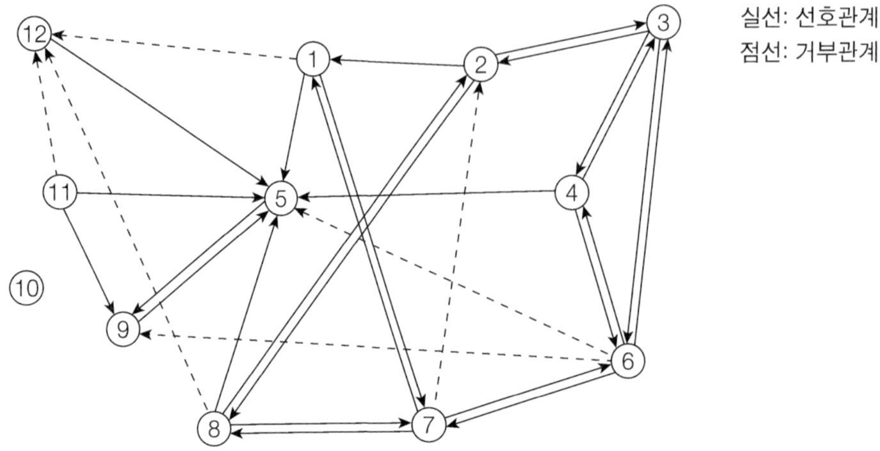

그림 19•3▸소시오그램(sociogram)의 예

이 소시오그램에서 다음과 같은 것들을 알 수 있다. 이 집단 내에서 가장 선호되는 인물은 5로 자생적 리더 혹은 비공식적 리더라고 할 수 있다. 자생적 리더는 공식적 리더와 다를 수도 있다. 상호 선호관계를 갖고 있는 예는 (4, 6), (6, 7), (7, 8) 등 여러 개가 있다. 연쇄형의 선호관계는 (2, 3, 6, 7, 8)에 의해 유지되고 있다. (3, 4, 6)은 아주 각별한 친분을 유지하는 소그룹이다. 이 집단에서 가장 거부되고 있는 사람은 12번이다. 11번은 선호도 거부도 아닌 무시되고 있는 존재이다. 10번은 이 집단에서 완전 고립된 존재로 나타나 있다.

소시오그램을 작성한 후 이 안에서의 선호, 거부 관계에 점수를 부여해 매트릭스 형태로 파악하는 것을 소시오메트릭스라고 한다. 소시오메트릭스에서는 상호작용에 대한 정량적 분석이 가능하다. 일례로 선호관계에는 +1, 거부관계에는 −1의 점수를 부여하여 선호신분지수를 다음과 같이 계산할 수 있다.

$$\text{선호신분지수} = \frac{\text{선호 총계}}{\text{구성원 수}-1}$$

그림 19•3의 소시오그램에서 인물 5는 선호신분지수=(6−1)/(12−1)=0.45인 반면, 인물 12는 −3/(12−1)=−0.27로 가장 거부되고 있다. 반면 인물 10의 선호신분지수는 0/(12−1)=0으로 고립된 존재로 나타나고 있다.

2.2 응집성

집단의 응집성은 집단 구성원들이 그 집단에 남아 있기를 원하는 정도라고 정의할 수 있다. 집단의 응집성은 구성원들이 함께 보내는 시간이 많을수록, 가입이 어려울수록, 집단의 크기가 작을수록, 외부의 위협이 있을 때, 과거에 성공한 경험이 있을 때 커진다.

집단의 응집성은 집단의 발달 단계에서 볼 때, 일반적으로 형성기–갈등기–정규화기–과제 수행기를 거치면서 더 커진다(그림 19•1 참조). 집단의 응집성이 높아지면 집단에는 다음과 같은 변화들이 나타난다.

- 집단의 통일성: 집단 내에 '우리'라는 집단의식이 증가하며, 집단에 대한 정체성이 올라간다.
- 구성원 소속감: 집단 구성원들의 이직, 결근 등이 낮아지고, 구성원들은 안정된 소속감을 느낀다. 집단에 대한 관심이 높아져 집단 활동에 참여가 늘어난다.
- 구성원 만족도: 구성원들의 집단에 대한 만족도가 증가하고, 집단에서의 자존심과 안정감이 증가한다.
- 내부의 역동성: 집단의 강한 영향력으로 구성원들이 집단의 목표, 결정, 규범을 잘 받아들인다. 그러나 반대로 구성원들에게 집단에 대한 동조 압력이 증가하며, 이에 따라 의견차를 인정 못하고 반대자에게 처벌을 강화할 수도 있다.

집단응집성에 대해서는 정량적분석도 가능하다. 집단응집성은 소시오매트릭스를 이용해 계산할 수 있다. 집단응집성지수는 다음과 같이 계산된다.

$$\text{집단응집성지수} = \frac{\text{실제 상호 선호관계의 수}}{\text{가능한 선호관계의 총수}(={}_{n}C_{2})}$$

그림 19•3의 소시오그램에서 실제 상호선호관계의 수는 9개이고 집단구성원은 12명이므로 이 집단의 응집성 지수는 다음과 같이 계산된다.

$$\text{집단응집성지수} = \frac{9}{{}_{12}C_{2}} = \frac{9}{\frac{12\times11}{2}} = \frac{9}{66} = 0.14$$

2.3 집단갈등

2.3.1 개인적 갈등

집단 내의 구성원들은 집단 내 활동에서 개인적 갈등을 겪을 수 있다. 개인적 갈등으로는 욕구 갈등, 목표 갈등, 역할 갈등 등이 있을 수 있다.

1) 역할 갈등 집단 내에서 개인은 과업 역할, 집단 유지 역할, 개인 역할 등을 수행한다. 과업 역할은 집단의 목적을 위해 개인에게 부여된 과업을 수행하는 역할이다. 집단유지 역할은 집단이 계속 유지되기 위해 구성원들 간의 친밀감과 신뢰성을 높이기 위한 행동들이다. 개인 역할은 공식적 과업이나 집단 유지와 관계없이 구성원 자신의 욕구를 만족시키기 위한 행동이다.

각 집단 구성원들에게는 과업 역할이 주어지고 그 역할 수행에 대한 기대가 형성된다. 각 구성원들은 이러한 기대에 부응하기 위해 역할을 수행한다. 그러나 그 역할을 제대로 수행하지 못할 때 역할에 대한 갈등을 겪을 수 있다.

과업 역할에 대한 갈등 원인으로는 역할 모호성, 역할 부적합, 역할 마찰 등을 들 수 있다. 이들에 대한 내용은 다음과 같다.

- 역할 모호성: 집단 내에서 개인이 수행해야 할 임무와 책임 등이 명확하지 않을 때 역할 갈등이 발생한다. 이런 현상은 새로 생긴 직무 등 직무에 대한 정의가 명확하지 않을 때 발생한다.
- 역할 부적합: 집단 내 개인에게 부여된 역할에 대해서 개인의 능력이나 성격 등이 적합하지 않을 때 역할 갈등이 발생한다. 자신의 능력에 벗어나는 작업을 맡게 될 경우 개인은 역할 부적합에 의한 갈등을 겪기 쉽다.
- 역할 간 마찰: 2개 이상의 역할을 동시에 수행해야 하는 개인이 두 역할 간의 목표나 선호 차이 등으로 2개를 동시에 잘 해 낼 수 없다고 생각할 때 역할 갈등이 발생한다. 예를 들어 직장을 다니며 야간에 대학교를 다니는 학생의 경우 갑작스런 연장근무가 요구되는 경우 직장인과 학생이라는 두 역할 사이에서 갈등을 겪게 된다.
- 역할 내 마찰: 하나의 역할을 수행하더라도 외부의 요구 사항이 자신이 설정한 역할과 상충될 때에도 역할 갈등을 겪을 수 있다. 대학교수는 엄격히 교육하는 것이 자신의 역할이라고 생각하나 학생들은 온화한 사람을 기대한다면 역할 마찰에 의해 역할 내 갈등이 발생한다.

2) 개인 목표 갈등 집단 내에서 2개 이상의 양립할 수 없는 목표가 개인에게 주어지면 어느 것을 선택해야 할지 몰라 갈등을 겪을 수 있다. 목표 갈등은 세 가지 형태가 있을 수 있다.

- 접근-접근 갈등: 2개 이상의 동등한 가치를 지닌 대안들 중 선택을 해야 할 경우에 겪는 갈등이다. 일례로 다른 회사로 좋은 조건으로 전직하려는데, 회사에서 이를 알고 승진 제안을 받았을 경우 겪는 갈등이다.
- 회피-회피 갈등: 2개 이상의 부정적 결과를 초래하는 일들 중 어느 하나를 선택해야 할 경우 겪는 갈등이다. 회사에 손해를 입혀 징계가 예상되는 경우, 스스로 사직을 해야 할지, 징계를 기다려야 할지 고민할 때 겪는 갈등이다.
- 접근-회피 갈등: 주어진 목표가 긍정적인 속성과 부정적 속성을 모두 지니고 있는 경우 발생하는 갈등이다. 일례로 조직 내에서 승진이 이루어졌으나 가족과 떨어진 지방으로 발령이 난 경우 겪는 갈등이다.

2.3.2 집단 내 개인 간 갈등

집단을 구성하는 구성원들 간에도 갈등이 나타날 수 있다. 집단 내의 갈등은 의사소통의 문제, 조직 구조, 혹은 사회적, 심리적 원인으로 인해 발생할 수 있다. 그러나 무엇보다도 집단 안의 목표와 제한된 자원 획득과 이익 등을 둘러싼 구성원들의 태도에 따라 갈등이 발생할 수 있다.

집단 구성원들 간의 이익을 둘러싼 태도는 다음과 같은 다섯 가지 형태로 나눌 수 있다(그림

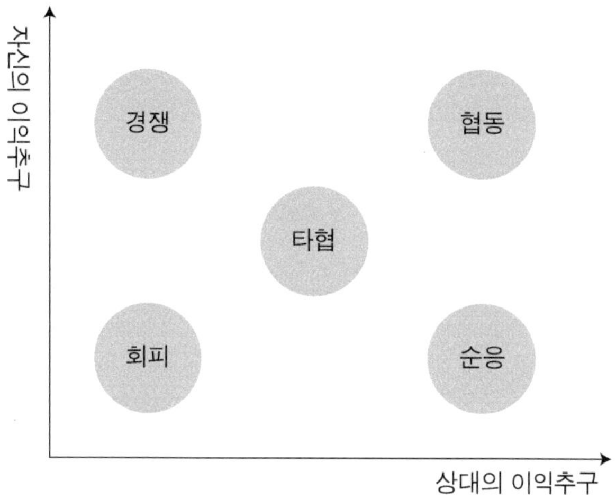

그림 19•4▸집단 내 갈등의 양상

19•4). 자신과 타인의 이익에 모두 관심이 없으면 이는 회피하는 행동이고, 상대에 복종하여 상대의 이익을 위해 노력하는 것은 순응이다. 경쟁은 자신의 이익을 최대로 하고 이에 대해 타인의 이익은 희생을 목표로 하기에 갈등의 원인이 되기 쉽다. 이에 비해 협동은 자신의 이익과 타인의 이익을 모두 최대화하려는 방안이다. 협동과 경쟁의 중간 영역에서는 타협이 이루어질 수 있다.

경쟁 상황에서 갈등이 발생하는데 특히 상대에 대한 위협과 같은 분쟁적 전략을 사용할 때 그 갈등은 더욱 증폭되게 된다. 또한 개인은 기질적 측면에서 경생석인 사람과 협동적인 사람으로 구분할 수 있는데, 경쟁적인 개인이 있으면 협동적 사람에 대해서 압도하는 경향이 있어 협동적 사람도 이에 대한 반응으로 경쟁적으로 되기 쉽다.

2.3.3 집단 간 갈등

집단 내의 개인 간 갈등도 문제이나 집단 내 소집단 간의 갈등도 문제가 된다. 집단 간의 갈등의 예로 계층 갈등, 공식–비공식 조직 간 갈등 등이 있을 수 있다. 집단 간 갈등의 원인으로는 집단 간 목표 차이, 집단 간 의견 차이, 한정된 자원 등이 있을 수 있다.

집단 간의 갈등을 해소하기 위해서는 집단 간의 갈등 문제보다 상위의 목표를 제시함으로써 갈등을 협동 관계로 바꿀 수 있다. 또한 직무 순환 등의 방법은 상대 집단에서 문제를 바라보게 함으로써 집단 간 견해 차이를 줄일 수 있다. 한정된 자원의 문제는 자원을 늘리는 방법으로 갈등을 줄일 수 있다.

3 조직의 형태

앞에서 살펴본 집단 분류에 의하면 기업은 2차 조직이며, 공식적인 집단이 된다. 이러한 기업체 조직의 형태는 기업의 성과에도 영향을 미치고 종업원의 동기부여나 직무만족도에도 큰 영향을 줄 수 있다. 기업의 조직 형태를 중심으로 조직 형태의 역사적 흐름과 현대의 다양한 조직 형태를 살펴본다.

3.1 조직형태의 역사

3.1.1 초기 산업조직

20세기 초까지 기업들의 조직은 고용주와 다수 종업원들의 직접적인 연결로 이루어져 있었다. 관리자라고 하더라도 전문 관리자가 아닌 근로자 중에 직, 반장 급의 대표만을 통해 통제하던 단순한 조직이었다. 이러한 형태의 조직은 고용주의 마음에 따라 근로자의 임명과 해고가 좌지우지되는 비민주적 형태를 띠기도 했다.

3.1.2 관료주의 조직

초기 산업조직의 비민주성을 극복하고, 합리성과 규정에 의한 조직관리를 시도하기 위한 이론이 독일의 사회학자인 Max Weber에 의해 제안되었다. 현재는 관료주의 혹은 관료주의 조직이라는 것이 매우 부정적 의미로 통하지만, 당시에는 초기 산업조직의 불공평성을 해결하기 위해 도입된 매우 혁신적 제도였다.

Max Weber가 제안한 관료주의는 합리적이고 공식적 조직이 관리자와 근로자의 역할을 엄격히 규정하며, 비개인적이며 법과 규정에 의한 합리적 관리로 예측 가능한 조직 체제를 유지하기에 정확하고 효율적이라는 특징을 가졌다. Max Weber가 제안한 관료주의는 다음 네 가지의 원칙을 가지고 조직된다.

1) 직무의 분업화 Max Weber는 관료주의 내에서는 모든 직무를 단순화, 분업화, 전문화 하는 것을 전제로 했다.

2) 권한의 위임 Max Weber는 조직 체계를 수직적 명령 체계에 의한 계층적 구조로 편성하는 것을 전제로 했으며, 상급자 권한의 일부를 하부에 위임하는 것을 원칙으로 했다. 그림 15•5에서 부서장 ①은 ②에게, ②는 ③에게 본인의 권한 중 일부를 위임하게 된다.

3) 적절한 통제의 범위 어떠한 조직 계층에서든지 하부 조직은 최대 1명이 통제 가능한 수인 5~8명으로 제한하도록 했다. 그림 19•5에서 각 부서장 ①과 ②는 하부에 2명의 인원을 두고 있으며, 최하단의 관리자인 ③도 부하 조직원을 5명을 두고 있어 적절한 통제범위의 원칙을 지키고 있

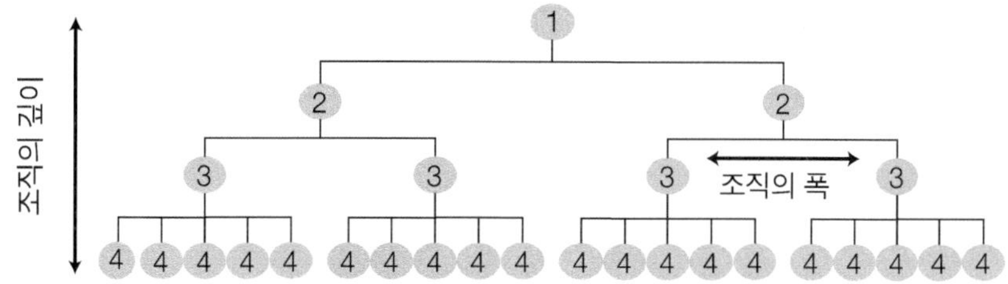

그림 19•5▸관료주의 조직의 형태

다. 통제해야 할 인원이 많아지면 관리가 어려워진다.

4) 적절한 조직 구조 Max Weber가 제안한 관료주의 조직은 피라미드 형태를 띠게 되는데 이때 수평으로의 관리대상인 조직 폭과 수직으로의 높이가 적절해야 한다고 제안했다. 그림 19•5의 조직은 수직으로는 4개의 계층을 구성하고 있고, 수평으로는 최하단에서 조직의 폭이 5가 된다. 수직 계층을 줄일수록 폭은 커지게 되어서 1명이 담당해야 하는 인원이 늘어나게 되어 문제가 된다. 반대로 수직 계층을 크게 할수록 1명이 담당해야 하는 부서나 인원이 줄어드는 장점은 있으나, 계층수가 늘어나 의사결정과 전달 과정에 지체가 생기기 쉽다.

관료주의는 도입 당시 초기 산업조직의 문제점을 어느 정도 해결하는 혁신적인 제도였으나, 우리가 알고 있듯이 많은 문제점도 가지고 있는 조직 체계이다. 관료주의는 인간의 가치와 욕구를 무시한 조직형태이다. 관료주의는 경직된 형태로 인해 전체 조직의 성장과 발전을 이루기 어렵다는 단점들이 나타났다.

3.1.3 현대의 조직

현대의 조직 형태는 조직 발전을 위해 매우 다양한 형태를 띠고 있다. 따라서 이러한 특징을 하나로 설명하기는 어려우나 전반적인 방향은 다음과 같다. 현대 조직은 McGregor의 Y이론에 근거하고 있다. 따라서 종업원 개개인에 초점을 둔다. 개인의 능력, 욕구, 성격이 조직 전체의 특성과 목표 달성에 관련된다고 보고 종업원들의 참여적 의사결정 과정을 중요하게 여긴다. 현대 조직의 원칙으로 다음과 같은 것들을 들 수 있다.

1) 직무의 충실화 및 확대 관료주의에서 표방한 노동의 분업화 원칙과 다르게 현대 조직은 개인의 직무 범위를 넓혀주는 것을 원칙으로 한다. 직무충실화(job enrichment) 혹은 직무확충은 수직적으로 상급자의 업무 영역의 일부를 하급자가 수행하도록 하는 것이다. 직무확대(job enlargement)는 수평적으로 직무를 다양하게 넓혀주는 것이다. 직무순환(job rotation)은 시간 축에 따라 일정 시간 근무한 후 동료들과 직무를 바꾸어 근무하는 형태이다. 이러한 직무설계는 일반적으로 종업원들의 직무만족도를 높여줄 수 있다.

2) 의사결정 과정에의 참여 확대 현대 조직은 모든 수준의 의사결정 과정에 종업원들의 참여를 확대하고 있다. 각종 위원회 조직, 노조와의 대화, 제안 제도 등으로 종업원의 참여를 높이고 있으며, 이러한 참여의 확대는 종업원들의 직무 만족도도 높여준다.

3) 의사 표현, 창의력 발휘, 자아 충족의 기회 제공 현대 조직은 관료주의 조직에서와 같은 상명하복의 의사소통 구조보다는, 가능한 종업원들이 의사표현을 확대하고, 종업원이 창의력을 발휘하고 그들의 자아를 충족할 수 있는 방향으로 조직을 운용한다.

종업원들의 참여를 확대하기 위해서는 종업원들의 심리적 몰입, 참여에 대한 동의, 문제의 중요성에 대한 인식, 효과적인 자기표현이 요구된다. 동시에 종업원 참여를 위해서는 집단 의사결정을 위한 시간, 참여에 따른 비용, 참여 발언에 대한 보장, 효과적인 의사소통 경로의 존재, 참여를 위한 훈련 기회 등이 제공되어야 한다.

3.2 조직구조

조직의 구조에 따라 조직은 매우 다양한 형태를 띨 수 있다. 조직구조의 기본적인 형태를 구분하면, 직계식 조직, 직능형 조직, 직계–참모형 조직 등이 있다. 이외에도 현대의 조직들은 상황과 목적에 따라 위원회 조직, 프로젝트 조직, 매트릭스형 조직, 네트워크형 조직, 팀제 조직, 사업부제 조직 등을 사용하고 있다.

3.2.1 조직의 기본형태

1) 직계식 조직 직계식 조직(line organization)은 조직의 구조가 최상위 관리자로부터 하위 단계까지 일원화된 명령 체계로 통솔되는 조직이다(그림 19•6). 이러한 직계식 조직 형태에서는 하위자는 직속 상위자 1명에 의해 통솔을 받게 된다. 조직에 필요한 모든 참모적 기능(예: 품질관리, 안전관리)들도 직계 라인의 부서장(예: 생산 1과, 생산 2과, …)에게 부여되어, 전문성이 떨어지기 쉽다.

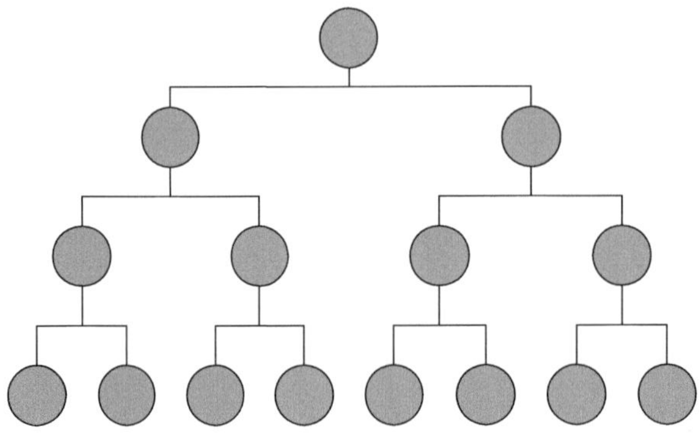

그림 19•6▸직계식 조직형태

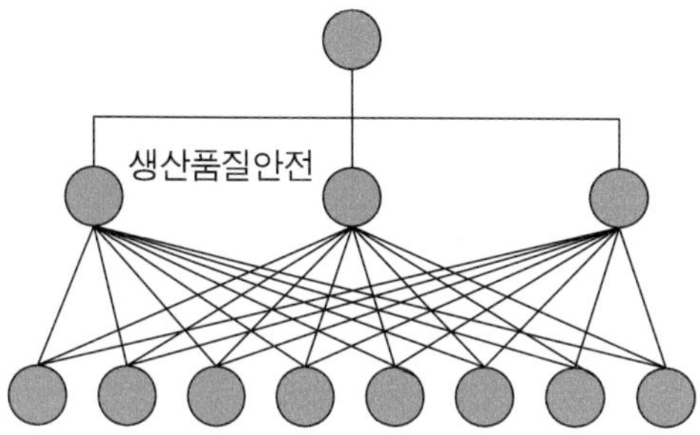

그림 19•7▸직능식 조직 형태

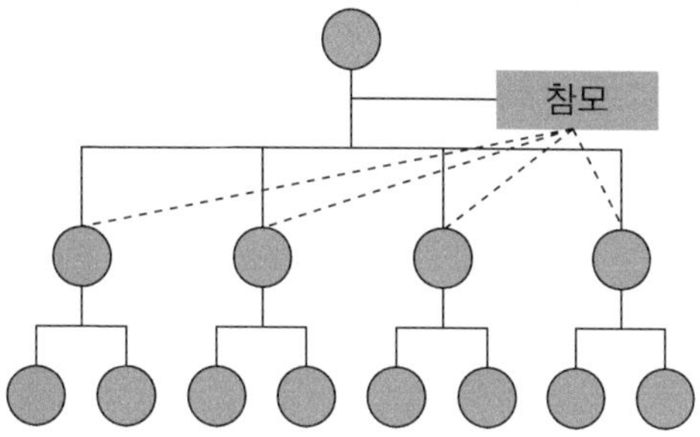

그림 19•8▸직계-참모식 조직

현대의 조직에서 순수한 직계식 조직은 찾아보기 힘드나, 그 형태를 군대나 일반 생산라인에서 찾아볼 수 있다.

직계식 조직의 장점으로는 명령 계통이 단순하며 일관성이 있어 임무 집행 과정이 명확하고 신속할 수 있다. 또한 임무 수행 과정의 권한과 결과에 대한 책임이 명백하다. 반면에 수평적 의사소통이 어려우며, 특정한 전문성을 가진 사람들의 지식을 전체 부서에 적용하기 어려운 점이 있다. 수직적 계층이 길어지면 상하 의사소통에 소요되는 시간도 길어질 수 있다.

2) 직능식 조직 기능식 조직이라고도 불리는 직능식 조직(functional organization)은 전문적 기능을 최대한 살리는 형태의 조직으로 하부 조직원들은 기능으로 구분되어 있는 상부의 여러 부서장들로부터 해당되는 기능에 대한 통솔을 받게 된다. 따라서 하부 조직원들은 여러 명의 직능별 상위자를 가지고 있는 형태가 된다. 예를 들어, 그림 19•7에서 최하단의 근로자들은 생산과 관련해서는 생산관리 부서장, 품질에 대해서는 품질관리 부서장, 안전과 관련해서는 안전관리 부서장의 명령을 듣게 된다.

직능식 조직의 장점은 각 기능별 전문성을 최대로 살릴 수 있다는 것이다. 반대로 단점은 명령 체계가 일원화되어 있지 않아 여러 명의 상위자로부터 상충되는 명령을 들을 경우 하위자가 혼란을 겪을 수 있다. 또한 업무 수행 결과에 대한 책임 소재가 명확하지 않게 된다. 예를 들어, 근로자가 생산부서장으로부터 납기를 독촉 받으면서, 한편으로는 안전관리 부서장으로부터 안전을 위해 작업 속도를 천천히 할 것을 요구 받으면 그 근로자는 갈등을 겪게 될 것이다.

3) 직계-참모식 조직 직계-참모식 조직(line and staff organization)은 직계식 조직과 직능식 조직의 장점을 취한 형태로 만들어지는 조직이다(그림 19•8). 즉, 기본 형태는 직계식 조직을 따라서 명령 계통의 일원화를 취하면서, 필요한 기능별 전문성을 참모조직으로부터 얻는 형태의 조직이다. 즉, 생산부서의 기본 형태는 유지하되 품질관리 기능과 안전관리 기능은 별도의 참모조직을 두어 각 생산부서에 전문적 조언을 하도록 하는 조직이다.

직계-참모식 조직의 장점은 직계조직의 명령 계통 일원화는 유지하면서도 동시에 참모들의 직능에 관한 전문성을 직계조직에 활용할 수 있다는 것이다. 따라서 현대의 조직에는 이러한 형태의 조직이 가장 일반적이다. 그러나 참모조직의 힘이 너무 강하면 명령 계통에 간섭이 생길 수도 있고, 반대로 너무 약하면 직계조직으로부터 소외되어 그 기능을 다하지 못할 수도 있다.

3.2.2 특수한 조직형태

1) 위원회 조직 위원회 조직은 일반 직계형 조직이나 직능식 조직에서 다루기 힘든 공통적 문제에 대한 의사결정을 위해 여러 사람들로 구성된 회의체 조직이다(그림 19•9). 따라서 집행적 기능보다는 조정과 조언을 위한 기능을 수행한다.

위원회 조직의 장점은 직계식 조직에서 부서장 단독에 의한 의사결정을 지양하고 여러 사람의 의견을 들어 결정하는 것이기에, 전문성이 제고되면서도 종업원들의 참여가 확대되는 효과가 있을 수 있다. 단점으로는 의사결정 기간이 길어질 수 있다.

2) 프로젝트 조직 프로젝트 조직은 일반 조직형태로 운영되던 조직이, 특수한 목적을 위해 한시적으로 프로젝트 팀을 구성해 운영하는 조직을 말한다(그림 19•10). 프로젝트 조직은 목적 달성이 이루어지면 해체되고 구성원들은 원 조직으로 복귀하게 된다. 프로젝트 조직의 장점은 목적 지향적이고 목적 달성을 위해 기존의 조직에 비해 효율적이고 유연하게 운영될 수 있다. 단점은 기존 조직과의 충돌이 있을 수 있고, 신설되는 한시적 조직이라 구성원들 간의 갈등이 쉽게 생길 수 있다.

이러한 프로젝트 조직의 유연성은 일반 조직 체계에도 크게 영향을 주어, 현재는 많은 기업이 고정적인 형태의 부, 과제 대신에 언제든지 유연하게 조직 변동을 가할 수 있는 팀(team)제를 운영하고 있다. 일반적으로 팀제는 연공서열보다는 능력 위주의 팀장이 선임되며, 연봉제 등과 함께 현대 기업 조직의 유연성과 효율성을 최대화하고 있다.

3) 매트릭스형 조직 중규모 형태의 기업에서 시장 상황에 따라 인적자원을 효과적으로 활용하기 위해 매트릭스 조직을 운영할 수 있다. 예를 들어 매트릭스 조직은 제품과 업무 기능 2개의 요인을 가지고 매트릭스를 구성할 수 있는데 그 한 예를 그림 19•11에 나타내었다.

제품을 책임지고 있는 부서장들은 적절하게 설계인력(D), 생산인력(P), 판매인력(M)을 각 기능별 팀장들과 협조 하에 구성할 수 있다. 기능별 조직은 전문 인력들의 교육·훈련, 정보 공유 등을

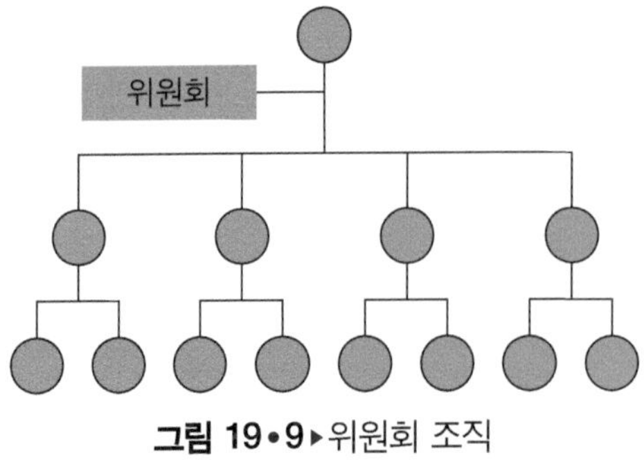

그림 19•9▸위원회 조직

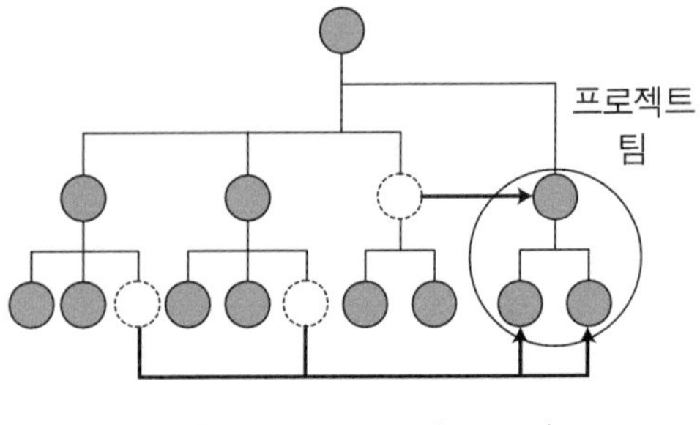

그림 19•10▸프로젝트 조직

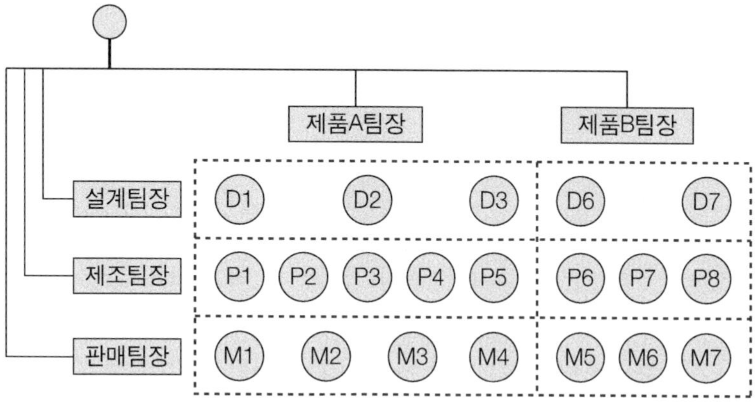

그림 19•11▸매트릭스형 조직

관리해 전문성을 높여 나갈 수 있다. 단점은 제품과 기능 사이의 명령 체계에 혼란이 나타날 수 있다.

4) 사업부제 조직 사업부제는 대기업 등에서 제품별 혹은 지역별로 조직을 분리해 마치 하나의 별도 회사와도 같은 사업부를 구성하고, 그 아래 일반 기업이 갖는 기본적 기능들을 모두 부여한 조직을 갖도록 하는 조직 체제를 말한다(그림 19•12). 그래서 사업부는 독립 채산제로 운영되며 생산과 판매 등에 있어 독자적 계획을 수립, 운영하게 된다. 이러한 사업부는 거대 조직을 분할해 경쟁을 유도하고 책임경영체제를 갖추는 장점을 갖는다. 단점으로는 사업부 간의 지나친 경쟁이 나타날 수 있고, 전체 기업 차원에서의 사업부들에 대한 조정 기능이 약화되어 인적자원 등이 비효율적으로 사용될 수도 있다.

5) 네트워크형 조직 네트워크형 조직은 현대의 정보통신 기기 등을 이용해 작업자들이 수평적 관계에서 네트워크를 형성해 작업을 수행해나가는 조직을 의미한다(그림 19•13). 네트워크 조직의 장점은 유연성이 매우 크며 원격작업도 가능하다는 것이다. 반면에 명령 계통의 위계성이 없으며 조직에 대한 귀속감이 낮을 수 있다.

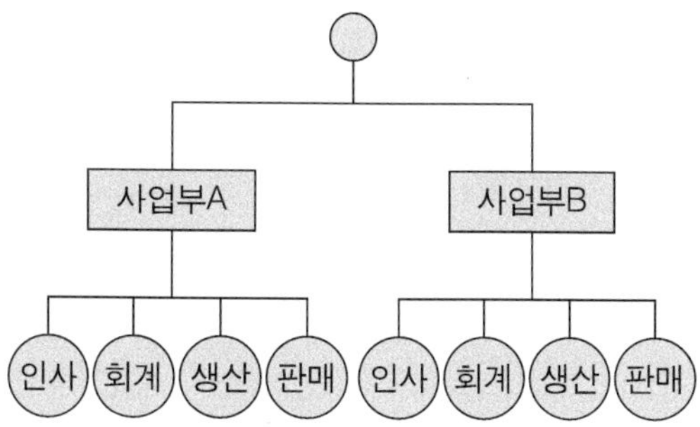

그림 19•12▸사업부제

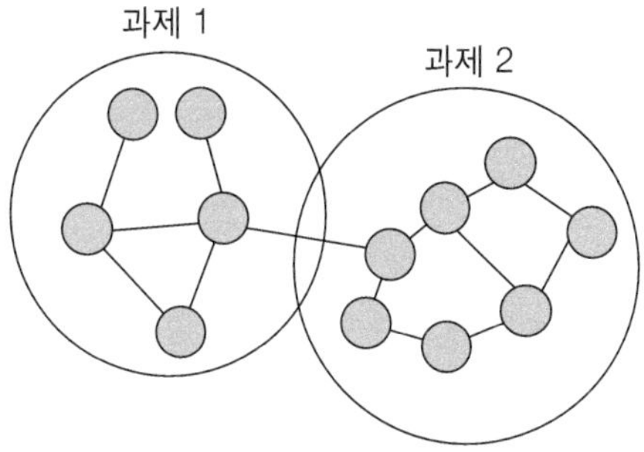

그림 19•13▸네트워크형 조직

4 리더십

4.1 리더십 연구의 변화와 정의

리더십(leadership)은 오랜 기간 동안 인간의 관심 대상이 되어 왔다. 어떤 조직들은 좋은 리더십으로 크게 성공을 하는 반면, 다른 조직은 리더십의 부족으로 실패하기도 한다. 이와 같은 이유로 산업심리학의 많은 부분은 여러 수준의 리더들을 선발하고 육성하는 리더십 연구에 노력을 기울여 왔다.

20세기 초의 산업체들은 단순한 고전적 조직 형태로, 일선 감독자들은 종업원들 가운데서 선발되었고, 이들의 권한은 부하 직원들에 대한 사실상 완전한 통제력을 행사했다. 이처럼 초창기 일부에서는 리더십을 단순하게 조직의 부하들을 효과적으로 통제하는 것으로 여기기도 했다. 하지만 이렇게 리더십을 하나의 권력 형태로 파악하는 것은 잘못된 것이다. 즉, 리더십은 사람들 위에 있는 것이 아니라 사람들과 함께 하는 것이다.

그 당시의 관리 방법은 Frederick Taylor의 시간연구 등에 기초를 둔 생산성 향상에 초점을 둔 것이었는데, 이 때 산업체에서는 근로자를 생산을 위한 부속으로 여기고 이들에게서 최대의 생산성을 얻어내는 것을 목표로 하였다. 이러다 보니 리더십의 형태도 과업 지향적이고 조직의 목표 달성을 위해서 근로자들을 통제하는 것이 주가 되었다.

그러나 1924년 호오손 연구는 생산성에 있어서 물리적 작업 조건보다는 조직 속에서의 인간관계의 중요성을 깨닫게 하는 계기가 되었는데, 이후 산업체에 도입된 인간관계 관리 방식은 리더십에 있어서도 리더와 조직 구성원 간의 상호작용에 더 초점을 두게 했다. 이러한 경향은 점점 발전해 리더는 단순히 생산성을 유지, 향상시키는 것 외에 부하 직원들의 협동을 증진시키고, 그들의 개인적 성장과 발전을 증진시키는 것도 그 덕목에 포함되게 되었다.

특히 McGregor의 Y이론에서 설명하고 있듯이 인간의 본성을 보다 자율적이고 책임성을 가지는 존재로 본다면, 리더십에 있어서도 리더는 단순히 부하 직원들 위에 군림하고 과업 목표 달성을 위해 통제하는 존재가 아니라, 부하 직원들과 상호작용을 하며 그들을 배려하며 능력을 최대로 끌어내는 존재로 여겨지게 된다.

이러한 현대적 관점에서 리더십에 대한 정의를 하면 다음과 같다. 우선 실용적 관점에서의 리더십에 대한 정의는 '리더와 조직원들 간의 상호적 변화의 과정에서, 조직과 개인의 목표 달성을 촉진시키기 위해 조직원들에게 영향을 끼치고 동기화시킬 수 있도록 리더에게 허용한 것'이라고 할 수 있다. 이 리더십의 정의에서 상호적이라는 것은 리더십의 발휘 과정에서 리더와, 집단 구성원, 그리고 상황 등의 세 요소에 끊임없는 적응이 일어나는 역동적 과정이라는 것을 의미한다. 그리고 이러한 상호작용은 개인과 조직의 목표를 추구하는 과정에서 발생한다.

4.2 리더십의 유형

4.2.1 리더십과 헤드십의 비교

어느 조직 내 리더의 선출이 조직 내부에 의해서 이루어지는가 아니면 조직 외부에 의해서 임명된 자가 리더가 되는가에 따라 리더십의 형태가 달라질 수 있다. 이 둘 사이의 용어를 정의하면 조직 내부에서 선출된 자가 발휘하는 리더십은 그대로 리더십(leadership)이라 하고, 조직 외부에 의해 임명된 자가 발휘하는 리더십은 헤드십(headship)이라고 한다.

리더십은 조직 내부의 구성원들에 의해 선출된 자가 갖는 것이기에, 리더로서의 권한 행사의 초점이 자신을 선출한 구성원들에게 맞추어져 있다. 따라서 구성원들의 의견에 귀를 기울이는 민주적 리더십을 발휘하기 쉽다. 반면에 헤드십은 외부의 임명권자로부터 리더로서의 권한을 위임받았기에 관심의 초점을 임명권자에 두고 있어 구성원들에 대해서는 권위주의적 리더십을 발휘하기 쉽다. 현대의 사회적 환경에서는 당연히 헤드십에 비해 리더십이 올바른 방향이라 할 수 있다. 하지만 임명된 헤드십이라도 구성원들을 배려하고 민주적 권한 행사 등을 통해서 리더십의 형태로 바꾸는 것이 좋다. 표 19•1에 리더십과 헤드십의 차이가 정리되어 있다.

4.2.2 권위주의적 리더십과 민주주의적 리더십

리더십과 관련해 인간의 본성에 대해 살펴보는 이론으로 심리학자 McGregor가 발표한 X, Y이론이 있다. X이론은 동양의 순자가 주장했던 성악설처럼 인간을 매우 수동적이며, 부정적 존재로 바라본다. 즉, 인간은 선천적으로 일을 하기 싫어하므로, 목표 달성을 위해서는 사람들을 통제하고 부정적 처벌 방법 등을 사용해야 한다고 본다. 또한 사람들은 자발적이기보다는 지시, 감독받기를 더 좋아한다고 생각한다.

표 19•1▸리더십과 헤드십의 차이

	리더십	헤드십
지위 부여 형태	구성원 선출	상부에서 임명
권한 부여	구성원의 동의	상부로부터 위임
권한 근거	개인능력	법과 규정
권한 귀속	집단에 기여한 공로로 인정	공식적인 규정에 의거
상관부하 관계	개인적 영향	지배적
책임 귀속	상사와 부하	상사
부하와의 사회적 간격	좁음	넓음
지휘 형태	민주주의적	권위주의적

이와 반대로 Y이론에서는 맹자의 성선설처럼 인간은 긍정적이며 일을 통해 만족을 얻을 수 있고, 자발적으로 목표 달성을 위해 노력하고, 동기부여가 될 수 있는 긍정적 보상은 더욱 열심히 일을 하게 만든다는 이론이다. 이러한 가설에 근거할 때 X이론에서는 권위주의적인 리더십이 더 효과적일 것이라고 보며, 반대로 Y이론에서는 민주주의적 리더십이 더 효과적이라고 보고 있다.

권위주의적 리더십과 민주주의적 리더십의 구분은 양 극단을 이야기하고 있지만, 그 둘 사이의 연속선상에서 리더십을 파악할 수 있다. 민주주의적 리더십일수록 의사결정 과정에서 리더는 문제만을 제시하고 부하 직원들이 결정하도록 하는 경향을 갖는다. 반면, 권위주의적 리더십은 리더가 모든 것을 결정하고 부하들이 이를 따르게 한다. 이 중간 형태의 리더십을 가진 리더는 그의 생각을 제시하고 부하직원들의 의견이나 논평을 듣는 형태도 있을 수 있다.

권위주의적-민주주의적 리더십이라는 축에서 벗어난 또 다른 형태인 방임주의적 리더십도 있다. 방임주의적 리더십은 리더가 주어져 있는 권한을 사용하지 않는 형태의 리더십으로 구성원들의 자발적 행동을 기대하나 리더십의 미발휘는 조직의 발전을 저해하기 쉽다. 즉, 방임주의적 리더십에는 본질적 의미의 리더십이 없는 것으로 파악된다.

이 밖에 자기희생, 미래에 대한 비전(vision) 제시, 소속원의 요구 사항에 민감한 카리스마적 리더십(charismatic leadership) 형태도 있다.

4.2.3 관계형 리더십과 과제형 리더십

Robert Blake와 Jane Mouton은 관리그리드 이론(managerial grid theory)에서, 리더의 형태를 리더의 두 가지 중요한 기능인 조직원에 대한 배려(관계형)와 조직구조의 주도(과제형), 두 축에서 9개의 단계를 나누어 다양한 형태의 리더십을 파악하였다(그림 19•14). 그리드에 나타난 대표적인 5개 유형의 리더십은 다음과 같다.

- 무관심형 리더십: 과업 달성과 인간관계 모두에 관심이 없는 리더십의 유형으로 자신의 직위 유지에만 최소한의 노력을 한다.
- 관계형 리더십: 인간에 대한 관심은 매우 높은데 비해 과업에 대한 관심은 낮은 유형으로 조직 구성원에 대한 인간관계 유지에 최대한 노력을 기울이는 유형이다.
- 과업형 리더십: 인간관계 유지에는 낮은 관심을 보이나, 과업에 대해서는 높은 관심을 가지는 유형이다.
- 타협형 리더십: 과업 완수와 인간관계 유지를 적당한 선에서 타협하는 형태의 리더십 유형이다.
- 이상형 리더십: 과업 완수와 인간관계 모두에 있어 최대한의 노력을 기울이는 리더십 유형이다. 현실에서는 과업 완수와 조직 구성원에 대한 배려가 때로는 충돌할 수 있어 이상적 리더십을 구현하는 것은 쉽지 않다.

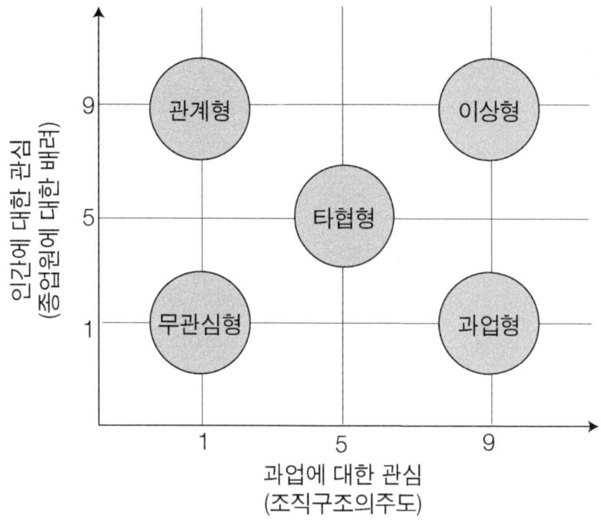

그림 19•14▸관리그리드 이론에 의한 리더십의 파악

4.3 리더의 권한과 기능

4.3.1 리더의 권한

조직에서 리더십을 발휘하기 위해 리더들에게는 여러 가지 권한들이 부여된다. 이러한 권한들 중 어떤 것들은 조직에 의해서 부여된 것들도 있고 본인 스스로가 부여하는 권한도 있다.

1) 조직이 부여하는 권한

- 보상적 권한: 리더는 조직의 구성원들에게 승진이나 급여 인상과 같은 보상할 수 있는 권한을 갖는다. 이를 통해 리더는 부하 직원들을 효과적으로 통제할 수 있다.
- 강압적 권한: 리더는 조직의 구성원들에게 승진 누락, 감봉, 해고와 같은 강압적 조치를 취할 수 있는 권한을 갖는다.
- 합법적 권한: 리더는 조직의 규정에 의해 조직이 공식화한 권한을 갖는다. 이를 통해 리더는 구성원들을 지휘할 수 있는 위계적인 권한을 갖는다.

2) 리더가 창출하는 권한

- 위임된 권한: 조직 구성원들에 의해 리더로 선출이 되면, 이는 그들의 권한을 모아서 리더에게 위임을 하는 것이다. 위임된 권한은 리더의 생각을 부하 직원들이 잘 따르게 할 수 있는 권한으로, 부하 직원들이 조직의 목표 달성을 할 수 있도록 일하게 하는 진정한 리더십에 관련된 권한이다.
- 전문성의 권한: 조직의 목표 달성을 위해 리더가 가지고 있는 지식과 정보가 부하 직원들에게 도움을 줄 수 있을 때, 전문성의 권한이 생기게 된다.

4.3.2 리더의 기능

미국 오하이오 주립대에서 리더십의 특성에 대해서 연구를 수행한 결과, 리더의 중요한 기능으로 ① 집단 구성원에 대한 배려, ② 조직구조의 주도, ③ 생산활동의 강조, ④ 민감한 태도 등을 파악한 바 있다. 이 중에서도 앞의 2개의 기능이 전체 리더 기능의 80% 이상을 차지한다고 보고 있다. 첫째, 집단 구성원에 대한 배려는 조직의 단결과 통일성 유지를 위해서 끊임없이 요구되는 기능이다. 어려운 상황에 처한 구성원에게 관심을 보이고 배려해주는 리더에 대해 구성원들은 협조를 잘한다. 둘째, 리더는 조직의 목표 달성을 위해 외부 환경에 대한 올바른 판단, 미래에 대한 비전의 제시, 새로운 기술 등에 대한 정보 제공 등의 조직 주도 업무를 수행하게 된다.

4.4 리더십 이론

리더십의 발휘 형태에 대해 매우 다양한 이론들이 제시되어 있다. 리더십 이론의 공통적인 부분은 리더와 구성원 간의 상호작용이 어떠한 형태로 나타나는가, 그리고 리더십이 발휘되는 상황이 어떠한가에 따라서 리더십의 형태가 결정된다고 보고 있다. 이것을 함수식으로 표현하면 다음과 같다.

$$리더십 = f(리더, 구성원, 상황)$$

이러한 이론에 근거한 리더십 형성에 대한 구체적인 이론으로는 특성이론, 상황이론, 행동이론 등이 있다.

4.4.1 특성이론

특성이론은 리더의 기능 수행은 리더 개인의 특별한 성격과 자질에 의존한다고 설명하는 이론이다. 따라서 성공적인 리더의 성격과 특성을 연구한다면, 좋은 리더를 선발해낼 수 있다고 본다. 예를 들면, 역사적으로 성공했다고 판단되는 인물들의 성격과 자질을 분석하여 그들 간의 공통점을 찾는다면 그러한 공통점이 성공적인 리더십의 요체라고 판단하는 것이다.

이 이론은 리더십에서 개인적 특성을 강조하는 반면 그러한 리더십이 발휘되는 상황이나 환경에 대해서는 전혀 고려하지 않고 있다. 대신에 좋은 특성을 지닌 유능한 리더들은 어떤 상황에서건 유능한 리더십을 발휘할 수 있다고 본다. 이는 지도자는 하늘이 내린다는 말과 일맥상통하는 이론이다. 특성이론은 현대에서는 거의 지지되고 있지 않지만 이를 변형한 제한적 특성이론도 있다.

4.4.2 상황이론

상황이론에서는 특성이론과 다르게 리더의 특성보다는 리더십이 발휘되는 상황에 더 초점을 맞추는 이론이다. 특히 상황이론에서는 상황에 따른 리더와 구성원 간의 역동적인 상호작용이 매우 중요하다고 보고 있다. 예를 들면, 독재시절에는 권위주의적 리더십이 경제개발 관련 효과를 볼 수 있었고 그러한 리더십이 받아들여질 수 있었다. 그렇지만 민주적인 정부 하에서는 그러한 권위주의적 리더십은 발휘될 수 없을 것이다. 즉, 상황에 따라 좋은 리더십은 변하게 된다고 본다.

4.4.3 행동이론

행동이론에서는 리더가 취하는 행동에 가장 초점을 맞춘다. 따라서 좋은 리더가 수행하는 행동들을 수집한다면, 리더십 육성을 위한 훈련 과정 등에 이를 활용할 수 있다고 본다. 리더의 행동 연구를 통해 리더십의 유형을 독재적-민주적 리더십, 과업형-관계형 리더십 등으로 분류하기도 하는데 이는 행동이론에 근거한 분류이다.

4.4.4 제한적 특성이론

제한적 특성이론은 개인의 좋은 특성이 좋은 리더를 만든다는 결정적 특성요인이 아니라, 부분적으로 리더의 특성, 구성원의 특성 등이 상호작용 과정에서 리더십 형성에 영향을 끼친다는 이론이다. 예를 들어, 구성원의 교육 수준이 낮고 수동적 특성을 갖는다면, 이들은 자신들을 일방적으로 이끌어주는 권위주의적 리더십을 선호할 수 있고, 반대로 구성원들이 능동적이고 자율적이면 민주주의적 리더십을 선호한다고 할 수 있다.

연습문제

[1] 도서관에서 모르는 사람들이 대화도 없이 한 책상에 앉아서 공부만 하고 있다면 이들은 집단이라 할 수 없는데, 그 이유는 집단의 중요한 특성이 결여되어 있기 때문이다. 이 특성은 무엇인가?

① 집단 목표 ② 응집성
③ 상호작용 ④ 조직적 구조

[2] 다음 중 집단의 응집성에 대한 설명 중 옳지 않은 것은?

① 개인적 수준의 응집성은 각 개인의 충성도에 의해 결정된다.
② 집단 구성원들 간 연결의 강도를 응집성(coherence)이라고 한다.
③ 집단 수준의 응집성은 집단을 통해 구성원을 통합시키는 정도이다.
④ 응집성이 높은 집단에서 구성원들은 대화와 참여가 더 빈번해진다.

[3] 집단 구성원들 간의 관계는 지속적인 형태로 발전하게 되는데 이를 집단 구조라한다. 집단 구조를 나타내는 요인이 아닌 것은?

① 역할(role) ② 지위(status)
③ 규범(norms) ④ 상호작용(interaction)

[4] 대부분의 집단은 시간에 따라 변화한다. 집단의 연속적 단계 이론에 따른 집단의 시간적 변화 순서가 바르게 연결된 것은?

① 형성기-갈등기-정규화기-과제수행기-해체기
② 형성기-정규화기-갈등기-과제수행기-해체기
③ 형성기-갈등기-과제수행기-정규화기-해체기
④ 형성기-정규화기 과제수행기-갈등기-해체기

[5] 집단은 1차 집단(primary group)과 2차 집단(secondary group)으로 나눌 수 있는데, 각 집단의 예가 바르게 짝지어진 것은?

① 1차-친구, 2차-학생회 ② 1차-친구, 2차-가족
③ 1차-가족, 2차-친척 ④ 1차-기업, 2차-학생회

[6] 집단 가운데서 명문화된 규칙과 규범을 가지고 모인 집단인 공식집단(formal group)과 거리가 먼 것은?

① 공식성 ② 합리성 ③ 자연발생적 ④ 군대

[7] 다음 중 조직된 집단(organized group)이 아닌 것은?

① 협회 ② 프로 운동 팀 ③ 태스크포스 팀 ④ 생산라인 조직

[8] 다음 중 상황집단(circumstantial group)이라고 할 수 없는 것은?

① 대기 줄 ② 청중 ③ 스터디 그룹 ④ 폭도

[9] 성원집단의 구성원이 되기를 바라는 사람들로 이루어진 집단을 무엇이라고 하는가?

① 기대 집단 ② 비공식집단 ③ 2차 집단 ④ 준거 집단

[10] 집단의 형성과 구조, 집단에서의 상호작용, 집단 수행, 집단 관련 갈등 등에 대한 내용을 다루는 집단역학(group dynamics)을 개척한 학자는?

① Kurt Lewin ② F. Tayler ③ Rasmussen ④ James Reason

[11] 군대 등의 조직에서 볼 수 있는 집단 구성원 간의 상호작용 형태는?

① 다층일방향 관계 ② 상호의존형 관계 ③ 일방향 관계 ④ 순차적 관계

[12] 7명으로 구성된 팀의 상호 선호관계를 소시오메트릭스로 조사한 결과 4개로 나타났다. 이 팀의 응집성지수를 구하시오.

① 0.16 ② 0.17 ③ 0.18 ④ 0.19

[13] 오른쪽 소시오그램에서 이 집단의 응집성지수는?
여기에서 실선은 선호관계, 점선은 거부 관계이다.

① 0.15 ② 0.25
③ 0.30 ④ 0.40

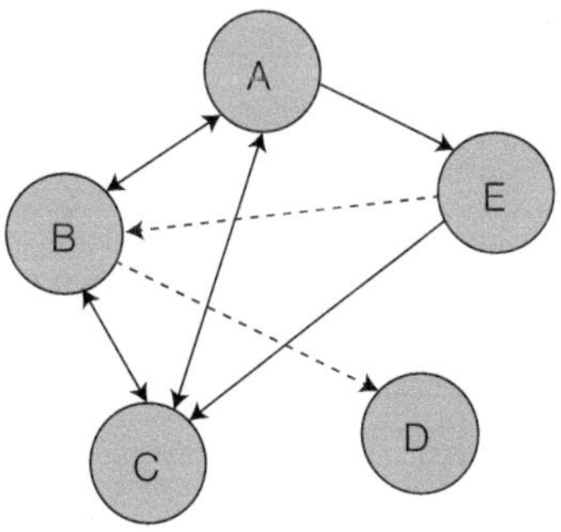

[14] 위에서 B의 선호신분지수는?

① 0.15 ② 0.25
③ 0.30 ④ 0.40

[15] 위에서 선호신분지수가 가장 낮은 사람은?

① A ② B ③ C ④ D

[16] 집단의 응집성이 높아지면서 일어나는 집단의 변화 특성이 아닌 것은?

① 집단 내에 '우리'라는 집단의식이 증가하며, 집단에 대한 정체성이 올라간다.
② 집단에 대한 관심이 높아져 집단 활동에 참여가 늘어난다.
③ 집단 구성원들의 이직, 결근 등은 변화가 없다.
④ 구성원들에게 집단에 대한 동조 압력이 증가한다.

[17] 직장을 다니며 야간에 대학교를 다니는 학생의 경우 갑작스런 연장근무가 요구되는 경우 직장인과 학생이라는 두 역할 사이에서 갈등을 겪게 된다. 이것을 가장 잘 설명하는 역할 갈등은?

① 역할 모호성　② 역할 부적합
③ 역할 간 갈등　④ 역할 내 갈등

[18] 원하는 회사에 입사하였으나 근무지가 멀리 떨어져 있어 가족과 떨어져야 하는 경우의 갈등 유형은?

① 접근-접근 갈등　② 회피-회피 갈등
③ 역할 간 마찰 갈등　④ 접근-회피 갈등

[19] 집단 구성원들 간의 이익을 둘러싼 태도는 오른쪽 그림과 같은 다섯 가지 형태로 나눌 수 있다. A에 해당하는 유형은?

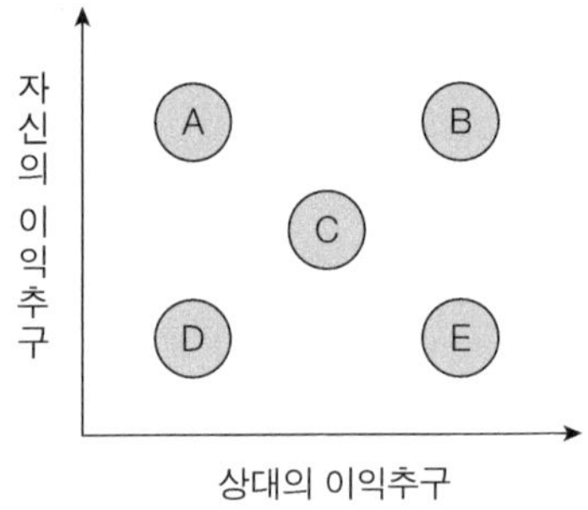

① 경쟁　② 회피　③ 타협　④ 협동

[20] 리더십 이론 중 '관리격자이론'에서 직무중심 지향적으로 인간에 대한 관심이 낮은 유형은?

① (1,1)형　② (1,9)형　③ (9,1)형　④ (9,9)형

[21] 집단 간의 갈등을 해소하기 위한 방법으로 적절하지 않은 것은?

① 한정된 자원이 원인인 경우 자원을 최대한 늘인다.
② 갈등을 일으키는 집단 별로 서로 다른 목표를 명확히 설정한다.
③ 직무 순환 등의 방법은 상대 집단에서 문제를 바라보게 한다.
④ 집단 간 견해 차이를 줄인다.

[22] 합리적이고 공식적 조직으로서 관리자와 근로자의 역할을 엄격히 규정하며, 법과 규정에 의한 합리적 관리로 예측 가능한 조직 체제를 유지하기에 정확하고 효율적이라는 특징을 나타낸 조직 형태는?

① 네트워크형 조직　② 관료주의 조직
③ 위원회 조직　④ 프로젝트 조직

[23] 현대 조직의 특징이라고 할 수 없는 것은?

① 직무의 충실화 및 확대　② McGregor의 X이론에 근거
③ 의사결정 과정에의 참여 확대　④ 자아 충족의 기회 제공

[24] 중규모 형태의 기업에서 시장 상황에 따라 인적자원을 효과적으로 활용하기 위한 조직으로 제품을 책임지고 있는 부서장들은 적절하게 설계인력(D), 생산인력(P), 판매인력(M)을 각 기능별 팀장들과 협조 하에 구성할 수 있는 조직 형태는?

① 네트워크형 조직　② 위원회 조직
③ 매트릭스형 조직　④ 프로젝트 조직

[25] 20세기 초기의 리더십 특징과 거리가 먼 것은?

① 리더십을 단순하게 조직의 부하들을 효과적으로 통제하는 것으로 여기기도 했다.
② 과업 지향적 리더십이라고 할 수 있다.
③ 조직의 목표 달성을 위해서 근로자들을 통제하는 것이 주된 기능이었다.
④ 부하 직원들의 협동을 증진시키고 개인적 발전을 증진시키는 것이 주된 목표였다.

[26] 리더십과 헤드십은 지위 부여 형태, 권한 근거 등에서 다른 특징을 가지고 있다. 다음 중 헤드십의 특징이라고 할 수 없는 것은?

① 상부에서 임명 ② 권한은 상부로부터 위임
③ 민주주의적 ④ 법과 규정에 근거

[27] 리더십과 관련해 인간의 본성에 대해 살펴보는 이론으로 심리학자 McGregor가 발표한 X, Y이론이 있다. X이론에 의한 리더십 설명과 거리가 먼 것은?

① 민주주의적 리더십 ② 인간은 매우 수동적임
③ 통제와 처벌 방법 사용 ④ 지시, 감독 받기를 더 좋아함

[28] 리더십과 관련된 다음 설명 중 옳지 않은 것은?

① 권위주의적 리더십은 리더가 모든 것을 결정하고 부하들이 이를 따르게 한다.
② 방임주의적 리더십은 리더가 주어져 있는 권한을 거의 사용하지 않는다.
③ 민주주의적 리더는 부하 직원들이 문제 제시와 결정을 모두 하게하고, 결정을 실행한다.
④ 카리스마적 리더십은 자기희생, 미래에 대한 비전 제시 등의 특징이 있다.

[29] 관리그리드 이론(managerial grid theory)에서는 리더의 형태를 리더의 두 가지 중요한 기능인 조직원에 대한 배려(관계형)와 조직구조의 주도(과제형) 두 축에서 단계를 나누어 다양한 형태의 리더십을 파악하였다. 오른쪽 그림에서 D에 해당하는 리더십은 무엇인가?

① 관계형 ② 이상형 ③ 과업형 ④ 타협형

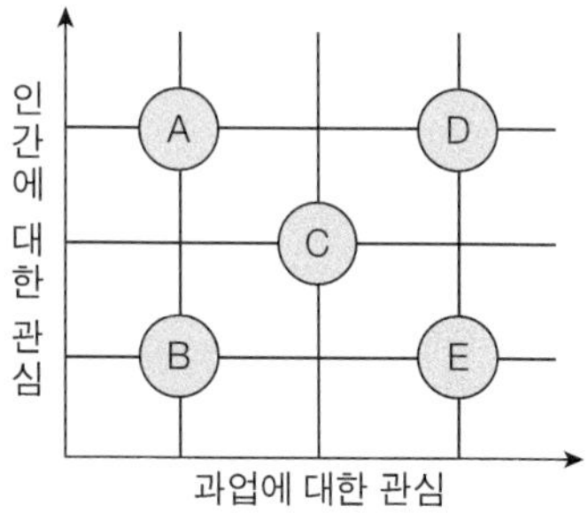

[30] 다음 리더의 권한 중에서 성격이 다른 것은?

① 보상적 권한 ② 강압적 권한
③ 전문성의 권한 ④ 합법적 권한

[31] 지도자는 하늘이 내린다는 말과 일맥 상통하는 리더십 이론으로 리더의 기능 수행은 리더 개인의 특별한 성격과 자질에 의존한다고 설명하는 이론은 무엇인가?

① 특성 이론 ② 상황 이론
③ 행동 이론 ④ 제한된 특성 이론

응용문제

[1] 어떤 집단의 비공식적 관계를 나타내는 다이어그램이 다음과 같다. 선호 관계는 실선(+1점), 거부관계는 점선(−1점)으로 나타내었다. 아래 질문에 답하시오.

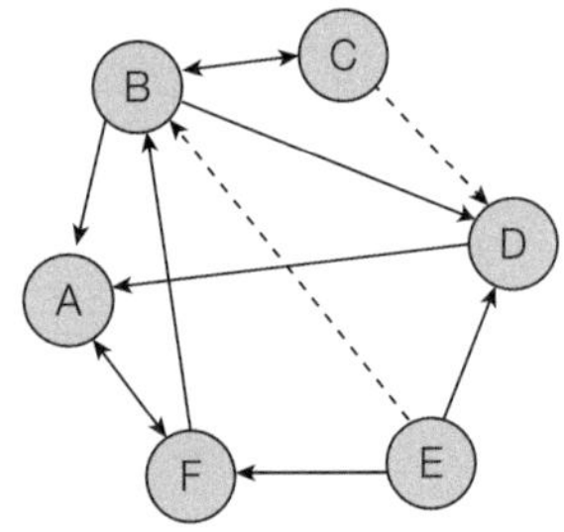

(1) 이 집단에서 선호신분지수로 볼 때 가장 높은 사람과 낮은 사람은? 단, 동점일 경우 여러 명일 수 있음

(2) 이 집단의 응집성 지수를 구하시오.

[2] 간디의 리더십과 히틀러의 리더십에 대해서 비교 설명하시오.

[3] 집단은 시간에 따라 변화하며 집단의 연속적 단계 이론에서는 집단의 발달이 5단계(형성기, 갈등기, 정규화기, 과제수행기, 해체기)를 거친다고 가정한다. 적절한 집단을 예를 들어 각 단계를 설명하시오.

[4] 집단 내의 구성원들은 개인적 갈등을 겪을 수 있으며 개인적 갈등으로는 목표 갈등, 역할 갈등 등이 있을 수 있다. 역할 갈등은 역할 모호성, 역할 부적합, 역할 마찰 등이 있고, 개인 목표 갈등은 접근-접근 갈등, 회피-회피 갈등, 접근-회피 갈등이 있다. 각각에 대해서 간략히 설명하고 1개 이상 예를 드시오.

[5] 집단 간 갈등의 원인으로는 집단 간 목표 차이, 집단 간 의견 차이, 한정된 자원 등이 있을 수 있다. 예로 들어 설명하고, 갈등을 해소하기 위한 방법을 제시하시오.

[6] 리더십과 헤드십의 차이를 지위부여 형태, 권한 근거, 책임 귀속 등의 측면에서 비교 설명하시오.

CHAPTER 20 직무스트레스

1 스트레스 개요

1.1 스트레스의 정의

스트레스(stress)는 현대인들에게 일상화 되어버린 문제이다. 심지어 어린 학생들도 학업으로 인한 스트레스를 받고 있다. 성인들도 사회나 직장생활에서 수많은 스트레스에 노출되어 있다. 이러한 스트레스는 개인에게는 건강에 악영향을 주어 질병에 걸릴 확률을 높게 한다. 현대인의 질병 중 50~80%가 스트레스와 관련이 있다고 추정되고 있다. 직장에서의 스트레스는 업무 생산성을 떨어뜨리기도 하고, 스트레스로 인한 업무 관련성 질환이나 사고 등 산업재해의 가능성도 높이는 것으로 알려져 있다. 우리나라에서도 업무관련성 질환의 하나인 뇌·심혈관계 질환자 발생이 계속적으로 늘고 있는데, 직무스트레스로 인한 발병이 많은 것으로 보고되고 있다. 따라서 이제는 산업체에서도 근로자들의 스트레스와 이에 대한 관리에 관심을 가질 수밖에 없게 되었다.

1.1.1 스트레스 연구의 역사적 배경

스트레스라는 개념은 '팽팽하게 죄다'라는 의미를 가진 라틴어의 'stringere'에서 유래되었다. 이후 14세기 유럽에서 스트레스는 곤란, 역경 등과 같은 의미로 사용되었다. 18세기에는 물리학과 공학 분야에서 스트레스는 재료에 가해지는 외적 부하의 개념으로, 이런 스트레스를 받아 재료에 나타나는 내적인 변형을 스트레인(strain)이라고 했다. 이러한 개념은 의학에도 그대로 받아들여져 스트레스를 신체에 가해지는 외적 힘으로 파악하기도 했었다.

그러다 현대와 같은 의미로서의 스트레스 개념이 처음 제시된 것은, 20세기 Cannon의 연구에 기인한다. 그는 스트레스를 항상성(恒常性) 유지를 방해하는 기제로서 개념화하였다. 직무스트레스에 대한 연구는 1960년대에 들어 Khan 등에 의해 본격적인 연구가 시작되어 지금은 산업심리학의 중요한 영역이 되었다. 현대 산업심리학에서 스트레스가 중요한 문제로 대두되게 된 것은 스트레스가 질병 발생과 관계가 높다는 사실들이 밝혀져 이에 대한 예방대책이 필요하게 되었으며, 스트레스는 직장에서 종업원들의 작업 동기와 신체적 능력을 저하시켜 생산성 저하와 안전사고의 원인이 될 수 있기 때문이다.

1.1.2 접근방법

스트레스에 대한 정의는 목적과 관점에 따라 다양하게 될 수 있어, 누구나 동의할 수 있는 정의를 하기가 어렵다. 스트레스에 대한 정의를 하기 전에 지금까지 역사적으로 연구된 스트레스에 대한 개념과 이론들은 다음과 같은 세 가지 접근 방법으로 정리할 수 있다.

1) 공학적 접근법 스트레스(stress)와 스트레인(strain)은 공학에서 최초로 도입된 개념이다. 여기서 스트레스는 외부에서 재료나 인간에게 가해지는 외부의 힘이고, 스트레인은 이러한 스트레스로 인해 재료나 인간에게 나타나는 변형이다(그림 20•1). 따라서 공학적 접근법에서 스트레스는 환경적 요인이며 독립변수로 취급된다.

2) 생리적 접근법 생리적 접근법에서의 스트레스는 공학적 접근법과 다르게 스트레스를 외부의 유해한 자극인, 스트레서(stressor)에 대한 생리적 반응으로 파악한다. 즉, 스트레스는 외부의 스트레서에 의해 신체에 항상성이 깨지며 나타나는 반응인 것이다(그림 20•2). 일례로 우리 인간은 스트레스 상태가 되면 부신피질에서 코티졸(cortisol)이라는 호르몬이 과잉 분비되어 뇌의 활동 등을 저해하게 되는데, 이와 같은 생리적 반응을 스트레스라고 보는 것이다. 따라서 생리적 접근법에서의 스트레스는 종속변수에 해당된다. 생리적 접근법 모델의 대표적인 연구자는 Selye이다. 그는 스트레스로 인한 의학적 질병에 관심을 가지고 연구하였으며, 스트레스 반응이 일반적으로 경고단계–저항단계–소진단계로 진행된다는 일반적응증후군(general adaptation syndrome)이라는 개념을 제안하였다.

3) 심리적 접근법 앞의 공학적, 생리적 접근법은 스트레스를 정의함에 있어서, 스트레스를 단순한 자극-반응 간의 관계 속에서 자극(독립변수) 혹은 반응(종속변수)으로 단순화해서 보는 관점

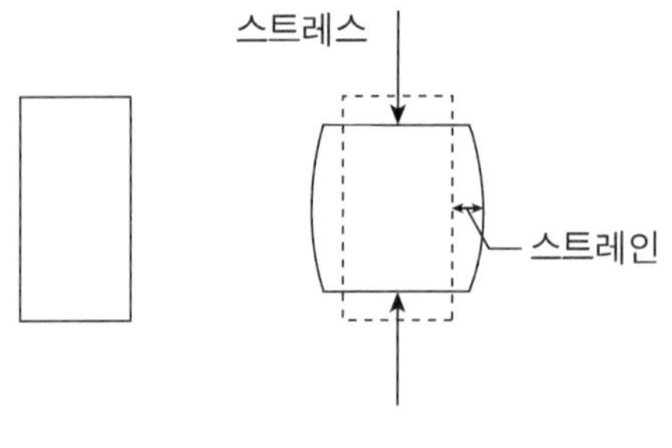

그림 20•1▸공학적 접근법에서의 스트레스와 스트레인

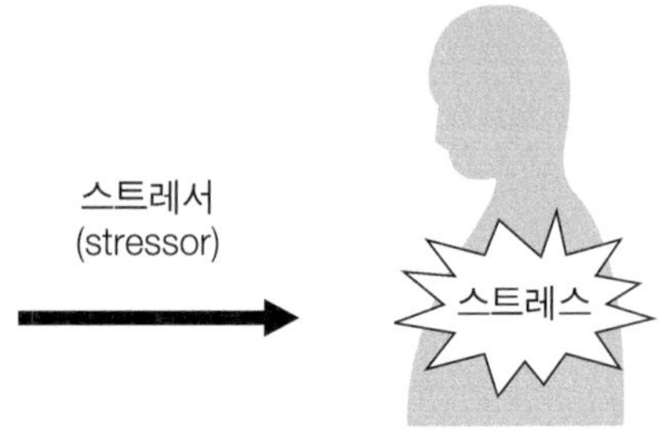

그림 20•2▸생리적 접근법에서의 스트레스

을 취하고 있다. 또한 스트레스 발생 과정의 상황적 요인과 스트레스에 대한 개인적 인식과 반응의 차에 대한 설명을 하기가 어렵다.

이에 반해 심리적 접근 방법은 스트레스에 대하여 환경적 요소, 특히 사회심리적 및 조직상의 상황적 배경에 특별한 주의를 기울인다. 심리적 접근법은 스트레스는 문제가 있는 환경과 인간의 상호작용에 의해 발생하며, 이러한 상호작용의 근본이 되는 인식과정 및 감성적 반응으로 나타난다고 보았다. 현재는 거의 모두가 스트레스 정의에 대해 심리적 접근법을 받아들이고 있다.

1.1.3 스트레스의 정의

스트레스에 관한 정의는 앞에서 살펴본 것과 같이 다양한 관점에서 서로 다르게 정의될 수 있다. 여기서는 비교적 많은 사람들의 지지를 받고 있는 심리적 접근법에서 스트레스를 정의하겠다. 개인이 외적 자극을 심리적으로 어떻게 평가하고 해석하느냐에 초점을 맞추었던, Lazarus는 스트레스를 '한 개인과 그 개인의 자원을 혹사시키거나 초과하고 그의 복지를 위태롭게 하는 것으로 평가된 환경과의 특정한 관계'라고 정의하였다.

한편 산업 현장의 직무스트레스에 대해서 미국 NIOSH에서는 다음과 같이 정의했다. 직무 스트레스란 직무 요구 조건이 개인의 능력, 자원, 혹은 근로자의 욕구와 맞지 않을 때 발생하는 유해한 신체적, 정서적 반응이라고 정의할 수 있다. 이러한 직무스트레스로 인해 건강이 악화되거나 질병에 이환될 수 있다.

1.2 직무스트레스 발생 모델

1.2.1 인간-환경 적합성 모델

1970년대 초 미국 미시간대학 팀에 의해 제안된 인간-환경 적합성 모델(person-environment fit model)은 불충분한 작업 적합성, 보유 기술과 작업 요구 사이의 부조화, 경력 상 목표와 실제적 기회 사이의 부조화 등 그를 둘러싼 환경과 부조화를 개인이 인지할 때 정서적 스트레스를 받는다고 가정한다.

1.2.2 요구-조절 모델

1979년 Karasek 등에 의해 제안된 요구-조절 모델(demand-control model)은 직무스트레스 발생과정에 대한 설명과, 직무스트레스에 대한 평가 등에 널리 사용되어 왔다. Karasek은 직무스트레스 모형에서 스트레스를 결정짓는 두 인자로 직무요구도(job demand)와 이에 대한 의사결정 범위(decision latitude)를 고려했다(표 20•1). 의사결정 범위는 직무 요구에 대한 조절을 할 수 있는 능력으로 숙련기술의 사용 여부, 시간 분배 조절 능력, 조직 정책 결정에의 참여 등과 같은 직무 내용에 대한 자기 결정 권한 정도를 말한다. 이 두 인자의 조합 중 높은 직무 요구(high job demand)에 비해 낮은 의사결정 범위(low decision latitude)를 가진 근로자들이 높은 직무스트레스에 노출되어 있다고 할 수 있다. 장기간 이런 상태가 유지되면 질병에 이환될 확률이 커진다.

표 20•1▸Karasek의 직무요구-조절 모델

		직무요구도(job demand)	
		저	**고**
의사결정 범위	저	수동적집단 (passive job)	고긴장집단 (high strain)
	고	저긴장집단 (low strain)	능동적집단 (active job)

Karasek의 요구-조절 모델에 또 하나의 요인인 사회적 지지(social support)를 추가한 모델이 사용되기도 하는데 이는 요구-조절-지지 모델이라고 한다. 사회적 지지는 동료, 감독, 조직으로부터의 직무 수행에 대한 관심과 지지를 의미한다. 사회적 지지가 있는 경우에는 고긴장집단이라 하더라도 스트레스를 낮추고 관리해갈 수 있다.

1.2.3 노력-보상 모델

Johaness Siegrist(1996) 등에 의해 개발된 노력-보상 모델(effort-reward model)은 외적으로 직무에 있어서 요구되는 노력(직무요구, 의무)과 보상(금전적 보상, 승진, 자존심, 직무안정)의 균형을 가지고 스트레스 발생을 설명한다. 즉, 높은 노력에 비해 낮은 보상이 계속될 때 근로자는 심한 스트레스에 노출된다고 본다(그림 20•3). 이 모델은 사회적 보상이 없는 고도의 노력은 반복되는 강한 분노, 우울 및 혼란을 불러일으키고, 그것들은 지속적인 자율 신경계의 각성 및 이에 따른 고혈압, 심근경색 등의 건강 문제를 일으킨다고 가정한다. 단, 내적 요인인 동기부여(motivation)에 의해 외적 요인은 완화될 수 있다.

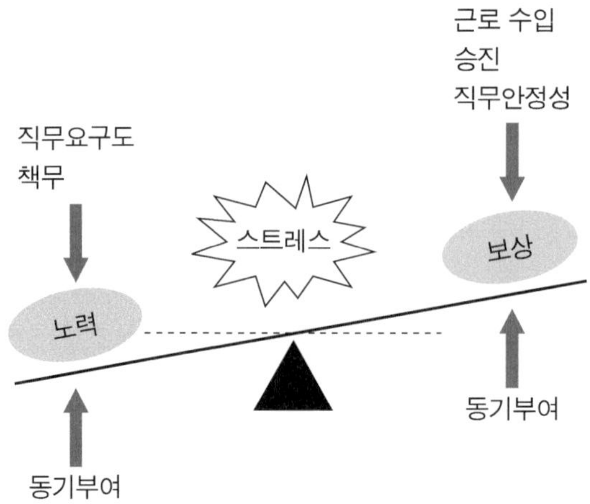

그림 20•3▸노력-보상 직무스트레스 모델

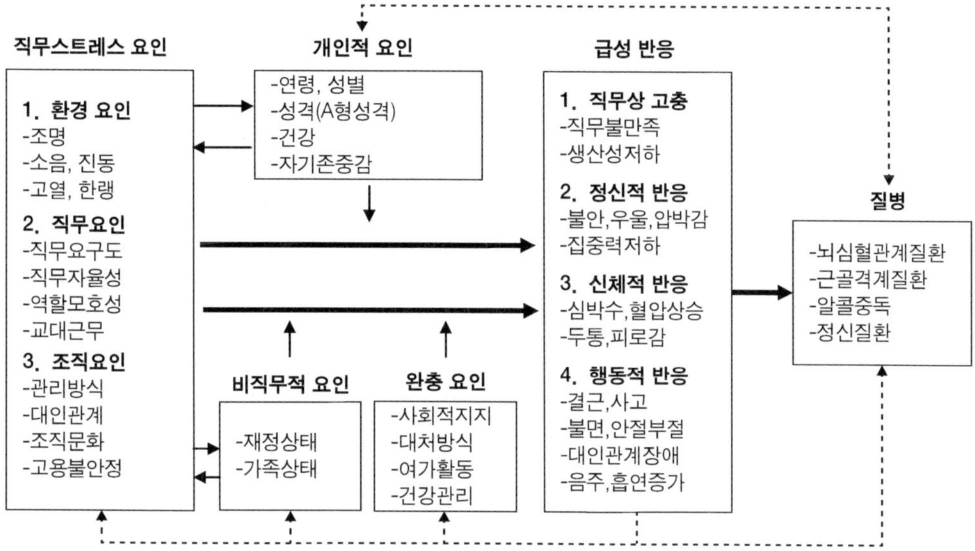

그림 20•4▸NIOSH 직무스트레스 모델

1.2.4 NIOSH의 직무스트레스 모델

미국 산업안전보건연구원(NIOSH)에서는 기존의 스트레스 연구 결과들을 종합한 하나의 모델을 제시하였다(그림 20•4). 이 모델에서 직무스트레스 요인으로는 크게 환경 요인, 직무 요인, 조직 요인이 있다. 직무 요인은 작업의 특성인 부하, 속도, 교대 형태 등이 스트레스의 요인이 된다. 조직 요인으로는 역할 갈등, 관리 유형, 의사결성 참여, 고용 문제 등이 원인이 된다. 환경 요인으로는 조명, 소음 등이 있다.

동일한 스트레스 요인에 대해서 개인들의 수용 정도는 차이가 나는데 이는 개인적 요인, 비직무적 요인, 완충 요인 등의 중재요인에 의해 영향을 받는다. 개인의 성격, 연령 등은 스트레스에 대한 반응의 차이를 나타낸다. 완충 요인은 사회적 지지, 업무 숙달 정도, 대응 능력이 이에 해당한다. 완충 요인에서 이러한 것들이 감당되지 않으면 스트레스 반응이 일어날 수 있다.

1.3 스트레스의 측정

직무스트레스에 대한 연구를 수행하거나, 직장에서 스트레스에 대한 관리를 해나가기 위해서는 스트레스 수준에 대한 객관적 측정과 평가가 필요하다. 지금까지 스트레스 수준을 측정하는 방법으로 사용되는 것들로는 생리적 측정방법과 설문지 등을 이용하는 방법이 있다.

1.3.1 생리적 측정법

생리적 측정법은 스트레스가 반응이라는 관점을 지닌 생리적 접근법에서 주로 사용되는 측정법이라고 할 수 있다. 인간은 스트레스 상태에 놓이게 되면 생리적, 생화학적 변화가 신체에 발생한다.

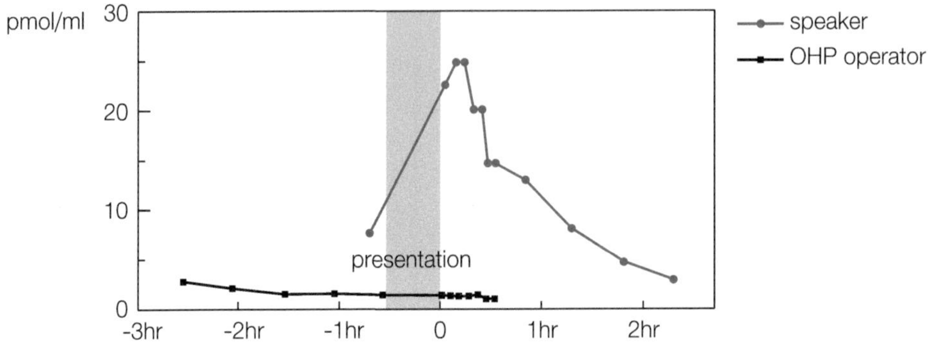

그림 20•5▸코티졸 측정을 이용한 스트레스 수준의 비교

스트레스 상태일 때 인체에 나타나는 생리적 변화로는 심박수, 혈압, 호흡률, 피부전기반응(GSR: Galvanic Skin Response), 코의 온도 변화 등이 나타나는데, 전기적 생리신호 측정 방법으로 이들을 측정할 수 있다. 또한 인간이 스트레스를 받게 되면 코티졸이나 카테콜라민과 같은 호르몬의 분비가 증가하게 된다. 이런 물질을 혈액 등을 통해 채취, 분석해 스트레스 정도를 알아볼 수 있다.

이러한 생리적 측정방법은 설문조사에 비해 신뢰도가 높고, 객관적이며, 수량화하기 쉬운 장점이 있는 반면, 측정을 위해 피측정자의 생리적 전기신호와 혈액을 채취하는 과정 등이 오히려 스트레스를 줄 수 있다는 단점이 있다.

그림 20•5는 어떤 학술대회에서 논문을 발표하는 자와 옆에서 발표를 보조해주는 자의 코티졸 값의 변화를 측정한 결과를 그래프로 제시한 것이다. 그림에서 알 수 있듯이 발표자는 발표시간을 전후 해 높은 코티졸 수치를 보이고 있다.

1.3.2 설문조사법

설문조사법은 스트레스 수준에 대한 자기보고식 응답으로 사용이 편리하고, 다양한 원인들과의 관계도 파악할 수 있다는 장점을 갖는다. 반면 모든 설문조사 방법이 그러하듯이 나온 결과의 정량화 과정에 객관성 문제가 있을 수 있다. 또한 모든 심리검사 방법에 요구되는 신뢰성과 타당성은 검증이 되어야 한다.

설문조사법으로 사용되는 것 중 대표적인 것들로는 생활사건척도법, 일상의 골칫거리 평가법, 지각된 스트레스 척도법 등이 있다.

1) 생활사건 척도법 생활사건 척도법(life event scale)은 1967년 Thomas Holmes와 Richard Rahe가 개발한 방법이다. 이 방법은 일상생활 속에서 스트레스를 주는 배우자 사망, 결혼, 이사 등과 같은 43개의 생활사건 목록에 대한 스트레스의 강도를 우선 파악하여 배우자의 죽음을 100점으로, 휴가를 13점으로 하였다(표 20•2). 설문에 응답하는 사람은 지난 1년간 여기에 제시된 사건들을 겪은 경험이 있으면 이를 표시하여 전체 점수를 더하는 방법으로 스트레스 정도를 평가받게

표 20•2 ▸ 생활사건 척도법의 설문내용

생활사건	점수
배우자 혹은 사랑하는 사람의 죽음	100
이혼	73
별거	65
수감	63
가까운 친척의 죽음	63
자신의 상해와 병	53
결혼	50
실직	47
배우자와의 재결합	45
은퇴	45
가족의 건강 변화	44
임신	39
성생활의 문제	39
새로운 가족구성원이 생김	39
직업 변화	39
재정적 상태의 변화	38
가까운 친구의 죽음	37
근무지의 변경	36
배우자와의 언쟁 증가	36

생활사건	점수
많은 액수의 부채	30
업무상 책임 범위의 변화	29
법률문제 상의 갈등	29
뛰어난 개인적 성취	28
배우자의 추직 혹은 실직	26
입학과 졸업	26
생활환경의 변화	25
습관을 고치는 것	24
직장 상사와의 갈등	23
전학	20
취미활동의 변화	19
종교활동의 변화	19
사회활동의 변화	18
소액의 부채	17
수면 습관의 변화	16
가족과 함께 모이는 횟수의 변화	15
식사습관의 변화	15
휴가	13

된다. 300점 이상은 높은 스트레스 상태에 있는 사람으로 건강에 문제가 생기거나 질병에 걸릴 확률이 높다고 판단한다. 또한 산업재해를 당할 위험성도 높아질 수 있다고 본다. 이 방법은 동일 사건이라 하더라도 주관적 경험에 따라 개인의 스트레스에 대한 강도 평가가 달라질 수 있는데 이에 대한 고려가 될 수 없는 것이 단점이다.

2) Lazarus의 일상 골칫거리 척도법 Lazarus(1989)의 일상 골칫거리 척도법(daily hassles scale)은 스트레스는 상호작용의 결과라는 관점에서 작성된 설문지이다. 생활사건 척도법이 사건 자체에 강조를 두는 반면 이 방법은 스트레스를 주는 상황에 대한 지각이 더 중요하다는 관점에서 개발되었다. 설문은 일상의 골칫거리와 스트레스를 주는 일들에 대한 항목을 포함하고 있다.

3) 지각된 스트레스 척도법 Cohen, Kamarck, Mermelstein(1983)에 의해 개발된 지각된 스트레스 척도 설문(PSS: perceived stress scale)은 14개 일상의 골칫거리와 사건들에 대한 지각된 스트레스에 대한 질문을 담고 있다.

4) 우울분노스트레스 척도법(DASS) 개인에게 나타날 수 있는 세 가지의 부정적 정서인 우울, 분노, 스트레스에 대해 모두 42개의 설문 내용을 가지고 스트레스 정도를 알아보는 방법이다.

2 직무스트레스 요인

2.1 개인 요인

2.1.1 생활사건

개인 생활과 관련한 이혼, 가족의 죽음, 이사 등은 심한 스트레스를 유발하는 것으로 알려져 있다. 이러한 생활에서의 스트레스는 직장에서의 직무스트레스로 이어져 안전사고 등의 위험 요인이 될 수 있다.

2.1.2 성격요인

인간의 성격은 A형과 B형으로 구분된다. A형 성격의 소유자들은 경쟁적, 공격적이고 행동이 빠르며 시간에 대한 긴박감을 느끼는 형이다. 이에 대해 B형은 매사에 느긋하며 시간에 대한 압박감을 적게 느끼는 편이며 문제가 생기면 해결하기보다 미루는 특성을 갖는다. A형의 사람들은 B형에 비해 스트레스에 노출될 가능성이 훨씬 높다. A형과 B형 인간의 특성은 표 20•3에 정리되어 있다.

2.2 직무관련 요인

2.2.1 물리적 환경 요인

소음, 조명, 온도 등의 물리적 환경 요인도 스트레스의 원인이 될 수 있다. 지속적이고 반복적인 높은 소음은 난청을 불러일으킬 수 있고, 직무에 성가심 등을 가져와 스트레스 요인이 된다. 열악한 조명 조건과 휘광 등은 눈에 성가시게 작용하여 스트레스의 원인이 될 수 있다. 적정 온도를 벗어나는 저온 작업장이나 고온 작업장 등의 작업자들은 이러한 기후 환경 조건으로 인해 스트레스를 받게 된다.

2.2.2 직무 특성요인

작업의 속도와 작업의 반복성, 교대근무 형태 등도 직무스트레스의 원인이 된다. 작업자가 속도 조절을 할 수 없는 연속 작업에서 작업자는 심한 스트레스를 받을 수 있다. 작업에 대한 통제감의

표 20•3 ▶ A형과 B형 인간의 특성

A형	B형
항상 분주하다	시간 관념이 없다
음식을 빨리 먹는다	자만하지 않는다
한꺼번에 많은 일을 하려 한다	서두르지 않는다
수치 계산에 민감하다	문제 의식을 느끼지 않는다
공격적이고 경쟁적이다	온건한 방법을 택한다
항상 시간에 강박 관념을 가진다	마감 시간에 대한 압박감이 없다
여가시간을 활용하지 못한다	느긋하다
양적인 면으로 성공을 측정한다	승부에 집착하지 않는다

결여, 빠른 작업 속도로 인한 압박, 작업의 반복이 심할 때 작업자는 스트레스를 받는다. 단순작업의 반복성은 지루함과 스트레스의 원인이 된다. 작업교대에 따른 생리적 활동의 교란과 생활상의 불편함, 지인들과의 교류 부족 등도 심한 스트레스의 원인이 될 수 있다.

2.3 조직관련 요인

2.3.1 조직구조 요인

조직의 형태와 이에 따른 의사결정 형태가 종업원의 스트레스에 영향을 줄 수 있다. 상대적으로 중앙집중형의 조직구성원들이 탈집중형의 구성원들보다 더 스트레스를 받는다.

2.3.2 조직풍토

조직 풍토(climate)는 조직의 구성원들에 의해 생성되는 기대나 신념으로 정의되는데, 조직 풍토 혹은 분위기에 의해 종업원들은 영향을 받는다. 조직의 분위기상 구성원들의 참여가 이루어지기 어려운 경우, 종업원들의 참여감 결여, 의사소통 구조 결여, 소속감 결여 등으로 인해 스트레스를 받게 된다.

2.4 역할관련 요인

2.4.1 역할 과부하

역할 과부하 혹은 작업 과부하는 스트레스의 중요한 원인이 된다. 역할 과부하란 마감시간 이내에 직무나 작업을 완수하지 못하는 상황을 의미한다. 역할 과부하 중 질적 과부하는 주어진 직무의 내용이 너무 어려워 받게 되는 스트레스 요인이다. 양적 과부하는 주어진 시간 내에 처리하기 힘들 정도의 부하가 주어지는 경우이다. 한편, 반대로 역할 과소도 스트레스의 원인이 되는 것으로 알려져 있다. 지나치게 적은 자극이나 부하도 권태와 단조로움을 가져와 문제가 된다. 따라서 어느 정도는 적절한 스트레스를 받는 것이 좋다고 할 수 있다.

2.4.2 역할 모호성

조직 내에서 주어진 역할이 명확하지 않을 때도 스트레스를 느낄 수 있다. 역할 모호성은 개인이 수행해야 할 직무의 목표와 범위가 뚜렷하지 않을 때 발생한다. 수행해야 할 직무에 대한 정보가 부정확 할 때도 발생한다.

2.4.3 역할 갈등

조직 내에서 상반된 두 가지 이상의 요구로 인해 갈등에 처해지는 것을 역할 갈등이라고 한다. 개인 내 역할 갈등은 개인의 가치관과 수행해야 할 직무의 목표가 일치되지 않을 때 발생한다. 상사 내 역할 갈등은 한 상사로부터 2개 이상의 요구 사항이 서로 배치될 때 발생한다. 상사 간 갈등은 서로 다른 2명 이상의 상사로부터 지시가 서로 배치될 때 발생하는 갈등이다. 이러한 역할 갈등은 조직의 중간에 위치하는 감독자나 중간관리자들에게 상대적으로 심한 스트레스 요인이 될 수 있다.

2.5 대인관계 요인

2.5.1 동료들 간의 관계

작업 동료들과 관계가 안 좋은 사람의 경우 그가 겪는 스트레스를 작업 동료에게 전가하는 경향이 있다. 반면 집단 응집력이 높은 조직은 스트레스에 잘 대처할 수 있다. 동료 간 관계에서 핵심적인 요소는 의사소통이다. 형식적이고 작업관련적 의사소통보다 비형식적인 의사소통은 직무스트레스를 낮출 수 있다.

2.5.2 상사와의 관계

상사가 부하 직원을 잘 배려하는 경우 종업원의 직무스트레스는 낮아질 수 있는 것으로 보고되어 있다. 일반적인 경우에는 민주적인 리더십이 종업원의 직무스트레스를 낮추어주는 것으로 알려져 있으나, 소방관, 군인 등의 조직에서는 권위주의적 리더십이 더 스트레스를 낮출 수도 있다.

2.6 직무스트레스 요인 평가

우리나라 산업안전보건기준에 관한 규칙(제669조(직무스트레스에 의한 건강장해 예방 조치))에 의하면, 근로자가 신체적 피로와 정신적 스트레스 등이 높은 작업을 하는 경우에 작업환경, 작업내용, 근로시간 등 직무스트레스 요인에 대하여 평가하고 적절한 개선 대책을 마련하고 시행하도록 하고 있다. 이를 위해 한국산업안전보건공단에서는 "한국인 직무 스트레스요인 측정 도구"를 제안하였으며, 다음과 같이 8개 영역 43개 문항으로 구성되어 있다.

① 물리 환경: 작업방식의 위험성, 공기의 오염, 신체부담 등
② 직무 요구: 시간적 압박, 업무량 증가, 업무 중단, 책임감, 과도한 직무부담 등
③ 직무 자율: 기술적 재량 및 자율성, 업무 예측 가능성, 직무 수행 권한 등
④ 관계 갈등: 동료의 지지, 상사의 지지, 전반적 지지 등
⑤ 직무 불안정: 구직 기회, 고용 불안정성 등
⑥ 조직 체계: 조직의 정책 및 운영 체계, 조직의 자원, 조직 내 갈등, 합리적 의사소통 등
⑦ 보상 부적절: 존중, 내적 동기, 기대 부적합 등
⑧ 직장문화: 한국적인 집단주의적 문화, 비합리적인 의사소통 체계, 비공식적 직장문화 등

한국인 직무스트레스 기본형 측정도구는 43문항으로 문항 수 및 설문내용이 다소 많아, 현장에서 쉽게 적용할 수 있도록 단축형 측정도구(7개 영역, 24개 문항)이 제안되었다(표 20•4).

표 20•4▸한국인 직무스트레스 측정도구(단축형)

구분	내용	전혀 그렇지 않다	그렇지 않다	그렇다	매우 그렇다
직무 요구	1. 나는 일이 많아 항상 시간에 쫓기며 일한다.	1	2	3	4
	2. 업무량이 현저하게 증가하였다.	1	2	3	4
	3. 업무 수행 중에 충분한 휴식(짬)이 주어진다.	4	3	2	1
	4. 여러 가지 일을 동시에 해야 한다.	1	2	3	4
직무 자율	5. 내 업무는 창의력을 필요로 한다.	4	3	2	1
	6. 내 업무를 수행하기 위해서는 높은 수준의 기술이나 지식이 필요하다.	4	3	2	1
	7. 작업시간, 업무수행 과정에서 나에게 결정할 권한이 주어지며 영향력을 행사 할 수 있다.	4	3	2	1
	8. 나의 업무량과 작업스케줄을 스스로 조절할 수 있다.	4	3	2	1
관계 갈등	9. 나의 상사는 업무를 완료하는데 도움을 준다.	4	3	2	1
	10. 나의 동료는 업무를 완료하는데 도움을 준다.	4	3	2	1
	11. 직장에서 내가 힘들 때 내가 힘들다는 것을 알아주고 이해해 주는 사람이 있다.	4	3	2	1

표 20•4▸한국인 직무스트레스 측정도구(단축형) (계속)

구분	내용	전혀 그렇지 않다	그렇지 않다	그렇다	매우 그렇다
직무 불안정	12. 직장 사정이 불안하여 미래가 불확실하다.	1	2	3	4
	13. 나의 근무조건이나 상황에 바람직하지 못한 변화(예, 구조조정)가 있었거나 있을 것으로 예상된다.	1	2	3	4
조직 체계	14. 우리 직장은 근무평가, 인사제도(승진, 부서배치 등)가 공정하고 합리적이다.	4	3	2	1
	15. 업무수행에 필요한 인원, 공간, 시설, 장비, 훈련 등의 지원이 잘 이루어지고 있다.	4	3	2	1
	16. 우리 부서와 타 부서 간에는 마찰이 없고 업무협조가 잘 이루어진다.	4	3	2	1
	17. 일에 대한 나의 생각을 반영할 수 있는 기회와 통로가 있다.	4	3	2	1
보상 부적절	18. 나의 모든 노력과 업적을 고려할 때, 나는 직장에서 제대로 존중과 신임을 받고 있다.	4	3	2	1
	19. 내 사정이 앞으로 더 좋아질 것을 생각하면 힘든 줄 모르고 일하게 된다.	4	3	2	1
	20. 나의 능력을 개발하고 발휘할 수 있는 기회가 주어진다.	4	3	2	1
직장 문화	21. 회식 자리가 불편하다.	1	2	3	4
	22. 나는 기준이나 일관성이 없는 상태로 업무 지시를 받는다.	1	2	3	4
	23. 직장의 분위기가 권위적이고 수직적이다.	1	2	3	4
	24. 남성, 여성이라는 성적인 차이 때문에 불이익을 받는다.	1	2	3	4

기본형 및 단축형 모두 각 영역별로 한국인 직무스트레스 평가기준이 남자, 여자로 구분되어 하위 25%, 하위 50%, 상위 50%, 상위 25% 값이 제시되어 있다(표 20•5). 따라서, 대상 근로자의 실제점수, 회사(또는 부서) 평균점수를 전국 근로자의 4분위수와 비교하여 평가할 수 있다. 각 문항 별로 4점 척도(전혀 그렇지 않다, 그렇지 않다, 그렇다, 매우 그렇다)로 응답하도록 설계되어 있으며, 직무스트레스 점수 산출 방법은 다음 공식을 이용한다.

- 각 영역별 환산 점수 = [(실제 점수-문항 수)/(예상 가능한 최고점수-문항 수)]×100
- 직무스트레스 총 점수 = (각 영역의 점수의 총합)/8 (단축형의 경우 7)

표 20•5▸한국인 직무스트레스 단축형 평가기준

문항	한국인 표준점수				점수의 의미
	하위25%	하위50%	상위50%	상위25%	
직무 요구	41.6 이하 (50.0 이하)	41.7~50.0 (50.1~58.3)	50.1~58.3 (58.4~66.6)	58.4 이상 (66.7 이상)	점수가 높을수록 직무요구도가 상대적으로 높다.
직무 자율	46.6 이하 (50.0 이하)	46.7~53.3 (50.1~58.3)	53.4~60.0 (58.4~66.6)	60.1 이상 (66.7 이상)	점수가 높을수록 직무 자율성이 상대적으로 낮다.
관계 갈등	— (—)	33.3 이하 (33.3 이하)	33.4~50.0 (33.4~44.4)	50.1 이상 (44.5 이상)	점수가 높을수록 관계 갈등이 상대적으로 높다.
직무불안정	44.4 이하 (—)	44.5~50.0 (33.3 이하)	50.1~61.1 (33.4~50.0)	61.2 이상 (50.1 이상)	점수가 높을수록 직업이 상대적으로 불안정하다.
조직체계	42.8 이하 (41.6 이하)	42.9~52.3 (41.7~50.0)	52.4~61.9 (50.1~66.6)	62.0 이상 (66.7 이상)	점수가 높을수록 조직이 상대적으로 체계적이지 않다.
보상부적절	55.5 이하 (44.4 이하)	55.6~66.6 (44.5~55.5)	66.7~77.7 (55.6~66.6)	77.8 이상 (66.7 이상)	점수가 높을수록 보상체계가 상대적으로 부적절하다.
직장문화	33.3 이하 (33.3 이하)	33.4~41.6 (33.4~41.6)	41.7~50.0 (41.7~50.0)	50.1 이상 (50.1 이상)	점수가 높을수록 직장문화가 상대적으로 스트레스요인이다.
직무스트레스 총점	49.5 이하 (44.4 이하)	49.6~51.1 (44.5~50.0)	51.2~56.6 (50.1~55.6)	56.7 이상 (55.7 이상)	점수가 높을수록 직무스트레스가 상대적으로 높다.

* 괄호 안 수치는 여성 기준임

예를 들어, 직무 요구 영역에 대한 문항별 응답이 아래와 같을 경우 직무 요구 영역 환산 점수는 [(2+1+3+4−문항수 4)/(최고 점수 16 − 문항 수 4)]×100 = 50.0점이 된다.

구분	내용	전혀 그렇지 않다	그렇지 않다	그렇다	매우 그렇다
직무	1. 나는 일이 많아 항상 시간에 쫓기며 일한다.	1	②	3	4
	2. 업무량이 현저하게 증가하였다.	①	2	3	4
	3. 업무 수행 중에 충분한 휴식(짬)이 주어진다.	4	③	2	1
	4. 여러 가지일을 동시에 해야 한다.	1	2	3	④

한국인 직무스트레스 측정도구를 활용할 때의 주의사항은 다음과 같다.

- 근로자의 직무스트레스 관리를 위한 상대적인 평가도구로서 집단에 대한 평가를 위해 사용할 수 있으나, 개인에 대한 절대평가도구로는 사용하지 않도록 한다.
- 한국인 직무스트레스 측정도구의 참고치는 각 영역별로 나타난 점수의 의미를 활용하는 것이 바람직하며, 총점 사용은 가능한 한 제한하는 것이 좋다.

3 직무스트레스의 결과와 대책

3.1 스트레스에 대한 인간의 반응

Selye는 일반적응증후군(general adaptation syndrome)이라는 이론에서 인간이 감당하기 어려운 스트레스를 외부로부터 받게 되면 경고, 저항, 소진 반응의 순서로 반응한다고 보았다.

- 제1단계: 경고 반응 – 두통, 발열, 피로감, 근육통, 식욕 감퇴, 허탈감 등의 현상이 나타난다.
- 제2단계: 신체 저항 반응 – 호르몬 분비로 인하여 저항력이 높아지는 저항 반응이 나타나나 긴장, 걱정 등의 현상이 수반된다.
- 제3단계: 소진 반응 – 생체 적응 능력이 상실되고 질병으로 이환되기도 한다.

3.2 직무스트레스 결과

직무스트레스로 인해 개인은 신체적, 정신적 질병을 얻을 수 있다. 또한 안전사고와 결근 등이 나타날 수 있다.

3.2.1 개인 수준에서의 결과

현대인의 많은 질병이 스트레스로 인하거나 혹은 스트레스 때문에 악화되기도 한다. 스트레스는 특히 심혈관계 질환에 크게 영향을 미친다. 스트레스가 높아지면 교감신경계가 자극되고 혈압이 높아져 이는 심각하면 심장병 사망 사고를 가져올 수도 있다. 또한 스트레스는 암의 유병률도 높이는 것으로 알려져 있다. 스트레스는 정서불안 등 정신적 질환을 유발하기도 한다.

3.2.2 조직 수준에서의 결과

스트레스로 인해 종업원들의 결근과 이직이 높아질 수 있다. 또한 스트레스에 노출된 작업자는 흥분된 상태에서 사고의 위험에 더 노출될 수 있다. 스트레스로 인한 불안감, 걱정 등은 주의 집중력을 저하시킨다.

3.2.3 직무 불만족과 직무 수행 저하

일반적으로 높은 수준의 스트레스는 직무 불만족과 직무 수행도를 떨어뜨리는 것으로 알려져 있다. 그러나 반대로 너무 낮은 수준의 스트레스도 직무 불만족을 가져올 수 있고 직무 수행도도 떨어뜨릴 수 있는 것으로 알려져 있다.

3.3 직무스트레스와 작업 능률

스트레스는 그 정도와 대처 방식에 따라서 긍정적일 수도 있고 부정적일 수도 있다. 일반적 스트레스와 마찬가지로 직무스트레스도 양면성을 가진다. 즉, 스트레스가 아주 많거나 없을 경우 작업 능률을 떨어뜨리는 부정적 영향을 미치나, 스트레스가 적정 수준일 때 오히려 사람을 적극적으로 만들고 스트레스에 맞설 잠재력과 자원을 찾아서 활용하게 되어 작업 능률을 향상시키는 긍정적 영향을 미친다. 스트레스의 양면성은 그림 20•6에 나와 있으며 스트레스를 긍정적 스트레스(eustress)와 부정적 스트레스(distress)로 구분한 예가 그림 20•7에 나타나 있다.

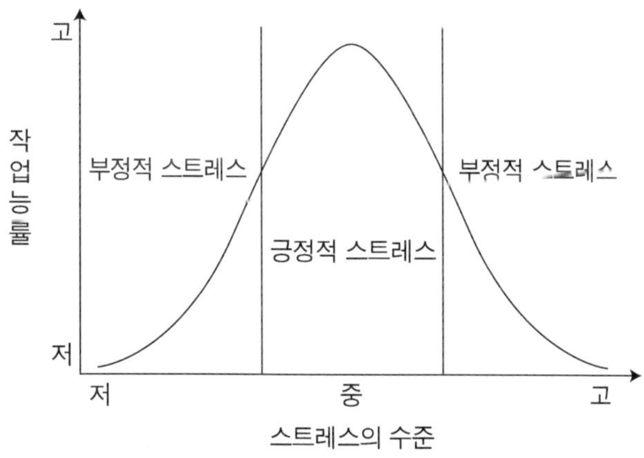

그림 20•6▸스트레스와 작업 능률

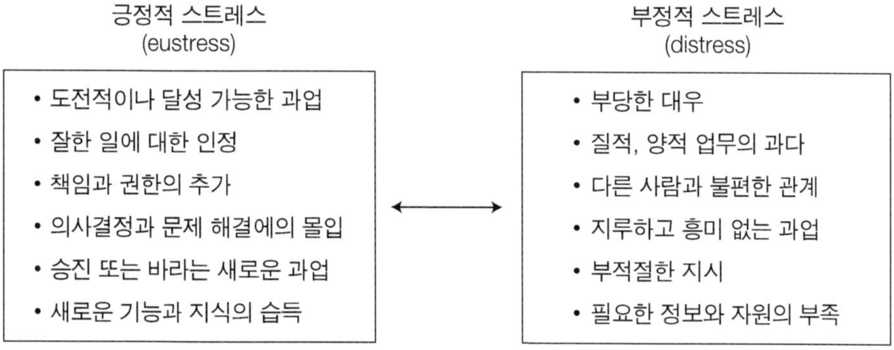

그림 20•7▸긍정적 스트레스와 부정적 스트레스의 예

3.4 직무스트레스 대책

3.4.1 개인차원의 대책

직무스트레스에 대한 개인차원의 대책으로는 A형 행동을 적절히 관리하고, 분노 관리가 요구된다. 적절한 운동의 실시와 스트레스로부터 몸과 마음을 이완시키는 방법, 적절한 시간관리와 타인과의 협력 관계 유지가 스트레스를 제어할 수 있게 한다.

3.4.2 직무관련 대책

작업자가 근무하는 물리환경에 대한 적절한 관리와 종업원의 직무 수행과 관련해 직무확대, 직무확충, 유연시간 근무제 등의 도입으로 종업원의 직무 만족도도 높이고 스트레스를 낮출 수 있다.

3.4.3 조직관련 대책

조직의 구조를 중앙 집중형이 아닌 탈중심적 구조로 변경하고 의사결정 과정에 종업원들의 참여를 확대한다.

연습문제

[1] 직무 스트레스가 주요 원인으로 알려진 업무 관련성 질환은 무엇인가?

① 근골격계질환 ② 레이노이드 증후군
③ 뇌·심혈관계 질환 ④ 고전적 직업병

[2] 스트레스에 대한 다음 설명 중 적절하지 않은 것은?

① '팽팽하게 죄다'라는 의미를 가진 라틴어의 'stringere'에서 유래되었다.
② 14세기 유럽에서 스트레스는 곤란, 역경 등과 같은 의미로 사용되었다.
③ 18세기에는 물리학과 공학 분야에서 스트레스를 재료에 나타나는 내적인 변형으로 파악하였다.
④ 20세기 Cannon은 항상성(恒常性) 유지를 방해하는 기제로서 개념화하였다.

[3] 스트레스는 외부에서 재료나 인간에게 가해지는 외부의 힘이고, 스트레인은 이러한 스트레스로 인해 재료나 인간에게 나타나는 변형으로 파악하는 접근 방법은?

① 심리적 접근법 ② 공학적 접근법
③ 생리적 접근법 ④ 인지적 접근법

[4] 스트레스는 문제가 있는 환경과 인간의 상호작용에 의해 발생하며, 이러한 상호작용의 근본이 되는 인식과정 및 감성적 반응으로 나타난다고 보는 접근 방법은?

① 심리적 접근법 ② 공학적 접근법
③ 생리적 접근법 ④ 인지적 접근법

[5] 1970년대 초 미국 미시간대학 팀에 의해 제안된 모델로서 불충분한 작업 적합성, 보유 기술과 작업 요구 사이의 부조화, 경력 상 목표와 실제적 기회 사이의 부조화 등 그를 둘러싼 환경과 부조화를 개인이 인지할 때 정서적 스트레스를 받는다고 가정하는 모델은?

① 요구-조절 모델 ② 인간-환경 적합성 모델
③ 노력-보상 모델 ④ 공정성 모델

[6] 1979년 Karasek 등에 의해 제안된 요구-조절 모델(demand-control model)은 스트레스를 결정짓는 두 인자로 직무요구도(job demand)와 이에 대한 의사결정 범위(decision latitude)를 고려하여 4개 집단으로 구분하였다. 직무 요구도와 의사결정 범위가 모두 높은 집단은 다음 중 무엇인가?

① 수동적 집단 ② 저긴장 집단
③ 고긴장 집단 ④ 능동적 집단

[7] 높은 노력에 비해 낮은 보상이 계속될 때 근로자는 심한 스트레스에 노출된다고 보는 모델은?

① 노력-보상 모델 ② 요구-조절 모델
③ 공정성 모델 ④ 인간-환경 적합성 모델

[8] 다음의 노력-보상 모델에 대한 설명 중 옳지 않은 것은?

① 직무에 있어서 요구되는 노력과 보상의 균형을 가지고 스트레스 발생을 설명한다.
② 외적 요인의 불균형이 발생하면 내적 요인인 동기부여(motivation)에 의해서 완화될 수 없다.
③ 높은 노력에 비해 낮은 보상이 계속될 때 근로자는 심한 스트레스에 노출된다.
④ 보상으로는 금전적 보상, 승진, 자존심, 직무 안정 등이 있다.

[9] NIOSH의 직무스트레스 모델에서 직무 요인이 아닌 것은?

① 고용불안정 ② 직무요구도 ③ 직무자율성 ④ 교대근무

[10] NIOSH 직무스트레스 모델에서는 동일한 스트레스 요인에 대해서 개인들의 수용 정도는 차이가 나는데 이는 개인적 요인, 비직무적 요인, 완충 요인 등에 의해 영향을 받는다고 설명한다. 다음 중에서 완충 요인으로 적절하지 않은 것은?

① 성격 ② 사회적 지지 ③ 대처 방식 ④ 건강관리

[11] 스트레스에 관한 요구-조절-지지 모델에서 '지지'는 NIOSH의 스트레스 모델의 어떤 요인과 관계 있는가?

① 개인요인 ② 비직무요인 ③ 완충요인 ④ 직무요인

[12] 직무스트레스에 관한 이론과 제안한 사람을 올바르게 짝지은 것은?

① Cohen: 요구-조절 모델
② Holmes: NIOSH 스트레스 모델
③ Siegrist: 노력-보상 모델
④ Lazarus: 일반적응증후군

[13] 스트레스를 측정하는 생활사건 척도법(life event scale)에 대한 설명 중 적절하지 않은 것은?

① 1967년 Thomas Holmes와 Richard Rahe가 개발한 방법이다.
② 일상생활 속에서 스트레스를 주는 배우자 사망, 결혼, 이사 등과 같은 43개의 생활사건 경험을 조사한다.
③ 300점 이상은 높은 스트레스 상태에 있는 사람으로 건강에 문제가 생기거나 질병에 걸릴 확률이 높다고 판단한다.
④ 휴가는 스트레스를 감소시키는 방향으로 작용한다.

[14] 인간의 성격은 A형과 B형으로 구분된다. A형의 사람들은 B형에 비해 스트레스에 노출될 가능성이 훨씬 높다고 알려져 있다. 다음 중 A 형 인간의 특성이 아닌 것은?

① 항상 분주하다.
② 시간 관념이 없다
③ 수치 계산에 민감하다.
④ 시간에 강박 관념을 가진다.

[15] 다음 ( )안에 가장 적절한 용어는?

> Karasek 등의 직무스트레스에 관한 이론에 의하면 직무스트레스의 발생은 직무 요구도와 (   )의 불일치에 의해 나타난다고 보았다.

① 직무재량 ② 직무분석 ③ 인간관계 ④ 조직구조

[16] 다음 중 직무스트레스의 원인으로 보기 어려운 것은?

① 교대근무 ② 순환근무
③ 빠른 작업 속도 ④ 지루한 단순작업

[17] 직무 스트레스의 조직 관련 원인으로서 보기 어려운 것은?

① 종업원들의 참여감 결여 ② 의사소통 구조 결여
③ 소속감 결여 ④ 탈집중형 구조

[18] 역할 과부하와 관련된 다음 설명 중 적절하지 않은 것은?

① 질적 과부하는 주어진 직무의 내용이 너무 어려워 받게 되는 스트레스 요인이다.
② 역할 과소는 스트레스를 경감시키는 것으로 알려져 있다.
③ 양적 과부하는 주어진 시간 내에 처리하기 힘들 정도의 부하가 주어지는 경우이다.
④ 역할 과부하 혹은 작업 과부하는 스트레스의 중요한 원인이 된다.

[19] 스트레스의 원인으로서 역할 갈등에 대한 다음 설명 중 적절하지 않은 것은?

① 개인 내 역할 갈등은 비직무적 활동(취미 등)과 수행해야 할 직무의 목표가 일치되지 않을 때 발생한다.
② 조직 내에서 상반된 두 가지 이상의 요구로 인해 갈등에 처해지는 것을 역할 갈등이라고 한다.
③ 상사 내 역할 갈등은 한 상사로부터 2개 이상의 요구 사항이 서로 배치될 때 발생한다.
④ 상사 간 갈등은 서로 다른 2명 이상의 상사로부터 지시가 서로 배치될 때 발생하는 갈등이다.

[20] 스트레스 발생에서 동료들 간의 관계에 대한 다음 설명 중 적절하지 않은 것은?

① 집단 응집력이 높은 조직은 스트레스에 잘 대처할 수 있다.
② 동료 간 관계에서 핵심적인 요소는 의사소통이다.
③ 작업 동료들과 관계가 안 좋은 사람은 그가 겪는 스트레스를 자신의 탓으로 전가하는 경향이 있다.
④ 형식적이고 작업 관련적 의사소통보다 비형식적인 의사소통은 직무스트레스를 낮출 수 있다.

[21] Selye는 일반적응증후군(general adaptation syndrome)이라는 이론에서 인간이 감당하기 어려운 스트레스를 외부로부터 받게 되면 나타나는 단계를 제시하였는데, 올바른 순서로 나타낸 것은?

① 저항–소진–경고–질병 ② 저항–경고–소진–질병
③ 경고–소진–저항–질병 ④ 경고–저항–소진–질병

[22] 스트레스의 개인 수준에서의 결과로서 적절하지 않은 것은?

① 암의 유병률 상승 ② 정신적 질환 유발
③ 부교감신경계가 자극됨 ④ 혈압 상승

[23] 다음 직무 스트레스와 작업 능률간의 관계 설명 중 적절하지 않은 것은?

① 스트레스가 아주 많으면 작업 능률을 떨어뜨리는 부정적 영향을 미친다.
② 스트레스가 적정 수준일 때 오히려 사람을 적극적으로 만든다.
③ 스트레스가 가장 적을 때가 작업 능률이 가장 높다.
④ 도전적이나 달성 가능한 과업은 긍정적 스트레스로 작용한다.

[24] 직무 스트레스는 양면성을 가지고 있으며 작업 능률을 향상 시키는 긍정적 스트레스와 반대인 부정적 스트레스로 구분할 수 있다. 다음 중 긍정적 스트레스는 무엇인가?

① 부당한 대우 ② 질적, 양적 업무의 과다
③ 책임과 권한의 추가 ④ 필요한 정보와 자원의 부족

[25] 다음 중 직무스트레스 대책으로 적절하지 않은 것은?

① 중앙 집중형 구조로 변환 ② 의사결정 과정에 종업원들 참여 확대
③ 직무확대, 직무 확충 ④ 유연시간 근무제 도입

[26] 외부 부하에 의해 받게 되는 심리적 결과를 공학적 관점의 스트레스 이론에서는 무엇이라고 하는가?

① 디스트레스(distress) ② 스트레스(stress)
③ 스트레인(strain) ④ 스트레서(stressor)

[27] 심리학의 성격 유형 분류에 따르면 공격적이며, 경쟁적 성격을 가지며 시간에 대한 강박 관념 등을 갖는 성격으로 스트레스를 상대적으로 많이 받게 되는 유형은?

① A형 ② B형 ③ X형 ④ Y형

[28] A 회사의 과장은 중간 관리자이면서 노조원으로 가입되어 있어 현재 진행되고 있는 노조의 파업에 동참해야 할지 고민하고 있다. 역할과 관련한 스트레스 원인은 무엇인가?

① 역할 갈등 ② 역할 모호성 ③ 역할 부적합 ④ 역할 과소

[29] 생리적 측정법에 대한 다음 설명 중 적절하지 않은 것은?

① 인간이 스트레스를 받게 되면 코티졸이나 카테콜라민과 같은 호르몬의 분비가 증가하게 된다.
② 생리적 측정방법은 설문조사에 비해 정확성은 높지만, 신뢰도는 낮다.
③ 생리적 측정방법은 객관적이며 수량화하기 쉽다.
④ 생리적 전기신호와 혈액을 채취하는 과정 등이 오히려 스트레스를 줄 수 있다.

[30] 스트레스를 측정하기 위한 설문 조사법의 설명 중 적절하지 않은 것은?

① 스트레스 수준에 대한 자기보고식 응답으로 사용이 편리하다.
② 결과의 정량화 과정에 객관성 문제가 있을 수 있다.
③ 사용하기 편리하지만, 다양한 원인들과의 관계는 파악할 수 없다.
④ 모든 심리검사 방법에 요구되는 신뢰성과 타당성은 검증이 되어야 한다.

[31] 다음 중 스트레스에 관한 일반적 설명과 관계가 가장 먼 것은?

① A형 성격의 소유자는 스트레스에 더 노출되기 쉽다.
② 스트레스를 받게 되면 자율 신경은 자동적으로 활성화 된다.
③ 스트레스가 낮아질수록 업무의 성과는 높아진다.
④ 스트레스는 근골격계질환에 영향을 줄 수 있다.

[32] NIOSH의 직무 스트레스 모형에서 같은 직무 스트레스 요인에서도 개인들이 지각하고 상황에 반응하는 방식에 차이가 있는데 이를 무엇이라 하는가?

① 환경 요인 ② 작업 요인 ③ 조직 요인 ④ 중재 요인

[33] NIOSH의 스트레스 모형에서 직무 스트레스 요인 중 중재 요인에 해당하는 것은?

① 작업 부하 ② 역할 갈등 ③ 소음 ④ 개인적 요인

[34] 직무스트레스에 의한 건강장해 예방 조치를 규정하고 있는 법령은?

① 산업안전보건법 ② 산업안전보건법 시행령
③ 산업안전보건법 시행규칙 ④ 산업안전보건기준에 관한 규칙

[35] 한국인 직무스트레스 요인 측정 도구에 포함되어 있지 않은 영역은?

① 직무 요구 ② 조직 체계 ③ 직장 안전 ④ 직장문화

[36] 한국인 직무스트레스 요인 측정 도구로 영역별 환산점수를 구할 때 고려되지 않는 것은?

① 평가 영역 수 ② 실제 점수 ③ 문항 수 ④ 가능한 최고점수

[37] 한국인 직무스트레스 요인 측정 도구에 대한 설명으로 옳지 않은 것은?

① 기본형 도구는 8개 영역 43개문항, 단축형은 7개 영역 24개 문항으로 구성되어 있다.
② 평가 영역별로 직무스트레스 평가기준이 남녀로 구분되어 있다.
③ 근로자 집단 및 개인의 스트레스 수준 관리를 위한 상대적 평가도구이다.
④ 총점보다는 영역별 점수를 활용하는 것이 권장된다.

응용문제

[1] NIOSH의 스트레스 발생 모형에서는 직접적 원인인 직무스트레스 요인과 함께 개인적 요인, 비직무적 요인, 완충요인들이 급성 반응에 주는 효과와 질병으로 진행하는 과정을 도식적으로 설명하고 있다. 각 요인들에 대해서 예를 들어서 설명하고 전체적인 진행 과정을 설명하시오.

[2] 노력–보상 모델(effort-reward model)은 외적으로 직무에 있어서 요구되는 노력(직무요구, 의무)과 보상(금전적 보상, 승진, 자존심, 직무안정)의 균형을 가지고 스트레스 발생을 설명한다. 동기부여 이론 중 이 모델과 비슷한 모델을 찾아서 비교 설명하시오.

[3] 1979년 Karasek 등에 의해 제안된 요구-조절 모델(demand-control model)은 스트레스를 결정짓는 두 인자로 직무요구도(job demand)와 이에 대한 의사결정 범위(decision latitude)를 고려했다. 아래 그림과 같은 두 인자에 의한 집단 구분에서 각각이 능동적 집단, 고긴장 집단, 수동적 집단, 저긴장 집단 중 어느 집단에 해당하는지 결정하고, 가장 스트레스가 높을 것으로 예상되는 집단을 결정하시오.

		직무요구도(job demand)	
		저	**고**
의사결정 범위	저	(A)	(B)
	고	(C)	(D)

[4] 일반적 스트레스와 마찬가지로 직무스트레스도 양면성을 가지는 것으로 알려져 있다. 즉, 스트레스가 아주 많은 경우 작업능률이 떨어지지만, 스트레스가 없을 경우도 작업능률에 부정적 영향을 준다. 스트레스 수준을 x축으로 하고, 작업 능률을 Y 축으로 하는 그래프를 그려서 스트레스 수준과 작업 능률간의 관계를 표현하고, 작업 능률이 최대가 되는 스트레스 수준을 결정하고 그 이유를 설명하시오.

[5] 스트레스는 작업 능률을 향상시키는 긍정적 스트레스와 작업 능률을 떨어뜨리는 부정적 스트레스(distress)로 구분할 수 있다. 다음 항목들이 긍정적 스트레스인지 부정적 스트레스인지 결정하시오.

• 부적절한 지시	• 새로운 기능과 지식의 습득
• 승진 또는 바라는 새로운 과업	• 지루하고 흥미 없는 과업
• 다른 사람과 불편한 관계	• 책임과 권한의 추가
• 부당한 대우	• 잘한 일에 대한 인정
• 필요한 정보와 자원의 부족	• 질적, 양적 업무의 과다
• 의사결정과 문제 해결에의 몰입	• 도전적이나 달성 가능한 과업

참고문헌

김병석, 김용수, 박연흥, 최만진, 허문회, 산업안전심리 교육론, 지구문화사, 1998.

김병석, 나승훈, 시스템안전공학, 형설출판사, 2002.

김원형, 남승규, 이재창, 신 산업 및 조직심리학, 학지사, 2005.

김현택 등, 현대 심리학 이해, 학지사, 2005.

박경수, 신뢰도공학 및 보전공학, 영지문화사, 2000.

박경수, 신뢰성공학 개론, 영지문화사, 2000.

박경수, 원전에서의 작업오류 특성 분석, 한국원자력연구소, 1994.

박경수, 인간공학, 영지문화사, 2003.

세이프티넷 인간공학기사/기술사 연구회, 인간공학기사, 청문각, 2005.

신현주, 박지수, 윤상영, 조영진, 인간공학기사, 성안당, 2005.

오원철 외 14인, 산업 및 조직심리학, 박영사, 1997.

이강숙, 박정일, 구정완, 임현우, 뇌심혈관계질환의 예방 및 관리정책, 한국경영자총협회, 2004.

이강숙, 사업장 내에서의 근로자들의 스트레스 극복전략 수립 및 실천적 기법 개발에 관한 연구, 한국산업안전공단, 2000.

이상용, 신뢰성공학, 형설출판사, 19292.

장세진, 직무스트레스의 예방과 관리, 한국경영자총협회, 2005.

정국삼, 이병곤, 신창섭, 임현교, 김두현, 한상훈, 최신 안전공학개론, 동화기술, 2002.

정병용, 이동경, 현대인간공학, 민영사, 2005.

제무성, 정재희, 시스템안전공학 개론, 신광문화사, 1999.

한국산업안전공단, 보건관리자용 직무스트레스 관리 매뉴얼, 2003.

한국산업안전공단, 직무스트레스 평가관리, 2005.

한국산업안전공단, 직무스트레스요인 측정 지침, 2012.

Colling, D., *Industrial safety management and technology*, Prentice Hall, 1990.

Covan, J., *Safety engineering*, Wiley Interscience, 1995.

Fitts, P.M. and Peterson, J.R., Information capacity of discrete motor response, *Journal of experimental psychology*, 67, 103-112, 1964.

Forsyth, D., 서울대 사회심리학연구실 편역, 집단심리학, 학지사, 1996.

Goodwin, J., 박소현, 문양호, 김문수 역, 현대심리학사, 시그마프레스, 2004.

Holmes, T.H. and Rahe, R.H., the social readjustment rating scale, *Journal of Psychosomatic Research*, 11, 213-218, 1967.

Kletz, T., *An engineer's view of human error*, Institute of Chemical Engineers, 2001.

Miller, D.P. and Swain, A.D., human error and human reliability, in G. Salvendy (ed), *Handbook of human factors*, Wiley Interscience, 1987.

Miller, G.A. The magical number seven plus minus two, *Psychological review*, 63, 81–97.

Muchinsky, P., *Psychology applied to work*, 2nd ed., Brooks/Cole Publishing Co., 2000.

NIOSH, *Stress at work*, NIOSH, 1999.

Nishijima, H., 유재환, 정재희, 김윤선, 장성록, 이원근, 김종배 역, 안전관리, 동화기술, 1993.

Rasmussen, J., *Information processing and human-machine interaction*, North–Holland, 1986.

Reason, J., *Human error*, Cambridge university press, 1990.

Ridley, J., *Safety at work*, Butterworth–Heinemann, 1994.

Sakarus, D.J., Safety and psychology: where do we go from here?, *Professional Safety*, Jan, 18–25, American Society of Safety Engineers, 2001.

Schultz, D., 이훈구 역, 산업 및 조직심리학, 법문사, 1998.

Smith, M.J., Occupational stress, in Handbook of human factors, in G.Salvendy (ed), *Handbook of human factors*, Wiley Interscience, 1987.

Swain, A.D. and Guttmann, H.E., *Handbook of Human Reliability Analysis with Emphasis on Nuclear Power Plant Applications*, U.S. Nuclear Regulatory Commission, 1985.

Wickens, C.D., and Hollands, J.G., *Engineering psychology and human performance*, Prentice Hall, 2000.

Wickens, C.D., Gordon, S.E. and Liu, Y., *An introduction to human factors engineering*, Longman, 1988.

제4부
작업관리

CHAPTER 21 작업관리 개요

1 작업관리의 정의

작업관리(work study)는 크게 시간연구(time study)와 동작연구(motion study)로 구성된다. 시간연구는 테일러(F. W. Taylor)에 의해 시작되었으며, 숙련된 작업자가 특정 작업을 정상 속도로 수행할 때 소요되는 시간, 즉 표준시간(standard time)을 측정하는 방법을 다루는 학문이다. 동작연구는 길브레스 부부(F. B. Gilbreth and L. M. Gilbreth)에 의해 창시되었으며 가장 작은 비용으로 작업을 수행할 수 있는 효율적 작업 방법을 개발하거나 기존 작업 방법의 개선을 다룬다. 이를 위하여 동작연구에서는 작업을 수행하고 있는 신체 각 부위의 동작을 체계적으로 분석하여, 비능률적인 동작은 줄이거나 개선하고, 능률적 동작은 더 효율적으로 수행되도록 한다. 1900년대 초반 초창기에는 성과급 지급의 기초 자료로 활용할 수 있는 시간연구가 주로 적용되어 오다, 1930년대를 넘어서면서 단순하고 효율적 방법을 추구하는 방법연구에 관심을 가지게 되었다. 이후 두 분야는 시간·동작연구(motion and time study)로 통합된 개념으로 서로 보완적으로 적용되고 있으며, 우리나라에서는 시간연구와 동작연구뿐 아니라 공정 분석, 시설배치 등의 개념 등을 포함한 넓은 의미의 작업관리라는 용어로 통용되고 있다.

작업관리를 말하는 다른 용어로는 방법공학/연구(method engineering), 작업설계(work design), 직무설계(job design) 등이 있다. 방법공학은 동작연구와, 작업측정은 시간연구와 같은 의미를 가지며, 미국에서는 현재 시간·동작연구보다는 작업 방법 설계 및 측정(work method design and work measurement)이 많이 사용되고 있다.

1.1 작업관리의 범위

작업관리는 효율적이고 경제적 작업 방법의 설계에서부터 이의 표준화, 작업측정, 작업자 훈련, 임금관리까지 작업에 관련된 거의 전 과정을 포함한다. 작업관리 범위는 그림 21•1에 나타나 있다.

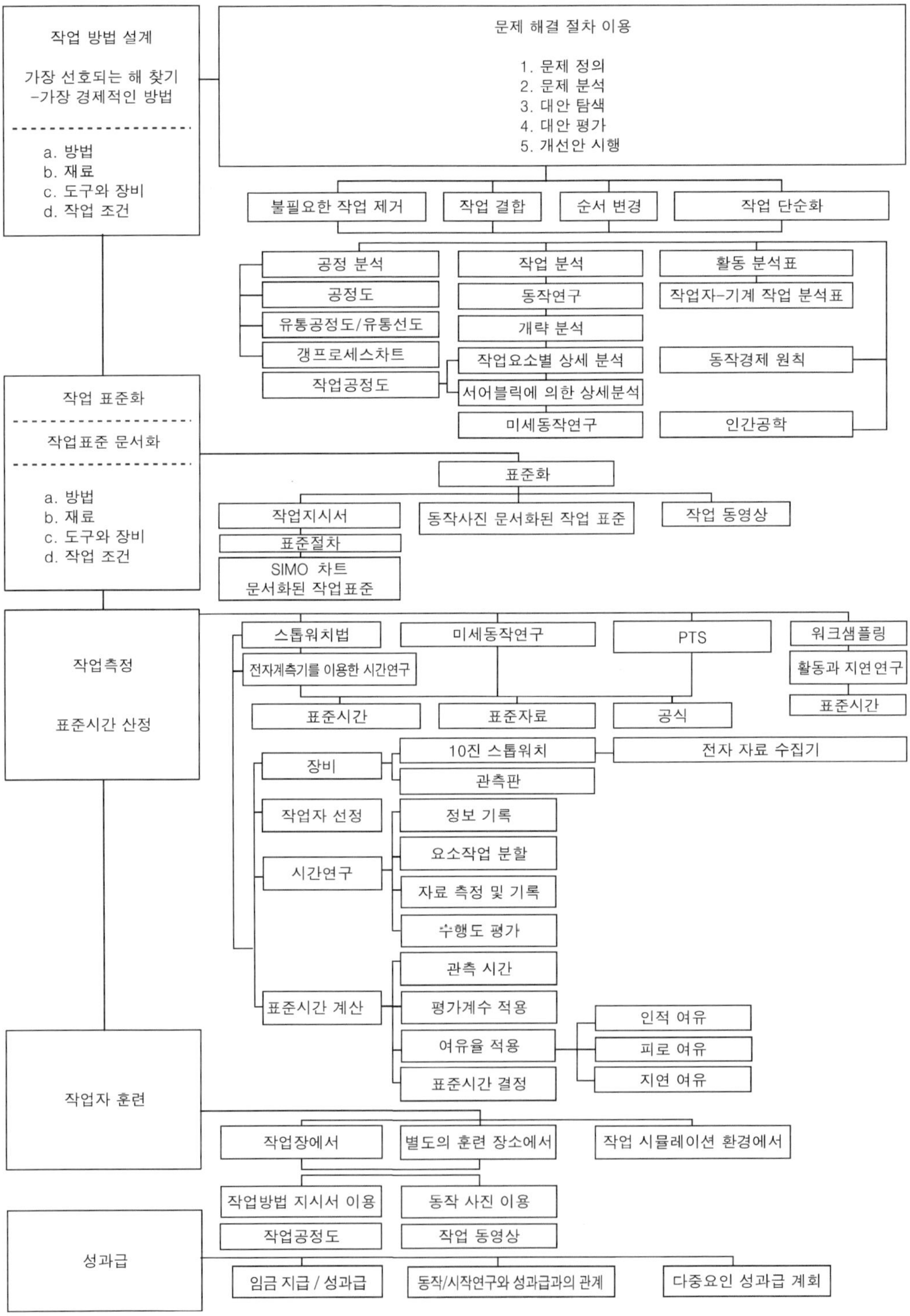

그림 21•1▸작업관리 범위

방법연구에는 문제 해결 절차 및 작업 개선의 원리가, 작업측정에는 여러 가지 시간연구 방법이 사용된다. 과거에 작업관리는 기존 작업 방법의 개선에 주로 사용되어 왔으나, 기존 방법이 존재하지 않는 새로운 제품의 제조나 새로운 서비스를 수행하는 이상적 방법을 찾는데도 적용되고 있다. 기존 작업 방법의 개선을 위한 문제 해결 절차로는 기본형 문제해결 절차가, 새로운 제품의 제조나 새로운 서비스를 수행하는 최적의 방법을 설계하는 데는 디자인 개념의 문제 해결 절차가 사용된다.

작업관리는 원래 직접적 공장 노동(direct factory labor)에만 적용되었으나 작업관리의 여러 원칙들은 보편적이어서 작업자와 기계가 있는 어느 곳에도 효율적으로 적용 가능하다. 작업관리는 현재 노무비와 자본비용 및 운용비의 급격한 증가로 생산성 향상 및 원가 절감에 초점이 맞추어져 있다.

1.2 작업관리와 제조시간의 관계

제품 및 서비스의 제조, 생산에 소요되는 시간은 기본작업시간, 부가작업시간과 비효율적시간으로 구성된다(그림 21•2). 부가작업시간은 1) 설계 결함이나 재료 규격, 제품 형상 규격, 공차, 완성 규격을 포함하는 제품 규격의 결함, 2) 비효율적 작업설계와 제조 방법(예: 세트업, 도구, 작업환경, 작업장 레이아웃, 동작경제원칙 등)으로 발생한다. 비효율적시간은 (1) 잘못된 계획, 재료와 도구의

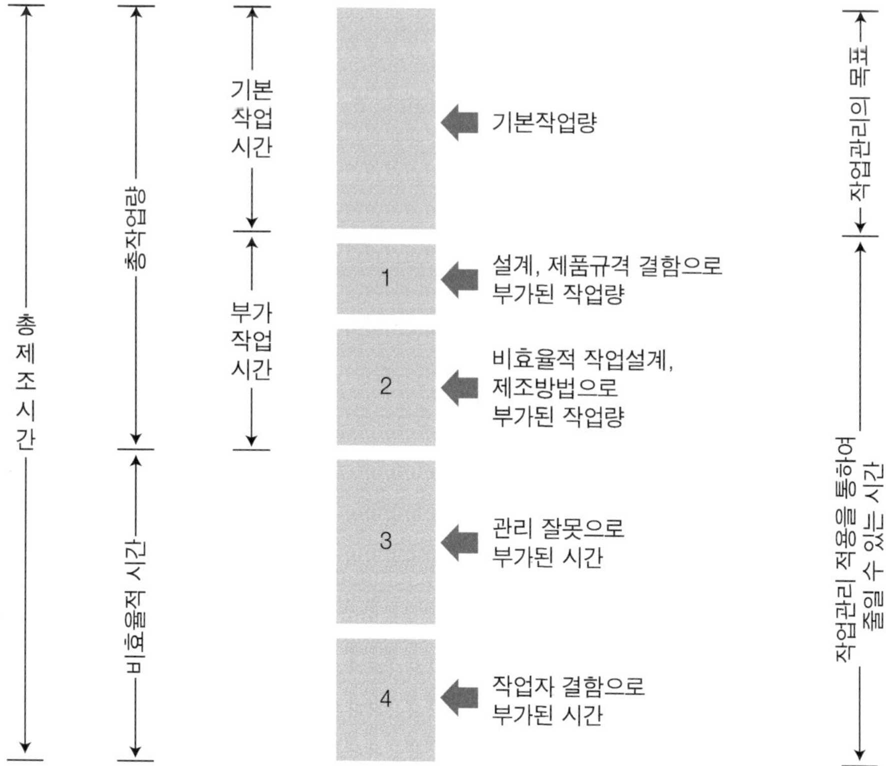

그림 21•2 ▸ 제조시간의 구성

잘못된 재고 관리, 잘못된 일정계획, 느슨한 감독, 지시와 교육과 같은 관리의 결함, (2) 정상페이스보다 작업을 느리게 하기, 여유시간을 과다하게 취하기와 같은 작업자 결함으로 초래된다. 기본작업시간은 제품의 디자인 및 규격, 작업설계와 제조방법에 결함이 없고, 작업에 대한 관리가 제대로 이루어지고 작업자가 정상페이스로 작업할 때 소요되는 시간을 의미한다. 이러한 의미에서 기본작업시간은 제품이나 서비스 생산에 소요되는 최소한의 작업시간이며 현실적으로는 이룰 수 없는 이론적 시간이라 할 수 있다. 작업관리의 궁극적 목표는 제품이나 서비스의 총제조시간을 기본작업시간과 일치하도록 작업을 효율적으로 설계하고, 관리를 하는 것이다. 즉, 작업관리의 적용을 통하여 부가작업시간과 비효율적 시간을 최소로 하는 것이다.

1.3 작업관리 역사

1.3.1 테일러(1856-1915)

테일러(Fredrick Winslow Taylor) 이전에도 시간연구가 유럽에서 1760년에 프랑스 기술자 페로네트(Jean Rodolphe Peronet), 1820년경에 영국 경제학자 배비지(Charles W. Babbage)에 의해 수행되었으나, 테일러는 현대적 시간연구의 아버지로 알려져 있다. 테일러는 1881년에 미국 필라델피아에 있는 Midvale 철강회사에서 시간연구를 시작하였다. 테일러의 시간연구는 작업자와 경영자 모두 타당하다고 인정할 수 있는 공정한 하루 작업량(a proper day's work for a workman)을 결정하는데 사용되었다. 1890년 Midvale 철강회사를 떠날 때까지의 12년간은 1903년 6월 미국기계공학회 학술회의에서 발표한 공장경영(shop management)의 기본 개념을 형성한 시기였다. 이후 목재가공회사의 책임경영자로 일하다 1893년부터 1901년까지 기술자문 용역(consulting) 사업을 하였다. 용역 활동 기간에 쌓은 다양한 경험이 Taylor system의 원천이 되었다.

1) 테일러의 시간연구 업적 용역 활동을 수행하는 동안 테일러는 자동차축 제조회사인 Simond's Rolling Machine Company에서 시간연구와 성과급 제도를 활용하여 다음의 성과를 거두었다. 첫째, 작업자를 120명에서 35명으로 약 70% 정도 줄였다. 둘째, 작업자당 하루 작업시간을 10.5시간에서 8.5시간으로 약 19% 줄였음에도 작업 정확도는 증대되었다. 셋째, 생산성은 5백만 대에서 1,700만 대로 약 340%로 증가하고, 임금은 80-100% 인상되었다.

1898년 Bethlehem 철강회사에서 공장의 여러 부분에서 일어나고 있는 작업방법을 개선하는 작업을 수행하였는데, 그 중 하나가 삽질(shovelling)이었다. 개선 전 작업에서는 400~600명의 작업자가 철광석, 석탄(rice coal) 삽질을 수행하고 있었고, 작업에 필요한 삽은 회사에서 제공하는 것보다는 자신의 삽을 각자의 집에서부터 가지고 다녔다. 한 명의 조장이 50~60명의 작업자를 감독하였고, 하루 중 다양한 대상에 대한 삽질을 하고 있었다. 작업자들이 무리를 지어 큰 작업장(3,500m × 420m)을 돌아다니며 작업을 하였다. 한번 삽질 양도 석탄은 3.5파운드, 철광석은 최대 38파운드로 작업 내용에 따라 달랐다.

표 21•1 ▸ 테일러의 삽질 작업 개선 효과

	개선 전	개선 후
작업자	400~600명	140명
톤당 운반 비용	7~8센트	3~4센트
작업자 하루 평균 작업량	16톤	59톤
작업자 하루 평균 임금	$1.15	$1.88

테일러는 2명의 시간연구자를 고용하여 2명의 우수 작업자를 대상으로 한 일급(first-class) 작업자의 하루 최대 삽질 작업량을 결정하기로 하였다. 1회 삽질 작업의 중량이 21.5파운드일 때 하루 작업량이 최대임을 밝히고, 작업 내용에 따라 다른 크기의 삽을 사용하게 하였다. 공구실을 설치하여 작업 내용에 따라 필요한 삽을 작업자에게 제공하고, 기획실을 두어 수행할 작업 내용을 미리 결정하게 하였다. 기획실을 통해 직장/조장(foreman)과 작업자는 매일 아침 작업 내용, 필요 도구, 작업 위치가 담긴 작업 지시서를 받았으며, 그룹으로 일하는 방식 대신 작업자 개별로 작업량을 측정하였다. 측정된 작업량을 바탕으로 규정된 작업량을 달성하면 하루 임금의 60%를 보너스로 지급하였다. 그렇지 못한 작업자는 적절한 작업 방법에 대한 교육을 받게 하여 보너스를 받을 수 있도록 하였다.

이러한 노력을 3년 반 정도 한 결과 개선에 소요된 비용을 제외하고 연간 78,000달러의 비용 절감을 가져왔으며, 구체적 성과는 표 21•1과 같다.

2) 과학적 관리법 과학적 관리법(scientific management) 이전에는 작업관리가 근로자의 창의와 이에 대한 자극에 의존하여 왔다. 테일러는 작업관리를 경영사의 과학적인 과업관리(task management)라는 계획적 관리로 바꾸어 노동생산성을 높이고 조직적 태업을 방지하며, 임금문제 해결을 위하여 과학적이고 객관적인 표준작업량을 설정하여, 고임금, 저노무비를 이루어 노사 쌍방이 만족하도록 하는 새로운 작업관리 방법을 제창하였다. 이를 과학적 관리법이라 하며 테일러 시스템(Taylor system)이라고도 한다.

테일러는 임금 인하를 방지할 수 있는 기준으로서 과업제도(task system)를 구상하였다. 이 과업제도가 테일러리즘의 달성 수단이다. 과업제도는 공평한 하루 작업량(a fair day's work)을 합리적으로 결정하고, 그에 의하여 근로자의 작업표준을 결정하는 기준이다.

과학적 관리법은 다음과 같이 네 가지 내용으로 구성되어 있다.

첫째, 종래의 인습적 과업 결정 방법이 배제되고 합리적으로 과업을 설정하기 위하여 과학적인 시간연구를 개발하였고, 시간연구의 전제 조건으로서 작업 조건과 작업 방법을 표준화할 필요가 있었다. 동작연구를 통해 작업별로 최적의 작업 방법을 결정하고, 시간연구를 통해 작업자별로 하루 동안의 공정한 작업량을 결정한 다음 직무설계를 하게 된다. 이러한 일련의 과정을 과업관리라 하는데 이것이 과학적 관리의 핵심 부분이다.

둘째, 과업이 결정되면 그 과업에 가장 적합한 작업자를 과학적으로 선발하고 훈련하여, 각 노동자를 자기 업무 분야에서 최고 수준으로까지 개발시킨다.

셋째, 모든 과업이 과학적 원리들에 입각하여 행하여질 수 있도록 노동자들과 협조한다. 이를 위하여 작업자들이 최선을 다해 주어진 과업을 수행할 수 있도록 성과급 제도를 도입한다.

넷째, 작업 조직의 노동 생산성을 향상시키기 위해 직능식 조직(functional organization)을 도입한다. 이 제도는 계획 기능과 작업 기능을 분리하며 경영자는 계획과 통제의 기능을, 작업자는 계획의 집행을 담당한다.

이러한 테일러의 과학적 관리법을 실제로 적용한 결과 작업자의 노동생산성과 임금 소득이 크게 증가하였으나, 다음과 같은 이유로 비판을 받기도 하였다. 첫째, 작업 과정에서 발생하는 작업자 간의 인간관계 문제나 비공식 조직과 같은 사회적 요인을 고려하지 않고, 작업자를 기계의 부속물로 취급한다는 것이다. 둘째, 작업자의 개인차를 고려하지 않는다는 것이다. 셋째, 작업자는 직장의 작업 지시를 일방적으로 수행하고 직장은 작업자의 새로운 아이디어나 제안을 받아들이지 않는다는 것이다.

1.3.2 길브레스 부부

길브레스 부부(Frank B. Gilbreth(1868-1924), Lillian M. Gilbreth(1878-1972))는 동작연구의 창시자이며 테일러가 인간적 측면보다는 작업 방법의 개선에 역점을 두었던 반면, 교육학과 심리학을 전공한 부인의 도움으로 인간의 생리적인 면과 심리적인 면에 중점을 둔 연구를 수행하였다. 길브레스는 동작연구를 벽돌 쌓기 작업에 적용하여 큰 성과를 거두었다.

벽돌 쌓기 작업의 관찰에서 다음의 사실을 발견하였다. (1) 각 작업자는 자신의 고유한 방법으로 작업을 하고, 어떠한 두 사람도 같은 방법으로 작업을 하지 않았다. (2) 한 작업자도 항상 같은 방법으로 작업을 하는 것은 아니었다. 즉, 작업을 빠르게 할 때와 느리게 할 때 방법이 달랐으며, 다른 작업자에게 작업방법을 가르칠 때도 방법이 달랐다. 이러한 관찰은 길브레스가 주어진 작업을 수행하는 최적의 방법을 찾도록 하였다

길브레스는 벽돌 쌓기 작업을 사진을 찍어 분석하고 작업 분석에 필요한 여러 공정도를 만들어 작업방법 개선에 사용하였다. 그 결과 작업을 다음과 같이 개선하였다. 첫째, 벽돌이 쌓아짐에 따라 작업 높이가 높아지더라도 발판을 조절하여 좋은 자세로 일할 수 있도록 높낮이 조절 가능한 발판을 고안하였다. 둘째, 벽돌과 모르타르를 공급하는 작업대를 제공하였다. 셋째, 저임금 작업자를 고용하여 벽돌을 작업하기 편한 방향으로 미리 쌓도록 하여, 벽돌공이 벽돌의 작업 방향을 찾기 위하여 이리 저리 돌리는 시간을 제거하였다. 넷째, 작업대 배치를 개선하여 벽돌공이 한 손으로 벽돌을 잡고 다른 손으로는 모르타르가 담긴 흙손을 동시에 사용하는 양손 작업이 가능하도록 하였다. 마지막으로 모르타르를 묽게 하여 흙손을 사용하지 않고 손으로도 쉽게 벽돌을 원하는 위치에 쌓을 수 있도록 하였다. 이와 같은 개선으로 시간당 120개의 벽돌을 쌓던 것이 시간당 350개를 쌓을 수 있게 되었다. 노동조합에서도 시간당 270개의 벽돌을 쌓는 것을 타당한 작업량으로 인정하게 되었다.

길브레스는 현재 사용되고 있는 여러 공정도를 창안하고 미세동작연구에서 수작업 분석에 사용되는 서어블릭(therblig), 사이클그래프(cyclegraph), 크로노사이클그래프(chronocyclegraph)를 개발하는 등, 현재 동작연구에 이용되고 있는 대부분의 기법을 개발하였다. 사이클그래프는 작은 전구를 손끝이나 동작연구의 대상이 되는 신체 부위에 부착한 후, 작업자가 작업을 수행하는 장면을 사진으로 찍는 기법이다. 이 기법을 이용하면 동작 형태나 궤적을 분석할 수 있다. 크로노사이클그래프는 전구가 일정 시간 간격으로 깜빡이는 것 외에는 크로노그래프와 같으며, 동작 궤적과 더불어 사진에 나타난 전구의 간격을 바탕으로 동작 속도, 가속도를 계산할 수 있게 하는 기법이다.

1.3.3 호오손 연구

호오손(Hawthorne) 연구는 1924년부터 1933년까지 Western Electric Company의 Hawthorne 공장에서 실시된 종업원 사기와 생산성에 영향을 미치는 요인을 찾는 일련의 실험이다. 처음에는 작업장 조명 밝기와 작업능률 간 관계를 알아보기 위한 실험을 수행하였으나 의미 있는 결론을 얻지 못하였다. 이에 휴식시간, 피로도, 일 작업시간, 종업원의 회사에 대한 인식, 작업 도구, 오후 시간 작업의 비능률성 등 조명 외적 요인이 생산성에 미치는 영향을 알아보기 위한 실험을 Havrad 대학 Elton Mayo 교수에 의뢰하여 수년간 실시하였다.

실험은 계선기(relay)를 조립하는 근로자 중 평균 기술 수준의 여직원 6명을 선발하여 별도로 설치된 작업장에서 수행되었다. 5명의 여직원은 계전기를 조립하고 한 명은 부품을 공급하였고, 작업자 동의 하에 작업 조건을 변경하였으며 편안한 속도로 작업하도록 하였나. 실험 중 계전기 조립량, 작업장 온습도, 의학적 개인 기록, 식사 및 수면 습관, 작업에 대한 대화 내용 등을 기록하였다. 처음에는 물리적 조건 변화에 따라 생산성이 높아졌으나 곧 원 상태로 떨어져 작업의 물리적 환경과 작업 능률 간의 관계를 밝히지 못하였다. 즉, 물리적 환경이 생산성에 직접적으로 관련되어 있지 않다. 그러나 실험이 끝난 후 실험에 참여한 여직원과의 면담 과정에서 모두 원래 작업장보다 실험 그룹에 속하여 작업하는 것을 선호하고, 종래의 철저한 감독보다는 자유스러운 분위기에서 일하기를 좋아하는 것이 밝혀졌다. 즉, 작은 그룹으로부터 생겨난 단체정신이 물리적 환경보다 생산성에 더 큰 영향을 준다.

Mayo 교수는 작은 그룹의 특성을 다음과 같이 들었다.

- 구성원들 간 밀접한 친분(close association of members)
- 제한된 인원 수
- 직접적 인간 관계(face-to-face relationship)
- 비공식적 규칙

이 연구를 계기로 인사 선발, 교육·훈련 및 성과평가, 작업장 물리적 환경 등에 중점을 두었던 산업심리학이 인간관계에 중점을 둔 생산조직, 사회적 시스템, 집단역학(group dynamics), 동기유발 등에 초점을 두는 산업 및 조직심리학(industrial and organizational psychology)으로 바뀌게 되었다.

1.3.4 테일러 시대의 다른 기여자

1) 바스 테일러의 동료로 금속 절삭 작업에서 절삭 깊이, 절삭 공구의 크기와 수명을 고려한 금속의 경도에 따른 효율적 회전속도와 feed 속도를 결정하는 계산척(slide rule)을 개발하였다. 바스(Cral G. Barth)는 여유시간을 결정하는 연구로도 유명하다.

2) 에머슨 에머슨(Harrington Emerson)은 Santa Fe 철도회사의 업무에 과학적 방법을 적용하여, 회사 조직의 변경, 절차 통합, 표준비용과 보너스 계획 수립, 회계 업무 전산화를 수행하였으며, 이러한 노력은 연간 150만 달러를 절약하는 성과를 보였다. 또한 효율적 작업을 위한 절차를 다룬 「효율성을 위한 12가지 원칙(twelve principles of efficiency)」이라는 저서를 남겼다.

3) 간트 간트(Henry Laurence Gantt)는 프로젝트 수행에서 계획 대비 프로젝트의 진행 정도를 시각적으로 보여줄 수 있는 간단한 그래프, 즉 간트 차트를 개발하였다. 이를 이용하면 프로젝트의 진행 정도를 시각적으로 볼 수 있을 뿐 아니라, 능력(capacity), 지체(backlog), 고객 요구에 맞추어 일정을 조정할 수도 있다. 이 차트는 1차 세계대전 중에 선박 건조 작업에 사용되었다. 또한 간트는 표준 이상을 달성한 작업자에게는 보너스를 주고, 그렇지 못한 작업자에게도 불이익을 주지 않는 장려급제도를 개발하여, 테일러의 장려급제도의 단점을 보완하였다.

4) 쿡 쿡(Morris L. Cooke)은 과학적 관리 원칙을 시정부(city government)에 도입하였다. 1940년에 머레이(Philip Murray)와의 공저 「조직화된 노동과 생산(Organized Labor and Prodution)」을 출간하였다. 이 저서에서 노동자와 경영자의 공통의 목적은 최적의 생산성(optimum productivity)이라고 하였다. 최적의 생산성은 경영자와 노동자가 노동력과 물질적 자원을 보존하면서 생산할 수 있고, 공평하게 나눌 수 있는 상품과 서비스의 가장 균형 잡힌 출력이라고 정의하였다.

2 작업관리 절차

2.1 작업관리의 목적

작업관리의 목적은 크게 ① 안전한 방법으로 생산성과 제품 신뢰성을 높이고, ② 더 많은 사람들을 위하여 질 좋은 제품과 서비스가 생산되도록 원가를 낮추는 것이다. 이를 위하여 작업관리에서는 효율적 작업 방법을 찾아 표준화하고 작업자를 교육하여 이를 따르게 하고, 이를 수행하는데 소요되는 시간을 측정하여 표준화한다. 과거에는 생산성 제고를 위하여 작업 방법을 단순화하고 효율적으로 개선하는데 관심이 모아졌다. 과도한 작업 단순화는 작업자가 단순 작업을 기계처럼 반복하게 하여 근골격계질환 유발 등의 부작용을 초래하기도 한다. 오늘날 의료비용의 증가로 작업관리를 적용하여 얻은 생산성 제고와 원가 절감 효과가 작업자 보상비용(의료비, 휴업 급여 등)으로 상쇄되어 버리거나 역전되는 현상이 나타나기도 한다. 이러한 문제를 해결하기 위하여 단순히 작업 능률만 중시할 것이 아니라 작업과 작업장을 작업자에게 맞게 설계하는 인간공학에 관심이 높아가고 있다.

2.2 문제 해결 절차

문제 해결 절차에는 현재 공정이나 작업 방법을 대상으로 하는 기본형 5단계 절차와 지금까지 경험하지 못한 새로운 공정이나 작업 방법을 디자인하는 디자인 개념의 문제 해결 절차가 있다. 기본형 절차는 일반적으로 다음 그림 21•3과 같이 5단계로 구성된다.

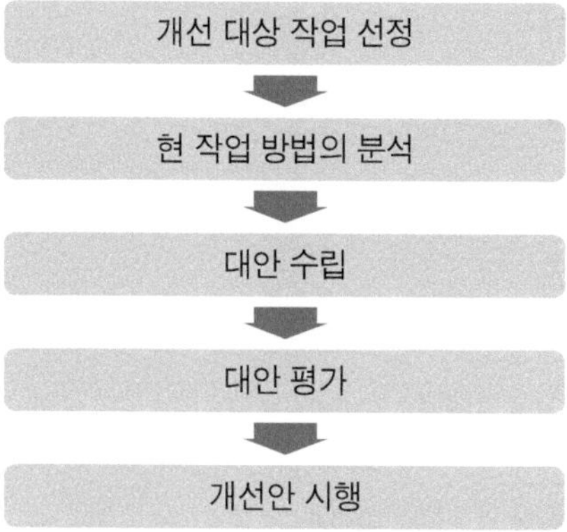

그림 21•3▸기본형 문제 해결 절차

2.2.1 개선 대상 작업 선정

우선적으로 문제가 무엇(예, 재고가 많은 공정, 애로 공정 등)인가가 파악되어야 한다. 문제가 파악되면 이를 해결하기 위하여 개선되어야 할 공정을 선정한다. 개선 대상 작업은 다음 기준을 만족하는 것이 바람직하다.

- 기술적 측면: 현재 개발되어 있는 기술 수준으로 해결 가능하여야 한다.
- 경제적 측면: 개선을 할 경우 투자 비용 이상을 회수할 수 있는 경제성이 있는 작업이어야 한다.
- 인간적 측면: 개선된 공정의 작업 방법이 현장에서 작업자들에 의해 수행되기 때문에 작업자들의 협조가 중요하다.

위의 기준을 고려하여 다음 작업 중에서 개선 대상 작업을 선정한다.

- 제조 원가가 높은 제품
- 생산량이 많은 제품
- 재작업(rework)이 많이 발생하는 제품
- 애로공정
- 작업자들이 불만, 통증을 자주 호소하는 작업
- 산업재해가 많이 발생하는 작업
- 작업자들이 개선을 요구하는 작업

2.2.2 자료 분석 및 기록

개선 대상 작업이 선정되면 이 작업이 현재 어떻게 이루어지고 있는가가 정확하게 파악되어야 한다. 문제 특성에 따라 평가 기준을 정하고 문제에 영향을 미치는 제약 조건들이 밝혀져야 한다. 제약 조건이 허구일 수 있으므로 주의를 기울여 분석에서는 실제 존재하는 제약 조건만 고려되도록 하여야 한다. 작업 분석에는 다음의 도표(diagram)나 공정도(process chart)가 일반적으로 사용된다(구체적 설명은 22장에서 한다).

- 작업공정도
- 유통공정도
- 다중활동분석표
- SIMO 차트
- 특성요인도(고기-뼈 다이어그램)
- 작업자공정도
- 유통선도
- 이동빈도표
- 파레토도

2.2.3 대안 수립

대안 도출에는 문제 분석 자료와 더불어 관련된 자료가 많을수록 좋으며, 다음 자료를 활용하면 도움이 된다.

- 장비/설비/공구 카탈로그
- 관련 분야 잡지, 학술지 등의 출판물
- 앞선 기업의 벤치마킹
- 산업공학, 인간공학 등 관련 분야 전문가 자문

개선 원칙이나 체크리스트를 만들어 분석 자료를 체계적으로 검토하는 과정에서 대안에 대한 착상을 얻을 수 있다. 체크리스트 작성이나 대안 수립 시 5W1H 원칙, ECRS 원칙을 활용할 수 있으며, 대안 도출을 위한 효율적 방법으로 브레인스토밍(brain storming)을 들 수 있다.

1) 5W1H 5W1H 관점에서 질문을 만들어 답함으로써 분석 자료를 검토하고 개선안을 도출한다.

- 작업 목적(what): 무엇을 하는가?
- 작업 필요성(why): 왜 이 작업을 하는가?
- 작업 장소(where): 어디에서 작업이 이루어지는가?
- 작업 순서(when): 언제, 어떤 순서로 작업이 이루어지는가?
- 작업자(who): 누가 하는가?
- 작업 방법(how): 어떤 작업 방법으로 혹은 어떤 장비를 사용하여 작업을 하는가?

5W1H	질문	ECRS
what(작업 목적) why(작업 필요성)	작업이 필요한가?	Eliminate
when(작업 순서) where(작업 장소) who(작업자)	작업을 결합하거나 순서를 바꾸면 효율적인가?	Combine Rearrange
how(작업 방법)	작업 방법 변경이나 단순화가 가능한가?	Simplify

그림 21•4▶5W1H와 ECRS 관계

2) ECRS 원칙

- E(eliminate): 불필요한 작업을 찾아 제거한다.
- C(combine): 작업자, 장소 및 시간 관점에서 다른 작업과 결합하여 수행함으로써 작업을 효율적으로 개선한다.
- R(rearrange): 작업 순서를 바꾸어 봄으로써 작업을 개선한다.
- S(simplify): 작업을 단순화함으로써 작업을 개선한다.

5W1H와 ECRS의 관계는 그림 21•4와 같다.

3) 브레인스토밍 개선안 수립은 한 사람이 하는 것보다 관리자, 작업자, 생산기술부서 담당자 등 관련 인원이 모여 공동으로 하는 것이 좋으며, 이 때 활용할 수 있는 방법으로 브레인스토밍을 들 수 있다. 브레인스토밍은 1939년 미국 광고회사 부사장 A. F. 오즈번이 제창한 아이디어 창출 방법으로, 구성원의 자유 발언을 통하여 짧은 시간 안에 많은 아이디어를 내는 방법이다. 브레인스토밍은 리더를 두고 구성원 수는 10명 내외로 하는 회의 형식으로 진행된다. 브레인스토밍의 원칙은 다음과 같다.

- 판단은 나중에
- 주제를 벗어나지 않기
- 많을수록 좋다
- 시각 자료를 활용
- 타인의 아이디어를 이용
- 한 번에 한 사람씩
- 엉뚱한 아이디어도 좋다

2.2.4 대안 평가

대안이 수립되면 제약 조건을 만족하는 지를 우선적으로 검토하고, 평가 기준에 따라 각 대안을 평가하여야 한다. 평가에는 작업관리 기법, 통계적 분석, 경제성 분석, 안전성 분석, 신뢰성 분석, 시뮬레이션, 최적화 기법 등을 이용할 수 있다. 평가 기준이 2개 이상일 경우 대안 간 서로 모순되는 결과가 나올 수 있으므로, 평가 시 평가 기준 간의 가중치를 결정할 필요가 있다.

2.2.5 개선안 시행

개선안이 선정되면 이를 현장에서 시행될 수 있도록 구체화하여 표준화하고, 작업자들에 대한 교육을 통하여 시행한다. 개선안이 현장에 실제로 사용되는 것이 중요하므로 이를 위하여 다음 사항을 수행한다.

- 현재 방법과 비교하여 개선된 요소를 측정하여 기록한다.
- 개선안을 상부에 보고하고 승인을 받도록 한다.
- 개선안이 활용되는 부서 실무진으로부터 이해를 구한다.
- 기대한 대로 잘 운용되도록 필요한 조치를 취한다.

개선안에 대하여 노무비, 재료비, 기자재비(tooling cost) 등의 절감 비용을 산출하여 경영층의 개선에 대한 투자를 유도하여야 한다. 대부분의 작업자들은 변화에 대한 거부감을 가지고 있으므로 개선 활동을 적극 알리고, 작업자 스스로 개선 활동에 참여할 수 있는 기회를 주도록 하여야 한다. 개선안에 대한 주기적 관찰이나 작업자 의견을 청취하여 수정·보완한다.

2.3 디자인 개념의 문제 해결 절차

기술의 발달로 지금까지 경험해보지 못한 새로운 상황이나 작업 방법을 설계하여야 할 경우가 발생하고 있는데, 여기에 적용할 수 있는 절차이다. 기존 작업 방법에 대한 분석, 검토보다는 문제 선정 및 정의를 신중히 하고 대안을 적극적으로 찾는 방법이라 할 수 있다. 디자인 개념의 문제 해결 절차는 일반적으로 그림 21•5와 같이 5단계로 구성된다.

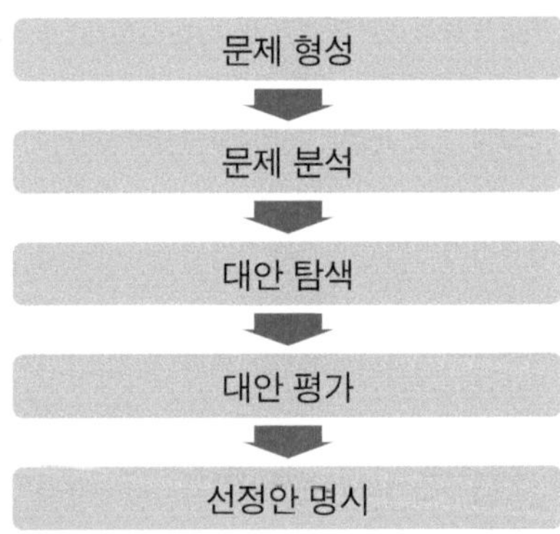

그림 21•5▸디자인 개념의 문제 해결 절차

2.3.1 문제 형성

해결하고자 하는 문제의 본질을 파악하여 문제의 세부 특성이나 상세한 제약 조건보다는 다음 사항을 개괄적으로 서술한다.

- 시작/입력 상태와 최종/출력 상태(예: 철광석(시작 상태), 철강판(최종 상태))
- 판단/평가 기준(예: 생산성, 투자 수익률)
- 두 상태 간의 변환 빈도수(예: 생산량, 이용자 수)
- 연구 시한

문제 형성 단계에서 제거가 가능한 작업을 새로이 디자인하거나 사용되지 않을 작업이나 부품을 디자인하는 것과 같이 문제가 되지 않는 것을 문제로 만들어 풀려고 하거나, 현재 방안에 집착하여 문제를 풀려고 하는 경향이 있다. 디자인 개념의 문제 해결 절차에서는 현재 방법보다는 문제 본질에 접근하여 창조적으로 문제를 해결할 수 있도록 연구 범위를 명확히 하여야 한다.

2.3.2 문제 분석

문제 특성 중 시작 상태, 최종 상태, 제약 조건을 깊이 있게 분석한다. 제약 조건은 가능한 문제 해결 방안을 크게 구속할 수 있기 때문에 문제 해결에 반드시 고려되어야 하는 실제 존재하는 조건만 포함되어야 한다. 문제 해결 과정에서 불필요한 허구적 제약 조건을 첨가하여 문제가 풀리지 않게 하거나 풀기 어렵게 하는 실수를 범하지 않도록 주의가 요구된다.

예제 21.1 **[허구적 제약조건의 예]**
종이로부터 연필을 떼지 말고 9개의 점 모두를 지나는 4개의 연결된 직선을 그려보라.

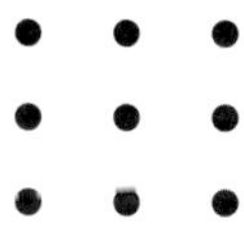

2.3.3 대안 탐색

제약 조건을 만족하면서 문제를 해결할 수 있는 방안을 창조적으로 찾는 단계이다. 상품 카탈로그, 전문 서적, 학술 잡지, 타 기업의 벤치마킹, 전문가 자문, 팀 토의 등의 다양한 자료와 방법을 통하여 가능한 많은 대안을 창출한다. 대안 탐색 단계에서는 디자이너의 창의력이 중요하며 창조적 대안을 효과적으로 탐색하는데 도움이 되는 사항을 소개한다.

- 창의력을 제고할 수 있는 정신적 노력을 적극적으로 한다.
- 왜(why)라는 단어로 항상 탐구적 자세를 지닌다.
- 체크리스트를 활용하는 등 체계적 접근 방식을 사용한다.
- 대안 탐색 시에 질보다는 양을 우선하여 많은 대안을 내도록 한다.
- 다른 사람에게 의견이나 도움을 적극적으로 구한다.
- 현재 작업 방법을 완전히 잊어버린다.
- 브레인스토밍과 같은 아이디어 창출 방법을 채택하여 사용한다.
- 보수적 태도를 지양하고 진취적 자세로 아이디어를 낸다.
- 대안 탐색 과정에서는 대안을 평가하지 말고 평가는 대안 평가 단계에서 행한다.
- 유사한 문제나 다른 사람의 아이디어를 이용하여 아이디어를 낸다.
- 정신 작용에 도움이 되는 쾌적하고 조용하며 창조적 분위기 하에 대안 탐색을 한다.

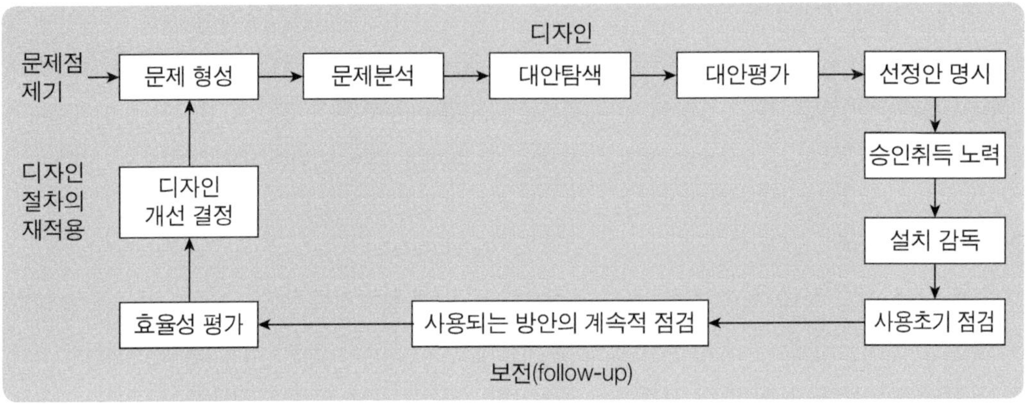

그림 21•6▸디자인 사이클

2.3.4 대안 평가

대안 탐색 단계에서 만들어진 많은 수의 대안을 마련된 평가 기준을 이용하여 평가한다. 처음에는 직관적으로 평가하여 열등한 대안을 제거하고 나머지 대안에 대하여 자세한 평가를 수행하는 단계적 평가가 바람직하다. 대안을 평가하기 위해서는 앞서 언급한 평가 기준이 우선적으로 정립되어 있어야 하고, 평가 기준에 따른 적절한 평가 방법을 이용하여야 한다. 평가 결과는 화폐 단위와 같이 객관적 수치로 나타내고, 이를 표의 형태로 정리하여 제시하는 것이 좋다. 디자이너가 대안을 최종적으로 선택할 권한이 없거나 가장 우수한 대안을 명확히 선택하기 어려운 경우는, 이상적 대안, 즉시 사용 가능한 대안, 미래 지향적 대안 혹은 장기, 중기, 단기적 대안 등의 몇 가지로 구분·제시하여 최종 의사결정권자가 선택할 수 있게 한다.

2.3.5 선정안 명시

선정된 안의 내용 및 특성 등 관련 사항의 세부 내용을 현장 부서에서 실현할 수 있을 정도로 상세히 기술한다. 디자이너는 선정된 안을 관련된 부서에 설명한 후 승인 취득, 생산 혹은 기계 설치 시 감독, 사용 시의 관찰과 평가, 효율성 평가 등 디자인에 관련된 모든 일을 수행하여야 한다. 문제 해결 절차는 그림 21•6과 같이 사이클을 이루어 진행된다.

3 작업 개선 원리

3.1 개선 대상 도출 방법

개선 대상 공정이나 작업을 체계적으로 찾아내는 것이 중요하며, 다음의 방법으로 개선 대상을 도출할 수 있다.

3.1.1 산업재해 자료 조사

기업이 가지고 있는 최근에 공식적으로 인정된 산업재해에 관련된 자료와 더불어 아차 실수(near miss) 자료까지 검토한다. 기업 규모가 작을수록 산업재해에 관한 자료 수가 적어 통계적 의미를 가지기 힘들기도 하나, 어느 작업에서 어떠한 재해가 발생하였는지를 파악할 필요가 있다.

3.1.2 작업자 조사

작업자를 직접 조사하여 봄으로써 개선이 필요한 작업을 도출할 수 있다. 작업자 조사는 다음 방법으로 이루어진다.

1) 작업자와의 면담/토론 문제를 경험하였거나 개선의 필요성을 느끼고 있는 작업자와 직접적 면담을 통하여 개선 대상을 파악한다. 가장 간단하며 효율적 방법이다.

2) 작업자 불편에 대한 설문 조사 작업중에 지각하는 불편이나 통증 발생 부위, 강도, 지속시간, 빈도 등을 조사한다.

3) 작업자 만족도 조사 작업자가 사용하고 있는 장비나 설비(예: 의자) 등에 대한 사용상 만족도를 조사한다.

3.1.3 작업장 순찰

개선 담당자가 직접 작업 현장을 둘러보면서 문제점을 파악한다. 순찰은 전반적 문제점 파악을 위한 것과 특정 문제(예: 조명, 작업 강도)에 초점이 맞추어진 목적으로 할 수 있다. 이 때 사전에 준비된 체크리스트를 활용하면 도움이 된다.

3.1.4 작업자 제안 제도

작업자 스스로 개선이 요구되는 작업과 개선 방안을 제안하는 제도를 실시한다.

3.1.5 작업 평가

산업안전보건법에서 정하고 있는 근골격계질환 유해요인조사 양식이나 OWAS, RULA, NIOSH 들기작업 공식, SI(strain index) 등의 인간공학적 작업 평가 도구를 사용하여 작업 부하를 평가한다. 그 결과로부터 작업 부하가 개선이 필요한 정도로 높은 작업을 개선 대상으로 선정한다.

3.2 개선 아이디어

다음의 다양한 분야에서 작업이나 공정의 개선을 위한 아이디어를 구할 수 있다.

- 제품이나 장비 카탈로그

- 기사나 광고를 담은 관련 분야의 잡지
- 관련 분야 참고 도서, 학술지
- 관련 분야 전문가 자문
- 선진 기업 벤치마킹
- 인터넷 웹 사이트 등

3.3 개선안 분류

작업 개선은 크게 공학적 개선(engineering control) 또는 관리적 개선(administrative control)로 나누어진다.

3.3.1 공학적 개선

공학적 개선은 다음의 재배열, 수정, 재설계, 교체 등을 말한다.

- 공구·장비
- 작업장
- 포장
- 부품
- 제품

3.3.2 관리적 개선

관리적 개선에는 다음이 포함된다.

- 작업의 다양성 제공
- 직무 순환
- 작업 일정 및 작업 속도 조절
- 회복 시간 제공
- 작업 습관 변화
- 작업 공간, 공구 및 장비의 주기적 청소 및 유지 보수
- 작업자 적정 배치
- 직장 체조(스트레칭) 강화

3.4 작업 개선 원리

작업 개선은 작업 효율과 더불어 작업자의 능력이나 한계에 맞게 이루어져야 한다. 작업 효율만 강조할 경우 근골격계질환과 같은 직업병의 유발로 인하여 작업 효율 향상으로 얻는 이익보다 더

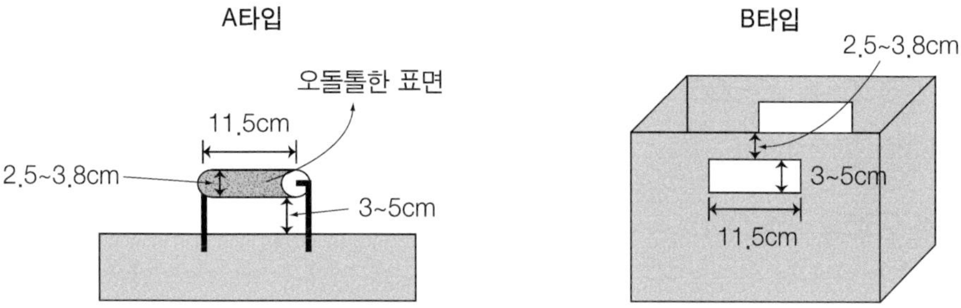

장갑을 사용할 경우 손잡이 길이: +2.5cm

그림 21•7▸NIOSH의 손잡이 설계 기준

큰 경제적 손실을 초래할 수 있다. 따라서 작업을 개선할 때는 작업 효율 제고를 위한 동작 경제 원칙과 함께 여러 인간공학적 설계 원칙이 고려되어야 한다. 동작 경제 원칙은 22장에, 작업대 및 작업 공간, 수공구 설계 원리는 24장에 따로 서술되므로, 여기에서는 일반적 인간공학 원칙만을 제시한다.

1) 중립 자세로 일할 수 있게 하라 중립 자세란 등뼈(back bone)는 완만한 'S'자 커브를 유지하고 팔은 수직 하방으로 자연스럽게 늘어뜨리며, 손목은 아래팔과 일직선을 이루는 자세를 말한다.

2) 과도한 힘 사용을 줄여라 중량물을 취급하는 작업에서는 우선적으로 가능한 범위 내에서 취급 중량을 줄이고(미국 NIOSH에서 제시한 들기 작업 공식에서는 23kg을 최대로 하고 있음), 이를 초과할 경우는 진공 빨판 등의 들기작업 보조 도구를 사용하도록 한다. 박스 등의 용기는 손잡이를 부착하고 손잡이는 인간공학적으로 설계한다(그림 21•7 참조).

3) 모든 것을 닿기 쉬운 곳에 두라 부품, 공구 등은 정상 작업 영역(팔꿈치를 동작 기준으로 하여 닿을 수 있는 범위) 내에 두는 것이 좋으며, 이를 벗어날 경우는 최대 작업 영역(어깨를 축으로 하여 닿을 수 있는 범위) 내에 두어야 한다. 부품 박스는 작업자 쪽으로 경사지게 기울여 두는 것이 어깨를 움직이지 않고 쉽게 닿을 수 있다.

4) 적절한 높이에서 일할 수 있게 하라 작업대 높이는 작업자의 팔꿈치 높이를 기준으로 정해지며, 일반적 작업에서는 팔꿈치보다 조금 낮은 것이 좋다. 시각 작업을 요하는 정밀 작업에서는 팔꿈치보다 높게, 중량물 취급 작업은 팔꿈치보다 낮은 곳에서 작업이 이루어지도록 한다(작업 내용에 따른 작업대 높이는 24장 참조).

5) 과도한 반복 동작을 줄여라 수공구 대신 전동 공구를 사용하면 작업자의 동작 반복을 줄일 수 있다.

6) 정적 부하를 최소화하라 자주 움직이는 동적 작업은 피로 없이 장기간 수행할 수 있는 반

면에, 정적 작업을 할 경우 근육으로 혈액 공급이 원활하지 못하게 되어 피로를 유발하게 된다.

7) 접촉 스트레스를 최소화하라 수공구 손잡이는 직경이 굵고 길게 하고, 작업대 모서리는 둥글게 처리하면 접촉 스트레스를 줄일 수 있다.

8) 충분한 공간을 확보하라 작업대 아래에는 무릎, 발 공간(24장 참조)이 확보되도록 공간을 충분히 주고, 대차 등의 이동 시에는 시야가 확보될 정도의 공간을 확보하는 것이 중요하다.

9) 운동, 스트레칭을 자주 하라 정적 부하를 줄이기 위해서는 작업 전후와 작업 중에라도 자주 움직이고, 운동하고, 스트레칭을 하는 것이 좋다.

10) 조명, 소음, 환기 등의 작업 환경을 쾌적하게 유지하라

11) 표시장치와 조종장치를 공간, 개념, 운동 양립성에 맞고 이해하기 쉽게 설계하라

12) 작업자의 스트레스를 줄여 주라 작업을 미리 계획하여 일의 양이 고르게 분산되도록 하고, 작업자들이 직장의 공식적, 비공식적 활동에 적극적으로 참여하도록 유도하고, 다양한 작업을 할 수 있도록 작업을 확대하는 등의 방법으로 작업자의 스트레스를 줄일 수 있다.

연습문제

[1] 다음 설명 중 잘못된 것은?

① 시간연구는 테일러에 의해 시작되었다.
② 동작연구는 효율적 작업방법을 개발하거나 기존 작업법의 개선을 다룬다.
③ 방법연구에 먼저 관심을 보였다.
④ 작업관리는 방병공학, 작업설계 등이라 하기도 한다.

[2] 시간 연구에서 다루는 주 내용은?

① 효율적 작업 방법 ② 표준시간 ③ 작업 순서 ④ 생산성

[3] 동작연구를 창시하고 많은 연구업적을 남긴 자는?

① 테일러 ② 길브레스 부부 ③ 간트 ④ 호오손

[4] 동작연구에서 주로 다루는 내용은?

① 효율적 작업 방법 ② 성과급 기준 ③ 작업시간 ④ 표준시간

[5] 작업관리의 목적으로 가장 거리가 먼 것은?

① 정확한 작업측정을 통한 작업 개선 ② 공정 개선을 통한 작업 편리성 향상
③ 표준시간 설정을 통한 작업 효율 관리 ④ 공정관리를 통한 품질 향상

[6] 작업 중에 포함되어 있는 불필요한 작업 요소를 제거하기 위하여 작업의 상세한 분석을 행하고 필요한 작업 요소로만 이루어진 가장 빠르고 효과적인 방법을 발견하는 기법은?

① 시간연구 ② 방법연구 ③ 작업측정 ④ 작업연구

[7] 다음 중 작업관리의 내용과 가장 거리가 먼 것은?

① 작업관리는 방법연구와 작업측정을 주 영역으로 하는 경영기법의 하나이다.
② 작업관리는 작업시간을 단축하는 것이 주 목적이다.
③ 작업관리는 생산성과 함께 작업자의 안전과 건강을 함께 추구한다.
④ 작업관리는 생산과정에서 인간이 관여하는 작업을 주 연구대상으로 한다.

[8] 다음 중 작업관리에 대한 설명으로 적합하지 않은 것은?

① 작업관리는 보통 동작연구와 시간연구로 구성된다.
② 시간연구는 표준화된 작업방법에 의하여 작업을 수행할 경우에 소요되는 표준시간을 측정하는 분야이다.
③ 동작연구는 경제적인 작업방법을 검토하여 표준화된 작업방법을 개발하는 분야이다.
④ 동작연구는 작업측정으로, 시간연구는 방법연구라고도 한다.

[9] 다음 중 작업관리와 가장 거리가 먼 것은?

① 시간연구 ② 동작연구 ③ 임금관리 ④ 품질관리

[10] 다음 중 제조시간에 속하지 않는 것은?

① 기본 작업시간 ② 부가작업시간 ③ 정미시간 ④ 비효율적 시간

[11] 다음 중 관리 잘못 및 작업자 결함으로 발생하는 제조시간은?

① 기본 작업시간 ② 부가작업시간 ③ 검사시간 ④ 비효율적 시간

[12] 총제조시간이 기본 작업시간관과의 일치를 추구하는 경영 기법은?

① BPR ② 시간경영 ③ 작업관리 ④ 산업공학

[13] 테일러의 삽질 연구 성과로 보기 힘든 것은?

① 작업자 감소 ② 작업자 임금 향상
③ 운반 비용 감소 ④ 성과급 제도 정착

[14] 과학적 관리법의 내용으로 보기 힘든 것은?

① 시간연구 ② 작업자 선발 및 훈련
③ 성과급 제도 ④ 직계식 조직

[15] 길브레스가 동작연구를 적용하여 큰 성과를 거둔 작업은?

① 벽돌 쌓기 ② 삽질 ③ 석탄 채굴 ④ 농업

[16] 길브레스 부부의 연구 업적이 아닌 것은?

① 미세동작연구 ② 원인-결과도 ③ chronocycle graph ④ 공정도

[17] 바스가 제안한 효율적 회전 속도와 feed 속도를 결정하는 계산척에서 고려 사항이 아닌 것은?

① 절삭 작업 종류 ② 절삭 깊이 ③ 공구 크기 ④ 공구 수명

[18] 작업 능률에는 조명과 같은 물리적 환경보다 소규모 집단의 비공식적 인간관계가 중요함을 밝힌 연구는?

① 호오손 실험 ② 하바드대 실험 ③ 동기부여 실험 ④ 생산성 실험

[19] 개선 대상 작업이 만족하여야 할 조건으로 보기 힘든 것은?

① 기술적 측면 ② 경제적 측면 ③ 인간적 측면 ④ 산업적 측면

[20] 다음 중 작업관리에서 사용되는 기본형 5단계 문제해결 절차로 가장 적절한 것은?

① 연구 대상 선정–분석과 기록–자료의 검토–개선안의 수립–개선안의 도입
② 연구 대상 선정–자료의 검토–분석과 기록–개선안의 수립–개선안의 도입
③ 연구 대상 선정–분석과 기록–개선안의 수립–자료의 검토–개선안의 도입
④ 연구 대상 선정–자료의 검토–개선안의 수립–분석과 기록–개선안의 도입

[21] 작업 개선을 위해 검토할 착안 사항과 거리가 먼 항목은?

① "이 작업은 꼭 필요한가? 제거할 수는 없는가?"
② "이 작업을 다른 작업과 결합시키면 더 나은 결과가 생길 것인가?"
③ "이 작업을 기계화 또는 자동화할 경우의 투자 효과는 어느 정도인가?"
④ "이 작업의 순서를 바꾸면 좀 더 효율적이지 않을까?"

[22] 5W1H에 해당되지 않은 것은?

① 작업 목적 ② 작업 필요성
③ 작업자 ④ 작업 재료

[23] 다음 중 작업 개선을 위한 개선의 ECRS와 거리가 먼 것은?

① combine ② simplify
③ redesign ④ eliminate

[24] 보다 많은 아이디어를 창출하기 위하여 가능한 모든 의견을 비판 없이 받아들이고 수정 방안을 허용하며 대량 발언을 유도하는 방법은?

① Brainstorming ② ECRS 원칙
③ Mind Mapping ④ SEARCH

[25] 브레인스토밍에 대한 설명으로 옳은 것은?

① 개선안 수립에 참여하는 사람은 적을수록 좋다.
② 미국의 한 광고 회사의 오즈번이 제창하였다.
③ 집단적 작업 개선 방법이다.
④ 브레인스토밍에는 긴 시간이 허용될수록 좋다.

[26] 브레인스토밍법의 원칙으로 옳은 것은?

① 아이디어에 대한 판단은 아이디어를 내면서 동시에 하는 것이 좋다.
② 타인의 아이디어를 이용하여 결합하지 않는다.
③ 엉뚱한 아이디어라도 좋으므로 아이디어를 많이 낸다.
④ 한 번에 여러 사람이 발언한다.

[27] 디자인 프로세스의 과정을 바르게 나열한 것은?

① 문제 분석→대안 도출→문제 형성→대안 평가→선정안 제시
② 문제 형성→대안 도출→선정안 제시→문제 분석→대안 평가
③ 문제 형성→대안 도출→대안 평가→문제 분석→선정안 제시
④ 문제 형성→문제 분석→대안 도출→대안 평가→선정안 제시

[28] 디자인 개념의 문제 해결 절차 중 문제 형성 단계에서 서술이 필요한 부분으로 거리가 먼 것은?

① 시작/최종 상태 ② 문제 해결 비용
③ 평가 기준 ④ 연구 시한

[29] 문제 해결을 위해 이해해야 하는 문제 자체가 가지는 일반적인 다섯 가지 특성을 잘 나타낸 것은?

① 선행조건, 제약조건, 작업환경, 대안, 개선방향
② 두 가지 상태, 제약조건, 대안, 판단기준, 연구시한
③ 선행조건, 제약조건, 대안, 인력, 연구시한
④ 두 가지 상태, 제약조건, 대안, 판단기준, 작업환경

[30] 대안 평가에 사용되는 평가 기법으로 적절하지 않은 것은?

① 인간공학적 기법 ② 최적화 기법
③ 안전성 분석 ④ 경제성 분석

[31] 문제 해결 절차의 마지막 단계에서 만들어진 개선안이 사용되지 않는 곳은?

① 승인 취득 ② 설치 감독
③ 효율성 평가 ④ 경제성 평가

[32] 개선 대상 작업으로 적절하지 않은 것은?

① 생산량이 많은 제품 ② 재작업이 많은 제품
③ 생산성이 높은 제품 ④ 산업재해가 많이 발생하는 작업

[33] 작업장 개선에 있어서 관리적 해결 방안이 아닌 것은?

① 작업 확대 ② 작업 자세 및 작업 방법 개선
③ 작업자 교육 ④ 작업자 교대

[34] 다음 중 작업 개선의 일반적 원리에 대한 내용으로 틀린 것은?

① 자연스러운 작업 자세 ② 과도한 힘의 사용 감소
③ 반복 동작의 증가 ④ 충분한 여유 공간

[35] 다음 중 개선 원칙의 설명으로 가장 적절한 것은?

① 공학적 개선은 비용 때문에 가장 나중에 검토되어야 한다.
② 가능한 한 위험 작업 개선 시 보호구 착용 등을 우선적으로 검토하여야 한다.
③ 위험 작업의 경우 직무순환을 우선적으로 검토하고 이후 보호 정책을 검토한다.
④ 지속적인 교육훈련을 통하여 경영자, 작업자의 인식을 바꾸는 것이 중요하다.

[36] 작업 개선 원리로 적절한 것은?

① 움직이면 에너지 소비량이 많아지므로 작업 중에는 정적 자세로 일하게 하다.
② 조명, 소음, 환기 등의 작업환경은 작업 개선 시 중요한 고려 요소이다.
③ 전동 공구를 사용하면 진동, 중량 등의 문제가 발생하므로 수공구를 사용하다.
④ 시각 작업을 요하는 정밀 작업은 팔꿈치 높이에서 작업이 이루어지게 한다.

[37] 작업 설계 시 작업자의 자세가 중립 자세를 유지할 수 있도록 하는 것이 중요하다. 중립 자세가 아닌 것은?

① 팔은 수직 하방이 아닌 몸통 약간 앞으로 나가게 한다.
② 등뼈는 'S'자 커브를 유지하도록 한다.
③ 손목은 아래팔과 일직선을 이룬다.
④ 앉은 자세에서 몸통과 장딴지는 90° 이상을 이룬다.

[38] 수작업에 관한 작업지침으로 옳은 것은?

① 내편향(우골편향) 손자세가 외편향(척골편향) 자세보다 일반적으로 더 위험하다.
② 가능하면 손목 각도를 5~10°로 굽히는 것이 편안한 자세이다.
③ 장갑을 사용하면 쥐는 힘이 일반적으로 더 좋아진다.
④ 힘이 요구되는 작업에는 Power Grip을 사용한다.

응용문제

[1] 작업관리를 정의하고 그 목적을 들라.

[2] 기본형 문제 해결 절차와 디자인 개념의 문제 해결 절차의 차이를 설명하라.

[3] A사는 현재 생산하고 있는 베어링이 중국 및 동남아산의 유입으로 가격이 떨어져 어려움을 겪고 있다. A사는 사업 다각화의 일환으로 자동차 부품 생산을 고려하고 있다. 고려 중인 부품은 컨베이어를 이용한 연속 생산이 필요 없는 단품이며, 부지는 현재 공장 유휴지를 활용할 수 있다. 새로운 부품을 생산할 것인지를 적절한 문제 해결 절차를 이용하여 푸는 방안을 단계별로 제시하라(구체적 수치는 제시하지 않아도 됨).

검사 작업 장면

[4] 오른쪽 그림에 나타나 있는 작업 장면의 문제점을 지적하고 개선 방안을 제시하라. 컨베이어 위에 놓여 있는 유리 패널(panel)을 검사하는 작업이다.

[5] 작업 개선을 위해서는 개선 대상 공정이나 작업을 체계적으로 찾아내는 것이 중요하다. 개선 대상을 도출할 수 있는 방법을 세 가지 이상 들라.

CHAPTER 22

작업 분석

1 문제 분석 도구

1.1 파레토 차트

파레토 차트는 부의 편중 현상을 설명하기 위하여 경제학자 빌프레도 파레토가 개발하였다. 파레토 차트에서는 관심의 대상이 되는 항목을 동일 척도(scale)로 관찰하여 측정한 후 이를 내림차순으로 정리하고 누적 분포를 구한다. 상위 20%가 전체 활동의 80% 이상을 차지한다고 하여 80-20 규칙(rule)이라 불리기도 한다. 예를 들어, 20%의 재고 품목이 전체 재고의 80%를 차지하고, 20% 작업이 전체 산업재해의 80%를 차지한다. 파레토 차트를 그려보면 방법 연구자가 어디에 자원을 집중적으로 투자하여야 할지를 알 수 있다. 작업과 산업재해에 대한 파레토 차트 예가 그림 22•1

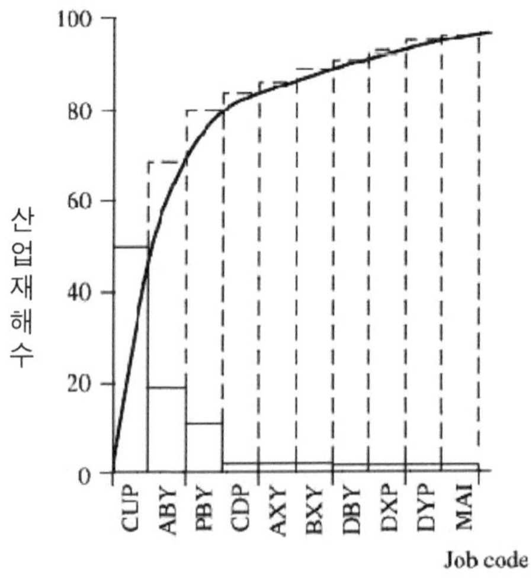

그림 22•1 ▸ 산업재해에 대한 파레토 분석
(20%의 작업 CUP, ABY가 산업재해의 약 80%를 유발함)

에 나와 있으며, 그림에서 상위 2개 작업이 전체 산업재해의 약 80%를 차지함을 보여주고 있다.

1.2 특성요인도

1950년대 일본의 이시카와가 품질관리 활동을 하면서 개발하였으며, 고기-뼈 다이어그램 혹은 원인-결과도(cause-and-effect diagram)라고도 불린다. 바람직하지 못한 사건이나 문제의 발생을 결과, 즉 물고기 머리로 나타내고, 결과에 영향을 미치는 주요인(원인, cause)을 찾아 물고기 머리에 연결되어 있는 등뼈에 붙어있는 고기-뼈로 나타낸다. 일반적으로 주 원인은 인간, 기계, 방법, 재료, 환경, 관리/행정 등으로 크게 나누어진다. 모든 원인들이 나열될 때까지 원인을 찾아 고기-뼈에 표현한다. 특성요인도(fish diagram)는 문제와 전반적으로 문제에 영향을 미치는 요인들을 한 눈에 볼 수 있는 다이어그램이다. 그림 22•2는 작업자의 건강 문제를 다루는 특성요인도이다.

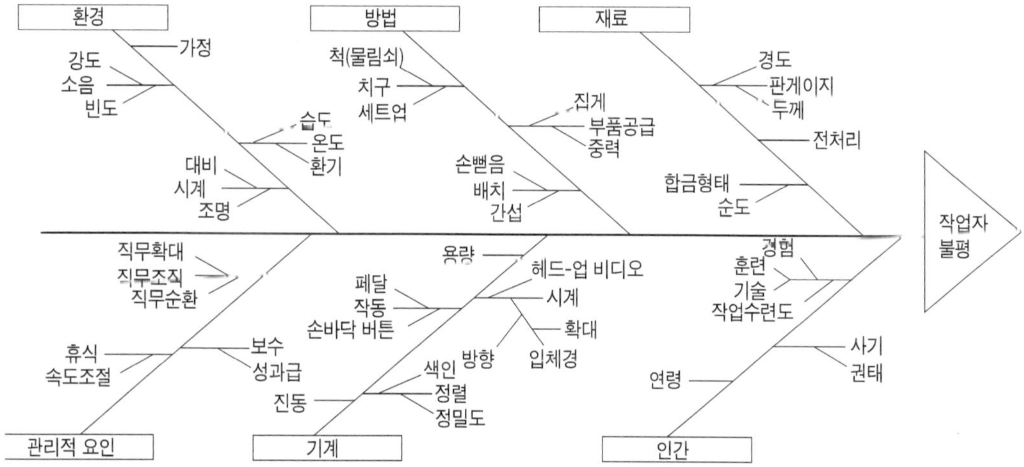

그림 22•2▸절단공정에서 작업자 건강 불평에 관한 특성요인도

1.3 간트 차트

간트 차트는 1940년대 국방 분야에서 프로젝트 관리를 좀 더 효율적으로 하기 위하여 개발된 최초의 프로젝트 관리 기법이다. 간트 차트에서는 각 프로젝트 활동의 예측 완성 시간을 수평선 상의 시간 축에 막대(bar)의 크기로 나타낸다. 실제 완성된 활동은 음영으로 표현된다. 간트 차트 상에 어떤 날짜에 대한 수직선을 그려보면 그 시점에서의 프로젝트 진행 현황을 파악할 수 있다. 또 간트 차트는 공장에서 기계 가공 작업의 순서를 나타내는 데도 사용될 수 있다. 간트 차트의 예가 그림 22•3에 나와 있다.

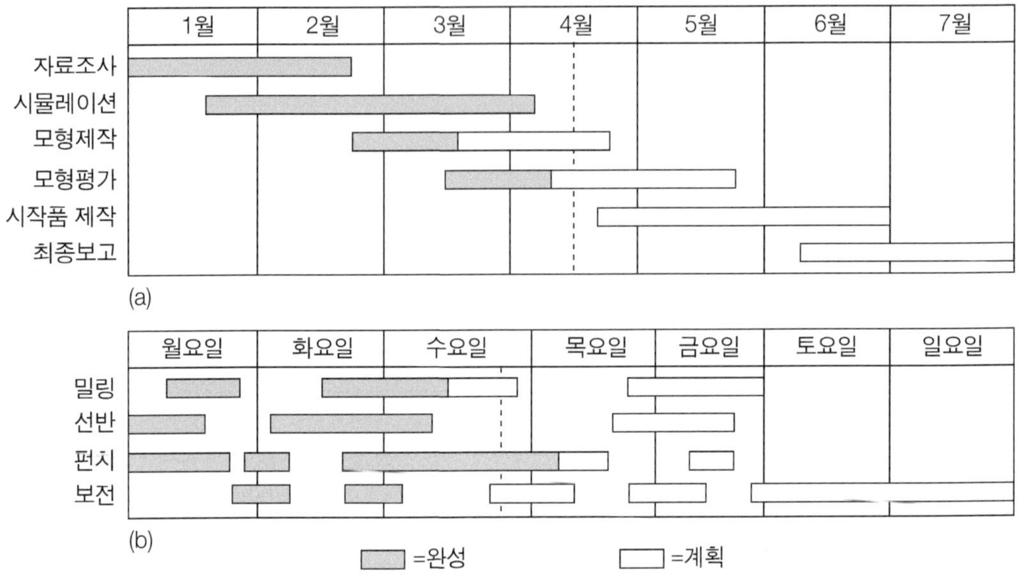

그림 22•3▸(a) 프로젝트 관리용, (b) 기계나 공정 순서를 나타내는 간트 차트의 예

1.4 PERT

간트 차트는 활동의 진행 정도나 공정 간의 순서는 나타낼 수 있으나, 다른 활동과의 상호 작용을 완전하게 표현하지 못하는 단점이 있다. 이러한 단점을 해결할 수 있는 차트가 PERT(Program Evaluation and Review Technique) 차트이다. PERT는 미 국방성에서 폴라리스 미사일과 핵추진 잠수함의 조종 시스템 운영 설계를 위하여 개발되었다. PERT에서 사건(event)은 네트워크 상의 점, 활동은 호로 표현된다. PERT에서 각 활동에 소요되는 시간은 가장 낙관적으로 추정한 최단 시간, 가장 그럴듯하다고 추정한 평균 시간, 가장 비관적으로 추정한 최장 시간의 세 가지로 나타내진다. PERT에서 모든 활동을 완수하는데 소요되는 최소 시간은 시작점에서 마지막 점까지 최장거리(주공정(critical path)이라 함)에 해당하는 시간이 된다. PERT 차트의 예가 그림 22•4에 나와 있다.

1.5 작업/작업장 분석 지침

작업/작업장 분석 지침은 특정 영역, 부서나 작업장의 일반적 문제를 파악하는데 도움이 된다. 정량적 자료를 수집하기 전에 분석자가 작업 현장에 가서 작업자, 작업, 작업장, 작업환경을 관찰하고, 작업자의 작업 수행도에 영향을 미치는 관리적(administrative) 요인을 파악하여 기록하는데 이 지침을 사용할 수 있다. 분석된 내용은 작업의 전체적 상황 파악과 어떠한 정량적 분석 도구가 적절한지를 결정하는데 기초 자료가 된다. 그림 22•5는 TV 제조 공장에서 고열 부품을 다루는 작업에 대한 작업/작업장 분석 지침의 사용 예를 보여주고 있다.

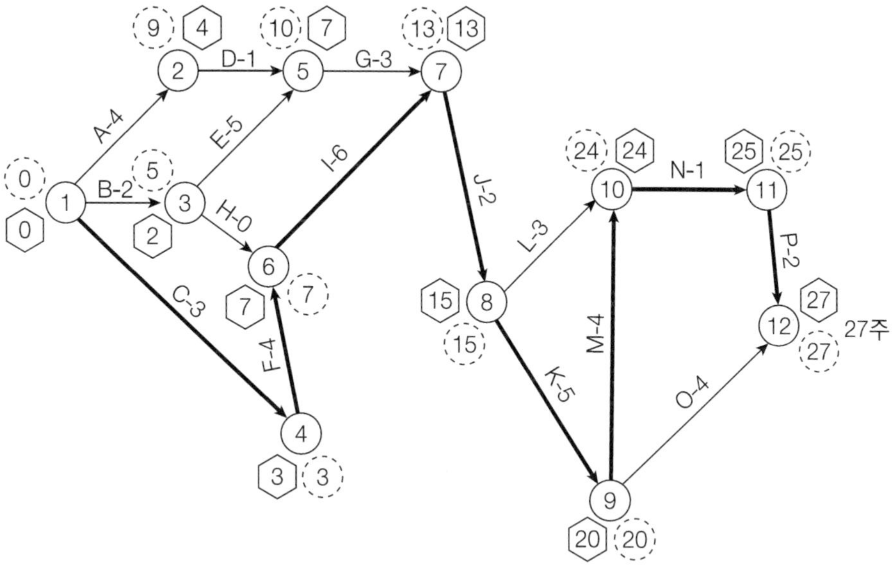

그림 22•4▸PERT 차트 예(주공정은 진한 선으로 표시되어 있음)

(여기서, 동그라미 안 숫자는 사건을, 호 위의 숫자는 평균 시간을, 5각형 안의 숫자는 활동을 가장 빨리 시작할 수 있는 시간을, 점으로 된 원 안의 숫자는 가장 늦게 시작해도 되는 시간을 나타냄)

1.6 기록과 분석을 위한 도구

작업 내용을 기록하고 분석하는 도구로 작업공정도(operation process chart), 유통공정도(flow process chart), 유통선도(flow diagram), 작업자-기계 차트(worker and machine process chart), 갱프로세스 차트(gang process chart) 등을 들 수 있다. 자세한 내용은 다음 절에서 설명된다.

2 공정 분석

어떤 제품의 생산 과정을 분해하여 보면 제품은 공정의 부산물이고, 각 공정은 몇 개의 단위 작업으로 구성되고, 각 단위 작업은 이보다 작은 요소 작업의 모임이고, 요소 작업은 다시 몇 개의 동작 요소로 나누어지고, 동작 요소는 동작의 가장 작은 단위인 서어블릭으로 세분된다. 공정 분석은 공정과 단위 작업을, 작업 분석은 단위 작업, 요소 작업과 동작 요소를, 동작연구에서는 동작요소와 서어블릭을 다루어, 분석 도구에 따라 대상 범위가 달라진다. 자동차 차체 제조 공정을 예로 들어 이들을 구분하면 다음 그림 22•6과 같다.

작업/작업장 분석 지침

작업/작업장: Hot End	분석자: **홍길동**	날짜: 2006. 3. 26.
설명: stem을 funnel에 삽입		

작업자 요인					
이름: **김철수**	연령: 35	성별: 남 여	신장: 173cm	체중: 68kg	
동기수준:	높음	보통	낮음		
직무만족도:	높음	보통	낮음		
교육수준:	중졸 이하	고졸	대졸		
체력수준:	높음	보통	낮음		
개인보호장구:	보호경	헬맷	안전화	귀마개	기타: 장갑, 소매토시

작업요인	참조자료
무엇을 하는가? 부품이 어떻게 들어오고 나가는가? **funnel이 컨베이어로부터 삽입기, 실러로 갔다 다시 컨베이어로 감**	유통공정도
어떤 동작이 일어나는가? **반복적 들기작업, 걷기, 쥐기**	비디오 분석, 동작경제원칙
지그와 같은 치구가 있는가? 자동화되어 있는가? **예, 치구가 funnel을 잡고 있음. 예, 기본 공정은 자동으로 이루어짐**	
공구가 사용되는가? **아니오**	공구 평가용 체크리스트
작업장 배치가 적절한가? 팔을 길게 뻗쳐야 하는가? **아니오. 과도한 걷기와 팔 뻗침이 일어남**	작업장 평가용 체크리스트
부자연스러운 손가락/손목 동작이 있는가? 있으면 그 빈도는? **아니오**	CTD 위험 지수
들기작업이 있는가? **예, 무거운 유리 funnel을 듦**	NIOSH 들기작업 공식, 3DSSPP
작업자가 힘들어 하는가? 육체적 작업 부하가 큰가? **예 예**	심박수 분석, 작업-휴식 주기
의사결정과정이 있는가? 정신적 부하가 큰가? **최소 수준임**	
각 사이클 시간은? 표준시간은? **1.5분 이내**	시간연구, MTM-2 체크리스트

작업환경 요인	작업환경 체크리스트
조명 수준은 적절한가? 휘광(눈부심)이 있는가? **예 아니오**	IESNA 권장 조명 수준
소음 수준은 적절한가? **아니오, 귀마개가 요구됨**	OSHA 권장 수준
열압박(heat stress)이 있는가? **예**	WBGT
진동이 있는가? **아니오**	ISO 표준

관리적 요인	비고:
성과급 제도를 실시하고 있는가? **아니오**	컨베이어와 삽입기가 너무 가까이 있어 매우 뜨거움
직무순환을 실시하고 있는가? 직무확대를 실시하고 있는가? **예 아니오**	
직무에 대한 교육, 훈련이 있는가? **예**	
전반적 경영 정책은 무엇인가?	

그림 22•5▸TV 조립 공정에서의 작업/작업장 분석 지침 사용 예

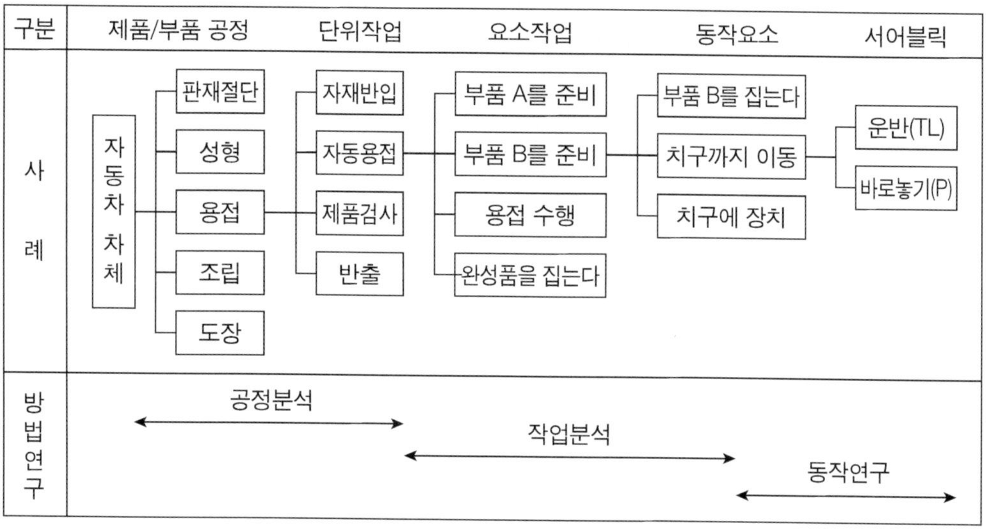

그림 22•6 ▸작업 구분에 따른 분석 도구

2.1 공정 효율

2.1.1 균형 공정과 불균형 공정

컨베이어를 이용한 흐름 라인(flow line)에서는 일련의 작업이 순차적으로 수행되며, 한 작업자가 한 작업 이상을 수행하는 것이 일반적이다. 흐름 라인 설계에서는 작업자 간 혹은 직입상 간 작업 시간(작업 부하)이 동일하거나 비슷한 수준이 되도록 작업을 그룹핑하는 것이 중요하며, 이를 라인 밸런싱(line balancing)이라 한다. 몇 개의 작업으로 구성된 작업장의 작업 수행에 허용된 시간은 모든 작업장에서 같으며, 이를 사이클 시간(cycle time)이라 한다. 라인 밸런싱에서는 다음의 두 문제가 발생한다.

- 주어진 사이클 시간을 맞추기 위한 최소 작업장 수
- 주어진 작업장 수에 맞춘 최소 사이클 시간

표 22•1 ▸작업별 작업 시간

작업 번호	작업 소요 시간(분)
1	5
2	4
3	7
4	6

라인 밸런싱 문제를 설명하기 전에 균형 공정과 불균형 공정을 예를 통하여 설명한다. 표 22•1에 4개 작업과 작업 시간이 나와 있으며 4개의 작업은 순차적으로 이루어진다. 한 작업자에게 하나의 작업을 수행하게 하면(즉, 작업장 수를 4개로 할 경우), 작업 시간이 가장 긴 3번 작업이 애로공정(bottle neck)이 되어 사이클 시간은 7분이 된다. 여기서, 애로공정이란 공정 중에서 작업 시간이 가장 긴 공정을 말하며, 흐름 라인의 생산 능력은 애로공정에 의해 결정된다. 작업 1에서는 2분, 작업 2에서는 3분, 작업 4에서는 1분의 유휴 시간이 발생하게 된다(그림 22•7). 1개 이상의 작업장에서 유휴 시간이 발생하는 것이 흐름 라인의 일반적 형태이며, 이를 불균형 공정이라 한다. 반면, 모든 작업의 소요 시간

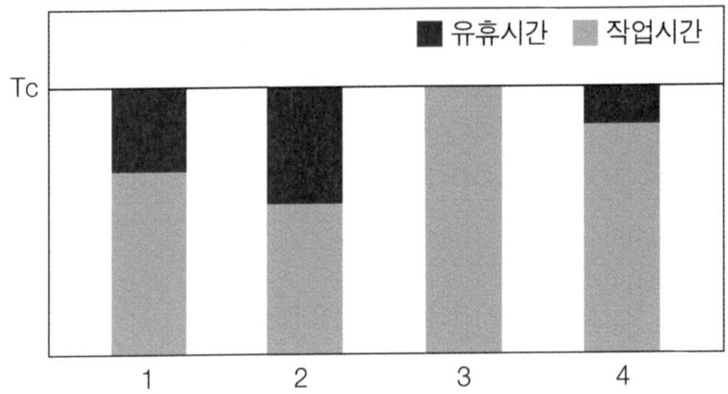

그림 22•7▸불균형 공정의 예

이 7분으로 동일하다면 모든 작업에서 유휴 시간이 0이 되며, 이를 균형 공정이라 한다. 흐름 라인의 설계에서는 유휴 시간이 하나도 없는 균형 공정의 설계가 목표가 되나, 공정의 선후 관계, 작업 간의 소요 시간 차이 등의 현실적 이유로 균형 공정을 달성하기는 어렵다.

2.1.2 공정 효율

앞서 언급한 바와 같이 대부분의 흐름 라인 설계 문제에서는 불균형 공정이 되어 작업 시간의 손실이 발생한다. 흐름 라인에서의 공정 효율을 계산하는 과정을 설명하면 다음과 같다. 먼저 용어를 정의한다.

- D: 단위 기간당 생산량 혹은 수요량
- P: 단위 기간당 생산 가능 시간
- T_c: 사이클 시간
- N: 필요한 작업장 수
- $T(E_i)$: i번째 요소작업 시간, i =1, 2, ⋯, m
- 사이클 시간(T_c) = P/D
- 필요 작업장 수(N) = $\sum_{i=1}^{m} T(E_i) / T_c = D\sum_{i=1}^{m} T(E_i) / P$
- 공정 효율(%)(E) = $\sum_{i=1}^{m} T(E_i) / (N \times T_c) \times 100$

예제 22.1 표 22•1의 자료에서 매일 제품 50단위를 생산하여야 하고 하루 작업 시간이 480분이라 할 때 다음을 구하라.

① 사이클 시간, ② 필요 작업장 수, ③ 작업장 수를 4개로 할 경우의 공정 효율

▸ ① 사이클 시간(Tc)(분) = 480/50 = 9.6분,

② 필요 작업장 수(N) = (5+4+7+6) / 9.6 = 2.29, 즉 작업장은 3개 이상이어야 한다.

③ 작업장 수를 4개로 하면 3번 작업이 애로공정이 되어 사이클 시간은 7분이 된다.
공정효율(E)(%) = (5+4+7+6) / (4×7) × 100 = 78.6%,
공정손실률(%) = 100−E = 100−78.6 = 21.4%.

2.1.3 라인 밸런싱

라인 밸런싱 문제를 풀기 위해서는 다음 정보를 필수적으로 알아야 한다.

- 생산량/기간
- 요소 작업 간의 선후 관계
- 요소 작업의 소요 시간

라인 밸런싱에서는 사이클 시간 내에서 어떤 작업을 먼저 배정하느냐가 중요하며, 작업 배정 규칙에 따라 여러 해법이 알려져 있다.

- 후행하는 작업이 가장 많은 작업을 먼저 배정
- 작업 시간이 가장 긴 작업을 먼저 배정
- Arcus 방법
- Kilbridge와 Webster 방법
- 순위 가중 배열법(Ranked positional weights method)
- COMSOAL(Computer Method of Sequencing Operations for Assembly Line)

예제 22.2 위의 예제 22.1에서 사이클 시간과 필요 작업장 수에 따라 라인 밸런싱 문제를 풀어라.

▸ 표 22•1의 작업은 순차적으로 이루어진다고 가정하였기 때문에 위에서 제시한 복잡한 해법 없이도 간단히 풀 수 있다. 즉, 사이클 시간이 9.6분(=480/50)이고 작업장 수가 3개 이상이므로 먼저 작업장 1에 작업 1과 2를 배정하고(작업 시간 합계: 9분), 작업장 2에 작업 3을(작업 시간: 7분), 작업장 3에 작업 4(작업 시간: 6분)를 배정하면 된다. 이 때 공정효율(%)=(5+4+7+6) / (3×9.6)×100 = 76.4%가 된다.

2.2 공정도

공정도는 공정 내에서 발생하는 작업 내용, 작업 순서, 물자 흐름 등의 여러 상황을 표준화된 기호로 기록하는 방법으로, 작업의 이해를 돕고 작업 개선 활동에 사용된다. 공정도는 길브레스가 창

안하여 40개의 기호를 사용하였으나, 미국 기계공학회에서 이를 5개로 줄여 표준화하였다. 현재는 5개의 표준화된 공정도 기호가 사용되고 있다. 공정도의 기호 및 내용은 표 22•2와 같다. 작업 및 유통 공정도 작성 시 일반적으로 사용되는 관례가 그림 22•8에 나와 있다.

표 22•2▸공정도 기호

기호	명칭	설명
○	작업, 가공	작업 대상물의 물리적 혹은 화학적 특성을 변화시키는 작업 예) 못 박기, 혼합 작업, 구멍 뚫기, 부품 분해/조립, 정보를 주고 받음, 계산하기, 계획 수립
⇨	운반	작업 대상물을 한 장소에서 다른 장소로 이동시키는 작업 예) 대차나 컨베이어로 물자 운반, 인력 물자 운반
□	검사	작업 대상물을 확인하거나 품질이나 수량을 확인하는 작업 예) 제품 수량 확인, 보일러 게이지 읽기, 인쇄물 정보 확인
D	정체(delay)	다음 작업을 즉각 수행할 수 없을 때 예) 엘리베이터 기다리기, 다음 가공을 위해 대차나 바닥에 놓여 있는 물자, 철하기 직전의 서류
▽	저장	작업 대상물을 움직이게 할 권한이 있는 사람이 다음 작업 지시를 할 때까지 현 상태로 정체되고 있을 때 예) 저장되어 있는 원재료, 팔레트에 쌓여 있는 완성품, 철되어 있는 서류

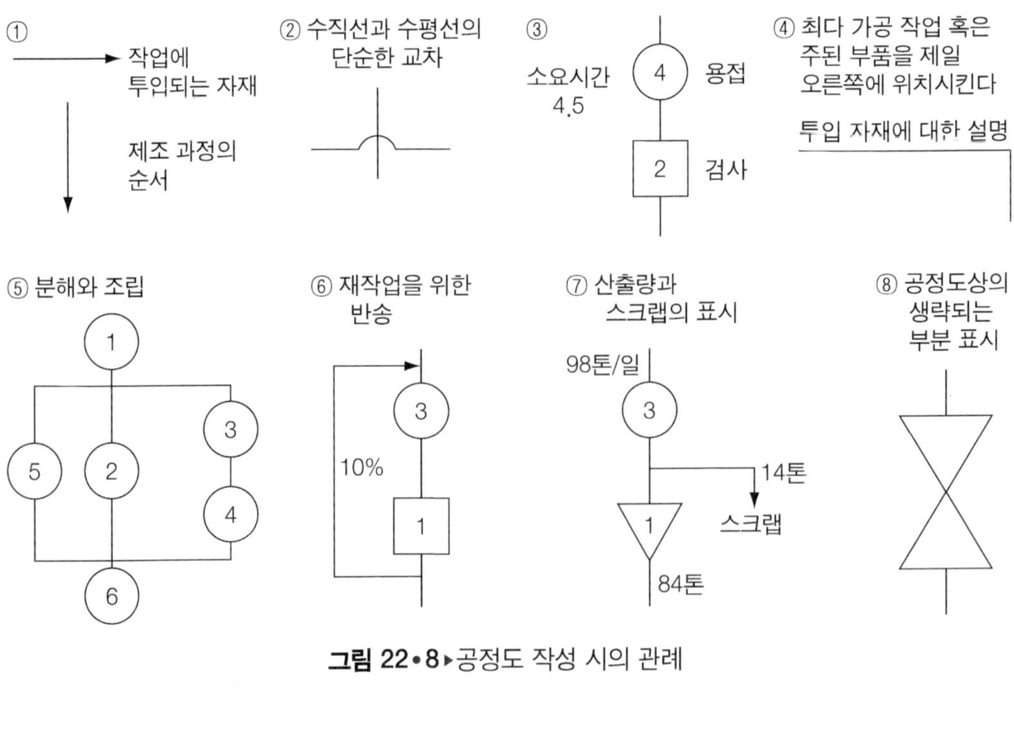

그림 22•8▸공정도 작성 시의 관례

2.2.1 작업공정도

작업공정도(operation process chart)는 원재료의 도착 시점부터 완제품이 포장될 때까지 일어나는 모든 작업과 검사를 시간 순서에 따라 도식적으로 표현한 것이다. 필요에 따라 작업이나 검사에 소요된 시간과 사용된 재료를 공정도에 기입할 수 있다. (작업)과 (검사) 두 가지 기호만 사용되며 수직선은 공정의 순서를, 수평선은 공정에 투입되는 자재를 표시한다. 자재 규격, 이름, 번호 등은 자재가 투입되는 수평선 위에 명시되고, 소요 시간 및 개략적 설명은 기호의 좌측이나 우측에 기입된다. 주된 공정은 공정도 우측에 나타낸다. 그림 22•9는 전화기 받침대 제작 작업에 대한 작업공정도이다.

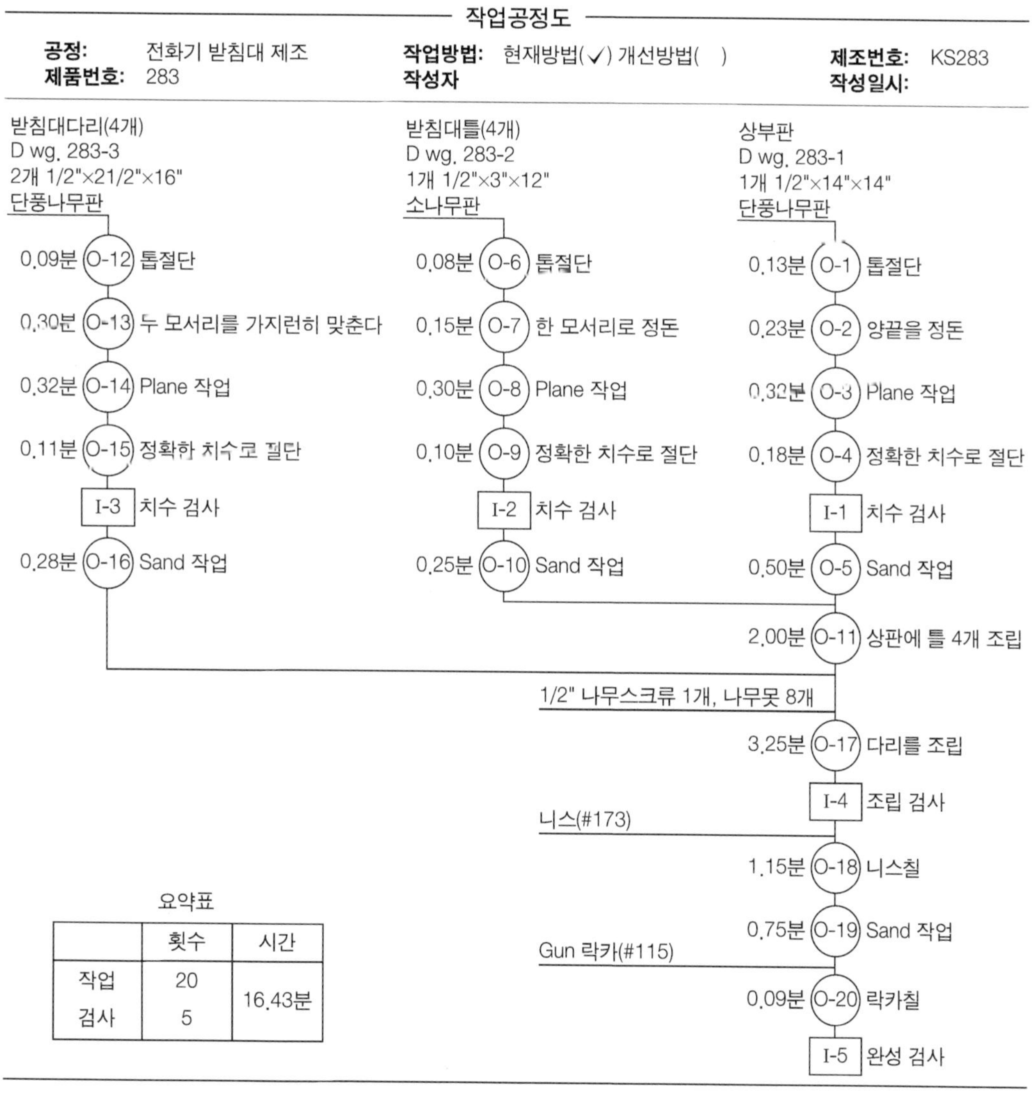

요약표

	횟수	시간
작업	20	16.43분
검사	5	

그림 22•9▸전화기 받침대 제작 공정의 작업공정도

2.2.2 조립공정도

조립공정도(assembly chart)는 부품이 조립되어 완성품이 만들어져 가는 과정을 나타낸다. 작업 기호 안에 조립 순서를 나타내는 A-#와 중간 조립을 의미하는 SA-#을 기입한다. 공급되는 부품은 좌측에 주 조립 과정은 우측에 표기한다. 그림 22•10은 공기 유량 조절기의 조립 공정에 대한 조립 공정도이다.

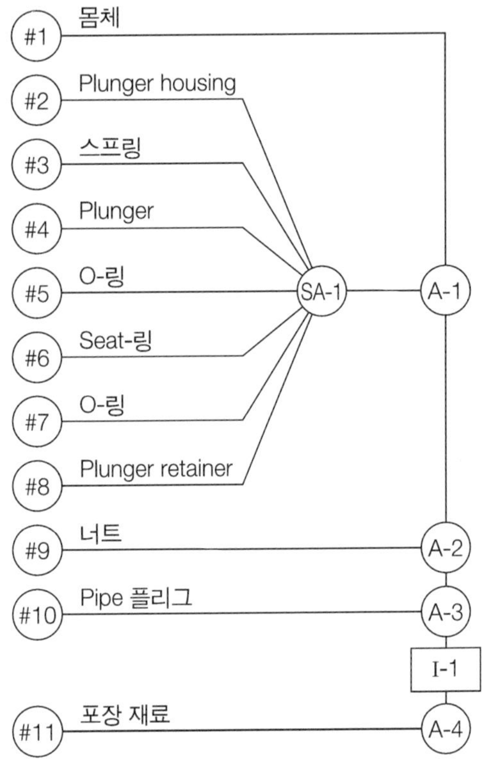

그림 22•10▸조립공정도 예

2.2.3 유통공정도

유통공정도(flow process chart)는 작업 중에 발생하는 작업, 운반, 검사, 저장, 지체 등을 도표로 나타낸 차트이다. 유통공정도는 5개의 표준화된 공정도 기호가 모두 사용되기 때문에 작업공정도에 비하여 복잡하여, 전 조립 과정에 적용하기보다는 부품 각각의 조립 과정마다 공정도가 작성된다. 유통공정도는 운반거리, 정체, 일시 저장과 같은 잠복 비용(hidden cost)을 찾아 개선하는 데 유용하다. 제품 혹은 물자 타입(product or material type)과 작업자 타입(operative or person type)의 두 가지 공정도가 사용되고 있다. 그림 22•11은 재료 타입의 유통공정도의 예를 보여주고 있다.

2.2.4 유통선도

유통선도(flow diagram)는 유통공정도에 사용되는 기호를 발생 위치에 따라 기존 시설의 배치도 상에 표시한 후 이를 선으로 연결한 차트이다. 유통선도는 시설 배치 문제에 적용되어 운반거리를 줄이고, 물자 흐름이 복잡한 곳을 파악하고, 물자의 역류 현상을 찾아 개선하는 데 도움이 된다. 유통선도의 예가 그림 22•12에 나와 있다.

2.2.5 시스템 차트

시스템 차트(system chart)는 사무 작업의 흐름을 기호를 사용하여 나타낸 차트로 procedure flow chart라고도 한다. 사무 작업은 여러 부서 간의 연관성을 가지고 있어 일반적 공정도로는 표현하기 어렵기 때문에 시스템 차트를 고안하여 사용하고 있다. 시스템 차트에서는 표 22•3과 같은 6개 기호를 사용한다. 일반 공정도에서는 공정 흐름을 수직선으로 나타내었으나, 시스템 차트에서는 사무 진행 상황을 좌에서 우로 향하는 수평선 상에 표현한다. 수평선 하나에는 한 종류의 서류 흐름만을 표현한다. 시스템 차트의 예가 그림 22•13에 나와 있다.

유통공정도 Page 1 of 1

위치: Dorben Ad Agency	요약			
활동: Preparing Direct Mail Ads	활동	현재방법	개선안	절감효과
일자 1998.1.26	작업	4		
작업자: J.S. 분석자: A.F.	운반	4		
작업방법: 현재방법(*) 개선안( ) 형태 : 작업자( ) 재료(*) 기계( )	정체	4		
	검사	0		
	저장	2		
비고:	시간(분)			
	거리(ft)	340		
	비용			

	심볼	시간(분)	이동거리(ft)	비고
재고창고	○ ⇨ D □ ▽			
조회실로	○ ⇨ D □ ▽		100	
형태별로 팩을 조회	○ ⇨ D □ ▽			
4장씩 조회	○ ⇨ D □ ▽			
쌓아둠	○ ⇨ D □ ▽			
폴딩방으로	○ ⇨ D □ ▽		20	
간추려서 접음	○ ⇨ D □ ▽			
쌓아둠	○ ⇨ D □ ▽			
앵글 스테플러로	○ ⇨ D □ ▽		20	
철함	○ ⇨ D □ ▽			
쌓아둠	○ ⇨ D □ ▽			
메일방으로	○ ⇨ D □ ▽		200	
주소쓰기	○ ⇨ D □ ▽			
우편백	○ ⇨ D □ ▽			
	○ ⇨ D □ ▽			
	○ ⇨ D □ ▽			
	○ ⇨ D □ ▽			
	○ ⇨ D □ ▽			
	○ ⇨ D □ ▽			

그림 22•11 ▸ 유통공정도 예

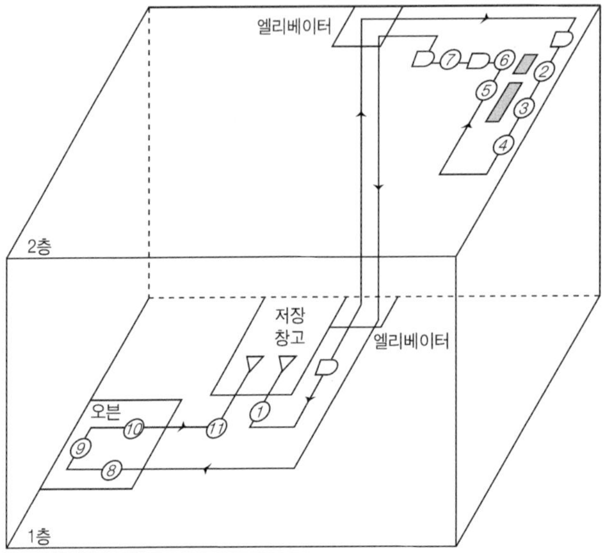

그림 22•12▸유통선도 예

표 22•3▸시스템 차트 기호

기호	명칭	설명
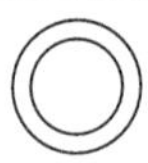	발행	서류가 처음으로 작성됨 예) 자재 인출 공문 작성
	추기	작성된 서류에 결재 사인 등 기록이 추가됨 예) 자재 인출 공문에 부장 결재
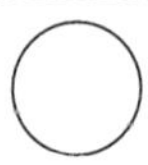	처리	서류가 분류되거나 같이 철해짐 예) 서류를 클립으로 묶음
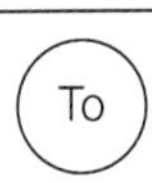	운반	서류를 다른 담당자 혹은 부서로 이동 예) 자재 인출 공문을 자재과로 송부
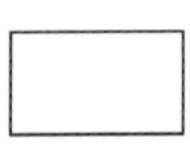	점검	서류에 기록된 내용의 조사, 검토 예) 자재 인출 공문에 기록된 결재, 날짜 등 확인
	지연, 보관, 처분	서류의 보류, 보관 혹은 처분 예) 서류를 철하여 보관함

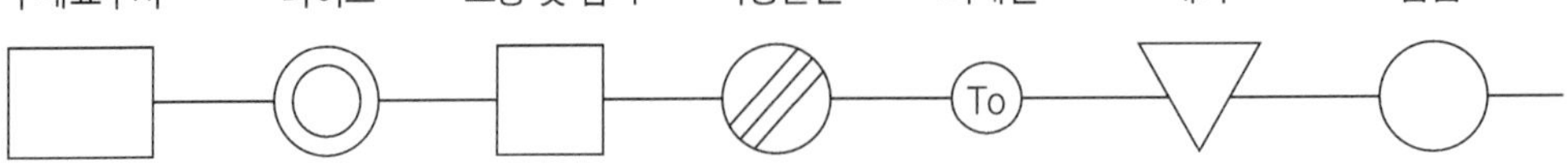

그림 22•13▸시스템 차트 예

2.3 다중활동분석표

작업공정도, 조립공정도, 유통공정도, 유통선도 등은 하나의 작업 과정을 다룬다. 반면 다중활동분석표는 여러 작업자가 같이 작업을 하거나 한 명의 작업자가 여러 대의 기계를 운용하는 작업장(workstation) 혹은 부서에서 일어나는 작업을 분석하여 개선하는 데 사용된다. 다중활동분석표를 이용하면 작업자 혹은 기계의 유휴시간을 쉽게 찾을 수 있으며, 유휴시간을 단축시켜 작업자 활용도나 기계 효율을 높일 수 있다. 다중활동분석표의 용도는 다음과 같다.

- 한 명의 작업자가 운용 가능한 기계 대수 산정
- 기계 혹은 작업자의 유휴 시간 파악 및 단축
- 그룹 작업의 작업 현황을 파악하여 작업 그룹 재편성

다중활동분석표는 포함된 기계 대수나 작업자 수에 따라 다음과 같이 구분된다. 복수 작업자 분석표는 gang process chart라고 하며, 복수 작업자-기계 작업 분석표를 포함하기도 한다.

- 작업자-기계 작업 분석표(man-machine chart)
- 작업자-복수기계 작업 분석표(man-multi machine chart)
- 복수 작업자 분석표(multi man chart, gang process chart)
- 복수작업자-기계 작업 분석표(multi man-machine chart)
- 복수작업자-복수기계 작업 분석표(multi man-multi machine chart)

2.3.1 최적 기계 대수

기술의 발달로 생산 기계가 자동화 혹은 반자동화되어 한 명의 작업자가 여러 대의 기계를 운용하는 경우가 늘어나고 있다. 작업자 한 명이 여러 대의 기계를 운용하는 것을 machine coupling이라 한다. 작업자 한 명이 몇 대의 기계를 운용하는 것이 경제적인가는 다중활동분석표를 그려 정성적으로 파악할 수도 있으나, 다음과 같이 정량적으로 분석할 수 있다.

이론적으로 작업자와 기계 양측에 유휴시간이 전혀 발생하지 않는 동시성을 이루는 최적의 이론적 기계 대수(n')는 다음 식으로 계산할 수 있다.

$$n' = \frac{a + t}{a + b}$$

여기서 a는 loading 및 unloading 시간(작업자와 기계의 동시 작업), b는 기계와 독립적인 작업자의 활동 시간(검사, 포장, 이동 등), t는 기계의 고유 기능을 수행하는 시간(기계 가동 시간)이다.

예제 22.3 기계의 사이클 시간이 5분이고 작업자가 기계에 부품을 loading/unloading하는데 1분이 소요되고, 검사와 포장에 2분이 소요된다. 이 때 n' = (1+5) / (1+2) = 2대를 한 작업자에게 할당하면 작업자와 기계 양측에 유휴시간이 발생하지 않는다.

위의 예제에서와 같이 이론적 기계 대수가 정수가 되지 않을 경우는 작업자 임금과 기계 운용 비용을 고려한 경제성 분석을 통하여 최적 기계 대수를 산정한다. 예를 들어, 이론적 기계 대수가 2.8로 나올 경우 작업자 임금과 기계 운용 비용에 따라 최적 기계 대수는 2대 혹은 3대가 된다. 일반적 상황에서 최적 기계 대수는 다음과 같이 계산된다.

- T_c: 사이클 시간
- I_o: 한 사이클 동안 발생하는 작업자의 유휴 시간
- I_m: 한 사이클 동안 발생하는 기계 한 대당 유휴 시간
- TC(m): 작업자에게 m대의 기계를 배정한 경우의 단위 제품 비용
  (인건비와 기계의 overhead 비용)
- C_o: 작업자의 시간당 임금
- C_m: 기계의 시간당 운용 비용

이론적 기계 대수(n')는 앞의 식으로 계산되며 실제 배정되는 기계 대수(m)가 이론적 기계 대수보다 적을 경우는 유휴 시간이 작업자쪽에 발생하고 사이클 시간은 기계쪽의 시간에 의해 결정된다. 반대의 경우는 유휴 시간이 기계쪽에 발생하고 사이클 시간은 작업자 상황에 따라 결정된다. 이 과정은 표 22•4에 정리되어 있다.

최적 기계 대수는 n < n' < n+1을 만족하는 최대 정수 n을 찾아 TC(n)과 TC(n+1)을 계산하여 비용이 적은 쪽을 선택하면 된다.

표 22•4▸기계 대수 산정 과정

	$m \le n'$	$m > n'$
T_c =	a+t	m(a+b)
I_o =	(a+t) − m(a+b)	0
I_m =	0	m(a+b) − (a+t)
TC(m) =	$\dfrac{(C_o+mC_m)(a+t)}{m}$	$(C_o+mC_m)(a+b)$

2.3.2 작업자-복수기계 작업 분석표

다중활동분석표에서 사용하는 기호는 작업자와 기계에 따라 다르며, 그 내용은 표 22•5와 같다. 그림 22•14는 작업자 두 명이 1대의 기계를 운용하는 작업의 복수 작업자-기계 작업 분석표의 예이며, 작업자의 유휴 시간이 기계 유휴 시간보다 많음을 보여주고 있다.

표 22•5▸다중활동분석표에 사용되는 기호

	기호	
기계	■	기계 가동
	◨	기계와 작업자 동시 작업
	□	유 휴
작업자	■	기계와 작업자 동시 작업
	▩	기계와 관계없는 작업자의 독립적 활동
	□	유 휴

예제 22.4 어느 기계 가공 작업에 대한 작업 내용과 소요 시간, 비용 등의 내용은 다음과 같다.

작업자가 가공할 부품을 loading 및 unloading	1.5분
가공품 검사	0.1분
가공품 포장	0.2분
다른 기계쪽으로 걸어감	0.1분
기계 가공 시간	2.5분
인건비	2,000원/시간
기계 운용비	3,000원/시간

▸ 이론적 기계 대수 n' = (1.5+2.5) / (1.5+0.4) = 2.1대가 되고, 최적 기계 대수는 2대 혹은 3대가 된다. 사이클 시간, 유휴 시간 및 단위 제품당 비용은 다음 표 22•6에 정리되어 있다. 표에서 2대일 경우가 3대일 때보다 비용이 적으므로 작업자에게 2대를 할당하는 것이 경제적이다.

작업:	코팅된 천 자르기			작업번호:	S46
부품명:	코팅된 천			부품번호:	F261
기계명:	천 자르는 기계			기계번호:	S431
작업자명:	홍길동	이상무 (보조자)		날짜:	
현 방법:	☑	개선된 방법:	☐	작성자:	한국남

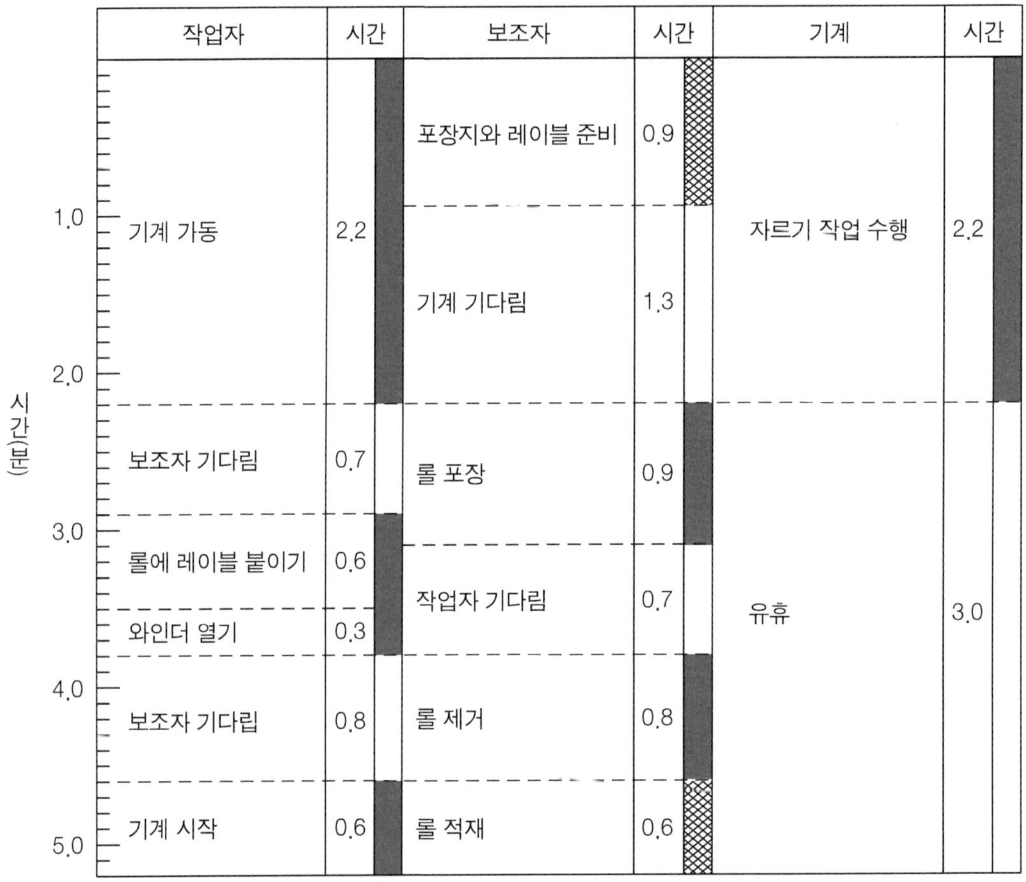

요약			
	작업자	보조자	기계
유휴	1.5분	2.0분	3.0분
작업	3.7분	3.2분	2.2분
사이클 시간	5.2분	5.2분	5.2분
이용률(%)	작업자 작업률 $\frac{3.7}{5.2} = 71\%$	보조자 작업률 $\frac{3.2}{5.2} = 62\%$	기계 가동률 $\frac{2.2}{5.2} = 42\%$

그림 22•14▸복수 작업자-기계 작업 분석표 예

표 22•6▸기계 대수 산정 과정

	2대	3대
T_c =	1.5+2.5=4	3(1.5+0.4)=5.7
I_o =	(1.5+2.5) − 2(1.5+0.4) = 0.2	0
I_m =	0	3(1.5+0.4) − (1.5+2.5)=1.7
TC(m) =	(C_o+mC_m) (a+t) / m (2000+2×3000) (1.5+2.5) / (2×60) =266.7	(C_o+mC_m) (a+b) (2000+3×3000) (1.5+0.4) / 60 =348.3

2.3.3 복수 작업자 분석표

한 대의 기계를 몇 명이 운용하는 것이 적절한 지를 분석할 때 사용되며, gang process chart라고도 한다. 복수작업자 분석표의 예가 그림 22•15에 나와 있으며 그림에서 5명의 작업자 중 3명(작업자 1, 2, 3)의 유휴 시간이 많아 작업자 수를 줄일 수 있음을 알 수 있다.

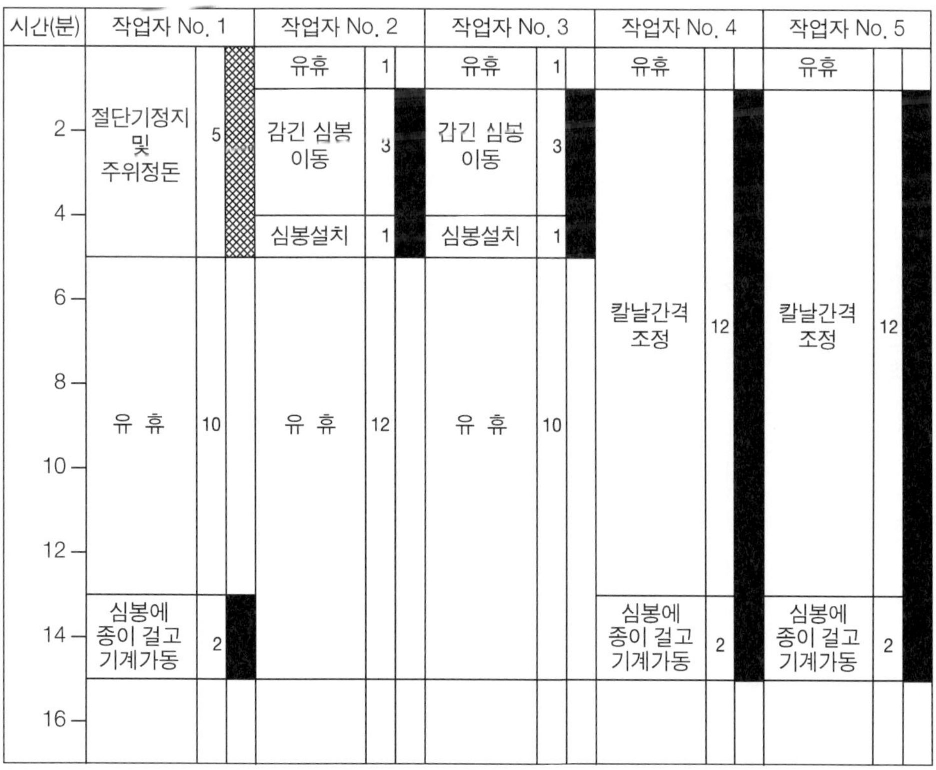

그림 22•15▸복수작업자 분석표 예

2.4 작업 분석(operation analysis)

공정도를 이용한 분석이 끝나면 공정도 상에 나타난 작업의 효율적 요소와 비효율적 요소를 분석하여 개선을 하기 위하여 작업 분석을 하게 된다. 먼저 공정도 상의 모든 작업과 검사 등의 요소에 대하여 다음의 '왜'라는 질문을 가지고 검토하게 된다.

- 왜 이 작업이 필요한가?
- 왜 이 작업이 이 방법으로 행해지는가?
- 왜 이 공차(tolerance)는 이렇게 작은가?
- 왜 이 재료가 사용되어야 하는가?
- 왜 이 등급의 작업자가 할당되었는가?

'왜'라는 질문은 '어떻게', '누가', '어디에서', '언제' 등의 질문으로 이어져 공정도 상의 비효율적 요소를 찾는데 도움이 된다. 작업 분석은 기존 작업의 개선뿐만 아니라 새로운 작업장의 설계에도 유용하다. 작업 분석에는 아홉 가지 접근 방향이 있으며 적용 시 아홉 가지 항목에서 모두 개선점이 요구될 가능성은 낮으므로, 개선이 발생할 것 같은 특정 항목을 집중적으로 분석하여 개선 활동을 하는 전략을 사용하는 것이 좋다. 아홉 가지 접근 방향은 다음과 같다.

2.4.1 작업 목적

작업 분석에서 검토하는 아홉 가지 접근 방향 중 가장 중요하다. 작업의 설계 과정을 잘 분석해보면 미국에서 행해지고 있는 작업의 25% 정도는 제거될 수 있을 정도로 불필요한 작업이 행해지는 경우가 많다. 작업 내용이 목적에 부합하는지를 잘 검토하여 단순화하거나 개선하는 것보다는 불필요한 작업은 제거하도록 적극적으로 생각하는 것이 필요하다.

2.4.2 부품 설계

엔지니어는 일단 설계가 되면 그들이 할 수 있는 유일한 일은 경제적으로 생산하는 방법을 찾는 것이라 생각하는 경향이 있다. 조그마한 설계 변경을 하기도 어려운 것이 현실이지만 방법 연구자는 개선을 하기 위해 모든 설계를 검토할 필요가 있다. 부품이나 완성품을 저렴한 비용으로 설계하고 생산하고자 할 때 다음을 명심하여야 한다.

- 설계를 단순화하여 부품 수를 줄여라.
- 부품끼리 잘 결합되도록 하고 기계 가공 작업과 조립이 쉽도록 설계하여 작업 수와 운반 거리를 줄여라.
- 좋은 재료를 사용하라.

- 정밀한 공차를 모든 작업에 일괄적으로 적용하기보다는 주요 작업을 파악하여 이를 통하여 공차를 맞추도록 하라.
- 제조와 조립이 쉽도록 설계하라.

2.4.3 공차와 규격

설계자들은 제품을 개발할 때 필요 이상으로 엄격한 규격을 적용하는 경향이 있다. 이는 설계자들이 원가에 대한 지식이 부족하고, 생산을 담당하는 제조 부서에서 생산된 제품이 공차 범위 내에 들도록 하기 위해서는 공차와 규격을 실제 요구되는 수준보다 높아야 한다는 그릇된 생각 때문이다. 그러나 공차와 규격이 엄격해질수록 제조 원가가 기하급수적으로 증가한다는 사실을 명심해야 한다.

2.4.4 재료

제품을 설계하고자 할 때 재료의 다양성 때문에 엔지니어가 가장 좋은 재료를 찾는 것이 쉬운 일이 아니기 때문에, 좀 더 질이 좋고 값싼 재료를 사용하도록 노력하는 것이 바람직하다. 재료 선정 시 다음 사항을 유의하도록 한다.

- 더 값싼 재료를 찾아라.
- 가공하기 쉬운 재료를 찾아라.
- 재료를 더 경제적으로 사용하라.
- 폐재료(salvage material)를 활용하라.
- 비품과 도구를 더 경제적으로 사용하라.
- 재료를 표준화하라.
- 가격과 재고 관점에서 최고의 공급자를 찾아라.

2.4.5 제조 공정

제조 공정을 개선하기 위해서는 다음 사항에 유의한다.

- 작업을 재배열하여 본다.
- 수작업을 기계화한다.
- 기계 가공 작업 시 더 효율적인 설비를 사용한다.
- 기계 설비를 더 효율적으로 운용한다.
- 최종 완성품에 가까운 제품을 제조하도록 설계하라.
- 최종 완성품에 가까운 제품을 생산하면 재료 효율을 높이고, 스크랩을 줄이고, 마무리 가공과 같은 후처리가 최소화되는 장점이 있다. 예를 들어, 어떤 부품을 주조나 단조 방법으로 제조하는 것보다는 성형으로 생산하면 극적인 원가 절감을 도모할 수 있다.
- 로봇 사용을 고려하라.

2.4.6 세트업과 도구

공구를 얼마나 다양하게 준비할 것인가는 생산량, 작업 반복 정도, 인건비 절감, 제품 인도 조건과 비용에 의해 결정된다. 사용하면 큰 절약 효과를 기대할 수 있으나 거의 사용되지 않는 치구와 같은 도구에 많은 돈을 투자하여 묶어 놓는 경향이 있음을 유의하여야 한다. 도구를 얼마나 다양하게 준비할 것인가의 문제는 인건비 절약 정도가 가장 중요한 요소가 된다.

세트업을 효율적으로 하기 위해서는 계획, 방법, 생산 통제를 잘 하여 세트업 시간을 줄이고, 기계 성능을 최대한 활용하도록 하고, 좀 더 효율적인 도구나 공구 준비 방법을 고안하여야 한다.

2.4.7 물자 운반

미국 물자운반협회의 조사에 의하면 제품을 시장까지 가져오는 비용의 30~85%가 물자 운반과 관련이 있을 정도로 물자 운반이 원가에 큰 영향을 미치는 것으로 알려져 있다. 물자 운반에서는 부품, 원자재, 재공품, 완성품 등을 적절한 시기에, 적절한 장소에 필요한 수량만큼 배달하는 것이 중요하다. 물자 운반에 소요되는 시간을 줄이기 위한 유의 사항은 다음과 같다

- 물자를 들어올리는 시간을 줄여라.
- 기계화 혹은 자동화된 장비를 사용하라.
- 기존의 물자 운반 장비를 잘 활용하라.
- 공장에서 일어나는 사고의 약 40%가 물자 운반 도중 일어나고, 이 중 25%가 물자 들기와 운반 작업에서 발생하고 있으므로 사고가 나지 않도록 조심스럽게 물자 운반 작업을 하라.
- 효율적 재고 관리를 위하여 바코드 시스템을 도입하라.

2.4.8 공장 배치

공장 배치를 잘못하면 긴 운반 거리, 역류(backtracking), 지체, 애로공정으로 인한 작업 중단과 같은 비효율이 발생한다. 이러한 비용은 대부분 잠복되어 있어 쉽게 노출되지 않으므로 체계적 분석 방법을 사용하여야 한다.

2.4.9 작업 설계(work design)

과도한 작업 부하로 인한 산업재해, 직업병 발병이 증가하고 작업자 건강에 대한 규제가 강화되고 있어, 작업자 능력과 한계에 맞게 설계하는 인간공학에 대한 관심이 높아지고 있다.

3 동작분석

3.1 동작분석과 서어블릭

동작연구 또는 동작분석은 작업을 수행하는 작업자의 신체 동작 및 눈 움직임을 세밀히 분석하여, 비효율적 동작을 제거하거나 동작을 결합하고 순서를 바꾸는 등의 방법으로 효율적으로 개선하고, 효율적 작업은 보다 빠르고 용이하게 작업을 개선하는 방법이다. 동작분석을 통하여 작업이 효율적으로 개선되면 작업에 소요되는 시간이 줄어들어 생산성이 높아지고, 작업자의 신체 피로도 줄어드는 효과를 볼 수 있다. 동작분석은 동작을 어느 정도로 세밀하게 나누어 분석하느냐에 따라 목시동작연구(visual motion study)와 미세동작연구(micromotion study)로 나누어진다. 목시동작연구는 작업을 직접 관찰하여 작업자 공정도를 작성한 후, 동작경제원칙을 적용하여 작업자의 동작을 개선한다. 미세동작연구는 동작을 세분하여 분석하기 때문에 직접 관찰로는 분석이 어려워 필름, 테이프에 작업 장면을 촬영한 후 사무실이나 실험실에서 필름을 돌려보면서 분석하게 된다. 목시동작연구에 비하여 미세동작연구는 비용이 많이 소요되기 때문에 제품 수명이 길고 생산량이 많으며, 생산 사이클이 짧은 다품종 소량 생산 작업에 적합하다.

3.1.1 서어블릭

동작연구를 창시한 길브레스는 동작연구를 통하여 인간이 행하는 모든 수동작(manual operation)을 18개의 기본 동작으로 구성됨을 밝히고, 기본 동작에 해당하는 기호를 서어블릭이라 명명하였다. 서어블릭은 동작 내용보다는 동작의 목적을 기준으로 분류되었다. 길브레스가 고안한 18개 기본 동작 중 찾아냄(find: F)를 제외한 17개가 현재 사용되고 있다(표 22•7). 서어블릭은 기호, 심볼, 색깔, 색깔 기호 등으로 표현되며 영문 기호가 일반적으로 사용된다.

17개 서어블릭은 소요 시간을 단축할 수는 있으나 완전히 배제하기는 어려운 작업 진행에 필요한 효율적 서어블릭과 작업을 수행하는 데 도움이 되지 못하는 불필요한 비효율적 서어블릭으로 나눌 수 있다. 동작연구 결과 수작업에 대한 서어블릭 분석이 끝나면 동작경제원칙 등을 적용하여 비효율적 서어블릭은 제거하도록 한다.

1) 효율적 서어블릭

- 빈손 이동(transport empty: TE): 대상물로부터 접근하거나 멀어지는 빈 손의 동작을 말하며, 뻗치기(reach: R)로 표기하기도 한다. 소요 시간은 이동거리에 비례하며 선행 동작으로 내려놓기(RL)가 발생하고, 쥐기(G) 동작이 뒤따르는 것이 일반적이다. [예] 호주머니에 들어 있는 이동전화를 사용하기 위하여 집으러 가는 동작.
- 운반(transport loaded: TL): 손에 물건을 든 채 이동하는 동작이며 move(M)로 나타내기도 한다. 소요 시간은 이동거리, 대상물의 무게, 동작 형태 등에 따라 달라지며, 쥐기 동작이 앞서고 내려놓기 혹은 바로놓기(position: P) 동작이 뒤따른다. [예] 호주머니에 들어 있는 이동전화를 사용

표 22•7▸서어블릭 기호

서어블릭	심볼	심볼의 설명	색깔	색깔 기호
찾기 (search)	Sh	물건을 찾는 눈의 모양	black	
고르기 (select)	St	목표물에 손을 뻗는 모양	gray, light	
쥐기 (grasp)	G	물건을 쥐기 위해 손을 벌린 모양	lake red	
빈손이동 (transport empty)	TE	빈손의 모양	olive green	
운반 (transport loaded)	TL	물건을 쥔 손의 모양	green	
잡고 있기 (hold)	H	자석에 쇠막대가 붙어있는 모양	gold ochre	
내려 놓기 (release load)	RL	손에서 물건을 떨어뜨리는 모양	carmine red	
바로 놓기 (position)	P	손에 있는 물건의 위치를 정하는 모양	blue	
미리 놓기 (pre-position)	PP	볼링의 표적인 핀을 세운 모양	sky-blue	
검사 (inspect)	I	볼록렌즈 모양	burnt ochre	
조립 (assemble)	A	여러 부품들이 결합된 모양	violet, heavy	
분해 (disassemble)	DA	1개 부품이 제거된 모양	violet, light	
사용 (use)	U	Use의 첫글자	purple	
불가피한 지연 (unavoidable delay)	UD	뜻하지 않게 앞으로 넘어진 모양	yellow ochre	
피할 수 있는 지연 (avoidable delay)	AD	의도적으로 누워 있는 모양	lemon yellow	
계획 (plan)	Pn	손가락을 이마에 대고 생각중인 모양	brown	
휴식(rest for overcoming fatigue)	R	쉬기 위하여 앉아 있는 모양	orange	

하기 위하여 집어서 몸 앞으로 운반하는 동작.

- 쥐기(grasp: G): 대상물을 손가락으로 잡는 동작이며 손가락이 대상물에 접촉할 때 시작되고 대상물을 완전히 콘트롤할 수 있을 때 종료된다. 소요 시간은 쥐기 형태에 따라 달라지며, 일반적으로 선행 동작은 빈손 이동이고 후행 동작은 운반이다. [예] 호주머니에 들어 있는 이동전화를 사용하기 위하여 이동전화를 손으로 집음.
- 내려놓기(release: RL): 대상물을 손에서 놓아주는 동작이며 서어블릭 중 소요 시간이 가장 짧다. [예] 이동전화를 사용한 후 호주머니에 내려놓는 동작.
- 미리 놓기(pre-position: PP): 다음 사용을 위하여 대상물을 미리 정하여진 위치에 놓는 동작이며 운반 동작과 동시에 발생한다. [예] 이동전화를 사용한 후 운반하면서 다음 사용을 위하여 이동전화의 방향을 잡는 동작.
- 사용(use: U): 원래 사용 목적대로 도구를 조작하는 동작을 말하며 작업이 진행되어갈 때 쉽게 볼 수 있다. [예] 이동전화로 전화를 거는 동작.
- 조립(assemble: A): 짝이 맞는 2개의 부품을 하나로 만드는 동작이며, 바로 놓기(position)나 운반 동작이 앞서고 내려놓기 동작이 뒤따르는 것이 일반적이다. [예] 이동전화에 충전 코드를 꽂는 동작.
- 분해(disassemble: DA): 조립 동작의 반대로 조립된 부품을 2개로 분리하는 동작이며, 쥐기 동작이 앞서고 운반이나 내려놓기 동작이 뒤따른다. [예] 이동전화에서 충전 코드를 떼어내는 동작.

2) 비효율적 서어블릭

- 찾기(search: Sh): 눈이나 손으로 대상물을 찾는 동작이며 대상물을 찾기 위하여 눈이 움직이기 시작한 순간이 시점이고, 찾고자 하는 대상물에 눈의 초점이 모아질 때가 종점이 된다. [예] 이동전화로 문자를 보내기 위하여 자판 중 'ㄱ'을 찾는 동작.
- 고르기(select: St): 여러 개 중에서 원하는 대상물을 선택하는 동작이며 일반적으로 찾기 동작이 앞서 일어난다. [예] 연필꽂이에 있는 여러 개의 연필 중 하나를 선택하는 동작.
- 바로 놓기(position: P): 작업 중에 대상물의 방향을 바꾸거나 위치를 바로 잡는 동작을 말한다. 일반적으로 선행 동작은 운반이고 후행 동작은 내려놓기 동작이다. [예] 잠긴 문을 열기 위하여 열쇠를 구멍 방향에 맞게 가져가는 동작.
- 검사(inspect: I): 대상물을 규격, 모양, 색상 등이 표준과 일치하는지를 확인하는 동작이다. [예] 이동전화로 문자를 보내기 위해 문자를 입력한 후 원하는 대로 입력되었는지를 확인하는 동작.
- 계획(plan: Pn): 다음 행동을 결정하기 위한 멈칫하는 정신 과정으로 어떤 동작에 앞서 머뭇거림으로 관찰된다. [예] 이동전화로 문자 보내는 중 특수 문자 입력 방법을 생각하며 잠시 머뭇거리는 동작.
- 불가피한 지연(unavoidable delay: UD): 작업 특성으로 인하여 작업자가 어쩔 수 없이 발생하는 지연을 의미한다. [예] 오른손이 뻗기 동작을 하는 동안의 왼손 정지.

예제 22.5 오른쪽 바지 호주머니에 들어있는 이동전화를 끄집어내어 전화를 걸고 다시 호주머니에 도로 넣어 두는 동작을 서어블릭 기호로 분석하면 표 22•8과 같다.

표 22•8▸이동전화 사용 동작에 대한 서어블릭 분석

작업 내용	서어블릭
1. 호주머니로 손을 뻗침	빈손 이동(TE)
2. 이동전화를 잡음	쥐기(G)
3. 이동전화를 몸통 앞으로 운반	운반(TL)
4. 이동전화를 사용하기 위한 지점에 위치시킴	바로 놓기(P)
5. 전화를 검	사용(U)
6. 이동전화를 호주머니로 운반	운반(TL)
7. 다음 사용을 위하여 이동전화의 방향을 잡음	미리 놓기(PP)
8. 이동전화를 호주머니에 내려놓음	내려놓기(RL)
9. 원래 위치로 손을 이동함	빈손 이동(TE)

- 피할 수 있는 지연(avoidable delay: AD): 작업자에게 책임이 있는 지연으로 작업자가 마음만 먹으면 피할 수 있다. [예] 옆 작업자와 대화로 인한 지연.
- 휴식(rest: R): 작업으로 인한 육체적, 정신적 피로를 회복하기 위한 시간으로 매 사이클은 아니지만 주기적으로 나타나며, 그 주기는 작업 부하에 따라 결정된다. [예] 일반적 제조업에서의 오전 휴식 시간(10:00~10:10).
- 잡고 있기(hold: H): 다른 손이 일을 하고 있는 동안 한 손으로 대상물을 지지하고 있는 동작을 말한다. [예] 오른손으로 너트를 조이고 있는 동안 왼손은 볼트를 잡고 있음.

3.2 비디오 분석

목시동작연구는 작업을 직접 관찰하면서 동작분석을 행하기 때문에 동작을 놓치거나 재현하기 어렵고, 정확한 시간의 측정이 어려워, 작업 주기가 아주 짧은 동작의 세밀한 분석에 목시동작연구를 적용하기는 부적절하다. 필름/비디오테이프를 이용하면 작업 장면을 촬영한 후 이를 몇 번이고 되돌려 볼 수 있고, 프레임 단위로 동작을 세분하여 볼 수 있으며 짧은 시간도 측정이 가능하다. 과거에는 고가의 영사기를 사용하여 작업자 측면에 마이크로노미터 등의 시계를 두고 작업 장면을 찍은 후, 한 프레임씩 작업 장면을 보면서 동작경제원칙에 근거하여 분석하고 개선하였다. 현재는 기술이 발달하여 디지털 캠코더를 사용하면 초당 30프레임까지 나누어 분석할 수 있고, 초 단위까지 시간이 나와 동작연구 시 대부분 캠코더를 사용하고 있다.

필름/비디오 분석은 사진을 촬영하는 속도에 따라 미세동작연구(micromotion study)와 메모모션연구(memo-motion study)로 나누어진다. 동작분석에 어떤 방법을 사용할 것인가는 연구에서 요구되는 분석의 정밀도, 허용된 시간, 비용 등을 고려하여 결정한다.

3.2.1 미세동작연구

미세동작연구는 길브레스가 창안하였으며 보통의 촬영 속도(초당 16frame 이상)로 작업자의 작업 장면을 찍은 후, 프레임 단위로 서어블릭 기호를 이용하여 동작분석을 행한다. 작업 동작을 서어블릭 단위로 나누어 분석하고 각 서어블릭에 소요된 시간을 함께 표시하는 SIMO 차트(simultaneous motion cycle chart)에 분석 결과를 기록한다. SIMO 차트는 동시동작차트 혹은 서어블릭–시간차트(therblig time chart)라 하기도 한다. SIMO 차트의 예가 그림 22•16에 나와 있으며 왼손이 하는 일이 오른손에 비하여 작아 개선이 요구된다. 미세동작연구는 메모모션연구에 비하여 비용이 많이 들기 때문에 작업 사이클이 짧고 자주 반복되는 작업 분석에 사용된다.

미세동작연구에서는 최고로 숙달된 작업자 두 명을 선발하여 이들을 대상으로 연구를 수행한다. 숙달된 작업자를 대상으로 하는 이유는 첫째, 이러한 작업자는 동작경제원칙에 위배되는 동작을 하지 않는 효율적 방법으로 작업을 수행하며, 둘째, 연구를 잘 이해하고 협조적이기 때문이다. 두 명의 작업자를 선발하는 이유는 작업자에 따라 잘 하고 못 하는 부분에 차이가 있어 작업에 따라 좋은 작업 방법을 취사선택할 수 있기 때문이다.

미세동작연구의 일반적 절차는 다음과 같다.

- 선발된 작업자 두 명의 작업 장면을 필름이나 비디오테이프에 담는다.
- 필름을 한 프레임씩 보면서 SIMO 차트에 서어블릭 기호와 소요된 시간을 기입한다.
- SIMO 차트를 보면서 동작경제원칙과 서어블릭의 개선 사항을 참조하여 작업 방법을 개선한다. SIMO 차트가 완성되면 우선적으로 비효율적인 서어블릭, 즉 Sh, St, P, I, UD, AD, R, H를 제거하는 등 개선 방안을 모색하고, 효율적 서어블릭은 소요 시간을 단축할 방안을 찾도록 한다.
- 개선된 작업 방법을 표준화시켜 이를 작업자에게 교육하여 현장에서 시행되게 한다.
- 개선된 작업 방법을 다시 촬영하여 제대로 시행되고 있는지 혹은 개선된 방법에 문제가 없는지를 확인한다.

미세동작연구를 수행하면 다음의 결과를 얻을 수 있다.

- 최적 동작 순서 혹은 서어블릭 발생 순서를 찾을 수 있다.
- 어느 서어블릭의 소요 시간이 사이클마다 변동이 클 때 소요 시간 변동의 원인을 찾아 제거할 수 있다.
- 작업중 주저하는 동작이 발생할 경우 이의 원인을 찾아 제거할 수 있다.
- 사이클 시간의 변동이 클 경우 그 원인을 찾아 개선이 가능하다.

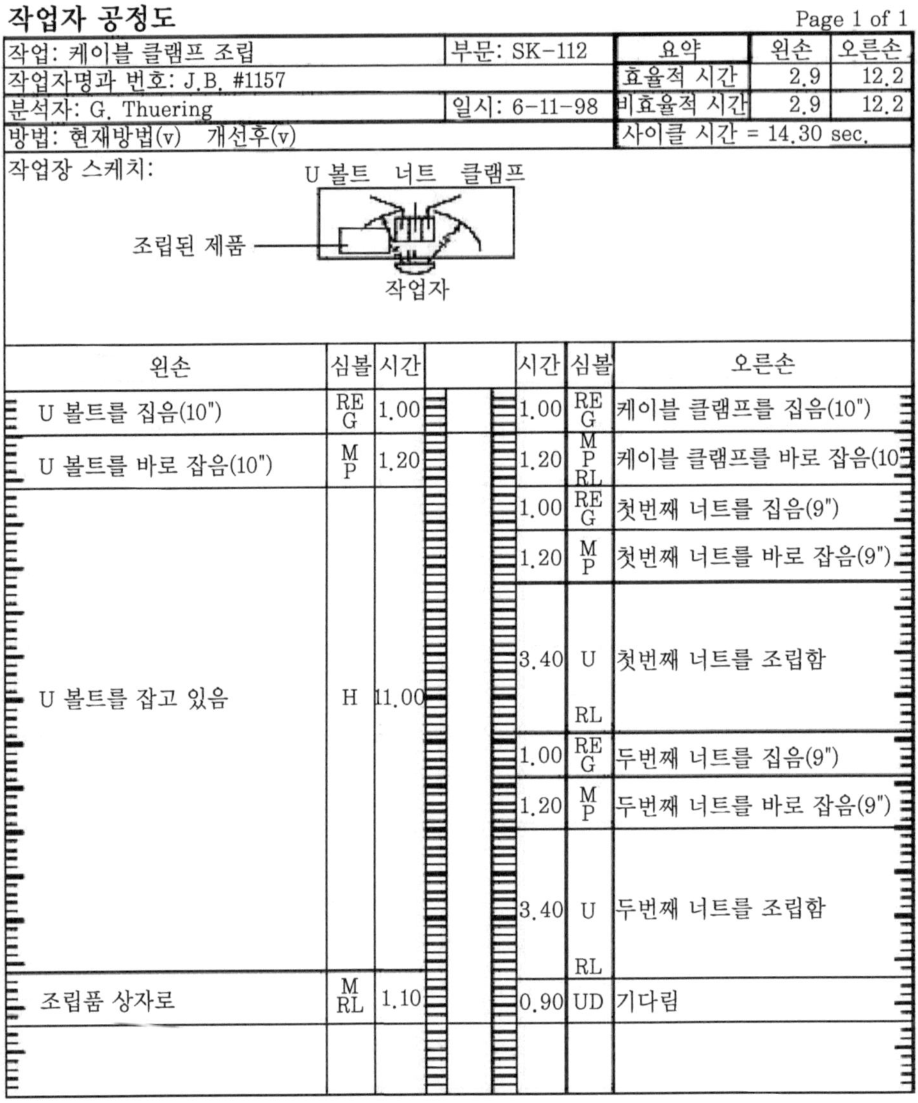

작업자 공정도 Page 1 of 1

작업: 케이블 클램프 조립	부문: SK-112	요약	왼손	오른손
작업자명과 번호: J.B. #1157		효율적 시간	2.9	12.2
분석자: G. Thuering	일시: 6-11-98	비효율적 시간	2.9	12.2
방법: 현재방법(v) 개선후(v)		사이클 시간 = 14.30 sec.		

작업장 스케치:

왼손	심볼	시간	시간	심볼	오른손
U 볼트를 집음(10")	RE G	1.00	1.00	RE G	케이블 클램프를 집음(10")
U 볼트를 바로 잡음(10")	M P	1.20	1.20	M P RL	케이블 클램프를 바로 잡음(10")
U 볼트를 잡고 있음	H	11.00	1.00	RE G	첫번째 너트를 집음(9")
			1.20	M P	첫번째 너트를 바로 잡음(9")
			3.40	U RL	첫번째 너트를 조립함
			1.00	RE G	두번째 너트를 집음(9")
			1.20	M P	두번째 너트를 바로 잡음(9")
			3.40	U RL	두번째 너트를 조립함
조립품 상자로	M RL	1.10	0.90	UD	기다림

그림 22•16 ▸ SIMO 차트 예

3.2.2 메모모션연구

미세동작연구가 초당 16프레임 정도로 작업 장면을 촬영하는 반면 메모모션연구에서는 보통 1분에 60프레임 혹은 100프레임 정도로 매우 저속으로 촬영한다. 메모모션연구는 작업 주기가 짧은 작업보다는 사이클이 긴 작업, 그룹 작업 등에 적합하며, 적용 분야는 다음과 같다.

- 사이클이 긴 작업
- 사이클이 불규칙한 작업
- 그룹 작업
- 여러 설비를 사용하는 작업

- 시설 배치 개선
- 오랜 기간 동안의 연구

메모모션연구는 필름/비디오 분석이 가지는 보존성, 재현성의 장점과 더불어 미세동작연구 시 소요되는 필름 비용의 6% 정도로 비용이 저렴하고, 촬영된 필름도 짧아 분석 시간도 짧다. 1시간 분량의 필름을 초당 16프레임으로 돌리면 4분이면 파악 가능하다.

3.3 동작경제원칙

길브레스 부부가 동작의 경제성과 능률 제고를 위한 20가지 원칙을 제안하였으며, M. B. Barnes 교수가 길브레스의 원칙과 연구 성과를 참조하여 현재 사용되고 있는 22가지 동작경제원칙을 제시하였다. 동작경제원칙은 이론적 혹은 과학적 사실이나 발견에 근거하여 만들어진 것이 아니라, 오랜 동안의 경험을 바탕으로 정리된 것이다. 동작경제원칙은 동작연구에서 동작을 효율적으로 개선하고자 할 때 일차적으로 사용할 수 있는 유용한 자료로 활용되며, 다음과 같이 세 부분으로 구분될 수 있다.

- 신체부위 사용에 관한 원칙 아홉 가지
- 작업장 배치에 관한 원칙 여덟 가지
- 공구나 설비 디자인에 관한 원칙 다섯 가지

3.3.1 신체부위 사용에 관한 원칙

- 양손은 동시에 시작하고 동시에 끝나도록 한다.
- 휴식 시간을 제외하고는 양손이 동시에 쉬지 않도록 한다.
- 양팔의 동작은 동시에 서로 반대 방향으로 대칭적으로 움직이도록 한다.
- 손과 신체 동작은 작업을 만족스럽게 수행할 수 있는 범위 내에서 가장 낮은 동작등급을 사용하도록 한다.

  손동작은 다음 표 22•9와 같이 5등급으로 구분되며 낮은 등급일수록 동작이 빠르며 동작을 할 때 힘이 작게 든다. 그러나 등급 3, 즉 팔꿈치를 축으로 하는 동작이 손가락만을 사용하는 1등급 동작보다 정확하고 덜 피로하며 더 민첩하다고 알려져 있어, 경노동의 경우에는 등급 3에 의한 작업 동작이 바람직하다 할 수 있다.

표 22•9▸손동작 등급

동작 등급	동작에 포함된 신체 부위
1	손가락
2	손가락, 손목
3	손가락, 손목, 아래팔
4	손가락, 손목, 아래팔, 위팔
5	손가락, 손목, 아래팔, 위팔, 어깨(몸통)

- 가능한 한 관성을 이용하여 작업하도록 하되, 작업자가 관성을 극복하여야 하는 경우는 관성을 최소화하여야 한다.
- 손동작은 스무드하고 연속적이고 곡선을 이루는 동작(curved motion)이 되도록 하고, 갑작스럽게 방향이 크게 바뀌는 직선동작은 피하는 것이 좋다.
- 탄도동작(ballistic movement)이 제한되거나(restricted) 통제된(controlled) 동작보다 빠르고, 쉽고 정확하다.

  탄도동작의 예로 숙련된 목수가 망치로 못을 박을 때 망치 궤적이 수평선 상의 직선이 아니고 포물선을 그리면서 작업을 하는 동작을 들 수 있다.
- 가능하면 쉽고 자연스러운 리듬을 이용할 수 있도록 작업을 배치하라.
- 눈의 초점을 모아야 하는 작업은 가능하면 줄이고, 눈의 초점을 모아야 하는 경우에는 두 작업 지점을 가까이 배열하여 양 눈의 초점이 가깝게 하라.

3.3.2 작업장 배치에 관한 원칙

- 모든 공구와 재료는 정하여진 장소에 두라.
- 공구, 재료와 조종장치(control)는 사용 위치에 가까이 두라.

  자주 사용하는 공구, 재료, 조종장치는 팔꿈치를 축으로 하여 닿을 수 있는 영역인 정상작업영역 내에 두는 것이 좋다. 이를 벗어날 경우에도 어깨를 축으로 하여 닿을 수 있는 영역인 최대작업영역 내에 두어야 한다. 정상작업영역과 최대작업영역은 그림 22•17에 나와 있으며, 그림에서 빗금으로 표시된 영역은 양손이 교차하는 영역으로 양손 작업이 용이한 영역이 된다.
- 중력 이송 원리를 이용한 상자(gravity feed bin)나 용기(그림 22•18)를 이용하여 부품이나 재료를 사용 위치에 가까이 보낼 수 있도록 하라.
- 가능하다면 낙하식 운반 방법을 사용하라(그림 22•19).
- 재료와 공구는 최적의 동작 순서로 작업할 수 있도록 위치해 두라.
- 좋은 조명은 시각 작업의 만족도에 가장 중요하므로 적절한 조명을 제공하라.

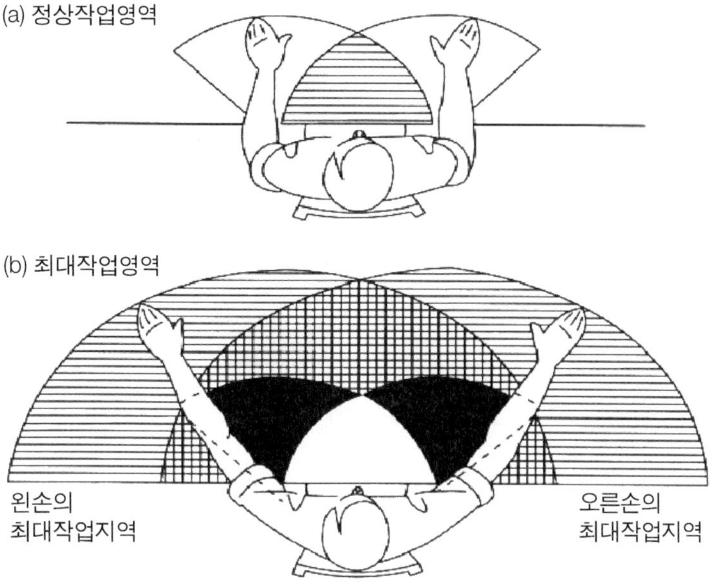

그림 22•17▸작업영역

- 작업자가 작업 중 앉거나 서는 자세를 번갈아 취할 수 있도록 작업대와 의자의 높이는 조절되도록 한다.
- 모든 작업자가 좋은 자세로 일할 수 있도록 인간공학적으로 잘 설계된 높이가 조절되는 의자를 제공하라.

3.3.3 공구나 설비 디자인에 관한 원칙

- 치구나 족답장치(foot-operated device)를 효과적으로 사용할 수 있는 작업에서는 이러한 장치를 사용하도록 하여 양손이 다른 일을 할 수 있도록 한다.
- 가능하면 공구 기능을 결합하여 사용하라.

그림 22•18▸중력 이송 원리를 이용한 상자 예

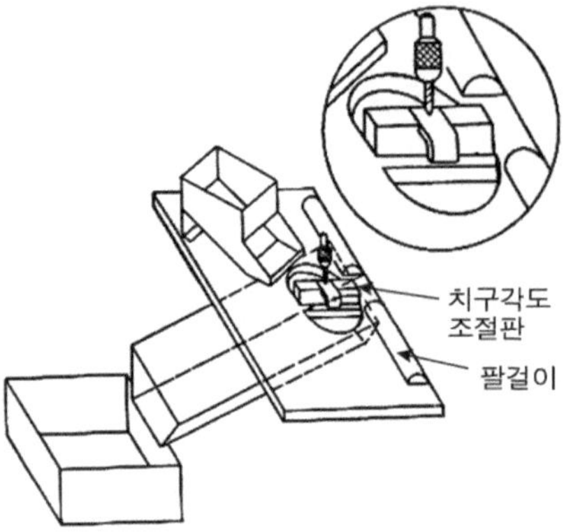

그림 22•19▸낙하식 운반의 예

- 공구와 재료는 가능한 한 다음 사용이 쉽도록 미리 위치를 잡아둔다(서어블릭에서 pre-position과 같음).
- 타자를 치거나 컴퓨터 키보드를 이용하여 입력 작업을 하는 것과 같이 손가락으로 특정 작업을 수행할 때, 작업량이 각 손가락의 능력에 맞게 배분되어야 한다.
- 레버, 핸들(hand wheel)과 기타 조종장치는 작업자가 자세를 크게 바꾸지 않고도 빠르고 쉽게 조작할 수 있는 위치에 두도록 한다.

3.4 작업자 공정도

작업자 공정도(operator process chart)는 양손의 활동을 기호를 사용하여 도식화한 차트로 양손동작 분석표(left and right hand process chart)라고 하기도 한다. 작업자 공정도는 작업자의 양손이 수행하는 작업 내용과 동작 형태를 파악하여, 작업장 배치, 작업 순서, 동작경제원칙 등에 입각하여 작업을 개선하기 위하여 사용된다. 작업자 공정도에서는 17개 서어블릭 중 다음의 8개만을 사용하고, 서어블릭 기호 중 불가피지연(UD), 피할 수 있는 지연(AD), 휴식(R)은 지연(D)으로 표현한다.

- 빈손 이동(TE 혹은 RE)
- 쥐기(G)
- 운반(TL 혹은 M)
- 바로놓기(P)
- 사용(U)
- 내려놓기(RL)
- 지연(D)
- 잡고 있기(H)

작업자 공정도가 완성되면 양손 작업이 균형을 이루고 있는지를 확인하고, 불균형의 원인이 지연(D), 잡고 있기(H) 등이면 이를 제거하도록 한다.

예제 22.6 오른쪽 바지 호주머니에 들어있는 이동전화를 끄집어내어 오른손 손가락만으로 전화를 걸고 다시 호주머니에 도로 넣어 두는 동작을 작업자 공정도를 이용하여 분석하면 다음 표 22•10과 같다. 왼손이 이동전화기를 잡고 있는 것 외에는 할 일이 없어 양손 작업량이 균형을 이루지 못하여 개선이 요구된다. 전화를 걸 때 양 손의 엄지손가락을 이용하면 양손 작업량의 불균형 정도를 줄일 수 있다.

표 22•10 ▸이동전화 사용 동작에 대한 작업자 공정도

왼손	공정도 기호		오른손
1. 손을 몸통 앞으로 이동	TE	TE	1. 호주머니로 손을 뻗침
		G	2. 이동전화를 집음
2. 이동전화를 옮겨 받을 때까지 기다림	D	TL	3. 이동전화를 몸통 앞으로 운반
3. 이동전화를 잡고 있음	H	P	4. 이동전화를 사용하기 위한 지점에 위치시킴
		U	5. 전화를 검
4. 손을 원래 위치로 이동	TE	TL	6. 이동전화를 호주머니로 운반
		P	7. 다음 사용을 위하여 이동전화를 원래 위치에 놓음
5. 다음 동작을 할 때까지 기다림	D		
		RL	8. 이동전화를 호주머니에 내려놓음
		TE	9. 원래 위치로 손을 이동함

연습문제

[1] 개선 대상 작업을 선정하거나 판정할 때 사용되는 도구로 가장 거리가 먼 것은?

① 파레토 차트 ② 원인-결과도 ③ 공정도 ④ PERT/CPM

[2] 80-20 규칙을 바르게 설명한 것은?

① 작업관리의 두 분야인 동작연구와 시간연구의 비중이 80대 20 정도여야 한다.
② 작업관리의 두 분야인 시간연구와 동작연구의 비중이 80대 20 정도여야 한다.
③ 상위 80%가 전체 활동의 20% 이상을 차지한다.
④ 상위 20%가 전체 활동의 80% 이상을 차지한다.

[3] 다음 중 파레토 차트에 관한 설명으로 틀린 것은?

① 재고관리에서는 ABC 곡선으로 부르기도 한다.
② 20% 정도에 해당하는 중요한 항목을 찾아내는 것이 목적이다.
③ 불량이나 사고의 원인이 되는 중요한 항목을 찾아 관리하기 위함이다.
④ 작성 방법은 빈도수가 낮은 항목부터 큰 항목 순으로 차례대로 나열하고, 항목별 점유 비율과 누적 비율을 구한다.

[4] 작업 분석의 문제 분석 도구 중에서 원인-결과도라고도 불리며 결과를 일으킨 원인을 5~6개의 주요 원인에서 시작하여 세부 원인으로 점진적으로 찾아가는 기법은?

① 파레토분석 차트 ② 특성요인도
③ 간트 차트 ④ PERT 차트

[5] 작업관리의 문제 분석 도구로서 시간 축 위에 수행할 활동에 대한 필요한 시간과 일정을 표시한 것은?

① 특성요인도 ② 파레토차트
③ PERT차트 ④ 간트차트

[6] 다음 중 간트차트(Gantt chart)에 관한 설명으로 옳지 않은 것은?

① 계획 활동의 예측 완료시간은 막대 모양으로 표시된다.
② 예정 사항과 실제 성과를 기록 비교하여 작업을 관리하는 계획 도표이다.
③ 기계의 사용에 대한 필요 시간과 일정을 표시할 때 이용되기도 한다.
④ 각 과제 간의 상호 연관 사항 파악하기에 용이하다.

[7] PERT에 대한 설명으로 옳지 않은 것은?

① 미 국방성에서 무기 체계 개발 프로젝트 관리를 위해 만들어졌다.
② Project Evaluation and Review Technique의 약자이다.
③ PERT에서는 각 활동 완료에 대한 세 가지 추정 시간이 필요하다.
④ 시작점에서 마지막 점까지 최장거리에 해당되는 활동 시간의 합이 프로젝트 완료에 필요한 최소 시간이다.

[8] 부서나 작업장의 일반적 문제를 파악하는데 사용되는 문제 분석 도구는?

① 파레토 차트
② 작업/작업장 분석 지침
③ 공정도
④ PERT/CPM

[9] 다음 중 문제분석 도구에 관한 설명 중 틀린 것은?

① 파레토 차트는 문제의 인자를 파악하고 그것들이 차지하는 비율을 누적 분포의 형태로 표현한다.
② 특성요인도는 바람직하지 못한 사건이나 문제의 결과를 물고기의 머리로 표현하고 그 결과를 초래하는 원인을 인간, 기계 방법, 자재, 환경 등의 종류로 구분하여 표시한다.
③ 간트 차트는 여러 가지 활동계획의 시작 시간과 예측 완료 시간을 병행하여 시간 축에 표시하는 도표이다.
④ PERT는 어떤 결과의 원인을 역으로 추적해 나가는 방식의 분석 도구이다.

[10] 요소작업 분석에 적절한 분석 방법은?

① 공정분석
② 작업분석
③ 동작연구
④ 서어블릭

[11] 흐름 라인(flow line)에서 균형 공정(perfect line balancing)을 바르게 설명한 것은?

① 작업장 간 생산량이 같은 공정을 말한다.
② 작업장 간 허용된 생산 시간이 같은 공정을 말한다.
③ 작업장 간 실제 작업 시간이 같은 공정을 말한다.
④ 요구 생산량에 맞는 최소 작업장을 가진 공정을 말한다.

[12] 흐름라인의 사이클 시간(cycle time)에 대한 설명으로 옳지 않은 것은?

① 사이클 시간은 애로공정(bottleneck)에 의해 결정된다.
② 사이클 시간은 모든 작업장에서 같다.
③ 모든 작업장에서 생산 주기와 실제 사이클 시간은 같아야 한다.
④ 생산량은 사이클 시간에 의해 결정된다.

[13] 어느 회사의 컨베이어 라인에서 작업 순서가 다음 [표]의 번호와 같이 구성되어 있다. 다음 설명 중에서 옳은 것은?

작업	① 조립	② 납땜	③ 검사	④ 포장
작업시간(초)	10초	9초	8초	7초

① 라인의 사이클 시간은 7초이다.
② 애로작업은 검사 작업이다.
③ 라인의 시간당 생산량은 600개이다.
④ 공정 손실은 15%이다.

[14] 위의 문제에서 공정효율을 계산하라.

① 80%
② 83%
③ 85%
④ 87%

[15] 라인밸런싱 문제를 풀기 위하여 필요한 정보와 거리가 먼 것은?

① 기간당 생산량
② 요소작업 간 선후관계
③ 요소작업 소요시간
④ 생산 시간

[16] 다음 중 공정도(Process chart)에 사용되는 기호와 명칭이 잘못 연결된 것은?

① D : 저장
② ⇨ : 운반
③ □ : 검사
④ ○ : 작업

[17] 다음 중 공정도 기호 D에 해당하는 것은?

① 창고 원재료
② 완성품
③ 창고 운반 직전 제품
④ 철되어 있는 서류

[18] 공정도 작성 시의 관행에 대한 설명으로 옳지 않은 것은?

① 작업에 투입되는 자재는 수평선 상에 표기한다.
② 소요 시간은 기호의 우측에 기입한다.
③ 주된 공정은 공정도 우측에 나타낸다.
④ 공정 순서는 수직선으로 나타낸다.

[19] 다음 중 공정도에 관한 설명으로 적절하지 않은 것은?

① 대상의 주체를 도식기호로 나타낸다.
② 작업을 기본적인 동작 요소로 나눈다.
③ 대상을 2~5 요소로 나누어 분석한다.
④ 대상을 보다 상세히 전문적 분야에서 분석한다.

[20] 공정도의 사용 목적으로 적절하지 않은 것은?

① 작업에 대한 의사소통 수단
② 작업분석
③ 특정 알고리즘의 사용
④ 개선안 모색

[21] 원재료의 도착 시점부터 완제품이 포장될 때까지 발생하는 작업과 검사를 나타내는 공정도는?

① 작업공정도
② 유통선도
③ 유통공정도
④ 다중활동분석표

[22] 다음 중 작업장 시설 재배치, 기자재 소통 상 혼잡 지역 파악, 공정 과정 중 역류 현상 점검 등에 가장 유용하게 사용할 수 있는 공정도는?

① 유통선도　② 작업공정도　③ Gantt 차트　④ 유통공정도

[23] 운반거리, 정체, 일시 저장과 같은 잠복 비용을 찾아 개선하는데 유용한 공정도는?

① 유통선도　② 작업공정도　③ 다중활동분석표　④ 유통공정도

[24] 이 시스템차트에서 표기하는 내용은?

① 발행　② 추기　③ 처리　④ 점검

[25] 작업공정도, 유통공정도와 같은 일반적인 공정도로 사무작업을 분석하기 어려운 이유는?

① 사무작업에서는 생산되는 제품이 없기 때문이다.
② 사무작업은 한 곳에서 이루어지기 때문이다.
③ 여러 부서 간의 연관성을 가지고 있기 때문이다.
④ 사무작업이 컴퓨터로 이루어지기 때문이다.

[26] 시스템 차트에 대한 설명으로 옳지 않은 것은?

① procedure flow chart라고도 한다.
② 6개의 기호를 사용한다.
③ 사무 작업은 좌에서 우로 수평선상으로 진행한다.
④ 하나의 수평선상에 여러 개의 서류가 흘러가기도 한다.

[27] 다음 중 다중활동분석표 작성의 주된 목저으로 가장 적절한 것은?

① 작업자나 기계의 유휴 시간 단축
② 설비의 유지 및 보수 작업 분석
③ 기자재의 소통상 혼잡지역 파악 및 시설 재배치
④ 제조 과정의 순서와 자재의 구입 및 조립 여부 파악

[28] machine-coupling은 무엇을 의미하는가?

① 한 명의 작업자가 여러 대의 기계를 운용하는 상황
② 여러 대의 기계가 같은 작업을 하는 상황
③ 여러 명의 작업자가 공동 작업을 하는 상황
④ 여러 명의 작업자가 여러 대의 기계를 운용하는 작업 상황

[29] 작업자가 동종의 기계를 복수로 담당하는 경우, 작업자 한 사람이 담당해야 할 이론적인 기계대수(n')를 구하는 식으로 옳은 것은? (단, a는 작업자와 기계의 동시 작업 시간의 총합, b는 작업자만의 총 작업시간, t는 기계만의 총 가동시간이다.)

① $n' = \frac{(a+t)}{(a+b)}$　② $n' = \frac{(a+b)}{(a+t)}$　③ $n' = \frac{(b+t)}{(a+b)}$　④ $n' = \frac{(a+b)}{(b+t)}$

[30] 제품 1개를 생산하기 위하여 원자재를 기계에 물리는데 2분, 기계의 자동가공 시간이 3분 걸린다. 작업자가 동종의 기계를 2대 담당하는 경우의 시간당 생산량은?

① 10 ② 12 ③ 20 ④ 24

[31] 다음 중 갱 프로세스 차트는?

① 작업자 분석표 ② 작업자-기계 작업 분석표
③ 작업자-복수기계 작업 분석표 ④ 복수 작업자 분석표

[32] 1명의 작업자에게 몇 대의 기계를 배정할 것인가의 문제를 다룰 때 고려하여야 하는 요소로 가장 거리가 먼 것은?

① 작업자의 유휴시간 ② 기계의 유휴시간
③ 작업자 임금 ④ 품질보증 방침

[33] 다중활동분석표 □는 무엇을 뜻하는가?

① 기계 가동 ② 작업자 작업
③ 기계와 작업자 동시 작업 ④ 유휴

[34] 작업의 효율적 및 비효율적 요소를 찾아 개선하는 작업분석은 언제 행하는 것이 가장 적절한가?

① 공정도 분석 전 ② 공정도 분석 중
③ 공정도 분석 직후 ④ 언제나

[35] 작업분석에서 가장 먼저 접근하여야 할 내용은?

① 작업 목적 ② 부품 설계
③ 재료 ④ 제조공정

[36] 다음 설명 중 옳은 것은?

① 설계된 제품은 경제적 생산 방법이 가장 중요하다.
② 공차나 규격은 엄격할수록 좋다.
③ 최종 완성품에 가까운 제조가 가능하도록 설계한다.
④ 공장에서 일어나는 사고의 60%가 자재 운반과 관련이 있다.

[37] 동작분석의 종류 중에서 미세동작분석의 장점이 아닌 것은?

① 직접 관측자가 옆에 없어도 측정이 가능 ② 적은 시간과 비용으로 연구 가능
③ 복잡하고 세밀한 작업 분석 가능
④ 작업 내용과 작업 시간을 동시에 측정 가능

[38] 다음 중 동작분석과 관련이 가장 적은 것은?

① 유통공정도 ② 작업자공정도
③ 사이클그래프 분석 ④ 서어블릭 분석

[39] 다음 중 서블릭(Therblig)에 대한 설명으로 옳은 것은?

① 작업측정을 통한 시간 산출의 단위이다.
② 빈손이동[TE]은 비효율적 서블릭이다.
③ 카메라 분석을 통하여 파악할 수 있다.
④ 21가지의 기본동작을 분류하여 기호화한 것이다.

[40] 다음 중 스패너를 사용하여 볼트를 조이는 내용의 서어블릭 기호로 가장 적합한 것은?

① TE ② U ③ SH ④ G

[41] 여러 개의 스패너 중 1개를 선택하여 고르는 것을 의미하는 서블릭 기호는?

① ST ② H ③ P ④ PP

[42] 다음 중 비효율적인 서블릭이 아닌 것은?

① PP ② Sh ③ I ④ H

[43] 다음의 서블릭을 이용한 분석에서 비효율적인 동작으로 개선을 검토해야 할 동작은?

① 분해 (DA) ② 잡고있기(H) ③ 운반(TL) ④ 사용(U)

[44] 사이클이 짧고 자주 반복되는 작업분석에 사용되는 동작연구는?

① 목시동작연구 ② 미세동작연구
③ 메모모션연구 ④ 거시동작연구

[45] 작업 동작을 서어블릭으로 분석하고 그 소요시간을 나타내는 차트는?

① 메모모션차트 ② 서어블릭차트
③ SIMO차트 ④ Gantt 차트

[46] 다음 중 동작연구에 관한 설명으로 맞는 것은?

① 필름을 이용한 미세동작연구는 길브레스 부부가 처음 창안하였다.
② 파레토 차트는 혹은 SIMO차트라고 부른다.
③ 미세동작연구를 할 때에는 가능하면 작업방법이 서투른 초보자를 대상으로 한다.
④ 미세동작연구에서는 작업 수행도가 월등히 낮은 작업 사이클을 대상으로 한다.

[47] 메모모션연구에서 사진 촬영 속도는?

① 초당 8 혹은 50 프레임 ② 초당 60 혹은 100 프레임
③ 분당 8 혹은 50 프레임 ④ 분당 60 혹은 100 프레임

[48] 메모모션연구 수행이 적절하지 않은 곳은?

① 사이클이 긴 작업 ② 불규칙 작업
③ 시설 배치 ④ 반복 작업

[49] 다음 중 동작경제 원칙에 대한 설명으로 틀린 것은?

① 동작 거리는 가능한 최소로 한다.
② 양손 동작은 가능한 동시에 하도록 한다.
③ 급격한 동작의 방향 전환이 되도록 한다.
④ 눈의 초점을 모아야 작업할 수 있는 경우는 가능하면 없앤다.

[50] 동작등급 3에 속하지 않는 신체 부위는?

① 손가락 ② 손목 ③ 아래팔 ④ 위팔

[51] 다음 중 동작경제 원칙에 있어 신체 사용에 관한 원칙에 해당하지 않는 것은?

① 두 손의 동작은 같이 시작하고 같이 끝나도록 한다.
② 휴식시간을 제외하고는 양손이 같이 쉬지 않도록 한다.
③ 공구나 재료는 작업동작이 원활하게 수행되도록 위치를 정해주지 않는다.
④ 가능하다면 쉽고도 자연스러운 리듬이 생기도록 동작을 배치한다.

[52] 신체 사용에 관한 동작경제 원칙 중에서 가장 거리가 먼 것은?

① 양손은 동시에 시작하고 멈춘다.
② 양손은 항상 같이 일하도록 한다.
③ 두 팔은 서로 반대 방향으로 대칭적으로 움직이도록 한다.
④ 가능하다면 쉽고도 자연스러운 리듬이 생기도록 동작을 배치한다.

[53] 다음 중 동작 경제의 원칙 중 작업장의 배치에 관한 원칙에 해당하는 것은?

① 두 손의 동작은 같이 시작하고 같이 끝나도록 한다.
② 손의 동작은 완만하게 연속적인 동작이 되도록 한다.
③ 두 팔의 동작은 서로 반대 방향으로 대칭적으로 움직인다.
④ 공구, 재료 및 제어 장치는 사용위치에 가까이 두도록 한다.

[54] 작업대와 의자에 대한 설명 중 옳지 않은 것은?

① 보통 작업대는 팔꿈치 아래 1~3″ ② 작업대 두께는 2″ 이내
③ 의자 폭은 17″ 이내 ④ 의자 깊이는 15~16″ 이내

[55] 정상작업영역(최소작업영역)의 설명으로 옳은 것은?

① 상완(윗팔)과 전완(아랫팔)을 곧게 펴서 파악할 수 있는 구역을 말한다.
② 상완을 수직으로 늘어뜨린 채, 전완만으로 파악할 수 있는 구역을 말한다.
③ 모든 작업 공구와 부품이 이 구역 내에 위치해야 한다.
④ 모든 작업자가 편안하게 작업할 수 있는 작업영역을 말한다.

[56] 양손의 활동을 기호로 나타내는 것은?

① 작업공정도 ② 유통공정도 ③ 작업자공정도 ④ 양손공정도

[57] 작업자공정도에 사용되지 않는 기호는?

① D ② M ③ R ④ P

응용문제

[1] 다음과 같이 작업에 소요되는 시간이 주어질 때 한 명의 작업자에게 몇 대의 기계를 할당하는 것이 가장 경제적인가?

- loading 및 unloading: 1.41분
- 다음 기계로 걸어가는데 소요되는 시간: 0.08분
- 기계 가공 시간: 4.34분
- 작업자 임금: $13.20/시간
- 기계 운용비: $18.00/시간

[2] 작업자가 작업대에 앉아 볼트에 록와셔, 강철와셔, 고무와셔의 세 가지 와셔를 조립하는 작업을 수행하고 있다. 먼저 왼손으로 작업자 정면에 있는 부품 박스에서 볼트를 작업자 앞 조립 위치로 가져와 잡고 있고, 동시에 오른손은 부품 박스에서 록와셔를 조립 위치로 가져온다. 록와셔를 볼트에 조립한 후 오른손은 차례로 강철 와셔, 고무와셔를 볼트에 조립한다. 작업대와 부품 박스는 다음 그림과 같이 나와 있다. 이 때 적절한 공정도를 이용하여 현재 작업을 분석하고 동작경제원칙 관점에서 개선 방안을 제시하라.

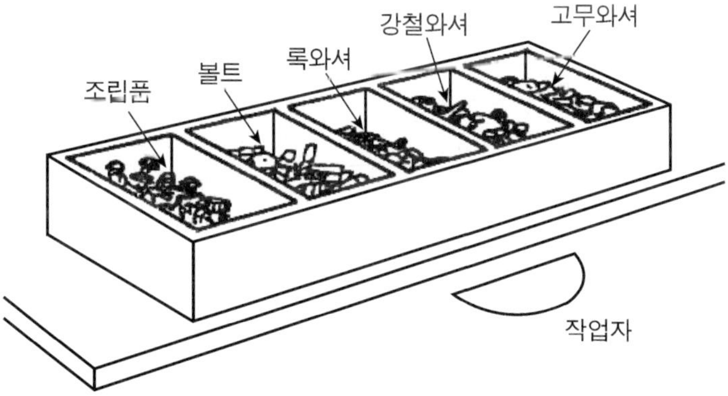

[3] 오른쪽 그림과 같이 pin을 board에 꽂는 작업을 서어블릭 기호로 분석하라. 작업자는 먼저 왼손을 pin 박스에 담겨 있는 pin을 손 용량만큼 집어와 쥐고 있고, 오른손으로 왼손에 있는 pin을 하나씩 가져와 board에 꽂는다.

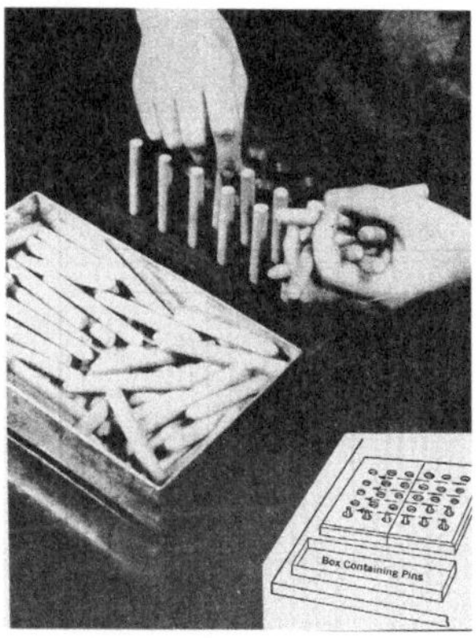

[4] 위 문제에 대하여 작업 공정도를 이용하여 분석하라.

[5] A사에서는 제품 B를 컨베이어를 이용한 흐름라인으로 생산하고 있으며, 4개의 공정으로 이루어져 있다. 각 공정에 소요되는 시간은 오른쪽 표와 같고 일 생산량은 500단위이며, 일 작업시간이 480분이라 할 때 다음을 풀어라.

(1) 사이클 시간

(2) 필요 작업장 수

(3) 공정효율

공 정	소요 시간(초)
1	20
2	14
3	32
4	21

[6] 오른쪽 표는 C공장의 D공정 선행도와 공정 내용 및 소요 시간을 나타낸 표이다. 아래의 물음에 답하시오.

(1) 위의 공정에 대한 Gantt Chart를 그리고, 공정을 끝내기 위한 최소 소요시간을 구하시오.

(2) 위의 공정에 대한 작업공정도를 그리시오.

No.	내용	소요시간(분)
1	부품 1을 조립	2
2	부품 1 조립 후 검사	1
3	부품 3을 조립	2
4	부품 4를 조립	2
5	부품 1,3,4를 조립	2
6	조립 후 확인	1
7	제품 포장	2

[7] E자동차공장에서는 사회적 문제가 되고 있는 근골격계질환 예방을 위한 작업 환경 개선을 추진하고 있다. 회사 운영 상황이 좋지 않아 공장 전반에 대한 개선보다는 근골격계질환 호소 작업자가 많은 2개 부서를 시범적으로 개선하기로 하였다. 부서별 근골격계질환 증상 호소자가 오른쪽 표와 같을 때, 어느 부서를 대상으로 하는 것이 좋을지를 파레토차트를 그려 설명하라.

공정	근골격계질환 증상 호소자 수
차체반	4
도어서브반	32
자재물류반	20
의장반	6
수정반	4

[8] 작업 분석 단위 혹은 작업 구분에 따라 작업 분석 도구를 공정 분석, 작업 분석, 동작연구로 나눈다. 그 분류 기준을 밝히고 공정 분석과 동작연구에 사용되는 도구를 들라.

[9] 오른쪽 바지 호주머니에 들어있는 이동전화를 끄집어내어 전화를 걸고 다시 호주머니에 도로 넣어 두는 동작을 작업공정도를 이용하여 분석하라.

[10] 필름이나 비디오테이프를 이용하여 수행하는 동작연구를 분류·설명하고 그 용도를 들라.

[11] 동작연구는 어떤 작업자를 연구 대상으로 하는지를 들고 그 이유를 설명하라.

CHAPTER 23 작업측정

1 작업측정의 개요

1.1 시간연구

동작연구는 작업을 수행하는 작업자의 동작을 분석하여 비효율적 요소는 제거하고 효율적인 것은 더 빠르게 하는 것이다. 시간연구에서는 작업자의 공정한 하루 일의 양(fair day's work)을 결정한다. 공정한 하루 일의 양은 작업자가 어떤 작업을 수행하는데 필요한 시간, 즉 표준시간(standard time)으로부터 결정할 수 있으며, 시간연구에서는 표준시간을 산정하는 이론적 근거 및 방법을 다룬다.

표준시간은 부과된 작업을 수행하는 데 필요한 숙련도를 지닌 작업자가 주어진 작업 조건 하에서 보통의 작업 페이스로 작업을 하고, 정상적인 피로와 지연을 수반하면서 규정된 질과 양의 작업을 규정된 작업 방법에 따라 행하는데 필요한 시간으로 정의된다. 정의에서 '필요한 숙련도', '보통의 작업 페이스', '규정된 질과 양' 등 기준이 모호한 표현이 많다. 이로부터 표준시간을 객관적 기준에 의해서 체계적으로 정하기가 어려움을 알 수 있다. 표준시간은 기업과 작업자가 처해있는 사회적, 경제적 여건의 영향을 많이 받으며, 작업자와 경영자 측에서 서로 공정하다고 양해되는 선에서 주관적으로 결정된다. 따라서 표준시간은 업종 간에 차이가 날 수 있으며 동종 업종 내에서도 기업에 따라 달라질 수 있다. 경쟁이 심한 업종에서는 표준시간이 타이트해지고 경쟁이 심하지 않은 독과점 업종에서는 느슨하게 결정될 수 있다.

1.1.1 표준시간의 용도

시간연구의 결과인 작업을 수행하는 데 필요한 시간 자료는 작업자의 공정한 하루 일의 양 결정뿐만 아니라 생산 일정 계획(scheduling), 원가 견적, 임금 결정 등과 같은 거의 모든 경영 활동의 기초 자료로 활용된다. 시간 자료의 용도는 계획 목적과 평가 목적의 두 가지로 나눌 수 있다. 계획 목적용 자료는 어느 정도의 오차가 허용되어 작업 현장의 과거 실적을 이용하여 계산 혹은 예측할 수 있다. 평가 목적의 자료에 오차가 크면 경영 성과에 큰 영향을 미치므로 좀 더 정확하여야 하며, 시간연구 분야의 전문가가 수립해야 하는 표준시간이다.

1) 계획 목적 시간 자료

- 입찰가 산정
- 판매 가격 견적
- 일정계획 및 공정관리
- 설비 구매 및 인력 증원
- 제조 혹은 구매의 선택

2) 평가 목적 시간 자료

- 성과급 제도
- 표준원가 산정 및 원가관리
- 예산 관리
- 작업 수행도와 생산성 측정

1.1.2 표준시간 산정 방법

표준시간은 가장 간단한 과거 실적자료법부터 PTS에 이르기까지 다음과 같은 다양한 방법으로 산정할 수 있다.

- 실적자료법
- 시간연구법
- 표준자료법
- PTS법
- work sampling법

1.1.3 실적자료법

과거의 일정 기간 동안의 실적자료를 바탕으로 표준시간을 계산하거나 추정하는 방법이다.

$$\text{표준시간} = \frac{\text{생산에 소요된 작업 시간의 합}}{\text{일정기간 동안의 생산량}}$$

과거 실적자료법은 간단하여 쉽게 사용할 수 있어 시간이 절약되고 비용이 적게 드는 장점이 있으나, 작업자가 표준시간을 부분적 혹은 전반적으로 조절할 수 있는 단점이 있다. 또한, 과거 어느 기간 동안의 자료만 사용하므로 그 이후 일어난 작업 방법, 작업 조건, 기계 및 공구 등의 변화를 반영하지 못하여 결과가 부정확한 문제가 있다. 이를 보완하기 위하여 작업 방법, 작업 조건, 작업자의 작업 수행도 등을 고려하여 과거 자료를 수정하여 사용하거나 시간연구 전문가에 의한 추정 방법을 사용하기도 한다.

1.1.4 시간연구

스톱워치, 비디오 등의 시간 측정 장비를 이용하여 직접 작업에 소요되는 시간을 측정하여 표준시간을 산정하는 방법이다. 시간연구에 사용되는 장비는 다음과 같다.

- 시간 측정 장비
  - ▸ 스톱워치
  - ▸ 동작사진촬영기와 VTR 시스템
  - ▸ 전자식 자료 집적기(datamyte)

    동작 요소를 미리 기억시킨 후 관측 시 동작 요소가 끝날 때마다 약속된 키(key)를 누르면 시간이 기록되며, 관측 후 특정 function 키를 누르면 동작 요소별 평균 시간, 관측 횟수, 최대/최소 시간 등을 구할 수 있는 장비이다.
- 관측 용지

  정해진 양식은 없으며 필요에 따라 적절한 양식을 만들어 사용한다. 관측 용지에는 측정 시간 자료와 더불어 다음 사항을 기록한다.
  - ▸ 작업장 스케치와 동작 거리
  - ▸ 요소작업 설명과 요소작업 시점과 종점
  - ▸ 대상 작업 부품 스케치 및 설명
  - ▸ 투입되는 자재
  - ▸ 사용 기계 번호, 유형 및 치공구
  - ▸ 작업자 및 관측자 인적 사항
  - ▸ 관측 일시
- 관측판

  스톱워치와 관측 용지를 고정하기 위하여 관측판이 필요하다.

1) 시간연구 절차 시간연구 절차는 다음과 같다.

- 측정 대상 부서의 이해와 협조를 구하고, 대상 작업자를 선정하여 시간연구의 내용을 설명한다. 잘 숙달된 작업자를 대상으로 하는 동작연구와 달리 시간연구에서는 평균 혹은 이를 약간 상회하는 작업자를 대상으로 연구를 수행한다.
- 대상 작업을 관찰하여 작업을 개선한다.
- 작업을 요소작업으로 분할하고 작업 방법을 상세히 기록한다.
- 작업을 실제로 관측하여 시간치를 관측 용지에 기록한다.
- 주어진 신뢰도와 허용 오차 범위를 만족하는 필요 관측 횟수를 결정하여 현재 관측 횟수가 충분한지 검사한다.
- 대상 작업자의 작업 수행도를 평가한다.
- 요소작업별 평균 시간치에 평가계수를 곱하여 정미시간을 구한다.
- 여유율을 결정하여 정미시간에 여유시간을 더하여 표준시간을 결정한다.

2) 요소작업 분할 시간연구에서 작업 측정 시 전체 작업 수행에 소요된 시간을 측정하지 않고, 측정 대상 작업을 짧은 시간의 작은 단위로 분할한 요소작업에 대한 시간을 측정한다. 요소작

업으로 분할하는 이유는 다음과 같다.

- 작업을 측정 가능한 작은 단위의 요소작업으로 분할하여 요소작업에 대해 기술하면 전체 작업을 보다 더 정확하게 파악할 수 있다.
- 같은 유형의 요소작업으로부터 표준자료(standard data)를 만들 수 있어 다른 작업의 표준시간 산정에 이용할 수 있다.
- 작업중에 어떤 요소작업에는 많은 시간이 소요되고 다른 작업에는 시간이 크게 소요되지 않는 등 차이를 보이는데, 요소작업으로 분할하여 측정하면 이러한 점이 발견되어 중요 작업이 무엇인지를 알 수 있다. 요소작업으로 분할하여 작업을 분석하면 작업 전체를 분석할 때는 잘 보이지 않던 작업 방법이 부분적으로 바뀐 것도 쉽게 찾을 수 있다.
- 작업자가 작업 중에 항상 같은 페이스로 작업하지 않을 수 있으며, 작업자의 수행도가 요소작업에 따라 달라질 수 있다. 요소작업으로 나누어 작업 측정을 하면 요소작업별로 수행도 평가를 할 수 있어 이러한 점을 반영할 수 있다.

요소작업은 측정 가능 범위 내에서 작게 분할하는 것이 바람직하며, 0.04분 정도의 요소작업은 작업 측정 시 일관된 시간 자료를 얻을 수 있다. 앞뒤가 긴 작업이 있으면 0.02분 정도로 짧게 나누어도 된다. 작업자 시간과 기계 시간, 상수 작업(작업 내용에 관계 없이 일정한 시간이 소요되는 작업, 예: 스위치 개폐 작업)과 변수 작업(작업 내용에 따라 소요 시간이 달라지는 작업, 예: 프레스 작업에서 프레스 작업 시간)은 분리하여야 한다.

3) 시간 기록 방법 시간연구에서 사용되는 시간 측정 및 기록 방법은 다음의 네 가지가 있다.

- **계속법**(continuous timing): 계속법에서는 작업이 시작되는 시점에서 시계를 작동시킨 후 관측이 끝날 때까지 시계를 멈추지 않는다. 관측자는 요소작업이 끝나는 시점에 시계를 읽어 누적 시간치를 관측 용지에 기록한다. 요소작업 수행에 소요된 시간은 관측 후 앞뒤 시간의 차이로 계산하여야 한다. 계속법에서는 짧은 시간의 요소작업도 측정 가능한 장점이 있는 반면, 관측 후 요소작업 시간을 구하기 위하여 뺄셈을 하여야 한다.
- **반복법**(repetitive timing, snapback method): 반복법에서는 요소작업이 끝날 때마다 시계를 멈추어 눈금을 읽고 시계를 원점으로 돌려 다음 요소작업의 시간을 측정한다. 반복법은 요소작업 시간을 관측 중에 바로 알 수 있어 요소작업 시간의 변동을 쉽게 찾을 수 있고, 작업자가 작업 순서를 바꾸거나 생략하여도 쉽게 기록할 수 있다. 반면, 매 요소작업마다 시계를 원점으로 되돌려야 하기 때문에 오차가 발생할 수 있고(0.06분 이하의 시간은 측정하기 어려움), 작업 중에 일어나는 물 마시기, 직장과의 대화 등의 외래요소(foreign element)가 기록되지 못하는 단점이 있다.
- **누적법**(accumulative timing): 관측판에 스톱워치를 2개 혹은 3개 부착하여 요소작업이 끝날 때마다 레버를 당겨 시간치를 읽는다.
- **순환법**: 측정하기 힘든 짧은 요소작업 측정에 사용된다.

4) 관측 횟수 결정 작업자가 요소작업을 수행하는 시간은 사이클마다 일정하지 않고 조금씩 차이가 날 수 있다. 그 이유는 작업자의 동작이 사이클마다 완전하게 같기가 어렵고, 재료나 공구 등의 위치가 사이클마다 조금씩 다르며 관측자가 시계를 읽을 때 측정 오차가 발생하기 때문이다. 요소작업의 변동으로 인하여 한번의 관측으로는 정확한 시간 자료를 얻기가 어렵다. 많이 관측할수록 정확도는 높아지나 비용이 많이 들게 된다. 따라서 관측 횟수는 정확도와 비용을 절충하여 결정하며 그 방법은 다음과 같다.

- **통계적 방법:** 통계적 방법에서 관측 횟수는 다음 식으로 구한다.

$$N = \frac{t^2 S^2}{I^2}$$

여기서 N = 필요 관측 횟수,
I = 허용 오차,
S = 샘플표준편차,
t = $t_{\alpha/2,\, n-1}$, t분포표에서 찾으며 신뢰수준(C)과 실제 관측 횟수(n)에 의해 결정,
α = 1−C, 유의수준.

통계적 방법에 관측 횟수 결정 절차는 다음과 같다.

▶ 대상 작업 특성을 고려하여 신뢰도와 허용오차를 결정한다. 신뢰도는 90% 혹은 95%를, 허용 오차는 평균값의 5%, 10%의 상대 오차를 많이 사용한다.
▶ 임의로 n번(예: 10회, 20회) 예비 관찰을 하여 요소작업 시간을 측정한다.
▶ 각 요소작업의 표준편차를 계산하여 이 중 S/I의 최대치를 찾는다.
▶ S/I의 최대치에 대한 필요 관측 횟수 N을 계산한다. 여기서 $N > n$이면 $N-n$만큼 추가 관측을 실시하고, $N \le n$이면 관측 횟수가 충분하므로 추가 관측이 필요 없다.

예제 23.1 어떤 요소작업의 25회 관측 결과 관측 시간의 평균이 0.30분, 샘플표준편차는 0.09로 나왔다. 신뢰수준 95%, 허용 오차가 평균의 ±5%일 때 필요 관측 횟수를 구하라.

▶ t분포표로부터 $t_{0.025,\,24} = 2.064$이고 $I = 0.3 \times 0.05 = 0.015$이므로

필요 관측 횟수 $N = \dfrac{(2.064)^2(0.09)^2}{(0.015)^2} \approx 153.3 \Rightarrow 154$회이다.

따라서 129회의 추가 관측이 필요하다. 129회의 관측을 한번에 하지 않고 추가로 10~20회의 관측을 한 후 다시 필요 관측 횟수를 계산하면 처음보다 표준편차가 줄어들어 관측 횟수가 줄어들게 된다.

- **근사적 방법:** 통계적 방법에서 사용하는 샘플표준편차를 직접 계산하지 않고 관측 자료 수에 따른 전환 계수(conversion factor)를 이용하여 근사적으로 추정하여 사용한다.

- **기타 방법:** General Electric사나 Westinghouse Electric사에서 제시한 사이클 시간, 생산량에 따른 관측 횟수를 제시한 표를 이용하여 근사적으로 관측 횟수를 결정한다.

예제 23.2 3개의 요소작업으로 구성된 작업의 10회 관측 결과는 다음과 같다. 이 때 신뢰수준 95%, 허용 오차 ±5%일 때 필요 관측 횟수를 구하라.

	1	2	3	4	5	6	7	8	9	10
요소작업 1	0.07	0.09	0.06	0.07	0.08	0.08	0.07	0.08	0.09	0.07
요소작업 2	0.12	0.13	0.12	0.12	0.11	0.13	0.12	0.11	0.13	0.12
요소작업 3	0.56	0.57	0.55	0.56	0.57	0.56	0.54	0.56	0.56	0.55

▸ 요소작업에 대해 평균, 샘플표준편차를 구하면 다음과 같다.

	S	$\bar{X}$	I	S/I
요소작업 1	0.0097	0.076	0.0038	2.552
요소작업 2	0.0074	0.121	0.0061	1.213
요소작업 3	0.0092	0.558	0.0279	0.330

t분포표로부터 $t_{0.025,\,9} = 2.262$이고 S/I의 최대값이 2.552이므로 이를 이용하여 필요 관측 횟수를 계산한다.

필요 관측 횟수 $N = \dfrac{(2.262)^2(0.0097)^2}{(0.0038)^2} \approx 33.3 \Rightarrow 34$회이다.

따라서 24회의 추가 관측이 필요하다.

1.2 수행도 평가

시간연구에서는 표준시간의 정의에서 언급된 부과된 작업을 수행하는 데 필요한 숙련도를 지닌 보통 수준의 작업자를 대상으로 작업 측정을 수행한다. 그러나 시간연구 대상 작업에서 이에 적합한 작업자를 구하기가 쉽지 않으며, 보통 작업자를 찾을 수 있다 하더라도 표준시간을 후하게 하기 위하여 측정 시 작업을 의도적으로 조절할 수 있다. 이러한 이유로 시간연구에서는 보통 작업자에 가까운 수행도를 보이는 작업자를 대상으로 작업 측정을 하고, 시간 자료를 보통 작업자 수준으로 보정하여 사용하는 방법을 사용한다. 즉, 보통 작업자보다 빠른 수행도를 보이는 작업자는 관측 평균 시간치를 늘여주고, 반대로 느린 작업자의 관측 평균 시간치는 줄여준다.

관측 대상 작업 작업자의 작업 페이스를 정상 작업 페이스 혹은 표준 페이스와 비교하여 보정해주는 과정을 수행도 평가(performance rating)이라 하며, 레이팅(rating), 평준화(levelling), 정상화

(normalizing)라 하기도 한다. 국제노동기구(ILO)에서는 '관측자가 표준 페이스라고 마음속에 가지고 있는 페이스와 작업자의 작업 페이스를 비교하는 것'으로 정의하고 있다. 수행도 평가는 표준시간을 산정하는데 반드시 필요한 중요한 요소이기는 하지만, 체계적인 방법이 존재하지 않아 관측자의 경험이나 훈련을 통한 주관적 판단에 의존할 수밖에 없다. 따라서 항상 비판 및 논쟁의 여지를 가지고 있으며 시간연구 절차 중 가장 어려운 부분이라 할 수 있다.

수행도 평가 결과 레이팅 계수는 다음과 같이 구해지며, 레이팅 계수가 평균 관측 시간에 곱하여져 정미시간(normal time)을 산출한다.

레이팅 계수 = 표준 작업 페이스 / 실제 작업 페이스

정미시간 = 평균 관측 시간 × 레이팅 계수

레이팅 계수의 척도(scale)로는 척도 A, B, C, D가 있으나 100%를 표준 작업 페이스로 놓고, 표준 작업 페이스보다 실제 작업 페이스가 빠르면 100%보다 크게, 반대로 느리면 100%보다 작게 평가하는 척도 A, 즉 백분율이 일반적으로 사용된다. 척도 B는 60점을 표준페이스로 하고, 척도 C는 125%를 성과급을 받는 수준으로, 척도 D는 100%를 성과급을 받는 수준으로 한다.

수행도 평가 방법으로 다음 네 가지가 많이 사용되고 있다.

- 속도/페이스 평가법
- Westinghouse 시스템
- 객관적 평가법
- 합성 평가법

1.2.1 수행도 평가 방법

1) 속도 평가법 속도 평가법에서는 단위 시간당 산출물의 양, 즉 작업자가 얼마나 빠르게 작업을 수행하는가를 고려하여 평가하는 방법이다. 초보 작업자는 빠르게 작업하고 있는 것처럼 보이나 서툴러 작업 성취도가 낮은 경우가 있을 수 있고, 작업 내용, 난이도 등에 따라 작업 속도가 달라질 수 있다. 따라서 속도 평가법에서 관측자는 평가 전에 작업 내용을 충분히 파악하여 작업 난이도에 상응하는 표준속도를 마음속에 그린 다음, 작업자의 작업 진행에 도움이 되는 유효 속도와 비교하여 평가한다. 속도 평가법은 작업 속도 하나만을 평가하기 때문에 간단하여 사용하기 쉬워 철강업에 많이 사용되는 등 가장 보편적으로 사용된다.

2) 객관적 평가법 M. E. Mundel이 제안한 수행도 평가법이며 속도 평가법을 주관적 평가법이라고 하고, 속도 평가법에 비하여 일관성 있는 레이팅 계수를 내는 자신의 방법을 객관적 평가법으로 명명하였다. 속도 평가법에서는 작업 내용에 대한 작업 난이도를 파악한 후 난이도에 상응한 표준 속도를 마음속에 간직한 다음, 실제 작업 페이스와 비교하여 수행도 평가를 한다. 반면, 객관적 평가법에서는 이와 반대의 절차로 이루어지며 2단계로 수행도를 평가한다.

- 작업 난이도, 특성 등을 고려하지 않고 동작 속도만을 고려하여 표준속도를 정하여 실제 작업 속도와 비교하여 평가하며, 이를 1차 평가라 한다.
- 작업 난이도나 특성을 평가하며 이를 2차 평가라 한다. 2차 평가에는 다음 여섯 가지 요소에 대한 평가를 수행하며, 각 요소에 대한 평가 계수는 실험 결과를 바탕으로 별도의 표로 제시되어 있다.
  - ▸ 사용 신체 부위
  - ▸ 페달 사용
  - ▸ 양손 사용 정도
  - ▸ 눈과 손의 조화 정도
  - ▸ 물자 취급 시 요구 사항
  - ▸ 중량 또는 저항 크기

객관적 평가법에서 레이팅 계수는 속도만으로 평가한 1차 평가 계수, 즉 속도 평가 계수와 작업 난이도와 특성을 고려한 2차 조정 계수의 곱으로 구해진다.

3) Westinghouse 시스템 Westinghouse Electric Cooperation이 개발하였으며 속도만을 평가하는 속도 평가법과 달리, 숙련도(skill), 노력(effort), 작업 환경(condition)과 일관성(consistency)의 네 가지 요소를 평가한다. 숙련도와 노력 요소에 대해서는 판정 기준과 각 기준에 대한 6등급의 평가 계수가 별도의 표로 제시되어 있다. 반면 작업 환경과 일관성은 평가 기준은 없으며 숙련도, 노력 요소와 같이 6등급에 대한 평가 계수가 표로 제시되어 있다. Westinghouse 시스템에서 레이팅 계수는 네 가지 요소의 평가 계수의 합으로 계산된다.

4) 합성 평가법 시간연구자의 주관적 판단에 의존하지 않고 일관성 있는 결과를 낼 수 있는 수행도 평가법으로 R. L. Morrow가 제안하였다. 합성 평가법에서는 작업의 대표적 요소작업의 PTS 시간치와 실제 작업 시간을 비교하여 레이팅 계수를 산출한다.

$$\text{레이팅 계수} = \frac{\text{해당 요소작업의 PTS 시간치}}{\text{해당 요소작업의 실제 관측 시간}}$$

나머지 요소작업의 레이팅 계수는 대표적 요소작업의 레이팅 계수의 평균치로 한다. 요소작업에 따라 작업자의 수행도가 달라질 수 있기 때문에 합성 평가법에서는 대표적 요소작업으로 2개 이상을 선정하여 사용하여야 한다. 합성 평가법을 적용하려면 작업을 작업자 공정도 수준으로 세밀하게 분석하여야 하기 때문에 시간이 많이 소요되는 단점이 있다.

1.2.2 수행도 평가 훈련 및 평가

앞서 언급한 바와 같이 시간연구에서 수행도 평가가 가장 어려운 부분이다. 따라서 수행도 평가의 정확성과 일관성을 제고하기 위하여 훈련 과정이 필요하다. 수행도 평가 훈련은 레이팅 계수가 미리 정해져 있는 상용화되어 있는 필름을 이용하여 이루어진다. 수행도 평가 훈련 후에 결과를 평가하고 평가 결과에 따라 습성을 교정하며, 훈련의 효과는 다음과 같다.

- 관측자가 가지고 있는 나쁜 습성이나 성향을 교정할 수 있다.
- 시간연구를 수행하는 회사 내 관측자가 일관성 있는 레이팅을 할 수 있게 한다.
- 오차를 줄여 레이팅을 보다 정확히 하게 한다.

수행도 평가 결과에 대한 평가는 정성적 방법과 정량적 방법으로 이루어진다.

1) 정성적 평가 주어진 올바른 레이팅 계수와 관측자의 실제 레이팅 계수를 2차원 그래프에 나타내어 평가한다. 관측자의 레이팅 계수가 모두 45° 기울기의 직선 상에 그려지면 관측자가 완전하게 평가한 경우로 신(神)만이 가능한 경지이다. 일반적 평가 결과는 다음과 같이 분류된다.

- 후한(loose) 레이팅과 박한(tight) 레이팅: 관측자의 레이팅 계수가 올바른 레이팅 계수보다 낮은 경우를 박한 레이팅이라 하며, 반대 경우를 후한 레이팅이라 한다(그림 23•1).
- 극단적(radical) 레이팅과 보수적(conservative) 레이팅: 극단적 레이팅은 관측자가 표준 페이스보다 빠른 작업에 대해서는 올바른 레이팅 계수보다 더 높게 평가하고, 표준 페이스보다 느린 작업은 올바른 레이팅 계수보다 더 낮게 평가하는 경우를 말한다. 극단적 레이팅의 이유로 페이스가 빠른 장면 뒤의 느린 장면은 더 느려 보이고, 느린 장면 뒤의 빠른 장면은 더 빠르게 보이

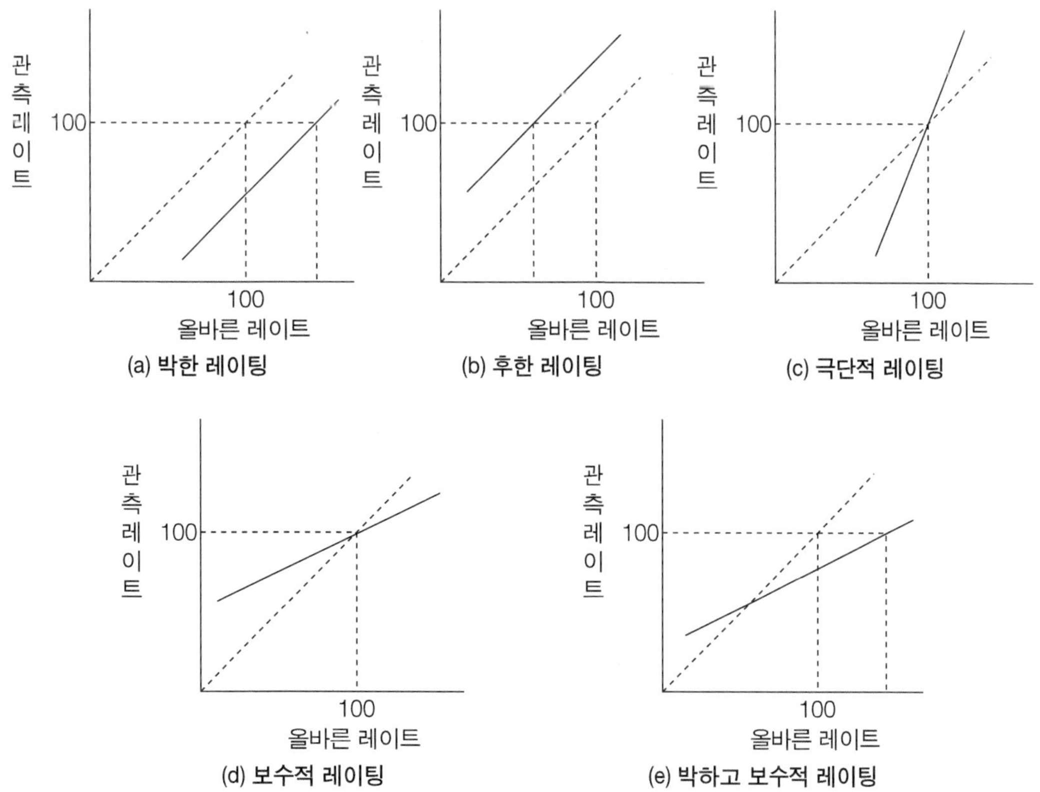

그림 23•1▶레이팅 성향

는 계류 효과(anchoring effect)를 들 수 있다. 보수적 평가는 그 반대의 경우이며, 훈련 초기에는 보수적 레이팅 경향이 현저하게 나타난다. 대부분의 평가자는 레이팅 결과가 박하면서 동시에 보수적인 복합적 성향을 보인다.

2) 정량적 평가 관측자의 실제 레이팅 계수가 올바른 레이팅 계수의 ±5% 내에 존재할 확률을 계산하여, 확률값의 크기에 따라 관측자의 레이팅 능력을 평가한다. 확률 계산 시에는 정규분포가 이용되며, 정량적 평가의 절차는 다음과 같다(여기서는 올바른 레이트 계수의 ±5% 내로 평가할 확률을 계산한다).

① 올바른 레이팅 계수(x_i)와 관측자의 실제 레이팅 계수(y_i)의 차이($d_i = x_i - y_i$, $i = 1, 2, \cdots, n$)를 구하여, 그 차이의 평균($\overline{x_d}$)과 표준편차(s_d)를 계산한다(n은 적어도 15 이상이어야 한다).

② 정규분포를 이용하기 위하여 다음 두 값을 구한다.

$$z_1 = \frac{+5(\text{혹은 다른 정확도 값}) - \overline{x_d}}{s_d}, \quad z_2 = \frac{-5(\text{혹은 다른 정확도 값}) - \overline{x_d}}{s_d}$$

③ x_d를 중심으로 ±5% 내에 속할 확률을 다음과 같이 계산한다.

$$p = \int_{z_2}^{z_1} \frac{1}{\sqrt{2\pi}} e^{-\frac{t^2}{2}} dt$$

예제 23.3 어떤 작업의 15 장면을 관찰하여 다음과 같은 레이팅 계수를 얻었을 때 ±5% 내로 정확할 레이팅을 할 확률을 구하라.

▶

장면 번호	올바른 레이트 (x_i)	관측 레이트 (y_i)	레이트 차이 (d_i)	차이 제곱 (d_i^2)
1	85	90	-5	25
2	125	110	15	225
3	90	90	0	0
4	110	115	-5	25
5	120	115	5	25
6	90	95	-5	25
7	115	120	-5	25
8	130	110	20	400
9	125	105	20	400
10	100	90	10	100
11	110	115	-5	25

장면 번호	올바른 레이트 (x_i)	관측 레이트 (y_i)	레이트 차이 (d_i)	차이 제곱 (d_i^2)
12	90	95	-5	25
13	70	80	-10	100
14	100	95	5	25
15	85	90	-5	25

$$\overline{x_d} = \frac{\sum_{i=1}^{n} d_i}{n} = \frac{30}{15} = 2.0, \quad s_d = \sqrt{\frac{\sum_{i=1}^{n}(d_i - \overline{x_d})^2}{n-1}} = 9.96$$이고

$$z_1 = \frac{5-2}{9.96} = 0.30, \quad z_2 = \frac{-5-2}{9.96} = -0.70$$이므로 구하는 확률은

$p = \int_{-0.70}^{0.30} \frac{1}{\sqrt{2\pi}} e^{-\frac{t^2}{2}} dt = 0.376$이다. 즉, 올바른 레이팅 계수의 ±5% 내로 정확하게 레이팅할 확률은 약 37.6%이다.

---

3) 레이팅의 정확성 레이팅은 정확하여야 할 뿐 아니라 레이팅을 여러 명이 수행할 경우 일관성(consistency)이 있어야 한다. 앞서 언급한 바와 같이 이를 위하여 레이팅을 두 명 이상이 수행할 경우 한 자리에 모여 레이팅 훈련을 할 필요가 있다. 일반적으로 작업 페이스가 70%에서 130% 사이에 있는 작업을 올바른 레이트의 ±5% 내로 평가하면 레이팅이 정확한 것으로 평가된다. 다음 그림 23•2에서 45° 기울기 직선은 완벽한 레이팅을, 빗금친 부분은 실제 레이팅에서의 정확한 레이팅 구역을 나타낸다. 그림에서 정상 페이스 혹은 100% 페이스보다 페이스가 빨라지거나(100%보다 커짐) 느려질(100%보다 작아짐) 경우 정확한 레이팅 구역이 커짐을 볼 수 있다. 즉, 정상 페이스를 벗어날수록 레이팅 오차가 커져 정상 페이스에서만 ±5% 레이팅의 정확성이 유효하고, 이를 벗어날수록 레이팅 오차가 ±5%보다 커지게 된다. 그림 23•2를 보면 경험 있는 시간연구 전문가라도 작업 페이스가 70% 이하이거나 130%를 초과할 경우 레이팅이 어려움을 알 수 있다. 실제 그림 23•2에서 7번의 레이팅 중 70% 미만인 첫 번째 레이팅에서 정확한 레이팅 구역을 벗어나 있으며, 나머지 6개 레이팅도 정상 페이스에서 멀어질수록 레이팅 오차가 커짐을 보이고 있다. 정상 페이스에서 멀어질수록 정확한 레이팅 구간이 커지는 이러한 현상으로부터 표준 페이스에 가까운 작업자를 대상으로 시간연구를 수행하여야 하는 이유를 알 수 있다.

1.3 여유시간

작업의 관측 평균 시간치에 레이팅 계수가 곱해지면 정미시간이 산출되며, 정미시간에 여유시간

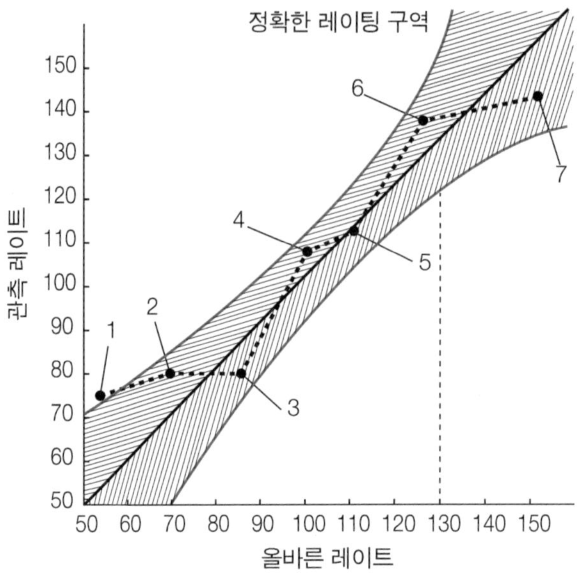

그림 23•2▸정확한 레이팅 구역

이 더하여져 표준시간이 된다. 여유시간은 작업자가 일을 하는 도중 발생하는 생리적 현상이나 피로로 인한 작업의 중단, 지연, 지체 등을 보상해 주는 시간을 의미한다. 여유시간은 업종, 같은 업종이라도 작업 내용, 특성, 난이도, 작업환경 등에 따라 달라질 수 있다.

1.3.1 여유시간의 분류

여유시간은 감안해 주어야 할 항목과 적용되는 작업 범위에 따라 다음과 같이 분류된다.

1) 여유시간을 감안해 주어야 할 항목에 의한 분류

- 일반 여유(PDF 여유)
  - 인적여유(Personal allowance)
  - 불가피지연여유(Unavoidable delay allowance)
  - 피로 여유(Fatigue allowance)
- 특수여유
  - 기계간섭여유
  - 조(組)여유
  - 소로트여유
  - 기타

여기서 일반 여유는 모든 작업에 감안해 주어야 하는 여유시간이며 영문 첫 글자를 따 PDF 여유라고도 한다. 특수여유는 작업 특성에 따라 해당되는 작업에 고려해 주는 여유이다.

2) 여유시간이 적용되는 작업 내용에 따른 분류

- 작업 사이클 전체에 적용되는 여유
- 기계 가공 시간에만 적용되는 여유
- 작업자 시간에만 적용되는 여유

1.3.2 일반 여유시간의 표시 방법

1) 여유율 A(외경법) 정미시간에 대한 비율로 여유율을 나타내며, 여유율의 일반적 표현 방법이며 국제노동기구(ILO)의 여유율도 이를 따른 것이다. 여유율과 표준시간은 다음 식으로 계산한다.

$$\text{여유율 A(\%)} = \frac{\text{일반여유시간}}{\text{정미시간}} \times 100 = \frac{\text{일반여유시간}}{\text{480분} - \text{일반여유시간}} \times 100$$

$$\text{표준시간} = \text{정미시간}(1 + \text{여유율 A}) = \text{정미시간}\left(1 + \frac{\text{일반여유시간}}{\text{480분} - \text{일반여유시간}}\right)$$

예제 23.4 어느 작업의 평균 관측 시간이 1.1분, 레이팅 계수가 110%, PDF 여유율이 20%일 때 여유시간과 표준시간을 구하라.

▸ 개당 여유시간 = 정미시간×여유율 = (1.1)(1.1)(0.20) = 0.242분,
개당 표준시간 = 정미시간(1+여유율) = (1.1)(1.1)(1+0.20) = 1.452분,
8시간 근무시간 중의 총정미시간 = 480×(1.21/1.452) = 400분,
총 PDF 여유시간 = 480−400 = 80분이 된다.

---

2) 여유율 B(내경법) 여유율을 근무시간에 대한 비율로 나타내며, 여유율 및 표준시간은 다음과 같이 계산한다.

$$\text{여유율 B(\%)} = \frac{\text{일반여유시간}}{\text{근무시간}} \times 100 = \frac{\text{일반여유시간}}{\text{일반여유시간} + \text{정미시간}} \times 100$$

$$\text{표준시간} = \text{정미시간}\left(\frac{100}{100 - \text{여유율 B(\%)}}\right) = \text{정미시간}\left(1 + \frac{\text{여유율 B(\%)}}{100 - \text{여유율 B(\%)}}\right)$$

예제 23.5 평균관측시간이 1.0분, 레이팅 계수가 120%, 여유시간이 0.05분일 때 제품개당 표준시간을 구하라.

▸ 여유율B = 여유시간 / (여유시간+정미시간) = 0.05/(0.05+1.2) = 4.0%이고,
표준시간 = 정미시간×100/(100−여유율B) = 1.2×100/(100−4.0) = 1.25분이다.

1.3.3 여유시간의 산정 방법

1) 가동연구 관찰자가 2개 혹은 3개의 작업을 오랜 기간 동안 관찰하여 기간 중에 발생한 유휴시간과 그 이유를 기록하여 이를 바탕으로 여유시간을 산정한다. 가동연구(production study)에서는 관찰자가 오랜 기간 동안 소수의 작업을 직접 관찰하여야 하기 때문에, 관찰자와 작업자 모두에게 지루함을 초래하고, 여유시간을 요하는 모든 활동을 포함할 수 있도록 장시간 동안 관찰할 수 없기 때문에 자료의 수가 적어 오차가 발생할 소지가 있다. 즉, 평상시의 상황을 모두 반영하기 어렵다.

2) work sampling 가동연구의 단점을 보완한 방법으로 작업 전체를 직접 관찰하는 것이 아니라, 미리 정해진 시점에 작업 상황을 순간 관측하여 여유시간을 요구하는 활동의 비율을 구하는 방법이다. work sampling은 다음 절에 상세히 설명된다.

1.3.4 일반 여유

1) 인적 여유 화장실 가기, 물 마시기, 재채기 등 생리적 욕구에 의해 지연된 작업 시간을 보상해주는 여유이다. 인적 여유는 일반적으로 환경에 영향을 받는다, 예를 들어, 용광로와 같은 고열 작업장에서의 인적 여유는 가벼운 전자 제품 조립 작업장에서보다 크다.

2) 피로 여유 작업을 수행하면서 발생한 작업자의 육체적, 정신적 피로를 회복시키기 위하여 부여하는 여유이다. 피로의 정도는 작업자에 따라 상대적이기도 하고 객관적으로 측정하기 어려운 문제가 있다. 피로 여유는 모든 작업에 적용되는 기본 피로 여유와 작업 특성에 따라 반영해 주는 변동 피로 여유로 나누어진다.

국제노동기구에서는 인적 여유와 피로 여유에 대한 여유율을 제안하였으며, 여유율 산정 시 참조할 수 있다. 국제노동기구의 여유율은 표 23•1에 나와 있다.

3) 불가피 지연 여유 불가피한 지연에 의한 작업 시간을 보상해 주는 여유이며, 불가피한 지연 사유는 다음과 같다.

- 반장, 직장, 시간연구자 등 작업 관련자와의 대화
- 재료의 불균일
- 공차와 규격이 엄격하여 이를 맞추기 위하여 지연됨
- 기계나 공구의 보전 및 조정
- 작업이 끝나기 전의 청소

1.3.5 특수여유

1) 기계간섭여유 한 작업자가 동일한 기계나 설비를 여러 대 운용할 때 어떤 기계는 작업자가 다른 기계의 조작이 끝날 때까지 멈춰 있어야 한다. 이를 보상하기 위한 여유를 말하며 6대까지는

표 23•1 ▸ 국제노동기구 여유율(%)

1. 고정여유	남	여
인적여유	5	7
기본피로여유	4	4
합	9	11
2. 변동피로여유		
A. 자세		
서있는 자세	2	4
부자연스러운 자세	2	5
불편한 자세(구부려)	4	7
상당히 불편한 자세	9	11
(누워서, 뻗어서)		
B. 중량물 취급(인상, 잡아당김, 밀기)		
2.5kg	0	1
5.0kg	1	2
7.5kg	2	3
10.0kg	3	4
12.5kg	4	6
15.0kg	6	9
17.5kg	8	12
20.0kg	10	15
22.5kg	12	18
25.0kg	14	–
30.0kg	19	–
40.0kg	33	–
50.0kg	58	–
C. 조명		
정상보다 약간 어두움	0	0
어두움	2	2
상당히 어두움	5	5

D. 공기조건	남	여
통풍이 잘되고 신선한 공기	0	0
통풍은 나쁘지만 유해가스 없음	5	5
노 주위 작업	5~15	5~15
E. 눈의 긴장		
어느 정도 정밀	0	0
정밀(마이크로미터, 계산척 사용)	2	2
상당히 정밀	5	5
F. 청각 긴장도		
연속적	0	0
간혹 시끄러움	2	2
간혹 매우 시끄러움	5	5
간혹 매우 고음	5	5
G. 정신적 긴장도 (복잡하고 긴 작업 순서의 기억이나 다수의 기계를 동시에 조작)		
어느 정도 복잡	1	1
복잡 또는 오랫동안 지켜봐야 됨	4	4
상당히 복잡	8	8
H. 정신적 단조감		
작다	0	0
보통	1	1
크다	4	4
I. 신체적 단조감		
다소 싫증	0	0
싫증	2	1
매우 지겨움	5	2

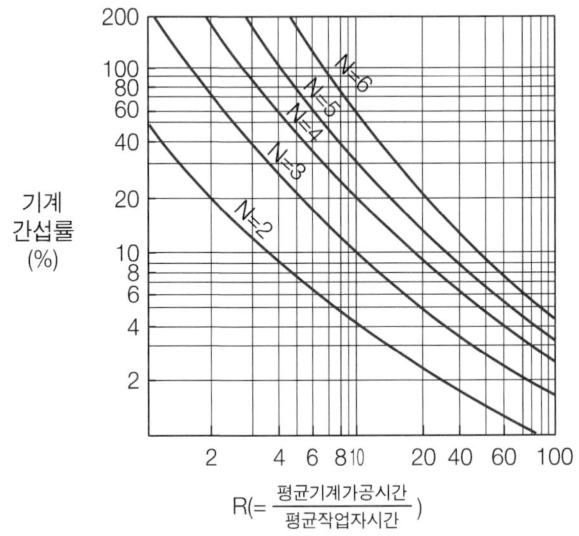

그림 23•3▸한 작업자가 6대 이하의 기계를 운용할 때 기계간섭률

기계간섭률에 대한 그래프(그림 23•3)를, 7대 이상은 다음 공식을 이용하여 계산한다.

$$I = 50\{\sqrt{(1+R-N)^2+2N}-(1+R-N)\}$$

여기서 N = 작업자 1명이 담당하는 기계 대수,

$$R = \frac{\text{평균기계가공시간(mean machine running time)}}{\text{평균작업자시간(mean attention time)}}$$

I = 평균작업자시간의 %로 나타낸 기계간섭률

$$\text{기계간섭시간} = \text{평균작업자시간} \times \frac{I}{100}$$

2) 조(組)여유 작업자가 조를 이루어 작업할 경우 작업자 간에 보조를 맞추기 위하여 불가피하게 지연이 발생하는데, 이를 보상해주기 위한 여유이다.

3) 소로트 여유 생산 작업에서 작업자 능률이 100%에 이르는데 필요한 생산량을 최소 로트 크기라 한다. 어떤 작업에서 생산량이 최소 로트 크기보다 작을 때 제품 개당 표준시간을 늘여준다.

4) 장사이클 여유 작업 사이클이 긴 작업은 사이클 중에 작업 내용의 변동 가능성이 있고 작업이 복잡하므로 이를 보상해준다.

5) 기계 여유 작업자 요소작업만으로 구성된 작업을 수행하는 작업자에 비하여 기계를 다루는 작업자가 작업 수행도에서 손해를 볼 수 있다. 이를 보상해주는 여유를 기계 여유라 한다.

2 Work sampling

work sampling은 작업 중에 일어나는 여러 활동의 비율, 즉 전체 시간에서 특정 활동이 일어나는 시간의 비율을 구하는 방법이다. work sampling은 순간 관측법이란 이름으로 영국에서 처음으로 섬유업에 적용되었으며, 미국에는 지연 비율 연구(ratio-delay study)라는 이름으로 1940년대에 도입되었다. work sampling에서는 미리 정하여진 임의의 시점에서 어떤 활동이 일어나고 있는지에 대한 많은 수의 순간 관측을 하여 비율을 추정한다. 특정 활동의 비율은 다음과 같이 계산한다.

$$\text{활동비율}(\%) = \frac{\text{활동이 관측된 횟수}}{\text{총관측횟수}} \times 100$$

예를 들어, 어떤 작업을 40번 관찰하였더니 36번은 일을 하고 있었고 4번은 쉬고 있었다면, 이 작업의 유휴율은 10%(4/40×100)이고 하루 중 유휴시간은 48분(480×0.10)이 된다.

work sampling의 용도는 다음과 같다.

- 여유율 산정 – 특히 불가피지연 시간 산정에 유용함
- 가동률 산정
- 업무 개선과 정원 설정
- 표준시간 – performance work sampling에서 관측과 동시에 레이팅을 하면 표준시간을 설정할 수 있음

2.1 work sampling 원리

work sampling은 관심 대상이 되는 특정 활동이 일어나고 있는 지 아닌 지를 관찰한다. 따라서 일어날 수 있는 결과가 2개이므로 이항분포를 바탕으로 전개된다. 각 순간 관측에서 관찰되는 결과는 관측 간에 서로 독립이고, 한 활동이 나타날 확률을 p라 두면 다른 결과의 확률은 1–p가 된다.

work sampling에서 얻은 결과의 정확도는 관측 횟수 및 기간에 따라 결정된다. 따라서, 관측 횟수가 부족하거나 기간이 짧으면 부정확한 자료를 얻을 수 있다. work sampling에서 필요 관측 횟수는 신뢰수준과 허용 오차 수준에 따라 결정되며, 다음 식으로 계산한다.

$$N = \frac{Z^2_{\alpha/2}\bar{p}(1-\bar{p})}{e^2} \text{ 또는 } \frac{Z^2_{1-\alpha/2}\bar{p}(1-\bar{p})}{e^2}$$

여기서 N = 필요 관측 횟수　　$\alpha = 1-C$(신뢰수준)

$Z_{\alpha/2} = -Z_{1-\alpha/2}$ = 정규분포값에서 $P(Z > z) = \alpha/2$를 만족하는 z값

$\bar{p}$ = 활동의 관측 비율　　e = 허용 오차

예제 23.6 어떤 작업을 100회 관찰하였더니 작업이 멈춰 있는 경우가 20번이었다. 신뢰수준 90%, 절대 오차 ±3%일 때 필요 관측 횟수를 구하라.

▸ $Z_{0.05} = -Z_{0.95} = 1.645$, $e = 0.03$이므로
$N = (1.645)^2(0.2)(0.8)/(0.03)^2 = 481.1 \cong 482$회가 되어 382회의 추가 관측이 필요하다.

2.2 work sampling 절차

work sampling을 수행하는 절차는 다음과 같다.

- 해결하고자 하는 문제의 목적을 분명히 하고 관측할 항목을 상세히 기술한다. 관측 항목이 무엇인지를 밝히고 어떤 상황을 관측할 때 기술된 항목 중 하나 하고만 관련되도록 한다.
- work sampling이 수행될 부서의 감독자의 승인을 받고, 대상 작업자와 대상 부서의 다른 작업자에게 work sampling 목적을 알리고 협조를 구한다.
- 문제 특성에 적합한 자료 정확도를 신뢰수준과 허용 오차를 이용하여 정한다.
- 하루 혹은 이틀 정도 관측하고자 하는 항목을 예비로 관찰하여 work sampling 수행이나 목적에 문제가 없는지를 확인한다.
- 다음 사항을 구체화하여 work sampling 계획을 수립한다.
    - ▸ 관찰 횟수
    - ▸ 관찰자 수
    - ▸ work sampling을 수행할 기간
    - ▸ 관측 시점, 경로 등은 난수표 등을 이용하여 random하게 정한다.
    - ▸ 관측 용지 준비
- 실제 작업 관찰을 한다. 작업을 관찰하여 기록하고 매일 자료를 정리하여 work sampling 수행이 계획대로 되고 있는지를 확인한다.
- work sampling이 끝나면 자료의 정확성을 확인하고 자료를 정리하여 보고서를 준비한다.

2.3 work sampling의 오류

2.3.1 샘플링 오차

work sampling은 전수 조사가 아니라 표본조사이므로 샘플링 오차가 발생하며, 이 오차는 표본 추출 방법에 따라 달라질 수 있다. work sampling에서 샘플링 오차는 신뢰수준과 허용 오차를 통하여 조절되며, 연구 목적, 경제성 등을 고려하여 이들 수준을 결정한다.

2.3.2 편의

work sampling에서 편의(bias)는 다음의 경우에 발생할 수 있다.

- 관측 시점이 랜덤하지 않고 주기적으로 발생하는 어떤 행위와 시점이 일치하거나 불일치할 경우 관측 결과가 왜곡될 수 있다. 예를 들어, 매시간 화장실을 가는 작업자를 매 시간 관측을 하면 올바른 결과라 할 수 없다.
- 관측자가 관측 시점을 임의로 정하든가 한 관측 항목에서 다음 관측 항목으로 이전하는 과정에서 관측이 되는 경우, 혹은 관측 항목의 의미가 애매할 때 무의식중에 관측자가 원하는 방향으로 관측 결과를 해석할 수 있다.
- 작업자가 관측 시점을 예견할 수 있을 때 평소와 다른 작업 태도를 보여 연구 결과에 왜곡을 초래할 수 있다.

2.3.3 대표성의 결여

연구 기간 혹은 관측 시점이 특정 기간에 편중되어 있을 때 발생할 수 있는 오차이다. 예를 들어, 작업중 발생하는 유휴 시간을 수요일과 목요일에만 관측하면, 유휴 시간은 주초나 주말에 많이 일어나기 때문에 정확한 결과라 하기 어렵다. work sampling 오류 중 가장 발견하기 힘든 오류이다.

2.4 work sampling의 장단점

work sampling의 장점은 다음과 같다.

- 장기간 동안의 연속적 관찰을 할 필요 없이 정확한 결과를 얻을 수 있다.
- 자료 기록과 같은 사무 작업이 줄어든다.
- 작은 시간으로 연구를 수행할 수 있다.
- 한 명의 연구자가 여러 대의 기계나 작업자를 관측할 수 있다.
- 조사 기간을 길게 하여 평상시의 작업 상황을 그대로 반영시킬 수 있다.
- 연구 결과의 정확도를 통계적으로 평가할 수 있다.
- 특별한 시간 측정 장비가 필요 없다.

work sampling의 단점은 다음과 같다.

- 조사 기간 동안 한 명의 작업자나 한 대의 기계 등 소수 작업자나 기계를 대상으로 연구를 수행한다면 연구비용이 다른 연구 방법에 비하여 크다.
- 관측 항목을 분류하는데 한계가 있기 때문에 작업 상황을 세밀히 관찰할 수 없다.
- 작업자 혹은 관측자에 의해 연구 결과에 편의가 게재될 여지가 있다.

2.5 work sampling 종류

2.5.1 performance work sampling

사이클이 매우 길거나 그룹으로 작업이 수행되는 작업은 일반적 시간연구 기법으로 표준시간을 산정하기 어렵다. 이러한 경우 performance work sampling을 이용하여 표준시간을 설정할 수 있으며, 활동 관측 시에 관측과 함께 수행도 평가를 동시에 하면 된다.

2.5.2 systematic work sampling

관측 시점을 임의(random)로 하지 않고 등간격으로 하여 활동을 관찰하는 기법이다. 어떤 활동이 등간격으로 일어나 편의가 발생할 염려가 있는 작업에는 부적절하다.

2.5.4 층별 샘플링과 층별비례 샘플링

work sampling 결과의 정확도를 제고하기 위하여 활동이 관측된 층의 크기에 따라 가중치를 두어 비율을 추정하는 방법을 층별 샘플링(stratified sampling)이라 한다. 미리 층의 크기에 따라 관측을 행하는 것을 층별비례 샘플링이라 한다.

3 표준자료

3.1 표준자료

표, 공식, 계산도표(alignment chart), 그래프 형태로 서로 유사하거나 많이 사용되는 동작, 요소작업, 일(task)에 대한 시간 자료를 모아 놓은 것을 표준자료(standard data)라 한다. 표준자료를 이용하면 직접 시간을 측정하여 표준시간을 산정하는 시간연구를 수행하지 않고도 표준시간을 구할 수 있다.

표준자료의 용도와 이점을 예를 들어 설명한다. 드릴 작업은 작업에서 요구되는 구멍의 직경, 길이, 수, 형태, 재료의 강도, 공차 등에 따라 매우 다양하며, 소요되는 시간은 이와 같은 다양한 요인에 의해 결정된다. 그러나 기계 가공 시간을 제외한 요소작업의 소요시간은 거의 동일한 유사 작업으로 구분할 수 있다. 모든 드릴 작업에 시간연구를 적용하여 표준시간을 산정하는 것은 많은 시간을 필요로 할 뿐 아니라 비현실적이다. 이러한 경우 드릴 작업에 영향을 미치는 주요 변수들을 정하고 이들의 조합으로 된 드릴 작업에 소요되는 시간을 측정하여, 결과를 공식이나 표로 정리하여 둔다. 추후 드릴 작업이 발생하면 이미 만들어진 표준자료를 활용하면 직접 시간을 측정하지 않고도 쉽고 빠르게 표준시간을 산정할 수 있다.

표준자료는 시간이 나타내어져 있는 요소작업의 세분 정도에 따라 미시표준자료와 거시표준자료로 나누어진다. 미시표준자료는 요소작업이 서어블릭 수준으로, 거시표준자료는 서어블릭보다 큰 단위로 표현된 것이다. 미시표준자료가 다양한 작업에 대한 시간 자료를 포함하게 되면 다음 절에 설명하는 PTS(predetermined time standards)가 된다.

3.1.1 표준자료 작성 절차

1) 예비 조사

- 표준자료의 경제성과 가능성을 조사한다. 직접 시간 측정을 하여 표준시간을 산정하는 것과 표준자료를 작성하는 것 중 어떤 방법이 경제적인지를 결정하고, 표준자료 작성이 경제성이 있다면 표준자료를 만들 수 있는지를 검토한다.
- 예비 자료를 수집하여 분석한다. 표준자료를 작성할 대상 작업이나 부품, 사용되는 기계와 치공구, 작업 내용, 작업 조건, 작업 배치 등에 대한 자료를 수집한다.
- 표준자료를 작성할 때 구분 방법을 결정한다. 표준자료 구분 방법은 기계별, 제품별, 작업자별 및 이들의 조합으로 나타내는 등의 네 가지가 있다.

2) 기초 시간 자료 수집 과거에 측정되어 사용되고 있는 자료를 수집하거나 새로이 시간 자료를 측정하여 표준자료 작성에 필요한 자료를 마련한다.

3) 시간 자료 분석 수집된 시간 자료를 분석하여 상수 요소작업과 변수 요소작업을 구분한다. 상수 요소작업은 시간의 평균치로 작업 시간을 결정하면 된다. 변수 요소작업은 영향을 미치는 독립변수를 찾고, 표준자료 작성 시 몇 개의 변동 요인으로 변수 요소작업을 표현할 것인지를 결정한다.

4) 표준자료의 작성 시간 자료 분석 결과를 바탕으로 내용을 쉽게 표현할 수 있고 사용할 때 잘못 읽을 가능성이 작은 표현 방식을 선택한다. 표준자료 표현 방식에는 다음 네 가지가 있다.

- 공식
- 표나 차트
- 곡선(curve)과 조합 곡선(family of curves)
- 계산도표

3.1.2 표준자료 작성 예

앞서 언급한 드릴 작업에 대한 공식 형태로 표현된 표준자료가 다음과 같이 주어져 있으면, 다른 드릴 작업이 발생하면 변수값만 대입하면 소요되는 시간을 미리 알 수 있다.

$$T = \frac{(L + l)\,N}{F}$$

여기서 T = 드릴 작업 소요 시간,

L = 구멍 깊이,

l = 드릴 lead, 드릴의 over-travel 양,

F = 이송 속도(inch/분).

N = 드릴링하고자 하는 구멍 수

3.1.3 표준자료의 장단점

표준자료의 장점은 다음과 같다.

- 표준시간이 빠르게 산정되며 제조 원가의 사전 견적이 가능하다.
- 시간연구에서 가장 논쟁의 소지가 많은 레이팅이 필요없다.
- 표준자료의 사용 방법이 정확하면 누가 사용하든지 결과가 같기 때문에 표준시간에 일관성이 있다.
- 표준자료는 일정한 작업 조건과 작업 순서 하에서 사용되기 때문에 작업의 표준화를 유지 또는 촉진한다.

표준자료의 단점은 다음과 같다.

- 표준자료 작성 시 변동 요인을 모두 고려할 수 없기 때문에 표준시간의 정확도가 떨어진다.
- 표준시간이 거의 자동적으로 산정되기 때문에 작업 개선의 기회나 의욕이 떨어진다.
- 표준자료 작성의 초기 비용이 크기 때문에 생산량이 적거나 제품의 변동이 큰 경우에는 부적합하다.
- 작업 조건이 불안정하거나 작업의 표준화가 곤란한 경우에는 표준자료를 설정할 수 없다.

3.2 MTM

3.2.1 PTS

작업에 대한 표준시간은 실적자료법, 스톱워치를 이용한 시간연구, work sampling, PTS(pre determined time standards, predetermined time system)법으로 산정할 수 있다. PTS는 표준시간을 산정할 때 스톱워치를 이용하여 직접 시간을 측정하지 않고, 미리 만들어진 시간 자료를 이용하여 표준시간을 산정하는 방식이다. PTS는 작업에 대한 시간 자료와 인간이 하는 작업을 작은 단위의 동작이나 신체 동작으로 분해하여 분석하여 이들 동작과 신체 동작에 시간치를 부여하는 절차로 구성된다. PTS의 시간 자료는 인간이 수행하는 작업에 대한 광범위한 연구 결과를 바탕으로 개발되었다. A. B. Segur가 MTA(methods-time-analysis)라는 PTS 시스템을 1924년에 최초로 발표한 이래 많은 PTS가 개발되어 사용되고 있다. MTM(methods-time measurement), WF(work factor), MOST(Maynard operation sequence technique), MODAPTS(modular arrangement of predetermined time standards)를 대표적 PTS 시스템의 예로 들 수 있다.

PTS는 다음의 기본 가정을 바탕으로 개발되었다.

- 사람이 수행하는 작업은 한정된 수의 기본 동작으로 구성되어 있다.
- 각 기본 동작의 소요 시간은 몇 가지 시간 변동 요인에 의해 결정된다. 즉, 변동 요인만 같으면 동작을 누가, 언제, 어디서 행하든 소요 시간은 미리 정해진 기준 시간과 같다.

- 작업의 소요 시간은 그 동작을 구성하고 있는 각 기본 동작의 기준 시간치의 합과 동일하다.

PTS의 시간 자료는 PTS 시스템의 종류에 따라 다르며, 대부분의 PTS 시간 자료에는 여유시간이 포함되어 있지 않아 표준시간 설정 시 여유시간을 따로 고려하여야 한다.

1) PTS의 용도

- 작업 방법
    - 기존 작업 방법 개선
    - 생산 시작 전에 제안된 작업 방법의 사전 평가
    - 공구, 지그, 장비 등의 설계안 평가
    - 제품 설계 보조
    - 구성원들이 작업 개선 의식을 가지도록 함
    - 작업자 교육 자료
- 작업 측정
    - 표준시간 설정
    - 특정 작업에 대한 표준자료 마련
    - 시간연구로 설정된 표준시간 검성
    - 표준시간 감사
    - 노무비(labor cost) 추정
    - 라인 밸런싱

2) PTS의 장단점

PTS법의 장점은 다음과 같다.

- 표준시간 설정 시 논란이 되는 레이팅을 할 필요가 없어져 표준시간의 일관성과 정확성을 높일 수 있다.
- 작업자를 대상으로 직접 시간을 측정하지 않기 때문에 작업자의 불편이 없어져 노사관계에 문제를 일으키지 않는다.
- 실제 작업이 행해지는 생산 현장을 보지 않더라도 작업대 배치도와 작업 방법만 알면 생산 시작 전에 미리 표준시간을 산정할 수 있다.
- PTS 적용을 위해 동작을 세밀히 분석해야 하기 때문에 동작 개선에 특별히 유의하지 않더라도 더 나은 작업 방법을 자동적으로 생각할 수 있다.
- 표준시간 이외의 부산물로서 작업 방법에 대한 매우 자세한 기록이 남는다. 이 자료를 사용하여 작업자에게 올바른 작업 방법을 가르칠 수 있고, 만약 작업 방법이 변동될 경우 변동 정도의 확인 및 이에 따른 새로운 표준시간의 설정이 쉽다.
- 동작과 시간의 관계에 대한 자세한 자료에 의거하여 표준자료를 용이하게 작성할 수 있다.

PTS법의 단점은 다음과 같다.

- 여러 PTS 시스템 중 회사 실정에 맞는 것을 선정하기가 쉽지 않다.
- PTS 시스템이 내재하고 있는 표준 페이스가 어디에 기준을 두고 개발된 것인지 파악한 후 회사 사정에 알맞게 조정하는 단계가 필요하다.
- PTS 시스템을 도입하는 초기에는 PTS 전문가의 자문이 반드시 필요하다.
- PTS 시스템 활용을 위한 교육 및 훈련 비용이 상당하다.

3) PTS법의 적용 절차

- 대상 작업에 대한 자료를 수집하고 분석한다.
- 양손의 작업 동작을 PTS법의 기본 동작(예: WF에서는 표준요소, MTM에서는 기본 동작)으로 기록한다.
- 기본 동작을 PTS 사용법에 따라 분석하여 기록한다.
- 기본 동작에 해당하는 시간치를 PTS 시간표로부터 찾아 기록한다.
- 양손의 시간치를 각각 합계하여 정미시간을 구한다.
- 여유시간을 더하여 표준시간을 산정한다.

3.2.2 MTM

H.B. Maynard, G.J. Stegmerten, J.L. Schwab이 1948년 개발한 PTS 시스템이다. MTM은 인간이 수행하는 작업을 기본 동작으로 분석하고, 각 기본 동작의 성질(nature)과 조건에 따라 미리 정해진 시간치를 기본 동작에 부여하는 절차로 정의된다. 처음 개발된 MTM을 MTM-1이라 하며 MTM-1 이래 여러 MTM 시스템이 개발되었다(표 23•2).

표 23•2▸MTM 시스템 종류

MTM 종류	특성
MTM-1	• 최초로 개발된 MTM이며 작업을 가장 정확하고 세밀하게 분석함 • 작업 분석에 많은 시간이 소요됨
MTM-2	• 반복성이 크지 않으면서 생산 주기 중 작업자 요소 시간이 1분이 넘는 작업에 적절함 • MTM-1에 비해 정확성은 떨어지나 분석 시간은 MTM-1의 1/3 정도로 짧음
MTM-3	• 생산 주기가 길고 조업 기간이 짧은 작업을 대상으로 개발되었음 • MTM 시스템 중 가장 단순함 • 분석 시간은 MTM-2보다 2배, MTM-1에 비해 7배 빠름
MTM-GPD (general purpose data)	• 기본 동작에 1개의 시간치만 부여되어 있어 사용이 쉬움

MTM에서는 시간 단위로 TMU(time measurement unit)를 사용하며 1/16초에 해당한다.

1 TMU = 0.00001시간 = 0.0006분 = 0.036초
1초 = 27.8 TMU
1분 = 1666.7 TMU
1시간 = 100,000 TMU

MTM은 인간이 행하는 동작을 구성하고 있는 기본 동작에 소요되는 시간을 표의 형태로 제시하고 있다. 기본 동작의 소요 시간은 각 기본 동작의 변동 요인에 의해 결정된다. 본서에서는 MTM의 여러 기본 동작 중 손을 뻗침(reach), 운반(move)을 서술하고 나머지 기본 동작은 표 23•5에 정리한다.

1) 손을 뻗침(reach: R) 목적물 또는 어느 구역에 손이나 손가락을 이동하는 것을 주목적으로 하는 기본 동작이다. 변동 요인은 다음의 세 가지이다.

- 컨트롤의 필요 정도
  - Case A: 고정된 위치에 있는 목적물, 다른 손이 쥐고 있는 목적물 혹은 다른 손 아래에 놓여 있는 목적물에 손을 뻗치는 경우
  - Case B: 작업을 반복할 때 매 사이클마다 그 위치가 조금씩 변하는 단일 목적물에 손을 뻗치는 경우로서 가장 흔하게 발생한다.
  - Case C: 대상물이 서로 뒤섞여 있을 때 이 중 1개에 손을 뻗치는 경우
  - Case D: 목적물 단면의 지름이 1/8″ 이하로서 매우 작거나 정확하게 잡기 위해 손을 조심스럽게 뻗치는 경우로서, Case C와 Case D는 시간치가 같다.

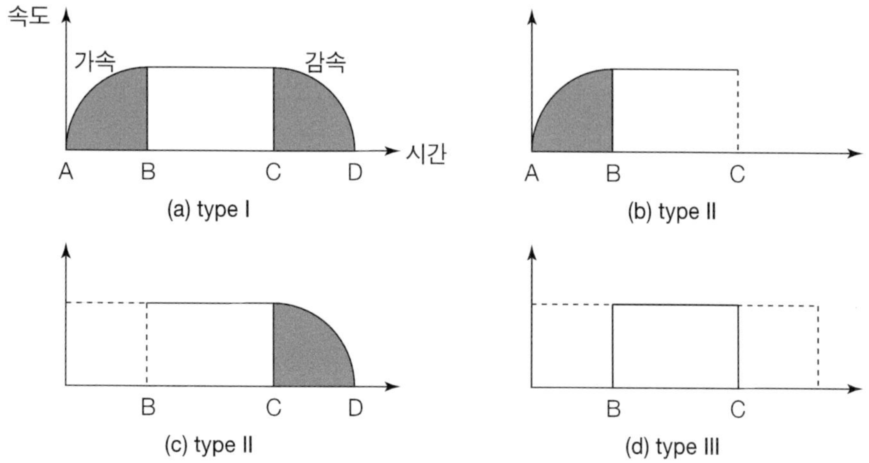

그림 23•4▸동작 type

표 23•3▸손을 뻗침 동작의 시간치

이동거리(")	시간치 (TMU)				손이 움직이고 있는 경우		CASE의 설명
	A	B	C·D	E	A	B	
3/4	2.0	2.0	2.0	2.0	1.6	1.6	A. 고정된 위치에 있는 목적물, 다른 손이 쥐고 있는 목적물, 다른 손 아래에 놓여있는 목적물에 손을 뻗침
1	2.5	2.5	3.6	2.4	2.3	2.3	
2	4.0	4.0	5.9	3.8	3.5	2.7	
3	5.3	5.3	7.3	5.3	4.5	3.6	
4	6.1	6.4	8.4	6.8	4.9	4.3	B. 작업의 반복 시 매 사이클마다 위치가 조금씩 바뀌는 단일 목적물에 손을 뻗침
5	6.5	7.8	9.4	7.4	5.3	5.0	
6	7.0	8.6	10.1	8.0	5.7	5.7	
7	7.4	9.3	10.8	8.7	6.1	6.5	
8	7.9	10.1	11.5	9.3	6.5	7.2	C. 서로 뒤섞여 있는 대상물 중의 1개에 손을 뻗치는 경우로 Search와 Select가 발생
9	8.3	10.8	12.2	9.9	6.9	7.9	
10	8.7	11.5	12.9	10.5	7.3	8.6	
12	9.6	12.9	14.2	11.8	8.1	10.1	
14	10.5	14.4	15.6	13.0	8.9	11.5	D. 크기가 매우 작거나 정확하게 잡아야 하는 목적물에 손을 뻗침
16	11.4	15.8	17.0	14.2	9.7	12.9	
18	12.3	17.2	18.4	15.5	10.5	14.4	
20	13.1	18.6	19.8	16.7	11.3	15.8	E. 신체의 균형을 잡기 위해, 다음 동작을 위해, 혹은 손을 안전한 곳으로 피하기 위해 손을 적당한 곳으로 뻗침
22	14.0	20.1	21.2	18.0	12.1	17.3	
24	14.9	21.5	22.5	19.2	12.9	18.8	
26	15.8	22.9	23.9	20.4	13.7	20.2	
28	16.7	24.4	25.3	21.7	14.5	21.7	
30	17.5	25.8	26.7	22.9	15.3	23.2	
첨가치	0.4	0.7	0.7	0.6			거리가 30인치 이상인 경우 인치당 TMU

▸ Case E: 신체의 균형을 잡기 위하여, 혹은 다음 동작을 위하여 또는 안전한 곳으로 피하기 위하여 적당한 곳으로 손을 뻗치는 경우

- 동작의 type: 손을 뻗침 동작의 시점과 종점에서 손이 움직이고 있는가 혹은 멈춰 있는가에 의해 결정된다. 동작 type가 그림 23•4에 도식적으로 나타나 있다.
- 이동거리: 실제 이동한 거리(inch)

동작분석 후 기록은 최소 세 가지에서 최대 다섯 가지 요소로 다음 순서로 하며 시간 자료는 표 23•3에 나와 있다.

- 첫 번째 요소: 시점에서 손이 움직이고 있으면 m(hand in motion)으로 표시
- 두 번째 요소: R(Reach)
- 세 번째 요소: 이동거리(inch)
- 네 번째 요소: Case A, B, C, D, E
- 다섯 번째 요소: 종점에서 손이 움직이고 있을 경우 m으로 표시

예제 23.7 R10B는 이동거리가 10″이고 case가 B인 type I reach 동작을, mR10B와 R10Bm은 이동거리가 10″이고 case B, type II인 reach 동작을, mR10Bm은 type III reach 동작을 나타낸다.

손을 뻗침의 시간치는 다음과 같이 결정한다.

(a) Type I: 손을 뻗침 동작의 시간치 표에서 해당하는 Case, 이동거리에 해당하는 시간치를 읽으면 된다.

▶ 예) R18C = 18.4 TMU

(b) Type II Case A,B: 손을 뻗침 동작의 시간치 표에서 손이 움직이고 있는 경우의 시간치를 읽으면 된다.

▶ 예) mR10A=R10Am=7.3 TMU

(c) Type II Case C,D,E: Type I의 시간치에서 case B의 Type I과 II 시간치의 차이만큼 빼 준다.

▶ 예) mR10D=R10Dm=R10D−(R10B−mR10B(혹은 R10Bm))=12.9−(11.5−8.6)=10.0TMU

(d) Type III Case A,B: Type I 시간치에서 Type I과 II의 시간치 차이의 2배를 빼 준다.

▶ 예) mR6Am = R6A−2(R6A−R6Am)=7.0−2(7.0−5.7)=4.4TMU

(e) Type III Case E: Type I 시간치에서 case B의 Type I과 II의 시간치 차이의 2배를 빼주면 된다.

▶ 예) mR10Em=R10E−2(R10B−R10Bm)=10.5−2(11.5−8.6)=4.7TMU

(f) 10″와 30″ 사이의 홀수 거리: 이웃한 거리에 해당하는 시간치의 평균을 구하면 된다.

▶ 예) R17A=11.4+(12.3-11.4)/2=11.85 TMU

(g) 30″ 이상의 거리: 30″와 case에 해당하는 시간치에 첨가치를 계산하여 더한다.

▶ 예) R35A=17.5+0.4*(35-30)=19.5 TMU

2) 운반(move: M) 손이나 손가락으로 목적물을 목적지까지 이동하는 기본 동작이며 변동 요인은 다음의 네 가지이다.

- 컨트롤의 필요 정도
  - ▶ Case A: 목적물을 다른 손으로 옮기거나 목적지까지 운반하는 경우로 컨트롤이 거의 필요 없는 가장 빠른 운반 동작이다.

- ▸ Case B: 목적물을 대략적 혹은 불확정 위치로 운반하는 경우로 다소의 컨트롤과 방향 조정이 필요하며, 운반의 Case 중 가장 많이 일어나는 동작이다.
- ▸ Case C: 목적물을 정확한 위치에 운반하는 경우로 주의 깊은 컨트롤과 방향 조정이 필요하며, 운반의 Case 중 가장 정확성이 요구되는 동작이다

- 동작의 type: 손을 뻗침 동작과 같다.
- 이동거리: 손을 뻗침 동작과 같다.
- 중량 또는 저항: 중량을 수반하는 운반에 소요되는 시간은 다음의 두 가지 성분으로 이루어진다.

  (a) 정지성분(static component): 물체를 움직이기 전에 근육을 긴장시켜 운반 태세를 갖추는데 필요한 시간으로 운반 시간치표 상수란에 해당한다.

  (b) 동적성분(dynamic component): 물체를 목적지까지 운반하는 데 소요되는 시간으로 물체의 중량, 이동거리, 컨트롤의 필요 정도에 따라 변한다. 여기서 중량은 유효중량(effective net weight)을 의미하며, 유효중량이란 한쪽 손이 느끼는 중량이나 저항이다. 양 손으로 물체를 운반할 경우는 중량의 절반이 유효중량이 된다. 물체를 미끄럼 동작으로 운반할 때는 유효중량=중량×마찰계수로 계산된다.

동작분석 후 최소 세 가지에서 최대 여섯 가지 요소로 다음 순서로 기록하며 시간 자료는 표 23•4에 나와 있다.

- 첫 번째 요소: 시점에서 손이 움직이고 있으면 m(hand in motion)으로 표시
- 두 번째 요소: M(Move)
- 세 번째 요소: 이동거리(inch). 단, 3/4″ 이하일 때는 f(fraction)로 표시
- 네 번째 요소: Case A, B, C
- 다섯 번째 요소: 유효중량을 파운드(lb) 단위로 나타내며, 반올림하여 5파운드 간격으로 표시
- 여섯 번째 요소: 종점에서 손이 움직이고 있으면 m(hand in motion)으로 표시
  - ▸ 예: M10A, M10A15, mM10A15, M10A15m, mM10A15m

운반 동작의 시간치는 다음과 같이 결정된다.

(a) 운반 동작 시간치 표에서 Case, Type, 거리에 해당하는 시간치를 찾는다.
(b) 유효중량을 결정한다.
(c) 운반 동작 시간치 표에서 유효중량에 해당하는 정지 성분 값을 읽는다.
(d) 운반 동작 시간치 표에서 유효중량에 해당하는 동적 성분 값을 읽어 a) 시간치에 곱한다.
(e) 운반에 소요되는 시간은 c)와 d)를 합한 값이 된다.

- ▸ 예: M10A10=3.9+(11.3*1.11)=16.443TMU

표 23•4▸운반 동작 시간치

<table>
<tr><th rowspan="2">거리
(inch)</th><th colspan="4">시간치(TMU)</th><th colspan="3">중량 보정</th><th rowspan="2">CASE의 설명</th></tr>
<tr><th>A</th><th>B</th><th>C</th><th>손이 이동중인
경우 B</th><th>중량(lb)~
까지</th><th>동적
성분</th><th>정지성분
(TMU)</th></tr>
<tr><td>3/4
1</td><td>2.0
2.5</td><td>2.0
2.9</td><td>2.0
3.4</td><td>1.7
2.3</td><td>2.5</td><td>1.00</td><td>0</td><td rowspan="4">A. 목적물을 다른 손으로 옮기거나 목적지까지 운반</td></tr>
<tr><td>2
3</td><td>3.6
4.9</td><td>4.6
5.7</td><td>5.2
6.7</td><td>2.9
3.6</td><td>7.5</td><td>1.06</td><td>2.2</td></tr>
<tr><td>4
5</td><td>6.1
7.3</td><td>6.9
8.0</td><td>8.0
9.2</td><td>4.3
5.0</td><td>12.5</td><td>1.11</td><td>3.9</td></tr>
<tr><td>6
7</td><td>8.1
8.9</td><td>8.9
9.7</td><td>10.3
11.1</td><td>5.7
6.5</td><td>17.5</td><td>1.17</td><td>5.6</td></tr>
<tr><td>8
9</td><td>9.7
10.5</td><td>10.6
11.5</td><td>11.8
12.7</td><td>7.2
7.9</td><td>22.5</td><td>1.22</td><td>7.4</td><td rowspan="3">B. 목적물을 대략적 또는 불확정 위치로 운반</td></tr>
<tr><td>10
12</td><td>11.3
12.9</td><td>12.2
13.4</td><td>13.5
15.2</td><td>8.6
10.0</td><td>27.5</td><td>1.28</td><td>9.1</td></tr>
<tr><td>14
16</td><td>14.4
16.0</td><td>14.6
15.8</td><td>16.9
18.7</td><td>11.4
12.8</td><td>32.5</td><td>1.33</td><td>10.8</td></tr>
<tr><td>18
20</td><td>17.6
19.2</td><td>17.0
18.2</td><td>20.4
22.1</td><td>14.2
15.6</td><td>37.5</td><td>1.39</td><td>12.5</td><td rowspan="4">C. 목적물을 정확한 위치에 운반</td></tr>
<tr><td>22
24</td><td>20.8
22.4</td><td>19.4
20.6</td><td>23.8
25.5</td><td>17.0
18.4</td><td>42.5</td><td>1.44</td><td>14.3</td></tr>
<tr><td>26
28</td><td>24.0
25.5</td><td>21.8
23.1</td><td>27.3
29.0</td><td>19.8
21.2</td><td>47.5</td><td>1.50</td><td>16.0</td></tr>
<tr><td>30</td><td>27.1</td><td>24.3</td><td>30.7</td><td>22.7</td><td></td><td></td><td></td></tr>
<tr><td>첨가치</td><td>0.8</td><td>0.6</td><td>0.85</td><td></td><td colspan="4">거리가 30inch 이상인 경우 inch당 TMU</td></tr>
</table>

3) 기타 동작 손을 뻗침, 운반 동작을 제외한 기본 동작은 표 23•5에 정의, 변동 요인과 함께 정리되어 있다. 표 23•5에 나와 있지는 않으나 신체, 다리, 발 동작 중 발 동작(foot motion), 강하게 눌러주는 동작(foot motion with heavy pressure), 다리 동작(leg motion), 옆걸음(side step), 신체 방향 전환(turn body), 걷기, 앉고 서기, 허리 굽힘(bend), 무릎 굽힘(stoop), 양쪽 무릎 꿇음(kneel on both knees) 등의 동작에 대한 시간 자료를 MTM에서 제시하고 있다.

표 23•5▸MTM 기본 동작과 변동 요인

기본 동작	정의	변동 요인
회전 (turn: T)	팔의 길이 방향을 축으로 한 손 회전 동작	회전 각도 중량이나 저항
누름 (apply pressure: AP)	근육의 힘을 가하여 대상물의 저항을 압도하는 동작	다시 쥠(regrasp) 동작이 있는가에 따라 case 1, 2로 나눔
잡음 (grasp: G)	손가락이나 손으로 대상물을 쥐는 동작	대상물의 상태 대상물의 크기
정치 (position: P)	대상물을 다른 물체와 결합시키기 위한 동작	맞춤 난이도 대칭성(대칭, 반대칭, 비대칭) 취급 난이도
내려놓기 (release: R)	손가락 또는 손으로 쥐고 있던 물체를 놓는 동작	보통 내려놓기인가, 접촉 내려놓기인가에 따라 RL 1, 2로 구분됨
떼어놓음 (disengage: D)	접촉하고 있는 두 물체를 떼어 놓는 동작	맞춤 정도 취급 난이도
크랭크 (crank: C)	팔꿈치를 축으로 손가락, 손 및 아래팔을 회전시키는 동작	직경 회전수 목적물의 저항 type(연속/단속 cranking)
눈 이동 (eye travel: ET)	한 지점에서 다른 지점으로 투시축을 변경하기 위한 눈 동작	눈에서 목적물까지 거리 눈의 이동거리

3.3 Work Factor(WF)

WF는 PTS 시스템의 일종으로 J. H. Quick, W. J. Shea, R. E. Koehler에 의해 1938년에 개발되었다. MTM에서와 같이 처음 개발된 WF를 DWF(Detailed Work Factor)라 하며 이후 여러 WF 시스템이 개발되어 사용되고 있다. 주요 WF 시스템은 표 23•6에 정리되어 있다. 이 밖에 검사, 읽기, 계산 등 정신작업(mental process)을 대상으로 하는 Detailed Mento Factor, 단위시간이 0.005분이 Brief Work Factor(BWF) 등이 있다.

3.3.1 WF 표준요소

WF에서는 기본 동작을 표준요소(standard element)라 하고 다음 여덟 가지 동작으로 구성되어 있다. WF 사용 시 먼저 작업 동작을 표준요소로 구분한 다음, 표준요소가 수행된 신체 부위, 동작거리, 중량과 인위적 조절의 work factor에 의해 시간치를 결정한다. 서어블릭 중 휴식(R), 불가피한 지연(UD), 피할 수 있는 지연(AD)은 WF에서 작업의 일부로 취급되지 않는다.

표 23•6▸WF 시스템

WF 시스템	시간 단위	적용 범위	DWF와의 상대적 정확도
Detailed Work Factor (DWF)	WFU(Work Factor Unit)=0.0001분	작업 주기가 매우 짧은 작업, 특히 작업 주기가 0.15분 이하인 대량 생산 작업	100%
Simplified Work Factor (SWF)	WFU	작업 주기가 0.15~12분인 반복 작업	95%
Abbreviated Work Factor (AWF)	AU(Abbreviated Work Factor Unit)=0.005분	작업 주기가 6분 이상인 작업(작업 주기가 2분 이하인 작업에는 사용 못함)	88%
Ready Work Factor (RWF)	RU(Ready Work Factor Unit) =0.001분	작업 주기가 0.1분 이상인 작업	95~100%

- 이동(transport): 뻗침(reach)과 운반(move)을 포함함
- 미리 놓기(pre-position)
- 사용(use): 수작업과 기계 시간을 포함함
- 정신 작업(mental process)
- 쥐기(grasp)
- 조립(assemble)
- 분해(disassemble)
- 내려놓기(release)

3.3.2 WF 시간 변동 요인

WF의 시간치는 다음 네 가지 요인에 의해 결정되며 중량과 인위적 조절 요인이 work factor로 변환된다. work factor, 즉 중량이나 인위적 조절 요인이 없이 동작 신체 부위와 동작거리로만 나타내어지는 동작을 기초 동작(basic motion)이라 한다.

1) 동작 신체 부위 WF에서는 동작이 수행되는 신체 부위를 다음 여덟 부위로 나누고 기록할 때 영문 기호(괄호 안 영문자)를 사용한다.

- 손가락(F)
- 팔(A)
- 몸통(T)
- 다리(L)
- 손(H)
- 아래팔 회전(forearm swivel: FS)
- 발(FT)
- 머리 돌리기(head turn: HT)

2) 동작 거리 표준요소 동작이 시작되는 점과 끝나는 점 사이의 직선거리를 반올림하여 inch로 표시한다.

3) 중량 또는 저항 중량 또는 저항은 pound 혹은 pound-inch 단위로 측정되며, 측정된 값에

대한 work factor는 W로 표현되며 중량이나 저항이 커질수록 work factor의 수가 증가하여 W, WW(W^2), WWW(W^3)로 표시한다. work factor 개수는 동작 신체 부위, 성별로 다르며, WF 동작 시간표에 나와 있다. 예를 들어, 중량 5pound는 팔 동작(A)에서는 work factor가 2개(WW), 몸통 동작(T)에서는 1개(W)로 변환된다.

4) 인위적 조절 WF에서 인위적 조절은 다음 네 가지로 정의되며 인위적 조절의 수가 많을수록 동작에 소요되는 시간이 길어진다. 각 인위적 조절의 work factor는 S, P, U, D로 표시하며 이 순서대로 기록한다.

- 방향 조절(steering: S): 좁은 간격을 통과하거나 작은 목표물로 동작을 유도할 때의 상황을 말한다(예: 바늘에 실을 꿰는 동작).
- 주의(precaution: P): 물건의 손상이나 작업자의 상해 방지, 동작의 목적상 신체 조절이 요구되는 상황을 의미한다(예: 깨어진 유리잔을 집는 동작).
- 방향 변경(change of direction: U): 장애물 등으로 인하여 동작 경로가 급격한 커브 형태로 바뀔 때의 상황을 말한다(예: 책상에 앉아 PC 모니터 뒤쪽 스위치를 조작하기 위하여 팔을 뻗치는 동작).
- 일정 정지(definite stop: D): 작업자가 의도적으로 동작을 멈추는 상황으로 구조적 장애물에 의해 정지될 때는 해당되지 않는다(예: 책상 위에 놓여 있는 물건을 집을 때 손동작을 멈추어야 한다).

3.3.3 WF 사용 방법

WF 사용을 위해서는 제일 먼저 분석 대상 동작을 여덟 가지 표준요소로 구분하여야 한다. 구분된 표준요소를 분석하여 각 표준요소별 사용 신체 부위, 동작 거리, 중량 또는 저항과 인위적 조절 요소를 조사하여 다음 순서로 기록한다. 중량 또는 저항과 인위적 조절은 work factor로 변환된다.

- 동작 신체 부위
- 동작거리
- work factor: W, S, P, U, D의 순서로 기록한다.

예) 무게를 무시할 수 있는 작은 부품을 10″ 옆으로 옮김 − A10
부품 통에 있는 볼트를 집기 위하여 팔을 20″ 뻗침 − A20D
통에 있는 4pound 부품을 조립하기 위하여 작업대로 30″ 운반함 − A30WSD
45pound의 저항을 주는 페달을 4″ 밟음 − L4W^2 혹은 L4W^2D

WF에서 동작 시간치는 work factor의 내용, 즉 W, S, P, U, D에는 관계없이 work factor의 개수에 의해서만 결정된다. WF 동작 시간치는 사용 신체 부위별 7개, 그리고 걷기와 정신작용 2개 등 9개의 표에 제시되어 있으며, 각 신체 부위별 표에서는 동작거리와 work factor 개수에 따른 시간치를 제시하고 있다(표 23•7, 23•8). WF에서 동작 시간치를 읽는 몇 가지 예를 다음에 제시한다.

- A20: 58 WFU
- A20WSD: 124 WFU
- L10W^2: 89 WFU
- T20SD: 148 WFU
- HT60SD: 76 WFU

표 23•7▸WF 시간치

동작거리 (inch)	기초 동작	WORK FACTOR 개수			
		1	2	3	4
팔(A)					
1	18	26	34	40	46
2	20	29	37	44	50
3	22	32	41	50	57
4	26	38	48	58	66
5	29	43	55	65	75
6	32	47	60	72	83
7	35	51	65	78	90
8	38	54	70	84	96
9	40	58	74	89	102
10	42	61	78	93	107
11	44	63	81	98	112
12	46	65	85	102	117
13	47	67	88	105	121
14	49	69	90	109	125
15	51	71	92	113	129
16	52	73	94	115	133
17	54	75	96	118	137
18	55	76	98	120	140
19	56	78	100	122	142
20	58	80	102	124	144
22	61	83	106	128	148
24	63	86	109	131	152
26	66	90	113	135	156
28	68	93	114	139	159
30	70	96	119	142	163
35	76	103	128	151	171
40	81	109	135	159	179
중량(파운드)					
남	~2	~7	~13	~20	>20
여	~1	~3$\frac{1}{2}$	~6$\frac{1}{2}$	~10	>10

동작거리 (inch)	기초 동작	WORK FACTOR 개수			
		1	2	3	4
다리(L)					
1	21	30	39	46	53
2	23	33	42	51	58
3	26	37	48	57	65
4	30	43	55	66	76
5	34	49	63	75	86
6	37	54	69	83	95
7	40	59	75	90	103
8	43	63	80	96	110
9	46	66	85	102	117
10	48	70	89	107	123
11	50	72	94	112	129
12	52	75	97	117	134
13	54	77	101	121	139
14	56	80	103	125	144
15	58	82	106	130	149
16	60	84	108	133	153
17	62	86	111	135	158
18	63	88	113	137	161
19	65	90	115	140	164
20	67	92	117	142	166
22	70	96	121	147	171
24	73	99	126	151	175
26	75	103	130	155	179
28	78	107	134	159	183
30	81	110	137	163	187
35	87	118	147	173	197
40	93	126	155	182	206
중량(파운드)					
남	~8	~42	>42		
여	~4	~21	>21		

표 23•7▸WF 시간치 (계속)

동작거리 (inch)	기초 동작	WORK FACTOR 개수			
		1	2	3	4
몸통(T)					
1	26	38	49	58	67
2	29	42	53	64	73
3	32	47	60	72	82
4	38	55	70	84	96
5	43	62	79	95	109
6	47	68	87	105	120
7	51	74	95	114	130
8	54	79	101	121	139
9	58	84	107	128	147
10	61	88	113	135	155
12	66	94	123	147	169
14	71	100	130	158	182
16	75	105	136	167	193
18	80	111	142	173	203
20	84	116	148	179	209
22	88	121	153	185	215
24	92	125	158	190	220
26	95	130	163	196	226
28	99	134	168	201	231
30	102	139	173	206	236
중량(파운드)					
남	~11	~58	>58		
여	~$5\frac{1}{2}$	~29	>29		

걷기			
TYPE	걸음 수(보폭 30″)		
	1	2	3 이상
보통 걷기	다른 동작으로 분석	260	120+80/Pace
걷기에 제한이 있음		300	120+100/Pace
걷기 시점이나 종점에서 120° -180° 회전을 할 경우는 100을 더함			
계단오르기(높이 8″, 깊이 10″)		126/계단	
계단내리기		100/계단	

동작거리 (inch)	기초 동작	WORK FACTOR 개수			
		1	2	3	4
손가락-손(F, H)					
1	16	23	29	35	40
2	17	25	32	38	44
3	19	28	36	43	49
4	23	33	42	50	58
중량(파운드)					
남		~$\frac{2}{3}$	~$2\frac{1}{2}$	~4	>4
여		~$\frac{1}{3}$	~$1\frac{1}{4}$	~2	>2
발(FT)					
1	20	29	37	44	51
2	22	32	40	48	55
3	24	35	45	55	63
4	29	41	53	64	73
중량(파운드)					
남	~5	~22	>22		
여	~$2\frac{1}{2}$	~11	>11		
아래팔 회전(FS)					
45°	17	22	28	32	37
90°	23	30	37	43	49
135°	28	36	44	52	58
180°	31	40	49	57	65
토크 (파운드-인치)					
남	~3	~12	>13		
여	~$1\frac{1}{2}$	~$6\frac{1}{2}$	>$6\frac{1}{2}$		

머리 돌리리기(HT)					
회전각도(°)	동작 거리 (inch)	Work Factor 개수			
		기초 동작 (0), 1	2	3	4
>~45	>2~4	40	51	58	66
~90	~8	60	76	86	99

표 23•8 ▸ 두뇌작업(MP) 시간치

정신과정	시간치
Focus(Fo)	20
React(Rn)	20
Inspect(I)	30
Mento(Mt)	10

3.4 MODAPTS

MODAPTS(MODular Arrangement of Predetermined Time Standard)는 WF, MTM에 비하여 표준시간의 정확도는 떨어지나, 누구나 쉽게 빠른 시간에 사용 방법을 학습할 수 있는 간략 PTS라 할 수 있다. MODAPTS는 MTM-2, MSD(Master Standard Data, R.M. Crossan, 1962)가 만들어진 후에 1966년에 호주의 G.C. Heyde가 MTM 등을 다년간 사용한 경험과 유럽의 인간공학의 성과 등을 기본으로, '분석은 간단하고 결과는 WF나 MTM과 같은 상세법에 뒤떨어지지 않게'라는 목표를 가지고 개발한 간략 PTS이다. MODAPTS에는 다음의 세 종류가 발표되어 있다.

- (BASIC) MODAPTS
- OFFICE MODAPTS(1969): 사무 작업
- TRANSIT MODAPTS(1973): 창고 작업

3.4.1 MODAPTS의 시간치

MODAPTS는 작업을 수행하는 작업자의 동작을 이동 동작(movement activity), 종국 동작(terminal activity) 및 기타 동작으로 나누어, 그림 23•5에 제시된 바와 같은 21개의 시간치를 제시하였다. MODAPTS의 시간 단위는 MOD이며 1 MOD는 약 0.129초에 해당한다. 표 23•5에서 종국 동작 G(get)0, G1과 P(put)0은 '주의를 필요로 하지 않는 동작(low conscious control)'으로, G3, P2 및 P5는 '주의가 요구되는 동작(high conscious control)'으로 분류된다.

3.4.2 MODAPTS의 특징

MODAPTS는 WF, MTM과 같은 상세 PTS에 비하여 다음과 같은 여러 장점을 가지고 있다.

- MODAPTS의 시간치는 신체 부위에 따라 동작 시간의 차이를 나타내고 있다. 인간은 각자 특성을 가지고 있으나 신체 부위의 동작 시간치의 비를 구하여 보면 놀라울 정도로 유사한 수치를 보인다. MODAPTS에서는 이를 바탕으로 동작 시간치를 간단한 시간치로 나타내고 있다.
- 동작 시간의 비는 손가락의 평균적인 움직임(1inch, 2.5cm)의 소요 시간(간단한 쥐기와 같은 손가락의 움직임을 포함)을 최소 단위(1 MOD)로 하여, 다른 동작 시간은 손가락 동작 시간의

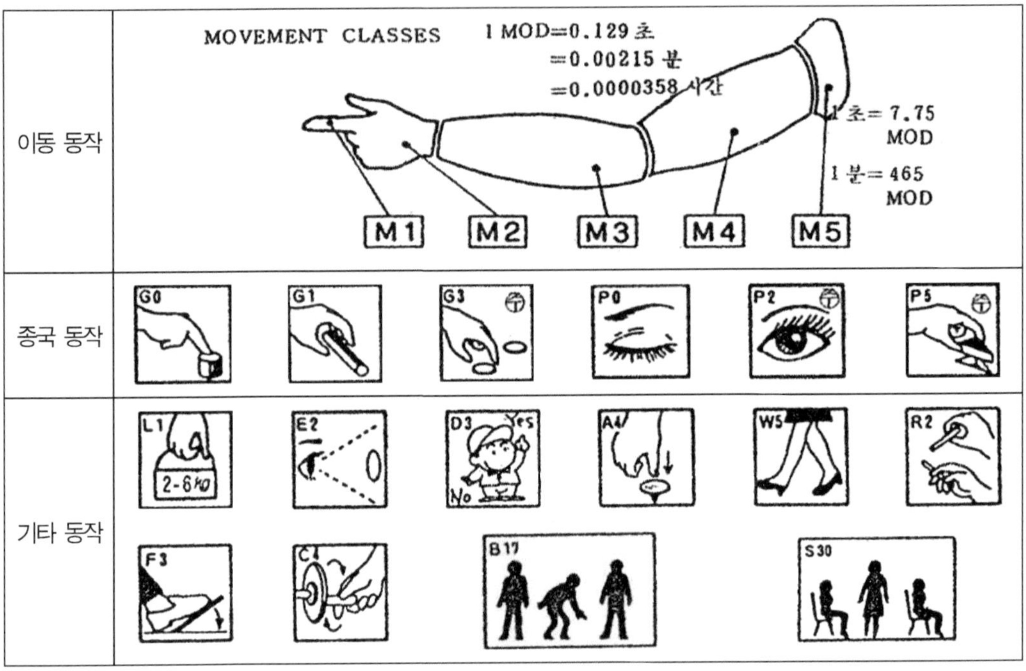

그림 23•5▸MODAPTS의 시간치

표 23•9▸MODAPTS의 기본 동작 및 시간치

작업 동작	표시	시간치
손가락 동작	M1	1 MOD
손 동작	M2	2 MOD
아래팔 동작	M3	3 MOD
위팔 동작	M4	4 MOD
어깨, 팔 전체 동작	M5	5 MOD

몇 배에 해당되는가의 정수배로 나타내고 있다(표 23•9).

- MODAPTS에서는 동작 분류 기호의 숫자와 시간치를 일치시켜 동작, 즉 숫자 시간치로 나타내고 있다. 따라서 동작의 수와 시간치의 수가 일치하며 이들은 21개에 불과하다. 다른 상세 PTS에서와 같이 시간치를 표나 공식을 이용하여 따로 구할 필요가 없다.
- 작업 개선에 이용하기 쉽다. 동작 분류 기호의 숫자와 시간치가 일치하므로 동작 시간을 바로 알 수 있어 동작 개선을 생각하기 쉽고 평가도 용이하다. 따라서 자주관리 활동, 제안제도에 활용하기 쉽다.
- 최소의 시간치로 동작을 나타낸다. 표 23•10에서 보는 바와 같이 MODAPTS는 21개의 시간치와 8종류의 숫자로 동작을 나타내고 있어, WF, MTM과 비교할 수 없을 정도로 간단하다.

표 23•10▸PTS의 시간치 및 숫자 종류

	MODAPTS	MTM-2	MSD	MTM	WF
시간치(공식) 개수	21개	37개	54개	288개+1공식	439개
숫자 종류*	8종	31종	30종	–	–

* 시간치에 사용되고 있는 숫자 중 같지 않은 숫자의 갯수

위에서 살펴 본 바와 같이 MODAPTS는 간단하여 배우기 쉽고 사용하기 쉬운 큰 장점이 있으나, 단지 21개의 동작 및 시간치로 동작을 표현하고 있어 인간이 취하는 수 많은 동작을 모두 표현하기 어려운 문제가 있다. MODAPTS를 이용하여 표준시간을 구하고자 할 때 MODAPTS로 나타낼 수 없는 동작은, 별도로 시간연구를 수행하거나 다른 PTS법을 이용하여 시간치를 산정하여야 한다.

3.5 표준시간 산정 방법의 정확도

표준시간 산정의 정확도는 작업을 요소작업으로 얼마나 잘게 분할하는가에 달려 있다. 이는 벽돌이 작을수록 정확하나 작업 시간이 오래 소요되는 벽돌로 담장을 쌓는 과정에 비유할 수 있다(그림 23•6). 그림 23•6에서 (a)를 벽돌을 쌓아야 할 담장의 크기, 혹은 정미시간을 구해야 하는 작업이라 할 때, (b)와 같이 작업을 세분하여 정미시간을 구하는 것은 MTM-1을 사용하는 것과 같다고 할 수 있다. (c)는 MTM-GPD 또는 MTM-2, (d)는 스톱워치를 이용한 시간연구, (e)는 표준자료법, MODAPTS, (f)는 과거 경험이나 실적을 이용하는 실적자료법에 해당한다고 볼 수 있다.

위의 비유에서 본 바와 같이 표준시간 산정 방법에 따른 결과의 정확도는 MTM-1이 가장 정확하고, MTM-GPD 또는 MTM-2, 스톱워치를 이용한 직접 측정 방법인 시간연구, 표준자료/MODAPTS, 실적자료법으로 갈수록 정확도가 떨어진다. 분석에 소요되는 시간은 정확도와 반대의 순서를 보인다.

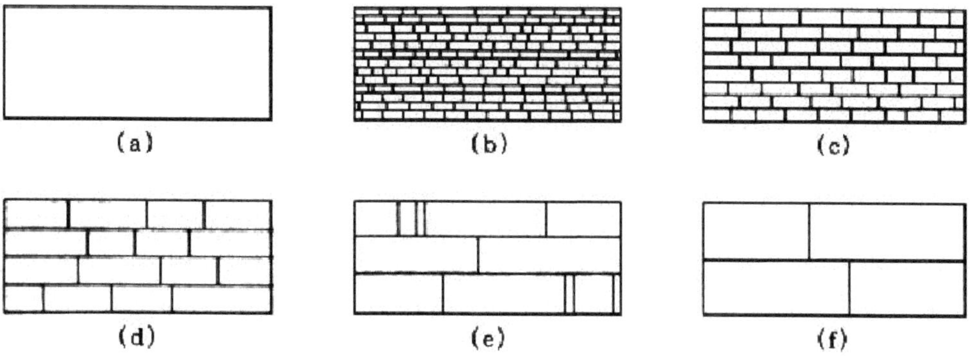

그림 23•6▸표준시간 산정방법과 벽돌 크기 비유

연습문제

[1] 다음 중 작업측정에 대한 설명으로 적절한 것은?

① 작업측정은 자격을 가진 전문가만이 수행하여야 한다.
② 반드시 비디오 촬영을 병행하여야 한다.
③ 측정 시 작업자가 모르게 비밀 촬영을 하여야 한다.
④ 측정 후 자료는 그대로 사용하지 않고, 작업능률에 따라 자료를 수정하여야 한다.

[2] 작업측정의 목적에 해당되지 않는 것은?

① 표준시간 설정　② 작업 성과 측정
③ 유휴시간 제거　④ 불필요한 동작 제거

[3] 표준시간 산정에 영향을 미치는 요인이 아닌 것 것은?

① 사회적 여건　② 경제적 여건
③ 노측 입장　④ 관련 협회 입장

[4] 표준시간 설정 시 기업 이윤을 실현시키기 위한 최소한의 수준은?

① 사회적 하한　② 사회적 상한
③ 경제적 상한　④ 정상적 상한

[5] 다음 중 표준시간에 대한 설명으로 적절하지 않은 것은?

① 숙련된 작업자가 특정의 작업 페이스로 수행하는 작업시간이다.
② 표준시간에는 여유율의 개념이 포함되어 있다.
③ 표준시간에는 수행도 평가값이 포함되어 있다.
④ 이론상으로는 작업시간을 실제로 측정하지 않아도 표준시간을 결정할 수 있다.

[6] 표준시간의 용도 중 평가 목적으로 보기 어려운 것은?

① 성과급제도　② 판매가 산정　③ 예산관리　④ 생산성 측정

[7] 단순 반복 작업에 대한 표준시간 산정 방법으로 거리가 가장 먼 것은?

① 실적자료법　② 시간연구법　③ PTS법　④ work sampling

[8] 시간연구에서 사용되는 관측 용지에 기록할 내용으로 거리가 먼 것은?

① 작업장 스케치　② 요소작업　③ 투입되는 자재　④ 표준시간

[9] 표준시간 산출을 위한 시간연구 절차로 올바른 것은?

① 작업 개선－요소작업으로 분할－시간 측정－수행도 평가－여유시간 고려
② 작업 개선－요소작업으로 분할－시간 측정－여유시간 고려－수행도 평가
③ 요소작업으로 분할－작업 개선－시간 측정－수행도 평가－여유시간 고려
④ 요소작업으로 분할－작업 개선－시간 측정－여유시간 고려－수행도 평가

[10] 작업 수행에 필요한 시간을 말하며 규칙적이고 주기적으로 반복되는 부분의 시간은?

① 평균시간 ② 정미시간 ③ 준비시간 ④ 여유시간

[11] 시간연구에서 요소작업으로 나누는 이유로 거리가 먼 것은?

① 전작업을 명확하게 기술할 수 있다 ② 요소작업별 레이팅이 가능하다
③ 시간 측정의 편리성 때문이다 ④ 표준자료 개발이 용이하다

[12] 시간연구 시 하는 작업의 요소작업 분할 원칙으로 옳지 않은 것은?

① 측정 가능 범위 내에서 가능하면 작게 분할한다.
② 기계시간은 일정하므로 따로 분리하지 않아도 된다.
③ 상수 작업과 변수 작업을 분리한다.
④ 앞뒤에 긴 작업이 있으면 0.02분 정도로 짧게 나누어도 된다.

[13] 노동조합에서 선호하는 시간 기록 방법은?

① 계속법 ② 반복법 ③ 순환법 ④ 누적법

[14] 시간 기록 방법 중 반복법의 장점으로 보기 어려운 것은?

① 뺄셈이 필요 없다. ② 바뀐 작업 순서 처리 용이
③ 외래요소 처리 간편 ④ 짧은 요소작업 측정 가능

[15] 스톱워치 등의 시간 측정 장비를 이용하여 직접 시간을 측정할 경우 한 번의 측정만으로 정확한 작업 소요 시간을 알 수 없다. 그 이유로 부적절한 것은?

① 작업자의 작업 속도가 항상 일정한 것이 아니다.
② 작업자가 작업을 의도적으로 조절할 수 있다.
③ 관측자의 측정 오차가 발생한다.
④ 재료나 공구 등의 위치가 작업 시점에 따라 조금씩 바뀔 수 있다.

[16] 요소작업을 측정하기 위해 표본의 표준편차는 0.6이고 신뢰도 계수는 2인 경우 추정의 오차범위 ±5%를 만족시키는 관측횟수는 얼마인가?

① 476번 ② 576번 ③ 676번 ④ 776번

[17] 작업을 수행하는 정상적 속도와 관측 대상 작업의 속도를 비교하여 관측 시간치를 보정하는 행위를 무엇이라 하는가?

① Work sampling ② 표준자료법 ③ 경험 견적법 ④ 수행도 평가

[18] 수행도 평가에서 표준페이스를 결정하는 방법으로 가장 거리가 먼 것은?

① 달리기 ② 걷기 ③ 나무 핀 꽂기 ④ PTS 시스템 이용

[19] 수행도 평가 결과 레이팅 계수 120%를 얻었다. 그 의미는?

① 실제 작업 페이스가 표준 페이스보다 20% 느리다.
② 실제 작업 페이스가 표준 페이스보다 20% 빠르다.
③ 실제 작업 페이스가 성과급에 정해진 페이스보다 20% 느리다.
④ 실제 작업 페이스가 성과급에 정해진 페이스보다 20% 빠르다.

[20] 웨스팅하우스 시스템법에서 평가 요소가 아닌 것은?

① 숙련도 ② 시간 ③ 환경 ④ 일관성

[21] PTS를 이용한 수행도 평가법은?

① 속도법 ② 객관적평가법 ③ 합성평가법 ④ 모의평가법

[22] 시간연구의 결과 어느 작업의 평균 작업시간이 1.6분, 정미시간이 2.0분이었다면 작업자의 작업 속도는 표준 속도보다 어떠한가?

① 빠르다 ② 느리다 ③ 보통이다 ④ 알 수 없다

[23] 레이팅 시 작업 속도에 의한 평가와 작업 난이도를 감안한 평가계수를 단계적으로 구하는 평가법은?

① 주관적 평가법 ② 객관적 평가법
③ 속도 평가법 ④ Westinghouse 평가법

[24] 수행도 평가 훈련의 효과로 보기 가장 어려운 것은?

① 나쁜 습성이나 성향 교정 ② 객관적 레이팅
③ 레이팅 일관성 향상 ④ 정확한 레이팅

[25] 수행도 평가 훈련 초기에 현저하게 나타나는 성향은?

① 후한 레이팅 ② 박한 레이팅
③ 보수적 레이팅 ④ 극단적 레이팅

[26] 작업 속도가 빠른 작업에 대해서는 후하게, 느린 작업은 박하게 평가하는 이유는?

① 평가 능력 부족 ② 개인적 성향 ③ 대류 효과 ④ 계류 효과

[27] 수행도 평가 결과의 정량적 평가에 대한 설명 중은 옳은 것은?

① 관측자의 레이팅 계수가 올바른 레이팅 계수의 ±1% 내에 존재할 확률이다.
② 관측자의 레이팅 계수가 올바른 레이팅 계수의 ±3% 내에 존재할 확률이다.
③ 관측자의 레이팅 계수가 올바른 레이팅 계수의 ±5% 내에 존재할 확률이다.
④ 관측자의 레이팅 계수가 올바른 레이팅 계수의 ±10% 내에 존재할 확률이다.

[28] 수행도 평가에서 올바른 레이팅에 대한 설명 중 옳은 것은?

① 작업 페이스가 70%~130%인 작업을 올바른 레이팅 계수의 ±1% 내로 평가
② 작업 페이스가 70%~130%인 작업을 올바른 레이팅 계수의 ±5% 내로 평가
③ 작업 페이스가 50%~150%인 작업을 올바른 레이팅 계수의 ±1% 내로 평가
④ 작업 페이스가 50%~150%인 작업을 올바른 레이팅 계수의 ±5% 내로 평가

[29] 어떤 요소작업의 관측시간이 2.6분이고 객관적 레이팅에 의한 1차평가 계수는 95%, 2차조정 계수는 20%이다. 이 때 정미시간은?

① 0.494분 ② 2.964분 ③ 6.084분 ④ 2.99분

[30] 다음 중 옳지 않은 것은?

① 제품 1개만을 생산하는데 표준시간이 걸린다.
② 레이팅은 보통 속도로 변환하여주는 과정이다.
③ 표준시간은 반복 생산 시에 요구되는 개념이다.
④ 반복 생산에는 최소한의 여유시간이 확보되어야 한다.

[31] 다음 중 성격이 서로 다른 것은?

① 인적여유 ② 피로여유
③ 불가피한 지연 여유 ④ 조여유

[32] 다음 중 옳지 않은 것은?

① ILO 여유율은 전체 근무시간에 대한 비율로 제시되어 있다
② 인적여유는 생리적 욕구에 의해 지연되는 시간을 보상해 준다
③ 기계/공구의 보존 및 조정을 위한 여유는 불가피한 지연 여유이다
④ 기계간섭여유는 특수여유이다

[33] 어느 조립 작업의 부품 1개 조립당 관측 평균 시간이 1.5분, rating 계수가 110%, 외경법에 의한 일반 여유율이 20%라고 할 때, 외경법에 의한 개당 표준시간과 8시간 작업에 따른 총 일반여유시간은 얼마인가?

① 개당 표준시간: 1.98분, 총 일반여유시간: 80분
② 개당 표준시간: 1.65분, 총 일반여유시간: 400분
③ 개당 표준시간: 1.65분, 총 일반여유시간: 80분
④ 개당 표준시간: 1.98분, 총 일반여유시간: 400분

[34] 근무시간에 대한 비율로 제시되어 있는 여유율로 표준시간을 계산할 때 분석자가 정미시간에 대한 비율로 된 여유율을 이용하여 표준시간을 계산하는 공식을 잘못 사용하였을 때, 다음 중 손해를 보는 자는?

① 경영자 ② 노동조합
③ 작업자 ④ 작업자 및 경영자

[35] A 공정의 정미시간이 0.95분이고 1일 8시간 근무시간의 10%의 여유율을 가진다면 1일 표준 생산량은?

① 455개 ② 505개 ③ 59개 ④ 84개

[36] A 작업의 표준시간은 제품당 11분이다. 한 작업자가 8시간 작업시간 동안 제품 56개를 생산하였다면, 이 작업자의 효율은 약 얼마인가?

① 77.9% ② 92.4% ③ 128.3% ④ 132.1%

[37] 기계를 다루어 작업을 하는 작업자에게 기계를 사용하지 않는 작업자와 균형을 맞추기 위하여 고려하는 여유는?

① 기계 간섭 여유 ② 기계 여유 ③ 조 여유 ④ 작업자 여유

[38] 다음 용어들 중 성격이 가장 다른 것은?

① 정미시간 ② 표준시간 ③ 여유율 ④ 방법연구

[39] 다음 중 work sampling의 용도로 거리가 가장 먼 것은?

① 여유율 산정 ② 가동률 산정 ③ 정원 설정 ④ 표준시간 산정

[40] 중요한 장비의 가동율이나 작업자의 유휴 비율을 추정하는데 가장 적절한 방법은?

① PTS ② 실적 기록법 ③ 시간연구법 ④ work sampling

[41] 워크 샘플링(work sampling)에 관한 설명으로 옳은 것은?

① 표준시간 설정에 이용할 경우 레이팅이 필요 없다.
② 작업 순서를 기록할 수 있어 개개의 작업에 대한 깊은 연구가 가능하다.
③ 작업자가 의식적으로 행동하는 일이 적어 결과의 신뢰 수준이 높다.
④ 반복 작업인 경우 적당하다.

[42] 요소 작업이 여러 개인 경우의 관측 횟수를 결정하고자 한다. 표본의 표준편차는 0.6이고, 신뢰도 계수는 2인 경우 추정의 오차범위 ±5%를 만족시키는 관측 횟수는 몇 번인가?

① 476번 ② 576번 ③ 676번 ④ 776번

[43] 3시간 동안 작업 수행 과정을 촬영하여 워크샘플링 방법으로 200회를 샘플링한 결과 이 중에서 30번의 손목 꺾임이 확인되었다. 이 작업의 시간당 손목 꺾임 시간은 얼마인가?

① 6분 ② 9분 ③ 18분 ④ 30분

[44] 다음 중 워크샘플링법의 장점으로 볼 수 없는 것은?

① 특별한 시간 측정 설비가 필요하지 않다.
② 짧은 주기나 반복적인 작업의 경우에 적합하다.
③ 관측이 순간적으로 이루어져 작업에 방해가 적다.
④ 조사시간을 길게 하여 평상 시의 작업 현황을 그대로 반영시킬 수 있다.

[45] 다음 중 일반적인 시간연구방법과 비교하여 워크샘플링법의 장점이 아닌 것은?

① 분석자에 의해 소비되는 총작업시간이 훨씬 적은 편이다.
② 특별한 시간 측정 장비가 별도로 필요하지 않는 간단한 방법이다.
③ 관측 항목의 분류가 자유로워 작업 현황을 세밀히 관찰할 수 있다.
④ 한 사람의 평가자가 동시에 여러 작업을 동시에 측정할 수 있다.

[46] work sampling의 시행에서 랜덤화를 하지 않아도 되는 것은?

① 관찰자 수 ② 관측 시점 ③ 순회 경로 ④ 대상 작업자

[47] work sampling에서 발생하는 오차로 적절하지 않은 것은?

① 편의(bias) ② 측정 오차 ③ 대표성 결여 ④ 샘플링 오차

[48] work sampling 오류 중 가장 발견하기 어려운 것은?

① 샘플 오차 ② 편의 ③ 대표성 결여 ④ 측정 오차

[49] 다음 중 성격이 다른 그룹에 대하여 그룹별로 샘플링을 한 후 가중평균을 구하는 방법은?

① 랜덤샘플링 ② 층별샘플링
③ 층별비례 샘플링 ④ systematic sampling

[50] 다음 중 표준자료를 개발하기에 가장 적절한 분야는?

① 부품 A와 B를 조립하는 작업 ② 자동차정비작업
③ 기계 가공 작업 ④ 은행업무

[51] 작업시간을 새로이 측정하기 보다는 과거에 측정한 기록들을 기준으로 동작에 영향을 미치는 요인들을 검토하여 만든 함수식, 표, 그래프 등으로 동작시간을 예측하는 방법은?

① 워크샘플링(Work Sampling) ② 표준자료법(Standard data)
③ MTM(Methods Time Measurement) ④ WF(Work Factor)

[52] 다음 작업관리 용어 중 그 성격이 다른 것은?

① 공정분석 ② 동작연구
③ 표준자료 ④ 경제적인 작업 방법

[53] 표준자료법에 대한 설명 중 틀린 것은?

① 선반 작업 같은 특정 작업에 영향을 주는 요인을 결정한 후 정미시간을 종속변수 요인을 독립변수로 취급하여 두 변수 사이의 함수 관계를 바탕으로 표준시간을 구한다.
② 표준자료 작성은 초기 비용이 적기 때문에 생산량이 적은 경우에 유리하다.
③ 일반 한번 작성되면 유사한 작업에 대한 신속한 표준시간 설정이 가능하다.
④ 작업 조건이 불안정하거나 표준화가 곤란한 경우에는 표준자료 설정이 곤란하다.

[54] 다음 중 표준자료법의 특징에 관한 설명으로 관계가 가장 먼 것은?

① 레이팅이 필요 없다.
② 현장에서 직접 측정하지 않더라도 표준시간을 산정할 수 있다.
③ 표준자료 작성의 초기 비용이 저렴하다.
④ 표준자료의 사용법이 정확하다면 누구라도 일관성 있게 표준시간을 산정할 수 있다

[55] 다음 중 연구 내용에 따른 연구 방법으로 가장 바람직하지 않은 것은?

① 간호원의 여유율 산정: work sampling ② TV 조립 공정의 표준시간: 스톱워치법
③ 관리 직종의 업무 파악: 스톱워치법 ④ 생산 개시 전의 표준시간 산정: PTS법

[56] 다음 중 PTS법의 가정이라 할 수 없는 것은?

① 작업 동작은 제한된 종류의 기본 동작으로 구성되어 있다.
② 같은 기본 동작은 누가, 언제, 어디서 행하여도 소요 시간이 같다.
③ 각 기본 동작의 소요 시간은 언제나 정해 놓은 기준 시간치와 동일하다
④ 작업 동작에 소요되는 시간은 기본 동작 시간의 합과 같다.

[57] PTS법을 스톱워치법과 비교하였을 때 PTS법의 장점으로 볼 수 없는 것은?

① 레이팅을 하여 정도를 높인다. ② 작업 방법만 알면 시간 산출이 가능하다.
③ 표준자료를 쉽게 작성할 수 있다. ④ 작업 방법에 대한 상세 기록이 남는다.

[58] 다음 중 PTS법의 장점이 아닌 것은?

① 직접 작업자를 대상으로 작업 시간을 측정하지 않아도 된다.
② 실제 생산 현장을 보지 않고도 작업대의 배치와 작업 방법을 알면 표준시간의 산출이 가능하다.
③ 전문가의 조언이 거의 필요하지 않을 정도로 PTS법의 적용은 쉽게 표준화되어 사용이 용이하다.
④ 표준시간의 설정에 논란이 되는 rating의 필요가 없어 표준시간의 일관성과 정확성이 높아진다.

[59] 다음 중 PTS에 속하지 않는 것은?

① MRP ② WF ③ MOST ④ MODAPTS

[60] 다음 중 PTS의 용도로 가장 적절하지 않은 분야는?

① 작업 방법 개선 ② 제품 설계 보조 ③ 표준자료 마련 ④ 작업 인원 설정

[61] 다음 MTM 시스템 중 가장 정확한 것은?

① MTM-1 ② MTM-2 ③ MTM-3 ④ MTM-GPD

[62] 다음 중 MTM의 시간 단위는?

① 보통 초/분 ② TMU ③ MOU ④ WFU

[63] 다음 중 MTM을 적용하기에 적합한 작업은?

① 도로공사와 같은 토목 공사 ② 짧은 사이클을 가진 조립 작업
③ 기계화가 많은 반도체 산업 ④ 일정한 패턴이 없는 조립 작업

[64] 다음 중 5 TMU(time measurement unit)를 초단위로 환산하면 몇 초인가?

① 0.00036초 ② 0.036초 ③ 0.18초 ④ 1.8초

[65] MTM법에서 사용되는 기호와 기본 동작의 연결이 올바른 것은?

① R: 손뻗침 ② R: 회전 ③ P: 잡음 ④ P: 누름

[66] 다음은 MTM으로 어떤 동작을 분석한 결과이다: mM10C5. 어떤 기본 동작인가?

① 손 뻗침 ② 운반 ③ 회전 ④ 누름

[67] [66]에서 동작 type는?

① type I ② type II ③ type III ④ type IV

[68] [66]에서 동작 이동 거리는?

① 5cm ② 10cm ③ 5″ ④ 10″

[69] [66]에서 중량 혹은 저항은?

① 5kg ② 8kg ③ 5pound ④ 8pound

[70] [66]에서 동작 시 컨트롤의 필요 정도는?

① case A ② case B ③ case C ④ case D

[71] WF법에 대한 설명으로 틀린 것은?

① 동작 시간에 영향을 미치는 주요 변수에는 기초동작과 워크팩터가 있다.
② 기초동작은 가장 편하고 빠르게 할 수 있는 자연스러운 동작이다.
③ 워크팩터는 이동거리, 중량, 인위적 조절을 나타낸다.
④ 인위적 조절이 필요한 경우는 S, P, U, D로 정해진다.

[72] 작업 주기가 15초 이하로 짧은 작업에 적합한 WF는?

① DWF ② SWF ③ AWF ④ RWF

[73] WF에서 기초동작(basic motion)이란?

① 동작거리가 0인 동작이다.
② 동작거리와 중량/저항이 없는 동작이다.
③ 중량/저항, 인위적 조절이 없는 동작이다.
④ 동작거리, 중량/저항, 인위적 조절이 없는 동작이다.

[74] Work Factor 분석법 중 동작의 난이도를 결정하는 요소에 해당되지 않는 것은?

① 방향 조절 ② 일정한 정지 ③ 방향 변경 ④ 동작의 거리

[75] Work Factor에서 동작시간 결정 시 고려하는 네 가지 요인에 해당하지 않는 것은?

① 인위적 조절 ② 동작 거리 ③ 중량이나 저항 ④ 수행도

[76] WF에서 인위적 조절 중 좁은 간격을 통과하거나 작은 목표물을 향해 유도하는 동작은?

① 일정 정지(D) ② 방향 조절(S) ③ 주의(P) ④ 방향 변경(U)

[77] WF에서 어떤 동작이 중량 또는 저항, 인위적 조절을 포함할 경우에 기초동작에 추가되는 시간의 지수로 사용하는 것을 무엇이라 하는가?

① 평가 계수 ② 워크 팩터 ③ 속도 계수 ④ 정미 계수

[78] WF에서 시간 변동 요인의 기록 순서는?

① 신체 부위–동작거리–인위적 조절–중량/저항
② 신체 부위–동작거리–중량/저항–인위적 조절
③ 신체 부위–인위적 조절–동작거리–중량/저항
④ 신체 부위–인위적 조절–중량/저항–동작거리

[79] '펜을 잡기 위해 10″손을 뻗친다'를 WF법으로 올바르게 표시한 것은?

① F10W ② A10D ③ HT10W ④ FS10W

[80] 빈손을 실제 거리로는 16″, 직선거리로는 15″뻗는 것을 WF와 MTM으로 올바르게 표현한 것은?

① A15, R15A ② A15, R16A ③ A16, R15A ④ A16, R16A

[81] 다음은 WF로 어떤 동작을 분석한 결과이다: A30W2SD. 사용 신체 부위는?

① 손가락 ② 손 ③ 팔 ④ 몸통

[82] [81]에서 동작거리는?

① 30cm ② 30″ ③ 60cm ④ 60″

[83] [81]에서 work factor 개수는?

① 3개 ② 4개 ③ 5개 ④ 6개

[84] WF의 시간 단위는?

① 보통 초/분 ② TMU ③ MOU ④ WFU

[85] WF에서 사용하는 신체 부위가 아닌 것은?

① 팔 ② 손 ③ 허리 ④ 다리

[86] 다음 중 가장 간단한 PTS는?

① MTM ② WF ③ MOST ④ MODAPTS

[87] MODAPTS에 대한 설명으로 올바른 것은?

① Heyde에 의해 미국에서 만들어졌다.
② MTM-2, MSD, WF를 기본으로 개발되었다.
③ 시간 자료는 21개로 구성되어 있다.
④ 동작 시간은 손가락 2″움직이는데 소요되는 시간의 정수배로 나타낸다.

[88] MODAPTS에 대한 설명으로 옳지 않은 것은?

① 동작 분류 기호의 숫자와 시간치가 일치한다.
② 21개 시간치는 인간의 거의 모든 동작을 나타낸다.
③ 표준시간 산정 외에 작업 개선 활동을 병행할 수 있다.
④ 시간연구 전문가가 아닌 사람도 사용할 수 있다.

[89] 다음 중 가장 정확한 표준시간 산정 방법은?

① MTM-1 ② MTM-GPD ③ DWF ④ 표준자료법

[90] 다음 분석 시간이 가장 긴 표준시간 산정 방법은?

① MTM-2 ② 시간연구 ③ DWF ④ MODATPS

응용문제

[1] 스톱위치를 이용한 시간연구에서 20회의 예비 관측을 수행하여 다음 시간 자료를 얻었다. 신뢰수준은 90%, 허용 오차가 ±5%로 주어질 때 필요 관측 횟수를 구하라.

0.09, 0.08, 0.10, 0.12, 0.09, 0.08, 0.09, 0.12, 0.11, 0.12,
0.09, 0.10, 0.12, 0.10, 0.08, 0.09, 0.10, 0.12, 0.09, 0.11

[2] A사의 밀링머신에 대한 시간연구를 수행한 결과 다음 자료를 얻었다.

- 사이클당 생산량: 8
- 평균 사이클 시간: 8.36분
- 평균 작업자 시간: 4.62분
- 평균 기계 가공 시간: 3.74분
- 수행도 계수: 115%
- 기계 여유율: 10%
- 작업자 여유율: 15%

(1) 표준시간을 구하라.

(2) 하루 8시간 작업 중 380개 부품을 가공할 때 작업자의 효율은?

[3] 어떤 섬유 공장에서 작업자 한 명이 60대의 기계를 운용하고 있다. 시간연구 결과 제품 개당 평균 기계시간은 150분, 평균작업자시간은 3분일 때 기계 간섭률 및 제품 개당 표준시간을 구하라.

[4] B대리는 기계가공 부서에서 같은 종류의 서로 다른 기계를 다루는 6명의 작업자의 작업 부하를 work sampling을 이용하여 조사하고자 한다. 200회 예비 관측 결과 작업을 하고 있는 경우가 다음 표와 같이 관측되었다. 신뢰수준 95%, 상대 허용 오차 ±10%일 때 필요 관측 횟수를 구하라.

작업자	A	B	C	D	E	F
작업 중인 경우	152	170	181	114	143	158

[5] A사에서는 강판을 관통하는 구멍을 뚫는 드릴 작업이 구멍 직경, 길이, 강판 강도 등에 따라 유사한 작업이 많아 다음과 같이 표준자료를 만들었다.

$$F = \frac{12Vf_r}{\pi D},\ T = \frac{(L+l)N}{F}$$

여기서 T = 드릴 작업 소요 시간,
L = 구멍 깊이,
l = 드릴 lead, 드릴의 overtravel 양,
F = 이송 속도(inch/분),
V = 작업물과 공구간의 상대속도(feet/분),
fr = 공구 회전당 이송량(inch/회전),
D = 드릴 공구의 직경(inch),
N = 뚫고자 하는 구멍 수.

이때 1″ 직경의 드릴 공구로 분당 100 feet의 상대 속도와 회전당 0.013″ 이송하고 드릴 lead가 0.3″일 때, 2″ 강판 소재를 관통하는 구멍을 하나 드릴링하는 작업에 소요되는 시간을 구하라.

[6] 학생회관 내 A은행에 금융 거래를 하거나 학생증을 만들려고 가면 고객이 많아 기다리는 시간이 길어 불편을 느끼고 있다. 이를 개선하기 위하여 A은행의 은행원(teller) 인원이 적정한지를 조사하고자 한다. 어떠한 방법으로 하여야 하고, 그 때의 조사 계획을 세우라.

[7] 시간연구에서 수행도 평가(performance rating)가 무엇인지 밝히고 그 필요성 및 방법을 들라.

[8] 수행도 평가는 시간연구에서 가장 어려운 부분으로 평가 결과의 정확성과 일관성을 제고하기 위한 훈련 과정이 필요하다. 수행도 평가 훈련 결과를 평가하는 방법을 들고 설명하라.

[9] 여유시간이 무엇인지를 정의하고 산정 방법을 들고 설명하라.

[10] work sampling 수행 과정에서 발생할 수 있는 오류를 설명하고 그것을 줄이는 방안을 제시하라.

[11] 표준자료가 무엇인지를 설명하고 PTS와의 차이를 들라.

[12] PTS 수립 시의 기본 가정과 PTS의 용도를 들라.

[13] Work Factor가 무엇인지를 정의하고 시간 변동 요인을 들고 설명하라.

[14] MTM과 Work Factor를 비교·설명하라.

CHAPTER 24
작업 설계 및 개선

1 작업대 및 작업 공간

1.1 작업장 배열(layout)

작업대나 작업장을 어떻게 배치하는가는 자업 효율에 영향을 미친다. 작업장 설계 시 참조할 수 있는 일반석 원칙은 다음과 같다.

- 많은 작업자들이 사용하는 기능은 중앙에 위치하여야 한다.
- 작업 시 눈으로 참조히여야 하는 곳은 깨끗하게 유지되어야 한다.
- 소음, 고열, 냄새, 시각적으로 주의를 산만하게 하는 요인은 최소화되어야 한다.
- 작업이 한 방향으로 진행되고 작업 중 일어날 수 있는 재취급(rehandling)이 최소화되도록 작업장이 설계되어야 한다.
- 사무실은 작업자 간 간격이 최소 122cm(244cm가 바람직함) 이상이 되도록 설계하여야 한다.
- 작업중 앉거나 서는 자세로 자세를 바꿀 수 있도록 하여야 한다.

위와 같은 일반적 고려사항 외에 작업 특성에 따라 다음 요소를 고려하여 작업장을 설계한다.

- 좌식 작업, 입식 작업, 입좌식 작업
- 컴퓨터 터미널, 격리 공간과 같은 특수 작업장
- 통로
- 계단, 사다리, 바닥
- 컨베이어
- 시각 작업

1.2 작업대 및 작업 공간

작업장은 좌식, 입식, 입좌식 등 크게 세 가지 범주로 나눌 수 있으며, 어느 방식을 선택할 것인가는 수행되는 작업 특성에 따라 결정된다. 다음과 같은 특성을 가진 작업에는 좌식 작업이 적절하다.

- 작업 중에 필요한 모든 부품이나 재료를 앉아서 파악할 수 있는 공간 내에서 쉽게 닿거나 조작할 수 있다.
- 작업대 위 15cm 이내에서 작업이 이루어진다.
- 작업 시 4.5kg 이상의 중량물을 다루거나 힘을 요구하지 않는다.
- 작업 시간의 대부분 동안 정밀 조립 작업이나 글쓰기 작업을 한다.
- 작업대 아래에 충분한 무릎 공간(knee clearance)을 확보할 수 있다.

다음 작업에는 입식 작업이 적절하다.

- 좌식 작업을 위한 무릎 공간을 확보할 수 없다.
- 4.5kg 이상의 물체를 다루거나 힘을 발휘한다.
- 작업자 정면의 높거나, 낮거나, 먼 곳으로 자주 손을 뻗쳐야 한다.
- 작업장이 서로 떨어져 있으며 작업장 간 이동이 잦다.
- 포장 작업에서와 같이 아래 방향으로 힘을 발휘해야 한다.

다음 작업에는 입좌식 작업이 적절하다.

- 작업자 정면으로 41cm 이상 혹은 작업대 위로 15cm 이상인 곳으로 손을 자주 뻗쳐야 한다.
- 어떤 작업은 좌식으로, 어떤 작업은 입식 작업에서 이루어지는 등 다양한 형태의 작업이 이루어진다.

1.2.1 좌식 작업

작업대 높이가 너무 높으면 위팔(upper arms)이 외전(abduction) 되어 어깨가 피로해지고, 작업대 높이가 너무 낮으면 목과 허리가 앞으로 굴곡되어 목과 허리에 부하가 크게 가해져 작업 효율이 떨어진다. 따라서 적절한 높이에서 작업이 이루어지도록 작업대를 설계하여야 작업자의 피로를 작게 유발하면서 작업 능률을 높일 수 있다. 작업대 높이 설계 시 우선적으로 고려하여야 할 요소로는 작업자 성별, 작업 종류, 입식/좌식 등의 작업 방식 등을 들 수 있으며, 작업자의 개인적 선호나 습관도 작업대 높이 결정에 영향을 미친다.

일반적으로 작업대 높이는 팔꿈치 높이보다 5~10cm 정도 낮은 것이 바람직하며, 정밀 작업을 수행할 경우는 팔꿈치보다 높게, 중량물을 취급하거나 큰 힘을 발휘해야 할 경우에는 팔꿈치 높이보다 10~20cm 정도 낮게 한다.

좌식 작업에서 작업 특성과 작업자 성별에 따라 권장되는 작업대 높이는 표 24•1에 나와 있

표 24•1▸좌식 작업에서 권장되는 작업대 높이

작업 종류	작업대 높이(cm)	
	남자	여자
정교한(fine) 작업	99~105	89~95
정밀(precision) 작업	89~ 94	82~87
글쓰기, 경조립 작업	74~ 78	70~75
거칠거나 중간 정도 수작업	69~ 72	66~70

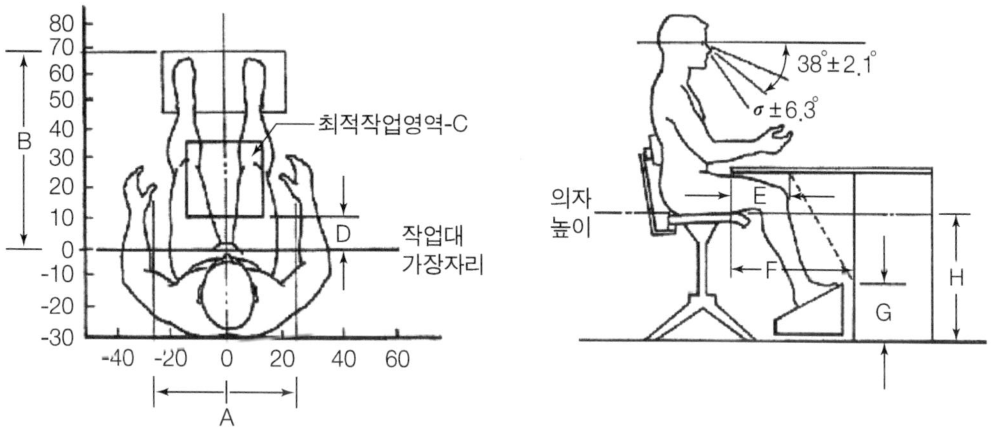

(a) 정면도

(b) 측면도

A: 최소 50cm 이상, B: 65cm(제한될 경우), C: 25cm×25cm,
D: 10cm, E: 43~51cm, F: 51~66cm, G: 3~25cm, H: 64~81cm

그림 24•1▸좌식 작업에서의 다리 공간

다. 여기서 정교한 작업은 정확한 시각 작업, 정교한 조립 작업을 포함하며, 정밀 작업은 기계적 조립 작업을, 거칠거나 중간 정도의 수작업은 포장 작업과 같은 작업을 의미한다.

작업자 정면 작업대 가장자리에서 약 10cm인 지점에 위치한 한 변이 약 25cm가 되는 정사각형 영역이 최적 작업 영역이 된다. 좌식 작업에서는 적절한 다리 공간이 확보되어야 하며, 작업대 아래 공간이 수납이나 다른 목적으로 막혀 있을 경우에도 제한적인 다리 공간을 확보하는 것이 작업에 좋다. 좌식 작업에서의 다리 공간은 그림 24•1에 나와 있다.

1.2.2 의자 설계 원칙

좌식 작업에는 인간공학적으로 설계된 적절한 의자가 제공되어야 한다. 의자를 설계하거나 구입할 때 다음 원칙을 참조할 수 있다.

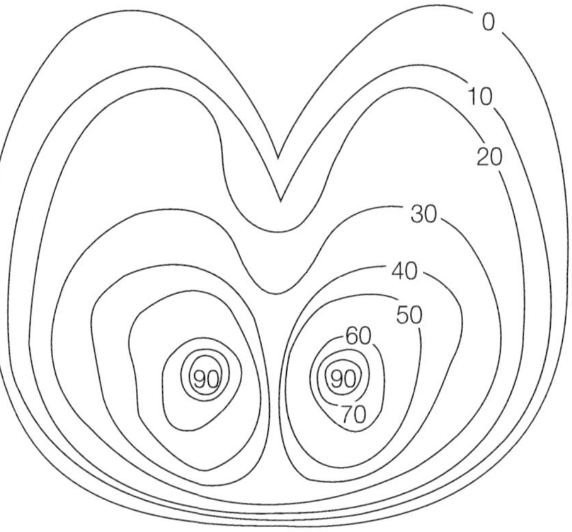

그림 24•2▸의자의 적절한 체중 분포

1) 체중 분포 체중은 좌골결절(ischial tuberosity)에 크게 걸리고 주위로 갈수록 체중으로 인한 압력이 줄어들어야 한다(그림 24•2 참조). 이를 위하여 적절한 두께의 쿠션이 있는 재질로 좌판을 만들거나 방석을 이용한다. 엉덩이 전체에 체중이 고르게 전달되는 의자는 피로와 통증을 유발하여 오래 앉아 있지 못하고 불편을 느끼게 한다.

2) 의자 좌판 높이 의자 좌판이 높으면 대퇴를 압박하고 낮으면 등뼈(back bone)의 디스크(disk) 압력이 높아지는 부작용을 초래할 수 있다. 의자 좌판 높이는 대퇴를 압박하지 않으며 5% 이상 되는 사람을 수용할 수 있도록 40~52cm 정도로 하는 것이 보통이며, 높이가 45cm인 의자가 많이 사용된다. 의자 앞쪽이 3~5° 정도 높게 하는 것이 일반적이며, 앞으로 몸을 숙여 작업을 하여야 할 때는 수평을 유지하도록 한다.

3) 의자 좌판 깊이 좌판이 깊으면 오금 부분이 의자 끝 부분에 걸치게 된다. 이를 방지하기 위하여 의자 깊이는 장딴지 여유를 주고 대퇴를 압박하지 않도록 작은 사람을 기준으로 설계한다. 보통 38~43cm 정도 깊이로 한다.

4) 의자 좌판 폭 좌판이 좁으면 뚱뚱한 사람이 앉을 수 없게 되기 때문에 좌판의 폭은 큰 사람에 맞게 한다. 46cm 이상이 권장된다.

5) 등판 등판(back rest) 설계 시 가슴 부위는 후만되고, 요추 부위는 전만되는 S곡선을 유지하도록 하여야 한다(그림 24•3 참조). 이를 위하여 등받이는 좌판과 90° 이상을

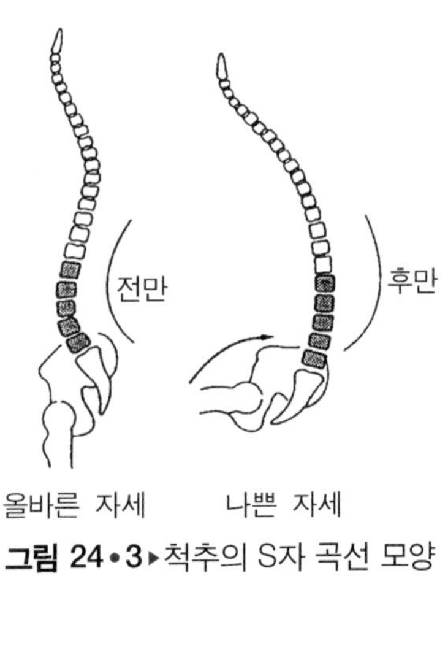

그림 24•3▸척추의 S자 곡선 모양

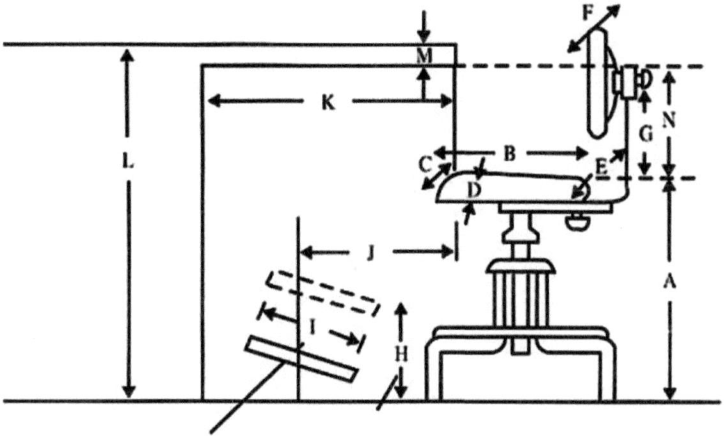

의자 설계 변수	권장 치수	의자 설계 변수	권장 치수
A: 좌판 높이	40~52cm	H: 발판 높이	2.5~23cm
B: 좌판 깊이	38~43cm	I: 발판 깊이	30.5cm
C: 좌판 폭	46.2cm 이상	J: 작업대 가장자리에서 발판 거리	42cm
D: 좌판 기울기	−10~+10°	K: 다리 공간	66cm
E: 좌판과 등받이 기울기	90° 이상	L: 작업대 높이	81cm 이내
F: 등받이 폭	30.5cm	M: 작업대 두께	5cm 이하
G: 요추 지지대	15~23cm	N: 대퇴 여유	20cm 이상

그림 24•4▸좌식 작업에서의 의자와 작업대 관련 치수

이루게 하고(95~ 120°) (105° 이상이 최적이며 작업 특성에 따라 달라짐), 폭은 31cm 이상이 되도록 하며 높이는 15~23cm로 한다.

좌식 작업에 사용되는 의자와 작업대 치수가 그림 24•4에 정리되어 있다.

6) 휴식용 의자 휴식을 취할 때 사용되는 의자 높이는 사무용 의자보다 7~8 cm 낮은 37~38 cm, 좌판 기울기는 25~26°, 등판 각도는 105~108°가 권장된다.

1.2.3 입식 작업

입식 작업에서의 적절한 작업대 높이는 표 24•2, 그림 24•5에 나와 있다. 그림 24•5에는 무릎 공간과 발 공간 치수가 병기되어 있다.

표 24•2▸입식 작업에서 권장되는 작업대 높이

일의 종류	작업대 높이(cm)	
	남자	여자
팔꿈치가 지지된 정밀 작업	109~119	103~113
경조립 작업	99~109	87~ 98
중작업	85~101	78~ 94

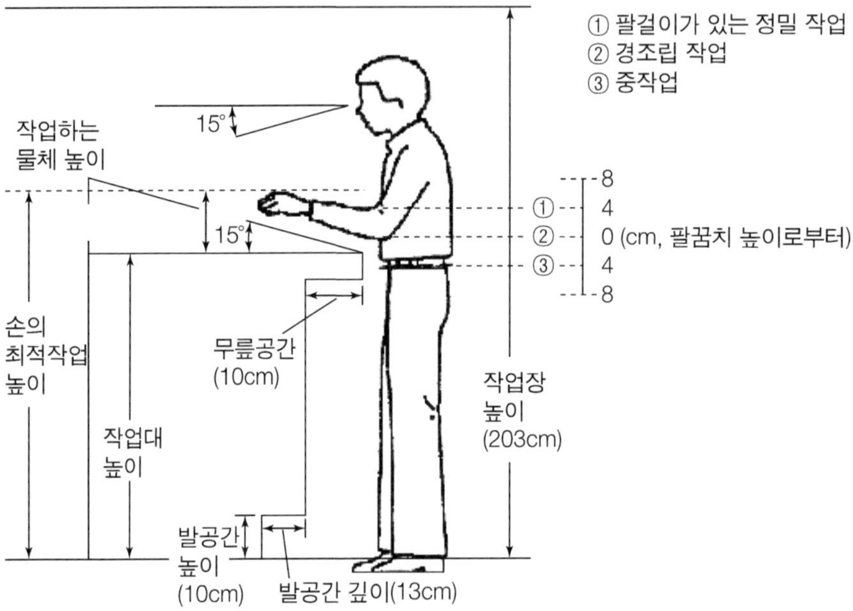

그림 24•5▸입식 작업대 치수

1.2.4 입좌식 작업

입좌식 작업에 적절한 의자와 작업대 치수는 다음 그림 24•6과 같다. 입좌식 작업에서는 입좌식 의자(stool)와 발을 올려놓기 위한 발판과 foot rail을 사용하는 것이 일반적이다(그림 24•7 참조). 팔을 작업대에 올려놓은 채 작업을 할 경우는 작업대 모서리 부분을 둥글게 하거나 쿠션이 있는 재질로 패딩처리하면 접촉 스트레스를 예방할 수 있다.

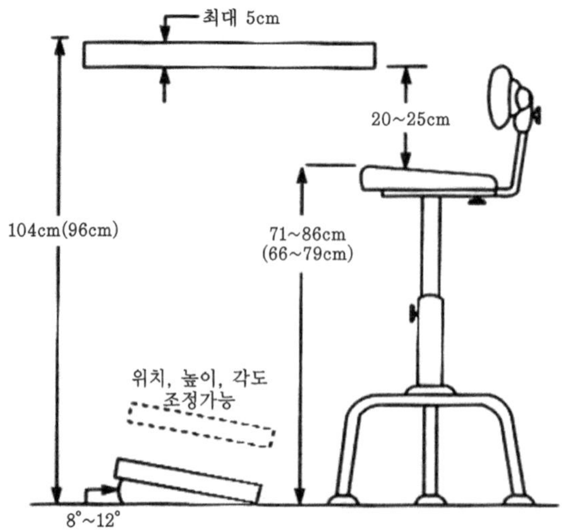

그림 24•6▸입좌식 작업대 치수(괄호 안의 수치는 여성용임)

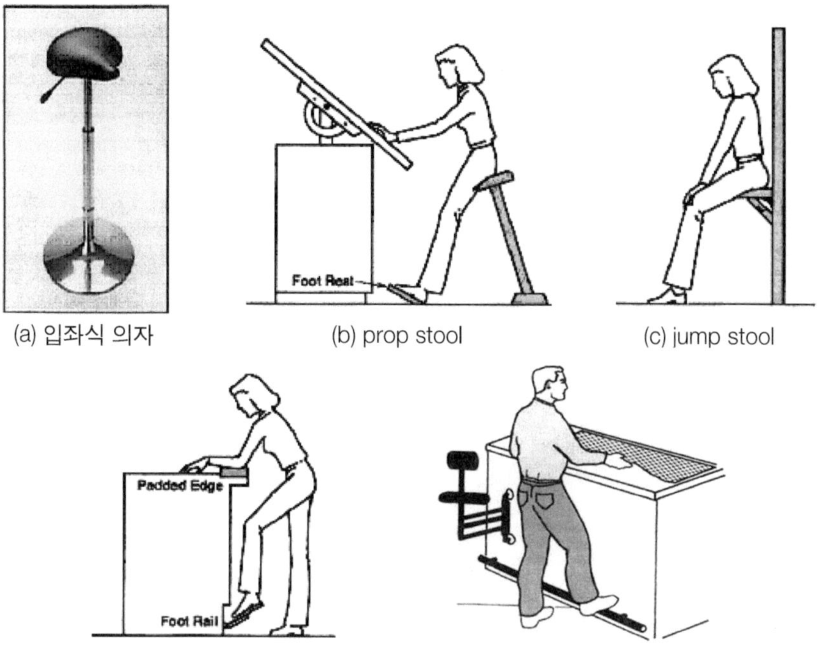

(a) 입좌식 의자　(b) prop stool　(c) jump stool

(d) foot rail　(e) foot rail과 의자가 부착된 작업대

그림 24•7▸입좌식 작업대에 사용되는 의자와 foot rail

1.3 작업대 및 작업 공간의 개선 원리

작업대나 작업 공간 개선 시 참조할 수 있는 대표적 사항들은 다음과 같다. 작업대 및 의자 등의 설계 치수들은 앞 절의 내용을 참조하면 된다.

- 작업 특성에 맞는 적절한 높이의 작업대를 제공하라.
- 좌식 작업자에게는 안락하고 높이 조절 가능한 의자를 제공하라.
- 필요에 따라 자세를 변경하여 작업할 수 있도록 작업장을 입좌식으로 설계하라.
- 입식 작업자에게는 항피로 매트(anti-fatigue mat)를 제공하라(그림 24•8).

그림 24•8▸항피로 매트의 예

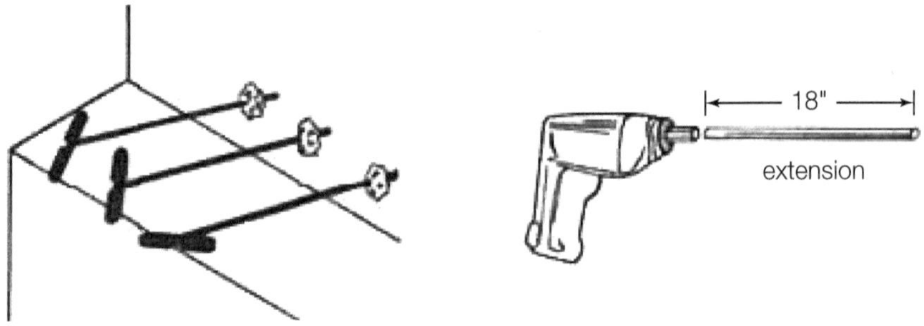

그림 24•9▸조종장치와 공구 손잡이 확장 예

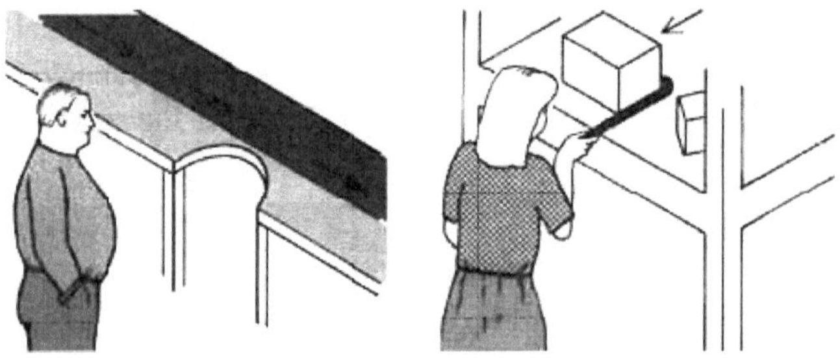

그림 24•10▸작업대에 홈을 파거나 고리를 사용하는 예

- 조종장치 조작 시나 공구 사용 시 작업점이 멀어 작업 자세가 불안정할 경우 손잡이나 공구 손잡이를 길게 하여(extension) 사용하라(그림 24•9).
- 작업자가 뚱뚱하여 작업대에 접근하기 어렵거나 작업물이 멀리 떨어져 있어 닿기 어려울 경우는 작업대에 홈을 파거나 손잡이가 긴 고리를 사용하라(그림 24•10).

2 작업 설비 및 도구

2.1 기계 및 장비의 개선 원리

기계 및 장비의 개선 원리를 정리하면 다음과 같다.

- 2개 이상의 공구를 하나로 결합하거나 2개의 공급기로 부품이나 재료를 공급하여 동시에 2개 이상의 작업을 수행하는 방법으로, 가능하면 여러 개의 작업을 동시에 할 수 있도록 하라.
- 모든 조종장치는 작업자가 쉽게 접근할 수 있고 조작 시 큰 힘을 낼 수 있는 곳에 두라. 우리가 사용하는 많은 기계나 장비들이 기계공학적으로는 완벽하나 설계 시 인간공학적 요소를 간과하여 사용이 불편한 경우가 많다. 핸들바퀴(handwheel), 크랭크, 레버 등은 작업자가 가장 효율적으로 다룰 수 있고 피로를 적게 유발하는 크기와 위치에 배치되어야 한다. 자주 사용

되는 조종장치는 팔꿈치와 어깨 높이 사이에 있어야 한다. 좌식 작업에서 팔꿈치 높이에서 레버에 가장 큰 힘을 가할 수 있고, 입식 작업에서는 어깨 높이에서 최대 힘을 발휘할 수 있다. 핸들바퀴나 크랭크의 손잡이(handgrip)의 최대 직경은 발휘해야 하는 힘의 크기에 따라 결정된다. 4.5~6.8kg은 0.6cm 이상, 6.8~11.4kg은 최소 1.3cm, 11.4kg 초과는 최소 1.9cm이고 손잡이의 직경은 3.8cm를 초과해서는 안 되며 길이는 적어도 10cm는 되어야 한다.

- 작업자의 주의를 끄는 것이 필요한 곳에는 지시등(indicator light)을 사용하라. 지시등은 무엇이 잘못되었으며 이를 시정하기 위하여 해야 할 행동을 표시하여야 한다. 지시등은 한 시스템에 하나가 사용되며 시정이 완료될 때까지 지시등이 켜져 있어야 한다. 지시등은 즉각적으로 인지될 수 있도록 적색이나 황색으로 된 적절한 크기와 강도를 가지고 있어야 한다.
- 정보를 적절히 나타내라. 정량적 수치를 읽는 데는 계수형 표시장치가, 정성적 자료를 읽는 데는 동침형(moving pointer) 표시장치가, 추적 임무에는 동침형이, 셋팅(setting)에는 동침형과 계수형 표시장치가 적절하다. 코딩은 표시장치의 신뢰성과 작업자의 판독 효율을 제고하며, 코딩에는 색깔, 숫자, 문자, 모양 등이 일반적으로 사용된다.
- 경고가 필요한 곳에는 청각 신호를 사용하라. 작업자가 자주 이동하거나 주위가 너무 어둡거나 밝아 시각 신호를 보기가 어려울 경우 짧고 간단한 청각 신호가 시각 신호보다 우수하다.
- 조종장치의 촉각적 구분을 위해 모양, 질감, 크기를 달리하는 코딩을 사용하라. 2차 혹은 3차원의 기하학적 형상을 이용한 모양 코딩은 촉각과 시각적 구분이 가능하게 하며, 이중 확인(double-quality identification)이 요구되는 제조도 작업장에서 유용하다. 감촉(texture)과 함께 사용된 모양 코딩은 상당한 수의 모양을 구분 가능하게 한다. 크기 코딩도 모양과 같이 촉각적 및 시각적 구분을 가능하게 하고, 작업자가 조종장치를 볼 수 없는 경우에 주로 사용된다.
- 적절한 크기, 변위(displacement), 저항(resistance)을 가지도록 조종장치를 설계하라. 조종장치의 종류에 따라 요구되는 크기, 변위 및 저항이 다르므로 이에 맞게 설계하여야 조작 효율이 높아지고 조작 실수가 줄어든다.
- 조종장치와 표시장치 간에 적절한 양립성이 성립되도록 설계하라. 양립성에는 공간, 운동, 개념 양립성이 있으며 이에 맞게 조종장치와 표시장치를 설계하여야 한다.

2.2 수공구 개선 원리

수공구 설계나 개선을 할 때는 다음 원리를 고려하여야 한다.

- 힘을 발휘해야 하는 작업에는 파워 쥐기(power grip)를, 정밀을 요하는 작업에는 핀치 쥐기(pinch grip)를 사용하라. 손으로 손잡이나 물체를 쥐는 방법은 크게 파워 쥐기와 핀치 쥐기로 나눌 수 있다. 핀치 쥐기는 다시 측면(lateral) 핀치 쥐기, 2점 혹은 3점 팁(tip) 쥐기 혹은 펄프(pulp) 쥐기, 손바닥 핀치 쥐기와 손가락 누르기 등으로 나누어지며, 그림 24•11에 정리되어 있다. 파워 쥐

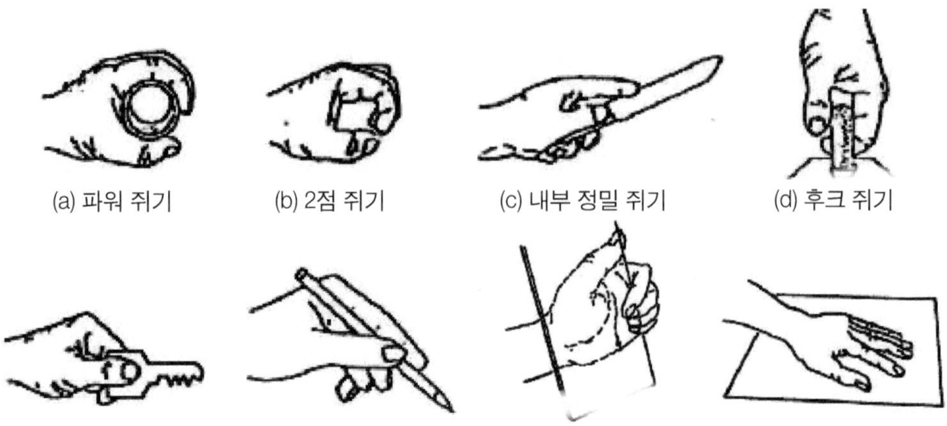

(a) 파워 쥐기 (b) 2점 쥐기 (c) 내부 정밀 쥐기 (d) 후크 쥐기

(e) 측면 핀치 쥐기 (f) 외부 정밀 쥐기 (g) 손바닥 핀치 주기 (h) 손가락 누르기

그림 24•11 ▸ 쥐기 형태

표 24•3 ▸ 쥐기 형태에 따른 힘의 크기(kg)

쥐기 형태	남자	여자	파워 쥐기에 대한 상대적 비율(%)
파워 쥐기	40.9	23.3	100
팁 쥐기	6.6	4.6	17.5
펄프 쥐기	6.2	4.4	16.6
측면 핀치 쥐기	11.1	7.8	29.5

기에 비하여 다른 형태의 쥐기는 낼 수 있는 힘이 크게 줄어든다. 따라서 핀치 쥐기로 큰 힘을 내게 해서는 안 된다. 쥐기 형태에 따른 힘의 크기 자료는 표 24•3에 정리되어 있다.

- 정적 근육 부하가 오래 지속되지 않도록 하라. 팔이 들린 자세에서 수공구를 사용하거나 수공구를 장시간 동안 유지(hold)하여야 하는 경우, 어깨, 팔, 손 근육에 정적 부하가 가하여져 피로를 유발하고 나아가 작업 능력을 저하시키고 통증을 유발한다. 따라서 팔꿈치 굴곡 각도가 90°를 이루게 하는 좋은 자세를 유지하고 공구 유지 시간을 최소화하여야 한다.
- 팔을 회전하는 동작은 팔꿈치를 구부린 자세에서 행하라. 팔꿈치를 90°나 이보다 작게 구부린 상태에서 이두박근이 큰 힘을 낼 수 있어, 이 자세에서 팔을 회전하는 동작을 취하는 것이 좋다.
- 손목을 곧게 유지하라. 손목이 중립 자세에서 멀어질수록 낼 수 있는 악력(grip strength)이 줄어든다. 손목의 회내(pronation)는 악력을 12%, 굴곡/신전은 25%, 내전/외전은 15% 감소시킨다. 부자연스러운 손목 자세는 손목 통증, 악력 손실을 가져올 뿐만 아니라 오래 유지되면 수근관증후군을 유발할 수 있다. 작업대를 적절한 높이로 설계하거나 수공구 손잡이를 휘게 하여 작업 시 손목이 중립 자세로 유지되도록 하여야 한다. 그림 24•12는 칼의 손잡이를 휘게 하였을 때의 효과를 보여주고 있다.

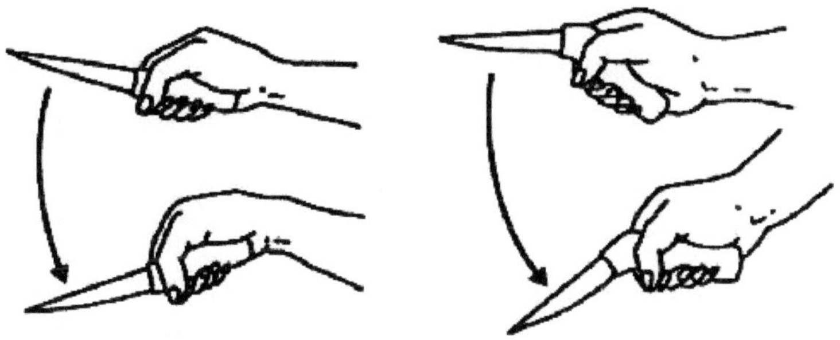

(a) 손잡이가 일직선일 때 (b) 손잡이가 휘었을 때

그림 24•12▸칼 손잡이 효과

- 조직(tissue)에 가해지는 접촉 스트레스를 피하라. 수공구를 사용할 때 손으로 힘을 써 손바닥에 상당한 접촉 스트레스가 일어나, 손바닥의 혈액 순환을 막아 손가락이 무감각해지거나 통증을 유발하게 된다. 이를 예방하기 위해서는 손잡이 직경을 크게 하고 길이를 길게 하거나 손잡이에 쿠션이 있는 재질로 패딩을 하여 손에 가해지는 힘이 더 넓은 면적에 분산되도록 손잡이 접촉면을 크게 하거나, 엄지와 검지(집게손가락) 사이의 덜 민감한 부위로 힘이 가해지도록 손잡이를 설계하여야 한다(그림 24•13 참조). 수공구 손잡이에 손가락 모양으로 홈을 파둔 것은 소수만이 여기에 맞기 때문에 피하여야 한다(그림 24•14).

(a) 기존 수공구 (b) 개선된 수공구

그림 24•13▸기존 수공구와 접촉 스트레스를 줄일 수 있도록 개선된 수공구

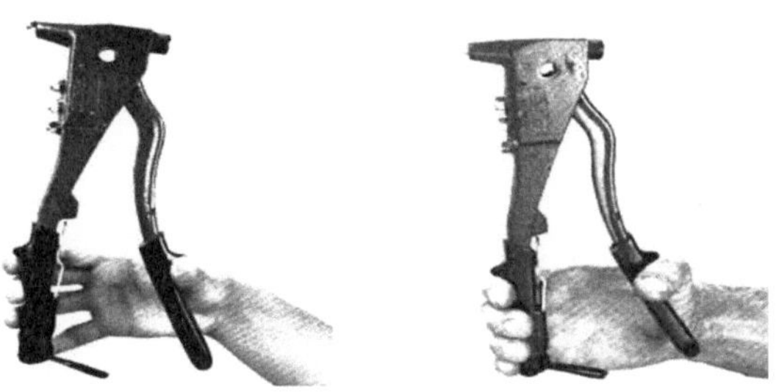

그림 24•14▸손잡이에 홈이 파진 수공구 예

- 양손으로 교대로 사용할 수 있고 남성과 여성 작업자를 포함한 대부분의 사용자가 사용할 수 있도록 수공구를 설계하라. 양손으로 교대로 수공구를 사용하면 근육 피로를 줄일 수 있으나 대부분의 경우 오른손잡이 전용으로 설계되어 있다. 오른손잡이의 경우 왼손의 힘은 오른손에 비하여 7~12% 떨어지며, 왼손잡이의 경우는 손에 따라 내는 힘이 거의 같다. 인구의 약 90%가 오른손잡이고 약 10%가 왼손잡이이므로 이를 고려하여 수공구를 설계하여야 한다. 또한, 인구의 약 절반을 차지하는 여성은 남성에 비하여 악력이 50~67%로 작으므로 수공구 설계 시 이를 고려하여야 한다.
- 반복적 손가락 동작을 피하라. 작업에서 집게손가락(index finger)만으로 스위치를 조작하는 경우가 많으며, 이러한 작업이 지속될 경우 방아쇠 수지병(trigger finger)을 유발한다. 검지에 걸리는 부하를 줄이기 위하여 스위치를 조작할 때 소요되는 힘은 0.9kg 이하여야 하며, 2개 혹은 3개 이상의 손가락으로 스위치를 조작하도록 하는 것이 좋다. 이 때 핑거 트리거 스트립(finger trigger strip)의 길이는 5cm 이상이 되도록 하는 것이 좋다. 그림 24•15는 3, 4개의 손가락으로 스위치를 조작하는 개선된 예를 보여준다. 손잡이가 2개인 공구에는 스프링 등을 이용하여 조작 후 저절로 원위치로 복귀되도록 하여 손가락 동작의 반복 정도를 줄이는 것이 바람직하다. 손가락 동작의 반복에 대한 정확한 기준은 알려져 있지 않지만 NIOSH에 따르면 하루 10,000회 이상 반복하면 근육과 관련된 질환이 다발하는 것으로 알려져 있다.
- 가장 큰 힘을 낼 수 있는 가운데 손가락이나 엄지손가락을 사용하라. 집게손가락이 동작 속도가 가장 빠르지만 엄지손가락이 가장 큰 힘을 낸다(표 24•4). 큰 힘이 요구되는 상황에서는 가운데 손가락을 사용하거나 가운데 손가락과 집게손가락을 같이 사용하는 것이 효율적이다.
- 파워 쥐기에서 수공구 손잡이는 직경이 3.8~5.1cm가 되도록 설계하라. 직경이 굵을수록 큰 힘을 내며 정밀 작업과 작업을 빠르게 하려면 직경을 작게 하여야 한다. 정밀 쥐기의 직경은 1.3cm가 적절하다.
- 수공구 손잡이 길이는 최소 10cm는 되어야 하며 12.5cm가 편하며, 장갑을 사용할 경우 더 길게 하여야 한다(약 1.3cm를 더함).

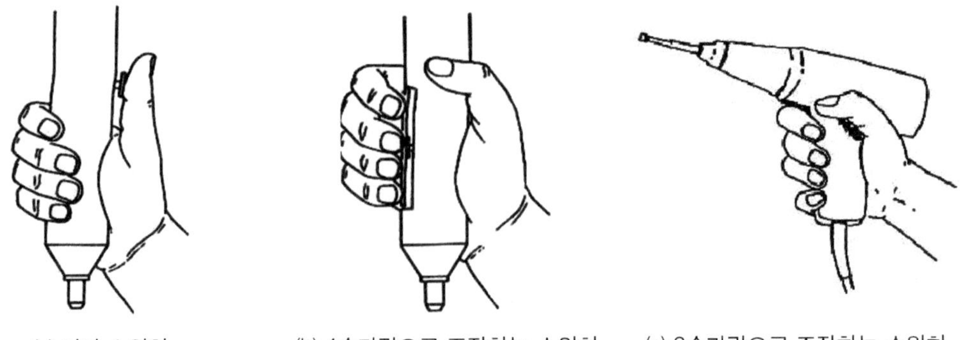

(a) 엄지 스위치 (b) 4손가락으로 조작하는 스위치 (c) 3손가락으로 조작하는 스위치

그림 24•15▸엄지 및 3~4 손가락으로 조작되는 스위치 예

표 24•4 ▸ 손가락별 굴곡 시 최대 정적 근력

손가락	최대 힘(kg)	엄지 손가락에 대한 상대적 비율(%)	파워 쥐기에 대한 기여도(%)
엄지 손가락	7.3	100	–
집게 손가락	5.9	81	29
가운데 손가락	6.4	88	31
약지 손가락	5.0	69	24
새끼 손가락	3.2	44	16

- 플라이어와 같은 손잡이가 2개인 수공구의 손잡이 간 간격(grip span)은 7.6~8.1cm로 하는 것이 가장 큰 힘을 낼 수 있다.
- 수공구 손잡이를 적절한 모양으로 설계하라. 단위 면적당 접촉 스트레스를 줄이기 위해서는 접촉 면적을 크게 하여야 한다. 일반적으로 원통형 손잡이가 가장 큰 염력을 낼 수 있으나, 손잡이 모양은 작업 내용과 특성에 따라 적절한 모양으로 설계되어야 한다.
- 손잡이 표면은 쿠션이 있으며 비전도성으로 설계하라. 일반적 수공구 손잡이 재질로는 나무, 쿠션이 있는 플라스틱, 고무 등이 사용되며, 쿠션이 있으면 수공구 사용 시 손이 미끄러지는 것을 방지하여 수고 접촉 스트레스를 경감시키며 수공구의 진동을 흡수하여 주는 효과가 있다.
- 팔꿈치를 90° 구부린 상태에서 수공구를 사용할 때 공구의 무게는 2.3kg을 초과하지 않도록 하여야 한다. 공구는 균형이 잘 잡혀 있어야 하고 무게 중심이 손의 무게 중심과 일치하도록 하여야 한다. 충격이나 진동을 흡수하기 위하여 무거운 수공구를 사용할 경우는 위성 팔, 균형대(balancer) 등을 사용하여 작업자의 부하를 줄여주어야 한다. 정밀 작업에서 0.4kg 이상의 수공구를 사용하여서는 안 된다.
- 장갑은 주의하여 사용하라. 안전과 안락을 위하여 장갑을 착용하나 장갑을 착용하면 손이 커지고 악력이 10~20% 떨어지고 손의 민첩성(dexterity)이 감소하므로 이를 고려하여야 한다.
- 수공구 대신 nut-runner나 screwdriver 같은 전동 공구를 사용하라. 전동 공구를 사용하면 수공구에 비하여 작업 속도가 빠르고 작업자의 피로 유발이 줄어들고 품질도 균일하여지는 장점이 있다. 그러나 전동 공구를 사용하면 진동으로 인한 백지병(white finger syndrome)을 유발할 수 있다. 이를 예방하기 위하여 진동이 2~200Hz인 전동 공구 사용은 피하고, 구동력 감소, 진동 흡수 재질이나 장갑 사용, misalignment나 unbalanced shaft가 최소화되도록 정비를 잘 하는 방법 등으로 공구 진동을 줄여야 한다. 추운 환경에서는 전동 공구 사용을 피하는 것이 좋다.
- 적절한 모양의 공구를 올바른 작업 방향으로 사용하라. 일자형 손잡이를 가진 전동 공구는 수직 방향 작업에, 권총형 손잡이의 공구는 수평 작업에 적절하다(그림 24•16).
- 전동 공구의 토크가 클 경우에는 반작용대(reaction bar)와 공구 균형대(balancer)를 사용하라. 전

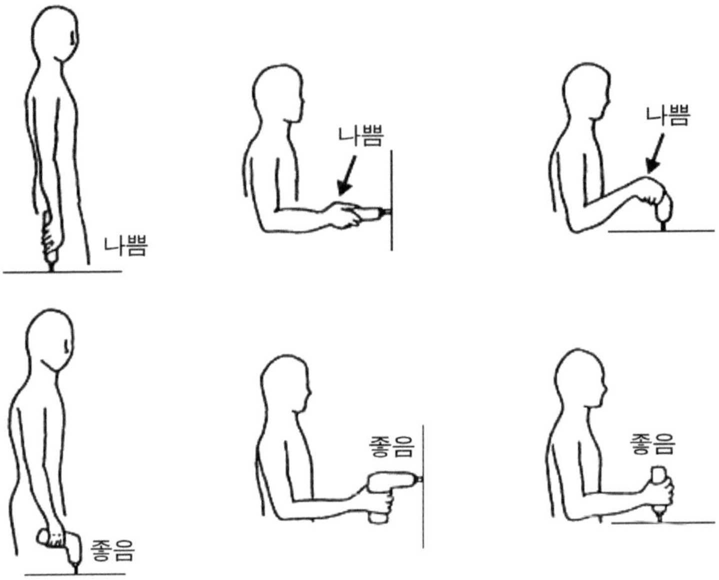

그림 24•16▸전동 공구와 작업 방향

동 공구의 토크가 수직 방향 작업에서 일자형 손잡이 공구에서 6Nm, 권총형 손잡이 공구를 수평 방향으로 사용할 때 50Nm, 아래나 위 방향으로 직각(right-angled) 공구를 사용할 때 50Nm를 초과하면 토크 반작용대를 사용하여야 한다.

3 관리적 개선

작업 개선은 크게 공학적 개선과 관리적 개선으로 나눌 수 있다. 현실적, 기술적, 경제적 이유 등으로 공학적 개선이 어려울 경우나 작업 부하가 공학적 개선을 요할 정도로 크지 않을 경우 관리적 개선을 하여야 한다. 또한 공학적 개선에 긴 시간이 요구될 경우 공학적 개선이 이루어질 때까지 관리적 방안을 통하여 작업 부하를 줄여주기도 한다. 관리적 개선에는 다음이 속한다.

- 작업의 다양성 제공
- 직무 순환
- 작업 일정 및 작업 속도 조절
- 회복 시간 제공
- 작업 습관 변화
- 작업공간, 공구 및 장비의 주기적 청소 및 유지 보수
- 작업자 적정 배치
- 직장 체조(스트레칭) 강화

관리적 개선은 공학적 개선과 달리 눈에 보이는 효과가 나타나기 어려우므로 체계적 계획을 수립하여야 하고, 현장에서 제대로 실행되기 위해서는 철저한 감독이 필요하다. 공학적 개선도 그러하지만 관리적 개선에서는 작업자의 참여가 더욱 중요하므로, 교육, 홍보 등을 통하여 그 필요성을 인지하도록 하여 적극적 참여를 유도한다. 직무순환은 주기가 짧을수록, 극단적으로 하루 작업 내에서도 시간 단위로 순환하는 것이 바람직하다. 스트레칭도 작업 전뿐만 아니라 작업 중간과 후에도 실시하여 근육에 쌓인 피로를 풀어주어야 한다.

[1] 다음 작업장 배열에 관한 설명으로 옳은 것은?

① 작업은 여러 방향으로 일어날 수 있으므로 물자 흐름이 다방면으로 가능하게 하여야 한다.
② 사무실 작업은 작업자 간 통신이 중요하므로 작업자 간 간격을 좁게 하여야 한다.
③ 많은 작업자들이 사용하는 기능은 중앙에 있어야 한다.
④ 작업 중 작업 자세는 가능하면 한 가지 자세를 취하도록 작업장을 설계하여야 한다.

[2] 다음 중 적절한 작업 방식이 아닌 것은?

① 좌식 ② 와식
③ 입식 ④ 입좌식

[3] 다음 중 좌식 작업이 적절한 것은?

① 작업대 위 15cm 이내에서 작업이 이루어진다.
② 4.5kg 이상의 물체를 다룬다.
③ 아래 방향으로 힘을 발휘하여야 한다.
④ 작업자 정면 먼 곳으로 손을 자주 뻗쳐야 한다.

[4] 다음 중 입식 작업이 적절한 것은?

① 정밀 조립 작업을 수행한다.
② 작업대 아래에 무릎 공간을 확보할 수 있다.
③ 부품이나 재료에 쉽게 닿을 수 있다.
④ 작업자 간 이동이 잦다.

[5] 다음 중 입좌식 작업이 적절한 것은?

① 정밀 조립 작업을 수행한다.
② 4.5kg 이상의 물체를 다룬다.
③ 부품이나 재료에 쉽게 닿을 수 있다.
④ 작업대 15cm 위로 손을 자주 뻗는다.

[6] 작업대가 높을 때 나타나는 문제가 아닌 것은?

① 위팔이 외전(abduction)된다. ② 어깨가 들린다.
③ 목이 굴곡된다. ④ 피로를 유발한다.

[7] 다음 중 작업대 높이 설계 시 고려하여야 할 요소로 거리가 먼 것은?

① 작업장 배치(layout) ② 작업자 성별
③ 작업자 개인적 선호도 ④ 작업 종류

[8] 다음 작업 중작업대 높이가 가장 높아야 하는 것은?

① 정밀 작업 ② 정교한 작업
③ 글 쓰기 ④ 중간 정도 수작업

[9] 다음 중 좌식 작업대에 대한 설명으로 옳은 것은?

① 작업대 아래 다리 공간의 깊이는 최소 30cm 이상 되어야 한다.
② 작업대 아래 다리 공간의 폭은 최대 50cm 이하여야 한다.
③ 최적 작업 영역은 작업자 앞쪽 작업대 가장자리에서 약 10cm인 곳에 있다.
④ 발판 높이는 15cm 이상이 되어야 한다.

[10] 다음 의자 설계 원칙 중 옳지 않은 것은?

① 좌판은 쿠션이 있는 재질로 한다.
② 체중은 의자 좌판 전체에 고르게 분포하여야 한다.
③ 의자 앞쪽이 약간 높게 한다.
④ 등판은 좌판과 90° 이상이 되게 한다.

[11] 다음 의자 설계 요소 중 작은 사람을 기준으로 설계하여야 하는 것은?

① 좌판 폭 ② 좌판 깊이
③ 등판 깊이 ④ 등판 높이

[12] 의자에 앉았을 때 요추 부위가 어떤 형상을 보여야 바람직한가?

① 측곡 ② 만곡
③ 전곡 ④ 후곡

[13] 다음 의자 설계 원칙 중 가장 거리가 먼 것은?

① 좌판이 높으면 디스크 압력이 증가한다.
② 좌판 깊이는 장딴지여유를 기준으로 설계한다.
③ 의자에 앉을 때 요추 부위는 전만을 이룬다.
④ 등받이는 105° 이상으로 한다.

[14] 의자 좌판 깊이 설계 시 적절한 인체측정 자료 응용 원칙은?

① 조절식 ② 최대치수
③ 최소치수 ④ 평균치

[15] 다음 중 좌식 작업대 및 의자에 대한 설계 기준에 대한 설명으로 옳지 않은 것은?

① 좌판 폭은 46cm 이상이어야 한다.
② 좌판과 등받이는 90° 이상을 이루어야 한다.
③ 작업대 두께는 5cm 이내로 하여야 한다.
④ 작업대와 의자 좌판 사이의 대퇴 여유는 20cm 이내여야 한다.

[16] 다음 중 입식 작업대에 대한 설계 기준에 대한 설명으로 옳지 않은 것은?

① 작업 시 손과 작업대 높이는 일치하는 것이 좋다.
② 무릎 공간은 작업대 아래 작업자 앞쪽에 약 10cm 이상 확보되어야 한다.
③ 작업대 아래쪽 바닥에는 깊이 13cm 정도의 발 공간이 확보되어야 한다.
④ 바닥에서 천정까지의 높이는 203cm 정도 확보되어야 한다.

[17] 다음 중 입좌식 작업대에 사용되는 보조 도구가 아닌 것은?

① jump stool ② foot step ③ foot rail ④ 발판

[18] 다음 중 작업대 및 작업 공간 개선 원리로 적절하지 않은 것은?

① 작업 특성에 적절한 높이의 작업대를 제공하라.
② 좌식 작업자에게 안락한 조절 가능한 의자를 제공하라.
③ 좌식 작업자에게 항피로 매트를 제공하라.
④ 작업자가 뚱뚱할 경우 작업대 전면에 홈을 파면 도움이 된다.

[19] 다음 설명 중 옳지 않은 것은?

① 좌식 작업에서 레버가 팔꿈치 높이에 있을 때 가장 큰 힘을 발휘할 수 있다.
② 조종장치의 손잡이 직경은 3.8cm를 초과해서는 안된다.
③ 지시등은 적색이나 황색이 적절하다.
④ 지시등은 나타내야 할 주의 항목의 수만큼 설치되어야 한다.

[20] 다음 중 가장 큰 힘을 낼 수 있는 쥐기 형태는?

① 펄프(pulp) 쥐기 ② 파워(power) 쥐기
③ 팁(tip) 쥐기 ④ 핀치(pinch) 쥐기

[21] 다음 손목 자세 중 가장 큰 힘을 낼 수 있는 것은?

① 굴곡(flexion) ② 신전(extension) ③ 회내(pronation) ④ 편향(deviation)

[22] 다음 중 수공구 설계 시 손바닥이나 손가락의 조직(tissue)에 가해지는 압력을 줄이기 방안으로 옳지 않은 것은?

① 수공구 손잡이의 직경과 길이를 크게 한다.
② 손잡이에 손가락 모양의 홈을 판다.
③ 손잡이를 쿠션이 있는 재질로 패딩한다.
④ 엄지와 검지 사이의 덜 민감 부위로 힘이 가해지도록 설계한다.

[23] 다음 수공구 설계 및 사용에 관한 설명 중 옳은 것은?

① 대부분의 작업자가 오른손잡이이므로 오른손잡이에 맞게 설계한다.
② 수공구 사용 시 정확도를 높이기 위하여 한 손가락으로 작동하도록 한다.
③ 손가락 중 검지가 동작 속도가 가장 빠르다.
④ 장갑은 안전을 위하여 반드시 착용하여야 한다.

[24] 다음 수공구 설계에 관한 설명 중 옳은 것은?

① 정밀 작업에 사용되는 수공구 손잡이의 직경은 일반적 수공구보다 작게 하여야 한다.
② 수공구 손잡이는 사용 시 접촉 스트레스를 줄일 수 있도록 손 너비보다 짧아야 한다.
③ 손잡이가 2개인 수공구의 손잡이 간 간격은 좁을수록 좋다.
④ 네모형 손잡이가 가장 큰 염력(torque)을 낼 수 있다.

[25] 다음 수공구 설계에 관한 설명 중 옳지 않은 것은?

① 팔꿈치를 굴곡한 상태에서 사용하는 수공구 무게는 2.3kg 이하여야 한다.
② 장갑을 착용하면 악력이 10~20% 정도 떨어진다.
③ 전동 공구 사용 시 토크가 클 경우 반작용대(reaction bar)를 사용하는 것이 좋다.
④ 수평 방향의 체결 작업에는 일반적으로 일자형 손잡이를 가진 전동 공구가 적절하다.

[26] 다음 중 자세에 관한 수공구의 개선 사항으로 틀린 것은?

① 손목을 곧게 펴서 사용하도록 한다.
② 반복적인 손가락 동작을 방지하도록 한다.
③ 지속적인 정적근육 부하를 방지하도록 한다.
④ 정확성이 요구되는 작업은 파워 그립을 사용하도록 한다.

[27] 다음 중 수공구의 개선 방법으로 가장 관계가 먼 것은?

① 손목을 똑바로 펴서 사용한다.
② 지속적인 정적 근육 부하를 방지한다.
③ 수공구 대신 동력 공구를 사용한다.
④ 가능하면 손잡이의 접촉면을 작게 한다.

[28] 전동 공구를 사용하면 진동으로 인한 백지병을 유발할 수 있다. 이를 예방하기 위한 방안으로 적절하지 않은 것은?

① 진동이 200Hz 이상인 공구는 사용하지 않는다.
② 구동력(driving force)을 감소시킨다.
③ 손잡이에 쿠션이 있는 재질로 패딩한다.
④ 공구 정비를 자주 한다.

[29] 다음 관리적 개선에 관한 설명 중 옳지 않은 것은?

① 현실적, 경제적, 기술적 이유 등으로 공학적 개선이 어려울 경우 관리적 개선을 한다.
② 공학적 개선에 앞서 관리적 개선을 하여야 한다.
③ 직무순환은 짧은 주기로 자주 할수록 좋다.
④ 작업자의 참여가 중요하므로 교육, 훈련을 실시하여 참여를 유도한다.

응용문제

[1] 우주선 챌린저호의 폭발 사고 이후 NASA에서는 우주선의 각 승무원이 사용할 수 있는 개인 탈출 공간을 다음 그림과 같이 제공하기로 하였다. 우주선은 매우 고가이기 때문에 적절한 인체치수를 바탕으로 설계하는 것이 중요하다. 예산 문제로 조절식으로 하는 설계가 불가능하다. 예를 들어, 같은 설계로 모든 남여 승무원을 수용할 수 있어야 한다. 탈출 공간을 이루는 각 요소 설계 시 고려하여야 하는 인체 부위, 설계 원칙, 구체적 치수를 서술하라.

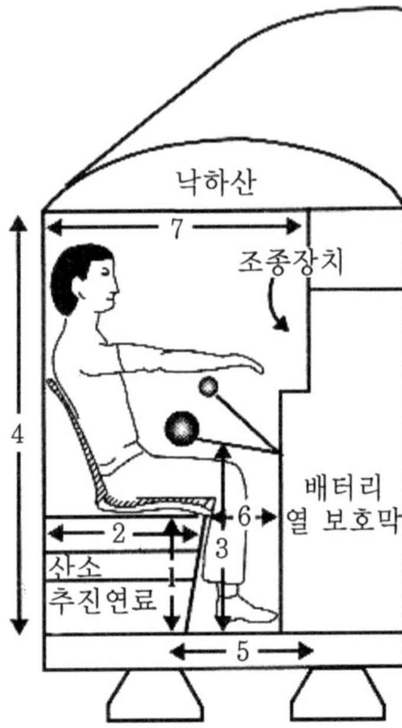

탈출 공간 구성 요소	인체 부위	설계 원칙	치수
1. 의자 높이 2. 의자 깊이 3. 조이스틱 높이 4. 탈출 공간 높이 5. 발 공간 깊이 6. 다리 공간 깊이 7. 탈출 공간 깊이 8. 탈출 공간 폭			

[2] A자동차 엔진 조립 공정에서는 오른쪽 그림과 같은 임팩트 렌치를 사용하여 체결 작업을 하고 있다. 작업 시 검지로 임팩트 렌치를 작동하며 작업자들이 진동이 크고 무거워 사용이 불편하다고 호소하고 있다. A자동차사의 안전환경팀 B대리는 이를 해결하려고 한다. 사진의 작업 장면에 대한 해결 방안을 제시하라.

[3] 좌식 작업과 입식 작업이 적절한 경우를 세 가지 이상씩 들라.

[4] 좌식 작업에는 인간공학적으로 설계된 적절한 의자가 제공되어야 한다. 의자의 인간공학적 설계 원칙을 세 가지 이상 들고 설명하라.

[5] 수공구 설계 시 수공구를 사용할 때 손목이 곧게 유지도록 하는 것이 좋다. 손목이 곧게 유지되지 않을 때의 부작용과 개선 방안을 들라.

[6] 수공구 사용 시 손바닥에 발생할 수 있는 접촉 스트레스(contact stress)를 줄일 수 있는 수공구 설계 방안을 들라.

참고문헌

강석호, 생산관리론, 경세원, 1986.

박경수, 인간공학, 영지문화사, 2005.

이근희, 작업관리, 상조사, 1993.

이진식, 작업관리연구론, 형설출판사, 1996.

정병용, 이동경, 현대인간공학, 민영사, 2005.

황학, 작업관리론, 영지문화사, 1998.

Ayoub, M. M., Work place design and posture, *Human factors*, 15(3), 265-268, 1973.

Barnes, R. M., *Motion and time study: design and measurement of work*, John Wiley & Sons, 1980.

Eastman Kodak Company, *Ergonomic design for people at work*, Vol. 1, John Wiley & Sons, Inc., 1983.

MacLeod, D., *The office ergonomics kit*, Lewis Publishers, 1999.

Niebel, B. and Freivalds, A., *Methods, standards, and work design*, McGraw-Hill, 1999.

Woodson, W. E., *Human Factors Design Handbook*, McGraw-Hill, 1981.

제5부

근골격계질환, 안전보건관리 및 제조물책임법

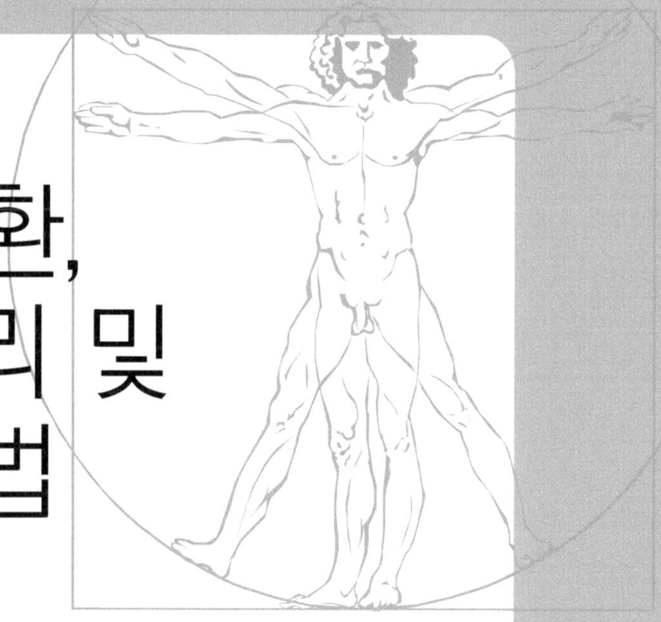

CHAPTER 25
근골격계질환 개요 및 관련 법규

1 근골격계질환

1.1 근골격계질환이란

근골격계질환이란 반복적인 동작, 부적절한 작업 자세, 무리한 힘의 사용, 날카로운 면과의 신체 접촉, 진동 및 온도 등의 요인에 의하여 발생하는 건강장해로서 목, 어깨, 허리, 상·하지의 신경·근육 및 그 주변 신체 조직 등에 나타나는 질환을 말한다. 근골격계질환은 특정 질환이 아니라 위의 정의에 해당하는 다양한 질환을 통칭하는 질환명이다. 누적외상성장애(cumulative trauma disorders: CTD), RSIs(repetitive strain injuries), OOS(occupational overuse syndrome), ERIs(ergonomically related injuries), 경견완장해 등 다양한 용어로 불리고 있으나, 근골격계질환으로 통용되고 있다. 근골격계질환으로 인하여 나타날 수 있는 증상은 다음과 같다.

- 쑤심, 통증, 불편
- 힘이 약해짐
- 밤에 통증으로 깨어나기도 함
- 동작의 제한
- 관절에서 우드득하는 소리가 남
- 피로감
- 바늘로 찌르는 것과 같은 느낌
- 홍조 현상, 국소적 피부열
- 무감각
- 부어오름
- 관절이 뻣뻣해짐(stiffness)

근골격계질환 유소견자는 통증의 빈도, 지속 시간, 강도 등의 세 가지 요인으로 판정한다. 다음 기준 1은 세계적으로 가장 많이 사용되는 미국 NIOSH에서 제시한 기준이며, 기준 2, 3은 이를 바탕으로 약간 변형한 것이다. 기준 1에 해당하면 유소견자로, 기준 2에 해당되는 작업자는 정밀검진을, 기준 3에 해당하는 작업자는 당장 치료가 필요한 경우로 판정하기도 한다.

- 기준 1: 지난 1년간 증상이 적어도 1주일 이상 지속되거나 혹은 1달에 1번 이상 발생하는 경우
- 기준 2: 기준 1 + 증상의 정도가 '중간 정도' 이상인 경우
- 기준 3: 기준 1 + 증상의 정도가 '심한 통증' 이상인 경우

1.2 근골격계질환 발병 현황

우리나라는 1996년부터 고용노동부에서 공식적으로 근골격계질환 관련 통계를 집계하여 발표해 오고 있으며, 근골격계질환을 신체부담작업으로 인한 질환과 요통으로 분류하고 있다(2008년부터 수근관증후군이 추가됨). 첫해에는 신체부담작업으로 인한 근골격계질환이 345건, 요통이 161건 등 506건의 근골격계질환이 보고되었다. 이후 1999년까지는 감소 추세를 보이다 2000년 들어서면서 급증하여 2003년에는 4,532건의 근골격계질환이 발병하였고, 이후 2004, 2005년에는 연속적으로 발생이 줄어든 것으로 조사되었다. 2006년과 2007년에 다시 급증하는 추세를 보이고 있는데, 이는 이전까지 근골격계질환으로 계상되지 않았던 사고성 요통이 근골격계질환 통계에 산입되었기 때문이다. 근골격계질환은 2008년도부터 2011년까지 감소 추세를 보이다 2012년부터 2017년까지는 조금 증가하여 4,900여 건에서 5,400여 건 사이에서 변동을 보였다. 이후 2018년부터 급증하여 2021년에 11,868건이 발생하여 최초로 10,000건을 넘어섰고 2023년까지 증가 추세를 보이고 있다. 요통은 2007년 6,333건으로 정점을 보이다 이후 약간의 변동은 있으나 꾸준히 감소 추세를 보이다 2018년부터 근골격계질환과 함께 증가 추세를 보였다. 이 기간에 직업병 발병 추이도 근골격계질환 추이와 거의 같은 추세를 보이고 있다(그림 25•1).

전체 직업병 중에서 진폐, 난청, 유기용제 중독과 같은 전통적 직업병, 뇌심혈관계 질환, 근골격계질환이 차지하는 비율이 그림 25•2에 나와 있다. 전통적 직업병은 전반적으로 감소하는 추세를 보이다 최근 들어서는 조금씩 증가하는 추세를 보이고 있다. 근골격계질환은 1997년부터 증가하다 2013년, 2014년에 약 71%로 가장 높았으며 이후 그 비율이 낮아지다 2018년, 2019년에는 증가

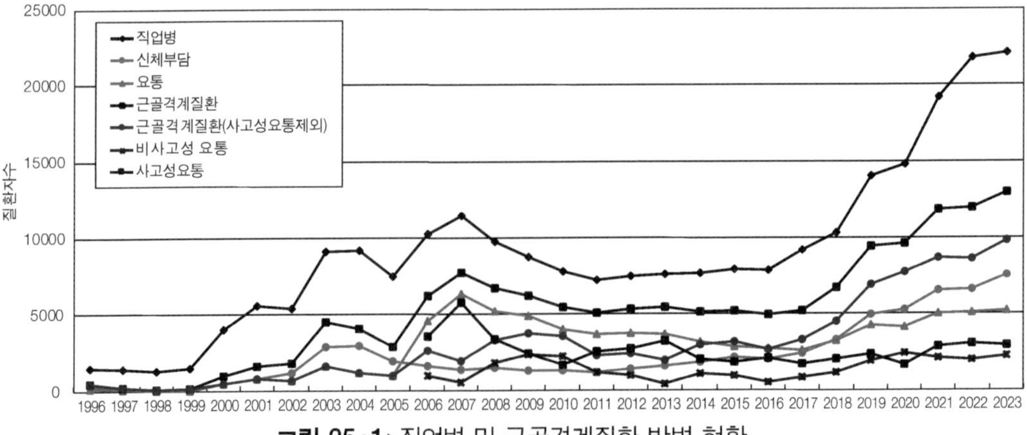

그림 25•1▸직업병 및 근골격계질환 발병 현황

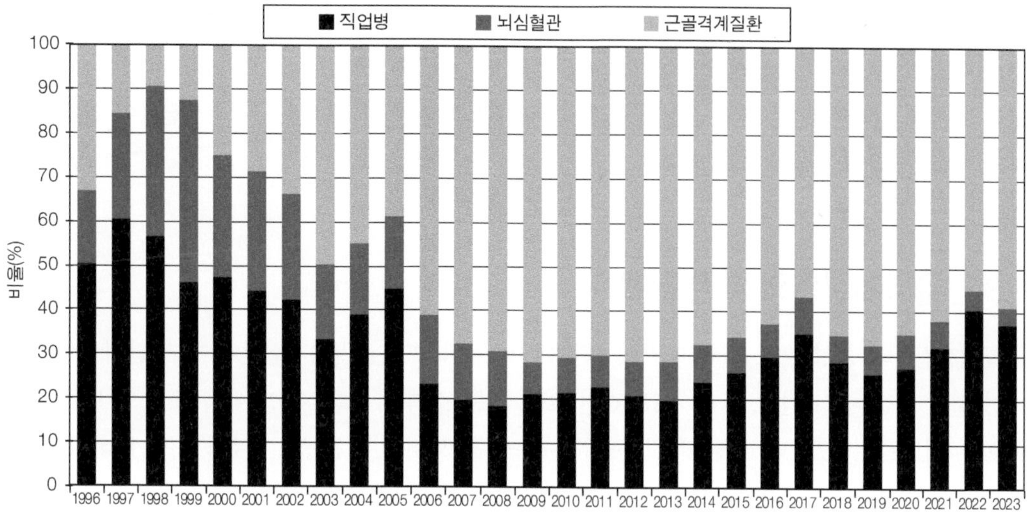

그림 25•2▸전통적 직업병, 뇌심혈관계질환, 근골격계질환의 비율

하였으며 2020년부터 2022년까지 다시 감소하다 2023년에 조금 증가하였다. 조금의 차이는 있으나 2006년 이후 전체 직업병의 약 3분의 2가 근골격계질환이 차지하고 있다. 따라서 직업병에 대한 예방 노력이 근골격계질환에 집중되어야 함을 유추할 수 있다.

미국의 작업자 10,000명당 근골격계질환자 수는 그림 25•3에 나와 있으며, 1980년대 중반부터 급증 추세를 보이다 1994년을 기점으로 지속적으로 감소하고 있음을 보이고 있다. 근골격계질환이 감소한 이유로는 인간공학을 도입하여 작업장을 개선하고 적절한 의학적 조치를 취하였기 때문으로 알려져 있다. 근골격계질환이 전체 산업재해 중 2002년 현재 약 34% 정도를 차지하였다.

반면 우리나라의 경우는 근골격계질환이 2002년에 전체 산업재해의 약 2.2%, 2008년에 약 7.0%, 2023년에는 약 9.5%를 차지하고 있어 미국과 큰 차이를 보이고 있다. 작업자 10,000명당 근

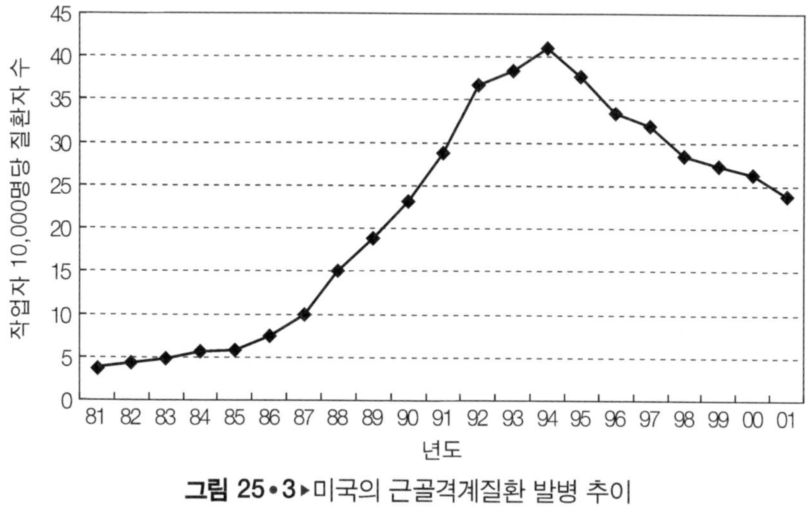

그림 25•3▸미국의 근골격계질환 발병 추이

골격계질환자 수를 보면 미국은 2001년에 81.6명이었던 것에 비하여, 우리나라는 2001년도에 1.5명, 2008년도에 5.0명, 2023년도에 6.3명으로, 각각 미국의 약 1.9%, 6.1%, 7.7%에 불과하다. 작업환경이 미국에 비하여 안전하다고 할 수 없음을 고려할 때 우리나라에서 근골격계질환이 현재 추세와 같이 증가할 가능성이 높다고 할 수 있다.

1.3 근골격계질환의 발전 단계

근골격계질환의 증상은 표 25•1과 같이 3단계로 나누어진다. 근골격계질환이 초기 단계에서 발견되면 얼음 찜질, 침상 안정, 물리 치료, 견인 요법, 진통 소염제, 스테로이드제 주사 등의 보존적 방법으로 치료될 수 있으나, 질환이 진전될수록 수술을 하여야 하는 등 치료가 어렵게 된다. 또한 근골격계질환으로 인한 요양 기간도 길어져 인적·경제적 손실이 커진다.

표 25•1 ▸근골격계질환의 단계별 증상

단계	주요 증상
1단계	• 작업 시간 동안에 통증이나 피로감이 나타난다. • 보통 하룻밤이 지난 아침이면 증상은 나타나지 않는다. • 작업 능력의 감소는 없다. • 몇 주, 몇 달 동안 지속될 수 있으며 악화와 회복을 반복한다.
2단계	• 작업 시간의 초기부터 통증이 발생한다. • 하룻밤이 지나도 통증이 지속된다. • 밤에 화끈거림 때문에 잠을 깨거나 통증 때문에 잠을 못 이루는 경우가 있다. • 작업 능력이 감소된다. • 몇 주, 몇 달 동안 지속될 수 있으며 악화와 회복을 반복한다.
3단계	• 휴식 시간에도 통증이 발생한다. • 하루 종일 통증을 느낀다. • 통증 때문에 잠을 못 이룬다. • 작업을 수행할 수 없을 정도로 움직이기 힘들다. • 다른 일을 하는 데도 어려움과 통증이 동반된다.

1.4 근골격계질환의 종류

근골격계질환은 머리를 제외한 인체 전 부위에서 나타날 수 있으나 하지(lower limb)보다는 주로 몸통, 어깨, 팔, 손 등에 많이 나타나는 것으로 알려져 있다. 신체 부위별로 나타날 수 있는 근골격계질환은 표 25•2와 같다. 대표적 근골격계질환의 원인과 증상을 정리한다.

표 25•2▸근골격계질환의 종류

신체 부위	질병명
손·손목 부위	Guyon 골관에서의 척골신경 포착 신경병증, 드퀘벵씨병, 수근관증후군, 무지 수근 중수관절의 퇴행성 관절염, 수부의 퇴행성 관절염, 방아쇠 수지 및 무지, 결절종, 수완·완관절부의 건염·건활막염, 화이트 핑거
팔·팔목 부위	외상과염, 내상과염, 주두 점액낭염, 전완부에서의 요골신경 또는 정중신경 포착 신경병증, 주관절 부위에서의 척골신경 포착 신경병증, 전완부 근육의 근막통증 증후군, 기타 주관절·전완부의 건염·건활막염
어깨 부위	견쇄관절 또는 상완와 관절의 퇴행성 관절염, 상완 이두 건막염(상완 이두근 파열 포함), 회전근개 건염(충돌증후군, 극상근 파열 등을 포함), 견구축증(유착성 관절낭염, 오십견), 흉곽 출구 증후군, 상완부 근육의 근막 통증 증후군, 견관절 부위의 점액낭염, 기타 견관절 부위의 건염·건활막염
목·견갑골 부위	경부·견갑부 근육(경추 주위근, 승모근, 극상근, 극하근, 소원근, 광배근, 능형근 등)의 근막 통증증후군, 경추 신경병증, 경부의 퇴행성 관절염
요추 부위	추간판탈출증, 퇴행성 추간판증, 척추분리증 및 전방전위증, 척추관협착증
기타	기타 작업관련성이 인정되는 손, 손목, 팔, 팔꿈치, 어깨부위, 목, 견갑골 부위의 근골격계질환

1) 수근관증후군

- 원인: 손목의 수근터널을 통과하는 신경을 압박하거나 손목의 굽힘이나 비틀림 또는 특별하게 힘을 아래로 가하는 경우 유발될 수 있음
- 증상: 손과 손가락의 통증, 마비, 쑤심, 발진, 특히 엄지, 둘째, 셋째 및 넷째 손가락의 요측(엄지쪽) 부분의 감각 저하나 소실을 유발, 신경마비, 악력의 약화, 때때로 증상이 주간에만 나타남

2) 외상과염(테니스 엘보)

- 원인: 팔이나 손목, 손가락 건의 과다 사용
- 증상: 팔꿈치 외측의 통증, 부어오름, 허약, 피부의 홍조 현상이 나타나며 손과 손가락 힘이 떨어짐

3) 백지병(white finger)

- 원인: 햄머, 체인톱, 로터리 그라인더, 연삭기와 같은 진동 기구의 반복적 사용, 손의 혈관에 산소가 공급되지 못하여 혈관이 죽게 된 경우
- 증상: 손과 손가락의 통제 능력이 상실되고 마비, 쑤심, 피부가 하얗게 변함, 열이나 차가움에 대한 감각을 잃고 통증이 발생

4) 방아쇠 수지(트리거 핑거) 증후군

- 원인: 힘을 주어 손가락을 반복해 구부림
- 증상: 손과 손가락의 통증, 부어오름, 약화

5) 햄머 증후군

- 원인: 손을 사용해 물체를 두드림
- 증상: 엄지 손가락 기저 부분의 손끝에 통증이 오고 손가락이 마비되며 차가움에 대한 감각이 상실됨

6) 근막통증증후군

- 원인: 급성 외상, 미세 누적 손상, 만성 과사용, 근긴장, 스트레스
- 증상: 압통, 연관통, 견갑통, 팔쪽으로 방사통

7) 추간판탈출증

- 원인: 부적절한 앉은 자세, 중량물 들기, 운반, 밀기, 당기기
- 증상: 요통, 하지 방사통, 신경마비, 보행 장해, 저림, 자세 변경 시 통증

1.5 근골격계질환 다발 작업

근골격계질환의 대표적 다발 작업은 다음과 같다.

- 중량물 취급 작업(들기, 내리기, 운반하기, 밀기, 당기기)
- 단순 반복 작업
- 장시간 지속 작업
- 부적절한 작업 자세 유발 작업
- 조립 작업(자동차, 전자 제품)
- VDT 작업(컴퓨터 작업)
- 서비스업: 치과, 간호사, 미용사
- 농작업
- 육류 가공업

1.6 근골격계질환의 특징

- 근골격계질환으로 인하여 사망으로까지는 연결되지 않으나 완치가 어려우며 재발이 쉽다.
- 발생 원인이 복합적이며 증상이 잘 드러나지 않는다.
- 증상이 다양하며 조기 발견이 어렵다.
- 작업자의 순간적 실수나 사고에 기인하기보다는 구조적 원인에 의하여 만성적으로 누적되어 온 상해의 결과로 나타난다.
- 근골격계질환을 완벽하게 없앨 수는 없다. 따라서 최대한 줄이기 위하여 조기 발견, 작업환경

개선, 적절한 의학적 조치 등을 취하여야 한다.

- 우리나라의 경우 산업재해는 50인 미만의 영세 중소기업이 약 70% 정도를 차지하나 근골격계 질환은 대기업의 발병율이 높다.
- 한번 발병하면 장기 요양을 요한다.
- 난청, 진폐 등의 전통적 직업병은 객관적 진단은 가능하나 완치가 어려운 반면, 근골격계질환은 객관적 진단이 어려우나 조기에 발견할 때는 휴식, 작업 전환, 물리 치료, 소염제 치료 등의 간단한 보존적 방법으로도 치료가 가능하다.
- 생산 공정이 기계화, 자동화되어 감에도 꾸준하게 증가하고 있다.
- 제조업에서 많이 발생한다. 미국의 경우 전체 근골격계질환의 약 60% 이상이 제조업에서 발생하고, 이 중 자동차 관련 업종이 약 15% 이상을 차지하고 있다. 우리나라에서는 2008년 자료에 의하면 제조업이 근골격계질환의 약 48%를 차지하였고, 그 중 선박 건조 및 자동차 제조업이 약 37%를 차지하였다.
- 휴업 급여 및 의료비 등의 경제적 보상 비용이 천문학적으로 크다. 2002년에 미국 전체 노동력의 약 2%가 근골격계질환을 앓고 있으며, 이로 인한 재해 보상 비용이 전체 산업 재해 보상 비용의 약 1/3에 이르고 있는 것으로 추정된다.

2 근골격계질환의 원인

2.1 근골격계질환의 발생 원인

근골격계질환은 작업 관련 요인, 개인적 요인, 사회심리적 요인 등이 복합적으로 작용하여 발병한다. 산업재해로 인정받기 위해서는 작업관련성 질환이어야 한다.

1) 작업 관련 요인

- 동작의 반복
- 부적절한 자세
- 정적 부하
- 휴식 시간의 부족
- 과도한 힘
- 접촉 스트레스: 날카로운 면, 차가운 면과 접촉
- 진동이나 극한 온도

2) 개인적 요인

- 연령: 연장자
- 성별: 여성 작업자
- 작업 경력: 위험 요인 노출 작업
- 운동 및 취미 활동
- 신체 조건
- 과거 병력: 근골격계 관련 질환
- 작업 습관: 자세, 작업 시간
- 유전적 요인

3) 사회심리적 요인

- 작업 만족도
- 작업의 자율적 조절과 관련된 요소
- 업무적 스트레스
- 근무 조건 만족도
- 상사 및 동료들과의 인간관계
- 정신, 심리 상태

2.2 근골격계질환의 발생과 작업 요인과의 관계

근골격계질환의 발생과 작업 요인과의 관계는 표 25•3에 정리되어 있으며, 팔, 손, 손목 부위에서는 동작 반복, 힘, 작업 자세 등이, 목, 어깨 부위에서는 작업 자세가, 요추부에서는 들기작업/중량물 취급, 전신 진동이 큰 영향을 미치는 요인으로 알려져 있다.

NIOSH에서는 작업과 발생 가능한 근골격계질환, 위험 요인을 표 25•4와 같이 정리하였다.

표 25•3▸근골격계질환의 발생과 작업 요인과의 관계

신체 부위		위험 요인	강한 증거(+++)	증거(++)	불충분한 증거(+/0)
목, 목과 어깨		반복 작업		✓	
		힘		✓	
		작업 자세	✓		
		진동			✓
어깨		작업 자세		✓	
		힘			✓
		반복 작업		✓	
		진동			✓
팔꿈치		반복 작업		✓	
		힘	✓		
		작업 자세		✓	
		복합 요인	✓		
손/손목	수근관 증후군	반복 작업		✓	
		힘		✓	
		작업 자세			✓
		진동		✓	
		복합 요인	✓		
	건염	반복 작업		✓	
		힘		✓	
		작업 자세		✓	
		복합 요인	✓		

표 25•3▸근골격계질환의 발생과 작업 요인과의 관계

신체 부위		위험 요인	강한 증거 (+++)	증거(++)	불충분한 증거 (+/0)
손/손목	진동 장해	진동	✓		
요추부위		들기 작업/중량물 취급	✓		
		부적절한 자세		✓	
		힘든 육체 작업		✓	
		전신 진동	✓		
		정적 작업 자세			✓

표 25•4▸근골격계질환 발생 가능성이 높은 작업, 근골격계질환명 및 위험 요인

작업	근골격계질환	위험 요인
연마 작업	건초염 흉곽출구증후군 드퀘벵씨병	손목의 반복 동작 지속적인 어깨 들이올림 진동 꺾인 손목 자세
프레스 작업	손목과 어깨의 건염 드퀘벵씨병 수근관증후군	손목의 반복 동작 어깨의 반복 동작 팔꿈치 꺾기 손목 꺾임
머리 위 조립 작업 (용접, 페인팅, 자동차 수리)	흉곽출구증후군 건염	지속적인 팔의 들어올림 자세 어깨보다 높은 손의 자세
벨트 컨베이어 조립	손목과 어깨 건염 수근관증후군 흉곽출구증후군	전후좌우로 팔을 들어올리는 자세 손목의 반복 동작
타이핑, 키펀치, 출납원	긴장성 목증후군 흉곽출구증후군 수근관증후군	정적이고 제한적인 자세 손가락의 고빈도 동작 꺾인 손목 자세 손바닥 압력
재봉사	흉곽출구증후군 드퀘벵씨병 수근관증후군	반복적인 어깨 및 손목 동작 손바닥 압력

표 25•4▸근골격계질환 발생 가능성이 높은 작업, 근골격계질환명 및 위험 요인

작업	근골격계질환	위험 요인
작은 부품 조립 (철사 감기, 밴드 싸기)	긴장성 목증후군 손목 건염 상과염	지속적인 부적절한 자세 꺾인 손목 자세와 엄지손가락 압력 반복적인 손목 운동 강력한 손목 신전과 내전
우편 배달부	어깨 문제 흉곽출구증후군	어깨 끈으로 무거운 짐을 나름
음악가	손목 건염 수근관증후군 상과염	손목의 반복 동작 손바닥 압력 어깨의 반복 동작
유리절단 작업, 전화교환 작업	척골신경압박증후군	지속적인 팔꿈치 구부림 자세
실내장식 작업	흉곽출구증후군 수근관증후군	지속적인 어깨 굽힘 반복적인 손목 굽힘
포장 작업	어깨, 손목 건염 긴장성 목증후군 수근관증후군	손목의 반복 동작 과도한 힘
트럭 운전사	흉곽출구증후군	지속적인 어깨의 들어올림 자세
코어 제작	손목 건염	반복적 손목 운동
가정부, 요리사	드퀘벵씨병 수근관증후군	지속적이고 고빈도의 손목 동작
목공 및 벽돌 작업	수근관증후군 가이언터널증후군	손바닥 압력
창고 작업	흉곽출구증후군 어깨 건염	부자연스러운 자세에서 어깨에 걸리는 지속적 하중
재료 운반	흉곽출구증후군, 어깨 건염	어깨로 물건을 나름
제재업/건설	어깨 건염, 상과염	무거운 물건을 반복적으로 던짐
육류 가공 작업	드퀘벵씨병, 수근관증후군	손목의 과도한 힘과 반복 동작

3 근골격계부담작업

근골격계부담작업이란 단순 반복 작업 또는 인체에 과도한 부담을 주는 작업으로서 작업량·작업 속도·작업 강도 및 작업장 구조 등에 따라 고용노동부 장관이 정하여 고시(고시 제2020-12호)하는 작업을 말한다. 근골격계부담작업에 해당하는가에 따라 산업안전보건법에 명시된 근골격계질환 예방 관련 사업주 의무 부과 여부가 결정된다. 노동부는 2003년 7월 15일자 노동부 고시를 통하여 11개 항목의 근골격계부담작업을 처음으로 발표하였다. '근골격계부담작업'이라 함은 다음 각 호의 1에 해당하는 작업을 말한다. 다만, 단기간 작업 또는 간헐적인 작업은 제외한다. 여기서 단기간 작업은 2개월 이내에 종료하는 작업을, 간헐적인 작업은 정기적·부정기적으로 이루어지는 작업으로서 연간 총 작업 기간이 총 60일을 초과하지 않는 작업을 말한다.

1. 하루에 4시간 이상 집중적으로 자료 입력 등을 위해 키보드 또는 마우스를 조작하는 작업
   ① '하루'란 잔업근무시간을 포함한 1일 총 근무시간을 의미함
   ② '4시간 이상'은 근골격계부담작업에 실제 노출된 전체 누적 시간을 의미함
   ③ '집중적 자료 입력'이란 키보드 또는 마우스로 하는 동작이 지속적으로 이루어지는 것을 의미함
   ④ 키보드 또는 마우스를 조작하는 작업이므로 판매대에서 스캐너를 주로 활용하는 작업은 본 호의 적용 대상이 아님
2. 하루에 총 2시간 이상 목, 어깨, 팔꿈치, 손목 또는 손을 사용하여 같은 동작을 반복하는 작업
   ① '총 2시간 이상'은 근골격계부담작업에 실제 노출된 전체 누적 시간을 의미함
   ② '같은 동작'은 동작이 동일할 필요는 없으나 해당 동작들이 같은 근육군을 사용하여 이루어지는 것을 의미함
   [예] 손 뻗기: 근로자가 상, 하, 좌, 우 어느 쪽으로 손을 뻗느냐와 무관하게 항상 상완근과 어깨 근육을 사용하므로 '같은 동작'으로 간주함
3. 하루에 총 2시간 이상 머리 위에 손이 있거나, 팔꿈치가 어깨 위에 있거나, 팔꿈치를 몸통으로부터 들거나, 팔꿈치를 몸통 뒤쪽에 위치하도록 하는 상태에서 이루어지는 작업
   ① 팔꿈치를 몸통으로부터 드는 경우란 팔꿈치가 몸통에서부터 어깨 높이의 범위에 위치한 상지에 부담을 주게 되는 작업을 말함
   ② 제3호의 범위 내에서 손이나 팔꿈치의 위치가 변경되는 경우에는 주로 사용되는 신체 부위가 동일한지에 따라 판단함
4. 지지되지 않은 상태이거나 임의로 자세를 바꿀 수 없는 조건에서, 하루에 총 2시간 이상 목이나 허리를 구부리거나 트는 상태에서 이루어지는 작업
   ① '지지되지 않은 상태이거나 임의로 자세를 바꿀 수 없는 조건'이란 근로자 자신의 선택에 의한 것이 아니라 근로자의 작업 위치가 본인에게 부적절한 자세를 취하게 만드는 경우를 의미함

② '목이나 허리를 굽힘'은 특별한 사정이 없는 한 수직 상태를 기준으로 목이나 허리를 30° 이상으로 구부리는 작업을 의미함

③ '트는 상태'는 정도의 차이와 무관하게 비트는 동작이 포함되면 근골격계부담작업에 포함됨

5. 하루에 총 2시간 이상 쪼그리고 앉거나 무릎을 굽힌 자세에서 이루어지는 작업

① '쪼그리고 앉기'는 근로자가 무릎을 굽힌 상태에서 인체 중량을 주로 발이 감당하고 있는 자세를 말함

② '무릎 굽힌 자세'는 근로자가 바닥면에 한쪽이나 양쪽 무릎을 대고 있는 자세로, 한쪽 혹은 양쪽 무릎이 인체 중량의 상당 부분을 지탱하고 있어야 함

6. 하루에 총 2시간 이상 지지되지 않은 상태에서 1kg 이상의 물건을 한손의 손가락으로 집어 옮기거나, 2kg 이상에 상응하는 힘을 가하여 한손의 손가락으로 물건을 쥐는 작업

① '2kg 이상에 상응하는 힘'이란 A4 용지 약 250매를 집는데 사용되는 힘에 해당됨

7. 하루에 총 2시간 이상 지지되지 않은 상태에서 4.5kg 이상의 물건을 한 손으로 들거나 동일한 힘으로 쥐는 작업

① '지지되지 않은 상태'란 근로자 자신의 선택에 의한 것이 아니라 작업 상황 등이 근로자에게 작업대 등에 의해 지지되지 않은 상태를 발생시키는 경우를 의미함

② '동일한 힘'이란 소형 자동차용 점프선 집게를 쥐는 힘에 해당됨

8. 하루에 10회 이상 25kg 이상의 물체를 드는 작업

① '물체를 드는 작업'에는 밀거나 당기기, 중력을 이용한 낙하(기울임) 등은 포함되지 않음

② 근로자 2인 이상이 작업을 하는 경우 특별한 사유가 없는 한 작업자 수로 나눈 물체의 무게로 계산함

③ 다만, 2인 이상이 실시하는 중량물 취급 작업의 경우 개인의 무게 부하에 대하여 노사간 이견이 있을 경우에는 실제 부하를 계산하여 근골격계부담작업 여부를 결정함

9. 하루에 25회 이상 10kg 이상의 물체를 무릎 아래에서 들거나, 어깨 위에서 들거나, 팔을 뻗은 상태에서 드는 작업

① '무릎 아래에서 들거나 어깨 위에서 들거나'는 물체가 무릎 아래 혹은 어깨 위에 있는 것이 아니라, 물체를 들고 있는 손의 위치가 무릎 아래 혹은 어깨 위에 있는 '상태'를 의미함

② '팔을 뻗은 상태'라 함은 중력에 반하여 팔을 들어 팔꿈치를 편 상태를 의미하며 중력의 방향으로 늘어뜨린 경우(중립 자세)는 제외함

10. 하루에 총 2시간 이상, 분당 2회 이상 4.5kg 이상의 물체를 드는 작업

① 분당 2회 이상 4.5kg 이상의 물체를 드는 경우 노출 시간은 1분으로 계산함

11. 하루에 총 2시간 이상 시간당 10회 이상 손 또는 무릎을 사용하여 반복적으로 충격을 가하는 작업

① 근로자가 강하고 빠른 충격을 전달하기 위하여 손 또는 무릎을 망치처럼 사용하는 작업을 말함

4 근골격계질환의 관리 방안

4.1 근골격계질환의 예방 원리

근골격계질환은 한번 발병하면 요양 기간이 길어 의료비, 휴업 급여 등 경제적 손실이 커 예방이 최우선이다. 인간공학을 도입하여 작업장을 개선하는 등 예방 활동을 적극적으로 수행하여야 한다. 예방 활동에도 불구하고 근골격계질환은 계속 발병하는 특성을 가지고 있으므로, 유소견자를 조기에 발견하여 질병으로 진전되지 않도록 하는 의학적 관리를 병행하여야 한다. 근골격계질환 초기에는 휴식, 작업 전환, 찜질, 물리 치료, 소염제 사용 등의 보존적 방법으로 치료가 가능하나, 질환이 진전될수록 요양기간이 늘어나고, 완치가 어렵고 재발률이 높아진다. 근골격계질환을 효과적으로 관리하기 위한 실행 원칙은 다음과 같다.

- 노·사의 근골격계질환 문제 인식
- 근골격계질환 예방 및 관리 활동에 노·사의 공동 참여
- 근골격계질환 예방 및 관리 활동에 전사적 지원
- 사업장 내 자율적 해결의 원칙
- 시스템적 접근
- 지속적 관리 및 사후 평가
- 문서화

근골격계질환 예방을 위해서는 다음을 수행하여야 한다.

1) 위험 요인의 평가 인간공학적 부하 평가 기법을 이용하여 근골격계질환을 유발할 수 있는 위험 요인을 정량적으로 평가한다.

2) 작업의 개선 근골격계질환을 유발할 수 있을 정도의 위험 요인이 있는 것으로 평가된 작업, 작업 방법을 대상으로, 인간공학적 원칙을 이용하여 작업, 작업 방법, 작업장, 작업 도구 등을 개선한다. 개선에는 공학적 접근과 관리적 접근 방안이 있다.

3) 작업자 교육 근골격계질환을 예방하기 위해서는 경영층의 의지와 함께 작업자의 자발적 참여가 중요하다. 근골격계질환 예방 활동을 수행하는 초기에 작업자들을 대상으로 한 교육을 통하여, 작업자의 참여와 자발적으로 작업을 개선하도록 유도하여야 한다.

4) 의료 관리 근골격계질환은 아무리 예방 활동을 하더라도 일정 부분 발병하기 때문에 예방 활동과 더불어 유소견자나 질환자를 조기에 찾아내어 적극적으로 관리하여야 한다. 질환 발병자에게는 적절한 치료를 제공하고 업무 복귀를 지원한다.

4.2 근골격계질환의 예방 활동 절차

근골격계질환 예방을 위한 활동은 다음 그림 25•4와 같이 사이클을 이루며 행해진다.

1) 우선 개선 대상 공정 선정 경제적, 기술적 이유 등으로 개선이 요구되는 모든 작업을 한꺼번에 개선하기는 어렵다. 개선 대상 작업의 우선순위를 정하여 차례로 개선 활동을 하는 것이 일반적이다. 다음과 같은 자료를 바탕으로 개선 우선순위를 정한다.

- 산업재해, 의무실 진료 자료 등과 같은 자료 검토
- 작업자 불만, 결근율, 이직율, 개선에 대한 작업자 요구와 같은 비공식적 보고서
- 신규 작업이나 문제가 보고되지 않은 작업에 대한 작업 분석

2) 작업 부하 평가 인간공학적 설계 원칙, 평가 기법 등을 이용하여 작업의 문제점, 부하의 크기를 평가하여 위험 요인을 추출한다. 작업 부하 평가는 다음의 방법으로 이루어진다.

- 작업장 방문
- 관리자, 작업자와의 면담
- 작업 상황을 비디오 및 사진으로 촬영하거나 스케치
- 작업 방법, 작업장, 작업 도구와 설비, 부품과 원자재, 환경 조건 분석
- 작업 측정 및 평가

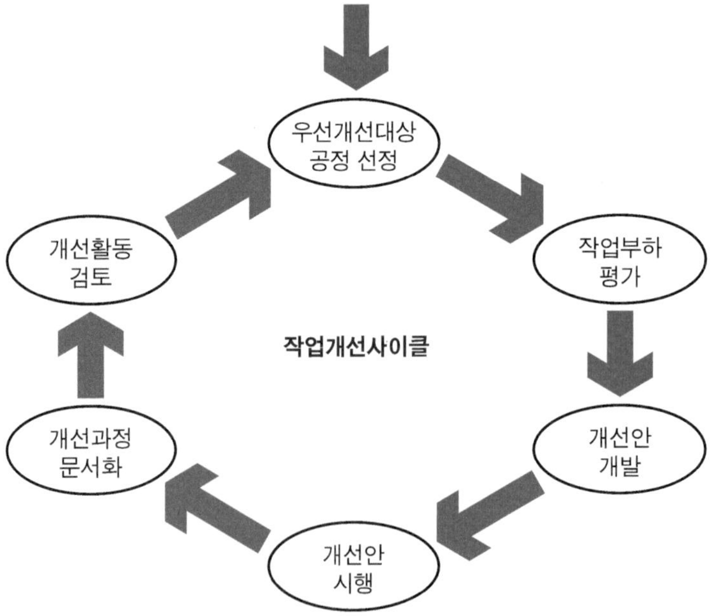

그림 25•4▸근골격계질환 예방 활동 절차

3) 개선안 개발 전 단계에서 정량화된 위험 요인을 제거하거나 완화할 수 있는 방안을 인체 측정치, 작업장 배열, 공구와 장비 설계, 표시장치와 조종장치 설계, 부품과 재료의 위치 등의 관점에서 찾는다.

4) 개선안 시행 어떤 작업을 우선적으로 개선할 지를 정하고 이에 대한 개선 방안을 선택하여 시행한다.

5) 개선 과정의 문서화 예방 활동의 시작부터 전 과정에 일어난 일들을 기록한다. 기록은 다음 개선 활동에 중요한 자료로 활용될 수 있고 개선 과정을 평가하는 데 사용된다.

6) 개선 활동 검토 당초 기대했던 효과가 나타나는지를 확인하기 위하여 개선된 작업을 분석하고, 장단기 안전보건 자료를 조사하여 개선 효과를 검토한다.

4.3 우리나라와 미국의 대응 전략의 차이

1) 미국

- 산업재해 인정, 치료 및 보상 등 사후 관리보다는 작입장 개선 등 예방에 주력
- 노·사의 인식 전환으로 노·사·정 협조 분위기
- 자율적 예방 프로그램 정착
- 연방 차원에서는 사업주의 예방 의무가 법제화되이 있지 않으며 워싱턴주와 캘리포니아주에서난 지침 형태로 운영
- 근골격계질환의 발생을 감안하여 다발 업종과 직군별로 특화된 예방지침 마련 [예: nursing home, 야채 소매상, 정육 산업]

2) 우리나라

- 사측은 근골격계질환의 산업재해 인정으로 인한 기업 부담을 줄이는데 주력하고 있으며, 노측은 근골격계질환의 산업재해 인정과 이에 대한 보상에 관심을 가져 예방을 위한 근골격계질환 예방관리 프로그램(인간공학 프로그램)보다는 의학적 관리 프로그램에 주력하고 있다. 이러한 이유로 근골격계질환 예방관리 프로그램의 도입을 시도한 대부분의 기업에서 실패하고 있다.
- 업종에 관계없이 포괄적으로 사업주의 예방 의무가 법제화되어 있다.

5 근골격계질환 관련 법규

5.1 산업안전보건법

사업주의 근골격계질환 예방 의무는 산업안전보건법 제39조(보건상의 조치) 제1항 제5호에 규정되어 있다. 근골격계질환에 관련된 모든 법적 근거는 이 규정에 근거한다. 산업안전보건법 제39조(보건상의 조치) 제2항의 규정에 의하여 사업주의 구체적인 조치의무는 「산업안전보건기준에 관한 규칙」에 정하도록 위임되어 있다. 산업안전보건법의 규정은 다음과 같다.

제39조(보건상의 조치)

① 사업주는 사업을 행함에 있어서 발생하는 다음 각호의 건강장해를 예방하기 위하여 필요한 조치를 하여야 한다.

1. 원재료·가스·증기·분진·흄(fume)·미스트(mist)·산소결핍·공기·병원체 등에 의한 건강장해〈개정 2002.12.30〉
2. 방사선·유해광선·고온·저온·초음파·소음·진동·이상기압 등에 의한 건강장해
3. 사업장에서 배출되는 기체·액체 또는 잔재물 등에 의한 건강장해
4. 계측감시·컴퓨터단말기조작·정밀공작 등의 작업에 의한 건강장해
5. 단순반복 작업 또는 인체에 과도한 부담을 주는 작업에 의한 건강장해〈신설 2002.12. 30〉
6. 환기·채광·조명·보온·방습 및 청결 등에 대한 적정 기준을 유지하지 아니함으로 인하여 발생하는 건강장해

② 제1항의 규정에 의하여 사업주가 하여야 할 보건상의 조치사항은 고용노동부령으로 정한다.

5.2 산업안전보건기준에 관한 규칙 및 근골격계부담작업

산업안전보건법에 명시된 근골격계질환에 대한 사업주의 예방 의무에 대한 구체적인 사항은, 산업안전보건법 제39조 제2항에 근거하여 산업안전보건기준에 관한 규칙 제12장(근골격계부담작업으로 인한 건강장해의 예방, 656조~666조)에 정하여져 있다. 그 주요 내용은 다음과 같다.

- 유해요인조사(657~658조),
- 작업환경개선(659조),
- 의학적 조치(660조),
- 유해성 주지 및 근골격계질환 예방관리프로그램의 수립 시행(661~662조)
- 중량물 취급 작업에 대한 조치(663~666조)

산업안전보건기준에 관한 규칙 제656조(정의) 제1호의 규정에 의하여 근골격계부담작업의 범

위는 고용노동부장관이 정하여 고시하도록 되어 있다. 현재 고용노동부 고시 제2020-12호(근골격계부담작업의 범위 및 유해요인조사 방법에 관한 고시)로 근골격계부담작업의 범위를 고시하여 총 11개의 부담작업을 규정하고 있다. 근골격계부담작업의 내용은 '3. 근골격계부담작업'에 설명되어 있다. 근골격계질환 관련 법령의 시행 시기는 다음과 같다.

- 산업안전보건법: 2003.7.1.
- 산업보건기준에 관한 규칙(현 산업안전보건기준에 관한 규칙): 2003.7.12.
- 근골격계부담작업의 범위(노동부고시 제2003-24호): 2003.7.15.

근골격계질환 관련 법령의 적용 대상은 근골격계부담작업에 근로자를 종사하도록 하는 모든 작업이며, 산업안전보건법 제39조는 모든 사업 또는 사업장에 적용되므로 규모, 업종에 따른 적용 제외 규정이 없다. 사업주가 예방 의무를 준수하지 않을 경우는 산업안전보건법 제168조에 의하여 5년 이하의 징역 또는 5천만원 이하의 벌금에 처하게 된다.

1) 유해요인조사 사업주는 근골격계부담작업에 근로자를 종사하도록 하는 경우에는 3년마다 정기조사를, 근골격계질환자가 발생하거나 작업 설비, 작업 환경에 변화가 발생한 경우에는 수시 유해요인조사를 실시하여야 한다. 유해요인조사에 대해서는 '6. 유해요인 평가'에서 설명한다.

2) 작업환경 개선 사업주는 유해요인조사 결과 근골격계질환이 발생할 우려가 있는 경우에는 인간공학적으로 설계된 인력작업 보조설비 및 편의설비 설치 등 작업환경 개선에 필요한 조치를 취하여야 한다. 작업환경 개선 조치가 필요한 작업, 작업환경 개선 조치의 범위 등을 판단할 경우 사업주는 작업평가도구(OWAS, RULA 등), 근로자 증상조사, 경제적 여건, 개선 효과 등을 종합 판단하여 선별한다.

3) 의학적 조치 근골격계부담작업 종사 근로자가 근골격계질환 징후를 사업주에게 통보할 경우, 사업주는 의학적 조치를 취하고 필요한 경우 작업환경 개선 조치를 취하여야 한다. 근골격계질환 징후란 운동범위의 축소, 쥐는 힘의 저하, 기능의 손실 등과 같이 객관적으로 관찰되는 것을 말한다. 징후 근로자에게 취하여야 할 의학적 조치는 증상 부위 휴식, 장비를 통한 고정(보조대 등), 물리 치료, 운동 처방 또는 스트레칭, 주사 요법(근이완제, 국소 마취제 등) 등 징후를 개선시키는 데 필요한 적절한 조치를 말한다.

4) 유해성 주지 사업주는 근골격계부담작업에 근로자를 종사하도록 하는 때에는 다음 사항을 근로자에게 널리 알려주어야 한다.

- 근골격계부담작업의 유해요인
- 근골격계질환의 징후 및 증상
- 근골격계질환 발생 시 대처 요령

- 올바른 작업 자세 및 작업 도구, 작업 시설의 올바른 사용 방법
- 그밖에 근골격계질환 예방에 필요한 사항

또한, 사업주는 유해요인조사 및 그 결과, 조사 방법 등을 해당 근로자에게 알려야 한다. 사업주가 유해성을 주지시키기 위해서 다양한 방법을 활용할 수 있으나 근로자가 쉽게 인식할 수 있도록 하여야 한다. 단순히 안내 책자를 배부하거나 작업장에 비치하는 방법으로 하여서는 안 된다.

5) 근골격계질환 예방관리프로그램 사업주는 다음에 해당하는 경우에는 근골격계질환 예방관리프로그램을 수립·시행하여야 한다.

- 근골격계질환으로 산업재해보상보험법시행규칙 제39조의 규정에 따라 요양 결정을 받은 근로자가 연간 10인 이상 발생한 사업장 또는 5인 이상 발생한 사업장으로서 발생 비율이 그 사업장 근로자수의 10퍼센트 이상인 경우
- 근골격계질환 예방과 관련하여 노사 간의 이견이 지속되는 사업장으로서 고용노동부장관이 필요하다고 인정하여 명령한 경우

여기서 연간이란 매년 1.1~12.31 간을 의미한다. 사업주가 근골격계질환 예방관리프로그램을 작성·시행할 경우에는 노·사협의를 거쳐야 한다. 근골격계질환 예방관리프로그램을 작성·시행할 경우에는 인간공학·산업의학·산업위생·산업간호에 관한 분야별 전문가로부터 필요한 지도·조언을 받을 수 있다. 사업주는 산재요양 결정을 받은 근로자가 연간 10인 이상 발생하는 등 근골격계질환 예방관리프로그램의 수립·시행에 해당하는 사유가 발생하는 경우 지체 없이(특별한 사유가 없는 한 3개월 이내) 노·사협의 등 필요한 절차를 거쳐야 한다.

사업장에서 자체적으로 근골격계질환 예방관리프로그램을 개발하여 활용하는 것은 가능하나, 유해요인조사, 작업환경 개선, 의학적 조치, 유해성 주지 등의 내용을 포함하여 자체적으로 수정·보완해나갈 수 있도록 작성되어야 한다. 사업장에서 자체 개발한 근골격계질환 예방프로그램이 없는 경우 산업안전공단 기술지침인 「사업장 근골격계질환 예방관리 프로그램(KOSHA GUIDE H-65-2012)」을 참조할 수 있다. 예방관리 프로그램 지침은 26장에 서술한다.

예방관리프로그램을 시행하고 있는 사업장은 산업안전보건기준에 관한 규칙에 따라 매 3년마다 유해요인조사를 실시하되, 예방관리프로그램의 취지에 맞게 유해요인조사, 작업환경 개선, 의학적 관리, 교육훈련, 평가를 종합적인 관점에서 사전에 계획하여 시행하여야 한다.

6) 중량물 취급 작업에 대한 조치 사업주는 근로자가 5kg 이상의 중량물을 들어올리는 작업을 하는 경우에 다음 조치를 하여야 한다.

- 주로 취급하는 물품에 대하여 근로자가 쉽게 알 수 있도록 물품의 중량과 무게 중심에 대하여 작업장 주변에 안내 표시를 할 것

그림 25•5▸중량물 안내 표시

- 취급하기 곤란한 물품에 대하여 손잡이를 붙이거나 갈고리, 진공 빨판 등 적절한 보조 도구를 활용할 것

안내 표시는 형태·규격 등에 제한이 없으며 작업장의 특성에 맞도록 근로자가 알기 쉽게 물품의 중량과 무게 중심에 대해 표시하고, 물품에 따른 중량, 무게 중심 등이 포함된 리스트를 포함하여야 한다. 그림 25•5에 안내 표시에 대한 예시가 나와 있다. 사업주는 5kg 이상의 중량물을 들어올리는 작업에 근로자를 종사하도록 하는 때에는 무게중심을 낮추거나 대상물에 몸을 밀착하도록 하는 등 신체에 부담을 감소시킬 수 있는 자세에 대하여 널리 알려야 한다.

6 유해요인조사

6.1 유해요인조사 대상 및 목적

산업안전보건법 제39조(보건상의 조치) 제1항 제5호(사업주의 근골격계질환 예방 의무)에 의하여 사업주는 근골격계부담작업에 근로자를 종사하도록 하는 경우에 3년마다 유해요인조사를 실시하여야 한다. 근골격계부담작업의 범위는 산업안전보건기준에 관한 규칙 제656조(정의) 제1호 규정에 의하여 고용노동부 장관이 정하여 고시한다. 현재의 근골격계부담작업은 2003년 7월 15일자로 노동부 고시 제2003-24호(현재 고용노동부 고시 제2020-12호)로 고시하였으며 11개 항으로 구성되어 있다.

유해요인조사는 근골격계질환 발생을 예방하기 위해 근골격계부담작업이 있는 공정 및 부서의 유해요인을 제거하거나 감소시키기 위하여 실시한다. 따라서 유해요인조사 결과를 근골격계질환의 이환을 부정하는 근거 또는 반증 자료로 사용할 수 없다.

6.2 유해요인조사 내용

산업안전보건기준에 관한 규칙에는 다음 세 가지 항목에 대한 조사를 하도록 규정하고 있다. 유해요인조사 시 사업장에서 자체적으로 유해요인조사 지침을 개발하여 활용하는 것은 가능하나, 산업안전보건기준에 관한 규칙 제657조(유해요인조사) 제1항에 의한 다음의 세 가지 사항을 조사할 수 있도록 작성되어야 한다. 사업장에서 자체 개발한 유해요인조사 방법이 없는 경우 한국산업안전공단 기술지침인 「근골격계부담작업 유해요인조사 지침(KOSHA GUIDE H-9_2022)」를 사용할 수 있다.

- 작업장 상황 조사: 작업 공정, 작업 설비, 작업량, 작업 속도 및 업무의 변화 여부 등을 조사한다.
- 작업 조건 조사
  - 1단계: 직종 및 작업 내용 조사
  - 2단계: 작업 내용별 작업 부하(A) 및 작업 빈도(B)
    작업 내용별 총점수(A×B)를 계산함
  - 3단계: 총점수가 높은 작업 순서대로 기술
    유해요인 및 유해요인의 원인 파악
- 근골격계질환 증상 조사: 유해요인과의 부합성 확인을 목적으로 증상과 징후, 직업력, 근무 형태(교대제 여부 등), 취미 생활, 과거 질병력 등을 조사한다.
  작업 조건 조사에서 파악하는 유해요인은 다음을 포함한다.
- 반복성: 같은 근육, 힘줄 또는 관절을 사용하여 동일한 유형의 동작을 되풀이해서 수행함
- 부자연스러운 또는 취하기 어려운 자세: 반복적이거나 지속적인 팔을 뻗음, 비틂, 구부림, 머리 위 작업, 무릎을 꿇음, 쪼그림, 고정 자세를 유지함, 손가락으로 집기 등
- 과도한 힘: 작업을 수행하기 위해 근육을 과도하게 사용함
- 접촉 스트레스: 작업대 모서리, 키보드, 작업 공구, 가위 사용 등으로 인해 손목, 손바닥, 팔 등이 지속적으로 눌리거나, 손바닥 또는 무릎 등을 사용하여 반복적으로 물체에 압력을 가함으로써 해당 신체 부위가 충격을 받게 되는 것
- 진동: 지속적이거나 높은 강도의 손, 팔 또는 몸 전체의 진동
- 기타 요인: 극심한 저온 또는 고온, 너무 밝거나 어두운 조명

6.3 유해요인조사 시기

1) 정기조사 정기조사는 매 3년 이내에 정기적으로 실시하여야 한다. 첫 번째 정기조사는 2004년 6월 30일까지 시행되었으며 이후 3년 주기로 시행된다. 2003년 7월 12일 이후 신설되는 사업장으로 근골격계부담작업을 보유하는 경우에는 신설일로부터 1년 이내에 해당 작업에 대한 최초 유해요인조사를 실시하여야 한다.

2) 수시조사 다음 사항에 한 가지라도 해당되면 사업주는 1개월 이내에 유해요인조사를 실시하여야 한다.

- 임시건강진단 등에서 근골격계질환자가 발생하였거나 산업재해보상보험법에 의한 근골격계질환의 요양 승인자가 발생한 경우
- 근골격계부담작업에 해당하는 새로운 작업 설비를 도입한 경우
- 근골격계부담작업에 해당하는 업무의 양과 작업 공정 등 작업환경이 변경된 경우

6.4 유해요인조사 원칙

- 사업주는 유해요인조사에 근로자 대표 또는 당해 작업 근로자를 참여시켜야 한다.
- 특별히 정한 경우를 제외하고는 근골격계부담작업(근골격계부담작업이 단위 작업으로 구분되는 경우에는 각 단위 작업) 각각에 대하여 유해요인조사를 실시하여야 한다. 근로자 1명이 둘 이상의 근골격계부담작업에 종사하는 경우에도 해당 근골격계부담작업 각각에 대하여 유해요인조사를 실시하여야 한다.
- 교대제 근무가 이루어지거나 1명의 근로자가 공정의 진행에 의해 장소를 이동하면서 동일한 직무를 수행하는 작업(용접, 도장 등)의 경우에는 당해 작업을 하나의 작업으로 보고 유해요인조사를 실시한다.
- 모든 근골격계부담작업에 대하여 유해요인조사를 실시하는 것이 원칙이나, 한 단위작업 장소 내에서 10개 이하의 근골격계부담작업이 동일 작업으로 이루어지는 경우에는 작업 강도가 가장 높은 2개 이상의 작업을 선정하여 조사를 수행하는 표본조사를 실시한다. 만일, 한 단위 작업 장소 내에 동일 근골격계부담작업의 수가 10개를 초과하는 경우에는 초과하는 5개의 작업 당 작업 강도가 가장 큰 1개의 작업을 표본으로 추가하여 유해요인조사를 실시한다. 동일한 작업이란 작업량, 작업 속도, 근로자의 신체적 특성에 따른 작업 자세 등이 상이하다고 할지라도 작업 설비, 작업 방법, 작업으로 인하여 발생되는 결과(생산품 등)가 같다고 객관적으로 판단되는 작업을 의미한다. 예를 들어, 동일 사양의 다수의 프레스로 동일한 부품을 만드는 작업과 같은 것을 말한다.
- 특정 설비를 다수의 근로자가 동시에 사용하여 작업을 하는 경우에는 근로자의 수에 따라 작업의 수를 산정하여 유해요인조사를 실시한다.
- 동일 작업에 대한 유해요인조사를 표본조사로 실시할 때 근로자 면담이나 증상설문조사 등은 표본으로 선정된 근골격계부담작업의 종사 근로자에 대하여 실시한다.
- 동일한 장소에서 행해지는 사업의 일부를 도급에 의하여 행하는 사업인 경우에는 근로자를 직접 사용하는 자(수급인)가 유해요인조사를 실시한다. 다만, 유해요인조사 결과 도급인 소유 설비의 변경을 요하는 경우에는 수급인은 도급인에게 그 사실을 통지하고, 수급인이 실시한 유해요인조사가 잘못되었다는 반증이 없는 한 필요한 개선 조치를 취하여야 한다.

6.5 유해요인조사자

유해요인조사는 다음의 자가 수행할 수 있으며 사업주는 유해요인조사자에 대하여 유해요인조사에 관련한 제반 사항에 대하여 교육을 실시하여야 한다. 교육은 근골격계질환 예방관리프로그램에 있는 기본 교육 정도면 충분하다.

- 보건관리자(단, 규모가 큰 사업장은 부서별 유해요인조사자 지정 가능)
- 사업주가 지정하는 자
- 근골격계질환 예방관리추진팀
- 유해요인조사자 지정이 사업장 내부에서 곤란한 경우 외부 전문기관이나 전문가에게 위임

6.6 유해요인조사 결과의 처리

1) 개선 우선순위에 따른 개선 계획 수립 유해요인조사의 흐름은 그림 25•6과 같으며 그림에서와 같이 조사 결과를 바탕으로 유해도를 평가한다. 유해요인 기본조사의 총점수가 높을 경우 또는 근골격계질환 증상 호소율이 다른 부서에 비하여 높을 경우 유해도가 높은 작업으로 평가한다. 유해도가 높은 작업 중 다음 사항을 고려하여 우선순위를 정한다.

- 다수의 근로자가 유해요인에 노출되어 있음
- 증상 및 불편을 호소하는 작업
- 비용-편익 효과가 큰 작업

2) 작업환경 개선 실시 작업환경 개선은 다음 순서로 이루어진다.

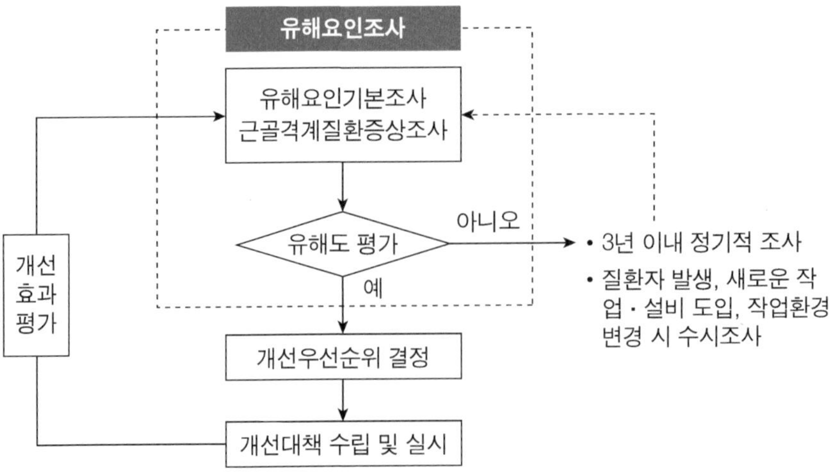

그림 25•6▸유해요인조사 흐름도

- 조사 결과의 정리(조사 부서 또는 전체)
- 작업 내용별 개선 방안 결정(조사자, 근로자, 해당 부서장)
- 부서별/사업장 전체 개선 우선순위 결정(조사자, 근로자, 해당 부서장)
- 최종 작업환경 개선 계획서를 작성(사업주, 근로자 대표 확인)
- 개선 계획 이행

3) 해당 근로자에게 알림(통지의 의무) 사업주는 유해요인조사 및 결과, 조사 방법 등을 해당 근로자에게 알려야 한다.

4) 필요 시 외부의 전문기관이나 전문가로부터 지도·조언 사업주는 개선 계획의 타당성을 검토하거나 개선 계획 수립을 위하여 외부의 전문기관이나 전문가로부터 지도·조언을 들을 수 있다.

6.7 문서 기록과 보존

사업주는 다음과 같은 내용을 기록·보존하여야 하며 근로자의 신상에 관한 문서는 5년 동안, 시설·설비와 관련된 자료는 시설·설비가 작업장 내에 존재하는 동안 보존해야 한다.

- 유해요인 기본조사표
- 근골격계질환 증상조사표
- 개선 계획 및 결과 보고서

[1] 다음 중 근골격계질환에 관한 설명으로 틀린 것은?

① 미세한 근육이나 조직의 손상으로 시작된다.
② 초기에 치료하지 않으면 심각해질 수 있다.
③ 사전 조사에 의하여 완전 예방이 가능하다.
④ 신체의 기능적 장해를 유발할 수 있다.

[2] 다음 중 근골격계질환을 나타내는 용어가 아닌 것은?

① MRS ② CTD ③ ERI ④ OOS

[3] 다음 우리나라 근골격계질환 현황에 대한 설명 중 옳지 않은 것은?

① 1996년부터 지속적으로 증가하고 있다.
② 고용노동부 통계에서 신체부담작업, 요통, 수근관증후군으로 발표되고 있다.
③ 난청, 유기용제 중독과 같은 전통적 직업병이 전체 직업병에서 차지하는 비중은 대체로 감소하고 있다.
④ 미국에 비하여 작업자 10,000명당 질환자 수가 5%에 미치지 못하고 있다.

[4] 미국에서는 단위 작업자당 근골격계질환자 수가 1994년을 정점으로 하여 지속적으로 감소하고 있다. 그 이유로 적절하지 않은 것은?

① 인간공학적 작업장 개선 ② 노·사 공동 참여
③ 적절한 의학적 조치 ④ 법적 규제

[5] 다음 중 근골격계질환의 증상이 아닌 것은?

① 쑤심 ② 골절 ③ 부어오름 ④ 불편

[6] 다음 중 작업을 하지 않는 휴식 시간에도 통증이 발생하는 근골격계질환 증상 단계는?

① 1단계 ② 2단계 ③ 3단계 ④ 4단계

[7] 다음 중 근골격계질환이 나타날 수 있는 부위가 아닌 곳은?

① 허리 ② 손목 ③ 복부 ④ 목

[8] 다음 중 근골격계질환의 판정 기준에 해당되지 않는 것은?

① 증상의 지속 시간 ② 증상의 강도 ③ 증상의 빈도 ④ 증상의 발생 장소

[9] 다음 중 근골격계질환 진단 시 사용하는 자료가 아닌 것은?

① 심전도 검사 ② 과거 병력 ③ 작업 경력 ④ 증상

[10] 햄머, 연삭기와 같은 진동 기구의 반복적 사용으로 나타날 수 있는 근골격계질환으로 가장 적절한 것은?

① 드퀘벵씨병 ② 수근관증후군 ③ 건초염 ④ 백지병

[11] 힘을 주어 손가락을 반복해 구부리는 작업으로 나타나는 근골격계질환으로 손과 손가락에 통증이 오고 부어오르는 증상을 보이는 질환은?

① 방아쇠수지병 ② 수근관증후군 ③ 건초염 ④ 백지병

[12] 근골격계질환의 원인으로 가장 거리가 먼 것은?

① 반복동작 ② 고온 작업 ③ 과도한 힘 ④ 부적절한 자세

[13] 근골격계질환의 발생 원인 중 작업 특성요인이 아닌 것은?

① 작업 경력 ② 반복적인 동작
③ 무리한 힘의 사용 ④ 동력을 이용한 공구 사용 시 진동

[14] 다음 중 팔꿈치 부위에 발생하는 근골격계질환의 유형에 해당되는 것은?

① 수근관증후군 ② 바르텐베르그 증후군
③ 외상 과염 ④ 추간판 탈출증

[15] 다음 중 어깨(견관절) 부위에서 발생할 수 있는 근골격계질환 유형은?

① 외상 과염 ② 회내근 증후군
③ 극상극 건염 ④ 추간판 탈출증

[16] 작업성 근골격계질환의 유형으로 분류되기 어려운 것은?

① 컴퓨터 작업자의 안구 건조증
② 전자 제조업 조립 작업자의 건초염
③ 물류 창고 중량물 취급자의 활액낭염
④ 육류 가공업 작업자의 수근관증후군

[17] 다음 중 손, 손목 부위의 근골격계질환 중 수근관증후군의 위험 요인으로 가장 관계가 먼 것은?

① 반복 작업 ② 진동 ③ 작업 자세 ④ 힘

[18] 다음 중 포장 작업에서 발생할 수 있는 근골격계질환으로 가장 거리가 먼 것은?

① 어깨 건염 ② 드퀘벵씨병 ③ 긴장성 목증후군 ④ 수근관증후군

[19] 다음 중 근골격계질환에 대한 설명으로 옳은 것은?

① 근골격계질환은 완치가 쉽다.
② 근골격계질환의 증상은 객관적 진단이 가능하다.
③ 작업이 자동화, 기계화되어 감에 따라 근골격계질환의 발병은 감소될 것이다.
④ 조기에 발견하면 보존적 요법으로 치료가 가능하다.

[20] 다음 중 근골격계부담작업에 대한 설명으로 옳지 않은 것은?

① 단순반복 작업 또는 인체에 과도한 부담을 주는 작업이다.
② 근골격계질환의 인정 기준이다.
③ 작업량, 작업 속도, 작업 강도 및 작업장 구조 등에 따라 결정된다.
④ 고용노동부 장관이 정하여 고시한다.

[21] 다음 중 근골격계부담작업에 해당하지 않는 것은?

① 하루 2시간 동안 허리 높이 작업대에서 전동 드라이버로 자동차 부품을 조립하는 작업
② 자동차 조립라인에서 하루 4시간 동안 머리 위에 위치한 부속품을 볼트로 체결하는 작업
③ 하루 6시간 동안 컴퓨터를 이용하여 자료 입력과 문서 편집을 하는 작업
④ 하루에 15kg의 쌀을 무릎 아래에서 허리 높이의 선반에 30회 올리는 작업

[22] 다음 중 근골격계부담작업에 해당하는 작업은?

① 하루에 25kg의 물건을 5회 들어 올리는 작업
② 하루에 4시간씩 기계의 상태를 모니터링하는 작업
③ 하루에 3시간씩 집중적으로 키보드를 이용하여 자료를 입력하는 작업
④ 하루에 2시간씩 시간당 15회 손으로 쳐서 기계를 조합하는 작업

[23] 다음 중 근골격계질환 예방 원리로 옳지 않은 것은?

① 인간공학적으로 작업장을 설계하여야 한다.
② 조기에 근골격계질환 유소견자를 발견하여 조치를 취한다.
③ 설비 투자가 우선이므로 사측이 추진하여야 한다.
④ 공학적, 관리적 접근 방향을 병행한다.

[24] 다음 중 근골격계질환 예방 활동의 순서로 적절한 것은?

① 위험요인평가–작업 개선–작업자 교육–의학적 관리
② 위험요인평가–작업자 교육–작업 개선–의학적 관리
③ 작업자 교육–위험요인평가–작업 개선–의학적 관리
④ 작업자 교육–작업 개선–위험요인평가–의학적 관리

[25] 다음 중 근골격계질환 예방 활동에서 우선 개선 대상 공정을 선정하는 이유로 옳은 것은?

① 모든 작업에 인간공학적 평가 기법을 적용하여 부하를 평가하기 어렵기 때문이다.
② 경제적, 기술적 이유 등으로 한 번에 모든 작업을 개선하기 어렵기 때문이다.
③ 전체가 아닌 부분적 개선이 경제적으로 유리하기 때문이다.
④ 인간공학 프로그램에서 권고하고 있기 때문이다.

[26] 근골격계질환에 관한 사업주의 예방 의무를 부과한 법적 근거가 되는 법/규칙은?

① 산업안전보건기준에 관한 규칙 ② 산업재해보상보험법
③ 산업안전보건법 ④ 근골격계부담작업 관련 고시

[27] 근골격계질환에 관한 사업주의 예방 의무를 규정한 법령이 아닌 것은?

① 산업안전보건기준에관한 규칙 ② 산업재해보상보험법
③ 산업안전보건법 ④ 근골격계부담작업 관련 고시

[28] 근골격계질환 예방을 위한 사업주의 구체적 조치 의무는 어디에 규정되어 있는가?

① 산업안전보건기준에관한 규칙 ② 산업재해보상보험법
③ 산업안전보건법 ④ 산업보건기준에관한 규칙

[29] 근골격계질환 예방을 위한 사업주의 법적 의무로 거리가 먼 것은?

① 작업자 훈련 ② 의학적 조치
③ 유해요인조사 ④ 유해성 주지

[30] 근골격계질환 관련 법규의 적용 대상은?

① 근골격계질환 발생 사업장 ② 근로자 5인 이상 모든 사업장
③ 근골격계부담 작업이 있는 사업장 ④ 모든 기업

[31] 근골격계질환 관련 법규에서 명시한 근골격계질환의 징후가 아닌 것은?

① 운동범위의 축소 ② 쥐는 힘의 저하
③ 주관적 통증 ④ 기능의 손실

[32] 사업주가 근골격계부담작업에 근로자를 종사하도록 하는 경우 근로자에게 주지하여야 할 사항이 아닌 것은?

① 산재 보상 비용 ② 근골격계질환 징후 및 증상
③ 올바른 작업 자세 ④ 근골격계질환 발생 시 대처 요령

[33] 근골격계질환 예방·관리교육에서 작업자에 대한 필수적인 교육 내용으로 틀린 것은?

① 근골격계부담 작업에서의 유해요인
② 예방·관리 프로그램 수립 및 운영 방법
③ 작업 도구와 장비 등 작업 시설의 올바른 사용 방법
④ 근골격계질환 발생 시 대처 요령

[34] 중량물 표시 등에 관한 법적 의무 중 올바른 것은?

① 5kg 이상의 모든 중량물에 대하여 중량과 무게 중심을 작업장 주변에 안내표시
② 위 안내 표시는 작업장 한 곳에 하면 된다.
③ 안내 표시의 형태, 규격 등은 고용노동부 장관이 정한 양식을 따라야 한다.
④ 5kg 이상의 중량물을 들어올리는 작업에 근로자를 종사하도록 할 때에 사업주는 안전한 들기 작업 방법을 교육하여야 한다.

[35] 다음 중 근골격계질환의 예방에서 단기적 관리 방안으로 볼 수 없는 것은?

① 안전한 작업 방법 교육
② 휴게실, 운동 시설 등 기타 관리 시설 확충
③ 근골격계질환 예방관리 프로그램 도입
④ 작업자에 대한 휴식시간의 배려

[36] 다음 중 근골격계질환 예방을 위한 바람직한 관리적 개선방안이 아닌 것은?

① 규칙적이고 잦은 휴식을 통하여 피로의 누적을 예방한다.
② 작업 확대를 통하여 한 작업자가 할 수 있는 일의 다양성을 넓힌다.
③ 전문적인 스트레칭과 체조 등을 교육하고 작업 중 수시로 실시하게 유도한다.
④ 중량물 운반 등 특정 작업에 적합한 작업자를 선별하여 상대적 위험도를 경감한다.

[37] 다음 중 근골격계질환의 유해요인조사 대상은?

① 사무작업을 제외한 모든 작업　② 모든 작업
③ 모든 근골격계부담작업　④ 대표적 작업

[38] 다음 중 유해요인조사의 내용과 거리가 먼 것은?

① 작업자 정보　② 작업조건　③ 작업장 상황　④ 근골격계질환 증상

[39] 다음 중 근골격계부담작업에 근로자를 종사하도록 하는 경우 유해요인조사의 실시 주기로 옳은 것은?

① 6월　② 1년　③ 2년　④ 3년

[40] 다음 중 근골격계부담작업의 유해요인조사 및 평가에 관한 설명으로 틀린 것은?

① 조사항목으로는 작업장의 상황, 작업 조건 등이 있다.
② 정기 유해요인조사는 수시유해요인조사와는 별도로 2년마다 행한다.
③ 신설되는 사업장의 경우에는 신설일로부터 1년 이내 최초의 유해요인조사를 실시하여야 한다.
④ 사업주는 개선계획의 타당성을 검토하기 위하여 외부의 전문기관이나 전문가로부터 지도·조언을 들을 수 있다.

[41] 다음 중 근골격계질환의 유해요인조사 내용 중 작업장 상황 조사에 포함되지 않은 항목은?

① 작업 공정　② 유해요인　③ 작업량　④ 최근 업무 변화

[42] 다음 중 근골격계질환의 유해요인조사 내용 중 증상 조사에 포함되지 않은 항목은?

① 징후와 증상　② 작업량　③ 근무 형태　④ 취미 생활

[43] 다음 중 근골격계질환의 유해요인조사 조사자로 가장 부적절한 자는?

① 안전관리자　② 보건관리자　③ 외부전문가　④ 관리감독자

[44] 다음 중 근골격계질환의 유해요인조사 내용 중 작업 조건 조사에 포함되지 않은 항목은?

① 작업 개선 내용 ② 유해요인 ③ 작업 내용 ④ 작업 빈도

[45] 다음 중 근골격계질환의 유해요인조사 후 사업주가 보존하여야 할 문서가 아닌 것은?

① 조사계획표 ② 기본조사표 ③ 증상조사표 ④ 개선 계획서

[46] 다음 중 근골격계질환 유해요인조사의 목적으로 가장 거리가 먼 것은?

① 유해요인을 제거하거나 감소시킨다.
② 작업 개선 계획 수립을 위한 자료로 활용한다.
③ 근로자에게 건강한 작업 환경을 제공한다.
④ 근골격계질환의 이환을 부정하는 반증 자료로 활용한다.

[47] 다음 중 근골격계질환 수시 유해요인조사 사유에 해당되지 않는 것은?

① 산업재해보상보험법에 의한 근골격계질환 요양 승인자가 발생한 경우
② 고용노동부의 법적 개선 조치가 명하여진 경우
③ 근골격계부담작업에 해당하는 새로운 설비를 도입한 경우
④ 근골격계부담작업에 해당하는 업무의 양이 변경된 경우

[48] 다음 중 근골격계질환 유해요인조사 시 파악하는 유해요인과 가장 거리가 먼 것은?

① 작업량 ② 어두운 조명 ③ 접촉 스트레스 ④ 취하기 어려운 자세

[49] 다음 근골격계질환 유해요인조사에 관한 설명 중 옳지 않은?

① 근로자 대표 또는 당해 작업 근로자를 참여시켜야 한다.
② 근로자 1명이 둘 이상의 부담작업에 종사하는 경우 대표되는 작업 1개만 조사하면 된다.
③ 한 단위 작업 장소 내의 동일 작업에 대해서는 표본조사를 실시할 수 있다.
④ 특정 설비를 다수 근로자가 동시에 사용하는 경우에는 작업자 수에 따라 작업의 수를 산정하여 조사를 실시한다.

[50] 근골격계질환 유해요인조사 결과 유해도에 따라 개선 우선순위를 결정한다. 유해도에 따른 우선순위 결정 시 고려사항으로 거리가 먼 것은?

① 다수의 근로자가 유해요인에 노출되어 있음
② 비용-편익 효과가 큰 작업
③ 노조에서 지정한 작업
④ 증상 및 불편을 호소하는 작업

[51] 다음 중 근골격계질환의 유해요인조사 후 작업환경 개선 계획서 마련 시 참여하는 자로 부적절한 자는?

① 조사자 ② 근로자 ③ 해당 부서장 ④ 사업주

응용문제

[1] A사에서는 지난 해 전년에 비하여 요통, 근막통증증후군 등의 근골격계질환이 2배 이상 발병하였다. 근골격계질환으로 인한 경제적 손실뿐만 아니라 산업재해로 요양 중인 작업자로 인한 작업자 부족으로 심각한 생산 압박을 받고 있다. B대리는 경영층으로부터 이를 해결하기 위한 효과적인 대책을 수립하라는 지시를 받았으나, 관련 분야의 지식이 부족하여 어찌할 줄을 모르고 있다. B대리가 하여야 할 일들은 체계적으로 설명하라. 단, 구체적 실행 사항은 필요 없으며 업무 절차를 제시하면 된다.

[2] 근골격계질환을 정의하고 유소견자를 판정하는 기준을 들라.

[3] 수근관증후군의 원인, 증상, 호발 직종을 들고 그 예방 방안을 제시하라.

[4] 진폐, 난청 등의 전통적 직업병과 근골격계질환의 특성을 비교하고, 이를 통하여 근골격계질환의 예방 방향을 제시하라.

[5] 근골격계질환은 작업 요인, 개인 요인, 사회심리적 요인이 복합적으로 작용하여 발병한다. 각 요인에 속하는 발병 원인을 세 가지 이상 들라.

[6] 근골격계부담작업을 정의하고 이에 속하는 작업을 세 가지 이상 들라.

[7] 근골격계질환의 예방에 관한 사업주의 의무를 규정한 관련 법령들을 들고 그 내용을 간단히 설명하라.

[8] 근골격계질환 관련 법령에 정하여진 근골격계질환에 대한 사업주의 의무를 들라.

[9] 근골격계질환 예방관리프로그램을 수립·시행하여야 하는 경우를 들고, 그 수립 시기를 설명하라.

[10] 5kg 이상의 중량물을 취급하는 작업에 근로자를 종사하도록 할 때 법적으로 요구되는 사업주의 조치 사항을 들라.

[11] 산업안전보건기준에 관한 규칙에 정하여져 있는 유해요인조사 시 반드시 포함되어야 할 사항을 들라.

[12] 산업안전보건기준에 관한 규칙에 정하여져 있는 유해요인조사의 수행 시기를 설명하라.

[13] 산업안전보건기준에 관한 규칙에 정하여져 있는 유해요인조사를 실시한 후 그 결과를 어떻게 처리하여야 하는지를 설명하라.

CHAPTER 26 예방관리 프로그램

1 예방관리 프로그램 구성 요소

1.1 예방관리 프로그램의 목표

예방관리 프로그램 혹은 인간공학 프로그램(ergonomics program)이란 체계적이고 전사적 근골격계질환 예방 활동을 말하며, 여기에는 유해요인조사와 개선, 의학적 관리, 교육에 관한 활동 등이 포함된다. 한국산업안전공단의 사업장 근골격계질환 예방·관리 프로그램(KOSHA GUIDE H-65-2012)에 이를 체계적으로 수행하기 위한 절차가 제시되어 있으며, 그 내용은 다음과 같다.

1.2 예방·관리 프로그램

1.2.1 목적

이 프로그램은 산업안전보건기준에 관한 규칙(이하 '안전보건규칙'이라 한다) 제12장의 규정에 의거 근골격계질환 예방을 위한 유해요인조사와 개선, 의학적 관리, 교육에 관한 근골격계질환 예방·관리 프로그램(이하 '예방·관리 프로그램'이라 한다)의 표준을 제시함을 목적으로 한다.

1.2.2 적용 대상

이 프로그램은 유해요인조사 결과 근골격계질환이 발생할 우려가 있는 사업장으로서 예방·관리 프로그램을 작성하여 시행하는 경우에 적용한다.

1.2.3 용어의 정의

이 프로그램에서 사용하는 용어의 정의는 다음과 같다.

- '관리감독자'라 함은 사업장 내 단위 부서의 책임자를 말한다.
- '보건담당자'라 함은 보건관리자가 선임되어 있지 않은 사업장에서 대내외적으로 산업보건관계 업무를 맡고 있는 자를 말한다.
- '보건의료전문가'라 함은 산업보건 분야의 학식과 경험이 있는 의사, 간호사 등을 말한다.

그 밖에 이 프로그램에서 사용하는 용어의 정의는 이 프로그램에 특별한 규정이 있는 경우를 제외하고는 산업안전보건법, 같은 법 시행령, 같은 법 시행규칙, 산업안전보건기준에 관한 규칙 및 관련 고시에서 정하는 바에 의한다.

1.2.4 예방·관리프로그램 기본 방향

- 예방·관리 프로그램은 그림 26•1에서 정하는 바와 같은 순서로 진행한다.
- 사업주와 근로자는 근골격계질환이 단편적인 작업환경 개선만으로는 예방하기 어렵고 전 직원의 지속적인 참여와 예방 활동을 통하여 그 위험을 최소화할 수 있다는 것을 인식하고 이를 위한 추진 체계를 구축한다.
- 사업주와 근로자는 근골격계질환 발병의 직접 원인(부자연스런 작업 자세, 반복성, 과도한 힘

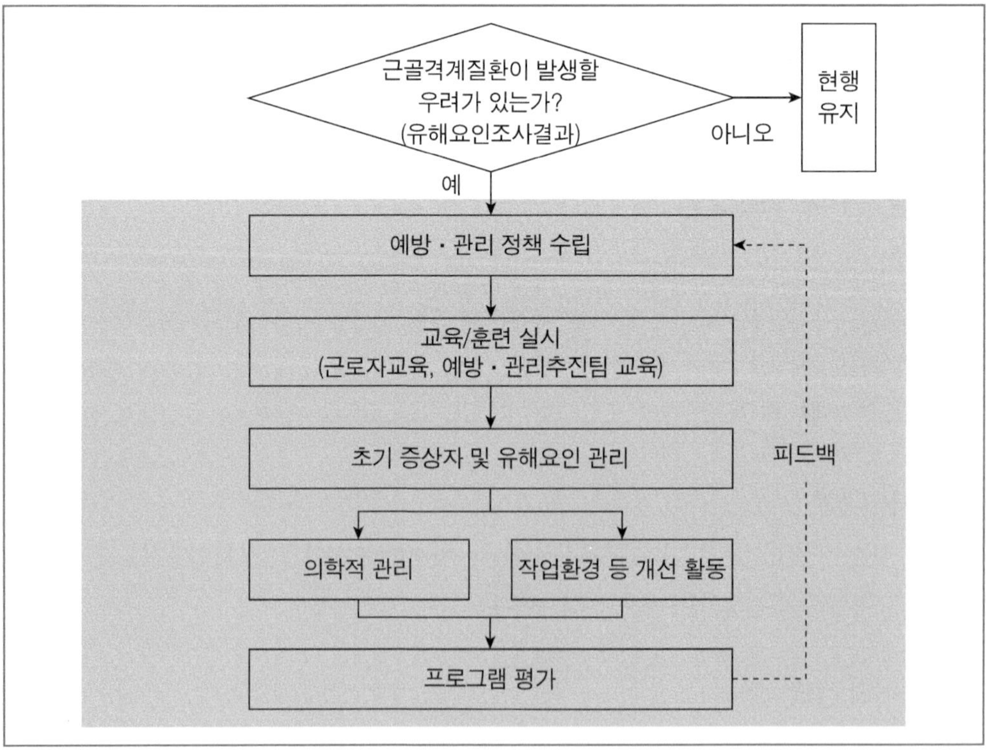

그림 26•1▸예방·관리 프로그램 흐름도

표 26•1 ▸ 사업장의 특성에 맞는 예방·관리추진팀의 구성(예시)

중·소규모 사업장	대규모 사업장
• 근로자대표 또는 명예산업안전감독관을 포함하여 그가 위임하는 자 • 관리자(예산 결정권자) • 정비·보수담당자 • 보건·안전담당자 • 구매담당자 등	• 중·소규모 사업장 추진팀원 이외 다음의 인력을 추가함 • 기술자(생산, 설계, 보수기술자) • 노무담당자 등

의 사용 등), 기초 요인(체력, 숙련도 등) 및 촉진 요인(업무량, 업무 시간, 업무 스트레스 등)을 제거하거나 관리하여 건강장해를 예방하거나 최소화한다.

- 사업주와 근로자는 근골격계질환의 위험에 대한 초기 관리가 늦어지게 되면 영구적인 장애를 초래할 가능성이 있을 뿐만 아니라 이에 대한 치료 등 관리 비용이 더 커짐을 인식한다.
- 사업주와 근로자는 근골격계질환의 조기 발견과 조기 치료 및 조속한 직장 복귀를 위하여 가능한 한 사업장 내에서 재활프로그램 등의 의학적 관리를 받을 수 있도록 한다.

1.2.5 근골격계질환 예방·관리추진팀

- 사업주는 효율적이고 성공적인 근골격계질환의 예방·관리를 추진하기 위하여 사업장 특성에 맞게 근골격계질환 예방·관리추진팀(이하 '예방·관리추진팀'이라 한다)을 구성하되, 예방·관리추진팀에는 예산 등에 대한 결정 권한이 있는 자가 반드시 참여하도록 한다.
- 예방·관리추진팀은 사업장의 업종, 규모 등 사업장의 특성에 따라 적정 인력이 참여하도록 구성한다. 이 경우 표 26•1에 예시된 예방·관리추진팀의 인력을 고려하여 구성할 수 있다.
- 대규모 사업장은 부서별로 예방·관리추진팀을 구성할 수 있으며, 이 경우 관리자는 해당 부서의 예산 결정권자 또는 부서장으로 할 수 있다. 그리고 산업안전보건위원회가 구성된 사업장은 예방·관리추진팀의 업무를 산업안전보건위원회에 위임할 수 있다.

1.2.6 예방·관리 프로그램 실행을 위한 노·사의 역할

1) 사업주의 역할

- 기본 정책을 수립하여 근로자에게 알려야 한다.
- 근골격계질환의 증상·유해요인 보고 및 대응 체계를 구축한다.
- 예방·관리 프로그램을 지속적으로 관리·운영을 지원한다.
- 예방·관리추진팀에게 예방·관리프로그램의 운영 의무를 명시한다.
- 예방·관리추진팀에게 예방·관리프로그램을 운영할 수 있도록 사내 자원을 제공한다.

- 근로자에게 예방·관리 프로그램의 개발·수행·평가에 참여 기회를 부여한다.

2) 근로자의 역할 작업과 관련된 근골격계질환의 증상 및 질병 발생, 유해요인을 관리감독자에게 보고한다.

- 예방·관리 프로그램의 개발·평가에 적극적으로 참여·준수한다.
- 근로자는 예방·관리 프로그램의 시행에 적극적으로 참여한다.

3) 예방·관리추진팀의 역할

- 예방·관리 프로그램의 수립 및 수정에 관한 사항을 결정한다.
- 예방·관리 프로그램의 실행 및 운영에 관한 사항을 결정한다.
- 교육 및 훈련에 관한 사항을 결정하고 실행한다.
- 유해요인 평가 및 개선 계획의 수립과 시행에 관한 사항을 결정하고 실행한다.
- 근골격계질환자에 대한 사후 조치 및 근로자 건강 보호에 관한 사항 등을 결정하고 실행한다.

4) 보건관리자의 역할 사업주는 보건관리자에게 예방·관리추진팀의 일원으로서 다음과 같은 업무를 수행하도록 한다.

- 주기적으로 작업장을 순회하여 근골격계질환을 유발하는 작업 공정 및 작업 유해요인을 파악한다.
- 주기적인 근로자 면담 등을 통하여 근골격계질환 증상 호소자를 조기에 발견하는 일을 한다.
- 7일 이상 지속되는 증상을 가진 근로자가 있을 경우 지속적인 관찰, 전문의 진단 의뢰 등의 필요한 조치를 한다.
- 근골격계질환자를 주기적으로 면담하여 가능한 한 조기에 작업장에 복귀할 수 있도록 도움을 준다.
- 예방·관리 프로그램의 운영을 위한 정책 결정에 참여한다.

1.2.7 근골격계질환 예방·관리 교육

1) 근로자 교육

- 교육 대상 및 내용: 사업주는 모든 근로자 및 관리감독자를 대상으로 다음 사항에 대한 기본 교육을 실시한다.
    - 근골격계부담작업에서의 유해요인
    - 작업 도구와 장비 등 작업 시설의 올바른 사용 방법
    - 근골격계질환의 증상과 징후 식별 방법 및 보고 방법
    - 근골격계질환 발생 시 대처 요령
    - 기타 근골격계질환 예방에 필요한 사항

- 교육 방법 및 시기
  - 최초 교육은 예방·관리프로그램이 도입된 후 6개월 이내에 실시하고 이후 매 3년마다 주기적으로 실시한다. 다만, '근골격계질환의 증상과 징후 식별 방법 및 보고 방법'의 규정에 의한 교육은 매년 1회 이상 실시한다.
  - 근로자를 채용한 때와 이 프로그램의 적용 대상 작업장에 처음으로 배치된 자 중 교육을 받지 아니한 자에 대하여는 작업 배치 전에 교육을 실시한다.
  - 교육 시간은 2시간 이상 실시하되 새로운 설비의 도입 및 작업 방법에 변화가 있을 때에는 유해요인의 특성 및 건강장해를 중심으로 1시간 이상의 추가 교육을 실시한다.
  - 교육은 근골격계질환 전문 교육을 이수한 예방·관리추진팀의 팀원이 실시하며 필요 시 관계전문가에게 의뢰할 수 있다.

2) 예방·관리추진팀

- 교육 대상 및 내용: 사업주는 예방·관리추진팀에 참여하는 자를 대상으로 다음 내용에 대한 전문 교육을 실시한다.
  - 근골격계부담작업에서의 유해요인
  - 근골격계질환의 증상과 징후의 식별 방법
  - 근골격계질환의 증상과 징후의 조기 보고의 중요성과 보고 방법
  - 예방·관리 프로그램의 수립 및 운영 방법
  - 근골격계질환의 유해요인 평가 방법
  - 유해요인 제거의 원칙과 감소에 관한 조치
  - 예방·관리프로그램 및 개선 대책의 효과에 대한 평가 방법
  - 해당 부서의 유해요인 개선 대책
  - 예방·관리 프로그램에서의 역할
  - 기타 근골격계질환 예방·관리를 위하여 필요한 사항 등
- 교육 방법
  - 교육 시간은 교육 내용을 습득하여 근로자 교육을 실시할 수 있을 만큼 충분한 시간 동안 실시한다.
  - 전문 교육은 전문기관에서 실시하는 근골격계질환 예방관련 전문과정 교육으로 대체할 수 있다.

1.2.8 유해요인조사

유해요인조사는 근골격계부담작업 유해요인조사 지침(KOSHA GUIDE H-9-2012)에 따른다.

1.2.9 유해요인의 개선 등

1) 유해요인의 개선 방법

- 사업주는 작업 관찰을 통해 유해요인을 확인하고, 그 원인을 분석하여 그 결과에 따라 공학적 개선(engineering control) 또는 관리적 개선(administrative control)을 실시한다.
- 공학적 개선은 다음의 재배열, 수정, 재설계, 교체 등을 말한다.
  - 공구·장비
  - 작업장
  - 포장
  - 부품
  - 제품
- 관리적 개선은 다음을 말한다.
  - 작업의 다양성 제공
  - 작업 일정 및 작업 속도 조절
  - 회복 시간 제공
  - 작업 습관 변화
  - 작업 공간, 공구 및 장비의 주기적인 청소 및 유지 보수
  - 작업자 적정배치
  - 직장 체조 강화 등

2) 개선 계획서의 작성과 시행

- 사업주는 개선 우선순위 등을 고려하여 개선 계획서를 작성하고 시행한다.
- 사업주가 개선 계획서를 작성할 때에는 노동조합 또는 해당 근로자의 의견을 수렴하고, 필요한 경우에는 관계 전문가의 자문을 받는다.
- 사업주가 개선 계획서를 작성하는 경우에는 공정명, 작업명, 문제점, 개선 방안, 추진 일정, 개선비용, 해당 근로자의 의견 또는 확인 등을 포함한다.
- 사업주는 수립된 개선 계획서가 일정대로 진행되지 않은 경우에 그 사유, 향후 추진 방안, 추진 일정 등을 해당 근로자에게 알린다.
- 사업주는 개선이 완료되었을 경우에 노동조합 또는 근로자가 참여하는 다음 사항의 평가를 실시하고, 문제점이 있을 경우에는 보완한다.
  - 유해요인 노출 특성의 변화
  - 근로자의 증상 및 질환 발생 특성의 변화(특정 기간의 빈도, 질환의 발생률, 강도율, 증상 호소율, 건강관리실 이용 횟수, 의료기관 이용 특성 등)
  - 근로자의 만족도
- 사업주는 문제되는 작업 중 개선이 불가능하거나 개선 효과가 없어 유해요인이 계속 존재하

는 경우에는 유해요인 노출 시간 단축, 작업 시간 내 교대근무 실시, 작업순환 등 작업 조건을 개선할 수 있다.

■ 사업주는 개선 계획서의 수립과 평가를 문서화하여 보관한다.

3) 휴식 시간 2시간 이상 연속작업이 이루어지지 아니하도록 적정한 휴식 시간을 부여하되 1회에 장시간 휴식을 취하기보다는 가능한 한 조금씩 자주 휴식을 제공할 수 있도록 한다.

4) 새로운 시설 등의 도입 시 유의사항 사업주는 새로운 설비, 장비, 공구 등을 도입하는 경우에는 근로자의 인체 특성과 유해요인 특성 등 인간공학적인 측면을 고려한다.

1.2.10 의학적 관리

의학적 관리는 그림 26•2에서 정하는 바와 같은 순서로 진행한다.

1) 증상 호소자 관리

■ 근골격계질환 증상과 징후 호소자의 조기 발견 체계 구축

▸ 사업주는 근골격계질환 증상의 조기 발견과 조치를 위하여 관련 증상과 징후가 있는 근로자가 이를 즉시 관리감독자에게 보고할 수 있도록 한다. 이를 위하여 사업주는 이러한 보고를 꺼리게 하거나 불이익을 당할 우려가 있는 기존의 관행이나 조치들을 제거한다.

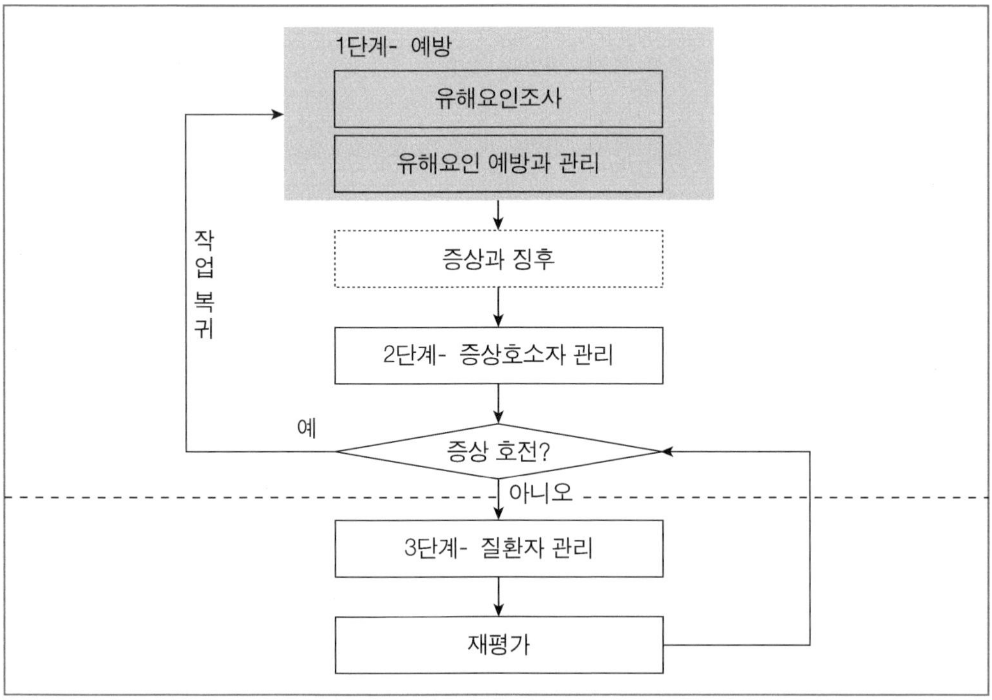

그림 26•2▸의학적 관리업무 흐름도

- 사업주는 근로자로부터 근골격계질환 증상과 징후의 보고를 받은 경우에는 작업관련 여부를 판단하여 보고일로부터 7일 이내에 적절한 조치를 한다.
- 사업주는 이를 위하여 보고를 접수하고 적절한 조치를 할 수 있는 체계를 갖추고 필요한 경우에는 관계 전문가를 위촉할 수 있다.
- 사업주는 필요한 경우에는 근로자와의 면담과 조사를 통하여 근골격계질환이 있는 근로자를 조기에 찾아낸다.

■ 증상과 징후 보고에 따른 후속 조치

- 사업주는 근골격계질환 증상과 징후를 보고한 근로자에 대하여는 신속한 조치를 취하고 필요한 경우에는 의학적 진단과 치료를 받도록 한다.
- 사업주는 다음과 같은 신속한 해결 방법을 확보하여 해당 업무를 개선한다.
- 신속하게 근골격계질환의 증상 호소자 관리 방법 확보
- 해당 업무의 근로자와 애로 사항에 대하여 상담하고 유해요인이 있는지 확인
- 유해요인을 제거하기 위하여 근로자의 조언 청취

■ 증상 호소자 관리의 위임

- 사업주는 근골격계질환의 증상 호소자 관리를 위하여 필요한 경우에는 보건의료 전문가에게 이를 위임할 수 있다.
- 사업주는 위임한 보건의료 전문가에게 다음의 정보와 기회를 제공한다.
- 근로자의 업무 설명 및 그 업무에 존재하는 유해요인
- 근로자의 능력에 적합한 업무와 업무 제한
- 사내 근골격계질환의 증상 호소자 관리 방법
- 작업장 순회 점검
- 기타 근골격계질환 관리에 필요한 사업장 내의 정보
- 사업주는 보건의료 전문가에게 근골격계질환자 관리에 대하여 다음과 같은 내용의 소견서를 제출하도록 한다.
- 근로자의 업무에 존재하는 근골격계질환 유해요인과 관련된 근로자의 의학적 상태에 관한 견해
- 임시 업무 제한 및 사후 관리에 대한 권고 사항
- 치료를 요하는 근골격계질환자에 대한 검사 결과 및 의학적 상태를 근로자에게 통보한 내용
- 근골격계질환을 악화시킬 수 있는 비업무적 활동에 대하여 근로자에게 통보한 내용

■ 업무 제한과 보호 조치

- 사업주는 근골격계질환 증상 호소자에 대한 조치가 완료될 때까지 그 작업을 제한하거나 근골격계에 부담이 적은 작업으로의 전환 등을 실시할 수 있다.
- 증상 호소자는 사업주가 시행하는 근골격계부담작업 완화를 위한 작업 제한, 작업 전환을 정당한 사유 없이 거부하여서는 아니 된다.

2) 질환자 관리

- 질환자의 조치: 사업주는 건강진단에서 근골격계질환자로 판정된 자는 즉시 소견서에 따른 의학적 조치를 한다.
- 질환자의 업무 복귀
  - ▸ 사업주는 질환자나 보건의료 전문가를 통하여 주기적으로 질환자의 치료와 회복 상태를 파악하여 근로자가 빠른 시일 내에 업무에 복귀하도록 한다.
  - ▸ 사업주는 업무 복귀 전에 근로자와 면담을 실시하여 업무 적응을 지원한다.
  - ▸ 사업주는 질환의 재발을 방지하기 위하여 필요한 경우 업무 복귀 후 일정기간 동안 업무를 제한할 수 있다.
  - ▸ 사업주는 치료 후 업무 복귀 근로자에 대하여 주기적으로 보건 상담을 실시하여 그 예후를 관찰하고 질환의 재발 방지 조치를 한다.
- 건강증진활동 프로그램
  - ▸ 사업주는 직장 체조, 스트레칭 등 건강증진활동을 제공하여 근골격계질환에 대한 근로자의 적응 능력을 강화시킨다.
  - ▸ 사업주는 근로자 면담, 스트레칭 및 근력 강화 등의 프로그램을 운영함으로써 근로자의 적응 능력 증대 및 복귀를 지원한다.
  - ▸ 근로자는 사업주가 추진하는 건강증진활동에 적극 참여한다.

1.2.11 예방·관리 프로그램의 평가

사업주는 예방·관리 프로그램 평가를 매년 해당 부서 또는 사업장 전체를 대상으로 다음과 같은 평가 지표를 활용하여 실시할 수 있다.

- 특정 기간 동안에 보고된 사례 수를 기준으로 한 근골격계질환 증상자의 발생 빈도
- 새로운 발생 사례 수를 기준으로 한 발생율의 비교
- 근로자가 근골격계질환으로 일하지 못한 날을 기준으로 한 근로손실일수의 비교
- 작업 개선 전후의 유해요인 노출 특성의 변화
- 근로자의 만족도 변화
- 제품 불량률 변화 등

사업주는 예방·관리 프로그램 평가 결과 문제점이 발견된 경우에는 다음 연도 예방·관리프로그램에 이를 보완하여 개선한다.

1.2.12 문서의 기록과 보존

사업주는 다음과 같은 내용을 기록·보존한다.

- 증상 보고서
- 보건의료 전문가의 소견서 또는 상담 일지
- 근골격계질환자 관리 카드
- 사업장 예방·관리 프로그램 내용

사업주는 근로자의 신상에 관한 문서는 5년 동안 보존하며, 시설·설비와 관련된 자료는 시설·설비가 작업장 내에 존재하는 동안 보존한다.

[1] 근골격계질환 예방·관리 프로그램을 실시하여야 하는 경우는?

① 근골격계부담작업이 있는 모든 사업장
② 업종, 규모에 관계없이 모든 사업장
③ 지방 노동청장이 명령한 경우
④ 근골격계질환자가 연간 10인 이상 발생한 사업장

[2] 다음 중 근골격계질환 예방·관리 프로그램의 일반적 구성 요소로 볼 수 없는 것은?

① 유해요인조사 ② 작업환경 개선
③ 표준자료 ④ 집단 검진

[3] 다음 중 근골격계질환 예방·관리 프로그램의 적용을 위한 기본 원칙과 거리가 먼 것은?

① 문서화의 원칙 ② 시스템 접근의 원칙
③ 노·사 공동 참여의 원칙 ④ 전사 일시 완전 해결의 원칙

[4] 근골격계질환 예방·관리 프로그램에 대한 설명으로 옳은 것은?

① 모든 사업체는 업종, 규모에 관계없이 구축하여야 한다.
② 작업환경 개선과 더불어 전 직원의 참여와 예방 활동 추진을 위한 체계이다.
③ 예방·관리추진팀은 소규모이므로 업종, 규모에 관계없이 동일하다.
④ 다른 용어로는 의학적 관리 프로그램으로 통용되기도 한다.

[5] 근골격계질환 예방·관리 프로그램 추진팀의 구성원으로 적절하지 않은 사람은?

① 정비보수 담당자 ② 보건담당자
③ 구매담당자 ④ 사업주

[6] 근골격계질환 예방·관리 프로그램에서 사업주의 역할이 아닌 것은?

① 기본 정책을 수립하여 근로자에게 알린다.
② 근골격계질환 증상, 유해요인조사 계획을 수립하고 실행한다.
③ 예방·관리추 진팀에게 프로그램의 운영 의무를 명시한다.
④ 근로자에게 예방·관리 프로그램의 개발, 수행, 평가에 참여 기회를 부여한다.

[7] 근골격계질환 예방·관리 프로그램에서 추진팀의 역할로 적절하지 않은 것은?

① 7일 이상 지속되는 증상을 가진 근로자에게 관찰, 전문의 진단 의뢰 등의 조치를 취한다.
② 교육 및 훈련에 관한 사항을 결정하고 실행한다.
③ 예방·관리 프로그램의 수립 및 수정에 관한 사항을 결정한다.
④ 예방·관리 프로그램의 실행 및 운영에 관한 사항을 결정한다.

[8] 근골격계질환 예방을 위한 근로자 및 관리감독자를 대상으로 한 기본 교육의 내용으로 적절하지 않은 것은?

① 유해요인 ② 증상과 징후 식별 및 보고법
③ 질환 발생 시 대처 요령 ④ 예방관리 프로그램

[9] 근골격계질환 예방을 위한 근로자 및 관리감독자를 대상으로 한 기본 교육의 방법 및 시기에 대한 설명 중 올바르지 못한 것은?

① 최초 교육은 예방관리 프로그램 도입 후 6개월 이내에 실시한다.
② 최초 교육 후 매년 교육을 실하여야 한다.
③ 근로자를 채용한 때에는 작업 배치 전 교육을 실시하여야 한다.
④ 교육 시간은 2시간 이상으로 하되 설비 도입 및 작업 방법에 변화가 있을 때에는 유해요인 특성 및 건강장해를 중심으로 1시간 이상의 추가 교육을 실시하여야 한다.

[10] 근골격계질환 예방을 위한 예방·관리 추진팀을 대상으로 한 기본 교육의 내용으로 적절하지 않은 것은?

① 근골격계질환 발생 시 대처 요령 ② 유해요인 평가 기법
③ 유해요인 제거 및 경감 방법 ④ 예방관리 프로그램 평가 방법

[11] 근골격계질환 예방을 위한 예방·관리 추진팀을 대상으로 한 교육 방법에 대한 설명 중 옳은 것은?

① 최초 교육은 8시간 이상 실시하여야 한다.
② 매년 정기적으로 교육을 실하여야 한다.
③ 전문기관에서 실시하는 근골격계질환 예방관련 전문 교육으로 대체할 수 있다.
④ 작업 방법에 변화가 있을 경우 추가 교육을 실시하여야 한다.

[12] 유해요인 개선 방법 중 공학적 개선에 속하지 않는 것은?

① 공구·장비 보수 ② 제품 교체
③ 작업장 재배열 ④ 부품 재설계

[13] 유해요인 개선 방법 중 관리적 개선에 속하는 것은?

① 제품 재설계 ② 작업장 보수 ③ 작업환경 개선 ④ 포장 변경

[14] 작업환경 개선 계획서 작성과 시행에 관한 설명으로 옳지 않은 것은?

① 노동조합 또는 해당 근로자의 의견을 수렴한다.
② 개선 계획서에는 공정명, 문제점, 개선 방안, 추진 일정, 개선 비용, 해당 근로자의 의견 및 확인 등을 포함한다.
③ 개선이 완료되었을 경우 노동조합 또는 근로자 대표 참여 하에 개선 사항에 대하여 평가를 실시하고, 문제점이 있을 경우에는 보완하여야 한다.
④ 사업주는 문제되는 작업 중 개선이 불가능하거나 개선 효과가 없을 경우는 불가항력이므로 그대로 두어도 된다.

[15] 근골격계질환 예방·관리 프로그램의 의학적 관리에 대한 설명으로 옳지 않은 것은?

① 근골격계질환 증상과 징후 호소자의 조기 발견 체계를 구축하여 한다.
② 근골격계질환 증상과 징후를 보고받을 경우에는 작업 관련성을 판단하여 보고일로부터 1달 이내에 적절한 조치를 취하여야 한다.
③ 증상 호소자 관리를 필요한 경우 보건의료 전문가에게 위임할 수 있다.
④ 증상 호소자에 대한 조치가 완료될 때까지 그 작업을 제한할 수 있다.

[16] 근골격계질환자 관리에 대한 설명으로 옳은 것은?

① 근골격계질환자로 판정되어 요양 결정을 받은 근로자는 임의로 복귀할 수 있다.
② 사업주는 근로자의 복귀 시 원래의 업무로 배치하여야 한다.
③ 업무 복귀 근로자에 대하여 주기적으로 보건 상담을 실시하여 예후를 관찰하고 질환의 재발 방지 조치를 취할 수 있다.
④ 근골격계질환자로 판정되어 요양중인 근로자는 정기적으로 사업주에게 질환의 경과를 보고하여야 한다.

[17] 근골격계질환 예방·관리 프로그램의 평가 척도로 가장 적절하지 않은 것은?

① 근골격계질환 증상자의 발생 빈도
② 제품 불량률 변화
③ 근골격계질환으로 인한 근로손실일수
④ 근골격계질환의 정도

[18] 근골격계질환 예방·관리 프로그램 실시 후 사업주가 보관하여야 할 문서가 아닌 것은?

① 노사 협의 내용
② 증상 보고서
③ 근골격계질환자 관리 카드
④ 보건의료 전문가의 소견서 또는 상담 일지

[19] 근골격계질환 예방·관리 프로그램 시 가장 먼저 하여야 하는 것은?

① 예방관리 정책 수립
② 교육/훈련 실시
③ 초기 증상자 조사
④ 유해요인 평가

[20] 근골격계질환 예방·관리의 의학적 관리에 대한 설명으로 옳지 않은 것은?

① 사업주는 근골격계질환 증상과 징후를 보고한 근로자에 대하여 신속한 조치를 취하여야 한다.
② 사업주는 근골격계질환 증상 호소자 관리를 전문가에게 위임할 수 있다.
③ 증상 호소자는 사업주가 시행하는 근골격계부담작업 완화를 위한 작업 제한, 작업 전환을 거부할 수 있다.
④ 사업주는 근골격계질환 증상 호소자의 작업을 제한하거나 작업 전환을 실시할 수 있다.

[21] 근골격계질환자의 업무 복귀에 대한 사업주의 역할에 관한 설명으로 가장 옳지 않은 것은?

① 주기적으로 질환자의 치료와 회복 상태를 파악하여 근로자가 조기에 업무에 복귀하도록 한다.
② 업무 복귀 후 근로자와 면담을 실시하여 업무 적응을 지원한다.
③ 질환의 재발을 방지하기 위하여 복귀 후 일정 기간 동안 업무를 제한할 수 있다.
④ 업무 복귀 근로자를 주기적으로 상담을 실시하여 그 예후를 관찰하고 질환의 재발 방지 조치를 한다.

응용문제

[1] A사는 최근 들어 근골격계질환 증상 호소자가 많아 고민하고 있다. 안전환경팀의 B대리는 근골격계질환을 예방하기 위해서는 예방관리 프로그램 구축이 필요함을 인식하고 이의 도입을 고려하고 있다. 이를 위하여 B대리가 하여야 할 일들의 절차를 들고 간단히 설명하라.

[2] 근골격계질환 예방관리프로그램을 추진하기 위해서는 관련 업무를 담당할 추진팀의 구성이 필요하다. 사업장의 규모에 따른 적절한 추진팀의 구성 방안을 제시하라.

[3] 근골격계질환 예방관리프로그램의 수립·시행에서 사업주의 역할을 세 가지 이상 들라.

[4] 근골격계질환 예방관리프로그램에서 적절한 질환자 관리 방안을 제시하라.

[5] 근골격계질환 예방관리프로그램의 올바른 수립·시행을 위해서는 일정 기간(예: 매년) 간격으로 프로그램을 평가하고, 평가 결과를 바탕으로 프로그램을 보완하여 개선한다. 근골격계질환 예방관리프로그램의 평가에 사용할 수 있는 지표를 네 가지 이상 들라.

CHAPTER 27 안전보건관리 개요

1 산업안전

1.1 산업안전 개요

산업 현장에 인간공학이나 산업심리학을 적용할 수 있는 주요 분야로 안전관리를 들 수 있다. 산업재해의 많은 경우가 작업자의 불안전 행동과 이에 따른 휴먼에러에 기인하고 있어, 산업재해를 줄이기 위해서는 많은 심리학적, 인간공학적 연구와 더불어 이를 적용하려는 노력이 필요하다.

안전(safety)은 인간이나 사물이 위해나 손상을 입을 우려가 없는 상태라고 정의할 수 있다. 안전의 반대어는 위험(danger)이며 이는 사물의 불안전한 상태나 인간의 불안전한 행동에 의해 야기된다. 위험은 일정 수위를 넘으면 사고(accident)로 필연적으로 이어진다. 사고는 다시 인명피해를 수반한 재해(injury)로 이어질 수도 있다. 사고가 재해가 되기도 하고 무상해 재해가 되기도 하는 것은 우연적이라 할 수 있다. 따라서 소중한 인명 손실을 가져오는 재해를 막기 위해서는 사고 예방이 이루어져야 하고, 사고 예방을 위해서는 위험을 제거하기 위한 적극적인 노력이 필요하다.

안전관리는 이러한 사고와 재해에 대한 보상 등 사후적 처리와 이를 예방하기 위해 위험을 제거하는 예방적 관리 활동으로 이루어진다. 그런데 근본적으로 안전한 직장이나 사회를 만들기 위해서는 사후 처리보다는 적극적인 사전 예방에 더 노력해야 한다.

1.2 산업안전관리의 역사

현대 산업사회에서 과학과 기술은 큰 발전을 이루었으나 동시에 기업 활동 등에 있어서 빈번한 안전사고와 재해가 발생하는 부작용도 수반하였다. 산업안전은 현대 사회에 있어서 교통안전 분야와 더불어 가장 중요성이 높은 안전관리 분야라고 할 수 있다. 산업안전은 해당 산업체 근로자들의 안전을 기본으로 하지만, 산업활동으로 인해 외부나 제3자에게 끼치는 사고와 재해도 관리의 대상으로 한다.

산업안전관리의 초기 역사는 보험회사의 분석가였던 하인리히(Heinrich, 1881~1962)의 안전에 관한 많은 연구 업적에 힘입어 발전하였다. 1906 년에는 미국 철강회사의 E.H. Gary 회장이 'Safety first(안전제일)'이라는 구호를 만들고 안전을 기업 관리의 중요한 목표로 삼아 재해를 격감시킨 바 있다. 제2차 세계대전 후에는 심리학, 인간공학 등 다양한 학문 분야들이 안전관리에 접목되어 산업안전 향상에 기여하였다. 최근에는 기업관리 활동에 있어 SHE(Safety, Health, and Environment) 혹은 EHS 경영이라는 개념이 도입되어 안전과 보건과 환경이 기업 경영 활동의 핵심적 내용으로 떠오르고 있다.

1.3 사고와 재해

일상에서 우리는 사고(accident)와 재해를 같은 의미로 사용하기도 하나, 그림 27•1에서 보는 바와 같이 통상 사고는 원하지 않는 사건으로 인적 손상이나 물적 손상을 가져올 수도 있고 운 좋게 발생하지 않을 수도 있다. 이에 대해 재해는 상해(injury)를 동반한 사고로 국한시켜 정의할 수 있다(국제노동기구, ILO). 이러한 정의에 맞추어 우리나라의 산업안전보건법에서도 산업재해를 '노무를 제공하는 사람이 업무에 관계되는 건설물·설비·원재료·가스·증기·분진 등에 의하거나, 작업 또는 그 밖의 업무로 인하여 사망 또는 부상하거나 질병에 걸리는 것'으로 정의하고 있다.

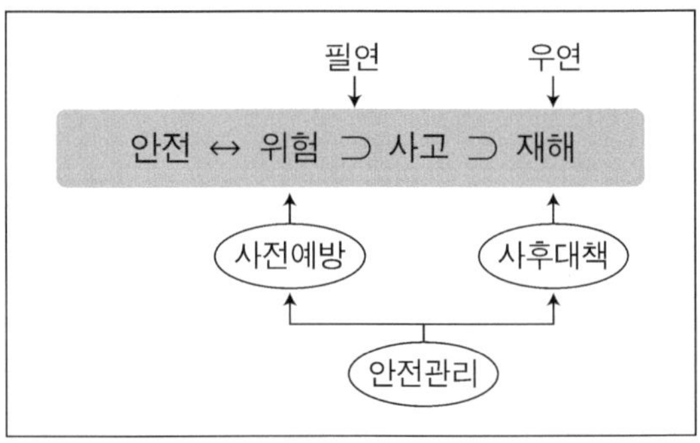

그림 27•1▸안전과 안전관리의 개념

그러면 사고와 재해는 어떠한 비율로 발생하고 있는가? 하인리히는 보험사고 분석을 통해 최초로 재해와 사고의 발생 비율을 밝혔는데, 중상, 경상, 무상해 사고의 비율을 1:29:300으로 제안하였다. 이와 비슷하게 버드(Bird)도 중상, 경상, 물질 손실 사고, 아차사고(near accident)의 비율을 1:10:30:600의 비율을 제시하였다(그림 27•2).

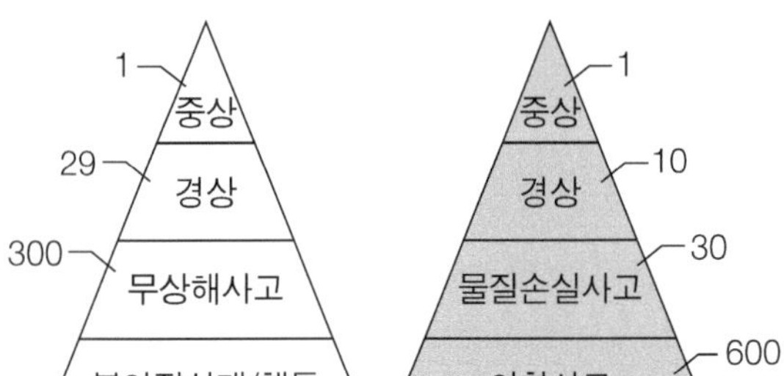

그림 27•2▸재해(중상, 경상)와 무상해사고의 비율

이러한 비율 분석의 중요성을 빙산에 비유해서 이야기할 수 있다. 일반적으로 산업 현장 등에서 국가에 보고되는 사고는 중상을 동반한 사고이며, 경상은 기업에서 자체적으로 처리하거나 재해자 본인이 숨기고 스스로 처리할 수도 있다. 무상해 사고는 보통 보고가 안 되고 관리조차 안 되고 있다. 그런데 중상:경상:무상해 사고의 비율이 아래쪽으로 갈수

록 훨씬 커진다는 것은 겉으로 드러난 아주 낮은 빈도의 중상 사고만 보게 되어 실제 문제의 심각성을 모를 수도 있다는 것이다. 빙산의 아래쪽에 숨겨져 있는 무상해사고와 더 밑의 불안전한 행동과 불안전한 상태에 대한 분석과 관리가 이루어지지 않는다면, 사고는 끊임없이 발생할 것이고 어떤 사고는 재해로 나타날 것이기 때문이다.

1.4 재해손실비용

재해에 따른 손실비용 중 치료비나 보험금 지급과 같은 직접적인 비용은 계상할 수 있으나, 생산라인의 중단 등 간접비는 계상하기가 어렵다. 따라서 이에 대해서는 추정을 할 수 밖에 없다. 하인리히는 직접비용:간접비용의 비율을 1:4로 추정하였다. 현재 우리나라의 산업재해 통계도 이러한 비용 산출 방식을 따르고 있다. 그러나 최근에는 간접비용의 비율이 이보다 훨씬 더 크다는 연구결과가 계속 나오고 있다. 또 다른 방법으로 시몬즈(Simonds)는 전체 재해손실비용을 다음과 같이 계산하는 방법을 제안했다.

$$
\begin{aligned}
\text{재해손실비용} &= \text{보험비용} + \text{비보험비용} \\
&= \text{보험비용} + A \times \text{휴업상해건수} \\
&\quad + B \times \text{통원상해건수} \\
&\quad + C \times \text{구급상해건수} \\
&\quad + D \times \text{무상해건수}
\end{aligned}
$$

여기서 A, B, C, D의 계수는 각 상해 1건당 사용된 비보험성 지출의 평균비용을 의미한다. A, B, C, D 순서대로 그 계수의 비용은 적어질 것이다.

1.5 재해발생 이론

1.5.1 하인리히의 도미노 이론

산업안전관리 분야의 선구자인 하인리히는 재해발생 과정을 도미노의 붕괴와 같은 연쇄적 과정으로 보았다. 그에 의하면 재해는 가정과 사회 환경의 문제점이 인간 결함으로 나타나고, 이것이 불안전한 행동과 상태로 이어지고 결국 사고로 이어진다는 것이다(그림27•3). 사고는 다시 재해가 될 수 있다. 이러한 연속된 사건 혹은 상태에 있어서 재해 예방을 위한 가장 효과적인 대책은 불안전한 상태와 불안전한 행동을 제거하는 것이라고 보았다. 즉, 불안전한 상태와 불안전한 행동의 도미노만 제거하면 도미노 붕괴 현상이 그 지점에서 그치고 사고와 재해로는 연결되지 않기 때문이다. 하인리히의 도미노 발생 모델은 이후 산업안전관리의 발전에 개념적으로 큰 기여를 하였다.

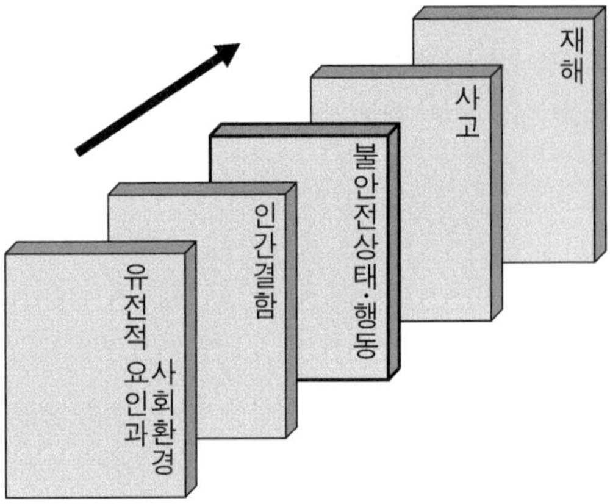

그림 27•3▸하인리히의 재해발생 모델

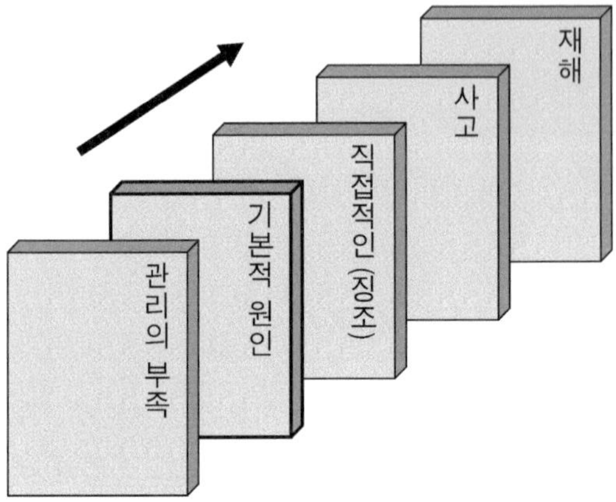

그림 27•4▸버드의 재해발생 모델

1.5.2 버드의 도미노 이론

하인리히의 뒤를 이어 버드(Bird)도 하인리히와 비슷한 개념의 재해발생 도미노 이론을 발표했다. 버드의 이론도 크게는 하인리히의 접근법과 유사하나 버드는 재해의 원인을 하인리히의 불안전 상태나 불안전 행동에 해당하는 직접원인과 이것의 근본적 원인이 된 기본원인으로 나누고, 재해 예방을 위해서는 2번째 도미노인 기본원인 제거에 더 힘써야 한다고 주장했다(그림 27•4). 여기서 기본원인으로는 개인의 지식 및 기능의 부족, 동기부여 부족 등을 들 수 있고, 작업과 관련해서는 기계, 설비의 근본 결함, 부적절한 작업 기준이나 작업 설계 등을 예로 들었다.

1.5.3 사고의 원인 분석: 4M과 3E

도미노 이론 외에도 사고나 재해의 원인을 분석할 때, 독자적인 틀을 가지고 분석하는 많은 재해 발생 모델들이 있다. 여기서는 재해발생 원인의 분류와 관련한 2개의 모델을 설명한다. 우선 미국 국가교통안전위원회(NTSB)는 교통사고 조사 시 사고 발생 과정을 시간 축 위에 연쇄적 사건으로 기록하면서, 사고의 원인을 다음과 같이 4개로 분류하였다.

- man: 인적요인
- machine: 도구, 기계, 설비적 요인
- media: 작업 방법 요인
- management: 관리적 요인

또 다른 원인 분류 방법으로는 재해의 원인을 교육적(education) 요인, 기술적(engineering) 요인, 규제(enforcement) 관리적 요인의 영문 앞 글자를 따서 3E로 분류하는 방법도 있다.

1.6 재해예방

하인리히는 산업안전을 위한 재해예방 5단계 원리를 다음과 같이 제시하였다.

1) 제1단계: 안전관리 조직 경영자는 조직의 안전관리 목표를 설정하고, 이를 수행할 안전관리 조직을 구성한다. 그리고 경영자는 안전관리에 필요한 방침과 계획을 수립하고, 이에 따른 안전관리 활동을 전개해 여기에 전 종업원의 참여를 유도해 목표를 달성한다.

2) 제2단계: 사실의 발견 안전관리 조직이 갖추어지면, 각종 안전사고 및 활동에 대한 기록을 검토하고 작업을 분석하여 불안전한 상태와 행동 등 불안전 요소를 발견한다. 불안전 요소를 발견하는 방법론으로 안전 점검, 사고 조사, 안전 토의 등이 있다.

3) 제3단계: 분석과 평가 발견된 사실을 바탕으로 안전사고를 일으킬 수 있는 직접적인 원인과 간접적인 원인을 찾아내기 위한 분석을 실시하고 평가한다. 분석 단계에서 사용할 수 있는 방법으로 작업공정분석, 인원배치 분석, 보호 장비 분석 등을 할 수 있다.

4) 제4단계: 개선방법의 선정 분석, 평가를 통해 얻어진 원인을 제거, 개선할 수 있는 방법을 신정한다. 개선방법에서 검토할 수 있는 방안으로는 기술적 개선, 인사 조정, 교육훈련의 개선, 안전행정의 개선, 안전규칙의 개선 등이 있을 수 있다.

5) 제5단계: 개선책의 적용 마지막 시정책의 적용 단계에서는 계속적으로 개선책을 적용해보고 결과를 모니터링 하면서 목표 달성을 위한 반복적 작업이 이루어진다.

2 산업보건

2.1 산업보건개요

국제노동기구(ILO)와 세계보건기구(WHO) 산업보건공동위원회(Joint Committee on Occupational Health)는 산업보건을 "모든 직업의 근로자들이 신체적, 정신적, 사회적으로 최상의 안녕(wellbeing) 상태를 유지, 증진하기 위하여 작업조건으로 인한 질병을 예방하고 건강에 유해한 작업조건으로부터 근로자들을 보호하며, 그들을 정서적으로나 생리적으로 알맞은 작업조건에서 일하도록 배치하는 것"이라고 정의하였다. 즉, 산업보건의 최종 목표는 근로자의 건강을 보호·증진하는 것이라고 할 수 있으며, 건강한 상태란 WHO 정의를 참고하면 '단순히 질병이나 장해가 없는 상태가 아닌 신체적, 정신적, 사회적, 영적으로 완전한 안녕 상태'라고 할 수 있다.

국제노동기구가 제시한 산업보건사업 권장 목표 세 가지는 다음과 같다.

- 작업과 작업 조건으로 일어날 수 있는 건강장해로부터 근로자들을 보호

■ 작업에 있어서 근로자들의 정신적 육체적 적응, 특히 채용 시 적정 배치에 기여
■ 근로자의 정신적·육체적 안녕 상태를 최대한 유지 증진시키는데 기여

이와 같은 산업보건의 역할과 목적을 달성하기 위해서는 다양한 학문 분야의 지식과 역량이 요구된다. 산업보건 분야와 관련된 학문 분야는 다음과 같다.

■ 산업위생학: 근로자의 건강과 쾌적한 작업환경 조성을 위해 공학적으로 접근, 연구하는 학문
■ 인간공학: 인간의 심리적, 생리학적, 생체역학적 특성을 밝히고, 인간-기계 시스템에서 인간에 적합하도록 작업 방법, 기계, 환경을 설계 및 개선하는 학문
■ 직업환경의학(산업의학): 근로자의 건강 증진, 질병의 예방과 진료, 재활 등을 연구하는 학문
■ 간호학: 근로자의 건강 증진, 질병 예방과 간호를 연구하는 학문

이외에도 안전공학, 인류생태학, 역학 및 통계학 등 다양한 분야가 산업보건 분야와 관련이 있다.

미국산업위생학회(American Industrial Hygiene Association: AIHA)에서는 산업위생을 '근로자나 일반 대중에게 질병, 건강장해와 안녕 방해, 심각한 불쾌감 및 능률 저하 등을 초래하는 작업환경 요인과 스트레스를 예측, 인식, 평가하고 관리하는 과학이며 기술'로 정의하고 있다. 정의에 따르면 산업위생의 접근원칙 네 가지는 예측(anticipation), 인식(recognition), 평가(evaluation), 관리(control)라 할 수 있다.

작업환경에 존재하는 유해인자는 다음 표 27•1과 같이 구분할 수 있다.

표 27•1▸산업위생에서의 유해인자 종류

구분	설명	구체적인 유해인자
화학적 요인	고체, 액체, 기체의 물질 형태로 인체에 침투하여 건강장해를 일으키는 요인	기체(가스, 증기) 액체(미스트, 포그) 고체(먼지, 흄)
물리적 요인	에너지 형태로 인체에 전달되어 건강장해를 일으키는 요인	소음, 진동, 광선, 기압, 온열
생물학적 요인	생물체 형태로 인체에 건강장해를 일으키는 요인	바이러스, 세균, 곰팡이, 독소 등
인간공학적 요인	작업 자세, 신체의 반복적 사용, 중량물 취급, 사용하는 도구나 기구 등의 작업 특성에 의해 건강장해를 일으키는 요인	부적절한 작업자세, 반복성, 중량물 취급, 과도한 힘 발휘
사회심리적 요인	작업 관련 정신적 부담에 의하여 발생하는 요인	작업관련성 스트레스

2.2 산업보건관리의 역사

산업보건관리의 역사를 살펴보면, 1900년 이전에는 근로자의 건강은 생산성에 비해 상대적으로 도외시 되었으며, 따라서 많은 재해와 직업병이 발생되었다. 20세기 초에는 이러한 산업재해의 예방과 안전관리에 관심이 집중되었으며, 제1차 세계대전 후에는 중독과 직업병 예방이 중심 과제였다. 제2차 세계대전 후에는 인간공학, 산업심리가 대두되었으며, 이후 고령 근로자의 증가로 인한 고령 근로자의 건강관리, 직무 스트레스 관리 등의 과제들이 대두되었다. 다음 표 27•2에는 시대별 산업보건 역사가 정리되어 있다.

표 27•2▸외국 산업보건 역사

인물	시대	업적 및 사건
Hippocrates (그리스)	BC 4세기	의학의 아버지, 광산에서의 납중독 보고 (역사상 최초로 기록된 직업병)
Pliny the Elder (로마)	AD 1세기	아연, 황의 유해성을 주장하며, 동물의 방광으로 만든 먼지 방지용 마스크를 사용하도록 권장
Ulrich Ellenbog	1473년	직업병과 위생에 관한 12가지 교육용 팜플렛 제작
Philippus Paracelsus (스위스, 연금술사)	1493-1541년	독성학의 아버지("모든 물질은 독이 있으며, 단지 그 양이 문제"), 폐질환의 원인 물질을 수은, 황, 염이라고 주장
Georgius Agricola (독일의사, 광물학자)	1494-1555년	"광물에 대하여" 발간(1556), 먼지에 의한 규폐증 기록, 광산 환기와 마스크 사용 권장
Bernardino Ramazzini (이탈리아, 의사)	1700년	산업보건의 시조, "직업인의 질병"발간(1713), 직업병 원인으로 유해한 화학물질, 부하가 크고 불규칙적인 작업 동작과 부적절한 작업자세 제시
Percivall Pott (영국, 의사)	18세기	굴뚝 청소부 어린이의 음낭암을 발견하고 원인으로 굴뚝 검댕(soot) 주장, 굴뚝 청소부법(1788) 제정 동기가 됨
Alice Hamilton (미국, 의사)	20세기	미국 산업보건(의학, 위생) 시조, 유해물질 노출과 질병과의 관계 규명

우리나라의 경우 한국전쟁 이전에는 조선의학협회 산하에 있었던 산업보건 분과학회에서 초기 산업보건 활동이 이루어졌으며, 한국전쟁 이후에는 의과대학 예방의학 분야 의사들 위주로 진행되었으며, 이후 산업의학(직업환경의학) 주도로 발달하여 왔다. 다음 표 27•3에 우리나라 산업보건 역사가 정리되어 있다.

표 27•3 ▸ 우리나라 산업보건 역사

연도	주요 내용
1953년	근로기준법 제정 (산업위생 관련 최초 법)
1954년	광산에서 진폐증 발견
1962년	가톨릭 산업의학연구소 설립, 최초 작업환경 측정 실시
1963년	전국 사업장 작업환경 조사 및 근로자 진단(가톨릭 산업의학연구소) 대한산업보건협회 창립
1981년	산업안전보건법 제정(1981.12.31)
1982년	산업안전보건법 시행령 및 시행규칙 제정
1987년	한국산업안전공단 및 교육원 설립
1980년대	원진레이온(주) 이황화탄소 중독 사건
1990년	한국산업위생학회 창립 산업보건 기준에 관한 규칙 제정
1991년	원진레이온(주) CS_2 중독 사회 문제화 (1993년 폐업, 1994년 기계 중국 수출)

3 산업안전보건법의 이해

산업체의 안전관리는 최소한 법에서 규정하는 사항을 준수하도록 계획되고 실행되어야 한다. 우리나라에서 산업안전보건(위생)과 관련된 최초의 법은 1953년에 제정된 근로기준법이고 1981년 산업안전보건법이 제정되었다. 우리나라 산업안전보건법의 체계는 그림 27•5와 같다. 국회에서 제·개정하는 산업안전보건법은 산업안전·보건에 관한 기준을 확립하고 그 책임의 소재를 명확하게 하여 산업재해를 예방하고 쾌적한 작업환경을 조성함으로써 노무를 제공하는 사람의 안전 및 보건을 유지·증진함을 목적으로 제정되었으며(제1조), 총 175개 조항으로 구성되어 있다. 산업안전보건법은 원칙적으로 모든 사업 또는 사업장에 적용되며, 유해·위험의 정도, 사업의 종류·사업장의 상시근로자 수(건설공사의 경우 공사금액) 등을 고려하여 대통령령으로 정하는 사업 또는 사업장에는 적용되지 않을 수 있다(제3조). 사업주는 다음 각 호의 사항을 이행함으로써 근로자의 안전과 건강을 유지·증진시키고 국가의 산업재해 예방정책을 따라야 한다(제5조).

- 산업안전보건법과 이 법에 따른 명령으로 정하는 산업재해 예방을 위한 기준
- 근로자의 신체적 피로와 정신적 스트레스 등을 줄일 수 있는 쾌적한 작업환경의 조성 및 근로조건 개선
- 해당 사업장의 안전 및 보건에 관한 정보를 근로자에게 제공

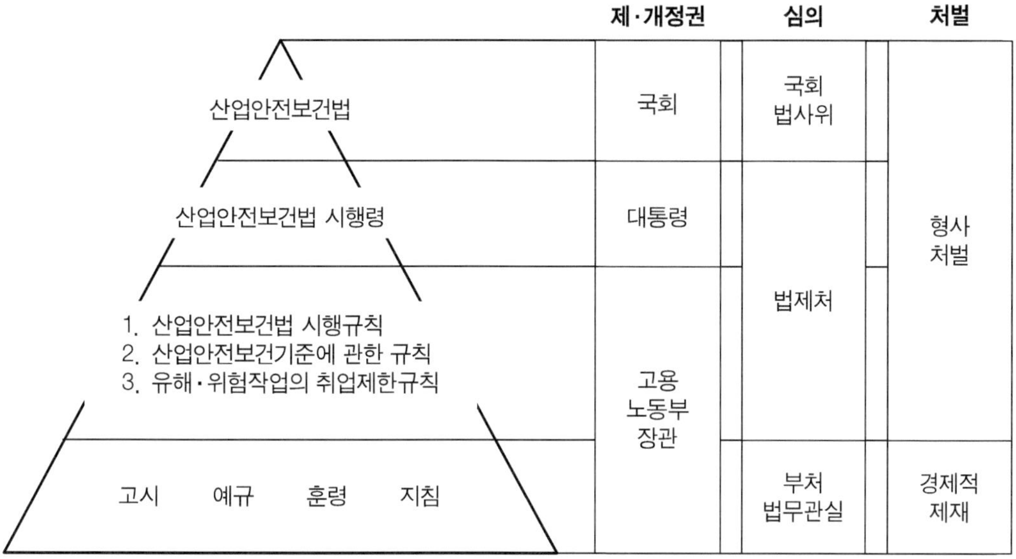

그림 27•5 ▸ 산업안전보건법 체계

산업안전보건법 제4장 유해·위험 방지 조치에는 사업주의 안전 및 보건 조치가 규정되어 있으며, 제38조에는 다음 어느 하나에 해당하는 위험으로 인한 산업재해를 예방하기 위하여 필요한 안전조치를 하도록 규정하고 있다.

- 기계·기구, 그 밖의 설비에 의한 위험
- 폭발성, 발화성 및 인화성 물질 등에 의한 위험
- 전기, 열, 그 밖의 에너지에 의한 위험
- 굴착, 채석, 하역, 벌목, 운송, 조작, 운반, 해체, 중량물 취급, 그 밖의 작업을 할 때 불량한 작업 방법 등에 의한 위험
- 근로자가 추락할 위험이 있는 장소, 토사·구축물 등이 붕괴할 우려가 있는 장소, 물체가 떨어지거나 날아올 위험이 있는 장소, 천재지변으로 인한 위험이 발생할 우려가 있는 장소에서 작업을 할 때

법 제39조에는 사업주는 다음과 같은 건강장해를 예방하기 위한 보건조치를 하도록 규정하고 있으며, 이 중 다섯 번째 항목이 근골격계질환 예방 의무에 해당된다.

- 원재료·가스·증기·분진·흄(fume)·미스트(mist)·산소결핍·병원체 등에 의한 건강장해
- 방사선·유해광선·고온·저온·초음파·소음·진동·이상기압 등에 의한 건강장해
- 사업장에서 배출되는 기체·액체 또는 찌꺼기 등에 의한 건강장해
- 계측감시(計測監視), 컴퓨터 단말기 조작, 정밀공작 등의 작업에 의한 건강장해
- 단순반복작업 또는 인체에 과도한 부담을 주는 작업에 의한 건강장해

- 환기·채광·조명·보온·방습·청결 등의 적정기준을 유지하지 아니하여 발생하는 건강장해

법의 구체적인 사항은 대통령이 제정하는 시행령과 고용노동부 장관이 제정하는 시행 규칙 및 행정 규칙에 규정되어 있다. 일반적으로 법에 대한 령과 규칙은 1개씩이지만 산업안전보건법은 시행규칙, 산업안전보건기준에 관한 규칙, 유해·위험작업의 취업 제한에 관한 규칙이 별도로 제정되어 있다. 시행령과 시행규칙에 명시되지 않은 사항들에 대해서는 별도의 고시, 예규, 훈령, 지침 등으로 규정하고 있다. 이것들을 준수하지 않을 경우에는 경제적 제재만을 받지만 시행 규칙 이상에서의 위반에 대해서는 형사적 처벌도 가해질 수 있다. 산업안전보건법과 별도로 재해 보상에 관한 사항은 산업재해 보상보험법에 규정되어 있다.

산업안전보건법 시행령은 산업안전보건법에서 위임된 사항과 그 시행에 필요한 사항을 규정하고 있다. 주요 내용으로는 총칙(제1장), 안전보건관리체제 등(제2장), 안전보건교육(제3장), 유해·위험 방지 조치(제4장), 도급 시 산업재해 예방(제5장), 유해·위험 기계 등에 대한 조치(제6장), 유해·위험물질에 대한 조치(제7장), 근로자 보건관리(제8장), 산업안전지도사 및 산업보건지도사(제9장), 보칙(제10장) 등이다.

산업안전보건법 시행규칙은 산업안전보건법 및 산업안전보건법 시행령에서 위임된 사항과 그 시행에 필요한 사항을 규정하고 있다. 내용은 총칙(제1장), 안전보건관리체제(제2장), 안전보건교육(제3장), 유해·위험 방지 조치(제4장), 도급 시 산업재해 예방(제5장), 유해·위험 기계 등에 대한 조치(제6장), 유해·위험 물질에 대한 조치(제7장), 근로자 보건관리(제8장), 산업안전지도사 및 산업보건지도사(제9장), 근로감독관 등(제10장)과 보칙으로 구성되어 있다.

산업안전보건기준에 관한 규칙에는 산업안전보건법에 규정되어 있는 사업주의 안전조치와 보건조치와 관련된 구체적인 조치사항이 규정되어 있으며, 전체적인 내용은 총칙(제1편), 안전기준(제2편), 보건기준(제3편), 특수형태 근로종사자 등에 대한 안전조치 및 보건조치(제4편)으로 구성되어 있다. 총칙, 안전기준과 보건기준 등에서 규정하고 있는 세부 내용은 표 27•4에 요약되어 있다.

4 재해조사

4.1 재해조사 모델

사고와 재해가 발생하면 그 내용을 조사하여 유사한 사고의 방지를 위한 자료로 사용해야 한다. 우리나라에서는 산업재해로 사망자가 발생하거나 3일 이상의 휴업이 필요한 부상을 입거나 질병에 걸린 사람이 발생한 경우에는 사업주가 재해에 대한 원인 조사와 향후 예방대책을 세우기 위해 재해조사를 실시하고, 해당 산업재해가 발생한 날부터 1개월 이내에 정하여진 산업재해조사표를 작성하여 관할 지방고용노동관서의 장에게 보고하여야 한다(산업안전보건 시행규칙 제73조). 사망자가 1명 이상 발생하거나, 3개월 이상의 요양이 필요한 부상자가 동시에 2명 이상 발생하거

나, 부상자 또는 직업성 질병자가 10명 이상 발생한 재해의 경우에는 지체 없이 발생 개요 및 피해상황, 조치 및 전망, 그 밖의 중요한 사항을 관할 지방노동관서의 장에게 전화·팩스 또는 그 밖의 적절한 방법으로 보고해야 한다(산업안전보건법 제54조, 시행규칙 제63조).

사고조사를 위한 재해 발생 모델을 그림 27•6에 제시하였다. 이 모델에서는 사고의 원인을 직접원인(불안전한 상태와 불안전한 행동)과 간접원인으로 나누었으며, 재해의 경우 재해자에게 직접 피해를 주는 물체인 가해물과 사고의 원인이 된 기인물을 구분할 수 있도록 되어 있다. 재해조사에서 조사하여야 할 내용은 다음과 같다.

4.2 재해조사 내용

4.2.1 인적 피해 정도

재해는 정도에 따라 사망, 휴업재해, 불휴재해로 구분한다. 사망은 사고 즉시 사망하거나, 치료 중에 사망한 것을 포함한다. 휴업재해는 전문의사의 진단에 의거해 8일 이상의 휴업(노동손실)이 있으면 중상해, 1~7일까지의 휴업이 있었으면 경상해로 구분한다. 불휴재해는 휴무 없이 수습된 재해나 8시간 이하의 휴무 또는 작업에 종사하면서 치료를 받은 상해를 의미한다.

재해를 입은 후 치료를 완료하더라도 신체의 기능이 이전 상태로 회복되지 못해 장해가 남을 수 있는데, 이러한 경우 신체장해 등급별로 해당되는 근로 손실일수를 계산한다(표27•5 참조).

표 27•4 ▸ 산업안전보건기준에 관한 규칙의 세부 내용

제1편 총칙
• 작업장 • 통로 • 보호구 • 관리감독자의 직무, 사용의 제한 등 • 추락 또는 붕괴에 의한 위험 방지 • 비계 • 환기장치 • 휴게시설 등 • 잔재물 등의 조치기준
제2편 안전기준
• 기계·기구 및 그 밖의 설비의 위험 예방 • 폭발·화재 및 위험물 누출에 의한 위험방지 • 전기로 인한 위험 방지 • 건설작업 등에 의한 위험 예방 • 중량물 취급 시의 위험방지 • 하역작업 등에 의한 위험방지 • 벌목작업에 의한 위험방지 • 궤도 관련 작업 등에 의한 위험방지
제3편 보건기준
• 관리대상 유해물질에 의한 건강장해의 예방 • 허가대상 유해물질 및 석면에 의한 건강장해 예방 • 금지유해물질에 의한 건강장해의 예방 • 소음 및 진동에 의한 건강장해의 예방 • 이상기압에 의한 건강장해의 예방 • 온도습도에 의한 건강장해의 예방 • 방사선에 의한 건강장해의 예방 • 병원체에 의한 건강장해의 예방 • 분진에 의한 건강장해의 예방 • 밀폐공간 작업으로 인한 건강장해의 예방 • 사무실에서의 건강장해 예방 • 근골격계부담작업으로 인한 건강장해의 예방 • 그 밖의 유해인자에 의한 건강장해의 예방
제4편 특수형태 근로종사자 등에 대한 안전조치 및 보건조치
• 특수형태 근로종사자에 대한 안전조치 및 보건조치 • 배달 종사자에 대한 안전조치 등

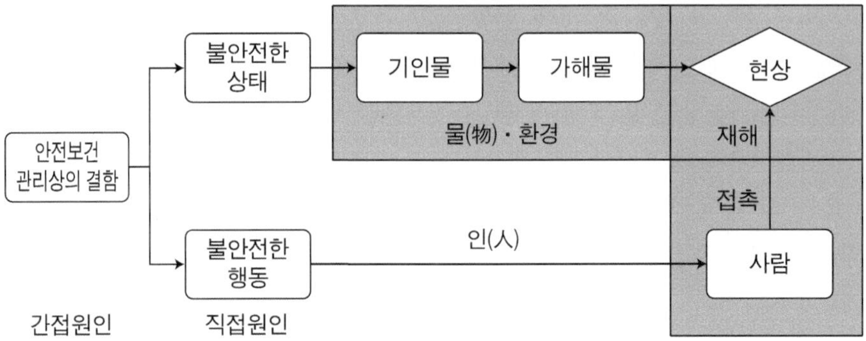

그림 27•6▸재해조사를 위한 재해 발생 모델

표 27•5▸신체장해등급별 근로손실일수

장해등급	1~3	4	5	6	7	8	9	10	11	12	13	14
근로 손실일 수	7,500	5,500	4,000	3,000	2,200	1,500	1,000	600	400	200	100	50

4.2.2 상해 종류

사고가 재해로까지 이어졌다면 재해의 형태를 조사하고 분류해야 한다. 일반적인 상해 종류의 분류는 표 27•6과 같다.

4.2.3 상해 부위

사고로 인해 상해까지 입는 재해이었다면 재해자가 어느 신체 부위를 다쳤는지 조사하여야 한다. 상해 부위로는 머리, 눈, 목, 어깨, 팔 등 외부 신체부위와 더불어 소화계, 신경계, 호흡계 등 신체 내부 기관이 될 수도 있다.

4.2.4 사고 형태

발생한 사고가 어떠한 형태이었는지 조사해 결정한다. 사고의 형태는 주로 물리적, 화학적 형태의 사고가 많으나, 미생물 등에 의한 감염 등도 있을 수 있다. 주요한 사고 형태와 내용을 표27•7에 정리하였다.

4.2.5 기인물과 가해물

사고를 발생시킨 원인 물질(기인물)과 신체 부위에 접촉한 가해물은 같을 수도 있고 서로 다를 수도 있다. 예를 들어, 포크레인 운전자가 운전 미숙으로 전복되어 운전석에서 부딪혀서 재해를 입었다면, 기인물과 가해물 모두 포크레인으로 같아진다. 그러나 석공이 망치질을 하다 돌 파편이 튀어서 재해를 입었다면, 기인물은 망치가 되고 돌 파편이 가해물이 되어 기인물과 가해물이 서로 다르게 된다.

표 27•6▸상해 종류와 내용

상해 종류	내용
골절	사고에 의해 뼈가 부러진 상태
동상	저온 물체에 접촉하여 생긴 동상 상태
부종	국부적으로 혈액 순환의 이상으로 신체 부위가 부어 오른 상태
찔림(자상)	칼날 등 날카로운 물체에 찔린 상태
절단	신체 부위가 잘린 상태
중독	음식, 약물 등의 중독 물질에 의해 신체에 이상이 생긴 상태
질식	음식, 가스 등에 의해 호흡에 이상이 생긴 상태
찰과상	스치거나 문질러서 신체 피부가 벗겨진 상태
화상	화재 또는 고온 물체에 접촉으로 인해 피부 이상이 생긴 상태
타박상(삐임, 좌상)	충돌, 추락, 전도 등에 의해 신체 부위가 삔 상태
베임(창상)	칼 등에 의해 신체 부위가 베인 상태
시력장해	시력이 감퇴 또는 실명된 상태
청력장해	청력이 감퇴 또는 난청이 된 상태
뇌진탕	두부에 강한 외력이 작용한 직후에 일어나는 증세
익사	물에 빠져 죽음
피부병	피부나 피부 부속기에 생기는 병

표 27•7▸사고 형태와 내용

사고 형태	내용
떨어짐(추락)	사람이 고소에서 떨어지는 사고
넘어짐(전도)	사람이 수평면에서 넘어지는 사고
깔림	쓰러지는 물체나 온송수단 등이 뒤집혀서 깔리는 사고
부딪침(충돌)	사람이 정지된 물체에 부딪치는 사고
맞음(낙하, 비래)	물체가 중력에 의해 수직으로 떨어져 이에 맞는 사고(낙하) 물체가 날아와서 이에 맞는 사고(비래)
무너짐(붕괴, 도괴)	적재물이 넘어지는 사고 (붕괴) 비계, 건축물 등이 넘어지는 사고 (도괴)
끼임(협착)	좁은 틈에 신체 부위가 끼는 사고
절단·베임·찔림	회전 날이나 취급 물체에 의해 절단 베임 찔리는 사고
감전	전기에 접촉되어 신체 부위에 전류가 흐르는 사고
폭발·파열	압력의 급격한 증가로 용기 등이 터지는 사고(폭발) 용기 또는 장치가 물리적 압력에 의해 깨지는 사고(파열)
화재	화재
불균형 및 무리한 동작(무리한 동작)	부자연스러운 자세나 동작으로 인해 상해를 입는 사고
이상온도·물체 접촉	고온이나 저온에 접촉해 입는 사고
화학물질 누출·접촉(화학물질 노출)	유해물질 접촉으로 중독이나 질식, 피부질환을 얻는 경우

4.2.6 직접 원인(불안전한 상태와 불안전한 행동)

사고의 원인이 된 불안전한 상태와 불안전한 행동은 각각 물적 원인과 인적 원인에 해당한다. 보통 대다수의 사고는 물적 원인과 인적 원인이 동시에 겹쳐져 사고가 발생한다. 따라서 사고 조사 시 어느 한 쪽에서만 원인을 찾지 말고 각각 나누어 생각하고 조사할 필요가 있다. 사고의 원인이 되는 불안전 상태와 불안전 행동의 예를 들어보면 다음과 같다.

1) 불안전 상태의 예

- 물자체 결함
- 작업장소 결함
- 작업환경 결함
- 방호장치 결함
- 보호구, 복장 등 결함
- 자연적 불안전 상태

2) 불안전 행동의 예

- 방호장치를 무효화시킨 행동
- 알고도 불안전한 상태 방치
- 위험한 장소에 접근
- 경고 무시
- 보호구, 복장 미착용
- 방호장치를 작동시키지 않는 행동
- 운전 중 급유장치에 급유
- 운전의 실패
- 기계 장치 등의 지정 외 사용

4.2.7 관리상 결함

직접 원인에 비해 간접 원인은 쉽게 드러나지 않을 수 있고 애매한 측면이 있다. 일반적인 관리상의 결함으로는 다음의 예들을 들 수 있다.

- 안전관리 조직 결함
- 안전점검 제도 결함
- 인적 관리 결함
- 안전교육 미실시 혹은 미진
- 예방대책 실시 지연
- 안전 규정 미비

4.3 재해원인 분석 방법

재해의 원인을 분석하는 단계에서 사용하는 분석 방법으로는 특성요인도(fish-bone diagram), 크로스 분석 방법 등이 있다. 이에 비해 보다 전문적이고 체계적 방법으로는 시스템안전분석 기법인 FMEA, FTA, ETA 등을 이용해서도 재해의 원인을 분석할 수 있다.

특성요인도 분석방법은 품질관리 분야에서 개발되어 사용되어 오던 것인데 이를 안전사고 원인분석에 사용할 수 있다. 그림 27•7은 크레인 재해에 대해 사고 원인을 인적, 물적, 관리적, 환경 측면으로 크게 분류하여 각 원인을 중분류, 소분류로 분류해 가며 사고의 원인을 찾아나가는 특성요인도의 한 예를 보여주고 있다.

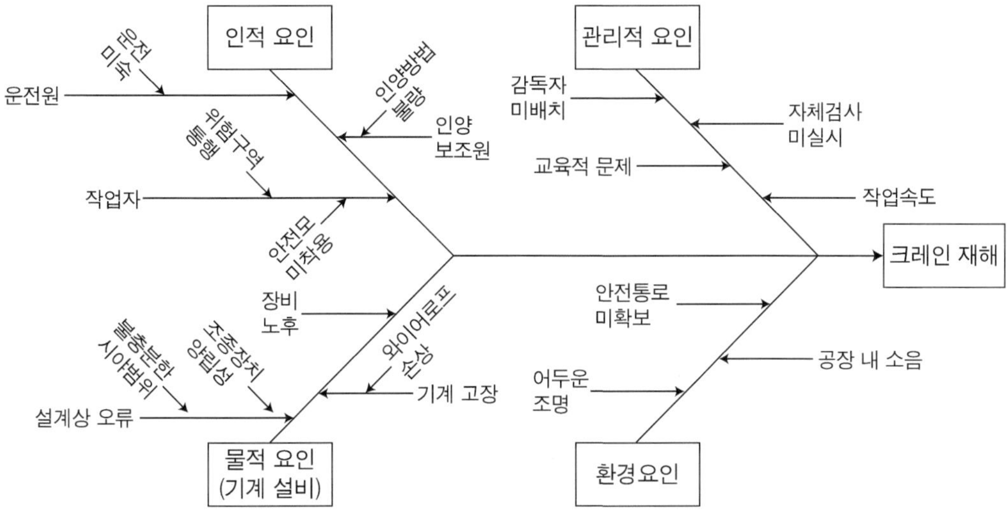

그림 27•7▸특성요인도를 이용한 사고 원인 분석

5 재해통계

5.1 재해통계의 목적

재해조사는 개별 사고에 대한 사고 원인 등을 찾기 위한 것을 목적으로 하니, 재해통계는 개별 사고 조사 결과의 집합체인 데이터 셋에 대한 분석을 통해 재해 발생건수나 재해율 등의 시간별 추세 등을 알아보기 위해 시행한다.

5.2 재해 통계량

고용노동부에서 국가 통계로 집계하고 있는 주요한 재해 통계량들은 다음과 같이 구해진다 (산업재해통계업무처리규정). 여기서 조심할 것은 재해 통계량을 계산할 때 재해자수와 재해건수를 구분해서 사용해야 한다는 것이다. 보통 산업재해의 경우 1건의 재해 사고에 1명의 재해자가 발생하는 것이 가장 많겠지만, 경우에 따라서는 1건의 사고에 2명 이상의 재해자가 발생할 수도 있기 때문이다.

1) 재해율 근로자 100인당 1년간 발생한 재해자 수를 의미한다.

$$\text{재해율} = \frac{\text{재해자 수}}{\text{근로자 수}} \times 100$$

2) 천인율 근로자 1,000인당 연간 발생한 재해자 수의 비율을 의미한다.

$$\text{천인율} = \frac{\text{재해자 수}}{\text{근로자 수}} \times 1{,}000$$

3) 도수율 재해율이나 천인율은 근로시간을 감안하지 않은 지표이다. 근로시간을 감안한 지표로는 도수율(frequency rate)이 있다. 도수율은 근로시간 100만인·시(man·hour)당 재해 발생 건수를 의미한다.

$$\text{도수율} = \frac{\text{재해 발생 건수}}{\text{연근로시간 수}} \times 1{,}000{,}000$$

4) 사망만인율 근로자 10,000명당 사망자 수를 나타내는 지표이다.

$$\text{사망만인율} = \frac{\text{사망자 수}}{\text{근로자 수}} \times 10{,}000$$

5) 강도율 강도율(severity rate)은 연간 근로시간 1,000시간당 발생한 근로손실 일수를 나타내며, 재해의 강도를 나타내는 척도이다. 신체장해가 남은 재해자들에 대해서는 표 27•2에 나와 있는 해당 근로손실 일수를 고려해야 한다.

$$\text{강도율} = \frac{\text{총 근로손실 일수}}{\text{연근로시간 수}} \times 1{,}000$$

여기서 입원 및 휴업에 따른 근로손실일수는 다음 식과 같이 계산한다. 여기에서 연 근무일수가 280일과 같이 따로 주어지면 300 대신 280을 대입하여 계산한다.

- 병원에 입원 가료 시: $\text{근로손실 일수} = \text{입원 일수} \times \frac{300}{365}$
- 휴업 혹은 요양 시: $\text{근로손실 일수} = \text{휴업(요양) 일수} \times \frac{300}{365}$

6) 재해당 평균강도율 재해당 평균강도율(severity rate per injury)은 재해자 1인 당 평균 손실일수를 나타낸다.

$$\text{재해당 강도율} = \frac{\text{강도율}}{\text{도수율 수}} \times 1{,}000$$

7) 종합재해지수(도수강도치, FSI: Frequency Safety Index) 기업 내에서 도수율과 강도율을 별도로 사용하기보다 재해 빈도와 강도를 종합하여 나타내는 것이 보다 효과적일 수 있다. 이는 기업 간의 위험도를 비교하는 수단으로도 사용된다.

$$\text{종합재해일수} = \sqrt{\text{도수율} \times \text{강도율}}$$

6 안전보건실무

6.1 안전보건관리체제

기업에서 안전보건관리를 수행하기 위해서는 다음과 같은 직책의 사람들이 협력하여 무재해를 위해 노력을 해야 한다.

- 안전보건관리 책임자: 사업장 내의 모든 안전보건 관리에 대한 사항을 총괄적으로 관리하며 이에 대한 책임을 지는 사람이다. 통상적으로 회사 경영의 최고책임자나 단위 사업장의 공장장 등이 된다. 사업의 종류에 따라 상시 근로자 50명 이상(주로 제조업 22종), 혹은 300명 이상(농업, 어업, 정보 서비스업 등 10종)이거나 건설업은 공사금액 20억원 이상, 기타 업종은 상시근로자 100명 이상인 경우 선임해야 한다(산업안전보건법 제15조, 시행령 제14조, 별표 2).
- 관리감독자: 현장의 근로자들을 대상으로 안전과 보건에 관한 지도·관리 업무를 담당한다. 일반적으로 생산을 담당하는 부서의 현장 직, 반장들이 관리감독자로 선임된다(산업안전보건법 제16조).
- 안전관리자: 안전에 관해 안전보건관리 책임자를 보좌하며, 현장의 안전관리를 수행하는 관리감독자들을 지도하는 참모의 기능을 수행한다. 사업의 종류, 규모(상시 근로자 수 혹은 공사금액)에 따라 안전관리자 인원이 대통령령으로 규정되어 있다(산업안전보건법 제17조, 시행령 제16조, 제18조).
- 보건관리자: 안전관리자와 비슷한 자격으로 보건 분야에서 안전보건관리책임자를 보좌하고, 현장의 관리감독자들을 지도하는 참모의 기능을 수행한다(산업안전보건법 제18조, 시행령 제20조, 제22조).
- 안전보건관리담당자: 중소규모 사업장(상시 근로자수 20명이상 50명 미만)에서 선임하여야 하며, 안전보건에 관하여 사업주를 보좌하고 관리감독자에게 조언 지도하는 업무를 수행한다(산업안전보건법 제19조).
- 안전보건총괄책임자: 도급을 주어 같은 장소에서 자신이 사용하는 근로자와 수급인이 사용하는 근로자가 작업을 할 때 생기는 산업재해를 예방하기 위한 업무를 총괄관리하는 책임자이다(산업안전보건법 제62조).
- 산업안전보건위원회: 일정 규모 이상의 사업장은 경영진과 근로자 대표 동수로 구성된 위원회를 구성해 안전보건관련 중요한 의사결정을 수행한다(산업안전보건법 제24조, 시행령 34조~제39조).
- 산업보건의: 일정 규모 이상의 사업장에서 근로자의 건강과 보건을 위한 업무를 수행한다(산업안전보건법 제22조).

6.2 안전보건교육

산업체에서 발생하는 안전사고 중 근로자의 불안전한 행동이 개입된 경우가 많다. 이때 불안전한 행동은 근로자의 무지에서, 혹은 기능의 부족에 의해 나타날 수 있다. 또한 근로자가 잘 알고 숙련되어 있더라도 규정을 위반하는 등 태도의 잘못에 의해서 나타날 수도 있다. 이런 측면에서 안전 교육은 세 가지 사항에 대해 이루어져야 한다.

- 지식 교육: 기계, 설비, 작업방법, 유해물질, 환경 등에서의 위험 요소를 인식하고 대처할 수 있는 방안이 교육되어야 한다.
- 기능 교육: 작업을 수행하는 과정에 필요한 안전한 기계조작법 등에 대한 교육이 이루어져야 한다.
- 태도 교육: 안전 지식과 기능을 습득했다고 해도 실천하지 않고 규정을 어기는 것은 안전에 대한 태도에 문제가 있기 때문이다. 안전이 몸에 습관화되도록 태도 교육이 이루어져야 한다.

안전보건교육은 사무직 종사 근로자는 매반기 6시간 이상, 그 밖의 근로자 중 판매 업무 직접 종사 근로자는 매반기 6시간 이상, 판매업무에 직접 종사하는 근로자 외 근로자는 매반기 12시간 이상의 정기 안전보건 교육, 채용 시 1~8시간 이상, 작업내용 변경 시 1~2시간 이상 교육 및 필요 시 특별교육이 이루어져야 한다. 현장의 안전보건관리를 담당하는 관리감독자는 연간 16시간 이상의 정기교육, 채용 시 8시간 이상, 작업내용 변경 시 2시간 이상 교육 및 필요 시 특별교육을 받아야 한다. 건설 일용근로자는 4시간 이상의 안전보건교육을 실시해야 한다(표 27•8).

안전보건관리 업무를 수행하는 근로자의 교육시간은 따로 정하고 있으며, 안전보건관리 책임자는 신규교육 6시간 이상, 보수교육 6시간 이상, 안전/보건 관리자, 안전/보건 관리전문기관 종사자, 건설재해예방 전문지도기관 종사자, 석면조사기관 종사자, 안전검사기관, 자율안전검사기관의 종사자는 신규교육 34시간 이상, 보수교육 24시간 이상을 이수해야 하며, 안전보건관리담당자는 보수교육을 8시간 이상 이수하도록 하고 있다. 근로자 및 관리감독자에 대한 교육과정별 교육내용은 표 27•9에 정리되어 있다(산업안전보건법 시행규칙 제26조제1항, 제28조제1항, 제29조제2항).

6.3 안전점검, 안전진단, 안전검사

6.3.1 안전점검

사업장은 안전관리 활동의 일환으로 안전점검과 안전진단을 수행해야 한다. 안전점검은 점검 주기별로 일상점검, 정기점검, 임시점검, 특별점검 등이 있다. 점검을 위해서는 각 기계, 설비별로 적절한 체크리스트를 만들어 사용하면 효과를 볼 수 있다.

- 일상점검: 작업시작 전과 후에 작업담당자나 관리감독자가 기계, 설비 등에 대해 외관과 기능을 중심으로 수행하는 점검.

표 27•8▸안전보건교육 교육과정별 교육시간(산업안전보건법 시행규칙 제26조제1항, 제28조제1항)

<table>
<tr><th>교육과정</th><th colspan="2">교육대상</th><th>교육시간</th></tr>
<tr><td rowspan="3">정기교육</td><td colspan="2">사무직 종사 근로자</td><td>매반기 6시간 이상</td></tr>
<tr><td rowspan="2">그 밖의 근로자</td><td>판매업무에 직접 종사하는 근로자</td><td>매반기 6시간 이상</td></tr>
<tr><td>판매업무에 직접 종사하는 근로자 외의 근로자</td><td>매반기 12시간 이상</td></tr>
<tr><td rowspan="3">채용 시 교육</td><td colspan="2">일용근로자 및 근로계약기간이 1주일 이하인 기간제근로자</td><td>1시간 이상</td></tr>
<tr><td colspan="2">근로계약기간이 1주일 초과 1개월 이하인 기간제근로자</td><td>4시간 이상</td></tr>
<tr><td colspan="2">그 밖의 근로자</td><td>8시간 이상</td></tr>
<tr><td rowspan="2">작업내용 변경 시 교육</td><td colspan="2">일용근로자 및 근로계약기간이 1주일 이하인 기간제근로자</td><td>1시간 이상</td></tr>
<tr><td colspan="2">그 밖의 근로자</td><td>2시간 이상</td></tr>
<tr><td rowspan="3">특별교육</td><td colspan="2">일용근로자 및 근로계약기간이 1주일 이하인 기간제근로자: 별표 5 제1호라목(제39호는 제외)에 해당하는 작업에 종사하는 근로자에 한정</td><td>2시간 이상</td></tr>
<tr><td colspan="2">일용근로자 및 근로계약기간이 1주일 이하인 기간제근로자: 별표 5 제1호라목제39호에 해당하는 작업에 종사하는 근로자에 한정</td><td>8시간 이상</td></tr>
<tr><td colspan="2">일용근로자 및 근로계약기간이 1주일 이하인 기간제근로자를 제외한 근로자: 별표 5 제1호라목에 해당하는 작업에 종사하는 근로자에 한정</td><td>16시간 이상(최초 작업에 종사하기 전 4시간 이상 실시하고 12시간은 3개월 이내에서 분할하여 실시 가능)
2시간 이상(단기간 또는 간헐적 작업)</td></tr>
<tr><td>건설업 기초 안전·보건교육</td><td colspan="2">건설 일용근로자</td><td>4시간 이상</td></tr>
<tr><td rowspan="5">관리감독자</td><td colspan="2">정기교육</td><td>연간 16시간 이상</td></tr>
<tr><td colspan="2">채용 시 교육</td><td>8시간 이상</td></tr>
<tr><td colspan="2">작업내용 변경 시 교육</td><td>2시간 이상</td></tr>
<tr><td rowspan="2">특별 교육</td><td colspan="2">16시간 이상(최초 작업에 종사하기 전 4시간 이상 실시하고, 12시간은 3개월 이내에서 분할하여 실시 가능)</td></tr>
<tr><td colspan="2">단기간 작업 또는 간헐적 작업인 경우에는 2시간 이상</td></tr>
</table>

- 정기점검: 6개월 혹은 1년 단위로 법에서 지정한 위험한 기계 및 설비에 대해 수행하는 점검
- 임시점검: 정기점검 후 다음 점검 전에 기계, 설비 등에 이상이 생겼을 경우에 실시하는 점검
- 특별점검: 기계, 설비 등을 변경하거나 재사용할 때 사전에 실시하는 점검

표 27•9▸안전보건교육 교육대상별 교육내용(산업안전보건법 시행규칙 제26조제1항)

(a) 근로자

정기교육	채용/작업내용 변경 시 교육	특별교육
• 산업안전 및 사고 예방에 관한 사항 • 산업보건 및 직업병 예방에 관한 사항 • 위험성 평가에 관한 사항 • 건강증진 및 질병 예방에 관한 사항 • 유해·위험 작업환경 관리에 관한 사항 • 산업안전보건법령 및 산업재해보상보험 제도에 관한 사항 • 직무스트레스 예방 및 관리에 관한 사항 • 직장 내 괴롭힘, 고객의 폭언 등으로 인한 건강장해 예방 및 관리에 관한 사항	• 산업안전 및 사고 예방에 관한 사항 • 산업보건 및 직업병 예방에 관한 사항 • 위험성 평가에 관한 사항 • 산업안전보건법령 및 산업재해보상보험 제도에 관한 사항 • 직무스트레스 예방 및 관리에 관한 사항 • 직장 내 괴롭힘, 고객의 폭언 등으로 인한 건강장해 예방 및 관리에 관한 사항 • 기계·기구의 위험성과 작업의 순서 및 동선에 관한 사항 • 작업 개시 전 점검에 관한 사항 • 정리정돈 및 청소에 관한 사항 • 사고 발생 시 긴급조치에 관한 사항 • 물질안전보건자료에 관한 사항	공통내용 (채용/작업내용 변경 시 교육) + 개별내용 (1~39호까지의 작업내용에 따른 교육내용이 산업안전보건법 시행규칙 별표 5에 정하여져 있음)

(b) 관리감독자

정기 교육	채용/작업내용 변경 시 교육	특별교육
• 산업안전 및 사고 예방에 관한 사항 • 산업보건 및 직업병 예방에 관한 사항 • 위험성평가에 관한 사항 • 유해·위험 작업환경 관리에 관한 사항 • 산업안전보건법령 및 산업재해보상보험 제도에 관한 사항 • 직무스트레스 예방 및 관리에 관한 사항 • 직장 내 괴롭힘, 고객의 폭언 등으로 인한 건강장해 예방 및 관리에 관한 사항 • 작업공정의 유해·위험과 재해 예방대책에 관한 사항 • 사업장 내 안전보건관리체제 및 안전·보건조치 현황에 관한 사항 • 표준안전 작업방법 결정 및 지도·감독 요령에 관한 사항 • 현장근로자와의 의사소통능력 및 강의능력 등 안전보건교육 능력 배양에 관한 사항 • 비상시 또는 재해 발생 시 긴급조치에 관한 사항 • 그 밖의 관리감독자의 직무에 관한 사항	• 산업안전 및 사고 예방에 관한 사항 • 산업보건 및 직업병 예방에 관한 사항 • 위험성평가에 관한 사항 • 산업안전보건법령 및 산업재해보상보험 제도에 관한 사항 • 직무스트레스 예방 및 관리에 관한 사항 • 직장 내 괴롭힘, 고객의 폭언 등으로 인한 건강장해 예방 및 관리에 관한 사항 • 기계·기구의 위험성과 작업의 순서 및 동선에 관한 사항 • 작업 개시 전 점검에 관한 사항 • 물질안전보건자료에 관한 사항 • 사업장 내 안전보건관리체제 및 안전·보건조치 현황에 관한 사항 • 표준안전 작업방법 결정 및 지도·감독 요령에 관한 사항 • 비상시 또는 재해 발생 시 긴급조치에 관한 사항 • 그 밖의 관리감독자의 직무에 관한 사항	공통내용 (채용/작업내용 변경 시 교육) + 개별내용 (근로자 특별교육에 따른 교육내용(공통내용 제외)과 같음))

6.3.2 안전진단

안전진단은 안전점검과 비슷하나 보통 특정 기계, 설비 등에 대한 진단보다 그런 내용을 포함한 사업장 전반에 대해 전문가들이 참여해 위험 요소 파악을 위주로 한다. 안전진단은 자율적 진단과 정부 기관 등에 의한 명령 진단(산업안전보건법 제47조 제1항, 시행령 제46조)이 있다.

6.3.3 안전검사

법에서 정한 위험한 기계, 기구 등에 대해서는 정기적인 검사를 받아야 한다(산업안전보건법 제93조 제1항). 법에서 정한 기계나 기구로는 프레스, 전단기, 크레인(정격 하중 2톤 미만 제외), 리프트, 압력용기, 곤돌라, 국소 배기장치(이동식 제외), 원심기(산업용), 롤러기(밀폐형 구조 제외), 사출성형기(형 체결력 294KN 미만 제외), 고소작업대(자동차관리법에 따른 화물자동차 또는 특수자동차에 탑재한 고소작업대 한정), 컨베이어, 산업용 로봇, 혼합기, 파쇄기 또는 분쇄기 등이 있다(산업안전보건법 시행령 제78조). 산업안전보건법 상의 검사의 종류는 다음과 같다(시행규칙 제126조).

- 설계검사: 제작하거나 수입하는 기계나 기구에 대해서 제작 전 수행하는 검사
- 완성검사: 위험한 기계, 기구 등을 사용할 장소에 설치한 후 사용 전에 실시하는 검사
- 성능검사: 위험한 기계, 기구 등이 출고 전에 받는 검사
- 정기검사: 6개월 혹은 3년 등 정기적으로 받는 검사이며 산업안전보건법에서 정한 유해하거나 위험한 기계·기구·설비 등의 안전검사 주기는 다음과 같다.
    1. 크레인(이동식 크레인 제외), 리프트(이삿짐운반용 리프트 제외) 및 곤돌라: 사업장에 설치가 끝난 날부터 3년 이내에 최초 안전검사를 실시하되, 그 이후부터 2년마다(건설현장에서 사용하는 것은 최초로 설치한 날부터 6개월마다)
    2. 이동식 크레인, 이삿짐운반용 리프트 및 고소작업대: 「자동차관리법」 제8조에 따른 신규등록 이후 3년 이내에 최초 안전검사를 실시하되, 그 이후부터 2년마다
    3. 프레스, 전단기, 압력용기, 국소 배기장치, 원심기, 롤러기, 사출성형기, 컨베이어, 산업용 로봇, 혼합기, 파쇄기 또는 분쇄기: 사업장에 설치가 끝난 날부터 3년 이내에 최초 안전검사를 실시하되, 그 이후부터 2년마다(공정안전보고서를 제출하여 확인을 받은 압력용기는 4년마다)

6.4 안전보건관리계획 수립 및 평가

안전보건관리계획이란 산업재해가 발생하지 않도록 사업장에서 안전보건관리를 계획적으로 행하기 위하여 일정기간을 정하여 작성한 세부 실행계획이다. 안전보건관리의 목적은 사업장 스스로가 수립한 안전보건 계획을 이행하여 안전하고 쾌적한 작업장을 만드는 것이다.

6.4.1 안전보건관리계획 수립

안전보건관리계획 수립은 크게 목표 설정과 안전보건활동 추진계획 작성으로 나눌 수 있다. 목표는 먼저 사업장 전체 목표를 설정하고, 전체 목표에 따라 부서별 세부 목표를 설정한다. 세부 목표는 구체적이고, 측정 가능하고, 달성 가능하고, 목표와 관련성이 있으며, 정해진 기간 내에 달성 가능하도록 설정한다. 목표가 설정되면, 다음으로 안전보건활동 추진계획을 수립한다(그림 27•8).

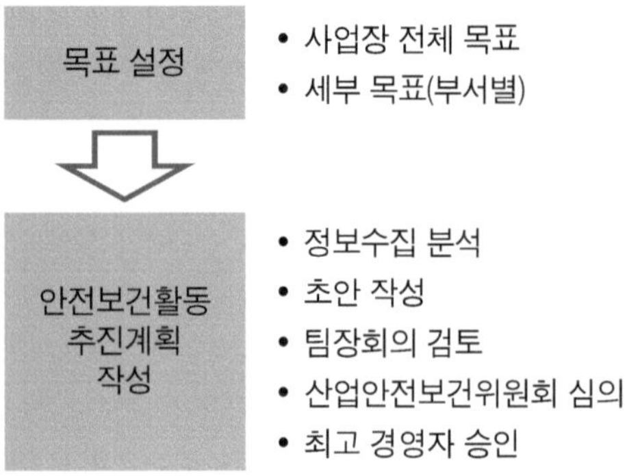

그림 27•8▸안전보건관리계획 수립 절차

6.4.2 안전보건관리계획 평가 및 개선

안전보건관리계획을 실행한 후 다음 항목들에 대해 평가를 수행하고 이를 바탕으로 개선을 추진한다.

- 안전보건방침에 따른 목표 달성 여부
- 안전보건방침과 목표를 이루기 위한 안전보건관리계획의 적정성과 이행 여부
- 안전보건경영에 필요한 절차서와 안전보건활동 일치성 여부
- 적용 법규 및 준수 여부
- 사고, 아차사고, 업무상재해 발생 시 발생원인과 안전보건활동 성과의 관계

6.5 근로자의 보건·건강관리

6.5.1 작업환경 측정

근로자의 건강을 보호하고 쾌적한 작업환경을 조성하기 위하여 인체에 해로운 작업을 하는 작업장(그림 27•9)에서는 작업환경 측정을 한 다음 고용노동부장관에게 보고하고, 작업장 근로자에게 알려야 한다. 또한, 그 결과에 따라 근로자의 건강을 보호하기 위한 적절한 조치를 취하여야 한다(산업안전보건법 제125조, 시행규칙 제186, 188조).

6.5.2 건강진단

사업주는 근로자의 건강을 보호·유지하기 위하여 고용노동부장관이 지정하는 기관(또는 특수건강진단기관) 또는 「건강검진기본법」에 따른 건강검진기관에서 근로자에 대한 일반건강진단을 실시하여야 한다(산업안전보건법 제129~132조, 시행규칙 제195~210조). 건강진단 결과 근로자의 건강을 유지하기 위하여 필요하다고 인정할 때에는 작업 장소 변경, 작업 전환, 근로시간 단축, 야간근

화학적 인자	• 유기화합물 : 글루타르알데히드 등 113종 (113종 물질을 중량비율 1퍼센트 이상 함유한 제제) • 금속류 : 구리 등 23종 • 산 및 알칼리류 : 개미산 등 17종 • 가스 상태 물질류 : 불소 등 15종 • 허가 대상 유해물질 12종 • 금속가공유 1종
물리적 인자	• 시간가중평균 80dB 이상의 소음 • 안전보건규칙 제3편제6장에 따른 고열
분진 (7종)	• 광물성 분진, 곡물 분진, 면 분진, 나무 분진 • 용접 흄, 유리섬유, 석면 분진
기타	• 고용노동부 장관이 고시하는 인체에 해로운 유해인자

그림 27•9▸작업환경 측정 대상 유해인자

로(오후 10시부터 오선 6시까지 사이의 근로)의 제한, 작업환경 측정 또는 시설·설비의 설치·개선 등 적절한 조치를 하여야 한다. 건강진단의 종류는 다음과 같다.

- 일반건강진단: 근로자의 건강관리를 위하여 사업주가 주기적으로 실시하는 건강진단(산업안전보건법 제129조, 시행규칙 제197~199조)
- 특수건강진단: 특수건강진단 대상 유해인자에 노출되는 업무(특수건강진단 대상 업무)에 종사하는 근로자나 근로자 건강진단 실시 결과 직업병 유소견자로 판정받은 후 작업 전환을 하거나 작업장소를 변경하고, 직업병 유소견 판정의 원인이 된 유해인자에 대한 건강진단이 필요하다는 의사의 소견이 있는 근로자에 대한 건강진단(산업안전보건법 제130조, 시행규칙 제201, 202조)
- 배치전건강진단: 특수건강진단 대상 업무에 종사할 근로자에 대하여 배치 예정업무에 대한 적합성 평가를 위하여 실시하는 건강진단(산업안전보건법 제130조, 시행규칙 제204조)
- 수시건강진단: 특수건강진단 대상 업무로 인하여 해당 유해인자에 의한 직업성 천식, 직업성 피부염, 그 밖에 건강장해를 의심하게 하는 증상을 보이거나 의학적 소견이 있는 근로자에 대하여 실시하는 건강진단(산업안전보건법 제130조, 시행규칙 제205조)
- 임시건강진단: 특수건강진단 대상 유해인자 또는 그 밖의 유해인자에 의한 중독 여부, 질병에 걸렸는지 여부 또는 질병의 발생 원인 등을 확인하기 위하여 산업안전보건법 제131조(임시건강진단 명령 등), 시행규칙 제207조(임시건강진단 명령 등)에 따른 고용노동부장관의 명령에 따라 실시하는 건강진단

6.6 방호장치와 보호구

6.6.1 방호장치

유해하거나 위험한 기계, 기구, 설비 및 건축물 등에는 위험 부분에 방호장치를 설치해야 한다 (산업안전보건법 제80조, 시행령 제70조). 예초기, 원심기, 공기압축기, 금속절단기, 지게차, 포장기계(진공포장기, 래핑기 한정) 등에 대해서는 법적으로 방호장치가 설치되어야 한다. 프레스, 전단기/절곡기, 크레인, 리프트, 압력용기, 롤러기, 사출성형기, 고소 작업대, 곤돌라는 고용노동부장관이 실시하는 안전인증을 받거나 고용노동부장관이 정하여 고시하는 안전기준에 맞는지 확인하여 고용노동부장관에게 신고하여야 한다(자율안전확인)(산업안전보건법 제84, 89조, 시행령 제74조, 제77조의5). 프레스에 대해서는 광전자식, 양수 조작식, 가드식, 손쳐내기식, 수인식 방호장치 등이, 양중기에 대해서는 과부하 방지장치가 설치되어야 한다(산업안전보건기준에 관한 규칙 제103조, 제134조).

6.6.2 보호구

산업 현장에서 위험 요소로부터 개인의 안전을 확보하기 위한 최후의 수단으로 개인보호구를 사용해야 한다. 산업안전보건법(제84, 89조), 시행령(제74, 77조) 상의 안전인증 혹은 자율안전확인을 받아야 하는 보호구로는 모두 12종이 있다. 각각의 보호구와 사용 용도는 표 27•10과 같다.

표 27•10 ▸ 산업안전보건법 상 안전인정/자율안전확인 대상 보호구

검정보호구	위험 요소와 용도	보호구의 종류
안전모	낙하, 비래, 추락, 감전 등의 방지	A형(추락), B형(낙하), E형(감전)
안전대	추락 방지용	1자걸이식, U자걸이식, 그네걸이식
안전화	낙하, 충격 방지, 감전방지	안전고무장화(감전방지), 안전단화 등
안전장갑	유해물질 접촉방지, 감전방지	안전고무장갑(감전방지), 용접장갑 등
보안경	비래, 비산 방지, 유해광선 방지	
용접용 보안면	비래, 비산 방지, 유해광선 방지	일반 보안면, 용접용 보안면
방진마스크	분진, 미스트, 흄의 흡입 방지	
방독마스크	유해가스, 증기의 흡입 방지	
송기마스크	산소 결핍을 방지	
전동식 호흡보호구	분진, 유해 물질 흡입 방지	
귀마개/귀덮개	소음 방지	
보호복	고열, 화상 방지, 화학물질침입방지	방열복 등

6.7 안전관리 활동

예방적 차원에서 사업장에서 행해지는 기본적인 안전관리 활동으로는 안전교육, 안전점검, 안전진단, 안전검사, 방호장치의 설치와 개인보호구 지급 등이 있다. 이러한 안전관리 활동을 포함해 사업장에서 행해지고 있는 안전관리 기법, 활동, 운동 중 대표적인 것들로는 다음과 같은 것들이 있다.

- 3정5S 운동: 일본의 공장 등에서 시작된 운동으로, 3정은 정위치, 정품, 정량을 뜻하고 5S는 정리, 정돈, 청소, 청결, 습관화의 일본어 표현의 영문자 앞글자를 따서 5S 운동이라고 한다. 3정5S 운동은 안전관리뿐만이 아니라 생산 활동을 위해서도 가장 기본이 되는 활동이라 할 수 있다.
- 위험예지훈련: 소집단을 대상으로 위험요소를 포함하고 있는 도해를 보여주고 이에 대한 위험요소의 지적과 토론으로, 위험에 대한 예지 능력을 향상시키는 교육적 활동의 하나이다. 최근에는 도해 대신 멀티미디어를 이용하기도 한다.
- 툴박스미팅(TBM: Toolbox Meeting): 작업 시작 전 짧은 시간 동안 작업 조별로 안전에 관한 상호 점검과 확인을 하는 운동이다.

6.8 물질안전보건자료

물질안전보건자료(materials safety data sheet: MSDS)는 화학물질 또는 화학물질을 함유한 제제를 제조·수입·사용·운반 또는 저장하고자 할 때에, 안전·보건·환경에 관한 유해·위험성 평기 결과를 근거로 안전취급 및 응급조치 요령 및 독성 정보 등의 정보가 포함되도록 작성하는 화학물질(또는 화학물질을 함유한 제제)의 안전사용을 위한 설명 자료이다. 사업주는 물질안전보건자료대상물질을 취급하는 작업공정별로 고용노동부령으로 정하는 바에 따라 물질안전보건 자료 대상물질의 관리 요령을 게시하여야 한다(산업안전보건법 제114조). 물질안전보건자료를 작성해야 하는 대상물질은 표 27•11에, 물질안전보건자료에 포함되어야 할 내용은 표 27•12에 제시되어 있다.

6.9 안전보건표지

사업장의 유해하거나 위험한 장소·시설·물질에 대한 경고, 비상시에 대처하기 위한 지시·안내 또는 그 밖에 근로자의 안전 및 보건 의식의 고취를 위하여 안전보건표지를 설치하거나 부착하여야 한다(산업안전보건법 제37조). 안전보건표지의 종류는 금지표지, 경고표지, 지시표지, 안내표지, 관계자외 출입금지 표지가 있다(그림 27•10). 금지표지는 특정한 행위가 허용되지 않음을 나타내고, 경고표지는 위험에 대한 경고를, 지시표지는 일정한 행동을 취할 것을 지시하고, 안내표지는 근로자가 알아두어야 할 사항을 알려주거나 안전의식을 고취시키기 위한 내용을 안내하는 표지이다.

안전보건표지는 법으로 정해진 색채, 기본모형에 따라 제작되어야 하며, 표시내용을 근로자가 빠르고 쉽게 알아볼 수 있는 충분한 크기가 되어야 하며, 안전보건표지 주위에 표시사항을 글자

표 27•11▸산업안전보건법 상 물질안전보건자료 작성 대상 물질 및 제외 물질

구분	소구분	종류
단일 물질	물리적 위험성 물질	폭발성 물질, 인화성 가스, 인화성 액체 등 16종
	건강 유해성 물질	급성 독성 물질, 피부 부식성 또는 자극성 물질 등 11종
	환경 유해성 물질	수생 환경 유해성 물질, 오존층 유해성 물질
혼합 물질	물리적 위험성 물질을 포함한 혼합물	물리적 위험성 물질을 1.0% 이상 포함한 혼합물
	건강 유해성 물질을 포함한 혼합물	건강 유해성 물질을 1.0% 이상 포함한 혼합물
	환경 유해성 물질을 포함한 혼합물	환경 유해성 물질을 1.0% 이상 포함한 혼합물
적용 대상 제외 물질		관련 법에서 정한 방사성 물질, 의약품·의약외품, 화장품, 마약 및 향정신성의약품, 농약, 사료, 비료, 식품 및 식품 첨가물, 화약류, 폐기물, 의료기기, 일반 소비자의 생활용으로 제공되는 제제

그림 27•10▸안전보건표지의 종류와 형태

표 27•12▸물질안전보건자료 포함 내용(KOSHA GUIDE W-15-2016)

항목	내용
(1) 화학제품과 회사에 관한 정보	• 제품명 • 제품의 권고 용도와 사용상의 제한 • 공급자 정보
(2) 유해성·위험성	• 유해·위험성 분류 • 예방조치 문구를 포함한 경고 표지 항목 • 유해성·위험성 분류기준에 포함되지 않는 기타 유해성·위험성
(3) 구성성분의 명칭 및 함유량	• 화학물질명 • 관용명 및 이명 • CAS 번호 또는 식별번호 • 함유량(%)
(4) 응급처치 요령	• 눈에 들어갔을 때 • 피부에 접촉했을 때 • 흡입했을 때 • 먹었을 때 • 기타 의사의 주의사항
(5) 폭발·화재시 대처방법	• 적절한 (및 부적절한) 소화제 • 화학물질로부터 생기는 특정 위험성 • 화재 진압 시 착용할 보호구 및 예방조치
(6) 누출 사고 시 대처방법	• 인체를 보호하기 위해 필요한 조치 사항 및 보호구 • 환경을 보호하기 위해 필요한 조치사항 • 정화 또는 제거 방법
(7) 취급 및 저장방법	• 안전취급요령 (예: 사용 후에는 손을 씻을 것) • 안전한 저장 방법
(8) 노출방지 및 개인보호구	• 화학물질의 노출기준, 생물학적 노출기준 등 • 적절한 공학적 관리 • 개인보호구
(9) 물리화학적 특성	• 외관(물리적 상태, 색 등) • 냄새 • 냄새역치 • pH • 녹는점/어는점 • 초기 끓는점과 끓는점 범위 • 인화점 • 증발 속도 • 인화성(고체, 기체) • 인화 또는 폭발범위의 상한/하한 • 증기압 • 용해도 • 증기 밀도 • 비중 • 옥탄올/물 분배계수 • 자연발화온도 • 분해온도 • 점도 • 분자량
(10) 안정성 및 반응성	• 화학적 안정성 및 유해 반응의 가능성 • 피해야 할 조건 • 피해야 할 물질 • 분해시 생성되는 유해물질
(11) 독성에 관한 정보	• 가능성이 높은 노출 경로에 대한 정보 • 건강 유해성 정보 • 독성의 수치화(급성독성의 추정 등) • 혼합물에 대한 특별 고려
(12) 환경에 미치는 영향	• 수생·육생 생태독성 • 잔류성과 분해성 • 생물 농축성 • 토양 이동성 • 기타 유해 영향
(13) 폐기 시 주의사항	• 폐기방법 • 폐기 시 주의사항
(14) 운송에 필요한 정보	• 유엔번호(UN No) • 유엔 적정 선적명 • 운송 시 위험성 • 용기등급 • 해양오염물질 • 필요한 안전 대책
(15) 법적 규제 현황	• 산업안전보건법에 의한 규제 • 화학물질관리법에 의한 규제 • 위험물안전관리법에 의한 규제 • 폐기물관리법에 의한 규제 • 기타 국내 및 외국법에 의한 규제
(16) 그 밖의 참고사항	• 자료 출처 • 최초 작성일자 • 개정횟수 및 최종 개정일자 • 기타

로 적을 경우 흰색 바탕에 검은색 한글고딕체로 표기하도록 하고 있다(산업안전보건법 시행규칙 제38, 40조).

7 위험성평가

위험성평가(risk assessment)는 사업주가 스스로 유해·위험요인을 파악하고 해당 유해·위험요인의 위험성 수준을 결정하여, 위험성을 낮추기 위한 적절한 조치를 마련하고 실행하는 과정으로 사업장 위험성평가에 관한 지침(고용노동부고시 제2023-19호)은 정의하고 있다. EU OSHA(1996)는 유해·위험요인이 존재하는 사업장 환경으로부터 발생하는 근로자의 안전 및 보건과 관련된 위험성을 평가하는 과정(The process of evaluating the risk to the health and safety of workers while at work arising from the circumstances of the occurrence of a hazard at the workplace)으로 정의하고 있다. 여기서 유해·위험요인(hazard: 위험원, 잠재적 위험)은 유해·위험을 일으킬 잠재적 가능성이 있는 것의 고유한 특성이나 속성을, 위험성(risk)은 유해·위험요인이 사망, 부상 또는 질병으로 이어질 수 있는 가능성(빈도)과 중대성(강도)을 고려한 위험의 정도를 말한다. 대표적 유해·위험요인이 표 27•13에 정리되어 있다.

위험성평가는 산업안전보건법 제36조(위험성평가의 실시)에 따라 모든 사업장이 수행하여야 한다. 이와 같이 사업주가 위험성평가를 실시하도록 법에 의무화하고 있으나 위반에 따른 과태료 등의 직접적인 불이익은 규정되어 있지 않다. 다만, 산업안전보건법 안전보건관리체계(제2장 제1

표 27•13 ▸ 유해·위험 요인의 분류 예시

용어	위험요인	유해요인
분류(예)	1. 기계기구, 설비 등에 의한 위험요인 2. 폭발성 물질, 발화성 물질, 인화성 물질, 부식성 물질 등에 의한 위험요인 3. 전기, 열, 그 밖의 에너지에 의한 위험요인 4. 작업방법으로부터 발생하는 위험요인 –굴착, 채석, 하역, 벌목, 철골조립 등 5. 작업장소에 관계된 위험요인 –추락 우려, 토사붕괴 우려, 미끄러짐 우려, 채광조명 영향에 따른 위험 우려, 물체의 낙하 우려 등 6. 작업행동 등으로부터 발생하는 위험요인 7. 그 외의 위험요인 –타인의 폭력, 타인에 의한 교통사고 등 근로자 이외의 자의 작용에 의한 위험요인 등	1. 원재료, 가스, 증기, 분진 등에 의한 유해요인 –산소결핍, 병원체, 배기, 배액, 잔재물 등 2. 방사선, 고온, 저온, 초음파, 소음, 진동, 이상기압 등에 의한 유해요인 –적외선, 자외선, 레이저광선 등 3. 작업행동 등으로부터 발생하는 유해요인 –계기감시, 정밀공작, 중량물취급, 작업자세, 작업형태 등 4. 그 외의 유해요인

절) 중 안전보건관리책임자(제15조), 관리감독자(제16조), 안전관리자(제17조), 보건관리자(제18조), 안전보건관리담당자(제19조), 안전보건총괄책임자(제62조) 직무에 반영되어 있어, 위험성평가를 실시하지 않을 경우 해당 조항에 따라 불이익을 받을 수 있다. 또한, 고용노동부가 2022년 11월 30일 발표한 「중대재해 감축 로드맵」에서 사업장의 유해·위험요인을 가장 잘 아는 사업주와 근로자가 스스로 유해하거나 위험한 것을 찾아내어 그 위험성을 제거하거나 줄이는 작업을 통해 미리 산업재해를 예방하는 사전적인 '자기규율 예방체계'의 핵심수단으로 위험성평가를 언급하고 있어, '중대재해 처벌 등에 관한 법률'에도 간접적으로 관련되어 있다.

위험성평가를 규정하고 있는 법적 근거는 다음과 같다.

- **산업안전보건법 제36조(위험성평가의 실시)** ① 사업주는 건설물, 기계·기구·설비, 원재료, 가스, 증기, 분진, 근로자의 작업행동 또는 그 밖의 업무로 인한 유해·위험 요인을 찾아내어 부상 및 질병으로 이어질 수 있는 위험성의 크기가 허용 가능한 범위인지를 평가하여야 하고, 그 결과에 따라 이 법과 이 법에 따른 명령에 따른 조치를 하여야 하며, 근로자에 대한 위험 또는 건강장해를 방지하기 위하여 필요한 경우에는 추가적인 조치를 하여야 한다.
- 산업안전보건법 시행규칙 제37조(위험성평가 실시내용 및 결과의 기록·보존)
- 사업장 위험성평가에 관한 지침(고용노동부고시 제2023-19호)

사업주가 다음 중 어느 하나에 해당하는 제도를 이행한 경우에는 그 부분에 대하여 사업장 위험성평가에 관한 지침(고용노동부고시 제2023-19호)에 따른 위험성평가를 실시한 것으로 본다.

- 위험성평가 방법을 적용한 안전·보건진단(산업안전보건법 제47조)
- 공정안전보고서(산업안전보건법 제44조). 다만, 공정안전보고서의 내용 중 공정위험성 평가서가 최대 4년 범위 이내에서 정기적으로 작성된 경우에 한한다.
- 근골격계부담작업 유해요인조사(산업안전보건기준에 관한 규칙 제657조~제662조)
- 그 밖에 법과 산업안전보건법에 따른 명령에서 정하는 위험성평가 관련 제도

위험성평가는 영국, 독일, 일본, 싱가포르, 호주 등 주요 선진국에서 도입·시행 중이며, 근거 법령, 시기, 벌칙 및 문서화 대상은 표 27•14와 같다.

7.1 위험성평가 실시 시기

위험성평가는 최초평가 및 수시평가, 정기평가로 구분하여 실시해야 하며, 최초평가 및 정기평가는 전체 작업을 대상으로 한다. 사업주는 사업이 성립된 날(사업 개시일을 말하며, 건설업의 경우 실착공일을 말한다)로부터 1개월이 되는 날까지 위험성 평가의 대상이 되는 유해·위험요인에 대한 최초 위험성평가의 실시에 착수해야 한다. 다만, 1개월 미만의 기간 동안 이루어지는 작업 또는

표 27•14 ▸ 주요 선진국 위험성평가

구분	영국	독일	일본	싱가포르	호주
근거 법령	안전보건관리 시행령	사업장 안전보건보호법	노동안전 위생법	작업장안전보건관리 (위험성평가)시행령	산업안전 보건법
도입 시기	1992년	1996년	2006년	2006년	2000년
벌칙 내용	• 가벼운 사안의 경우 2만 파운드 이하 벌금 • 고의 또는 중대의 경우 위반자는 2년 이하의 금고 또는 벌금(병과 가능) .	• 사업주 또는 책임 2.5만 유로 이하의 과태료 • 근로자 5천 유로 이하의 과태료 • 반복·고의 위반, 근로자의 생명·건강이 위협 받는 경우 1년 이하의 징역 또는 벌금(Law26)	없음	1차 위반 시 벌금 1만 달러 이하, 2차 위반 시 2만 달러 이하 벌금 또는 6월 이하 징역(병과 가능) (Regulation 8)	—
문서화	근로자 수 5인 이상인 사업장	근로자 수 10인 이상 사업장은 평가 결과 문서화	없음	평가 관련 서류를 기록하여 3년간 보존	—

공사의 경우에는 특별한 사정이 없는 한 작업 또는 공사 개시 후 지체 없이 최초 위험성평가를 실시해야 한다

사업주는 다음 사항의 어느 하나에 해당하여 추가적인 유해·위험요인이 생기는 경우에는 해당 유해·위험요인에 대한 수시 위험성평가를 실시하여야 한다.

- 사업장 건설물의 설치·이전·변경 또는 해체
- 기계·기구, 설비, 원재료 등의 신규 도입 또는 변경
- 건설물, 기계·기구, 설비 등의 정비 또는 보수(주기적·반복적 작업으로서 정기평가를 실시한 경우에는 제외)
- 작업방법 또는 작업절차의 신규 도입 또는 변경
- 중대산업사고 또는 산업재해(휴업 이상의 요양을 요하는 경우에 한정한다) 발생
- 그 밖에 사업주가 필요하다고 판단한 경우

사업주는 다음 사항을 고려하여 최초 위험성평가의 결과에 대한 적정성을 1년마다 정기적으로 재검토(이때, 해당 기간 내 수시 위험성평가의 결과가 있는 경우 함께 적정성을 재검토하여야 한다)하여야 한다. 재검토 결과 허용 가능한 위험성 수준이 아니라고 검토된 유해·위험요인에 대해서는 위험성 감소대책을 수립하여 실행하여야 한다.

- 기계·기구, 설비 등의 기간 경과에 의한 성능 저하
- 근로자의 교체 등에 수반하는 안전·보건과 관련되는 지식 또는 경험의 변화

- 안전·보건과 관련되는 새로운 지식의 습득
- 현재 수립되어 있는 위험성 감소대책의 유효성 등

사업주가 사업장의 상시적인 위험성평가를 위해 다음 사항을 이행하는 경우 수시평가와 정기평가를 실시한 것으로 본다.

- 매월 1회 이상 근로자 제안제도 활용, 아차사고 확인, 작업과 관련된 근로자를 포함한 사업장 순회점검 등을 통해 사업장 내 유해·위험요인을 발굴하여 위험성결정 및 위험성 감소대책 수립·실행을 할 것
- 매주 안전보건관리책임자, 안전관리자, 보건관리자, 관리감독자 등(도급사업주의 경우 수급사업장의 안전·보건 관련 관리자 등을 포함한다)을 중심으로 위의 결과 등을 논의·공유하고 이행상황을 점검할 것
- 매 작업일마다 위 두 가지 사항의 실시결과에 따라 근로자가 준수하여야 할 사항 및 주의하여야 할 사항을 작업 전 안전점검회의 등을 통해 공유·주지할 것

7.2 위험성평가 주체

위험성평가는 다음과 같은 구성원에 의해 수행되며, 산업안전·보건 전문가 또는 전문기관의 컨설팅을 받을 수 있다.

- 사업주 또는 안전보건관리책임자: 법령상 위험성평가는 사업주 책임이지만 산업안전보건법에 따른 안전보건관리책임자 및 사업장을 실질적으로 총괄하는 사람으로 하여금 위험성평가 실시를 총괄 관리하게 할 수 있음
- 안전관리자 및 보건관리자(안전보건관리담당자): 안전보건관리책임자를 보좌하고 지도·조언
- 관리감독자(직장·조장·반장·팀장 등): 유해·위험요인 파악 및 개선조치 시행에 대한 참여
- 기계·기구, 설비 등에 전문 지식을 갖춘 사람: 기계·기구, 설비 등과 관련된 위험성평가
- 대상 작업 근로자: 다음에 해당하는 경우 위험성평가 해당 작업에 종사하는 근로자를 참여시켜야 한다.
  - 유해·위험요인의 위험성 수준을 판단하는 기준을 마련하고, 유해·위험요인별로 허용 가능한 위험성 수준을 정하거나 변경하는 경우
  - 해당 사업장의 유해·위험요인을 파악하는 경우
  - 유해·위험요인의 위험성이 허용 가능한 수준인지 여부를 결정하는 경우
  - 위험성 감소대책을 수립하여 실행하는 경우
  - 위험성 감소대책 실행 여부를 확인하는 경우
- 도급사업주 및 수급사업주: 도급 사업인 경우 각각 위험성평가 실시

사업주는 위험성평가를 수행하는 자에 대해 위험성평가를 실시하기 위한 필요한 교육을 실시하여야 한다. 이 경우 위험성평가에 대해 외부에서 교육을 받았거나, 관련 학문을 전공하여 관련 지식이 풍부한 경우에는 필요한 부분만 교육을 실시하거나 교육을 생략할 수 있다.

7.3 위험성평가 대상

위험성평가 대상은 다음과 같다.

- 업무 중 근로자에게 노출된 것이 확인되었거나 노출될 것이 합리적으로 예견 가능한 모든 유해·위험요인. 다만, 매우 경미한 부상 및 질병만을 초래할 것으로 명백히 예상되는 유해·위험요인은 평가 대상에서 제외할 수 있다.
- 사업장 내 부상 또는 질병으로 이어질 가능성이 있었던 상황(아차사고)을 확인한 경우에는 해당 사고를 일으킨 유해·위험요인
- 중대재해가 발생한 때에는 지체 없이 중대재해의 원인이 되는 유해·위험요인에 대해 수시 위험성평가를 실시하고, 그 밖의 사업장 내 유해·위험요인에 대해서는 정기 위험성평가 재검토 실시

7.4 위험성평가 절차

위험성평가 절차는 그림 27•11과 같으며, 상시근로자 수 5인 미만 사업장(건설공사의 경우 1억 원 미만)의 경우에는 '1단계: 사전준비' 절차를 생략할 수 있다.

7.4.1 1단계: 평가대상의 선정 등 사전 준비

1) 위험성평가 실시 규정 작성 위험성평가를 효과적으로 실시하기 위하여 최초 위험성평가 시 다음 사항이 포함된 위험성평가 실시 규정을 작성하고 지속적으로 관리하여야 한다.

- 평가의 목적 및 방법
- 평가담당자 및 책임자의 역할
- 평가시기 및 절차
- 근로자에 대한 참여·공유방법 및 유의사항
- 결과의 기록·보존

2) 위험성평가 교육 실시 사업주는 위험성평가를 담당하는 조직 구성원들에게 외부 전문기관의 교육을 수강하도록 하거나 사업장 자체적으로 위험성평가의 중요성과 실시 방법 등에 대한 교육을 실시하여야 한다. 고용노동부 고시에 따른 교육은 다음과 같다.

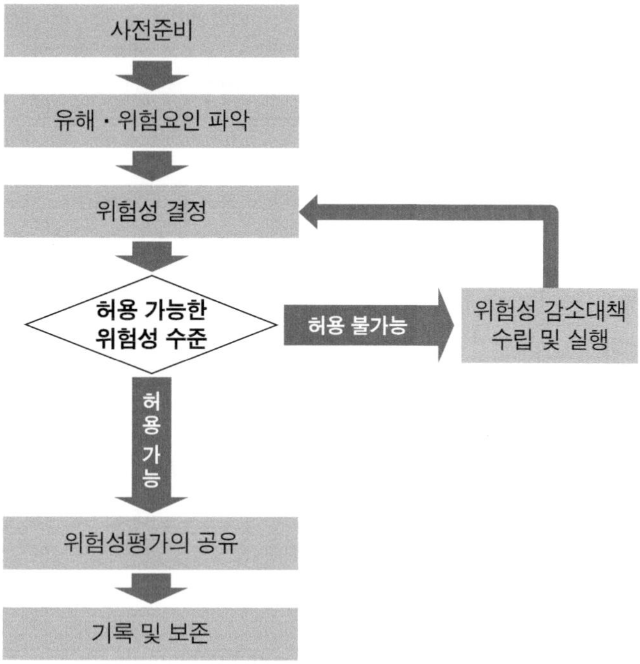

그림 27•11 ▸ 위험성평가 절차

- 사업주 교육: 대상은 사업주 또는 단위 사업장 책임자이며 한국산업안전보건공단에서 실시하는 2시간 대면 교육
- 산재예방요율제 사업주 교육: 사업주가 대상이며 한국산업안전보건공단에서 실시하는 4시간 대면 교육
- 평가담당자 교육: 위험성평가 담당자 등이 대상이며 민간교육기관에서 실시하는 16시간 대면 교육
- 전문가 양성 교육: 희망자가 대상이며 한국산업안전보건공단 산업안전보건교육원에서 실시하는 18시간 대면 교육

3) 위험성 수준 사업주는 위험성평가를 실시하기 전에 다음 사항을 확정하여야 한다.

- 위험성의 수준과 그 수준을 판단하는 기준
- 허용 가능한 위험성의 수준

4) 사업장 안전보건정보 조사 및 활용

- 작업표준, 작업절차 등에 관한 정보
- 기계·기구, 설비 등의 사양서, 물질안전보건자료(MSDS) 등의 유해·위험요인에 관한 정보
- 기계·기구, 설비 등의 공정 흐름과 작업 주변의 환경에 관한 정보
- 도급 사업장이 있는 경우 혼재 작업의 위험성 및 작업 상황 등에 관한 정보

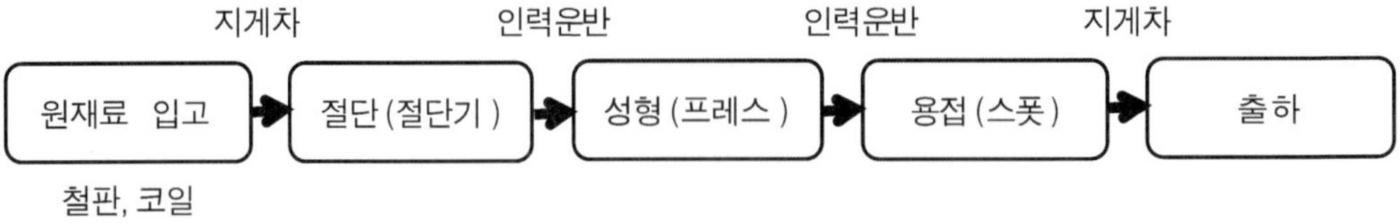

그림 27•12▸자동차 부품 브래킷 제조공정 흐름도

- 재해사례, 재해통계 등에 관한 정보
- 작업환경측정결과, 근로자 건강진단결과에 관한 정보
- 그 밖에 위험성평가에 참고가 되는 자료 등

5) 평가대상 작업/공종별 분류 평가대상을 작업/공종별로 분류하고(예: 그림 27•12), 평가담당자를 지정한다.

7.4.2 2단계: 유해·위험요인 파악

업종, 규모 등 사업장 실정에 따라 다음 중 하나 이상의 방법으로 부상 또는 질병으로 이어질 수 있어 위험성평가 대상이 되는 유해·위험요인을 파악하여야 한다. 특별한 사정이 없으면 첫 번째 방법을 포함하여야 한다.

- 사업장 순회점검에 의한 방법
- 근로자들의 상시적 제안에 의한 방법
- 설문조사·인터뷰 등 청취조사에 의한 방법
- 물질안전보건자료, 작업환경측정결과, 특수건강진단결과 등 안전보건 자료에 의한 방법
- 안전보건 체크리스트에 의한 방법
- 그 밖에 사업장의 특성에 적합한 방법

7.4.3 3단계: 파악된 유해·위험요인별 위험성 결정

파악된 유해·위험요인이 근로자에게 노출되었을 때의 위험성을 '1단계: 사전준비'에서 정한 위험성 수준 판단 기준에 의해 판단하고, 위험성 수준이 허용 가능한 위험성의 수준인지 결정한다.

7.4.4 4단계: 위험성 감소 대책의 수립 및 실행

위험성을 결정한 결과 허용 가능한 위험성이 아니라고 판단되는 경우에는 위험성의 크기, 영향을 받는 근로자 수 및 감소 대책 우선 순위 및 효과를 고려하여 위험성 감소를 위한 대책을 수립하여 실행하여야 한다(그림 27•13). 유해·위험요인 감소 대책의 효과는 유해·위험의 원천적 제거가 가장 높으며 송기마스크 등 개인 보호구 사용이 가장 낮다(그림 27•14).

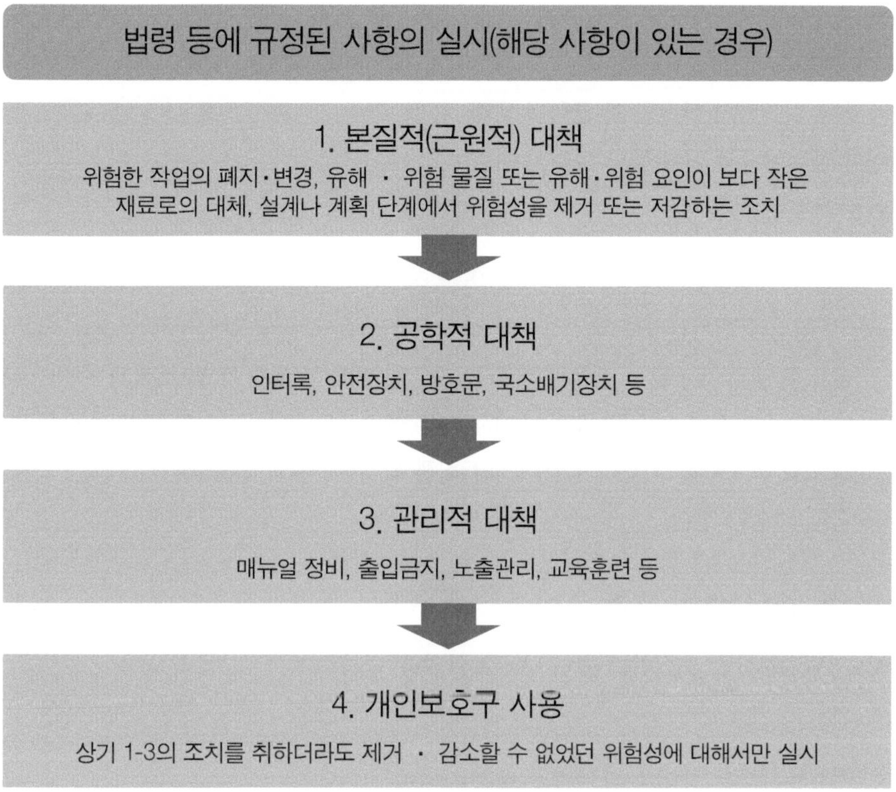

그림 27•13▸감소 대책 우선 순위

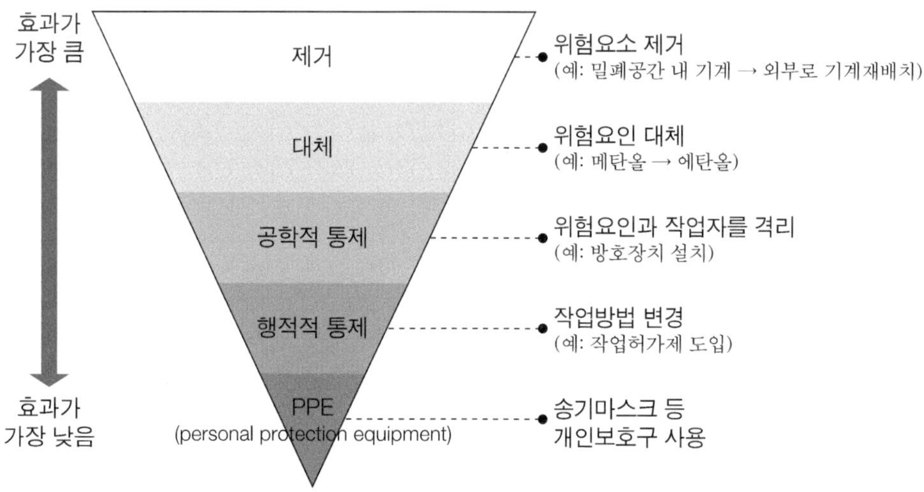

그림 27•14▸위험요인 제거·대체 및 통제의 효과성(출처: NIOSH)

- 위험한 작업의 폐지·변경, 유해·위험물질 대체 등의 조치 또는 설계나 계획 단계에서 위험성을 제거 또는 저감하는 조치
- 연동장치, 환기장치 설치 등의 공학적 대책
- 사업장 작업절차서 정비 등의 관리적 대책
- 개인용 보호구 사용

위험성 감소대책을 실행한 후 해당 공정 또는 작업의 위험성의 크기가 사전에 자체 설정한 허용 가능한 위험성의 범위인지를 확인하여야 한다. 확인 결과, 위험성이 자체 설정한 허용 가능한 위험성 수준으로 내려오지 않는 경우에는 허용 가능한 위험성 수준이 될 때까지 추가의 감소대책을 수립·실행하여야 한다. 사업주는 중대재해, 중대산업사고 또는 심각한 질병이 발생할 우려가 있는 위험성으로서 수립한 위험성 감소대책의 실행에 많은 시간이 필요한 경우에는 즉시 잠정적인 조치를 강구하여야 한다.

7.4.5 5단계: 위험성평가 공유

사업주는 위험성평가를 실시한 결과 중 다음 사항을 근로자에게 게시, 주지 등의 방법으로 알려야 한다.

1. 근로자가 종사하는 작업과 관련된 유해·위험요인
2. 제1호에 따른 유해·위험요인의 위험성 결정 결과
3. 제1호에 따른 유해·위험요인의 위험성 감소대책과 그 실행 계획 및 실행 여부
4. 제3호에 따른 위험성 감소대책에 따라 근로자가 준수하거나 주의하여야 할 사항

사업주는 위험성평가 결과 중대재해로 이어질 수 있는 유해·위험요인에 대해서는 작업 전 안전점검회의(TBM: Tool Box Meeting) 등을 통해 근로자에게 상시적으로 주지시키도록 노력하여야 한다.

7.4.6 6단계: 기록 및 보존

사업주가 위험성평가의 결과와 조치사항을 기록·보존할 때에는 다음 각 호의 사항이 포함되어야 하며, 자료를 3년간 보존해야 한다.

1. 위험성평가 대상의 유해·위험요인
2. 위험성 결정의 내용
3. 위험성 결정에 따른 조치의 내용
4. 위험성평가를 위해 사전조사 한 안전보건 정보
5. 그 밖에 사업장에서 필요하다고 정한 사항

7.5 위험성평가 방법

사업장 규모와 특성 등을 고려하여 다음 각 호의 위험성평가 방법 중 한 가지 이상을 선정하여 위험성평가를 실시할 수 있다.

- 위험 가능성과 중대성을 조합한 빈도·강도법
- 체크리스트(Checklist)법
- 위험성 수준 3단계(저·중·고) 판단법
- 핵심요인 기술(One Point Sheet)법
- 그 외 산업안전보건법 시행규칙 제50조제1항제2호 각 목의 방법
    - 체크리스트(Check List)
    - 상대위험순위 결정(Dow and Mond Indices)
    - 작업자 실수 분석(HEA)
    - 사고 예상 질문 분석(What-if)
    - 위험과 운전 분석(HAZOP)
    - 이상위험도 분석(FMECA)
    - 결함 수 분석(FTA)
    - 사건 수 분석(ETA)
    - 원인결과 분석(CCA)
    - 위 방법과 같은 수준 이상의 기술적 평가기법

7.5.1 빈도·강도법

위험성은 어느 정도 위험한지, 즉 위험한 정도를 말한다. 구체적으로 말하면, 피해(harm), 즉 부상 또는 질병이 발생할 가능성(확률)과 부상 또는 질병이 발생하였을 때 초래되는 중대성(심각성)의 조합을 의미한다. 피해 발생 가능성은 노출 빈도·시간, 유해·위험한 사건의 발생확률, 피해의 회피·제한 가능성을 고려하여 판단하고, 사업장 특성에 따라 그 단계(3~5단계)를 정할 수 있다(표 27•15).

피해의 중대성은 부상 또는 건강장해 정도, 치료 기간, 후유장해 유무, 피해 범위(1인, 복수)를 고려하여 판단하며, 사업장 특성에 따라 중대성 수준의 단계를 조정할 수 있다(표 27•16).

위험성을 추정하는 방법에는 행렬법, 곱셈법, 덧셈법, 분기법 등이 있다.

- 행렬법: 부상 또는 질병의 발생 가능성(빈도)과 중대성(강도)의 정도를 종축과 횡축으로 척도화하여 중대성과 가능성의 정도에 따라 미리 위험성이 할당된 표를 사용하여 위험성을 추정한다(표 27•17).
- 곱셈법: 부상 또는 질병 발생 가능성과 중대성을 일정한 척도에 의해 각각 수치화한 뒤, 이것

표 27•15▸가능성(발생 빈도) 추정 예

빈도	평가 점수	내용
빈번	3	1일에 1회 정도
가끔	2	1주일에 1회 정도
거의 없음	1	3개월에 1회 정도

표 27•16▸중대성 추정 예

구분	중대성		내용
최대	사망 (장애 발생)	4	사망 또는 영구적 근로불능으로 연결되는 부상·질병(업무 복귀 불가능), 장애가 남는 부상·질병
대	휴업 필요 부상/질병	3	휴업을 수반하는 중대한 부상 또는 질병(일정 시점에 업무 복귀 가능(완치 가능))
중	휴업 불필요 부상/질병	2	응급조치 이상의 치료가 필요하지만 휴업이 수반되지 않는 부상 또는 질병
소	비치료	1	처치(치료) 후 바로 원래의 작업을 수행할 수 있는 경미한 부상 또는 질병(업무에 전혀 지장이 없음)

표 27•17▸행렬에 의한 위험성 추정 예(3 x 3 단계)

중대성 / 가능성	대(사망)	중(휴업 사고)	소(경상)
상(높음)	III	III	II
중(보통)	III	II	I
하(낮음)	II	I	I

표 27•18▸곱셈에 의한 위험성 추정 예

	중대성	최대	대	중	소
가능성	단계 / 단계	4	3	2	1
최상	5	20	15	10	5
상	4	16	12	8	4
중	3	12	9	6	3
하	2	8	6	4	2
최하	1	4	3	2	1

을 곱하여 위험성을 평가한다(표 27•18).

- 덧셈법: 부상 또는 질병 발생 가능성과 중대성을 일정한 척도에 의해 각각 수치화한 뒤, 이것을 더하여 위험성을 평가한다(표 27•19).
- 분기법: 부상 또는 질병 발생 가능성과 중대성을 단계적으로 분기해 가는 방법으로 위험성을 평가한다(그림 27•15).

표 27•19▸덧셈에 의한 위험성 추정 예

	중대성	최대	대	중	소
가능성	단계 \ 단계	4	3	2	1
최상	5	9	8	7	6
상	4	8	7	6	5
중	3	7	6	5	4
하	2	6	5	4	3
최하	1	5	4	3	2

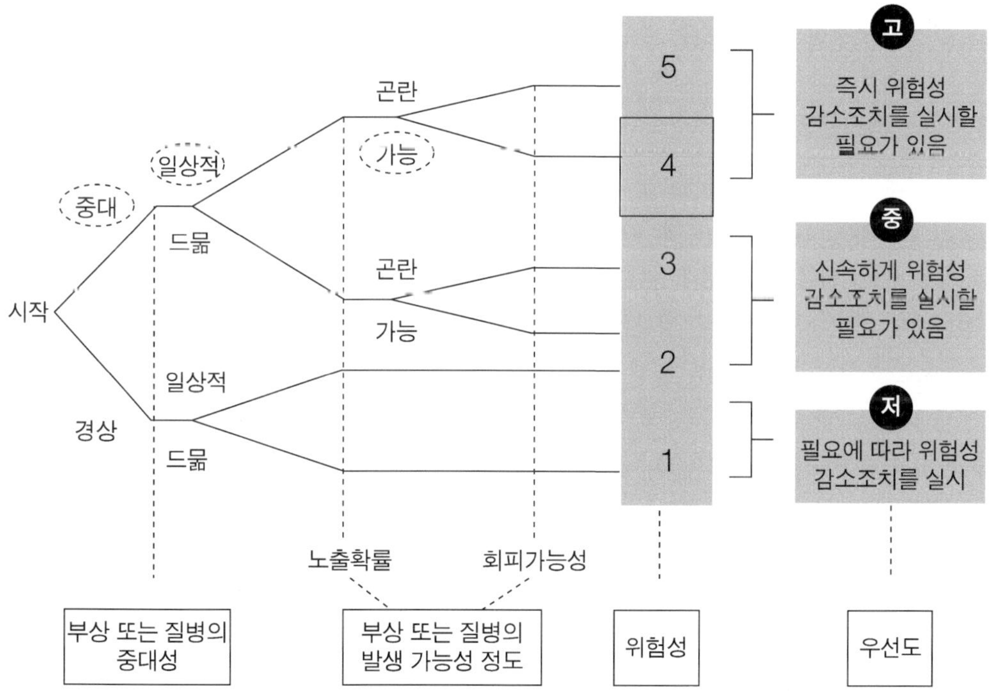

그림 27•15▸분기법을 이용한 위험성 평가 예

위험성 추정 결과에 따라 허용할 수 있는 위험인지, 허용할 수 없는 위험인지를 판단하는 위험성 결정(evaluation)도 사업장 특성에 따라 기준을 달리할 수 있다. 가능성 5단계, 중대성 4단계이고 곱셈법으로 추정한 위험성에 대한 위험성 결정 예가 표 27•20에 나와 있다.

7.5.2 위험성 수준 3단계(저·중·고) 판단법

위험성 결정을 위하여 유해·위험요인의 위험성을 판단할 때 위험성 수준을 "상·중·하" 또는 "고·

표 27•20▸위험성 결정 예

위험성 크기		허용 가능 여부	개선 방법
16~20	매우 높음	허용 불가능	즉시 개선
15	높음		신속하게 개선
9~12	약간 높음		가급적 빨리 개선
8	보통		계획적으로 개선
4~6	낮음	허용 가능	필요에 따라 개선
1~3	매우 낮음		

중·저"와 세 단계로 간략하게 구분하는 방법이다. 간단하여 직관적으로 이해할 수 있도록 위험성 수준을 정하는 방법이다. 비계설치공사에 적용한 예가 표 27•21에 제시되어 있다.

7.5.3 체크리스트법

체크리스트(Checklist) 위험성평가법은 평가대상에 대해 미리 준비한 체크리스트를 사용하여 평가를 하는 방법이다. 일반적으로 체크리스트 각 항목에 대하여 'O' 또는 'X' 등으로 표시하여, 목록에 제시된 유해·위험요인의 위험성이 사업장에서 허용 가능한 수준의 위험인지 여부를 판단한다. 이 방법에서 가장 중요한 것은 정확한 체크리스트의 작성이며, 지나치게 단순하게 작성되었거나 주관적으로 작성된 경우 중요한 유해·위험요인을 빠뜨릴 수 있어, 법령, 고시 및 지침 등을 참조하고 경험과 전문 지식이 많은 사람이 주도하여 작성하여야 한다. 체크리스트 법의 비계설치공사에 적용한 예가 표 27•22에 나와 있다.

7.5.4 핵심요인 기술법

핵심요인 기술(One point sheet)법은 영국 산업보건청(HSE: Health and Safety Exectutive), 국제노동기구(ILO)에서 위험 수준이 높지 않고, 유해·위험요인이 많지 않은 중·소규모 사업장 위험성평가를 위해 안내한 방법이다. 단계적으로 핵심 질문에 답변하는 방법으로 간략하게 위험성평가를 실시하는 방법이다. 전등 교체, 부품 교체 등 유해·위험요인이 작고 간단한 작업에 대해서는 한 장으로 위험성평가를 내용을 기록할 수 있는 방법이다. 물류이송작업에 적용한 예가 표 27•23에 나와 있다.

표 27•21 ▸ 위험 수준 3단계 판단법 적용 예

■ 평가대상: 비계설치공사

■ 평가자: 김안전, 박반장

번호	유해·위험요인파악 (위험한 상황과 결과)	위험성의 수준 (상, 중, 하)	개선대책	개선 예정일	개선 완료일	담당자	관련 근거* (선택사항)
1	비계의 작업발판 위에서 이동 또는 작업 중 떨어짐 위험	☑ 상 ☐ 중 ☐ 하	■ 작업발판 단부에 안전난간을 설치 ■ 임의 해체구간에서 작업 시 반드시 부착설비에 안전대 체결	2024.3.15	2024.3.15	박반장	규칙 제43조 (개구부) 제44조 (안전대의 부착설비등) 제35조 (관리감독자의 유해·위험방지 업무)
2	비계 조립 작업 중 강관 등 자재가 떨어져 이동하는 근로자에게 맞음 위험	☐ 상 ☑ 중 ☐ 하	■ 작업자 출입하지 못하도록 감시자 배치	2024.3.15	2024.3.15	김안전	규칙 제20조 (출입의 금지) 제32조 (보호구의 지급등)
3	비계 조립 작업 시 강관이 고압선에 접촉되어 감전 위험	☐ 상 ☐ 중 ☑ 하	–	–	–	–	규칙 제59조 (강관비계 조립 시의 준수사항) 제321조 (충전전로에서의 전기작업)
4	비계 벽이음 미설치 등으로 무너짐 위험	☑ 상 ☐ 중 ☐ 하	■ 벽이음 전용철물을 사용하여 5m 이내마다 수직·수평으로 벽체와 긴결	작업 중 계속		박반장	규칙 제59조 (강관비계 조립 시의 준수사항)
5	비계 작업발판 상부에 자재 과적으로 비계 무너짐 위험	☐ 상 ☑ 중 ☐ 하	■ 비계 기둥 간의 적재하중이 400kgf을 초과하지 않도록 하고, 표지판 부착 및 근로자 교육 실시	2024.3.15	2024.3.15	김안전	규칙 제60조 (강관비계의 구조) KOSHA GUIDE 강관비계 설치 및 사용안전 지침
⋮	⋮	⋮	⋮	⋮	⋮	⋮	

* 관련 근거: 파악된 유해·위험요인과 관련된 법령 및 기준을 기록하여 개산대책 수립 시 활용(선택적 사항)

표 27•22▸체크리스트법 적용 사례

①-1평가대상: 비계설치공사

■ 평가자: 김안전, 박반장

번호	①-2 유해·위험요인 파악 (위험한 상황과 결과)	② 위험성 확인결과			③ 개선대책	④ 개선 완료일	⑤ 담당자	⑥ 관련 근거 (선택사항)
		적정	보완	해당없음				
1	프레스에 방호장치(광전자식, 양수조작식 등)가 설치되었는가?		✓		■ 양수조작식 및 광전자식 방호장치 설치	2024. 4.23	박공무	규칙 제103조 (프레스등의 위험방지)
2	프레스 방호장치는 정상적으로 작동하는가?		✓		①작업 전 정상 작동상태 확인 후 작업시작하도록 작업절차에 반영 ②관리감독자 등에게 해당 절차 교육	2024. 4.23	김안전	규칙 제103조 (프레스등의 위험방지)
3	프레스에 안전블럭을 구비하고 있는가?	✓						규칙 제104조 (금형조정작업의 위험방지)
4	프레스에 비상정지장치가 설치되고 정상작동하는가?	✓						안전검사 고시 (프레스 검사기준)
5	프레스 정비·청소·수리 등 작업 시 전원투입 잠금장치 사용 또는 조작금지 표지판을 게시하는가?		✓		■ 전원 투입부 키 스위치 설치 및 작업 중 안내 표지판 사용	2024. 4.23	이감독	규칙 제92조 (정비 등의 작업 시의 운전정지 등)
6	프레스 정비·청소·수리 등 작업 시 동력의 전원을 차단하는가?		✓		■ 작업자에게 운전정지 필요 작업 및 방법·절차 교육 실시	2024. 4.23	이감독	규칙 제92조 (정비 등의 작업 시의 운전정지 등)
7	프레스는 안전검사를 받았는가?	✓						법 제93조 (안전검사)
8	작업자는 귀마개, 안전화 등을 착용하는가?	✓						규칙 제516조 (청력보호구의 지급 등)
⋮	⋮	⋮			⋮	⋮	⋮	

※ 체크리스트 각 항목의 작성방법

①-1) 평가대상: 공정, 작업, 장소 또는 재해유형별로 구분하여 대상 선정

①-2) 유해·위험요인 및 발생형태: 평가대상에 내재된 안전보건 상의 위험요인 도출

② 위험성 확인결과: 각 유해·위험요인의 안전·보건조치가 적절한지 확인

③ 개선대책: 제거, 대체, 추가적인 안전조치 순서대로 실행 가능한 대책 수립

④ 개선일자: 유해·위험요인의 특성, 소요예산, 사업장 여건을 고려하여 일정 조율하고 개선이 완료된 것을 확인하여 그 일자를 기록

⑤ 담당자: 개선 필요사항에 대한 담당자를 지정하여 책임을 부여하고, 개선실시 여부 및 유지 여부를 확인하도록 함

⑥ 관련근거: 파악된 유해·위험요인과 관련된 법령 또는 관련 기준을 기록하여 개선대책 수립 시 활용(선택적 사항)

표 27•23▸핵심요인 기술법 적용 예

■ 공정 또는 작업명: 물류이송작업 ■ 실시 일자: 2024.02.15 ■ 평가자: 김관리(관리감독자), 이작업(근로자)

①-1) 어떤 유해·위험 요인이 있는가?	①-2)유해·위험요인 파악 (위험한 상황과 결과)	②-1) 현재 시행중인 조치는 무엇인가?	②-2) 추가적으로 필요한 조치는 무엇인가?	③누가 언제까지 조치하는가?			④ 관련근거 (선택사항)
				담당자	개선기간	완료일자	
정비중인 컨베이어	■ 정비 작업자가 설비를 정지하고 정비하던 중 불시가동된 컨베이어 회전체에 끼임	■ 정비작업 시 설비정지 ■ 근로자에게 작업절차 교육 실시	■ LOTO(Lock Out, Tag Out) 실시 ■ 관련 부서간(또는 근로자간) 정비일정 공유 절차 마련	박공무	2024. 02.28	2024. 02.25	규칙 제92조(정비 등의 작업시 운전정지 등)
	■ 정비작업자가 컨베이어 정비 후 방호장치를 복구하지 않아 컨베이어 담당 근로자가 끼임	■ 작업 전 체크리스트 이용 안전점검 실시	■ 현재 조치 유지	–	–	–	규칙 제35조 (관리감독자의 유해·위험방지업무)
지게차 운전	■ 보행 중인 근로자가 화물을 싣고가는 지게차와 충돌(2022년 아차사고 사례)	■ 작업지휘자 및 유도자 배치 ■ 지게차 경광등, 경보장치 설치	■ 지게차 운행 구역과 근로자 작업장소, 이동동선 구획 ■ 반사경, 후방카메라 설치	정총무	2024. 04.12	2024. 04.11	규칙 제39조 제172조 제179조
	■ 여름철 옥외에서 지게차를 운전하는 근로자가 열사병에 걸림	■ 헤드가드 위에 가림막 설치	■ 케빈 및 에어컨이 구비된 지게차 렌탈	정총무	2024. 05.30	진행중	규칙 제556조
	■ 지게차가 배수로를 밟아 넘어지면서 탈출하던 운전자 또는 보행 중인 근로자가 지게차에 깔림	■ 작업지휘자 및 유도자 배치 ■ 운전자 안전벨트 착용 ■ 배수로에 그레이팅 설치	■ 현재 조치 유지	–	–	–	규칙 제171조 제183조

※ 체크리스트 각 항목의 작성방법

①-1) 어떤 유해·위험요인이 있는가? : 평가대상 내 유해·위험요인을 가지고 있는 작업, 설비 등을 도출

①-2) 누가 어떻게 피해를 입는가? : 파악한 각 유해·위험요인에 대해 피해를 입을 수 있는 근로자 및 피해 상황 파악

②-1) 현재 시행중인 조치는 무엇인가? : 현재의 안전보건조치를 파악하고 적절한지 검토

②-2) 추가적으로 필요한 조치는 무엇인가(허용 가능한 위험성의 수준 참고)? : 제거, 대체, 추가적인 안전조치 순서대로 실행 가능한 대책 수립

③ 누가 언제까지 조치하는가? : 유해·위험요인의 특성, 소요예산, 사업장 여건을 고려하여 개선일정 계획과 조치 담당자 지정

④ 관련근거 : 파악된 유해·위험요인과 관련된 법령 및 기준을 기록하여 개선대책 수립 시 활용(선택적 사항)

[1] 위험(danger), 사고(accident), 재해(injury)에 대한 설명 중 틀린 것은?

① 위험한 상태는 언제든지 사고를 발생시킬 수 있다.
② 사고가 발생하면 그 중 일부는 재해가 될 수 있다.
③ 인명 손상이 있는 사고를 재해라고 한다.
④ 모든 재해는 사고를 동반한다.

[2] 산업체에서 안전제일(safety first) 운동을 처음 실시한 인물은?

① H.W. Heinrich ② F.E. Bird ③ E.H. Gary ④ F. Taylor

[3] 안전관리의 선구자였던 하인리히의 업적이 아닌 것은?

① 재해간접비용의 추정 방법 ② 재해발생 도미노 모형
③ 중상:경상:무상해 사고 비율 추정 ④ 안전제일 운동

[4] 산업재해 방지를 위한 대책으로 옳지 않은 것은?

① 재해 방지에 있어 근본적으로 중요한 것은 손실의 유무에 관계없이 아차사고(near miss)의 발생을 미리 방지하는 것이 중요하다.
② 사고와 원인 간의 관계는 우연이라기보다 필연적 인과관계가 있으므로 사고의 원인 분석을 통한 적절한 방지 대책이 필요 하다.
③ 불안전한 행동의 방지를 위해서는 적성 배치, 동기부여와 같은 심리적 대책과 함께 인간공학적 작업장 설계 등과 같은 공학적 대책이 필요하다.
④ 산업재해를 줄이기 위해서는 안전관리체계를 자율화하고 안전관리자의 직무 권한을 축소한다.

[5] 다음 설명 중 옳은 것은?

① 사고가 없는 상태는 안전하다.
② 사고로 인한 피해의 정도는 확률적이다.
③ 버드는 중상 1건이 발생하면 무상해 사고가 300건 발생한다고 하였다.
④ 재해 예방을 위해서는 사망, 중상과 같은 중대 재해 예방에 초점을 맞추어야 한다.

[6] 재해가 발생해 치료비, 보상비 등 500만 원의 직접비용이 발생하였다. 하인리히에 의하면 간접비를 포함한 총비용은 얼마로 추정되는가?

① 1,000만 원 ② 1,500만 원 ③ 2,000만 원 ④ 2,500만 원

[7] 다음 중 작업환경에 존재하는 유해인자의 종류와 예가 잘못 연결된 것은?

① 화학적 요인-흄 ② 물리적 요인-진동
③ 인간공학적 요인-과도한 힘 ④ 생물학적 요인-미스트

[8] 산업보건학의 시조로 알려져 있으며 직업인의 질병이라는 책에서 직업병의 원인으로 유해한 화학물질, 부하가 크고 불규칙적인 작업동작과 부적절한 작업자세를 지적한 인물은?

① P. Paracelsus ② B. Ramazzini ③ P. Pott ④ A. Hamilton

[9] 재해 발생에 관한 하인리히의 도미노 이론에서 제시된 다섯 가지 요인에 해당하지 않는 것은?

① 개인적 결함 ② 불안전한 행동 및 상태
③ 제어의 부족 ④ 유전적 요인

[10] 하인리히의 도미노 이론에 의하면 안전관리는 어디에 가장 집중해야 하는가?

① 재해 ② 사고
③ 불안전한행동/불안전한 상태 ④ 개인적 결함

[11] 버드(Bird)의 도미노 이론에 의하면 안전관리는 어디에 가장 집중해야 하는가?

① 기본적 원인 ② 직접 원인
③ 관리적 원인 ④ 불안전한 행동/불안전한 상태

[12] 다음 중 안전대책의 중심적인 내용이라 할 수 있는 "3E"에 포함되지 않는 것은?

① Engineering ② Environment ③ Education ④ Enforcement

[13] 재해의 기본 원인을 조사하는 데에는 관련 요인들을 4M 방식으로 분류하는데, 다음 중 4M에 해당하지 않는 것은?

① Machine ② Material ③ Management ④ Media

[14] 다음 중 재해 예방을 위하여 가장 먼저 하여야 할 일은?

① 안전관리 조직 ② 사실 발견 ③ 분석과 평가 ④ 개선안 수립 및 시행

[15] 다음 중 산업안전보건법 체계에 속하지 않는 것은?

① 동법 시행령 ② 산업안전보건에 관한 규칙
③ 유해·위험작업의 취업 제한에 관한 규칙 ④ 산업재해보상보험법

[16] 재해통계 지표들 중 올바르게 표현된 수식은?

① 도수율 = (재해자 수/총근로시간) × 1,000,000
② 천인율 = (재해자 수/근로자 수) × 1,000
③ 강도율 = (사망재해자 수/총근로시간 수) × 1,000
④ 종합재해지수 = 도수율×강도율

[17] 연평균 200명이 근무하는 어느 공장에서 1년에 8명의 재해자가 발생하였다. 이 공장의 연천인율은 얼마인가?

① 1.6 ② 3.2 ③ 20 ④ 40

[18] A 작업장의 도수율이 2로 산출되었을 때 그 결과에 대한 해석으로 옳은 것은?

① 근로자가 1,000명당 1년 동안 발생한 재해자수가 2명이다.
② 연근로시간 1,000시간당 발생한 근로손실수가 2일이다.
③ 근로자 1,0000명당 1년간 발생한 사망자수가 2명이다.
④ 연근로시간 1,000,000시간당 발생한 재해건수가 2건이다.

[19] 안전관리 조직 체계 중 현장 근로자들의 불안전한 행동에 대한 지적이나 근로자 안전 교육 등에 가장 직접적인 책임을 지니고 있는 사람은?

① 안전관리자 ② 관리감독자 ③ 안전담당자 ④ 안전보건관리책임자

[20] 다음 안전관리 조직 체계 중 특정 위험 기계나 작업에 대한 안전 관리의 책임을 가지는 사람은?

① 안전관리자 ② 관리감독자 ③ 안전담당자 ④ 안전보건관리책임자

[21] 다음 중 근로자의 안전보건 교육시간이 잘못된 것은?

① 정기교육: 사무직 근로자 — 매반기 6시간 이상
② 정기교육: 관리감독자 — 연간 16시간 이상
③ 채용 시 교육: 일용 근로자 — 2시간 이상
④ 건설업 기초 안전보건교육: 건설 일용근로자 — 4시간 이상

[22] 사업장 전반에 대해 전문가들이 참여하여 위험 요소를 파악하는 것은?

① 안전점검 ② 안전진단 ③ 안전검사 ④ 안전승인

[23] 프레스, 압력 용기 등이 출고 전에 받는 안전검사의 종류는?

① 설계검사 ② 완성검사 ③ 성능검사 ④ 정기검사

[24] 안전보건관리계획 평가 항목으로 적절하지 않은 것은?

① 안전보건방침에 따른 목표 달성 여부
② 안전보건방침 및 목표 대비 적정성 및 이행 여부
③ 안전보건경영 절차서와 일치성 여부
④ 근로자의 참여 정도

[25] 작업환경 측정 대상 유해인자로 가장 거리가 먼 것은?

① 물리적 인자 ② 생물학적 인자 ③ 화학적 인자 ④ 분진 등

[26] 건강진단 결과 근로자의 건강을 유지하기 위한 조치로 거리가 가장 먼 것은?

① 안전보건교육 ② 작업 장소 변경 ③ 야간 근로 제한 ④ 작업환경측정

[27] 산업안전보건법에서 정하고 있는 건강진단의 종류가 아닌 것은?

① 수시건강진단 ② 정기건강진단 ③ 임시건강진단 ④ 특수건강진단

[28] 특수건강진단 대상 업무로 인하여 해당 유해인자에 의한 직업성 천식, 직업성 피부염, 그 밖에 건강장해를 의심하게 하는 증상을 보이는 근로자가 받아야 하는 건강진단은?

① 수시건강진단 ② 정기건강진단 ③ 임시건강진단 ④ 특수건강진단

[29] 물질안전보건자료 작성 대상 물질은?

① 방사선 물질 ② 향정신성의약품 ③ 인화성 가스 ④ 식품 첨가물

[30] 물질안전보건자료에 포함될 내용으로 적절하지 않은 것은?

① 보관 장소 ② 유해성·위험성 ③ 독성 정보 ④ 관련 법령

[31] 작업 시작 전후 작업 조별로 안전에 관한 점검과 확인을 하는 안전 활동은?

① 작업장 안전 점검 ② 위험예지훈련 ③ TBM ④ 5S운동

[32] 밀폐된 공간에서 작업하는 작업자가 착용해야 할 보호구는?

① 분진마스크 ② 송기마스크 ③ 방독마스크 ④ 보안면

[33] 다음 중 산업안전보건법 상의 안전인증 혹은 자율안전확인 대상이 아닌 것은?

① 안전대 ② 보안경 ③ 귀마개 ④ 안전망

[34] 우리나라 산업안전보건법상 산업재해로 집계되는 것은?

① 공장의 폭발 사고로 공장을 방문 중인 사람이 사망한 경우
② 회사 버스로 퇴근 도중 교통사고를 당해 5일간 요양한 경우
③ 회사의 폭발사고로 인해 공장이 전소되어 2억의 손실이 발생한 경우
④ 고소에서 작업 도중 추락하여 2일간 요양한 경우

[35] 재해 발생 원인 중 간접적 원인으로 거리가 먼 것은?

① 기술적 원인 ② 교육적 원인 ③ 신체적 원인 ④ 인적 원인

[36] 산업재해 조사에 관한 설명으로 옳은 것은?

① 사업주는 사망자가 발생했을 때에는 재해가 발생할 날로부터 10일 이내에 산업재해 조사표를 작성하여 관할지방노동관서의 장에게 제출해야 한다.
② 3개월 이상의 요양이 필요한 부상자가 2인 이상 발생하였을 때 중대재해로 분류한 후 피재자의 상병의 정도를 중상해로 기록한다.
③ 재해 발생 시 제일 먼저 조치해야 할 사항은 직접 원인, 간접 원인 등 재해 원인을 조사하는 것이다.
④ 재해 조사의 목적은 인적, 물적 피해 상황을 알아내고 사고의 책임자를 밝히는 데 있다.

[37] 다음 중 재해의 발생형태에 해당하지 않는 것은?

① 유해위험물질 노출 ② 협착 ③ 이상 기압 노출 ④ 화상

[38] 재해 원인을 불안전한 행동과 불안전한 상태로 구분할 때 다음 설명 중 틀린 것은?

① 불안한 행동과 불안전한 상태를 직접원인이라 한다.
② 재해조사 시 재해의 원인은 불안전한 행동이나 불안전한 상태 중 한 가지로 분류한다.
③ 보호구의 결함은 불안전한 상태, 보호구의 미착용은 불안정한 행동으로 분류한다.
④ 하인리히는 재해예방을 위해 불안전한 행동과 불안전한 상태의 제거가 가장 중요하다고 보았다.

[39] 재해 원인 조사에서 불안전한 행동으로 분류되어야 하는 것은?

① 보호구 결함 ② 방호장치 제거 ③ 작업감독자 미배치 ④ 불충분한 교육

[40] 인간의 불안전한 행동을 유발하는 외적 요인이 아닌 것은?

① 인간관계 요인 ② 생리적 요인 ③ 작업적 요인 ④ 작업환경적 요인

[41] 다음은 재해의 발생 사례이다. 재해의 원인 분석 및 대책으로 적절하지 않은 것은?

> ○○유리(주) 내의 옥외 작업장에서 강화유리를 출하하기 위해 지게차로 강화유리를 운반 전용 파렛트에 싣고, 작업자 2명이 지게차 포크 양쪽에 타고 강화유리가 넘어지지 않도록 붙잡고 가던 중 포크 진동에 의해 강화유리가 전도되면서 지게차 백레스트와 유리 사이에 끼여 1명이 사망, 1명이 부상을 당하였다.

① 불안전한 행동—지게차 승차석 외의 탑승
② 예방 대책—중량물 등의 이동 시 안전조치 교육
③ 재해 유형—협착
④ 기인물—강화유리

[42] 재해 빈도순으로 재해의 누적분포를 그려서 주요 재해 원인이나 재해 형태 등을 알아보는 분석 방법은?

① 파레토도 분석 ② 특성요인도 분석
③ 고장방식 및 영향 분석(FMEA) ④ FTA

[43] 다음 중 작업환경 측정 대상 유해인자가 아닌 것은?

① 구리 ② 개미산
③ 불소 ④ 시간가중평균 75dB의 소음

[44] 물질안전보건자료 작성 대상 물질이 아닌 것은?

① 폭발성 물질
② 농약
③ 건강 유해성 물질을 1.0% 이상 포함한 혼합물
④ 오존층 유해성 물질

[45] 다음의 안전보건표지 중 파란색으로 제작되어야 하는 표지는 무엇인가?

① 사용금지 ② 산화성물질 경고 ③ 안전모 착용 ④ 응급구호 표지

[46] 유해·위험요인을 빈도와 강도의 조합으로 나타낸 것은?

① hazard ② risk ③ danger ④ mishap

[47] 위험성평가가 규정된 법규는?

① 산업안전보건법 ② 산업보건기준에 관한 규칙
③ 산업안전기준에 관한 규칙 ④ 산업안전보건법 시행령

[48] 다음 중 위험성평가가 가장 먼저 실시된 나라는?

① 영국 ② 일본 ③ 호주 ④ 대한민국

[49] 다음 위험성평가에 대한 설명 중 올바른 것은?

① 최초평가, 수시평가, 임시평가로 구분된다.
② 최초평가는 사업이 성립된 날로부터 1년 이내 실시하여야 한다.
③ 전체 작업을 대상으로 한다.
④ 정기평가는 매년 정기적으로 실시하여야 한다.

[50] 다음 위험성평가에 대한 설명 중 잘못된 것은?

① 위험성 평가는 최초 평가가 이루어진 후 3년마다 정기평가를 한다.
② 위험성 평가를 실시한 내용 및 결과는 3년 이상 보존하여야 한다.
③ 위험성 평가의 사전 준비 단계에서 위험성 평가 대상 작업 선정을 하여야 한다.
④ 사업장 유해요인으로는 가스, 증기 등에 의한 유해요인, 고온, 소음, 진동 등에 의한 유해요인 등이 있다.

[51] 위험성평가에서 유해·위험요인을 파악하고 그 결과에 따라 개선조치 시행에 참여하는 자는?

① 사업주 ② 안전관리자 ③ 보건관리자 ④ 관리감독자

[52] 위험성평가 시 평가담당자의 관련 교육시간은?

① 2시간 내외 ② 16시간 내외 ③ 20시간 내외 ④ 24시간 내외

[53] 위험성평가 실시 규정에 포함되지 않는 내용은?

① 평가 목적 ② 평가 절차 ③ 평가 담당자 ④ 개선 일정

[54] 위험성평가에서 유해·위험요인 파악 방법으로 가장 적절하지 않은 것은?

① 사업장 순회점검 ② 청취조사 ③ 안전보건 회의 ④ 안전보건 체크리스트

[55] 위험성 감소 대책으로 마지막으로 선택하여야 할 것은?

① 근원적 대책 ② 공학적 대책 ③ 관리적 대책 ④ 개인보호구 사용

[56] 위험성평가 방법 중 빈도-강도법에서 위험성을 추정하는 방법으로 가장 적절하지 않은 것은?

① 적분법 ② 행렬법 ③ 곱셈법 ④ 분기법

[57] 위험성평가 방법으로 가장 적절하지 않는 것은?

① 체크리스트법 ② PHA ③ FTA ④ CCA

[58] 핵심질문에 답변하는 방식으로 간략하게 위험성평가를 실시하는 방법은?

① 빈도-강도법 ② 체크리스트법 ③ One point sheet법 ④ HAZOP

[59] 위험성평가 방법 중 핵심요인 기술법을 제안한 기관은?

① HSE ② OSHA ③ KOSHA ④ ISO

[60] 위험성평가 관련 법규로 보기 어려운 것은?

① 산업안전보건법
② 산업안전보건법 시행령
③ 산업안전보건법 시행규칙
④ 사업장 위험성평가에 관한 지침

[61] 위험성평가를 실시한 것으로 볼 수 있는 제도로 가장 보기 힘든 것은?

① 안전보건진단
② 공정안전보고서
③ 작업환경측정
④ 근골격계부담작업 유해요인조사

[62] 수시 위험성평가 대상이 아닌 것은?

① 건설물 이전
② 작업방법 변경
③ 산업재해 발생
④ 근골격계부담작업 판정

[63] 위험성평가 1단계에서 하여야 할 사항이 아닌 것은?

① 위험성평가 실시 규정 작성
② 허용 가능 위험성 수준 결정
③ 위험성평가 방법 결정
④ 작업표준 정보 파악

[64] 다음 중 효과가 가장 낮은 위험성 감소 대책은?

① 제거 ② 대체 ③ 행정적 통제 ④ 공학적 통제

[65] 위험성평가 결과 공유 대상으로 보기 힘든 것은?

① 유해·위험요인
② 위험성평가 절차
③ 위험성 결정 결과
④ 근로자 준수 사항

[66] 기록을 보존하여야 할 위험성평가에 대한 사항이 아닌 것은?

① 유해·위험요인
② 감소 대책
③ 위험성 결정 결과
④ 위험성평가 방법

[67] 위험성평가 결과와 조치사항에 대한 기록의 보존 연한은?

① 1년 ② 2년 ③ 3년 ④ 5년

응용문제

[1] 다음은 우리나라의 산업재해 발생현황을 나타내는 요약표이다.

(1) 2003년 우리나라의 재해율(A)을 계산하시오.

(2) 2003년의 재해로 인한 간접손실액(B)을 추정하시오.

<table>
<tr><th rowspan="3">연도</th><th rowspan="3">적용 사업장 수</th><th rowspan="3">대상 근로자 수</th><th colspan="5">재해자 수</th><th rowspan="3">재해율 (%)</th><th colspan="3">경제적 손실 추정액 (단위: 100만 원)</th><th rowspan="3">근로 손실 일수</th></tr>
<tr><th rowspan="2">계</th><th rowspan="2">사망</th><th colspan="2">부상</th><th rowspan="2">업무상 질병 요양자 수</th><th rowspan="2">계</th><th rowspan="2">산재 보상금</th><th rowspan="2">간접 손실액</th></tr>
<tr><th></th><th>신체 장해자</th></tr>
<tr><td>2003</td><td>1,006,549</td><td>10,599,345</td><td>94,924</td><td>2,923</td><td>84,261</td><td>30,356</td><td>7,740</td><td>A</td><td>12,409,070</td><td>2,481,814</td><td>B</td><td>59,135,167</td></tr>
</table>

[2] 2004년 한 해 동안 평균 근로자 수가 100명이며 하루 8시간씩 250일 근무한 어느 공장에서 발생한 1년 동안의 산업재해 건수를 살펴보았더니 아래 표와 같았다.

재해발생일	재해자수	근로손실 일수
1 2004.2.13	1명	100일
2 2004.4.30	1명	50일
3 2004.7.05	2명	100일, 200일
4 2004.9.20	1명	200일

(1) 이 공장의 재해율을 구하시오.

(2) 이 공장의 천인율을 구하시오.

(3) 이 공장의 재해 도수율을 구하시오.

(4) 이 공장의 재해 강도율을 구하시오.

[3] 1998년 3월 O일 OO 아파트 건설현장에서 타워크레인을 이용해 강재 임시 야적장에서 작업장으로 양중, 운반 중이었다. 이를 위해 타워크레인의 Hook에 Wire Rope를 걸고 H-Beam에 Beam Clamp 1개를 중심부에 끼워 인양 후 운반하는 도중 H-Beam이 Clamp에서 빠지면서 떨어져 밑을 지나던 피재자의 두부를 강타, 사망한 사고이다. 이 재해에 대해 조사를 실시하라.

조사항목	내용
재해형태	
기인물	
가해물	
불안전한 행동	
불안전한 상태	
관리적 원인	

[4] 상기 재해에 대해 재해원인을 4M으로 분류한 특성요인도 분석을 실시하라.

[5] 사무용 가구를 제조하는 OOO사에 안전관리자로 취직, 근무한 지 한 달만에 아래와 같이 주요 생산 공정을 파악하였다. 각 작업별로 위험요소와 작업자가 착용해야 할 개인보호구를 적으시오.

(1) 작업명: 프레스작업

Uncoiler로부터 연속 공급되는 강철 coil에 200 T 프레스가 작동하여 일정한 형태의 구멍을 내는 작업으로 기계 가동 시 연속해서 시끄러운 충격음이 발생함.

(2) 작업명: 용접작업

프레스와 롤 포밍(forming) 공정에 의해 만들어진 철제 사각 파이프 등을 지그(jig)에 넣으면 로보트가 용접하여 사각 프레임으로 만들어줌. 완성품에 약간의 하자 발생 시 작업자가 수동으로 용접작업을 수행하여 하자를 수정함.

(3) 작업명: 도장 작업

용접된 사각 프레임 등의 제품에 분체 도장을 실시하는 작업으로 도장 로보트가 도장을 하기도 하나 대부분 도장공이 분무 건(gun)을 사용해 도장을 완성함. 도장 작업이 이루어지는 공간에서는 분무된 도료 분체가 많이 날림.

	위험요소	보호구
(A) 프레스작업		
(B) 용접작업		
(C) 도장작업		

CHAPTER 28 제조물책임법

1 제조물책임법 배경 및 개요

1.1 배경 및 개요

과학기술의 발전으로 나날이 새로운 제품들이 시장에 쏟아져 나와 우리들의 생활을 풍요롭게 하고 있다. 이러한 제품들이 인간의 생활을 편리하게 하는 효용도 있으나, 제품 결함으로 인해 재산상의 피해는 물론 신체에 상해를 입거나 생명을 잃는 경우가 빈번하게 발생하고 있다. 미국의 경우 1998년 한 해 동안 소비자제품안전위원회(Consumer Product Safety Commission: CSPC)에 보고된 소비자 안전사고가 26만여 건에 달하며, 전국적으로 1,010만여 건의 제품관련 사고가 발생하는 것으로 추정되고 있다. 이러한 사고들은 전적으로 소비자의 과실에 의해 발생하는 경우도 있으나, 대부분은 제조업자들이 안전성이 결여된 위해(危害)한 제품을 생산, 유통시키는 데 그 원인이 있다.

제조물책임법(Product Liability: PL)은 제조물의 생산, 판매 및 유통 등의 일련의 과정에 관여한 자가 제품의 결함으로 인한 최종 소비자, 사용자 또는 제3자의 생명, 신체, 재산 및 기타 권리를 침해하였을 때 발생하는 피해에 대한 책임을 묻는 손해배상책임법이다. 제조물책임법은 제품책임, 생산물배상책임으로 불리기도 하나 간단하게 'PL'로 통용되고 있다. 이 법은 미국에서 1960년대 소비자 보호주의에 입각하여 제품의 안전성 향상을 목표로 제정된 특별법이다.

통상 제품에 결함이 발생했을 때 수리, 교환, 환불은 제조자의 기본 의무라고 여기나, PL은 제품의 결함으로 인해 발생한 인적·물적·정신적 피해까지 공급자가 부담하는 한 차원 높은 손해배상제도로 기존의 '생산자 중심' 관점에서 '소비자 중심'으로 방향이 전환된 법이라 할 수 있다. PL법 이전에도 제품을 사용하다 피해를 입은 경우 민법의 손해배상책임과 소비자보호법에 의하여 배상을 받을 수 있었으나, 제조자의 고의나 과실유무를 소비자가 입증을 해야만 배상을 받을 수 있었다. 그러나 PL법 하에서는 제조자의 고의나 과실을 소비자(피해자)가 입증할 필요가 없으며, 단지 제품에 결함이 있었다는 객관적인 사실만 입증되면 배상을 받을 수 있게 된다. 소비자 입장에서는 훨씬

표 28•1 ▸ 각국의 PL법 제정 연도와 적용 법리

국가	법률 명칭	시행 연월일
미국	모델 제조물책임법(각 주별로 PL법 제정)	1978.10
영국	소비자보호법	1988. 3. 1
독일	제조물책임에 관한 법률	1990. 1. 1
호주	사업행위법(TPA)	1992. 7. 9
필리핀	소비자보호법	1992. 7.16
중국	중국 제품품질법	1993. 9. 1
일본	제조물책임법	1995. 7. 1
프랑스	결함 제조물에 의한 책임 법률 제389호	1998. 5.19
대한민국	제조물책임법	2002. 7. 1

간편하고 단시간 내에 문제를 해결할 수 있게 된 반면, 기업의 입장에서는 제품안전(product safety)이라는 새로운 법적 문제가 등장함으로써 부담이 늘어나게 되었다. 예를 들어, 휴대전화 배터리 폭발 사고의 경우 PL법 이전에는 소비자가 제조자의 과실을 입증하여야 했지만, PL법 하에서는 휴대전화 배터리의 '제조물 결함'만을 입증하면 휴대전화 배터리 제조업자가 배상 책임을 지게 된다.

1.2 PL법 제정 현황

미국이 1978년에 PL법을 도입한 이래 영국, 독일, 이태리, 프랑스 등의 서방 선진국 뿐 아니라, 중국, 필리핀, 브라질 등의 일부 개발 도상 국가도 시행하고 있다. 우리나라는 2000년 PL법을 제정하여 2002년 7월 1일자로 시행하고 있다. 각국의 PL법 제정 연도를 법률 명칭과 함께 표 28•1에 정리하였다.

1.3 용어 정리

1.3.1 제조물

우리나라 제조물책임법 제2조(정의) 1항에 "'제조물'이란 제조되거나 가공된 동산(다른 동산이나 부동산의 일부를 구성하는 경우를 포함한다)을 말한다"고 규정되어 있다. 일반적으로 제조물은 다음과 같이 정의된다.

- 공산품(완제품, 부품, 원재료)을 의미하며 가공하지 않은 부동산과 농수산물 등은 제외한다. 예외적으로 분양(임대)된 주택이나 아파트 등은 부동산을 가공하므로 포함한다.
- 소프트웨어는 형체가 없는 제품이므로 제외되나, 소프트웨어가 설치된 디스크, IC, 기타 기계 제품의 사고 원인이 소프트웨어의 결함으로 판명될 경우 PL법의 대상이 된다.

1.3.2 제조자/제조업자

우리나라 제조물책임법 제2조(정의) 3항에 제조업자를 다음과 같이 정의하고 있다.

① 제조물의 제조·가공 또는 수입을 업으로 하는 자
② 제조물에 성명·상호·상표 또는 그 밖에 식별 가능한 기호 등을 사용하여 자신을 ①항의 자로 표시한 자 또는 ①항의 자로 오인하게 할 수 있는 표시를 한 자

2 제조물/제품 결함

PL법에서 제조물 결함은 다음의 네 가지로 분류할 수 있으며 제조물 결함과 그 예를 그림 28•1에 제시하였다. 우리나라 PL법 제2조(정의)에서는 이 중 제조상 결함, 설계상 결함과 표시상 결함을 제조물 결함으로 규정하고 있다.

1) 제조상 결함 제조업자가 제조물에 대하여 제조상·가공상의 주의 의무를 이행하였는지에 관계없이 제조물이 원래 의도한 설계와 다르게 제조·가공됨으로써 안전하지 못하게 된 경우

2) 설계상 결함 제조업자가 합리적인 대체설계를 채용하였더라면 피해나 위험을 줄이거나 피할 수 있었음에도 대체설계를 채용하지 아니하여 해당 제조물이 안전하지 못하게 된 경우

3) 표시상 결함(지시·경고상 결함) 제조업자가 합리적인 설명·지시·경고 또는 그 밖의 표시를 하였더라면 해당 제조물에 의하여 발생할 수 있는 피해나 위험을 줄이거나 피할 수 있었음에도 이를 하지 아니한 경우

4) 개발상 결함 유통 시점에는 특별한 결함이 없는 것으로 알려진 제품이 그 이후 학문, 기술의 발전에 의해 위험이 있는 것으로 판명되는 결함을 말한다. 개발상 결함은 '개발위험 항변(state-of-art defense)'이 인정되어 제조자에게는 귀책성이 없으므로 책임을 물을 수 없다는 것이 통설이었으나, 최근에는 '제조물 관찰 의무'이론이 대두되고 있다. 제조물 관찰 의무란 제조자의 거래상 주의가 제품에 대한 설계, 제조, 지시로만 끝나지 않고, 그 이후에도 학문, 기술 수준의 발전에 따라 지속적으로 제품을 관찰하여 소비자에게 위험이 발생하지 않도록 예방할 의무가 있다는 것을 말한다. 프랑스, 룩셈부르크를 제외한 EU, 일본, 우리나라 등이 이를 인정하고 있다.

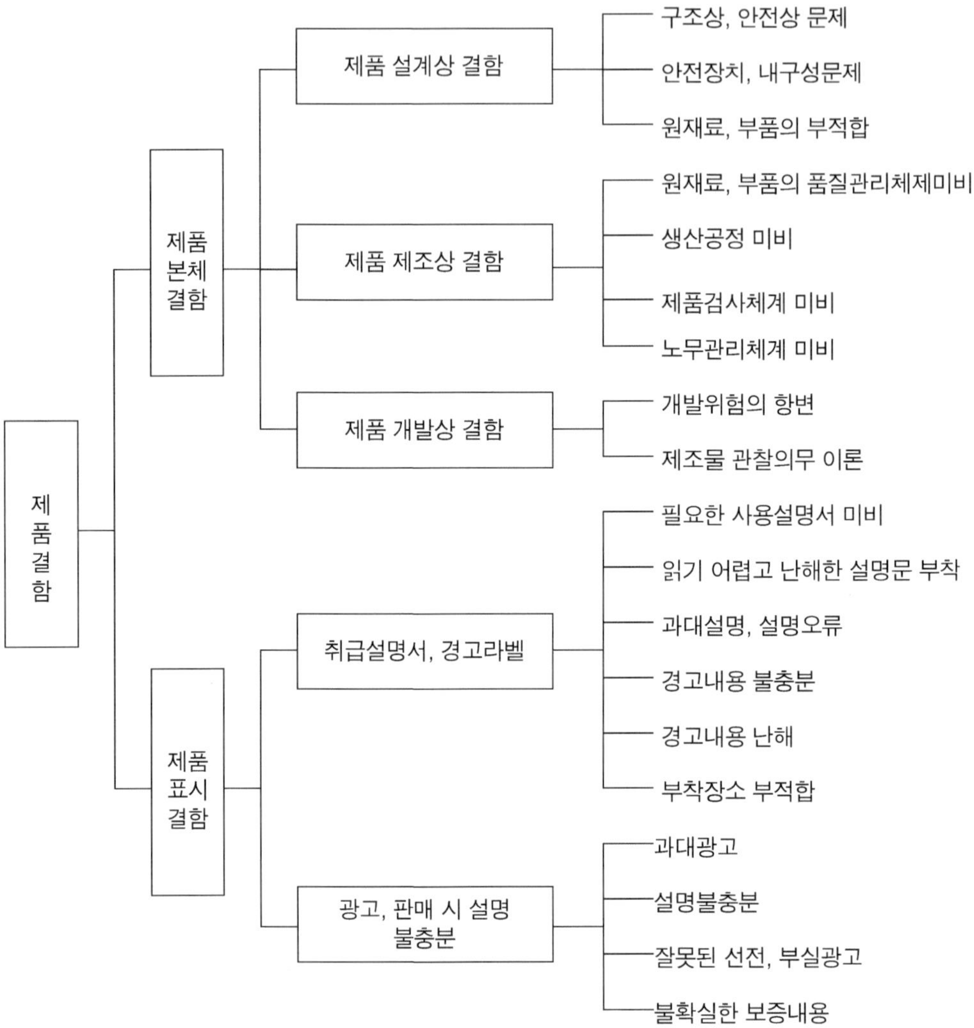

그림 28•1 ▸ 제품 결함

5) 제조물 결함 현황 미국의 경우 PL 소송에서 패소하는 기업의 원인을 분석하여 본 결과 제조물 결함은 다음과 같이 분포하는 것으로 나타났다.

- 제조상 결함: 8%
- 표시상 결함: 44%
- 설계상 결함: 21%
- 안전장치 미비: 27%

이 중 안전장치 미비는 제품 또는 설비의 부적절한 설계로 인하여 발생하므로 설계상 결함 범주에 포함할 수 있어, 설계상 결함이 48%를 차지하여 가장 높은 비중을 차지하여 표시상 결함과 함께 PL 소송 패소의 주요 원인으로 작용하고 있음을 알 수 있다.

3 제조물 책임 주체

3.1 제조물 책임 주체

우리나라 제조물책임법 제3조에 제조물 책임이 규정되어 있다. 제조업자는 제조물의 결함으로 생명·신체 또는 재산에 손해(그 제조물에 대하여만 발생한 손해는 제외한다)를 입은 자에게 그 손해를 배상하여야 한다. 제조물의 제조업자를 알 수 없는 경우 그 제조물을 영리 목적으로 판매·대여 등의 방법으로 공급한 자는, 제피해자 또는 법정대리인의 요청을 받고 상당한 기간 내에 그 제조업자 또는 공급한 자를 그 피해자 또는 법정대리인에게 고지하지 아니한 때에는 앞의 규정에 의한 손해를 배상하여야 한다.

제조물을 직접적으로 제조한 제조자는 '1.3.2 제조자/제조업자'에 규정되어 있으며, 제조업자를 알 수 없는 경우 공급한자(판매, 대여)에게도 책임이 있다. 이에는 수입업자, 판매업자, 임대업자, 리스업자, 운송업자, 창고업자, 수리업자, 설치업자, 공급자 등이 포함된다.

3.2 면책 사유

우리나라 제조물책임법 제4조에 다음과 같은 사실을 입증한 경우에는 손해배상 책임이 면해지는 것으로 규정하고 있다.

① 제조업자가 당해 제조물을 공급하지 아니한 사실

② 제조업자가 당해 제조물을 공급한 때의 과학·기술 수준으로는 결함의 존재를 발견할 수 없었다는 사실. 여기서, 과학·기술 수준은 해당 기업의 기술수준이 아니라 관계 분야의 기술 수준으로 세계적 기술 표준을 기준으로 한다.

③ 제조물의 결함이 제조업자가 당해 제조물을 공급할 당시의 법령이 정하는 기준을 준수함으로써 발생하였다는 사실

④ 원재료나 부품의 경우에는 그 원재료나 부품을 사용한 제조물 제조업자의 설계 또는 제작에 관한 지시로 인하여 결함이 발생하였다는 사실

위의 규정에 의하여 손해배상책임을 지는 자가 제조물을 공급한 후에 그 제조물에 결함이 존재한다는 사실을 알거나 알 수 있었음에도, 그 결함으로 인한 손해의 발생을 방지하기 위한 적절한 조치를 하지 아니한 경우에는 위의 규정에 의한 면책을 주장할 수 없다.

동일한 손해에 대하여 배상할 책임이 있는 자가 2인 이상인 경우에는 연대하여 그 손해를 배상할 책임이 있다. 제조물책임법에서는 '제조물책임법에 의한 손해배상책임을 배제하거나 제한하는 특약은 무효로 한다'는 규정을 통하여 면책 특약을 제한하고 있다. 다만 자신의 영업에 이용하기 위하여 제조물을 공급받은 자가 자신의 영업용 재산에 대하여 발생한 손해에 관하여 그와 같은 특약을 체결한 경우에는 면책 특약을 허용하고 있다.

3.3 소멸 시효

제조물책임법 제7조에 소멸 시효를 다음과 같이 두 가지 경우로 규정하고 있다.

① 손해배상의 청구권은 피해자 또는 그 법정대리인이 손해 및 손해배상책임을 지는 자를 알게 된 날로부터 3년간 행사하지 아니하면 시효의 완성으로 소멸된다.
② 손해배상의 청구권은 제조업자가 손해를 발생시킨 제조물을 공급한 날로부터 10년 이내에 행사해야 한다. 다만, 신체에 누적되어 건강을 해하는 물질에 의하여 발생한 손해 또는 일정한 잠복기간이 지난 후에 증상이 나타나는 손해에 대하여는 그 손해가 발생한 날부터 기산한다.

3.4 제조물책임의 성립 요건

제품에 결함이 존재하는 것만으로는 제조물책임의 문제가 발생하지 않는다. 제조물책임이 성립하기 위해서는 ① 제조물 자체에 결함이 존재해야 하고, ② 결함이 있는 제품의 사용으로 신체적 또는 재산상의 손실이 발생해야 하며, ③ 위의 결함과 신체적·재산적 손실 간의 인과 관계가 성립되어야 한다.

4 제조물책임법의 법리

4.1 과실 책임/과실 입증(fault-based liability, negligence)

소비자가 안전성이 결여된 제품을 사용하다 피해를 입을 경우, 제조업자의 과실을 소비자가 입증하여야만 보상을 받는 법리이다.

4.2 엄격책임(strict liability)

소비자가 제품을 통상적인 방법으로 사용하였음에도 피해가 발생하였을 때, 해당 제품의 결함을 입증하면 배상을 받을 수 있도록 한 법리로 과실 입증에 비하여 보다 소비자 지향적인 책임 원리이다. 엄격책임은 1963년 미국 캘리포니아 대법원이 그린맨 사건(Greenman vs. Yuba Power Products)에서 '인체에 상해를 가하는 위해한 제품에 결함이 있음이 입증되면 불법행위상의 엄격책임(strict liability in tort)을 진다'라고 판결한데서 유래되었다. 이후 엄격책임은 제조물책임법을 시행하는 우리나라를 비롯한 대부분의 나라에서 적용 법리로 채택되는 등 가장 폭넓게 사용되고 있다.

4.3 무과실 보상체계(no-fault compensation)

피해자가 제조업자의 과실을 입증하지 못하는 경우 사회보장제도나 보험에 의해 배상을 받도록 하는 원리이다.

4.4 보증책임

상품의 매매에 있어서 매도인에게 그 상품에 결함이 없다는 보증 약정을 인정하고, 그 보증에 반하여 존재하는 결함으로 인한 손해에 대하여 매도인의 배상을 인정하는 법리이다.

5 PL 대책

PL 대책은 다음과 같이 PL사고 예방대책(product liability prevention: PLP)과 PL사고 방어대책(product liability defense: PLD)으로 나눌 수 있다. 각 대책의 구체적인 내용은 다음과 같다.

5.1 PL 예방대책

5.1.1 설계상 결함 예방대책

설계 자체에 문제가 있으면 모든 제품이 결함 제품이 되어 거액의 손해배상 책임이 발생할 수 있으므로 설계 단계에서의 제품 안전 대책이 중요하다. 소비자는 유아에서 노인에 이르기까지 매우 다양한 계층으로 구성되어 있으므로 행동 과학적이고 인간공학적 분석을 통하여 철저한 대비가 필요하다.

5.1.2 제조상 결함 예방대책

입고, 보관, 가공, 포장, 수송, 진열, 판매 등 전 과정에 걸쳐 품질관리, 제품 안전 활동을 철저히 하여야 한다.

5.1.3 표시상 결함 예방대책

표시상 결함에 대비하기 위해서는 소비자가 이해하기 쉽게 위험, 경고, 주의 표시를 하여야 한다. 좋은 경고, 라벨이 갖추어야 할 기본 원칙은 다음과 같다.

- 소비자에게 위험 정도를 경고
- 위험을 명확하고 간결하게 표현
- 경고를 무시할 경우 발생할 수 있는 결과에 대해 언급

- 어린아이와 문맹자를 포함하여 모든 사용자가 쉽게 인식
- 눈에 잘 띄고 쉽게 읽을 수 있어야 함
- 위험을 회피, 재해를 예방할 수 있는 방법을 설명

제품 경고 문구 설계 지침은 다음과 같다.

- 간결한 문체 사용
- 직선적, 구체적, 묘사적이어야 함
- 부정형보다는 긍정형
- 수식어나 형용사는 피하여야 함
- 다음 네 가지 핵심 단어 중 하나는 포함
  - 위험(danger): 절박한 위험이 닥친 상황, 즉 피하지 않으면 죽음이나 심각한 상처를 입을 수 있는 상황일 때 사용
  - 경고(warning): 피하지 않을 경우 죽음이나 심각한 상처를 유발할 수 있는 가능성이 있는 위험 상황일 때 사용
  - 조심(caution): 경상을 입을 수 있는 위험 상황일 때 사용
  - 주의(notice): 재산상의 손실을 입을 수 있는 상황일 때 사용

5.1.4 제품안전경영 시스템

PL 대책을 효과적이고 체계적으로 수행하기 위해서는 전사적 차원에서의 품질관리 활동뿐 아니라 제품 생산의 전 과정에 제품의 안전성을 제고하는 체제인 제품안전경영 시스템(product safety management system: PSMS)의 구축이 필요하다. 제품안전경영 시스템 전담 조직을 구축하여 기획·설계·개발·구매·생산·품질관리·A/S·소비자 상담 부서 등을 중심으로 제품 안전 관리에 대한 사내 전 부서의 책임과 권한을 적절히 규정하여 PL 대응 시스템을 수립한다. 제품안전경영 시스템의 구축을 위해서는 다음 요소가 선행되어야 한다.

- 제품 안전에 대한 경영 방침 및 목표
- PSMS 전담 조직
- PSMS 매뉴얼 및 절차서 정비
- PL법에 대한 전사적 교육
- 정기적 PSMS에 대한 내부 감사 및 피드백

5.2 PL 방어대책

PL 방어대책은 PL과 관련한 문제 발생 시 긴급 조치 사항을 규정하고, 소송에 대비하여 관련 문서를 철저히 작성·보관하고, 관련 업자와의 책임 관계를 명확히 하여야 한다. 또한 PL 보험에 가입하거나 배상을 대비한 자금을 확보하는 등 만일의 사태에 대비하여야 한다.

5.2.1 클레임 처리 및 리콜 대책

제조업자는 소비자 클레임 대응 매뉴얼을 작성하여 제조업의 상담 담당자 또는 제품 판매업자에 지급하여, 이에 따라 클레임을 처리하게 하고 그 결과를 사내 PL 담당자에게 보고하게 한다. 보고받은 PL 담당자는 클레임의 정확한 내용을 조사하여 파악하여야 한다. 사망 등 신체상의 피해와 고액의 재산상 피해가 있을 경우는 사고 현장 및 클레임 대상 제조물에 대한 조사를 신속히 수행하며, 피해자를 방문하여 사정을 듣고 제조물의 사용 상황을 조사한 후 당시의 목격자와 관계자의 신원을 확보한다.

리콜의 경우는 기업의 유형, 무형, 장기, 단기 이미지에 영향을 미치는 중요한 경영전략의 하나로서 최고 경영자의 결단이 요구되므로, 결함의 내용 등을 정확히 분석하고 데이터를 바탕으로 정확히 방침을 정할 필요가 있다.

5.2.2 문서의 기록 관리 및 소송 대비

PSMS 전담 조직은 사규 매뉴얼을 정하고 각 부서에서는 제품 안전과 관련된 문서를 작성·관리·보관한다. PL법의 책임 시효가 10년인 점을 감안하여 작성·관리하여야 하며, 문서는 PL 클레임이나 소송 시 중요한 증거 자료로 활용된다. 문서 기록 관리의 기본원칙은 다음과 같다.

- 기록 작성 시 법정에 제출할 PL관련 자료를 만든다는 마음으로 한다
- 정량적 표현을 사용하여 정확하게 기록
- 객관적이고 사실적으로
- 과장, 추측, 허위 사실, 부정적 표현은 회피
- 회사 밖 외부인에게 기록이 어떻게 비쳐질 지를 고려하여 작성
- PL에 직·간접으로 관계되는 표현은 회피
- 영역(英譯) 시 정확한 의미 전달을 하여 악용을 방지
- 사내에서만 통용되는 약어 사용은 회피

6 PL 효과

6.1 PL로 인한 기대 효과

1) 제조물의 안전성 강화 제품 결함으로 인하여 거액의 손해배상을 하기보다는 안전한 제품을 만드는 것이 이득이므로 제품 안전 활동을 활발히 수행하여 제품의 안전성이 높아진다.

2) 고객만족의 실현(소비자 보호) 소비자 입장에서 PL법 하에서는 과거보다 제품 결함으로 인한 배상을 쉽게 받을 수 있고, 결과적으로 안전성이 높은 제품을 구매할 수 있게 된다.

3) 기업의 경쟁력 강화 기업 입장에서는 제품의 안전 대책이 기업 경영의 중요 관심 사항이 되어 안전한 제품을 생산하게 되어 경쟁력이 높아진다.

4) 기업의 책임 분산 PL법 하에서는 제품 결함에 대한 손해배상이 용이하여져 기업의 위험이 커지므로 기업은 PL 보험을 통해 위험을 분산시킨다.

5) 사고 재발의 방지 PL 소송이나 분쟁으로 인한 피해를 최소화하기 위하여 기업은 제품 안전에 대한 예방대책 및 방어대책을 수립·실시하기 때문에 사고 재발 방지에도 도움이 된다.

6.2 PL로 인한 기업의 부담

1) 소비자의 문제의식 강화 PL법의 제정과 그에 관한 언론 매체 등의 빈번한 보도로 제품 안전에 대한 소비자의 문제의식이 높아져, 사소한 제품 안전사고에 대해서도 클레임 및 소송 건수가 크게 증가할 것으로 예상된다.

2) 생산관련 비용의 증가 PL법의 제정으로 제품 안전에 대한 책임이 엄격해져 제품의 안전성을 확보하기 위하여, 설계·개발·구매·생산·검사·판매·A/S·리콜 등의 비용이 상승하여 기업의 가격 경쟁력이 떨어진다.

3) 인적자원의 손실 PL관련 소송이 많아지고 복잡하고 장기화하여 소송 및 관련 업무 처리에 많은 인력이 동원된다.

4) 신제품 개발의 지연 PL법으로 인하여 기업은 제품의 안전 기준을 더욱 엄격하게 적용하게 되고, 제품 안전에 대한 추가적인 대책을 강구해야 하므로 신제품의 개발·생산·판매에 신중을 기해야 한다. 따라서 시장 출하 및 수주 기간이 지연될 수밖에 없게 된다.

5) 기업 이미지 실추 PL관련 소송으로 소비자를 제대로 고려하지 않는 기업이라는 좋지 않은 이미지를 주게 되고, 소송에 대한 언론 매체의 보도로 기업 이미지를 더욱 실추시킨다. 이는 손해배상금으로 인한 기업의 경제적 손해보다 더 장기적이며 커다란 문제로 기업에 영향을 미칠 수 있다.

[1] 제조물 책임법상 결함의 종류에 해당하지 않는 것은?

① 제조상의 결함 ② 설계상의 결함 ③ 표시상의 결함 ④ 사용상의 결함

[2] PL에 관한 설명으로 가장 옳은 것은?

① 1960년대 초반 미국에서 소비자 보호주의에 입각하여 제품 안전성 향상을 목표로 제정된 특별법이다.
② 제품 결함이 제조자의 고의나 과실에 의한 것임을 입증하여야만 배상을 받을 수 있다.
③ 제품 결함으로 인한 인적, 물적 피해를 공급자가 부담한다.
④ 제조업자들이 안전성이 결여된 위해한 제품을 유통시키는 과정에서 발생한 피해는 법 적용 대상이 아니다.

[3] PL법에서 제품 결함으로 인한 피해에 대한 보상을 받는 자가 아닌 것은?

① 소비자 ② 사용자 ③ 제3자 ④ 제품 관리자

[4] PL법 이전에 제품을 사용하다 피해를 입은 경우 손해배상의 법적 근거는?

① 형법 ② 민법 ③ 상법 ④ 소비자보상법

[5] PL법 하에서 제품을 사용하다 피해를 입은 경우 손해에 대한 배상을 받기 위하여 소비자가 입증하여야 할 주 대상은?

① 제조자 고의 ② 제품 불량 ③ 제품 결함 ④ 공정 결함

[6] PL법에서 제조물에 해당되지 않는 것은?

① 아파트 ② 배추/무 ③ 원재료 ④ 부품

[7] 다음 중 PL법을 가장 늦게 입법한 나라는?

① 대한민국 ② 중국 ③ 필리핀 ④ 일본

[8] PL법 하에서 제품을 사용하다 피해를 입은 경우 손해를 보상받기 위하여 소비자가 입증하여야 할 대상이 아닌 것은?

① 제품 결함 ② 제품 결함으로 인한 피해
③ 제품 결함의 불법성 ④ 제품 결함과 손실간의 인과관계

[9] 제조물책임법상 제조업자가 합리적인 설명·지시·경고 기타의 표시를 하였더라면 당해 제조물에 의하여 발생될 수 있는 피해나 위험을 줄이거나 피할 수 있었음에도 이를 아니한 경우의 결함을 무엇이라 하는가?

① 표시상의 결함 ② 제조상의 결함 ③ 설계상의 결함 ④ 고지 의무의 결함

[10] 제조업자가 합리적인 대체 설계를 채용하였더라면 피해나 위험을 줄이거나 피할 수 있었음에도 대체 설계를 채용하지 아니하여 당해 제조물이 안전하지 못하게 된 경우에 해당하는 결함의 유형은?

① 제조상의 결함 ② 설계상의 결함 ③ 지시상의 결함 ④ 경고상의 결함

[11] 오토바이 판매 광고 방송에서 모델이 안전모를 착용하지 않은 채 머플러를 휘날리면서 오토바이를 타는 모습을 보고 따라하다가 머플러가 바퀴에 감겨 사고를 당하였다. 이는 제조물책임법상 어떠한 결함에 해당하는가?

① 표시상 결함 ② 책임상의 결함 ③ 제조상의 결함 ④ 설계상의 결함

[12] 미국 PL 소송에서 패소한 기업의 원인 분석에서 가장 큰 비중을 차지하는 것은?

① 제조상 결함 ② 설계상 결함 ③ 지시상 결함 ④ 개발상 결함

[13] 유통 시점에는 결함이 없는 것으로 알려진 제품이 그 이후 기술의 발전으로 위험이 있는 것으로 판명되는 결함을 무엇이라 하는가?

① 제조상 결함 ② 설계상 결함 ③ 지시상 결함 ④ 개발상 결함

[14] 개발상 결함은 제조자에게는 귀책성이 없어 책임을 물을 수 없다는 '개발 위험 항변(state-of-art-defense)'이 인정되는 나라는?

① 프랑스 ② 이탈리아 ③ 일본 ④ 대한민국

[15] 우리나라 PL법에서 제조물의 제조업자를 알 수 없는 경우 제조물의 책임 주체는?

① 제조자 ② 사용자 ③ 공급자 ④ 정부/지방자치단체

[16] 다음 중 PL법에서 정한 제품 결함에 대한 배상 책임을 면할 수 없는 경우는?

① 제조업자가 당해 제조물을 공급하지 않았을 때
② 제조물 공급 당시의 법령에 맞게 제조물을 제조하였을 때
③ 원청업체의 설계 또는 제작 지시에 따라 부품을 제조한 경우
④ 제조업자가 당해 제조물을 공급할 때 기업의 기술 수준으로는 결함의 존재를 발견할 수 없을 때

[17] PL법에서 손해배상 청구권은 제조업자가 제조물을 공급한 날로부터 몇 년 이내인가?

① 3년 ② 5년 ③ 10년 ④ 15년

[18] 다음 중 우리나라에서 채택하고 있는 PL 법리는?

① 보증 책임 ② 과실 책임 ③ 엄격 책임 ④ 무과실 보상 체계

[19] 해당 제품의 결함만 입증하면 배상을 받을 수 있는 PL법의 법리는?

① 보증 책임 ② 과실 책임 ③ 엄격 책임 ④ 무과실 보상 체계

[20] PL 법리 중 엄격 책임은 다음의 어느 사건 판례에서 유래되었는가?

① 다우버트 사건 ② 그린맨 사건 ③ 조이너 사건 ④ 스몬 사건

[21] 다음 PL 대책 중 예방대책으로 보기 어려운 것은?

① 제품 안전 문서 기록 및 보존 ② 제품 안전 활동 수행
③ 제품의 품질 향상 ④ 리콜 제도

[22] 다음 중 좋은 경고, 라벨로 보기 어려운 것은?

① 경고를 무시할 경우 발생할 수 있는 결과가 언급되어 있다.
② 시력이 나쁜 사람을 위하여 큰 글자로만 위험을 명확하고 간결하게 표현한다.
③ 눈에 잘 띄고 쉽게 읽을 수 있다.
④ 위험을 회피할 수 있는 방법을 설명하고 있다.

[23] PL 대책을 전사적 차원에서 추진하는 체제를 무엇이라 하는가?

① PL 예방대책 ② 안전경영시스템
③ PL경영시스템 ④ 제품안전경영시스템

[24] 민법과 PL법상의 손해배상 청구의 근본적 차이는?

① 과실입증 책임자의 변경 ② 피해보상 청구권자의 변경
③ 피해보상에 국가의 개입 여부 ④ 손해배상 적용 대상 제품의 차이

[25] PL법의 시행에 따른 직접적인 기대 효과로 보기 어려운 것은?

① 제조물의 안전성 강화로 사고 피해 예방 ② 장기적인 기업의 경쟁력 제고
③ 소비자 피해보상액 증대 ④ 기업의 책임 분산

[26] PL 도입으로 인한 기업의 부담이라 보기 어려운 것은?

① 제품 안전성 제고 ② 소비자 문제의식 강화
③ 인적자원 손실 ④ 기업 이미지 실추

응용문제

[1] PL법 도입 배경을 설명하고 PL법 이전에 제품을 사용하다 입은 피해를 배상받는 법적 근거를 제시하고, PL법과의 차이를 설명하라.

[2] PL법에서의 제조물/제품 결함의 종류를 들고 설명하고 예를 하나 이상씩 들라.

[3] PL법에서 제조물 관찰 이론이란 무엇인지를 설명하라.

[4] PL법에서 결함이 있는 제품의 사용으로 인하여 손해배상을 받으려면 어떤 조건을 충족하여야 하는가?

[5] PL법이 채택하고 있는 법리를 들고 설명하라.

[6] PL 대책을 분류하고 설명하라.

[7] 제품안전경영시스템이 무엇인지를 설명하고 구축하기 위하여 어떤 요소가 수행되어야 하는지를 들라.

[8] PL법은 기업 경영에 긍정적, 부정적 영향을 동시에 미친다. PL법이 미치는 영향을 네 가지 이상 들고 설명하라.

참고문헌

강병우, 김미 등, 공중보건학, 현문사, 2000.

고용노동부, 근골격계부담작업의 범위 및 유해요인조사 방법에 관한 고시(고용노동부고시 제2020-12호), 2020.

고용노동부, 근골격계질환 예방업무 편람, 2004.

고용노동부, 근골격계질환 예방의무 해설[제2판], 2004.

고용노동부, 사업장 위험성평가에 관한 지침(고용노동부고시 제2023-19호), 2019.

고용노동부, 산업재해 현황분석, 노동부, 1996~2018.

고용노동부/한국산업안전보건공단, 2023 새로운 위험성평가 안내서, 고용노동부/한국산업안전보건공단, 2023.

고용노동부/한국산업안전보건공단, 중소규모 사업장을 위한 쉽고 간편한 위험성평가 방법 안내서, 고용노동부/한국산업안전보건공단, 2023.

권영국, 제품안전을 위한 제조물책임(PL)에 관한 연구, 산업공학, 15(2), 133-146, 2002.

김사길, 변승남, 제조물 책임 소송에서의 전문가 증언에 관한 연구, 산업공학, 15(2), 126-132, 2002.

김유창, 문찬식, 제조물책임을 대비한 어린이 완구의 경고 문안에 대한 설문조사, 산업공학, 15(2), 107-113, 2002.

김주홍, 식품산업을 중심으로 한 PL대책, 안전기술, 대한산업안전협회, 12-17, 2002.

김치년, 김태형 등, 핵심산업보건, 신광출판사, 2008.

백남원, 산업위생학개론, 신광출판사, 2003.

변승남, 이동훈, 제조물 책임과 제품 안전 정책, 산업공학회지, 26(3), 265-282, 2000.

산업안전보건공단, 2019 위험성평가 지침해설서, 고용노동부, 2019.

세이프티넷 인간공학기사/기술사 연구회, 인간공학 기사, 청문각, 2005.

한국산업안전공단, 근골격계부담작업 유해요인조사 시행지침 및 작성방법, 2004.

한국산업안전공단, 근골격계부담작업 유해요인조사 지침, 2003.

한국산업안전공단, 근골격계질환 예방을 위한 인간공학적 작업분석 평가기법, 2002.

한국산업안전공단, 단순반복작업에 의한 장해, 요통 등의 근골격계 장해예방, 2000.

한국산업안전공단, 사업장 근골격계질환 예방관리 프로그램, 2012.

한국산업안전공단, 영상표시단말기 취급근로자작업관리지침, 1997.

한국산업안전공단, 하역운반기계작업안전, 1993.

한균원, 산업안전보건실무, 형설출판사, 2004.

http://www.interpl.org

UAW-Ford National Joint Committee on Health and Safety, Job improvement guide, 1988.

부록
기출 문제 및 풀이

2021년 3월 인간공학기사 필기 기출문제

2021년 8월 인간공학기사 필기 기출문제

2022년 3월 인간공학기사 필기 기출문제

2023년 인간공학기술사 필기시험문제

2024년 인간공학기술사 필기시험문제

연습문제 및 인간공학기사/
기술사 필기시험문제 답

2021년 3월 인간공학기사 필기 기출문제

1과목 : 인간공학개론

1. 시각 및 시각과정에 대한 설명으로 옳지 않은 것은?
   ① 원추체(cone)는 황반(fovea)에 집중되어 있다.
   ② 멀리 있는 물체를 볼 때는 수정체가 두꺼워진다.
   ③ 동공(pupil)의 크기는 어두우면 커진다.
   ④ 근시는 수정체가 두꺼워져 원점이 너무 가까워진다.

2. 시식별에 영향을 주는 인자로 적합하지 않은 것은?
   ① 조도 ② 휘도비
   ③ 대비 ④ 온·습도

3. 실제 사용자들의 행동 분석을 위해 사용자가 생활하는 자연스러운 생활환경에서 조사하는 사용성 평가기법으로 옳은 것은?
   ① Heuristic Evaluation
   ② Usability Lab Testing
   ③ Focus Group Interview
   ④ Observation Ethnography

4. 인체의 감각기능 중 후각에 대한 설명으로 옳은 것은?
   ① 후각에 대한 순응은 느린 편이다.
   ② 후각은 훈련을 통해 식별능력을 기르지 못한다.
   ③ 후각은 냄새 존재 여부보다 특정 자극을 식별하는데 효과적이다.
   ④ 특정 냄새의 절대 식별 능력은 떨어지나 상대적 비교능력은 우수한 편이다.

5. 제어장치가 가지는 저항의 종류에 포함되지 않는 것은?
   ① 탄성 저항(elastic resistance)
   ② 관성 저항(inertia resistance)
   ③ 점성 저항(viscous resistance)
   ④ 시스템 저항(system resistance)

6. 음 세기(sound intensity)에 관한 설명으로 옳은 것은?
   ① 음 세기의 단위는 Hz이다.
   ② 음 세기는 소리의 고저와 관련이 있다.
   ③ 음 세기는 단위시간에 단위면적을 통과하는 음의 에너지를 말한다.
   ④ 음압수준(sound pressure level) 측정 시 주로 1000Hz 순음을 기준 음압으로 사용한다.

7. 시스템의 사용성 검증 시 고려되어야할 변인이 아닌 것은?
   ① 경제성 ② 낮은 에러율
   ③ 효율성 ④ 기억 용이성

8. 암호체계의 사용에 관한 일반적 지침에서 암호의 변별성에 대한 설명으로 옳은 것은?
   ① 정보를 암호화한 자극은 검출이 가능해야 한다.
   ② 자극과 반응 간의 관계가 인간의 기대와 모순되지 않아야 한다.
   ③ 두 가지 이상의 암호 차원을 조합하여 사용하면 정보전달이 촉진된다.
   ④ 모든 암호표시는 감지장치에 의하여 다른 암호표시와 구별될 수 있어야 한다.

9. 주의(attention)의 종류에 포함되지 않는 것은?
   ① 병렬주의(parallel attention)
   ② 분할주의(divided attention)
   ③ 초점주의(focused attention)
   ④ 선택적 주의(selective attention)

10. 인간공학에 관한 내용으로 옳지 않은 것은?
   ① 인간의 특성 및 한계를 고려한다.
   ② 인간을 기계와 작업에 맞추는 학문이다.
   ③ 인간 활동의 최적화를 연구하는 학문이다.
   ④ 편리성, 안정성, 효율성을 제고하는 학문이다.

11. 움직이는 몸의 동작을 측정한 인체치수를 무엇이라고 하는가?

① 조절 치수　② 파악한계 치수
③ 구조적 인체치수　④ 기능적 인체치수

12. 인간의 기억 체계에 대한 설명으로 옳지 않은 것은?

① 단위시간당 영구 보관할 수 있는 정보량은 7bit/sec이다.
② 감각 저장(sensory storage)에서는 정보의 코드화가 이루어지지 않는다.
③ 장기 기억(long-term memory)내의 정보는 의미적으로 코드화된 정보이다.
④ 작업 기억(working memory)은 현재 또는 최근의 정보를 잠시 동안 기억하기 위한 저장소의 역할을 한다.

13. 인체측정 자료의 최대 집단 값에 의한 설계 원칙에 관한 내용으로 옳은 것은?

① 통상 1, 5, 10%의 하위 백분위수를 기준으로 정한다.
② 통상 70, 75, 80%의 상위 백분위수를 기준으로 정한다.
③ 문, 탈출구, 통로 등과 같은 공간의 여유를 정할 때 사용한다.
④ 선반의 높이, 조정 장치까지의 거리 등을 정할 때 사용한다.

14. 다음과 같은 확률로 발생하는 네 가지 대안에 대한 중복률(%)은 얼마인가?

결과	확률(p)	$-\log_2 p$
A	0.1	3.32
B	0.3	1.74
C	0.4	1.32
D	0.2	2.32

① 1.8　② 2.0　③ 7.7　④ 8.7

15. 인간-기계 체계(Man-Machine System)의 신뢰도(RS)가 0.85 이상이어야 한다. 이때 인간의 신뢰도(RH)가 0.9라면 기계의 신뢰도(RE)는 얼마 이상이어야 하는가? (단, 인간-기계 체계는 직렬체계이다.)

① $R_E \geq 0.831$　② $R_E \geq 0.877$
③ $R_E \geq 0.915$　④ $R_E \geq 0.944$

16. 선형 표시장치를 움직이는 조종구(레버)에서의 C/R 비를 나타내는 다음 식에서 변수 a의 의미로 옳은 것은? (단, L은 컨트롤러의 길이를 의미한다.)

$$C/R\text{비} = \frac{(a/360) \times 2\pi L}{\text{표시장치의 이동거리}}$$

① 조종장치의 여유율
② 조종장치의 최대 각도
③ 조종장치가 움직인 각도
④ 조종장치가 움직인 거리

17. 신호 검출 이론(signal detection theory)에서 판정기준을 나타내는 우도비(likelihood ratio) β와 민감도(sensitivity) d에 대한 설명으로 옳은 것은?

① β가 클수록 보수적이고, d가 클수록 민감함을 나타낸다.
② β가 클수록 보수적이고, d가 클수록 둔감함을 나타낸다.
③ β가 작을수록 보수적이고, d가 클수록 민감함을 나타낸다.
④ β가 작을수록 보수적이고, d가 클수록 둔감함을 나타낸다.

18. 정량적 표시장치의 지침(pointer) 설계에 있어 일반적인 요령으로 적합하지 않은 것은?

① 뾰족한 지침을 사용한다.
② 지침을 눈금면과 최대한 밀착시킨다.
③ 지침의 끝은 최소 눈금선과 맞닿고 겹치게 한다.
④ 원형눈금의 경우 지침의 색은 지침 끝에서 중앙까지 칠한다.

19. 표시장치와 제어장치를 포함하는 작업장을 설계할 때 고려해야할 사항과 가장 거리가 먼 것은?

① 작업시간
② 제어장치와 표시장치와의 관계

③ 주 시각 임무와 상호작용하는 주제어장치
④ 자주 사용되는 부품을 편리한 위치에 배치

20. 통화 이해도 측정을 위한 척도로 적합하지 않은 것은?

① 명료도 지수　② 인식 소음 수준
③ 이해도 점수　④ 통화 간섭 수준

2과목 : 작업생리학

21. 산업안전보건법령상 "소음작업"이란 1일 8시간 작업을 기준으로 얼마 이상의 소음이 발생하는 작업을 뜻하는가?

① 80데시벨　② 85데시벨
③ 90데시벨　④ 95데시벨

22. 중량물을 운반하는 작업에서 발생하는 생리적 반응으로 옳은 것은?

① 혈압이 감소한다.
② 심박수가 감소한다.
③ 혈류량이 재분배된다.
④ 산소소비량이 감소한다.

23. 수의근(voluntary muscle)에 대한 설명으로 옳은 것은?

① 민무늬근과 줄무늬근을 통칭한다.
② 내장근 또는 평활근으로 구분한다.
③ 대표적으로 심장근이 있으며 원통형 근섬유 구조를 이룬다.
④ 중추신경계의 지배를 받아 내 의지대로 움직일 수 있는 근육이다.

24. 신체에 전달되는 진동은 전신진동과 국소진동으로 구분되는데 진동원의 성격이 다른 것은?

① 크레인　② 지게차
③ 대형 운송차량　④ 휴대용 연삭기

25. 다음 중 중추신경계의 피로, 즉 정신피로의 측정척도로 사용할 때 가장 적합한 것은?

① 혈압(blood pressure)
② 근전도(electromyogram)
③ 산소소비량(oxygen consumption)
④ 점멸융합주파수(flicker fusion frequency)

26. 힘에 대한 설명으로 옳지 않은 것은?

① 능동적 힘은 근수축에 의하여 생성된다.
② 힘은 근골격계를 움직이거나 안정시키는데 작용한다.
③ 수동적 힘은 관절 주변의 결합조직에 의하여 생성된다.
④ 능동적 힘과 수동적 힘의 합은 근육의 안정길이의 50%에서 발생한다.

27. 휴식 중의 에너지소비량이 1.5kcal/min인 작업자가 분당 평균 8kcal의 에너지를 소비한 작업을 60분 동안 했을 경우 총 작업시간 60분에 포함되어야 하는 휴식 시간은 약 몇 분인가? (단, Murrell의 식을 적용하며, 작업시 권장 평균 에너지소비량은 5kcal/min으로 가정한다.)

① 22분　② 28분　③ 34분　④ 40분

28. 근력과 지구력에 관한 설명으로 옳지 않은 것은?

① 근력에 영향을 미치는 대표적 개인적 인자로는 성(姓)과 연령이 있다.
② 정적(static) 조건에서의 근력이란 자의적 노력에 의해 등척적으로(isometrically) 낼 수 있는 최대 힘이다.
③ 근육이 발휘할 수 있는 최대 근력의 50% 정도의 힘으로는 상당히 오래 유지할 수 있다.
④ 동적(dynamic) 근력은 측정이 어려우며, 이는 가속과 관절 각도의 변화가 힘의 발휘와 측정에 영향을 주기 때문이다.

29. 열교환에 영향을 미치는 요소와 가장 거리가 먼 것은?

① 기압　② 기온
③ 습도　④ 공기의 유동

30. 전체 환기가 필요한 경우로 볼 수 없는 것은?

① 유해물질의 독성이 적을 때
② 실내에 오염물 발생이 많지 않을 때

③ 실내 오염 배출원이 분산되어 있을 때
④ 실내에 확산된 오염물의 농도가 전체적으로 일정하지 않을 때

31. 다음 중 일정(constant) 부하를 가진 작업 수행 시 인체의 산소소비량 변화를 나타낸 그래프로 옳은 것은?

①
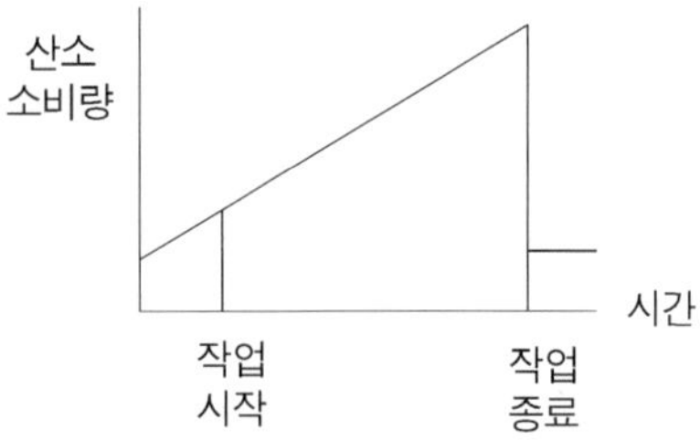

②
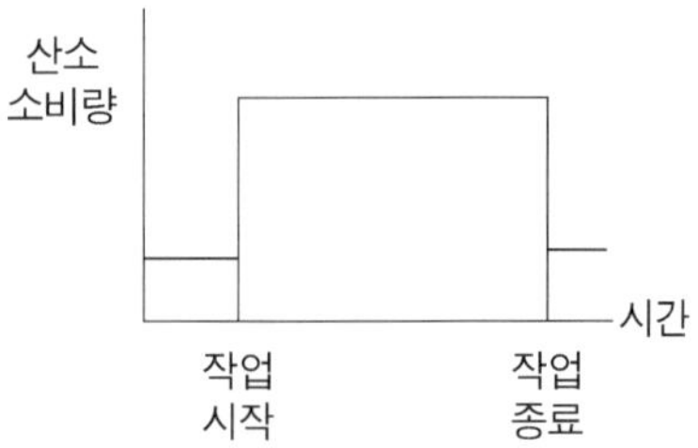

③
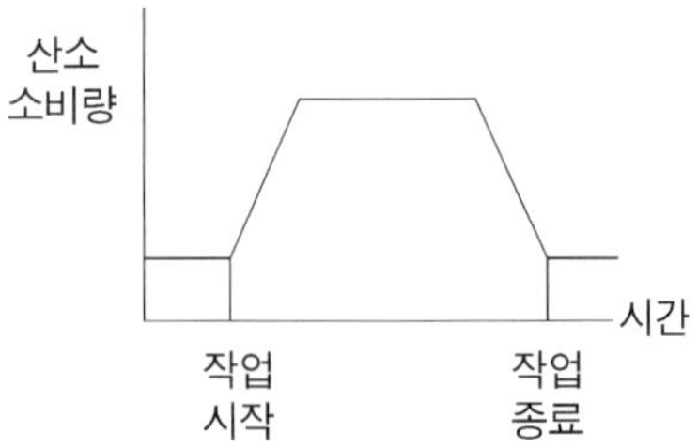

④
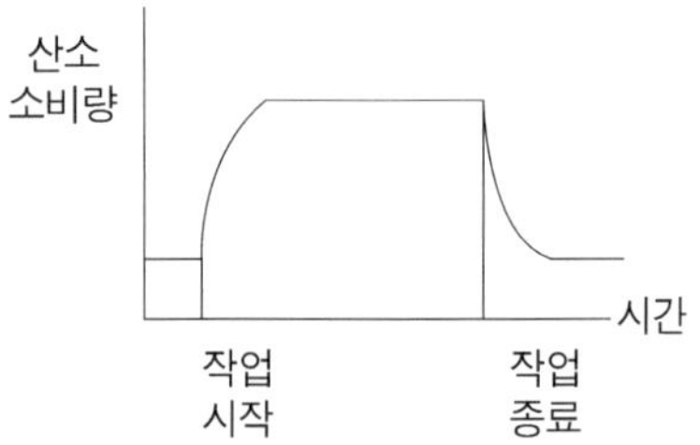

32. 다음 생체신호를 측정할 때 이용되는 측정방법이 잘못 연결된 것은?

① 뇌의 활동 측정 – EOG
② 심장근의 활동 측정 – EKG
③ 피부의 전기 전도 측정 – GSR
④ 국부 골격근의 활동 측정 – EMG

33. 어떤 작업에 대해서 10분간 산소소비량을 측정한 결과 100L배기량에 산소가 15%, 이산화탄소가 6%로 분석되었다. 에너지소비량은 몇 kcal/min인가? (단, 산소 1L가 몸에서 소비되면 5kcal의 에너지가 소비되며, 공기 중에서 산소는 21%, 질소는 79%를 차지하는 것으로 가정한다.)

① 2　　② 3
③ 4　　④ 6

34. 중추신경계(central nervous system)에 해당하는 것은?

① 신경절(ganglia)　　② 척수(spinal cord)
③ 뇌신경(cranial nerve)　　④ 척수신경(spinal nerve)

35. 다음 중 안정 시 신체 부위에 공급하는 혈액 분배 비율이 가장 높은 곳은?

① 뇌　　② 근육
③ 소화기계　　④ 심장

36. 다음 중 작업장 실내에서 일반적으로 추천반사율이 가장 높은 곳은? (단, IES기준이다.)

① 천정　　② 바닥
③ 벽　　④ 책상면

37. 신체부위의 동작 유형 중 관절에서의 각도가 증가하는 동작을 무엇이라고 하는가?

① 굴곡(flexion)　　② 신전(extension)
③ 내전(adduction)　　④ 외전(abduction)

38. 소음에 의한 회화 방해현상과 같이 한음의 가청 역치가 다른 음 때문에 높아지는 현상을 무엇이라 하는가?

① 사정효과　　② 차폐효과
③ 은폐효과　　④ 흡음효과

39. 강도 높은 작업을 마친 후 휴식 중에도 근육에 추가적으로 소비되는 산소량을 무엇이라 하는가?

① 산소부채　　② 산소결핍
③ 산소결손　　④ 산소요구량

40. 광도비(luminance ratio)란 주된 장소와 주변 광도의 비이다. 사무실 및 산업 상황에서의 일반적인 추천 광도비는 얼마인가?

① 1:1 ② 2:1
③ 3:1 ④ 4:1

3과목 : 산업심리학 및 관계법규

41. 인간의 불안전행동을 예방하기 위해 Harvey에 의해 제안된 안전대책의 3E에 해당하지 않는 것은?

① Education ② Enforcement
③ Engineering ④ Environment

42. 휴먼 에러의 배후요인 네 가지(4M)에 속하지 않는 것은?

① Man ② Machine
③ Motive ④ Management

43. 작업자 한 사람의 성능 신뢰도가 0.95일 때, 요원을 중복하여 2인 1조로 작업을 할 경우 이 조의 인간 신뢰도는 얼마인가? (단, 작업 중에는 항상 요원 지원이 되며, 두 작업자의 신뢰도는 동일하다고 가정한다.)

① 0.9025 ② 0.9500
③ 0.9975 ④ 1.0000

44. NIOSH의 직무 스트레스 모형에서 같은 직무 스트레스 요인에서도 개인들이 지각하고 상황에 반응하는 방식에 차이가 있는데 이를 무엇이라 하는가?

① 환경 요인 ② 작업 요인
③ 조직 요인 ④ 중재 요인

45. 선택반응시간(Hick의 법칙)과 동작시간(Fitts의 법칙)의 공식에 대한 설명으로 옳은 것은?

- 선택반응시간 = $a + b\log_2 N$
- 동작시간 = $a + b\log_2(\frac{2A}{W})$

① N은 자극과 반응의 수, A는 목표물의 너비, W는 움직인 거리를 나타낸다.
② N은 감각기관의 수, A는 목표물의 너비, W는 움직인 거리를 나타낸다.
③ N은 자극과 반응의 수, A는 움직인 거리, W는 목표물의 너비를 나타낸다.
④ N은 감각기관의 수, A는 움직인 거리, W는 목표물의 너비를 나타낸다.

46. 재해 원인을 불안전한 행동과 불안전한 상태로 구분할 때 불안전한 상태에 해당하는 것은?

① 규칙의 무시 ② 안전장치 결함
③ 보호구 미착용 ④ 불안전한 조작

47. 시스템 안전 분석기법 중 정량적 분석 방법이 아닌 것은?

① 결함나무 분석(FTA)
② 사상나무 분석(ETA)
③ 고장모드 및 영향분석(FMEA)
④ 휴먼 에러율 예측기법(THERP)

48. 조직의 리더(leader)에게 부여하는 권한 중 구성원을 징계 또는 처벌할 수 있는 권한은?

① 보상적 권한 ② 강압적 권한
③ 합법적 권한 ④ 전문성의 권한

49. 허즈버그(Herzberg)의 동기요인에 해당되지 않는 것은?

① 성장 ② 성취감
③ 책임감 ④ 작업조건

50. 다음 중 에러 발생 가능성이 가장 낮은 의식 수준은?

① 의식수준 0 ② 의식수준 Ⅰ
③ 의식수준 Ⅱ ④ 의식수준 Ⅲ

51. 개인의 기술과 능력에 맞게 직무를 할당하고 작업환경 개선을 통하여 안심하고 작업할 수 있도록 하는 스트레스 관리 대책은?

① 직무 재설계 ② 긴장 이완법
③ 협력관계 유지 ④ 경력계획과 개발

52. Rasmussen의 인간행동 분류에 기초한 인간 오류에 해당하지 않는 것은?

① 규칙에 기초한 행동(rule-based behavior)오류
② 실행에 기초한 행동(commission-based behavior)오류
③ 기능에 기초한 행동(skill-based behavior)오류
④ 지식에 기초한 행동(knowledge-based behavior)오류

53. 사고발생에 있어 부주의 현상의 원인에 해당되지 않는 것은?

① 의식의 우회 ② 의식의 혼란
③ 의식의 중단 ④ 의식수준의 향상

54. 제조물책임법상 결함의 종류에 해당되지 않는 것은?

① 재료상의 결함 ② 제조상의 결함
③ 설계상의 결함 ④ 표시상의 결함

55. 레빈(Lewin. K)이 주장한 인간의 행동에 대한 함수식(B=f(P·E)에서 개체(Person)에 포함되지 않는 변수는?

① 연령 ② 성격
③ 심신 상태 ④ 인간관계

56. 재해율과 관련된 설명으로 옳은 것은?

① 재해율은 근로자 100명당 1년간에 발생하는 재해자 수를 나타낸다.
② 도수율은 연간 총 근로시간 합계에 10만 시간당 재해발생 건수이다.
③ 강도율은 근로자 1000명당 1년 동안에 발생하는 재해자 수(사상자 수)를 나타낸다.
④ 연천인율은 연간 총 근로시간에 1,000시간당 재해 발생에 의해 잃어버린 근로손실일수를 말한다.

57. 막스 웨버(Max Weber)가 주장한 관료주의에 관한 설명으로 옳지 않은 것은?

① 노동의 분업화를 전제로 조직을 구성한다.
② 부서장들의 권한 일부를 수직적으로 위임하도록 했다.
③ 단순한 계층구조로 상위리더의 의사결정이 독단화되기 쉽다.
④ 산업화 초기의 비규범적 조직운영을 체계화시키는 역할을 했다.

58. 집단 응집력(group cohesiveness)을 결정하는 요소에 대한 내용으로 옳지 않은 것은?

① 집단의 구성원이 적을수록 응집력이 낮다.
② 외부의 위협이 있을 때에 응집력이 높다.
③ 가입의 난이도가 쉬울수록 응집력이 낮다.
④ 함께 보내는 시간이 많을수록 응집력이 높다.

59. 재해 발생에 관한 하인리히(H. W. Heinrich)의 도미노 이론에서 제시된 다섯 가지 요인에 해당하지 않는 것은?

① 제어의 부족
② 개인적 결함
③ 불안전한 행동 및 상태
④ 유전 및 사회 환경적 요인

60. 리더십 이론 중 관리격자이론에서 인간관계에 대한 관심이 낮은 유형은?

① 타협형 ② 인기형
③ 이상형 ④ 무관심형

4과목: 근골격계질환 예방을 위한 작업관리

61. 작업측정에 관한 설명으로 옳지 않은 것은?

① 정미시간은 반복생산에 요구되는 여유시간을 포함한다.
② 인적여유는 생리적 욕구에 의해 작업이 지연되는 시간을 포함한다.
③ 레이팅은 측정작업 시간을 정상작업 시간으로 보정하는 과정이다.
④ TV조립공정과 같이 짧은 주기의 작업은 비디오 촬영에 의한 시간연구법이 좋다.

62. 다음 중 작업개선에 있어서 개선의 ECRS에 해당하지 않는 것은?

① 보수(Repair) ② 제거(Eliminate)
③ 단순화(Simplify) ④ 재배치(Rearrange)

63. Work Factor에서 동작시간 결정 시 고려하는 네 가지 요인에 해당하지 않는 것은?

① 수행도　② 동작 거리
③ 중량이나 저항　④ 인위적 조절정도

64. 산업안전보건법령상 근골격계 부담작업에 해당하는 기준은?

① 하루에 5회 이상 20kg 이상의 물체를 드는 작업
② 하루에 총 1시간 키보드 또는 마우스를 조작하는 작업
③ 하루에 총 2시간 이상 목, 허리, 팔꿈치, 손목 또는 손을 사용하여 다양한 동작을 반복하는 작업
④ 하루에 총 2시간 이상 지지되지 않은 상태에서 4.5kg이상의 물건을 한 손으로 들거나 동일한 힘으로 쥐는 작업

65. 워크 샘플링(work sampling)의 특징으로 옳지 않은 것은?

① 짧은 주기나 반복 작업에 효과적이다.
② 관측이 순간적으로 이루어져 작업에 방해가 적다.
③ 작업 방법이 변화되는 경우에는 전체적인 연구를 새로 해야 한다.
④ 관측자가 여러 명의 작업자나 기계를 동시에 관측할 수 있다.

66. NIOSH 들기 공식에서 고려되는 평가요소가 아닌 것은?

① 수평거리　② 목 자세
③ 수직거리　④ 비대칭 각도

67. 관측평균시간이 0.8분, 레이팅계수 120%, 정미시간에 대한 작업 여유율이 15%일때 표준시간은 약 얼마인가?

① 0.78분　② 0.88분
③ 1.104분　④ 1.264분

68. 동작경제의 원칙에서 작업장 배치에 관한 원칙에 해당하는 것은?

① 각 손가락이 서로 다른 작업을 할 때 작업량을 각 손가락의 능력에 맞게 분배한다.
② 중력이송원리를 이용한 부품상자나 용기를 이용하여 부품을 사용 장소에 가까이 보낼 수 있도록 한다.
③ 손과 신체의 동작은 작업을 원만하게 처리할 수 있는 범위 내에서 가장 낮은 동작등급을 사용한다.
④ 눈의 초점을 모아야 할 수 있는 작업은 가능한 적게 하고, 이것이 불가피한 경우 두 작업간의 거리를 짧게 한다.

69. 작업 개선방법을 관리적 개선방법과 공학적 개선방법으로 구분할 때 공학적 개선방법에 속하는 것은?

① 적절한 작업자의 선발
② 작업자의 교육 및 훈련
③ 작업자의 작업속도 조절
④ 작업자의 신체에 맞는 작업장 개선

70. 근골격계질환 예방을 위한 방안과 거리가 먼 것은?

① 손목을 곧게 유지한다.
② 춥고 습기 많은 작업환경을 피한다.
③ 손목이나 손의 반복동작을 활용한다.
④ 손잡이는 손에 접촉하는 면적을 넓게 한다.

71. 수공구를 이용한 작업 개선원리에 대한 내용으로 옳지 않은 것은?

① 진동 패드, 진동 장갑 등으로 손에 전달되는 진동 효과를 줄인다.
② 동력 공구는 그 무게를 지탱할 수 있도록 매달거나 지지한다.
③ 힘이 요구되는 작업에 대해서는 감싸쥐기(power grip)를 이용한다.
④ 적합한 모양의 손잡이를 사용하되, 가능하면 손바닥과 접촉면을 좁게 한다.

72. 어느 회사의 컨베이어 라인에서 작업순서가 다음 표의 번호와 같이 구성되어 있을 때, 다음 설명 중 옳은 것은?

작업	1. 조립	2. 납땜	3. 검사	4. 포장
시간(초)	10초	9초	8초	7초

① 공정 손실은 15%이다.
② 애로작업은 검사작업이다.
③ 라인의 주기시간은 7초이다.
④ 라인의 시간당 생산량은 6개이다.

73. 동작분석(motion study)에 관한 설명으로 옳지 않은 것은?

① 동작분석 기법에는 서블릭법과 작업측정기법을 이용하는 PTS법이 있다.
② 작업과정에서 무리·낭비·불합리한 동작을 제거, 최선의 작업방법으로 개선하는 것이 목표이다.
③ 미세 동작분석은 작업주기가 짧은 작업, 규칙적인 작업주기시간, 단기적 연구대상 작업 분석에는 사용할 수 없다.
④ 작업을 분해 가능한 세밀한 단위로 분석하고 각 단위의 변이를 측정하여 표준작업방법을 알아내기 위한 연구이다.

74. 사업장 근골격계질환 예방관리 프로그램에 있어 예방·관리추진팀의 역할이 아닌 것은?

① 교육 및 훈련에 관한 사항을 결정하고 실행한다.
② 예방·관리 프로그램의 수립 및 수정에 관한 사항을 결정한다.
③ 근골격계질환의 증상·유해요인 보고 및 대응체계를 구축한다.
④ 유해요인 평가 및 개선계획의 수립과 시행에 관한 사항을 결정하고 실행한다.

75. 산업안전보건법령상 근골격계부담작업의 유해요인조사에 대한 내용으로 옳지 않은 것은? (단, 해당 사업장은 근로자가 근골격계부담작업을 하는 경우이다.)

① 정기 유해요인 조사는 2년마다 유해요인조사를 하여야 한다.
② 신설되는 사업장의 경우에는 신설일로부터 1년 이내 최초의 유해요인 조사를 하여야 한다.
③ 조사항목으로는 작업량, 작업속도 등의 작업장의 상황과 작업자세, 작업방법 등의 작업조건이 있다.
④ 근골격계부담작업에 해당하는 새로운 작업·설비를 도입한 경우 지체 없이 유해요인 조사를 해야 한다.

76. 유통선도(flow diagram)의 기능으로 옳지 않은 것은?

① 자재흐름의 혼잡지역 파악
② 시설물의 위치나 배치관계 파악
③ 공정과정의 역류현상 발생유무 점검
④ 운반과정에서 물품의 보관 내용 파악

77. 팔꿈치 부위에 발생하는 근골격계질환 유형은?

① 결절종(ganglion)
② 방아쇠 손가락(trigger finger)
③ 외상 과염(lateral epicondylitis)
④ 수근관 증후군(carpal tunnel syndrome)

78. 작업관리의 주목적과 가장 거리가 먼 것은?

① 생산성 향상
② 무결점 달성
③ 최선의 작업방법 개발
④ 재료, 설비, 공구 등의 표준화

79. 다음 서블릭(therblig)기호 중 효율적 서블릭에 해당하는 것은?

① Sh ② G ③ P ④ H

80. 영상표시단말기(VDT) 취급근로자 작업관리 지침상 작업기기의 조건으로 옳지 않은 것은?

① 키보드와 키 윗부분의 표면은 무광택으로 할 것
② 영상표시단말기 화면은 회전 및 경사조절이 가능할 것
③ 키보드의 경사는 3°이상 20°이하, 두께는 4cm 이하로 할 것
④ 단색화면일 경우 색상은 일반적으로 어두운 배경에 밝은 황·녹색 또는 백색문자를 사용하고 적색 또는 청색의 문자는 가급적 사용하지 않을 것

2021년 8월 인간공학기사 필기 기출문제

1과목 : 인간공학개론

1. 신호검출이론에서 판정기준(criterion)이 오른쪽으로 이동할 때 나타나는 현상으로 옳은 것은?
   ① 허위경보(false alarm)가 줄어든다.
   ② 신호(signal)의 수가 증가한다.
   ③ 소음(noise)의 분포가 커진다.
   ④ 적중 확률(실제 신호를 신호로 판단)이 높아진다.

2. 인간공학의 연구 목적과 가장 거리가 먼 것은?
   ① 인간오류의 특성을 연구하여 사고를 예방
   ② 인간의 특성에 적합한 기계나 도구의 설계
   ③ 병리학을 연구하여 인간의 질병퇴치에 기여
   ④ 인간의 특성에 맞는 작업환경 및 작업방법의 설계

3. 조종-반응 비율(C/R ratio)에 관한 설명으로 옳지 않은 것은?
   ① C/R비가 증가하면 이동시간도 증가한다.
   ② C/R비가 작으면(낮으면) 민감한 장치이다.
   ③ C/R비는 조종장치의 이동거리를 표시장치의 반응거리로 나눈 값이다.
   ④ C/R비가 감소함에 따라 조종시간은 상대적으로 작아진다.

4. 인간 기억의 여러 가지 형태에 대한 설명으로 옳지 않은 것은?
   ① 단기기억의 용량은 보통 7청크(chunk)이며 학습에 의해 무한히 커질 수 있다.
   ② 단기기억에 있는 내용을 반복하여 학습(research)하면 장기기억으로 저장된다.
   ③ 일반적으로 작업기억의 정보는 시각(visual), 음성(phonetic), 의미(semantic) 코드의 세 가지로 코드화 된다.
   ④ 자극을 받은 후 단기기억에 저장되기 전에 시각적인 정보는 아이코닉 기억(iconic memory)에 잠시 저장된다.

5. 시각적 표시장치에 관한 설명으로 옳은 것은?
   ① 정확한 수치를 필요로 하는 경우에는 디지털 표시장치보다 아날로그 표시장치가 우수하다.
   ② 온도, 압력과 같이 연속적으로 변하는 변수의 변화경향, 변화율 등을 알고자 할 때는 정량적 표시장치를 사용하는 것이 좋다.
   ③ 정성적 표시장치는 동침형(moving pointer), 동목형(moving scale) 등의 형태로 구분할 수 있다.
   ④ 정량적 눈금을 식별하는 데에 영향을 미치는 요소는 눈금 단위의 길이, 눈금의 수열 등이 있다.

6. 소리의 차폐효과(masking)란?
   ① 주파수별로 같은 소리의 크기를 표시한 개념
   ② 하나의 소리가 다른 소리의 판별에 방해를 주는 현상
   ③ 내이(inner ear)의 달팽이관(Cochlea) 안에 있는 섬모(fiber)가 소리의 주파수에 따라 민감하게 반응하는 현상
   ④ 하나의 소리의 크기가 다른 소리에 비해 몇 배나 크게(또는 작게) 느껴지는 지를 기준으로 소리의 크기를 표시하는 개념

7. 멀리 있는 물체를 선명하게 보기 위해 눈에서 일어나는 현상으로 옳은 것은?
   ① 홍채가 이완한다.
   ② 수정체가 얇아진다.
   ③ 동공이 커진다.
   ④ 모양체근이 수축한다.

8. 인체측정을 구조적 치수와 기능적 치수로 구분할 때 기능적 치수 측정에 대한 설명으로 옳은 것은?
   ① 형태학적 측정을 의미한다.
   ② 나체 측정을 원칙으로 한다.
   ③ 마틴식 인체측정 장치를 사용한다.
   ④ 상지나 하지의 운동범위를 측정한다.

9. 손의 위치에서 조종장치 중심까지의 거리가 30cm, 조종장치의 폭이 5cm일 때 Fitts의 난이도 지수(index of difficulty) 값은 약 얼마인가?

① 2.6 ② 3.2 ③ 3.6 ④ 4.1

10. 인간의 신뢰도가 70%, 기계의 신뢰도가 90%이면 인간과 기계가 직렬체계로 작업할 때의 신뢰도는 몇 %인가?

① 30% ② 54% ③ 63% ④ 98%

11. 1000Hz, 40dB을 기준으로 음의 상대적인 주관적 크기를 나타내는 단위는?

① sone ② siemens
③ bell ④ phon

12. 직렬시스템과 병렬시스템의 특성에 대한 설명으로 옳은 것은?

① 직렬시스템에서 요소의 개수가 증가하면 시스템의 신뢰도도 증가한다.
② 병렬시스템에서 요소의 개수가 증가하면 시스템의 신뢰도는 감소한다.
③ 시스템의 높은 신뢰도를 안정적으로 유지하기 위해서는 병렬시스템으로 설계하여야 한다.
④ 일반적으로 병렬시스템으로 구성된 시스템은 직렬시스템으로 구성된 시스템보다 비용이 감소한다.

13. 시(視)감각 체계에 관한 설명으로 옳지 않은 것은?

① 동공은 조도가 낮을 때는 많은 빛을 통과시키기 위해 확대된다.
② 안구의 수정체는 모양체근으로 긴장을 하면 얇아져 가까운 물체만 볼 수 있다.
③ 망막의 표면에는 빛을 감지하는 광수용기인 원추체와 간상체가 분포되어 있다.
④ 1디옵터는 1m 거리에 있는 물체를 보기 위해 요구되는 수정체의 초점 조절능력을 나타낸 값이다.

14. 은행이나 관공서의 접수창구의 높이를 설계하는 기준으로 옳은 것은?

① 조절식 설계 ② 최소집단치 설계
③ 최대집단치 설계 ④ 평균치 설계

15. 정보 이론(information theory)에 대한 내용으로 옳은 것은?

① 정보를 정량적으로 측정할 수 있다.
② 정보의 기본 단위는 바이트(byte)이다.
③ 확실한 사건의 출현에는 많은 정보가 담겨있다.
④ 정보란 불확실성의 증가(addition of uncertainty)로 정의한다.

16. 시각 표시장치보다 청각 표시장치를 사용하는 것이 유리한 경우는?

① 소음이 많은 경우
② 전하려는 정보가 복잡할 경우
③ 즉각적인 행동이 요구되는 경우
④ 전하려는 정보를 다시 확인해야 하는 경우

17. 다음 중 반응시간이 가장 빠른 감각은?

① 청각 ② 미각
③ 시각 ④ 후각

18. 인간-기계 시스템에서 인간의 과오나 동작상의 실패가 있어도 안전사고를 발생시키지 않도록 하는 설계 시스템을 무엇이라고 하는가?

① lock system
② fail-safe system
③ fool-proof system
④ accident-check system

19. 발생 확률이 0.1과 0.9로 다른 2개의 이벤트의 정보량은 발생 확률이 0.5로 같은 2개의 이벤트의 정보량에 비해 어느 정도 감소되는가?

① 42% ② 45% ③ 50% ④ 53%

20. 일반적으로 연구 조사에 사용되는 기준(criterion)의 요건으로 볼 수 없는 것은?

① 적절성 ② 사용성
③ 신뢰성 ④ 무오염성

2과목 : 작업생리학

21. 다음 중 유산소 대사의 하나인 크렙스 사이클(Kreb's cycle)에서 일어나는 반응이 아닌 것은?

① 산화가 발생한다.
② 젖산이 생성된다.
③ 이산화탄소가 생성된다.
④ 구아노신 3인산(GTP)의 전환을 통하여 ATP가 생성된다.

22. 다음 그림과 같이 작업할 때 팔꿈치의 반작용력과 모멘트 값은 얼마인가? (단, CG1은 물체의 무게중심, CG2는 하박의 무게중심, W1은 물체의 하중, W2는 하박의 하중이다.)

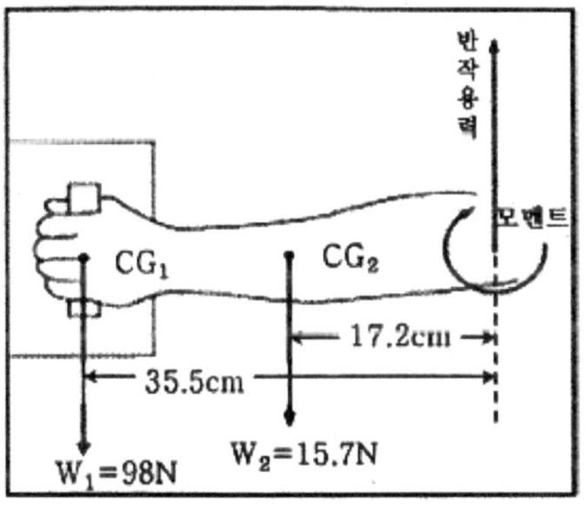

① 반작용력 : 79.3N, 모멘트 : 22.42N·m
② 반작용력 : 79.3N, 모멘트 : 37.5N·m
③ 반작용력 : 113.7N, 모멘트 : 22.42N·m
④ 반작용력 : 113.7N, 모멘트 : 37.5N·m

23. 다음 중 실내의 면에서 추천 반사율(IES)이 가장 낮은 곳은?

① 벽 ② 천장 ③ 가구 ④ 바닥

24. 교대작업의 주의사항에 관한 설명으로 옳지 않은 것은?

① 12시간 교대제가 적정하다.
② 야간근무는 2~3일 이상 연속하지 않는다.
③ 야간근무의 교대는 심야에 하지 않도록 한다.
④ 야간근무 종료 후에는 48시간 이상의 휴식을 갖도록 한다.

25. 한랭대책으로서 개인위생에 해당되지 않는 사항은?

① 과음을 피할 것
② 식염을 많이 섭취할 것
③ 따뜻한 물과 음식을 섭취할 것
④ 얼음 위에서 오랫동안 작업하지 말 것

26. 동일한 관절운동을 일으키는 주동근(agonists)과 반대되는 작용을 하는 근육은?

① 박근(gracilis)
② 장요근(iliopsoas)
③ 길항근(antagonists)
④ 대퇴직근(rectus femoris)

27. 윤활관절(synovial joint)인 팔굽관절(elbow joint)은 연결 형태를 기준으로 어느 관절에 해당되는가?

① 관절구(condylold)
② 경첩관절(hinge joint)
③ 안장관절(saddle joint)
④ 구상관절(ball and socket joint)

28. 사람의 근골격계와 신경계에 대한 설명으로 옳지 않은 것은?

① 신체골격구조는 206개의 뼈로 구성되어 있다.
② 관절은 섬유질 관절, 연골관절, 활액관절로 구분된다.
③ 심장근은 수의근으로 민무늬의 원통형 근섬유 구조를 가지고 있다.
④ 신경계는 구조적인 측면으로 중추신경계와 말초신경계로 나누어진다.

29. 다음 중 근육이 움직일 때 나오는 미세한 전기신호를 측정하여 근육의 활동 정도를 나타낼 수 있는 것을 무엇이라고 하는가?

① ECG(electrocardiogram)
② EMG(electromyograph)
③ GSR(galvanic skin response)
④ EEG(electroencephalogram)

30. 남성 작업자의 육체작업에 대한 대사량을 측정한 결과, 분당 산소 소모량이 1.5L/min으로 나왔다. 작업자의 4시간에 대한 휴식시간은 약 몇 분 정도인가? (단, Murrell 의 공식을 이용한다.)

① 75분 ② 100분
③ 125분 ④ 150분

31. 근력(strength)과 지구력 (endurance)에 대한 설명으로 옳지 않은 것은?

① 동적근력(dynamic strength)을 등속력(isokinetic strength)이라 한다.
② 지구력(endurance)이란 등척적으로 근육이 낼 수 있는 최대 힘을 말한다.
③ 정적근력(static strength)을 등척력(isometric strength)이라 한다.
④ 근육이 발휘하는 힘은 근육의 최대자율수축(MVC, maximum voluntary contraction)에 대한 백분율로 나타낸다.

32. 정신피로의 척도로 사용되는 시각적 점멸융합주파수(VFF)에 영향을 주는 변수에 관한 내용으로 옳지 않은 것은?

① 암조응 시 VFF는 증가한다.
② 휘도만 같으면 색은 VFF에 영향을 주지 않는다.
③ 조명 강도의 대수치(불꽃돌)에 선형적으로 비례한다.
④ 사람들 간에는 큰 차이가 있으나, 개인의 경우 일관성이 있다.

33. 에너지 소비량에 영향을 미치는 인자 중 중량물 취급 시 쪼그려 앉아(squat) 들기와 등을 굽혀(stoop) 들기와 가장 관련이 깊은 것은?

① 작업 자세 ② 작업 방법
③ 작업 속도 ④ 도구 설계

34. 산업안전보건법령상 소음작업이란 1일 8시간 작업을 기준으로 얼마 이상의 소음(dB)이 발생하는 작업을 말하는가?

① 80 ② 85
③ 90 ④ 100

35. 다음 중 조도가 균일하고, 눈부심이 적지만 기구 효율이 나쁘며 설치비용이 많이 소요되는 조명방식은?

① 직접조명 ② 국소조명
③ 반직접조명 ④ 간접조명

36. 산소소비량에 관한 설명으로 옳지 않은 것은?

① 산소소비량과 심박수 사이에는 밀접한 관련이 있다.
② 산소소비량은 에너지 소비와 직접적인 관련이 있다.
③ 산소소비량은 단위 시간당 흡기량만 측정한 것이다.
④ 심박수와 산소소비량 사이의 관계는 개인에 따라 차이가 있다.

37. 다음 중 엉덩이 관절 (hip joint)에서 일어날 수 있는 움직임이 아닌 것은?

① 굴곡(flexion)과 신전(extension)
② 외전(abduction) 과 내전(adduction)
③ 내선(internal rotation)과 외선(external rotation)
④ 내번(inversion) 과 외번(eversion)

38. 육체적 작업강도가 증가함에 따른 순환계(circulatory system)의 반응이 옳지 않은 것은?

① 혈압상승 ② 백혈구 감소
③ 근혈류의 증가 ④ 심박출량 증가

39. 진동에 의한 인체의 영향으로 옳지 않은 것은?

① 심박수가 감소한다.
② 약간의 과도(過度) 호흡이 일어난다.
③ 장시간 노출 시 근육 긴장을 증가시킨다.
④ 혈액이나 내분비의 화학적 성질이 변하지 않는다.

40. 손-팔 진동 중후군의 피해를 줄이기 위한 방법으로 적절하지 않은 것은?

① 진동수준이 최저인 연장을 선택한다.
② 진동 연장의 하루 사용시간을 줄인다.
③ 연장을 잡거나 조절하는 악력을 늘린다.
④ 진동 연장을 사용할 때는 중간 휴식시간을 길게 한다.

3과목 : 산업심리학 및 관계법규

41. 사고의 유형, 기인물 등 분류항목을 큰 순서대로 분류하여 사고방지를 위해 사용하는 통계적 원인분석 도구는?

① 관리도(Control Chart)

② 크로스도(Cross Diagram)

③ 파레토도(Pareto Diagram)

④ 특성요인도(Cause and Effect Diagram)

42. 다음 ( )안에 들어갈 알맞은 것은?

산업안전보건법령상 사업주는 근로자가 근골격계 부담작업을 하는 경우에 ( )마다 유해요인조사를 하여야 한다. 다만, 신설되는 사업장의 경우에는 1년 이내에 최초의 유해요인 조사르 하여야 한다.

① 1년 ② 2년 ③ 3년 ④ 4년

43. 심리적 측면에서 분류한 휴먼에러의 분류에 속하는 것은?

① 입력오류 ② 정보처리오류

③ 의사결정오류 ④ 생략오류

44. 스트레스 상황에서 일어나는 현상으로 옳지 않은 것은?

① 동공이 수축된다.

② 혈당, 호흡이 증가하고 감각기관과 신경이 예민해진다.

③ 스트레스 상황에서 심장 박동수는 증가하나, 혈압은 내려간다.

④ 스트레스를 지속적으로 받게 되면 자기조절능력을 상실하게 되고 체내 항상성이 깨진다.

45. Hick-Hyman의 법칙에 의하면 인간의 반응시간(RT)은 자극 정보의 양에 비례한다고 한다. 자극정보의 개수가 2개에서 8개로 증가한다면 반응시간은 몇 배 증가하겠는가?

① 3배 ② 4배

③ 16배 ④ 32배

46. 어느 사업장의 도수율은 40이고 강도율은 4일 때 이 사업장의 재해 1 건당 근로손실일수는?

① 1 ② 10

③ 50 ④ 100

47. 인간오류확률 추정 기법 중 초기 사건을 이원적 (binary) 의사결정(성공 또는 실패) 가지들로 모형화하고, 이 이후의 사건들의 확률은 모두 선행 사건에 대한 조건부 확률을 부여하여 이원적 의사결정 가지들로 분지해 나가는 방법은?

① 결함 나무 분석(Fault Tree Analysis)

② 조작자 행동 나무(Operator Action Tree)

③ 인간오류 시뮬레이터(Human Error Simulator)

④ 인간실수율 예측기법 (Technique for Human Error Rate Prediction)

48. NIOSH 직무 스트레스 모형에서 직무 스트레스 요인과 성격이 다른 한 가지는?

① 작업 요인 ② 조직 요인

③ 환경 요인 ④ 상황 요인

49. 보행 신호등이 막 바뀌어도 자동차가 움직이기까지는 아직 시간이 있다고 스스로 판단하여 건널목을 건너는 것과 같은 부주의 행위와 가장 관계가 깊은 것은?

① 억측판단 ② 근도반응

③ 생략행위 ④ 초조반응

50. 다음 중 통제적 집단행동이 아닌 것은?

① 모브(mob)

② 관습(custom)

③ 유행(fashion)

④ 제도적 행동(institutional behavior)

51. 막스 웨버 (Max Weber)의 관료주의에서 주장하는 네 가지 원칙이 아닌 것은?

① 노동의 분업 ② 창의력 중시

③ 통제의 범위 ④ 권한의 위임

52. 조직을 유지하고 성장시키기 위한 평가를 실행함에 있어서 평가자가 저지르기 쉬운 과오 중 어떤 사람에 관한 평가자의 개인적 인상이 피평가자 개개인의 특징에 관한 평가에 영향을 미치는 것을 설명하는 이론은?

① 할로 효과(halo effect)
② 대비오차(contrast error)
③ 근접오차(proximity error)
④ 관대화 경향(centralization tendency)

53. 인간 신뢰도에 대한 설명으로 옳은 것은?

① 반복되는 이산적 직무에서 인간실수확률은 단위시간당 실패수로 표현된다.
② 인간 신뢰도는 인간의 성능이 특정한 기간동안 실수를 범하지 않을 확률로 정의된다.
③ THERP는 완전 독립에서 완전 정(正)종속까지의 비연속을 종속정도에 따라 3수준으로 분류하여 직무의 종속성을 고려한다.
④ 연속적 직무에서 인간의 실수율이 불변(stationary)이고, 실수과정이 과거와 무관(independent)하다면 실수과정은 베르누이과정으로 묘사된다.

54. 작업에 수반되는 피로를 줄이기 위한 대책으로 적절하지 않은 것은?

① 작업부하의 경감
② 작업속도의 조절
③ 동적 동작의 제거
④ 작업 및 휴식시간의 조절

55. 10명으로 구성된 집단에서 소시오메트리(sociometry) 연구를 사용하여 조사한 결과 실제 긍정적인 상호작용을 맺고 있는 관계의 수가 16일 때 이 집단의 응집성지수는 약 얼마인가?

① 0.222　　② 0.356
③ 0.401　　④ 0.504

56. 다음 중 휴먼에러 (human error)를 예방하기 위한 시스템 분석 기법의 설명으로 옳지 않은 것은?

① 예비위험분석(PHA) - 모든 시스템 안전프로그램의 최초 단계의 분석으로서 시스템 내의 위험요소가 얼마나 위험상태에 있는가를 정성적으로 평가하는 것이다.
② 고장형태와 영향분석(FMEA) - 시스템에 영향을 미치는 모든 요소의 고장을 형태별로 분석하여 그 영향을 검토하는 것이다.
③ 작업자공정도 - 위급직무의 순서에 초점을 맞추어 조작자 행동나무를 구성하고, 이를 사용하여 사건의 위급경로에서의 조작자의 역할을 분석하는 기법이다.
④ 결함나무분석(FTA) - 기계 설비 또는 인간-기계 시스템의 고장이나 재해발생요인을 Fault Tree 도표에 의하여 분석하는 방법이다.

57. 헤드십(headship)과 리더십(leadership)을 상대적으로 비교, 설명한 것으로 헤드십의 특징에 해당되는 것은?

① 민주주의적 지휘형태이다.
② 구성원과의 사회적 간격이 넓다.
③ 권한의 근거는 개인의 능력에 따른다.
④ 집단의 구성원들에 의해 선출된 지도자이다.

58. 산업안전보건법령에서 정의한 중대재해의 범위 기준에 해당하지 않는 것은?

① 사망자가 1인 이상 발생한 재해
② 부상자가 동시에 10인 이상 발생한 재해
③ 직업성질병자가 동시에 5인 이상 발생한 재해
④ 3개월 이상 요양이 필요한 부상자가 동시에 2인 이상 발생한 재해

59. 인간의 본질에 대한 기본 가정을 부정적인 시각과 긍정적인 시각으로 구분하여 주장한 동기이론은?

① XY이론　　② 역할이론
③ 기대이론　　④ ERG이론

60. 재해예방의 4원칙에 해당되지 않는 것은?

① 예방 가능의 원칙　　② 보상 분배의 원칙
③ 손실 우연의 원칙　　④ 대책 선정의 원칙

4과목 : 근골격계질환 예방을 위한 작업관리

61. 작업 개선의 일반적 원리에 대한 내용으로 옳지 않은 것은?

① 충분한 여유 공간
② 단순 동작의 반복화
③ 자연스러운 작업 자세
④ 과도한 힘의 사용 감소

62. 유해요인조사도구 중 JSI(Job Strain Index)의 평가 항목에 해당하지 않는 것은?

① 손/손목의 자세
② 1일 작업의 생산량
③ 힘을 발휘하는 강도
④ 힘을 발휘하는 지속시간

63. 산업안전보건법령상 근골격계부담작업 범위 기준에 해당하지 않는 것은? (단, 단기간작업 또는 간헐적인 작업은 제외한다.)

① 하루에 5회 이상 25kg 이상의 물체를 드는 작업
② 하루에 4시간 이상 집중적으로 자료입력 등을 위해 키보드를 조작하는 작업
③ 하루에 총 2시간 이상 쪼그리고 앉거나 무릎을 굽힌 자세에서 이루어지는 작업
④ 하루에 총 2시간 이상, 분당 2회 이상 4.5kg 이상의 물체를 드는 작업

64. 어깨(견관절) 부위에서 발생할 수 있는 근골격계질환은?

① 외상 과염　　② 회내근 증후군
③ 극상근 건염　　④ 수완진동 증후군

65. 근골격계질환 예방관리 프로그램상 예방·관리 추진팀의 구성원이 아닌 것은?

① 관리자　　② 근로자대표
③ 사용자대표　　④ 보건담당자

66. 동작경제원칙 중 신체 사용에 관한 원칙으로 옳지 않은 것은?

① 두 손의 동작은 같이 시작하고 같이 끝나도록 한다.
② 휴식시간을 제외하고는 양손이 같이 쉬지 않도록 한다.
③ 손의 동작은 완만하게 연속적인 동작이 되도록 한다.
④ 두 팔의 동작은 같은 방향으로 비대칭적으로 움직이도록 한다.

67. 4개의 작업으로 구성된 조립공정의 주기시간(cycle Time)이 40초일 때 공정효율은 얼마인가?

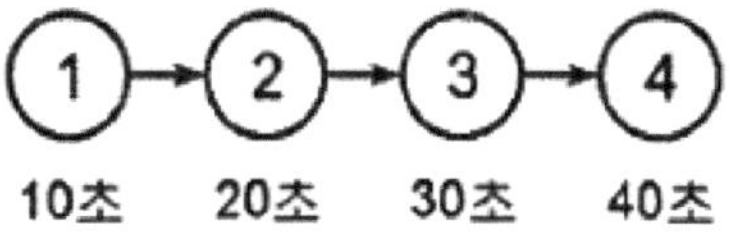

① 40.0%　② 57.5%　③ 62.5%　④ 72.5%

68. 근골격계질환의 사전예방을 위한 적합한 관리대책이 아닌 것은?

① 적합한 노동강도에 대한 평가
② 작업장 구조의 인간공학적 개선
③ 산업재해보상 보험의 가입
④ 올바른 작업방법에 대한 작업자 교육

69. 간트차트(Gantt chart)에 관한 설명으로 옳지 않은 것은?

① 각 과제 간의 상호 연관사항을 파악하기에 용이하다.
② 계획 활동의 예측완료시간은 막대모양으로 표시된다.
③ 기계의 사용에 대한 필요시간과 일정을 표시할 때 이용되기도 한다.
④ 예정 사항과 실제 성과를 기록 비교하여 작업을 관리하는 계획도표이다.

70. 작업개선을 위한 개선의 ECRS에 해당하지 않는 것은?

① Eliminate　　② Combine
③ Redesign　　④ Simplify

71. 다음 표준시간 산정 방법 중 간접측정 방법에 해당하는 것은?

① PTS법　　② 스톱워치법
③ VTR 촬영법　　④ 워크 샘플링법

72. NIOSH 들기 작업 지침상 권장 무게한계(RWL)를 구할 때 사용되는 계수의 기호와 정의가 올바르게 짝지어지지 않은 것은?

① HM - 수평 계수 ② DM - 비대칭 계수
③ FM - 빈도 계수 ④ VM - 수직 계수

73. 공정 중 발생하는 모든 작업, 검사, 운반, 저장, 정체 등을 자재나 작업자의 관점에서 흘러가는 순서에 따라 표현한 분석방법은?

① Man-Machine Chart
② Operation Process Chart
③ Assembly Chart
④ Flow Process Chart

74. 어느 조립작업의 부품 1개 조립당 관측평균시간이 1.5분, rating 계수가 110%, 외경법에 의한 일반 여유율이 20% 라고 할 때, 외경법에 의한 개당 표준시간(A)과 8시간 작업에 따른 총 일반여유시간(B)은 얼마인가?

① A : 1.98분, B : 80분
② A : 1.65분, B : 400분
③ A : 1.65분, B : 80분
④ A : 1.98분, B : 400분

75. 근골격계질환의 위험을 평가하기 위하여 유해요인 평가도구 중 하나인 RULA(Rapid Upper Limb Assessment)를 적용하여 작업을 평가한 결과, 최종 점수가 4점으로 평가되었다면 결과에 대한 해석으로 옳은 것은?

① 수용가능한 안전한 작업으로 평가됨
② 계속적 추적관찰을 요하는 작업으로 평가됨
③ 빠른 작업개선과 작업위험요인의 분석이 요구됨
④ 즉각적인 개선과 작업위험요인의 정밀조사가 요구됨

76. 일반적인 시간연구방법과 비교한 워크샘플링 방법의 장점이 아닌 것은?

① 분석자에 의해 소비되는 총 작업시간이 훨씬 적은 편이다.
② 특별한 시간 측정 장비가 별도로 필요하지 않는 간단한 방법이다.
③ 관측항목의 분류가 자유로워 작업현황을 세밀히 관찰할 수 있다.
④ 한 사람의 평가자가 동시에 여러 작업을 측정할 수 있다.

77. 작업연구에 대한 설명으로 옳지 않은 것은?

① 작업연구는 보통 동작연구와 시간연구로 구성된다.
② 시간연구는 표준화된 작업방법에 의하여 작업을 수행할 경우에 소요되는 표준시간을 측정하는 분야이다.
③ 동작연구는 경제적인 작업방법을 검토하여 표준화된 작업방법을 개발하는 분야이다.
④ 동작연구는 작업측정으로, 시간연구는 방법연구라고도 한다.

78. 동작분석의 종류 중 미세 동작분석에 관한 설명으로 옳지 않은 것은?

① 복잡하고 세밀한 작업 분석이 가능하다.
② 직접 관측자가 옆에 없어도 측정이 가능하다.
③ 작업 내용과 작업 시간을 동시에 측정할 수 있다.
④ 타 분석법에 비하여 적은 시간과 비용으로 연구가 가능하다.

79. PTS법의 특징이 아닌 것은?

① 직접 작업자를 대상으로 작업시간을 측정하지 않아도 된다.
② 표준시간의 설정에 논란이 되는 rating의 필요가 없어 표준시간의 일관성이 증대된다.
③ 실제 생산현장을 보지 않고도 작업대의 배치와 작업방법을 알면 표준시간의 산출이 가능하다.
④ 표준자료 작성의 초기비용이 적기 때문에 생산량이 적거나 제품이 큰 경우에 적합하다.

80. 자세에 관한 수공구의 개선 사항으로 옳지 않은 것은?

① 손목을 곧게 펴서 사용하도록 한다.
② 반복적인 손가락 동작을 방지하도록 한다.
③ 지속적인 정적근육 부하를 방지하도록 한다.
④ 정확성이 요구되는 작업은 파워그립을 사용하도록 한다.

2022년 3월 인간공학기사 필기 기출문제

1과목 : 인간공학개론

1. 새로운 자동차의 결함원인이 엔진일 확률이 0.8, 프레임일 확률이 0.2라고 할 때 이로부터 기대할 수 있는 평균 정보량은 얼마인가?

   ① 0.26 bit ② 0.32 bit
   ③ 0.72 bit ④ 2.64 bit

2. 다음 중 시식별에 영향을 주는 정도가 가장 작은 것은?

   ① 시력 ② 물체 크기
   ③ 밝기 ④ 표적의 형태

3. 정보이론과 관련된 내용 중 옳지 않은 것은?

   ① 정보의 측정 단위는 bit를 사용한다.
   ② 두 대안의 실현 확률이 동일할 때 총 정보량이 가장 작다.
   ③ 실현 가능성이 같은 N개의 대안이 있을 때, 총 정보량 H는 $\log_2 N$ 이다.
   ④ 1 bit란 실현 가능성이 같은 2개의 대안 중 결정에 필요한 정보량이다.

4. 시력에 관한 내용으로 옳지 않은 것은?

   ① 눈의 조절능력이 불충분한 경우, 근시 또는 원시가 된다.
   ② 시력은 세부적인 내용을 시각적으로 식별할 수 있는 능력을 말한다.
   ③ 눈이 초점을 맞출 수 없는 가장 먼 거리를 원점이라 하는데 정상 시각에서 원점은 거의 무한하다.
   ④ 여러 유형의 시력은 주로 망막 위에 초점이 맞추어지도록 홍체의 근육에 의한 눈의 조절능력에 달려있다.

5. 인체 각 부위에 대한 정적인 치수를 측정하기 위한 계측장비는?

   ① 근전도(EMG) ② 마틴(Martin)식 측정기
   ③ 심전도(ECG) ④ 플리커(Flicker) 측정기

6. 인간-기계 시스템의 분류에서 인간에 의한 제어정도에 따른 분류가 아닌 것은?

   ① 수동 시스템 ② 기계화 시스템
   ③ 자동화 시스템 ④ 감시제어 시스템

7. 인간의 기억체계에 대한 설명으로 옳지 않은 것은?

   ① 감각저장은 빠르게 사라지고 새로운 자극으로 대체 된다.
   ② 단기기억을 장기기억으로 이전시키려면 리허설이 필요하다.
   ③ 인간의 기억은 감각저장, 단기기억, 장기기억으로 구분된다.
   ④ 단기기억의 정보는 일반적으로 시각, 음성, 촉각, 감각코드의 네 가지로 코드화된다.

8. 피부 감각의 종류에 해당되지 않는 것은?

   ① 압력 감각 ② 진동 감각
   ③ 온도 감각 ④ 고통 감각

9. 조작자와 제어버튼 사이의 거리 또는 조작에 필요한 힘 등을 정할 때 사용되는 인체측정 자료의 응용원칙은?

   ① 최소치 설계 ② 평균치 설계
   ③ 조절식 설계 ④ 최대치 설계

10. 최적의 C/R비 설계 시 고려해야할 사항으로 옳지 않은 것은?

    ① 조종장치의 조작시간 지연은 직접적으로 C/R비와 관계없다.
    ② 계기의 조절시간이 가장 짧게 소요되는 크기를 선택한다.
    ③ 작업자의 눈과 표시장치의 거리는 주행과 조절에 크게 관계된다.
    ④ 짧은 주행시간 내에서 공차의 인정범위를 초과하지 않는 계기를 마련한다.

11. 동작 거리가 멀고 과녁이 작을수록 동작에 걸리는 시간이 길어짐을 나타내는 법칙은?

① Fitts 법칙　② Hick-Hyman 법칙
③ Murphy 법칙　④ Schmidt 법칙

12. 비행기에서 20m 떨어진 거리에서 측정한 엔진의 소음수준이 130dB(A)이었다면, 100m 떨어진 위치에서의 소음수준은 약 얼마인가?

① 113.5 dB(A)　② 116.0 dB(A)
③ 121.8 dB(A)　④ 130.0 dB(A)

13. 외이와 중이의 경계가 되는 것은?

① 기저막　② 고막
③ 정원창　④ 난원창

14. 양립성에 적합하게 조종장치와 표시장치를 설계할 때 얻을 수 있는 결과로 옳지 않은 것은?

① 인간실수 증가　② 반응시간의 감소
③ 학습시간의 단축　④ 사용자 만족도 향상

15. 시각적 부호의 세 가지 유형과 거리가 먼 것은?

① 임의적 부호　② 묘사적 부호
③ 사실적 부호　④ 추상적 부호

16. 인간-기계 시스템에서의 기본적인 기능이 아닌 것은?

① 행동　② 정보의 수용
③ 정보의 제어　④ 정보처리 및 결정

17. 인간공학(ergonomics)의 정의와 가장 거리가 먼 것은?

① 인간이 포함된 환경에서 그 주변의 환경조건이 인간에게 맞도록 설계·재설계되는 것이다.
② 인간의 작업과 작업환경을 인간의 정신적, 신체적 능력에 적용시키는 것을 목적으로 하는 과학이다.
③ 건강, 안전, 복지, 작업성과 등의 개선을 요구하는 작업, 시스템, 제품, 환경을 인간의 신체·정신적 능력과 한계에 부합시키기 위해 인간 과학으로부터 지식을 생성·통합한다.
④ 인간에게 질병, 건강장해, 심각한 불쾌감 및 능률저하 등을 초래하는 작업환경 요인과 스트레스를 예측, 인식(측정), 평가, 관리(대책)하는 과학인 동시에 기술이다.

18. 정량적 표시장치의 지침을 설계할 경우 고려하여야 할 사항으로 옳지 않은 것은?

① 끝이 뾰족한 지침을 사용할 것
② 지침의 끝이 작은 눈금과 겹치게 할 것
③ 지침의 색은 선단에서 눈금의 중심까지 칠할 것
④ 지침을 눈금 면과 밀착시킬 것

19. 신호검출이론에 대한 설명으로 옳은 것은?

① 잡음에 실린 신호의 분포는 잡음만의 분포와 구분되지 않아야 한다.
② 신호의 유무를 판정함에 있어 반응대안은 두 가지뿐이다.
③ 신호에 의한 반응이 선형인 경우 판별력은 좋아진다.
④ 신호검출의 민감도에서 신호와 잡음간의 두 분포가 가까울수록 판정자는 신호와 잡음을 정확하게 판별하기 쉽다.

20. 통계적 분석에서 사용되는 제1종 오류(α)를 설명한 것으로 옳지 않은 것은?

① 1-α를 검출력(power)이라고 한다.
② 제1종 오류를 통계적 기각역이라고도 한다.
③ 발견한 결과가 우연에 의한 것일 확률을 의미한다.
④ 동일한 데이터의 분석에서 제1종 오류를 작게 설정할수록 제2종 오류가 증가할 수 있다.

2과목 : 작업생리학

21. 소리 크기의 지표로서 사용하는 단위 중 8sone 은 몇 phon인가?

① 60　② 70　③ 80　④ 90

22. 육체적 작업에서 생기는 우리 몸의 순환기 반응에 해당하지 않는 것은?

① 혈압상승
② 심박출량의 증가
③ 산소소비량의 증가
④ 신체에 흐르는 혈류의 재분배

23. 어떤 작업의 평균 에너지값이 6kcal/min이라고 할 때 60분간 총 작업시간 내에 포함되어야 하는 휴식시간은 약 몇 분인가? (단, Murrell의 방법을 적용하여, 기초대사를 포함한 작업에 대한 권장 평균 에너지값의 상한은 4kcal/min이다.)

① 6.7 ② 13.3 ③ 26.7 ④ 53.3

24. 신체부위를 움직이지 않으면서 고정된 물체에 힘을 가하는 상태의 근력을 의미하는 것은?

① 등장성 근력(isotonic strength)
② 등척성 근력(isometric strength)
③ 등속성 근력(isokinetic strength)
④ 등관성 근력(isoinerial strength)

25. 남성근로자의 육체작업에 대한 에너지대사량을 측정한 결과 분당 작업 시 산소 소비량이 1.2 L/min, 안정 시 산소 소비량이 0.5 L/min, 기초대사량이 1.5 kcal/min이었다면 이 작업에 대한 에너지대사율(RMR)은 약 얼마인가? (단, 권장평균에너지소비량은 5 kcal/min이다.)

① 0.47 ② 0.80 ③ 1.25 ④ 2.33

26. 사무실 공기관리 지침 상 공기정화시설을 갖춘 사무실의 시간당 환기횟수 기준은?

① 1회 이상 ② 2회 이상
③ 3회 이상 ④ 4회 이상

27. 어떤 작업자가 팔꿈치 관절에서부터 30cm 거리에 있는 10kg 중량의 물체를 한 손으로 잡고 있으며 팔꿈치 관절의 회전중심에서의 손까지의 중력중심 거리는 14cm이며 이 부분의 중량은 1.3kg이다. 이때 팔꿈치에 걸리는 반작용(Re)의 힘은?

① 98.2 N ② 105.5 N
③ 110.7 N ④ 114.9 N

28. 작업면에 균등한 조도를 얻기 위한 조명방식으로 공장 등에서 많이 사용되는 조명방식은?

① 국소조명 ② 전반조명
③ 직접조명 ④ 간접조명

29. 일반적으로 소음계는 주파수에 따른 사람의 느낌을 감안하여 A, B, C 세 가지 특성에서 음압을 측정할 수 있도록 보정되어 있는데, A 특성치란 몇 phon의 등음량 곡선과 비슷하게 주파수에 따른 반응을 보정하여 측정한 음압수준을 말하는가?

① 20 ② 40 ③ 70 ④ 100

30. 뇌간(brain stem)에 해당되지 않는 것은?

① 간뇌 ② 중뇌 ③ 뇌교 ④ 연수

31. 음식물을 섭취하여 기계적인 일과 열로 전환하는 화학적인 과정을 무엇이라 하는가?

① 신진대사 ② 에너지가
③ 산소 부채 ④ 에너지 소비량

32. 정신적 작업부하를 측정하는 생리적 측정치에 해당하지 않는 것은?

① 부정맥 지수 ② 산소 소비량
③ 점멸융합 주파수 ④ 뇌파도 측정치

33. 최대산소소비능력(MAP)에 관한 설명으로 옳지 않은 것은?

① 산소섭취량이 일정하게 되는 수준을 말한다.
② 최대산소소비능력은 개인의 운동역량을 평가하는데 활용된다.
③ 젊은 여성의 평균 MAP는 젊은 남성의 평균 MAP 의 20~30% 정도이다.
④ MAP를 측정하기 위해서 주로 트레드밀(treadmill)이나 자전거 에르고미터(ergometer)를 활용한다.

34. 골격의 구조와 기능에 대한 설명으로 옳지 않은 것은?

① 신체에 중요한 부분을 보호하는 역할을 한다.
② 소화, 순환, 분비, 배설 등 신체 내부 환경의 조절에 중요한 역할을 한다.
③ 골격은 뼈, 연골, 관절로 이루어지며 사지 및 몸통을 움직이는 피동적 운동기관으로 작용한다.
④ 혈구세포를 만드는 조혈기능과 칼슘과 인 등의 무기질을 저장하여 몸이 필요할 때 공급해 주는 역할을 한다.

35. 척추와 근육에 대한 설명으로 옳은 것은?

① 허리부위의 미골은 체중의 60% 정도를 지탱하는 역할을 담당한다.
② 인대는 근육과 뼈에 연결되어 있는 것으로 보통 힘줄이라고 한다.
③ 건은 뼈와 뼈를 연결하여 관절의 운동을 제한한다.
④ 척추는 26개의 뼈로 구성되어 경추, 흉추, 요추, 천골, 미골로 구성되어 있다.

36. 저온환경이 작업수행에 미치는 영향으로 옳지 않은 것은?

① 근육강도와 내성이 감소하여 육체적 기능도가 줄어든다.
② 손 피부온도(HST)의 감소로 수작업 과업수행 능력이 저하된다.
③ 저온 환경에서는 체내 온도를 유지하기 위해 근육의 대사율이 증가된다.
④ 저온은 말초운동신경의 신경전도 속도를 감소시킨다.

37. 다음 중 근육피로의 1차적 원인으로 옳은 것은?

① 젖산 축적 ② 글리코겐 축적
③ 미오신 축적 ④ 피루브산 축적

38. 산소 소비량과 에너지 대사를 설명한 것으로 옳지 않은 것은?

① 산소 소비량은 에너지 소비량과 선형적인 관계를 가진다.
② 산소 소비량이 증가한다는 것은 육체적 부하가 증가한다는 것이다.
③ 에너지가의 계산에는 2kcal의 에너지 생성에 1리터의 산소가 소모되는 관계를 이용한다.
④ 산소 소비량은 육체활동에 요구되는 에너지 대사량을 활동 시 소비된 산소량으로 간접적으로 측정하는 것이다.

39. 점광원으로부터 어떤 물체나 표면에 도달하는 빛의 밀도를 나타내는 단위로 옳은 것은?

① nit ② Lambert
③ candela ④ lumen/m^2

40. 진동이 인체에 미치는 영향으로 옳지 않은 것은?

① 심박수 감소 ② 산소소비량 증가
③ 근장력 증가 ④ 말초혈관의 수축

3과목 : 산업심리학 및 관계법규

41. 리더십은 교육 훈련에 의해서 향상되므로, 좋은 리더는 육성될 수 있다는 가정을 하는 리더십 이론은?

① 특성접근법 ② 상황접근법
③ 행동접근법 ④ 제한적 특질접근법

42. R. House의 경로-목표이론(path-goal theory) 중 리더 행동에 따른 네 가지 범주에 해당하지 않는 것은?

① 방임적 리더 ② 지시적 리더
③ 후원적 리더 ④ 참여적 리더

43. 부주의에 대한 사고방지대책 중 정신적 측면의 대책으로 볼 수 없는 것은?

① 안전의식의 제고 ② 작업의욕의 고취
③ 작업조건의 개선 ④ 주의력 집중 훈련

44. 집단행동에 있어 이성적 판단보다는 감정에 의해 좌우되며 공격적이라는 특징을 갖는 행동은?

① crowd ② mob
③ panic ④ fashion

45. 제조물 책임법에서 정의한 결함의 종류에 해당하지 않는 것은?

① 제조상의 결함 ② 기능상의 결함
③ 설계상의 결함 ④ 표시상의 결함

46. 인간 오류에 관한 일반 설계기법 중 오류를 범할 수 없도록 사물을 설계하는 기법은?

① Fail-Safe 설계 ② Interlock 설계
③ Exclusion 설계 ④ Prevention 설계

47. 집단을 공식집단과 비공식집단으로 구분할 때 비공식집단의 특성이 아닌 것은?

① 규모가 크다.
② 동료애의 욕구가 강하다.
③ 개인적 접촉의 기회가 많다.
④ 감정의 논리에 따라 운영된다.

48. 작업자가 제어반의 압력계를 계속적으로 모니터링 하는 작업에서 압력계를 잘못 읽어 에러를 범할 확률이 100시간에 1회로 일정한 것으로 조사되었다. 작업을 시작한 후 200시간 시점에서의 인간신뢰도는 약 얼마로 추정되는가?

① 0.02　② 0.98
③ 0.135　④ 0.865

49. 미국 국립산업안전보건연구원(NIOSH)에서 제안한 직무 스트레스 요인에 해당하지 않는 것은?

① 성능 요인　② 환경 요인
③ 직입 요인　④ 조직 요인

50. 다음 조직에 의한 스트레스 요인은?

급속한 기술의 변화에 대한 적응이 요구되는 직무나 직무의 난이도나 속도를 요구하는 특성을 가진 업무와 관련하여 역할이 과부하되어 받게 되는 스트레스

① 역할 갈등　② 과업 요구
③ 집단 압력　④ 역할 모호성

51. 반응시간(reaction time)에 관한 설명으로 옳은 것은?

① 자극이 요구하는 반응을 행하는 데 걸리는 시간을 의미한다.
② 반응해야 할 신호가 발생한 때부터 반응이 종료될 때까지의 시간을 의미한다.
③ 단순반응시간에 영향을 미치는 변수로는 자극 양식, 자극의 특성, 자극 위치, 연령 등이 있다.
④ 여러 개의 자극을 제시하고, 각각에 대한 서로 다른 반응을 할 과제를 준 후에 자극이 제시되어 반응할 때까지의 시간을 단순반응시간이라 한다.

52. 재해의 발생원인 중 직접원인(1차원인)에 해당하는 것은?

① 기술적 원인　② 교육적 원인
③ 관리적 원인　④ 물적 원인

53. 다음에서 설명하는 것은?

집단을 이루는 구성원들이 서로에게 매력적으로 끌리어 그 집단 목표를 달성하는 정도를 나타내며, 소시오메트리 연구에서는 실제 상호선호관계의 수를 가능한 상호선호관계의 총수로 나누어 지수(index)로 표현한다.

① 집단 협력성　② 집단 단결성
③ 집단 응집성　④ 집단 목표성

54. A사업장의 도수율이 2로 산출되었을 때, 그 결과에 대한 해석으로 옳은 것은?

① 근로자 1000명당 1년 동안 발생한 재해자수가 2명이다.
② 연근로시간 1000시간당 발생한 근로손실일수가 2일이다.
③ 근로자 10000명당 1년간 발생한 사망자수가 2명이다.
④ 연근로자가 1000000시간당 발생한 재해건수가 2건이다.

55. 원자력발전소 주제어실의 직무는 4명의 운전원으로 구성된 근무조에 의해 수행되고, 이들의 직무간에는 서로 영향을 끼치게 된다. 근무조원 중 1차 계통의 운전원 A와 2차 계통의 운전원 B간의 직무는 중간 정도의 의존성(15%)이 있다. 그리고 운전원 A의 기초 인간실수확률 HEP Prob{A} = 0.001일 때, 운전원 B의 직무실패를 조건으로 한 운전원 A의 직무실패확률은 약 얼마인가? (단, THERP 분석법을 사용한다.)

① 0.151　② 0.161
③ 0.171　④ 0.181

56. 다음 중 상해의 종류에 해당하지 않는 것은?

① 협착　② 골절
③ 부종　④ 중독·질식

57. 인간의 의식수준과 주의력에 대한 다음의 관계가 옳지 않은 것은?

	의식수준	의식모드	행동수준	신뢰성
A	Ⅳ	흥분	감정흥분	낮다.
B	Ⅲ	정상 (분명한 의식)	적극적 행동	매우 높다.
C	Ⅱ	정상 (느긋한 기분)	안정된 행동	다소 높다.
D	Ⅰ	무의식	수면	높다.

① A ② B ③ C ④ D

58. 하인리히의 도미노 이론을 순서대로 나열한 것은?

> A. 유전적 요인과 사회적 환경
> B. 개인의 결함
> C. 불안전한 행동과 불안전한 상태
> D. 사고
> E. 재해

① A→B→D→C→E ② A→B→C→D→E
③ B→A→C→D→E ④ B→A→D→C→E

59. 다음은 인적 오류가 발생한 사례이다. Swain과 Guttman이 사용한 개별적 독립행동에 의한 오류 중 어느 것에 해당하는가?

> 컨베이어 벨트 수리공이 작업을 시작하면서 동료에게 컨베이어 벨트의 작동버튼을 살짝 눌러서 벨트를 조금만 움직이라고 이른 뒤 수리작업을 시작하였다. 그러나 작동버튼 옆에서 서성이던 동료가 순간적으로 중심을 잃으면서 작동버튼을 힘껏 눌러 컨베이어 벨트가 전속력으로 움직이며 수리공의 신체 일부가 끼이는 사고가 발생하였다.

① 시간 오류(timing error)
② 순서 오류(sequence error)
③ 부작위 오류(omission error)
④ 작위 오류(commission error)

60. Maslow의 욕구단계 이론을 하위단계부터 상위단계로 올바르게 나열한 것은?

> A: 사회적 욕구, B: 안전에 대한 욕구
> C: 생리적 욕구, D: 존경에 대한 욕구
> E: 자아실현의 욕구

① C→A→B→E→D ② C→A→B→D→E
③ C→B→A→E→D ④ C→B→A→D→E

4과목 : 근골격계질환 예방을 위한 작업관리

61. 작업관리의 문제해결 방법으로 전문가 집단의 의견과 판단을 추출하고 종합하여 집단적으로 판단하는 방법은?

① SEARCH의 원칙
② 브레인스토밍(Brainstorming)
③ 마인드 맵핑(Mind Mapping)
④ 델파이 기법(Delphi Technique)

62. 시설배치방법 중 공정별 배치방법의 장점에 해당하는 것은?

① 운반 길이가 짧아진다.
② 작업진도의 파악이 용이하다.
③ 전문적인 작업지도가 용이하다.
④ 재공품이 적고, 생산 길이가 짧아진다.

63. 동작경제의 원칙 중 작업장 배치에 관한 원칙으로 볼 수 없는 것은?

① 모든 공구나 재료는 지정된 위치에 있도록 한다.
② 공구의 기능을 결합하여 사용하도록 한다.
③ 가능하다면 낙하식 운반 방법을 이용한다.
④ 작업이 용이하도록 적절한 조명을 비추어 준다.

64. 다음 중 허리부위나 중량물취급 작업에 대한 유해요인의 주요 평가기법은?

① REBA ② JSI
③ RULA ④ NLE

65. NIOSH Lifting Equation 평가에서 권장무게한계가 20kg이고, 현재 작업물의 무게가 23kg일 때, 들기 지수(Lifting Index)의 값과 이에 대한 평가가 옳은 것은?

① 0.87, 요통의 발생위험이 높다.
② 0.87, 작업을 재설계할 필요가 있다.
③ 1.15, 요통의 발생위험이 높다.
④ 1.15, 작업을 재설계할 필요가 없다.

66. 다중활동분석표의 사용 목적과 가장 거리가 먼 것은?

① 작업자의 작업시간 단축
② 기계 혹은 작업자의 유휴시간 단축
③ 조 작업을 재편성 또는 개선하여 조 작업 효율 향상
④ 한 명의 작업자가 담당할 수 있는 기계 대수의 산정

67. 작업관리에서 사용되는 한국산업표준 공정도시 기호와 명칭이 잘못 연결된 것은?

① ▽ - 이동　　② ○ - 운반
③ □ 수량 검사　　④ ◇ - 품질 검사

68. 작업관리에서 사용되는 기본 문제해결 절차로 가장 적합한 것은?

① 연구대상선정 → 분석과 기록 → 분석 자료의 검토 → 개선안의 수립 → 개선안의 도입
② 연구대상선정 → 분석 자료의 검토 → 분석과 기록 → 개선안의 수립 → 개선안의 도입
③ 분석 자료의 검토 → 분석과 기록 → 개선안의 수립 → 연구대상선정 → 개선안의 도입
④ 분석 자료의 검토 → 개선안의 수립 → 분석과 기록 → 연구대상선정 → 개선안의 도입

69. 다음의 특징을 가지는 표준시간 측정법은?

연속적인 측정방법으로 스톱워치, 전자식 타이머, 비디오카메라 등이 사용되며 작업을 실제로 관측하여 표준시간을 산청한다.

① PTS법　　② 시간연구법
③ 표준자료법　　④ 워크 샘플링

70. 문제분석을 위한 기법 중 원과 직선을 이용하여 아이디어 문제, 개념 등을 개괄적으로 빠르게 설정할 수 있도록 도와주는 연역적 추론 기법에 해당하는 것은?

① 공정도(proces chart)
② 마인드 맵핑(mind mapping)
③ 파레토 차트(Pareto chart)
④ 특성요인도(cause and effet diagram)

71. 작업연구의 내용과 가장 관계가 먼 것은?

① 표준 시간을 산정, 결정한다.
② 최선의 작업방법을 개발하고 표준화한다.
③ 최적 작업방법에 의한 작업자 훈련을 한다.
④ 작업에 필요한 경제적 로트(lot) 크기를 결정한다.

72. 워크샘플링 조사에서 주요작업의 추정비율(p)이 0.06이라면, 99% 신뢰도를 위한 워크샘플링 횟수는 몇 회인가? (단, $z_{0.005}$는 2.58, 허용오차는 0.01이다.)

① 3744　　② 3745
③ 3755　　④ 3764

73. 근골격계질환의 유형에 대한 설명으로 옳지 않은 것은?

① 외상 과염은 팔꿈치 부위의 인대에 염증이 생김으로써 발생하는 증상이다.
② 수근관 증후군은 손목이 꺾인 상태나 과도한 힘을 준 상태에서 반복적 손 운동을 할 때 발생한다.
③ 회내근 증후군은 과도한 망치질, 노젓기 동작 등으로 손가락이 저리고 손가락 굴곡이 약화되는 증상이다.
④ 결절종은 반복, 구부림, 진동 등에 의하여 건의 섬유질이 손상되거나 찢어지는 등의 건에 염증이 생기는 질환이다.

74. 3시간 동안 작업 수행과정을 촬영하여 워크샘플링 방법으로 200회를 샘플링한 결과 30번의 손목꺾임이 확인되었다. 이 작업의 시간당 손목꺾임 시간은?

① 6분　　② 9분
③ 18분　　④ 30분

75. 동작분석을 할 때 스패너에 손을 뻗치는 동작의 적합한 서블릭(Therblig) 문자기호는?

① H　② P　③ TE　④ SH

76. 작업수행도 평가 시 사용되는 레이팅 계수(rating scale)에 대한 설명으로 옳지 않은 것은?

① 관측시간치의 평균값을 레이팅 계수로 보정하여 보통속도로 변환시켜준 개념을 표준시간이라 한다.

② 정상기준 작업속도를 100%로 보고 100%보다 큰 경우 표준보다 빠르고, 100%보다 작은 경우 느린 것을 의미한다.

③ 레이팅 계수(%)가 125일 경우 동작이 매우 숙달된 속도, 장시간 계속 작업 시 피로할 것 같은 작업속도로 판정할 수 있다.

④ 속도 평가법에서의 레이팅 계수는 기준속도를 실제속도로 나누어 계산하고 레이팅 시 작업속도만을 고려하므로 적용하기가 쉬워 보편적으로 사용한다.

77. 근골격계질환·관리추진팀 내 보건관리자의 역할로 옳지 않은 것은?

① 근골격계질환 예방·관리프로그램의 기본정책을 수립하여 근로자에게 알린다.

② 주기적으로 작업장을 순회하여 근골격계질환을 유발하는 작업공정 및 작업 유해요인을 파악한다.

③ 7일 이상 지속되는 증상을 가진 근로자가 있을 경우 지속적인 관찰, 전문의 진단의뢰 등의 필요한 조치를 한다.

④ 주기적인 근로자 면담 등을 통하여 근골격계질환 증상 호소자를 조기에 발견하는 일을 한다.

78. 표준자료법의 특징으로 옳은 것은?

① 레이팅이 필요하다.

② 표준시간의 정도가 뛰어나다.

③ 직접적인 표준자료 구축 비용이 크다.

④ 작업방법의 변경 시 표준시간을 설정할 수 있다.

79. 산업안전보건법령상 근골격계부담작업에 해당하지 않는 것은? (단, 단기간작업 또는 간헐적인 작업은 제외한다.)

① 하루에 10회 이상 25kg 이상의 물체를 드는 작업

② 하루에 총 2시간 이상, 분당 2회 이상 4.5kg 이상의 물체를 드는 작업

③ 하루에 총 1시간 이상 쪼그리고 앉거나 무릎을 굽힌 자세에서 이루어지는 작업

④ 하루에 4시간 이상 집중적으로 자료입력 등을 위해 키보드 또는 마우스를 조작하는 작업

80. 근골격계질환 예방대책으로 옳지 않은 것은?

① 단순 반복 작업은 기계를 사용한다.

② 작업순환(Job Rotation)을 실시한다.

③ 작업방법과 작업공간을 인간공학적으로 설계한다.

④ 작업속도와 작업강도를 점진적으로 강화한다.

2023년 인간공학기술사 필기시험문제

제1교시

※ 다음 문제 중 10문제를 선택하여 설명하시오. (각 문제당 10점)

1. 현장 근로자를 적정하게 배치하기 위하여 시력을 측정하고자 한다. 이때 시력 검사 시설이 없어서 사용하고 있는 영어 교재를 이용하여 간단히 측정하였더니 교재에 있는 글자의 크기가 0.2인치, 획폭은 0.05인치일 때 최소 가분시각과 시력을 구하시오. (단, 피실험자와 글자의 거리가 28인치가 넘으면 글자가 무슨 글자인지 알 수 없다.)

2. 인간공학이 다른 분야와 다른 주요특징 세 가지를 설명하시오.

3. 아래 그림은 방향키의 배치에 관한 방법이다. 양립성 측면에서 설명하시오.

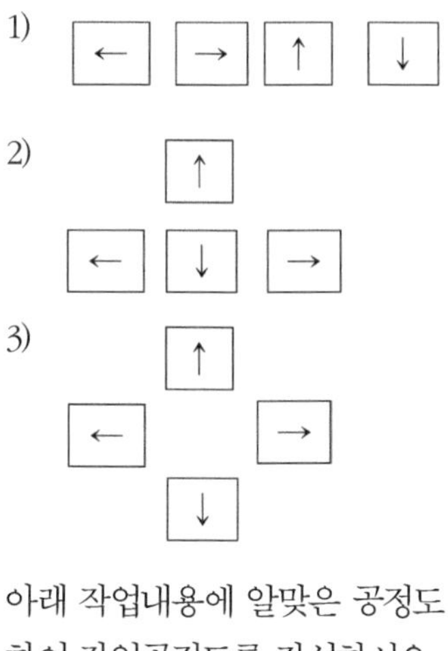

4. 아래 작업내용에 알맞은 공정도 기호를 사용하여 작업공정도를 작성하시오.

> • 부품 A는 3분간 선반기계로 가공작업을 한 다음 에어건으로 15초 동안 이물질을 제거하고 1분간의 검사를 마친 후 1분간 조립작업을 실시한다.
> • 부품 B는 1분간 완제품 검사를 실시한다.
> • 부품 C는 3분간 밀링으로 구멍을 뚫은 후, 부품 A, B와 함께 하나의 제품으로 조립 되는데 2분이 소요되며, 1분간의 품질확인 후 3분간의 포장작업을 마친 후 완성한다.

5. 동작경제의 원칙 중 손의 동작은 작업을 원만히 처리할 수 있는 범위 내에서 최소 동작등급을 사용하도록 한다. 신체의 사용에 관한 동작등급을 분류하여 아래 표에 신체에 관한 축과 동작신체부위를 넣으시오.

동작등급	신체에 관한 축	동작신체부위
1		
2		
3		
4		
5		

6. 인간의 기억을 증진시키기 위한 설계방법으로 절대식별보다 상대식별을 사용하는 것이 유리하다고 한다. 그 이유에 관하여 설명하시오.

7. 인간의 오류 유형 중 기술기반 오류(skill-based error), 규칙기반 오류(rule-based error), 지식기반 오류(knowledge-based error)를 각각 설명하시오.

8. 사용자 인터페이스(user interface)와 인터랙션(interaction)에 관하여 각각 설명하시오.

9. 다음 각 용어들을 설명하시오.
   1) 생략오류(omission error)
   2) 실행오류(commission error)
   3) 순서오류(sequence error)
   4) 시간오류(timing error)

10. 인적오류(human error)의 가능성이나 부정적인 결과를 줄이기 위해 배타설계 (exclusion design), 보호설계(preventive design), 안전설계(fail-safe design) 등의 설계방법이 사용되고 있는데 이 중 안전설계의 설계원리 세 가지를 설명하시오.

11. 사고·재해조사의 목적 다섯 가지를 설명하시오.

12. 다음은 「산업안전보건기준에 관한 규칙」에 관한 내용이다. 아래 질문에 답하시오.

1) 근로자가 근골격계부담작업을 하는 경우 사업주가 근로자에게 알려야 할 사항에 대하여 설명하시오.

2) '진동작업'의 종류 다섯 가지를 설명하시오.

13. 다음과 같은 병렬로 구성된 인간-기계시스템의 인간 신뢰도가 0.6이고 기계 신뢰도가 0.8일 때 전체 시스템의 신뢰도를 구하시오.

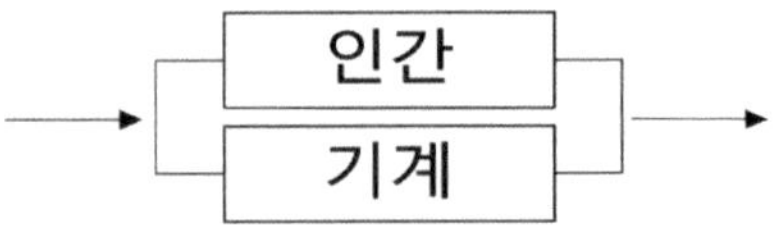

제2교시

※ 다음 문제 중 4문제를 선택하여 설명하시오. (각25점)

1. 작업자의 인적오류를 실수(slip)와 건망증(lapse), 착오(mistake), 위반(violation) 등으로 구분할 때 각 유형별 예방대책에 대하여 설명하시오.

2. 전자제품 부품을 생산하는 H사의 조립공정을 대상으로 유해요인조사를 실시한 결과 종사자들이 임의로 자세를 바꿀 수 없는 조건에서 의자에 앉아 작업대 위의 부품에 대해 목을 구부린 채로 반복적으로 손과 손목을 사용하여 하루 2시간 이상 납땜작업을 실시하고 있었다. 다음 물음에 답하시오. (단, 단기간 작업 또는 간헐적인 작업이 아님)

1) 고용노동부 고시에 따라 다음 용어를 설명하시오.

가. 단기간 작업	나. 간헐적인 작업
다. 하루	라. 2시간 이상

2) 납땜작업이 근골격계부담작업에 해당되는지 판단하시오. 해당된다면 몇 호에 해당되는지 그 이유를 포함하여 설명하시오.

3) 납땜작업의 근골격계질환 예방을 위한 개선방안에 대하여 설명하시오.

3. 유니버설 디자인(universal design)에 관한 일곱 가지 기본원칙과 각 기본원칙에 대한 세부지침 네 가지를 설명하시오.

4. 작업자 실수분석 기법에 대하여 설명하시오.

1) 본질위험지수(intrinsic hazard score, IHS)

2) 위험취약지수(intrinsic vulnerability score, IVS)

3) 계층적 작업분석(hierarchical task analysis, HTA)

4) 실수관리 제어분석(error management control analysis, EMCA)

5) 작업영향요소(performance influencing factor, PIF)

5. 다음의 사용성 평가방법에 대하여 설명하시오.

1) F.G.I.(focus group interview)

2) 사용성 평가실험(usability laboratory testing)

3) 설문조사와 인터뷰(survey and interview)

4) 관찰 에쓰노그라피(observer ethnography)

6. 산업안전보건법에서 정하고 있는 휴게시설에 관한 설치 및 관리기준에 대하여 설명하시오.

제3교시

※ 다음 문제 중 4문제를 선택하여 설명하시오. (각25점)

1. 손조작 제어장치의 종류 네 가지를 설명하시오.

2. B회사에서 근무하는 근로자를 대상으로 신체부담작업에 관한 근골격계질환 증상조사에 대한 발생 빈도를 분석하였더니 아래와 같은 결과를 얻었다. 다음 물음에 답하시오.

증상 종류	발생 빈도	점유 비율	누적 비율
수근(손목뼈)관 증후군	20		
근막통증 증후군	5		
요통	10		
반월성 연골파열	15		
어깨회전근개파열	50		

1) 점유비율과 누적비율을 기입하고 파레도 차트(pareto chart)를 작성하시오.
2) 증상 70%를 차지하는 주요 항목 질환의 증상과 신경, 인체동작의 유형을 연관하여 설명하시오.

3. 다음은 화재 발생원인을 분석한 FTA(Fault Tree Analysis) 작성사례이다. 다음 물음에 답하시오.

1) FTA의 개념과 장·단점을 설명하시오.
2) A와 B에 들어갈 논리게이트를 각각 그리고, 그 의미를 설명하시오.

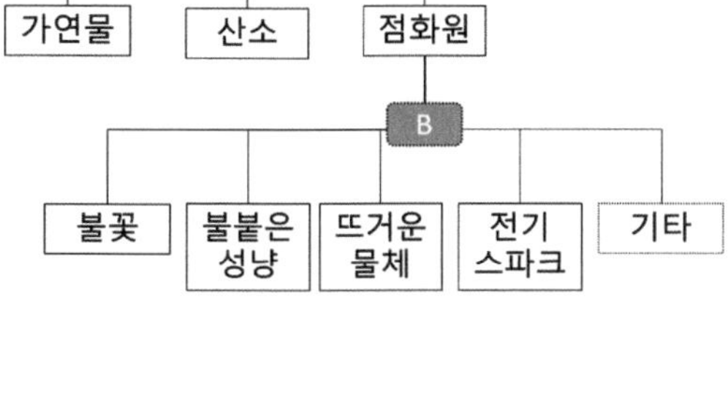

4. 귀하는 인간공학기술사를 취득하여 상시 근로자 수 3000명의 제조업 사업장인 A사의 보건관리자로 2023년 12월에 채용되었다. 이후 회사에서는 귀하의 업무수행능력을 높게 평가하여 보건관리자를 신규 채용하고 귀하를 「중대재해 처벌 등에 관한 법률」(이하 중대재해처벌법)에 따른 전담 조직의 리더로 2024년 6월에 임명하였다. 다음 물음에 답하시오.

1) 중대재해처벌법에 따른 경영책임자 등의 안전보건 확보의무가 이행될 수 있도록 귀하가 계획하고 진행시켜야 할 주요 업무를 설명하시오.
2) 주요 업무 중 중대산업재해의 발생 또는 발생할 급박한 위험에 대비한 매뉴얼의 내용을 설명하시오.
3) 반기 1회마다 점검하고 평가해야할 항목 다섯 가지를 설명하시오.

5. 자동차 부품을 생산하는 업체에서 작업자가 100개의 부품을 분류하여 박스에 보관하는 작업을 다음과 같이 하고 있다.

> 부품●은 박스2에 35개를 넣는다. 부품▲는 박스1에 17개를 넣는다. 부품■은 박스2에 25개, 박스3에 23개를 넣는다.

이때 정보 이론에 입각한 자극 정보량 H(x), 반응 정보량 H(y), 결합 정보량 H(x, y), 전달된 정보량 T(x, y), 손실정보량, 소음(noise) 정보량을 도표로 작성하고 각각 구하시오.

6. 다음 물음에 답하시오.

가. 사물인터넷(Internet of Things, IoT)과 인공지능(Artificial Intelligence, AI)의 의미를 각각 설명하시오.
나. 인공지능을 약인공지능, 강인공지능, 초인공지능으로 구분하여 설명하시오.

제4교시

※ 다음 문제 중 4문제를 선택하여 설명하시오. (각25점)

1. 시각적 정보전달을 위해 문자 표지판에서 글자색과 바탕색과의 가독성 관계를 설명한 것이다. 다음 물음에 답하시오.
   1) 가독성(readability)과 명시성(legibility)에 관하여 설명하시오.
   2) 아래 도표를 보고 가독성이 매우 좋음, 좋음, 적절, 부적합, 가독성 떨어짐, 사용금지에 해당되는 숫자 또는 기호를 빈칸에 모두 기입하시오.

가독성 분류	숫자 또는 기호
매우 가독성 좋음	5
좋음	4
적절	3
부적합	2
가독성 떨어짐	1
사용금지	-

도표 : 가독성 분류

→ 글자색

↓ 바탕색

	검정	초록	파랑	빨강	주황	노랑	흰색
흰색							
노랑							
주황							
빨강							
파랑							
초록							
검정							

2. 인간-기계 인터페이스(man-machine interface, MMI)에 대하여 세 가지로 분류하고, 각각을 예를 들어 설명하시오.

3. 리즌(Reason)의 스위스 치즈모델을 기반으로 개발된 HFACS(The Human Factors Analysis and Classification System)는 사고에 대한 인간의 불안전한 행동(unsafe acts), 전제조건(preconditions for unsafe acts)과 예방에 실패하게 된 감독의 불안전성 (unsafe supervision), 이러한 부분을 통제하지 못한 조직 영향(organizational influences) 등 네 가지 단계로 사고원인을 파악하고, 객관적으로 평가하기 위해 설계된 인적오류 분류체계이다. HFACS에서 불안전한 행동의 '전제조건'에 대해 제시된 세 가지 분류항목에 대하여 설명하시오.

4. 다음 글을 읽고 물음에 답하시오.

> "세월호 사고를 바라보는 두 가지 관점이 있다. 첫 번째는 단순한 흑백논리에 따라 세월호 사고가 선장과 선원의 무책임과 규정위반, 청해운수 회장의 탐욕, 운항관리사의 업무 소홀, 항만청직원의 태만, 공무원의 봐주기, 해경의 무능 등 인간이 사고와 사고 관련자들이 처해있는 상황을 매우 단순하게 보고 인간의 잘못된 행동만을 부각하여 보는 관점이다. 두 번째 관점은 인간의 행동을 유발하게 만든 배경에 더 관심을 가지고 보는 것이다."

   1) 세월호 사고를 바라보는 첫 번째 관점을 지칭하는 인간의 심리에 관련된 용어를 쓰고, 그 내용을 설명하시오.
   2) 두 번째 관점의 장·단점을 설명하시오.
   3) '인적오류는 사고의 원인이 아니라 사고의 결과이다.'라는 견해가 사고를 예방하는 측면에서 어떤 의미를 갖는지 설명하시오.

5. 척추(vertebral column)의 구성요소와 구조에 대하여 설명하시오.

6. 다음 물음에 답하시오.
   1) GOMS모델의 설계 평가요소와 설계개선을 위한 지침 다섯 가지를 각각 설명하시오.
   2) 노만(Norman)의 행위 7단계를 PDS 해석으로 설명하시오.

2024년 인간공학기술사 필기시험문제

제1교시

※ 총 13문제 중 10문제를 선택하여 설명하시오. (각 10점)

1. 휴먼에러(human error)의 정의와 스웨인(Swain)이 인간행위 관점에서 휴먼에러를 분류한 다섯 가지에 대하여 설명하시오.

2. 휴먼에러(human error)의 원인별 단계에 의한 분류인 초기 단계 에러(primary error), 2차 단계 에러(secondary error), 수행단계 에러(command error)에 대하여 설명하시오.

3. 산업안전보건법령상 고객의 폭언 등으로 인한 건강장해 예방조치에 대하여 설명하시오.

4. 근로자가 근골격계부담작업을 하는 경우 사업주가 근로자에게 알려야 하는 유해성 등의 주지에 대하여 설명하시오.

5. 과도한 작업으로 인하여 작업자의 체내에 피로 물질을 형성하는 무기성 대사과정을 설명하시오.

6. 국제표준화기구(ISO 9241-11:2018)에서 정의한 사용성과 제이콥 닐슨(Jacob Nielson)이 정의한 사용성을 비교하여 설명하시오.

7. 인식소음수준의 척도에는 PNdB(perceived noise level)와 PLdB(perceived level of noise)가 있다. 두 척도의 차이점을 설명하시오.

8. 최소가분시력(minimum separable acuity)을 구하는 공식을 쓰고 설명하시오.

9. 개회로 시스템(open-loop system)과 폐회로 시스템(closed-loop system)에 대하여 설명하시오.

10. 청각적 표시장치와 시각적 표시장치의 장·단점을 비교 설명하시오.

11. 소음과 관련하여 은폐효과(masking effect)에 대하여 설명하시오.

12. 인지특성을 고려한 설계원리 중 안전설계원리 세 가지를 설명하시오.

13. 양립성 설계의 장점과 양립성 종류에 대하여 설명하시오.

제2교시

※ 총 6문제 중 4문제를 선택하여 설명하시오. (각 25점)

1. 인간신뢰도 및 시스템 안전성 평가에 대하여 다음을 설명하시오.
   1) 인간신뢰도 분석(HRA, human reliability analysis)
   2) ETA(event tree analysis)와 FTA(fault tree analysis)의 차이점과 장·단점

2. 스트레스(stress)에 대하여 다음을 설명하시오.
   1) 스트레스(stress)에 반응하는 신체의 변화
   2) 직무스트레스에 의한 건강장해예방 조치

3. 근골격계부담작업 11가지(고용노동부 고시)를 쓰시오. (단, 단기간 작업 또는 간헐적인 작업은 제외한다.)

4. 문자-숫자 표시장치에서 가독성(legibility)에 영향을 미치는 요인 여섯 가지를 설명하시오.

5. 더운 여름 야외에서 일하던 작업자가 열압박(heat stress)으로 쓰러졌다. 작업관리자가 근처의 그늘로 작업자를 급히 옮겨 눕히고 상

체를 탈의하여 체열 복사(radiation)가 이루어지도록 하였다. 다음 물음에 답하시오.

1) 아래의 조건으로 상체 탈의를 통한 복사로 이루어지는 작업자의 열손실(W)을 구하시오.

그늘의 온도: 27°C 작업자 상체의 피부온도: 30°C 작업자 상체의 피부면적: $1m^2$ 피부방사율: 0.97 스테판-볼츠만(Stephan-Boltzmann) 상수: $5.67 \times 10^{-8} W/m^2 \cdot K^4$

2) 작업자의 열압박(heat stress)을 줄일 수 있는 방법을 설명하시오.

6. A회사는 소비자제품을 생산하고 있다. 제품개발부장은 현행 제품개발 프로세스에 KS A ISO 9241-210:2010에서 제시하는 인간중심 디자인 활동을 접목하여 사용자 친화적인 제품을 개발하고자 한다. 인간중심 디자인 계획 수립 이후 수행해야 할 인간중심 디자인 활동을 도식화하여 설명하시오.

제3교시

※ 총 6문제 중 4문제를 선택하여 설명하시오. (각 25점)

1. 아래 그림은 관리 그리드(managerial grid) 행동 유형을 나타내고 있다. 다음에 대하여 설명하시오.

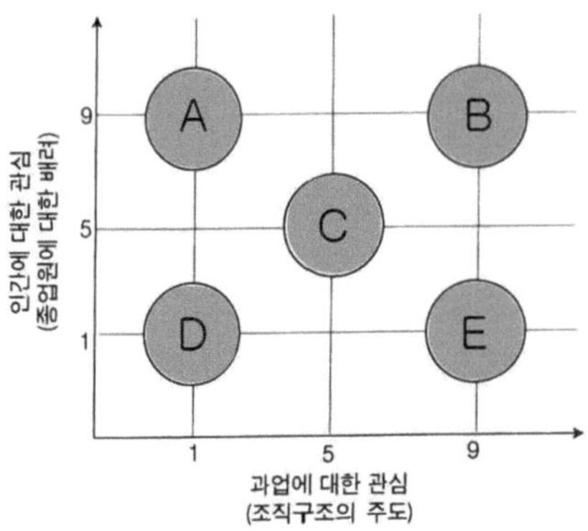

1) 관리 그리드 이론(managerial grid theory)

2) A, B, C, D, E 리더십 유형

2. NIOSH(national institute for occupational safety and health) 들기작업 지침에 대하여 다음 물음에 답하시오.

1) RWL(recommended weight limit)로 정해진 들기작업의 최적 조건에 대하여 설명하시오.

2) 위 지침을 적용할 수 없는 작업에 대하여 설명하시오.

3. 수공구 설계에 대하여 아래의 그림을 보고 다음 물음에 답하시오.

1) 수공구 작업의 개선방안을 수공구 설계 원칙에 근거하여 설명하시오.

2) 위의 그림 이외의 수공구에 대한 설계 원칙을 설명하시오.

4. D회사는 마우스를 제조하는 회사이다. 신모델에서 마우스휠(mouse wheel)의 사용감을 높이기 위해 여러 가지 실험을 진행 중이다. 다음 물음에 답하시오.

1) 한 실험조건에서 반경이 1 cm인 마우스휠을 10도 움직였을 때 화면의 커서가 2 cm 이동하였다. 이 마우스휠을 회전운동을 하는 조종구(操縱球: ball control)로 간주할 때, 조종-반응비(C/R비)를 구하시오.

2) 손가락으로 마우스휠을 움직일 때의 느낌을 측정하는데 적합한 척도를 설명하시오.

3) 최적 조종-반응비 구하는 실험에서 독립변수와 종속변수를 설명하시오.

5. K관리자는 H공정에서 수행되는 반복적 들기작업의 에너지 소비량을 측정하였다. 더글러스백(douglas bag)과 가스미터(gas meter)를 사용하여 L작업자로부터 총 10분 작업 중 200리터의 배기가 수집된 것을 확인하였다. 가스분석기를 통해 배기 중 산소(O_2) 비율 = 14%, 이산화탄소(CO_2) 비율 = 3%임을 확인하였다. 다음 물음에 답하시오.

1) 반복적 들기작업의 분당 산소소비량(L/min) 및 분당 에너지가(kcal/min)를 구하시오. (단, 공기 중 질소 79%, 산소 21%)

2) 육체노동의 분당 에너지가에 따른 크리스텐센(Christensen)의 노동급(노동강도 분류)에 따라 H공정에서 수행되는 반복적 들기작업을 분류하시오.

노동급(노동강도분류)					
극초중(極超重) (unduly heavy)	초중(超重) (very heavy)	중(重) (heavy)	중간(中間) (moderate)	경(輕) (light)	초경(超輕) (very light)

3) 반복적 들기작업의 총 작업시간 60분 중 포함되어야 할 휴식시간(분)을 구하시오.

6. 다음 사례를 참조하여 각 물음에 답하시오.

> N관리감독자는 가압펌프실의 B가압펌프로부터 1 m 떨어진 곳에서 최근에 심해진 B가압펌프의 소음 원인을 찾고 있다. 지시소음계로 측정해보니 100 dB이 나왔다. 여러 가지를 점검하다 B가압펌프로부터 10 m 떨어진 곳에 있는 당일 일용직으로 고용된 보조작업자에게 B스위치를 내리라고 소리쳤다. 보조작업자는 B스위치를 D스위치로 알아듣고 스위치 제어반에서 D스위치를 신중하게 찾아서 내렸다. 정상 작동 중인 D가압펌프가 정지되었다.

1) 보조작업자 위치에서 B가압펌프의 소음 음압 수준(dB)을 구하시오. (단, B가압펌프와 보조작업자 사이의 장애물은 무시한다.)

2) 착오(mistake)와 실수(slip) 중 보조작업자의 인적오류가 어디에 해당하는지와 그 이유를 설명하시오.

3) 라스무센(Rasmussen)의 SRK(skill, rule, knowledge) 모델에서 보조작업자의 의사결정은 어떤 수준에서 이루어졌는지 설명하시오.

제4교시

※ 총 6문제 중 4문제를 선택하여 설명하시오. (각 25점)

1. A사무원은 시간당 10,000자를 타이핑 할 때, 평균 30자의 오타가 발생한다. B사무원은 1,000자로 구성된 원고에 대해 평균 4자를 잘못 읽는다. B사무원이 불러주고 A사무원이 받아서 타이핑하는 작업의 인간 신뢰도를 구하시오.

2. 주의(attention)에 대하여 다음 물음에 답하시오.

1) 주의력의 특성에 대하여 설명하시오.

2) 주의의 너비와 깊이에 대하여 그림을 그리고 설명하시오.

3. 근육의 종류에 대하여 다음 물음에 답하시오.

1) 신경자극에 반응하는 특성에 따른 분류를 설명하시오.

2) 신경지배에 따른 분류를 설명하시오.

3) 근육의 무늬에 따른 분류를 설명하시오.

4. 64종류의 미세먼지농도와 32종류의 초미세먼지농도를 함께 측정할 수 있는 측정기가 있다. 미세먼지농도는 30초 주기로 측정되고,

초미세먼지농도는 20초 주기로 측정될 경우 측정기로부터 수집된 정보를 전달하기 위한 경로의 초당 경로용량(bit/sec)을 구하시오.

5. A회사의 주 제어실에는 SRO(발전부장), RO(원자로과장), TO(터빈과장), EO(전기과장) 및 STA(안전과장)가 1조가 되어 3교대 방식으로 근무하고 있다. 각 운전원의 인화 (人和)관계는 발전소 안전에 중대한 영향을 미칠 수 있다. 하나의 표본 운전조를 대상으로 인화정도를 조사하여 다음과 같은 소시오그램(sociogram)을 작성하였다. 다음 물음에 답하시오.

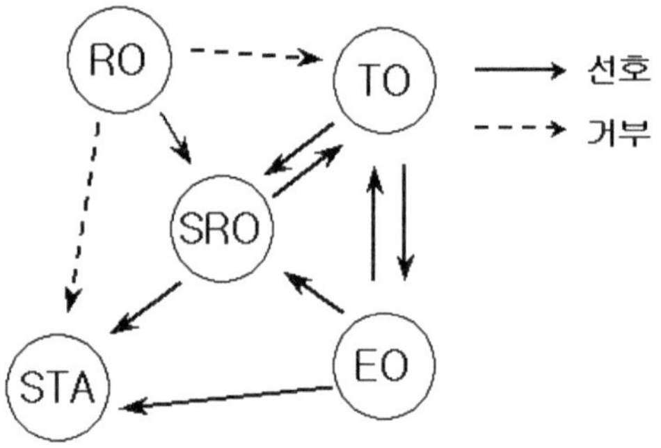

   1) 소시오그램을 바탕으로 각 운전원의 선호신분지수를 구하고, 표본 운전조의 실질적인 리더(leader)를 찾아 쓰시오.

   2) 표본 운전조 집단의 응집성지수를 구하시오.

   3) 표본 운전조의 인화(人和)관계를 평가하고, 문제점을 설명하시오.

6. A연구팀에서 키오스크 설계요소를 한국인 고령자, 어린이, 휠체어 장애자의 인체 치수를 기반으로 분석하고 개선하였다. 다음 각 개선안과 관련된 유니버설디자인 원칙을 설명하시오.

> 1) 휠체어 사용자가 통행하기 위해서는 키오스크가 있는 장소로 이동하는 과정에 있는 방해물(예: 계단, 문턱 등)을 회피할 수 있는 수단(예: 엘리베이터, 경사로 등)을 제공한다.
> 2) 휠체어 장애인, 어린이, 고령자, 성인이 모두 사용할 수 있도록 하기 위해 디스플레이의 수직 높이를 하단에서부터 640~1,450 mm 범위로 한다.
> 3) 휠체어 사용자가 키오스크에 다가가도록 하기 위해 본체 하단에 깊이 300 mm, 높이 685 mm 정도의 하부 공간을 제공한다.
> 4) 저시력 사용자도 문자를 쉽게 인지할 수 있도록 하고, 디스플레이에 시각적인 정보를 음성 정보와 함께 제공한다.
> 5) 간결한 문장을 사용하고, 사용자가 그 의미를 직관적으로 인지할 수 있도록 잘 알려진 심벌(symbol)을 사용한다.

연습문제 및 인간공학기사/기술사 필기시험문제 답

연습문제 정답

제1부 인간공학

1장 인간공학과 시스템

1. ① 2. ② 3. ③ 4. ④ 5. ③
6. ① 7. ③ 8. ④ 9. ③ 10. ④
11. ① 12. ② 13. ④ 14. ② 15. ④
16. ③ 17. ③ 18. ③ 19. ④ 20. ①
21. ① 22. ④ 23. ③

2장 인간공학 연구방법

1. ④ 2. ③ 3. ④ 4. ② 5. ②
6. ② 7. ③ 8. ① 9. ④ 10. ③
11. ④ 12. ① 13. ① 14. ③ 15. ②
16. ③ 17. ① 18. ③ 19. ② 20. ①
21. ① 22. ②

3장. 인간의 감각능력

1. ④ 2. ③ 3. ② 4. ① 5. ④
6. ② 7. ③ 8. ① 9. ② 10. ②
11. ④ 12. ① 13. ② 14. ③ 15. ②
16. ② 17. ② 18. ④ 19. ① 20. ②
21. ① 22. ③ 23. ④ 24. ③ 25. ③
26. ② 27. ① 28. ③ 29. ④ 30. ③
31. ① 32. ③ 33. ④ 34. ④ 35. ①

4장. 정보처리

1. ① 2. ② 3. ② 4. ③ 5. ①
6. ④ 7. ③ 8. ③ 9. ③ 10. ①
11. ④ 12. ③ 13. ③ 14. ① 15. ②
16. ③ 17. ③ 18. ③ 19. ③ 20. ④
21. ③ 22. ④ 23. ④ 24. ③ 25. ③
26. ③ 27. ③ 28. ④ 29. ② 30. ①
31. ① 32. ① 33. ② 34. ④ 35. ①
36. ④ 37. ④ 38. ② 39. ② 40. ④

5장 인체 측정 및 응용

1. ③ 2. ② 3. ④ 4. ③ 5. ②
6. ① 7. ② 8. ④ 9. ② 10. ③
11. ③ 12. ① 13. ④ 14. ④ 15. ④
16. ④ 17. ② 18. ① 19. ① 20. ④
21. ① 22. ② 23. ② 24. ② 25. ④
26. ② 27. ① 28. ① 29. ② 30. ②
31. ① 32. ② 33. ③ 34. ② 35. ①
36. ① 37. ④ 38. ④

6장 표시장치와 조종장치

1. ② 2. ② 3. ④ 4. ③ 5. ③
6. ② 7. ③ 8. ② 9. ① 10. ③
11. ② 12. ④ 13. ④ 14. ③ 15. ③
16. ① 17. ① 18. ② 19. ③ 20. ①
21. ③ 22. ④ 23. ③ 24. ① 25. ④
26. ② 27. ③ 28. ④ 29. ④ 30. ①
31. ③ 32. ① 33. ④ 34. ② 35. ③
36. ② 37. ③ 38. ① 39. ③ 40. ①
41. ③ 42. ③ 43. ③ 44. ① 45. ①
46. ④ 47. ④ 48. ④ 49. ① 50. ②
51. ① 52. ④

7장 사용성과 사용성 평가

1. ① 2. ② 3. ④ 4. ④ 5. ③
6. ② 7. ② 8. ④ 9. ② 10. ①
11. ③ 12. ② 13. ① 14. ③ 15. ③
16. ② 17. ② 18. ④ 19. ④ 20. ④
21. ① 22. ② 23. ③ 24. ④ 25. ①
26. ② 27. ② 28. ② 29. ④ 30. ③
31. ④ 32. ④ 33. ① 34. ② 35. ③
36. ④ 37. ④

8장 인지특성을 고려한 설계원리

1. ④ 2. ③ 3. ④ 4. ② 5. ①
6. ② 7. ④ 8. ③ 9. ④ 10. ①
11. ③ 12. ① 13. ② 14. ④ 15. ③
16. ① 17. ④ 18. ② 19. ③ 20. ②
21. ① 22. ④ 23. ③ 24. ② 25. ④
26. ④

제9장 감성공학

1. ① 2. ③ 3. ④ 4. ② 5. ③
6. ④ 7. ② 8. ① 9. ③ 10. ①
11. ④ 12. ② 13. ① 14. ③ 15. ③
16. ② 17. ① 18. ④ 19. ② 20. ③
21. ④ 22. ① 23. ② 24. ④

제10장 유니버설 디자인

1. ③ 2. ② 3. ④ 4. ① 5. ②
6. ④ 7. ③ 8. ① 9. ② 10. ④
11. ① 12. ④ 13. ② 14. ④ 15. ②
16. ② 17. ②

11장. 작업환경 평가 및 관리

1. ④ 2. ② 3. ④ 4. ② 5. ④
6. ① 7. ② 8. ① 9. ④ 10. ③
11. ③ 12. ④ 13. ③ 14. ① 15. ④
16. ④ 17. ④ 18. ① 19. ② 20. ③
21. ① 22. ③ 23. ④ 24. ④ 25. ④
26. ① 27. ③ 28. ③ 29. ③ 30. ③
31. ③ 32. ④ 33. ④ 34. ① 35. ①
36. ② 37. ③ 38. ④ 39. ① 40. ④
41. ① 42. ① 43. ② 44. ④ 45. ②
46. ③

제2부 작업생리학

제12장 인체구성요소

1. ② 2. ③ 3. ① 4. ④ 5. ④
6. ③ 7. ② 8. ③ 9. ① 10. ①
11. ② 12. ③ 13. ① 14. ④ 15. ②
16. ③ 17. ① 18. ④ 19. ② 20. ④
21. ③ 22. ① 23. ③ 24. ② 25. ①
26. ② 27. ④ 28. ④ 29. ① 30. ①
31. ③ 32. ③ 33. ② 34. ① 35. ④
36. ④ 37. ② 38. ② 39. ① 40. ③

제13장 작업생리

1. ③ 2. ④ 3. ① 4. ② 5. ①
6. ② 7. ② 8. ③ 9. ④ 10. ①
11. ③ 12. ④ 13. ① 14. ④ 15. ②
16. ④ 17. ② 18. ① 19. ② 20. ④
21. ③ 22. ④ 23. ② 24. ④ 25. ④
26. ④ 27. ① 28. ③ 29. ① 30. ②
31. ③ 32. ④ 33. ③ 34. ① 35. ②
36. ① 37. ③ 38. ④ 39. ③ 40. ③

제14장 생체역학

1. ③ 2. ③ 3. ④ 4. ① 5. ②
6. ③ 7. ② 8. ③ 9. ② 10. ②
11. ③ 12. ③ 13. ④ 14. ③ 15. ④
16. ① 17. ③ 18. ① 19. ③ 20. ①
21. ② 22. ② 23. ④ 24. ③ 25. ①

제15장 생체반응측정

1. ① 2. ④ 3. ④ 4. ① 5. ②
6. ② 7. ② 8. ② 9. ① 10. ④
11. ③ 12. ③ 13. ② 14. ① 15. ④
16. ③ 17. ④ 18. ④ 19. ② 20. ③
21. ① 22. ④ 23. ① 24. ② 25. ③
26. ① 27. ③ 28. ② 29. ④ 30. ①
31. ① 32. ④ 33. ④ 34. ② 35. ①

제16장 작업 부하 평가

1. ② 2. ③ 3. ② 4. ② 5. ④
6. ① 7. ② 8. ① 9. ② 10. ③
11. ② 12. ① 13. ② 14. ③ 15. ③
16. ① 17. ② 18. ② 19. ① 20. ④
21. ② 22. ③ 23. ④ 24. ② 25. ②
26. ③ 27. ① 28. ② 29. ① 30. ②
31. ③ 32. ④ 33. ③ 34. ① 35. ①
36. ③ 37. ① 38. ③ 39. ② 40. ④
41. ④ 42. ① 43. ② 44. ③ 45. ② 46. ④

제3부 산업심리학

제17장 인간의 심리 특성

1. ④ 2. ④ 3. ③ 4. ④ 5. ①
6. ② 7. ② 8. ① 9. ② 10. ②
11. ③ 12. ① 13. ③ 14. ③ 15. ③
16. ① 17. ③ 18. ④ 19. ① 20. ②
21. ① 22. ① 23. ② 24. ③ 25. ②
26. ② 27. ④ 28. ① 29. ① 30. ①
31. ③ 32. ② 33. ③ 34. ② 35. ①

제18장 휴먼에러

1. ③ 2. ② 3. ④ 4. ① 5. ③
6. ② 7. ① 8. ① 9. ① 10. ③
11. ③ 12. ② 13. ③ 14. ② 15. ②
16. ④ 17. ③ 18. ④ 19. ② 20. ①
21. ④ 22. ④ 23. ① 24. ② 25. ①
26. ① 27. ③ 28. ② 29. ③ 30. ①
31. ③ 32. ② 33. ④

제19장 조직과 리더십

1. ③ 2. ① 3. ④ 4. ① 5. ①
6. ③ 7. ① 8. ③ 9. ④ 10. ①
11. ① 12. ④ 13. ③ 14. ② 15. ④
16. ③ 17. ③ 18. ④ 19. ① 20. ③
21. ② 22. ② 23. ② 24. ③ 25. ④
26. ③ 27. ① 28. ③ 29. ② 30. ③ 31. ①

제20장 직무스트레스

1. ③ 2. ③ 3. ② 4. ① 5. ②
6. ④ 7. ① 8. ② 9. ① 10. ①
11. ③ 12. ③ 13. ④ 14. ② 15. ①
16. ② 17. ④ 18. ② 19. ① 20. ③
21. ④ 22. ③ 23. ③ 24. ③ 25. ①
26. ③ 27. ① 28. ① 29. ② 30. ③
31. ③ 32. ④ 33. ④ 34. ④ 35. ③
36. ① 37. ③

제4부 작업관리

21장 작업관리 개요

1. ③ 2. ② 3. ② 4. ① 5. ④
6. ② 7. ② 8. ④ 9. ④ 10. ③
11. ④ 12. ③ 13. ④ 14. ④ 15. ①
16. ② 17. ① 18. ① 19. ④ 20. ④
21. ③ 22. ④ 23. ③ 24. ① 25. ②
26. ③ 27. ④ 28. ② 29. ② 30. ①
31. ④ 32. ③ 33. ② 34. ③ 35. ④
36. ② 37. ① 38. ④

22장. 작업 분석

1. ③ 2. ④ 3. ④ 4. ② 5. ④
6. ④ 7. ② 8. ② 9. ④ 10. ②
11. ③ 12. ③ 13. ④ 14. ③ 15. ④
16. ① 17. ③ 18. ② 19. ② 20. ③
21. ① 22. ① 23. ④ 24. ② 25. ③
26. ④ 27. ① 28. ① 29. ① 30. ④
31. ④ 32. ④ 33. ④ 34. ③ 35. ①
36. ③ 37. ② 38. ① 39. ③ 40. ②
41. ① 42. ① 43. ② 44. ② 45. ③
46. ① 47. ④ 48. ④ 49. ③ 50. ④
51. ③ 52. ② 53. ④ 54. ③ 55. ②
56. ③ 57. ③

23장 작업측정

1. ④ 2. ④ 3. ④ 4. ① 5. ①
6. ② 7. ④ 8. ④ 9. ① 10. ②
11. ③ 12. ② 13. ① 14. ④ 15. ②
16. ② 17. ④ 18. ① 19. ② 20. ②
21. ③ 22. ① 23. ② 24. ② 25. ③
26. ④ 27. ③ 28. ② 29. ② 30. ①
31. ④ 32. ① 33. ① 34. ③ 35. ①
36. ③ 37. ② 38. ④ 39. ④ 40. ④
41. ③ 42. ② 43. ② 44. ② 45. ③
46. ① 47. ② 48. ③ 49. ② 50. ③
51. ② 52. ③ 53. ② 54. ③ 55. ③
56. ③ 57. ① 58. ③ 59. ① 60. ④
61. ① 62. ② 63. ② 64. ③ 65. ①
66. ② 67. ② 68. ④ 69. ③ 70. ③
71. ③ 72. ① 73. ③ 74. ④ 75. ④
76. ② 77. ② 78. ② 79. ② 80. ②
81. ③ 82. ② 83. ② 84. ④ 85. ③
86. ④ 87. ③ 88. ② 89. ① 90. ①

24장 작업 설계 및 개선

1. ③ 2. ② 3. ① 4. ④ 5. ④
6. ③ 7. ① 8. ② 9. ③ 10. ②
11. ② 12. ③ 13. ① 14. ③ 15. ④
16. ① 17. ② 18. ③ 19. ④ 20. ②
21. ③ 22. ② 23. ③ 24. ① 25. ④
26. ④ 27. ④ 28. ① 29. ②

제5부 근골격계질환

25장 근골격계질환 개요 및 관련 법규

1. ③ 2. ① 3. ① 4. ④ 5. ②
6. ③ 7. ③ 8. ④ 9. ① 10. ④
11. ① 12. ② 13. ① 14. ③ 15. ③
16. ① 17. ③ 18. ② 19. ④ 20. ②
21. ① 22. ④ 23. ③ 24. ① 25. ②
26. ③ 27. ② 28. ① 29. ① 30. ③
31. ③ 32. ① 33. ② 34. ④ 35. ③
36. ④ 37. ③ 38. ① 39. ④ 40. ②
41. ② 42. ② 43. ④ 44. ① 45. ①
46. ④ 47. ② 48. ① 49. ② 50. ③ 51. ④

26장 예방관리 프로그램

1. ④ 2. ④ 3. ④ 4. ② 5. ④
6. ② 7. ① 8. ④ 9. ② 10. ①
11. ③ 12. ② 13. ③ 14. ② 15. ④
16. ② 17. ① 18. ② 19. ③ 20. ④ 21.②

27장 안전보건 개요

1. ④ 2. ③ 3. ④ 4. ④ 5. ②
6. ④ 7. ④ 8. ② 9. ③ 10. ③
11. ① 12. ② 13. ② 14. ① 15. ④
16. ② 17. ④ 18. ④ 19. ② 20. ③
21. ③ 22. ② 23. ③ 24. ④ 25. ②
26. ① 27. ② 28. ① 29. ③ 30. ①
31. ③ 32. ② 33. ④ 34. ② 35. ④
36. ② 37. ④ 38. ② 39. ② 40. ②
41. ④ 42. ① 43. ④ 44. ② 45. ③
46. ② 47. ① 48. ① 49. ④ 50. ①
51. ④ 52. ② 53. ④ 54. ③ 55. ④
56. ① 57. ② 58. ③ 59. ① 60. ②
61. ③ 62. ④ 63. ③ 64. ③ 65. ②
66. ④ 67. ③

28장 제조물책임법

1. ④ 2. ① 3. ④ 4. ② 5. ③
6. ② 7. ① 8. ③ 9. ① 10. ②
11. ① 12. ② 13. ④ 14. ① 15. ③
16. ④ 17. ③ 18. ③ 19. ③ 20. ②
21. ① 22. ② 23. ④ 24. ① 25. ③ 26. ①

2021, 2022년 인간공학기사 필기시험 정답

2021년 3월 인간공학기사 필기 기출문제

1. ② 2. ④ 3. ④ 4. ④ 5. ④
6. ③ 7. ① 8. ④ 9. ① 10. ②
11. ④ 12. ① 13. ③ 14. ③ 15. ④
16. ③ 17. ① 18. ③ 19. ① 20. ②
21. ② 22. ③ 23. ④ 24. ④ 25. ④
26. ④ 27. ② 28. ③ 29. ① 30. ④
31. ④ 32. ① 33. ② 34. ② 35. ③
36. ① 37. ② 38. ③ 39. ① 40. ③
41. ④ 42. ③ 43. ③ 44. ④ 45. ③
46. ② 47. ③ 48. ② 49. ④ 50. ④
51. ① 52. ② 53. ④ 54. ① 55. ④
56. ① 57. ③ 58. ① 59. ① 60. ④
61. ① 62. ① 63. ① 64. ④ 65. ①
66. ② 67. ③ 68. ② 69. ④ 70. ③
71. ④ 72. ① 73. ③ 74. ③ 75. ①
76. ④ 77. ③ 78. ② 79. ② 80. ③

2021년 8월 인간공학기사 필기 기출문제

1. ① 2. ③ 3. ④ 4. ① 5. ④
6. ② 7. ② 8. ④ 9. ③ 10. ③
11. ① 12. ③ 13. ② 14. ④ 15. ①
16. ③ 17. ① 18. ② 19. ④ 20. ②
21. ② 22. ④ 23. ④ 24. ① 25. ②
26. ③ 27. ② 28. ③ 29. ② 30. ②
31. ② 32. ① 33. ① 34. ② 35. ④
36. ③ 37. ④ 38. ② 39. ① 40. ③
41. ③ 42. ③ 43. ④ 44. ③ 45. ①
46. ④ 47. ④ 48. ④ 49. ① 50. ①
51. ② 52. ① 53. ② 54. ③ 55. ②
56. ③ 57. ② 58. ③ 59. ① 60. ②
61. ② 62. ② 63. ① 64. ③ 65. ③
66. ④ 67. ③ 68. ③ 69. ① 70. ③
71. ① 72. ② 73. ④ 74. ① 75. ②
76. ③ 77. ④ 78. ④ 79. ④ 80. ④

2022년 3월 인간공학기사 필기 기출문제

1. ③ 2. ④ 3. ② 4. ④ 5. ②
6. ④ 7. ④ 8. ② 9. ① 10. ①
11. ① 12. ② 13. ② 14. ① 15. ③
16. ③ 17. ④ 18. ② 19. ③ 20. ①
21. ② 22. ③ 23. ③ 24. ② 25. ④
26. ④ 27. ③ 28. ② 29. ② 30. ①
31. ① 32. ② 33. ③ 34. ② 35. ④
36. ③ 37. ① 38. ③ 39. ④ 40. ①
41. ③ 42. ① 43. ③ 44. ② 45. ②
46. ③ 47. ① 48. ③ 49. ① 50. ②
51. ③ 52. ④ 53. ③ 54. ④ 55. ①
56. ① 57. ④ 58. ② 59. ④ 60. ④
61. ④ 62. ③ 63. ② 64. ④ 65. ③
66. ① 67. ① 68. ① 69. ② 70. ②
71. ④ 72. ③ 73. ④ 74. ② 75. ③
76. ① 77. ① 78. ③ 79. ③ 80. ④

2023년도 인간공학기술사 필기시험 답안

<1교시>

1. 최소가분시력(minimal separable acuity)은 눈이 식별할 수 있는 표적의 최소 공간을 말하며, 시력은 시각의 역수로 표현된다. 거리 L에서 크기 D인 표적을 구분할 수 있는 경우의 시각과 시력은 다음과 같이 구한다.

   시각(′) = (57.3)(60)(물체의 크기: D) / (물체와 눈 사이의 거리: L)

   시력(최소가분시력) = 1/시각

   문제에서 D는 글자의 크기(0.2인치)보다 획폭(0.05인치)이며, 거리는 28인치이므로 시각은 $57.5 \times 60 \times 0.05/28 = 6.1607$이고, 시력은 $1/6.1607 = 0.162$가 된다.

2. 1) 초점: 인간공학은 인간이 사용하는 물건, 기구, 환경을 설계하는 과정에서 이들 시스템과 인간의 상호작용에 초점을 둔다. 즉, 일반적으로 공학이 기능적 효율성에만 중점을 두고 있는 반면 인간공학은 시스템의 설계에 있어서 사용자인 인간 요소를 고려한다는 차이가 있다(Human-Centered Design).
   2) 목표: 다른 분야 학문들의 목표는 대부분 기능적 효과와 효율 향상인 반면, 인간공학의 목표는 기능적 효과와 효율(functional effectiveness and efficiency) 향상과 함께, 인간 가치(human value)를 향상시키는 것이다.
   3) 접근방법: 인간공학의 접근방법은 제품, 기구, 환경을 설계하는 과정에서 인간의 능력, 한계, 특성, 행동에 관한 정보 등을 시스템의 설계에 체계적으로 적용하는 것이다. 한편, 다른 공학 분야에서는 물리, 기계, 전기 등의 공학적 이론과 정보를 적용하여 설계한다.

3. 양립성은 인간의 기대와 모순되지 않는 자극들 간의, 반응들 간의, 혹은 자극-반응 조합과의 관계를 말한다. 주어진 방향키 문제는 운동/공간 양립성으로 설명할 수 있다. 3)번 배치의 경우 각 방향키의 방향이 공간적 배치에 따른 기대 방향과 일치하여 가장 양립성이 높다. 1) 번과 같은 배치의 경우 일렬로 배치하여 최소 공간을 차지하는 배치이지만, 제일 오른쪽 화살표가 아래를 향하고 있는 등 인간의 기대와 움직임이 일치하지 않는다. 2) 번의 경우, 가운데 있는 방향키는 아래를 향하고 있지만, 배치 상으로 가운데 위치하고 있어 아래 방향으로 움직이리라고 쉽게 기대할 수 없는 형태이다.

4. 문제에 대한 작업공정도는 다음과 같다.

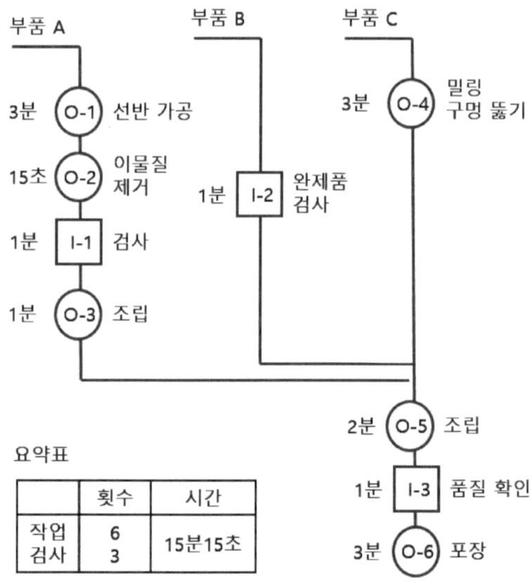

요약표

	횟수	시간
작업 검사	6 3	15분15초

5. 동작 등급에 따른 신체에 관한 축, 동작 신체 부위는 다음과 같다.

동작 등급	신체에 관한 축	동작 신체 부위
1	손가락 관절	손가락
2	손목 관절	손가락, 손목
3	팔꿈치 관절	손가락, 손목, 아래팔
4	어깨 관절	손가락, 손목, 아래팔, 위팔
5	척추 관절	손가락, 손목, 아래팔, 위팔, 어깨(몸통)

6. 인간의 절대 식별 능력은 자극 차원에 따라 약간씩 차이가 있으나 보통 7±2개이다. 그러나, 인간의 상대 식별 능력은 절대 식별 능력에 비해 훨씬 크다. 예를 들어 색상, 명도, 채도에 변화를 주어 만든 두 가지 색을 비교하는 경우에 대부분의 사람은 약 20만 개의 색을 상대적으로 구분할 수 있다고 한다. 참고로 절대적으로 식별할 수 있는 색의 수는 12~24개 정도이다. 따라서 상대식별을 할 수 있도록 자극을 제시하는 경우에 인간의 식별 능력이 높아진다. 상대 식별이 기억 증진에 유리한 이유로 다음을 들 수 있다.

1) 인지적 부담 감소
   - 인간의 기억은 제한적인 단기 기억 용량(7±2 항목)과 정확한 절대값 처리 능력의 제한이 있다. 상대식별은 자극을 서로 비교하는 방식으로 기억 부담을 줄이고, 명확한 기준 없이도 작업이 가능하게 만든다.

2) 구별 능력의 자연스러움
   - 인간은 절대적인 숫자나 값을 기억하기보다는, 차이를 비교하거나 패턴을 인식하는 데 더 능숙하다. 예를 들어, "이 소리가 더 크다"는 식별이 "이 소리는 85dB이다"보다 더 쉽다.

3) 학습 및 기억 강화
   - 비교를 통해 특정 자극 간의 관계를 기억하기 쉽다. 이러한 관계는 맥락과 연결되어 더 오래 기억되며, 다시 떠올리기 쉽다.

4) 환경적 유연성
   - 절대식별은 정확한 기준(예: 1kg, 500Hz 등)이 필요하지만, 상대식별은 기준이 없어도 비교만으로 수행이 가능하다. 이는 사용자가 환경 변화나 조건의 차이에 영향을 덜 받게 한다.

5) 오류 가능성 감소
   - 절대식별은 사용자가 잘못된 기준을 기억하거나 혼동할 가능성이 높다. 반면, 상대식별은 비교 대상이 명확하므로 오류 발생 가능성이 낮다.

7. 1) 기술 기반 오류(skill-based error)는 주로 주의력이 부족한 상태에서 발생하는 에러이다. 예로 자동차에서 내릴 때 마음이 급해 창문 닫는 것을 잊고서 내리는 경우이다. 2) 규칙기반 오류(rule-based error)는 의도적 행동으로 규칙을 모르고 있거나 잘못 적용하여 발생하는 에러이다. 3) 지식기반 오류(knowledge-based error)는 추론 혹은 유추 과정이 잘못되어 발생하는 에러이다.

8. 인터렉션(interaction)은 시스템과 인간의 상호작용을 의미하며, 인간-컴퓨터 인터렉션을 포함하여 인간-시스템 인터렉션은 인터페이스(interface)를 통하여 이루어진다.

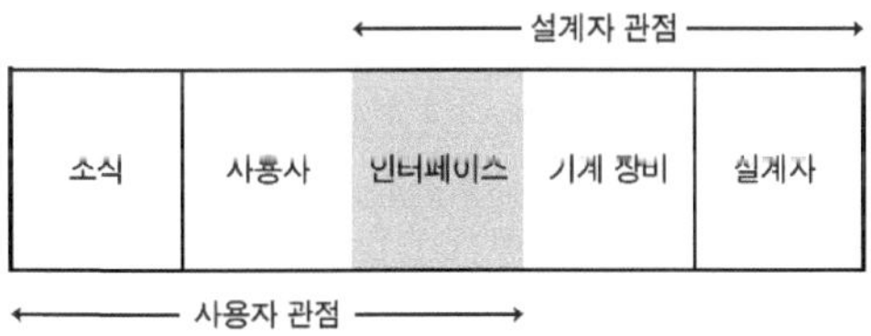

사용자 인터페이스는 사용자와 기계가 접촉하는 면으로, 시스템과 사용자 간 상호작용을 가능하게 하는 매개체이며 표시장치와 조절장치가 있다. 기능적(functional)일 뿐 아니라 안전하고 사용하기 쉬운 사용자 인터페이스를 만드는 것이 중요하다. 둘은 밀접한 관계를 가지며, 잘 설계된 UI(user interface)는 효과적이고 직관적인 인터랙션을 가능하게 한다. 이를 통해 사용자는 더 나은 경험과 높은 생산성을 얻게 된다.

9. 1) 생략오류(omission error): 작업 수행 과정에 필요한 조작이나 행동을 빠트리는 에러, 2) 실행오류(commission error): 작업 수행 과정에 필요한 조작을 하였으나 정확하게 수행하지 못한 경우의 에러, 3) 순서오류(sequence

error): 작업 수행 과정에 그 순서가 헷갈려서 순서를 바꾸어 작업을 수행하는 경우의 에러, 4) 시간오류(timing error): 작업 수행을 정해진 시간 이내에 완수하지 못한 경우의 에러. 지연 오류(delay error)라고도 한다.

10. 시스템 사용 중 사용자가 오류를 범하더라도 오류가 재해로 이어지지 않도록 안전장치를 장착하여 사고를 예방하는 것을 안전 설계(Fail-safe design)라 한다. 세 가지 설계 원리로는 1) 병렬체계(parallel system) 설계 (비행기 엔진을 2개 이상으로 설계), 2) 대기체계(standby system) 설계 (수술 중 정전에 대비해 병원에 자가 발전기를 대기), 3) 에러 복구(error recovery) 설계(윈도우 시스템의 휴지통 기능) 혹은 에러 정지 설계 (전기히터는 넘어지는 사고가 발생하면 위치 센서가 작동하여 전원이 자동으로 차단)가 있다.

11. 1) 사고 원인 규명
    - 사고 발생의 직접적, 간접적, 근본 원인을 파악하여 문제의 근본적인 해결 방안 마련.
    - 예: 장비 결함, 절차의 부재, 교육 부족 등 사고의 원인을 조사.
  2) 재발 방지
    - 동일하거나 유사한 사고가 반복되지 않도록 예방 대책을 수립.
    - 재발 방지를 위해 절차나 시스템을 개선하고, 안전 교육 강화.
  3) 안전 관리 체계 개선
    - 사고 조사 결과를 바탕으로 기존의 안전 관리 시스템의 약점과 결함을 확인하고 개선.
    - 사고의 패턴과 통계를 분석해 장기적인 안전 관리 전략 수립.
  4) 법적·윤리적 책임 충족
    - 사고가 발생했을 때 법적 책임을 명확히 하고, 관계자들의 책임 소재 규명.
    - 윤리적 관점에서 사고 피해자의 권리를 보호하고, 적절한 보상 제공.
  5) 조직 학습 및 안전 문화 확립
    - 사고 사례를 조직 내 교육 자료로 활용하여 전 직원의 안전 의식 제고.
    - 사고 조사 결과를 공유하여 전반적인 안전 문화를 구축하고 지속적 강화.

12. 1) ① 근골격계부담작업의 유해요인, ② 근골격계질환의 징후 및 증상, ③ 근골격계질환 발생 시 대처 요령, ④ 올바른 작업 자세 및 작업 도구, ⑤ 작업 시설의 올바른 사용 방법, ⑥ 그밖에 근골격계질환 예방에 필요한 사항, ⑦ 유해요인조사 및 그 결과, 조사 방법 등.
  2) ① 착암기, ② 동력을 이용한 해머, ③ 체인톱, ④ 엔진커터, ⑤ 동력을 이용한 연삭기, ⑥ 임팩트 렌치, ⑦ 그 밖에 진동으로 인하여 건강장해를 유발할 수 있는 기계·기구

13. 인간-기계 시스템 신뢰도: 병렬 연결이므로, R = 1-(1-0.6)(1-0.8) = 0.92

<2교시>

1. 1) 실수(slip): 실수는 주로 주의력이 부족한 상태에서 발생하는 에러이므로 안전에 필요한 지식, 기술과 태도에 대한 적절한 직무 교육, 훈련이 이루어져야 한다.
  2) 건망증(lapse): 건망증은 단기기억의 한계로 인해 기억을 잊어 해야 할 일을 하지 못해 발생하는 에러이므로 작업자에게 직무 수행 내용에 관해 상세히 숙지시킨다.
  3) 착오(mistake): 착오는 규칙기반 및 지식기반 착오가 있으며 잘못된 지식으로 인해 발생하는 에러이므로 안전에 필요한 올바른 지식에 의거하여 적절한 직무 교육, 훈련이 이루어져야 한다.
  4) 위반(violation): 인간은 의도적으로 때로 안전 규칙을 무시한 채 행동할 수 있다. 안전

행동을 수행하도록 하는 동기부여와 그렇지 않을 때의 벌칙 등을 작업자가 숙지하도록 한다.

2. 1) 단기간 작업: 2개월 이내에 종료되는 1회성 작업
   간헐적인 작업: 연간 총 작업일수가 60일을 초과하지 않는 작업
   하루: 「근로기준법」 제2조제1항제7호에 따른 1일 소정근로시간과 1일 연장근로시간 동안 근로자가 수행하는 총 작업시간
   2시간 이상: '하루' 중 근로자가 근골격계 부담작업 11종의 각 호에 해당하는 작업을 실제로 수행한 시간을 합산한 시간이 2시간 이상임을 의미함.
   2) 납땜 작업은 임의로 자세를 바꿀 수 없는 조건에서 목을 구부린 자세로 2시간 이상 작업을 하기 때문에 제4호에 해당됨. 또한, 반복적으로 손과 손목을 사용하여 하루 2시간 이상 작업을 하기 때문에 분당 10회 이상 반복이 있는 경우 제2호에 해당될 수 있음.
   3) 개선방안: ① 목을 구부리는 작업자세를 개선하기 위해 작업물의 위치를 높이거나 작업물의 각도를 기울여 목을 구부리지 않고 작업할 수 있도록 함, ② 작업을 천천히 하도록 하여 손과 손목의 반복적인 사용을 분당 10회 미만으로 함, ③ 위의 개선 방안이 적용 불가능 한 경우, 작업-휴식시간 조정, 순환근무 등을 통하여 하루 중 총 작업시간을 2시간 미만으로 함.

3. 1) 공평한 사용에 대한 배려
   - 모든 사용자들에게 같은 정도의 사용성을 제공한다.
   - 특정 사용자층을 차별하지 않도록 한다.
   - 모든 사용자들에게 동등한 수준의 프라이버시, 보안성, 안전성을 제공한다.
   - 사용자의 연령, 체격 및 신체 기능 차이 등에 영향을 받지 않고 누구나 사용할 수 있도록 한다.
   2) 사용상의 유연성 확보
   - 사용 방법의 여러 가지 대안을 제공한다.
   - 오른손잡이와 왼손잡이 모두 사용할 수 있도록 한다.
   - 사용자 동작에 대해 높은 정확성과 정밀도가 유지되도록 설계한다.
   - 사용자의 속도에 대한 적응성을 고려하여 설계한다.
   3) 간단하고 직관적인 사용
   - 불필요한 복잡성을 제거한다.
   - 사용자의 예상과 직관에 일치하게 설계한다.
   - 다양한 수준의 읽고 쓰는 능력 및 언어 능력을 수용할 수 있도록 설계한다.
   - 중요도에 따라 정보를 배열한다.
   - 작업 수행 중 및 종료에 대한 효과적인 피드백 정보를 제공한다.
   4) 정보 전달에 대한 배려
   - 중요한 정보의 중복적인 제시를 위하여 (시각적, 청각적, 촉각적 방법과 같은) 다른 정보 제시 방법을 사용한다.
   - 중요한 정보와 그 배경 사이에 적당한 대비(contrast)를 고려한다.
   - 중요 정보의 가독성(legibility)을 최대화한다.
   - 감각 장애를 갖는 사람들이 사용하여 온 다양한 방법이나 장치들과의 양립성(compatibility)에 모순되지 않도록 설계한다.
   5) 사고와 오조작의 방지
   - 위험과 실수를 최소화하도록 구성 요소들을 배열한다. 즉, 가장 자주 사용되는 구성 요소들은 가장 접근하기 쉬운 곳에 배열하고, 위험한 구성 요소는 제거하거나 분리하거나 덮개를 만들어 준다.
   - 위험과 실수에 대한 경고를 제공한다.

- 주의가 요구되는 작업에서 무의식적인 행위가 발생되지 않도록 설계한다.

6) 육체적 부담의 최소화
- 사용자가 편안한 자세를 유지하도록 한다.
- 적정한 수준의 힘으로 조작할 수 있도록 설계한다.
- 반복 행위를 최소화한다.
- 지속적인 육체적 노력의 요구를 최소화되도록 설계한다.

7) 적당한 크기와 공간의 확보
- 중요한 부분에 대해서는 앉거나 선 자세의 사용자가 명확히 볼 수 있도록 설계한다.
- 모든 구성 요소에 대해 앉거나 선 자세의 사용자가 편안하게 닿을 수 있도록 한다.
- 손과 손잡이 크기는 연령, 성별 등에 따른 변동을 고려하여 설계한다.
- 보조 장치나 개인적 도구 사용을 위한 적당한 공간을 제공한다.

4. 1) 본질위험지수(intrinsic hazard score, IHS): 수행업무 자체가 본질적으로 어느 정도 위험을 내재하고 있는지를 표시하는 점수.

2) 위험취약지수(intrinsic vulnerability score, IVS): 수행업무의 성격에 따라 업무에 내재된 본질위험이 외부로 표출될 수 있는지를 표시하는 점수.

3) 계층적 작업분석(hierarchical task analysis, HTA): 작업의 전반적인 평가대상을 규정하고 대상작업에 대한 하위작업을 기능적인 순서에 따라 단계적으로 분류하여 하위작업을 평가하는 기법.

4) 실수관리 제어분석(error management control analysis, EMCA): 작업자 실수 발생 가능성과 그에 따른 영향을 분석하고 관리 방안을 제시하는 기법.

5) 작업영향요소(performance influencing factor, PIF): 작업절차의 신뢰성, 훈련의 효율성 등 실수 발생 가능성에 영향을 미치는 관리적 인자. 작업자 실수에 영향을 미치는 요인들(피로, 스트레스 등).

5. 1) F.G.I.(focus group interview): 초점집단면접법이라고도 하며 특정 주제에 대해 소수의 대상자들을 대상으로 집중적으로 토론 및 질문을 통한 그룹 인터뷰 기법으로, 제품/서비스 개발, 마케팅 전략 수립 등 다양한 목적으로 활용 가능하다. 보통 1시간 30분에서 2시간 정도 걸리며, 응답자들 간의 상호작용을 통하여 유익한 정보가 도출되어야 하므로 진행자는 응답자 전원이 자유스러운 분위기에서 자신의 의견을 말할 수 있도록 유도해야 한다. 대화에 의해 자료가 수집되므로 진행자의 대인간 커뮤니케이션 능력과 청취 능력, 응답자 발언에 이은 탐사 질문 능력이 요구된다. 또한, FGI에 참여하는 참여자들의 속성이 균일해지도록 참여자를 선정하는 것이 중요하다.

2) 사용성 평가실험(usability laboratory testing): 사용성 평가의 대표적인 방법으로 피실험자에게 평가 대상 제품을 이용하는 일련의 과제를 수행하게 하고, 그 수행 결과를 정량적 지표로 계측·기록하여 이를 바탕으로 사용성을 평가한다. 즉, 통제된 환경에서 정량적, 정성적 데이터를 종합적으로 수집하여 제품의 사용성을 객관적이고 과학적으로 평가할 수 있는 방법이다. 이 방법으로 사용성을 평가하려면 실험계획에 대한 지식이 어느 정도 있어야 하며, 실험실과 장비에 대한 비용이 많이 드는 단점이 있다. 평가 대상 제품의 사용자 그룹을 대표할 수 있는 피실험자의 선정이 쉽지 않고, 실험 수행과 자료 분석에 많은 시간이 소요된다.

3) 설문조사와 인터뷰(survey and interview): 다수의 사용자에게 동일한 질문을 수행하는 방법으로, 설문 문항을 통해 사용자들이 필요로 하는 유용한 정보를 얻을 수 있

다고 생각되는 경우 사용한다. 이 방법에서는 설문조사 대상자나 인터뷰 대상자의 추출이 중요하다. 평가 대상 제품을 사용하는 집단을 대표할 수 있어야 하고, 통계적 정확도를 만족할 수 있는 대상자 수가 확보되어야 한다. 설문조사 및 인터뷰법은 간단하여 사용하기 쉽고 시간과 비용이 절감되나, 조사 참여자의 응답 신뢰성에 따라 평가 결과가 달라질 수 있는 문제가 있다.

4) 관찰 에스노그라피(observer ethnography): 그리스어로 사람들(Ethnos)과 기록(Grapho)의 합성어로 현장조사, 관찰조사라고도 불리며 다음과 같은 순서로 진행된다. 첫째, 관찰자는 가능한 한 일상 행동을 방해하지 않도록 관찰한 내용을 메모하거나, 카메라, 비디오카메라 등을 이용하여 일상에서의 자연스러운 사용자의 행동을 관찰한다. 둘째, 기록된 내용을 바탕으로 사용 순서나 사용 방법 등 조사하고자 하는 대상을 파악한다. 셋째, 위에서 파악된 내용을 바탕으로 평가 대상 제품의 문제점이나 사용자 요구사항 등을 추출한다.

이 방법은 현실감 있는 자료를 얻을 수 있는 장점이 있으나 비용과 시간이 많이 소요된다. 또한, 관찰 결과를 평가자에 따라 다르게 해석할 수도 있다.

6. 1) 설치: 상시근로자 20명 이상의 사업장이거나 공사 금액 20억 원 이상의 공사현장, 청소원, 경비원 등 취약 직종 근로자를 2명 이상 고용한 상시근로자 10인 이상의 사업장일 경우 설치해야 한다.

2) 관리 기준: 크기, 위치, 그 외 기타 사항으로 구분이 된다.

① 크기 기준: 크기의 경우 최소 바닥면적은 6제곱미터이며 바닥에서 천장까지의 높이는 2.1미터 이상이어야 한다. 다만 근로자의 휴식 주기, 이용자 성별, 동시 사용 인원 고려하여 최소면적은 근로자 대표와 협의하여 최소면적을 변경할 수가 있다.

② 위치: 위치의 경우 근로자가 이용하기 편리하고 가까운 곳을 기준으로 마련을 해야 하는데 휴게시설까지의 왕복 이동거리는 휴식시간의 20%를 넘지 않는 곳으로 지정을 해야 하며, 화재, 폭발 등의 위험이 있는 장소, 유해 물질을 취급하는 장소, 그리고 인체에 해로운 분진, 소음 등이 노출되는 장소는 제외하여야 한다.

③ 그밖에 관리 기준: 적정온도 18~25도를 유지할 수 있는 냉난방 기능이 갖춰진 장소여야 하며, 습도 역시 50%~55%를 유지할 수 있는 습도 조절 기능이 갖춰진 장소여야 한다.

<3교시>

1. 1) 버튼: 한 손가락 끝으로 눌러서 on/off와 같이 두 가지 모드 선택

2) 똑딱 스위치 (toggle switch): 한개 혹은 두 개 손가락으로 두 가지 혹은 세 가지 위치 중 하나를 선택할 수 있는 장치

3) 회전 전환 스위치: 엄지와 검지를 사용하여 돌려서 여러 가지 위치 중 하나를 선택하는 장치

4) 꼭지(knob): 2개 혹은 3개 손가락을 사용하여 원통형 장치를 돌려서 연속적인 조절을 하는 제어장치

2. 1) 점유비율 및 누적비율

증상 종료	발생 빈도	점유 비율	누적 비율
근막통증 증후군	5	5.0%	5.0%
요통	10	10.0%	15.0%
반월성 연골파열	15	15.0%	30.0%
수근(손목뼈)관 증후군	20	20.0%	50.0%
어깨회전근개파열	50	50.0%	100.0%
Total	100	100.0%	

- Pareto Chart

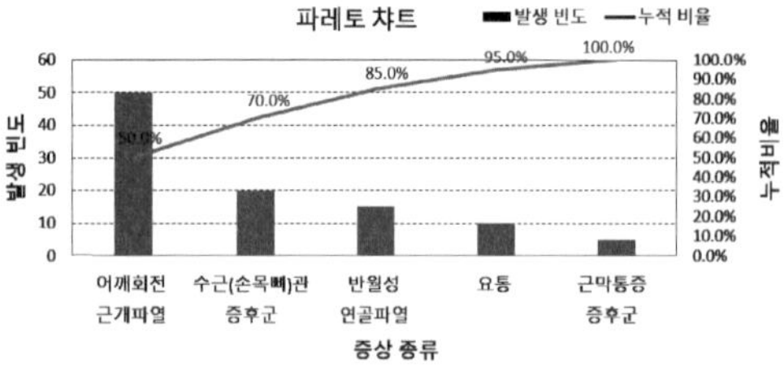

2) 가. 어깨관절 회전근개 파열: 어깨 주위 근육들(극상근, 극하근, 소원근, 견갑하근 등)이 손상되거나 파열되는 질환. 증상으로는 ① 팔을 들어올리기는 편하지만 내릴 때 힘이 빠지고, ② 팔을 들어 올릴 때 어깨가 같이 올라가는 현상이 발생하고, ③ 낮에는 덜하다가 밤에 잠을 잘 때 통증이 심해지고, ④ 어깨에 뭔가 걸리는 듯한 느낌이 들며, ⑤ 팔을 등 쪽으로 돌릴 때 통증이 느껴지고, ⑥ 근력 약화와 움직임 제한으로 일상생활에 불편함이 발생한다. 원인으로는 장시간 반복적으로 팔을 위로 올리는 동작, 어깨 힘줄의 퇴행성 변화나 심한 외부 충격 등으로 발생할 수 있다.

나. 수근관 증후군: 수근관을 지나는 정중신경의 압박이나 손상으로 일어나는 질환으로, 증상으로는 ① 손의 힘이 빠지거나, ② 정중신경 분포 부위인 첫째, 둘째, 셋째 손가락의 감각 이상이 있다. 원인으로는 반복적이고 지속적인 손목의 압박, 무리한 힘, 부자연스러운 굽힘 자세로 인해 정중 신경에 압박을 주는 것이 주요 원인이다.

3. 1) FTA는 기본적인 기호를 사용해 결함나무(fault tree)를 작성한 후 논리적 계산에 의해 사건 발생 확률 등을 계산하는 시스템 안전분석 기법 중 하나이다. 정량적, 연역적 분석 방법으로서, 사건의 결과로부터 시작해 원인이나 조건을 찾아나간다. 장점으로는 ① 사고원인 규명의 간편화/일반화/정량화, ② 노력, 시간의 절감(컴퓨터 그로그램 사용 시), ③ 시스템의 결함 진단 가능, ④ 안전점검 Check List 작성이 있다. 단점으로는 ① 숙련된 전문가 필요, ② 시간 및 경비의 소요(정성적인 방법에 비해), ③ 고장율 자료확보 필요, ④ 단일 사고의 해석만 가능하여 예상치 못한 사고 또는 사소한 위험성은 간과할 수 있고, ⑤ 논리 게이트 선택을 매우 신중하게 해야 한다는 점이 있다.

2) A는 가연물, 산소, 점호원이 모두 있어야 화재가 발생하므로 AND 게이트로 연력되고, B는 불꽃 등 점화원들 중 어느 하나라도 있으면 점화가 되기 때문에 OR 게이트로 연결한다.

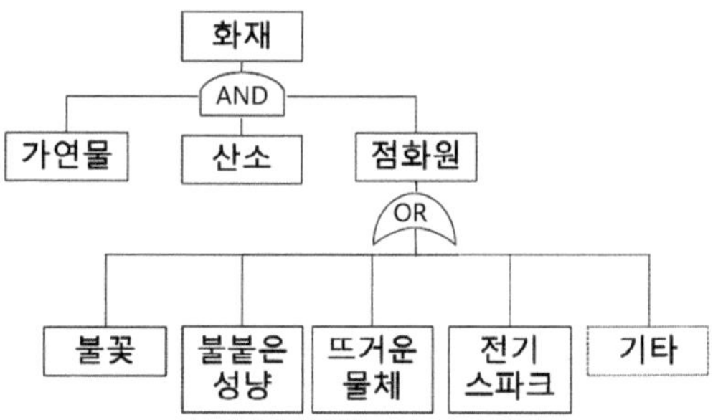

4. 1) ① 재해예방에 필요한 인력 및 예산 등 안전보건관리체계의 구축 및 그 이행에 관한 조치, ② 재해 발생 시 재발방지 대책의 수립 및 그 이행에 관한 조치, ③ 중앙행정기관·지·방자치단체가 관계 법령에 따라 개선, 시정 등을 명한 사항의 이행에 관한 조치, ④ 안전·보건 관계 법령에 따른 의무이행에 필요한 관리상의 조치

2) ① 작업 중지, 근로자 대피, 위험요인 제거 등 대응조치, ② 중대산업재해를 입은 사람에 대한 구호조치, ③ 추가 피해방지를 위한 조치

3) ① 유해·위험요인을 확인하여 개선하는 업무절차를 마련하고, 해당 업무절차에 따라

유해·위험요인의 확인 및 개선이 이루어지는지 점검, ② 안전보건관리책임자등이 해당 업무를 충실하게 수행하는지를 평가하는 기준을 마련하고, 그 기준에 따라 평가·관리, ③ 사업 또는 사업장의 안전·보건에 관한 사항에 대해 종사자의 의견을 듣는 절차를 마련하고, 그 절차에 따라 의견을 들어 재해 예방에 필요하다고 인정하는 경우에는 그에 대한 개선방안을 마련하여 이행하는지 점검, ④ 사업 또는 사업장에 중대산업재해가 발생하거나 발생할 급박한 위험이 있을 경우를 대비하여 조치에 관한 매뉴얼을 마련하고, 해당 매뉴얼에 따라 조치하는지 점검, ⑤ 제3자에게 업무의 도급, 용역, 위탁 등을 하는 경우에는 종사자의 안전·보건을 확보하기 위해 기준과 절차를 마련하고, 그 기준과 절차에 따라 도급, 용역, 위탁 등이 이루어지는지 점검, ⑥ 안전·보건 관계 법령에 따른 의무를 이행했는지를 반기 1회 이상 점검, ⑦ 안전·보건 관계 법령에 따라 의무적으로 실시해야 하는 유해·위험한 작업에 관한 안전·보건에 관한 교육이 실시되었는지 점검

5.

자극 \ 반응	박스 1	박스 2	박스 3	계
●		35		35
▲	17			17
■		25	23	48
계	17	60	23	100

자극 정보량 $H(x) = 0.35\log_2(1/0.35) + 0.17\log_2(1/0.17) + 0.48\log_2(1/0.48) = 1.473$bit

반응 정보량 $H(y) = 0.17\log_2(1/0.17) + 0.6\log_2(1/0.6) + 0.23\log_2(1/0.23) = 1.365$bit

결합 정보량(자극 정보량과 반응 정보량의 합집합) $H(x, y) = 0.35\log_2(1/0.35) + 0.17\log_2(1/0.17) + 0.25\log_2(1/0.25) + 0.23\log_2(1/0.23) = 1.953$bit

전달된 정보량 $T(x, y) = H(x) + H(y) - H(x, y) = 1.473 + 1.365 - 1.953 = 0.885$bit

손실 정보량(loss) $= H(x) - T(x, y) = 1.473 - 0.885 = 0.588$bit

소음(noise) 정보량 $= H(y) - T(x, y) = 1.365 - 0.885 = 0.48$ bit

6. ① 사물인터넷(Internet of Things, IoT)은 각종 사물(가전제품, 모바일 장비 등)에 센서와 통신 기능을 내장하여 인터넷에 연결하는 기술이다. 즉, 무선 통신을 통해 각종 사물을 연결하는 기술을 의미한다. 한편, 인공지능(Artificial Intelligence, AI)은 인간의 학습능력, 추론능력, 지각능력을 인공적으로 구현하려는 컴퓨터 과학의 세부분야 중 하나로서, 인간의 지능을 모방한 기능을 갖춘 컴퓨터 시스템이며, 인간의 지능을 기계 등에 인공적으로 시연(구현)한 것이다.

② 약인공지능은 사진에서 물체를 찾거나 소리를 듣고 상황을 파악하는 것과 같이 기존에 인간은 쉽게 해결할 수 있으나 컴퓨터로 처리하기에는 어려웠던 각종 문제를 컴퓨터로 수행하게 만드는데 중점을 두고 있다. 현실적으로 실용적인 목표를 가지고 개발되고 있는 인공지능으로서 특정한 문제를 해결하는 도구로써 활용된다.

③ 강인공지능(strong AI) 또는 인공 일반 지능(artificial general intelligence, AGI)은 인간처럼 실제로 사고하여 문제를 해결할 수 있는 "일반 지능"을 인공적으로 구현하려는 시도이다. 최근 이 분야의 연구는 주로 미리 정의된 규칙 모음을 이용해서 지능을 흉내내는 컴퓨터 프로그램을 개발하는 것에 맞추어져 있다.

④ 초인공지능은 창의성과 지적 능력을 비롯한 모든 분야에서 인간의 지능을 크게 능가하며, 스스로 자기 개선이 가능한 단계이다.

<4교시>

1. 1) ① 가독성: 얼마나 쉽게 읽을 수 있는지를 나타내는 정도. 각 문자나 숫자가 다른 것과 구별되게 하는 속성으로, 변별성과 같은 개념으로 획폭, 글자체, 대비, 조명 등의 요인에 영향을 받는다.
   ② 명시성: 먼 거리에서 잘 보이는지를 나타내는 정도. 두 가지 이상의 색·선·모양을 대비시켰을 때, 금방 눈에 띄는 성질로써 명도, 채도, 색상차가 큰 색일수록 명시성이 높다.

   2)

가독성 분류	숫자 또는 기호
매우 가독성 좋음	5
좋음	4
적절	3
부적합	2
가독성 떨어짐	1
사용금지	-

→ 글자색

↓ 바탕색	검정	초록	파랑	빨강	주황	노랑	흰색
흰색	5	4	3	3	2	-	-
노랑	4	3	2	3	1	-	-
주황	2	1	1	1	-	1	1
빨강	2	1	-	-	-	1	2
파랑	-	-	1	1	1	2	3
초록	-	-	1	1	1	2	3
검정	-	-	1	1	2	3	4

(Alexander, D.C., The practice and management of industrial ergonomics, Prentice-Hall, 1986.)

2. 1) 수동 시스템: 수공구나 기타 보조물로 이루어지며 자신의 신체적인 힘을 동력원으로 사용하여 작업을 통제하는 인간 사용자와 결합된다. 예로는 연필을 사용하는 학생, 가위로 옷감을 재단하는 재단사, 삽질하는 작업자 등.
   2) 기계화 시스템(반자동 시스템): 동력원을 사용하는 여러 가지 공작기계처럼 동력은 기계가 생성하여 전달하며, 조작자는 제어장치를 사용하여 동력을 조정하거나 통제하는 것이다. 예로는 자동차 운전이나 전기 드릴 작업 등.
   3) 자동 시스템: 사람이 거의 관여하지 않아도 모든 조작 기능을 실행하는 시스템을 말한다. 사람은 설계, 설치, 프로그램 작성 및 수정, 유지 보수 작업수행. 예로는 자동으로 움직이는 산업용 로봇이나 자동으로 운용되는 화학공장 등.

3. 1) 환경적 요인(environmental Ffactors): 작업장 내부 환경뿐만 아니라 날씨, 지형 등의 주변 환경을 포함하는 물리적 환경과, 작업 장비의 배치나 공정의 자동화 의존도 등의 요소를 의미하는 기술적 환경으로 분류된다.
   2) 표준 이하(substadard) 작업자 상태(condition of operators)
   ① 좋지 않은(adverse) 정신상태: 안전하지 않은 행위로 이끌도록 의사결정에 부정적인 영향을 미치거나 기여하는 상황인 지력 상실, 안주, 정신적 피로, 산만, 서두름, 신체주기교란, 잘못된 동기부여, 업무 포화 등을 의미한다.
   ② 좋지 않은 생리적 상태: 작업수행에 영향을 미쳐 결과적으로 안전을 저해할 우려가 있는 개인의 의학적 이상상태 즉, 질병상태나 생리적 상태를 의미한다. 생리적 손상, 질병, 생리적 무능력, 신체적 피로 등을 포함한다.
   ③ 신체적/정신적 한계: 필요한 감각적 정보를 사용할 수 없거나 개인이 운용할 수 있는 소질, 기술, 시간이 없을 경우를 의미한다. 불충분한 반응시간, 시각적 한계, 부적합한 지능/태도, 부적합한 신체적 능력 등을 포함한다.

3) 표준 이하 인적 요인(personal factors)

① 인적자원관리(crew resource management: CRM): 작업자들 간의 커뮤니케이션 실패를 방지하기 위한 시스템을 포함한다. 백업 실패, 커뮤니케이션/협조 실패, 적절한 보고 실패, 모든 가용한 자원 미사용, 리더십 실패 등이 포함된다.

② 개인의 준비(personal readiness): 규정이나 규율로 정해져 있지 않아도 안전한 작업을 수행하기 위해 개인이 기꺼이 준비해야 할 항목들을 의미한다. 과도한 신체적 훈련, 자가 치료(self-medicating), 종업원 휴식 요구 사항 위반 등을 포함한다.

4\. 1) 하인드사이트 바이어스(hindsight bias): 사후 과잉 확신 편향으로 번역되기도 하는데, 어떤 사건의 결과를 알고 난 후 마치 처음부터 그 일의 결과가 그렇게 나타날 것이라는 걸 알고 있었던 것처럼 생각하는 경향을 말한다. 사고가 어떤 독립적인 인간 실수로 유발되었다고 간단히 단정하는 것은, 결과를 알고 나면 그 결과를 유발한 과정에 대한 우리의 판단을 어느 한 쪽으로 편향되게 하기 때문이다.

2) 장점: 첫째, 사고 현장 환경에서부터 현장 스태프, 기업 경영진, 기업, 관계 당국, 정부 및 이들 관련자 간 상호작용 등 시스템 전반에 걸친 사고 원인에 대한 더 깊은 이해를 제공한다. 둘째, 사고에 관련된 모든 요인이 분석되어 사고 분석 결과를 바탕으로 한 예방 대책 수립이 용이하고 그 대책이 효과적이다. 셋째, 도미노 이론과 같은 단순한 순서적(sequential) 기법으로는 설명할 수 없었던 쓰리마일 아일랜드, 체르노빌 원자력 발전소 사고, 인도 보팔 화학공장 폭발 사고와 같은 대형 산업재해를 적절하게 설명할 수 있게 한다. 넷째, 대부분의 사고는 운용자 실수로 유발되며 안전한 행동은 보상하고 불안전한 행동은 처벌하면 사고를 제거하거나 유의하게 줄일 수 있다고 가정하는 전통적 안전(안전-I) 관점에서 운용자 행동은 행동이 일어나는 환경의 결과이기 때문에 운용자 실수를 줄이려면 운용자가 일하고 있는 환경을 변화시켜야 한다는 안전-II의 관점으로 전환이 가능하게 한다.

단점: 첫째, 분석 대상 시스템 및 컨트롤 이론, 시스템 다이내믹스 등과 같은 분야에 대한 깊은 지식과 기법 사용에 관한 상당한 훈련이 필요하다. 둘째, 전통적 기법에 비하여 분석에 많은 시간이 소요된다. 셋째, 유용한 자원으로부터 구하기 어려운 시스템 전반에 대한 많은 자료를 요구한다.

3) 인적 오류가 사고의 원인이라고 보는 관점(예: 하인리히는 불안전 행동이 전체 사고의 88%를 차지한다고 주장하였음)은 경영, 조직적 원인과 같은 간접 원인은 배제한 채 말단의 장비 고장이나 인간 실수 등의 직접 원인을 찾는 데 초점이 맞추어지는 경향이 있다. 적절한 비난 대상이나 대상자, 즉 불안전 상태나 불안전 행동과 같은 직접 원인을 찾게 되면 사고 조사나 분석을 멈추는 경우가 많아, 사고가 일어난 과정에 대한 피상적 설명만 하게 된다. 따라서 사고로부터 중요한 교훈을 얻어 이를 바탕으로 더 효과적인 사고 방지 대책을 수립할 수 있는 기회를 상실하게 된다. 반면, 인적 오류는 사고의 원인이 아니라 사고의 결과라고 사고를 바라보는 관점은 인적 오류를 범하여 사고를 직접적으로 촉발한 비난 대상을 찾기보다는 시스템 전반에 걸쳐 사고를 유발한 원인을 찾는데 초점을 두게 되어 사고의 객관적 분석과 함께 효과적 예방 대책 수립이 가능하게 된다. 즉, 인적 오류는 오류가 일어난 환경의 결과로 보고 운용자가 일하고 있는 환경/시스템을 변화시키게 된다.

5. 1) 구성요소: 척추(spine)는 인체의 지주를 이루는 긴 골격으로, 경추(cervical vertebrae) 7개, 흉추(thoracic vertebrae) 12개, 요추(lumbar vertebrae) 5개, 천추(sacral vertebrae) 미추(coccygeal vertebrae)로 구성되어 있다.

2) 구조: 척추는 측면에서 보면 경부와 요부가 만곡되어 있는데 이를 경부만곡(cervical curvature)과 요부만곡(lumbar curvature)이라 하며 앞으로 만곡되어 있어 전만이라고 한다. 흉부와 천미부가 만곡되어 있는 것을 흉부만곡(thoracic curvature)과 천부만곡(sacral curvature)이라 하며 뒤로 만곡되어 이를 후만이라 한다. 척추골 사이에는 추간원판 (intervertebral disc)가 있으며, 섬유조직으로 젤리와 같은 모양의 수액이 들어있어 충격 흡수작용을 하지만, 감당할 수 없는 압력이 가해지거나 혹사하게 되면 척추 뒤쪽으로 돌출하게 되는데 이를 추간원판탈출증이라 한다.

6. 1) ① 목표 명확성(Goals)

- 사용자가 수행하려는 목표가 시스템 내에서 명확히 정의되고 지원되는지 평가.
- 목표는 구체적이고 달성 가능한 형태로 설계.

② 연산자 효율성(Operators)

- 사용자가 목표를 달성하기 위해 수행하는 기본 작업(클릭, 입력, 선택 등)이 효율적인지 평가.
- 연산자가 과도하거나 복잡하지 않은지 검토.

③ 방법 일관성(Methods)

- 동일한 목표를 달성하는 방법이 일관되게 적용되는지 평가.
- 사용자가 방법을 쉽게 예측할 수 있어야 함.

④ 선택 규칙 적합성(Selection Rules)

- 여러 방법 중 하나를 선택하는 규칙이 명확하고 합리적인지 평가.
- 상황에 따른 선택 규칙이 혼동을 일으키지 않는지 확인.

⑤ 작업 성능 효율성

- 전체 작업 과정이 시간과 노력 측면에서 효율적인지 분석.
- 불필요한 단계나 과업이 있는지 평가.

2) ① 작업 단계 최소화

- 목표를 달성하는 데 필요한 작업 단계를 줄이고 단순화한다.
- 불필요한 클릭이나 복잡한 입력 과정을 제거한다.

② 일관된 사용자 인터페이스 제공

- 동일한 목표를 달성하는 방법이 인터페이스 전반에서 일관되게 유지되도록 설계한다.
- 시각적 요소와 인터랙션 패턴을 표준화한다.

③ 학습 곡선 단축

- 직관적인 디자인을 통해 사용자가 시스템을 쉽게 학습할 수 있도록 지원한다.
- 초보자와 전문가 모두에게 적합한 유연성을 제공한다.

④ 사용자 피드백 제공

- 작업 과정에서 사용자에게 명확한 피드백을 제공하여 진행 상황을 알 수 있도록 한다.
- 오류가 발생했을 때 복구 방법을 명확히 안내한다.

⑤ 상황에 따른 적응형 설계

- 사용자의 작업 상황이나 목표에 따라 인터페이스가 적응하도록 설계한다.
- 자주 사용하는 작업은 더욱 간단하게 수행할 수 있도록 단축키나 바로가기를 제공한다.

2) Norman의 실행-평가 모델은 기본적으로 실행과 평가의 과정을 거치며, 세부적으로 7단계로 나눌 수 있다. 인간과 기계의 상호작용을 Norman의 실행-평가 모델을 이용하여 다음과 같이 행위의 7단계로 설명한다. 목표의 설정(1단계)은 사용자가 목표를 설정하는 단계로 아직 형식화가 덜 되어 있는 상태이다. 따라서 의도의 형식화에서 이를 구체적으로 형식화한다(2단계). 그리고 행동의 순서(명세)를 정하여(3단계) 실행하면(4단계) 기계 시스템이 변화를 보이는데 사용자는 그 변화를 지각하고(5단계), 지각한 내용을 해석한 후(6단계), 원래 사용자 목표와 비교(즉, 평가)하여(7단계) 평가 결과에 만족하면 작업을 끝내고 그렇지 않으면 새로운 목표를 만들어 이 과정을 반복한다. 이러한 7단계를 PDS로 구분하면 다음과 같다.

PDS	노만(Norman)의 행위 7단계
Plan	1. 목표 설정 2. 의도 형성 3. 행위 단계의 구체화
Do	4. 행위 실행
See	5. 결과 지각 6. 결과 해석 7. 평가

2024년도 인간공학기술사 필기시험 답안

<1교시>

1. 1) 휴먼에러의 정의: 인간(근로자)이 주어진 과업 수행 과정에 발생하는 여러 형태의 기준을 벗어난 행동을 휴먼에러라고 정의할 수 있다.
   2) Swain의 휴먼에러 분류
      ① 누락에러: 과업 완수에 필요한 행위를 빠트리고 수행하지 않은 에러
      ② 작위에러: 과업 완수에 필요한 행위를 빠트리고 수행하지 않은 에러
      ③ 시간에러: 과업 완수에 필요한 수행시간을 제한된 시간 내에 완수하지 못한 에러
      ④ 순서에러: 과업 완수에 필요한 행위의 순서를 올바르게 하지 못한 에러
      ⑤ 불필요한 수행에러: 과업 완수에 요구되지 않는 불필요한 행위를 하는 에러

2. primary, secondary, command errror 구분은 control theory로부터 유래되었다. 이를 휴먼에러로 적용한다면,
   ① 초기단계 에러: 근로자 자신의 본래적 원인으로 부터 발생한 에러
   ② 2차단계 에러: 근로자 작업 수행 과정에 1차 오류로부터 파생되거나 혹은 외부 요인에 의해 유발되는 에러
   ③ 수행단계 에러: 근로자는 문제없으나 외부의 신호나 지시, 혹은 시스템 결함 등으로 인해 발생하는 휴먼에러

3. 1) 폭언 등을 하지 않도록 요청하는 문구 게시 또는 음성 안내
   2) 고객과의 문제 상황 발생 시 대처방법 등을 포함하는 고객응대업무 매뉴얼 마련
   3) 고객응대업무 매뉴얼의 내용 및 건강장해 예방 관련 교육 실시
   4) 그 밖에 산업안전보건법에 따른 고객응대 근로자의 건강장해 예방을 위하여 필요한 조치

4. 사업주는 근로자가 근골격계부담작업을 하는 경우에 다음 각 호의 사항을 근로자에게 알려야 한다 (산업안전보건기준에 관한 규칙 제661조): ① 근골격계부담작업의 유해요인, ② 근골격계질환의 징후 및 증상, ③ 근골격계질환 발생 시 대처 요령, ④ 올바른 작업 자세 및 작업 도구, ⑤ 작업 시설의 올바른 사용 방법, ⑥ 그 밖에 근골격계질환 예방에 필요한 사항, ⑦ 유해요인조사 및 그 결과, 조사 방법 등.

5. 에너지원(탄수화물, 지방, 단백질)은 혈당과 근당으로 변환되어 세포 내에 있다가 대사과정을 거치며 피루브산 형태로 산소와의 작용을 통해 열과 에너지를 얻고 부산물로 이산화탄소와 물이 발생한다. 이를 유기성 대사과정이라 한다.

   이때 작업이 과도하면 유기성 대사에 요구되는 산소가 충분히 공급되지 않아, 불가피하게 산소 없는 상태에서 수소만으로 열과 에너지를 얻는 무기성 대사가 이루어진다. 이때 신체 내에는 피로물질인 젖산이 쌓이게 된다.

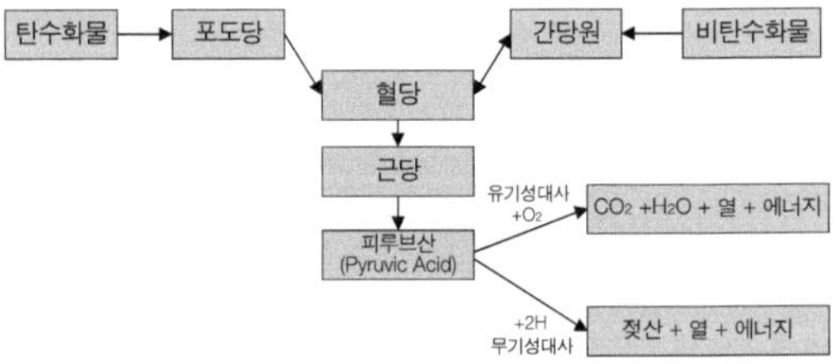

6. 1) ISO는 사용성을 다음과 같은 세 가지 측면에서 측정·평가한다.
      ① 효과성(effctiveness): 시스템의 사용목표 달성을 위한 해당 기능이 존재하고 그 기능을 이용해 적절한 성능을 내어 사용목표를 달성할 수 있는 지 여부
      ② 효율성(efficiency): 시스템의 사용목표 달성을 위해 투입한 입력에 대해 목표 달성까지 얼마나 신속하고 정확하게 수행했는지의 척도

③ 만족도(satisfaction): 시스템 사용 과정에 사용자가 느끼는 주관적 만족 정도

2) Jacob Nielsen은 사용성을 다음과 같은 다섯 가지 측면에서 측정·평가한다.

① 효율성(efficiency): 시스템의 사용목표 달성을 위해 얼마나 신속하게 수행할 수 있는지의 척도 (efficient to use)

② 에러 수용성(error tolerlance): 시스템 사용 과정에 발생하는 에러 정도와 에러 복구 가능성 (few errors)

③ 만족도(satisfaction): 시스템 사용 과정에 사용자가 느끼는 주관적 만족 정도 (subjective pleasing)

④ 학습성(learnability): 시스템 초보 사용자가 익숙하게 사용하게 될 때까지 걸리는 시간이나 노력 정도(easy to learn)

⑤ 기억성(memorability): 시스템 사용 과정이나, 시스템에 사용된 용어, 메뉴, 구조 등이 얼라마 기억하기 쉬운 가에 대한 정도 (easy to remember)

3) ISO와 Nielsen 정의의 비교 설명

국제표준기구에서 정한 사용성은 효과성, 효율성(시간, 에러), 만족도로 나누는데 반해, Nielsen은 효과성을 사용성의 상위개념인 Usefulness 로 보고 있으며, 대신 효율성을 efficiency(시간)와 error로 따로 나누어 보고 있다. 특별히 시스템의 학습과정을 중요하게 보고 있어서 학습성과 기억성을 별도의 중요 항목으로 보고 있다.

7. PNdB와 PLdB는 dB(A)와 는 또 다른 인간의 소음에 대한 주관성을 반영한 심물리학적 척도이다.

1) PNdB는 항공 분야에서 주로 사용한 소음 수준 측정치이다. 대상 소음의 주파수대역이 상대적으로 넓은 반면, 소음 세기의 변동성이 큰 경우에 적합한 측정평가 방법이다. 각 주파수 대역별 소음 수준을 측정해 인간의 귀의 주파수 민감성을 고려한 가중치를 적용해 소음 수준을 계산하는 방법이다.

2) PLdB는 공장, 환경 등과 같이 소음의 발생이 일정한 장소에서 지속적으로 발생하는 경우에 적용이 적절한 척도이다. 이것도 인간의 귀의 민감도를 고려해 주파수, 지속시간, 톤(tone)을 고려해 계산한다.

8. 최소가분시력 = $\frac{1}{A(')}$, A: 최소가분시각

$A^\circ : 360^\circ = L : 2\pi D$,

$$A = \frac{360^o \times L}{2\pi D} = \frac{360^o \times L}{2 \times 3.14 \times D} = \frac{57.3^o \times L}{D}$$

$$= \frac{57.3^o \times 60('/^\circ) \times L}{D}$$

A: 최소가분시각(′)

$$= \frac{57,3(^\circ) \times 60('/^\circ) \times L(mm)}{D(mm)},$$

L: 시력으로 구분해야 하는 시표의 크기,

D: 눈에서 시표까지 거리.

시각(A)의 단위는 도(°)의 1/60인 분(′)으로 계산한다.

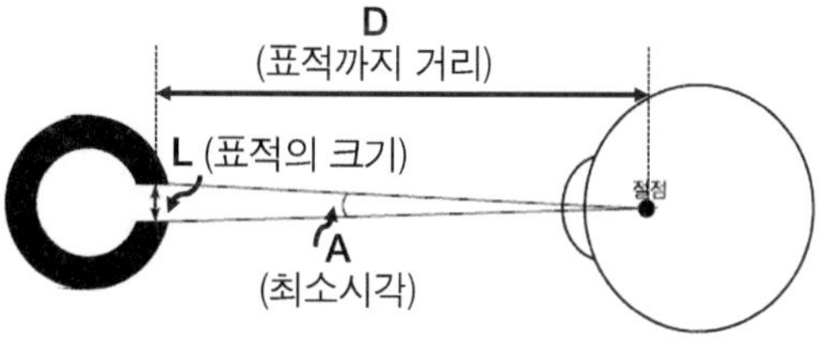

9. 1) 개회로 시스템은 시스템으로 들어간 입력이 시스템에 영향을 주어 출력으로 나오는 시스템으로 출력으로부터 입력에로의 피드백이 없는 시스템이다.

2) 폐회로 시스템은 시스템으로 들어간 입력이 시스템에 영향을 주어 출력으로 나오며, 동시에 출력이 입력으로 피드백되어 목표 달성에 접근하도록 하는 시스템이다.

10. 1) 청각적 표시장치

장점	단점
• 메시지에 대한 반응이 빠름 • 수신자가 여러 곳에 위치해도 수신가능 • 어두운 곳에서도 전달 용이	• 길고 복잡한 메세지 전달 어려움 • 메시지의 재참조가 어려움 • 시끄러운 곳에서는 전달 어려움

2) 시각적 표시장치

장점	단점
• 길고 복잡한 메세지도 전달 가능 • 메시지의 재참조가 가능 • 시끄러운 곳에서도 전달 용이	• 메시지에 대한 반응이 느림 • 수신자가 이동하거나 이석 시 수신 어려움 • 어두운 곳에서는 전달 어려움

11. 전달하려는 신호음이 배경 소음에 파묻혀서 신호음이 잘 안들리는 현상을 은폐효과라고 한다. 은폐효과는 은폐음이 소음인 경우에는 순음의 역치가 주파수에 따라 15~30dB 정도 증가하고, 높은 진동수에서 더 큰 증가를 보인다. 따라서 피은폐음을 듣기 위해서는 피은폐음의 수준이 은폐 효과만큼 높아야 한다. 은폐음이 순음인 경우는 은폐음과 그 배음들의 진동수 주위에서 은폐 효과가 강하게 나타나고, 은폐음과 그 배음들의 진동수와 가까운 곳에서는 맥놀이(beat) 현상으로 인하여 은폐 효과가 현저히 감소하여 순음 신호가 잘 들리게 된다. 낮은 수준(20~40dB)의 은폐음인 경우에는 은폐 효과가 은폐음의 주위에 한정되나, 높은 수준(80~100dB)의 경우에는 은폐음보다 높은 진동수까지 은폐 효과가 일어난다.

12. 1) 행동유도성(affordance)의 원칙: 시스템의 디자인이 사용자의 자연스러운 행동에 맞추어 설계

2) 좋은 개념모형(mental model) 제공의 원칙: 시스템의 디자인은 사용자의 경험과 사고에 의해 형성된 정신 모델(mental model)에 맞추어야 휴먼에러를 줄일 수 있다.

3) 가시성(visibility)의 원칙: 시스템의 상태는 항상 사용자가 확인할 수 있도록 설계되어야 한다.

4) 양립성(compatibility)의 원칙: 시스템의 표시장치, 조작장치, 표시-조직장치 간의 관계는 인간의 자연스러운 생각에 양립되도록 설계한다.

5) 일관성(consistency)의 원칙: 국제적, 국가, 산업, 사업장 내의 시스템은 표시, 조작 장치 등의 설계에 일관성이 있어야 한다.

6) 피드백(feedback)의 원칙: 시스템에 대한 사용자의 조작 결과는 가능한 즉각적으로 사용자에게 피드백되어야 한다.

7) 사용상 제약(constrints)의 원칙: 시스템의 안전 사고 등이 우려되는 부분에 대해서는 접근이나 개봉, 사용 상의 제약이 있도록 설계한다.

13. 양립성을 고려한 설계는 사용자가 생각하는 바대로 인지되고 작동되도록 하는 설계로, 양립성을 적용하면 (특히, 긴박한 상황에서) 사용상의 휴먼에러를 줄일 수 있고 반응/조작 시간을 크게 줄일 수 있다. 양립성의 종류는 다음과 같다.

1) 공간양립성(spatial compatability): 조종장치, 표시장치, 조종-표시장치의 위치나 순서 등이 인간이 생각하는 데 맞추어 설계하는 것

2) 운동양립성(movement compatibility): 조종장치, 조종장치에 따른 표시장치의 운동 방향이 인간이 생각하는 데 맞추어 설계하는 것

3) 개념양립성(conceptual compatibility): 표시장치, 조종장치의 색상, 모양, 심볼 등이 인간이 생각하는대로 맞추어 설계하는 것

4) 양태(양식)양립성(modal compatibility): 조종장치 조작방법의 유형(문자, 음성 등)에 표시장치의 표시 방법도 이에 맞추어 적절한 모드(양식)로 설계하는 것

<2교시>

1. 1) 인간신뢰도 분석(HRA, human reliability analysis): 인간이 특정 과업을 수행하는 과정에 발생하는 오류의 빈도를 확률로 표시해 신뢰도로 표시해 분석하는 것을 인간신뢰도 분석이라 한다. THERP를 개발하는 과정에서 HRA 개념이 정립되었으며, 이후 다양한 HRA 방법이 개발된다.

2) ETA(event tree analysis)와 FTA(fault tree analysis)의 차이점과 장·단점: ETA와 FTA는 정량적, 확률적 분석 방법이나 ETA는 원인으로부터 결과로 전개하는 귀납적 방법임에 반해 FTA는 결과로부터 원인을 분석하는 연역적 방법이다. ETA는 상대적으로 단순하고 적용하기 쉬운 반면, 발생하는 event를 단순히 성공(success)과 실패(fail) 2개로 나누어 전개하고 있어 단순한 것이 단점이다. FTA는 상대적으로 복잡하고 적용이 어려운 반면, 사고의 결과로부터 원인을 논리적으로 전개하고 최소절단집합 등을 구해 개선해야 할 부분 등을 명확히 할 수 있는 장점이 있다.

2. 1) 스트레스(stress)에 반응하는 신체의 변화

① 스트레스는 호르몬계에 영향을 주어, 스트레스에 저항할 때 코티졸이나 아드레날린과 같은 스트레스 호르몬이 분비된다.

② 스트레스는 심혈관계에 영향을 주어, 심장박동을 빠르게 하며 혈관을 확장시킨다.

③ 스트레스는 호흡기계에 영향을 주어, 호흡량이 증가하게 된다.

④ 스트레스는 근골격계에 영향을 주어, 근육에 긴장을 유발하며 근골겨격계 통증을 유발하게 된다.

⑤ 스트레스는 신경계에도 영향을 주어 뇌파에 영향을 주며 불면증을 유발한다.

2) 직무스트레스에 의한 건강장해예방 조치: 사업주는 근로자가 장시간 근로, 야간작업을 포함한 교대작업, 차량운전 및 정밀기계 조작작업 등 신체적 피로와 정신적 스트레스 등이 높은 작업을 하는 경우에 직무스트레스로 인한 건강장해 예방을 위하여 다음 각 호의 조치를 하도록 산업안전보건기준에 관한 규칙에 규정하고 있다 (산업안전보건기준에 관한 규칙 제669조).

① 작업환경·작업내용·근로시간 등 직무스트레스 요인에 대하여 평가하고 근로시간 단축, 장·단기 순환작업 등의 개선대책을 마련하여 시행

② 작업량·작업일정 등 작업계획 수립 시 해당 근로자의 의견 반영

③ 작업과 휴식을 적절하게 배분하는 등 근로시간과 관련된 근로조건 개선

④ 근로시간 외의 근로자 활동에 대한 복지 차원의 지원

⑤ 건강진단 결과, 상담자료 등을 참고하여 적절하게 근로자를 배치하고 직무스트레스 요인, 건강문제 발생가능성 및 대비책에 대하여 근로자에게 설명

⑥ 뇌심질환 발병위험도를 평가하여 금연, 고혈압 관리 등 건강증진 프로그램 시행

3. 근골격계부담작업 11가지는 다음과 같다.

1) 하루에 4시간 이상 집중적으로 자료입력 등을 위해 키보드 또는 마우스를 조작하는 작업

2) 하루에 총 2시간 이상 목, 어깨, 팔꿈치, 손목 또는 손을 사용하여 같은 동작을 반복하는 작업

3) 하루에 총 2시간 이상 머리 위에 손이 있거나, 팔꿈치가 어깨위에 있거나, 팔꿈치를 몸통으로부터 들거나, 팔꿈치를 몸통뒤쪽에 위치하도록 하는 상태에서 이루어지는 작업
4) 지지되지 않은 상태이거나 임의로 자세를 바꿀 수 없는 조건에서, 하루에 총 2시간 이상 목이나 허리를 구부리거나 트는 상태에서 이루어지는 작업
5) 하루에 총 2시간 이상 쪼그리고 앉거나 무릎을 굽힌 자세에서 이루어지는 작업
6) 하루에 총 2시간 이상 지지되지 않은 상태에서 1kg 이상의 물건을 한손의 손가락으로 집어 옮기거나, 2kg 이상에 상응하는 힘을 가하여 한손의 손가락으로 물건을 쥐는 작업
7) 하루에 총 2시간 이상 지지되지 않은 상태에서 4.5kg 이상의 물건을 한 손으로 들거나 동일한 힘으로 쥐는 작업
8) 하루에 10회 이상 25kg 이상의 물체를 드는 작업
9) 하루에 25회 이상 10kg 이상의 물체를 무릎 아래에서 들거나, 어깨 위에서 들거나, 팔을 뻗은 상태에서 드는 작업
10) 하루에 총 2시간 이상, 분당 2회 이상 4.5kg 이상의 물체를 드는 작업
11)하루에 총 2시간 이상 시간당 10회 이상 손 또는 무릎을 사용하여 반복적으로 충격을 가하는 작업

4. 가독성(legibility)은 기본적으로 가시도(visibility)가 좋아야만 한다. 가시도에 영향을 주는 것은 표시장치의 조도, 문자와 배경 간의 대비, 문자의 크기, 표시장치의 노출시간 등이 영향을 준다. 가시도가 고려된 상황에서 추가적으로 가독성을 높이기 위해서는 아래 6개를 고려해야 한다.
1) 획폭비: 문자의 높이에 대한 획폭의 비로 양각은 1:6~1:8이 적절하고 음각은 1:8~1:10이 적절
2) 종횡비: 문자의 세로:가로 길이의 비로 영문자와 숫자는 5:3, 한글은 1:1이 적절
3) 서체: 종이류에서는 serif 서체(명조체), 디지털표시장치에서는 san serif 서체(고딕체)가 적절
4) 글자 크기: 글자 크기가 클수록 가독성은 좋아지나, 공간의 제약을 고려해야 함
5) 문자와 숫자의 밀도: 문자의 밀도가 지나치게 높으면 가독성은 떨어질 수 있으나, 밀도가 높으면 시선의 이동은 줄어 빨리 읽을 수도 있음
6) 문자의 순서: 문자를 제시할 때는 덩어리(청킹)로 묶어 제시할 때 기억이 잘 됨

5. 1) 스테판-볼츠만 법칙을 사용하면 손실열을 구할 수 있다.

$$Q = \sigma \cdot \varepsilon \cdot A \cdot (Ts^4 - Ta^4)$$

여기서 Q: 발산되는 열(와트, W),
σ: 스테판-볼츠만 상수($5.67\times10^{-8}W/m^2\cdot K^4$),
ε: 피부 방사율(0.97),
A: 피부 면적 ($1m^2$),
Ts: 작업자 상체의 피부 온도(케빈, K)
= 30℃ + 273.15 = 303.15 K,
Ta: 그늘의 온도 (케빈, K) = 27℃ + 273.15
= 300.15 K.

주어진 값을 대입하면

$$Q = 5.67\times10^{-8}\cdot 0.97\cdot 1\cdot(303.15^4 - 300.15^4)$$
$$= 5.67\times10^{-8}\cdot 0.97\cdot 3.22\times108 = 17.74W$$

2) 열압박 감소 대책은 다음과 같다: 야외 작업 공간에 그늘이나 차광막 제공, 통기성이 좋고 땀 흡수를 하는 작업복 제공, 충분한 수분 제공, 충분한 휴식시간을 제공하고 휴게공간 제공, 전체 작업시간 조정 등

<3교시>

1. 1) 관리 그리드 이론(managerial grid theory): 관리 그리드 이론은 리더십에 관한 이론으로 리더의 2 개의 주요 덕목인 과업에 대한

관심과 종업원에 대한 배려를 2개의 축으로 5개의 리더십 유형을 분류한 이론

2) ① A: 관계형 리더십으로 과업에 대한 관심보다는 인간관계를 더 중시하는 리더십 유형
② B: 이상형 리더십으로 조직의 주도와 종업원에 대한 배려가 상충되는데 이 2개를 잘 수행하는 리더십 유형
③ C: 타협형 리더십이며 상충되는 조직의 주도와 종업원에 대한 배려에 타협을 하는 리더십
④ D: 무관심형 리더십이며 조직의 주도와 종업원에 대한 관심과 배려가 다 부족한 최악의 리더십
⑤ E: 과업형 리더십이며 종업원에 대한 배려보다는 과업의 달성에 더 관심을 갖는 리더십

2. 1) 권장무게한계는 아래 식에 의해 계산된다.

$$RWL = 23 \times HM \times VM \times DM \times AM \times FM \times CM$$

RWL이 최적이 되기 위해서는 HM, VM, AM, DM, FM, CM 등이 모두 1이 되는 것이다.

① 수평계수 HM: HM=H/25으로 물체까지의 수평거리는 25cm 이하일 때 최적이 된다.
② 수직계수 VM: VM=1−(0.003(|V−75|)으로 물체까지의 수직거리는 75cm일 때 최적이 된다.
③ 수직이동계수 DM: DM=0.82+4.5/D 으로 물체의 수직이동거리(D)가 25cm 이하일 때 최적이 된다.
④ 비대칭계수 AM: AM=1−(0.0032A)으로 몸통의 비대칭각도는 0도일 때 최적이 된다.
⑤ 빈도계수 FM: 들기 작업은 1시간 이내에 분당 0.2회 이하일 때 최적이 된다.
⑥ 커플링계수 CM: 손잡이는 양호일 때 혹은 손잡이 위치가 75cm 이상이면서 손잡이가 보통일 때 최적이 된다.

2) NIOSH 들기작업 지침 적용할 수 없는 작업은 다음과 같다: ① 한 손 들기 작업, ② 8시간 이상 들기작업, ③ 앉거나 무릎을 꿇은 자세로 하는 들기 작업, ④ 작업 공간이 제약된 경우, ⑤ 밸런스가 맞지 않는 물건 취급, ⑥ 운반, 밀기, 끌기 등 작업, ⑦ 손수레나 운반 도구를 사용하는 작업, ⑧ 빠른 속도로 중량물을 취급하는 경우(75cm/s 초과), ⑨ 지면과의 마찰 계수가 0.4 미만인 경우, ⑩ 온도/습도 등 환경이 좋지 않은 경우(온도 19~26℃, 습도 35~50% 범위 외).

3. 1) 적절한 자세의 원칙: 기존의 방법들에서는 윗팔의 굴곡과 외전이 나타나고, 팔꿈치가 직각을 이루지 못하고 손목은 척골편향이 나타나고 있다, 개선안에서는 윗팔의 굴곡이 없거나 작고, 팔끔치가 직각을 이루며 손목이 중립자세를 이루고 있다.

2) ① 전동/공압 공구의 사용: 공구 사용 시 인력이 과도한 근력 사용이 요구될 경우 전동/공압 공구를 사용한다.
② 수공구의 지지: 수공구가 중량일 경우 들고 작업시 과도한 근력이 부과되므로 이를 지지할 수 있는 지지대 등을 설치한다.
③ 수공구의 접촉스트레스 완화: 수공구의 손잡이가 금속이며 모서리가 있을 경우 손바닥과 손가락에 접촉스트레스가 발생하므로 손잡이의 모서리를 제거하고 고무 패딩 등을 한다.
④ 수공구의 반복적 동작 완화: 수공구의 손잡이가 2개로 반복적 동작이 이루어질 경우 스프링을 설치해 반복을 완화한다.
⑤ 수공구의 손잡이: 작업과 그립의 유형(power, pinch 등)에 따른 손잡이의 직

경과 길이 등을 손의 크리를 고려해 설계한다.

⑥ 전동/공압 공구의 사용: 공구 사용 시 인력이 과도한 근력 사용이 요구될 경우 전동/공압 공구를 사용한다.

⑦ 수공구의 지지: 수공구가 중량일 경우 들고 작업시 과도한 근력이 부과되므로 이를 지지할 수 있는 지지대 등을 설치한다.

⑧ 수공구의 접촉스트레스 완화: 수공구의 손잡이가 금속이며 모서리가 있을 경우 손바닥과 손가락에 접촉스트레스가 발생하므로 손잡이의 모서리를 제거하고 고무 패딩 등을 한다.

⑨ 수공구의 반복적 동작 완화: 수공구의 손잡이가 2개로 반복적 동작이 이루어질 경우 스프링을 설치해 반복을 완화한다.

⑩ 수공구의 손잡이: 작업과 그립의 유형(power, pinch 등)에 따른 손잡이의 직경과 길이 등을 손의 크리를 고려해 설계한다.

4\. 1) 한 실험조건에서 반경이 1cm인 마우스휠을 10도 움직였을 때 화면의 커서가 2cm 이동하였다. 이 마우스휠을 회전운동을 하는 조종구(操縱球: ball control)로 간주할 때, 조종-반응비(C/R비)를 구하시오.

$$\text{조종장치 이동거리} = \frac{10^\circ \times 2\pi r}{360^\circ}$$

$$= \frac{10^\circ \times 2\pi \times 1}{360^\circ} = \frac{\pi}{18} ≒ 0.175(\text{cm})$$

$$\text{C/R비} = \frac{\text{조종장치 이동거리}}{\text{표시장치 이동거리}}$$

$$= \frac{0.175cm}{2cm} ≒ 0.087$$

2) 마우스휠 사용 느낌(감성)은 리커트(Likert) 척도를 사용해 주관적 느낌을 평가할 수 있다.

3) 독립변수는 C/R비(조종장치 및 표시장치 이동 거리)이고 종속변수는 커서 이동시간(이동시간 + 조종시간)(sec)이다.

5\. 1) 흡기와 배기 중 질소의 양이 동일하므로

$$79\% \times V_{흡기} = N_2\% \times V_{배기}$$

$$V_{흡기} = \frac{N_2\% \times V_{배기}}{79\%}$$

$$= \frac{(100\% - O_2\% - CO_2\%) \times V_{배기}}{79\%}$$

$$= \frac{(100 - 14 - 3)\% \times 200\ell}{79\%} = 210.1\ell$$

$$\text{산소소비량(l)} = V_{흡기} \times 21\% - V_{배기} \times 14\%$$

$$= 210.1\ell \times 0.21 - 200\ell \times 0.14 = 16.1\ell$$

$$\text{분당산소소비량(l/min)} = \frac{16.1\ell}{10\text{min}} = 1.61\ell/\text{min}$$

분당에너지소비량(kcal/min)

$$= 1.61\ell/\text{min} \times 5\text{kcal}/\ell = 8.05\text{kcal/min}$$

2) 크리스텐센(Christensen)의 노동급(노동강도분류)은 다음과 같이 분류된다.

노동급(노동강도 분류)	
극초중(unduly heavy)	>12.5
초중(very heavy)	10~12.5
중(heavy)	7.5~10
중간(moderate)	5.0~7.5
경(light)	2.5~5.0
초경(very light)	1.6~2.5

위에서 분당에너지가가 8.05kcal/min로 중(重)(heavy work)작업에 해당한다.

3) 휴식시간 R $= \frac{T(E-S)}{E-E_{rest}} = \frac{60(8.05-5)}{(8.05-1.5)}$

$$= \frac{60 \times 3.05}{6.55} = 27.9\text{분}$$

여기서 T: 작업시간, E: 작업의 분당에너지 소모량, Erest: 휴식기 분당에너지 소모량(1.5kcal/min), S: 남성작업자의 평균 분당에너지 소모량 (5kcal/min)

6\. 1) B가압펌프의 소음 음압 수준(dB)은 다음과 같이 계산된다.

$$L = L_0 - 20\log_{10}\left(\frac{r}{r_0}\right)$$

$$= 100dB - 20\log_{10}\left(\frac{10m}{1m}\right)dB = 80dB$$

2) 실수는 의도하지 않은 에러이고 착오는 의도한 행동에 의한 에러이다. 보조작업자는 B를 D로 잘못 듣고, D스위치를 내리는 행동은 실수가 아니라 이미 잘못 알고 있는 상태이지만 의도를 갖고 D스위치를 내렸으므로 착오이다.

3) 지시 받은 내용에 대해 행동을 하는 규칙기반 행동이다.

<4교시>

1. A 신뢰도 = (10,000 − 30)/10,000 = 0.997, B 신뢰도 = (1,000 − 4)/1,000 = 0.996이고, B가 읽어주고 A가 타이핑 하는 작업은 직렬연결로 볼 수 있어 신뢰도 = RA×RB = 0.997 ×0.996 = 0.993이 된다.

2. 1) ① 방향성: 주의력은 내부나 외부로 방향성을 갖고 주의가 집중된 부분으로는 주의가 높아지며 주변으로 갈수록 주의가 낮아진다.
   ② 선택성: 주의는 한계가 있어 주의력은 선택적으로 배분된다.
   ③ 변동성: 주의력은 높은 상태를 계속 유지할 수 없고, 시간의 경과에 따라 주기적으로 변동된다.
   2) 주의력의 크기는 한계가 있어서 주의력을 집중하면 폭은 좁아지고 반대로 주의력을 넓게 하면 주의력은 낮아진다. 주의의 방향은 외향일 수도 있고 내향으로 향할 수도 있다.

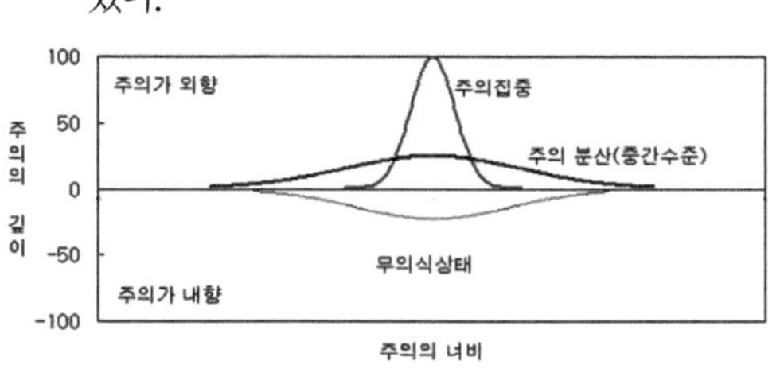

3. 1) ① 골격근: 운동신경계에 의해 관절 운동 등에 동원되는 근육
   ② 내장근: 자율신경계에 의해 자율적 운동을 하는 민무늬의 근육
   ③ 심장근: 자율신경계에 의해 자율적 운동을 하는 가로무늬 근육
   2) ① 수의근: 뇌와 척수를 거쳐 운동신경계에 의해 제어되는 근육으로 골격근이 이에 해당된다.
   ② 불수의근: 자율신경계에 희해 작동되는 근육으로 내장근과 심장근이 이에 해당된다.
   3) ① 가로무늬근: 근육에 가로무늬를 가진 근육으로 골격근과 심장근이 해당된다.
   ② 민무늬근: 근육에 무늬가 없는 근육으로 내장근이 해당된다.

4. 미세먼지의 정보량 = $Log_2 64$ = 6bit
   초당 정보량 6bit/30s = 0.2bit/s
   초미세먼지의 정보량 = $Log_2 32$ = 5bit
   초당 정보량 5bit/20s = 0.25bit/s
   경로용량 = 0.2+0.25 = 0.45bit/s

5. 1) 각 운전원의 선호신분지수는
   RO = 0/4 = 0,
   TO = (2 − 1)/4 = 0.25,
   SRO = 3/4 = 0.75,
   STA = (2 − 1)/4 = 0.25,
   EO = 1/4 = 0.25이다.
   선호신분지수가 가장 높은 SRO가 실질적 리더이다.

   2) 응집성지수 = $\frac{\text{상호선호수}}{{}_5C_2} = \frac{2}{10} = 0.2$

   3) 조직의 응집성 지수가 높지 않고, RO의 선호신분지수는 0으로 매우 낮아 누구로부터 지지를 받고 있지 않다.

6. 1) 공평한 사용의 원칙: 노약자, 장애인도 일반인과 동일하게 사용할 수 있는 대안을 제시한다.

2) 사용상 유연성의 원칙: 디스플레이의 높이를 눈높이가 낮은 어린이, 휠체어 사용자부터 키가 큰 성인 모두 용이하게 이용할 수 있도록 조절식으로 한다.
3) 적절한 공간의 확보 원칙: 키오스크에 가까이 접급할 수 있도록 여유 공간을 제공한다.
4) 정보전달에 대한 배려 원칙: 시각 장애인에게도 정보전달을 할 수 있도록 청각적 정보를 이용한다.
5) 간단하고 직관적 사용 원칙: 누구나 쉽게 시스템 상의 아이콘, 라벨, 심벌 등을 직관적이고 간단하게 제공한다.

찾아보기

가

나

다

라

마

바

사

아

자

차

카

타

파

하

기타

A

B

Q

R

S

T

U

V

W

X

Y

저자 소개

기도형

- 서울대학교 산업공학과 학사, 석사
- 포항공과대학교 산업공학과 박사
- 현재 계명대학교 산업공학과 교수
- 인간공학기술사
- 1996년 Liberty Mutual Insurance Company 최우수 논문상 수상
- 2020년 한국과학기술단체총연합회 과학기술우수논문상 수상
- 국내외 학술지 논문 230여 편 발표
- 근골격계질환 관련 과제 다수 수행(POSCO, 기아자동차, 삼성전기, LG-Philips Display 사업부 구미/창원 공장, LG전자 구미 공장, 경북대병원, LG화학, 두산중공업, 고용노동부, 국방부, 한국산업안전보건공단, 산업안전보건연구원 등)
- 대한산업공학회, 대한인간공학회, 한국안전학회, 대한안전경영과학회 이사 및 편집위원 역임
- 한국산업안전보건공단, 근로복지공단, 경북대 병원 자문위원 역임

박재희

- 서울대학교 산업공학과 학사
- KAIST 산업공학과 석사, 박사
- 현재 한경국립대학교 사회안전시스템공학부 안전공학전공 교수
- 대한인간공학회 이사
- 인간공학기술사
- 한국산업안전보건공단, 근로복지공단 자문위원
- 한국표준과학연구원 인간공학연구실 선임연구원 1991~1998
- 근골격계질환 관련 과제 다수 수행(위니아만도, 태평양제약, 동국제강, 한벨헬리콥터 등)

이경태

- 전남대학교 공업경영학과 학사
- KAIST 산업공학과 석사, 박사
- 현재 세한대학교 경영학과 교수
- 인간공학기술사
- 휴먼-컴퓨터 인터페이스 외 저서 7권
- 국내외 학술지 논문 40여 편
- 대한인간공학회 이사
- 근골격계질환 관련 과제 다수 수행(GMDAT, 현대삼호중공업, 기아자동차, 한국산업안전보건공단, 산업안전보건연구원, 금호타이어, 삼성중공업 등)
- 근로복지공단 근골격계질환업무관련성조사위원

최경임

- 이화여자대학교 물리학과 학사
- 이화여자대학교 체육학과 석사
- 포항공과대학교 기계공학과 석사
- 포항공과대학교 산업공학과 박사
- 현재 교통안전공단 교통안전연구원 책임연구원
- 근골격계질환 관련 과제 수행(POSCO, 기아자동차, 삼성전기 등)
- 교통안전 관련 과제 다수 수행

송영웅

- 포항공과대학교 산업공학과 학사, 석사, 박사
- 현재 대구가톨릭대학교 보건안전학과 교수
- 2010년 대한안전경영학술상 수상
- 대한인간공학회, 한국산업보건학회 이사 역임
- 인간공학적 평가 및 설계 관련 다수 과제 수행(POSCO, 기아자동차, 두산중공업 등)
- 고용노동부, 환경부, 한국산업안전보건공단 과제 다수 수행